Eberhard Sauppe

Wörterbuch des Bibliothekswesens

Unter Berücksichtigung der bibliothekarisch wichtigen Terminologie des Informations- und Dokumentationswesens, des Buchwesens, der Reprographie, des Hochschulwesens und der Datenverarbeitung

Deutsch – Englisch
Englisch – Deutsch

Dritte durchgesehene
und erweiterte Auflage

K · G · Saur München 2003

Eberhard Sauppe

Dictionary of Librarianship

Including a selection from the terminology
of information science, bibliology,
reprography, higher education,
and data processing

German – English
English – German

Third revised
and enlarged edition

K · G · Saur München 2003

Anschrift des Verfassers:
Prof. Dr. Eberhard Sauppe
Stöltinghof 5c
30455 Hannover

Dictionaries are like watches. The worst is
better than none at all and even the best
cannot be expected to run quite true.
Samuel Johnson (1709-1784)

Bibliografische Information Der Deutschen Bibliothek
Die Deutsche Bibliothek verzeichnet diese Publikation in der Deutschen
Nationalbibliografie; detaillierte bibliografische Daten sind im Internet über
http://dnb.ddb.de abrufbar

Bibliographic Information published by Die Deutsche Bibliothek
Die Deutsche Bibliothek lists this publication in the Deutsche
Nationalbibliografie; detailed bibliographic data are available in the Internet at
http://dnb.ddb.de

Gedruckt auf säurefreiem Papier

Alle Rechte vorbehalten / All Rights Strictly Reserved
K. G. Saur Verlag GmbH, München 2003
Printed in the Federal Republic of Germany

Wörterbuchsoftware (DIOLIB): Udo Eberhardt, Ulrike Jacobsen, Hannover
Datenübernahme und Satz / Computer-controlled keyboarding,
data preparation and automatic data processing by
bsix information exchange GmbH, Braunschweig
Druck / Binden: Strauss Offsetdruck, Mörlenbach

Jede Art der Veröffentlichung ohne Erlaubnis des Verlags ist unzulässig.

No part of this publication may be reproduced,
stored in a retrievel system, or transmitted in any form or by any means,
electronic, mechanical, photocopying, recording, or otherwise,
without permission in writing from the publisher.

ISBN 3-598-11550-4

Inhalt – Contents

Vorwort zur 3. Auflage vii
Preface to the 3rd edition ix
Benutzungshinweise xi
User's Guide xiii
Literaturnachweis - List of Sources Consulted xiv

Wörterbuch Teil I: Deutsch-Englisch
Dictionary Part I: German-English 3

Wörterbuch Teil II: Englisch-Deutsch
Dictionary Part II: English-German 259

Anhang 1 – Appendix 1
Definitionsnachweise – Sources of Definitions 519

Anhang 2 – Appendix 2
Sachgebietsschlüssel – Subject Field Codes 521

Anhang 3 – Appendix 3
Abkürzungen – Abbreviations 523

Vorwort zur 3. Auflage

Die anhaltende Nachfrage veranlassten Verlag und Autor eine Neuauflage dieses Wörterbuches vorzubereiten. Damit ergab sich die Gelegenheit, den vorhandenen Datenbestand im Hinblick auf Korrekturen und neu aufzunehmende Stichwörter durchzusehen. Das Ergebnis ist diese revidierte und erweiterte 3. Auflage: Input- und vor allem Tildenfehler wurden berichtigt. Angesichts von Tausenden von Dateneingaben ist eine vollständige Fehlerfreiheit praktisch nicht erreichbar. Die seit der 1.Auflage vorgegebene Struktur der Eintragungen wurde nicht verändert. Die rasante Entwicklung der Bibliotheken zu Zentren des elektronischen Informationsmanagements hätte erwarten lassen können, dass das auch eine sehr große Zahl neuer Lemmata zu Folge haben würde. Gewiss: Die Fachsprache des deutschen Bibliothekswesens der Gegenwart ist durch eine sehr große Zahl neuer Begriffsbenennungen charakterisiert, ohne die eine professionelle Verständigung der am Prozess der Fortentwicklung des Bibliothekswesens Beteiligten nicht möglich wäre. Jedoch: Die Schlüsselwörter, welche die gegenwärtige Fachdiskussion dominieren, sind überwiegend englischsprachig,weil sie, wie die von ihnen bezeichneten Sachverhalte, ihren Ursprung im anglo-amerikanischen Bereich haben, von wo die neuen Entwicklungen zumeist ausgehen. Griffige deutsche Äquivalente sind nur in wenigen Fällen geprägt worden. Für viele neue aus dem Englischen stammenden Fachterminini fehlt es einfach an deutschen Entsprechungen. Die bibliothekarischen Entwicklungstendenzen konnten daher in diesem Wörterbuch terminologisch nicht in vollem Umfang nachvollzogen werden, ist es ja, wie von vornherein festgelegt, ein Übersetzungswörterbuch und nicht ein Glossar mit Begriffserläuterungen. Die zahlreichen neuen aus der englischen Fachsprache stammenden Benennungen, die mittlerweile zum Wortschatz jedes an der gegenwärtigen Entwicklung des deutschen Bibliothekswesens Beteiligten gehören, konnten in der Regel nur insoweit Aufnahme finden, als sie stichwortfähige deutsche Äquivalente haben. In Ausnahmefällen wurden umschreibende Äquivalente gebildet. Wer damit nicht zufrieden ist, wird auf die im anglo-amerikanischen Raum erschienenen Glossaries verwiesen. Eine Auswahl von ihnen hat der Autor mit Gewinn benutzt. Sie sind im Literaturnachweis zu finden. Angesichts der auch in terminologischer Beziehung wirkungsmächtigen Entwicklungen im bibliothekarischen Bereich wird manch einer meinen, auf viele alte Tatbestände des Bibliothekswesens bezeichnende Stichwörter könnte man in diesem Wörterbuch verzichten. Der Autor hat es nicht getan, er konnte sich zu einem großen Sensenschnitt nicht entschliessen. Er will sich nicht ausschließlich auf das billig erscheinende Argument der historischen Relevanz zurückziehen. Aber auch: viele alte bibliothekarische Sachverhalte und Funktionen bestehen weiter und werden von den neuen Medien wahrgenommen. Den Standortkatalog in seiner alten Form gibt es nicht mehr, aber seine nicht überflüssig gewordenen Funktionen müssen ggf. durch die elektronisch geführte Bestandsdatei erfüllt werden. Und schließlich: Wer das Akzessionsjournal nicht mehr in seinem aktuellen Fachwortschatz hat, wird dieses Lemma nicht suchen. Was sollte es ihn stören, wenn es dennoch enthalten ist. Als reines Übersetzungswörterbuch hat das Wörterbuch nicht den Anspruch, eine Normdatei der bibliothekarischen Terminologie zu sein. Es hat eine dienende Funktion in dem weit gespannten Bereich der internationalen Fachkommunikation.

Die dargelegte Äquivalenzproblematik hat den Autor nicht daran gehindert, nach geeigneten neuen englisch-deutschen Stichwortpaaren Aussschau zu halten, sei es im Bibliothekswesen oder in den im Titel aufgeführten Randbereichen. Dass er dabei fündig geworden ist, zeigt die Vermehrung der Gesamtzahl der Einträge von 26 299 Einträgen in der 2. Auflage auf 28 850 Einträge in der 3.Auflage. Die Zahl der deutschen Lemmata hat sich von 13 123 auf 13 889 erhöht, die der englischen von 13 176 auf 14 961. Bei dieser Rechnung ist anzumerken, dass eine nicht unerhebliche Zahl von Einträgen aus redaktionellen oder anderen Gründen getilgt worden ist.

Wer Informationen zu den Rahmenbedingungen der Entstehung diese Wörterbuches sucht, wird auf die Vorworte zur 1. und 2.Auflage verwiesen.

Zum Schluss dürfen Dankesworte nicht fehlen. Sie gelten wieder der Programmbetreuerin Dipl.-Dok.Ulrike Jacobsen, dem Leiter der Abteilung Herstellung im K.G.SaurVerlag, Manfred Link, Anthony Eaton für seine sprachliche Beratung sowie Edith Hermes für ihre unermüdliche Hilfe bei der redaktionellen Durchsicht und beim Korrekturlesen.

Hannover im September 2002   Eberhard Sauppe

Preface To the Third Edition

Persistent demand has caused publisher and author to prepare a new edition of this dictionary. Thus the opportunity arose to check the existing database with respect to necessary corrections and useful additions. The result is this revised and enlarged 3rd edition. Input errors have been amended, missing tildes (swung dashes in the entry headings) have been added. In view of thousands of data entries complete faultlessness is practically not to be achieved. The structure of the entries was not changed. The speedy development of libraries to centres of electronic information management might have led one to expect that floods of new lemmas would have had to be inserted. Indeed, the professional language in present German librarianship is characterized by the great number of new terms indispensible for professional communication in the library community engaged in promoting the progress of librarianship. However, the key-words that dominate professional discussions at present in Germany are in most cases in English as the topics denoted by them have largely their origins in the Anglo-American area. Only in a few cases appropriate German equivalents have been coined. This made it impossible to follow the overall trends of development in librarianship in this English/German dictionary with regard to terminology. From the outset the Dictionary has been established as a translation dictionary and not as a glossary giving explanations of the terms included. Thus it was not possible to include all the numerous new technical terms originating from the English professional language, except where suitable German terms were available. In some cases paraphrastic equivalents have been included. Readers not content with this procedure are referred to the American and British glossaries of librarianship listed in the List of Sources Consulted. They have been of great use to the author in his work at the Dictionary. Another problem was the question of terms denoting facts outdated by recent developments. Should they all have been to be discarded? The author has not done so. He decided against a big cutting. He does not back his decision exclusively with reference to historical relevance of the terms having become obsolete. There is another reason for retaining old-fashioned terms. They often denote facts of current interest even at present, the shelf-list as a paper-based register may no longer exist in modern libraries, but, its function must nevertheless be taken over by the database of the library stock. And finally: anyone who has discarded the accession book from his vocabulary will not look for it in the Dictionary. So why should he feel disturbed when coming across it in the Dictionary. As a simple translation dictionary it does not pretend to be an authority list for library terminology. It has a serving function in the wide range of practical international communication. The problems of equivalence described above have not discouraged the author to look for appropriate new German and English entry terms in librarianship and in the adjacent areas denoted in the title of the Dictionary. That he did so not without success is shown by the fact that the number of entries has risen from a total of 26 299 in the 2nd edition to a total of 28 850 entries in the 3rd edition. The number of German entry words has risen from 13 123 in the 2nd edition to 13 889 in the 3rd edition. The number of English lemmas has risen from 13 176 to 14 961. When assessing these figures one should bear in mind that in the process of work at the Dictionary many entries have been eliminated for editorial or other reasons.

Readers who want to have some information about the general framework of the Dictionary are referred to the prefaces to the 1st and 2nd editions.

Finally: those who helped me prepare the Dictionary have been mentioned at the end of the German version of the Preface.

Hannover, September 2002   Eberhard Sauppe

Benutzungshinweise

1. Ordnung
Die Eintragungen sind Buchstabe für Buchstabe geordnet. Die Umlaute ä, ö, ü werden wie a, o, u gewertet.

2. Tildensetzung
Bei den **halbfett** gedruckten Stichwörtern (Lemmata) ersetzen Tilden (~) solche Wörter oder Wortteile, deren Schreibweise identisch ist mit derjenigen von Wörtern oder Wortteilen in unmittelbar vorangegangenen Stichwörtern. Bei Komposita wird der im Folgenden zu ersetzende Wortteil durch einen abschließenden Längsstrich (|) gekennzeichnet, z.B.: **Klammer|heftung. ~kürzung;** Es wird jeweils immer nur ein Wort oder Wortteil ersetzt.

Im Übersetzungsteil ersetzen Tilden ggf. je nach ihrer Zahl ein oder mehrere Wörter aus dem Stichwortkopf.

3. Aufbau einer Eintragung
Den Stichwörtern (Lemmata) und ihren Übersetzungen (Äquivalenten) sind in der Regel *grammatische Bezeichnungen* in *Kursivschrift* zugesetzt:
- Bei *deutschen Substantiven im Singular* ist das Genus angegeben: (*m* für *maskulinum*, *f* für *femininum*, *n* für *neutrum*). Bei *Pluralformen* steht *pl*.
- Englische Substantive im Singular sind durch *n* (für *noun*) gekennzeichnet,
- *Verben* sind durch *v*,
- *Perfektpartizipien* durch *pp*, Präsenspartizipien durch *pres p*, *Gerundiumformen* durch *ger* gekennzeichnet.
- *Bei Adjektiven* ist *adj* vermerkt.
- *Abkürzungen* sind durch *abbr* gekennzeichnet.

Bei mehrgliedrigen Stichwörtern und Übersetzungen bezieht sich die grammatische Kategorie auf das grammatisch dominierende Wort. Bsp.: Einband der Zeit *m* - Einband ist *maskulinum*.

Die Kurzbezeichnungern für die grammatischen Kategorien sind auch im Verzeichnis der Abkürzungen (Anhang 3) enthalten.

Auf die grammatische Kennzeichnung folgt in Einzelfällen ein *erläuternder Zusatz* (in runden Klammern.).

In der Regel wird das dem Stichwort zugehörige *Sachgebiet* zur Erläuterung des sachlichen Kontextes in englischer Kurzform [eckig geklammert] angegeben, z.B. [Cat] für cataloguing. Die *Sachgebietsschlüssel* sind im *Anhang 2* aufgelistet.

Anschließend ist - hin und wieder - ein *Regionalzusatz* angefügt, um einen regionalspezifischen Gebrauch anzuzeigen, z.B. *CH* für Schweiz, *Brit* für Britain. Die verwandten Kurzbezeichnungen sind im *Abkürzungsverzeichnis (Anhang 3)* zu finden.

Der erste Teil einer Eintragung wird ggf. durch einen *Definitionsnachweis* in Winkelklammern abgeschlossen, z.B.: <DIN 1425>, <RAK>, oder <AACR2>. Ein Quellenverzeichnis der Definitionsnachweise ist im *Anhang 1* zu finden. Es werden nur Definitionen mit normierender Wirkung nachgewiesen.

Der zweite Teil der Eintragung enthält die *Übersetzung*, ggf. mit Zusätzen und *Siehe-auch-Verweisungen*.

4. Rechtschreibung

In der Regel ist die britische Rechtschreibung zugrunde gelegt worden. Davon ausgenommenm sind die Benennungen der elektronischen Datenverarbeitung, wo die amerikanische Rechtschreibung angewandt wird, da diese hier international vorherrscht.

Die Eintragungen für die deutschen Stichwörter folgen der neuen deutschen Rechtschreibung.

User's Guide

1. Order of the entries
The entries are filed letter by letter, The German "Umlaute "ä, ö, ü" are treated as a, o, u.

2. Swung dashes
Swung dashes (~) are used to avoid repetition of immediately preceding terms or parts of terms whose spelling is identical. This is often the case with main entry terms (printed in semi-bold face). In the case of German compound words, that part of the word which is to be replaced by a swung dash is marked by a final stroke (l). As a rule, only one word, or part of a word, is replaced by a swung dash.

When used after translated terms, though, swung dashes may replace more than one word of the main entry term.

3. Structure of an entry
Generally, the main entry words (lemmas) and their translations are followed by *abbreviations* of *grammatical terms* in *italics*:
- In the case of German nouns in singular their gender is given (*m* for *masculine, f* for *feminine* and *n* for *neuter*).
- English nouns in singular are marked with *n* (for *noun*).
- The *plural* is denoted by *pl*.
- *Verbs* are labelled with *v*, *adjectives* with *adj*, *adverbs* with *adv*, *present participles* with *pres p*, *past participles* with *pp*, *gerunds* with *ger* and *abbreviations* with *abbr*.
- In the case of main entry words or translations consisting of more then one word the grammatical label refers to the word that governs the phrase, e.g., Einband der Zeit *m* - Einband is *masculine*.

After that, the pertaining subject field code is added in square brackets, e.g., [Cat] for Cataloguing. *Subject field codes* are listed in Appendix 2.

In some cases, symbols for countries or regions are added to denote a pertaining geographical usage, e.g., *US*. The symbols are included in the List of Abbreviations, Appendix 3.

After the first part of an entry, and possibly before the translated term, sources for *standardized definitions* are provided in angle brackets, e.g., <ISO 5127/2>, <AACR>. A list of these sources is given in Appendix 1.

4. Spelling
As a rule, spelling follows British usage, except for terms from the range of electronic data processing where, due to its worldwide dominance, American spelling is preferred. German spelling follows the new German spelling rules.

Literaturnachweis
List of Sources Consulted

Für die Arbeit am Wörterbuch wurde eine Vielzahl von Nachschlagewerken, Fachbüchern, Aufsätzen, Regelwerken und Normen benutzt. Im Folgenden wird eine Auswahl der wichtigsten Quellen angeführt. Es sind dies insbesondere Fachlexika, Werke mit Begriffsverzeichnissen, allgemeine und Fachwörterbücher.

Bei den Normen werden nur monographische Normensammlungen verzeichnet. Die Einzelnormen sind in den Definitionsnachweisen innerhalb der entsprechenden Wörterbucheintragungen genannt.

For the compilation of the Dictionary a great number of reference works, professional books, articles, cataloguing codes, and standards has been consulted. The following list includes a selection of the most important ones. In particular, it contains general and specialized glossaries and dictionaries, works with terminological lists as well as monographic collections of standards. Single standards are cited in the sources of definitions included in the corresponding entries of the Dictionary.

A. *Einsprachige allgemeine Wörterbücher / Monolingual general dictionaries*

Duden: Deutsches Universal-Wörterbuch A - Z. - 2.Aufl. - Mannheim: Bibliogr. Inst., 1989.

Duden: Rechtschreibung der deutschen Sprache. - 21.Aufl. - Mannheim: Bibliogr. Inst., 1996.

The Concise Oxford Dictionary of Current English. - 9th ed. by Della Thompson. - Oxford: Clarendon Pr., 1995.

Random House Webster's dictionary of American English. - 1st ed. - New York: Random House, 1997.

B. *Zweisprachige allgemeine Wörterbücher /Bilingual general dictionaries*

Langenscheidts Handwörterbuch: Englisch: Englisch-Deutsch / Deutsch-Englisch. Von Heinz Messinger und der Langenscheidt-Redaktion. - Neubearb. - Berlin [u.a.]: Langenscheidt, 2001. Mit einem Sonderteil: Internet-Wortschatz.

Pons - Großwörterbuch. Collins deutsch - englisch, englisch - deutsch / von Peter Terrell... - 1.Aufl. - Stuttgart: Klett ,1981.

PONS - Bürowörterbuch Englisch: Englisch - Deutsch / Deutsch - .Englisch - Neubearb.1991 - Stuttgart: Klett, 2001.

Inhaltsgleich mit dem PONS-Kompaktwörterbuch für alle Fälle: Englisch. Mit einem Sonderteil : Bürokommunikation.
Duden - Oxford: Bildwörterbuch Deutsch und Englisch / hrsg. von der Duden-Red. u. Oxford Univ. Pr. - 2.neubearb. u. aktualisierte Aufl. - Mannheim [u.a.]: Dudenverl., 1994.

C. Einsprachige Fachwörterbücher, Fachlexika, Glossare / Monolingual special dictionaries, glossaries

(1) deutschsprachige Werke

Hiller, Helmut: Wörterbuch des Buches. - 5.Aufl. - Frankfurt a.M.: Klostermann, 1991. Anm.nach Redaktionsschluss: Eine 6., grundlegend überarb. Aufl. ist für 2002 angekündigt (Mitverf.: Stephan Füssel).
Lexikon des Bibliothekswesens. - 2. Aufl.- Leipzig: Verl. für Buch- und Bibliothekswesen. 1. 1974. 2. 1975.
Lexikon der Buchkunst und Bibliophilie. / Hrsg. von Karl Klaus Walther. - Leipzig: Bibliogr. Inst., 1987.
Lexikon des Buchwesens. - Stuttgart: Hiersemann. 1 - 4. 1952-56.
Lexikon des gesamten Buchwesens. - 2.Aufl. - Stuttgart: Hiersemann. 1ff 1987ff.
Walenski, Wolfgang: Wörterbuch Druck + Papier. - Frankfurt a.M.: Klostermann, 1994.
Moessner, Gustav: Buchbinder-ABC. / Bearb. von Hans Kriechel. - Bergisch-Gladbach: Zanders, 1981.
Begriffe der Mikrographie. In: Mikrofilm-Basiswissen. Hrsg. Peter Heydt .- Gerlingen: Heydt,1982. Übers. von : Glossary of micrographics..
Lexikon der Information und Dokumentation. - Leipzig: Bibliogr. Inst., 1984.
Lexikon der Informatik und Datenverarbeitung. - München, Wien: Oldenbourg, 1983.
Voss, Andreas: Das große PC-Lexikon 2001. - Düsseldorf: DATA Becker, 2001.
Grieser, Franz; Thomas Irbeck: Computer-Lexikon. - München: Dt. Taschenbuch-Verl. 1993. (Beck-EDV-Berater: A - Z; dtv50302).
Informationstechnik.1. Begriffe, Normen. - 7. Aufl. - Berlin [u.a.]: Beuth, 1989. - (DIN-Taschenbuch; 25).

(2) englischsprachige Werke

The ALA dictionary of library and information science. - Chicago: American Library Association, 1983.
DCMI Type Vocabulary. - Dublin Core Metadata Initiative, 2000. URL: http://dublincore.org/documents/demi-type-vocabulary.
Encyclopaedia of librarianship. / Ed. By Thomas Landau. - 3rd ed. - London: Bowes & Bowes, 1966.
Harrod's librarian's glossary and reference book. - 9th ed. / Comp. by Ray Prytherch. - Aldershot, Hants.; Brookfield,Vt.: Gower, 2000.
Keenan, Stella, Johnston, Colin:The concise dictionary of library and information science. - 2nd ed. - London [u.a.]: Bowker, Saur, 2000.
ODLIS: Online dictionary of library and information science. / Created by Joan M. Reitz. - Danbury,Ct: Western Connecticut University (WCSU), 1996 - 2000. URL: http://vax.wcsu.edu/library/abt_odlis.hmtl

Byerly, Greg: Online searching: a dictionary and bibliographic guide - Littleton, Col.: Libraries Unlimited, 1983.
Glossary of documentation terms. - London: British Standards Institution, 1976.
Glaister, Geoffrey Ashall: Glaister's glossary of the book. - 2nd ed. - London [u.a.]: Allen & Unwin, 1979.
Matt, T. Roberts; Donald Etherington: Bookbinding and the conservation of books: a dictionary of descriptive terminology. - Washington, D.C. 1982 (A National Preservation Publication).
Glossary of micrographics. Association for Information and Image Management. - Silver Spring,Md:AIIM TR2 , 1980.
Rosenberg, Kenyon C.:Dictionary of library and educational technology. - 2nd ed.- Littleton, Col.: Libraries Unlimited, 1983.

D. Mehrsprachige Fachwörterbücher / Multilingual special dictionaries

(1) deutsch/englische Werke
Koschnick, Wolfgang J.: Standard dictionary of the social sciences. Standard-Wörterbuch der Sozialwissenschaften. - München[u.a.]: Saur. 1. English-German.1984. 2. German-English. 1992.
PONS - Fachwörterbuch Druck-und Verlagswesen: englisch - deutsch, deutsch - englisch /von P.H. Collin; Eva Sawers; Rupert Livesay. - Stuttgart: Klett,1990.
Stiehl, Ulrich: Satzwörterbuch des Buch- und Verlagswesens. Dictionary of book publishing: deutsch-englisch. - München:Verlag Dokumentation, 1977.
Blana, H.; M. Link: Fachwörterbuch für die internationale Praxis. In: H. Blana: Die Herstellung. - München [u.a.]: Saur, 1986, S.319-354.
Praktisches Wörterbuch für Bibliothekare. Librarian's practical dictionary / Susanne Knechtges. Unter Mitarb. von M.Segbert; J.Hutchins .- Köln: Stadtbücherei 1992. (Informationen, Medien) 2.Aufl. u.d.T.:Bibliothekarisches Handwörterbuch.1995.
Glossary of library and information science: English/German. German/English. Wörterbuch Bibliotheks- und Informationswissenschaft / Sadeh von Keitz u. Wolfgang von Keitz. - Weinheim [u.a.]: VCH,1989.
Dass.: 2nd rev. ed.1992.
Beseler, Dora von: Law dictionary: Fachwörterbuch der anglo-amerikanischen Rechtssprache einschl. wirtschaftlicher u. politischer Begriffe / D.von Beseler; Jacobs-Wüstefeld. - 4. neu bearb. u. erw. Aufl. - Berlin [u.a.]: de Gruyter, 1991.
Brinkmann, Karl-Heinz: Data systems and communications dictionary: German - English; English - German, / Ed. by K.H.Brinkmann and E.Tanke - 4th ed. of the Data systems dictionary, completely rev. and enl.ed. - Wiesbaden: Brandstetter, 1989.
Dass.: 5. Aufl. 1997.
Leuchtmann, Horst: Wörterbuch Musik: Englisch-deutsch; deutsch-englisch. Dictionary of terms in music. - 3.Aufl. - München [u.a.] : Saur, 1981.
Romain, Alfred:Wörterbuch der Rechts- und Wirtschaftssprache. München [u.a.]: Beck
1. Englisch-deutsch. - 3.Aufl. 1983
2. Deutsch-englisch. - 4.Aufl.2002.
(Beck'sche Rechts- und Wirtschaftsbücher).

Handbuch der internationalen Rechts- und Verwaltungssprache. Teil:Bildungswesen: deutsch-englisch. / Behrend, Hans-Karl [u.a.] - Köln [u.a.]: Heymanns, 1981.
Handbuch der internationalen Rechts- und Verwaltungssprache. Teil: Staats- und Verwaltungsorganisation in Deutschland / Frank Höfer; Gerhard Brunner. - München: Bayerische Verwaltungsschule, 1997.

(2) polyglotte Werke

Anastasio, Vittorio: Wörterbuch der Informatik: Deutsch - Englisch - Französisch - Italienisch - Spanisch. - Dictionary of informatics.- Düsseldorf: VDI-Verl., 1990.

BDI-terminologie: verklarend woordenboek van Nederlandse termen op het gebied van bibliotheek en documentaire informatie / red. P.J.van Swigchem [u.a.] met vert.in het Engels, Frans, Duits, Spaans. - Den Haag: Nederlands Bibliotheek en Lektuur Centrum, 1990.

Braccini, Roberto: Praktisches Wörterbuch der Musik: Italienisch - Englisch - Deutsch - Französisch. - Mainz: Schott, 1992.

Clason, W.E.: Elsevier's dictionary of library science, information, and documentation: In six languages: English/American, French, Spanish, Italian, Dutch and German. With Arabic supplement - Amsterdam[u.a.]: Elsevier,1976.

Dictionary of archival terminology: English and French; with equivalents in Dutch, German, Italian, Russian and Spanish. Dictionnaire de terminologie archivistique. / Ed. by Peter Walne. - 2nd rev. ed. - München [u.a.]: K.G.Saur, 1988. (ICA handbooks series; 7).

Glossary of basic archival and library conservation terms: English with equivalents in Spanish, German, Italian, French, and Russian./ Ed. by Carmen Crespo Nogueira. - München [u.a.]: K.G.Saur, 1988 (ICA handbooks series; 4).

Multilingual dictionary of technical terms in cartography. - Wiesbaden: Steiner, 1973.

Enzyklopädisches Wörterbuch der Kartographie in 25 Sprachen. / Hrsg.: Joachim Neumann. - München [u.a.]: K.G.Saur, 1997.

Kuhn, Hilde: Wörterbuch der Handbuchbinderei und der Restaurierung von Einbänden, Papyri, Handschriften, Graphiken, Autographen, Urkunden und Globen in deutscher, englischer, französischer und italienischer Sprache - 3., überarb. Aufl. - Hannover: Schlüter, 1985.

Labarre, E.J.: Dictionary and encyclopaedia of paper and paper-making: with equivalents of the technical terms in French, German, Dutch, Italian, Spanish, and Swedish. 2nd ed.-Amsterdam: Swets & Zeitlinger, 1969.
Supplement s. Loeber, E. G.

Loeber, E.G.: Supplement to E. J. Labarre: Dictionary and encyclopaedia of paper and paper-making. - Amsterdam: Swets & Zeitlinger, 1967.

Multilingual glossary for art librarians: English and indexes in Dutch, French, German, Italian, Spanish and Swedish. - 2nd, rev. and enl. ed.- München [u.a.]: K.G.Saur, 1996 (IFLA publications; 75).

Murk, Tista: Vokabularium für Bibliotheken (allgemeine öffentliche und Schulbibliotheken) in den vier Landessprachen der Schweiz. - Chur: Gasser,1986.

Orne, Jerrold: The language of the foreign book trade.- 3rd ed .- Chicago: American Library Association, 1976.

Sawoniak, Henryk; Maria Witt: New international dictionary of acronyms in library and information science and related fields. 3rd rev. and enl. ed.- München [usw.]: K. G. Saur, 1994.

Vollnhals, Otto: Multilingual dictionary of electronic publishing: English - German - French - Spanish - Italian. - München [u.a.]: K.G.Saur, 1996.

Vollnhals, Otto: Multilingual dictionary of knowledge management: English - German - French - Spanish - Italian. - München [u.a.]: K.G.Saur, 2001.

Terminologie der Information und Dokumentation. / Red.:U.Neveling u. G.Wersig. - München: Verl. Dokumentation, 1975. (DGD-Schriftenreihe;4).

Wersig, Gernot, and Ulrich Neveling: Terminology of documentation: A selection of 1 200 basic terms publ. in Engl., French, German, Russ., and Span.- Paris: Unesco Press [u.a.], 1976.

Wijnekus, F.J.M., and E.F.P.H. Wijnekus: Elsevier's dictionary of the printing and allied industries in six languages. 2nd ed.- Amsterdam [u.a.]: Elsevier, 1983.

Wörterbuch der Reprographie: Deutsch mit Definitionen; Engl., Franz., Span. - 5.Aufl. - München [u.a.]: K.G.Saur, 1982. (Informationsdienste; 4).

E. International Standard Bibliographic Description.ISBD

ISBD. International Standard Bibliographic Description. - *Deutsche Übers.: siehe:Vereinigung Schweizerischer Bibliothekare: Katalogisierungsregeln.*

ISBD(A): International Standard Bibliographic Description for OlderMonographic Publications (Antiquarian). - London: IFLA, International Office for UBC, 1980.

ISBD(CM): International Standard Bibliographic Description for Cartographic Materials.- London: IFLA, International Office for UBC, 1977.

ISBD(ER): International standard bibliographic description for electronic resources. Rev. from the ISBD(CF). - München[u.a.]: Saur, 1997.

ISBD(G): General International Standard Bibliographic Description; annotated text.- London: IFLA, International Office for UBC, 1977.

ISBD(M): International Standard Bibliographic Description for Monographic Publications.- London: IFLA, International Office for UBC, 1978.

ISBD(NBM): International Standard Bibliographic Description for Non-Book Materials.- London: IFLA, International Office for UBC, 1977.

ISBD(PM): International Standard Bibliographic Description for Printed Music. - 2nd rev.ed . - München [u.a.]: Saur, 1991.

ISBD(S): International Standard Bibliographic Description for Serials. - London: IFLA, International Office for UBC, 1977.

Vereinigung Schweizerischer Bibliothekare: Katalogisierungsregeln. 2. Aufl.- Bern Fasc. BA: ISBD(M) [deutsch]. 1983. BC: ISBD(NBM) [deutsch]. 1986. BD: ISBD(PM) [deutsch]. 1986. BE: ISBD(CM) [deutsch]. 1986.

F. Fachbücher; Regelwerke / Professional books; cataloguing rules

Hacker, Rupert: Bibliothekarisches Grundwissen.- 7. neubearb. Aufl. - München: Saur, 2000.

Haller,Klaus: Katalogkunde. - 3.erw.Aufl. - München: Saur, 1998.

Informationsverarbeitung - Berlin[u.a.]: Beuth. 1. Begriffe, Normen. 6.Aufl .1985. (DIN -Taschenbuch; 25).

Deutsches Institut für Normung: Erschließung von Dokumenten. DV - Anwendungen in Information und Dokumentation, Reprographie, Photographie, Mikrofilmtechnik, Bibliotheks- und Verlagsstatistik. 4.Aufl. - Berlin [u.a.]: Beuth, 1996. (Publikation und Dokumentation;2 = DIN-Taschenbuch; 154).

Deutsches Institut für Normung: Gestaltung von Veröffentlichungen: terminologische Grundsätze. Drucktechnik.Alterungsbeständigkeit von Datenträgern. - 4.Aufl. - Berlin [u.a.]: Beuth, 1996. (Publikation und Dokumentation; 1 =DIN-Taschenbuch; 153).

Grundlagen der praktischen Information und Dokumentation. -4.völlig neu gefaßte Ausg.-Bd 1.2. - München: Saur, 1997.

Normen für Büro und Verwaltung. 5. Aufl. - Berlin[u.a.]: Beuth, 1997. (DIN-Taschenbuch; 102) .

Instruktionen für die alphabetischen Kataloge der preußischen Bibliotheken. - 2.Ausg.- Berlin: Behrend, 1909.

Preußische Instruktionen (PI) s*iehe Instruktionen für die alphabetischen Kataloge der preußischen Bibliotheken.*

RAK: Regeln für die alphabetische Katalogisierung.- Wiesbaden: Reichert, 1977. *Anm.:Die allgemeinen Begriffsdefinitionen in dieser Erstausgabe von RAK sind auch in die folgenden RAK-Ausgaben übernommen worden, so z.B. in RAK-WB und RAK-ÖB, die deswegen hier keine eigenen Eintragungen erhalten haben.*

RAK-Alte Drucke: Regeln für die Katalogisierung alter Drucke.- Berlin:DBI, 1994.

RAK-AV: Regeln für die alphabetische Katalogisierung. Sonderregeln für audiovisuelle Materialien, Mikromaterialien und Spiele: - Vorabdruck.Berlin: DBI, 1985. Ersetzt durch: RAK-NBM.

RAK-Karten:. Sonderregeln für kartographische Materialien. -Wiesbaden: Reichert, 1987.

RAK-Musik: Sonderregeln für Musikalien und Musiktonträger. - Wiesbaden: Reichert, 1986.

RAK - NBM : Regeln für die alphabetische Katalogisierung von Nichtbuchmaterialien. - Berlin:Deutsches Bibliotheksinstitut,1996-2001. - Zuvor u..d.T.: RAK - AV.

RAK-UW: Regeln für die alphabetische Katalogisierung. Sonderregeln für unselbständig erschienene Werke .- Entwurf. - Berlin: DBI, 1986.

Information transfer. - 2nd ed. - Genève:Intern. Organiz. for Standardiz., 1982. (ISO Standards handbook;1).

Anglo-American cataloging rules. North American text. - Chicago:American Library Association ,1967.

Anglo-American cataloguing rules. 2nd ed. - London:Library Association,1978. Anm. nach Redaktionsschluss: Eine deutsche Ausgabe der AACR 2nd ed. ist vom K.G.SaurVerl. für 2002 vorgesehen.

GARR: Guidelines for authority records and references.- 2nd ed.- München: Saur,2001.

Wörterbuch Teil I:
Deutsch - Englisch

Dictionary Part I:
German - English

abarbeiten *v* [EDP] / process *v* (Befehle ~: to process instructions)
Abb. *abbr* [Bk] *s. Abbildung*
abbestellen *v* (eine Zeitschrift ~) [Acq] / cancel *v* (a subscription) ‖ *s.a. ein Abonnement kündigen*
Abbestellung *f* (einer Zeitschrift) [Acq] / cancel(l)ation *n* (of a periodical)
abbilden *v* (grafische Datenverarbeitung) [EDP] / image *v*
Abbildung *f* [Bk] ⟨DIN 31631/2⟩ / illustration *n* · (als Erläuterung oder Ergänzung zu einem Text auch:) figure *n* ‖ *s.a. bildliche Darstellung; farbige Abbildung; Strichabbildung*
Abbildungs|fehler *m* [Repr] / aberration *n*
~legende *f* [Bk] *s. Bildlegende*
~maßstab *m* [Repr] ⟨DIN 31631/2; 19054⟩ / scale of reproduction *n*
~verzeichnis *n* [Bk] ⟨DIN 31639/2⟩ / list of illustrations *n*
abbrechen 1 *v* [Gen] / (nicht weiter fortsetzen:) discontinue *v*
~ 2 *v* (ein Programm ~) [EDP] / quit *v* · abandon *v* · abort *v* (a program)
~ 3 *v* (einen Katalog ~) [Cat] / close *v* (a catalogue)
Abbreviatur *f* ⟨RAK-AD⟩ / abbreviation *n*
Abbruch *m* (eines Programms) [EDP] / abortion *n* · termination *n* · abandonment *n* (of a program)
~routine *f* [EDP] / abort routine *n*

~taste *f* (auf einer Tastatur) [BdEq] / escape key *n*
ABC-Buch *n* [Bk] / ABC book *n*
~-Regeln *pl* [Bk] / rules for alphabetical arrangement *pl*
Abdeckboden *m* (als oberer Abschluss eines Regals) [Sh] / shelf top *n* · canopy (top) *n* · cover plate *n* · top cover *n*
abdecken *v* [Gen; Repr] / (bedecken:) cover *v* · (zur (teilweisen) Verhinderung einer Reproduktion:) mask *v/n*
Abdeckung *f* / (Vorgang:) blocking out *n* · masking *n* · (Material:) mask *v/n*
Abdeckungsquote *f* [Retr] / coverage ratio *n*
Abdr. *abbr* [Bk] *s. Abdruck*
Abdruck *m* [Bk; Prt] / copy *n* · offprint *n* ‖ *s.a. Sonder(ab)druck; Vorabdruck*
abdrucken [Prt] / print *v* · (nochmals ~:) reprint *v/n*
Abdruckrecht *n* [Bk; Law] / right of reproduction *n*
abduzieren *v* [KnM] / abduce *v*
Abendzeitung *f* [Bk] / evening (news)paper *n*
Abenteuer|film *m* [NBM] / adventure film *n*
~roman *m* [Bk] / adventure novel *n*
~spiel *n* [NBM] / adventure game *n*
Abfall|behälter *m* [BdEq] / trash can *n* · waste-basket *n*
~papier *n* / waste paper *n*
~quote *f* [Retr] / fallout ratio *n*

abfragbar *adj* [Retr] / searchable *adj*
Abfrage *f* [Retr] / interrogation *n* ·
(Recherche:) search *n* (~ nach mehreren
Kriterien: multikey search) · query *n*
· inquiry *n* · enquiry *n* ‖ *s.a. Anfrage;
Datenbankabfrage; erweiterte Abfrage;
Recherche*
~**anforderung** *f* [Retr] / enquiry request *n*
~**befehl** *m* [Retr] / enquiry command *n*
~**datei** *f* / enquiry file *n*
~**eingabe** *f* [Retr] / query entry *n*
~**einheit** *f* [Retr] / enquiry unit *n*
~**fenster** *n* [Retr] / query window *n*
~**frequenz** *f* [Retr] / interrogation
frequence *n*
~**möglichkeit** *f* (einer Datenbank) [Retr] /
retrieval capability *n*
~**möglichkeiten** *pl* [Retr] / query
facilities *pl*
~ **per Formular** *f* [Retr] / query by
form *n* · QBF *abbr*
~**platz** *m* [Retr] / enquiry terminal *n* ‖ *s.a.
Auskunftsplatz*
~**profil** *n* [Retr] / query profile *n*
~**programm** *n* [Retr] / interrogation
program *n*
~**sprache** *f* [Retr] / query language *n* ·
retrieval language *n*
~**system** *n* [Retr] / retrieval system *n*
· query system *n* ‖ *s.a. Online-
Abfragesystem*
~**technik** *f* [Retr] / query technique *n*
Abgang *m* (ausgesonderter Band usw.)
[Stock] / withdrawal *n*
Abgangsnachweis *m* [Stock] / withdrawal
record *n* ‖ *s.a. Aussonderungsbeleg*
abgebildet *pp* [Bk] / reproduced *pp*
abgedruckt *pp* [Bk] / printed *pp* · (noch
einmal ~:) reprinted *pp*
abgegriffen *pp* [Bk] / worn *pp*
abgehängte Decke *f* [BdEq] / lowered
ceiling *n* · suspended ceiling *n*
abgehender Ruf *m* [Comm] ⟨DIN 44302⟩ /
call request *n*
abgekürzte Benennung *f* [Lin] / abbreviated
term *n*
abgelegter Satz *m* [Prt] / dead matter *n*
abgeleitetes Dokument *n* ⟨DIN 31639/2⟩ /
derivative document *n*
~ **Wissen** *n* [KnM] / deductive
knowledge *n*
~ **Wort** *n* [Lin] / derived word *n* ·
derivative word *n*
abgelöst *pp* [Bind] / detached *pp*

**Abgeltung von urheberrechtlichen
Vergütungsansprüchen** *f* (im
Zusammenhang mit der Kopie/Nutzung
von urheberrechtlich geschützten
Materialien) / copyright clearance *n*
abgenutzt *pp* [Bk] / worn *pp*
abgeriebene Stelle *f* [Bk] / abrasion *n*
abgerissen *pp* [Bk] / torn off *pp*
abgeschaltet *pp* (von einer Maschine)
[BdEq] / disabled *pp*
abgeschlossene Aufnahme *f* [Cat] / closed
entry *n*
~ **Bibliographie** *f* [Bib] / closed
bibliography *n*
abgeschnitten *pp* [Bk] / cut away *pp*
abgeschrägte Deckelkanten *pl* [Bind] /
bevelled boards *pl* · bevelled edges ·
chamfered edges *pl*
abgesetztes Endgerät *n* [EDP] / remote
terminal *n*
abgesetztes Manuskript *n* [Prt] / dead
copy *n*
abgestimmte Erwerbung *f* [Acq] / co-
operative acquisition *n*
abgewetzt *pp* [Bind] / chafed *pp*
Abgleich *m* [Cat] / match *v/n*
~**code** *m* [Retr] / match code *n*
abgleichen *v* [Cat; Retr; KnM] /
(Datenbanken:) replicate *v* · match *v/n*
(abgleichen mit: to match against) ‖ *s.a.
Datenabgleich; Farbabgleich*
Abhandlung *f* [Bk] ⟨DIN 31639/2; DIN
31631/4⟩ / treatise *n*
abhängiger (Sach-)Titel *m* [Cat] ⟨ISBD(S)⟩
/ dependent title *n*
abhängiger Teil eines Hauptsachtitels *m*
[Cat] ⟨ISBD(S)⟩ / dependent part of title
proper *n*
~ **Wartebetrieb** *m* [Comm] ⟨DIN 44302⟩ /
normal disconnected mode *n*
abhängige Variable *f* [InfSc] / dependent
variable *n*
Abhängigkeitsdiagramm *n* [KnM] /
dependency diagram *n*
abheften [Off; Arch] file *v*
Abhör|anlage *f* [BdEq; NBM] / listening
equipment *n* · listening facility *n*
~**kabine** *f* [BdEq; NBM] / listening
booth *n*
~**platz** *m* [BdEq; NBM] / listening place *n*
~**raum** *m* [BdEq; NBM] / listening room *n*
Abitur *n* [Ed] / secondary school-leaving
certificate qualifying for studies at a
university

Abkommen *n* [OrgM] / (Übereinkunft:) settlement *n* ‖ *s.a.* Vereinbarung
Abkömmling *m* [KnM] / descendant *n*
abkürzen *v* [Lin] / abbreviate *v* ‖ *s.a.* abgekürzte Benennung
Abkürzung *f* [Lin] / abbreviation *n* · (Wort:) abbreviated term *n* ‖ *s.a.* Akronym; Initialkürzung
Ablage *f* (von Schriftstücken) [Off; Arch] *s.* Aktenablage
~**fach** *n* [BdEq; Off] / pigeon-hole *n*
~**korb** *m* [Off] / filing tray *n* · filing basket *n*
~**system** *n* [Off; Arch] / filing system *n*
Ablauf *m* (Verfahren) [OrgM] / procedure *n*
~**diagramm** *n* [OrgM] / workflow diagram *n* · flow chart *n* ‖ *s.a.* Ablaufrichtung; Programmablaufplan
ablauf|fähig *adj* [EDP] / loadable *adj* · executable *adj*
~**invariantes Programm** *n* [EDP] / reentrant program *n*
Ablauf|organisation *f* [OrgM] / operations structure *n*
~**planung** *f* [OrgM] / operations planning *n*
~**richtung** *f* (in einem Ablaufdiagramm) [EDP] / flow direction *n*
~**unterbrechung** *f* [Comm] ⟨DIN 44302⟩ / exception condition *n*
ablegen *v* [Off] / (Briefe usw.:) file *v* · (speichern:) store *v*
Ablege|satz *m* [Prt] / dead matter *n*
~**schrift** *f* [Prt] / dead letters *pl*
ableimen *v* [Bind] / glue off *v* · glue up *v*
Ableimmaschine *f* [Bind] / gluing-up machine *n*
ableiten *v* [KnM] / deduce *v* · derive *v*
Ableitung *f* [KnM] / derivation *n* · deduction *n* (~ von Schlüssen:deduction of inferences)
Ableitungs|baum *m* [KnM] / deduction tree *n* · derivation tree *n*
~**kette** *f* [KnM] / deduction chain *n*
~**wissen** *n* [KnM] / deductive knowledge *n*
Ablichtung *f* [Repr] ⟨DIN 31631/2⟩ / photocopy *n*
Ablieferungspflicht *f* (auf Grund urheberrechtlicher Bestimmungen) [Law] / the obligation for a publisher to deposit new publications in a depository library ‖ *s.a.* Anbietungspflicht
Ablochbeleg *m* [EDP; PuC] / punch form *n*
ablochen *v* [PuC] / punch *v*
Abmachung *f* [OrgM] / arrangement *n* · understanding *n* · agreement *n*

abmagern *v* [OrgM] / slimline *v* ‖ *s.a.* straffen
abmelden *v* (im Verkehr mit einem anderen Rechner) [Comm; EDP] / log off *v*
Abmeldung *f* [Comm; Retr] / logoff *n* · logging off *n*
Abmessungsnorm *f* [Gen; Bk] / dimensional standard *n*
Abnahme|protokoll *n* [BdEq] / acceptance certificate *n*
~**prüfung** *f* [BdEq] / acceptance inspection · acceptance test *n* · specification test *n* ‖ *s.a.* Schlussabnahme
~**verpflichtung** *f* [Acq] / the obligation for a subscriber to buy the entire set etc.
Abnehmer *m* [Acq] / taker *n*
Abnutzung *f* (Verschleiß) [Bk] / wear and tear *n*
Abonnement 1 *n* (einer Zeitschrift) [Acq] / subscription *n* ‖ *s.a.* Geschenkabonnement; Jahresabonnement; Jahresbezugspreis; Mehrjahresabonnement; Probeabonnement
Abonnements|erneuerung *f* [Acq] / renewal of subscription *n*
~**preis** *m* [Acq] / subscription rate *n* · subscription price *n*
Abonnent *m* [Acq] / subscriber *n*
abonnieren *v* [Acq] / subscribe *v* (eine Zeitschrift ~: to subscribe to a periodical)
abpausen *v* [NBM] / trace *v*
Abpressbrett *n* [Bind] / pressing board *n* · backing board *n*
abpressen *v* [Bind] / back *v*
abpuffern *v* [Pres] / buffer *v*
Abrechnung *f* (Kontostand) [BgAcc] / statement of account *n* ‖ *s.a.* Honorarabrechnung; Rechnung; spezifizierte Abrechnung
Abrechnungs|maschine *f* [BgAcc] ⟨DIN 9763/1⟩ / accounting machine *n* ‖ *s.a.* Rechenmaschine
~**system** *m* [BgAcc] / billing system *n* · accounting system *n*
Abreibung *f* (Durchreibung) [Bind] / rub *n* · rubbing *n* · rub-off *n* ‖ *s.a.* abgeriebene Stelle
Abreiß|kalender *m* [Off] / tear-off calendar
~**schiene** *f* (zum Abtrennen von Papierstreifen oder -bogen) [Repr] / cutting ruler *n*
Abrieb *m* [Bk] / abrasion *n* ‖ *s.a.* Abreibung
Abrieb|festigkeit *f* [Pres] / rub resistance *n* · abrasion resistance *n*
Abriss *m* (Leitfaden) [Bk] / compendium *n* · outline(s) *n(pl)*

Abruf

Abruf *m* (von Daten) [Retr] / recall *n* (of data) ‖ *s.a. Treffer*
~betrieb *m* [Comm] ⟨DIN 44300/9; DIN 44331V⟩ / polling mode *n*
abrunden *v* [InfSc] / round off *v* ‖ *s.a. aufrunden*
Absatz 1 *m* (Unterteilung in einem Text) [Writ; Bk; Prt] / paragraph *n* · section *n* · (beim Satz eines Textes:) break *n* ‖ *s.a. Einzug*
~ 2 *m* (Verkauf von Waren) [Bk] / (Absatzvolumen:) volume of sales *n* · (abgesetzte Waren:) sales *pl*
~einzug *m* [Prt] / paragraph indent(ion) *n(n)* (Absatz ohne Einzug; im Blocksatz: flush paragraph)
~förderung *f* [Bk] / sales promotion *n*
~formatierung *f* [ElPubl] / paragraph formatting *n*
~markt *n* [OrgM] / sales market *n*
~zeichen *n* [Prt; Bk] / paragraph mark *n*
Abschaltautomatik *f* [BdEq] / automatic switch off *n*
abschalten *v* [BdEq] / switch off *v* · break *v/n* · cut off *v* · deactivate *v* ‖ *s.a. abgeschaltet*
Abschaltzeit *f* [BdEq] / outage *n* · interrupting time *n* · breaking period *n*
abschicken [Comm] / dispatch *v/n* · send off *v* (mit der Post:) · post *v* Brit · mail *v* US
abschirmen *v* (vor Licht oder Hitze) / screen *v*
Abschlagzahlung *f* [BgAcc] *s. Teilzahlung*
abschließendes Erscheinungsjahr *n* [Cat] / closing date *n*
abschließende Sitzung *f* [OrgM] / closing meeting *n*
Abschluss|bericht *m* [InfSc] / final report *n*
~note *f* [Ed] / final assessment *n* · final mark *n* · final grade *n* US
~prüfung *f* [Ed] / final examination *n*
~zeugnis *n* [Ed] / certificate of the successful completion of a course of education ‖ *s.a. Schulabschlusszeugnis*
abschneiden *v* (eine Zeichenfolge am Anfang oder Ende weglassen) [EDP] ⟨DIN 44300/8⟩ / truncate *v* ‖ *s.a. Leerstellenabschneidung; Trunkierung*
Abschnitt *m* (in einem Buch) [Bk] / section *n* · paragraph *n*
Abschnittsmarke *f* (Bandabschnittsmarke) [EDP] / tape mark *n* · TM *abbr*
abschreiben 1 *v* [Writ] / copy *v* · (übernehmen/übertragen:) transcribe

~ 2 (Wert mindern) [BgAcc] / write down *v* · write off *v* · (entwerten:) depreciate *v*
Abschreiber *m* [Writ] / copyist *n*
Abschreibung *f* [BgAcc] / writeoff *n* · (Wertminderung:) depreciation *n* ‖ *s.a. Gebäudeabschreibung*
Abschrift *f* [Writ] / 1 copy *n* · 2 transcript *n* · 3 (handgeschrieben:) manuscript copy *n*
Abschürfungen *pl* [Bind] / abrasures *pl* ‖ *s.a. Abrieb*
absenden *v* [Comm] / dispatch *v/n* ‖ *s.a. abschicken*
absetzen [Prt] / set *v* (a copy)
absignieren *v* [RS] / to check books to be lent against readers' requests
absolute Adresse *f* [EDP] / absolute address *n* ‖ *s.a. Maschinenadresse*
Absolvent *m* (einer Bibliotheksschule) [Ed] / graduate *n* (of a library school)
Abspann *m* (eines Films) [NBM] / credits *pl*
abspeichern *v* [EDP] / memorize *v* ‖ *s.a. speichern*
Abspeicherung *f* [EDP] / memorization *n* ‖ *s.a. Speicherung*
Abspielanlage *f* [NBM] / playback equipment *n* · playing facility *n* · replay equipment *n*
Abspielen *n* [NBM] / playback *n*
Abspiel|gerät *n* [NBM] / player *n* ‖ *s.a. DVD-Abspielgerät*
~geschwindigkeit *f* / playing speed *n* ‖ *s.a. Laufgeschwindigkeit*
~nadel *f* (eines Plattenspielers) [NBM] / reproducing stylus *n* · stylus *n*
Abstand *m* [EDP] / (durch ein Zeichen ausgedrückt:) space (character) *n* · (zwischen den Zeichen:) spacing *n* ‖ *s.a. Zeichenabstand; Zeilenabstand*
Abstands|operator *m* [Retr] / adjacency operator *n*
~skala *f* [InfSc] / interval scale *n*
abstauben *v* [Pres] / dust *v*
Abstraktion *f* [KnM] / abstraction *n*
Abstraktions|beziehung *f* [Ind] *s. Abstraktionsrelation*
~grad *m* [KnM] / abstraction level *n*
~leiter *f* [Class] / chain of broader-narrower concepts *n*
~relation *f* [Ind; Class] ⟨DIN 1463/1E; DIN 32705E⟩ / generic relation *n* · genus-species relation *n*
~stufe *f* [KnM] / abstraction level *n*

Abstufung *f* (einer Farbe) [ElPubl] *s.*
  Schattierung
Absturz *m* (eines Programms) [EDP] /
  crash *n* US (abstürzen: to crash)
Abt. *abbr* [Bk] *s. Abteilung 2*
abtasten *v* (Zeilen, ein Raster usw. ~)
  [EDP] / scan *v*
Abtaster *m* [EDP] / scanner *m* ‖ *s.a.*
  optischer Abtaster
Abtast|kopf *m* (eines Scanners) [BdEq] /
  scanning head *n*
~nadel *f* [NBM] *s. Abspielnadel*
~rate *f* (beim Einscannen eines Bildes)
  [NBM] / scanning rate *n*
~tiefe *f* [EDP] / sampling depth *n* ·
  scanning depth *n*
Abteilung 1 *f* (einer Institution) /
  department *n*
~ 2 *f* (eines in mehreren Teilen
  erscheinenden Buches) [Bk] ⟨DIN
  31631/4⟩ / division *n* · (Teil:) part *n*
~ 3 *f* [Bk] / (Unterabteilung eines
  fortlaufenden Sammelwerks) subdivision
  · section *n* ‖ *s.a. Abteilungstitel 2*
~ 4 *f* (eines Geschäfts) [OrgM] /
  department *n*
~ **mit verleihbarem Bestand** / lending
  department *n* Brit
Abteilungs|bibliothek *f* [Lib] / divisional
  library *n* · departmental library *n*
~bildung *f* [OrgM] / departmentalization *n*
~gliederung *f* [OrgM] / departmentaliza-
  tion *n*
~leiter *m* [Staff] / division head *n* ·
  department head *n* · librarian-in-charge *n*
  (of a department) ‖ *s.a. stellvertretender
  Abteilungsleiter*
~netz *n* [EDP] / departmental network *n*
~server *m* [EDP] / departmental server *n*
~titel 1 *m* (einer Unterabteilung eines in
  mehreren Teilen erscheinenden Buches)
  [Bk] / divisional title *n* · part title *n*
~titel 2 *m* (eines fortlaufenden
  Sammelwerks) [Bk] ⟨ISBD(S)⟩ / section
  title *n*
abtippen *v* [Writ] / type *v*
abwärts|kompatibel *adj* [EDV] / downward
  compatible *adj*
~rollen *v* [EDP/VDU] / scroll down *v*
Abwärtsvererbung *f* (OOP) [EDP; KnM] /
  downward inheritance *n*
abwaschbarer Einband *m* [Bind] /
  washable binding *n*
abweichende Ansetzung *f* [Cat] / variant
  heading *n*

abweichende Namensform *f* [Cat] / variant
  (form of) name *n*
~ Schreibweise *f* [Cat] / variant spelling *n*
~ Titelfassung *f* [Bk; Cat] / variant title *n*
Abwickelspule *f* [NBM] / supply reel *n*
Abzeichen *n* [OrgM] / badge *n*
Abziehbild *n* [NBM] / transfer (picture) *n*
Abzug 1 *m* (Digestorium) [BdEq; Pres] /
  fume hood *n*
~ 2 [Prt; Repr] / (Korrekturabzug:) press
  proof *n* · (Kopie von einem Negativ:)
  print ‖ *s.a. Abzug 3; Hochglanzabzug;
  Kontrollabzug; Künstler-Abzug;
  Maschinenabzug*
~ 3 *m* (Probedruck) [Prt] / pull *n* ‖ *s.a.
  Abzug 2*
~papier *n* [Repr] ⟨DIN 6734⟩ / duplicating
  paper *n* · duplicator paper *n* · mimeograph
  paper *n*
abzugsfähig *adj* [BgAcc] / (von der Steuer:)
  tax deductible
Achatstein *m* [Bind] / agate (burnisher) *n*
Achsabstand *m* [Sh] / interaxis *n* · stack
  centres *pl* (diese Regalblöcke haben einen
  Achsabstand von 130 cm: these ranges are
  130 cm on centres)
Achselfläche *f* (einer Drucktype) [Prt] /
  shoulder *n*
Adapter *m* [EDP] / adapter *n*
adaptierbar *adj* [KnM] / adaptable *adj*
Adaptierbarkeit *f* [KnM] / adaptability *n*
Addierwerk *n* [EDP] / adding unit *n* ·
  adder *n*
Adelstitel *m* [Cat] / title of nobility *n*
Ad-hoc-Vereinbarung *f* [Law] / one-off
  agreement *n* (Vereinbarung nur für einen
  Fall)
AD-Konverter *m* [EDP] / analog(-to-)digital
  converter *n* · A-D converter *n*
Adressabbildung *f* [EDP] / address
  mapping *n*
Adressat *m* [Off] / addressee *n*
Adress|buch *n* [Bk] / directory *n* ‖
  *s.a. Branchenadressbuch; Buchhan-
  delsadressbuch; Firmenadressbuch;
  Handelsadressbuch; Ortsadressbuch;
  Stadtadressbuch*
~bus *m* [EDP] / address bus *n*
Adresse *f* [EDP] ⟨DIN 44300/1; 44302⟩
  / address *n* ‖ *s.a. Basisadresse;
  Datenanfangsadresse; logische Adresse;
  Maschinenadresse; reale Adresse; relative
  Adresse; tatsächliche Adresse*
Adressen|aufkleber *m* [Off] / address
  label *n*

Adressendatei

~**datei** *f* [Off] / address file *n*
~**kartei** *f* [Off] / address file *n* (card index)
~**liste** *f* [Off] / address list *n* · mailing list *n*
~**vereinbarung** *f* [Comm] / address resolution *n*
~**verhandlung** *f* [Comm] / address negotiation *n*
~**verzeichnis** *n* [Off] / address file *n*
~**zugriffszeit** *f* [EDP] / address access time *n*
Adressfeld *n* [EDP] / address field *n*
~**erweiterung** [EDP] / address field extension *n*
Adressiermaschine *f* [Prt] / addresser(-printing machine) *n* · addressing machine *n*
Adressierung *f* [EDP] / addressing *n*
Adress|raum *m* [EDP] / address range *n*
~**rechnung** *f* [EDP] / address arithmetic *n* · address computation *n* · address calculation *n*
~**speicher** *m* [EDP] / address storage *n*
~**tabelle** *f* [EDP] / address table *n*
~**teil** *m* [EDP] ⟨DIN 44300/4⟩ / address part *n*
ADU *abbr* [EDP] *s. AD-Umwandler*
AD-Umwandler *m* [EDP] *s. AD-Konverter*
ADV *abbr* [EDP] *s. automatische Datenverarbeitung*
AD-Wandler *m* [EDP] *s. AD-Konverter*
Agenda *f* [OrgM] / to do list *n* · agenda *n*
agenda|basiertes System *n* [KnM] / agenda-based system *n*
~**gesteuertes System** *n* [KnM] / agenda-driven system *n*
Agent *m* [KnM] / agent *n* · AGNT *abbr*
agenten|basiertes System *n* [KnM] / agent-based system *n*
~**orientiertes Programmieren** *n* [KnM] / agent-oriented programming *n*
Agentenschnittstelle *f* [KnM] / agent interface *n*
Agentur *f* [OrgM; Adm] / agency ‖ *s.a. Bildagentur; Werbeagentur*
Aggregationsbeziehung *f* [KnM] / has-a relation *n*
aggregieren *v* [KnM] / aggregate *v*
Ahle *f* [Bind] / awl *n* · bodkin *n*
Ähnlichkeits|beziehung *f* [KnM] / similarity relation *n*
~**suche** *f* [KnM] / closest match search *n* · similarity search *n*
AK *abbr* [Cat] *s. alphabetischer Katalog*

Akademieschrift *f* [Bk] ⟨RAK-AD⟩ / academy publication *n* · academic publication *n*
akademische Freiheit *f* [InfSc] / academic freedom *n*
akademischer Grad / university degree *n* (academic rank)
akademisches Auslandsamt *n* [Ed] / foreign student office *n* · office for international affairs *n* ‖ *s.a. Auslandsamt*
Akkolade *f* [Writ; Prt] / brace *n*
Akkreditierung *f* (eines Studiengangs) [Ed] / accreditation *n*
Akkumulator *n* [EDP] ⟨DIN 44 300/6⟩ / accumulator *n*
AKO-Beziehung *f* [KnM] / AKO relation *n*
AKO-Vererbung *f* [KnM] / AKO inheritance *n*
Akronym *n* [Lin] ⟨DIN 1422/1; DIN 2340; TGL 20969⟩ / acronym *n*
Akrostichon *n* [Bk] / acrostic *n*
Akt *m* (Theaterstück) [Art] / act *n* ‖ *s.a. Einakter*
Akten *pl* [Off; Arch] ⟨DIN 31631/4⟩ / files *pl* · file *n* · record *n* (das kommt in die ~n: this goes on file; in den ~n: on record; eine Akte anlegen: to open a file; die ~n schließen: to close the file/s)
~**ablage** *f* [Off] / (Ort der ~:) files *pl* · (Tätigkeit:) document filing *n* ‖ *s.a. Ablagesystem; Registratur; Tagesablage*
~**deckel** *m* / folder *n* · document cover *n* ‖ *s.a. Klarsichthülle*
~**einsicht** *f* / inspection of files *n*
~**führungssystem** *n* [Off] / recordkeeping system *n*
aktenkundig *abbr* [Off] / on the record *n*
Akten|mappe *f* [Off] / file folder *n*
~**notiz** *f* [Off] *s. Aktenvermerk*
~**ordner** *m* (Büroordner) [Off; TS] / (mit Inhalt:) file *n* · (die äußere Hülle:) ring binder *n* ‖ *s.a. Ordner 1*
~**plan** *m* [Off; Arch] / filing plan *n*
~**regal** *n* [Off] / filing shelves *pl*
~**schrank** *m* [BdEq] / file cabinet *n* · filing cabinet *n* (for letters, papers, etc.)
~**vermerk** *m* [Off] / memo *n* · memorandum *n* · note *n* (for the records)
~**vernichter** *m* [BdEq; Pp] / shredder *n*
~**vernichtungsmaschine** *f* [Off] / shredding machine *n* ‖ *s.a. Reißwolf*
~**zeichen** *n* [Off] / file number *n* · reference number *n* · reference *n* · file reference *n*
Akteur *n* [KnM] *s. Aktor*

Aktions|liste *f* [KnM] / to do list *n* ·
  agenda *n*
~plan *m* [OrgM] / action plan *n*
aktiver Leihverkehr *m* [RS] *s.*
  gebender Leihverkehr
Aktor *m* [KnM] / actor *n*
Aktorenmodell *n* [KnM] / actor model *n*
aktualisierbar *adj* [EDP] / updatable *adj*
aktualisieren *v* (eine Datei usw. ~) [InfSy] /
  update *v*
aktualisierte Ausgabe *f* [Bk] / updated
  edition *n*
Aktualisierung *f* [EDP] / update *n*
Aktualisierungs|frequenz *f* (einer
  Datenbank) [InfSy] / update frequency *n*
~zyklus *m* (bei einer Datenbank) [InfSy] /
  update cycle *n*
Aktualität *f* / recency *n* · up-to-dateness *n* ·
  currency *n*
aktuelle Themen *pl* [Ind] / key issues *pl*
Akustikkoppler *m* [Comm] ⟨DIN 44302⟩
  / acoustic (data) coupler *n* · dial-up
  telephone modem *n*
akustischer Kommentar *m* (bei einem
  Multimediasystem) [NBM] / voice
  annotation *n*
akustischer Koppler *m* [Comm] ⟨DIN
  44302⟩ *s. Akustikkoppler*
Akzent *m* [Writ; Bk] / accent *n*
~buchstaben *pl* [InfSy; Prt] / accented
  letters *pl*
Akzeptanz *f* [InfSc] / acceptability *n* ·
  acceptance *n*
Akzession *f* [OrgM] *s. Erwerbungsabteilung*
akzessionieren *v* [Acq] / accession *v*
Akzessionierer *m* [Staff] / accessioner *n*
Akzessionierung *f* [Acq] / accessioning *n* ·
  (von Zeitschriftenheften:) serial check-in *n*
  · serials accessioning *n*
Akzessions|journal [Acq] / accession
  book *n* · accession(s) catalogue *n*
  · accession file *n* · accession(s)
  record *n* · accessions register *n* ‖
  *s.a. Bestandsverzeichnis; Inventar;
  Zugangsdatei*
~nummer *f* [Acq] / accession number *n*
Akzidenz|druck *m* [Prt] / job printing *n* ·
  jobbing work *n*
~drucker *m* [Prt] / job printer *n* · jobbing
  printer *n*
~druckmaschine *f* [Prt] / job press *n*
~satz *m* [Prt] / job composition *n*
~schrift *f* [Prt] / jobbing font *n* · display
  face *n* · display type *n*
~type *f* [Prt] / jobbing type *n*

Alarm *m* [BdEq] / alarm *n* (einen Alarm
  auslösen: trigger an alarm)
~anlage *f* [BdEq] / warning equipment *n*
~box *f* [EDP] / alert box *n*
Alaungerbung *f* [Bind] / alum tanning *n* ·
  tawing *n*
Album *n* (pl.: Alben) [Bk] / album *n* ‖ *s.a.
  Sammelalbum*
Albumen *n* [Bind] / albumen *n*
Albumformat *n* [Bk] *s. Querformat 2*
Aldinen *pl* [Bk] / Aldines *pl*
Alfapapier *n* [Pp] *s. Espartopapier*
Algorithmus *m* [EDP] / algorithm *n*
Algraphie *f* [Prt] *s. Aluminiumdruck*
Alineazeichen *n* [Prt; Writ] / pilcrow
  (sign) *n*
alkalihaltiges Papier *n* [Pp] / alkaline
  paper *n*
alkalische Reserve *f* [Pp] ⟨DIN ISO 9706⟩ /
  alkali reserve *n*
Allein|auslieferer *m* [Bk] / sole distributor *n*
  · exclusive distributor *n*
~vertreter *m* [Bk] / exclusive agent *n*
alle Rechte vorbehalten [Law] / all rights
  reserved · copyright reserved
alles Erschienene *n* [Bk] / all published *pp*
~Erstausgaben *pl* (Vermerk in einem
  Antiquariatskatalog) [Bk] / all firsts *pl*
Alleskleber *m* [Bind] / all-purpose
  adhesive *n*
alles was erschienen [Bk] *s. alles
  Erschienene*
Allgemein|begriff *m* [Ind; Class; KnM]
  ⟨DIN 2330⟩ / generic concept *n* ‖ *s.a.
  Gattungsbegriff*
~bibliographie *f* [Bib] / universal
  bibliography *n*
~bibliothek *f* [Lib] / general library *n US*
allgemeine Anhängezahl *f* [Class/UDC] *s.
  allgemeine Ergänzungszahl*
~ Beziehung *f* (Zeichen : Doppelpunkt)
  [Class/UDC] / general relation *n*
~ Ergänzungszahl *f* [Class/UDC] /
  common auxiliary (number) *n*
**~ Ergänzungszahl der Form und
  Darbietung von Dokumenten** *f* (Zeichen
  (0...) Klammer Null) [Class/UDC] /
  common auxiliary of form *n*
~ Ergänzungszahl der Materialien
  f (Zeichen -03 Strich Null Drei)
  [Class/UDC] / common auxiliary of
  materials *n*

~ **Ergänzungszahl der Personen und persönlichen Merkmale** *f* (-05 Strich Null Fünf) [Class/UDC] / common auxiliary of persons and personal characteristics *n*
~ **Ergänzungszahl der Sprache** *f* (Zeichen = ... gleich) [Class/UDC] / common auxiliary of language *n*
~ **Ergänzungszahl der Völker und Rassen** *f* [Class/UDC] *s. allgemeine Ergänzungszahl von ethnischen Gruppen*
~ **Ergänzungszahl der Zeit** *f* (Zeichen „..." gesprochen Zeit) [Class/UDC] / common auxiliary of time *n*
~ **Ergänzungszahl des Gesichtspunkts** *f* (Zeichen .00 Punkt Null Null) [Class/UDC] / common auxiliary of point of view *n*
~ **Ergänzungszahl des Ortes** *f* (Zeichen (...) Klammer oder (1/9)) [Class/UDC] / common auxiliary of place *n*
~ **Ergänzungszahl von ethnischen Gruppen** *f* (Zeichen (=...) Klammer gleich) [Class/UDC] / common auxiliary of race and nationality *n*
~ **Facette** *f* [Class] / common facet *n*
~ **Klassifikation** *f* [Class] / general classification *n*
~ **Materialbenennung** *f* [Cat] *s. allgemeine Materialbezeichnung*
~ **Materialbezeichnung** *f* [Cat] ⟨ISBD(M; A; S; PM)⟩ / general material designation *n*
~ **standardisierte Auszeichnungssprache** *f* / SGML *abbr* · Standard Generalized Markup language *n*
~ **Verweisung** *f* [Cat] / general reference *n*
allgemein geographische Karte *f* [Cart] DDR / topographic map *n*
Allgemeingruppe *f* [Class] / generalia class *pl*
Allonym *n* [Bk] / allonym *n*
Alltagswissen *n* [KnM] / commonsense knowledge *n*
Allzweckrechner *m* / general-purpose computer *n*
Almanach *m* [Bk] ⟨DIN 31631/4; RAK-AD⟩ / almanac(k) *n*
Alphabet *n* [Writ] ⟨DIN 44300/2⟩ / alphabet *n*
alphabetische Katalogisierung *f* [Cat] / author-title cataloguing *n* · (formale Erfassung:) descriptive cataloguing *n* ‖ *s.a. formale Erfassung; Regeln für die alphabetische Katalogisierung*

alphabetische Notation *f* [Class] / alphabetical notation *n*
~ **Ordnung** *f* [Cat; Ind] / alphabetical arrangement *n* (der Vorgang der ~n ~ auch: alphabetization)
alphabetischer Katalog *m* [Cat] / alphabetical catalogue *n* · author-title catalogue *n* · author catalogue *n* ‖ *s.a. alphabetische Katalogisierung*
~**Zeichensatz** *m* [EDP; Prt] / alphabetic character set *n*
alphabetisches Register *n* [Ind] / alphabetical index *n*
alphabetische Unterteilung *f* [Class/UDC] / alphabetical extension *n*
alphabetisch ordnen *v* [Bib; Cat] / alphabetize *v* (alphabetisch geordnet:arranged alphabetically)
Alphabetisierungs|grad *m* (einer Bevölkerung) [InfSc] / level of literacy *n*
~**kurs** *m* / literacy course *n*
~**programm** *n* / literacy programme *n*
alphanumerisch *adj* / alphanumeric *adj*
alphanumerische Notation *f* [Class] / alphanumeric notation *n*
Alphapapier *n* [Pp] *s. Espartopapier*
als Manuskript gedruckt [Bk] / privately printed *pp* · printed as manuscript
Altanwendung *f* [KnM] / legacy application *n*
Altareinband *m* [Bind] / a medieval luxury binding for liturgical books
Alt|bestand *m* [Stock] / old stock *n* ‖ *s.a. historische Bestände*
~**daten** *pl* (überkommene Daten) [KnM] / legacy data *pl*
alte Drucke *pl* [Bk] ⟨RAK-AD⟩ / old books *pl* ‖ *s.a. Frühdrucke*
ältere Ausgabe *f* (einer Zeitschrift usw.) [Bk] / back issue *n*
ältere Hardware *n* [EDP; KnM] / legacy hardware *n*
älteres System *n* [KnM] / legacy system *n*
Alternativpfad *m* [Retr] / alternate path *n*
Alternativ|relation *f* [Ind] / alternative relation *n*
~**sachtitel** *m* [Cat] ⟨ISBD(M; S; PM); DIN 31631/2⟩ / alternative title *n*
Alters|beständigkeit *f* (von Papier) [Pp] ⟨DIN ISO 9706⟩ *s. Alterungsbeständigkeit*
~**spuren** *pl* [Bk] / traces of aging *pl*
Alterung *f* [Bk] ⟨DIN 6730⟩ / aging *n* · (das Veralten:) obsolescence *n* ‖ *s.a. beschleunigte Alterung; künstliche Alterung*

alterungsbeständiges Papier *n* [Pp] / permanent-durable paper *n* · durable paper *n* · permanent paper *n*
Alterungsbeständigkeit *f* (von Papier) [Pp] / permanence *n* (of paper)
altkoloriert *pp* [Bk] / coloured long ago
Alt|kolorit *n* [Bk] / old colouring *n*
~**papier** *n* [Pp; Bind; Prt] ⟨DIN 6730⟩ / waste paper *n*
~**system** *n* [KnM] / legacy system *n*
Aluminiumdruck *m* [Prt] / algaphry *n* · aluminography *n*
Aluminiumfolie *f* [Bind] / aluminium foil *n*
AM *abbr* [EDP] *s.* Abschnittsmarke
AMR-Steckplatz *m* [EDP] / audio modem riser *n*
Amt *n* (staatliche Einrichtung) / office *n* · agency ‖ *s.a.* Behörde
~ **für Bibliotheken** *n* (Bibliotheksbehörde) [Lib] / library authority *n*
amtliche Druckschrift *f* [Bk] ⟨RAK-AD⟩ / government publication *n* · government document *n* · official publication *n* · public document *n*
~ **Druckschriftennummer** *f* [Bk] ⟨DIN 31631/2⟩ / number of a public document *n*
~ **Veröffentlichung** *f* [Bk] *s.* amtliche Druckschrift
Amts|antritt *m* [OrgM] / assumption of office *n*
~**bezeichnung** *f* [Staff] *s.* Dienstbezeichnung
~**blatt** *n* [Bk] ⟨DIN 31631/4⟩ / official bulletin *n* · official gazette *n* ‖ *s.a.* Gesetzblatt
~**buch** *n* [Arch] / register *n*
~**druckschrift** *f* [Bk] *s.* amtliche Druckschrift
~**zeit** *f* [Staff] / term of office *n* · tenure of office *n* (period of tenure)
Anagramm *n* [Bk] / anagram *n*
Analekten *pl* [Bk] / analects *pl*
Analog|aufzeichnung *f* [NBM] / analog recording *n*
Analog-Digital-Konverter *m* [EDP] *s.* AD-Konverter
analoge Daten *pl* [InfSy] ⟨DIN 44300/2E⟩ / analog data *pl*
Analogieschluss *m* [KnM] / analogical inference *n*
Analogrechner *m* [EDP] / analog computer *n*
Analphabet *m* [Gen] / illiterate *n*
Analphabetismus *m* [Gen] / illiteracy *n* ‖ *s.a.* Lese- und Schreibfähigkeit

analytische Bibliographie *f* [Bk] *s.* analytische Druckforschung
~ **Druckforschung** *f* [Bk] / analytical bibliography *n* · critical bibliography *n*
~ **Klassifikation** *f* [Class] / analytical classification *n*
~ **Statistik** *f* [InfSc] / analytical statistics *pl* *but sing in constr*
analytisch-synthetische Klassifikation *f* [Class] / analytico-synthetic classification *n*
Ananym *n* [Bk] / ananym *n*
anastatischer Nachdruck *m* [Prt] / anastatic reprint *n*
Anbau *m* [BdEq] / annex(e) *n* ‖ *s.a.* Erweiterungsbau
~**regal** *n* (in einem Systemregal) [Sh] / adder *n* · additional section *n* ‖ *s.a.* Grundregal
anbieten *v* (Dienstleistungen usw.) [RS] / (verfügbar machen:) provide *v* · (zum Erwerb ~:) offer *v* ‖ *s.a.* Angebot; bieten; Datenbankanbieter; Informationsanbieter; Leistungsanbieter
Anbieter *m* [InfSy] / provider *n* (~ eines Zugangs: access provider) ‖ *s.a.* Internet-Anbieter; Lieferant
Anbietungspflicht *f* [Law] / the obligation for a publisher to offer his new publications to a depository library ‖ *s.a.* Ablieferungspflicht
anbinden *v* [Bind] / bind in *v* ‖ *s.a.* angebunden; beigebundenes Werk
andersfarbig *adj* [Bk] / differently coloured *pp*
Änderungs|datei *f* [EDP] / transaction file *n*
~**vorschlag** *m* [OrgM] / revision proposal *n*
Andockstation *f* [EDP] / docking station *n*
Andruck *m* [Prt] ⟨DIN 16500/2⟩ / test print *n* · press revise *n* · machine proof *n* · press proof *n*
andrucken *v* [Prt] / pull a proof *v*
Anepigraphon *n* [Bk] / anepigraphon *n*
Anerkennung einer Ausbildungsstätte, eines Studiengangs / accreditation *n* (of an educational institute, of a course of studies)
Anfängerstelle *f* [Staff] / entrance-level position *n* ‖ *s.a.* Berufsanfänger
Anfangs|adresse *f* [EDP] *s.* Datenanfangsadresse; Programmanfangsadresse
~**bedingung** *f* [EDP] / initial condition *n*
~**buchstabe** *m* [Writ; Bk] / initial (letter) *n(n)*
~**gehalt** *n* [Staff] / starting salary

Anfangsknoten 12

~**knoten** *m* (Hxpertext) [EDP] / root node *n*
~**stelle** *f* (für einen Berufsanfänger) [Staff] *s. Anfängerstelle*
~**zeile** *f* / initial line *n*
Anfasergerät *n* [Pres] / leaf casting machine *n*
Anfasern *n* [Pres] / leaf casting *n*
Anforderung *f* [InfSy] / requirement *n* · demand *n* ‖ *s.a. Mindestanforderungen; Prüfungsanforderungen*
Anforderungen *pl* / demands *pl* · requirements *pl* (~ erfüllen: to comply with/meet requirements) ‖ *s.a. Arbeitsplatzanforderungen; Bedürfnisse; behördliche Anforderungen; Benutzeranforderungen; Funktionsanforderungen; gesetzliche Anforderungen; Kundenanforderungen; Systemanforderungen; Verarbeitungsanforderungen*
Anforderungs|analyse *f* [EDP] / requirements analysis *n*
~**betrieb** *m* [EDP] ⟨DIN 44300/9; DIN 44331V⟩ / selection mode *n*
~**spezifikation** *f* [EDP] / requirements specification *n* ‖ *s.a. Einbandanforderungen*
Anfrage *f* / request *n* · enquiry *n* · inquiry *n* · (mit der Bitte um Auskunft:) reference question *n* · (an eine Datenbank:) query *n* ‖ *s.a. Abfrage*
~**ergebnis** *n* [Retr] / query result *n*
Anfragen|optimierung *f* [Retr] / query optimization *n*
~**verarbeitung** *f* [Retr] / query processing *n*
Anfrageresultat *n* [Retr] / query result *n*
anführen *v* (angeben; vermerken) [Cat] / record *v* · give *v* ‖ *s.a. aufführen 1*
Anführungs|striche *pl* [Writ: Prt] *s. Anführungszeichen*
~**zeichen** / (französische Art:) duck-foot quotes *pl* · guillemets *pl* · (übliche Art:) quotation marks *pl* · inverted commas *pl* · quotes *pl* (doppelte ~: double quotes „")
Angabe *f* (der Schriftenreihe, des Verfassers usw. in einer bibliographischen Beschreibung) [Cat] / statement *n*
angeben *v* (anführen; vermerken) / record *v* · give *v* ‖ *s.a. wiedergeben*
Angebot *n* [Acq] / offer *n* · (bei einer Ausschreibung:) tender *n* · bid *n* ‖ *s.a. anbieten; Eröffnungsangebot; Erstgebot; höchstes Angebot*
~ **und Nachfrage** *n* [Gen] / supply and demand *n*

angebunden *pp* [Bind; Cat] / bound with *pp* ‖ *s.a. anbinden*
angefleckt *pp* [Bk] / slightly spotted *pp* ‖ *s.a. fleckig*
angefressen *pp* [Bk] / gnawed *pp*
angegilbt *pp* [Bk] / slightly yellowed *pp*
angelsächsische Schrift *f* [Writ] / Anglo-Saxon script *n*
angerändert *pp* [Bk] / slightly spotty along margins
angerandet *pp* [Bk] / with beginnings of staining on edges ‖ *s.a. Anrandungen*
angerissen *pp* / slightly torn *pp* ‖ *s.a. aufgerissen*
angeschlagen *pp* [Bk] / slightly bruised *pp*
angeschlossene Bibliothek / affiliated library *n* ‖ *s.a. Teilnehmerbibliothek*
angeschmutzt *pp* / slightly soiled *pp*
angeschnitten *pp* / slightly damaged by cutting
angeschnittenes Bild *n* / bleed *n*
angeschnittene Tafel *f* [Bk] / bled off plate *n*
angestaubt *pp* / slightly dusty *adj*
Angestellter *m* [Staff] / employee *n* ‖ *s.a. Bibliotheksangestellter*
angewandte Forschung *f* [InfSc] / applied research *n*
Angießen *n s. Anfasern*
Anhang *m* [Bk; Prt] / appendix *n* · annex(e) *n* · (Schluss der Satzvorlage im Gegensatz zur Titelei:) back matter *n* · end-matter *n* · subsidiaries *pl* ‖ *s.a. Supplement*
Anhängezahl *f* [Class/UDC] *s. Ergänzungszahl*
Anhörung *f* [Comm] / hearing *n*
Anilindruck *m* [Prt] / aniline printing *n*
Animation *f* [NBM] / animation *n*
Animationsfilm *m* [NBM] ⟨DIN 31631/4⟩ *s. Trickfilm*
Ankauf *m* [Acq] / purchase *n*
Ankaufspreis *m* [Acq] / purchase price *n*
anklammern *v* (an) [Off] / clip *v* (to)
Anklebefalz *m* (zum Ankleben von gefalteten Karten usw.) [Bind] / stub *n*
anklemmen *f* (an) [Off] / clip *v* (to)
anklicken *v* / click *v*
anklopfen *v* (ISDN-Merkmal) [Comm] / knock *v*
ankoloriert *pp* / slightly coloured *pp*
ankommender Ruf *m* [Comm] ⟨DIN 44302⟩ / incoming call *n*
Ankündigung *f* [Pr] / (des Erscheinens eines Buches usw.:) announcement ‖ *s.a. Tagungsankündigung*

Anlage 1 *f* (zu einer Sendung) [Comm] / (zu einer E-Mail:) attachment *n* · (zu einem Brief:) enclosure *n*
~ 2 *f* (Betrieb) [OrgM; BdEq] ⟨DIN 66201/1⟩ / (Werk:) plant *n* US · (Einrichtung:) facility *n*
Anlass *m* (d.i. Angaben über Herkunft, Anlass und Zweck einer Veröffentlichung, auch über die herausgebende oder den Druck veranlassende Körperschaft) [Cat] ⟨PI⟩ / occasion *n*
Anlauf|kosten *pl* [BgAcc] / setup costs *pl* · start-up cost(s) *n(pl)*
~**zeit** *f* [EDP] / acceleration time *n*
anlegen 1 [Cat] / make *v* (eine Verweisung anlegen von ... auf...: to make a reference from ... to ...)
~ 2 *v* (in eine Lage bringen) [Repr] ⟨DIN 19040/113E⟩ / feed *v* ‖ *s.a.* Papiereinzug
Anleger *m* (Teil einer Durchlaufkamera usw.) [Repr] ⟨DIN 19040/113E⟩ / feed(er) *n(n)* ‖ *s.a.* Handanleger
Anleimmaschine *f* [Bind] / gluer *n* · glueing machine *n*
Anleitung *f* [RS] / guidance *n*
Anlese|boden [Sh] *s.* Anlesebrett
~**brett** *n* (an einem Regal) [Sh] / study table shelf *n* · (an der Stirnseite eines Regals:) book rest *n* ‖ *s.a.* Ausziehplatte
~**zone** *f* [BdEq] / browsing area *n*
anmahnen *v* [Acq] / claim *v*
Anmelde|formular *n* [OrgM] / (für die Teilnahme an einer Tagung:) registration form *n* · (für die Bibliotheksbenutzung:) application form *n* · registration card *n* (for library membership) · library membership application form *n*
~**gebühr** *f* (für die Teilnahme an einem Kongress usw.) [OrgM] / registration fee *n*
anmelden *v* [RS; Comm; EDP] / register *v* (sich für die Ausleihe ~: to register for borrowing) · (im Verkehr mit einem anderen Rechner:) log on *v* · log in *v*
Anmeldung 1 *f* (eines Benutzers) [RS] *s.* Benutzeranmeldung
~ 2 *f* (Herstellung der Verbindung zu einem entfernten Rechner) [Comm; Retr] / logging in *n* · login *n*
Anmerkung *f* [Bk] ⟨DIN 31631/2; DIN 31639/2⟩ / note *n* · annotation *n* ‖ *s.a.* annotieren; Fußnote
Anmerkungs|knopf *m* (Hypertext) [EDP] / annotation button *n*
~**zeichen** *n* [Prt] / reference mark *n*
Annalen *pl* [Bk] / annals *pl*

Annonce *f* [Bk] / advertisement *n* ‖ *s.a.* anzeigen; Inserent; Stellenanzeige
Annotation *f* [Bib; Cat] ⟨DIN 31631/2; DIN 1426⟩ / annotation *n*
annotieren *v* [Bib; Cat] / annotate *v*
annotierte Bibliographie *f* [Bib] / annotated bibliography *n*
~ **Eintragung** *f* [Bib; Cat] / annotated entry *n*
annullieren *v* [Acq; Cat; EDP] / cancel *v*
Annullierung *f* [Acq; EDP] / cancel(l)ation *n*
Anobium punctatum *n* [Pres] *s.* Totenuhr
anonym *adj* / anonymous *adj*
anonyme Publikation *f* [Bk] / anonymous publication *n* · anonym *n*
Anonymus *m* [Bk] / anonym *n* ‖ *s.a.* klassische Anonyma
anopisthographisch *adj* [Bk] / anopisthographic *adj*
anopisthographischer Druck *m* [Prt] / anopisthographic printing *n*
Anordnung *f* [InfSy] *s.* Ordnung
anpappen *v* [Bind] / paste up *n* · paste down *v*
anpassen *v* (an neue Gegebenheiten) [OrgM] / personalize *v* · customize *v* · retrofit *v*
Anpassungsfähigkeit *f* (eines Gebäudes usw.) [BdEq] / adaptability *n*
Anrandungen *pl* [Bk] / beginnings of stains along the edges ‖ *s.a.* angerandet
Anredeform *f* [Gen; Cat] / term of address *n*
Anregung *f* (für die Beschaffung) [Acq] / suggestion *n*
anreiben *v* [Bind] / press on *v*
Anreibepresse *f* [Bind] / case press *n*
Anruf *m* / call *v/n* · calling *n* ‖ *s.a.* Ferngespräch; Ortsgespräch
~**beantworter** *m* *s.* telefonischer Anrufbeantworter
Anrufbeantwortung *f* (im Rahmen des Aufbaues einer Datenverbindung) [Comm] ⟨DIN 44302⟩ / answering *n*
anrufen *v* [EDP] / invoke *v* · (Telefon:) call *v/n*
Anrufweiterschaltung *f* (ISDN-Merkmal) [Comm] / call forwarding *n*
Ansatz *m* [InfSc] / approach *n* (ein interdisziplinärer ~: a multi-disciplinary approach) ‖ *s.a.* Systemansatz
Ansatz|falz *n* [Bind] *s.* Ansetzfalz
Ansaugplatte *f* (in einer Kamera) [Repr] ⟨DIN 19040/113E⟩ / vacuum holder *n*
anschaffen *v* (beschaffen) [Acq] / acquire *v*

Anschaffungs|etat *m* [BgAcc] *s.*
Erwerbungsetat
~**vorschlag** *m* [Acq] / book order
suggestion *n* · purchase suggestion *n* ‖
s.a. Beschaffungswunsch; Wunschzettel
anschalten *v* [BdEq] / turn on *v* · switch
on *v* ‖ *s.a. Einschaltung*
Anschalt|kosten je Stunde *pl* [Comm; Retr]
/ connect-hour charges *pl*
~**zeit** *f* [Retr] / connect time *n* · attachment
time *n*
Anschießer *m* [Bind] / gold lifter *n* ·
gilder's tip *n*
Anschlag *m* (auf einer Tastatur) [Off; EDP]
/ touch *n* · keystroke *n*
~**brett** *n* [BdEq] / (Schautafel:) display
board *n* · (Pinnwand:) pinboard *n* · (mit
Informationen:) notice board *n* · bulletin
board *n* · tackboard *n* ‖ *s.a. Plakattafel*
~**drucker** *m* [EDP; Prt] / impact printer *n*
anschlagfreier Drucker *m* [EDP; Prt] /
non-impact printer *n*
Anschlag|leiste *f* [Sh] / stop ledge *n* · stop
strip *n*
~**tafel** *f* [BdEq] *s. Anschlagbrett*
anschließen *v* (an) [BdEq] / connect (to) ‖
s.a. Online-Anschluss
anschließende Nebenkarte *f* [Cart] /
adjacent area inset *n*
Anschluss|blatt *n* [Cart] *s. Anschlusskarte*
~**datei** *f* [EDP] / follow-up file *n*
anschlussfertiges System *n* [BdEq] / plug-
and-play system
Anschluss|gebühr *f* [BdEq; BgAcc] /
attachment charge *n*
~**genehmigung** *f* [BdEq] / attachment
approval *n*
~**gerät** *n* [BdEq] / attach device *n*
~**kabel** *n* [BdEq] / drop cable *n* ·
connecting cable *n* · flex *n* · access line *n*
· (Stromzufuhr:) power supply *n*
~**karte** *f* [Cart] ⟨RAK-Karten⟩ / adjoining
sheet *n*
~**kennung** 1 *f* (der gerufenen Station)
[Comm] ⟨DIN 44302⟩ / called
line identification *n* · attachment
identification *n*
~**kennung** 2 *f* (der rufenden Station)
[Comm] ⟨DIN 44302⟩ / calling line
identification *n*
~**stelle** *f* [EDP] / port *n*
~**zeit** *f* [Retr] *s. Anschaltzeit*
anschmieren *v* [Bind] / paste *v*
anschneiden *v* [Bk] / bleed off *v*

Anschreiben *n* [Comm] / cover letter *n* ·
covering letter *n* ‖ *s.a. Begleitschreiben*
Anschubfinanzierung *f* [BgAcc] / initial
funding *n*
ansehen *v* (auf dem Bildschirm)
[EDP/VDU] / view *v*
ansetzen 1 *v* [Bind] / attach *v*
ansetzen 2 *v* (z.B. eine Körperschaft unter
ihrem offiziellen Namen ansetzen) [Cat] /
enter *v*
Ansetzfalz *m* [Bind] / hinge *n* · inner
joint *n* · flange *n* · shoulder *n*
Ansetzung *f* [Cat] / heading *n* · construction
of the (form of) heading *n* (Form
und Struktur der Ansetzung von
Körperschaften: form and structure
of corporate headings ⟨FSCH⟩) ·
determination of the (form of) heading *n* ‖
*s.a. Namensansetzung; Normansetzung;
Normdateiansetzung; normierte
Ansetzungsform; abweichende Ansetzung*
Ansetzungsform *f* [Cat] / form of entry *n* ·
form of heading *n* · (normiert:) authority
form *n* (Form und Struktur der Ansetzung
von Körperschaften:form and structure of
corporate headings)
Ansicht|funktion *f* [EDP/VDU] / preview
function *n* · viewing mode *n*
~**modus** *m* [EDP/VDU] / viewing mode *n*
Ansichts|bestellung *f* [Acq] / approval
order *n*
~**exemplar** *n* / inspection copy *n* · approval
copy *n* · examination copy *n* ‖ *s.a.
Prüfstück; unverlangtes Exemplar; zur
Ansicht*
~**karte** *f* [NBM] / picture postcard *n*
Ansichtsregal *n* / approval shelves *pl*
Ansichts|sendung *f* / consignment of
books sent on approval *n* · batch sent on
approval *n* (Vorgang: sending on approval)
Ansprechpartner *m* [Comm] / contact
person
Anstalt *f* [OrgM] / institution ‖ *s.a. Agentur;
Amt; öffentlich-rechtliche Anstalt*
Anstellung *f* [Staff] / employment *n*
· (Stelle:) position *n* · (Berufung:
Verleihung eines Amtes:) appointment *n*
‖ *s.a. Ganztagsbeschäftigung;
Teilzeitbeschäftigung*
Anstellungs|bedingungen *pl* [Law] /
conditions of employment *pl* · terms of
employment *pl*
~**vertrag** *m* [Staff] / employment contract *n*
ansteuern *v* [EDP] / select *v*
Anstieg *m* [Gen] / increase *n*

Anstreichungen *pl* (in einem Buch) [Bk] / marks *pl* ‖ *s.a. Bleistiftanstriche*
Anteil *m* [Gen] / share *n*
Anthologie *f* / anthology *n*
Antichlor *n* [Pres] / antichlor *n*
Antiphonar *n* [Bk] / antiphonary *n* · antiphonary *n*
Antiqua *f* [Prt] / Roman letters *pl* · Roman (script) *n* · Roman type *n*
Antiquar *m* [Bk] / antiquarian bookseller *n* · second-hand bookseller *n* · (Anbieter von vergriffenen Büchern:) out-of-print dealer *n* · OP dealer *n* · (Inhaber eines wissenschaftlich-bibliophilen Antiquariats:) rare book dealer *n*
Antiquaria *pl* [Bk] / antiquarian books *pl*
Antiquariat *n* [Bk] / second-hand bookshop *n* · antiquarian bookshop *n* ‖ *s.a. modernes Antiquariat*
Antiquariats|buchhandel *m* [Bk] / out-of-print book trade *n* · second-hand book trade *n* · antiquarian (book) trade *n*
~**katalog** *m* [Bk] ⟨DIN 31631/4; RAK-AD⟩ / antiquarian catalogue *n* · second-hand catalogue *n* · (vergriffene Bücher enthaltend:) OP catalogue *n*
~**markt** *m* [Bk] / second-hand book market *n* · antiquarian book market *n*
~**messe** *f* [Bk] / antiquarian book fair *n*
antiquarisches Buch *n* [Bk] / second-hand book *n*
antiquarisch kaufen *v* [Acq] / buy second hand *v*
Antiquatype *f* [Prt] / Roman character *n*
antiquiert *pp* [Gen] / antiquated *pp*
Antiquität *f* [NBM] / antique *n*
Antivirusprogramm *n* [EDP] / anti-virus program *n*
Antonomie *f* [Ind] / antonymic relation *n*
Antonym *n* [Ind] / antonym *n*
Antrag *m* (auf Zulassung zum Studium) [Ed] / application *n* (for admission to studies; einen ~ abfassen: to prepare an application; einen ~ vorlegen: to submit an ~) ‖ *s.a. Haushaltsantrag; Projektantrag; Stipendienantrag*
Antragsfrist *f* [OrgM] / application period *n* ‖ *s.a. Schlusstermin*
Antragsteller *m* (mit Bezug auf ein Projekt) / proposer *n*
Antrieb *m* [BdEq] / drive *n*
Antwort *f* [Comm] / reply *n* · response *n*
Antwort|quote *f* [InfSc] / response rate *n*
~**rate** *f* [InfSc] *s. Antwortquote*

~**schein** *m* [Comm] *s. internationaler Antwortschein*
~**seite** *f* [EDP/VDU] / response frame *n*
~**zeit** *f* [EDP] ⟨DIN 44300/7; DIN 66233/1⟩ / response time *n* (mittlere ~:mean response time)
anwählen *v* [Comm] / dial up/in *v*
Anweisung *f* (Programmieren) [EDP] ⟨DIN 44300/4⟩ / statement *n* ‖ *s.a. bedingte Anweisung; Befehl; Grundanweisung; Prozeduranweisung; Rufanweisung; Schleifenanweisung; Sprunganweisung*
anwenderfreundlich *adj* [BdEq; EDP] / user friendly *adj*
Anwender|programm *n* [EDP] / application program *n* · user program *n*
~**software** *f* [EDP] / application software *n*
Anwendung [OrgM] / application *n* (the act of putting to a special use)
Anwendungs|ebene *f* (OSI) [InfSy] / application layer *n*
~**kennung** *f* [EDP] / implementation code *n*
anwendungsorientierte Unterstützung *f* [OrgM] / application-based support *n*
Anwendungs|programm *n* [EDP] *s. Anwenderprogramm*
~**prozess** *m* [EDP] / application process *n*
~**schicht** *f* [Comm] / application layer *n*
Anwesenheits|liste *f* [OrgM] / attendance register *n* · attendance list *n*
Anzahlung *f* [BgAcc] / down payment *n* · advance payment *n* ‖ *s.a. Teilzahlung*
Anzeige 1 *f* (auf dem Bildschirm) [EDP/VDU] / display *n* ‖ *s.a. Bildschirmanzeige; Datenanzeige; Flüssigkristallanzeige; Leuchtanzeige*
~ 2 *f* (in einer Zeitung usw.) / advertisement *n* (eine ~ aufgeben: to put an advertisement into) ‖ *s.a. Stellenanzeige*
~**dauer** *f* [EDP/VDU] ⟨DIN 66233/1⟩ / display duration *n*
~**gerät** *n* [EDP/VDU] ⟨DIN 66233/1⟩ / display device *n* · display unit *n*
Anzeigen [Bk] *pl* / advertisements *pl* · ads *pl*
Anzeigen|blatt *n* [Bk] / advertising journal *n*
~**teil** *m* [Bk] / advertisement section *n*
Anzeige|option *f* [Internet] / display option *n*
~**tafel** *f* (mit optischen und/oder akustischen Signalen) [BdEq] / annunciator panel *n* ‖ *s.a. Ziffernanzeige*
Apographon *n* [Writ] / apograph *n*
Apographum *n* [Writ] / apograph *n*

apokryph 16

apokryph *adj* [Bk] / apocryphal *adj*
Apokryphen *pl* [Bk] / apocrypha *pl*
Apostroph *m* [Writ] / apostrophe *n*
Aquarell *n* [Art] / water-colour (painting) *n(n)*
Aquatinta *f* [Art] / aquatint *n*
Aquatonverfahren *n* [Prt] / aquatone *n*
Äqui|distanz *f* [Cart] / constant contour value *n*
 ~**noktium** *n* [Cart] ⟨RAK-Karten⟩ / equinox *n*
Äquivalenz *f* [Lin] / equivalence *n* ∥ *s.a. genaue Äquivalenz*
 ~**bedingung** *f* [Retr] / IF-AND-Only-IF-element *n*
 ~**benennung** *f* [Ind] / equivalent term *n*
 ~**bezeichnung** *f* [Ind] *s. Äquivalenzbenennung*
 ~**beziehung** *f* [Ind] *s. Äquivalenzrelation*
 ~**klasse** *f* [Ind] / equivalence category *n* · equivalence class *n*
 ~**operation** *f* [Retr] / IF-AND-Only-IF operation *n*
 ~**relation** *f* [Ind] ⟨DIN 1463/1; TGL RGW 174⟩ / equivalence relation *n*
Arabeske *f* [Art; Bk] / arabesque *n*
arabische Zahl *f* [Writ; Prt] / Arabic numeral *n* · Arabic figure *n*
~ **Zählung** *f* [InfSy] / Arabic numeration *n*
~ **Ziffer** *f* [Writ; Bk] / Arabic figure *n* · Arabic numeral *n*
Arbeit *f* / work *n* ∥ *s.a. Doktorarbeit; Magisterarbeit; Prüfungsarbeit*
Arbeitgeberbeitrag *m* (zur Sozialversicherung) [BgAcc] / employer's contribution
Arbeitsablauf *m* [OrgM] / workflow *n*
 ~**diagramm** *n* [OrgM] / workflow diagram *n*
 ~**steuerung** *f* [OrgM] / workflow management *n*
Arbeits|analyse *f* [OrgM] / job analysis *n*
 ~**aufwand** *m* [OrgM] / expenditure of work *n*
 ~**bedingungen** 1 *pl* (allgemein) [Staff] / working conditions *pl*
 ~**bedingungen** 2 *pl* (Anstellungsbedingungen) [Staff] / conditions of employment *pl* · terms of employment *pl*
 ~**befreiung** *f* [Staff] / (wegen Arbeitsunfähigkeit:) disability leave *n*
 ~**befreiung** *f* [Staff] / (wegen Krankheit:) sick leave *n*
 ~**belastung** *f* [Staff] / workload *n* · work load *n* ∥ *s.a. Überbelastung*

~**bereich** *m* [OrgM] / work area *n* · working space *n*
~**bescheinigung** *f* [Staff] / statement of employment *n*
~**besuch** *n* [OrgM] / working visit *n*
~**blatt** *n* [TS] / workform *n*
~**buch** *n* / workbook *n*
~**datei** *f* [EDP] / work file *n*
~**erfahrung** *f* / workplace experience *n* · work-experience *n*
~**erlaubnis** *f* [Staff] / work permit *n* · employment permit *n*
~**ersparnis** *f* [OrgM] / saving in manpower *n* ∥ *s.a. Arbeitskräfte-Einsparung*
~**fenster** *n* [EDP/VDU] / active window *n*
~**film** *m* [Repr] ⟨ISO 6196-4⟩ / distribution microform *n* · distribution copy *n* · working film *n*
~**fläche** 1 *f* (Ort, auf der gearbeitet wird) [BdEq] / work surface *n* ∥ *s.a. reflexionsarme Oberfläche*
~**fläche** 2 *f* (Windows-Anwendung) [EDP/VDU] / desktop *n*
~**flusssteuerung** *f* [OrgM] / work flow management *n*
~**gemeinschaft** *f* [OrgM] *s. Arbeitsgruppe*
~**gericht** *n* [Law] / labour court *n*
~**gruppe** *f* [OrgM] / working group *n* · working party *n* · task force *n* · action group *n* ∥ *s.a. gemeinsame Arbeitsgruppe*
~**hypothese** *f* [InfSc] / working hypothesis *n*
arbeitsintensiv *adj* / labour intensive *adj*
Arbeits|kabine *f* [BdEq; RS] / (abgeschlossen:) study carrel *n* · cubicle *n* · study (room) *n* (~ mit elektrischem Anschluss:wet carrel; ohne elektr.Anschluss:dry carrel) · carrel *n*
~**klima** *n* [OrgM] / working climate *n*
~**konflikt** *m* / labour dispute *n* · industrial dispute *n*
~**kopie** *f* [Repr] / working copy *n* · reference copy *n*
~**kosten** *pl* [BgAcc] / labour cost(s) *n(pl)*
~**kräfte** *pl* [Staff] / manpower *n*
~**kräftebedarf** *m* [Staff] / labour demand ∥ *s.a. Personalmangel*
~**kräfte-Einsparung** *f* [OrgM] / saving in labour *n* ∥ *s.a. Arbeitsersparnis*
~**kräftemangel** *m* [OrgM] / labour shortage *n* ∥ *s.a. Personalmangel*
~**kreis** *m* [OrgM] *s. Arbeitsgruppe*
~**leistung** *f* [OrgM] / job performance *n*

arbeitslos *adj* [Staff] / jobless *adj* · unemployed *pp*
Arbeits|losigkeit *f* [Staff] / unemployment *n*
~**markt** *m* / employment market *n* · labour market *n* · job market *n*
~**methode** *f* [OrgM] / work method
~**moral** *f* [Staff] / employee morale *n* · work ethic *n*
~**ordnung** *f* (Sammlung von Arbeitsrichtlinien in Form eines Handbuches) [OrgM] / procedure(s) manual *n* · work manual *n* · staff handbook *n* · staff manual *n*
~**papier** *n* [OrgM] / working document *n* · working paper *n*
~**plan** *m* [OrgM] / working plan *n* · workplan *n*
~**planung** *f* [OrgM] / work scheduling *n* · operation scheduling *n*
~**platz** 1 *m* (als räumlich-materielle Einheit) [BdEq] / workstation *n* ‖ *s.a. Benutzerarbeitsplatz; Bildschirmarbeitsplatz*
~**platz** 2 *m* (Anstellung oder Tätigkeitsbereich) [Staff] / job *n*
~**platzanalyse** *f* [OrgM] / job analysis *n*
~**platzanforderungen** *pl* [OrgM] / job specifications *pl*
~**platzbeschreibung** *f* [OrgM] / job description *n* · position description *n* ‖ *s.a. Tätigkeitsbeschreibung*
~**platzbewertung** *f* [OrgM] / job evaluation *n*
~**platzcomputer** *m* [EDP] ⟨DIN 32748/1⟩ *s. Arbeitsplatzrechner*
~**platzrechner** *m* [EDP] ⟨DIN 32748/2⟩ / workstation computer *n* ‖ *s.a. autonomer Arbeitsplatzrechner*
~**platzrotation** *f* [OrgM] / job rotation *n* · position rotation *n*
~**platzteilung** *f* [OrgM] / job sharing *n*
~**praxis** *f* [OrgM] / working practice *n*
~**produktivität** *f* [OrgM] / labour productivity *n*
~**programm** *n* [OrgM] / programme of work *n* · work programme *n* ‖ *s.a. Arbeitsplan*
~**projektor** *m* [NBM] ⟨DIN 19040/11; DIN 19090/1⟩ / overhead projector *n*
~**raum** *m* [BdEq] / work room *n*
~**rechner** *m* [EDP] / host computer *n*
~**recht** *n* [Law] / law of employment *n* · labour law *n* · industrial relations law *n*

~**richtlinien** *pl* [OrgM] / (in Handbuchform:) work manual *n* · staff handbook *n* · staff manual *n* · procedure(s) manual *n*
~**schutz** *f* [OrgM] / industrial safety *n*
~**sicherheit** *f* [OrgM] / job security *n* · occupational safety *n*
~**speicher** *m* [EDP] / working storage *n* · random access memory *n* ‖ *s.a. Hauptspeicher*
~**speichererweiterung** *f* [EDP] / memory expansion *n* · add-on memory
~**sprache** *f* [Lin] / working language *n*
~**stelle** *f* [Staff] / (frei und besetzbar:) job opportunity *n* ‖ *s.a. Stelle 2*
~**studien** *pl* / work studies *pl*
~**stuhl** *m* [BdEq] / work chair *n*
~**stunde** *f* [OrgM] / man-hour *n*
~**suchender** *m* [Staff] / job seeker *n*
~**technik** *f* [OrgM] / working technique *n*
~**techniken** *pl* [OrgM] / operational techniques *n*
~**teilung** *f* [OrgM] / division of work *n*
~**tisch** *m* / work desk *n* · work table *n* ‖ *s.a. Lesetisch; Werkbank*
~**transparent** *n* [NBM] ⟨ISBD(NBM); DIN 19040 /11; DIN 31631/2; DIN 1425⟩ / overhead projectual *n* · overhead transparency *n* ‖ *s.a. Aufbautransparent; Folgetransparent; Grundtransparent*
~**umgebung** *f* [OrgM] / job environment *n* · working environment *n*
~**umwelt** *f* [OrgM] *s. Arbeitsumgebung*
~**unterlagen** *pl* [OrgM] / working papers *pl*
~**vereinfachung** *f* [OrgM] / work simplification *n*
~**vertrag** *m* [Staff] / employment contract *n* · work contract *n*
~**zeit** *f* [OrgM] / working time *n*
~**zeitverkürzung** *f* / reduction of working hours *n*
~**zeugnis** *n* [Staff] / certificate of employment *n*
~**zimmer** *n* [BdEq] / work room *n*
~**zufriedenheit** *f* [Staff] / job satisfaction *n*
Architekten|entwurf *m* [BdEq] / architectural design *n*
~**zeichnung** *f* [BdEq] / architectural drawing *n*
Architektur|einband *m* [Bind] / architectural binding *n*
~**plan** *m* [Cart] ⟨ISBD(CM)⟩ / architectural plan

Archiv 1 *n* (Institution) [Arch] / record office · archival agency *n* · archives *pl* · archives office *n* Brit ‖ *s.a. Bildarchiv; Filmarchiv; Firmenarchiv; Fotoarchiv; Gemeindearchiv; Literaturarchiv; Nationalarchiv; Registratur; Schallarchiv; Stadtarchiv*
~ 2 *n* (Depot für Archivalien) [Arch] / archival repository *n* · archives repository *n* · archives depository *n* ‖ *s.a. Aktenablage*
Archivalien *pl* [Arch] / archivalia *pl* · archival documents *pl* ‖ *s.a. Archivmaterial*
Archivar *m* [Arch] / archivist *n*
Archiv|bau *m* [Arch] *s. Archivgebäude*
~**bibliothek** *f* [Lib] / resource library *n* · depository library *n* · repository library *n*
~**datei** *f* [EDP] / archive file *n*
~**exemplar** *n* [Stock] / preservation copy *n* · archive copy *n* · file copy *n* · archival copy *n*
~**fähigkeit** *f* [Repr] / archival quality *n*
~**film** *m* [Repr] ⟨DIN 19040/4+104E+113⟩ / archival film *n* · archival record film *n* · permanent record film *n*
~**funktion** *f* (einer Bibliothek) [Lib] / archival function *n*
~**gebäude** *n* [Arch] / archival building *n* · archives building *n*
~**gut** *n* [Arch] *s. Archivalien*
archivieren *v* / (ablegen:) file *f* · (im Archiv deponieren:) archive *v* ‖ *s.a. Dokumentarchivierung*
Archiv|material *n* [Arch] / archive material *n* ‖ *s.a. Archivalien; Schriftgutverwaltung*
~**papier** *n* [Pp] / archival paper *n* · (Wertzeichenpapier:) bond paper *n*
~**qualität** *f* [Repr] *s. Archivfähigkeit*
~**speicher** *m* [EDP] / archive storage *n*
~**verwaltung** *f* [Arch] / (Teil der Kulturverwaltung:) archives administration *n* · (Betrieb:) archives management *n*
~**wert** *n* [Arch] / archival value *n*
~**wissenschaft** *f* [Arch] / archive science *n*
Arealkarte *f* [Cart] / areal map *n*
Aristonym *n* [Cat] / aristonym *n*
Armarius *m* [Staff] / armarian *n* · armarius *n*
Armeebibliothek *f* [Lib] / army library *n*
Armillarsphäre *f* [Cart] ⟨ISBD(CM)⟩ / armillary sphere *n*

Arrangement *n* [Mus] / (Bearbeitung eines Musikstückes:) arrangement *n* · (für ein anderes Instrument:) transcription *n*
Arrangeur *m* [Mus] / arranger *n*
Art-Direktor *m* [Bk] / art director *n*
Artefakt *n* [NBM] / artefact *n*
Artikel *m* [Bk] / article *n*
Artothek *f* [Lib] / artotek *n* · picture lending library *n* · art lending library *n*
Arzneibuch *n* [Bk] / book of drugs *n* · pharmacopoeia *n*
Arztroman *m* [Bk] / doctor novel *n*
Askriptor *m* [Ind] *DDR* ⟨TGL RGW 174⟩ / non-descriptor *n* · non-preferred term *n*
Aspekt|anzeiger *m* [EDP] / aspect source flag *n* · ASF *abbr*
~**klassifikation** *f* [Class] / aspect classification *n*
~**verhältnis** *n* [EDP] / aspect ratio *n*
~**zahl** *f* [Class/UDC] *s. allgemeine Ergänzungszahl des Gesichtspunkts*
Assembler *m* [EDP] ⟨DIN 44300/4E⟩ / assembler *n*
Assembler|sprache *f* [EDP] / assembly language *n* · assembler language *n*
Assemblierer *m* [EDP] ⟨DIN 44300/4⟩ *s. Assembler*
Assistent an Bibliotheken *m* [Staff] / library technical assistant *n* · library assistant *n* Brit (trained for service in public libraries)
Assoziationsrelation *f* [Class; Ind] ⟨DIN 1463/1E; TGL RGW 174⟩ / associative relation *n*
assoziative Beziehung *f* [Class; Ind] *s. Assoziationsrelation*
~**Verweisung** [Cat] / co-ordinate reference *n*
Assoziativspeicher *m* [EDP] ⟨DIN 44300/6; DIN 44476/1⟩ / associative memory *n* · content-addressable memory *n* · CAM *abbr* · content-addressable storage *n*
Assurélinien *pl* (Verzierung mit ~) [Bind] / azure tooling *n*
Asteriskus *m* [Cat] / asterisk *n*
Asteronym *n* [Bk] / asterism *n*
asynchron *adj* / asynchronous *adj*
asynchrone Übertragung *f* [Comm] ⟨DIN 44302⟩ / asynchronous transmission *n*
Atlas *m* [Bk] ⟨DIN 31639/2; RAK-AD⟩ / atlas *n* ‖ *s.a. Straßenatlas; Taschenatlas*
~**format** *n* [Bk] / atlas size *n*
attribuierte Grammatik *f* [Lin] / attribute grammar *n*
Attribut *n* [EDP] *s. Dateiattribut*

At-Zeichen *n* (@) [EDP] / at sign *n* · commercial at ‖ *s.a.* *Klammeraffe*
ätzen *v* [Prt] / etch *v* ‖ *s.a.* *Punktätzung; Zinkätzung*
Ätz|grund *m* [Prt; Art] / etching ground *n*
~**nadel** *f* [Art] / etching needle *n*
auch bekannt als *pp* [Cat] / a.k.a. *abbr* · also known as
Audio|karte *f* [EDP] / audio card *n* · sound card *n*
~**-Schnittstelle** *f* [EDP] / audio interface *n*
~**spur** *f* (CD-ROM) [EDP] / audio track *n*
~**-Video-Verflechtung** *f* [EDP] / audio-visual interleave *n* · AVI *abbr*
audiovisuelle Materialien *pl* [NBM] ⟨A 2653⟩ / audio-visual materials *pl*
~ **Medien** *pl* [NBM] *s.* *audiovisuelle Materialien*
audiovisuelles Dokument *n* [NBM] / audio-visual document *n*
~ **Zentrum** *n* [NBM; OrgM] / audio-visual centre *n* · (als Lehrmittelzentrum:) audio/video learning laboratory *n*
Audit *n* [OrgM] / audit *n* · revision *n* ‖ *s.a.* *Qualitätsaudit*
~**durchführung** *f* [OrgM] / auditing *n*
auditieren *v* [OrgM] / audit *v* ‖ *s.a.* *Auditdurchführung*
auditierte Organisation *f* [OrgM] / auditee *n*
Auditor [OrgM] / auditor *n*
Aufbau *m* (das Aufbauen/die Einrichtung) [OrgM] / setting up *n*
~**kosten** *pl* [BgAcc] / start-up cost(s) *n(pl)*
~**organisation** *f* [OrgM] / organization structure *n*
~**studium** *n* [Ed] / post-graduate studies *pl* · supplementary course *n*
~**transparent** *n* [NBM] ⟨DIN 19040/11; A 2653⟩ / overlay assembly *n* (a set of transparencies consisting of a basic transparency and one ore more overlays) ‖ *s.a.* *Überlage*
aufbewahren *v* [Stock] / preserve *v*
Aufbewahrung *f* [Arch] / retention· (Verwahrung:) preservation *n*
Aufbewahrung auf Dauer [Arch; Lib] / long-term preservation *n*
Aufbewahrungs|frist *f* [Arch] / retention period *n* · retention time *n*
~**ort** *m* [Stock] / depository *n* · repository *n*

~**plan** *m* (Richtlinien für die Dauer der Aufbewahrung von Archivalien) [Arch] / disposition schedule *n* · retention schedule *n*
~**stelle** *f* [Stock] *s.* *Aufbewahrungsort*
aufbinden *v* [Bind] / bind up *v*
Aufenthaltserlaubnis *f* [Staff] / residence permit *n*
auffächern *v* [Pp] / fan *n/v*
auffinden *v* [Retr] / locate *v*
Aufforderungsbetrieb *m* [Comm] ⟨DIN 44302⟩ / normal response mode *n* · NRM *abbr*
aufführen 1 *v* (in einer Reihenfolge angeben) [Cat] / enumerate *v*
~ 2 *v* (ein Musikwerk usw. ~) [Mus] / perform *v*
Aufführung *f* (eines Musikwerkes) [Mus] / performance *n* (of a musical work) ‖ *s.a.* *Uraufführung*
Aufführungsrechte *pl* [Art; Law] / performance rights *pl* · performing rights *pl* ‖ *s.a.* *reversgebundene Aufführungsmaterialien*
Aufgabe 1 *f* (Auftrag einer Institution) [OrgM] / mission ‖ *s.a.* *Auftrag 1*
~ 2 *f* (eine zu leistende Arbeit) [Ed] / task *n* (eine ~ übertragen: to assign a task) · (in einem Ausbildungszusammenhang zu lösen:) assignment *n* ‖ *s.a.* *Gemeinschaftsaufgabe; Sekretariatsaufgaben*
Aufgaben|analyse *f* (Analyse der Aufgaben einer Institution) [OrgM] / mission analysis *n*
~**bereich** *m* [OrgM] / scope of functions *n* · area of responsibility *n* ‖ *s.a.* *Geschäftsverteilungsplan*
~**beschreibung** *f* (Darlegung der Aufgaben einer Institution) [OrgM] / mission statement *n*
aufgabenbezogener Thesaurus *m* [Ind] / mission-oriented thesaurus *n*
Aufgabenverteilung *f* [OrgM] / allocation of tasks *n* · distribution of responsibilities *n* ‖ *s.a.* *Geschäftsverteilungsplan*
aufgangen in *pp* (bei einer Zeitschrift usw.) [Bk] / absorbed by *pp*
aufgeplatzt *pp* [Bind] / burst *v/pp* · cracked *pp*
aufgerissen *pp* [Bind] / torn *pp* ‖ *s.a.* *angerissen*
aufgeteilt in *pp* (bei einer Zeitschrift usw.) [Bk] / split into *pp*
aufkleben *v* [Bind] / mount *v*

Aufkleber *m* [PR] / sticker *n* ‖ *s.a. Etikett*
Auflage 1 *f* [Bk] / edition *n* ‖ *s.a. Auflagenhöhe; beschränkte Auflage; durchgesehene Auflage; erweiterte Auflage; Nachauflage; umgearbeitete Auflage; verbesserte Auflage; verkaufte Auflage; vermehrte Auflage*
~ 2 *f* (Zahl der in einem Druckvorgang hergestellten Drucke) [Prt] / print run *n* Brit · press run *n* US ‖ *s.a. Kleinauflagendruck*
~**fläche** *f* (eines Kopierers) [Repr] / platen *n* (flache ~: flat-bed fixed platen)
Auflagen|höhe *f* [Bk; Prt] / edition size *n* · (eines Buches:) size of edition *n* · (einer Zeitschrift/Zeitung:) circulation *n* · number of copies printed or to be printed
~**vermerk** *m* [Cat] / edition statement *n* · statement of edition *n*
auf Lager *n* [Bk] / (Buchhandel:) in stock *n* ‖ *s.a. nicht am Lager*
Auflegearbeit *f* [Bind] / onlaying *n* ‖ *s.a. Lederauflage*
Auflicht *n* [Repr] / incident light *n*
~**lesegerät** *n* [Repr] / front-projection reader *n*
auflisten *v* [Bib] / list *v*
Auflistung *f* [Ind] / listing *n*
Auflösung *f* / resolution *n* · definition *n* ‖ *s.a. Bildauflösung; hoch auflösendes Fernsehen; mittlere Auflösung; niedrig auflösender Bildschirm; Scanner-Auflösung*
Auflösungsvermögen *n* [EDP/VDU; Repr] ⟨DIN 19040/104E⟩ / resolving factor *n* · resolving power *n* ‖ *s.a. Detailwiedergabe*
Aufmachung (eines Buches) [Bk] / make-up *n* · get-up *n* (of a book)
Aufnahme 1 *f* [Repr] / exposure *n* · (Schuss mit der Kamera:) shot *n* ‖ *s.a. aufnehmen 2; Nahaufnahme*
~ 2 *f* (eines Titels in den Katalog) [Cat] / entry *n* (of a title into the catalogue) ‖ *s.a. Titelaufnahme 2*
~**bogen** *m* [Cat] / input cataloguing workform *n*
~**film** *m* (für die Aufnahme von Mikrobildern) [Repr] ⟨ISO 6196-4⟩ / rawstock microfilm *n*
~**gerät** *n* (zum Aufzeichnen einer Sendung usw.) [BdEq] / recording device *n*
~**prüfung** *f* [Ed] / entrance examination *n*
~**spule** *f* [BdEq] / take-up reel *n*
aufnehmen 1 *v* (ein Buch für den Katalog aufnehmen) [Cat] / catalogue *v*

~ 2 *v* (fotografieren) [Repr] / take *v* (a (photographic) picture) ‖ *s.a. Aufnahme 1*
Aufpreis *m* [Bk] / mark-up *n* · (zusätzliches Entgelt:) surcharge *n* ‖ *s.a. Zuschlag*
Aufriss *m* [BdEq] / elevation (drawing) *n*
Aufruf *m* (etwas zu tun) [PR] / call *v/n* ‖ *s.a. Spendenaufruf*
~**betrieb** *m* [Comm] ⟨DIN 44302⟩ / polling/selecting mode *n*
aufrunden *v* [InfSc] / round up *v* ‖ *s.a. abrunden*
aufrüsten *v* [BdEq] / upgrade *v*
Aufrüstsatz *m* [EDP] / upgrade kit *n*
Aufsatz *m* (in einer Zeitschrift usw.) [Bk] ⟨DIN 31631/4; DIN 31639/2⟩ / article *n* ‖ *s.a. Zeitschriftenaufsatz*
~**katalog** *m* [Cat] / analytical catalogue *n*
aufschaben *v* [Bind] / fray *v*
Aufschlag *m* (erhöhtes Entgelt) [BgAcc] / surcharge *n* ‖ *s.a. Aufpreis*
aufschneiden *v* (ein Buch ~) [Bind] / open *v* (a book) ‖ *s.a. unaufgeschnitten*
Aufschrift *f* [Writ] / superscription *n*
Aufsicht *f* (Überwachung) [Adm] / supervision *n* ‖ *s.a. Benutzung unter Aufsicht; Dienstaufsicht; Fachaufsicht; Lesesaalaufsicht; Rechtsaufsicht*
~**scanner** *m* [ElPubl] / overhead scanner *n* · scanner system *n* (for books and large-size documents)
Aufsichts|personal *n* [OrgM] / superintending staff *n*
~**platz** *m* [BdEq] / control desk *n* · control counter *n*
~**vorlage** *f* (bei einem Aufsichtsscanner) [EDP] / overhead original *n*
Aufspaltung *f* (in einem Programmablaufplan) [EDP] ⟨DIN 44300/4⟩ / fork *n* · branch point *n* · branching point *n*
Aufspuleinrichtung *f* [NBM; Repr] / take-up device *n*
aufspulen *v* [Repr] / 2 spool *n/v* (wind on a spool) ‖ *s.a. umspulen*
aufsteigende Reihenfolge *f* [EDP; InfSy] / ascending sequence *n* · ascending order *n*
aufstellen *v* (Bücher usw. in Regalen ~) [Sh] / shelve *v*
Aufstellung 1 *f* (des Buchbestands) [Sh] / shelving *n* (~ nach Zugang: shelving in accession order; ~ nach Format:shelving by size) · (in Magazinregalen:) bracket shelving ‖ *s.a. Freihandaufstellung; Kompaktaufstellung; Numerus-currens-Aufstellung; ortsfeste Aufstellung; systematische Aufstellung*

Aufstellung 2 *f* (Standort eines Buches usw.) [Sh] / location *n* · (ohne feste Regalbindung:) movable location *n*
Aufstellungs|folge *f* [Sh] / shelving sequence *n*
~ort 1 *m* (Standort eines Buches, einer Sammlung usw.) [Sh] / location *n* · (in einem Regal:) shelf location
~ort 2 *m* (eines Gerätes usw.) [BdEq] / setup site · site
~system *n* [Stock] / shelving system *n*
~systematik *f* [Class; Sh] / shelf classification *n*
Aufstiegsmöglichkeiten *pl* [Staff] / career opportunities *pl*
Aufteilung *f* (eines fortlaufenden Sammelwerks) [Cat] / split *n* (of a serial)
Auftrag 1 *m* (etwas, das auszuführen ist) [Acq; OrgM] / (von hoher Stelle erteilt:Mandat:) mandate *n* · (Auftragstellung einer Institution:) mission · (Bestellung:) order *n* · (~ etwas zu tun:) commission *n* ∥ *s.a. Aufgabe 2; Druckauftrag; Teilauftrag*
~ 2 *m* (durch den Computer zu erledigende Aufgabe) [EDP] ⟨DIN 44300/1; 300/9⟩ / job *n* ∥ *s.a. Auftragsverwaltung*
Auftrager *m* [Bind] / gilder's tip *n*
Auftrag|geber *m* [Acq] / commissionary party *n*
~nehmer *m* [Acq] / taker *n*
Auftrags|abrechnung *f* [EDP] / job accounting *n*
~abwicklung *f* [EDP] ⟨DIN 66200/1⟩ / job processing *n*
~bestätigung *f* [Acq] / confirmation of order *n*
~erteilung *f* [Acq] / ordering *n*
~ferneingabe *f* [EDP] / remote job entry *n* · RJE *abbr*
~verwaltung *f* [EDP] / job management *n*
Aufwand *m* (in Geldwert berechnet) [BgAcc] / expenditure *n*
Aufwandsentschädigung *f* [BgAcc] / expense allowance *n*
aufwärts|kompatibel *adj* [EDP] / upward compatible *adj*
Aufwärtskompatibilität *f* [EDP] / upward compatibility *n*
aufwärts rollen *v* [EDP/VDU] / scroll upward *v*
Aufwickelspule *f* [NBM] / take-up reel *n*
aufzählen *v* [Gen] / enumerate *v*
aufzeichnen *v* [Bk; NBM] / record *v*

Aufzeichnung *f* / (Ergebnis:) record *n* · (Vorgang:) recording *n* ∥ *s.a. Analogaufzeichnung; Magnetaufzeichnung; Mitschnitt; Tonaufzeichnung*
Aufzeichnungsdichte *f* [EDP] / record density *n*
aufziehen *v* [Bind] / back *v* · mount *v*
Aufziehkarton *m* [NBM] / mounting board *n* · mount *n*
Aufzug 1 *m* (Transportmittel) [BdEq] / elevator *n US* · lift *n Brit* ∥ *s.a. Bücheraufzug; Lastenaufzug*
~ 2 *m* (Theaterstück) [Art] / act *n*
Augenabstand *m* (am Bildschirm) [EDP/VDU] / viewing distance *n*
Augsburger Papier *n* [Pp] / dutch gilt paper *n*
Auktion *f* [Bk] / auction *n* (auf einer Auktion mitbieten: to bid)
Auktionator *m* [Bk] / auctioneer *n*
Auktions|haus *n* [Bk] / auction house *n*
~katalog *m* [Bk] / auction catalogue *n* · sales catalogue *n*
ausarbeiten *v* [OrgM] / prepare *v*
ausbauen *v* / (aufrüsten:) upgrade *v* · (erweitern:) expand *v*
ausbaufähig *adj* [BdEq] / expandable *adj* · upgradeable *adj*
ausbessern *v* [Pres] / mend *v* · repair *n*
Ausbilder *m* [Ed; Staff] / training officer *n*
Ausbildung *f* [Ed] / education *n* · training *n* ∥ *s.a. Bibliothekarausbildung; Zusatzausbildung; zweiter Bildungsweg*
~ am Arbeitsplatz *f* [Ed] / on-the-job training ∥ *s.a. interne Ausbildung*
Ausbildungs|beihilfe *f* [Ed] / training grant *n* · education grant *n* · tuition aid *n* ∥ *s.a. Stipendium*
~bibliothek *f* [Ed] / library accredited as a training institution
~dauer *f* / period of training *n*
~förderung *f* / educational advancement *n* (subsidized) · educational assistance *n* (subsidized)
~gang *m* [Ed] / educational course *n* · course of training *n* · education track *n*
~lehrgang *m* [Ed] / training course *n*
~leiter *m* [Ed] / training officer *n*
~plan *m* [Ed] / training schedule *n*
~stätte *f* [Ed] / (Institut:) educational institute · (Ort:) place of education *n* ∥ *s.a. Anerkennung einer Ausbildungsstätte, eines Studiengangs*
~zeit *f s. Ausbildungsdauer*

Ausbildungsziel   22

~ziel *n* [Ed] / training objective *n* ‖ *s.a.*
   Lernziel; Unterrichtsziel
ausblenden *v* (nicht anzeigen) [EDP/VDU]
   / (vorübergehend:) hide · blind out ·
   shield *v/n* · mask out *v*
aus dem Einband (Vermerk in einem
   Antiquariatskatalog) [Bind] / broken
   binding *n*
Ausdruck 1 *m* (Benennung) [Lin; Ind] /
   term *n*
   ~ 2 *m* (aus einem Drucker) [EDP; Prt]
   / printout *n* ‖ *s.a. Bildschirmausdruck;
   Listenausdruck*
ausdrucken *v* [EDP; Prt] / print off *v* ·
   print ‖ *s.a. Drucken*
auseinander|fallen *v* [Pres] / fall apart *v* ‖
   s.a. zerfallen
   ~nehmen *v* (ein Buch ~) [Bind] / take
   down *v* · take a book apart *v* ‖ *s.a.
   Vorrichten*
Ausfall *m* [BdEq] ⟨DIN 40041E⟩ / failure *n*
   · collapse *n* · breakdown *n* ‖ *s.a.
   Computerstörung; Maschinenausfall*
ausfallsicher *adj* [BdEq] / failsafe *adj*
Ausfallzeit *f* [EDP] / downtime *n*
ausflicken *v* [Pres] / patch *v* · mend *v*
ausfransen *v* [Pres] / fray *v* ‖ *s.a.
   ausgefranst*
ausführbares Programm *n* [EDP] /
   executable program *n*
Ausführender *m* [Mus] / performer *n*
Ausführung *f* (einer Aufgabe) [OrgM] /
   accomplishment *n* (of a task)
ausfüllen *v* (Fragebogen ~) [InfSc] / fill in
   (a questionnaire) · complete *v*
Ausgabe 1 *f* [EDP] / output *n/v*
   ~ 2 *f* (z.B. die Neuausgabe eines Buches;
   Taschenbuchausgabe; gekürzte Ausgabe,
   Morgenausgabe einer Zeitung) [Bk]
   ⟨ISBD(A)⟩ / edition *n* ‖ *s.a. aktualisierte
   Ausgabe; Erstausgabe; Kurzausgabe;
   überarbeitete Ausgabe*
   ~ 3 *f* (z.B. eine der verschiedenen
   Ausgaben des „Beowulf") [Bk] / edition *n*
   · manifestation *n*
   ~ 4 *f* (einzelne Nummer einer Zeitung)
   [Bk] / issue *n* (ältere ~ einer Zeitung:
   back issue)
   ~bezeichnung *f* [Cat] ⟨TGL 20972/04;
   ISBD(M; A; S); RAK⟩ / edition
   statement *n* · edition statement *n*
   ~daten *pl* [EDP] / output data *pl*
   ~datum *f* / date of issue *n* ‖ *s.a.
   Ausleihdatum*

   ~einheit *f* [EDP] ⟨DIN 44300/5⟩ / output
   device *n* · output unit *n*
   ~format *n* [EDP] / output format *n* · (auf
   dem Bildschirm:) SHOW format *n*
   ~gerät *n* [EDP] ⟨DIN 44300/5; 19237⟩ /
   output device *n*
   ~geschwindigkeit *f* [EDP] ⟨DIN 66201⟩ /
   output rate
   ~kanal *m* [EDP] / exit point *n* · port *n*
   ~ **letzter Hand** *f* [Bk] / definitive edition *n*
   ~medium *n* [EDP] / output medium *n*
   ~modus *m* [EDP] / output mode *n*
Ausgaben *pl* [BgAcc] / expenditure *n* ·
   expenses *pl* ‖ *s.a. regelmäßige Ausgaben*
   ~kürzung *f* [BgAcc] / cutting of
   expenses *n*
   ~nachweis *m* [BgAcc] / expenditure record
   · cost statement *n*
   ~planung *f* [BgAcc] / programming of
   expenditure *n*
   ~titel *m* (in einem Haushaltsplan) [BgAcc]
   / spending category *n* · category of
   expenditure *n*
   ~überwachung *f* [BgAcc] / expense
   control *n*
   ~vermerk *m* [Cat] *s. Ausgabebezeichnung*
Ausgabe|stelle *f* (für die Ausleihe von
   Büchern usw.) [RS] / issue point *n* ‖ *s.a.
   Leihstelle*
   ~warteschlange *f* [EDP] / output queue *n*
Ausgang *m* [EDP] / port *n*
Ausgangs|adresse *f* [EDP] / home address *n*
   ~buchse *f* / exit hub *n*
   ~datei *f* (bei der Konversion
   konventioneller Kataloge) [Cat] / starter
   file *n*
   ~deskriptor *m* [Ind] / source descriptor *n*
   ~kanal *m* [Comm] ⟨DIN 66200/1⟩ / output
   channel *n*
   ~kontrolle *f* [OrgM] / exit control *n*
   ~schnittstelle *f* [EDP] / output interface *n*
   ~sprache *f* (bei einem mehrsprachigen
   Thesaurus) [Ind] / source language *n*
   ~thesaurus *m* [Ind] / source thesaurus *n*
   ~wert *m* [EDP] / default value *n*
   ~zeile *f* [Prt] ⟨DIN 16514⟩ / break-line *n* ·
   broken line *n*
ausgeben 1 *v* (Daten, Informationen usw. ~)
   [EDP] / output *n/v*
   ~ 2 *v* (z.B. ein Buch an einen Benutzer
   ausgeben) [RS] / issue *v*
ausgebrochen *pp* [Bind] / broken loose *pp*
ausgefranst *pp* [Bk] / worn *pp*
ausgeliehen *pp* [RS] / checked out *pp* · on
   loan *n* · lent *pp*

ausgeliehen werden *v* [RS] / circulate *v* ‖ *s.a. ausleihbar; Ausleihbestand*
ausgesonderter Band *m* / withdrawal *n* · discard *n*
ausgewogener Bestand *m* [Stock] / balanced collection *n*
Ausgleichs|falz *m* [Bind] / compensation guard *n* · filling-in guard *n*
~freizeit *f* (zum Ausgleich von Überstunden) [Staff] / compensatory time off *n*
Aushang / bill *n* (public announcement)
Aushängebogen *m* [Prt] / running sheet *n*
ausheben *v* (Bücher ~) [RS] / retrieve *v*
auskitten *v* [Pres] / cement *v*
ausklappbares Faltblatt *n* [Bk] / throw out *n* · pullout *n* · fold-out *n* ‖ *s.a. gefalzte Beilage*
Ausklapptafel *f* [Bk] / folding plate *n* ‖ *s.a. Faltkupfer*
Auskunft *f* [Ref] / information *n* · (erteilte ~:) question answered *n*
Auskunfts|abteilung *f* [OrgM] / reference department *n*
~beamter *m* [Staff] / information officer *n*
~bestand *m* [Ref] / ready reference holdings *pl*
~bibliothekar *m* [Staff] / reference librarian *n*
~dienst *m* [OrgM; Ref] / enquiry service *n* · question-answering service *n* · reference service *n*
~erteilung *f* [Ref] / reference transaction *n* (Zahl der erteilten Auskünfte: number of reference transactions completed)
~interview *n* [Ref] / reference interview *n* · question negotiation *n*
~personal *n* [Staff] / reference staff *n* · information staff *n*
~platz *m* [OrgM; Ref] / enquiry desk *n* · reference desk *n* · enquiry point *n* ‖ *s.a. Information 2*
~recht *n* (in Bezug auf die eigenen persönlichen Daten) [Law] / right of access *n* (to one's own personal data)
~tisch *m* [Ref] / information desk *n*
Auslage *f* (zur Ansicht) [RS] / display *n* ‖ *s.a. Buchauslage; Neuerwerbungsauslage; Schrägauslage*
~(fach)boden *m* [BdEq] / display shelf *n* ‖ *s.a. Buchauslage*
Auslagen *pl* [BgAcc] / expense(s) *n(pl)* · outlay *n* ‖ *s.a. Barauslagen*
auslagern *v* [Stock] / outhouse *v*

Auslagerung *f* (von Beständen) [Stock] / off-site storage *n* ‖ *s.a. Ausweichmagazin; externe Speicherung*
Auslagerungsdatei *f* [EDP] / swap file *n*
Ausländerbehörde *f* [Staff] / aliens' authority *n*
Auslands|amt *n* [Ed] / office for international affairs *n* · international office *n* ‖ *s.a. akademisches Auslandsamt*
~studium *n* [Ed] / study abroad *n*
Auslassung *f* [Prt] / out *n*
Auslassungspunkte *pl* [Writ; Prt; Cat] / ellipsis *n* · suspension points *pl* · omission marks *pl* · elision marks *pl*
Auslastungsgrad *m* (einer Einrichtung) [BdEq] / utilization rate *n*
Auslegefolie *f* (Teil eines Aufbau-Transparentes) [NBM] ⟨ISBD(NBM)⟩ / overlay *n*
auslegen *v* (Zeitschriftenhefte usw. ~) [RS] / display *v*
Auslegeschrift *f* [Bk; Law] ⟨DIN 31631/4⟩ / patent application *n* (published for opposition after examination)
Ausleih... [RS] ‖ *s.a. Leih...*
~analyse *f* [RS; OrgM] / circulation analysis *n*
ausleihbar *adj* / loanable *adj* (diese Bücher sind ausleihbar: these books circulate; ausleihbare Bücher:books authorized for borrowing) ‖ *s.a. ausleihbares Buch*
ausleihbares Buch *n* [Stock] / circulating book *n* ‖ *s.a. nicht verleihbar*
Ausleih|bedingungen *pl* [RS] *s. Ausleihbestimmungen*
~berechtigung *f* [RS] / borrowing privileges *pl* ‖ *s.a. Sperrung der Ausleihberechtigung*
~beschränkung *f* [RS] / lending restriction *n* · circulation restriction *n*
~bestand *m* / circulating collection *n* · lending collection *n* · lending stock *n* · loan collection *n* · lending holdings *pl*
~bestimmungen *pl* [RS] / borrowing regulations *pl* · loan library rules *pl* · circulation regulations *pl* · circulation rules *pl* · lending regulations *pl* · rules for borrowers *pl*
~bibliothek *f* [Lib] / lending library *n* · circulating library *n*
~datei *f* [RS] / charging file *n* · circulation file *n* · circulation record *n* · issue record *n* · lending record *n* · loan file *n* · loan(s) record *n* ‖ *s.a. Leihregister*

Ausleihdatum 24

~datum *n* [RS] / date of borrowing *n* ‖ *s.a. Ausgabedatum*
Ausleihe 1 *f* [RS] / circulation *n* · lending *n* · loan *n* (ein ausgeliehenes Buch: a book on loan) · issue *n* ‖ *s.a. Entleihung; Fernleihe; Kurzausleihe; Ortsleihe; Pro-Kopf-Ausleihe, hausinterne Ausleihe*
~ 2 *f* [OrgM] *s. Leihstelle*
~ **außer Haus** *f* / extramural loan *n*
ausleihen 1 *v* (an einen Benutzer ~; verleihen) [RS] / lend *v* · loan *n/v* · issue *v* · charge out *v* ‖ *s.a. ausgeliehen*
~ 2 *v* (als Benutzer ein Buch ~/entleihen) [RS] / borrow *v* · check out *v* (ein Buch ~: to borrow; check out a book)
Ausleihe über Nacht *f* / overnight loan *n*
Ausleih|fall *m* [RS] / loan *n* · issue *n*
~gebühr *f* [RS] / borrowing charge *n* ‖ *s.a. Leihgebühr*
~kartei *f s. Ausleihdatei*
~personal *n* [Staff] / circulation staff *n*
~quittung *f* [RS] *s. Leihschein*
~raum *m* [BdEq] / delivery room *n* US
~registrierung *f* [RS] *s. Ausleihverbuchung*
~schalter *m s. Ausleihtheke*
~statistik *f* [RS] / circulation statistics *pl* · loan statistics *pl* (Zahl der Ausleihfälle: number of loans) · issue statistics *pl*
~status *m* [RS] / loan status *n*
~theke *f* [RS] / (für die Magazinausleihe:) paging desk *n* US · (allgemein:) issue desk *n* · charging desk *n* · circulation desk *n* · delivery desk *n* · issue counter *n* · issue point *n* ‖ *s.a. Schalterausleihe*
~tisch *m* [RS] *s. Ausleihtheke*
~tresen *m* [RS] *s. Ausleihtheke*
~verbuchung *f* [RS] / charging *n* ‖ *s.a. automatisiertes Ausleih(verbuchungs)system; Buchkartenverbuchung; Fotoverbuchung*
~verbuchungssystem *n* [RS] / circulation system *n* · book issue system *n* · charging system *n* · issue system *n* · issuing system *n* · loan system *n* ‖ *s.a. automatisiertes Ausleih(verbuchungs)system*
~vorgang *m* [RS] / circulation transaction *n*
~zahl *f* [RS] / number of loans *n* · number of issues *n*
Auslieferung *f* [Bk] / delivery *n* · shipment *n*
Auslieferungs|auftrag *m* [Acq] / delivery order *n*
~lager *n* [Bk] / distribution depot *n* · warehouse *n*
~termin (m) [Bk] *s. Liefertermin*
ausloggen *v* [Comm; EDP] / log off *v*

Auslöse|anzeige *f* [Comm] / clear indication *n*
~aufforderung *f* [Comm] ⟨DIN 44302⟩ / clear request *n* · DTE clear request *n*
~bestätigung *f* [Comm] ⟨DIN 44302⟩ / clear confirmation *n*
~meldung *f* [Comm] ⟨DIN 44302⟩ / DCE clear indication *n*
Auslösung *f* (Vorgang durch den eine Datenverbindung getrennt und der Zustand „bereit" hergestellt wird) [Comm] ⟨DIN 44302⟩ / clearing *n*
ausmalen *v* [Art; Bk] / illuminate *v*
Ausmaße *pl* (der Vorlage als Teil der bibliographischen Beschreibung) [Cat] / dimensions *pl* ‖ *s.a. Format 1*
ausradieren *v* / rub out *v* · erase *v*
ausradiert *pp* [Bk] / erased *pp* · scratched out *pp*
Ausreißer *m* (in einer Statistik) [InfSc] / outlier *n*
ausrichten *v* [Prt] / range *v* · align *v* ‖ *s.a. linksbündig; rechtsbündig*
Ausrichtung *f* (der gesetzten Zeilen) [Prt] / alignment *n* ‖ *s.a. Randausgleich*
Ausriss *m* (ausgerissenes Blatt) [Bk] / tear sheet *n* ‖ *s.a. Ausschnitt 1*
Ausrufezeichen *n* [Writ; Prt] / exclamation mark *n*
Ausrüstung *f* [BdEq] / equipment *n*
Aussage *f* [Gen] / statement *n* (eine ~ machen:to draw up a statement) ‖ *s.a. inhaltliche Aussage*
ausschaben *v* (die Bundenden ~) [Bind] / pare down *v* (the slips)
ausschalten *v* [EDP; BdEq] / switch off *v*
ausschärfen *v* [Bind] *s. schärfen*
ausscheiden *v* [Stock] *s. aussondern*
ausschießen *v/n* [Prt] / impose *v* (Druckseiten ~: to impose pages of type)
Ausschießschema *f* [Prt] / imposition scheme *n*
ausschließen 1 *v* (Wortzwischenräume bei der Satzvorbereitung ausgleichen) [Prt] / justify *v* · space out *v*
~ 2 *v* (einen Leser von der Benutzung ~) [RS] / suspend *v* (a reader)
Ausschluss 1 *m* [Prt] / (beim Handsatz verwendetes Material:) blank space *n* · (Vorgang:) justification*n*
Ausschluss 2 *m* (von der Benutzung) [RS] / withdrawal of borrowing privileges *n*
ausschneiden *v* [Off] / clip *v* · cut *v* (ausschneiden und einfügen:cut and paste)

Ausschnitt 1 *m* (aus einer Zeitung oder Zeitschrift) [Bk] / cutting *n* · clipping *n* US ‖ *s.a. Ausriss; Zeitungsausschnitt*
~ 2 *m* (Einschuböffnung bei einem Mikrofilm-Jacket) [Repr] ⟨ISO 6196-4⟩ / rebate *n*
~ 3 *m* (aus einer Karte) [Cart] *s. Kartenausschnitt*
~**dienst** *m* [Ind] / clipping service *n*
ausschreiben *v* [Cat; Writ] / spell out *v* / (eine ausgeschriebene Zahl: a spelled out numeral)‖ *s.a. Ausschreibung*
Ausschreibung *f* [BdEq; Acq] / call for tender(s) *n* (die Lieferung eine Produktes ausschreiben:to invite tenders for...) · invitation to bid *n* (an einer~ teilnehmen: to bid) ‖ *s.a. Stellenausschreibung*
Ausschreibungsunterlagen *pl* [BdEq] / bid documents *pl*
Ausschuss 1 *m* (Kommission) [OrgM] / committee *n* ‖ *s.a. beratender Ausschuss; Bibliotheksausschuss; Fachausschuss; Lenkungsausschuss; ständiger Ausschuss; Unterausschuss*
~ 2 *m* (fehlerhafte Produkte) [BdEq] / rejects *pl* · spoilage *n* ‖ *s.a. Makulatur*
Außenmagazin *n* [Stock] *s. Ausweichmagazin*
Außensteg *m* [Bk] / outside margin *n* · outer margin *n* · fore-edge margin *n*
Außenstelle *f* (einer Hochschule usw.) [OrgM] / outpost *n*
Außentitel 1 *m* [Bk] ⟨DIN 31631/2⟩ / side title *n*
~ 2 *m* (eines Rechtsdokuments) [Bk] ⟨ISBD(A)⟩ / docket title *n*
außer Betrieb *m* [BdEq] / disabled *pp*
äußerer Falz *m* [Bind] / French joint *n*
Außer-Haus-Lagerung *f* [Stock] / off-site storage *n* ‖ *s.a. Speichermagazin*
außerordentlicher Haushalt *m* [BgAcc] / extraordinary budget *n*
außerplanmäßiger (apl.) Professor *m* [Ed] / reader *Brit*
Aussetzen *n* (eines bezifferten Basses) [Mus] / realization *n* (of a figured bass)
aussondern *v* / discard *v* · relegate *v* · weed (out) *v* · withdraw *v* · deacquisition *v*
Aussonderung *f* (von Materialien mit geringer Benutzungserwartung) / weeding *n* · withdrawal *n* · deselection *n* · discard *n* · relegation *n* · deacquisition *n* ‖ *s.a. ausgesonderter Band*

Aussonderungs|beleg *m* [Stock] / deaccession record *n* · elimination record *n* · culling record *n*
~**nachweis** *m* [Stock] / withdrawal record *n*
~**plan** *m* [Arch] / (Liste der auszusondernden Archivalien:) disposal list *n* · transfer schedule *n*
~**verfahren** *n* [Stock] / checkout routine *n*
Ausstattung 1 (einer Bibliothek mit Mobiliar, Geräten usw.) [BdEq] / facilities *pl* ‖ *s.a. Ausrüstung*
Ausstattung 2 *f* (eines Buches) [Bk] / book design *n* · get-up *n* · make-up *n* (of a book)
aussteigen *v* (aus einem Programm ~) [EDP] / abandon *v* · abort *v* (a program) ‖ *s.a. verlassen*
ausstellen *v* (Bücher ~) [PR] / display *v* · exhibit *v*
Aussteller *m* [PR] / exhibitor *n*
Ausstellung *f* [PR] / (zum Zwecke der Besichtigung:) display *n* · (öffentliche Veranstaltung:) exhibition *n* · (die Tätigkeit des Ausstellens und die Sammlung der ausgestellten Stücke auch:) exhibit *n* ‖ *s.a. Schaufensterausstellung; Wanderausstellung*
Ausstellungs|exemplar *n* [PR] / display copy *n*
~**fläche** *f* [BdEq] / exhibition space *n*
~**katalog** *m* [Bk] ⟨DIN 31631/4⟩ / exhibition catalogue *n*
~**raum** *m* [BdEq] / (Saal:) exhibit hall *n* · display room *n* · exhibition room *n* · showroom *n*
~**regal** *n* [BdEq] / display rack *n* · display case *n*
~**rundgang** *f* [PR] / exhibition tour *n*
~**stand** *m* [PR] / exhibition stand *n* · display booth *n*
~**stück** *n* [PR] / exhibit *n*
ausstreichen *v* [Writ] / strike out *v* · obliterate *v* · cross out *v*
Austastlücke *f* [Comm] / blanking interval *n*
Austausch *m* [Acq] *s. Tausch*
austauschbar *adj* [InfSy] / interchangeable *adj*
austauschbare Seiten *pl* [Bk] / removable pages *pl*
Austausch|einheit *f* [Bib; Cat; EDP] ⟨DIN 2341/1⟩ *s. bibliographische Austauscheinheit*
~**format** *n* [Bib; Cat; EDP] ⟨DIN 1506⟩ / communication format *n* · exchange format *n* · interchange format *n* ‖ *s.a. Grafik-Austausch-Format*

Austauschseite 26

~**seite** *f* (bei einem zu setzenden Manuskript) [Prt] / replacement page *n*
~**sprache** *f* (in einem mehrsprachigen Thesaurus) [Ind] ⟨DIN 1463/2⟩ / exchange language *n*
austesten *v* (ein Programm ~) [EDP] / check out *v* · debug *v*
ausübender Musiker *m* [Mus] / performer *n*
Auswahl *f* [Gen] / choice *n* · selection *n* ‖ *s.a. Buchauswahl*
Auswahl|basis *f* (Stichprobenbasis) [InfSc] / sampling frame *n*
~**bibliographie** *f* [Bib] / select(ive) bibliography *n*
auswählen *v* [Gen] / select *v*
auswählendes Referat *n* [Bib; Ind] / selective abstract *n*
Auswahl|frage *f* [InfSc] / multiple-choice question *n*
~**gruppe** *f* (Stichprobengruppe) [InfSc] / sampling fraction *n*
~**katalogisierung** *f* [Cat] / selective cataloguing *n*
~**kommission** *f* (zur Auswahl von Bewerbern) [OrgM; Staff] / search- and screen committee *n*
~**verzeichnis** *n* [Bib] / selective list *n*
auswärtiger Benutzer *m* [RS] / remote user *n*
~ **Leihverkehr** *m* [RS] *s. Fernleihe*
auswässern *v* [Pres] *s. wässern*
Ausweichmagazin *n* [Stock] / auxiliary stack(s) *n(pl)* ‖ *s.a. Auslagerung; Speichermagazin*
Ausweis (eines Benutzers usw.) [RS] / identity card *n* ‖ *s.a. Benutzerkarte*
~**(karte)** *m(f)* [Off] / identification card *n* · ID(card) *n*
~**kartenleser** *m* [EDP; RS] / badge reader *n*
auswerfen 1 *v* (eine Kassette usw. ~) [NBM] / eject *v* ‖ *s.a. Auswurftaste*
auswerfen 2 (Ordnungswörter ~) [Cat] / set out *v* (filing words)
auswerten *v* [Ind] / analyse *v* · index *v*
Auswerter *m* [Staff] / indexer *n*
Auswertung *f* (von Dokumenten) [Ind] ⟨DIN 31631/1⟩ / indexing *n* (the bibliographic description and subject analysis of documents) ‖ *s.a. Zeitschriftenauswertung*
Auswurftaste *f* (eines CD-Players usw.) [BdEq] / eject key *n*

auszählen *v* [InfSc] / tally *v* (mit der Hand auszählen: to tally by hand) ‖ *s.a. Zählstrich*
auszeichnen *v* (im Druck hervorheben) [Prt] / display *v* · mark up *v* ‖ *s.a. allgemeine standardisierte Auszeichnungssprache; Auszeichnungsschrift*
Auszeichnung *f* (Hervorhebung im Druck) [Prt] / mark-up *n*
Auszeichnungsschrift *f* [EDP; Prt] / (Textverarbeitung:) display font *n* · (Drucktype:) display type *n*
Auszeit *f* [BdEq] / timeout *n*
Auszieh|fachboden *m* [Sh] *s. Ausziehplatte*
~**platte** *f* (an einem Katalogschrank oder einem Regal) [BdEq; Sh] / pull-out shelf *n* · consultation shelf *n* · reference shelf *n* · sliding shelf *n* · bread board *n* ‖ *s.a. Anlesebrett*
~**schieber** *m* [BdEq] *s. Ausziehplatte*
Auszubildender *m* [Ed; Staff] / trainee *n* ‖ *s.a. Lehrling*
Auszug *m* [Ind] ⟨DIN 1426E; DIN 31631/2⟩ / extract *n*
authentifizieren *v* [EDP] / authenticate *v*
Authentifizierung *f* [EDP] / authentication *n*
Autoatlas *m* [Cart] / road atlas *n*
Autobiographie *f* [Bk] ⟨DIN 31639/2; DIN 31631/4; RAK-AD⟩ / autobiography *n*
Autobücherei *f* [Lib] *s. Fahrbibliothek*
Autogramm *n* [Arch; Writ] / autograph *n*
Autogrammstunde *f* [PR] / autographing party *n* · autograph session *n*
Autograph *m* [Writ] ⟨DIN 31631/4⟩ / autograph *n* · holograph *n* · (eigenhändig geschriebener und unterzeichneter Brief:) autograph letter signed · A.L.S. *abbr* ‖ *s.a. Handschrift 2*
Autographenkunde *f* [Writ] / autography *n*
Autographie *f* [Prt] / auto-lithography *n* ‖ *s.a. Autolithographie*
Autolithographie *f* [Prt] / auto-lithography *n*
automatische Ansage *f* [Comm] / recorded message *n*
~ **Datenverarbeitung** *f* / automatic data processing *n* · automated data processing *n* · ADP *abbr*
~ **Indexierung** *f* [Ind; EDP] / automatic indexing *n*
automatischer Bildwechsel *m* (bei der Diavorführung) [NBM] / automatic advance *n*
automatisches Kurzreferat *n* [Ind] / auto-abstract *n*

automatisches Referieren *n* [Ind] / automatic abstracting *n*
~ **Unterschneiden** *n* [Prt] / autokerning *n*
automatische Wahl *f* [Comm] / auto dial *n*
Automatisierbarkeit *f* / automability *n*
automatisieren *v* [EDP] / automate *v* · computerize *v*
automatisierte Datenverarbeitung *f* [EDP] *s. automatische Datenverarbeitung*
~ **Katalogisierung** *f* [Cat] / computerized cataloguing *n*
automatisiertes Ausleih(verbuchungs)system *n* [RS] / computer-based circulation system *n* · automated circulation system *n*
Automatisierung *f* [EDP] / computerization *n* · automation *n*
autonomer Arbeitsplatzrechner *m* [EDP] / standalone workstation computer *n*
Autonym *n* [Bk] / autonym *n*
Autor *m* [Bk; Cat] / author *n* ‖ *s.a. Verfasser*
Autoren-Einband *m* [Bind] / author's binding *n*
Autoren|exemplar *n* [Bk] / author's copy *n*
~**honorar** *n* [Bk] / royalty *n* (paid by a publisher to an author)
~**korrektur** *f* [Prt] *s. Autorkorrektur*
~**referat** *n* [Ind; Bib] *s. Autorreferat*
~**system** *n* [EDP] / authoring system *n*
Autorin *f* [Bk] / authoress *n*
autorisierte Ausgabe *f* [Bk] / authorized edition *n*
Autoritätsdatei *f* [Cat] *CH* / authority file *n*
Autor|korrektur *f* [Prt] / (Korrektur durch den Autor:) author's correction *n* · (Korrekturabzug für den Autor:) author's proof *n*
~**referat** *n* [Ind; Bib] ⟨DIN 1426⟩ / author abstract *n*
Autorschaft *f* / authorship *n*
Autotypie *f s. Rasterätzung*
avant la lettre *n* [Art; Prt] *s. Probedruck avant la lettre*
AV-Dokument *n* [NBM] / audio-visual document *n*
AV-Materialien *pl* [NBM] / AV materials *pl* · AV media *pl*
AV-Medien *pl* [NBM] *s. AV-Materialien*
AV-Medienzentrum *n* [OrgM] *s. audiovisuelles Zentrum*
Azetatfilm *m* [Repr] / acetate film *n*
Azimut *m/n* [Cart] / azimuth *n*

B

BA *abbr* [Bib; Cat; EDP] *s. bibliographische Austauscheinheit*
Bachelorgrad / bachelor's degree *n* · first degree *n* (~ auf höherer Stufe: Honours degree)
BAFöG *abbr* [Ed] *s. Bundesausbildungsförderungsgesetz*
Balkencode *m* [EDP] / bar code *n*
~**-Etikett** *n* [EDP] / bar-code(d) label *n*
~**-Leser** *m* [EDP] / bar-code reader *n*
Balken|diagramm *n* [Bk] / bar chart *n*
~**überschrift** *f* [Bk] / banner headline *n* · streamer *n*
Ballast *m* [Retr] / noise *n*
Ballonleinen *n* [Bind] / balloon cloth *n*
Band 1 *m* (bibliographische oder buchbinderische Einheit; Band einer Zeitschrift) [Bk] / volume *n*
~ 2 *m* (selbständig erschienener Teil eines fortlaufenden Sammelwerks; z.B. Band einer Schriftenreihe) [Bk] / issue *n*
~ 3 *n* (Kurzform für Tonband, Magnetband usw.) [NBM; EDP] / tape *n* (unbespieltes/leeres Band:virgin tape)
~ 4 *n* [Bind] *s. Heftband*
~**abschnittsmarke** *f* [EDP] *s. Bandmarke*
~**anfangskennsatz** *m* [EDP] / volume label *n*
~**anfangsmarke** *f* [EDP] ⟨DIN 66010⟩ / beginning-of-tape marker *n*
~**angabe** *f* [Cat] *s. Bandaufführung*
~**aufführung** *f* [Cat] *n* ⟨TGL 20972/04; RAK⟩ / holdings statement *n* · holdings note *n*
~**breite** 1 *f* [Comm] / bandwidth *n*
~**breite** 2 *f* (einer Dienstleistung) [OrgM] / range *v* (of a service)
~**datei** *f* [EDP] / tape file *n* · magnetic tape file *n*
~**diagramm** *n* [InfSc] / band chart *n* · surface chart *n*
~**endekennsatz** *m* [EDP] / end-of-volume label *n*
~**endemarke** *f* [EDP] ⟨DIN 66010⟩ / end-of-tape marker *n*
~**geschwindigkeit** *f* [EDP] ⟨DIN 66010⟩ / tape speed *n*
~**grafik** *f* [InfSc] *s. Banddiagramm*
~**heftung** *f* [Bind] / tape sewing *n*
~**katalog** *m* [Cat] / book catalogue *n*
~**laufwerk** *n* [EDP] / tape drive *n* · (zur Archivierung und Wiederherstellung von Datenbeständen:) streamer *n*
~**marke** *f* [EDP] ⟨DIN 66010; DIN 66229⟩ / tape mark *n* · TM *abbr*
~**nummer** *f* (Magnetbandarchivnummer) [EDP] / volume serial number *n*
~**speicher** *m* [EDP] / tape storage *n*
~**werk** *n* [Bind] / interlacing *n*
~**zahl** *f* [Bk; Cat] / volume number *n*
~**zählung** *f* [Bk; Cat] ⟨DIN 31631/2⟩ / numbering of parts *n* · volume numbering *n*

Bank|gebühren *pl* [BgAcc] / bank charges *pl*
~konto *n* [BgAcc] / bank account *n*
Banner *n* [Internet] *s. Werbebanner*
Bar|auslagen *pl* [BgAcc] / out-of-pocket cost(s) *n(pl)*
Barockbibliothek *f* [Lib] / baroque library *n*
Bar|preis *m* [BgAcc] / cash price *n*
~**sortiment** *n* [Bk] / book wholesaler *n* · wholesale bookseller *n* · book jobber *n US*
~**sortimentslagerkatalog** *m* [Bk] / wholesale bookseller's stock list *n*
~**verkauf** *m* [Acq] / cash sale *n*
Barytpapier *n* [Pp] ⟨DIN 6730 A1E⟩ / baryta paper *n*
Barzahlung *f* (bei Bestellung) [Bk] / cash required with order *n* · CWO *abbr*
Barzahlungsrabatt *m* [BgAcc] / cash discount *n*
Basane *f* [Bind] / basan skin *n* · basil *n*
Basisadresse *f* [EDP] / base address *n*
basischer Puffer *m* [Pres] / alkali buffer *n* · alkaline reserve *n* · alkaline buffer *n*
Basis-Referenzmodell *n* [Comm] / basic reference model *n*
~**transparent** *n* (Teil eines (Aufbautransparents)) [NBM] ⟨A 2653⟩ / the first transparency of an overlay assembly
BAS-Signal *n* (Multimedia) [NBM] / composite video signal *n*
Basslautsprecher *m* [BdEq; NBM] / subwoofer *n*
Bastarda *f* [Writ; Prt] / bastarda *n*
BAT *abbr* [Staff] *s. Bundesangestelltentarifvertrag*
bathymetrische Karte *f* [Cart] / bathymetric chart *n*
Bau *m* (Gebäude) [BdEq] / building *n* ‖ *s.a. Bibliotheksbau*
~**abnahme** *f* [BdEq] / building inspection *n* ‖ *s.a. Schlussabnahme*
~**abschnitt** *m* [BdEq] / stage *n* (of construction)
Bauchbinde *f* [Bk] / belly band *n* · tummy band *n* · book band *n* · jacket band *n*
Baud-Rate *f* [Comm] / baud rate *n*
Bau|einheit *f* [EDP; BdEq] ⟨DIN 44300/1⟩ / physical unit *n*
~**genehmigung** *f* [BdEq] / building permit *n*
~**grundstück** *n* [BdEq] / site · building site *n*
~**gruppe** *f* [BdEq] / assembly *n*

~**kastenprinzip** *n* [BdEq] / modular concept *n* · modular design principle *n*
Baum|marmor *m* [Bind] *s. Einband in Baummarmor*
~**struktur** *f* [InfSy; EDP] / tree structure *n*
~**-Topologie** *f* [ElPubl] / tree topology *n*
Bau|ordnung *f* [BdEq; Law] / building code *n*
~**plan** *m* [BdEq] / building plan *n*
~**planung** *f* [BdEq] / building planning *n*
~**rechtsvorschriften** *pl* [BdEq] / building code *n*
~**satz** *m* [BdEq] / kit *n* ‖ *s.a. Aufrüstsatz; Nachrüstsatz*
~**stein** *m* (Textverarbeitung) [EDP] *s. Textbaustein*
~**teil** *n* [BdEq] / element *n* · component *n*
~**vorschrift** *f* [BdEq] / building specification *n*
~**vorschriften** *pl* / building regulations *pl* ‖ *s.a. Bauordnung*
~**zeit** *f* [BdEq] / construction period *n*
Beamter *m* [Staff] / public official *n* · civil servant *n*
Beamter auf Lebenszeit *m* [Staff] / lifelong civil servant *n*
bearbeiten *v* [TS; EDP] / process *v* (ein Buch ~: to process a book) · (EDV auch:) manipulate *v*
Bearbeiter *m* [Bk; Mus] / (eines Textes:) adapter *n* · (einer Bibliographie usw.:) compiler *n* · (eines musikalischen Werkes:) arranger *n*
Bearbeitung 1 *f* (eines Films) [Repr] ⟨ISO 6196/3⟩ / processing *n* ‖ *s.a. Nachbearbeitung*
~ 2 *f* (eines Textes) [Bk] / (Durchsicht:) revision *n* · (für einen neuen Zweck:) adaptation *n* · (einer Bibliographie usw.:) compilation *n*
Bearbeitungs|datei *f* [TS] *s. Interimsnachweis*
~**formular** *n* [TS] / workform *n*
~**gebühr** *f* [BgAcc] / service charge *n* · handling charge *n*
~**kartei** *f* [TS] *s. Interimsnachweis*
~**stempel** *m* [TS] / process stamp *n*
~**zettel** *m* [OrgM] / process slip *n* ‖ *s.a. Laufzettel*
Beauftragter *m* [Staff] / employee in charge *n*
bebildern *v* [Bk] / illustrate *v*

Bedarf *m* [InfSc] / demand *n* ‖
s.a. *Bedürfnisse; Finanzbedarf;
Informationsbedarf; Nachfrage; Publizieren
bei Bedarf; Raumbedarf*
Bedarfsanalyse *f* [InfSc] / needs analysis *n*
bedecken *v* [Gen] / cover *v* ‖ s.a. *abdecken*
Bedeutung *f* [Lin] / meaning *n*
Bedeutungs|darstellung *f* [KnM] / meaning
representation *n* · MR *abbr*
~**wandel** *m* [Lin] / change of meaning *n* ·
semantic change *n*
Bediensteter *m* [Staff] / employee *n* ·
member of staff *n*
Bedienungs|blattschreiber *m* [EDP] /
console typewriter *n*
~**fehler** *m* [BdEq] / user error/failure *n*
~**feld** *n* (zur Systemsteuerung) [EDP] ⟨DIN
44300/5⟩ / operator control panel *n* ·
control panel *n* · central control panel *n*
‖ s.a. *Druckerbedienfeld*
bedienungsfreier Druckbetrieb *m* [Prt] /
unattended printing *n*
Bedienungs|hinweise *pl* / instructions for
use *pl*
~**konsole** *f* [EDP] / operator('s) console *n*
~**platz** *m* [EDP] ⟨DIN 44300/5⟩ *s.*
Bedienungskonsole
~**taste** *f* [EDP; BdEq] / operating key *n* ·
control button *n*
bedingte Anweisung *f* (Programmieren)
[EDP] / conditional statement
bedingter Sprungbefehl *m* [EDP] /
conditional branch instruction *n*
bedingte Verknüpfung *f* (Hxpertext) [EDP]
/ conditional link *n*
Bedingungen *pl* [Gen] / conditions *pl* ·
terms *pl* ‖ s.a. *Anstellungsbedingungen;
Geschäftsbedingungen; Lieferbedingungen;
Rahmenbedingungen*
Bedruckbarkeit *f* (von Papier) [Prt] / paper
surface efficiency *n* · PSE *abbr*
Bedruckstoff *m* [Prt] ⟨DIN 16528E; DIN
16514⟩ / stock *n*
Bedürfnisse *pl* [RS] / requirements *pl* ·
needs *pl* ‖ s.a. *Bedarf*
Befähigung *f* [Staff] / capability *n* ·
ability *n* · competence *n* ‖ s.a. *Kompetenz;
Schlüsselqualifikation; Teamfähigkeit*
Befall *m* [Pres] / attack *n/v* ·
(Kontamination; Verseuchung:)
contamination *n* · infestation *n*
(von... befallen werden:to be infested
by/with/from...) ‖ s.a. *Bücherwurmbefall;
Insektenbefall; Mikrobenbefall; Pilzbefall*

befallen *v* [Pres] / (angreifen:) attack *n/v* ·
infest *v* · (verunreinigen, kontaminieren:)
contaminate *v* ‖ s.a. *Befall; Schimmelbefall*
Befehl *m* (Programmieren) [EDP] ⟨DIN
44300/4E⟩ / command *n* · instruction *n*
‖ s.a. *Anweisung; Maschinenbefehl;
Sprungbefehl*
Befehls|block *m* [EDP] / command frame *n*
~**code** *m* [EDP] / instruction code *n*
~**decodierer** *m* [EDP] / instruction decoder *n*
befehlsgesteuert *pp* [EDP] / command-
driven *pp*
Befehls|liste *f* [EDP] ⟨DIN 44300⟩ /
instruction list *n*
~**register** *n* [EDP] ⟨DIN 44300/6⟩ /
instruction register *n*
~**schlüssel** *m* [EDP] / instruction code *n*
~**vorrat** *m* [EDP] ⟨DIN 44300/4⟩ /
instruction set *n* · instruction repertory *n*
~**werk** *n* [EDP] / program control unit *n*
~**wort** *n* [EDP] ⟨DIN 44300/4E⟩ /
instruction word *n*
~**zähler** *m* [EDP] ⟨DIN 44300/6⟩ / program
counter *n* · instruction counter *n*
Befeuchter *m* [Pres] / humidifier *n* ‖ s.a.
Entfeuchter; Feuchtigkeitsmesser
Befeuchtung *f* [BdEq; Pres] /
humidification *n* ‖ s.a. *Entfeuchtung;
Feuchtigkeit*
befördern *v* (Beamte) [Staff] / upgrade *v*
Befragung *f* [InfSc] / survey *n* (through
procedures of questioning) ‖ s.a.
*schriftliche Befragung; telefonische
Befragung*
befristet eingestelltes Personal *n* [Staff] /
temporary staff *n*
befristeter Vertrag *m* [Staff] / temporary
contract *v* · (für kurze Frist:) short-term
contract *n*
Begasung *f* [Pres] / fumigation *n*
Begasungskammer *f* [Pres] / fumigation
chamber *n*
beglaubigen [Adm] / certify *v* ·
authenticate *v*
Begleit|band *m* [Bk] / companion volume *n*
~**brief** *m* [Comm] / covering letter *n* ‖ s.a.
Begleitschreiben
~**heft** *n* [Bk] / accompanying issue *n*
~**material** *n* [Cat] ⟨ISBD(M; S; PM;
NBM); DIN 31631/2; A 2653; TGL
20972/04; RAK⟩ / accompanying
material *n*
~**musik** *f* [Mus] / incidental music *n*

~**schreiben** *n* [Off] / covering letter *n* · accompanying letter *n* · cover letter *n* ‖ *s.a.* beifügen
begrenzte mehrbändige Schrift *f* [Cat] / multi-part item *n* · multivolume monograph *n*
begrenztes Sammelwerk *n* [Cat] ⟨DIN 31631/2; TGL 20972/04; RAK⟩ / collection consisting of two or more contributions by more than one author
begrenztes Werk *n* (Monographie) [Cat] ⟨RAK⟩ / monograph(ic publication) *n(n)* · non-serial work *n*
Begriff *m* [Ind] / concept *n* · (Benennung:) term *n*
Begriffs|beziehung *f* [Ind] / concept relation *n*
~**gleichordnung** *f* [Ind] / concept coordination *n*
~**indexierung** *f* [Ind] / concept indexing *n*
~**inhalt** *m* [Class] / intension *n*
~**leiter** *f* [Class] / concept chain *n* · chain *n*
~**liste** *f* [Ind] / term list *n*
~**reihe** *f* [Class] / concept array *n* · array *n*
~**symbol** *n* [Ind] / concept symbol *n*
~**umfang** *m* [Ind; Class] / extension *n*
~**zerlegung** *f* [Ind] / factoring *n* (of concepts) ‖ *s.a.* semantische Begriffszerlegung
Begrüßung *f* (der Teilnehmer eines Kongresses) / welcome address (to the participants of a congress)
Begrüßungsseite *f* [Internet] / welcome page *n*
begutachten *v* (einen Aufsatz, ein Buch usw. ~) [Bk] / review *v* (an inspection copy etc.) · (vor Veröffentlichung:) referee *v* ‖ *s.a.* Gutachter
Begutachtung *f* (eines zur Veröffentlichung vorgesehenen Manuskripts durch Fachleute von gleicher Kompetenz) [Bk] / peer review *n* ‖ *s.a.* Gutachten
Behälter *m* [NBM] *s.* Behältnis
Behältnis *n* / container *n* · case *n*
beherbergen *v* [BdEq] / house *v* · (unterbringen:) accommodate *v*
behindert *pp* [Gen] / (von einer Person:) disabled *pp*
behinderter Benutzer *m* [RS] / handicapped user *n* ‖ *s.a.* sehbehinderter Leser
Behörde *f* [Adm] / authority *n* (die zuständige ~: the appropriate authorities) · administrative body *n* · (Amt, Anstalt:) agency ‖ *s.a.* Bibliotheksbehörde; Bundesbehörde; Landesbehörde; Mittelbehörde; Oberbehörde; oberste Dienstbehörde; Ortsbehörde; städtische Behörden; vorgesetzte Behörde
Behörden|akten *pl* [Arch] / departmental records *pl*
behördliche Anforderungen *pl* [Adm] / regulatory requirements *pl*
beidseitige Datenübermittlung *f* [Comm] ⟨DIN 44302⟩ / both-way communication *n* · two-way simultaneous communication *n*
beifügen *v* [Off] / enclose *v* ‖ *s.a.* Anhang; beilegen
Beigaben *pl* (zu einem Werk) [Bk] ⟨PI⟩ / subsidiaries *pl*
~**vermerk** *m* [Cat] ⟨DIN 31631/2⟩ / collation statement enumerating data on parts of a document outside the continuous text (e.g., diagrams, illustrations, indexes)
beigebunden *pp* [Bk] / bound with *pp*
beigebundenes Werk *n* [Bk] / work bound with another *n*
beigedruckte Schriften *pl* [Cat] ⟨PI⟩ / works printed together *pl*
beigefügtes Werk/Dokument *n* [Cat] ⟨DIN 31631/2⟩ / work / document in a collection without collective title, included in second or further place
Beiheft *n* [Bk] / supplement *n* ‖ *s.a.* Sonderheft
Beihilfe *f* [BgAcc] / contribution *n* · allowance *n* · grant *n* · (Subvention:) subsidy *n* ‖ *s.a.* Zuschuss
Beikarte *f* [Cart] / a small map in the margin
Beilage 1 *f* [Off] / (zu einer Zeitung usw.:) supplement *n* · (Anlage zu einem Brief:) enclosure *n* ‖ *s.a.* Anhang; Sonntagsbeilage
Beilage 2 *f* (in einer Zeitschrift usw.) [Bk] ⟨ISBD(S)⟩ / (ein oder mehrere eingelegte Blätter:) insert *n* · (mit ergänzenden Materialien zu einem Zeitschriftenheft usw.:) supplement *n* ‖ *s.a.* fortlaufende Beilage; gefalzte Beilage; Leporellobeilage; Literaturbeilage
beilegen *v* (einer Sendung ~) [Off] / add *v* · enclose *v*
Beinahe-Briefqualität *f* [EDP; Prt] ⟨ISO/IEC 2382-23⟩ / near-letter quality *n* · NLQ *abbr*
Beiname *m* [Gen; Cat] / byname *n* · epithet *n* · surname *n* ‖ *s.a.* Spitzname
Beiordnung *f* (Zeichen + und) [Class/UDC] / addition *n*

Beirat *m* [OrgM] / advisory board *n* · advisory panel *n* · advisory council *n* ‖ *s.a. Fachbeirat*
Beitrag *m* [Bk] / (Aufsatz:) article *n* · contribution *n*
Beiwerk *n* [Bk] ⟨Pl⟩ / accessories *pl*
Bekanntmachung *f* [Comm] / advertisement *n* · announcement
belasten *v* (ein Konto ~) / debit *v* ‖ *s.a. Lastschriftanzeige*
Belastung / liability *n* (Passiva: liabilities)
belebte Bilder *pl* [NBM] / animated images *pl*
Beleg *m* [Off] / voucher *n*
~**codierer** *m* [EDP] ⟨DIN 9774/1⟩ / document encoder *n*
~**exemplar** *n* [Bk] / voucher copy *n* · (für den Autor:) author's copy *n* ‖ *s.a. Freiexemplar; Pflichtexemplar*
~**leser** *m* [EDP] / (Strichcode-Leser:) light wand *n* · optical reader *n* · document reader *n*
~**schriftleser** *m* [EDP] *s. Belegleser*
Belegungsdichte *f* (eines Datenbestands) [EDP] / file packing *n*
Belegverfilmung *f* [Repr] ⟨DIN 19040/113E⟩ / microfilming of vouchers *n* · records microfilming *n*
beleuchten *v* [BdEq; Gen] / light *v* (ein Problem besonders ~:to highlight a problem)
Beleuchtung *f* [BdEq] / lighting *n* ‖ *s.a. Oberlicht*
belichten *v* [Repr] ⟨ISO 6196/1⟩ / (allgemein:) expose *v* · (eine Platte usw. ~:) burn *v*
Belichter *m* (Desktop Publishing) [Prt] / exposure unit *n* · imagesetter ‖ *s.a. Trommelbelichter*
Belichtung *f* [Repr] ⟨ISO 6196/1⟩ / exposure *n* ‖ *s.a. Druckplattenbelichtung; Fehlbelichtung; Überbelichtung*
Belichtungseinheit *f* [Prt] / (Desktop Publishing:) imagesetter · (Fotosatz im allgemeinen:) photounit *n* · exposure unit *n* ‖ *s.a. Fotosetzmaschine*
Belichtungs|messer *m* [Repr] / exposure meter *n*
~**zeit** *f* [Repr] ⟨ISO 6196/1⟩ / exposure time *n*
Belletristik *f* [Bk] / fiction *n* · belles lettres *pl but sing in constr*
Belüftung *f* [BdEq] / ventilation *n*

benachrichtigen *v* [Comm] / (amtlich:) notify *v* · (allgemein:) inform *v* · (geschäftlich:) advise
Benachrichtigung *f* [Comm] / (amtlich:) notification *n* · (geschäftlich:) advice *n* (schriftliche ~: notification in writing)
Benachrichtigungs|karte *f* [Off] / (amtlich:) notification postcard *n*
~**zettel** *m* [Off] / advice note *v* · notification slip *n*
benagt *pp* [Bk; Pres] / gnawed *pp*
benennen *v* [Lin] / denote *v*
Benennung *f* [Ind] ⟨DIN 2330; DIN 32705⟩ / term *n* ‖ *s.a. zugelassene Benennung; zusammengesetzte Benennung*
Beneventana *f* [Writ] / Beneventan *n*
benoten *v* [Ed] / mark *v* (etw. mit 'gut' ~: to mark sth. 'good'.)
Benotung *f* [Ed] / assessment *n* ‖ *s.a. Endnote; Leistungsbewertung; Note*
Benutze Kombination-Verweisung *f* (BK) [Ind] ⟨DIN 1463/1E⟩ / USE COMBINATION-reference *n* · USE...AND...reference *n*
benutzen *v* [RS] / use *v/n* (viel benutztes Material: high-use material; wenig benutztes Material: low-use material) ‖ *s.a. leicht benutzbar*
Benutzer *m* [RS] / user *n* · patron *n* US ‖ *s.a. auswärtiger Benutzer; eingeschriebener Benutzer; Endbenutzer; Entleiher; Leser; Ortsbenutzer; säumiger Benutzer*
Benützer *n Südd.A* / user *n s.a. Benutzer*
Benutzer|anforderungen *pl* [RS] / user requirements *pl* ‖ *s.a. Benutzerbedürfnisse*
~**anmeldung** *f* [RS] / (Ort der ~:) privileges desk *n* · borrower registration *n* · reader registration *n* · patron registration *n* US · registration ‖ *s.a. Besucheranmeldung*
~**arbeitsplatz** *m* [BdEq] / reader space *n*
~**ausweis** *m* [RS] *s. Benutzerkarte*
~**bedarf** *m* [InfSc] / user demand *n* ‖ *s.a. Benutzeranforderungen*
~**bedürfnisse** *pl* [InfSc] / user needs *pl*
~**befragung** *f* [InfSc] / user survey *n* (through procedures of questioning)
~**beratung** *f s. Leserberatung*
~**datei** [RS] / borrowers' file *n* · borrowers' register *n* · membership file *n* · readers' register *n* · registration file *n* · patron registration file *n* US
~**daten** *pl* [RS] / patron record *n* US

~**erwartung** *f* [RS] / user expectation *n* ||
s.a. *Kundenerwartungen*
~**forschung** *f* [InfSc] / user studies *pl*
benutzerfreundlich *adj* [RS] / user
friendly *adj* · (bei einem Katalog usw.
auch:) easy-to-use *adj*
Benutzer|freundlichkeit *f* [RS] / usability *n*
· user friendliness *n*
~**gebühr** *f* [RS] *s. Benutzungsgebühr*
~**gewohnheiten** *pl* [RS] / user habits *pl*
~**handbuch** *n* [EDP] / user manual *n*
~**karte** *f* [RS] / user ID · registration
card *n* · borrower's card *n* · patron
registration card *n US* · reader's ticket *n* ·
library ticket *n* · membership card *n*
~**kartei** *f* [RS] / borrowers' file *n s.*
Benutzerdatei
~**katalog** *m* [Cat] / public catalogue *n*
~**kennung** *f* [RS] / user code *n* · user ID
~**klasse** *f* [Comm] ⟨DIN 44302⟩ / user class
of service *n*
~**konto** *n* [InfSy] / user account *n* ·
(Entleiherdatei:) borrowers' file *n* || *s.a.*
Ausleihdatei
~**nummer** *f* [RS] / patron ID *n US* ·
borrower's number *n*
~**oberfläche** *f* [EDP] / user interface *n*
benutzerorientiert *pp* [RS] / user-centred *pp*
· user-oriented *pp*
Benutzer|profil *n* [InfSy] / user profile *n*
~**recherchen** *pl* [Retr] / end-user
searches *pl*
~**schaft** *f* [RS] / user population *n* ·
clientele *n* · constituency *n*
~**schnittstelle** *f* [EDP] / user interface *n*
~**schulung** *f* [RS] / user education *n* ·
reader instruction *n* · user instruction *n*
· library instruction *n* · (mit Betonung der
bibliographischen Aspekte:) bibliographic
instruction *n* || *s.a. Schulung am*
Benutzungsort
~**station** *f* [EDP] ⟨DIN 44300/5⟩ / user
terminal *n*
~**statistik** *f* [RS] / user statistics *pl*
~**studie** *f* [InfSc] / user study *n*
~**terminal** *n* [EDP] *s. Benutzerstation*
~**unterstützung** *f* [RS] / user support *n*
~**unterweisung** *f* [RS] *s. Benutzerschulung*
~**verhalten** *n* [InfSc] / user behaviour *n*
~**wahrnehmung** *f* [InfSc] / user
perception *n*
~**wunsch** *m* [Acq] / reader's request *n*
~**zufriedenheit** *f* [RS] / user satisfaction *n*
|| *s.a. Zufriedenheitsgrad*
~**zulassung** *f* [RS] *s. Zulassung*

Benutze-Verweisung *f* (BS) [Ind] ⟨DIN
1463/1E⟩ / USE-reference *n*
Benutzt für (in) Kombination-Verweisung
f (KB) [Ind] ⟨DIN 1463/1E⟩ / USED FOR
COMBINATION-reference *n*
Benutzt für-Verweisung *f* (BF) [Ind] ⟨DIN
1463/1E⟩ / USED FOR-reference *n*
Benutzung 1 *f* [RS] / use *v/n* · usage *n*
s. Zeitschriftennutzungsanalyse; || *s.a.*
Bibliotheksbenutzung; nur zur Benutzung
in der Bibliothek; *Nutzungsgrad*;
Ressourcennutzung
~ 2 *f* (Benutzungsdienst) [OrgM] / public
services *pl*
~
Benutzungs|abteilung *f* [OrgM] / reader
services *n* (department) · public
services *pl* (department) · user services *pl*
(department)
~**anleitung** *f* [BdEq] / user's guide *n* ·
instructions for use *pl* · use instruction *n* ||
s.a. Benutzungseinführung
~**bereich** *m* [BdEq] / public service area *n*
· reader area *n* · user area *n*
~**beschränkung** *f* [Arch] / limitation
(restriction) on access to records etc. ||
s.a. eingeschränkter Zugang
~**bestimmungen** *pl* [RS] / regulations of
usage *pl* || *s.a. Ausleihbestimmungen*
~**daten** *pl* [RS] / dates of use *pl* · dates of
usage *pl*
~**dienst** *m* [OrgM] / public services *pl* ·
reader services *pl* · user services *pl*
~**einführung** *f* [RS] / introduction into
library use *n* || *s.a. Benutzungsanleitung*
~**frequenz** *f* [RS; InfSy] / usage
frequency *n*
~**führer** *m* [RS] / library guide *n* || *s.a.*
Bibliotheksführer
~**gebühr** *f* [BgAcc] / service charge *n*
· access fee *n* · service fee *n* · user
charge *n*
~**ordnung** *f* [RS] / library regulations *pl* ·
regulations of usage *pl* · (von der örtlichen
Aufsichtsbehörde erlassen:) byelaws *pl Brit*
|| *s.a. Ausleihbestimmungen*
~**politik** *f* [RS] / reader services policy
(policies) *n(pl)*
~**quote** *f* [RS] / use rate *n*
~**spuren** *pl* [Bk] / traces of use *pl*
~**statistik** *f* [RS] / use statistics *pl* · usage
statistics *pl* · statistics of reader services
and interlibrary loan *pl*
~**studie** *f* [InfSc] / use study *n*

Benutzung unter Aufsicht *f* [RS] /
supervised use *n*
~ **vor Ort** *f* [RS] / on-site use *n* ‖ *s.a.
Präsenzbenutzung*
Beobachtungswinkel *m* [EDP/VDU] ⟨DIN 66233/1⟩ / angle of vision *n* · viewing angle *n*
beratender Ausschuss *m* / advisory board *n* · advisory committee *n*
Berater *m* [OrgM] / consultant *n* · counsellor *n* · adviser *n* ‖ *s.a. Informationsberater*
Beratung *f* [OrgM] / consultancy *n* · (Beratungsdienst:) advisory service ‖ *s.a. Informationsberatung; Leserberatung*
Beratungsdienst *m* [RS] / advisory service
Beratungswesen *n* [Lib] / consultancy *n*
beraufter Schnitt *m* [Bind] / shaved edge *n*
berechnen 1 *v* (kalkulieren) / calculate *v*
~ 2 *v* (jmd. etw. ~) [BgAcc] / bill s.o. for s.th. *v* ‖ *s.a. Rechnung*
Berechnung *n* (Kalkulation) [Gen] / calculation *n* ‖ *s.a. Satzkostenberechnung; überschlägige Berechnung; Umfangsberechnung*
Berechtigung *f* (eine bestimmte Tätigkeit auszuüben) [Staff] / license *n* US (to perform the duties of a profession)
Bereich *m* [OrgM] / (Gebiet:) area *n* · (Umfang:) scope ‖ *s.a. Fachbereich*
Bereichs|bibliothek *f* (in einer Universität) [Lib] / departmental library *n* · divisional library *n* · sectional library *n*
~**suche** *f* [Retr] / range searching *n*
bereinigte Ausgabe *f* [Bk] / bowdlerized edition *n* · expurgated edition *n*
Bereitschaftsrechner *m* [EDP] / standby computer *n*
bereitstellen *v* (Mittel ~) [BgAcc] / provide *v* · appropriate *v*
Bereitstellung *f* [OrgM] / provision *n* ‖ *s.a. Literaturbereitstellung; Mittelbereitstellung*
Bergakademie *f* [Ed] / school of mines *n*
Bericht *m* [Bk] ⟨DIN 31631/4; DIN 31639/2; RAK-AD⟩ / report *n* · (schriftlicher ~ auch:) record *n* ‖ *s.a. Abschlussbericht; Endbericht; Forschungsbericht; Sachstandsbericht; Zwischenbericht*
berichten *v* [Comm] / report *v*
Bericht|erstatter *m* [Cat] / reporter *n*
~**erstattung** *f* [OrgM] / reporting *n*
berichtigen *v* [Writ; Prt; Bk] / correct *v*
berichtigte Ausgabe *f* [Bk] / corrected edition *n*

Berichtigung *f* [Bk] ⟨DIN 31631/4; DIN 31639/2⟩ / corrigendum *n* (pl: corrigenda) ‖ *s.a. Druckfehler*
Berichts|jahr *n* [Bk; Cat] / report year *n*
~**zeit** *f* (eines Jahrbuchs u. dgl.) [Bk; Cat] / date of coverage *n*
berieben *pp* [Bind] / rubbed *pp* ‖ *s.a. beschabt; bescheuert*
Berst|festigkeitsprüfung *f* [Pp] ⟨DIN 53141/1⟩ / bursting test *n* (nach John W.Mullen:) mullen burst test *n*
~**widerstand** *m* [Pp] / bursting resistance *n*
Berufs|anfänger *m* (im Bibliothekswesen) [Staff] / entrance-level librarian · entry-level librarian · entrant *n* ‖ *s.a. Anfängerstelle*
~**ausbildung** *f* [Ed] / vocational training *n* · professional training *n*
~**aussichten** *pl* [Staff] *s. Beschäftigungsaussichten*
~**bezeichnung** *f* [Gen] / job title *n*
~**erfahrung** *f* [Staff] / professional experience *n*
~**ethik** *f* [Staff] / professional ethics *pl but sing in constr*
~**schulbibliothek** *f* [Lib] / vocational school library *n*
~**verband** *m* [Staff] / professional association *n* ‖ *s.a. Personalverband*
Berufung *f* (Ernennung) [Staff] / appointment *n*
berührungsempfindlicher Bildschirm *m* [EDP/VDU] / touch sensitive screen *n* · touch screen *n*
beschabt *pp* [Bind] / scraped *pp* ‖ *s.a. berieben; bescheuert*
beschädigtes Exemplar *n* [Bk] / spoiled copy *n* · hurt copy *n* ‖ *s.a. Mängelexemplar*
beschaffen *v* [Acq] / acquire *v*
Beschaffung *f* [Acq] / acquisition *n* · (durch Kauf:) purchase *n* ‖ *s.a. Informationsbeschaffung*
Beschaffungs|geschwindigkeit *f* [Acq] / acquisition speed *n*
~**markt** *m* [Acq] / procurement market *n*
~**weg** *m* [Acq] / the way of obtaining library materials *n*
Beschaffungswunsch *f* [Acq] / requisition *n* (for the order of a book) · desideratum *n* ‖ *s.a. Anschaffungsvorschlag*
beschäftigen *v* [Staff] / occupy *v* · (einstellen:) employ *v*

Beschäftigung *f* [Staff] / employment *n* ‖ *s.a. Ganztagsbeschäftigung; Teilzeitbeschäftigung*
Beschäftigungs|aussichten *pl* [Staff] / career opportunities *pl* · job opportunities *pl* · job outlook *n* · employment prospects *pl* · job prospects *pl*
~möglichkeiten *pl* [Staff] / employment opportunities *pl*
Bescheid *m* [Off] / (Antwort:) reply *n* · (Benachrichtigung:) notification *n* ‖ *s.a. Zwischenbescheid*
bescheinigen *v* [OrgM] / certify *v*
Bescheinigung *f* [Gen] / certificate *n*
bescheuert *pp* [Bind] / chafed *pp* ‖ *s.a. berieben; beschabt*
beschichtetes Papier *n* [Pp] ⟨DIN 6730⟩ / loaded paper *n* · coated paper *n* ‖ *s.a. nicht beschichtetes Papier*
beschildern *v* [Bind] / (mit Schildchen versehen:) label *v* · (mit Buchstabenaufdruck versehen:) letter *v* ‖ *s.a. Beschriftungsträger*
Beschilderung *f* [BdEq] / signage *n* · (zur räumlichen Orientierung im Bibliotheksgebäude:) internal guiding *n* · directional sign(s) *n(pl)* · signposting *n* · directional signing *n* · (an der Stirnseite einer Regalachse:) range indicator *n* ‖ *s.a. Regalbeschilderung; Rückenbeschilderung*
Beschilderungssystem *n* [BdEq] / sign system *n*
Beschläge *pl* [Bind] / metal ornaments *pl* · mountings *pl* (metal clasps, brass corners, bosses, etc.) ‖ *s.a. Eckbeschläge*
beschlagnahmen *v* [Law] / seize *v* · confiscate *v* ‖ *s.a. Beutekunst*
beschleunigte Alterung *f* [Pres] / accelerated aging *n*
beschmutzt *pp* [Bind] / soiled *pp*
Beschneide|hobel *m* [Bind] / plough *n* · cutting plough/plow *n*
~maschine *f* [Bind] / edge trimmer *n*
beschneiden *v* [Bind] / trim *v* · cut *v* (zu stark beschneiden – mit Textverlust: to bleed) ‖ *s.a. glatt beschneiden; in Deckeln beschneiden; in Pappen beschneiden; unbeschnitten*
Beschnitt *m* (das Beschneiden) [Bind] / (Vorgang:) trimming *n* · trim *n* ‖ *s.a. Schnitt 2*
beschnitten *pp* [Bind] / cut *pp* · trimmed *pp* · (zu stark ~:) cropped *pp* · (mit Textverlust:) bled *pp* ‖ *s.a. verschnitten*
Beschnittlinie *f* [Prt] / crop mark *n*

beschränkte Auflage *f* [Bk] / limited edition *n*
beschränkter Zugang *m* [Arch; RS] / restricted access *n*
beschreibbar *adj* [EDP] / writable *adj* (wieder ~: rewritable)
beschreibende Statistik *f* [InfSc] / descriptive statistics *pl but sing in constr*
Beschreibstoff *m* [Writ] / writing material *n*
Beschreibung *f* [Gen] / description *f*
Beschreibungsstufe *f* [Cat] / level of description *n* ‖ *s.a. Stufenaufnahme*
beschriften *v* [Writ; Bk] / letter *v*
Beschriftung *f* [Writ; Bind] / lettering *n* ‖ *s.a. Beschilderung*
Beschriftungs|träger *m* (am Regal) [Sh] / labelholder *n*
Beschriftungs- und Beschilderungsstelle *f* [OrgM] / physical preparations unit *n*
Beschwerde *f* [Staff] / grievance *n*
besetzt *pp* (betr.Telefonanschluss, Kopierer usw.) / engaged *pp* · busy *adj*
Besetztzeichen *n* [Comm] / busy signal *n* · busy tone *n US* · engaged signal *n* · engaged tone *n*
Besetzung 1 *f* (die Personen eines Theaterstücks, Oratoriums u.dgl.) [Art; Mus] / cast *n*
~ 2 *f* (die Instrumente und/oder Singstimmen eines Werkes) [Mus] / medium of performance *n*
Besitz *m* [Stock] / ownership *n*
besitzende Bibliothek *f* [Cat; RS] / owning library *n*
Besitz|nachweis *m* (Vermerk in einem Gesamtkatalog usw., der angibt, in welcher Bibliothek ein bestimmtes Werk vorhanden ist) [Cat; RS] / holdings record *n* · location *n* · location identification *n*
~stempel *m* (TS) / owner's stamp *n* · property stamp *n* · identification stamp *n* · ownership stamp *n*
~vermerk *m* / notation of ownership *n*
~vermerke *pl* [Bk] / ownership marks *pl*
Besoldung *f* [Staff] / remuneration *n* ‖ *s.a. Bezüge; Gehalt*
Besoldungsordnung *f* [Staff] / salary scale *n* ‖ *s.a. Vergütungsordnung*
besondere Anhängezahl *f* [Class/UDC] *s. besondere Ergänzungszahl*
besondere Ergänzungszahl *f* [Class/UDC] / special auxiliary (number) *n*
besprechen *v* (ein Buch ~) [Bk] / review *v* (a book)

Besprechung

Besprechung 1 *f* (gemeinschaftliche Beratung) [OrgM] / meeting ‖ *s.a. Vorbesprechung*
~ 2 *f* (Buchbesprechung) [Bk] *s. Rezension*
Besprechungs|dienst *m* [Bk] / reviewing organ *n*
~**exemplar** *n* [Bk] / review copy *n* · press copy *n* · editorial copy *n*
~**tisch** *m* [BdEq] / conference table *n*
~**zimmer** *n* [BdEq] / conference room *n*
Bestand / holdings *pl* · collection *n* · stock *n* ‖ *s.a. Ausleihbestand; Bestandsumfang; Bibliotheksbestand; Buchbestand; Freihandbestand; gefährdeter Bestand; Gesamtbestand; Lesesaalbestand; magazinierter Bestand; Pflichtexemplarbestand; Präsenzbestand; Sonderbestand; Zeitschriftenbestand; Zusammensetzung*
Bestands|analyse *f* [Stock] / collection survey *n* ‖ *s.a. Zusammensetzung*
~**angabe** *f* [Cat] / holdings statement *n* · holdings note *n* ‖ *s.a. Bandaufführung*
~**aufbau** *m* [Acq] / collection building *n* · stockbuilding *n* ‖ *s.a. Bestandsentwicklung*
~**aufnahme** *f* [Stock] / inventory *n* ‖ *s.a. Bestandsdurchsicht; Bestandsrevision; Inventur*
~**bewertung** *f* [Stock] / collection assessment *n* · collection evaluation *n*
~**beziehung** *f* [Ind; Class] ⟨DIN 1463/1E; DIN 32705E⟩ / partitive relation *n* · part-whole relation *n* · whole-(and-)part relation *n*
~**datei** *f* [Stock] / inventory file *n*
~**daten** *pl* [Cat] / holdings data *pl*
~**durchsicht** *f* [Stock] / (in den Regalen in Bezug auf verstellte Bände:) reading shelves *ger* · shelf checking *n* · shelf reading *n* · shelf tidying *n* · (in Bezug auf Ergänzungen und Aussonderungen:) stock revision *n* ‖ *s.a. Bestandsrevision*
~**einheit** *f* [Stock] / item *n*
~**entwicklung** *f* [Acq] / collection development *n* ‖ *s.a. Bestandsaufbau*
~**erhaltung** *f* [Pres] / preservation *n* · (Bestandspflege:) collection maintenance *n* (Abteilung für ~ :preservation division; preservation office) ‖ *s.a. Konservierung; präventive Bestandserhaltung; vorbeugende Bestandserhaltung*
~**erschließung** *f* (Mittel und Maßnahmen für die Öffnung von Wegen zur Information über den Bibliotheksbestand,

z.B. durch Kataloge) [Stock] / stock exploitation *n*
~**größe** *f* [Stock] / collection size *n*
~**lücke** *f* / lacuna *n* · gap in the stock *n* · stock gap *n* · holdings gap *n*
~**nachweis** *m* [Stock] *s. Besitznachweis*
~**nutzung** *f* / stock exploitation *n* · collection use *n* · collection utilization *n*
~**pflege** *f* [Stock] / collection maintenance *n* ‖ *s.a. Bestandserhaltung*
~**profil** *n* [Stock] / collection profile *n*
~**qualität** *f* / collection quality *n*
~**relation** *f* [Ind; Class] *s. Bestandsbeziehung*
~**revision** *f* [Stock] / stocktaking *n* · inventory *n* ‖ *s.a. Bestandsdurchsicht*
~**schwerpunkt** *m* [Stock] / collection emphasis *n*
~**sicherung** *f* [Stock] / stock security *n* ‖ *s.a. Buchsicherungsanlage; Diebstahlsicherungssystem*
~**übersicht** *f* (Übersicht über die besitzenden Bibliotheken in einem Gesamtkatalog) [Cat] / holdings display *n*
~**umfang** *f* [Stock] / collection size *n*
~**umsatz** *m* [RS] / collection turnover *n* · turnover *n* (of books) ‖ *s.a. Umsatzquote*
~**vermehrung** *f* [Acq] / expansion *n* (of stock) · collection growth *n* · increase *n* (of stock)
~**vermittlung** *f* [RS] *s. Bibliotheksbenutzung*
~**verwalter** *m* [Stock; Staff] / administrator of collections *n*
~**verwaltung** *f* [Stock] / collection management *n* · bookstock management *n* · stock management *n*
~**verzeichnis** *n* [Stock] / inventory *n* · stock-record *n* · holdings list *n* · stocklist *n*
~**wachstum** *n* [Stock] *s. Bestandsvermehrung*
~**zugänge** *pl* [Acq] / additions to the collection *pl* ‖ *s.a. Neuerwerbung; Zugang 1*
~**zuwachs** *m* [Stock] *s. Bestandsvermehrung*
bestätigen *v* [Comm] / acknowledge *v*
Bestätigungs|meldung *f* (für den Datenempfang) [Comm] / acknowledgement ‖ *s.a. Empfangsbestätigung; negative Empfangsbestätigung*
Bestell|abläufe *pl* [Acq] / order procedures *pl*

~**datei** *n* [Acq] / on-order file *n* ·
outstanding-order file *n* · O.O.file *n* ·
order file *n* · orders-outstanding file *n* · (in
Verbindung mit den Zugangsnachweisen:)
on-order-in-process file *n*
bestellen 1 *v* [Acq] / order *v* ‖ *s.a.
ist bestellt; nachbestellen; nichtbestelltes
Exemplar*
bestellen 2 *v* (aus dem Magazin) [RS] /
request *v* · page *v* US (ein Buch aus dem
Magazin ~: to page a book)
bestellende Bibliothek *f* (im Leihverkehr)
[RS] / requesting library *n*
Besteller *m* [RS] / requester *n*
Bestell|formular *n* [Acq] / order form *n* ·
order slip *n*
~**karte** *f* [Acq] / order card *n*
~**kartei** *f* [Acq] *s. Bestelldatei*
~**katalogisierung** *f* [Cat] / cataloguing (on
the basis of the order dates)
~**nachweis** *m* [Acq] / order record *n*
~**nummer** *f* (einer Leihverkehrsbestellung
u.ä.) [RS] / request number *n* ‖ *s.a.
Verlagsbestellnummer*
~**schein** *m* [RS] / request slip *n* · call
slip *n* · call card *n* · paging slip *n* ·
US · reader's slip *n* · request card *n* ·
requisition slip *n* ‖ *s.a. Leihschein*
~**schein im Internationalen Leihverkehr**
m [RS] / international loan request form *n*
~- **und Versandabteilung** *f* [OrgM] / order
and shipping department *n*
Bestellung 1 *f* (zur Ausleihe) [RS] /
request *n* · application *n* · demand *n* ‖
*s.a. Direktbestellung; Erledigungsrate;
Fernleihbestellung; negativ erledigte
Bestellung; nicht erledigte Bestellung;
positiv erledigte Bestellung*
~ 2 *f* (für die Erwerbung) [Acq; Bk]
/ order *n* (eine ~ aufgeben: to place
an order; ~läuft: on order) ‖ *s.a. Eil-
Bestellung; Kaufbestellung; laufende
Bestellung*
~ **gestrichen** *f* [Bk] / order cancelled *n* ·
OC *abbr*
Bestell|unterlagen *pl* [Acq] / selection
aids *pl* · aids to book selection *pl* ·
selection sources *pl*
~**vorgang** *m* [Acq] / order procedures *pl*
~**wunsch** *m* [Acq] / order request *n* ·
book order suggestion *n* · purchase
suggestion *n s.a. Anschaffungsvorschlag;
Erwerbungswunsch*
~**zettel** 1 *m* [RS] *s. Bestellschein*

~**zettel** 2 *m* [Acq] / order form *n* ‖ *s.a.
Bellformular*
~**zettelsatz** *m* [Acq] / multiple-copy order
form *n* · multiple-order-form *n* · multiple-
part order form *n* · MOF *abbr*
Bestiarium *n* [Bk] / bestiary *n*
Bestimmung *n* [Gen; Cat] / (Festlegung:)
stipulation *n* · (in einem Regelwerk usw.:)
provision *n* · rule *v* ‖ *s.a. fakultative
Bestimmung; Kann-Bestimmung*
Bestimmungsbuch *n* (für Pflanzen usw.)
[Bk] ⟨DIN 31631/4⟩ / identification
guide *n*
bestoßen *pp* [Bind] / bruised *pp* · injured *pp*
Besuch *m* (einer Bibliothek) [RS] / library
visit *n*
Besucher|anmeldung *f* [OrgM] / visitors'
registration *n*
~**eingang** *m* [BdEq] / visitors' entrance *n*
Betaversion *f* [EDP] / beta *n*
Beteiligung *f* [Staff] / involvement *n* ‖ *s.a.
Mitarbeiterbeteiligung*
betonen *v* / emphasize *v* · highlight *v*
Betonungszeichen *n* [Writ; Prt] / accent
mark *n*
Betrag *m* [BgAcc] / amount *n* ‖ *s.a.
Teilbetrag*
Betrieb *m* / (eines Geräts:) operation *n* ·
(Fabrik; Werk:) plant *n* US · (Modus:)
mode ‖ *s.a. außer Betrieb; Offline-Betrieb;
Online-Betrieb*
Betriebs|ablauf *m* [OrgM] / operational
procedure *n* (Management des
Betriebsablaufs:operational management)
· (Abläufe insgesamt:) operational
procedures
~**abteilung** *f* [OrgM] / technical services
(department) *pl(n)*
~**anleitung** / operating instructions *pl* ·
(in Form eines Handbuchs:) operating
manual *n*
~**anweisung** *f* [EDP] ⟨DIN 44300/4E⟩ / job
control statement *n*
~**art** *f* [EDP] / mode of operation *n*
~**ausgaben** *pl* [BgAcc] / operating
expenditure *n* · ordinary expenditure *n*
~**klima** *n* [OrgM] / organisational climate *n*
~**kosten** *pl* / (laufende Kosten:) running
costs · operating costs *pl* · operational
costs *pl*
~**mittel** *pl* [BdEq] / resources *pl* ·
facilities *pl*
~**praktikum** *n* [Ed] / internship *n*
~**schloss** *n* (Tastensperre) [EDP] /
keylock *n*

Betriebssprache

~**sprache** *f* [EDP] ⟨DIN 44300/4E⟩ / control language *n* · job control language *n* · operating language *n*
~**stunden** *pl* [EDP] / operational hours *pl*
~**system** *n* [EDP] ⟨DIN 44300/4E; DIN 66029⟩ / operating system *n* ‖ *s.a. Netzbetriebssystem; Platte-Betriebssystem*
~**zeit** *f* [BdEq] / running time *n* · power-on time *n* · operating time *n*
~**zeit(en)** *f(pl)* (eines Hosts usw.) [InfSy] / service hours *pl*
Betriebszeitschrift *f* [Bk] / internal house journal *n*
Be- und Entlüftung *f* [BdEq] / ventilation *n*
beurteilen *v* [Gen] / appraise ‖ *s.a. bewerten*
Beurteilung [Staff] *f s. Personalbeurteilung*
Beute|bücher *pl* / looted books *pl* · captured books *pl*
~**kunst** *f* [Art] / looted art treasures *pl* · captured art treasures *pl*
Beutelbuch *n* [Bk] / girdle book *n*
bewahren *v* [Stock; Pres] / conserve *v* · preserve *v*
bewegliche Lettern *pl* [Prt] / movable type(s) *n(pl)*
Bewegungs|datei *f* [EDP] / transaction file *n*
~**daten** *pl* / transaction dates *pl*
Bewerber *m* [Staff] / applicant *n* ‖ *s.a. Stellenbewerber; Studienbewerber*
Bewerbung *f* (um Einstellung) [Staff] / application *n* (for employment)
Bewerbungs|schlusstermin *m* [Staff] / application deadline *n*
~**schreiben** *n* [Staff] / letter of application *n*
~**unterlagen** *pl* [Staff] / credentials *pl* · application documents *pl*
bewerten *v* [InfSc] / (nach einer Punkteskala:) score *v* · (einschätzen:) assess *v* · (abschätzen; beurteilen:) appraise · (evaluieren:) evaluate *v*
Bewertung *f* [InfSc] / evaluation *n* · assessment *n* ‖ *s.a. Informationsbewertung; Leistungsbewertung; Qualitätsbewertung; Risikoabwägung*
bewilligen *v* (Geld usw. ~) [BgAcc] / appropriate *v*
Bewilligung *f* [BgAcc] / appropriation *n* · (Zuwendung:) grant *n* ‖ *s.a. Beihilfe; Globalbewilligung; Mittelzuweisung; Zuschuss*
Bewirtungskosten *pl* [BgAcc] / entertainment expenses *pl*

Bewirtungsspesen *pl* [BgAcc] *s. Bewirtungskosten*
Bezahlinhalt *m* [Internet] / pay content *n*
bezahlter Urlaub *m* [Staff] / leave with pay *n*
Bezahlung *f* [BgAcc] / (Vergütung:) remuneration *n* · payment *n* ‖ *s.a. vorausbezahlen*
bezeichnen *v* [Lin] / denote *v*
Bezeichnung *f* (Benennung eines Begriffs) [Ind] / term *n* · designation ‖ *s.a. natürlichsprachige Bezeichnung*
Beziehungs|graph *m* (zur Darstellung der logischen Beziehungen zwischen Deskriptoren) [Ind] / descriptor network *n* (in form of a graphic display) ‖ *s.a. Pfeildiagramm*
~**indikator** *m* [Class] / relation indicator *n*
~**zeichen** *n* [Class/UDC] *s. allgemeine Beziehung*
Bezirksausgabe *f* (einer Zeitung) [Bk] / area edition *n* · regional edition *n*
Bezüge *pl* (Gehaltszahlung) [Staff] / emoluments *pl* ‖ *s.a. Besoldung*
Bezugs|adresse *f* [EDP] / base address *n*
~**band** *n* (Magnetbandtechnik) [EDP] ⟨DIN 66010⟩ / reference tape *n*
~**bedingungen** *pl* [Bk] / terms of availability *pl* · (Lieferbedingungen:) terms of delivery *pl* · (bei Zeitschriften:) subscription terms *pl*
~**begriff** *m* [Ind] / reference term *n*
~**diskette** *f* [EDP] ⟨DIN 66010⟩ / reference flexible disk *n* ‖ *s.a. zertifizierte Bezugsdiskette*
~**kassette** *f* [EDP] ⟨DIN 66010⟩ / reference cassette *n* · (Diskette:) reference flexible disk *n*
~**papier** *n* [Bind] / pasting paper *n* · paste paper *n* ‖ *s.a. Bezugsstoff*
~**preis** *m* (einer Zeitschrift) [Bk] *s. Abonnementspreis*
~**quellennachweis** *m* [Bk] / buyers' guide *n* · product directory *n*
~**rahmen** *m* [OrgM] / terms of reference *pl* · frame of reference *n*
~**stoff** *m* [Bind] / cover material *n* ‖ *s.a. Bezugspapier*
BF *abbr* (Benutzt für Synonym oder Quasi-Synonym) [Ind] *s. Benutzt für-Verweisung*
Bias-Fehler *m* [InfSc] / sample bias *n*
Bibel(druck)papier *n* [Pp] ⟨DIN 6730⟩ / bible paper *n* ‖ *s.a. Dünndruckpapier*
Biblid *n* [Bk] ⟨DIN 31643⟩ / biblid *n* (bibliographic identification code)

Bibliograph *m* [Bib] / bibliographer *n*
Bibliographie *f* [Bib] ⟨DIN 31639/2; RAK-AD⟩ / bibliography *n* (ein einfaches Verzeichnis von Büchern usw. nach Titeln, Verfassern, Sachgebieten usw.: enumerative bibliography; in systematischer Ordnung: systematic bibliography) ‖ *s.a. abgeschlossene Bibliographie; fortlaufende Bibliographie*
~ **der Rezensionen** *f* [Bib] / book review index *n*
bibliographieren *v* [Retr] / verify *v* · check *n* US ‖ *s.a. ermitteln*
Bibliographierer *m* [Staff] / bibliographer *n* · bibliographic checker *n* · checker *n*
bibliographisch abhängiges Werk *n* [Bk; Cat] / component part *n* (of a bibliographically independent work)
bibliographische Angabe *f* [Bib] ⟨DIN 31639/2⟩ *s. Literaturangabe*
~ **Austauscheinheit** *f* [Cat] / bibliographic record prepared for exchange *n* ‖ *s.a. Austauschformat*
~ **Beschreibung** *f* [Cat] ⟨ISBD(M; S; PM A); DIN 1505/1; TGL 20972/04⟩ / bibliographic description *n* ‖ *s.a. Korpus der Titelaufnahme*
~ **Einheit** *f* [Bk] / bibliographic entity *n* · bibliographic unit *n*
~ **Ermittlung** *f* [Retr] / bibliographic checking *n* · bibliographic verification *n* ‖ *s.a. ermitteln*
~ **Kontrolle** *f* [Bib] / bibliographic control *n*
~ **Ordnungsleiste** *f* [Bk] *DDR* ⟨TGL 20177⟩ / bibliographic strip *n*
bibliographischer Band *m* [Bk] / bibliographic volume *n*
~ **Nachweis** *m* [Bib] ⟨TGL 20972/04⟩ / reference *n* ‖ *s.a. bibliographischer Nachweisdienst; Literaturangabe*
~ **Nachweisdienst** *m* / bibliographic reference service *n*
bibliographisches Element *n* [Bib; Cat] / bibliographic element *n*
~ **Format** *n* [Bk] / bibliographic format *n*
~ **Hilfsmittel** *n* [Bib] / bibliographic tool *n*
bibliographisch selbständiges Werk *n* (ein Werk, das mit einer bibliographischen Einheit identisch ist) [Bk; Cat] / bibliographically independent work *n*
~ **unselbständige Schrift** *f* [Bk; Cat] *s. bibliographisch abhängiges Werk*
Biblio|klast *m* [Bk] / biblioclast *n*
~**kleptomane** *m* [Bk] / biblioklept *n*

~**mane** *m* [Bk] / bibliomane *n* · bibliomaniac *n*
~**manie** *f* [Bk] / bibliomania *n* · book-madness *n*
~**metrie** *f* [InfSc] / bibliometrics *pl but sing in constr*
bibliophil *adj* [Bk] / bibliophilic *adj* · bibliophilistic *adj*
Biblio|philer *m* [Bk] / bibliophile *n* · bibliophilist *n*
~**philie** *f* [Bk] / bibliophily *n* · bibliophilism *n*
Bibliothek *f* [Lib] ⟨DIN 1425⟩ / library *n*
Bibliothekar / librarian *n*
Bibliothekar|ausbildung *f* [Ed] / library education *n* · education for librarianship *n*
bibliothekarische Klassifikation *f* [Class] / library classification *n* · bibliothecal classification *n*
bibliothekarisches Gemeinschaftsunternehmen *n* [Lib] / co-operative library venture *n* ‖ *s.a. Gemeinschaftsprojekt*
~ **Verbundprojekt** *n* / co-operative library venture *n*
bibliothekarische Zusammenarbeit *f* [Lib] / inter-library cooperation *n* · library cooperation *n* ‖ *s.a. bibliothekarisches Gemeinschaftsunternehmen*
Bibliothekarlehrinstitut *n* [Ed] / library school *n*
Bibliothek einer Zeitung/Nachrichtenagentur *f* / news library *n*
Bibliotheks|adressbuch *n* [Bk] / library directory *n*
~**angestellter** *m* [Staff] / library employee *n*
~**arbeit außerhalb der Bibliothek** [Lib] / library extension *n*
~**assistent** *m* [Staff] / library technical assistant *n* · library assistant *n Brit* (trained for service in academic and research libraries)
~**ausgabe** *f* [Bk] / cabinet edition *n* · library edition *n*
~**ausschuss** *m* [OrgM] / library committee *n*
~**automatisierung** *f* [EDP] / library automation *n*
~**bau** *m* [BdEq] / library building *n*
~**beauftragter** *m* (in einem Fachbereich) [Staff] / library representative *n*
~**behörde** *f* [Lib] / library authority *n*
~**benutzer** *m* [RS] *s. Benutzer*
~**benutzung** *f* / library use *n* · library usage *n* ‖ *s.a. Benutzung 2*

Bibliotheksbestand 40

~**bestand** *m* [Stock] / library holdings *pl* · library collection *n* · library resources *pl*
~**betriebslehre** *f* [Lib] / library economy *n* ‖ *s.a. Bibliotheksverwaltung*
~**datei** *f* (zur Speicherung von Prozeduren,Funktionen) [EDP] / runtime library *n*
~**didaktik** *f* [RS] *s. Benutzerschulung*
~**direktor** *m* [Staff] / librarian *n* · library director *n* · head librarian *n* · chief librarian *n* · principal librarian *n*
~**einband** *m* [Bind] / library binding *n*
~**einführung** *f* [RS] / library introduction *n*
~**einrichtung** *f* / library equipment *n*
~**facharbeiter** *m* [Staff] *DDR* / trained library worker *n*
~**forschung** *f* [Lib] / library research *n*
~**führer** *m* [Lib] / library guide *n* · library handbook *n* ‖ *s.a. Benutzungsführer*
~**gebäude** *n* [BdEq] / library building *n*
~**gelände** *f* [BdEq] / library's premises *pl*
~**geschichte** *f* [Lib] / library history *n* ‖ *s.a. Bibliothekshistoriker*
~**gesetz** *n* [Law] / library law *n* · (Gesetz für das öffentliche Bibliothekswesen:) Public Libraries Act *n* Brit · Library Services and Construction Act *n* US
~**gesetzgebung** *f* [Law] / library legislation *n*
~**groschen** *m* [BgAcc] *s. Bibliothekstantieme*
~**historiker** *m* [Lib] / library historian *n*
bibliotheksinternes Formular *n* [Off] / intralibrary form *n*
Bibliotheks|kommission *f* [OrgM] / library committee *n*
Bibliotheks|konsortium *n* (für die gemeinsame Nutzung von elektronischen Publikationen) [Lib] / library consortium *n* (pl:~konsortien/ ~ consortia)
~**landschaft** *f* [Lib] / library scene *n*
~**leiter** *m* [Staff] *s. Bibliotheksdirektor*
~**leitung** *f* [OrgM] / library management *n*
~**lieferant** *m* / library supplier *n*
~**möbel** *pl* [BdEq] / library furniture *n*
~**netz** *n* [Lib] / library network *n*
~**ordnung** *f* [Lib] / library statutes *pl* · library rules *pl* · library regulations *pl*
~**personal** *n* / library staff *n*
~**politik** *f* [Lib] / library policy *n*
~**preis** *m* (Auszeichnung für Verdienste um das Bibliothekswesen) [Lib] / library award *n*
~**pressestelle** *f* [PR] *s. Pressestelle*
~**rabatt** *m* [Acq] / library discount *n*

~**rechenzentrum** [EDP] / computer library center *n*
~**recht** *n* [Law] / library law *n*
~**rundgang** *m* [RS] / library tour *n* ‖ *s.a. Führung*
~**saal** *m* [BdEq] / library hall *n*
~**schließung** *f* [OrgM] / library closure *n* · closing (of the library)
~**schulabsolvent** *m* [Ed] / library school graduate *n*
~**schule** *f* [Ed] / library school *n*
~**sigel** *n* [Lib] *s. Sigel*
~**signet** *n* [PR] / library sign *n* ‖ *s.a. Namenszug*
~**statistik** *f* [Lib] / library statistics *pl;* (method or theory:) sing in constr
~**stempel** *m* [Off] / library stamp *n*
~**student** *m* [Ed] / student librarian *n*
~**system** *n* [Lib] / library system *n*
~**tantieme** *f* / lending royalty *n*
~**typ** *m* [Lib] / type of library *n*
~**verband** *m* [Lib] / library association *n*
~**verbund** *m* [Lib] / library consortium *n* ‖ *s.a. Verbund*
~**verwaltung** *f* [Lib] / library management *n* · library administration *n*
~**verwaltungslehre** *f* [InfSc] / library economy *n*
~**verwaltungssystem** *n* [Lib; EDP] / library management system *n* · LMS *abbr*
~**vorstand** *m* [OrgM] / library board *n*
~**wesen** *n* [Lib] / librarianship *n*
~**wesen, Information und Dokumentation** [InfSc] / librarianship, information and documentation
~**wissenschaft** *f* [Lib] / library science *n* ‖ *s.a. vergleichende Bibliothekswissenschaft*
~**zeitschrift** *f* [Lib] / library journal *n*
~**zentrum** *n* [Lib] / library centre *n*
Bibliotherapie *f* [Bk] / bibliotherapy *n*
BID *abbr s. Bibliothekswesen, Information und Dokumentation*
biegsamer Einband *m* [Bind] / flexible binding *n* · flexbinding *n* · limp binding *n*
~ **Gewebeband** *m* [Bind] / (Kurzbezeichnung:) limp cloth *n*
bieten *v* / (anbieten:) offer *n* · (bei Auktionen:) bid *v* ‖ *s.a. bereitstellen*
Bieter *m* (auf einer Auktion) [Acq] / bidder *n* ‖ *s.a. Höchstbietender*
Bild *n* [NBM] ⟨ISBD(NBM); ISO 6196/1⟩ / (anschauliche Darstellung:) image *n* · (Gemälde, Zeichnung, Foto:) picture *n* · (Nichtbuch-Materialien:) visual *n*
~**agentur** *f* [NBM] / picture agency *n*

~anordnung *f* (auf einem Mikrofilmstreifen) [Repr] ⟨ISO 6196/2⟩ / image arrangement *n* · image position *n* ‖ *s.a. horizontale Bildlage; vertikale Bildlage*
~archiv *n* [NBM] / image archive *n* · picture file (collection) *n* · picture library *n* · picture collection *n* · iconographic collection · iconographic archive(s) *n(pl)*
~atlas *m* [Internet] / image map
~auflösung *f* [ElPubl] / image resolution *n*
~-, Austast- und Synchron-Signal *n* (BAS-Signal) [NBM] / composite video signal *n*
~autor *m* [Cat] / artist *n*
~band *m* [Bk] / picture book *n* · pictorial book *n*
~bearbeitung *f* [EDP] / picture processing *n*
~begrenzung *f* (auf einer Mikroform) [Repr] ⟨ISO 6196-4⟩ / margins *pl*
~beigabe *f* [Bk] / plates *pl*
~beilage *f* [Bk] / pictorial supplement *n* · picture supplement *n*
~betrachter *m* [NBM] / viewer *n*
~datei *f* [ElPubl; EDP] / (mit Informationen zum Aufbau einer Grafik:) image file *n* · (mit Daten einer bildlichen Darstellung:) picture file *n*
~datenbank *f* [InfSy] / image database *n*
~dokument 1 *n* [NBM] / graphic document *n* · iconic document *n*
~dokument 2 *n* [NBM] / (mit Hilfe eines Gerätes zu betrachten:) video document *n* · videogram *n*
~drehung *f* (in einem Mikrofilm-Lesegerät) [Repr] ⟨DIN 19040/113E⟩ / image rotation *n*
~einheit *f* (auf dem Monitor) [EDP/VDU] / frame *n*
~element *n* [EDP/VDU] ⟨DIN 66233/1⟩ / pixel *n* · picture element *n*
~elementwiederholfrequenz *f* [EDP/VDU] ⟨DIN 66233/1⟩ / refresh rate *n*
Bilderbogen *m* [NBM] / picture sheet *n*
Bilderbuch 1 [Bk] / picture book *n*
~trog *m* [BdEq] / kinderbox *n* Brit · cart *n* US
Bilder|datenbank *f* [EDP] *s. Bilddatenbank*
~geschichte *f* [Bk] ⟨DIN 31639/2⟩ / strip cartoon *n*
~handschrift *f* [Bk; Art] / illuminated manuscript *n*

~karte *f* (Karte mit bildlichen Darstellungen) [Cart] / pictorial map *n*
~sammlung *f* [NBM] / picture file (collection) *n*
~schrift *f* / pictography *n* · pictographic script
~titel *m* / illustrated title-page *n*
Bild|feld *n* (einer Mikroform) [Repr] ⟨A 2654; DIN 19054⟩ / frame *n*
~feldanordnung *f* (auf einer Mikroform) [Repr] / image arrangement *n*
~frequenz *f* (bei einer Filmaufnahme, Bildvorführung) [NBM] / projection rate *n* · frames per second
~generator *m* [EDP/VDU] / video generator *n*
~karte 1 *f* [Internet] / image map
~karte 2 *f* [Repr] ⟨DIN 19040/113E⟩ *s. Fensterkarte*
~karte 3 *f* [Cart] ⟨ISBD(CM)⟩ / pictorial map *n*
~kommunikation *f* [Comm] / video communication *n* · image communication *n*
~kompression *f* [ElPubl] / image compression *n*
~lage *f* [Repr] / image orientation *n* · image position *n* ‖ *s.a. horizontale Bildlage; vertikale Bildlage*
~laufleiste *f* [EDP/VDU] / scroll bar *n*
~legende *f* [Bk] / legend *n* · caption *n* · cutline *n*
bildlich *adj* / visual *adj*
bildliche Darstellung *f* [NBM] / pictorial representation *n* ‖ *s.a. Abbildung*
bildliche Daten *pl* [ElPubl] / image data *pl*
Bild|marke *f* [Repr] ⟨DIN 19040/113E; DIN 19071/3⟩ / blip *n* · document mark *n* · image(-count) mark *n* ‖ *s.a. Suchmarkierung*
~material *n* (für den Druck) [Prt] / artwork *n* · art *n* ‖ *s.a. druckreifes Bildmaterial*
~medien *pl* [NBM] / picture media *pl*
~nis *n* [Art] / portrait *n*
~plan *m* (Luftbildplan) [Cart] / photomap *n*
~platte *f* [EDP] / laser disc *n* · videodisk *n* · optical disk *n* ‖ *s.a. optische Speicherplatte*
~postkarte *f* [NBM] / picture postcard *n*
~projektion *f* [Repr] ⟨DIN 19040/10⟩ / projection *n* ‖ *s.a. Standbildprojektion*
~retusche *f* (Druckvorbereitung) [ElPubl] / image retouching *n*

Bildröhre 42

~röhre *f* [EDP; Repr] ⟨DIN 19040/113E⟩ / cathode-ray tube *n* · CRT *abbr*
~schärfe *f* (einer Fotografie) / definition *n* (of a photographic image) · focus *n* (scharf einstellen: to bring into focus) · picture sharpness *n* ‖ *s.a. Auflösung*
Bildschirm *m* [EDP/VDU] ⟨DIN 66233/1⟩ / display screen *n* · video screen *n* · monitor screen *n* · screen *n* ‖ *s.a. berührungsempfindlicher Bildschirm; Farbbildschirm; Flachbildschirm; geteilter Bildschirm; Tast-Bildschirm*
~anzeige *f* [EDP/VDU] / screen display *n*
~arbeitsplatz *m* [EDP/VDU] ⟨DIN 66233/1; 66234⟩ / display work-station *n* · video work-station *n*
~ausdruck *m* [EDP] / screen dump *n*
~format *n* [EDP/VDU] / screen format *n* · display format *n*
~foto *n* [EDP/VDU] / screen capture *n* · snapshot (of the screen image) · screen shot *n* ‖ *s.a. Bildschirmkopie*
~hintergrund / screen background *n*
~inhalt *n* / screen contents *pl*
~karte *f* [EDP/VDU] *s. Grafikkarte*
~ **für einfarbige Darstellung** *f* [EDP/VDU] / monochrome graphics adapter *n* · MGA *abbr*
~katalog *m* [Cat] *s. Online-Katalog*
~konsole *f* [EDP] / data display console *n* · CRT display console *n*
~kopie *f* [EDP/VDU] / screen capture *n* · screen dump *n*
~maske *f* [InfSy; EDP/VDU; Repr] ⟨DIN 44300/2E; DIN 66233/1; DIN 19040/113E⟩ / screen mask *n*
~schoner *m* [EDP/VDU] / screen saver *n*
~schriften *pl* [EDP/VDU] / screen fonts *pl*
~terminal *n* [EDP/VDU] *s. Datensichtgerät*
~text *m* [InfSy] / viewdata *n* · interactive videotex *n* · videotex *n*
Bild|schritt *m* [Repr] / frame pitch *n* Brit · pulldown *n* US
~seitenverhältnis *n* [Repr] ⟨DIN 31631/2⟩ *s. Seitenverhältnis*
~speicherung *f* [EDP] / image storage *n*
~steg *m* (auf einem Mikrofilm) [Repr] / spacing *n*
~stelle *f* [NBM] / audio-visual centre *n* (lending audio-visual material to schools and other educational establishments)
~symbol *n* [EDP/VDU] / (Symbol auf der Benutzeroberfläche:) icon *n* · (grafische Darstellung auf dem Bildschirm:) display image *n*

~telefon *n* / picture telephone *n* · videophone *n*
~-Text-Integration *f* (Druckvorstufe) [ElPubl] / integrated text and image processing *n*
~träger *m* [NBM] / image recording medium *n*
~überschrift *f* [Bk] / caption *n* ‖ *s.a. Bildlegende*
~übertragung *f* [Comm] / image transmission *n*
Bildungs|abschluss *m* [Ed] / completion of a stage of education · educational qualification *n*
~fernsehen *n* [NBM] / educational television *n*
~geschichte *f* [Ed] / educational history *n*
~roman *m* [Bk] / educational novel *n*
~weg *m* (einer Person) [Ed] / educational history *n* (of an individual)
~wesen *n* / (als Tätigkeitsfeld:) education *n* · (als institutionelles System:) educational system *n*
~ziel *n* [Ed] / educational goal *n*
Bild|unterschrift *f* [Bk] / caption *n* ‖ *s.a. Bildlegende*
~verarbeitung *f* [ElPubl] / image processing *n*
~wand *f* (zum Auffangen eines projizierten Bildes) [NBM] / screen *n*
~wandlung *f* [ElPubl] / image conversion *n*
~werfer *m* [NBM] *s. Projektor*
~werk *n* [Bk] ⟨DIN 31639/2⟩ / pictorial work *n* · iconic document *n*
~wiederholfrequenz *f* [EDP/VDU] / refresh rate *n* · frame frequency *n* · frame rate *n*
~wiederholrate *f* [EDP/VDU] *s. Bildwiederholfrequenz*
~wörterbuch *n* / pictorial dictionary *n* · visual dictionary *n* · picture dictionary *n*
~zeichen 1 *n* (bei der Mikroverfilmung) [Repr] ⟨DIN 19059/2⟩ / graphic symbol *n*
~zeichen 2 *n* (in einem Schriftsystem) [Writ] / pictorial symbol *n* · picture symbol *n*
billig *adj* / cheap *adj*
Billigung *f* (Zustimmung; Genehmigung) [Gen] / approval *n*
binär *adj* [EDP] ⟨DIN 44300/2⟩ / binary *adj*
Binärcode *m* [EDP] / binary code *n*
~ **für Dezimalziffern** *m* [EDP] / BCDC *abbr* · binary-coded decimal code *n* · BCD code *n*

binär codierte Dezimalzifferndarstellung *f* [EDP] / BCDC *abbr* · binary coded decimal code *n* · binary-coded decimal representation *n*
Binärdatei *f* [EDP] / binary file *n*
binäre Notation *f* [Class] / binary notation *n*
Binär|kanal *m* [Comm] ⟨DIN 44301⟩ / binary channel *n*
~**null** *f* [EDP] / binary zero *n*
~**schreibweise** *f* [EDP] / binary recording mode *n*
~**suche** *f* [Retr] / binary search *n*
~**zahl** *f* [EDP] / binary number *n*
~**zeichen** *n* [InfSy] ⟨DIN300/2⟩ / binary character *n* · binary digit *n* · binary element *n*
Binde|anweisung *f* [Bind] / binding instruction *n*
~**art** *f* (Art und Weise des Bindens) [Bind] / binding method *n* ∥ *s.a. Einbandart*
~**mittel** *n* [Pres] / binding vehicle *n* · binder *n* · binding agent *n*
binden *v* [Bind] / bind *v* ∥ *s.a. anbinden; aufbinden; neu binden; umbinden*
Binden *n* [Bind] / binding *n* ∥ *s.a. Einband*
Binder *m* (Binderprogramm) [EDP] / linkage (editor) *n*
bindereif *adj* [Bind] / ready for binding *adj*
Binderprogramm *n* [EDP] *s. Binder*
Binde|strich *m* [Writ; Bk] / hyphen *n* (mit ~ schreiben: to hyphenate)
~**verfahren** *n* [Bind] / binding method *n*
~**zettel** *m* [Bind] / binder's slip *n* · bindery slip *n* · binding slip *n* · specification slip *n*
Binnen|lochkarte *f* [PuC] / body-punched card *n*
~**markt** *m* [OrgM] / internal market *n* · domestic market *n* · home market *n* ∥ *s.a. Europäischer Binnenmarkt*
Bio-Bibliographie *f* [Bib] / bio-bibliography *n*
Biograph *m* [Bk] / biographer *n*
Biographie *f* [Bk] ⟨DIN 31639/2; DIN 31631/4⟩ / biography *n*
Biographiensammlung *f* [Bk] / collective biography *n*
biographischer Schlüssel *m* [Class] / standard subgrouping of entries of persons *n*
biographisches Lexikon *n* [Bib] / biographical dictionary *n*
Bit *n* [EDP] ⟨DIN 44300/2⟩ / bit *n* ∥ *s.a. Prüfbit*

Bit|bündel-Übertragung *f* [Comm] ⟨DIN 44302⟩ / burst transmission *n*
~**dichte** *f* [EDP] ⟨DIN 66010⟩ / bit density *n*
~**-Geschwindigkeit** *f* [EDP] / bit rate *n*
~**map-Grafik** *f* [ElPubl] / bit-mapped graphics *pl but sing in constr* · bitmap (graphic) *n*
bitonal *adj* [ElPubl] / bitonal *adj*
Bit-orientiertes Steuerungsverfahren zur Datenübermittlung *f* [Comm] ⟨DIN/ISO 3309⟩ / high-level data link control *n*
~**übertragungsschicht** *f* [Comm] / physical layer *n*
BK *abbr* [Ind] *s. Benutze Kombination-Verweisung*
Blasen|bildung *f* [Pp] / blistering *n*
~**speicher** *m* [EDP] / bubble memory *n*
Blatt 1 *n* (eines Kartenwerks) [Cart] ⟨ISBD(CM)⟩ / map sheet *n*
~ 2 *n* [NBM; Pp] ⟨DIN 6730⟩ / leaf *n* ∥ *s.a. eingeschaltetes Blatt; Faltblatt; Zwischenblatt*
~ 3 *n* [NBM; Pp] ⟨DIN 6730⟩ / (Papierbogen:) sheet *n*
~**angabe** *f* [Cart] ⟨RAK-Karten⟩ / designation and/or numbering of a map sheet
~**benennung** *f* [Cart] / sheet name *n* · sheet designation · sheet title *n*
~**bezeichnung** *f* [Cart] *s. Blattbenennung*
Blättchen *n* [NBM] / leaflet *n*
Blatteinteilung *f* [Cart] / sheet line system *n*
Blättern *n* [EDP/VDU] / paging *n* · page turning *n*
Blatt|film *m* [Repr] / sheet film *n*
~**gold** *n* [Bind] / gold leaf *n* ∥ *s.a. Goldfolie*
Blattrand *m* [Cart] / sheet margin *n*
~**linie** *f* [Cart] / neatline *n*
Blatt|schnitt *m* [Cart] ⟨RAK-Karten⟩ / sheet lines *pl*
~**schreiber** *m* [Comm] / (Fernschreibtechnik:) console typewriter *n*
~**silber** *n* [Bind] / silver leaf *n*
~**spender** *m* [Repr] ⟨DIN 19040/113E⟩ / paper dispenser *n* · dispenser *n*
~**titel** *m* [Cart] / sheet title *n*
~**zahl** *f* [Bk] / folio number *n*
Blattzählung 1 *f* [Bk] / folio numeration · foliation *n* (ohne ~: unfoliated)
~ 2 *f* [Cart] / sheet numbering *n*
Blaupause *f* [Repr] / blueprint *n* ∥ *s.a. Lichtpause*

Bleianmerkungen 44

Bleianmerkungen *pl* [Bk] *s.*
  Bleistiftanmerkungen
Bleiche *f* [Pres] / bleaching *n*
bleichen *v* [Pres] / bleach *v*
Bleichmittel *n* [Pres] / bleach *n*
Bleisatz *m* [Prt] / letterpress composition *n*
  · hot-metal composition *n* · hot-metal
  typesetting *n*
Bleistift|anmerkungen *pl* [Bk] / pencil
  notes *pl*
~**anstriche** *pl* [Bk] / pencil marks *pl*
~**spitzer** *m* [Off] / pencil sharpener *n*
~**zeichnung** *f* [Art] / pencil drawing *n*
Blende 1 *f* (zur Abschirmung von Störlicht
  bei einem Bildschirmgerät) [EDP/VDU] *s.*
  Störlichtblende
~ 2 *f* (an einer Kamera) [Repr] /
  diaphragm *n* · aperture *n* · lens stop *n*
  (die Blende einstellen:set the aperture)
Blickfang *m* [BdEq] / eye-catcher *n* ·
  attention getter *n*
Blind|band *m* [Bk] / dummy *n* · blank
  dummy *n* · (Musterband:) blad *n* ·
  mock-up *n* · (Stärkeband:) size copy *n* ·
  thickness copy *n* ‖ *s.a. Korrekturexemplar*
~**druck** *m* [Bind] / blind stamping *n* ·
  blank tooling *n* ‖ *s.a. Blindpressung;
  Handblinddruck*
Blinden|bibliothek *f* [Lib] / library for the
  blind *n*
~-**Hörbücherei** *f* [Lib] / talking book
  library for the blind *n*
~**schrift** *f* [Writ; Bk] / braille *n* · embossed
  script *n*
~**schriftbuch** *n* [Bk] / embossed book *n*
blinder Durchschlag *m* / blind carbon
  copy *n* · BCC *abbr*
Blind|farben *pl* [ElPubl] / blind colours *pl*
~**material** *n* [Prt] ⟨DIN 16514⟩ / blank
  material *n* · spacing material *n* · leads *pl* ·
  leading *n* · blanks *pl*
~**pressung** *f* [Bind] / blind blocking *n* ·
  blind stamping *n* · blank stamping *n* ‖ *s.a.
  Blinddruck*
~**stempel** *m* [Bind] / blind tool *n*
~**stempelung** *f* [Bind] / blank tooling *n* ·
  blind tooling *n*
~**verzierung** *f* [Bind] / blind finishing *n*
Blip *m* [Repr; Retr] *s. Bildmarke*
Blitzkarte *f* [Ed; NBM] *CH* ⟨ISBD(NBM)⟩ /
  flash card *n*
Block *m* [EDP] ⟨DIN 66010/1; DIN 66029⟩
  / block *n* · physical record *n*
~**abbruch** *m* [Comm] ⟨DIN 44302⟩ / block
  abort *n*

~**bild** *n* [Cart] *s. Blockdiagramm*
~**buch** *n* [Bk] / block book *n* · xylography *n*
~**diagramm** *n* [InfSc] / block diagram *n* ‖
  s.a. Säulendiagramm
~**druck** *m* [Prt] / block-printing *n*
~**faktor** *m* [EDP] / blocking factor *n*
~**größe** *f* [EDP] / block size *n*
~**heftung** *f* [Bind] / (mit Drahtklammern:)
  wire stabbing *n* · block stitching *n* · (mit
  Faden:) side-sewing *n* · flat sewing *n* ·
  (mit Drahtklammern auch:) side-stitching *n*
  · flat-stitching *n* · stab-stitching *n* ‖ *s.a.
  Drahtheftung; Fadenblockheftung; seitlich
  drahtgeheftet; seitlich fadengeheftet*
~**länge** *f* [EDP] / block length *n*
~**prüfung** *f* [Comm] / block check *n* ·
  frame checking *n*
~**prüfzeichen** *n* [Comm] ⟨DIN 44302⟩ /
  block check character *n*
~**prüfzeichenfolge** *f* [Comm] ⟨DIN 44302⟩
  / block check sequence *n* · frame checking
  sequence *n*
~**satz** *m* [EDP; Prt] / type aligned on both
  margins *n* · flush left and right *adj* · full
  justification *n* · (Textverarbeitung:) grouped
  style
~**schrift** *f* Writ / block letters *pl*
Blumen|buch *n* [Bk] / florilegium *n* (picture
  book of flowers)
~**rankenornament** *n* [Bk] / interlaced floral
  ornamentation *n*
~**stempel** *m(pl)* [Bind] *s. Blütenstempel*
Blüten|lese *f* [Bk] / florilegium *n* ‖ *s.a.
  Anthologie*
~**stempel** *m* [Bind] / (Werkzeug:)
  floret *n* · (Verzierung mit ~n:) floral
  stamping(s) *n(pl)*
Boden *m* [BdEq] / ground level *n*
Bogen *m* [Pp; Prt; Bind] / sheet *n* ‖ *s.a.
  Druckbogen 1*
~**falzmaschine** *f* [Bind] / sheet folding
  machine *n*
~**format** *n* [Prt] / sheet size *n*
~**norm** *f* [Prt] / designation mark *n* · title
  signature *n* · signature title *n*
~**offsetmaschine** *f* [Prt] / sheet-fed
  offset machine *n* ‖ *s.a. Vierfarben-
  Bogenoffsetmaschine*
~**satz** *m* [Bind] / gouge *n*
~**signatur** *f* [Prt] ⟨DIN 16500/2, ISBD(A)⟩
  / signature (mark) *n*
~**stempel** *m* [Bind] / gouge *n*
Bolus *m* [Bind] / Armenian bole *n*
Boole'sche Algebra *f* [Retr] / Boolean
  algebra *n*

~ **Logik** *f* [Retr] / Boolean logic *n*
Boole'scher Operator *m* [Retr] / Boolean operator *n*
Boole'sches Recherchieren *n* [Internet] / Boolean search *n*
Bordüre *f* [Bk] / ornamental border *n* · border *n* ‖ *s.a. Titelbordüre*
Borstenpinsel *m* [Pres] / bristle brush
Botschaft *f* [InfSy; Comm] / message *n*
Boulevard|blatt *n* [Bk] / (von kleinem Format:) tabloid *n*
~**presse** *f* [Bk] / (Klatschpresse:) gutter press · yellow press *n*
~**zeitung** [Bk] *s. Boulevardblatt*
Bradel-Einband *m* [Bind] / Bradel binding *n*
Bradford's Gesetz der Streuung *m* [InfSc] / Bradford's law of scatter *n*
Brailleschrift *f* [Bk; Writ] / braille *n* · embossed script *n* / (in ~ übertragen: to braille)
Branchen|adressbuch *n* [Bk] / trade directory *n* ‖ *s.a. Bezugsquellennachweis*
~**zeitschrift** *f* [Bk] / trade journal *n*
Brand... [BdEq] ‖ *s.a. Feuer...*
~**bekämpfung** *f* [BdEq] / fire fighting *n*
~**gefahr** *f* [BdEq] / fire risk *n*
~**schaden** *m* [Bk] / fire damage *n* · damage caused by burning *n*
~**schutz** *m* [BdEq] / fire protection *n*
~**schutzbestimmungen** *pl* [BdEq] / fire regulations *pl*
Braunanmalung *f* [Bk] / coloration in brown *n*
braunfleckig *adj* [Bk] / brown-spotted *pp*
Braunpappe *f* [Pp] ⟨DIN 6730⟩ / brown solid board *n*
Bräunungen *pl* [Bk] / brownings *pl* · browned spots *pl*
Breitband|kommunikation *f* [Comm] / broadband communication *n* · wideband communication *n*
~**netz** *n* [Comm] / broadband network *n*
Breite *f* (des Einbandes) [Bk] / width *n* (of the cover)
Breitenkreis *m* [Cart] / line of latitude *n* · parallel of latitude *n*
Breit|format *n* [Bk] *s. Querformat 2*
breitrandig *adj* [Bk] / with wide margins
brennen *v* (CD's) / write *v* · burn *v* (CD's) ‖ *s.a. CD-Brenner*
Brenner *m* [EDP; NBM] *s. CD-Brenner*
Brenn|vorgang *m* (beim Brennen einer CD) [EDP; NBM] / writing mode · writing procedure *n*

~**weite** *f* [Repr] / focal length *n*
Brett *n* (in einem Bücherregal) [Sh] / shelf *n*
~**nummer** *f* (als Standortbezeichnung) [Sh] / shelf mark *n*
Breve *n* [Bk] / brief *n*
Brevier *n* [Bk] ⟨DIN 31631/4⟩ / breviary *n*
Brief *n* [Comm] / letter *n* ‖ *s.a. Schriftwechsel*
~**ablage** *f* [Off] / correspondence file *n*
~**beschwerer** *m* [Off] / paperweight *n*
~**-Faksimile** *n* [NBM] / facsimile letter *n*
~**falzmaschine** *f* [Off] ⟨DIN 9776⟩ / letter folding machine *n*
~**karte** *f* [Off] / lettercard *n*
~**kasten** *m* / mail box *n* US · post box *n* · letterbox *n*
~**kopf** *m* [Off] / letterhead *n* (Schreibpapier mit Briefkopf: letterheaded paper)
briefliche Umfrage *f* [InfSc] / mail survey *n*
Brief|maler *m* [Bk] / medieval illuminator of broadsheets *n*
~**marke** *f* [Comm] / postage stamp *n* · stamp *n*
~**öffnungsmaschine** *f* [Off] ⟨DIN 9777⟩ / letter opening machine *n*
~**ordner** *m* [Off] *s. Ordner 1*
~**papier** *n* [Off] / letter paper *n* · writing paper *n*
~**qualität** *f* (Textverarbeitung) [EDP; Prt] / letter quality *n* · LQ *abbr* ‖ *s.a. Beinahe-Briefqualität*
~**roman** *n* [Bk] / epistolary novel *n*
~**schreiber** *m* / letter-writer *n*
~**umschlag** *m* / (for a letter:) envelope *n*
Brief|wechsel *m* [Comm] / correspondence *n*
Brokatpapier *n* [Pp] / dutch gilt paper *n* · brocade(d) paper *n*
Bromsilber|druck *m* [Repr] / bromide (print) *n*
~**kopie** *f* [Repr] *s. Bromsilberdruck*
~**papier** *n* [Repr] / bromide paper *n*
Bronzierung *f* [Pp] / bronzing *n*
broschieren *v* [Bind] / bind in paper covers *v*
broschiert *pp* [Bind] / paper-bound *pp* · sewn *pp* · sewed *pp* · stitched *pp* · bound in paper covers *pp*
broschiertes Buch *n* [Bind] *s. Broschur*
Broschur *f* [Bind] / soft-cover (book) *n* · paperbound book *n* · paperback *n* ‖ *s.a. gebundene Ausgabe*
Broschüre *f* [Bk] ⟨DIN 31639/2⟩ / booklet *n* · pamphlet *n* · brochure *n* ‖ *s.a. Werbebroschüre*

Broschürenbox *f* [Bk] / pamphlet box *n* ·
 pam box *n*
Brotkäfer *m* [Pres] / bread beetle *n*
Brotschriften *pl* [Prt] / body type *n*
brsch. *abbr* [Bind] *s.* broschiert
Bruchdehnung *f* / stretch at breaking *n*
brüchig *adj* [Pp; Pres] / brittle *adj*
Brüchigkeit *f* [Pp; Pres] / brittleness *n*
brüchig werden *v* [Pp; Pres] / embrittle *v*
 (das Brüchigwerden:embrittlement)
Bruchspuren *pl* [Bk] / traces of cracking *pl*
Bruchwiderstand *m* [Pp] ⟨DIN 6730⟩ /
 tensile strength *n*
Brüsseler Dezimalklassifikation *f* [Class]
 / Brussels Classification *n* · Universal
 Decimal Classification *n*
Brüstung *f* [BdEq] / balustrade *n*
Brutto|einkommen *n* [Staff] *s. Bruttogehalt*
~gehalt *n* [Staff] / gross salary
~-Grundfläche *f* [BdEq] / gross floor
 area *n* · gross floor space *n*
~preis *m* [Acq; Bk] / gross price *n*
BS *abbr* (Benutze Synonym oder Quasi-
 Synonym) [Ind] *s. Benutze-Verweisung*
Btx *abbr s. Bildschirmtext*
Buch 1 *n* [Bk] / book *n* ‖ *s.a. Bücher...*
 ~ 2 *n* (schriftliche Unterlage zur
 Herstellung eines AV-Mediums) [NBM] ⟨A
 2653⟩ / script *n* · book *n* ‖ *s.a. Drehbuch*
~ankauf *m* [Acq] *s. Buchkauf*
~aufstellung *f* [Sh] *s. Aufstellung 1*
~auktion *f* [Acq] / book auction *n* ‖ *s.a.
 Auktion*
~auslage *f* [Bk] / book display *n*
~ausleihe *f* [RS] *s. Ausleihe 1*
~ausstattung *f* [Bk] *s. Ausstattung 2*
~ausstellung *f* [PR] / (Auslage von
 Büchern:) book display *n* · book
 exhibition *n*
~auswahl *f* [Acq] / book selection *n* ·
 stock selection *n*
~bearbeitung *f* [TS] / book processing *n* ‖
 s.a. technische Buchbearbeitung
~bearbeitung(sabteilung) *f(f)* [OrgM] /
 technical services (department) *pl(n)* ·
 processing department *n*
~beschläge *pl* [Bind] *s. Beschläge*
~besprechung *f* [Bk] / review *n* · book
 review *n* ‖ *s.a. Besprechungsdienst*
~bestand *m* [Stock] / bookstock *n* ‖ *s.a.
 Bestand*
~beutel *m* [Bk] / girdle book *n*
~binde *f* [Bk] *s. Bauchbinde*
~bindeetikett *n* / binder's ticket *n*
~binden *n* [Bind] / bookbinding *n*

Buchbinder *m* [Bind] / bookbinder *n*
 ('beim Buchbinder': not back from
 bindery) · binder *n* · bibliopegist *n*
 ‖ *s.a. Handwerksbuchbinder;
 Sortimentsbuchbinder*
~band *m* [Bk] / physical volume *n* ·
 bookbinder's volume *n*
Buchbinderei *f* / (als Abteilung in
 einer Bibliothek:) bindery section ·
 (Geschäft:) binding shop *n* · bindery *n* ·
 bookbindery *n* ‖ *s.a. Hausbuchbinderei;
 Verlagsbuchbinderei*
Buchbinderhandwerk *n* / craft of
 bookbinding *n*
Buchbinder|hobel *m* [Bind] / cutting
 plow/plough *n* · plough *n*
~journal *n* [Bind] / binding book *n* ·
 binding record *n*
~kartei *f* [Bind] / bindery record *n*
~leim *m* [Bind] / binder's glue *n*
~leinen [Bind] / book cloth *n*
~pappe *f* [Bind] ⟨DIN 6730⟩ / bookbinding
 board *n* · binder's board *n* ‖ *s.a. Graupappe*
~titel *m* [Bind; Bk] / binder's title *n*
Buchblock *m* [Bind] / text block *n* · body
 of the book *n*
~beschnitt *m* [Bind] / binder's trim *n*
~format *n* [Bind] / trim size *n* (of the text
 block)
Buchdecke *f* / bookcase *n* · case *n* · binding
 case *n* ‖ *s.a. Deckenband*
Buch|deckel *pl* [Bind] *s. Deckel*
~deckenmaschine *f* / casemaker *n*
~druck *m* [Prt] ⟨DIN 16514⟩ / letterpress *n*
 · letterpress printing *n* · relief printing *n*
~drucker *m* [Prt] / letterpress printer *n*
~druckerei *f* [Prt] *s. Druckerei*
Buchdrucker|kunst *f* [Prt] / art of
 printing *n*
~presse *f* [Prt] / letterpress (printing)
 machine *n*
~zeichen *n* [Prt] *s. Druckermarke*
Buch|druckpresse *f* [Prt] *s.
 Buchdruckerpresse*
~durchlaufzeit *f* [TS] / book processing
 speed *n* · book processing time *n*
~einwurf *m* (für die Rückgabe entliehener
 Bücher) [BdEq] / book drop *n* · book
 return *n* · book return chute *n* · return-
 book slot *n*
~einzelhändler *m* [Bk] / retail bookseller *n*
Bücher... [Bk] ‖ *s.a. Buch 1*
~aufzug *m* [BdEq] / (handbetrieben:) book
 hoist *n* · (mit elektrischem Antrieb:) book
 lift *n* · book elevator *n*

~**ausgabe** *f* (Ort der ~) [RS] / issue point *n* · issue counter *n* · charging desk *n*
~**auto** *n* [RS] / book wagon *n* · book van *n*
Bücher|bord *n* [Sh] / (Bücherbrett:) shelf *n* · (Büchergestell:) book rack *n* · (Bücherregal:) bookcase *n*
~**brett** *n* [Sh] / bookshelf *n*
~**bus** *m* [Lib] / library van *n* · bookmobile *n* US · book van *n* · book wagon *n* ‖ *s.a. Fahrbibliothek*
~**dieb** *m* [Bk] / biblioklept *n* · book-thief *n* · (krankhaft:) bibliokleptomaniac *n*
~**diebstahl** *m* [Bk] / book theft *n* ‖ *s.a. Bücherfluch; Diebstahlsicherungssystem*
Bücherei *f* / library *n* (older name for a German public library) ‖ *s.a. Bibliothek; Thekenbücherei*
~**handschrift** *f* [Writ] / library hand *n*
Bücher|einwurf *m s. Bucheinwurf*
~**fluch** *m* [Bk] / anathema *n*
~**freund** *m* [Bk] / book-lover *n*
~**gestell** *n* [Sh] / book rack *n* · book stand *n*
~**gutschein** *m* [Bk] / book tally *n* · book token
~**halle** *f* [Lib] / public library *n*
~**kiste** *f* [Bk] / book case *n* · book chest *n*
~**laus** *f* [Pres] / book louse *n*
~**leiter** *f* [Sh] / shelf ladder *n*
~**machen** *n* [Bk] / bookmaking *n*
~**narr** *m* [Bk] / bibliomaniac *n*
~**papier** *n* [Pp] ⟨DIN 6730⟩ / account book paper *n*
~**privileg** *n* [Bk] / privilege *n*
~**rad** *n* [Sh] / book-wheel *n*
~**regal** *n* [Sh] *s. Regal;* ‖ *s.a. freistehendes Bücherregal*
~**rückgabe** *f* (Ort der ~) [RS] *s. Rückgabeschalter*
~**rutsche** *f* [BdEq] / book chute *n*
~**sammler** *m* [Bk] / book collector *n*
~**schrank** *m* [BdEq] / bookcase *n* (with doors)
~**ständer** *m* [Sh] / book stand *n* · book rack *n*
~**sturz** *m* [RS] / stocktaking combined with the recall of all books on loan *n*
~**stütze** *f* [Sh] *s. Buchstütze*
~**trog** *m* [Sh] / book trough *n*
~**verbrennung** *f* [Bk] / book burning *n*
~**vernichtung** *f* [Bk] / biblioclasm *n*
~**versteigerung** *f* [Bk] *s. Buchauktion*
~**wagen** *m* [BdEq] / book trolley *n Brit* · book truck *n US*

~**wange** *f* [Sh] / bracket *n* · side support *n* ‖ *s.a. Seitenwange*
~**wurm** *m* (Bücherschädling) [Bk] / bookworm *n*
~**wurm** 2 *m* (ein viel und gern Lesender) [Bk] / bookworm *n*
~**wurmbefall** *m* [Pres] / infestation of bookworms *n*
~**zettel** *m* [Bk] / order form *n* (in the German book trade)
Buch|etat *m* [Acq] / acquisitions budget *n* · book budget *n* · book fund *n*
~**förderanlage** *f* [BdEq] / book conveyor *n* · book carrier (system) *n* ‖ *s.a. Förderband(anlage)*
~**förderung** *f* [PR] / book promotion
~**format** *n* [Bk] *s. Format 1; Format 2*
~**führung** *f* [BgAcc] / accounting *n*
~**gemeinschaft** *f* [Bk] / book club *n*
~**geschichte** *f* [Bk] / book history *n* · (als Wissenschaftsgebiet:) historical bibliography *n*
~**gestaltung** *f* [Bk] / book design *n* ‖ *s.a. Ausstattung 2*
~**gewerbe** *n* [Bk] / book craft *n*
~**großhandel** *m* [Bk] / wholesale booktrade *n* · book jobbing *n US*
~**großhändler** *m* [Bk] / book wholesaler *n* · wholesale bookseller *n* · book jobber *n US*
~**großhandlung** *f* [Bk] *s. Buchgroßhändler*
~**haltung** *f* [BgAcc] / (Abteilung:) accounting department *n* · bookkeeping department *n* · (Tätigkeit:) accounting *n*
~**handel** *m* [Bk] / book trade *n* (im Buchhandel: in the trade) ‖ *s.a. verbreitender Buchhandel; Verlagsbuchhandel*
Buchhandels|adressbuch *n* [Bk] / book trade directory *n*
~**ausgabe** *f* [Bk] / trade edition *n*
~**bibliographie** *f* [Bib] / trade bibliography *n*
~**katalog** *m* [Bk] / trade catalogue *n*
~**messe** *f* [Bk] / book trade fair *n* · book fair *n*
Buchhändler *m* [Bk] / bookdealer *n* · bookseller *n* · (spezialisiert auf die Belieferung von Bibliotheken auch:) library book jobber *n US* ‖ *s.a. Bucheinzelhändler; Buchgroßhändler; Reisebuchhändler*
~**kartei** *f* [Acq] / order file under booksellers' names *n* ‖ *s.a. Lieferantendatei*

~verband *m* [Bk] / booksellers'
association *n*
Buch|handlung *f* [Bk] / bookshop *n* ·
bookstore *n* ‖ *s.a. Fachbuchhandlung*
~herstellung *f* [Bk] / book production *n* ·
book manufacture *n* · bookmaking *n*
~hülle *f* [Bk] *s. Schutzumschlag*
~illustrator *m* [Bk] / book illustrator *n*
~kapsel *f* [Bind] / book box *n* ‖ *s.a.
Buchschrein*
~karte *f* [RS] / book card *n* · charging
card *n*
Buchkarten|tasche *f* [RS] / book pocket *n* ·
card pocket *n*
~verbuchung *f* [RS] / pocket card
charging *n*
~verfahren *n* (bei der Ausleihverbuchung)
[RS] / card charging system *n*
Buch|karussel *n* [BdEq] *s. Drehsäule*
~kasten *m* [Bk] *s. Buchkapsel*
~kauf *m* [Acq] / book purchase *n* · book
buying *n*
~käufer *m* [Bk] / book purchaser *n* · book
buyer *n*
~klub *m* [Bk] *s. Buchgemeinschaft*
~kopierer *m* [Repr] *s. Kopiergerät*
~kultur *f* [Bk] / book culture *n*
~kunde *f* [Bk] / book studies *pl* ·
bibliography *n* · the study of books *n* ·
bibliology *n* ‖ *s.a. Buchgeschichte*
~kundler *m* (Buchwissenschaftler) [Bk] /
bibliographer *n*
~kunst *f* [Art; Bk] / book art *n* · art of the
book *n*
~laden *m* [Bk] / bookshop *n* · bookstore *n*
~malerei *f* [Bk; Art] / illumination *n*
~markt *m* [Bk] / book market *n*
~messe *f* [Bk] / book trade fair *n* ·
book fair *n* ‖ *s.a. Antiquariatsmesse;
Verkaufsmesse*
~ **mit festem Einband** *n* [Bind] / hard
back(ed book) *n* ‖ *s.a. fester Einband*
~ **ohne festen Ladenpreis** *n*. *fester
Ladenpreis*
~patenschaft *f* [Pres] / adopt a book
scheme *n* (eine Buchpatenschaft
übernehmen:to adopt a book; Aufruf zur
Übernahme einer ~ : adopt a book appeal)
‖ *s.a. Förderverein*
~pflege *f* [Bk] *s. Pflege*
~produktion *f* [Bk] / book production *n*
~prüfung *f* [BgAcc] / (Vorgang:)
auditing *n* · (Sachverhalt:) audit *n*
~rücken *m* [Bk] *s. Rücken*

~scanner *n* [EDP; ElPubl] / book
scanner *n* · overhead scanner *n*
Buchschleife *f s. Bauchbinde*
Buch|schließe *f* [Bind] / clasp *n*
~schmuck *m* [Bk; Art] / book decoration *n*
~schnitt *m* [Bind] *s. Schnitt 2*
~schrein *m* [Bind] / book shrine *n* · (im
Irland des frühen Mittelalters:) cumdach *n*
‖ *s.a. Buchkapsel*
~schrift 1 *f* [Prt] / book face *n* · book
type *n*
~schrift 2 *f* (in einem buchförmigen
Kodex) [Writ] / book hand *n*
Buchse *f* [EDP] / jack *n* ‖ *s.a.
Ausgangsbuchse; Kopfhörerbuchse*
Buch|sicherungsanlage *f* [BdEq] / book
detection system *n* · book-security
system *n* · electronic security system *n*
‖ *s.a. Diebstahlsicherungssystem*
~spange *f* [Bind] *s. Buchschließe*
~stabe *m* [Writ; Prt] ⟨DIN 44300/2E⟩ /
letter *n*
~**stabe für Buchstabe** (Ordnungsmethode)
[Bib; Cat] *s. Ordnung Buchstabe für
Buchstabe*
~stabenerkennung *f* [KnM; EDP] / letter
recognition *n*
~stabennotation *f* [Class] / alphabetical
notation *n*
~stabenschrift *f* [Writ] / alphabetical
script *n*
~ständer *m* [BdEq] / book rack *n*
~stütze *f* [Sh] / book support *n* · book
end *n* ‖ *s.a. Endbuchstütze; Hängebügel;
Winkelstütze*
~tasche *f* (zum Tragen von Büchern
im Mittelalter) [Bk] / book satchel *n* ·
satchel *n*
~titel *m* [Bk] *s. Titel 1*
~umsatz *m* [RS] / turnover of books *n* ‖
s.a. Umsatzquote
~umschlag *m* [Bk] *s. Schutzumschlag*
~verkaufsstand *m* [Bk] / bookstall *n*
~verlust *m* [Stock] / book loss *n*
~versandgeschäft *n* [Bk] / mail-order book
business *n* · mail-order bookselling *n*
· 2 mail-order house *n* · 1 mail-order
bookseller *n*
~verteilungsanlage *f* [BdEq] / book
distributor *n*
~wange *f* [Sh] *s. Bücherwange*
~werbung *f* [Bk] / book publicity *n* · book
promotion *n*
~wippe *f* [Repr] ⟨DIN 19040/113E⟩ / book
carriage *n* · book cradle *n* · book holder *n*

~**wissenschaft** *f* [Bk] *s. Buchkunde*
~**wissenschaftler** *m* [Bk] / bibliographer *n*
~**zensur** *f* [Bk] / book-censorship *n*
Buckel *m* (Metallknopf) [Bind] / boss *n*
Buckram-Leinen *n* [Bind] / buckram *n*
Budget *n* [BgAcc] *s. Haushalt*
Budgetierung *f* [BgAcc] / budgeting *n*
Bulle *f* (päpstlicher Erlaß) [Bk] / bull *n*
Bulletin *n* [Bk] ⟨DIN 31639/2⟩ / bulletin *n*
Bund *m* [Bind; Prt] *s. Bundsteg*
Bünde *pl* [Bind] / cords *pl* · bands *pl* ∥ *s.a. Bündezange; echte Bünde; eingesägte Bünde; falsche Bünde; Heften auf doppelte Bünde; Heften ohne Bünde; Lederschlaufen*
Bundenden *pl* [Bind] / slips *pl*
Bundes|angestelltentarifvertrag *m* [Staff] / Federal Employees Salary Tariff Agreement *n*
~**ausbildungsförderungsgesetz** *n* (BAFöG) [Ed] / Federal Law on Support for Education and Training *n*
~**behörde** *f* [Adm] / federal authority *n*
~**bibliothek** *f* [Lib] / federal library *n*
Bündezange *f* [Bind] / band nippers *pl*
bündig geschnitten *pp* [Bind] / cut flush *v/pp* · trimmed flush *pp*
Bund|steg *m* [Prt] / binding margin *n* · gutter *n* · back margin *n* · inner margin *n* · inside margin *n*
~**zange** *f* [Bind] *s. Bündezange*
Buntpapier *n* [Bind] ⟨DIN 6730⟩ / coloured fancy paper *n* · stained paper *n*
Bürgerinformationsdienst *m* [InfSy] / community information service *n*
Bürgschaft *f* [RS] / security *n*
Büro *n* [Off] / office *n* ∥ *s.a. Großraumbüro*
~**arbeit** *f* [Off] / clerical work *n*
~**artikel** *pl* [Off] / stationery *n*
~**artikellager** *n* [Off] / stationery store *n*

~**automatisierung** *f* [Off] / office automation *n*
~**bedarf** *m* [Off] / office supplies *pl*
~**druckmaschine** *f* [Prt] ⟨DIN 9775⟩ / document printing machine *n*
~**einrichtung** *f* [Off] / office equipment *n*
~**geräte** *pl* [Off] / office equipment *n*
~**klammer** *f* [Off] / paper clip *n* · clip *n*
~**kopierer** *m* [Repr] ⟨DIN 9775⟩ / office copier *n* · document copying machine *n* ∥ *s.a. Kopiergerät*
~**kopiergerät** *n* [Repr] *s. Bürokopierer*
~**kraft** *f* / clerical assistant *n* · clerical worker *n*
~**material** *n* [Off] *s. Schreib- und Papierwaren*
~**möbel** *pl* [BdEq] ⟨DIN 4553⟩ / office furniture *n*
~**offsetdruck** *m* [Prt] *s. Kleinoffset(druck)*
~**ordner** *m* [Off] *s. Ordner 1*
~**papier** *n* [Pp] ⟨DIN 6730⟩ / office paper *n*
~**personal** *n* [Staff] / clerical personnel *n* · clerical staff *n*
~**schrank** *m* / office cupboard *n*
~**vervielfältigungsmaschine** *f* [Repr] ⟨DIN 9775⟩ *s. Bürokopierer*
Bürstenstrich *m* [Pp] / brush coating *n*
Bus *n* [EDP] / bus *n* ∥ *s.a. Adressbus; Datenbus; Steuerbus*
Bustrophedon *n* [Writ] / boustrophedon writing *n*
Bütte *f* [Pp] / vat
Bütten|papier *n* [Pp] / deckle-edged paper *n* ∥ *s.a. echtes Büttenpapier; handgeschöpftes Papier; Maschinenbüttenpapier*
~**rand** *m* [Pp] / deckle edge(s) *n(pl)* · feather-edge(s) *n(pl)* · rough edge(s) *n(pl)*
Byte *n* [EDP] ⟨DIN 44300/2; 66010⟩ / byte *n*

C

CAD-Programm *n* [EDP] / CAD program *n*
Capitalis quadrata *f* [Writ] / square capital hand *n*
~ **rustica** *f* [Writ] / rustic capital *n*
Carrel *n* / (closed:) Arbeitskabine *f*
CD *f* [NBM] / compact (audio) disc *n* · CD *abbr*
CD-Brenner *m* [EDP; NBM] / CD recorder *n* · CD-RW *abbr* · CD rewriter *n* · CD writer *n* · CD burner *n* ‖ *s.a.* Netzbrenner
~**-Brenner-Software** *f* [EDP] / CD-recording software *n*
CD-Rohling *m* [EDP] / blank CD *n* · CD-R *abbr* · CD-Recordable *n*
CD-ROM *f* / CD-ROM *abbr* · compact disc read-only memory *n*
~**-ROM-Laufwerk** *n* [EDP] / CD-ROM drive *n* · CD-ROM player *n*
CD-Ständer *m* [NBM; BdEq] / CD rack *n*
Chagrin *n* [Bind] / shagreen *n*
Chagrinpapier *n* [Pp] ⟨DIN 6730⟩ / chagrin paper *n*
Chamois *n* [Bind] / chamois(-leather) *n* · shammy *n*
Chancengleichheit *f* [Staff] / equality of opportunity *n* · equal opportunities *pl* ‖ *s.a. Gleichbehandlung*
Charta *f* [Law] / charter *n*

Chef *m* (einer Abteilung) [Staff] / head *n* (of a department; der für etwas verantwortliche Bibliothekar:librarian-in-charge)
~**lektor** *m* [Bk] / chief editor *n* · senior editor *n* · managing editor *n* · editorial director *n*
~**-redakteur** *m* [Bk] / chief editor *n* · editor-in-chief *n*
Chemigraphie *f* [Prt] / photoengraving *n* · process engraving *n*
chiffrieren *v* [Writ] / cipher *v*
Chiffrier|maschine *f* [Writ] / cipher machine *n*
~**schlüssel** *m* [Writ] / cipher code *n*
chiffrierter Text *m* [Writ] / ciphertext *n*
Chiffrierung *f* [EDP] / encryption *n* ‖ *s.a. Dechiffrierung*
Chinapapier *n* [Pp] / China paper *n*
Chip-Gehäuse *n* [EDP] / computer chip cartridge *n* · chip cartridge *n*
~**karte** *f* [EDP] / memory card *n* · chip card *n*
Chirograph *n* [Arch] / chirograph *n*
Chloridgehalt *m* [Pp] ⟨DIN 53125⟩ / chloride content *n*
Choralbuch *n* [Bk] / hymnal *n* · hymn-book *n*
Chorbuch *n* [Mus] / choir book *n*
Choreographie *f* [Bk] ⟨DIN 31631/4⟩ / choreography *n*

Chormaterial *n* [Mus] / vocal parts *pl*
chorographische Karte *f* [Cart] / chorographic map *n*
Choroplethenkarte *f* [Cart] / choropleth map *n*
Chorpartitur *f* [Mus] / vocal score *n* · chorus score *n*
Chrestomathie *f* [Bk] / chrestomathy *n*
Chromo|lithographie *f* [Art; Bk] / chromolithography *n*
~**papier** *n* [Pp] / chromopaper *n*
Chronik *f* [Bk] ⟨DIN 31631/4; RAK-AD⟩ / chronicle *n*
Chronist *m* [Bk] / chronicler *n*
Chronogramm *n* [Bk] / chronogram *n*
chronologischer Katalog *m* [Cat] / chronological catalogue *n*
~ **Schlüssel** *m* [Class] / standard subdivision of time *n* · standard chronological subdivision *n* · standard period subdivision *n*
Chrysographie *f* [Writ] / chrysography *n*
CIP-Aufnahme *f* [Cat] / CIP entry *n*
Clearinghaus *n* [InfSy] / clearing house *n*
Clipart-Bilder *pl* / clip-art images *pl*
Clipart-Sammlung *f* [ElPubl] / clip-art library *n*
Clusteranalyse *f* [InfSc] / cluster analysis *n*
cm/s *abbr s. Zentimeter pro Sekunde*
Code *m* [InfSy] ⟨DIN 31631/1; 44300/2⟩ / code *n* ‖ *s.a. codieren; verschlüsseln*
~**linien-Verfahren** *n* (zum Aufsuchen von Dokumentenabschnitten usw. auf einem Rollfilm) [Repr] / code line indexing *n*
~**steuerzeichen** *n* [EDP] ⟨DIN 44300/2⟩ / code extension character *n*
codetransparente Datenübermittlung *f* [Comm] ⟨DIN 44302⟩ / code-transparent data communication *n*
Codetransparenz *f* [Comm] / code transparency *n*
Code-Übersetzer *m* [EDP] / code translator *n*
~-**Umsetzer** *m* [EDP] ⟨DIN 44300/5⟩ / code converter *n*
codeunabhängige Datenübermittlung *f* [Comm] / code-independent data communication *n*
Code-Wandler *m* [EDP] / code converter *n*
Codex *m* [Bk] / codex *n*
codieren *v* [InfSy] ⟨DIN 6763⟩ / code *v* · encode *v* ‖ *s.a. entschlüsseln; verschlüsseln*
Codierer *m* (Gerät) [EDP] / coder *n* · coding device *n* · encoder *n* ‖ *s.a. Belegcodierer; Klarschriftcodierer*

codiertes Referat *n* [Ind] *DDR* / telegraphic abstract *n* · encoded abstract *n*
Codierung *f* [InfSy] / coding *n*
Codierung *f* [EDP] / encoding *n* ‖ *s.a. Dekodierung*
Codierungsstufe *f* (MARC) [Cat] / encoding level *v* / (Erhöhung der ~: increase in encoding level) *n*
Collage *f* [Art] / collage *n*
COM-Anlage *f* [EDP; Repr] / COM recorder *n* · COM *abbr*
~-**Aufnahmeverfahren** *n* [EDP; Repr] / COM *abbr* · computer-output-microfilming *n* · COM recording *n*
~-**Fiche** *m* [EDP; Repr] *s. COM-Film*
~-**Film** *m* [EDP; Repr] ⟨DIN 19040/113E⟩ / computer-output-microfilm *n* · COM *abbr*
Comic *m* [Bk] ⟨DIN 31631/4⟩ / comic (strip) *n(n)*
COM-Katalog *m* [Cat] / COM catalogue *n*
Compact-Disc *f* [NBM] ⟨DIN 31631/4; ISBD(NBM)⟩ / CD *abbr* · compact (audio) disc *n*
computer-gestützt *pp* [EDP] *s. rechnergestützt*
Computergrafik *f* [EDP] / computer graphics *pl but sing in constr*
computerisieren *v* [EDP] / computerize *v*
Computer|karte *f* [Cart] ⟨ISBD(CM)⟩ / computer map *n*
~**kompetenz** *f* [EDP] / computer literacy *n*
~**kriminalität** *f* [EDV] / computer crime *n*
~**kunst** *f* [Art] / computer art *n*
~**linguistik** *f* [Lin] / computational linguistics *pl but usually sing in constr*
~**satz** *m* [Prt] / computer-aided composition *n* · computer-aided typesetting *n* · computer-controlled type setting *n* · computerized typesetting *n* · computer typesetting *n*
~**spiel** *n* [EDP] / computer game *n* ‖ *s.a. Abenteuerspiel; Denkspiel; Geschicklichkeitsspiel; Gesellschaftsspiel; Rätselspiel; Rennspiel; Rollenspiel; Spielkonsole; Strategiespiel*
~**störung** *f* [EDP] / computer breakdown *n* ‖ *s.a. Maschinenausfall; Rechnerausfallzeit; Störung*
COM-Verfahren *n* [EDP; Repr] *s. COM-Aufnahmeverfahren*
Copyright-Vermerk *m* [Bk] / copyright notice *n* · statement of copyright *n*
Corduan *n* [Bind] / Cordovan leather *n*
CPU-Zeit *f* [EDP] / CPU time *n* · processor time *n*

Crayonmanier *f* [Art] / chalk manner *n* · crayon manner
CRC-Zeichen *n* [EDP] ⟨DIN 66010E⟩ / CRC character *n*
Croquis *n* [Cart] *s. Kroki*

Curriculum *n* [Ed] / curriculum *n* ‖ *s.a. Lehrplan; Studienplan*
Cursortaste *f* [EDP] / cursor control key *n*
Cutter-Nummer *f* [Sh] / Cutter number *n*

D

Dach|fenster *n* [BdEq] / (plan zur Dachhaut:) skylight *n* · (Gaube:) dormer *n* · dormer window *n*
~gaube *f* / dormer window *n*
~thesaurus *m* [Ind] / macrothesaurus *n*
Daguerrotypie *f* [NBM] / (Verfahren u.Produkt:) daguerrotype *n*
Dampfphasenentsäuerung *f* [Pp] / vapour phase deacidification *n*
Danksagung *f* (des Autors) [Bk] / acknowledgement
darstellen *v* [Gen; EDP/VDU] / (zeigen, anzeigen:) display *v* · (beschreiben:) describe · (repräsentieren:) represent *v*
darstellende Daten *pl* [EDP] / representational data *pl*
Darstellposition *f* (PRECIS) [Ind] / display *n*
Darstellung *f* [Gen] / (eines Sachgebiets:) account *n* · (Vorstellung:) presentation · (Beschreibung:) description *f* · (Erklärung; Aussage:) statement *n* ‖ *s.a. Datendarstellung; numerische Darstellung; zusammenfassende Darstellung*
Darstellungs|element *n* [EDP/VDU] / display element *n*
~feld *n* [EDP/VDU] / viewport *n*
~fenster *n* [EDP/VDU] / view window *n*
~sprache *f* [KnM] / representation language *n*

~technik *f* [Cart; ElPubl] / (elektronische Bildverarbeitung:) rendering technique *n* · (cartography:) presentation technique *n*
~verfahren *n* (Art und Weise der Veranschaulichung) [KnM] / visualization technique *n*
Data-Mining-Verfahren *n* [KnM] / data mining technique *n*
Datei *f* [EDP] ⟨DIN 44300/3; 66010⟩ / file *n* · data file *n* · (eine kleine ~ auch:) dataset *n* ‖ *s.a. Interndatei; verdichtete Datei*
~abschnitt *m* [EDP] ⟨DIN 66010; DIN 66229⟩ / file section *n*
~abschnittnummer *f* [EDP] / data set section number *n*
~anfang *f* [EDP] / beginning of file *n*
~anfangskennsatz *m* [EDP] / file header label *n*
~attribut *n* [EDP] / file attribute *n*
~ende *f* [EDP] / end of file *n*
~endekennsatz *m* [EDP] / end-of-file label *n*
~eröffnungsroutine *f* [EDP] / open routine *n*
~folgenummer *f* [EDP] / data set sequence number *n*
~kennsatz *m* [EDP] / field label *n* ‖ *s.a. Dateikennung; Kennsatz*
~kennung *f* [EDP] / file identifier *n*
~kennzeichen *n* [EDP] / data set identifier *n*

Dateikonversion 54

~**konversion** *f* [EDP] *s.* *Dateikonvertierung*
~**konvertierung** *f* [EDP] / file conversion *n*
~**menge** *f* [EDP] ⟨DIN 66010; DIN 66229⟩ / file set *n*
~**mengenkennzeichnung** *f* [EDP] / dataset serial number *n*
~**name** *n* / file name *n*
~**organisation** *f* [EDP] / file architecture *n* · file organization *n* ‖ *s.a. Datenorganisation*
~**pflege** *f* [EDP] / file maintenance *n* · (durch Aktualisierung:) file updating *n*
~**schutz** *m* [EDP] / file protection *n*
~**-Server** *m* [EDP] / file server *n*
~**-Übertragung** *f* [EDP] / file transfer *n*
~**übertragungsprotokoll** *n* [Comm] / file transfer protocol *n* · FTP *abbr*
~**umsetzung** *f* [EDP] / file conversion *n*
~**verwaltung** *f* [EDP] / file maintenance *n* ‖ *s.a. Mehrdateiverarbeitung*
~**zugriff** *m* [EDP] / file access *n*
~**zuordnungstabelle** *f* [EDP] / file allocation table *n* · FAT *abbr*
Daten *pl* [InfSy] ⟨DIN 44300/2; 44302⟩ / data *pl* ‖ *s.a. gemeinsame Datennutzung*
~**abgleich** *m* [KnM] / data replication *n* · replication *n*
~**anfangsadresse** *f* [EDP] / base address *n* (of data)
~**anreicherung** *f* [KnM] / data enrichment *n*
~**anzeige** *f* (auf dem Bildschirm) [EDP/VDU] / data display *n*
~**aufbau** *m* [EDP] / data structure *n*
~**aufbereitung** *f* [EDP] / data preparation *n*
~**austausch** *m* [EDP] *s. Datentausch*
~**autobahn** *f* [Comm] / information (super)highway *n*
Datenbank *f* [InfSy] ⟨DIN 44300/3E⟩ / database *n* · databank *n* ‖ *s.a. gemeinsam genutzte Datenbank; Lieferant einer Datenbank; Literatur-Datenbank; relationale Datenbank; Verbunddatenbank*
~**abfrage** *f* / database interrogation *n* ‖ *s.a. Datenbankrecherche*
~**anbieter** *m* [InfSy] / spinner *n* · online host *n* · online vendor *n* · online supplier *n* · database provider *n* · database vendor *n* · online service *n* · search service *n* · service supplier *n* · host *n*
~**aufbau** *m* / database design *n*
~**auswahl** *f* [Retr] / choosing a database *ger*
~**entwurf** *m* / database design *n*
~**hersteller** *m* [InfSy] / database producer *n*

~**-Management-System** *n* [EDP] ⟨DIN 44300/4⟩ / database (management) system *n*
~**maschine** *f* [EDP] / database machine *n*
~**produzent** *m* [InfSy] / database producer *n*
~**recherche** *f* [Retr] / database search *n* · database inquiry *n* ‖ *s.a. Datenbankabfrage*
~**rechner** *m* [InfSy] / host computer *n*
~**sprache** *f* [EDP] / database language *n*
~**system** *n* [EDP] *s. Datenbank-Management-System*
datenbankübergreifendes Recherchieren *n* / cross-database searching *n* · cross-file searching *n* · multi-database searching *n* · multi-file searching *n* · multiple file searching *n*
Datenbank|verwaltungssystem *n* [EDP] ⟨DIN 44300/4⟩ *s. Datenbank-Management-System*
~**wahl** *f* / choice of database *n*
~**zugriff** *m* [Retr] / database access *n*
Daten|basis *f* [InfSy] / database *n* ‖ *s.a. Datenbank*
~**verwaltungssystem** *n* [EDP] *s. Datenbank-Management-System*
~**behandlungssprache** *f* [InfSy] *s. Datenmanipulationssprache*
~**bereinigung** *f* [KnM] / data cleaning *n* · data clean up *n*
~**beschreibungssprache** *f* [InfSy] / data description language *n* · DDL *abbr*
~**block** *m* [EDP] *s. Block*
~**bus** *m* [EDP] / data bus *n*
~**darstellung** *f* [EDP] / data representation *n*
~**definitionssprache** *f* [EDP] / data definition language *n* · DDL *abbr*
~**dokumentation** *f* [Ind] ⟨DIN 66232⟩ / data documentation *n*
~**durchsatz** *m* / data throughput *n*
~**eingabe** *f* [EDP] / data input *n* · data entry *n* ‖ *s.a. Datenerfassung*
~**einheit** *f* [EDP] / data unit *n*
~**element** *n* [EDP] ⟨DIN 44300/2⟩ / data element *n*
~**endeinrichtung** *f* [EDP] *s. Datenendgerät*
~**endgerät** *n* [EDP] ⟨DIN 9762⟩ / data terminal equipment *n* · DTE *abbr* · data terminal *n* · terminal *n* ‖ *s.a. Terminal*
~**erfassung** *f* [EDP] / data acquisition *n* · data capture *n* · data entry *n* · data gathering *n* ‖ *s.a. Dateneingabe; Dialogdatenerfassung*

Datenerfassungs|anweisung *f* (für die Eingabe über eine Tastatur) [EDP] / keyboarding instruction *n*
~**blatt** *n* [EDP] / data input form *n*
~**bogen** *m* [EDP] *s. Datenerfassungsblatt*
~**gerät** *n* / data capture terminal *n* · data collection terminal *n* · data entry terminal *n*
~**schema** *n* [Cat; Ind] ⟨DIN 31631/1⟩ *s. Kategorienkatalog*
Daten|erhebung *f* [InfSc] / data collection *n*
~**exploration** *n* [KnM] / data mining *n*
~**export** *m* / data export *n*
~**feld** *n* ⟨DIN44300/3⟩ / datafield *n* · information field *n*
~**feldlänge** *f* [EDP] / field width *n*
~**fernsprecher** *m* [Comm] / data phone *n*
~**fernübertragung** *f* [Comm] / data transmission *n* · remote data transmission *n* ‖ *s.a. Datenübermittlung*
~**fernübertragungseinrichtung** *f* [Comm] ⟨DIN 44302⟩ / data circuit-terminating equipment *n* · data communications equipment *n* · DCE *abbr*
~**fernverarbeitung** *f* [EDP] ⟨DIN 44302⟩ / teleprocessing *n* · remote processing *n* ‖ *s.a. Stapelfernverarbeitung*
~**fernzugriff** *m* [Retr] / telecommunication access *n*
~**festnetz** *n* [Comm] / dedicated circuit data network *n*
~**fluss** *m* [EDP] ⟨DIN 44300/1⟩ / dataflow *n* ‖ *s.a. grenzüberschreitender Datenfluss*
~**flussplan** *m* [EDP] ⟨DIN 44300/1⟩ / data flowchart *n*
~**flusssteuerung** *f* [Comm] / data-flow control *n*
~**format** *n* [EDP] / data format *n*
datengesteuert *pp* [InfSy] / data driven *pp*
Daten|gewinnung *f* [KnM] / data acquisition *n*
~**handhabungssprache** *f* [InfSy] *s. Datenmanipulationssprache*
~**handschuh** *m* [EDP] / cyberglove *n* · data glove *n*
~**hierarchie** *f* [EDP] ⟨DIN 66001⟩ / data hierarchy *n*
~**import** *m* / data import *n*
~**integrität** *f* [EDP] / data integrity *n*
~**kassette** *f* [EDP] / data cartridge *n*
~**kategorie** *f* [EDP] ⟨DIN 2341/1; DIN 31631/1⟩ / data element *n* ‖ *s.a. Kategorienkatalog*
~**kompression** *f* [EDP] / data compression *n* ‖ *s.a. entpacken*

~**konsistenz** *f* [InfSy] / data consistency *n* · (in einer relationalen Datenbank:) referential integrity *n* ‖ *s.a. inkonsistente Daten*
~**konversion** *f* [EDP] / data conversion *n*
~**konzentrator** *m* [Comm] / data concentrator *n*
~**manipulation** *f* [EDP] / data manipulation *n*
~**manipulationssprache** *f* [InfSy] / data manipulation language *n* · DML *abbr*
~**menge** *f* / dataset *n*
~**modell** *n* [EDP] / data model *n* ‖ *s.a. relationales Datenmodell*
~**multiplexer** *m* [Comm] ⟨DIN 44302⟩ / data multiplexer *n*
~**netz** *n* [Comm] ⟨DIN 44302⟩ / data network *n* ‖ *s.a. öffentliches Datennetz*
~**objekt** *n* [EDP] ⟨DIN 44300/3E⟩ / data object *n*
~**organisation** *f* [EDP] / data organization *n* ‖ *s.a. Dateiorganisation*
~**paket** *n* [Comm] ⟨DIN 44302⟩ / data packet *n* · packet *n* ‖ *s.a. Paketnetz; Paketvermittlung*
~**-Vermittlung** *f* [Comm] ⟨DIN 44302⟩ / packet switching *n*
~**prozessor** *m* [EDP] / data processor *n*
~**prüfung** *f* / data validation *n*
~**puffer** *m* [EDP] / data buffer *n*
~**quelle** *f* [Comm] ⟨DIN 44302⟩ / data source *n*
~**reduktion** *f* / data reduction *n*
~**sammelschiene** *f* [EDP] / data bus *n*
Datensatz *m* [InfSy] / data record *n* · record *n* · dataset *n* ‖ *s.a. geblockter Satz*
~**korrektur** *f* [InfSy] / (Aktualisierung:) record update *n*
~**suche** *f* [Comm] / record search *n*
~**übertragung** *f* [Comm] / record transfer *n*
~**-Update** *m* / record update *n*
Datenschutz *m* [Law] ⟨DIN 44300/1⟩ / data protection *n* · (in Bezug auf die Daten der Privatsphäre:) privacy protection *n* · data privacy *n* ‖ *s.a. schutzwürdige Daten*
~**beauftragter** *m* [InfSy] / (national:) Data Protection Commissioner *m* Brit · (vor 1998:) Data Protection Registrar *n* Brit · (in einer Institution usw.:) data protection officer *n*
~**politik** *f* / privacy policy *n*
Daten|senke *f* [Comm] ⟨DIN 44302⟩ / data sink *n*
~**sicherheit** *f* [EDP] ⟨DIN 44300/1⟩ / data security *n*

Datensicherung 56

~**sicherung** *f* / back-up *n* · security back-up *n* (of data)
~**sichtgerät** *n* [EDP/VDU] / video display unit · video display terminal *n* · video terminal *n* · cathode-ray tube terminal *n* · video display unit *n* · monitor *n* · display screen equipment *n*
~**spur** *f* [EDP] ⟨DIN 66010⟩ / data track *n*
~**standverbindung** *f* [Comm] / non-switched data circuit *n*
~**station** *f* [Comm] ⟨DIN 44302⟩ / data station *n*
~**struktur** *f* [EDP] / data structure *n*
~**tausch** *m* [EDP] / data exchange *n* · exchange of data *n* (in a library network) · data interchange *n* ‖ *s.a. Austauschformat*
~**telefon** *n* [Comm] / data phone *n*
~**träger** *m* [EDP] ⟨DIN 44300/2; 66010⟩ / (Speichermedium:) volume · data carrier *n* · data medium *n* ‖ *s.a. physischer Datenträger*
~**trägerende** *n* [EDP] / EOV *abbr* · end of volume *n*
~**transformation** *f* [EDP] / data transformation *n*
~**typ** *m* [EDP] ⟨DIN 44300/3⟩ / data type *n*
~**typist** *m* [Staff] / data typist *n* · keyboarder *n*
~**übermittlung** *f* [Comm] ⟨DIN 44302⟩ / data communication(s) *n(pl)* ‖ *s.a. beidseitige Datenübermittlung; codetransparente Datenübermittlung; codeunabhängige Datenübermittlung; Datenübertragung; einseitige Datenübermittlung; Übermittlungsabschnitt; Übermittlungsvorschrift; wechselseitige Datenübermittlung*
~**übernahme** *f* [EDP] / data reception *n*
~**übertragung** *f* [EDP] ⟨DIN 44302⟩ / data transfer *n* · data transmission *n* ‖ *s.a. Datenübermittlung*
Datenübertragungs|block *m* [Comm] ⟨DIN 4430; DIN/ISO 3309⟩ / data transmission block *n* · frame *n*
~**phase** *f* [Comm] / data transfer phase *n*
~**strecke** *f* [Comm] / data circuit *n*
~**vorrechner** *m* [EDP] / front-end processor *n* · FEP *abbr* ‖ *s.a. Vorrechner*
Daten|umsetzer *m* [EDP] / converter *n*
~**unabhängigkeit** *f* [EDP] / data independence *n*
~**verarbeitung** *f* [EDP] / data processing *n* · DP *abbr*

~**verarbeitungs|anlage** *f* [EDP] ⟨DIN 44300/5⟩ / computer *n* · data processing machine *n* · computer system *n*
~**system** *n* [EDP] ⟨DIN 44300/5⟩ / data processing system · computer system *n*
~**verbund** *m* [EDP] *s. Rechnerverbund*
~**verbindung** *f* [Comm] / data circuit *n*
~**verbund** *m* [EDP] / data interlocking *n* · data aggregate *n* · data combination *n*
~**verdichtung** *f* / data compaction *n* · data compression *n*
~**verfälschung** *f* [EDP] / data corruption *n* · data contamination *n*
~**verkehr** *m* [Comm] / data traffic *n*
~**verlust** *m* [EDP] / data loss *n*
~**verschlüsselung** *f* [EDP] / data encryption *n*
~**verwaltungssystem** *n* [EDP] / data management system *n*
~**wählverbindung** *f* [Comm] / switched data circuit *n*
~**wandler** *m* [EDP] / data converter *n*
~**wandlung** *f* [EDP] *s. Datenkonversion*
~**wiederherstellung** *f* / data recovery *n*
~**würfel** *m* [KnM] / data cube *n*
~**zentrum** *n* [InfSy] / data centre *n*
~**zugriff** *m* / file access *n*
datieren *v* [Gen] / date *v/n* ‖ *s.a. nachdatieren; vorausdatieren; zurückdatieren*
datiert *pp* [InfSy] / dated *pp*
Datum *n* [OrgM] / date *v/n*
Datum|stempel *m* [Off] / date stamp *n*
Dauer|auftrag *m* [Acq] / blanket order *n* · standing order *n* ‖ *s.a. Fortsetzungsbestellung*
~**ausstellung** *f* [PR] / permanent exhibition *n*
~**betrieb** *m* [BdEq] / continuous operation *n*
~**haftigkeit** *f* [Pres] / durability *n*
~**leihgabe** *f* [Stock; RS] / deposit loan *n* · permanent loan *n* ‖ *s.a. langfristige Verleihung*
~**leihvertrag** *m* [Acq] / deposit agreement *n*
~**lochstreifen** *m* [PuC] ⟨DIN 66218⟩ / high-durability tape *n* · long-life tape *n*
Daumenregister *n* [Bk] / cut-in index *n* · thumb index *n*
DBMS *abbr* [EDP] *s. Datenbank-Management-System*
Dechiffrierung *f* [Writ] / decryption *n*
Deckblatt 1 *n* (für eine andere Karte) [Cart] ⟨RAK-Karten⟩ / overlay *n*
~ 2 *n* [Bind] / cover sheet *n*

Decke *f* [BdEq] / ceiling ‖ *s.a. abgehängte Decke*
Deckel *pl* [Bind] / boards ‖ *s.a. Elfenbeindeckel; Hinterdeckel; Holzdeckel; in Deckeln beschneiden; Innendeckel; Leinendeckel; Pappdeckel; Vorderdeckel*
~**beschläge** *pl* [Bind] *s. Beschläge*
~**bezug** *m* [Bind] / covering *n*
~**innenseite** *f* [Bind] / inside cover *n*
~**kante** *f* [Bind] / square *n* · board edge *n* ‖ *s.a. abgeschrägte Deckelkanten*
~**kupfer** *n* [Bind] / cover engraving *n*
~**vergoldung** *f* [Bind] / gilding on side *n*
decken *v* [Gen] / cover *v*
Decken|band *m* [Bind] / casing *n* · case binding *n* ‖ *s.a. Buchdecke; Mustereinbanddecke*
~**belastung** *f* [BdEq] / floor load *n* ‖ *s.a. Höchstbelastung*
~**format** *n* [Bind] / case size *n*
~**höhe** *f* [BdEq] / ceiling height *n*
~**last** *f* [BdEq] *s. Deckenbelastung*
~**machen** *n* [Bind] / casemaking *n*
~**machgerät** *n* [Bind] / case maker *n*
~**rundegerät** *n* [Bind] / hollow-rounding-machine *n*
Deck|farbe *f* [Pres] / body colour *n* · opaque colour *n*
~**name** *m* [Writ] / cryptonym *n* ‖ *s.a. Beiname; Pseudonym*
decodieren *v* [EDP] *s. dekodieren*
dedizierter Server *m* [EDP] / dedicated server *n*
dediziertes Datenverarbeitungssystem *n* [EDP] / dedicated data processing system *n*
DEE *abbr* [Comm; EDP] *s. Datenendeinrichtung*
defekt *adj* (mangelhaft) [Bk] / defective *adj* · faulty *adj*
Defektexemplar *n* [Bk] *s. Mängelexemplar*
Definition *f* [InfSc] / definition *n* ‖ *s.a. Inhaltsdefinition; Umfangsdefinition*
dehnen *v* [Pres] / stretch *v*
Dehnrichtung *f* (des Papiers) [Pp] / cross direction *n* · cross way *n* ‖ *s.a. Laufrichtung*
Dekan *m* [d] / dean · (Fachbereichsleiter an einer Hochschule:) head of department *n* · department head *n*
Deklination *f* [Cart] ⟨RAK-Karten⟩ / declination *n*
dekodieren *v* / decode *v* · (entziffern:) decipher *v* ‖ *s.a. entschlüsseln*
Dekodierer *m* [EDP] / decoder *n*

Dekodierung *f* [Writ; EDP] / decoding *n* · (Entschlüsselung:) decryption *n*
Dekor *n* [Bk] / decoration *n*
Dekorations|material *n* [PR] / display material *n*
~**papier** *n* [Pp] ⟨DIn 6730⟩ / decorating fancy paper *n*
delaminieren *v* [Pres] / delaminate *v*
Delaminierung *f* [Pres] / delamination *n*
Delegation *f* [OrgM] / delegation *n*
Delegationsprinzip *n* [OrgM] / principle of delegated authority *n*
Delphi-Methode *f* [InfSc] / Delphi method *n*
Demonstrations|diskette *f* [EDP] / demo disk *n*
~**programm** *n* [EDP] / demonstration program *n*
demotische Schrift *f* [Writ] / demotic script *n*
Denkschrift *f* [Bk] ⟨DIN 31631/4⟩ / memorandum *n*
Denkspiel *n* [NBM] / brain game *n*
Densometer *n* [Pp] / densitometer *n*
Dentelles-Einband *m* [Bind] / dentelle binding *n*
deponieren *v* / place on deposit *v* · deposit *v* (to lay down in a specified place)
Depositarbibliothek *f* [Lib] / depository library *n*
Depositenkonto *n* [BgAcc] / deposit account *n*
Depositum *n* (Dauerleihgabe) [Stock] / deposit loan *n* · permanent loan *n* · (auf Dauer eingebrachte Sammlung:) deposit *n* · deposit collection *n* ‖ *s.a. langfristige Verleihung*
Depot *n* [Stock] / depot *n* · depository *n* · (Speicher:) repository *n* ‖ *s.a. Wissensspeicher*
~-**Bibliothek** *f* [Lib] / depository library *n* · repository *n*
derivatives Dokument *n* [Bk] *s. abgeleitetes Dokument*
Desideraten|buch *n* [Acq] / desiderata book *n*
~**datei** *f* [Acq] / desiderata file *n* · possible purchase file *n* · want(s) file *n* · waiting file *n*
~**kartei** *f* [Acq] *s. Desideratendatei*
~**liste** *f* [Acq] / desiderata list *n* · want(s) list *n*
Desinfektionsmittel *n* [Pres] / disinfectant *n*
desinfizieren *v* [Pres] / disinfect *v*

Desinfizierung *f* [Pres] / disinfection *n* ‖ *s.a.*
gasförmiges Desinfektionsmittel
Deskriptionszeichen *n* [Cat] ⟨TGL 20972/04⟩ / mark of prescribed punctuation *n* · punctuation symbol *n*
deskriptive Statistik *f* [InfSc] / descriptive statistics *pl but sing in constr*
Deskriptor *m* [Ind] ⟨DIN 31623/1; DIN 66232⟩ / descriptor *n* ‖ *s.a. Hilfsdeskriptor; Nicht-Deskriptor; Quelldeskriptor*
~**-Kandidat** *m* [Ind] / candidate descriptor *n*
~**sprache** *f* [Ind] / descriptor language *n*
Dessinrolle *f* [Bind] / decorative roll *n*
Detailwiedergabe *f* [Repr] / detail reproduction *n* ‖ *s.a. Auflösungsvermögen*
Detektivroman *m* [Bk] / detective story *n*
Deutsche Sprachprüfung für den Hochschulzugang *f* (ausländischer Studienbewerber <DSH>) [Ed] / German language examination for university admission (of foreign students)
Devise *f* (Motto) [Bk] / device *n*
Dezimal|klassifikation *f* [Class/UDC] / Decimal Classification *n* (Kurzfassung:Abridged Decimal Classification) · (Brüsseler DK:) Universal Decimal Classification *n* · UDC *abbr*
~**notation** *f* [Class] / decimal notation *n*
~**punkt** *m* [Writ] / decimal point *n*
~**stelle** *f* [InfSy] / decimal (place) *n*
~**unterteilung** *f* [Class] / decimal division *n*
~**zahl** *f* [Class] / decimal number *n*
~**ziffer** *f* [InfSy] / decimal digit *n*
DFÜ *abbr* [Comm] *s. Datenfernübertragung*
DFÜ-Netz *n* [Comm] / remote network *n*
DFV *abbr* [EDP] *s. Druckformatvorlage*
Dia *n* / slide *n* · lantern slide *n* ‖ *s.a. Diapositiv; Farbdia*
~**-Betrachter** *m* [NBM] / slide viewer *n*
~**-Einblendung** *f* [NBM] / superposition of slides *n*
Diagnoseprogramm *n* [EDP] / diagnose program *n*
dia|gnostische Routine *f* [EDP] *s. Prüfprogramm*
Diagramm *n* [InfSc] ⟨DIN 31631/2+4⟩ / diagram *n* · graphic representation *n* · graph *n* · figure *n* · chart *n* ‖ *s.a. Balkendiagramm; Banddiagramm; Blockdiagramm; Flächendiagramm; Flussdiagramm; Kreisdiagramm; Kurvendiagramm; Liniendiagramm; Punktdiagramm; Streuungsdiagramm; Überlagerungsdiagramm*
~**karte** *f* [Cart] ⟨RAK-Karten⟩ / diagrammatic map *n*
~**papier** *n* [Pp] ⟨DIN 6730⟩ / chart paper *n* · quadrille *n*
diakritisches Zeichen *n* [Writ; Bk] / diacritic(al mark) *n(n)*
Dialog|betrieb *m* [EDP] ⟨DIN 44300/9E⟩ / conversational mode *n* · interactive mode *n* · dialog mode *n*
~**datenerfassung** *f* / interactive data entry *n*
~**datenverarbeitung** *f* / interactive data processing *n*
~**fenster** *n* [EDP] / dialog window *n* · dialog box *n*
~**sprache** *f* [EDP] / conversational language *n* · dialog language *n*
~**system** *n* [EDP] / conversational system *n* · dialog system *n*
~**verarbeitung** *f* [EDP] *s. Dialogbetrieb*
~**verkehr** *m* [EDP] *s. Dialogbetrieb*
Dia|mappe *f* [NBNM] / slide holder *n*
~**positiv** *n* / diapositive *n* · lantern slide *n* ‖ *s.a. Dia*
~**projektor** [BdEq; NBM] / slide projector *n*
~**-Rähmchen** *n* [NBM] / slide mount *n*
~**-Reihe** *f* [NBM] ⟨A 2653⟩ / slide-set *n*
Diarium *n* [NBM] / diary *n*
Dia-Sammlung *f* [NBM] / slide collection *n* · slide library *n*
~**-Scanner** *n* [EDP] / slide scanner *n* EDP
~**-Schrank** *m* [NBM] / slide cabinet *n*
~**-Serie** *f* [NBM] / slide-set *n*
~**steuergerät** *n* / slide synchronizer *n*
~**-Streifen** *m* [NBM] *s. Dia-Serie*
~**thek** *f* [NBM] *s. Dia-Sammlung*
~**-Tischgerät** *n* [Repr] / light box *n*
~**vortrag** *m* [PR] / slide lecture *n*
Diazo|film *m* [Repr] ⟨DIN 19040/104E; ISO 6196-4⟩ / diazo film *n* ‖ *s.a. Duplikatfilm*
~**(kopier)verfahren** *n* [Repr] / diazotype process *n* · diazoprocess *n*
dichotomische Einteilung *f* [Class] / dichotomous division *n*
~ **Klassifikation** *f* [Class] / bifurcate classification *n* · dichotomized classification *n* · classification by dichotomy *n*
Dichte *f* (optische ~) [Repr] / density *n* (optical ~)
Dicken|messer *m* [Pp] / cal(l)iper *n* · paper gauge *n*
~**messgerät** *n* [Pp] *s. Dickenmesser*

Dickte *f* [Prt] / width *n* (of a type body)
Diebstahlalarm *m* [OrgM] / burglary alarm *n*
Diebstahl|quote *f* [RS] / pilferage rate *n* ‖ *s.a.* Verlustrate
~sicherungssystem *n* [BdEq] / theft detection system *n* ‖ *s.a.* Buchsicherungsanlage
~verhütung *f* [BdEq] / theft prevention *n*
Dienst *m* [Gen] / service *n*
~alter *n* [Staff] / length of service *n* · years of service · (höheres ~:) seniority (nach dem Dienstalter befördert werden: to be promoted by seniority)
~alterszulage *f* [Staff] / seniority allowance *n*
~anbieter *m* [InfSy] / service provider *n* ‖ *s.a.* Diensterbringer
~aufsicht *f* / administrative supervision *n*
~befreiung *f* [Staff] / exemption of service *n*
~bezeichnung *f* [Staff] / official title *n*
~bezüge *pl* [Staff] / salary *n* · emoluments *pl*
~erbringer *m* [InfSy] ⟨DIN ISO 7498⟩ / service provider *n* · SP *abbr*
~fahrzeug *n* [BdEq] / service vehicle *n* ‖ *s.a.* Bücherauto
dienstfrei *adj* [Staff] / off duty *n*
dienstfreie Zeit *f* [Staff] / off duty time *n*
Dienst|gebrauch / official use *n* (nur für den ~: for official use only)
~katalog *m* [Cat] / official catalogue *n*
~leistung *f* [OrgM] ⟨ISO 9000-1,A.9⟩ / (als Tätigkeitsbereich:) provision of services *n* · service *n* ‖ *s.a.* gebührenfreie Dienstleistung; gebührenpflichtige bibliothekarische Dienstleistung; Leistung
Dienstleistungs|einrichtung 5 [OrgM] / service institution *n* · service unit *n*
~rechner *m* [EDP] / host computer *n*
~stelle *f* [EDP] ⟨DIN 1425⟩ / service point *n*
Dienst|plan *m* (Zeitplan für den Personaleinsatz) [Staff] / duty roster *n* · time-sheet *n* · time-schedule *n* · staff rota *n* · (an den Benutzungsstellen:) desk schedule · timetable *n* · rota *n* · (~ für die Ausleihe:) loan desk schedule *n* ‖ *s.a. im Dienst; nicht im Dienst*
~postenbewertung *f* [OrgM] / job evaluation *n* (in the civil service)
~programm *n* [EDP] / utility program *n* · service program *n* · utility routine *n*
~reise *f* [OrgM] / official trip *n*

~signal *n* [Comm] ⟨DIN 44302⟩ / call progress signal *n*
~stelle *f* (Amt; Behörde) / agency · (übergeordnet:) authority *n* ‖ *s.a.* nachgeordnete Dienststelle; Unterhaltsträger
~stempel *m* / official stamp *n*
~verhältnis *n* [Staff] / service status *n*
~vertrag *m* [Staff] / service contract *n*
~weg *m* [OrgM] / official channel *n*
~zimmer *n* [BdEq] / (für Bibliotheksmitarbeiter:) staff office *n* · (Arbeitszimmer:) work room *n*
Digestor *m* [BdEq; Pres] *s. Abzug 1*
Digestorium *n* [Pres] / hood *n* · fume cupboard *n*
Digitaldaten *pl* / digital data *pl*
digitale Daten *pl* [InfSy] ⟨DIN 44300/2E⟩ / digital data *pl*
~ Kluft *f* (zwischen den informationstechnisch hoch entwickelten Ländern und den weniger entwickelten) / digital divide *n*
~ Unterschrift *f* / digital signature *n*
digitalisierbar *adj* [EDP] / digitizable *adj*
digitalisieren *v* [EDP] / digitize *v*
Digitalisier|gerät *n* [EDP] / digitizer *n*
~karte *f* [EDP] / digitizing board *n*
~tablett *n* [EDP] / digitizing pad *n* · digitizing tablet *n*
Digitalisierung *f* / digitization *n*
Digitalisierungsgeschwindigkeit *f* [EDP] / digitizing speed *n*
Digital|rechner *m* [EDP] / digital computer *n*
~satz *m* [ElPubl] / digitized typesetting *n* · digital typesetting *n*
~schrift *f* [ElPubl] / digital type *n*
~videoplatte *f* [NBM] / digital video disk *n* · DVD *abbr*
Diktat *n* [Off] / dictation *n*
Diktiergerät *n* [Off] ⟨DIN 9782; 9765⟩ / dictation equipment *n* · dictating machine *n* · dictation machine *n*
Diorama *n* [NBM] ⟨DIN 31631/2; ISBD(NBM)⟩ / diorama *n*
Diözesanbibliothek *f* [Lib] / diocesan library *n*
Diplom *n* [Ed] / diploma *n* ‖ *s.a. Prüfungszeugnis*
~arbeit *f* [Ed] / honours thesis *n* · thesis *n* (for acquiring the degree of a Diplom-Physiker, Diplom-Ingenieur etc.) · Diplom dissertation *n*
Diplomatik *f* [Arch] / diplomatics *pl but sing in constr*

diplomatische Ausgabe *f* [Bk] / diplomatic edition *n*
Diplom-Bibliothekar *m* [Staff] / certified librarian *n* · graduate librarian *n* (upper level – graduate of a Fachhochschule)
~-Dokumentar / certified documentalist *n* · graduate documentalist *n* (upper level – graduate of a Fachhochschule)
~prüfung *f* [Ed] / Diplom examination
~vorprüfung *f* [Ed] / pre-Diplom examination *n*
DIP-Schalter *m* [EDP] / DIP switch *n*
Diptichon *n* [Bk] / diptych *n*
Direkt|bestellung *f* [RS] / direct application *n*
~bildfilm *m* [Repr] ⟨ISO 6196/4; DIN 19040/104E⟩ / direct-image film *n* · direct positive silver film *n*
direkter Speicherzugriff *m* [EDP] / direct memory access *n* · DMA *abbr*
direkter Zugriff *m* [EDP] / direct access *n* ‖ *s.a. wahlfreier Zugriff*
Direktionsstimme *f* [Mus] ⟨ISBD(PM)⟩ / piano (violin etc.) conductor part *n* ‖ *s.a. Dirigierpartitur*
Direktive *f* [Adm] / directive *n*
Direktkorrektur *f* (eines Programms) [EDP] / patch *n*
Direktorzimmer *n* / director's office *n* · librarian's office *n*
Direkt|ruf *m* [Comm] ⟨DIN 44302⟩ / direct call *n*
~schlüssel *m* [PuC] / direct code *n*
~zugriff *m* [EDP] *s. direkter Zugriff*
~zugriffsspeicher *m* [EDP] ⟨DIN 44300/6⟩ / direct-access storage *n* ‖ *s.a. Schnell(zugriffs)speicher*
Dirigierpartitur *f* [Mus] / conductor's score *n* · conduction score *n* · full score *n* ‖ *s.a. Direktionsstimme*
Diskette *f* [EDP] ⟨DIN 66010⟩ / diskette *n* (~mit hoher Schreibdichte: high-density disk; ~ mit doppelter Schreibdichte: double-density disk) · flexible disk *n* · floppy disk *n* ‖ *s.a. Bezugsdiskette; hartsektorierte Diskette; weichsektorierte Diskette*
Disketten|betriebssystem *n* [EDP] / disk operating system *n* · DOS *abbr*
~einheit *f* [EDP] ⟨DIN 66010⟩ / diskette unit *n*
~laufwerk *n* [EDP] ⟨DIN 66010⟩ / floppy disk drive *n* · FDD *abbr* · disk drive *n*
Diskographie *f* [NBM; Bib] ⟨DIN 31631/4⟩ / discography *n*

diskret *adj* [InfSy] / discrete *adj*
diskreter Kanal *m* [Comm] / discrete channel *n*
Diskussionsleiter *m* (in einer newsgroup) [Internet] / moderator *n*
Display-Schreibmaschine *f* [BdEq; Off] ⟨DIN 2108⟩ / typewriter with window *n* ‖ *s.a. Speicherschreibmaschine*
Disserent *m* [Ed] / author of a doctoral dissertation *n* · (Respondent:) defendant *n*
Dissertation *f* (Doktorarbeit) [Bk; Ed] ⟨DIN 31631; RAK-AD⟩ / doctoral dissertation *n*
Dittographie *f* [Writ] / dittography *n*
Diurnal *n* [Bk] / diurnal *n*
DK *abbr* [Class/UDC] *s. Dezimalklassifikation*
~-Zahl *f* [Class/UDC] / decimal number *n* · UDC number *n*
Docking-Station *n* [EDP] / docking station *n*
Doktorandenzimmer *n* [BdEq] / dissertation room *n*
Doktorarbeit *f* / PhD thesis *n* · doctoral dissertation *n*
Dokument *n* / document *n* · document *v/n*
Dokumentar *m* [Staff] / documentalist *n*
Dokumentarchivierung *f* [Arch] / document filing *n*
Dokumentarfilm *m* [NBM] ⟨DIN 31631/4⟩ / documentary (film) *n*
dokumentarische Bezugseinheit *f* [Ind] ⟨DIN 31631/1⟩ / the document to which a „Dokumentationseinheit" refers
Dokumentart *f* [Bk; NBM] / document type *n*
Dokumentation *f* [InfSc] / documentation *n*
Dokumentations|einheit *f* [Ind] ⟨DIN 31631/1+4⟩ / the set of data or the physical unit containing the document description
~sprache *f* [Ind] ⟨DIN 31623/1; DIN 31631/2⟩ / documentary language *n*
~stelle *f* [InfSy] / documentation centre *n* · information centre *n*
~wesen *n* [InfSc] / documentation *n* (as a general field of activity)
~wissenschaft *f* [InfSc] *s. Informationswissenschaft*
dokumentationswürdig *adj* / worthy of documentation *adj*
Dokumentbeschreibungssprache *f* [ElPubl] / document description language *n*
Dokumenten|analyse *f* [Ind] / document analysis *n*

~**architektur** *f* [EDP] / document architecture *n*
~**auswahl** *f* [Acq] / selection of documents *n*
~**papier** *n* [Pp] / bond paper *n*
dokumentieren *v* [InfSy] / document *v/n*
Dokument|lieferung *f* [RS] / document delivery *n* · document supply *n* ‖ *s.a. Literaturversorgung*
~**retrieval** *n* [Retr] / document retrieval *n*
~**speicher** *m* [Stock] / document store *n*
Dokumenttyp *m* [InfSc] *s. Dokumentart*
~**definition** *f* [ElPubl] / document type definition *n* · DTD *abbr*
Dokument|verwaltung *f* [OrgM] / document management *n*
~**vorlage** *f* (Textverarbeitung) [EDP] / template *n*
Dombibliothek *f* [Lib] / cathedral library *n*
Donatoren-Exlibris *n* [Bk] / presentation bookplate *n*
Doppel|arbeit *f* [OrgM] / work duplication *n*
~**belichtung** *f* [Repr] / double exposure *n*
~**bestellung** *f* [Acq] / duplicate order *n*
~**blattsperre** *f* (in einer Durchlaufkamera usw.) [Repr] ⟨DIN 19040/113E⟩ / double document stop *n* · document stop *n*
~**eintragung** *f* [Cat] / duplicate entry *n*
~**haushalt** *m* [BgAcc] / bi-annual budget *n*
~**kernkassette** *f* [NBM; Repr] ⟨A 2654⟩ / cassette *n*
doppelklicken *v* [EDP] / double-click *v*
Doppel|name *m* [Cat] ⟨RAK⟩ / compound surname *n*
~**punkt** *m* [Writ; Prt] / colon *n*
~**regal** *n* [Sh] / double stack section *n* · double-sided case *n* · (doppelseitige Regaleinheit:) double-sided shelf unit *n* · double-sided tier *n* Brit · double-sided (stack) section *n* · compartment *n* US
doppel|seitig gestrichenes Papier *n* [Pp] / double-coated paper *n*
~**spaltig** *adj* [Bk] *s. zweispaltig*
Doppelstück *n* / duplicate *n*
doppelte Schreibdichte *f* (bei einer Diskette) [EDP] / double density *n*
~ **Seitenzählung** *f* [Bk; Cat] / double pagination *n* · duplicate paging *n*
doppeltes Kreuz-(Zeichen) *n(n)* [Prt] / double obelisk *n* · double dagger *n*
doppelte Speicherdichte *f* (bei einer Diskette) [EDP] / double density *n* · DD *abbr*
Doppelzählung *f* [Bk; Cat] / duplicate numbering *n*

doppelzeilig *adj* [Prt] / double-spaced *pp*
Dorfbibliothek *f* [Lib] / rural library *n* · village library *n*
Doublure *f* [Bind] / ornamental inside lining *n* · doublure *n*
Dozent *m* [Ed] / reader Brit · lecturer *n* ‖ *s.a. Gastdozent; Hochschuldozent*
Dozentenzimmer *n* [BdEq] / faculty study *n* US
Dozentur *f* [Ed] / lectureship *n*
DPI-Wert *m* [ElPubl] / DPI value *n*
Draftmodus *m* [EDP; Prt] / draft mode *n*
Draht / wire *n/v* ‖ *s.a. festverdrahtet*
~**heftmaschine** *f* [Bind] / wire stitcher *n*
~**heftung** *f* [Bind] / wire stitching *n* · (als Rückstichheftung auch:) wire sewing *n* · (als Blockheftung auch:) wire stabbing *n* ‖ *s.a. Blockheftung; Heftklammer*
~**klammer** *n* [Off] *s. Heftklammer*
~**klammerheftung** *f* (Blockheftung mit Draht) [Bind] / side-stitching *n*
Drehbuch *n* [NBM] / script *n* · (mit Beschreibung der Szenen, Ausstattung, Handlung und Dialoge:) screenplay *n* · (mit genauen Anweisungen für die Produktion des Films:) shooting script *n* ‖ *s.a. Exposé*
~**verfasser** *m* [NBM] / scriptwriter *n*
Dreh|kreuz *n* [BdEq] / turnstile *n*
~**säule** *f* [BdEq] / car(r)ousel (displayer) *n* · rotating tower *n* · (für Bücher auch:) revolving bookrack *n* ‖ *s.a. Drehständer*
~**ständer** *m* [BdEq] / rotating rack *n* · revolving display unit *n* ‖ *s.a. Drehsäule*
~**stuhl** *m* [BdEq] ⟨DIN 4551⟩ / revolving chair *n* · swivel chair *n*
~**tür** *f* [BdEq] / revolving door *n*
~**turm** *m* [BdEq] *s. Drehsäule*
~**zahl** *f* (einer Schallplatte) [NBM] / rotation speed *n*
Drei-Buchstaben-Akronym *n* [Internet] / three-letter acronym *n* · TLA *abbr*
Drei-D-Effekt *m* [ElPubl] / three-dimensional effect *n*
~**eckschlüssel** *m* [PuC] / triangular code *n*
Dreierregel *f* (nicht mehr als drei Eintragungen je Vorlage) [Cat] / rule of three *n*
Dreifarbendruck *m* [Prt] / three-colour printing *n*
dreigeteilte Bibliothek *f* (mit einer Unterscheidung des Buchbestands in Fern-, Mittel- und Nahbereich) [OrgM] / tripartite library *n*
Drei|pass *m* [Bind] / trefoil *n*

Dreiviertelband 62

~**viertelband** *m* (ein Halbband mit einem höheren Lederanteil) [Bind] / three-quarter binding *n*
Drittmittel *pl* [BgAcc] / third-party funds *pl*
Druck 1 *m* (alle in einem besonders gezählten Druckvorgang hergestellten Exemplare eines Buches, z.B. 2. Aufl. 3. Druck) [Prt; Bk] / impression *n* · printing *n*
~ 2 *m* (der Vorgang des Druckens) [Prt] / printing *n* (im ~ sein: to be in the press)
~ 3 *m* (Ergebnis des Druckvorgangs) [Bk] / imprint *n* (~e des 18. Jahrhunderts: 18th century imprints) ∥ *s.a. Frühdrucke*
~-**Abonnement** (Abo der gedruckten Ausgabe einer Zeitschrift) / print subscription *n*
~**ansicht** *f* [ElPubl; EDP/VDU] / preview *v/n*
~**auftrag** *m* (an eine Druckerei) [EDP; Prt] / print order *n* · (Datenausgabe über einen Drucker:) print job *n*
~**ausgabepuffer** *m* [EDP; Prt] / print buffer *n*
~**beihilfe** *f* [BgAcc] / publication grant
~**bild** *n* [Prt] ⟨DIN 16500/2⟩ / typograpy *n*
~**bildvorschau** *f* [ElPubl; EDP/VDU] / preview *v/n*
~**bogen** 1 *m* (allgemein) [Prt] / printed sheet *n*
~**bogen** 2 *m* (gefalzt, ggf. mit Tafeln und Beilagen: Lage) [Prt] / section *n*
drucken *v* [Prt] ⟨DIN 16528E; DIN 16514⟩ / print *v* ∥ *s.a. Ausdruck 2; farbig drucken*
Drucken *n* (Einbandgestaltung) [Bind] / (mit der Hand:) tooling *n* ∥ *s.a. Blinddruck; Golddruck*
Drucker 1 *m* (Person) [Prt; Staff] / printer *n* · pressman *n* ∥ *s.a. Akzidenzdrucker; Buchdrucker*
~ 2 *m* (Druckgerät) [EDP; Prt; BdEq] ⟨DIN 9784/1⟩ / printer *n* ∥ *s.a. Anschlagdrucker; anschlagfreier Drucker; Gliederdrucker; Kettendrucker; Kugelkopfdrucker; Laserdrucker; Nadeldrucker; Schnelldrucker; Seitendrucker; Seriendrucker; Stabdrucker; Tintenstrahldrucker; Typenraddrucker; Zeichendrucker; Zeilendrucker*
~**ballen** *m* [Prt] / ink ball *n*
~**bedienfeld** *n* [EDP; Prt] / printer control panel

Druckerei *f* [OrgM; Prt] / printing office *n* · printing plant *n* · printing shop *n* · printing house *n* · (als Abteilung einer Bibliothek usw.:) print(ing) unit *n* · printery *n* US ∥ *s.a. Hausdruckerei*
Druckerkommandosprache *f* [EDP; Prt] / printer command language *n* · PCL *abbr* ∥ *s.a. Seitenbeschreibungssprache*
Druckerlaubnis *f* (offizielle ~) [Bk] / licence to print *n* ∥ *s.a. Imprimatur*
Drucker|marke *f* [Prt] / device *n* · printer's mark *n* · printer's device *n*
~**presse** *f* [Prt] / press *n* · printing press(to be in press:) im Druck sein *n* ∥ *s.a. Buchdruckerpresse; Druckmaschine*
~**schwärze** *f* [Prt] / black ink *n*
~-**Server** *m* [EDP] / print server *n*
~**terminal** *n* [EDP; Comm] / printer terminal *n*
~**treiber** *m* [EDP] / printer driver *n*
~**warteschlange** *f* [EDP; Prt] / print queue *n*
~**zeichen** *n* [Prt] *s. Druckermarke*
Druck-Erzeugnis / imprint *n* ∥ *s.a. Druck 3*
~**farbe** *f* [Prt] ⟨DIN 16528E; DIN 16514⟩ / printer's ink *n* · printing ink *n*
~**fehler** *m* [Prt] / typographic error *n* · misprint *n* · press error *n* · printer's error *n* · erratum *n* (pl: errata) ∥ *s.a. Berichtigung; Setzfehler*
~**fehlerverzeichnis** *n* [Prt] / errata (slip) *pl(n)*
druckfertig! *adj* [Prt] / good for press *adj* US · printable *adj* · pass for press *v* · ready for (the) press *adj* ∥ *s.a. imprimatur!; reprofähig*
Druck|form *f* [Prt] ⟨DIN 16528E; DIN 16514⟩ / type forme *n* Brit · form *n* US ∥ *s.a. Formschließen*
~**formatvorlage** *f* [EDP] / style sheet *n*
~**formherstellung** *f* [Prt] / platemaking *n*
~**genehmigung** *f* [Bk] *s. Druckerlaubnis*
~**geschichte** *f* [Prt] / printing history *n*
~**geschwindigkeit** *f* [Prt] / printing speed *n*
~**gewerbe** *n* [Prt] / printing trade *n*
~**grafik** *f* [Art; Prt] / artist's print *n* · art print *n*
~**industrie** *f* [Prt] / printing industry *n*
~**kopf** *m* [EDP:Prt] / printer head *n*
~**kosten** *pl* [BgAcc] / printing costs *pl*
~**kostenzuschuss** *m* [BgAcc] / publication grant
~**legung** *f* [Prt] / printing *n* (the act of printing)
~**maschine** *f* [Prt] ⟨DIN 16500/2⟩ / printing press *n* · printing machine *n* Brit

~**modus** *m* [EDP; Prt] / print mode *n*
~**ort** / place of printing *n* · (im Impressum genannt:) imprint place *n*
~**papier** *n* / printing paper *n* · (Bedruckstoff:) stock *n*
~**patrone** [EDP; Prt] / print cartridge *n*
~**platte** *f* / (durch Chemigraphie hergestellt:) process engraving *n* · (Klischee:) printing block *n* · printing plate *n* · plate *n*
~**plattenbelichtung** *f* [Prt] / plate exposure *n* · plate burning *n*
~**plattenherstellung** *f* (Klischeeherstellung) [Prt] / block making *n* · photoengraving *n* · plate making *n* · plate production *n*
~**plattennummer** *f* [Mus] ⟨ISBD(PM)⟩ / plate number *n*
~**privileg** *n* [Prt] / printing privilege *n*
~**puffer** *m* [EDP; Prt] / print buffer *n*
druckreif *adj* (fertig für die Reprokamera) [Prt] *s. druckfertig!*
druckreifes Bildmaterial *n* [Prt] / (reproreif:) camera-ready art *n*
druckreife Vorlage *f* (für den Fotosatz) [Prt] / (reproreif:) camera-ready copy *n* · CRC *abbr*
Druck|sache *f* [Comm] / printed matter *n*
~**schrift** *f* [Bk] / printed document *n* · printed book *n* · printed work *n* · imprint *n*
~**schriftenabteilung** *f* [OrgM] / department of printed books *n*
~**schriftenbestand** *m* [Stock] / print collection *n*
~**seite** *f* [Bk] / printed page *n*
drucksensitiv *adj* [EDP] / pressure sensitive *adj*
Druck|steuerzeichen *n* [EDP; Prt] / print control character *n*
~**stock** *m* [Prt] / printing block *n* · block · printing plate *n* · photoengraving *n*
~**stockhersteller** *m* / blockmaker *m*
~**stockherstellung** *f* [Prt] / platemaking *n*
~**technik** *f* [Prt] ⟨DIN 16500/2⟩ / printing technology *n*
~**type** *f* [Prt] / letter *n* · printing type *n* · type *n* · sort *n* (single type-letter) ‖ *s.a. Sonderzeichen*
~**verfahren** *n* [Prt] ⟨DIN 16528⟩ / printing method *n* · printing process *n*
~**vermerk** *m* [Bk; Prt] / printer's imprint *n*
~**vorbereitung** *f* (Druckvorstufe) [ElPubl; Prt] / prepress *n*
~**vorgang** *m* [Prt] / printing process *n* · printing *n*

~**vorlage** *f* / (Manuskript:) printer's copy *n* · copy *n* · (reproreif:) camera-ready copy *n* · CRC *abbr* ‖ *s.a. Satzvorlage*
~**vorschau** *f* (Textverarbeitung) [EDP] / print preview *n*
~**vorstufe** *f* [ElPubl] / prepress *n* ‖ *s.a. elektronische Druckvorstufe*
~**vorstufenbetrieb** *m* [ElPubl] / prepress plant
~**vorstufenlieferant** *m* [ElPubl] / prepress provider *n*
~**werk** 1 (Offsetdruckmaschine) [Prt] / printing unit
~**werk** 2 *n* (Druckerzeugnis) [Bk] *s. Druckschrift*
~**zeichen** *n* (auf einem Schnelldrucker) [EDP; Prt] / printable character *n* · printer character *n*
~**zustand** *m* (eines antiquarischen Buches) [Cat] ⟨ISBD(A)⟩ / state *n*
~**zylinder** *m* [Prt] / impression cylinder *n*
DSH *abbr* [Ed] *s. Deutsche Sprachprüfung für den Hochschulzugang*
DSL-Verfahren *n* [Comm] / digital subscriber line process *n*
DTP-Belichter *m* [ElPubl] / direct-to plate imagesetter *n*
Dual|system *n* [EDP] / dual system *n*
~**zahl** *f* [EDP] / binary number *n*
Dublette *f* / duplicate *v/n*
Dubletten|bereinigung *f* (bei der Führung eines Verbundkatalogs) [Cat] / deduping *n*
~**probe** *f* [Acq] / holdings check *n* ‖ *s.a. Duplizitätskontrolle; Vorakzession 2*
~**tausch** *m* [Acq] / duplicate exchange *n*
~**tauschstelle** *f* (als selbständige Einrichtung) [Acq] / clearing house for duplicates *n*
DÜ-Block *m* [Comm] *s. Datenübertragungsblock*
Dublüre *f* [Bind] *s. Doublure*
DÜE *abbr* [Comm] *s. Datenfernübertragungseinrichtung*
~-**Information** *f* [Comm] ⟨DIN 44302⟩ / DCE provided information *n*
dummes Terminal *n* [EDP/VDU] / dumb terminal *n*
Dunkelkammer *f* [Repr] / darkroom *n*
Dünn|druckpapier *n* [Pp] / bible paper *n* · India paper *n*
~**schichtspeicher** *m* [EDP] / magnetic thin-film memory *n* · thin-film memory *n*
Duodez|band *m* / duodecimo (volume) *n*
~(-**Format**) *n(n)* [Bk] / duodecimo (volume) *n* · twelvemo *n*

Duo-Verfahren *n* (bei der Bestimmung der Bildanordnung auf einer Mikroform) [Repr] ⟨ISO 6196/2; DIN 19040/113E⟩ / duo positioning *n*

Duplexverfahren *n* (bei der Bestimmung der Bildanordnung auf einer Mikroform) [Repr] ⟨ISO 6196/2; DIN 19040/113E⟩ / duplex positioning *n* ‖ *s.a. Simplexverfahren*

Duplikat *n* / duplicate *n* · (Kopie:) copy *n*

~**film** *m* (Duplizierfilm) [Repr] ⟨DIN 19040/104E⟩ / duplicating film *n*

duplizieren *v* [EDP; Repr] / duplicate *v*

Duplizier|film [Repr] *s. Duplikatfilm*

~**gerät** *n* [Repr] / duplicator *n*

Duplizierung *f* [Stock] / duplication *n*

Duplizitätskontrolle *f* [InfSy] / duplicate checking *n* · duplication check *n* ‖ *s.a. Dublettenprobe*

Durchausheften *n* [Bind] / all along sewing *n*

Durchführbarkeitsstudie *f* [InfSc] / feasibility study *n*

Durchgang *m* [BdEq] / aisle *n* ‖ *s.a. Mittelgang*

durchgehende Seitenzählung *f* [Bk] *s. durchlaufende Seitenzählung*

durchgesehene Auflage *f* [Bk] / revised edition *n*

Durchlauf-Aufnahmetechnik *f* [Repr] ⟨ISO 6196/2; DIN 19040/113E⟩ / rotary filming *n*

durchlaufende Seitenzählung *f* [Bk] / continuous pagination *n* · consecutive pagination *n*

~ **Zählung** *f* [Bk] *s. durchlaufende Seitenzählung*

Durchlauf|gerät *n* [Repr] / continuous apparatus *n*

~**kamera** *f* [Repr] / rotary camera *n* · continuous-flow camera *n* · flow camera *n*

~**verfilmung** *f* [Repr] *s. Durchlauf-Aufnahmetechnik*

~**zeit** *f* [EDP; OrgM] ⟨DIN 44300/7⟩ / turnaround time *n*

Durchlicht|kopie *f* / translucent print *n*

~**kopierverfahren** *n* [Repr] / transmission copying *n*

~**lesegerät** *n* [Repr] / back projection reader *n* · rear projection reader *n*

~**vorlage** *f* [ElPubl] / transparent scan *n* · transparent original *n*

Durch|messer *m* [NBM] / diameter *n*

durchpausen *v* [NBM] / trace *v*

Durch|reibung *f* [Bind] *s. Abreibung*

~**satz** *m* [EDP; OrgM] ⟨DIN 44300/9⟩ / throughput *n* ‖ *s.a. Datendurchsatz*

~**schalten** *n* [Comm] ⟨DIN 44331V⟩ / through switching *n*

Durchschalte|netz *n* [Comm] / circuit-switched network *n*

~**technik** *f* [Comm] / circuit switching *n* · line switching *n*

durchschießen 1 *v* [Bind] / interleave *v* ‖ *s.a. durchschossenes Exemplar*

durchschießen 2 *v* [Prt] / space out *v* ‖ *s.a. Durchschuss*

Durchschlag *m* [Off] / carbon *n* · carbon copy *n* · cc. *abbr*

~**papier** *n* [Off] ⟨DIN 6730⟩ / copy paper *n* ‖ *s.a. selbstdurchschreibendes Papier*

Durchschnitts|leistung *f* [OrgM] / average achievement *n*

~**preis** *m* [Bk; Acq] / average price *n*

durchschossenes Exemplar *n* [Bk] / interleaved copy *n*

Durch|schreibpapier *n* [Off] ⟨DIN 6730⟩ / (selbst durchschreibend:) NCR paper *n* · self-copying paper *n*

~**schrift** *f* [Off] *s. Durchschlag*

~**schuss** *m* [Prt] / leading *n* · interlinear space *n* · interlinear blank *n*

durchsehen *v* [Bk; TS] / (auf dem Bildschirm vor dem Druck:) preview *v/n* · (sichten:) screen *v* · (einen Text ~:) review *n* · (revidieren:) revise *v* ‖ *s.a. durchgesehene Auflage*

Durchsicht *f* (eines Textes) [Bk] / review *n* (of a text) · revision *n*

~**vorlage** *f* [ElPubl] *s. Durchlichtvorlage*

durchstreichen *v* [Writ] / cross out *v* · strike out *v* · line through *v*

Durchwahl *f* [Comm] ⟨DIN 44133V⟩ / direct dialling *n* · in-dialling *n* · extension *n*

~**nummer** *f* [Comm] / extension number *n* (er hat die ~720: he is on extension number 720)

durchweg Goldschnitt *m* / all edges gilt *pl*

Durchzeichnung *f* (Pause) / tracing *n*

Düse *f* [Prt] / nozzle *n* ‖ *s.a. Tintenstrahldüse*

DV *abbr* [EDP] *s. Datenverarbeitung*
DVA *abbr* [EDP] *s. Datenverarbeitungsanlage*
DVD-Abspielgerät *n* [NBM] / DVD player *n*

dynamische (Adress-)Verschiebung *f* [EDP] / dynamic (program) relocation *n*
dynamischer (Schreib-/Lese-)Speicher *m* [EDP] ⟨DIN 44476/1⟩ / dynamic (read/write) memory *n*

E

E/A *abbr* [EDP] *s. Eingabe/Ausgabe*
ebarbierter Schnitt *m* [Bind] / shaved edge *n*
EBB *abbr s. elektronische Bildbearbeitung*
ebd. *abbr* [InfSc] *s. ebenda*
ebda. *abbr* [InfSc] *s. ebenda*
ebenda *adv* (ebda) [InfSc] / ibidem
Ebene *f* [Gen] / level *n* ‖ *s.a. ebenerdig sein; Magazinebene*
ebenerdig sein [BdEq] / to be at ground level
EBV *abbr* [ElPubl] *s. elektronische Bildverarbeitung*
ECC-Zeichen *n* [EDP] ⟨DIN 66010E⟩ / ECC character *n* ‖ *s.a. Fehlerkorrekturcode*
Echo|feld *n* [EDP/VDU] / echo area *n*
~körper *m* [EDP/VDU] / echo volume *n*
~typ *m* [EDP/VDU] / echo type *n*
echte Adresse *f* [EDP] / real address *n*
~ Bünde *pl* [Bind] / raised bands *pl*
echtes Büttenpapier *n* [Pp] ⟨DIN 6730⟩ / hand-made paper *n* · vat paper *n*
Echt|heitsbestätigung *f* [Arch] / authentication *n*
~zeiterkennung *f* [EDP] / real-time recognition *n*
~zeituhr *f* [EDP] / real-time clock *n* · RTC *abbr*
~zeitverarbeitung *f* [EDP] / realtime processing *n*
Eckbeschläge *pl* [Bind] / metal corners *pl* · shoes *pl*

Ecken(ab)schnitt *m* (abgeschrägte Ecke eines Microfiches) [Repr] ⟨DIN 19054; ISO 6196-4⟩ / corner cut *n*
~kerbe *f* (bei einem Film) [Repr] ⟨ISO 6196-4⟩ / edge notch *n*
eckige Klammer *f* [Writ; Prt] / square bracket *n*
Eck|kartusche *f* [Bk] / corner cartouche *n*
~stück *n* [Bind; Bk] / cornerpiece *n*
~versteifung *f* [Sh] / sway brace · sway bracing *n*
Ecrasé-Leder *n* [Bind] / écrasé leather *n*
edieren *v* [Bk] / edit *v*
editieren *v* [EDP] / edit *v*
Editier|modus *m* [EDP] / edit mode *n*
~routine *f* [EDP] / editing routine *n*
Editorial *n* [Bk] / editorial *n*
EDV *abbr* [EDP] *s. elektronische Datenverarbeitung*
~-Katalog *m* [Cat] / computerized catalogue *n* ‖ *s.a. Bildschirmkatalog*
~-Labor *n* [BdEq] / computer lab *n*
~-Personal *n* [Staff] / computer personnel *n*
effektiv *adj* [OrgM] / effective *adj*
Effektivität *f* [OrgM] / effectiveness *n* ‖ *s.a. Effizienz*
Effizienz *f* [OrgM] / efficiency *n* ‖ *s.a. Effektivität*
Egoutteur *m* [Pp] / dandy roll *n*
Egyptienne *f* [Prt] / egyptian *n*
Ehren|kodex *m* [Gen] / code of ethics *n*

~**titel** *m* [Cat] / honorific title *n* · (ehrende Bezeichnung, z.B.: Herr:) term of honour
Eierschalenglätte *f* [Pp] / eggshell finish *n*
eierschalenglattes Antikdruckpapier *n* [Pp] / eggshell antique *n*
Eigengewicht *n* (der Konstruktion) [BdEq] / dead load *n*
eigenhändige Notiz *f* [Arch] / autograph note *n* · manuscript note *n*
~ **Widmung** *f* [Bk] / autographed dedication *n* · autographed presentation *n*
eigenhändig geschriebener Text *m* [Writ; Arch] / autograph *n* · holograph *n*
~ **geschriebener und unterzeichneter Brief** *m* (E.U. Br.) / autograph letter signed (A.L.S.)
eigenhändig geschriebene und unterzeichnete Urkunde *f* (E.U.U.) [Arch] / autograph document signed *n*
Eigen|katalogisierung *f* (Katalogisierung ohne Übernahme fremder Katalogisate) [Cat] / original cataloguing *n*
~**mittel** *pl* [BgAcc] / own resources ‖ *s.a. Drittmittel*
~**name** *m* [Gen] / proper name *n*
~**referat** *n* [Ind] *s. Autoreferat*
Eigenschaft *f* (einer Sache, Substanz:) / property *n*
Eigen|schaften *pl* / (einer Person:) attributes *pl* · (eines Systems:) features *pl*
Eigentum *n* / property *n* · (Besitz:) ownership *n* ‖ *s.a. Besitz*
Eigentums|stempel *m* [TS] *s. Besitzstempel*
~**vermerk** *m* [Bk] / notation of ownership *n*
~**vermerke** *pl* [Bk] / ownership marks *pl*
Eignung *f* (eines Systems für seinen Gebrauch) [OrgM] / usability *n* (of a system) · (Angemessenheit:) suitability *n* · (eines Indikators usw.:) appropriateness *n*
Eignungstest *m* [Staff] / aptitude test *n*
Eil-Bearbeitung *f* [TS] / rush processing procedures *pl*
~**-Bestellung** *f* [Acq] / urgent action request *n* · urgent order *n Bk* · rush order *n*
~**-Geschäftsgang** *m* [TS] / rush processing procedures *pl*
~**post** *f* [Comm] / express mail *n*
Ein|akter *m* (Theaterstück in einem Akt) [Art] / one-act play *n*
Einarbeitung *f* (eines neuen Mitarbeiters) [Staff] / induction training *n*
Ein-/Ausgabe|einheit *f* [EDP] / input/output device *n*

~**prozessor** *m* [EDP] / input/output processor *n* · I/O processor *n*
~**werk** *n* [EDP] *s. Ein-/Ausgabeprozessor*
Ein-/Aus-Schalter *m* [BdEq] / on/off switch *n* · power button *n*
Einband *m* [Bind] ⟨DIN 31639/; DIN 1429⟩ / (allgemein:) cover *n* · (im engeren Sinne des Wortes:) binding *n* ‖ *s.a. Einbanddecke; flexibler Einband; Folieneinband; Handeinband; künstlerischer Einband; Maschineneinband; schöner Einband*
~**anforderungen** *pl* [Bind] *s. Einbandanweisungen*
~**anweisungen** *pl* [Bind] / binding specifications *pl*
~**art** *f* [Bind] / kind of binding *n* · type of binding *n* ‖ *s.a. Bindeart*
~**decke** *f* [Bind] / case *n* ‖ *s.a. Deckenband; Deckenmachen*
~**entwurf** *m* [Bind] *s. Einbandgestaltung*
~ **der Zeit** *m* [Bind] / contemporary binding *n*
~**fälschung** *f* [Bind] / counterfeit binding *n* ‖ *s.a. Fälschung*
~**fehler** [Bind] / binding error *n*
~**gestaltung** *f* [Bind] / cover design *n* · binding design *n* ‖ *s.a. Einbandschmuck; Umschlaggestaltung*
~**gewebe** *n* [Bind] / binding cloth *n* · binding fabric *n* ‖ *s.a. Buchbinderleinen; Gewebeband*
einbändige Monographie *f* [Bk] / single-volume monograph
Einband im Fächerstil *m* [Bind] / fan binding *n*
~ **im Kathedralstil** *m* [Bind] / cathedral binding *n*
~ **in Baummarmor** *m* [Bind] / tree(-marbled) calf *n*
~**kunst** *f* / binding art *n* · bibliopegy *n*
~ **lose** *m* (Anmerkung zu einem antiquarisch angebotenen Buch) [Bk] / shaken *pp* ‖ *s.a. lose im Einband*
~ **mit geradem Rücken** [Bind] / flat back binding *n*
~ **mit Repetitionsmuster** *m* [Bind] / repetition binding *n* · all-over pattern binding *n*
~**schmuck** *m* [Bind] / binding decoration *n* · cover decoration *n* ‖ *s.a. Einbandzeichnung*
~**stelle** *f* [OrgM] / bindery preparation division *n* · binding unit *n* (for preparing binding operations)

Einbandstoffe 68

~stoffe *pl* [Bind] / (Materialien:) cover materials *pl* · (Gewebe:) binding fabrics *pl*
~titel *m* [Bind] / binding title *n*
~verzierung *f* [Bind] *s. Einbandschmuck*
~zeichnung *f* [Bind] / binding design *n* ‖ *s.a. Einbandschmuck*
Einbauschrank *m* [BdEq] / built-in cabinet *n*
Einbauten *pl* [BdEq] / built-ins *pl* · built-in equipment *n*
einberufen *v* (eine Tagung ~) [OrgM] / convene *v*
einbetten *v* [Pres] / (laminieren:) laminate *v* · sandwich *v* · (einkapseln:) encapsulate *v*
Einbettung *f* [Pres] / encapsulation *n* · (von Hand und mit einem Lösungsmittel:) hand lamination *n* · solvent lamination *n* · (mit Seidengaze:) silking *n*
Einbinden *n* [Bind] / binding *n* · (einbinden:) bind *v* ‖ *s.a. binden*
Einblatt|druck *m* [Bk] ⟨RAK-AD⟩ / single sheet *n* (Einblattdrucke: single sheet material) · broadside *n* · broadsheet *n*
~karton *m* [Bk] *s. Karton 1*
Eindämmung *f* (von Schadensursachen) [Pres] / abatement *n*
eindimensionale Klassifikation *f* [Class] / monodimensional classification *n*
einfache Abfrage *f* [Retr] / simple query *n*
einfache Beziehung *f* (Zeichen : Doppelpunkt) [Class/UDC] / simple relation *n*
einfacher Dienst *m* [Staff] / (lowest level in the German civil service:) lower (level) service *n*
einfacher Index-Terminus *m* [Ind] / simple (index) term *n*
einfache Schreibdichte *f* [EDP] / single density *n*
Einfach-Klasse *f* [Class] / elemental class *n*
Einfachschlüssel *m* [PuC] / simple code *n*
einfädeln *v* (einen Film ~) [MBM] / thread *v* (a film) ‖ *s.a. Filmeinfädelung*
Einfarben|druck *m* [Prt] / single-colour printing *n*
~-Offsetmaschine *f* [Prt] / single-colour offset press ‖ *s.a. Vierfarben-Rollenoffsetmaschine*
einfarbiger Bildschirm *m* [EDP/VDU] / monochromatic monitor *n*
Einfassen *n* [Bind] *s. Rändeln*
Einfassung *f* [Bk] / frame *n* · border *n*
Einfeldschlüssel *m* [PuC] / simple code *n*
Einfügemodus *m* [EDP] / insert mode *n*

einfügen *v* [EDP] / (Textverarbeitung:) paste *v* · (zufügen:) add *v* · insert *v* ‖ *s.a. ausschneiden; geklammerte Einfügung*
Einfügezeichen (Korekturzeichen) [Prt] / insertion character *n* · insertion mark *n* (^)
Einführung in die Bibliotheksbenutzung *f* [RS] / introduction into library use *n*
Einführungs|angebot *n* [Bk] / introductory offer *n*
~kurs *m* [Ed] / introductory course *n*
~lehrgang *m* [Ed] / induction course *n*
Eingabe *f* [EDP] / input *v/n* ‖ *s.a. Dateneingabe; manuelle Eingabe; Paralleleingabe; serielle Eingabe*
~aufforderung *f* [EDP] / prompt *n*
~/Ausgabe *f* (E/A) [EDP] / input/output *n*
~daten *pl* [EDP] / input data *pl*
~einheit *f* [EDP] ⟨DIN 44300/5⟩ / input unit *n*
~feld *n* [EDP/VDU] / entry field *n*
~gerät *n* [EDP] ⟨DIN 44300/5⟩ / inputting device *n* · input device *n*
~geschwindigkeit *f* [EDP] ⟨DIN 66201⟩ / input rate *n*
~kennsatz *m* [EDP] / input label *n*
~modus *m* [EDP] / input mode *n*
~puffer *m* [EDP] / read buffer *n* · input buffer *n*
~routine *f* [EDP] / input routine *n*
~warteschlange *f* [EDP] / input queue *n*
~zeit *f* / input time interval *n*
Eingangs|datum *n* [Acq] / date of receipt *n*
~dialog *m* [Comm] / login procedure *n* · logon procedure *n*
~halle *f* [BdEq] / entrance hall *n* · entrance lobby *n* · lounge *n* ‖ *s.a. Vestibül*
~kanal *m* [Comm] ⟨DIN 66200/1⟩ / input channel *n*
~kontrolle *f* [OrgM] / entrance control *n*
eingebaute Funktion *f* [EDP] / built-in function *n*
eingeben *v* [EDP] / input *v/n* · read-in *v* · (über Tastatur:) keyboard *v* ‖ *s.a. Eingabe; eintasten; eintippen*
eingehen *v* (das Erscheinen einstellen) [Bk] / cease publication *v*
eingeklebt *pp* (eine Tafel usw. ist ~) [Bind] / tipped in *pp*
eingelegtes Blatt *n* [Bk; NBM] / laid-in *n*
eingerissen *pp* [Bk] / torn *pp*
eingesägte Bünde *pl* [Bind] / sunken cords *pl* · recessed bands *pl* (Heften auf eingesägte Bünde: recessed-cord sewing) · sunk bands *pl* · sawn-in cords *pl*

eingesägter Rücken *m* [Bind] / sawn-in back *n*
eingeschaltetes Blatt *n* [Bk] / tip-in *n* · inserted leaf *n* · intercalated leaf *n* ‖ *s.a. eingeschossene Leerseiten*
eingeschossene Leerseiten *pl* [Bk] / interleaves *pl* · interleaved pages *pl* ‖ *s.a. durchschossenes Exemplar*
eingeschossig *adj* [BdEq] / single-storeyed *pp* · one-storey(ed) *pp* ‖ *s.a. Magazin mit eingeschossiger (selbsttragender) Regalanlage*
eingeschränkter Zugang *m* [Arch; RS] / restricted access *n* ‖ *s.a. Benutzungsbeschränkung*
eingeschriebener Benutzer *m* [RS] / registered borrower *n* · library member *n* · registered user *n*
eingeschweißt *pp* [Bind] / shrink-wrapped *pp* · shrink-packed *pp*
eingetragener Benutzer *m* [RS] *s. eingeschriebener Benutzer*
eingleisiges Bibliothekssystem *n* (an einer Universität; es bestehen keine selbständigen Institutsbibliotheken) [Lib] / one-track library system *n* · one-tier library system *n*
Eingruppierung *f* [Staff] *s. Vergütungsgruppe*
Einhängemaschine *f* [Bind] / casing-in machine *n*
einhängen *v* [Bind] / case (in) *v*
Einheit *f* / item *n* · (thing with distinct existence:) entity *n*
Einheits|aufnahme *f* [Cat] / unit record *n* · unit entry *n*
 ~**gebühr** *f* [BgAcc] / flat rate *n* · flat fee *n*
 ~**karte** *f* [Cat] *s. Einheitszettel*
 ~**sachtitel** *m* [Cat] ⟨DIN 31631/2; RAK⟩ / standard title *n* · filing title *n* · conventional title *n* · uniform title *n*
 ~**tarif** *m* (Pauschaltarif) [BgAcc] / flat rate *n*
 ~**zettel** *m* [Cat] / unit entry · unit card *n* · unit record *n*
einkapseln *v* [Pres] / encapsulate *v* ‖ *s.a. laminieren*
Einkapselung *f* [Pres] / encapsulation *n*
Einkaufs|berater *m* [Bk] / buying guide *n*
 ~**führer** *m* [Bk] / buying guide *n*
 ~**korb** *m* [Internet] / shopping basket *n*
 ~**wagen** *m* [Internet] / shopping cart *n*
Einkernkassette *f* [NBM; Repr] ⟨A 2654⟩ / cartridge *n*

einklammern *v* [Writ; Prt] / bracket *v* ‖ *s.a. geklammerte Einfügung*
einkleben *v* (Tafeln usw. ~) [Bind] / tip in *v* · hook *v* · paste in(to) *v*
Einkommen *n* [BgAcc] / income *n* ‖ *s.a. Bruttoeinkommen*
Einkommensklasse *f* [Staff] / income bracket *n*
Einkünfte *pl* [BgAcc] / revenues *pl* · income *n*
Einlage *f* (eingelegtes Blatt usw.) [Bk; NBM] / laid-in *n* ‖ *s.a. Beilage 2*
einlagern *v* [Stock] / deposit *n/v* · store *v*
Einlaufsdatum *n* [Acq] *s. Eingangsdatum*
Einlege|arbeit *f* [Bind] / (Vorgang:) inlaying *n* · (Ergebnis:) inlay *n* ‖ *s.a. Intarsieneinband*
 ~**boden** *m* [Sh] / shelf *n*
einlegen *v* / (Katalogkarten usw. ~:) file *f* · (Mikrofilme usw.:) thread *v*
Einleitung *f* [Bk] ⟨DIN 31639/2⟩ / introduction *n*
Einleitungsmodus *m* [Retr] / initial mode
einlesen *v* [EDP] / read-in *v* ‖ *s.a. Eingabe; eingeben*
Einliniensystem *n* [OrgM] / single-line system *n* · straight-line organization *n*
Einloggen *n* [Comm] / logging in *n*
Einlogprozedur *f* [Comm] *s. Eingangsdialog*
einmalige Kosten *pl* [BgAcc] / non-recurrent costs *pl*
 ~ **Zuwendung** *f* [BgAcc] / one-off allocation *n*
Ein-Mann-Betrieb *m* [OrgM] / one-person business *n*
einordnen / (Karten usw.:) file *v*
einordnen *v* / (Bücher ~/einstellen:) shelve ‖ *s.a. umordnen; zurückstellen*
Einordnungs|formel *f* (für ein zitiertes Dokument) [Ind] ⟨DIN 1505/3⟩ / parenthetical reference styling *n*
 ~**rückstände** *pl* [Cat] / filing backlogs *pl*
 ~**stelle** *f* (in einem Katalog) [Cat] / access point *n* ‖ *s.a. Eintragungsstelle*
Einpressen *n* [Bind] / nipping *n*
Einreisevisum *n* [Adm] / entry visa *n*
einrichten *v* (errichten) [OrgM] / establish
Einrichtung *f* [BdEq] / setup *n* · (Installation:) setting up *n* · (Institution:) establishment *n* · facility *n* ‖ *s.a. Informationseinrichtung*
Einrichtungskosten *pl* [BgAcc] / setup costs *pl*
Einriss *m* [Bk] / small tear *n*
einrücken *v* (einziehen) [Prt] / indent *v*

Einrückung *f* (Einzug) [Prt] / indent(ion) *n(n)* ‖ *s.a. Einzug*
Einschaltblatt *n* [Bk] *s. eingeschaltetes Blatt*
einschalten *v* [Bind; BdEq] / (ein Blatt einkleben:) tip in *v* · (Stromzufuhr ~:) switch on *v* ‖ *s.a. anschalten; Ein-/Aus-Schalter*
Einschaltung *f* (Herstellung der Verbindung zu einem entfernten Rechner) [EDP; Comm] / logging in *n* · logging on *n* · login *n* · logon *n*
einschätzen *v* [Gen] / assess *v* · appraise
einschichtiges Bibliothekssystem *n* [Lib] *s. eingleisiges Bibliothekssystem*
Einschlag *m* [Bind] / turn-in *n*
einschnüren *v* [Bind] / tie up *v*
Einschreibebrief *m* [Comm] / registered letter *n*
Einschreibgebühr *f* (für einen eingeschriebenen Brief) [Comm] / registration fee *n* · registry fee *n* US
Einschreibung *f* (für ein Studium) [Ed] *s. Immatrikulation*
Einschuböffnung *f* (einer Mikrofilmtasche) [Repr] ⟨DIN 19040/113E; ISO 6196-4⟩ / slot *n* Brit · insertion opening *n* US
Einschweißen *n* [Bind] / shrink wrapping *n* · (einschweißen:) encapsulate *v*
einseitig bedruckt *pp* [Prt] / unbacked *pp*
einseitige Datenübermittlung *f* [Comm] ⟨DIN 44 302⟩ / one-way communication *n*
~ **Regaleinheit** *f* [Sh] / single-sided case *n*
einseitiges Regal [Sh] *s. einseitige Regaleinheit*
einsetzen *v* (Mitarbeiter ~) [Staff] / deploy *v*
einspaltig *adj* [Bk] / single-columned *pp*
Einsparung *f* [BBgAcc] / saving *n* ‖ *s.a. Mittelkürzung; Raumeinsparung; Sparkampagne; Sparmaßnahmen; Stromeinsparung*
Einspielung *f* (eines Musikwerks) [Mus] *s. Aufzeichnung*
einsprachiger Thesaurus *m* [Ind] / monolingual thesaurus *n*
einstampfen *v* [Pp] / pulp *v* · repulp *v* ‖ *s.a. makulieren*
Einsteckbogen *m* [Bind] / inset *n*
einstellen 1 *v* [Staff] / employ *v* · engage *v* · hire *v* US ‖ *s.a. Einstellungsdatum; Einstellungsstopp*
einstellen 2 *v* (Bücher ~) [Sh] *s. einordnen*
einstellen 3 *v* (das Erscheinen einstellen) [Bk] / discontinue *v* · cease publication *v* · (vorübergehend ~:) suspend publication *v*

Einstellung / attitude *n*
Einstellungs|änderung *f* [InfSc] / attitude change *n*
~**datum** *n* [Staff] / date of employment *n* · starting date
~**gespräch** *n* [Staff] / interview *n* (for a job)
~**messung** *f* [InfSc] / attitude measurement *n*
~**skala** *f* [InfSc] / attitude scale *n*
~**stopp** *m* [Staff] / hiring freeze *n*
~**wandel** *m* [InfSc] *s. Einstellungsänderung*
Einstiegspunkt *m* [Cat; Retr] / access point *n*
einstöckig *adj* [BdEq] *s. eingeschossig*
einstufige Titelaufnahme *f* (bei fortlaufenden Sammelwerken) [Cat] ⟨ISBD(S)⟩ / one-level description *n* ‖ *s.a. Stufenaufnahme*
eintaschen *v* (Mikrofilmstreifen ~) [Repr] ⟨DIN 19040/113E⟩ / jacket *v* · insert *v* (microfilm strips into a jacket)
Eintaschgerät *n* (zum Einführen von Filmstreifen in Jackets) [Repr] / jacket filler *n* · inserter *n*
Eintastbereich *m* [EDP] / key entry area *n*
eintasten *v* [EDP] / keyboard *v*
eintippen *v* [EDP] / key *v* (sth.in)
Eintrag *m* [Ind; Cat] *s. Eintragung*
eintragen *v* / enter *v* ‖ *s.a. aufnehmen 1; eingetragener Benutzer*
Eintragung *f* [Ind; Cat] ⟨DIN 3163/3; RAK1⟩ / entry *n* (eine Eintragung für ein Werk machen: to enter a work) ‖ *s.a. Doppeleintragung; Haupteintragung; Mehrfacheintragung; Nebeneintragung; Sammeleintragung*
Eintragungsstelle *f* [Cat] / entry point *n* ‖ *s.a. Einordnungsstelle*
Eintrittsgebühr *f* [BgAcc] / entrance charge *n* · admission charge *n* · admission fee *n*
eintrittsinvariantes Programm *n* [EDP] ⟨DIN 44300/4E⟩ / reentrant program *n*
Einverfasserschaft *f* [Cat] / single personal authorship *n*
Einverständnis *n* [Gen] / approval *n*
einwählen *v* [Comm] / dial up/in *v*
Einwahl|knoten [Comm] / dial node *n*
~**programm** *n* [Internet] / dialer *n*
Einzahlungsbeleg *m* [BgAcc] / deposit slip *n* US · counterfoil *n*
~**schein** *m* [BgAcc] / credit slip *n*
einzeilig *adj* [Prt] / single-spaced *pp*

Einzel|arbeitsplatz *m* (mit Sichtabschirmung) [BdEq] / study carrel *n* (open carrel)
~**autor** *m* [Bk] / individual author *n*
~**bild** *n* (einer Videoaufzeichnung) [NBM] / frame *n*
~**blatt** *n* [Bk] / single sheet *n*
~**blattbehandlung** *f* [Pres] / single-sheet treatment *n*
~**blatteinzug** *m* [Repr] / sheet feeder *n* · single-sheet feed *n* ‖ *s.a. Papiereinzug*
~**buchstaben-Setz- und -Gießmaschine** *f* [Prt] / monotype *n*
~**exemplar** *n* [Bk] / single copy *n*
~**fallstudie** *f* [InfSc] / case study *n*
~**handelspreis** *m* [Acq] / retail price *n* ‖ *s.a. Ladenpreis*
~**heft** *n* [Bk] / single issue *n*
~**kabine** *f* [BdEq] / single booth *n*
~**möbel** *pl* [BdEq] / individual items of furniture *pl*
einzeln im Raum stehendes Bücherregal *n* [Sh] / island (book)case *n* ‖ *s.a. frei stehende Regale*
Einzel|plattenkassette *f* (für magnetische Datenspeicherung) ⟨DIN 66207⟩ / single-disk cartridge (for magnetic data storage)
~**platzsystem** *n* [EDP] / single user system *n*
~**preis** *m* [Acq] / price for a single issue *n* · price for a single part *n*
~**regal** *n* [Sh] / single-sided case *n* ‖ *s.a. einseitige Regaleinheit; einzeln im Raum stehendes Bücherregal*
~**schrittmodus** *m* [EDP] / single step mode *n*
~**verfasser** *m* [Bk] / individual author *n*
~**werk** *n* [Cat] / individual work *n*
einziehen *v* (die 1. Zeile eines Absatzes einrücken) [Prt] / indent *v*
einziges Exemplar *n* [Bk] / unique copy *n*
Einzug *m* [Prt] / indent(ion) *n(n)* · indentation *n* (ohne Einzug gesetzt:set flush) ‖ *s.a. Absatzeinzug*
~**scanner** *m* [EDP] / sheet feed scanner *n*
Einzugsgebiet *n* [Gen] / catchment area *n*
Eisengallustinte *f* [Writ] / iron gall ink *n*
Eiweiß *n* [Bind] / white of egg *n* · albumen *n* · egg white *n*
Elefanten|haut *f* [Bind] / elephant hide *n*
~**rüssel** *m* (bei einem Buchstaben) [Prt] / curved terminal stroke *n* (of a letter)
Elektro|fotografie *f* [Repr] ⟨DIN 19040/113E⟩ / electrophotography *n*

~**kopierverfahren** *n* [Repr] *s. Elektrofotografie*
elektronische Bildverarbeitung *f* [ElPubl] / electronic image processing *n* · electronic imaging *n*
~ **Datenverarbeitung** *f* [EDP] / electronic data processing *n* · EDP *abbr*
~ **Druckvorstufe** *f* [ElPubl] / electronic prepress *n*
~ **Post** *f* [Comm] / electronic mail *n*
~ **Satzanlage** *f* [ElPubl] / electronic typesetting system *n*
elektronisches Buch *n* [ElPubl] / ebook *n*
elektronisches Publizieren *n* [EDP] / electronic publishing *n*
elektronisches Titelblatt *n* / TEI header *n*
elektronische Unterschrift *f* [Comm] / electronic signature *n* · digital signature *n*
~ **Veröffentlichung** *f* / electronic publication *n*
elektrostatische Kopie *f* [Repr] / electrostatic copy *n*
elektrostatischer Drucker *m* [Prt] / electrostatic printer *n*
Element *n* (als Teil einer Zone der bibliographischen Beschreibung) [Cat] ⟨ISBD(M; S; PM)⟩ / element *n*
Elfenbein|deckel *m* [Bind] / ivory side *n*
~**papier** *n* [Pp] / ivory paper *n*
Elfplattenstapel *m* (für magnetische Datenspeicherung) [EDP] ⟨DIN 66206⟩ / eleven-disk pack *n* (for magnetic data storage)
Elision *f* [Lin] / elision *n*
Emaileinband *m* [Bind] / enamelled binding *n*
emaillierter Einband *m* [Bind] / enamelled binding *n*
Emblem-Buch *n* [Bk] / emblem book *n*
Empfang *m* [Acq] / receipt *n*
Empfänger *m* [Comm] / receiver *n*
Empfangs|aufruf *m* [Comm] ⟨DIN 44302⟩ / selecting *n*
empfangsbereit *adj* [Comm] / receive ready *adj* ‖ *s.a. nicht empfangsbereit*
Empfangs|bestätigung *f* [Comm; Acq] / (allgemein:) receipt confirmation · (Datenempfang:) acknowledgment · (Quittung:) receipt *n* ‖ *s.a. negative Empfangsbestätigung*
~**betrieb** *m* [Comm] ⟨DIN 44302⟩ / receive mode *n*
~**gerät** *n* [Comm] *s. Empfänger*
~**halle** *f* [BdEq] / reception hall *n*

Empfangsstation

~**station** f [Comm] ⟨DIN 44302⟩ / slave station n
Empfindlichkeit 1 f (fotografische ~ im allgemeinen) [Repr] ⟨DIN 19040/4⟩ / sensitivity n · speed n ‖ s.a. lichtempfindlich; strahlungsempfindlicher Film
~ 2 f (Maßeinheit für die fotografische ~) [Repr] / exposure index n
Empore f [BdEq] / gallery n
Empty-Slot-Verfahren n [EDP] / empty slot scheme n
Emulation f [EDP] / emulation n
Emulator m [EDP] ⟨DIN 44300/4⟩ / emulator n
emulieren v [EDP] ⟨DIN 44300/4E⟩ / emulate v
Emulsion f [Repr] ⟨DIN 19040/104E⟩ / emulsion n
Emulsionsschicht f [Repr] ⟨DIN 19040/4+104E⟩ / emulsion layer n
Encyclica f [Bk] / encyclic n
End|abnehmerpreis m [Acq] / consumer price n ‖ s.a. Ladenpreis
~**benutzer** m [RS] / end user
~**bericht** m [Bk] / final report n
~**buchstütze** f [Sh] / end support n
Ende des Textes n [Comm] ⟨DIN 66303⟩ / end of text n · ETX abbr
~**marke** f [EDP] / end mark n · end marker n
End|format n [Pp] ⟨DIN 6730⟩ / trimmed size n
~**gerät** n [EDP; Comm] ⟨DIN 9762⟩ / data terminal n ‖ s.a. abgesetztes Endgerät; Datenendgerät; entferntes Endgerät; Terminal
endgültige Ausgabe f [Bk] / definitive edition n
Endlos|bandkassette f [NBM] s. Endloskassette
~**film-Kassette** f (für einen Kinefilm) [NBM] ⟨ISBD(NBM) A 2653⟩ / cinecartridge n
~**formular** n [EDP] / continuous form n
~**kassette** f [NBM; Repr] ⟨DIN 19040/104E; DIN 45510⟩ / cartridge n
~**mikrofilm-Kassette** f [NBM; Repr] ⟨ISBD(NBM)⟩ / microcartridge n
~**papier** n [Pp] / continuous stationery n · continuous paper n ‖ s.a. Leporellopapier
~**papiereinzug** [Repr] / continuous feed n
~**schleife** f [EDP] / infinite loop n

~**tonband-Kassette** f [NBM] / audio-cartridge n · audiotape cartridge n · cartridge audiotape n · sound cartridge n · audio-cartridge n
~-**Videokassette** f [NBM] ⟨ISBD(NBM)⟩ / videocartridge n · cartridge videotape n
~**vordruck** m [EDP] s. Endlosformular
End|maskierung f [Retr] / right truncation n
~**note** f [Ed] / final assessment n · final mark n · final grade n US
~**prüfung** f (eines Produkts usw.) [BdEq] / final inspection n
~**system** n [Comm] / end system n
Endsystem|adresse f [Comm] / network address n
~**verbindung** f [Comm] / network connection n
~**verbraucherpreis** m [Bk] / consumer price n ‖ s.a. Ladenpreis
energieabhängiger Speicher m [EDP] / volatile memory n
energiesparender Rechner m [EDP] / green computer n
Engagement n (Einsatzbereitschaft) [Staff] / involvement n · commitment n
enges Schlagwort n [Cat; Ind] / specific heading n ‖ s.a. Schlagwortkatalog
englische Broschur f [Bind] / stiff cardboard cover n · (Kurzbezeichnung:) drawn-on covers n
Engpass m [OrgM] / bottleneck n
entfärbt pp [Bk] / discoloured pp
entferntes Endgerät n [EDP] / remote terminal n
Entfeuchter m [Pres] / de-humidifier n ‖ s.a. Befeuchter
Entfeuchtung f [BdEq; Pres] / dehumidification n ‖ s.a. Feuchtigkeit
Entfeuchtungsmittel n [Pres] / desiccant n
entfremdetes Dokument n (Dokument, nicht im Besitz seines rechtmäßigen Eigentümers) [Arch] / estray n US
Entgelt n [BgAcc] / charge n (zusätzliches Entgelt: surcharge/von jmd. ein ~ fordern: to charge sb.ein Entgelt fordern:to demand a price /a fee) ‖ s.a. Leistungsentgelt; unentgeltlich
enthaltenes Dokument n [Cat] ⟨DIN 163131631/2⟩ / item included in a collection
enthaltenes Werk n [Cat] ⟨RAK⟩ s. enthaltenes Dokument
Entität f [KnM] / entity n
entkeimen v [Pres] / sterilize v

entkomprimieren *v* (Multimedia) [EDP] / decompress *v*
entlassen *v* [Staff] / dismiss *v*
Entlassung *f* [Staff] / dismissal *n*
entlasten *v* [RS] / discharge *n/v*
Entlastung 1 *f* (nach Rückgabe eines entliehenen Bandes) [RS] / discharging *n*
~ 2 *f* (in Bezug auf die Kassenführung) [BgAcc] / discharge *n/v* (~ erteilen: grant a discharge)
Entlastungsrechner *m* [EDP] *s. Vorrechner*
entlehnen *v* [RS] A *s. entleihen*
Entleihdatum *n* [RS] / date of borrowing *n*
entleihen *v* [RS] / check out *v* · borrow *v*
Entleiher *m* [RS] / borrower *n*
Entleiheranmeldung *f* / borrowers' registration *n* ‖ *s.a. Benutzeranmeldung*
Entleihung *f* [RS] / borrowing *n* ‖ *s.a. Fernentleihung; Leihfrist; Leihregister*
Entmagnetisierung (eines Magnetstreifens) *f* / desensitization *n*
entpacken *v* [EDP] / decompress *v* · unpack *v* · depacketize *v*
Entrasterung *f* (von Bildern) [ElPubl] / descreening *n*
entsäuern [Pp; Pres] / deacidificate *v*
Entsäuerung *f* [Pp; Pres] / deacidification *n* ‖ *s.a. Massenentsäuerung*
entschädigen *v* [Law] / indemnify *v*
Entscheider *m* [OrgM; KnM] / decision maker *n*
Entscheidungs|findung *f* [OrgM] / decision making *n*
~**hilfe** *f* [KnM] / decision aid *n* · decision support *n*
~**tabelle** *f* [OrgM] ⟨DIN 66241⟩ / decision table *n*
~**unterstützung** *f* [KnM] / decision support *n*
entschlüsseln *v* ⟨DIN 6763⟩ / decipher *v* · decode *v*
Entschlüsselung *f* [Writ] / decryption *n* · (Entzifferung:) decipherment
Entspannungslektüre *f* [Bk] / recreational reading *n* ‖ *s.a. Freizeitlektüre*
Entspiegelung *f* (beim Monitor) [EDP] / antiglare *n* · anti reflection *n*
entwerfen *v* [BdEq] / design *n/v* · (einen Text ~:) draft *v*
entwerten *v* [BgAcc] / depreciate *v*
Entwertung *f* [BgAcc] / depreciation *n*
entwesen *f* [Pres] / disinfest *v*
Entwesung *f* [Pres] / disinfestation *n*

entwickeln *v* [Repr] / develop *v* · (verarbeiten:) process *v* ‖ *s.a. Trockenentwicklung*
entwickelter Knoten *m* [KnM] / expanded node *n*
Entwickler *m* [Repr] ⟨ISO 6196/3⟩ / developer *n*
Entwicklungs|maschine *f* [Repr] / processor *n* · (automatisch:) continuous processor *n*
~**tank** *m* [Repr] / developing tank *n*
Entwurf 1 *m* (eines Dokuments) [NBM] ⟨DIN 31631/4⟩ / draft *n* ‖ *s.a. Normentwurf; Haushaltsentwurf; Rohentwurf*
~ 2 *m* (eines Bauwerks) [BdEq] / design *n/v* ‖ *s.a. Architektenentwurf*
Entwurfsvorlage *f* [OrgM] / (Vorschlag:) draft proposal *n* ‖ *s.a. Entwurf*
entziffern *v* [Writ] / decipher *v*
enumerative Klassifikation *f* [Class] / enumerative classification *n*
Enzyklopädie *f* [Bk] ⟨DIN 31631/4; DIN 31639/2: RAK-AD⟩ / encyclop(a)edia *n* · cyclop(a)edia *n*
Ephemera *pl* [Bk] ⟨ISO 5127-3⟩ / ephemera *pl*
ephemeres Material *n* [Stock] / fugitive material *n*
Epidiaprojektor *m* [NBM] / epidiascope *n*
Epidiaskop *n* [NBM] *s. Epidiaprojektor*
Epigraph *n* [Writ] / epigraph *n* ‖ *s.a. Inschrift*
Epigraphik *f* [NBM] / epigraphy *n*
Epilog *m* / epilogue *n*
Epiprojektor *m* [NBM] ⟨DIN 19090/1⟩ / opaque projector *n* · episcope *n*
Episkop *n* [NBM] *s. Epiprojektor*
Epistolar *n* [Bk] / epistolarium *n* · epistolary *n*
Epistolarium *n* [Bk] / epistolarium *n*
Epitheton *n* [Gen; Cat] / epithet *n*
Epitome *f* [Bk] / epitome *n* ‖ *s.a. Kurzfassung*
Eponym *n* [Lin] / eponym *n*
Epos *n* [Bk] / epic poem *n*
Erbauungsliteratur *f* [Bk] ⟨RAK-AD⟩ / devotional literature *n*
Erbe *n* [Gen] / heritage *n* ‖ *s.a. kulturelles Erbe*
ER-Darstellung *f* [KnM] / ER diagram *n* · entity/relationship diagram *n*
Erd|geschoss *n* [BdEq] / ground floor *n* · first floor *n* US

Erdglobus 74

~**globus** *m* [Cart] ⟨ISBD(CM)⟩ / terrestrial globe *n*
Ereignis *n* [InfSy] / ocurrence *n* · event *n*
~**karte** *f* [Cat] / activity card *n*
~**modus** *m* [EDP] / event mode *n*
Erfahrungs|austausch *m* [OrgM] / exchange of experience *n*
~**datenbank** *f* [KnM] / expertise pool *n*
~**gebiet** *n* [KnM] / domain of expertise *n*
erfassen *v* (Daten ~) [EDP] / capture *v* · (mit der Tastatur:) keyboard *v* (die Erfassung: the capture) ‖ *s.a. Datenerfassung; eingeben*
Erfassung *f* (von Daten) [EDP] *s. erfassen*
Erfolgsquote *f* [InfSc] / success rate *n* ‖ *s.a. Misserfolgsquote*
Erfrischungsraum *m* [BdEq] / cafeteria *n*
ergänzende Angaben *pl* (in der bibliographischen Beschreibung) [Cat] / notes *pl*
Ergänzungs|band *m* [Bk] / supplement *n* · supplementary volume *n*
~**fach** *n* [Ed] / subsidiary subject *n*
~**lieferung** *f* (zu einem Loseblattwerk) [Bk] / service issue *n*
~**speicher** *m* [EDP] ⟨DIN 44300/6⟩ / auxiliary storage *n*
~**studium** *n* [Ed] / supplementary course *n*
~**tafel** *f* [Class/UDC] / auxiliary table *n*
~**zahl** *f* [Class/UDC] / auxiliary (number) *n* ‖ *s.a. allgemeine Ergänzungszahl; besondere Ergänzungszahl*
Ergebnis *n* [OrgM] / (einer Tätigkeit:) outcome *n* · output *n/v* · (einer Bemühung:) result ‖ *s.a. Lernergebnisse; Recherche-Ergebnis; Teilergebnis*
ergebnisorientierte Forschung *f* [InfSc] / purposeful research *n*
Ergebnis|orientierung *f* [OrgM] / results orientation *n*
Ergonomie *f* [OrgM] / ergonomics *sing or pl in constr*
erhabene Bünde *pl* [Bind] *s. echte Bünde*
erhalten *v* [Pres] / preserve *v* · conserve *v* ‖ *s.a. Bestandserhaltung*
Erhaltung *f* (von Bibliotheksgut) [Pres] / preservation *n* (of library material) ‖ *s.a. Bestandserhaltung*
Erhaltungszustand *m* [Bk] / state of preservation *n*

Erhebung *f* [InfSc] / (Erfassung einer Gesamtheit/Totalerhebung:) census *n* · (Umfrage:) survey *n* ‖ *s.a. briefliche Umfrage; Fragebogenuntersuchung; Gesamterhebung; Stichprobenerhebung; Teilerhebung; Umfragedaten; Vollerhebung*
Erhebungs|bogen *m* (bei einer schriftlichen Befragung) [InfSc] / log sheet *n*
~**daten** *pl* [InfSy] / census data *pl*
~**grundlage** *f* [InfSc] / frame *n* ‖ *s.a. Stichprobenbasis*
~**instrument** *n* [InfSc] / survey instrument *n*
~**rahmen** *m* [InfSc] *s. Erhebungsgrundlage*
Erhitzer *m* [Bind] / finishing stove *n* · tooling stove *n*
Erinnerung *f* (ein Buch zurückzubringen, dessen Leihfrist überschritten ist) [RS] / reminder *n* (to bring back an overdue book)
Erinnerungen *pl* [Bk] / memoirs *pl*
Erklärung *f* (Aussage) [Gen] / statement *n*
Erklärungsdialog *m* [KnM] / explanation dialogue *n*
Erläuterung *f* (zu einem Deskriptor) [Ind] ⟨DIN 1463/1E⟩ / scope note *n* · SN *abbr*
Erledigungsrate *f* [RS] / fill rate *n* ‖ *s.a. nicht erledigte Bestellung; Prozentsatz der positiv erledigten Bestellungen*
ermäßigte Preise *pl* (für bestimmte Benutzergruppen) / concessionary prices *pl*
Ermessen *n* [Gen] / discretion *n* (in sein Ermessen stellen: to leave it at his discretion)
ermitteln *v* (bibliographische Daten ~) / (überprüfen:) check *v* · (mit positivem Ergebnis:) identify · verify *v* · (feststellen:) ascertain *v* · (auffinden:) retrieve *v* ‖ *s.a. nicht ermittelt; recherchieren*
Ermittlung *f* (bibliographischer Daten) [Bib; Retr] / verification *n* (of bibliographic data) ‖ *s.a. bibliographische Ermittlung*
Ernennung *f* [OrgM] / appointment *n*
Erneuerung *f* (eines Gebäudes) / renovation *n* (of a building) ‖ *s.a. Umbau*
Eröffnungs|angebot *n* (bei einer Auktion) [Acq] / opening bid *n*
~**bildschirm** *m* [EDP; Cat] / opening screen *n* · title screen *n*
~**menü** *n* [EDP/VDU] / start menu *n*
~**prozedur** *f* [EDP] / open procedure *n* ‖ *s.a. Dateieröffnungsroutine*
Erreichbarkeit *f* (einer Bibliothek) [Lib] / accessibility *n* (of a library)
errichten *v* [OrgM] / establish

Ersatz *m* [Pres] / (Vorgang:) replacement ·
(das Ersetzende:) surrogate *n* · substitute *n*
· (Replik:) replica *f*
~**auftrag** *m* [Acq] / substitute order *n*
~**blatt** *n* [Bk] / cancel *n* · cancel(ling)
leaf *n*
~ **der Haupttitelseite** *m* [Bk] *s.*
Titelseitenersatz
~**exemplar** *n* [Acq] / replacement copy *n*
~**kanal** *m* [EDP] / standby channel *n*
~**verfilmung** *f* [Repr] ⟨DIN 19040/113E⟩
/ disposal microfilming *n* · replacement
microfilming *n* · substitution
microfilming *n*
~**zettel** *m* (als Vertreter für eine
entnommene Katalogkarte) [Cat] / removal
slip *n* ‖ *s.a. Vertreter*
erscheinen *v* [Bk] / appear *v* ·
(veröffentlicht werden:) to be published *v*
‖ *s.a. nicht bei uns erschienen; soeben
erschienen*
erscheint demnächst *v* [Bk] / about to be
published · to appear shortly *v* · to come
out soon ‖ *s.a. in Kürze erscheinend;
neue Ausgabe in Vorbereitung; noch nicht
erschienen; soeben erschienen*
erscheint in Kürze [Bk] *s. erscheint
demnächst*
Erscheinungs|datum / publication date *n* ·
(publishing date:) issue date *n*
~**jahr** *n* [Bk] / year of publication *n* · date
of publication *n* · (gemäß Impressum:)
imprint date *n* ‖ *s.a. abschließendes
Erscheinungsjahr; ohne Jahr*
~**land** *n* [Bk] / country of publication *n*
~**ort** *m* [Bk; Cat] ⟨TGL 20972/04⟩ / place
of publication *n*
~**termin** *m* [Bk] *s. Erscheinungsdatum*
~**vermerk** *m* [Cat] ⟨TGL 20972/04⟩ /
publication, distribution, etc. area *n* ·
imprint *n*
~**weise** *f* (einer Zeitschrift usw.) [Bk; Cat] /
frequency *n* (of a serial) ‖ *s.a. fortlaufende
Erscheinungsweise*
erschließen *v* [Ind] / index *v*
Erschließung *f* (von Dokumenten) [Ind] /
indexing *n* ‖ *s.a. Bestandserschließung;
Formalerschließung; inhaltliche
Erschließung; Zeitschriftenerschließung*
ersetzendes Referat *n* ⟨DIN 1426⟩ /
condensed version *n* (of a document)
Erstattung *f* (von Kosten) [BgAcc] *s.
Kostenerstattung*
erstattungsfähig *pl* [BgAcc] /
refundable *adj* · (nicht ~: non-refundable)

Erst|auflage *f* [Bk] / first edition *n* ‖ *s.a.
alles Erstausgaben*
~**ausgabe** *f* [Bk] / first edition *n*
~**besitzer** *m* [Bk] / first owner *n*
erstellen *v* (einen Plan ~) / prepare *v* · draw
up *v* (a plan)
erster Druck *f* / first impression *n* · first
printing *n*
Ersterfassungsdatum *n* [Cat] / original date
of entry *n*
erste Seite *f* [Bk] / (einer Zeitung:) front
page *n*
erstes Ordnungswort *n* [Cat] / entry
word *n*
Erst|farben *pl* [Prt] / primary colours *pl*
~**gebot** *n* [Acq] (auf einer Auktion) /
opening bid *n*
~**inhaber** *m* (einer Ton- oder
Bildtonaufnahme) [NBM; Law] / first
owner *n*
Erstklässler *m* (Schüler der 1.Klasse) [Ed] /
first-grader *n* US
Erstlingsroman *m* [Bk] / first novel *n*
Erstreckung *f* [Class/UDC] / extension *n* ‖
s.a. Erstreckungszeichen
Erstreckungszeichen *n* (Zeichen / bis)
[Class/UDC] / extension sign *n*
Erwachsenen|bibliothek *f* / adult library *n*
~**bildung** *n* [Ed] / adult education *n*
erweitern *v* [BdEq; EDP] / (ausdehnen:)
extend *v* · (aufrüsten:) upgrade *v* ·
(Umfang vergrößern:) expand *v* · enlarge *v*
· amplify *f* ‖ *s.a. Vergrößerung*
erweiterte Abfrage *f* [Internet] / advanced
query *n*
erweiterte Auflage *f* [Bk] *s. erweiterte
Ausgabe*
~ **Ausgabe** *f* [Bk] / enlarged edition *n* ·
augmented edition *n*
erweiterter Speicher *m* [EDP] / extended
memory *n* ‖ *s.a. Speichererweiterung*
erweitertes Adressfeld *n* [Comm] /
extended address field *n*
erweitertes Steuerfeld *n* ⟨DIN/ ISO 3309⟩ /
extended control field *n*
Erweiterung *f* (eines Dateinamens) [EDP] /
file name extension *n*
Erweiterungs|bau *m* [BdEq] / extension ·
addition *n* · expansion *n* ‖ *s.a. Anbau*
~**campus** *m* (einer Hochschule) [Ed] /
extension campus *n*
~**fähigkeit** 1 *f* [Gen; EDP] / extendibility *n*
· expandibility *n*
~**fähigkeit** 2 *f* (der Notation) [Class] /
hospitality *n*

Erweiterungskarte 76

~**karte** *f* [EDP] *s. Steckkarte*
~**platine** *f* [EDP] / add-on board *n* · expansion board
~**speicher** *m* [EDP] / extended memory *n*
~**steckkarte** *f* [EDP] / expansion board · expansion card *n*
Erwerb *m* [Acq] *s. Erwerbung*
erwerben *v* [Acq] / acquire *v*
Erwerbung *f* [OrgM; Acq] / acquisition *n* · (als organisatorische Einheit:) acquisition(s) department *n* ‖ *s.a. abgestimmte Erwerbung; Erwerbungsabteilung; kooperative Erwerbung; Zugang 1*
Erwerbungs|abteilung *f* [OrgM] / (Bestellabteilung:) order department *n* · (Akzession:) accession(s) department *n* · acquisition(s) department *n* ‖ *s.a. Zugangsstelle*
~**art** *f* [Acq] / type of acquisition *n*
~**bibliothekar** *m* [Staff] / acquisitions librarian *n*
~**etat** *m* [BgAcc] / acquisitions budget *n* · book budget *n* · book fund *n* ‖ *s.a. Etataufteilungsschlüssel*
~**mittel** *pl* [BgAcc] / acquisitions funds *pl* · book funds *pl*
~**politik** *f* [Acq] / acquisition(s) policy *n* · selection policy *n* · collecting policy *n*
~**profil** *n* [Acq] / acqusition profile *n*
~**referent** *m* [Staff] / acquisitions librarian *n*
~**richtlinien** *pl* [Acq] / acquisition(s) policy statement *n*
~**schwerpunkt** *m* [Acq] *s. Sammelschwerpunkt*
~**wunsch** *m* [Acq] / desideratum *n* ‖ *s.a. Anschaffungsvorschlag; Wunschzettel*
erzählende Literatur *f* [Bk] / fiction *n*
erzeugen *v* [EDP] / generate *v* (computererzeugte Bilder:computer-generated art)
Erzeugung *f* / generation *n*
Erziehung *f* [Ed] / education *n*
Erziehungsurlaub *m* [Staff] / child-raising leave *n* ‖ *s.a. Mutterschaftsurlaub*
Eselsohr *n* [Bk] / dog's ear *n* (ein Buch mit ~en: a dog-eared book; a dog's eared book)
eskapistische Literatur *f* [Bk] / escapist literature *n*
Espartopapier *n* [Pp] / esparto paper *n*
Etage *f* [BdEq] *s. Geschoss*
Etat *m* [BgAcc] / budget *n* ‖ *s.a. Erwerbungsetat; Haushalt; Lehrmitteletat; Sachetat*

~**aufteilungsschlüssel** *m* [BgAcc] / allocation formula *n*
~**überwachung** *f* [BgAcc] / budgetary control *n*
Etikett *n* [Gen] / label *n* ‖ *s.a. Rückenetikett*
Etiketten|drucker *m* [BdEq] / label printer *n*
~**papier** *n* [Pp] / label paper *n*
etikettieren *v* [Bind] / label *v*
Etikettiermaschine *f* [TS] / label(l)ing machine *n*
Etikettierung *f* [TS] / label(l)ing *n*
ETX *abbr* [Comm] *s. Ende des Textes*
Et-Zeichen *n* (&) [Writ; Prt] / ampersand *n* · short and *n*
E.U.Br. *abbr* [Arch] *s. eigenhändig geschriebener und unterzeichneter Brief*
Europäische Artikelnummer *f* [Acq] / European article number *n*
Europäischer Binnenmarkt *m* / Single European Market *n* · (Kurzform:) Single Market
E.U.U. *abbr* [Arch] *s. eigenhändig geschriebene und unterzeichnete Urkunde*
Evaluation *f* [InfSc] / evaluation *n*
evaluieren *v* [InfSc] / evaluate *v*
Evangeliar *n* [Bk] ⟨DIN 31631/4⟩ / evangelary *n* · gospel-book *n*
Evangelistar *n* [Bk] / evangelistary *n*
EVP *abbr* [Acq] *DDR s. Endverbraucherpreis*
ewiger Kalender *m* [InfSy] / perpetual calendar *n*
Ex. *abbr* [Bk] *s. Exemplar*
Examensarbeit *f* [Ed] ⟨DIN 31631/4⟩ / examination paper *n*
Exemplar *n* [Bk] / copy *n* ‖ *s.a. einziges Exemplar; Ersatzexemplar; schönes Exemplar; vorliegendes Exemplar*
~**nummer** *f* [Cat] / copy number *n*
Exilliteratur *f* [Bk] / exile literature *n*
Exkursion *f* ⟨Ed; Staff⟩ / excursion *n*
Exlibris *n* [Bk] ⟨DIN 31631/4⟩ / bookplate *n* · book label *n* · board label *n* ‖ *s.a. Donatoren-Exlibris*
Experimentierkasten *m* [NBM] ⟨ISBD(NBM)⟩ / laboratory kit *n*
Experte *m* [InfSc] / expert *n*
Experten|datenbank *f* [KnM] / expert database *n*
~**system** *n* [EDP] / expert system *n* · ES *abbr*
~**wissen** *n* [KnM] / expertise *n*
Expl. *abbr* [Bk] *s. Exemplar*
Explicit *n* [Bk] / explicit *n*

Exponat *n* [PR] / exhibit *n*
Exponent *m* (im Formelsatz) [Prt] / superior character *n* · superscript *n*
exponentielles Wachstum *n* [InfSc] / exponential growth *n* ∥ *s.a. Wachstumsrate*
Exposé *n* (eines Drehbuchs) [NBM] / treatment
externer Speicher *m* [EDP] / external storage *n*

externe Speicherung *f* [Stock] / remote storage *n* ∥ *s.a. Auslagerung*
Extraausgabe *f* (einer Zeitschrift) [Bk] / special issue *n* ∥ *s.a. Sondernummer*
extra-ausgestattetes Exemplar *n* [Bk] / grangerized copy
extrapolieren *v* [InfSc] / extrapolate *v*
Extremwerte *pl* [KnM] / outlier data *pl*

f *abbr* [Bk] / seq *abbr* (sequens) ‖ *s.a. ff*
Fabel *f* [Bk] ⟨RAK-AD⟩ / fable *n*
Facette *f* [Class] / facet *n*
Facetten|analyse *f* [Class] / facet analysis *n*
~formel *f* [Class] / facet formula *n* · citation formula *n* · combination formula *n*
~indikator *m* [Class] / facet indicator *n*
~klassifikation *f* [Class] / faceted classification *n*
~ordnung *f* [Class] / facet order *n* · citation order *n* · combination order *n*
facettierter Thesaurus *m* [Ind] / faceted thesaurus *n*
Fach 1 *n* (im Rahmen eines Klassifikationsystems) [Class] / main class *n*
~ 2 *n* (in einem Regal usw.) [BdEq] *s. Ablagefach*
~ 3 *n* (im Rahmen eines Studiengangs) [Ed] *s. Studienfach*
~ 4 *n* (gemauerte Abteilung einer Wand) [BdEq] / bay *n*
~abteilung *f* (Abteilungsgliederung gemäß einem Wissenschaftsfach) [OrgM] / subject department *n*
~aufsicht *f* [Adm] / supervision *n* (on all aspects of the relevant field)
~ausbildung *f* [Ed] / professional training *n*
~ausdruck *m* [Lin; Ind] / technical term *n* · special term *n*
~ausschuss *m* [OrgM] / expert committee *n*
~begriff *m* [Lin; Ind] *s. Fachausdruck*

~beirat *m* [OrgM] / advisory panel *n* (of experts) · expert advisory group *n*
Fachbereich (einer Hochschule) [Ed] / department *n* ‖ *s.a. Fakultät*
Fach(bereichs)bibliothek *f* (an einer Universität) [Lib] *s. Bereichsbibliothek*
~bezeichnung *f* [Lin; Ind] *s. Fachausdruck*
~bibliographie *f* [Bib] / subject bibliography *n*
~bibliothek *f* [Lib] / special library *n* ‖ *s.a.* zentrale Fachbibliothek
~bibliothekar *m* / specialized librarian *n*
~boden *m* [Sh] / shelf *n* ‖ *s.a. Abdeckboden; Auslage(fach)boden; nichtverstellbarer Fachboden; Schrägboden; Sockelboden; verstellbarer Fachboden*
~bodenabstand *m* [Sh] / shelf height *n* · shelf clearance *n*
~buch *n* [Bk] / technical book *n* · professional book *n*
~buchhandlung *f* [Bk] / special bookstore *n*
Fächer *m* [Gen] / fan *n/v*
Fächerstil *m* [Bind] *s. Einband im Fächerstil*
fächerübergreifend *adj* / interdisciplinary *adj*
Fach|gebiet *n* (in einem Bestand) [Stock] / subject area *n*
~hochschule *f* [Ed] / university of applied sciences *n* D

~**information** *f* [InfSc] / subject related information *n* · specialized information *n*
~**informations-Rechenzentrum** *n* [InfSy] / specialized information computing centre *n*
~**informator** *m* [Staff] *DDR* / subject information specialist *n*
~**klassifikation** *f* [Class] / specialized classification *n* · special classification *n*
~**kollege** *m* [Gen] / professional colleague *n*
~**kraft** *f* / professional *n*
~**lesebereich** *m* [BdEq] / subject reading area *n*
~**lesesaal** *m* [BdEq] / specialized reading room *n*
~**lexikon** *n* [Bk] / subject encyclop(a)edia *n*
fachliche Diskussion *f* [Comm] / subject-oriented discussion *n*
Fach|mann *m* / expert *n* · professional *n* · specialist *n*
~**oberschule** *f* [Ed] / technical secondary school *n* · senior technical school *n*
~**personal** *n* [Staff] / professional personnel *n* ‖ *s.a. nichtfachliches Personal*
~**referat** *n* [OrgM] / subject-oriented subdivision in an academic library (headed by a 'Fachreferent')
~**referent** *m* / subject librarian *n* · subject specialist *n* · subject bibliographer *n* US ‖ *s.a. Fachreferat*
~**schaft** *f* (an einer Hochschule) [Ed] / student representative group
~**sprache** *f* [Lin] / technical language *f*
~**stelle für öffentliche Bibliotheken** *f* [Lib] *s. Staatliche Büchereistelle*
~**systematik** *f* [Class] / specialized classification *n* · special classification *n*
~**terminus** *m* [Lin; Ind] *s. Fachausdruck*
~**thesaurus** *m* [Ind] / specialized thesaurus *n* · subject-oriented thesaurus *n*
~**verlag** *m* [Bk] / specialized publisher *n* · special publisher *n*
~**wissen** *n* [KnM] / expertise *n*
~**wissensgebiet** *n* [KnM] / domain of expertise *n*
~**wörterbuch** *n* [Bk] / specialized dictionary *n* · special dictionary *n* · subject dictionary *n* ‖ *s.a. Glossar*
~**zeitschrift** *f* [Bk] / specialized periodical *n* · specialist journal *n*
Faden *m* [Bind] / thread *n* · (Heftfaden:) sewing thread *n*
~**blockheftung** *f* [Bind] / side sewing *n*
~**heftmaschine** *f* [Bind] / thread sewing machine *n*

~**heftung** *f* [Bind] / thread sewing *n* · thread stitching *n* · (mit Hilfe des von der Smyth Manufacturing Company entwickelten Verfahrens:) Smyth sewing *n*
~**rückstichheftung** *n* [Bind] / single-section pamphlet sewing *n*
~**siegeln** *n* [Bind] / thread sealing *n*
Fähigkeit *f* [Staff] / skill *n* · capability *n* · accomplishment *n* ‖ *s.a. Führungsfähigkeiten; konzeptionelle Fähigkeiten*
Fahne *f* (Steuerungsinstrument im Geschäftsgang) [TS] / flag *n* ‖ *s.a. Steuerstreifen*
Fahnen|abzug *m* [Prt] *s. Fahnenkorrektur*
~**korrektur** *f* [Prt] / galley (proof) *n* · slip (proof) *n*
Fahr|bibliothek *f* [Lib] / mobile (library) *n* ‖ *s.a. Bücherbus*
~**bücherei** *f s. Fahrbibliothek*
~**plan** *m* [NBM] ⟨DIN 31631/4⟩ / timetable *n* · schedule *v/n* ‖ *s.a. Kursbuch*
~**radständer** *m* [BdEq] / bicycle rack *n*
~**regal** *n* [Sh] / rolling case *n* · rolling stack *n* ‖ *s.a. Kompaktregal*
~**regalanlage** *f* [Sh] / rolling stack *n*
~**stuhl** *m* [BdEq] / lift *n* Brit · elevator *n* US ‖ *s.a. Aufzug 1*
Faksimile(-Ausgabe/-Nachdruck) *n(f/m)* [Bk; Cat] ⟨ISBD(M; S; PM); DIN 16514; DIN 31631/4⟩ / facsimile (edition/reprint/reproduction) *n(n/n/n)* ‖ *s.a. Brief-Faksimile*
Fakten|darstellung *f* [KnM] / facts representation *n*
~**(daten)bank** *f* [InfSy] / fact database *n* · factual database *n* ‖ *s.a. nichtbibliographische Datenbank; numerische Datenbank*
~**information** *f* [KnM] / factual information *n*
~**wissen** *n* [KnM] / factual knowledge *n*
Faktorenanalyse *f* [InfSc] / factor analysis *n*
Faktura *f* [BgAcc] / invoice *n* ‖ *s.a. Rechnung*
fakturieren *v* [BgAcc] / invoice *v* · bill *v*
Fakturierung *f* [BgAcc] / invoicing *n* · billing *n*
Fakultät *f* [Ed] / faculty *n* (group of university departments)
fakultativ *adj* Cat / optional *adj*
fakultative Bestimmung *f* [Cat; Class] / optional rule *n*

Fakultätsbibliothek *f* [Lib] / faculty library *n* Brit
fallbasierte Darstellung *f* [KnM] / case-based representation *n*
fallbasiertes Inferenzsystem *n* [KnM] / case-based reasoning system *n*
~ **Lernen** *n* [KnM] / case-based learning *n*
Falldatenverwaltung *f* [KnM] / case data management *n* (Abspeicherung früherer Fälle:case memorization)
fällig *adj* (zur Rückgabe ~) [RS] / due back *adj* · due for return *adj*
Fälligkeits|datum *n* [RS] / due date *n* · date due *n* ‖ *s.a. Rückgabedatum*
~**termin** *m* [RS] *s. Fälligkeitsdatum*
Fall|sammlung *f* [Bk] / casebook *n*
~**studie** *f* [InfSc] / case study *n*
falsche Bünde *pl* [Bind] / dummy bands *pl* · false bands *pl* (das Auflegen von ~n ~n: underbanding)
fälschen *v* [Gen] / forge *v* · fake *v/n* · falsify *v*
falsch schreiben *v* [Writ; Prt] / misspell *v*
Fälschung *f* [Bk; Bind] / fake *v/n* · falsification *n* · forgery *n* ‖ *s.a. Einbandfälschung*
Falt|blatt *n* [PR] / folder *n* · flier *n* · flyer *n* · leaflet *n* · (fest mit dem Dokument verbunden:) fold-out *n* · (ausklappbar:) pullout *n* · throw out *n* ‖ *s.a. ausklappbares Faltblatt*
~**buch** *n* [Bk] / folded book *n* · accordion-folding book *n* · folding book *n* · (chinesische und japanische Art:) orihon *n*
Falte *f* [Pres] / crease *n* · crease *v* · pleat *n*
Falt|größe *f* [Cart] ⟨RAK-Karten⟩ / dimensions *pl*
~**kante** *f* / bolt *n*
~**karte** *f* [Cart] / folded map *n* · folding map *n*
~**kupfer** *n* [Bk] / folded plate *n* · folding plate *n* (copper engraving)
~**plan** *m* [Cart] *s. Faltkarte*
~**tafel** *f* [Bk] *s. Ausklapptafel*
~**titel** *m* [Cart] / a title which appears on the outside of a map when folded
~**tür** *f* [BdEq] / accordion door *n*
Falz 1 *m* (Knicklinie) [Bind] / pleat *n* · fold *n* · (Falzrille:) groove *n* ‖ *s.a. Faltkante*
~ 2 *m* (Gelenk am Buchrücken) [Bind] / joint *n* · hinge *n* ‖ *s.a. Falzstreifen; tiefer Falz*

~ 3 *m* (gefalzter Papier- oder Gewebestreifen) [Bind] / guard *n* · (zum Ankleben von gefalteten Karten usw. auch:) stub *n* ‖ *s.a. Anklebefalz; Ansetzfalz; Ausgleichsfalz; Kreuzbruchfalz*
~**bein** *n* [Bind] / bone folder *n* · folding bone *n* · folding stick *n* · paper folder *n* · folder *n*
Fälzel *n* [Bind] *s. Falz 3*
fälzeln *v* (an einem Fälzel befestigen) [Bind] / guard *v*
falzen *v* [Bind] / fold *v* ‖ *s.a. gefalzte Beilage; nachfalzen*
Falz|festigkeit *f* [Pp] / folding strength *n* · fold endurance *n*
~**maschine** *f* [Bind] / folding machine *n* ‖ *s.a. Bogenfalzmaschine; Messerfalzmaschine*
~**messer** *n* / folding blade *n*
~**rille** [Bind] / groove *n*
Falz|streifen *m* (am Gelenk) [Bind] / cloth joint *n* · tucker *n* ‖ *s.a. Falz 2*
~**test** *m* [Pres; Pp] *s. Knickprobe*
Familien|name *m* [Gen; Cat] / surname *n* · family name *n* ‖ *s.a. zusammengesetzter Familienname*
~**roman** *m* [Bk] / domestic novel *n* · family novel *n*
~**wappen** *n* [Gen] / family crest *n*
Fanfarenstil *m* [Bind] / fanfare style *n*
Farb|abgleich *m* [ElPubl] / colour matching *n* · colour balance *n*
~**abrieb** *m* [Pres] / ink rub *n*
~**abstimmung** *f* [ElPubl] / colour matching *n* · colour balance *n*
~**abzug** *m* [Prt] / colour proof *n*
~**auszug** *m* [Prt] / colour separation *n*
~**ballen** *m* [Prt] / ink ball *n*
~**band** *n* [Off] / typewriter ribbon *n* · ink ribbon *n* · inked ribbon *n*
~**bildschirm** *m* [EDP/VDU] / colour monitor *n*
~**dia** *n* [NBM] / colour slide *n*
~**druck** *m* [Prt] / colour printing *n* · colour print *n* ‖ *s.a. Dreifarbendruck; Einfarbendruck; Mehrfarbendruck; Vierfarbendruck; Vollfarbdruck; Zweifarbendruck*
Farbe *f* [Prt] ⟨DIN 16528E⟩ / ink *n*
farbecht *adj* [Pres; Prt] / stable *adj* · colour-fast *adj* · fadeless *adj* (nicht~: fugitive; instable) ‖ *s.a. lichtecht; nicht farbecht*
Farb|echtheit *f* [Pres] / colour fastness *n*

~einstellung *f* [ElPubl] / colour calibration *n*
färben *v* [Pres] / tint *v/n* · dye *v/n*
Farbendruck *m* [Prt] s. *Farbdruck*
Farb|film *m* [Repr] ⟨DIN 19040/104E⟩ / colour film *n*
~foto *n* / colour photograph *n*
~gebung *f* [BdEq] / colour design *n* · colouring *n*
~grafikkarte *f* [EDP] / colour card · colour graphics adapter *n*
~holzstich *m* [Art] / chromo-xylography *n* · colour wood engraving *n*
farbig *adj* [Gen] / coloured *pp*
farbig drucken *v* [Prt] / print in colour *v*
farbige Abbildung *f* [Bk] / coloured illustration *n*
Farb|intensität *f* [ElPubl] / colour intensity *n*
~kalibrierung *f* [ElPubl] / colour calibration *n*
~kopierer *m* [Repr] ⟨DIN 9775⟩ / colour copier *n*
~lithographie *f* [Art] / chromolithography *n* · colour lithography *n*
farblos *adj* [NBM] / achromatic *adj*
Farb|microfiche *m* [Repr] ⟨DIN 19040/113E⟩ / colour microfiche *n*
~monitor *m* [EDP/VDU] / colour screen *n* · colour monitor *n*
~muster *n* [NBM] / colour swatch *n*
~nuance *f* [ElPubl] / hue ‖ s.a. *Farbton; Schattierung*
~palette *f* [ElPubl] / colour palette *n*
~platine *f* [EDP] / colour board *n*
~probe *f* [NBM] / colour swatch *n*
~reduktion *f* [ElPubl] / colour reduction *n*
~sättigung *f* [ElPubl] / colour saturation *n*
~scanner *m* [EDP] / colour scanner *n*
~schattierung *f* [Repr] / shade of colour *n*
~schnitt *m* [Bind] / coloured edge(s) *n(pl)*
~skala *f* [NBM] / colour range *n* ‖ s.a. *Farbtafel 2*
~stich *m* [Repr] / colour fault *n*
~stoff *m* [Pres] / dye *v/n*
~streifen *m* (auf der Rückseite des Titelfeldes eines Microfiches) [Repr] / heading area backing *n* · title backing *n*
~tafel 1 *f* (Abbildung) [Bk] / colour plate *n* · coloured plate *n*
~tafel 2 *f* (Tabelle) [Repr] / colour chart *n* ‖ s.a. *Farbskala*
~tiefe *f* (einer Grafikkarte, eines Bildschirms) [EDP/VDU] / colour depth *n*

~ton *m* [ElPubl] / colour shade *n* · (Schattierung:) shade of colour *n* · hue · tint *v/n* · colour tone ‖ s.a. *Mitteltöne*
~walze *f* [Prt] / ink(ing) roller *n* · inker *n*
~werk *n* [Prt] / inking system *n*
~wiedergabe *f* [ElPubl] / colour reproduction *n* · colour rendering *n*
Faser *f* [Pres] / fibre *n*
~bindung *f* [Pp; Pres] / fibre linkage *n*
~schreiber *m* [Off] / fine-line pen *n*
~stoffklasse *f* [Pp] ⟨DIN 827⟩ / type of fibre composition *n*
~stoffzusammensetzung *f* [Pp] / fibre composition *n* ‖ s.a. *Faserstoffklasse*
Fassade *f* [BdEq] / façade *n*
Fassung *f* (eines Textes) [Bk] / version *n* ‖ s.a. *Originalfassung*
Faszikel *m* [Bk] / fascicle *n*
Fax *n* / fax *n*
~-Bestellschein *m* [RS] / fax borrowing request form *n*
faxen *v* [Comm] / fax *n/v*
Fax|gerät *n* [Comm] / fax *n* · fax machine *n* · facsimile transceiver *n*
~übermittlung *f* [Comm] / telefacsimile *n* · facsimile transmission *n* · fax *n/v* ‖ s.a. *Fernkopierer*
~weiche *f* [BdEq] / fax switch *n*
FBE *f* [Comm] s. *Fernbetriebseinheit*
Feder *f* (Schreibwerkzeug aus Vogelfeder) [Writ] / quill(-pen) *n* ‖ s.a. *Rohrfeder; Stahlfeder*
~messer *n* [Writ] / penknife *n*
~ornament *n* [Bk] / featherwork *n*
~plotter *m* [EDP] / pen plotter
~zeichnung *f* [Art] / pen-and-ink drawing *n*
Fehl|belichtung *f* [Repr] / exposure error *n*
~druck *m* [Prt] / misprint *n* · frisket bite *n* · spoiled sheet *n* ‖ s.a. *Makulatur*
Fehler *m* [Gen] ⟨DIN 44300/1⟩ / error *n* ‖ s.a. *Druckfehler; Einbandfehler; nicht behebbarer Fehler; Programmfehler; Rechenfehler; Schreibfehler; Softwarefehler; Tippfehler*
Fehler|beseitigung *f* [EDP] / trouble shooting *n* · debugging *n* · bugfixing *n* ‖ s.a. *patchen*
~erkennung *f* [EDP] / error detection *n*
~erkennungscode *m* [EDP] ⟨DIN 44300/2⟩ / error detecting code *n* ‖ s.a. *Fehlerkorrekturcode*
~freiheit *f* [Retr] / accuracy *n*
fehlerhaft *adj* [Gen] / faulty *adj* · defective *adj* · corrupt *adj*

fehlerhafte Funktion *f* [EDP] / malfunction *n*
Fehler|kennzeichen *n* [EDP] / flag *n*
~**korrekturcode** *m* [EDP] ⟨DIN 44300/2E⟩ / error correcting code *n* · ECC *abbr*
~**meldung** *f* [EDP] / error message *n*
~**protokollierung** *f* [EDP] / logging of faults *n*
~**prüfung** *f* [Comm] / error checking *n*
~**quote** *f* [Gen] / error rate *n*
~**rate** *f* [Gen] *s. Fehlerquote*
~**suchprogramm** *n* [EDP] / debugger *n* · debug pogram *n*
~**toleranz** *f* [Gen] / fault tolerance *n*
~**überwachung** *f* [Comm] / error control *n* · (Vorgang:) error control procedure *n*
~**überwachungseinheit** *f* [Comm] ⟨DIN 44302⟩ / error control unit *n*
Fehl|quote *f* [Retr] / miss ratio *n* ‖ *s.a. Fehlerquote*
~**stellenergänzung** *f* [Pres] / replacement of missing parts
fehlt *v* [Stock] / wanting *pres p* ‖ *s.a. nicht vorhanden*
feingenarbtes Leder *n* [Bind] / close-grained leather *n*
Feinleinen *n* [Bind] / fine cloth *n*
Feld *n* (als Teil eines Datensatzes) [EDP] / field *n* ‖ *s.a. Teilfeld*
~**endezeichen** *n* [EDP] *s. Feldtrennzeichen*
~ **fester Länge** *n* [EDP] / field of fixed length *n* · fixed field *n*
~**kennung** *f* [EDP] ⟨DIN 1506; DIN 2341/1; DIN 31631/1⟩ / tag *n*
~**länge** *f* [EDP] / field length *n* · length of datafield *n*
~**marke** *f* [EDP] / field mark *n*
~**name** *m* [EDP] / field name *n*
~**trennzeichen** *n* [EDP] ⟨DIN 2341/1⟩ / field separator *n*
~ **variabler Länge** *n* [EDP] / field of variable length *n* · variable field *n*
~**versuch** *m* [InfSc] / field trial *n*
Fenster|band *n* [BdEq] / window belt *n*
~**briefumschlag** *m* [Off] / window envelope *n*
~**falz** *n* [Bind] / gatefold *n*
~**front** *f* [BdEq] / window frontage *n*
~**karte** *f* [Repr] ⟨DIN 19040/113E⟩ / image card *n* · aperture card *n*
~**technik** *f* [EDP/VDU] / windowing (technique) *n* ‖ *s.a. gekachelte Fenster; nebeneinander gesetzte Fenster; überlappende Fenster*

Fern|bedienung *f* / remote control *n* · keypad *n*
~**bereich** *m* (der dreigeteilten Bibliothek) [OrgM] / distant area *n*
~**bestellung** *f* [Acq] / teleordering *n*
~**betriebseinheit** *f* [Comm] ⟨DIN 44302⟩ / communications control unit *n* · CCU *abbr*
~**entleihung** *f* [RS] / interlibrary borrowing *n*
~**erkundungsbild** *n* [Cart] ⟨ISBD(CM)⟩ / remote sensing image *n*
~**gespräch** *n* [Comm] / long-distance call *n* ‖ *s.a. Ortsgespräch*
~**kopie** *f* [Comm] *s. Faxübermittlung*
~**kopierer** *m* [Comm] ⟨DIN 32742/1⟩ / facsimile transmitter *n* · facsimile transceiver *n* · fax machine *n* ‖ *s.a. Standfernkopierer; Tischfernkopierer*
~**lehrgang** *m* [Ed] / correspondence course *n* ‖ *s.a. Fernstudiengang; Fernunterricht*
Fernleih|beamter *m* [Staff] / interloan officer *n*
~**bestellung** *f* / ILL request *n* · inter-library loan request *n*
~**buch** *n* [RS] / inter-library loan *n* · intralibrary loan *n* · interloan *n*
~**datei** *f* [RS] / interloan file *n*
Fernleihe *f* [RS] / ILL *abbr* · inter-library lending *n* · interlending *n* · (nehmender Leihverkehr:) interlibrary borrowing *n* · interloan *n* ‖ *s.a. gebender Leihverkehr; Leihverkehr der Bibliotheken; nehmender Leihverkehr*
Fernleih|kartei *f* [RS] *s. Fernleihregister*
~**protokoll** *n* / (OSI:) ILL protocol *n*
~**register** *n* [RS] / interloan file *n*
~**schein** *m* (Bestellschein) [RS] / inter-library loan (request) form *n*
~**statistik** *f* [RS] / statistics of inter-library loans *pl* ‖ *s.a. Fernleihzahl*
~**stelle** *f* [OrgM] / ILL department *n* · interlibrary loan office · inter-library loan division *n* · inter-library borrowing unit *n*
~**verkehr** *m* [RS] / ILL traffic *n*
~**zahl** *f* (Statistik) [RS] / number of inter-library loans *f* ‖ *s.a. Fernleihstatistik*
Fern|meldenetz *n* [Comm] / telecommunications network *n*
~**netz** *n* [Comm] / wide area network *n* · WAN *abbr* · long-distance network *n*
~**nutzung** *f* [Ref] / remote use *n*
~**schreibcode** *m* [Comm] / telecode *n* · teleprinter code *n*

~**schreiben** *n* [Comm] / telex message *n* · telex *n* · teleprint *n*
~**schreiber** *m* [Comm] / teleprinter *n Brit* · teletypewriter *n US* · TTY *abbr*
Fernschreib|leitung *f* [Comm] / telex line *n*
~**schlüssel** *m* [Comm] *s. Fernschreibcode*
~**stelle** *f* [Comm] / telex centre *n*
~**teilnehmer** *m* [Comm] / telex subscriber *n*
~**verkehr** *m* [Comm] / telex *n*
Fernsehen *n* [Comm] / television *n* · TV *abbr* · (als Vorgang:) television viewing *n* · television watching *n*
Fernseh|film *m* [NBM] / TV film *n*
~**gerät** *n* [Comm] / television set *n*
~**karte** *f* [EDP] / TV card *n*
~**mitschnitt** *m* / off-air recording *n* (of a TV transmission)
~**sender** *m* [Comm] / television transmitter *n*
~**sendung** *f* [Comm] / television broadcast *n* · telecast *n* · television transmission *n*
~**spiel** *n* [Comm] ⟨DIN 31631/4⟩ / TV play *n* · television play *n* · teleplay *n*
~**übertragung** *f* [Comm] / television transmission *n*
Fernsprech|apparat *m* [Comm] / telephone set *n* ‖ *s.a. Münzfernsprecher*
~**buch** *n* [Bk] / telephone directory *n*
~**leitung** *f* [Comm] / telephone line *n*
~**teilnehmer** *m* [Comm] / telephone subscriber *n*
~**verbindung** *f* / telephone connection *n*
Fernsteuerung *f* [BdEq] / remote control *n* · (Tastatur:) keypad *n* · remote control *n*
Fern|studiengang *m* [Ed] / correspondence degree course *n* · distance-learning course *n*
~**studium** *n* [Ed] / distance education *n*
~**test** *m* [EDP] / remote test *n*
~**testen** *n* [EDP] / remote testing *n*
~**übertragung** *f* [Comm] / telecommunication *n* ‖ *s.a. Datenfernübertragung*
~**universität** *f* [Ed] / distance teaching university *n* · correspondence university *n*
~**unterricht** *m* / distance education *n* · distance teaching *n* · (Lehrgang:) correspondence course *n* · distance learning *n* (education through ~ ~) ‖ *s.a. Fernstudium*
~**verarbeitung** *f* [EDP] *s. Datenfernverarbeitung*
~**ziel** *n* [OrgM] / long-term goal *n*

~**zugriff** *m* [EDP; Retr] / off-site access *n* · remote access *n*
Ferrotypie *f* [NBM] / ferrotype *n*
Fertigkeit *n* [OrgM] · skill *n* · (erlernte ~en:) accomplishements *pl*
Fertigstellungstermin *m* [BdEq] / completion date *n*
fest angestellt [Staff] *s. feste Anstellung*
Festbestellung *f* [Acq] / firm order *n*
feste Anstellung *f* [Staff] / tenure *n* · permanent position *n* · permanent appointment *n*
fester Einband *m* [Bind] / (Buch mit festem Einband:) hard-cover (book) *n(n)* · hardback(ed book) *n(n)* · hardbound (book) *n*
~ **Ladenpreis** *m* [Bk] / fixed retail price *n* (Buch mit festem Ladenpreis(Brit): net book; Buch ohne festen Ladenpreis: non-net book)
~ **Rücken** *m* [Bind] / tight back *n*
~ **Wohnsitz** *m* / fixed abode *n* · (ständige Adresse:) permanent address *f* ‖ *s.a. ohne festen Wohnsitz*
Festigkeitseigenschaften *pl* [Pp] ⟨DIN ISO 9706⟩ / strength properties *pl*
Festigung *f* (von Papier) [Pp; Pres] / consolidation *n*
Festkörperschaltkreistechnik *f* [EDP] / solid-logic technology *n* · SLT *abbr*
festlegen *v* [OrgM] / (festsetzen:) fix *v* · (zeitlich:) schedule *v/n*
Festlegung *f* (Bestimmung) [OrgM] / stipulation *n*
~ **der Reihenfolge** *f* (Zeichen :: doppelter Doppelpunkt) [Class/UDC] / order-fixing *n* ‖ *s.a. aufsteigende Reihenfolge*
Fest|netz *n* [Comm] / fixed network *n* ‖ *s.a. Datenfestnetz*
~**platte** *f* [EDP] / hard disk *n*
Festplatten|laufwerk *n* [EDP] / hard disk drive *n* · HDD *abbr*
~**speicher** *m* [EDP] / fixed disk storage *n*
Festpreis *m* [Bk] / fixed price *n* · firm price *n* ‖ *s.a. Preisbindung*
Festschrift *f* [Bk] ⟨DIN 31631/4⟩ / festschrift *n* ‖ *s.a. gefeierte Persönlichkeit; Jubiläumsschrift*
~**setzung** *f* (Regelung) [OrgM] / stipulation *n*
~**speicher** *m* [EDP] *s. Festwertspeicher*
feststellen *v* (unbeweglich machen) [BdEq] / lock *v*
Feststelltaste *f* / caps lock (key) *n* · lock key *n*

Feststellung *f* [Gen] / statement *n*
Fest|stellungsprüfung *f* (Prüfung für die Eignung ausländischer Studienbewerber) [Ed] / assessment test *n*
festverdrahtet *pp* [EDP] / hardwired *pp*
Festwertspeicher *m* [EDP] ⟨DIN 44300/6; DIN 44476/1⟩ / read-only memory *n* · ROM *abbr* · fixed storage *n*
fetten *v* (Leder usw.) [Pres] / oil *v* ‖ *s.a. Lederpflegemittel*
fette Schrift *f* [Prt] / bold face *n* (Text in Fettschrift:boldfaced text) · bold type *f* · black face *n* · fat face *n* · full face *n* · heavy type *n* ‖ *s.a. halbfette Schrift*
fettfleckig *adj* [Pres] / grease spotted *pp* ‖ *s.a. fettig*
fettig *adj* [Pres] / greasy *adj* ‖ *s.a. fettfleckig*
Feuchtdehnung *f* [Pp] / damp stretching *n*
Feuchtegehalt *m* [Pp] ⟨DIN 6730⟩ / moisture content *n*
feuchten *v* [Bind] / damp *v* · moisten *v*
feuchter Fleck *m* [Pres] / (durch Feuchtigkeit verursachter Wasserrand:) damp stain *n* ‖ *s.a. Stockflecken*
feuchtfleckig *adj* [Pres] / damp-spotted *pp* · damp-stained *pp*
Feuchtigkeit *f* [BdEq; Pres] / (Luftfeuchtigkeit:) humidity *n* · (Oberflächenfeuchtigkeit; ~in Materialien:) moisture *n* ‖ *s.a. relative Luftfeuchtigkeit*
Feuchtigkeits|gehalt *m* (des Papiers) [Pp] ⟨DIN 6730; 53103⟩ / moisture content *n*
~**grad** *m* (der Luft) [Pres] / degree of humidity *n*
~**messer** *m* [Pres] / hygrometer *n*
~**spuren** *pl* [Bk] / traces of moisture *pl*
Feuchtwerk *n* (Offsetdruckmaschine) [Prt] / damping unit *n*
Feuer... [BdEq] ‖ *s.a. Brand...*
Feuer|gefahr *f* [BdEq] / fire risk *n*
~**löscher** *m* [BdEq] / fire extinguisher *n*
~**meldeanlage** *f* [BdEq] / fire detection system *n*
~**schutz** *m* [BdEq] / fire protection *n* ‖ *s.a. Brandschutzbestimmungen*
ff *abbr* (und folgende) [Bk; Bib] /
seqq. *abbr* (sequentes, sequentia − and following pages/issues/parts, etc.; Nr 1ff: no 1-)
~**Bestellung** *f* [Acq] / standing order *n* · SO *abbr* · till-forbid order *n* ‖ *s.a. Fortsetzungsbestellung*
Fibel *f* ⟨RAK-AD⟩ / first textbook *n* · primer *n* · first reader *n* · first spelling book *n*

figurales Initial *n* [Bk] / figure initial *n*
figürlich *adj* [Bk] / figured *pp*
fiktiv *adj* / fictitious *adj* (fiktives Beispiel: fictitious example)
Filete *f* [Bind] / (Werkzeug:) pallet *n* · (Verzierung:) fillet *n* · roll *n*
Filigraninitial(e) *n(f)* [Bk] / filigree initial *n*
Film 1 *m* (Kinefilm) [NBM] / cinematographic film *n* · film *n* ~ 2 *m* (zur Vorführung bestimmtes Filmwerk) [NBM] ⟨A 2653; ISBD(NBM)⟩ / film *n* · motion picture (film) *n* · movie (film) *n* (16mm-Film: 16mm motion pictures)‖ *s.a. Abenteuerfilm; Spielfilm; Stummfilm; Tonfilm*
~ 3 *m* (als fotografisches Material) [Repr] ⟨DIN 19040/104E; DIN 31631/4; ISO 6196-4⟩ / film *n*
~**archiv** *n* [NBM] / film archive *n* · film library *n*
~**bühne** *f* (eines Lesegeräts) [Repr] / stage *n*
~**einfädelung** *f* (als Vorrichtung) [Repr] / film loader *n* ‖ *s.a. einfädeln*
Filmemacher *m* [Art] / filmmaker *n*
Film|empfindlichkeit *f* [Repr] / film speed *n* · film sensitivity *n* ‖ *s.a. Empfindlichkeit 1*
~**kanal** *m* (einer Mikrofilmtasche) [Repr] ⟨DIN 19040/113E; ISO 6196-4⟩ / film channel *n* · sleeve *n*
~**kassette** *f* [Repr] *s. Mikrofilmkassette*
~**kern** *m* [Repr] ⟨ISO 6196-4⟩ / core *n*
~-**Kompaktkassette** *f* (für einen Kinefilm) [NBM] ⟨ISBD(NBM)⟩ / cinecassette *n*
~**kunst** *f* [Art] / motion picture art *n*
~**laufgeschwindigkeit** *f* [NBM] / film speed *n*
~**lochkarte** *f* [PuC; Repr] / microfilm aperture card *n* · image card *n* · aperture card *n*
~-**Loop** *m* [NBM] ⟨ISBD(NBM); A 2653⟩ / cineloop *n*
~**magazin** 1 *n* (für entwickelte Rollfilme oder Microfiches) [Repr] ⟨DIN 19040/104E; ISO 6196-4⟩ / cartridge *n*
~**magazin** 2 *n* (für die Einlage in ein Mikrofilm-Aufnahmegerät) [Repr] ⟨DIN 19040/104E; ISO 6196-4⟩ / film magazine *n*
~**musik** *f* [Mus] ⟨DIN 31631/4⟩ / film music *n*
~**ographie** *f* [NBM; Bib] ⟨DIN 31631/4⟩ / filmography *n*
~**othek** *f* [NBM] / film library *n*

~**projektor** *m* [NBM] / film projector *n* · motion picture projector *n*
~**protokoll** *n* [NBM] ⟨A 2653⟩ / post production script *n*
~**satz** *m* [Prt] /filmsetting *n* · typesetting output microfilm *n* · TOM *abbr*
~**schleife** *f* [NBM] / film loop *n*
~**schneidegerät** *n* [Repr] / film cutter *n*
~**schritt** *m* [Repr] *s. Bildschritt*
~**spule** *f* (Kinefilm) [NBM] / cinereel *n* ‖ *s.a. Spule*
~**streifen** *m* [Repr] / strip film *n* · filmstrip *n* · (kurzer ~:) filmslip *n*
~**strip** *m* [Repr] *s. Filmstreifen*
~**tasche** *f* (eines Jackets) [Repr] / sleeve *n*
~**transport** *m* (als Vorrichtung) [Repr] / film advance *n* · film drive *n*
~**vorschub** *m* [Repr] / film advance *n*
~**wissenschaft** *f* [Gen] / motion picture science *n*
Filter *m* [Repr] / filter *n* (filtern/filtrieren: to filter)
~**frage** *f* [InfSc] / filter question *n*
~**papier** *n* [Pres] / filter paper *n*
filtrieren *v* [Pres] *s. Filter*
Filzstift *m* [Off] / felt(-tipped) pen *n*
Finanzbedarf *m* [BgAcc] / financial requirements *pl*
Finanzen *pl* [BgAcc] / financial resources *pl*
finanzieren *v* [BgAcc] / fund *v* · finance *v* ‖ *s.a. unterfinanziert*
Finanzierung *f* [BgAcc] / financing *n* · funding ‖ *s.a. Anschubfinanzierung; Fremdfinanzierung; Hochschulfinanzierung*
Finanzierungs|modell *n* [BgAcc] / model for financing *n*
~**träger** *m* / resource allocator *n* · funding agency *n* · funding body
Finanz|minister *m* [Adm] / minister of finance *n* · Secretary of the Treasury *n* US · Chancellor of the Exchequer *n* Brit
~**planung** *f* [BgAcc] / financial programming *n* · (Haushaltsplanung:) budgetary planning *f*
Findungskommission (für die Bewerberauswahl) [OrgM; Staff] / search- and screen committee *n*
fingerfleckig *pp* [Bk] / finger-marked *pp*
Finger|print *m* [Bk] / fingerprint *n*
~**spuren** *pl* [Bk] / fingerprints *pl* · traces of handling *pp*
fingierter Sachtitel *m* [Cat] ⟨DIN 31631/2⟩ / supplied title *n* · made-up title *n*
~ **Titel** *m* [Cat] *s. fingierter Sachtitel*

fingiertes Impressum *n* [Bk] / fictitious imprint *n*
FI-Rechenzentrum *n* [InfSy] *s. Fachinformations-Rechenzentrum*
Firmen|adressbuch *n* [Bk] / trade directory *n* · company directory *n*
~**archiv** *n* [Arch] / business archives *pl*
~**bibliothek** *f* [Lib] / corporate library *n* · commercial firm library *n* · firm library *n* · industrial library *n* · company library *n*
~**datenbank** *f* [InfSy] / company information database *n*
~**information** *f* [InfSy] / business information *n*
~**katalog** *m* [Bk] / trade catalogue *n* · trade list *n* · manufacturer's catalogue *n*
~**netz** *n* [Comm] / corporate network
~**schrift** *f* [Bk] / company publication *n*
~**schriftensammlung** *f* [Stock] / company file *n* · corporation file *n*
~**schrifttum** *n* [Bk] / trade literature *n*
~**zeitschrift** *f* [Bk] / company magazine *n* · house journal *n* · house magazine *n* ‖ *s.a. technische Firmenzeitschrift; Werkszeitschrift*
Firnis *m* [Pres] / varnish *n*
Fischschuppenmuster *n* [Bind] / imbrication *n*
Fitzbund *m* [Bind] / kettle stitch *n* · catch stitch *n* · chain stitch *n*
Fixativ *n* [Pres] / fixative *n*
Fixier|bad *n* [Repr] / fixing bath *n*
~**einheit** *f* (Laserdrucker) [EDP; Prt] / fixing unit *n*
fixieren *v* [Repr] / fix *v*
Fixier|loch *n* (in einer Schlitzlochkarte) [PuC] / guide hole *n*
~**mittel** *n* [Repr] ⟨ISO 6196/3⟩ / fixer *n*
Fixkosten *pl* [BgAcc] / fixed costs *pl*
Flach|bett-Scanner *m* [EDP] / flatbed scanner *n*
~**bildschirm** *m* / flat screen *n*
~**druck** *m* [Prt] ⟨DIN 16529⟩ / planography *n* · surface printing *n* · planographic printing *n*
~**druckpapier** *n* [Pp] ⟨DIN 6730; 19306⟩ / (für den Offsetdruck:) offset paper · litho paper *n*
flache Auflagefläche *f* (eines Kopierers) [Repr] / flat-bed fixed platen *n*
Flächen|ansatz *m* [BdEq] / space allowance *n* ‖ *s.a. Flächenbedarf*
~**bedarf** *m* [BdEq] / space requirement(s) *n(pl)* · space needs *pl* ‖ *s.a. Flächenansatz*

Flächenbelastung

~**belastung** *f* [BdEq] / floor load *n*
~**diagramm** *n* [InfSc] / area diagram *n* ·
  area graph *n*
~**gewicht** *n* (von Papier) [Pp] ⟨DIN 6730⟩ /
  paper substance *n* · substance *n* (90g/m²-
  Papier: 90g/m²) ‖ *s.a. Grammgewicht*
~**lochkarte** *f* [PuC] / body-punched card *n*
~**nutzung** *f* [BdEq] / space utilization *n*
flacher Rücken *m* [Bind] / square back *n* ·
  flat back *n*
Flachsichtkartei *f* [TS] / visible file *n* (with
  the cards lying flat in a shallow tray)
Flatter|marke *f* [Prt; Bind] ⟨DIN 16500/2;
  DIN 16514⟩ / back mark *n* · black step *n*
  · collating mark *n* · quad mark *n*
~**satz** *m* / unjustified setting *n* · ragged
  setting *n* · (rechts:) ragged-right setting *n* ‖
  s.a. Randausgleich
~**satztext** *m* [Prt] / ragged text *n*
Flechtwerk *n* [Bind] / fret *n* · strapwork *n*
fleckenfrei *adj* [Bk] *s. fleckenlos*
fleckenlos *adj* [Bk] / spotless *adj*
fleckig *adj* [Bk] / spotted *pp* ‖ *s.a.
  angefleckt; Rostfleck; stockfleckig;
  wasserfleckig*
Fleisch *n* (einer Drucktype) [Prt] / beard *n*
  Brit
~**seite** *f* (von Pergament) [Bk; Bind] / flesh
  side *n*
Fleuron *n* [Bind; Bk] / fleuron *n*
Flexibilität *f* / flexibility *n*
flexible Magnetplatte *f* [EDP] ⟨DIN 66010⟩
  / flexible magnetic disk *n*
flexibler Einband *m* [Bind] / limp
  binding *n*
Flexodruck *m* [Prt] / flexographic printing *n*
  · aniline printing *n*
Flexographie *f* [Prt] ⟨DIN 16514⟩ /
  flexography *n*
flicken *v* [Pres] / mend *v* · (ausflicken:)
  patch *v* ‖ *s.a. geflickt*
fliegendes Blatt *n* (Teil des Vorsatzes)
  [Bind] / free endpaper *n* · fly-leaf *n*
Fliegenkopf *m* [Prt] / turn *n* · turned sort *n*
Fließ|kommadarstellung *f* [EDP] / floating
  point representation *n*
~**text** *m* [EDP] / continuous text *n*
flimmerfrei *adj* [EDV/VDU] / flicker
  free *adj*
Florilegium *n* [Bk] / florilegy *n* ·
  florilegium *n*
flüchtiger Speicher *m* [EDP] ⟨DIN 44476/1⟩
  / volatile memory *n*
Fluchtweg *m* [BdEq] / escape route *n* ·
  egress route

Flugblatt *n* [NBM] / leaflet *n* · flyer *n* ·
  flier *n* · handbill *n* · dodger *n* US ‖ *s.a.
  Einblattdruck; Handzettel*
Flügelfalz *m* [Bind] *s. Ansetzfalz*
Flugschrift *f* [Bk] ⟨RAK-AD⟩ / pamphlet *n*
  ‖ *s.a. Flugblatt*
Fluktuation *f* [Staff] / turnover *n*
Fluktuationsrate *f* [Staff] / turnover rate *n*
Flurkarte *f* [Cart] / cadastral map *n* ·
  property map *n*
Flussdiagramm / flow chart *n* ‖ *s.a.
  Datenflussplan*
Flüssigkristallanzeige *f* [BdEq] / liquid-
  crystal display *n* · LCD *abbr*
Fluss|linie *f* (in einem Flussdiagramm)
  [OrgM; EDP] / flowline *n*
~**richtung** *f* (in einem Flussdiagramm)
  [OrgM; EDP] / flow direction *n*
~**steuerung** *f* [Comm] / flow control *n*
Fokus *m* [Ind] / focus *n*
Folge 1 *f* (jeder von zwei oder mehr
  Bänden von Vorträgen usw. gleicher Art
  und in Folge gezählt, z.B. Gedanken zur
  Zeit. Neue Folge) [Bk] / series *n*
~ 2 *f* (eine getrennt gezählte Folge von
  Bänden innerhalb eines fortlaufenden
  Sammelwerks, z.B. Mitteilungsblatt.
  2.Folge) [Bk] / series *n*
~ 3 *f* (Aufeinanderfolge) [Gen] /
  sequence *n* ‖ *s.a. Ordnungsfolge;
  Ziffernfolge*
~**aufnahme** *f* [Cat] / successive entry *n*
~**bedingung** *f* [Retr] / IF-THEN element *n*
~**dokument** *n* [Bk] ⟨DIN 31631/4⟩ /
  secondary document *n*
~**schaltung** *f* [Retr] / IF-THEN gate *n*
~**station** *f* [Comm] / secondary station *n*
~**steuerung** *f* [Comm] ⟨DIN 44302⟩ /
  secondary control *n*
~**studien** *pl* [InfSc] / follow-up studies *pl*
~**titel** *m* [Bk] / successive title *n*
~**transparent** *n* [NBM] ⟨DIN 19040/11⟩ /
  overlay *n*
Foliant *m* [Bk] / folio (volume) *n*
Foliantenregal *n* [Sh] / oversize book
  shelves *pl*
Folie *f* [Bind] / film *n*
Folie 1 *f* (dünnes Blatt) [Bind] / plastic
  film *n* · (Kunststoffblatt:) plastic sheet *n*
  · (dünnes Metallblatt:) foil *n* · (für den
  Foliendruck:) blocking foil *n* ‖ *s.a.
  Aluminiumfolie; Glanzfolie; Goldfolie;
  Goldfolieneinband; Klarsichtfolie;
  Klebefolie; Offsetfolie; Plastikfolie;
  Schrumpffolie; Schutzfolie*

Folie 2 *f* (mit Text- und/oder Bildinformationen zur Overheadprojektion) [NBM] / overhead transparency *n* · overhead projectual *n* ‖ *s.a. Aufbautransparent; Folgetransparent; Grundtransparent*
Folien|druck *m* [Bind] / foil blocking *n*
~**einband** *m* [Bind] / laminated binding *n*
~**einschweißung** *f* [Bind] / shrink wrapping *n*
~**kaschierung** *f* [Bind] / lamination *n*
~**schreiber** *m* (zur Beschriftung von Arbeitstransparenten) [NBM] / overhead projection pen *n*
foliieren *v* [Bk] / (Blätter nummerieren:) foliate *v* · (mit einer Folie versehen:) laminate *v*
Foliierung *f* (Blattzählung) [Bk] / foliation *n* ‖ *s.a. Folienkaschierung*
Folioband *m* [Bk] / folio (volume) *n* ‖ *s.a. Foliantenregal*
Folio(-Format) *n(n)* [Bk] / folio *n* ‖ *s.a. Großfolio*
Fonds *m* [BgAcc] / fund *n* ‖ *s.a. finanzieren*
Förder|anlage *f* [BdEq] / conveyor *n* ‖ *s.a. Schwerkraftförderer*
~**band(anlage)** *n(f)* [BdEq] / conveyor belt *n* · endless-belt conveyor *n*
Förderer *m* / (unterstützende Person:) patron *n* US ‖ *s.a. Förderverein; Spendenaufruf*
fördern *v* (unterstützen: nach vorn bringen) [OrgM; PR] / promote *v* · foster *v*
Förderung *f* [OrgM; PR] / promotion *n* ‖ *s.a. Leseförderung; Literaturförderung; Forschungsförderung*
Förderverein *m* [Ed; PR] / patrons society *n* · (für eine Bibliothek:) friends of the library *pl* · library friends *pl* ‖ *s.a. Buchpatenschaft*
formale Beschreibung *f* [Bib; Ind] / non-subject indexing *n* ‖ *s.a. formale Erfassung; Titelaufnahme 1*
~ **Beziehung** *f* [Ind] / formal relation *n*
~ **Erfassung** *f* (von Dokumenten) [Bib; Ind] ⟨DIN 31631/1⟩ / bibliographic description *n* · non-subject indexing *n* ‖ *s.a. Titelaufnahme 1*
Formalerschließung *f* (des Buchbestands) [Cat] / author/title approach *n* (to the bookstore)
formales Ordnungswort *n* [Cat] / form heading *n*
Formal|gruppe *f* [Class] / form division *n* · (als Untergruppe:) form subdivision *n*

~**katalog** *m* [Cat] / author-title catalogue *n*
~**sachtitel** *m* [Cat] / non-descriptive title *n* · non-specific title *n*
Format 1 *n* (die Größe eines Bandes, insbes. seine Höhe) [Bk] ⟨RAK⟩ / size *v* · height (of a volume) ‖ *s.a. Ausmaße; Buchblockformat; Endformat; Großformat; Messformat; Ordnung nach Format; Papier-Endformat; Überformat*
~ 2 *n* (eines Buches gemäß der Anzahl der Falzungen eines Druckbogens, bibliographisches ~) [Bk] / bibliographic format *n* · format *n*
~ 3 *n* [Gen; EDP] ⟨DIN 44300/3E⟩ / format *n* ‖ *s.a. Satzformat*
~**angabe** *f* [Cat] ⟨DIN 31631/2⟩ / statement of size *n*
~ **für den Austausch von bibliographischen Daten** *n* [EDP; Bib; Cat] *s. Austauschformat*
format|ieren *v* [EDP] / format *v* ‖ *s.a. umformatieren*
Format|ierung *f* [EDP] ⟨DIN 66010⟩ / formatting *n*
~**steuerzeichen** *n* [EDP] ⟨DIN 44300/2⟩ / format effector *n* · layout character *n*
~**trennung** *f* (getrennte Aufstellung von Bänden unterschiedlichen Formats innerhalb einer Signaturengruppe) [Sh] / parallel arrangement *n* (Ordnung nach Format: arrangement by size) · sizing *n* (of books of varying sizes) ‖ *s.a. Aufstellung nach Format*
Formatvorlage *f* (Programmfunktion) [EDP] / style sheet *n* · template *n*
Form|blatt / form sheet *n* · form *n* ‖ *s.a. Formular*
~**brief** *m* [Off] / form letter *n* · standard letter *n* ‖ *s.a. Serienbrief*
Formelsatz *m* [Prt] / composition of mathematical or chemical notation *n*
Form|gebung *f* [Art] / design *n/v* ‖ *s.a. industrielle Formgebung*
~**-Indikator** *m* [Class] / form indicator *n*
~**schlagwort** *n* [Cat] ⟨DIN 31631/2⟩ / form heading *n* · (als Unterschlagwort:) form subdivision *n*
~**schließen** *n* [Prt] / locking up *n*
~**schlüssel** *m* [Class] / standard form subdivision *n*
~**schneider** *m* (Holzschnitt) [Art] / block cutter *n*

Formular

Formular *n* [Off] / form sheet *n* ·
form *n* ‖ *s.a. Abfrage per Formular;
Anmeldeformular; bibliotheksinternes
Formular; Kästchen*
~**gestaltung** *f* [Off] / forms design *n*
~**satz** *m* [Off] / multiple-copy form *n* ·
multiple-part form *n*
Formzahl *f* [Class/UDC] *s. allgemeine
Ergänzungszahl der Form und Darbietung
von Dokumenten*
Forschungs|bericht *m* [Bk] ⟨DIN 31631/4;
DIN 31639/2⟩ / research report *n* ·
technical report *n*
~**bibliothek** *f* [Lib] / research library *n*
~**förderung** *f* / research promotion *n*
~**gegenstand** *m* [InfSc] / research topic *n*
~**schwerpunkt** *m* [InfSc] / research priority *n*
~**stipendiat** / research fellow *n*
~**stipendium** *n* [InfSc] / research grant *n* ·
fellowship *n*
~**urlaub** *m* [Ed] / research leave *n* ‖ *s.a.
Studienurlaub*
Forschung und Entwicklung *f* [InfSc] /
research and development *n* · (F&E:)
R&D *abbr* ‖ *s.a. ergebnisorientierte
Forschung*
Fortbildung *f* [Staff] / further education *n*
· continuing education *n* (berufliche ~:
continuing professional education)
Fortbildungs|kurs *m* [Ed] / course of
further education *n* · (Seminar:) institute *n*
~**lehrgang** *m* / course of further
education *n*
Fortdruck *m* [Prt] / production run *n* ·
running on *n*
fortlaufende Beilage *f* [Bk] ⟨DIN 31631/2⟩ /
supplementary item published serially
~ **Bibliographie** *f* [Bib] ⟨FIN 31639/2⟩ /
current bibliography *n*
~ **Erscheinungsweise** *f* [Bk; Cat] /
seriality *n*
~ **Publikation** *f* [Cat] CH ⟨ISBD(S)⟩ /
serial *n*
fortlaufender Text *m* [Writ; Prt] / running
text *n*
fortlaufende Seitenzählung *f* [Bk]
/ continuous pagination *n* ‖ *s.a.
durchlaufende Seitenzählung*
fortlaufendes Sammelwerk *n* [Cat] D ⟨DIN
1430; DIN 1502; DIN 31631/2; TGL
20972/04; ISBD(S); RAK⟩ / serial *n*
fortschreiben *v* (aktualisieren) [Gen; EDP] /
update *v*
Fortschrittsbericht *m* [Bk] / progress
report *n*

Fortsetzung 1 *f* (zu einem früher
erschienenen Roman usw.) [Bk] / sequel *n*
~ 2 *f* (Teil eines in zeitlichen Abständen
erscheinenden Romans usw.) [Bk] /
instal(l)ment *n* (ein ~sroman: a novel by/in
instalments)
Fortsetzungs|band *m* [Acq] / continuation
volume *n*
~**bestellung** *f* [Acq] / continuation order *n*
· till-forbid order *n* · standing order *n* ·
SO *abbr* ‖ *s.a. Dauerauftrag*
~**karte** *f* [Acq] / continuation card *n*
~**kartei** *f* [Acq] / continuation register *n* ·
continuation record *n*
~**werk** *n* [Bk] / continuation *n* · part
work *n* · continuing set *n* · (noch nicht
abgeschlossen:) in-progress set *n* ‖ *s.a.
mehrbändige Publikation*
~**zettel** *m* (für eine Titelaufnahme) [Cat] /
extension card *n* · continuation card *n*
Foto *n* [Repr] / photograph *n* · photo *n* ‖
s.a. Großfoto
Foto... ‖ *s.a. Photo...*
~**archiv** *n* [NBM] / photograph collection *n*
· photographic archives *pl* · photographic
library *n*
Foto|grafie 1 *f* (Fototechnik) [Repr] ⟨DIN
19040/101E⟩ / photography *n*
~**grafie** 2 *f* (fotografisches Bild) [Repr] *s.
Foto*
fotografische Empfindlichkeit *f* [Repr] *s.
Empfindlichkeit 1*
Foto|gravüre *f* [Prt] / photogravure *n* ·
heliogravure *n*
~**handsatz** *m* [Prt] / photolettering *n*
~**kopie** *f* [Repr] / photocopy *n* · (auf
fotografischem Wege hergestellt auch:)
photostat *n* ‖ *s.a. Kopie 1*
fotokopieren *v* [Repr] / photocopy *n*
Foto|kopierpapier *n* [Repr] ⟨DIN 6730⟩ /
copy paper *n* · photocopying paper *n*
~**lithographie** *f* [Prt] / photolithography *n*
fotomechanisch *adj* [Prt] /
photomechanical *adj*
Foto|montage *f* [Repr] · photomontage *n*
~**papier** *n* [Repr] / photopaper *n*
~**satz** *m* [Prt] / photocomposition *n*
· photo-typesetting *n* (im ~ setzen:
to phototypeset) · photosetting *n* ·
filmsetting *n*
~**setzgerät** *n* [Prt] / (manuell:)
phototypesetter *n*
~**setzmaschine** *f* [Prt] / photocomposing
machine *n* · photo-typesetting machine *n* ·
filmsetting machine *n*

~**stelle** *f* [OrgM] / photographic department *n*
~**thek** *f* [NBM] *s. Fotoarchiv*
~**verbuchung** *f* [RS] / photocharging *n*
Fragebogen *m* [InfSc; Off] / questionnaire *n* · questionary *n* ‖ *s.a. Formular*
~**konstruktion** *f* [InfSc] / questionnaire design *n* · questionnaire construction *n*
~**untersuchung** *f* [InfSc] / questionnaire survey *n*
Frage mit fester Antwortvorgabe *f* [InfSc] *s. geschlossene Frage*
Fragenformulierung *f* (bei der Konstruktion eines Fragebogens) [InfSc] / question phrasing *n*
Fragezeichen *n* [Writ; Prt] / interrogation mark *n* · question mark *n*
Fragmentierung *f* [EDP] / fragmentation *n*
fraktale Bibliothek *f* [Lib] / fractal library *n* (a new model for the organisational structure of a public library based upon several independent and self-controlling user-oriented organisational units and considering the principles of lean management)
Fraktur *f* [Prt] / German characters *pl* · black letter *n* · fraktur *n*
Frankiermaschine *f* [Comm] ⟨DIN 9779⟩ / franking machine *n* · stamping machine *n*
Franzband *m* / (Franzbandbuch:) a book sewn on raised cords *n* · closed-jointed book *n* · tight jointed book *n* · leather binding *n* (usually calf; with the sections sewn on raised cords and the boards snugly fitting into deep grooves)
Frauen|beauftragte *f* [Staff] / women's representative *n*
~**förderung** *f* [Staff] / advancement of women's issues *n* · furthering of women's issues *n* · promotion of positive action for women *n* ‖ *s.a. Frauengleichstellung*
~**gleichstellung** *f* [Staff] / equal opportunities for women *pl* ‖ *s.a. Chancengleichheit; Frauenförderung; Gleichbehandlung; Gleichstellungsgesetz*
~**literatur** *f* [Bk] / feminine literature *n* · feminine writing *n*
~**quote** *f* [Staff] / quota of women *n* ‖ *s.a. Quotensystem*
~**zeitschrift** *f* [Bk] / women's magazine *n*
freier Mitarbeiter *m* [Staff] / freelance(r) *n(n)*
~ **Zugang** *m* (zum Buchbestand) [RS] / open access *n*

freie Stelle [OrgM] / job opening (eine ~~ ausschreiben: to post a job opening) · vacancy *n* · job vacancy *n* ‖ *s.a. nichtbesetzte Stelle; Stellenausschreibung*
Freiexemplar *n* [Bk] / complimentary copy *n* · free copy *n* · (für den Autor:) author's copy *n* ‖ *s.a. Belegexemplar*
Freigabe *f* (von Verschlusssachen) [Arch; Bk] / declassification *n* ‖ *s.a. freigeben*
~**befehl** *m* [EDP; Comm] / enable command *n* ‖ *s.a. Quittungsfreigabe*
~**datum** *n* (für ein bisher nicht frei zugängliches Dokument) [Arch] / access date *n* ‖ *s.a. freigeben*
~**signal** *n* [EDP; Comm] / enabling signal *n*
~**-Zugriffszeit** *f* [EDP] / enable access time *n*
freigeben *v* [Comm] / release *v* · (Geheimhaltung aufgeben:) declassify *v* ‖ *s.a. freigegebenes Dokument; freischalten*
freigegebenes Dokument *n* [Arch] / declassified document *n*
Freihand|aufstellung *f* / open-access shelving *n* · open shelves *pl* · open-stack shelving *n* (Bücher in Freihandaufstellung: books on open access/on open shelves) · open-access storage *n* · open-shelf accomodation *n* ‖ *s.a. frei zugänglich sein; nicht frei zugängliche Regale*
~**bereich** *m* [Sh] / open-access area *n*
~**bestand** *m* [Stock] / open-shelf bookstock *n* ‖ *s.a. nicht frei zugänglicher Bestand*
~**bibliothek** *f* [Lib] / open-access library *n* · open-shelf library *n* · open-stack library *n*
~**buch** *n* [Stock] / open shelf book *n*
~**magazin** *n* [Sh] / open stack *n*
~**zeichnung** *f* [Art] / free-hand drawing *n*
Frei|platzverwaltung *f* [EDP] / free place administration *n* · free space administration *n*
freischalten *v* [EDP; Comm] / (aktivieren:) enable *v* · (freigeben:) release *v* ‖ *s.a. abgeschaltet*
Frei|schaltung *f* [Comm] ⟨DIN 44331V⟩ / release *n*
~**semester** *n* (eines Professors für Forschungs- und Studienzwecke) / sabbatical leave
frei stehende Regale *pl* [Sh] / free-standing stacks *pl* · free-standing bookcases *pl* · (Aufstellung in ~n ~n:) free-standing shelving *n*

freistehendes Bücherregal *n* / free-standing bookcase *n*
Frei|stempelmaschine *f* [Comm] *s. Frankiermaschine*
~stück *n* [Bk] *s. Freiexemplar*
~textsuche *f* [Retr] / free-text search(ing) *n*
Freizeit *f* [Staff] / (Zeit der Muße:) leisure time · free time *n* · (arbeitsfreie Zeit:) time off ‖ *s.a. Ausgleichsfreizeit*
~zeitbedürfnisse *pl* [RS] / leisure requirements *pl*
~lektüre *f* [Bk] / leisure reading *n* ‖ *s.a. Entspannungslektüre*
frei zugänglich sein *v* (im Freihandregal) [Sh] / to be on open access *v* · to be on open shelves *v*
Fremddaten *pl* [InfSy] / external source data *pl* · records available from external data bases *pl* · externally available records *pl*
~bank *f* [Cat] / (für die Übernahme von Katlogdaten:) resource database *n* · external database *n*
~übernahme *f* [Cat] / use of records retrieved from external data bases *n*
Fremd|finanzierung *f* [BgAcc] / outside funding *n* · external funding *n*
~katalogisierung *f* [Cat] / copy cataloguing *n* · derived cataloguing *n* · (mit Bezahlung auch:) bought-in cataloguing *n* · (an Hand einer anderen Ausgabe:) near copy cataloguing *n*
~referat *n* [Ind; Bib] ⟨DIN 1426⟩ / an abstract supplied by a person other than the author *n*
~speicher *m* [EDP] / secondary storage *n*
~sprachenkurs *m* [Ed] / foreign language course *n*
~sprachenunterricht *m* [d] / foreign language teaching *n*
fremdsprachige Äquivalenz *f* (in einem mehrsprachigen Thesaurus) [Ind] / linguistic equivalence *n* (in a multilingual thesaurus)
~ Materialien *pl* [Stock] / foreign language materials *pl*
Fremd|wort *n* [Lin] / (Lehnwort:) loan-word *n* · foreign word *n*
~wörterbuch *n* [Bk] / dictionary of foreign terms *n*
Frequenzpolygon *n* [InfSc] / frequency polygon *n*
Friedens|preis des deutschen Buchhandels *m* [Bk] / peace-prize of the German book-trade *n*

~preisträger *m* [Bk] / Peace Prize laureate *n*
Frist *f* / (Zeitraum:) period of time *n* · (Schlusstermin, Zeitgrenze:) deadline (eine ~einhalten: to meet a deadline; eine ~ setzen:to fix a deadline) · time limit *n* · (Zeitraum auch:) term *n* (Amtszeit: term of office; für die Zeit von drei Jahren: for the term of three years) ‖ *s.a. kurzfristig; langfristig; Leihfrist; Lieferfrist; mittelfristig; Termin*
~blatt *n* [RS] / date card *n* · date label *n* · date due slip *n* US · dating slip *n*
~datei *n* / date file *n* · date record *n*
fristgemäß *adj* [RS] *s. fristgerecht*
fristgerecht *adj* [RS] / in time *n* · on time · (rechtzeitig:) within the period stipulated ‖ *s.a. überfällig*
Frist|kartei *f* [TS; RS] / date file *n* (card index)
~streifen *m* (lose ins Buch gelegt) [RS] / date card *n*
~verlängerungsbescheid *n* [RS] / renew answer *n*
~zettel *m* [RS] *s. Fristblatt; Friststreifen*
Frontispiz *n* [Bk] / frontispiece *n*
Frontmaskierung *f* [Retr] / front truncation *n* · left truncation *n*
Frühdrucke *pl* / early imprints *pl* · early printed books *pl* · early prints *pl* (Datenbank für Frühe Europäische Drucke: European Hand Press Book Database <HPBDatabase>)
früherer Titel *m* [Cat] / former title *n*
Frzbd. *abbr* [Bind] *s. Franzband*
FTP-Protokoll *n* [Comm] / file transfer protocol *n*
Fuchsschwanz *m* [Bind] / tenon saw *n*
FuE *abbr* [InfSc] *s. Forschung und Entwicklung*
führende Null *f* [EDP] / leading zero *n*
Führer *m* (für Touristen usw.) [Bk] / guide(book) *n(n)* ‖ *s.a. Reiseführer*
Führung *f* (durch eine Bibliothek usw.) [RS] / guided tour *n* ‖ *s.a. Bibliotheksrundgang; Selbstführung; Tonbandführung*
Führungs|befähigung *f* [Staff] / managerial qualities *pl*
~ebene *f* [OrgM] / level of management *n*
~fähigkeiten *pl* [OrgM] *s. Führungsbefähigung*
~informationssystem *n* [KnM] / management information system *n* · executive information system *n*

~**instrument** *n* [OrgM] / managing instrument *n*
~**kraft** *f* [OrgM] / manager *n* · executive *n*
~**position** *f* [OrgM] / supervisory position *n*
~**stil** *m* / style of leadership *n* · management style *n* · pattern of leadership *n* ‖ *s.a. mitarbeiterorientierter Führungsstil*
~**verhalten** *n* [OrgM] / leadership behaviour *n*
~**zeugnis** *n* [Staff] / certificate of conduct *n*
Füll|federhalter *m* [Writ] / fountain-pen *n*
~**stoff** *m* [Pp] ⟨DIN 6730⟩ / filler *n*
~**zeichen** *n* (zum Auffüllen eines DÜ-Blocks) [Comm; EDP] ⟨DIN 44300/2; 44302⟩ / fill character *n*
Fundament *n* [BdEq] / foundation *n*
Fundamentalkategorie *f* [Class] / fundamental category *n*
Fund|büro *n* [BdEq] / lost property office
~**sachen** *pl* / lost property *n*
Fundstelle 1 *f* (eines unselbständigen Werkes) [Bib] / (das Dokument, in dem das unselbständige Werk enthalten ist:) host document *n*
~ 2 *f* (Angabe der ~ bei einem unselbständigen Werk) [Bib] ⟨RAK-UW⟩ / citation of the larger item *n* ‖ *s.a. Fundstelle 1*
~ 3 *f* (bibliographische Quelle für ein Zitat usw.) [Bib; Cat] / information source *n* · reference source *n*
~ 4 *f* (eines Exemplars im Bestand einer Bibliothek; Standort) [Cat] / location *n*
Fundstellenangabe *f* [Bk] ⟨DIN 31630/1⟩ / reference *n* · locator *n*
Fundus *m* (Bestand) [Stock] / fund *n* ‖ *s.a. Wissensbestand*
Fünfjahresschrift *f* [Bk] / quinquennial *adj/n*
fünfjährlich *adj* / quinquennial *adj/n*
Fungizid *n* [Pres] / fungicide *n*
Funk-Maus *f* [EDP] / cordless radio mouse *n*

Funktionalität [BdEq] / funcionality *n*
Funktionsanforderungen *pl* [BdEq] / functional requirements *pl*
Funktions|anzeiger *m* [Ind] / role indicator *n*
~**bezeichnung** *f* [Cat] / designation of function *n*
~**diagramm** *n* / action chart *n*
~**einheit** *f* [EDP; BdEq] ⟨DIN 44300/1⟩ / functional unit *n*
~**indikator** *m* [Ind] *s. Funktionsanzeiger*
~**taste** *f* (auf einer Tastatur) [EDP] / feature key *n* · function key *n*
Furchenschrift *f* [Writ] / boustrophedon writing *n*
Fürstenbibliothek *f* [Lib] / princely library *n*
Fuß *m* (Standfläche einer Drucktype) [Prt] / feet *pl*
Fußboden *m* [BdEq] / floor *n*
~**belag** *m* [BdEq] / floor covering *n*
Fuß|note *f* [Cat] ⟨DIN 16514⟩ / footnote *n* · note *n* ‖ *s.a. Zone für Fußnoten*
~**notenzeichen** *n* [Prt; Writ] / footnote symbol *n*
~**rille** *f* (einer Drucktype) [Prt] / groove *n*
~**schalter** *m* [Repr] / foot operated switch *n*
~**schnitt** *m* [Bind] / lower edge *n* · tail edge *n*
~**steg** *m* [Prt] / bottom margin *n* · lower margin *n* · tail (margin) *n*
~**stütze** *f* [BdEq] / footrest *n*
~**titel** *m* (einer Karte) [Cart] ⟨DIN 31631/2⟩ / map title below the border
~**zeile** *f* [Prt] / footline *n* · running foot *n* · footer *n*
füttern *v* [Bind] / line *v* · (polstern:) pad *v* ‖ *s.a. gefütterter Einband*
Futura *f* [Prt] / futura *n*
Fuzzy-Inferenz *f* [KnM] / fuzzy inference *n*
Fuzzy-Schließen *n* [KnM] / fuzzy reasoning *n*

G

Galerie *f* [BdEq] / gallery *n* ‖ *s.a. Empore*
Galvano *n* [Prt] / electrotype *n* · electro *n*
Gamma|einstellung *f* [ElPubl] / gamma adjustment *n*
~**-Korrektur** *f* (Bildverarbeitung) [ElPubl] / gamma correction *n*
~**wert** *m* [ElPubl] / gamma *n*
Gang *m* [BdEq] / aisle *n* · (zwischen zwei Regalreihen:) range aisle *n* · stack aisle *n* ‖ *s.a. Hauptgang; Mittelgang*
~**breite** *f* [BdEq] / aisle width *n*
Gänsefüßchen *pl* [Writ; Prt] / inverted commas *pl* · quotes *pl*
Ganz|band *m* [Bind] / full binding *n*
~**bild** *n s. Vollbild*
ganze Zahl *f* [InfSc] / integer *n*
Ganz|gewebe(ein)band *m* [Bind] / cloth binding *n* · full cloth *n*
~**gewebe-Verlagseinband** *m* [Bind] / publisher's cloth *n*
~**goldschnitt** *m* [Bk] / all edges gilt *pl* · (Kurzbezeichnung:) full-gilt
Ganz|lederband *m* [Bind] / full leather binding *n*
~**leinen** *n* [Bind] *s. Ganzgewebe(ein)band*
~**leinen(ein)band** *m* [Bind] *s. Ganzgewebe(ein)band*
~**leinwand** *f* [Bind] *s. Ganzleinen*
~**seitenanzeige** *f* [EDP/VDU] / full-screen display *n*
~**stoff** *m* [Pp] / whole-stuff *n* · pulp *n*

~**tafel** *f* [Bk] / full-page plate *n*
~**tagsbeschäftigter** *m* [Staff] *s. Ganztagskraft*
~**tagsbeschäftigung** *f* [Staff] / full-time appointment *n*
~**tagskraft** *f* [Staff] / full-time employee *n* ‖ *s.a. Halbtagskraft*
~**tagsschule** *f* [Ed] / all-day school *n* · full-time school *n*
~**tagsstelle** *f* [Staff] / full-time position *n*
~**zeug** *n* [Pp] / pulp *n*
Garantie *f* [Law] / (Gewähr:) warrant *v/n* · guarantee *v/n* (es hat 2 Jahre Garantie: it's got two years' guarantee)
~**anspruch** *m* [Law] / warranty claim *n*
~**ausschluss** *m* [Law] / disdainer of warranties *n*
garantieren *v* [Law] / guarantee *v/n* · (gewährleisten:) warrant *v/n* (5 Jahre Garantie: warranted for five years)
Garantieschein *m* / guarantee *v/n*
Garderobe *f* [BdEq] / cloakroom *n* · checkroom *n US* ‖ *s.a. Taschen- und Mäntelablage*
Garderoben|schrank *m* [BdEq] / wardrobe cabinet *n*
~**ständer** *m* [BdEq] / coat-rack *n*
Garnitur *f* [Prt] *s. Schriftgarnitur*
gasförmiges Desinfektionsmittel *n* [Pres] / fumigant *n*
Gastdozent *m* [Ed] / visiting lecturer *n*

Gästebuch *n* [Gen] / visitors' book *n* ·
guestbook
Gast|land *n* (einer internationalen Tagung)
[OrgM] / host country *n*
~**vorlesung** *f* [Ed] / guest lecture *n*
~**vortrag** *m* [Ed] / guest lecture *n*
~**wissenschaftler** *m* [RS] / visiting
scholar *n*
~**zugang** *m* [InfSy] / access for guests *n*
Gattung-Art-Beziehung *f* [Class; Ind] ⟨TGL
RGW 174⟩ / generic relation *n* · genus-
species relation *n*
Gattungs|begriff *m* [Cat; KnM] /
(Wissenspräsentation:) generic concept *n*
· (im Titel einer Veröffentlichung:) generic
term *n* · (zur näheren Bezeichnung des
Inhalts eines Buches:) genre term
~**katalog** *m* [Cat] / genre catalogue *n*
~**kauf** *m* [Acq] / purchase by description *n*
· purchase of fungible goods *n* · purchase
of unascertained goods *n*
~**name** *m* [Lin] / generic name *n*
Gaube *f* [BdEq] / dormer (window)
gaufrieren *v* [Bind] / goffer *v* · gauffer *v*
Gaußverteilung *f* [InfSc] / Gaussian
distribution *n* ‖ *s.a. Normalverteilung*
Gaze *f* [Bind] *s. Heftgaze*
GBG *abbr* [Comm] *s. geschlossene
Benutzergruppe*
geb. *abbr* [Bind] *s. gebunden*
Gebäude *n* [BdEq] / building *n* ‖ *s.a.
Mehrzweckgebäude*
~**abschreibung** *f* [BgAcc] / building
depreciation *n*
~**plan** *m* [BdEq] / locational display *n* ‖
s.a. Stockwerksplan; Wegweiser
~**unterhaltung** *f* [BdEq] / building
maintenance *n*
~**verwaltung** *f* [BdEq] *s. Gebäudeunterhal-
tung*
gebender Leihverkehr *m* [RS] ⟨DIN 1425⟩
/ lending function in inter-library loan *n*
Geber *m* [Acq] / donor *n*
Gebetbuch *n* [Bk] ⟨RAK-AD⟩ / prayer
book *n*
Gebiets|ausgabe *f* (einer Zeitung) [Bk] *s.
Bezirksausgabe*
~**körperschaft** *f* [Adm; Cat] / territorial
authority *n* · (AACR2) government *n* ·
(auf lokaler Ebene:) local authority *n* ‖
*s.a. Organ einer Gebietskörperschaft;
sekundäre Gebietskörperschaft*
~**lagekarte** *f* [Cart] / chorological map *n*
~**stufenkarte** *f* [Cart] / choropleth map *n*
Gebläse *n* [BdEq] / fan *n/v*

gebleicht *pp* [Bk] / bleached *pp* ·
(verblasst:) faded *pp*
geblockter Datensatz *m* [EDP] *s. geblockter
Satz*
~ **Satz** *m* [EDP] ⟨DIN 66010⟩ / blocked
record *n*
Gebot *n* [Acq] / bid *n* ‖ *s.a. Höchstgebot;
Schlussgebot*
Gebrauch *m* / use *v/n*
gebrauchen *v* / use *v/n*
gebräuchlicher Name *m* (einer Person)
[Cat] / predominant name *n*
gebräuchlichste Bezeichnung *f* [Ind] / most
common term *n*
Gebrauchs|anleitung *f* / use instruction *n* ·
directions for use *pl*
~**anweisung** *f* [BdEq] *s. Gebrauchsanlei-
tung*
~**bibliothek** *f* / library for use
~**einband** *m* [Bind] / binding suitable for
frequent use
gebrauchsfleckig *adj* [Bk] / stained through
use *pp*
Gebrauchs|grafik *f* [Art] / commercial art *n*
~**muster** *n* [Law] ⟨DIN 31631/2⟩ / utility
model *n*
~**spuren** *pl* [Bk] / marks of use *pl* · traces
of use *pl*
gebräunt *pp* [Bk] / browned *pp*
gebrochener Rücken *m* (Buch mit
gebrochenem Rücken) [Bind] / hand-bound
book with French joints
Gebühr *f* [BgAcc] / fee *n* (~en
erheben: to levy charges) · (Entgelt:)
charge *n* ‖ *s.a. Anmeldegebühr;
Anschlussgebühr; Ausleihgebühr;
Bearbeitungsgebühr; Benutzungsgebühr;
Einheitsgebühr; Entgelt; Gesamtgebühr;
Jahresgebühr; kostendeckende Gebühren;
Leihgebühr; Lizenzgebühr; Mahngebühr;
Mindestgebühr; Nutzungsgebühr;
Postgebühr(en); Schutzgebühr;
Teilnahmegebühr; Versäumnisgebühr;
zusätzliche Gebühr*
Gebühren|einheit *f* [Comm; BgAcc] ⟨DIN
44133/V⟩ / unit fee *n*
~**erfassung** *f* [BgAcc] ⟨DIN 44331V⟩ /
charging *n*
gebührenfreie Dienstleistung *f* [RS] / free
service *n*
~ **Lizenz** *f* [BgAcc] / royalty-free licence
Gebühren|information *f* [BgAcc] / charging
information *n*
~**ordnung** *f* [BgAcc] / fee schedule *n* ·
scale of charges *n*

gebührenpflichtig *adj* [BgAcc] / payment required *n* · chargeable *adj* · billable *adj* · subject to a charge *adj*
gebührenpflichtige bibliothekarische Dienstleistung *f* [BgAcc] / charged (for) library service *n* · fee-based library service *n*
gebührenpflichtiger Bestand *m* / rental collection *n*
Gebührenzone *f* [Comm; BgAcc] ⟨DIN 44331V⟩ / metering zone *n*
gebunden *pp* [Bind] / bound *pp* · (mit Einbanddecke versehen:) cased *pp* ‖ *s.a. fester Einband*
gebundene Ausgabe *f* [Bind] / bound edition *n* · hard-cover edition *n* · hardback edition *n* ‖ *s.a. Broschur*
gebundenes Buch *n* [Bind] / hardback(ed book) *n(n)*
gebundenes Schlagwort *n* [Cat] ⟨DIN 31631/2⟩ / subject heading *n* (taken from a subject authority file) ‖ *s.a. ungebundenes Schlagwort*
Gedankenstrich *m* [Writ; Prt] / dash *n* · (Druck:) em dash *n* · em rule *n* ‖ *s.a. Bindestrich; Gedankenstrich; Schrägstrich*
Gedenkschrift *f* [Bk] / memorial volume *n* · commemorative publication *n* ‖ *s.a. Festschrift*
Gedicht *n* [Bk] / poem *n*
gefährdeter Bestand *m* [Stock] / high-risk collection *n*
Gefährdungszustand *m* [Pres] / at-risk state *n*
gefalzte Beilage *f* [Bk] / pullout *n* · gatefold *n* · fold-out *n* · throw-out *n* ‖ *s.a. ausklappbares Faltblatt*
Gefängnisbibliothek *f* [Lib] / correctional library *n* · prison library *n* · jail library *n*
gefeierte Persönlichkeit *f* (in einer Festschrift usw.) [Cat] / person honoured *n*
geflickt *pp* [Pres] / mended *pp* · patched *pp*
Gefrier|trocknung *f* [Pres] / freeze drying *n*
~trocknungsanlage *f* [Pres] / freeze-dryer *n*
gefütterter Einband *m* [Bind] / padded binding *n*
gefütterter Umschlag *m* [Off] / padded envelope *n*
Gegen|begriff *m* [Ind] / antonym *n*
~betrieb *m* [Comm] ⟨DIN 44302⟩ / duplex transmission *n*
~marke *f* [Bk] *s. Gegenzeichen*
~satzbeziehung [Ind] *s. Gegensatzrelation*
~satzrelation *f* [Ind] / antonymic relation *n*

gegenseitige Verweisung *f* [Cat] / reciprocal reference *n*
Gegen|sprechanlage *f* [Comm] / intercom(munication) system *n*
~stand 1 *m* [NBM] ⟨ISBD(NBM)⟩ / object *n*
~stand 2 *m* / (eines Dokuments:) subject *n* ‖ *s.a. Forschungsgegenstand*
~zeichen *n* (kleines zusätzliches Wasserzeichen) [Pp] *s. Nebenmarke*
gegenzeichnen *v* [Writ] / countersign *v*
gegilbt *pp* [Bk] / yellowed *pp*
geglättetes Leder *n* [Bind] / crushed leather *n*
gegossen *pp* [Pp] ⟨DIN 6730⟩ / curtain coated *pp*
Gehalt *n* [Staff] / salary *n* ‖ *s.a. Anfangsgehalt; Nettogehalt*
Gehalts|empfänger *m* [Staff] / salaried employee *n*
~erhöhung *f* [Staff] / salary increase *n*
~fortzahlung *f* [Staff] / continued payment of salary *n*
~gruppe *f* [Staff] / class of pay *n* · salary class *n*
~liste *f* [BgAcc] / payroll *n*
~niveau *n* [Staff] / salary level *n*
~vereinbarung *f* / salary agreement
~vorschuss *m* [Staff] / salary advance *n* · advance *n* (on one's salary)
~zulage *f* [Staff] *s. Gehaltserhöhung*
geheftet *pp* [Bind] / stitched *pp* · sewn *pp* ‖ *s.a. broschiert*
Geheim|dokument *n* [Bk] / secret document *n* · classified document *n* (classified as secret) ‖ *s.a. freigeben; Verschlusssache*
~druckerei *f* [Prt] / clandestine press *n* · secret press *n* ‖ *s.a. Untergrunddruckerei*
~haltungsgrad *m* [Arch; Bk] ⟨DIN 31631/2⟩ / level of security classification *n*
~schrift *f* [Writ] / cryptography *n*
gehobener Dienst *m* [Staff] / upper (level) service *n* (second highest level in the German civil service)
gehobene Stelle *f* [Staff] / higher-level position *n* · advanced-level position
Gehrung *f* [Bind] / mitering *n*
Geistertitel *m* [Bk] / bibliographical ghost *n* · ghost (edition) *n*
Geisteswissenschaften *pl* / humanities *pl*
geistiges Eigentum *n* [Law] / intellectual property *n* ‖ *s.a. Urheberrecht*
gekachelte Fenster *pl* [EDP/VDU] / tiled windows *pl*

gekettete Kommandos *pl* [Retr] *s.*
  gestaffelte Kommandos
geklammerte Einfügung *f* (in einer
  Titelaufnahme) [Cat] / (in eckigen
  Klammern:) bracketed interpolation *n*
geklebt *pp* [Pp] ⟨DIN 6730⟩ / pasted *pp*
geklebte Pappe *f* [Bind] / pasteboard *n*
gekürzte Ausgabe *f* [Bk] / condensed
  edition *n* · abridged edition *n*
Gelände *n* (einer Bibliothek) [BdEq] *s.*
  Bibliotheksgelände
Gelände|kroki *n* [Cart] / field sketch *n*
  ~modell *n* [Cart] / relief model *n*
Gelatine *f* [Pres] / gelatin(e) *n*
gelbe Seiten *pl* (eines Telefonbuchs) [Bk] /
  yellow pages *pl*
gelbfleckig *adj* [Bk] / foxed *pp* ∥ *s.a.*
  angegilbt
Geld|anweisung *f* [BgAcc] / money order *n*
  ∥ *s.a. Zahlungsanweisung*
  ~automat *m* [BgAcc] / cash dispenser *n*
  ~geber *m* [BgAcc] / funding agent *n* ·
    (Institution:) funding agency *n* · funding
    body
  ~preis *m* (mit einem Geldbetrag
    ausgestattete Belohnung einer Leistung)
    [BgAcc] / (zur Barauszahlung:) cash
    prize *n* · monetary prize *n*
  ~wechselgerät *n* [BdEq] / change
    machine *n*
Gelegenheitsschrift *f* [Bk] ⟨RAK-AD⟩ /
  occasional writing *n*
Gelehrsamkeit *f* / scholarship *n*
gelehrt *pp* [InfSc] / learned *adj*
gelehrte Gesellschaft *f* / learned society *n*
Gelehrtenlexikon *n* [Bk] / biographical
  dictionary of scientists *n*
Gelehrter *n* / (Wissenschaftler:) scientist *n* ·
  scholar *n* (learned person)
geleimt *pp* [Pp] ⟨DIN 6730⟩ / sized *pp* ∥
  s.a. geklebt; ungeleimt
geleimtes Papier *n* [Pp] ⟨DIN 6730⟩ / sized
  paper *n* ∥ *s.a. oberflächengeleimtes Papier*
Geleitwort *n* [Bk] / prefatory remarks to a
  book by someone other than the author
Gelenk *n* [Bind] / hinge *n* · joint *n*
Gelenkfalz *m* [Bind] / hinge *n* · French
  joint *n*
gelumbeckt *pp* [Bind] / adhesive-bound *pp* ·
  perfect-bound *pp*
Gemälde [Art] / painting *n* · (auf
  Leinwand:) canvas *n*
Gemeinde *f* (Kommune) [Adm] /
  municipality *n*
  ~archiv *n* [Ach] / local archives *pl*

~bücherei 1 *f* (Bücherei einer
  Kirchengemeinde) [Lib] / parish library *n* ·
  parochial library *n*
~bücherei 2 *f* (Bücherei einer
  Landgemeinde) [Lib] / library of a rural
  community *n* ∥ *s.a. Dorfbibliothek;
  kommunale (öffentliche) Bibliothek*
~verwaltung *f* [Adm] / local government *n*
  · local authorities *pl*
gemeinfreies Werk *n* [Bk; Law] / work in
  public domain *n*
Gemeinkosten *pl* [BgAcc] / overheads *pl* ·
  overhead cost(s) *pl*
gemeinsame Arbeitsgruppe *f* [OrgM] / joint
  working group *n*
~ Datennutzung *f* [InfSy; KnM] / data
  sharing *n*
Gemeinsame Körperschaftsdatei *f* (GKD)
  [Cat] *s. Körperschaftsdatei*
gemeinsamer Sachtitel *m* [Bk; Cat] /
  collective title *n*
~ Teil eines Hauptsachtitels *m* [Cat]
  ⟨ISBD(S)⟩ / common part of title proper *n*
gemeinsam genutzte Datenbank *f* / shared
  database *n*
~ genutztes Wissen *n* [KnM] / shared
  knowledge *n*
~ genutzte Wissensbasis *f* [KnM] /
  knowledge pool *n*
gemeinschaftliches Werk *n* [Cat] / work
  produced by the joint collaboration of two
  or more authors ∥ *s.a. Mehrverfasserschaft*
gemeinschaftliche Veröffentlichung *f* [Bk] /
  joint publication *n*
Gemeinschafts|aufgabe *f* [OrgM] / joint
  task *n*
  ~ausgabe *f* [Bk] / co-published edition *n*
    · co-edition *n* · joint edition *n* ·
    (Koproduktion:) coproduction *n*
  ~patent *n* / community patent *n*
  ~projekt *n* [OrgM] / joint project *n*
  ~unternehmen *n* [OrgM] / joint
    venture *n* ∥ *s.a. bibliothekarisches
    Gemeinschaftsunternehmen*
  ~verlag *m* [Bk] / joint publishers *pl*
Gemein|sprache *f* [Lin] / ordinary
  language *n* · plain language *n*
  ~wesenanalyse *f* [Lib] / community
    analysis *n*
gemessenes Format *n* (eines Buches) [Bk]
  s. Messformat
gemischte Notation *f* [Class] / mixed
  notation *n*
gemischter Satz *m* [Prt] / mixed matter *n* ·
  mixed composition *n*

gemustert 96

gemustert *pp* [Bind] / patterned *pp*
genarbt *pp* [Bind] / grained *pp* ‖ *s.a.*
feingenarbtes Leder; grobgenarbtes Leder; Narbe
genaue Äquivalenz *f* (bei einem mehrsprachige Thesaurus) [Ind] ⟨DIN 1463/2⟩ / exact equivalence *n*
Genauigkeit *f* [Retr] / accuracy *n*
Genauigkeits|grad *m* [InfSc] / degree of accuracy *n*
~**prüfung** *f* [Retr] / accuracy check *n*
Genehmigung *f* [Gen; InfSy] / (Lizenz:) licence *n* Brit · license *n* US · (Berechtigungszuweisung:) authorization *n* · (Billigung; Zustimmung:) approval *n* (~ der Tagesordnung:approval of the agenda) ‖ *s.a.* Anschlussgenehmigung; Aufenthaltserlaubnis; Baugenehmigung
General|adresse *f* [Comm] ⟨DIN/ISO 3309⟩ / all-station address
~**direktion** *f* [Adm] / directorate-general *n*
~**direktor** *m* [Staff] / director-general *n* · general manager *n*
Generalia *pl* [Class] / generalia class *pl* · general works *pl*
Generalisierungsbeziehung *f* [KnM] / is-a relation *n*
General|register *n* [Ind] / consolidated index *n* ‖ *s.a.* kumulierendes Register
~**versammlung** *f* [OrgM] / general assembly *n*
Generation *f* [Repr] ⟨ISO 6196/1⟩ / generation *n*
Generator *m* [EDP] ⟨DIN 44300/4⟩ / generator *n* ‖ *s.a.* Zufallszahlengenerator
generieren *v* [EDP] / generate *v*
Generierung *f* / generation *n*
generische Beziehung *f* [Ind] *s. generische Relation*
~ **Relation** *f* [Ind; Class] ⟨DIN 1463/1E; DIN 32705E⟩ / generic relation *n* · genus-species relation *n*
Genrebild *n* [Art] / genre (painting) *n*
Genus *n* [Ind; Class] / genus *n*
Genus-species-Beziehung *f* [Ind; Class] ⟨DIN 32705⟩ / genus-species relation *n* · generic relation *n*
geographische Breite *f* [Cart] / latitude *n*
~ **Länge** *f* [Cart] / longitude *n*
geographischer Katalog *m* [Cat] / geographic catalogue *n*
~ **Schlüssel** *m* [Class] / standard geographic subdivision *n* · geographic subdivision *n* · (Unterteilung nach Orten:) place subdivision *n* · local subdivision *n*

geographisches Schlagwort *n* [Cat] ⟨DIN 31631/2⟩ / geographic heading *n* · (als Unterschlagwort:) geographic subdivision *n*
geplatzt *pp* [Bind] / burst *v/pp* · cracked *pp*
geprägt *pp* [Pp] ⟨DIN 6730⟩ / embossed *pp*
gerader Rücken *m* [Bind] / flat back *n* · square back *n* ‖ *s.a.* Einband mit geradem Rücken
gerade Seitenzählung [Bk] *s. gerade Zählung*
~ **Zählung** *f* [Bk] / (eine Seite mit ~r ~:) an even-numbered page *n*
geradnarbiges Leder *n* [Bind] / straight-grain leather *n*
Gerät *n* [BdEq] / device *n*
Geräte *pl* [BdEq] / equipment *n* ‖ *s.a.* Eingabegerät
~**adresse** *f* [EDP; BdEq] / device address *n*
~**lagerraum** *m* [BdEq] / equipment storage room *n*
~**steuerung** *f* [BdEq] / device control *n*
~**steuerzeichen** *n* [EDP; BdEq] ⟨DIN 44300/2⟩ / device control character *n*
~**treiber** *m* [EDP] / device driver *n*
Geräuschpegel *m* [BdEq] / noise level *n* ‖ *s.a.* Senkung des Geräuschpegels
~**minderung** (f) [NBM] / noise reduction *n*
~**senkung** *f* [NBM] *s. Geräuschpegelminderung*
gerben *v* [Bind] / tan *v*
Gerbstoff *m* [Bind] / tannin *n*
Gerbung *f* [Bind] / tanning *n*
gereinigte Ausgabe *f* [Bk] *s. bereinigte Ausgabe*
Gerichts|bibliothek *f* [Lib] / court library *n*
~**veröffentlichung** *f* [Bk] / judicial publication *n*
geripptes Papier *n* [Pp] / laid paper *n* · ribbed paper *n*
gerissen *pp* [Bk] / torn *pp*
gerufene Station *f* [Comm] ⟨DIN 44302⟩ / called station *n*
gesammelte Werke *pl* [Bk] / collected works *pl* · collected edition *n* ‖ *s.a.* Gesamtausgabe
Gesamt|aufnahme *f* [Cat] / comprehensive entry *n*
~**ausgabe** *f* (der Werke eines Autors) [Bk] / complete edition *n* · complete works *pl*
~**bestand** *m* [Stock] / entire stock *n*
~**betrag** *m* (einer Rechnung) *s. Rechnungsgesamtbetrag*
~**beurteilung** *f* [Ed] / overall assessment *n* ‖ *s.a. Gesamtnote*

~**erhebung** *f* [InfSc] / census *n* · total survey *n*
~**gebühr** *f* [BgAcc] / inclusive charge *n*
~**grundfläche** *f* (eines Gebäudes) [BdEq] / total floor area *n*
~**hochschule** *f* [Ed] / comprehensive university *n*
~**katalog** *m* [Cat] / union catalogue *n*
~**kosten** *pl* [BgAcc] / overall cost(s) *n(pl)*
~**leistung** *f* [OrgM] / overall performance *n*
~**menge** *f* / total set *n*
~**note** *f* [Ed] / overall mark *n*
~**register** *n* [Ind] / consolidated index *n* ‖ *s.a. Jahresregister; kumulierendes Register*
~**schlagwort** *n* [Cat] / subject heading *n*
~**struktur** *f* [Gen] / overall structure *n*
~**system** *n* (eines aus mehreren Zweigstellen bestehenden städtischen Bibliothekssystems) [Lib] / consolidated system *n*
~**titel** 1 *m* (im allgemeinen) [Cat] ⟨DIN 31632/2⟩ / collective title *n* · common title *n* ‖ *s.a. Zone für die Gesamttitelangabe*
~**titel** 2 *m* (bei Schriftenreihen und Unterreihen) [Cat] ⟨RAK⟩ / series title *n*
~**titelangabe** *f* (bei Schriftenreihen und Unterreihen) [Cat] ⟨ISBD(M; A; S; PM)⟩ / series statement *n*
~**verantwortung** *f* [OrgM] / terminal responsibility *n*
~**verzeichnis** *n* [Cat] / union list *n*
~**werk** *n* [Cat] / set *n* · comprehensive item *n*
~**zahl** *f* [RS] / overall number *n*
~**zeitschriftenverzeichnis** *n* [Cat] / union catalogue of periodicals *n* · union list of serials *n*
~**zufriedenheit** *f* [InfSc] / overall satisfaction *n*
Gesangbuch *n* [Bk] ⟨RAK-AD⟩ / hymn-book *n* · hymnal *n*
Gesangspartitur *f* [Mus] / vocal score *n*
Geschäfts|bedarf *m* [Off] / supplies *pl* ‖ *s.a. Verbrauchsmaterialien*
~**bedingungen** *pl* [OrgM] / terms of trade *pl*
~**bericht** *m* (einer Firma, jährlich erscheinend) [Bk] ⟨DIN 31631/4⟩ / annual report *n* (of a company)
~**brief** *m* [Off] / business letter *n*
~**buch** *n* [Arch; OrgM] / (Buch mit allen Geschäftsvorfällen:) ledger · (Archiv:) register *n* ‖ *s.a. Rechnungsbuch*
~**bücher-Papier** *n* [Pp] / ledger paper *n*

geschäftsführender Vorstand *m* [OrgM] / executive board *n*
Geschäfts|führer *m* / managing director *n*
~**gang** *m* (der Buchbearbeitung) [TS] / book processing *n* (im Geschäftsgang: in process) ‖ *s.a. Buchdurchlaufzeit; im Geschäftsgang; integrierter Geschäftsgang*
~**gangsabteilung** *f* [TS; OrgM] / processing department *n*
~**ordnung** *f* [OrgM] ⟨DIN 31631/4⟩ / standing orders *pl* · standing rules *n* · rules (of procedure) *pl*
~**schrift** *f* [Writ] / court hand *n*
~**verteilung** *f* [OrgM] / distribution of responsibilities *n*
~**verteilungsplan** *m* / schedule of responsibilities *n* ‖ *s.a. Aufgabenverteilung*
~**zeiten** *pl* [OrgM] / business hours *pl*
~**zimmer** *n* [OrgM] / secretarial office *n*
Geschenk *n* [Acq] / gift *n* (ein als Geschenk erbetenes oder überreichtes Exemplar: complimentary copy)
~**abonnement** *n* [Acq] / complimentary subscription *n*
~**ausgabe** *f* [Bk] / gift edition *n*
~**buch** *n* [Bk] / gift book *n*
~**exemplar** *n* [Acq] / complimentary copy *n* · gift copy *n* ‖ *s.a. Widmungsexemplar*
~**gutschein** *m* [PR] / gift voucher *n*
~**journal** *n* [Acq] / donation book *n*
~**- und Tauschstelle** *f* [OrgM] / gift and exchange department *n*
geschichtete Stichprobe *f* [InfSc] / stratified sample *n* ‖ *s.a. Schichtung*
Geschicklichkeitsspiel *n* [NBM] / skill game *n*
geschlossene Benutzergruppe *f* [EDP] / closed user group *n*
geschlossene Frage *f* (in einem Fragebogen) [InfSc] / closed question *n* · fixed-alternative question *n* ‖ *s.a. offene Frage*
geschlossenes Magazin *n* [Stock; OrgM] / closed stack(s) *n(pl)*
geschlossene Teilnehmerbetriebsklasse [EDP] *s. geschlossene Benutzergruppe*
geschlüsselter Katalog *m* [Cat; Class] / a catalogue using standard subdivisions ‖ *s.a. Schlüsselung*
Geschoss *n* [BdEq] / stor(e)y *n* · floor *n* ‖ *s.a. ebenerdig sein; eingeschossig; Erdgeschoss; mehrgeschossig; Tiefgeschoss; Untergeschoss; Zwischengeschoss*
~**höhe** *f* [BdEq] / floor height *n*

Geschossplan

~**plan** *m* [BdEq] / floor-plan chart *n*
geschützter Speicherbereich *m* [EDP] ⟨DIN 44300/6⟩ / protected location *n* · protected storage area *n* ‖ *s.a. Speicherschutz*
~ **Speicherplatz** *m* [EDP] / isolated location *n* · protected location *n*
geschütztes Feld *n* [EDP] / protected field *n*
geschweifte Klammer *f* [Writ; Prt] / brace *n* · bow bracket *n*
Gesellschafts|schrift *f* [Bk] ⟨RAk-AD⟩ / association publication *n* · society publication *n*
~**spiel** *n* [NBM] / social game *n*
Gesetz|blatt *n* [Bk; Law] / law gazette *n*
~**buch** *n* [Bk; Law] / code *n*
~**entwurf** *m* [Law] / draft law *n* · (Gesetzesvorlage:) bill *n*
Gesetzes|sammlung f [Bk; Law] ⟨RAK-AD⟩ / statute book *n* ‖ *s.a. Gesetzbuch*
~**vorlage** *f* / bill *n* (draft of a proposed law)
~**vorschlag** *m* [Law] s. *Gesetzesvorlage*
Gesetzgebung *f* [Law] / legislation *n*
gesetzliche Anforderungen *pl* [OrgM; Law] / statutory requirements *pl*
~ **Krankenversicherung** *f* [Staff; Law] / compulsory health insurance *n*
gespaltene Preise *pl* [Acq] / dual pricing · (das Verfahren, ~~festzulegen:) differential pricing
gesperrte Datei *f* [InfSy] / unauthorized file *n*
gesperrter Druck *m* [Prt] / spaced type *n*
gesperrt gedruckt *pp* [Prt] / letter-spaced *pp* · spaced out *pp*
Gesprächs|partner *m* [Gen; Cat] / participant *n* (in an exchange of views)
~**termin** *n* / appointment *n* (for a talk)
gesprochene Interaktion *f* [EDP] / voice interaction *n*
gestaffelt anschaffen *v* [Acq] / acquire multicopies *v*
gestaffelte Kommandos *pl* [Retr] / stacking commands *pl*
gestaffelte Preisbildung *f* [Bk] / differential pricing ‖ *s.a. Staffelpreis*
gestaffeltes Fenster *n* [EDP/VDU] / tiling *n* · cascade window *n* · staggered window *n*
~ **Menü** *n* [EDP] / cascading menu *n*
gestalten *v* [Bk] / design *n/v*
Gestaltung *f* / design *n/v* ‖ *s.a. grafische Gestaltung*
Gestell *n* [BdEq] / rack *n*
gestickter Einband *m* [Bind] s. *Stickereieinband*

98

gestochener Text [Prt] / engraved text *n*
gestrichenes Papier *n* [Pp] / surface paper *n* · coated paper *n* ‖ *s.a. beschichtetes Papier; doppelseitig gestrichenes Papier; heiß gestrichenes Papier; maschinengestrichenes Papier; ungestrichen*
Gesundheitsbuch *n* [Bk] / health guide *n* · doctor book *n* · medical adviser *n*
geteilter Bildschirm *m* [EDP/VDU] / split screen *n*
~ **Katalog** *m* [Cat] / divided catalogue *n*
Getränkeautomat *m* [BdEq] / beverage machine *n* ‖ *s.a. Verkaufsautomat*
getrennte Zählung *f* [Cat] ⟨RAK⟩ / (Blattzählung:) various foliations *pl* · (Seitenzählung:) various pagings *pl*
Gewebe *n* [Bind] / fabric *n* · (feines ~:) tissue *n*
~**band** *m* [Bind] / cloth binding *n* ‖ *s.a. biegsamer Gewebeband; Einbandgewebe; Ganzgewebe(ein)band; Halbgewebeband; steifer Gewebeband*
~**imitation** *f* [Bind] / imitation cloth *n*
~**rücken** *m* [Bind] / cloth back *n*
gewellt *pp* [Pres] / corrugated *pp* ‖ *s.a. wellig*
gewerblicher Rechtsschutz *m* [Law] / protection of industrial property *n*
Gewerkschaftsbibliothek *f* [Lib] / trade-union library *n*
gewichten *v* [InfSy] / weight *v*
gewichtete Daten *pl* [InfSc] / weighted data *pl*
Gewichtungsfaktor *m* [InfSc; Retr] / weighting factor *n*
Gewinn *m* [BgAcc] / profit *n* ‖ *s.a. Nettogewinn*
gewöhnlich gebrauchter Name *m* [Cat] / conventional name *n* · predominant name *n*
gezählte Reihe *f* [Bk; Cat] / numbered series *n*
~ **Seite** *f* [Bk] / numbered page *n* ‖ *s.a. ungezählte Seiten*
gießen *v* [Prt] / cast *n*
Gieß|form *f* [Prt] / casting mould *n*
~**instrument** *n* [Prt] / casting instrument *n*
~**maschine** *f* [Prt] / caster *n* · casting machine *n* ‖ *s.a. Zeilensetz- und -gießmaschine*
gilbfleckig *adj* [Bk] s. *gelbfleckig*
Gitter *n* [Cart] / grid
~**netz** *n* [Cart] s. *Gitter*
GK *abbr* [Cat] s. *Gesamtkatalog*

GKD *abbr* [Cat] *s.* Gemeinsame Körperschaftsdatei
Glanz|folie *f* [Bind] / polished foil *n* · glossy foil *n*
~papier *n* [Pp] ⟨DIN 6730⟩ / glazed paper *n* · glossy paper *n* ‖ *s.a.* Hochglanzpapier
~schnitt *m* [Bind] / burnished edge(s) *n(pl)*
Glas|baustein *m* [BdEq] / glass brick *n*
~faserkabel *n* [Comm] / fibre glass cable *n* Brit · fibre optic cable *n* Brit
~faserkommunikation *f* [BdEq] / optical waveguide communication *n*
~fasernetz *n* [Comm] / glass fibre network *n* · optical fibre network *n*
glatt beschneiden *v* [Bind] / cut flush *v/pp*
Glätte *f* [Pp] / smoothness *n*
glätten 1 *v* [Bind] / burnish *v* ‖ *s.a.* geglättetes Leder
~ 2 *v* (Papier ~) [Pp] / glaze *v* · (kalandrieren:) supercalender *v* ‖ *s.a.* ungeglättetes Papier
glatter Rücken *m* [Bind] / flat back *n*
~ Satz *m* [Prt] / straight matter *n* · text matter *n*
~ Schnitt *m* [Bind] / cut edge(s) *n(pl)* · smoothed edge(s) *n(pl)*
Glätt|kolben *m* [Bind] / polishing iron *n* · polisher *n*
~zahn *m* [Bind] / tooth burnisher *n*
Gleichbehandlung *f* (von Frauen und Männern) [Law] / equal treatment (of men and women) ‖ *s.a.* Chancengleichheit; Gleichstellung
gleich|berechtigter Spontanbetrieb *m* [Comm] ⟨DIN 44302⟩ / asynchronous balanced mode *n* · ABM *abbr*
~geordnete Klassen *pl* [Class] / co-ordinate classes *pl*
Gleichheitszeichen *n* (=) [Writ; Prt] / equals sign *n*
gleichordnende Beziehung *f* [Ind] / co-ordinate relation *n*
~ Indexierung *f* [Ind] ⟨DIN 31623/1⟩ / co-ordinate indexing *n*
Gleich|ordnung *f* [Ind] / concept co-ordination *n* · co-ordination *n*
~ordnungsbeziehung *f* [Ind] / co-ordinate relation *n*
~stellung *f* (von Frauen) [Staff] *s.* Frauengleichstellung
~stellungsgesetz *n* [Law] / law on equal treatment for men and women *n*
Gleitblock *m* (in einer Katalogschublade) [Cat] / backslide *n*

gleitende Arbeitszeit *f* [OrgM; Staff] / flexible working hours *pl* · flexitime *n*
~ Grafik *f* [ElPubl] / floating graphic *n*
Gleitkomma *n* [EDP] / floating point *n*
~darstellung *f* / floating point representation *n*
Gleitzeit *f* [Staff] *s.* gleitende Arbeitszeit
Gliederdrucker *m* [EDP] / train printer *n*
Gliederung *f* (eines Fachgebiets) [Class] / breakdown *n* (of a subject area)
Gliederungs|hilfe *f* (im systematischen Teil bestimmter Thesaurusarten) [Ind] / node label *n*
~punkt *m* [Writ; Prt] / bullet *n* (large dot)
Global|bewilligung [BgAcc] / lump-sum appropriation *n*
~haushalt *m* [BgAcc] / lump-sum budget *n*
Globus *m* [Cart] ⟨ISBD(CM); RAK-Karten⟩ / globe *n* ‖ *s.a.* Erdglobus; Himmelsglobus
~segment *n* [Cart] ⟨RAK-Karten⟩ / segment of a globe *n*
Glockenkurve *f* [InfSc] / bell curve *n*
Glossar *n* [Bk] ⟨DIN 31639/2⟩ / terminological dictionary *n* · glossary *n* ‖ *s.a.* Wörterbuch
Glosse *f* [Lin] / gloss *n* ‖ *s.a.* Interlinearglossen
Glwd. *abbr* [Bind] *s.* Ganzleinwand
Golddruck *m* [Bind] / gold tooling *n*
golddurchwirkt *pp* [Bind] / gold-brocaded *pp*
Gold|folie *f* [Bind] / gold foil *n* ‖ *s.a.* Blattgold
~folieneinband *m* [Bind] / gold-leaf decorated cover *n*
gold|gehöht *pp* [Bind] / heightened with gold
~geprägt *pp* [Bind] / gilt stamped *pp*
Gold|grund *m* [Bind] / assiette *n*
~messer *n* [Bind] / gold knife *n*
~ornament n [Bk] *s.* Goldverzierung
~prägung *f* [Bind] *s.* Golddruck; Goldpressung
~pressung *f* [Bind] / gold blocking *n* · gold stamping *n* ‖ *s.a.* Handvergoldung
~schlagen *n* [Pres] / gold beating *n*
~schlägerhaut *f* [Pres] / goldbeater's skin *n*
~schmiedeband *m* [Bind] / jewelled binding *n*
~schnitt *m* [Bind] / gilt edges *pl* (mit ~: gilt edged; with gilt edges) ‖ *s.a.* durchweg Goldschnitt; Ganzgoldschnitt; Hohlgoldschnitt; Kopfgoldschnitt; unterfärbter Goldschnitt; ziselierter Goldschnitt

Goldschnittmachen 100

~**schnittmachen** n [Bind] / edge gilding n
~**schnittrolle** f [Bind] / edge gilding roll n
goldverziert pp [Bk] / decorated with gold
Goldverzierung f [Bk] / gilt decoration n · gold decoration n
Gotico-Antiqua f [Writ; Prt] / ferehumanistica n
gotische Druckschrift f [Prt] / gothic type n
~ **Schrift** f [Writ; Bk] / (handgeschrieben:) gothic script n ‖ s.a. gotische Druckschrift
Grabstichel m [Art] / graver n · burin n
Grad m (Hochschulgrad) [Ed] / university degree n
~**abteilungskarte** f [Cart] / quadrangle map n
Gradation f [Repr] / gradation n
Grad|feld n [Cart] / quadrangle n · quad n
~**netz** n [Cart] / map graticule n
Graduale n [Bk] / gradual n
Grafik 1 f (künstlerischer Druck) [Art] ⟨DIN 31631/4⟩ / print n · art print n · artist's print n ‖ s.a. grafische Gestaltung; Kunstblatt
~ 2 f (grafische Darstellung) [InfSc] ⟨DIN 5478; DIN 31631/2⟩ / graphic representation n · graph n · (Schaubild:) diagram n · figure n · chart n
~ 3 f (Kunstgattung) [Art] / line art n · graphic art n ‖ s.a. Gebrauchsgrafik; reprofähige Grafik
~**-Austausch-Format** n [Internet] / GIF abbr · graphics interchange format n
~**-Design** n [Art] / commercial art n
Grafiker m [Art] / graphic artist n · designer n (making artistic designs)
Grafik|karte f [EDP] / graphics card n · video card n · graphics board n · graphics adapter n ‖ s.a. Farbgrafikkarte; monochromer Grafikadapter
~**modus** m [EDP] / graphics mode n
~**speicher** m [EDP] / graphics memory n
~**sprache** f [EDP] / graphic language n
~**tablett** n [EDP] / graphics tablet n · digitizing tablet n · digitizing pad n
~**terminal** n [EDP] / graphic display terminal n · graphics terminal n
~**vorlagen** pl (bei der Satzherstellung) [Prt] / artwork n
grafische Darstellung 1 f (auf dem Bildschirm) [EDP/VDU] / display image n
grafische Darstellung 2 f (Diagramm) [Bk] s. Grafik 2
~ **Datenverarbeitung** f (GDV) [ElPubl] / computer graphics pl but sing in constr

grafische Gestaltung n [Art] / graphic design n ‖ s.a. Gebrauchsgrafik
~ **Künste** pl / graphic arts pl
~ **Sammlung** f [Art] / print collection n ‖ s.a. Kupferstichdepot
grafisches Blatt n [Art] s. Grafik 1
~ **Gewerbe** n [Bk] / printing trade n · graphic arts pl
grammatischer Zusatz m (in einem Wörterbuch) / grammatical label n
grammatisches Prüfprogramm n [EDP] / grammar checker n
Grammgewicht n (des Papiers) [Pp] / grammage n ‖ s.a. Flächengewicht
Graphothek f [Art] / a library lending art prints
gratis adv [Acq] / gratis adv/adj ‖ s.a. gebührenfreie Dienstleistung; kostenlos
Gratisexemplar n [Acq] / free copy n
Grauabstufung f [ElPubl] / gray scale n
graue Literatur f [Bk] / grey literature n ‖ s.a. nicht im Handel; Veröffentlichung außerhalb des Buchhandels
Grau|pappe f [Bind] ⟨DIN 6730⟩ / grey board n · (aus Hadern, Altpapier und Holzschliff hergestellt:) millboard n · (fast nur aus Altpapier hergestellt:) chipboard n
~**skala** f [Prt] / grey scale n ‖ s.a. Grautöne
~**stufe** f [ElPubl] / gray level n ‖ s.a. Grauabstufung
~**stufendarstellung** f [ElPubl] / gray-scale view n
~**stufen-Scanner** m [ElPubl] / grey-level scanner n
~**töne** pl [ElPubl] / tones of grey pl ‖ s.a. Grauskala
~**tonskala** f [ElPubl] s. Grauabstufung
Graveur m [Art] / engraver n · graver n
Gravur f [Art] / engraving ‖ s.a. Steingravur
gregorianischer Gesang m [Mus] / Gregorian chant n
Greifhand f [EDP/VDU] / grabber (hand) n
Gremium n [OrgM] / panel n ‖ s.a. Ausschuss 1
Grenz|kosten pl [BgAcc] / incremental cost(s) n(pl) · marginal cost(s) n(pl) · terminal cost(s) n(pl)
~**stelle** f (zur Umwelt:Programmablaufdiagramm) [EDP] / terminator n
grenzüberschreitender Datenfluss m [Comm] / cross-border data flow n · transborder data flow n · transnational data flow n

Grenzwert *m* [KnM] / boundary value *n* ‖ *s.a. Schwellenwert*
Griffel *m* [Writ] / stylus *n*
Griffregister *n* [Bind] / thumb index *n* · cut-in index *n*
grober Raster *m* [Repr; Prt] / coarse screen *n*
grobgenarbtes Leder *n* [Bind] / coarse-grained leather *n*
Grobklassifikation *f* [Class] / broad classification *n*
Groschenroman *m* [Bk] / dime novel *n*
Groß|buchstabe *m* [Writ; Prt] / capital (letter) *n* · (Großbuchstaben:) capitals *pl* · caps *pl* · (beim Druck auch:) uppercase (letter) *n* ‖ *s.a. großdrucken; großgedrucktes Wort; großschreiben; Klein- und Großbuchstaben unterscheidend*
Groß-Dia *n* [NBM] / lantern slide *n*
Großdruck|ausgabe *f* [Bk] / large-print edition *n*
~buch *n* [Bk] / large-print book *n*
großdrucken *v* [Prt] / uppercase *v* (großgedruckt: printed in uppercase) ‖ *s.a. großgedrucktes Wort*
Groß|folio *n* [Bk] / large folio *n* ‖ *s.a. Foliant*
~format *n* (Buch in ~) [Bk] / large-format book *n* · large-size book *n* ‖ *s.a. Foliant; Überformat*
~formatdruck *m* [Prt] / large-format printing *n*
~foto [Repr] / blow-up *n*
großgedrucktes Wort *n* [Prt] / uppercase word *n*
Groß|handelspreis *m* [Acq] / trade price *n* · wholesale price *n*
~händler *m* [Bk] *s. Buchgroßhändler*
~raumbüro *n* [BdEq] / open-plan office *n*
~rechner *m* [EDP] / main frame *n*
großschreiben *v* [Writ; Prt] / capitalize *v* · (beim Druck auch:) uppercase *v*
Groß|schreibung *f* [Writ; Prt] / capitalization *n*
~speicher *m* [EDP] *s. Massenspeicher*
~stadtbibliothek *f* [Lib] / metropolitan city library *n* · metropolitan library *n*
~stadtzeitung / metropolitan newspaper *n*
Grotesk *f* [Prt] / grotesque *n*
Grubenschmelz *m* [Bind] / champlevé *n*
Grund|adresse *f* [EDP] / base address *n*
~anweisung *f* (Programmieren) [EDP] / basic statement *n*

~bestand *m* (einer Bibliothek) [Stock] / core materials *pl* (of a library) · core collection *n*
~farben *pl* [Prt] / fundamental colours *pl* · primary colours *pl*
~fläche *f* [BdEq] ⟨DIN 277/1⟩ / floor area *n* · floor space *n* ‖ *s.a. Brutto-Grundfläche; Nettogrundfläche; Nutzfläche; Verkehrsfläche*
~gesamtheit *f* (bei einer Erhebung) [InfSc] ⟨DIN 55350/14⟩ / sampled universe *n* · population *n* · universe *n* · (~ bei einer Stichprobe:) sampled population *n* ‖ *s.a. Teilgesamtheit*
grundieren *v* [Bind] / dress *v* · size *v*
Grundiermittel *n* [Bind] / glair *n* · gilder's size *n*
Grund|lagenforschung *f* [InfSc] / basic research *n*
~linie *f* [EDP/Prt] / base line *n* · reference line *n*
~platine *f* [EDP] / mainboard *n* · motherboard *n*
~preis *m* [Acq] / base price *n*
~regal *n* (eines Systemregals) [Sh] / starter *n* · initial section *n*
Grundriss [BdEq] / ground plan *n* · (eines Stockwerks:) floor plan *n*
~karte *f* [Cart] / planimetric map *n*
Grund|schule *f* [Ed] / primary school *n*
~strich *m* (eines Buchstabens) [Writ; Prt] / stem *n* · main stroke *n*
~studium *n* [Ed] / stage I studies *pl* · basic studies *pl* · foundation studies *pl*
~transparent *n* [NBM] ⟨DIN 19040/11; A 2653⟩ / the basic transparency of a so-called „Aufbautransparent"
~umfang *m* [Comm] / basic repertoire *n*
Gründung *f* [BdEq] / foundation *n*
Gründungsmitglied *n* (eines Vereins) / founder member *n*
Grundzeilenabstand *m* [EDP/VDU] ⟨DIN 66233/1⟩ / line spacing *n*
Gruppe 1 *f* [Class] / class *n*
~ 2 *f* (in der bibliographischen Beschreibung) [Cat] *D* ⟨TGL 20972/04⟩ / area *n*
~ 3 *f* (geordnete Einheit mit gleichen Charakteristiken) / group *n* · bracket *n* ‖ *s.a. Vergütungsgruppe*
Gruppen|adresse *f* [Comm] ⟨DIN/ISO 3309⟩ / group address *n*
~arbeitsraum *m* [BdEq] / group learning room *n* · group study (room) *n*

~aufstellung *f* [Sh] / shelving system by broad subject groups *n* (within the groups the books are arranged in accession order)
~bildung *f* [Class; Ind] / grouping *n*
~dialog *m* (OSI) / multicasting *n*
~interview *n* [InfSc] / group interview *n*
~schlagwortkatalog *m* [Cat] / alphabetico-classed catalogue *n*
Gruselgeschichte *f* [Bk] / horror story *n*
Guillemets *pl* [Writ; Prt] / duck-foot quotes *pl* · guillemets *pl*
Guilloche *f* [Bind] / guilloche *n*
Gültigkeit *f* [InfSc] / validity *n* (ungültig werden:expire)
Gültigkeits|dauer *f* (einer Benutzerkarte) [RS] / registration period *n*
~prüfung *f* [EDP] / validity check *n* ‖ *s.a.* Plausibilitätsprüfung
Gummidrucktuch *n* [Prt] / rubber blanket *n*
gummieren *v* [Bind] / gum up *v*
gummiertes Papier *n* [Pp] ⟨DIN 6730⟩ / gummed paper *n*

Gummi|stempel *m* [Off] / rubber stamp *n*
~zylinder *m* (bei der Offsetdruckmaschine) [Prt] / blanket cylinder *n* · blanket roller *n*
Gürtelbuch *n* [Bk] / girdle book *n*
Gutachten *n* [Bk] ⟨DIN 31631/4⟩ / expert opinion *n* · opinion *n* · report by an expert *n* ‖ *s.a. begutachten*
Gutachter *m* [Gen] / (zur wissenschaftlichen Beurteilung eines Manuskripts:) referee *n* · (allgemein:) expert *n* ‖ *s.a. begutachten; Begutachtung*
~ausschuss *m* [OrgM] / rating committee *n*
Gutschein *m* [BgAcc] / voucher *n* · token *n* · coupon ‖ *s.a. Büchergutschein; Geschenkgutschein; Gutschrift*
Gutschrift *f* [BgAcc] / credit *n*
~anzeige *f* [BgAcc] / credit-note *n* · credit memo(randum) *n* · credit slip *n*
Gymnasium *n* / secondary school *n* (upper level) · grammar school *n*
Gzld. *abbr* [Bind] *s. Ganzleder(band)*
Gzln. *abbr* [Bind] *s. Ganzleinen*

H

Haar|seite *f* (einer Haut) [Bind] / hairside *n*
~strich *m* [Writ; Prt] / hairline *n*
Habilitationsschrift *f* [Bk] ⟨DIN 31631/4⟩ / thesis for qualification as university teacher *n*
hadernhaltiges Papier *n* [Pp] ⟨DIN 6730⟩ / rag-content paper *n*
Hadernpapier *n* [Pp] / rag paper *n* ‖ *s.a. Reinhadernpapier*
haftbar *adj* [Law] / liable *adj*
Haftung / (in Bezug auf Personen:) responsibility *n* · (in Bezug auf Schadenersatz:) liability *n*
Haftungsausschluss *m* [Law] / disclaimer of liability *n*
Haftungsbeschränkung *f* [Law] / limitation of liability *n*
Hagiographie *f* [Bk] / hagiography *n*
Halbband 1 *m* (zumeist ein Halblederband) [Bind] / half binding *n* · (mit großen Lederecken:) three-quarter binding *n* ‖ *s. a. Halbleinenband*
~ 2 *m* (Gliederungseinheit innerhalb eines mehrbändigen Werkes) [Bk] / half volume *n*
halb|echtes Wasserzeichen *n* ⟨DIN 6730⟩ / impressed watermark *n*
~fette Schrift *f* [Prt] / semi-bold face *n* · medium-bold face *n*
Halb|franzband *m* [Bind] / half-leather binding *n* (with the sections sewn on raised bands and the boards snugly fitting into deep grooves; ohne Lederecken:) quarter binding)
~geschoss *n* [BdEq] / intermediate stor(e)y *n*
~gewebeband *m* [Bind] / half-cloth binding *n*
~jahresschrift *f* [Bk] / semi-annual *n* · biannual *n*
halbjährlich *adj* [Bk] / half yearly *adj* · semi-annual *n*
Halb|lederband *m* [Bind] / half-leather binding *n* · (ohne Lederecken:) quarter leather *n* ‖ *s.a. Halbfranzband*
~leinen *n* [Bind] / half cloth *n*
~leinenband *m* [Bind] / half-cloth binding *n*
~leinwand [Bind] / half cloth *n*
~leiterspeicher *m* [EDP] / semiconductor memory *n* · SC memory *n*
halbmonatlich *adj* / semi-monthly *adj/n*
Halb|monatsschrift *f* [Bk] / semi-monthly *adj/n*
halbseitiges Bild *n* [Bk] / half plate *n*
Halb|stoff *m* [Pp] / half-stuff *n*
~tagsbeschäftigter *m* [Staff] *s. Halbtagskraft*
~tagskraft *f* [Staff] / half-time employee *n* ‖ *s.a. Teilzeitkraft*
~ton *n* [Repr] / continuous tone image *n* · (mit Rasterung entstanden:) half-tone *n*

Halbtonbild 104

~**tonbild** *n* [Prt; Repr] ⟨DIN 16500/2⟩ / continuous tone image *n* · (Rasterbild:) half-tone *n*
~**tonkopie** *f* [Repr] / continuous-tone copy *n* · (gerastert:) half-tone *n*
~**tonvorlage** *f* (nicht gerastert) [Repr] / continuous-tone original *n*
~**unziale** *f* [Writ] / half-uncial *n* · semi-uncial *n*
~**wertzeit** *f* (der Publikationsart eines Faches usw.) [InfSc] / half-life *n* ‖ *s.a. Lebenserwartung*
~**wochenschrift** *f* [Bk] / semi-weekly *n* · biweekly *n*
halbwöchentlich *adj* [Bk] / semi-weekly *n*
haltbar *adj* [Pres] / durable *adj*
Haltbarkeit *f* (eines Films oder einer Kopie) [Repr] ⟨DIN 19040/4⟩ / stability *n* · permanence *n*
Haltbarkeitsdauer *f* (bestimmter Materialien unter Lagerbedingungen) [NBM] / shelf life *n* · storage life *n*
Haltung *f* (Einstellung) [InfSc] / attitude *n*
Hammingabstand *m* [EDP] ⟨DIN 44300/2E⟩ / signal distance *n*
Handakten *pl* (laufende Akten) [Off] / current records *pl* · active records *pl* (kept close at hand)
Hand|anleger *m* (bei einem Aufnahmegerät) [Repr] / hand-feed shelf *n*
~**antrieb** *m* [BdEq] / manual drive
~**apparat** *m* (mit der Studienliteratur für eine Lehrveranstaltung) [RS] / reserve collection *n* ‖ *s.a. Handbibliothek*
~**atlas** *m* [Cart] / handy atlas *n*
~-**Betrachtungsgerät** *n* (für das Lesen von Mikrofilmen) [Repr] / hand viewer *n*
~**bibliothek** *f* [Lib] / reference library *n* · reference collection *n* · (für Nachschlagezwecke:) ready reference collection *n*
~**blinddruck** *m* [Bind] / blind tooling *n*
~**buch** *n* [Bk] ⟨DIN 31631/4; RAK-AD⟩ / manual *n/adj* · handbook *n*
~**druck** *m* [Bind] *s. Handstempeldruck*
~**einband** *m* [Bind] / hand bookbinding *n* · hand-binding *n*
~**eingabe** *f* (bei einem Aufnahmegerät) [Repr] / hand-feed input *n*
Handels|adressbuch *n* [Bk] / commercial directory *n* · trade directory *n* ‖ *s.a. Bezugsquellennachweis*
~**bibliographie** *f* [Bib] / trade bibliography *n*

~**datenelement** *n* (OSI) / trade data element *n*
Handexemplar *n* / personal (reference) copy *n* · copy for personal use *n*
hand|gebunden *pp* [Bind] / hand-bound *pp*
~**gedruckt** *pp* [Prt] / hand-printed *pp*
~**geheftet** *pp* [Bind] / hand-sewn *pp*
~**geschöpftes Papier** *n* [Pp] / vat paper *n* · hand-made paper *n* ‖ *s.a. echtes Büttenpapier*
~**geschriebener Brief** *m* (aus der Feder des Autors) [Writ] / autograph letter *n*
~**gesetzt** *pp* [Prt] / hand set *pp* ‖ *s.a. Handsatz 1*
Handgießinstrument *n* [Prt] / hand-casting instrument *n* ‖ *s.a. Gießmaschine*
handhaben *v* [BdEq] / manipulate *v*
Hand|heftung *f* [Bind] / hand-sewing *n*
~**kartei** *f* [Off] / quick-reference file *n* · ready-reference file *n*
handkoloriert *pp* [Art; Bk] / hand-coloured *pp* · coloured by hand *pp*
Hand|laminierung *f* [Pres] / solvent lamination *n* · hand lamination *n*
~**lesegerät** *n* [EDP] / (für Strich-Codes:) bar-code reader *n* · data pen *n*
~**leser** *m* [EDP] / light wand *n*
~**lochkarte** *f* [PuC] / hand-punch(ed) card *n* · hand-sorted punch(ed) card *n*
Handlungs|bedarf *m* [OrgM] / call for action *n*
~**fähigkeit** *f* [OrgM] / capacity to act *n*
~**träger** *m* [KnM] / actor *n*
Hand|papier *n* [Pp] / hand-made paper *n* · vat paper *n*
~**presse** *f* [Prt] / hand press · handpress *n* · (aus Holz:) joiner's press *n* · wooden press *n*
Handsatz 1 *m* (das Setzen von Hand) [Prt] / hand composition *n* · hand setting *n* · manual typesetting *n* ‖ *s.a. handgesetzt*
~ 2 *m* (das von Hand Gesetzte) [Prt] / hand-set (type) *n*
~**schrift** *f* [Prt] / founder's type *n* · foundry type *n*
Handscanner *m* [EDP] / hand-held scanner *n*
Hand|schreiben *n* (aus der Feder des Autors) [Writ] / (Brief:) autograph letter *n*
~**schrift** 1 *f* [Bk] / (Codex aus der Zeit vor Erfindung des Buchdrucks:) manuscript *n* ‖ *s.a. Bilderhandschrift; illuminierte Handschrift; neuzeitliche Handschrift; Sammelhandschrift*

~schrift 2 *f* [Writ; Bk] / (Art und Weise des Schreibens mit der Hand:) handwriting *n* · script *n* · hand *n* · (Handschrift des Autors:) autography ‖ *s.a. Autograph*
~schrift 3 *f* (z.B. eine leserliche ~) [Writ] / handwriting *n* · hand *n* · script *n*
Handschriften|abteilung *f* [OrgM] / manuscript department *n*
~**band** *m* [Bk] / manuscript volume *n*
~**beschreibung** *f* [Cat] / description of manuscripts *n*
~**bestand** *m* [Stock] / manuscript collection *n*
~**bibliothekar** *m* [Staff] / manuscript curator *n* · manuscript librarian *n*
~**erkennung** *f* / handwriting recognition *n*
~**katalog** *m* [Cat] / catalogue of manuscripts *n*
~**kunde** *f* [Bk] / codicology *n* · the study of (ancient and medieval) manuscripts *n*
~**magazin** *n* [Stock] / manuscripts stack *n*
~**sammlung** *f* [Bk] / manuscript collection *n*
handschriftliche Karte *f* [Cart] / manuscript map *n*
~ **Kopie** *f* [Writ] / manuscript copy *n*
~ **Notiz** *f* [Writ] / manuscript note *n*
handschriftlicher Katalog *m* [Cat] / manuscript catalogue *n*
Hand|setzer *m* [Prt] / hand compositor *n*
~**stempeldruck** *m* [Bind] / tooling *n*
~**vergolder** *m* [Bind] / gold finisher *n* · gilder *n*
~**vergoldung** *f* [Bind] / gold tooling *n*
~**werksbuchbinder** *m* [Bind] / craft binder *n*
~**wörterbuch** *n* [Bk] / concise dictionary *n*
Handy *n* *s. Mobiltelefon*
Hand|zeichen *n* (gedrucktes Symbol in Form einer Hand) [Prt] / digit *n* · fist *n* · hand *n* · index *n*
~**zettel** *m* [PR] / handbill *n* · flier *n* · flyer *n* · dodger *n* US · handout *n* ‖ *s.a. Faltblatt; Werbezettel*
Hanfschnur *f* [Bind] / hemp cord *n*
Hänge|bügel *m* [Sh] / hanging bracket *n* · suspension brace *n* · suspended bracket *n*
~**regal** *n* [Sh] / wall-mounted shelf *n*
~**registratur** *f* [BdEq] / suspension file *n* · (die Taschen sind seitlich abgehängt:) lateral file *n* ‖ *s.a. Vertikalablage*
~**zeile** *f* [Prt] *s. Schusterjunge*
Hardware *f* [EDP] ⟨DIN 44300/1E⟩ / hardware *n*

~**fehler** *m* [EDP] / machine error *n* · hard error *n*
Härtefallregelung *f* [OrgM] / hardship clause *n*
Hart|leim *m* [Bind] / hard glue *n*
~**pappe** *f* [Pp] / millboard *n*
hartsektorierte Diskette *f* [EDP] / hard-sector(ed) disk *n*
Hart-Sektorierung *f* [EDP] / hard-sectoring *n*
Harzleim / resin size *n* · rosin size *n* (mit Alaunzusatz:alum/rosin size)
Harzleimung *f* (n) [Pp] / rosin sizing *n* · (mit Alaun:) alum/rosin sizing *n*
Hat-Beziehung *f* [KnM] / has-a relation *n*
Häubchen *n* (am Kapital) [Bind] / headcap *n*
häufig gestellte Fragen *pl* [InfSy] / frequently asked questions *pl* · FAQ *abbr*
Häufigkeits|polygon *n* [InfSc] / frequency polygon *n*
~**verteilung** *f* [InfSc] / frequency distribution *n* ‖ *s.a. Normalverteilung*
Hauptabteilung *f* [Class/UDC] / class
hauptamtliche Lehrkraft *f* [Ed] / full-time teacher *n*
Haupt|aufnahme *f* [Cat] / main entry *n*
~**buch** *n* *s. Geschäftsbuch*
~**eingang** *m* [Ind; BdEq] ⟨DIN 31630/1E⟩ / (Teil eines Registereingangs:) heading *n* · (hauptsächlicher Zugang zu einem Gebäude:) main entrance
~**eintragung** *f* [Cat] ⟨RAK; DIN 31631/3⟩ / main entry *n*
~**fach** *n* [Ed] / major (subject) *n* US
~**film** *m* / feature (film) *n*
~**gang** *m* [BdEq; Sh] / (quer zu den Regalblöcken:) cross aisle *n*
~**kanal** *m* [Comm] ⟨DIN 44302⟩ / forward channel *n*
~**karte** *f* [Cart] ⟨RAK-Karten⟩ / main map *n*
~**katalog** *m* [Cat] / main catalogue *n*
~**klasse** *f* [Class] / main class *n*
~**menü** *n* [EDP/VDU] / main menu *n*
~**platine** *f* [EDP] / motherboard *n*
~**sachtitel** *m* [Cat] ⟨ISBD(M; A; S; PM); DIN 31631/2; TGL 20972/04; RAK⟩ / title proper *n* ‖ *s.a. abhängiger Teil eines Hauptsachtitels; Alternativsachtitel; gemeinsamer Teil eines Hauptsachtitels*
~**satz** *m* [EDP] / master record *n*
~**schlagwort** *n* [Cat] / main heading *n*
~**schule** *f* / secondary school *n* (lower level)

~seminar *n* / advanced seminar *n*
~speicher *m* [EDP] ⟨DIN 44300/6⟩ / main storage *n* · internal storage *n* · primary storage *n* · main memory *n*
~sprache *f* (in einem mehrsprachigen Thesaurus) [Ind] ⟨DIN 1463/2⟩ / dominant language
~studium *n* [Ed] / main study stage *n* · stage II studies *n*
~tafel *f* (einer Klassifikation) [Class] / main schedule *n* · (UDC:) main table *n*
~titel *m* [Cat] ⟨RAK⟩ / title *n* · full title *n* · main title *n* ‖ *s.a. Hauptsachtitel*
~titelseite *f* [Bk] ⟨ISBD(M; PM); RAK; DIN 1505/1V⟩ / title-page *n*
~verfasser *m* [Bk] / main author *n* · principal author *n*
~verzeichnis *n* [EDP] / root directory *n*
Haus|arbeit *f* [Ed] / (prüfungsrelevant:) examination paper *n* · (Aufsatz:) essay *n*
~buchbinderei *f* [OrgM] / home bindery *n* · in-house bindery *n*
~druckerei *f* [OrgM; Prt] / in-house printery *n*
~halt *m* [BgAcc] / budget *n* (den ~ überschreiten: to exceed the budget) ‖ *s.a. außerordentlicher Haushalt; Erwerbungsetat; Etataufteilungsschlüssel; Globalhaushalt; Haushaltsentwurf; Haushaltskürzung; Investitionshaushalt; Mehrjahreshaushalt; Nachtragshaushalt; Verwaltungshaushalt; Zwei-Jahres-Haushalt*
Haushalts|ansatz *m* [BgAcc] / (zugewiesener Betrag:) budget allocation · (vorgesehener Betrag:) budget estimate *n*
~antrag *m* [BgAcc] / budget request *n*
~ausgaben *pl* [BgAcc] / budgetary expenditure *n*
~ausschuss *m* [BgAcc] / budgetary committee *n*
~defizit *n* [BgAcc] / budget deficit *n*
~disziplin *f* [BgAcc] / budgetary discipline *n*
~einnahmen *pl* [BgAcc] / budget(ary) revenue *n*
~entwurf *m* [BgAcc] / draft budget *n*
~führung *f* [BgAcc] / budgetary management *n* · budgeting *n*
~jahr *n* [BgAcc] / fiscal year *n* · budgetary year *n* ‖ *s.a. Rechnungsjahr*
~kapitel *n* [BgAcc] / budget heading *n*
~kontrolle *f* [BgAcc] / budgetary control *n*
~kürzung *f* [BgAcc] / budget cutback *n* · budget cut *n* ‖ *s.a. Ausgabenkürzung; unterfinanziert*

~mittel *pl* [BgAcc] / funds *pl* ‖ *s.a. Mittelaufteilung; Mittelbeschaffung*
~mittelverlagerung *f* [BgAcc] / virement *n*
~ordnung *f* [BgAcc] / financial regulations *pl* · budget regulations *pl*
~plan *m* [BgAcc] ⟨DIN 31631/4⟩ / budget *n* ‖ *s.a. Finanzplanung*
~rest *m* (nicht ausgegebene Finanzmittel) [BgAcc] / unexpended balance *n*
~titel *m* [BgAcc] / budget category *n* · budget account *n* · budgetary item *n* ‖ *s.a. Ausgabentitel*
~überschuss *m* [BgAc] / budget surplus *n*
~übersicht *f* (in Tabellenform) [BgAcc] / budget breakdown *n*
~überwachung *f* [BgAcc] / budgetary control *n*
~vollzug *m* [BgAcc] / budget execution *n*
~volumen *n* [BgAcc] / size of the budget *m* · total budget *n*
~voranschlag *m* [BgAcc] / budget estimate *n*
~vorschriften *pl* [BgAcc] / budgetary provisions *pl*
Hausierbuchhändler *m* [Bk] *s. Kolporteur*
hausinterne Ausleihe *f* / intramural loan *n*
hausinternes System *n* [InfSy] / in-house system *n*
Haus|korrektur *f* [Prt] / (Korrektur in der Druckerei:) house corrections *pl* · (Korrekturabzug für die ~:) in-house proof *n* · reader's proof *n*
~meister *m* [Staff] / caretaker *n* · janitor *n*
~personal *n* [Staff] / janitorial staff *n* · maintenance staff *n* ‖ *s.a. Reinigungspersonal*
~verwalter *m* [Staff] / custodian *n*
~verwaltung *f* [BdEq] / building maintenance *n*
~zeitschrift [Bk] / house organ *n* · house journal *n* ‖ *s.a. Firmenzeitschrift; Mitarbeiterzeitschrift*
Heft 1 *n* (Broschüre) [Bk] / booklet *n* · pamphlet *n* · brochure *n*
~ 2 *n* (Notizbuch) [Bk] / notepad *n*
~ 3 *n* (einer Zeitschrift usw.) [Bk] / issue *n* · number *n/v* · (älteres ~:) back issue *n* ‖ *s.a. Begleitheft; Heftnummer*
~band *n* [Bind] / sewing tape *n* · stitching band *n*
~bünde *pl* [Bind] *s. Bünde*
~draht *m* [Bind] / binding wire *n* · stitching wire *n* ‖ *s.a. Drahtheftung*

heften *v* [Bind] / (mit Faden:) sew *v* · (mit Draht oder Faden:) stitch *v* · (Heftung/Heften:) stitching *n* ‖ *s.a. Fadenheftung; geheftet; handgeheftet; verheftet*
Heften auf doppelte Bünde *n* [Bind] / double cord sewing *n*
Heften ohne Bünde *n* [Bind] / French sewing *n*
Hefter *m* (Heftmaschine) [Off] / stapler *n*
Heft|faden *m* [Bind] / sewing thread *n*
~**gaze** *f* [Bind] / gauze *n* · mull *n* Brit · scrim *n* Brit · super *n* US · crash *n* US
~**heftung** *f* (Heftung von Zeitschriftenheften u.dgl.) [Bind] / (Fadenheftung:) saddle sewing *n*
~**klammer** *f* [Off] / wire staple *n* · staple *n*
~**lade** *f* [Bind] / sewing frame *n* · sewing bench *n*
~**maschine** *f* [Off; Bind] / (Büro:) stapler *n* · (Buchbinderei:) stitching machine *n* ‖ *s.a. Drahtheftmaschine; Fadenheftmaschine; Hefter*
~**nummer** *f* [Bk] / issue number *n*
~**umschlag** *m* [Bk] / cover *n*
Heftung *f* [Bind] / stitching *n* ‖ *s.a. Handheftung; Maschinenheftung*
Heft|zählung *f* [Bk] ⟨DIN 31631/2⟩ / numbering *n*
~**zwirn** *m* [Bind] / sewing thread *n* · stitching thread *n*
Heilige Schrift *f* [Bk] / Sacred Scripture *n* · Holy Scripture *n*
Heim|arbeit *f* [OrgM] / outwork *n*
~**arbeiter** *m* [Staff] / outworker *n* · outside worker *n* · home worker *n*
Heimat|adresse *f* [RS] / home address *n*
~**roman** *m* [Bk] / local novel *n* · regional novel *n*
Heim|computer *m* [EDP] / home computer *n*
~**werkerbuch** *n* / do-it-yourself book *n* ‖ *s.a. Hobbybuch*
~**werkerzeitschrift** *f* [Bk] / do-it-yourself magazine *n*
heißer Satz *m* [Prt] / hot-metal composition *n* · hot-metal typesetting *n*
heiß gestrichenes Papier *n* [Pp] / cast-coated paper *n*
Heißkleber *m* [Bind] / hot-melt adhesive *n*
Heiß|laminierung *f* [Pres] / thermoplastic lamination *n*
~**leim** *m* [Bind] / hot-melt adhesive *n*
~**siegeln** *n* [Pres] / heat sealing *n* · hand lamination *n* (applying heat and pressure)

~**siegelpresse** *f* / laminating machine *n*
Heizstift *m* [Pres] / tacking iron *n*
Heliogravüre *f* [Prt] / heliogravure *n* · photogravure *n*
Helldunkelschnitt *m* (Holzschnitt) [Art] / chiaroscuro *n*
Helligkeit *f* (einer Farbe) [ElPubl] / brightness (of a colour)
Helligkeitsanteil *m* (bei Primärfarben) [ElPubl] / brightness proportion *n*
Hemmstoff *m* [Pres] / inhibitor *n*
Herabqualifizierung *f* [Staff] / deskilling *n*
Herabstufen *n* (von Verschlusssachen) [Arch] / downgrading *n* (of classified material)
Heranwachsender *m* [RS] / young adult *n*
herausgeben *v* [Bk] / (veröffentlichen:) issue *v* · (edieren:) edit *v*
herausgebende Körperschaft *f* [Bk] / issuing body *n*
~ **Stelle** *f* [Bk; Cat] / issuing unit *n*
Herausgeber *m* [Bk] / editor *n* · (Herausgeber einer Anthologie, einer Chrestomathie u.dgl. auch:) compiler *n* ‖ *s.a. Mitherausgeber*
~**in** *f* [Bk] / editress *n*
~**verweisung** *f* [Cat] / editor reference *n*
heraussuchen *v* (Bücher ~) [RS] / retrieve *v*
Herkunft *f* [Arch] / (Ursprung:) origin *n* · (Provenienz:) provenance *n*
Herkunfts|adresse *f* [Comm] / calling address *n*
~**bescheinigung** *f* [Acq] / certificate of origin
~**land** *n* [Acq] / country of origin *n* ‖ *s.a. Erscheinungsland*
herstellender Buchhandel *m* [Bk] *s. Verlagsbuchhandel*
Hersteller *m* (einer DV-Anlage; eines AV-Mediums usw.) [EDP; NBM] ⟨ISBD(NBM)⟩ / manufacturer *n* ‖ *s.a. Name des Herstellers*
~ **einer Datenbank** *m* [InfSy] / database producer *n*
~**name** *m* [Cat] / name of manufacturer *n*
Herstellungs|abteilung *f* (in einem Verlag) [Bk] / production department *n*
~**leiter** *m* (in einem Verlag) / production manager *n*
~**ort** *m* (als Teil der bibliographischen Beschreibung) [Cat] / place of manufacture *n*
herunter|ladbar *adj* [EDP] / downloadable *adj*
~**laden** *v* [EDP] / download *v*

hervorgegangen aus: *pp* (bei einem fortaufenden Sammelwerk) [Cat] / separated from *pp*
Hexadezimalsystem *n* [InfSy] / hexadecimal number system *n*
Hfrz. *abbr* [Bind] *s. Halbfranzband*
Hierarchie *f* [Class] / hierarchy *n*
~**relation** *f* [Ind] 〈DIN 1463/1E; DIN 32705E; TGL RGW 174〉 / hierarchical relation *n*
hierarchische Beziehung *f* [Ind] *s. Hierarchierelation*
~ **Darstellung** *f* [Class] / hierarchical display *n*
~ **Klassifikation** *f* [Class] / hierarchical classification *n*
~ **Notation** *f* [Class] / hierarchical notation *n*
hierarchischer Schlüssel *m* [PuC] / hierarchical code *n*
hierarchisches Netz *n* [Comm] 〈DIN 44331V〉 / hierarchical network *n*
hierarchische Verknüpfung *f* (Hypertext) [InfSy] / hierarchical link *n*
~ **Verweisung** *f* [Cat] / hierarchical reference *n*
hieratische Schrift *f* [Writ] / hieratic (script) *n*
Hieroglyphe *f* [Writ] / hieroglyph(ic) *n(n)*
Hieroglyphenschrift *f* [Writ] / hieroglyphic (writing) *n*
Hieronym *n* [Cat] / hieronym *n*
Hilfe-Bildschirm *m* [EDP] / help screen *n*
~**funktion** *f* [EDP] / help function *n* ‖ *s.a. kontextbezogene Hilfe*
Hilfs|deskriptor *m* [Ind] / auxiliary descriptor *n*
~**kanal** *m* [Comm] 〈DIN 44302〉 / backward channel *n*
~**linie** *f* (Grafikprogramm) [EDP] / help line *n*
~**magazin** *n* [Stock] / auxiliary stack(s) *n(pl)*
~**personal** *n* [Staff] / auxiliary staff *n* · support staff *n*
~**tafel** *f* [Class/UDC] / auxiliary table *n*
Himmels|globus *m* [Cart] 〈ISBD(CM); RAK-Karten〉 / celestial globe *n*
~**karte** *f* [Cart] 〈ISBD(CM)〉 / celestial chart *n* · celestial map *n* · astronomical map *n* ‖ *s.a. Sternkarte*
hinaufladen *v* [EDP] / upload *v*
Hinter|deckel *m* [Bind] / back cover *n* · back board *n*

~**grunddichte** *f* [Repr] / background density *n*
~**grundprogramm** *n* [EDP] / background program *n*
~**grundspeicher** *m* [EDP] / backing storage *n* ‖ *s.a. Zubringerspeicher*
~**grundverarbeitung** *f* [EDP] / background processing *n*
Hinter|klebegewebe *n* (am Buchrücken) [Bind] / spine back lining *n*
hinterkleben *v/n* [Bind] / (Buchrücken:) back-lining *n* · lining (up) *n* · (Verbum:) line *v*
hinterlegen *v* [RS] / deposit *v*
hinterlegter Geldbetrag *m* [RS] / deposit *n/v* ‖ *s.a. Pfand*
hinterlegte Sache *f* [RS] / deposit *n/v*
Hinter|legungsbetrag *m* [RS] *s. hinterlegter Geldbetrag*
~**treppenroman** *m* / dime novel *n*
Hinweis|bank *f* [InfSy] / reference database *n*
~**verknüpfung** *f* (Hypertext) [InfSy] / referential link *n*
Hirtenbrief *m* [Bk] / pastoral *n*
Histogramm *n* [InfSc] / histogram *n* ‖ *s.a. Blockdiagramm*
historische Bestände *pl* [Stock] / historic collections *pl*
historisch-kritische Ausgabe *f* [Bk] / variorum edition *n*
historisiertes Initial *n* [Bk] / historiated initial *n*
Hl. *abbr* [Bind] *s. Halbleinen*
Hln. *abbr* [Bind] *s. Halbleinen*
Hlwd. *abbr* [Bind] *s. Halbleinwand*
Hlz. *abbr.* [Art] *s. Holzschnitt*
HN *abbr* [Cart] *s. Höhennormal*
Hobbybuch *n* [Bk] / how-to book *n* · do-it-yourself book *n* · hobby book · DIY book *n*
hoch auflösender Bildschirm *m* [EDP/VDU] / high-resolution monitor *n*
hoch auflösendes Fernsehen *n* [Comm] / high-definition television *n*
~ **Videosystem** *n* [EDP] / high-definition video system *n*
Hochdruck *m* [Prt] 〈DIN 16514〉 / letterpress *n* · letterpress printing *n* · relief printing *n*
Hochdruck|papier *n* [Pp] 〈DIN 6730; 19306〉 / letterpress paper *n*
~**-Rotationsmaschine** *f* [Prt] / web-fed letterpress machine · letterpress rotary press *n*

Hochformat 1 *n* [Bk] / upright format *n* · portrait format *n*
Hochformat 2 *n* (der Bildanordnung auf einem Mikro-Rollfilm) [Repr] *s. vertikale Bildlage*
Hochglanz|abzug *m* [Repr] / glossy print *n*
~**kopie** *f* [Repr] / glossy print *n*
~**papier** *n* [Pp] / flint-glazed paper *n* · high-glazed paper *n* · super-calendered paper *n* · high-gloss paper ‖ *s.a. Glanzpapier*
Hochleistungs|rechner *m* [EDP] / high-speed computer *n* · high-performance computer *n*
~**-Scanner** *m* [BdEq] / high-performance scanner *n*
hoch satiniertes Papier *n* [Pp] / super-calendered paper *n* ‖ *s.a. Hochglanzpapier*
Hochschul|bibliothek *f* [Lib] / higher education library · academic library *n* · library of an institution of higher education *n* ‖ *s.a. Universitätsbibliothek*
~**bildung** *f* [Ed] / higher education *n*
~**dozent** *m* [Ed] / university lecturer *n*
~**einrichtung** *f* [Ed] / higher education institution *n* · HEI *abbr* ‖ *s.a. Fachhochschule; technische Hochschule*
~**finanzierung** *f* [BgAcc] / higher education funding *n*
~**grad** *m* [Ed] / university degree *n*
~**lehrbuch** [Bk] / academic text
~**lehre** *f* [Ed] / higher education teaching *n*
~**lehrer** *m* [Ed] / university lecturer *n*
~**rahmengesetz** *n* [Ed; Law] / higher education framework act *n*
~**reife** *f* [Ed] / university entrance qualification *n* · (Zeugnis:) certificate of maturity *n*
~**schrift** 1 *f* (im allgemeinen) [Bk] ⟨DIN 31639/2; A 2662⟩ / university publication *n*
~**schrift** 2 *f* (zur Erlangung eines akademischen Grades) [Bk] / dissertation *n* (zum Erwerb des Grades eines Diplom-Physikers, Diplom-Ingenieurs usw.:) thesis *n* ‖ *s.a. Doktorarbeit*
~**schriftenvermerk** *m* [Cat] / thesis statement *n* · dissertation note *n*
~**standort** *m* [Ed] / higher education location *n*
~**wesen** *b* / system of higher education *n* · university system *n*
~**zugangsberechtigung** *f* [Ed] / qualification for admission to higher education *n*

Höchst|belastung *f* [BdEq] / maximum load *n* ‖ *s.a. Deckenbelastung*
~**bietender** *m* [Acq] / highest bidder *n*
hoch stehendes Initial *n* [Writ; Bk] / cock-up initial *n*
höchstes Angebot *n* (bei einer Auktion) [Acq] / highest bid *n* · topping bid *n* · closing bid *n*
Höchst|gebot *n* [Acq] *s. höchstes Angebot*
~**preis** *m* [Acq] / maximum price *n*
Hochzahl *f* (im Formelsatz) [Prt] *s. Exponent*
Hochzeitsgedicht *n* [Bk] / epithalamium *n*
Hof|bibliothek *f* [Lib] / court library *n*
~**kalender** *m* / court calendar *n* · court almanac(k) *n*
Höhen-Breiten-Verhältnis *n* [Repr] / aspect ratio *n* · AR *abbr*
Höhen|kurve *f* [Cart] CH *s. Höhenlinie*
~**linie** *f* [Cart] / contour (line) *n(n)*
~**linienkarte** *f* [Cart] / contour(ed) map *n*
Höhen|maßstab *m* [Cart] ⟨RAK-Karten⟩ / vertical scale *n*
~**normal** *n* [Cart] DDR *s. Normal-Null*
~**schichtenfarbe** *f* [Cart] / altitude tint *n*
~**schichtlinie** *f* [Cart] A *s. Höhenlinie*
~**stufe** *f* [Cart] / contour interval *n*
höhere Gewalt *f* [Law] / force majeure *n* · act of God *n*
~ **Programmiersprache** *f* [EDP] / high-level language *n*
höherer Dienst *m* [Staff] / senior (level) service *n* (highest level in the German civil service)
höhere Schulbildung *f* [Ed] / (Sekundarausbildung:) secondary education *n* ‖ *s.a. Sekundarstufe*
höhergruppieren *v* [Staff] *s. höherstufen*
höherstufen *v* [Staff] / upgrade *v*
hohler Rücken *m* [Bind] / false back *n* · hollow back *n* · loose back *n* · open back *n*
Hohl|goldschnitt *m* [Bind] / gilt solid (edges) *n(pl)* · gilt after rounding *pp*
~**rückeneinband** *m* [Bind] / hollow back binding *n*
Holländer *m* [Pp] / beating engine *n* · beater *n* · hollander *n*
Hollerith-Karte *f* [PuC] / Hollerith card *n*
holografischer Speicher *m* [EDP] / holographic memory *n*
Hologramm *n* [Repr] ⟨ISO 5127/4; ISBD(NBM)⟩ / hologram *n*
Holographie *f* [Repr] / holography *n*
Holzdeckel *pl* [Bind] / wooden boards *pl*

holz|frei adj [Pp] ⟨DIN 6730⟩ / wood free adj
~**freies Papier** n [Pp] / wood free paper n
~**haltiges Papier** n [Pp] ⟨DIN 6730⟩ / woody paper n (Papier von schlechter Qualität:poor quality paper) ‖ s.a. holzfrei
Holzpappe f [Pp] / mounting board n
Holz|regal(e) n(pl) [Sh] / wooden shelves pl
~**schliff** m [Pp] ⟨DIN 6730⟩ / chemical wood pulp n · mechanical pulp n · wood pulp n · groundwood pulp n US
holzschliffhaltiges Papier n [Pp] / groundwood paper n · wood-pulp paper n
Holz|schliffpappe f / pulp board n
~**schneidekunst** f [Art] / xylography
~**schnitt** m [Art] / (Verfahren und Produkt:) woodcut n · (Produkt:) xylograph n · (Verfahren:) xylography ‖ s.a. Titelholzschnitt
~**sockel** m [Sh] / wooden base n
~**stich** m [Art] / (Verfahren und Produkt:) wood engraving n ‖ s.a. Farbholzstich
~**stoff** m [Pp] / wood pulp n
Holztafel f [Art] / wood panel n
~**druck** m [Prt] / block-printing n
Holzwurm m [Pres] / woodworm n · furniture beetle n ‖ s.a. Totenuhr; Wurmstich
Homo|gramm n [Lin] / homograph n
~**graph** n [Lin] s. Homogramm
~**graphie** f [Lin] / homography n
~**nym** n [Lin] / homonym n
~**nymenzusatz** m (zu einem Schlagwort oder Deskriptor) [Cat] / qualifier n (used to differentiate the various meanings of homographs)
~**nymie** f [Lin] / homonym(it)y n
~**phonie** f [Lin] / homophony n
Honorar n [BgAcc] / royalty n ‖ s.a. Autorenhonorar; Vergütung
~**abrechnung** f [Bk] / royalty statement n
~**vereinbarung** f [Bk] / royalty agreement n
~**vorschuss** m [Bk] / advance royalty n · (für den Autor:) author's advance
Hör|buch n [NBM] / talking book n · sound-recorded book n ‖ s.a. Sprechkassette
~**bücherei** f [Lib] / audio library n · talking book library n

Hörerrabatt m [Bk] / discount offered to a professor's students buying copies of his book
Hörfunk m / sound radio n
Horizontalablage f [Sh] / flat filing n · horizontal storage n · (in Regalen:) flat shelving n · horizontal shelving n
horizontale Bildlage f (auf einem Mikro-Rollfilm) [Repr] ⟨ISO 6196/2⟩ / horizontal mode n · comic mode n · orientation B n
Horizontalformat n [Bk] / landscape format n
Hör|saal m [BdEq; Ed] / lecture hall n · (mit ansteigenden Rängen:) lecture theatre n
~**spiel** n [NBM] / radio play n
Hospitalität f (der Notation) [Class] / hospitality n
Host m [InfSy] / database vendor n · online service n · search service n · host n · online vendor n
~**-Rechner** m [EDP; InfSy] / host computer n
Hs. abbr [Writ] s. Handschrift 1
hsl. abbr (handschriftlich) ‖ s.a. handschriftliche Kopie
Hülle f (einer Schallplatte) [NBM] / sleeve n · jacket n · cover n (of gramophone record) · envelope n ‖ s.a. Umlaufhülle
Hülleneinband m [Bind] / chemise n
Hülse f (zwischen Buchblock und Buchrücken) [Bind] / hollow n
humanistische Schrift f [Writ] / humanistic script n · humanistic hand n · renaissance hand n
Hurenkind n [Prt] / widow (line) n
Hybrid|rechner m [EDP] / hybrid computer n
~**station** f [Comm] ⟨DIN 44302⟩ / combined station n · balanced station n
hydrographische Karte f [Cart] / hydrographic map
Hygro|meter m [Pres] / hygrometer n
~**skop** n [Pres] / hygroscope n
hygroskopisch adj [Pres] / hygroscopic adj
Hypothese f [InfSc] / hypothesis n ‖ s.a. Arbeitshypothese; Null-Hypothese
Hypothesenüberprüfung f [InfSc] / hypothesis test n

I

Icon-Feld *n* [EDP/VDV] / icon panel *n*
~-Leiste *f* [EDP/VDU] *s.* Icon-Feld
Ideenverarbeitung *f* [KnM] / ideas processing *n*
Identifikationskarte *f* [EDP; Off] / identification card *n*
Identifikator *m* (Namensdeskriptor) [Ind] / identifier *n*
identifizieren *v* [Gen] / identify
Identifizierungskennzeichen *n* [InfSy] ⟨DIN 31631/2⟩ / identifier *n*
Identnummer *f* [EDP] / ID number *n*
Ideogramm *n* [Writ] / ideogram *n* · ideograph *n*
ideographische Schrift *f* [Writ] / ideographic writing *n*
ID-Karte *f* [EDP; Off] / identification card *n*
IFF-Format *n* [EDP] / interchange file format *n*
Ikonographie *f* [Art] / iconography *n*
Illuminator *m* [Art; Bk] / illuminator *n* ∥ *s.a.* Miniator
illuminieren *v* [Art; Bk] / illuminate *v*
illuminierte Handschrift *f* [Art; Bk] / illuminated manuscript *n*
Illuminierung *f* [Art; Bk] / illumination *n*
Illustration *f* [Bk] ⟨ISBD(M; A; S; PM); DIN 31639/2 DIN 31631/2⟩ / illustration *n* · figure *n* ∥ *s.a.* Abbildung
Illustrationsangabe *f* [Cat] ⟨TGL 20972/04⟩ / illustration statement *n*

~-druckpapier *n* [Pp] ⟨DIN 6730⟩ / halftone printing paper *n*
Illustrator *n* [Bk] / illustrator *n*
illustrieren *v* [Bk] / illustrate *v*
Illustrierte *f* [Bk] / pictorial (magazine) · illustrated magazine *n*
illustrierte Ausgabe *f* [Bk] / illustrated edition *n*
im Dienst *m* [Staff] / on duty *n*
im Druck *m* [Prt] / in the press *n*
im Geschäftsgang *m* (der Buchbearbeitung) / in process *n*
im Handel *n* (erhältlich) / in the trade *n*
imitiertes Juchten(leder) *n(n)* [Bind] / imitation russia *n* · American Russia *n*
Immatrikulation *f* (an einer Hochschule) [Ed] / registration (at a university) · matriculation *n* · enrol(l)ment *n*
immatrikulieren *v* [Ed] / enroll *v*
Impact-Drucker *m* [EDP] / impact printer *n*
implementieren *v* [OrgM] / implement *v*
Implementierung *f* [OrgM] / implementation *n*
importieren *v* [EDP] / import *v* ∥ *s.a.* Datenimport
Impressum 1 *n* [Cat] *s.* Erscheinungsvermerk
~ 2 *n* (Angabe von Titel, Verlag, Drucker usw. in einem Buch, einer Zeitschrift oder Zeitung) [Bk] *n* · (in einem Buch:) imprint *n* · (bei Zeitschriften und Zeitungen:) masthead *n* · flag *n* · logo *n*

Imprimatur *n* [Prt] / imprimatur *n* ‖ *s.a.*
Druckerlaubnis
imprimatur! *v* [Prt] / ready for (the)
press *adj* · pass for press *v* · for press!
im Selbstverlag erschienen *pp* / privately
published *pp* · self-published *pp*
in Bogen *pl* [Bk] / in sheets *pl*
Incipit *n* [Bk] / incipit *n*
in Deckeln beschneiden *v* [Bind] / cut in
boards *v*
Index 1 *m* (Verzeichnis) [Bk] / index *v*
Index 2 *m* (angehängte Zahl/angehängter-
Buchstabe) [Prt] / inferior character *n* ·
subscript *n*
~**aufnahme** *f* (auf einem Microfiche) [Repr]
/ index frame *n*
~**feld** *n* (letztes Rasterfeld auf einem COM-
Fiche) [Repr] ⟨DIN 19065/2⟩ / index
frame *n*
indexieren *v* [Ind] ⟨DIN 31623/1⟩ / index *v*
Indexierer *m* [Staff] / indexer *n*
Indexierung *f* [Ind] ⟨DIN 31623/1⟩
/ indexing *n* ‖ *s.a. Begriffsinde-
xierung; maschinelle Indexierung;
maschinenunterstützte Indexierung;
Zeitschriftenindexierung*
Indexierungs|bezeichnung *f* [Ind] ⟨DIN
31623/1⟩ / indexing term
~**breite** *f* [Ind] ⟨DIN 31623/1⟩ / indexing
density *n*
~**konsistenz** *f* [Ind] ⟨DIN 31623/1⟩ / inter-
indexer consistency *n* · consistency of
indexing *n* · indexing homogeneity *n* ·
indexing consistency *n*
~**spezifität** *f* [Ind] ⟨DIN 31623/1⟩ /
indexing specificity *n*
~**sprache** *f* [Ind] / indexing language *n*
~**system** *n* [Ind] / indexing system *n* (~
mit kontrolliertem Wortschatz: controlled-
vocabulary indexing system)
~**tiefe** *f* [Ind] / depth of indexing *n* ·
indexing exhaustivity *n* · indexing depth *n*
~**verfahren** *n* [Ind] / indexing technique *n*
Index|linie *f* [Repr; Retr] / index line *n*
~**marke** *f* [EDP] ⟨DIN 66010⟩ / index
gap *n*
~**register** *n* [EDP] ⟨DIN 44300/6⟩ / index
register *n*
indexsequentieller Zugriff *m* [EDP] /
index(ed-)sequential access *n*
Index|spur *f* [EDP] ⟨DIN 66010⟩ / index
track *n*
~**stufe** *f* [Ind] / index level *n*
~**-Terminus** *m* [Ind] / indexing term
~**wort** *n* [Ind] / indexing term

~**zylinder** *m* [EDP] ⟨DIN 66010⟩ / index
cylinder *n*
indikatives Referat *n* [Ind] ⟨DIN 1426⟩
/ indicative abstract *n* · descriptive
abstract *n*
indikativ-informatives Referat *n* [Ind;
Bib] ⟨DIN 1426E⟩ / indicative-informative
abstract *n*
Indikator *m* [OrgM] / indicator *n* ‖ *s.a.
Leistungsindikator; Messgröße*
Indikator *m* ⟨OrgM; EDP⟩ / indicator *n* ‖
s.a. Kennziffer
Indikator|länge *f* [EDP] / indicator length *n*
indirekte Adresse *f* *EDP* / indirect
address *n*
indirekter Hochdruck *m* [Prt] ⟨DIN 16514⟩
/ offset letterpress *n* · indirect relief *n* ·
letterset · dry (relief) offset *n*
~ **Zugriff** *m* [EDP] / indirect access *n*
Individual|anhänger *m* (als Teil einer
systematischen Signatur) [Sh] / book
number *n* · book mark *n*
~**begriff** *m* [Ind; Class] ⟨DIN 2330⟩ /
individual concept *n*
~**signatur** *f* [Sh] / unique call number *n*
Industriebibliothek *f* [Lib] / industrial
library *n* ‖ *s.a. Firmenbibliothek*
industrielle Formgebung *f* [Art] / industrial
design *n*
Inferenz|regel *f* [KnM] / inferential rule *n*
~**wissen** *n* [KnM] / inferential knowledge *n*
inferieren *v* [KnM] / infer *v* ‖ *s.a.
fallbasiertes Inferenzsystem*
infizieren [Pres] / infect *v* ‖ *s.a. befallen;
desinfizieren*
Informatik 1 *f* (Wissenschaftsfach) [EDP] /
computer science *n*
~ **2** *f* (Unterrichtsfach) [EDP] /
computing *n* · computation
Informatiker *m* [EDP] / computer
scientist *n*
Information 1 *f* [InfSc] ⟨DIN 44302⟩ /
information *n*
~ **2** *f* (Stelle für die allgemeine
Auskunftserteilung) [OrgM] / information
desk *n* ‖ *s.a. Auskunftsplatz*
Informations|analyse *f* [Ind] / information
analysis *n*
~**analysezentrum** *n* [InfSy] / information
analysis centre *n*
~**anbieter** *m* [InfSy] / information
provider *n*
~**aufbereitung** *f* [InfSc] / information
preparation *n*

~austausch *m* [InfSy] / information
 exchange *n*
~bank *f* / information database *n* ·
 database *n* ‖ *s.a. Datenbank*
~bedarf *m* [InfSc] / information demand *n*
~bedürfnisse *pl* [InfSc] / (als
 Anforderungen definiert:) information
 requirements *pl* · information needs *pl*
~berater *m* [InfSc] / information
 consultant *n*
~beratung *f* [InfSy] / information
 counselling *n*
~bereich *m* [Ref] / reference area *n*
~beruf *m* [InfSc] / information vocation *n*
~beschaffung *f* [InfSy] / information
 gathering *n* · information collecting *n* ·
 information procurement *n*
~bewertung *f* [InfSy] / information
 evaluation *n*
~blatt *n* [InfSy] / news bulletin *n* · news-
 sheet · newsletter *n*
~blatt *n* [InfSy] / (als Leistungsangebot:)
 information service *n* · (laufend:)
 newsletter *n* · news sheet *n* · (Blatt zum
 Mitnehmen:) handout *n*
~brett *n* [BdEq] *s.* Anschlagbrett
~broker *m* [InfSy] / information broker *n* ‖
 s.a. Informationsvermittler
~dichte *f* [InfSy] / information density *n*
~dienst *m* [InfSy] / information service *n* ‖
 s.a. Mehrwert-Informationsdienst
~einrichtung *f* [OrgM] / information
 facility *n*
~explosion *f* [InfSc] / information
 explosion *n*
~fachkraft *f* [Staff] / information
 professional *n* · information specialist *n*
 · information worker *n* ‖ *s.a.*
 Informationsberater
~feld *n* (eines Microfiches) [Repr] ⟨DIN
 19040/113E; DIN 19054/1V⟩ / information
 area *n* · image area *n*
~fluss *m* [InfSc] / information flow *n*
~freiheit *f* [InfSc] / freedom of
 information *n*
~gehalt *m* [InfSc] / information content *n*
~gesellschaft / information society *n*
~gewinn *m* / information gain *n*
~industrie *f* [InfSc] / information
 industry *n*
~kanal *m* [InfSy] / information channel *n*
informationskompetent *adj* [InfSc] /
 information literate *adj*
Informations|kompetenz *f* [InfSc] /
 information literacy *n*

~kraft *f* [Staff] / information worker *n* ‖
 s.a. Informationsspezialist
~krise *f* [InfSc] / information crisis *n*
~lücke *f* / information gap *n*
~manager *m* [OrgM] / (leitend:) chief
 information officer *n* · CIO *abbr*
~mittel *n* [Bib; Retr] / information tool *n*
~netz *n* [InfSc] / information network *n*
~nutzung (f) [InfSc] / information
 utilization *n*
~politik *f* [InfSc] / information policy *n*
~psychologie *f* [InfSc] / information
 psychology *n*
~quelle *f* [Bib; Cat] ⟨AACR⟩ / reference
 source *n* · information source *n*
~recherchesprache *f* [Retr] / information
 retrieval language *n*
~recherchethesaurus *m* [Ind] ⟨TGL RGW
 174⟩ DDR / thesaurus *n* ‖ *s.a. Thesaurus*
~recht *n* [Law] / information law *n*
~retrieval *n* [Retr] / information retrieval *n*
 · (in Bezug auf bibliographische Daten:)
 bibliographic retrieval *n* ‖ *s.a. Retrieval*
~sammlung *f* [InfSc] / information
 collecting *n* · information gathering *n*
~speicher *m* [InfSy] / information store *n*
~spezialist *m* [Staff] / information
 professional *n* · information specialist *n*
 · information worker *n*
~stelle *f* [OrgM] / information centre *n*
~suche *f* / information searching *n* ·
 information enquiry *n*
~system *n* [InfSy] / information system *n*
~technik *f* [InfSy] / information
 engineering *n* · information technology *n*
~träger *m* / information medium *n* ·
 information carrier *n*
~transfer *m* [Comm] / information
 transfer *n*
~trennzeichen *n* [EDP] ⟨DIN 44300/2⟩ /
 information separator *n* ‖ *s.a. Trennzeichen*
~überlastung *f* [InfSy] / information
 overload *n*
Informations- und Dokumentationsstelle
 f [InfSy] / documentation centre *n* ·
 information centre *n*
~- und Dokumentationswissenschaft *f*
 [InfSc] / information science *n*
~-und Kommunikationstechnik *f* [InfSc]
 / information and communications
 technology *n*
~verarbeitung *f* [EDP] ⟨DIN 4300/1+2⟩ /
 information processing *n*
~verbreitung *f* [InfSy] / information
 dissemination *n*

Informationsverlust 114

~**verlust** *m* / information loss *n*
~**vermittler** *m* [Staff] / mediator of information *n* · (Searcher in Datenbanken:) search intermediary *n* · information intermediary *n* · intermediary(-searcher) *n* · search analyst *n* · (gewerblich tätig:) information broker *n*
~**vermittlung** *f* (als Dienstleistungsangebot) [Ref; InfSy] / online search service *n* · computer-assisted reference service *n* · online information service *n*
~**vermittlungsstelle** *f* [OrgM; Retr] / online searching office *n*
~**versorgung** *f* [InfSy] / information provision *n*
~**wiedergewinnung** *f* [Retr] *s. Informationsretrieval*
~**wirtschaft** *f* ⟨InfSy⟩ / information economy *n*
~**wissenschaft** *f* [InfSc] / information science *n*
~**wissenschaftler** *m* [Staff] / information scientist *n*
~**zeitalter** *n* [InfSc] / information age *n*
~**zentrum** *n* (mit umfangreichem Bestand an Nachschlagewerken) [OrgM] / reference department *n*
Information und Dokumentation / [InfSc] / documentation *n*
informatives Referat *n* [Ind; Bib] ⟨DIN 1426⟩ / informative abstract *n* · informational abstract *n* · comprehensive abstract *n*
Informator *m* [Staff] *DDR* / documentalist *n* ‖ *s.a. Fachinformator*
informieren *v* [Comm] / inform *v* ‖ *s.a. benachrichtigen*
Infrastruktur *f* [InfSc] / infrastructure *n*
~**einrichtung** *f* [OrgM] / infrastructural institution *n*
Ingenieurschule *f* [Ed] / college of engineering *n*
Inhalt 1 *m* (Gehalt) [Gen] / content *n*
Inhalt 2 *m* (eines Buches) [Bk] / contents *pl* (of a book)
inhaltliche Aussage *f* [Ind] / subject statement *n*
~ **Erschließung** *f* [Ind] ⟨DIN 31631/1⟩ / content analysis *n* · subject indexing *n* · subject analysis *n*
inhaltsadressierbarer Speicher *m* [EDP] / content-addressable memory *n* · CAM *abbr* · associative memory *n*
Inhalts|analyse *f* [Class; Ind] / subject analysis *n* · content analysis *n*

~**angabe** *f* [Ind] ⟨DIN 31631/2⟩ / statement of contents *n*
~**definition** *f* [InfSc] / intensional definition *n*
~**erschließung** (f) [Ind] *s. inhaltliche Erschließung*
~**fahne** *f* (in einer Zeitschrift) [Bk] ⟨DIN 1428; DIN 31639/2 DIN 31639/2⟩ / abstract page *n* · abstract sheet *n*
~**pflege** *f* [KnM] / content maintenance *n*
~**übersicht** *f* [Bk] / short contents list *n*
~**verzeichnis** 1 *n* [Bk] ⟨DIN 1422/1; DIN 1426⟩ / table of contents *n* · contents list *n*
~**verzeichnis** 2 *n* [EDP] ⟨DIN 1506⟩ / directory *n*
~**zusammenfassung** *f* [Ind] / (Ergebnis:) digest of contents *n* · summary of contents *n* · (Vorgang:) summarization *n*
Inhibitor *m* (Hemmstoff) [Pres] / inhibitor *n* ‖ *s.a. Schutzmittel*
Initia *pl* [Bk] / initia *pl*
Initial(e) *n(f)* [Writ; Bk] / initial (letter) *n(n)* ‖ *s.a. figurales Initial; Filigraninitial(e); historisiertes Initial; hoch stehendes Initial; Schmuckinitial; tief stehendes Initial; Zierinitial(e)*
Initialenfolge *f* [Lin] *s. Initialkürzung*
initialisieren *v* [EDP] / initialize *v*
Initialisierung *f* [EDP] ⟨DIN 66010⟩ / initialization *n*
Initialisierungszeichenkette *f* [EDP] / init string *n*
Initialkürzung *f* [Lin] ⟨DIN 1502; DIN 2340⟩ / acronym *n* · initialism *n* ‖ *s.a. Abkürzung*
Inklusivpreis *m* [Acq] / all-inclusive price *n* · all-in price *n*
Inkompatibilität *f* [EDP] / incompatibility *n*
inkonsistente Daten *pl* / inconsistent data *pl*
inkrementieren *v* [EDP] / increment *v*
Inkunabel *f* [Bk] ⟨DIN 31631/4; DIN 31631/2⟩ / incunable *n* · incunabulum *n* ‖ *s.a. Wiegendruck*
~**fachmann** *m* [Bk] / incunabulist *n*
~**kunde** *f* / study of incunabula *n*
in Kürze erscheinend *p pres* [Bk] / forthcoming *p pres*
Inlands|markt *m* [Bk] / domestic market *n* · home market *n* ‖ *s.a. Binnenmarkt*
~**porto** *n* / domestic postage *n*
~**preis** *m* [Acq] / domestic price *n*
Innen|architektur *f* [BdEq] / interior design *n*
~**ausstattung** *f* [BdEq] / interior design *n*

~deckel *m* [Bind] / inside cover *n*
~einrichtung *f* [BdEq] / interior equipment *n* ‖ *s.a. Innenarchitektur; Möblierung*
~kantenbordüre *f* [Bk] / borders on inner margins of covers *pl*
~kantenvergoldung *f* [Bind] / gilding on inner margins of covers *n*
~maskierung *f* [Retr] / embedded character truncation *n* · internal truncation *n*
~revision *f* [OrgM] / internal audit *n*
innerbetriebliches System *n* [OrgM] / in-house system *n*
Innovation *f* [InfSc] / innovation *n*
innovativ *adj* [InfSc] / innovative *adj*
in Pappen beschneiden *v* [Bind] / cut in boards *v*
Inschrift *f* / inscription *n*
Inschriftenkunde *f* [NBM] / epigraphy *n*
Insektenbefall *m* [Pres] / insect infestation *n* ‖ *s.a. Schadinsekten*
insektenfestes Papier *n* [Pp] ⟨DIN 6730⟩ / insect resistant paper *n*
Insektenschädling *m* [Pres] / insect pest *n* ‖ *s.a. Schädlingsbekämpfung*
Inserat *n* [Bk] / advertisement *n* ‖ *s.a. anzeigen; Stellenanzeige*
Inserent *m* [Bk] / advertiser *n*
inserieren *v* [Bk] / advertise *v* · put an advertisement into *v*
Installation *f* [Art; BdEq] / setup *n* · installation *n* · (Kunst:) assemblage *n*
Installationsprogramm *n* [EDP] / set-up program *n* · installation program *n*
installieren [BdEq; EDP] / install *v* · set up *v* · (montieren:) mount *v* (eine Datei auf einem Server ~: to mount a file on a server)
Instand|haltung *f* [BdEq] ⟨DIN 31051; 4041E⟩ / maintenance *n*
~setzung *f* / repair *n*
Instanz *f* [EDP] ⟨DIN ISO 7498; DIN 44300/1⟩ / entity *n*
Institut *n* [OrgM; Ed] / institute *n*
Institution *f* [OrgM] / establishment *n* · institution ‖ *s.a. Trägerinstitution*
institutionsbezogene Bibliothek *f* [Lib] / institutional library *n*
Institutsbibliothek *f* [Lib] / institute library *n*
Instrumentierung *f* [Mus] / instrumentation *n*
insulare Schrift *f* [Writ] / insular script *n* · insular hand(writing) *n(n)*

Intarsia *f* (bei Ledereinbänden) [Bind] / inlay *n* ‖ *s.a. Einlegearbeit*
Intarsieneinband *m* [Bind] / inlaid binding *n*
integrieren *v* [OrgM] / integrate *v* · (zusammenführen:) converge *v*
integrierter Geschäftsgang *m* [TS; EDP] / (Hard- und Software dafür:) integrated library system *n* · integrated book processing (all processes are automated and interrelated) ‖ *s.a. Geschäftsgangsabteilung*
integrierte Schaltung *f* [EDP] / integrated circuit *n*
integriertes Netz *n* [Comm] ⟨DIN 44331V⟩ / integrated network *n*
Integrität *f* (von Daten) [EDP] *s. Datenintegrität*
intelligentes Terminal *n* [EDP/VDU] / intelligent terminal *n* · smart terminal *n*
Intension *f* (Begriffsinhalt) [Ind] / intension *n*
Interaktion *f* [InfSy] / interaction *n* (mittels Sprache: voice interaction)
interaktive Multimedia *pl* [NBM; EDP] / interactive multimedia *pl*
interaktiver Betrieb *m* [EDP] *s. Dialogbetrieb*
interdisziplinär *adj* [InfSc] / interdisciplinary *adj*
Interdisziplinarität *f* [InfSc] / interdisciplinarity *n*
Interessen|profil *n* [InfSy] / interest profile *n*
~schwerpunkt *f* [Gen] / focal area of interest *n*
Interims|aufnahme *f* [Cat] / temporary entry *n*
~datei *f* [TS] *s. Interimsnachweis*
~einband *m* [Bind] / temporary covering *n* · temporary binding *n*
~karte *f* [Cat; TS] / temporary card *n*
~kartei *f* [TS] *s. Interimsnachweis*
~katalogisierung *f* [Cat] / temporary cataloguing *n* · brieflisting *n*
~nachweis *m* (der in Bearbeitung befindlichen Bücher usw.) [TS] / in-process record *n* · process file *n* · in-process file *n*
~zettel *m* [Cat; TS] ⟨PI⟩ *s. Interimskarte*
Interkalation *f* [Class] / intercalation *n*
Interkalator *m* [Class] / intercalator *n* · intercalation starter *n*
Interlinear|glossen *pl* / interlinear glosses *pl*

~übersetzung *f* [Bk] / interlinear translation *n*
internationale Körperschaft *f* / international body *n* · (auf Grund eines zwischenstaatlichen Abkommens eingerichtet:) intergovernmental body *n*
internationaler Antwortschein *m* [Comm] / international reply coupon *n*
~ **Computer-Führerschein** *m* [EDP] / international computer driving licence *n*
~ **Leihschein** *m* [RS] / international loan request form *n*
~ **Leihverkehr** *m* [RS] / international interlending *n* ‖ *s.a. Bestellschein im Internationalen Leihverkehr*
~ **Schriftentausch** *m* [Acq] / international exchange of publications *n*
Internationaler Standard-Ton- und Bildtonaufnahme-Schlüssel *m* [NBM] ⟨DIN 31621 Bbl-1⟩ / International Standard Recording Code *n* · ISRC *abbr*
Internationale Standard-Buchnummer *f* [Bk] ⟨ISBD(M; S; PM); DIN 1462; DIN 31631/2; DIN ISO 2108:1994-12⟩ / International Standard Book Number *n* · ISBN *abbr*
~ **Standardisierte Bibliographische Beschreibung** *f* [Bib; Cat] / International Standard Bibliographic Description *n* · ISBD *abbr*
~ **Standardnummer für fortlaufende Sammelwerke** *f* [Bk] ⟨ISBD(M; S; PM); DIN 1430; DIN 31631/2; TGL RGW 175⟩ / International Standard Serial Number *n* · ISSN *abbr*
~ **Standardnummer für handelsübliche Tonträger** *f* [NBM] ⟨DIN 31631/2⟩ / Sound Carrier Product Number *n* · SCPN *abbr*
~ **Standard-Nummer für Musikalien** *f* [Mus] ⟨DIN ISO 1057⟩ / International Standard Music Number *n* · ISMN *abbr*
Interndatei *f* [EDP] / internal file *n*
interne Ausbildung *f* [Ed] / in-service training *n* · internal training *n* · in-house training *n* ‖ *s.a. Ausbildung am Arbeitsplatz*
interner Leihverkehr *m* [RS] / (zwischen Bibliotheken eines Bibliothekssystems:) intralibrary loan *n* · (innerhalb der Institution, welcher die Bibliothek zugehört:) intramural loan *n*
Internet-Anbieter *m* [Internet] / Internet service provider *n*

~-**Café** *n* / netcafé *n* · Internet café *n* · cybercafé *n*
~-**Protokoll** *n* [Internet] / Internet protocol *n*
~**surfen** *n* / cybersurfing *n* · Internet surfing *n*
~**surfer** *m* / cybersurfer *n* · Internet surfer *n*
~-**Verhaltenskodex** *m* / netiquette *n*
~-**Zugang** *m* [Internet] / Internet access *n*
Internspeicher *m* [EDP] / internal storage *n* · memory *n* ‖ *s.a. Arbeitsspeicher; Hauptspeicher*
interpolieren *v* [InfSc] / interpolate *v*
Inter|pret *m* [Mus] / performer *n*
~**preter** *m* [EDP] ⟨DIN 44300/4⟩ / interpreter *n*
~**pretierer** *m* [EDP] *s. Interpreter*
~**punktion** *f* [Writ; Prt] / punctuation *n*
~**punktionszeichen** *n* [Writ; Prt] / punctuation sign *n* · punctuation mark *n* ‖ *s.a. Deskriptionszeichen*
~**view** *n* [Comm] / interview *n* ‖ *s.a. standardisiertes Interview; Tiefeninterview; unstrukturiertes Interview*
Inventar *n* [Stock] / inventory *n* · (Inventarverzeichnis auch:) stock-record *n*
inventarisieren *v* [Acq] / accession *v*
Inventar(verzeichnis) *n(n)* [Stock] / stock-record *n*
Inventur *f* / inventory *n* · (Bestandsaufnahme:) stocktaking *n* (~ machen:to take stock)
Inversion der Wortfolge *f* [Ind] / inversion of the word sequence *n*
invertieren *v* [Lin; Ind; EDP] / invert *v*
invertierte Datei *f* [EDP] / inverted file *n*
invertiertes Ordnungswort *n* [Cat] / inverted heading *n*
~ **Schlagwort** *n* [Cat; Ind] / inverted heading *n*
Investition *f* [BdEq] / investment *n*
Investitions|aufwendungen *pl* [BgAcc] ⟨DIN 1425⟩ / capital expenditure *n*
~**güter** *pl* [OrgM] / capital goods *pl*
~**haushalt** *m* [BgAcc] / budget for capital expenditure *n* · capital budget *n*
~**kosten** *pl* [BgAcc] / investment costs *pl*
~**mittel** *pl* [BgAcc] / capital funds *pl*
IP-Adresse *f* (Internetprotokolladresse) [Internet] / dot address *n* · IP address *n*
irische Schrift *f* [Writ] / Irish hand *n* · Irish script *n*
irreversibel *adj* [Pres] / irreversible *adj*

ISBD *abbr* [Bib; Cat] *s. Internationale Standardisierte Bibliographische Beschreibung*
ISBN *abbr* [Bk] *s. Internationale Standard-Buchnummer*
ISMN *abbr s. Internationale Standard-Nummer für Musikalien*
Isohypse *f* [Cart] *s. Höhenlinie*
Isolat *n* [Class] / isolate *n*
Isolierung *f* (von Wänden usw.) [BdEq] / insulation *n* ‖ *s.a. Schalldämmung*
Isolinienkarte *f* [Cart] / isoline map *n*
Isoplethenkarte *f* [Cart] / isopleth map *n*
ISO-Testzeichen *n* [Repr] ⟨DIN 19051/1⟩ / ISO character *n*
~gruppe *f* [Repr] / ISO word *n*

~ **Nr 2** *n* [Repr] / ISO Testpattern No.2 *n*
ISSN *abbr s. Internationale Standardnummer für fortlaufende Sammelwerke*
ISSN-Titel *m* [Bk] ⟨DIN 1430; ISBD(S); RAK⟩ / key title *n*
ist bestellt *pp* [Bk] / on order *n* (Bestellung läuft: currently on order)
Ist-Ein-Beziehung *f* [KnM] / is-a relation *n*
IuD *abbr* [InfSc] *s. Information und Dokumentation*
IuD-Stelle *f* [InfSy] / documentation centre *n* · information centre *n*
IVM *abbr* [InfSy; Retr] *s. Informationsvermittlung*

J

Jacket *n* [Repr] / microfilm jacket *n* · jacket *n*
jacketieren *v* [Repr] ⟨DIN 19040/113E⟩ / jacket *v* · insert *v* (microfilm strips into a microfilm jacket)
Jacketiergerät *n* [Repr] *s. Eintaschgerät*
Jahr-2000-Problem *n* [EDP] / y2k issue *n*
Jahrbuch *n* [Bk] / annual *n/adj* · yearbook *n*
Jahres|abonnement *n* [Acq] / annual subscription *n*
~**abschluss** *m* [BgAcc] / annual account *n* · annual financial statement *n* · annual closing of account *n*
~**bericht** *m* [Bk] / annual report *n*
~**betrag** *m* (für ein Jahr zu zahlender Betrag) [BgAcc] / per annum amount *n*
~**bezugspreis** *m* [Acq] / cost of annual subscription *n*
~**gebühr** *f* [BgAcc] / annual fee *n*
~**register** *n* [Bk] / annual index *n* ‖ *s.a. Gesamtregister*
~**schrift** *f* [Bk] / annual *n/adj*
Jahrgang *m* [Bk] / year *n* ‖ *s.a. rückwärtige Jahrgänge*
jährlich / yearly *adj* · annual *n/adj*
Jansenisteneinband *m* [Bind] / Jansenist binding *n*

Japanpapier *n* [Bind] / Japanese paper *n*
Jobferneingabe *f* [EDP] / remote job entry *n* · RJE *abbr*
Jokerzeichen *n* [Retr] / wild card character *n*
Josépapier *n* (Josephs-Papier; Linsenreinigungspapier) [Pp; Repr; Pres] / lens tissue *n*
Journalimus *m* [Bk] / journalism *n*
Journalist *m* [Bk] / journalist *n*
Jubiläums|ausgabe *f* (einer Zeitschrift) [Bk] / anniversary issue *n*
~**schrift** *f* [Bk] / jubilee publication *n* ‖ *s.a. Festschrift*
Juchten(leder) *m/n(n)* [Bind] / Russia (leather) *n* · (imitiertes ~:) imitation russia *n* · American Russia *n* · Russia cowhide *n*
Jugend|bibliothek *f* [Lib] / (für Heranwachsende:) young adult library *n* · adolescent library *n* · teenage library *n* ‖ *s.a. Kinder- und Jugendbibliothek*
~**bibliothekar** *m* [Staff] / young adult librarian *n*
~**buch** *n* [Bk] ⟨RAK-AD⟩ / juvenile book *n*
~**bücherei** *f* [Lib] *s. Jugendbibliothek*
~**buchwoche** *f* [Bk] / children's book week

jugendgefährdende Literatur *f* [Bk] / literature *n* (considered to be harmful to juveniles)
Jugend|literatur *f* [Bk] / (für Kinder und Jugendliche:) juvenile literature
Jungfernpergament *n* [Bk] / virgin parchment *n*

juristische Bibliothek *f* [Lib] / law library *n*
~ **Datenbank** *f* [InfSy] / legal database *n*
~ **Datenverarbeitung** *f* / legal data processing *n*
Jury *f* [Bk] / panel of judges *n*
Justizvollzugsanstaltsbibliothek *f* [Lib] / prison library *n* · correctional library *n*

K

Kabel *n* [BdEq] / cable *n* ‖ *s.a. Netzkabel*
~**baum** *m* [BdEq] / cable harness *n*
~**fernsehen** *n* [Comm] / cable television *n* · cable TV *n*
~**rundfunk** *m* [Comm] / cable broadcasting *n* · wired broadcasting *n*
Kachel *f* [EDP] ⟨DIN 44300/6⟩ / page frame *n*
Kader|akten *pl* [OrgM] *DDR* / staff records *pl*
~**leiter** *m* [Staff] *DDR* / personnel manager *n*
kaiserliche Bibliothek *f* [Lib] / imperial library *n*
Kakerlak *m* [Pres] / cockroach *n* · roach *n* US
Kalander *m* [Pp] / calender *n* · (getrennt von der Papiermaschine:) super-calender *n*
~**satinage** *f* [Pp] / calendering *n*
kalandrieren *v* [Pp] / supercalender *v*
kalandriertes Papier *n* [Pp] ⟨DIN 6730⟩ / calendered paper *n* ‖ *s.a. satiniertes Papier*
Kalbleder *n* / calf *n* · (für juristische Bücher:) law calf
Kalbleder(ein)band *m* [Bind] / calf binding *n* ‖ *s.a. Franzband*
Kalender *m* [Bk] ⟨RAK-AD⟩ / calendar *n* ‖ *s.a. Abreißkalender; ewiger Kalender; Terminkalender; Veranstaltungskalender*
Kalender|datum (n) / calendar date
~**jahr** *n* / calendar year *n*
~**tag** *m* [Gen] / calendar date

kalibrieren *v* [EDP] / calibrate *v*
Kalibrierung *f* [BdEq] / calibration *n* ‖ *s.a. Farbkalibrierung*
Kaliko *n* [Bind] / calico *n*
Kalkulation *f* / costing *n* (the estimate of the cost of a particular product)
kalkulatorische Kosten *pl* [BgAcc] / implicit costs *pl* · imputed costs *pl*
Kalligraph *n* [Writ] / calligrapher *n*
Kalligraphie *f* [Writ] / calligraphy *n*
Kalt|leim *m* [Bind] / PVA glue *n*
~**nadelradierung** *f* [Art] / dry-point etching *n* · dry-point engraving *f* · (ein einzelnes Blatt:) dry-point *n*
~**satz** *m* [Prt] / cold type *n* · cold composition *n*
~**start** *m* [EDP] / reset *v/n* · cold boot *n* · cold start *n*
Kameeneinband *m* [Bind] / cameo binding *n*
kamerafähiges Manuskript *n* [Prt] / camera-ready copy *n*
Kamerakarte *f* [Repr] / camera card *n*
Kamera-Scanner *n* [ElPubl] / camera scanner *n*
Kamm|bindung *f* [Bind] / comb binding *n* ‖ *s.a. Spiralbroschur*
~**broschur** *f* [Bind] / plastic comb binding *n*
Kammerjäger *m* [Pres] / exterminator *n*

Kanal *m* [Comm] ⟨DIN 44300/1; 66200/1⟩ / channel *n* ‖ *s.a. Ausgangskanal; Eingangskanal; Hauptkanal; Hilfskanal*
~**kapazität** *f* [Comm] ⟨DIN 44301⟩ / channel capacity *n*
Kandidat *m* (einer Prüfung) [Ed] / examinee *n*
~-**Deskriptor** *m* [Ind] / candidate descriptor *n*
Kann-Bestimmung *f* [Cat; Class] / optional rule *n*
~**feld** *n* [InfSy] / optional field *n*
Kanon *m* [Bk] / canon *n*
Kante *f* (Deckelkante) [Bind] / square *n* · board edge *n* ‖ *s.a. abgeschrägte Deckelkanten; Stehkante*
Kanteneinschlagmaschine *f* [Bind] / turning-in machine *n*
Kantine *f* [BdEq] / cafeteria *n* · canteen *n*
Kanzlei|papier *n* [Pp] / bond paper *n*
~**schrift** *f* / chancery script *n* · court hand *n*
kapazitiver Speicher *m* [EDP] / capacitor storage *n*
Kapital *n* [Bind] / headband *n* (unteres ~: bottomband; tailband; handgestochenes ~: handmade headband)
~**band** *n* [Bind] *s. Kapital*
Kapitälchen *pl* [Prt] / small capitals *pl* (~ mit großen Anfangsbuchstaben:caps and smalls)
Kapitalis *f* [Writ] / square capital hand *n* · quadrata *n*
Kapitel *n* [Bk] ⟨DIN 31639/2⟩ / chapter *n*
~**überschrift** *f* [Bk] / chapter heading *n* · caption *n*
Kapsel *f* [NBM] / solander (case) *n* Brit
~**katalog** *m* [Cat] / sheaf catalogue *n* · loose-leaf catalogue *n*
kaputtgehen *v* [Pres; BdEq] / get broken *v* · (sich verschlechtern:) deteriorate *v*
Kardex *m* [Acq] / visible file *n* (for serial checking) · kardex *n*
kariertes Papier *n* [Pp] / squared paper *n*
Karikatur *f* / caricature *n* · (Witzzeichnung:) cartoon *n*
karolingische Minuskel *f* [Writ] / caroline minuscule *n* · carolingian minuscule (script) *n* · alcuinian script *n*
Karriere *f* [Staff] / career *n*
~**chancen** *pl* / career opportunities *pl*
kart. *abbr* [Bind] *s. kartoniert*
Kärtchen *n* [Cat] *s. Karte 2*
~**katalog** *m* [Cat] *s. Kartenkatalog 1*

Karte 1 *f* [Cart] ⟨DIN 31631/2+4; DIN 31639/2; RAK-AD⟩ / map *n* · (für Navigationszwecke:) chart *n* ‖ *s.a. Arealkarte; Faltkarte; Flurkarte; Gebietsstufenkarte; handschriftliche Karte; Himmelskarte; Leerkarte; Luftbildkarte; Punktstreuungskarte; Raumbildkarte; Raumgliederungskarte; Seekarte; Stadtplan*
Karte 2 *f* [Cat] / card
Kartei *f* [Ind; Off] / card index *n* · card file *n*
~**karte** *f* [Ind; Off] / index card *n* · file card *n* · checking card *n* ‖ *s.a. linierte (Kartei-)Karte*
~**kasten** *m* [BdEq] / filing box *n* · card-index box *n*
~**leiche** *f* [RS] / non-active member in a file
~**lift** *m* [BdEq] / rotary card file *n*
~**reiter** *m* [Off; TS] *s. Reiter*
~**schrank** *m* [BdEq] / file cabinet *n* · filing cabinet *n*
~**zettel** *m* [Ind; Off] / index slip *n* · filing slip *n* ‖ *s.a. Karteikarte*
Karten|ablage *f* [Cart] / map file *n*
~**anschnitt** *m* [Cart] / bleeding edge *n* · bleed *n*
~**ausschnitt** *m* [Cart] / map extract *n*
~**auswertung** *f* [Cart] / cartographic interpretation *n*
~**beschriftung** *f* [Cart] / map lettering *n*
~**bibliographie** *f* [Bib; Cart] / cartobibliography *n*
~**bild** *n* [Cart] ⟨RAK-Karten⟩ / map face *n*
~**blatt** *n* [Cart] / map sheet *n* · sheet ‖ *s.a. Blatt 1*
~**doppler** *m* [PuC] / card reproducer *n* · reproducer *n*
~**feld** *n* [Cart] / map face *n*
~**feldbegrenzung** *f* [Cart] / neatline *n*
~**feldrandlinie** *f* [Cart] *s. Kartenfeldbegrenzung*
~**gitter** *n* [Cart] / grid
~**interpretation** *f* [Cart] / cartographic interpretation *n*
~**katalog** 1 *m* (Zettelkatalog) [Cat] / card catalogue *n*
~**katalog** 2 *m* [Cart; Cat] / map catalogue *n*
~**kopierer** *m* [BdEq] / card-operated copier *n*
~**kunde** *f* [Cart] / cartology *n*
~**leser** *m* [PuC] / card reader *n*
~**lesesaal** *m* [Cart] / map room *n*
~**locher** *m* [PuC] / card punch *n*

Kartenmischer 122

~mischer *m* [PuC] / collator *n*
~muster *n* [Cart] ⟨ISBD(CM)⟩ / specimen sheet *n* · pilot sheet *n*
~netz *n* [Cart] ⟨RAK-Karten⟩ / map graticule *n* · graticule *n*
~orientierung *f* [Cart] / map orientation *n*
~planzeiger *m* [Cart] *s. Planzeiger*
~projektion *f* [Cart] *s. Projektion 1*
~rahmen *m* [Cart] / the framework which surrounds a map
~rand *m* [Cart] / margin *n* ‖ *s.a. Blattrand*
~relief *n* [Cart] ⟨ISBD(CM)⟩ / relief model *n*
~sammlung *f* [Cart] / map library *n* · map collection *n*
~schnitt *m* [Cart] ⟨RAK-Karten⟩ *s. Blattschnitt*
~schrank *m* [BdEq] / map case *n* · map cabinet *n* · map chest *n* ‖ *s.a. Zeichenschrank*
~sektion *f* [Cart] *s. Sektion*
~skizze *f* [Cart] / sketch (map) *n*
~stapel *m* [PuC] / card deck *n* · card pack *n* Brit
~telefon *n* [Comm] / cardphone *n*
~tisch *m* [Cart; BdEq] / map table *n*
~titel *m* [Cart] / map title *n*
kartenverwandte Darstellung *f* [Cart] ⟨RAK-Karten⟩ / paracartographic representation *n*
Karten|werk *n* [Cart] / map series *n*
~zeichen *n* [Cart] / map symbol *n* · map sign *n*
~zimmer *n* [BdEq] *s. Kartenlesesaal*
Kartierung *f* [Cart] / mapping *n*
Kartogramm *n* [Cart] ⟨RAK-Karten⟩ / cartogram *n*
Kartograph *m* [Cart] / cartographer
Kartographie *f* [Cart] / cartography *n*
kartographisches Material *n* [Cart] / cartographic material *n*
Karton 1 *m* (ein in ein Buch statt eines anderen Blattes eingefügtes Ersatzblatt) [Bk] ⟨ISBD(A)⟩ / cancel *n* · cancel(ling) leaf *n* ‖ *s.a. Titelblattkarton*
~ 2 *m* [Pp; Bind] / (Materialbezeichnung:) cardboard *n* · (Pappschachtel:) box *n* · carton *n* ‖ *s.a. Klappkarton; Pappschachtel; Schuber; Schutzkarton; Umzugskarton*
~ 3 *m* (Vorzeichnung eines Freskos) [Art] / cartoon *n*
Kartonagenpappe *f* [Pp] ⟨DIN 6730⟩ / boxboard *n*

kartonieren *v* [Bind] / bind in paper boards *v*
kartoniert *pp* [Bind] / paper-bound *pp* · bound in boards *pp* · (kurz:) in boards *pl* · bds. *abbr.* · boards *pl*
Kartusche *f* / scroll *n* · cartouche *n* ‖ *s.a. Eckkartusche*
Kartuschenpapier *n* [Bind] / cartridge paper *n*
Karussell *n* [BdEq] *s. Drehsäule*
kaschieren *v* [Bind] ⟨DIN 6730⟩ / (mit Folie:) laminate *v*
Kaschier|maschine *f* [Bind] / laminator *n*
~papier *n* [Bind] / laminating paper *n* · paste paper *n* · pasting paper *n*
kaschierte Pappe *f* [Bind] / split board *n*
kaschierter Deckel *m* [Bind] / split board *n*
Kaschierung *f* (mit Folie) [Bind] / lamination *n*
Kaskadenmenü *n* [EDP] / cascading menu *n*
Kassen|bericht *m* [BgAcc] / report of accounts *n*
~prüfer *m* [BgAcc] / auditor *n*
Kassette 1 *f* [Bk; NBM] / (für ein Buch:) slip case *n* · open-back case *n* · slide box *n* ‖ *s.a. Tonbandkassette*
~ 2 *f* [Repr] ⟨DIN 19040/104E; A 2653; A 2554⟩ / (Einkern-~:) cartridge *n* · (Doppelkern-~:) cassette *n* ‖ *s.a. Datenkassette; Film-Kompaktkassette; Leerkassette; Literaturkassette; Videokassette*
Kassettenrecorder *m* [NBM] / cassette recorder *n*
Kästchen *n* (in einem Formular) [Off; TS] / box *n* (das entsprechende ~ ankreuzen: to check/to tick/to mark the appropriate box) ‖ *s.a. Markierungskästchen*
Kasten *n* / box *n* · (Kiste:) case *n* ‖ *s.a. Briefkasten; Reparaturkasten; Schubkasten; Werkzeugkasten*
Katalog *m* [Cat] ⟨DIN 31639/2; DIN 31631/4; RAK-AD⟩ / catalog *n* US · catalogue *n* ‖ *s.a. EDV-Katalog; handschriftlicher Katalog; konventioneller Katalog; Zettelkatalog*
~abfrage *f* [Cat; Retr] / catalogue enquiry *n*
~abteilung *f* [OrgM] / cataloguing department *n* · catalogue department *n*
~art *f* [Cat] / type of catalogue *n*
~benutzer *m* [Cat] / catalogue user *n*
~benutzung *f* [Cat] / catalogue use *n*

~datenbank *f* [Cat; EDP] / catalogue database *n* · cataloguing data base *n*
~eintragung *f* [Cat] / catalogue entry *n* · cataloguing record *n* · cataloguing entry *n* · entry *n* ‖ *s.a. Titelaufnahme 2*
~form *f* [Cat] / form of catalogue *n* · type of catalogue *n*
Katalogisat *n* [Cat] *s. Katalogeintragung*
katalogisieren *v* [Cat] / catalogue *v* ‖ *s.a. vorläufiges Katalogisieren*
Katalogisierer *m* [Staff] / cataloguer *n* ‖ *s.a. Titelaufnehmer*
Katalogisierung *f* [Cat] / cataloguing *n* ‖ *s.a. alphabetische Katalogisierung; Auswahlkatalogisierung; Eigenkatalogisierung; Fremdkatalogisierung; Interimskatalogisierung; Neukatalogisierung; retrospektive Katalogisierung; Schlagwortkatalogisierung; Verbundkatalogisierung; verkürzte Katalogisierung*
Katalogisierungs|regeln *pl* [Cat] / cataloguing rules *pl*
~regelwerk *n* [Cat] / catalogue code *n* · cataloguing code *n*
~rückstände *pl* [Cat] / cataloguing arrears *pl*
~verbund *m* [Cat] / cataloguing union *n* · co-operative cataloguing system *n* · cataloguing co-operative *n* ‖ *s.a. Verbundkatalog; Verbundteilnehmer*
~zentrum *n* [Cat] / cataloguing agency *n*
Katalog|kärtchen *n* [Cat] / catalogue card *n*
~karte *f* [Cat] / catalogue card *n*
~karte mit Namens- bzw. Titel-Übersicht *f* / history card *n*
~kartenlochung *f* [Cat] / punching in catalogue cards *n*
~kasten *m* [Cat] / catalogue drawer *n* · catalogue tray *n* · card tray *n*
~pflege *f* [Cat] / catalogue maintenance *n*
~regelwerk *n* [Cat] *s. Katalogisierungsregelwerk*
~revision *f* [Cat] / catalogue editing *n*
~saal *m* [BdEq] / catalogue hall *n*
~schrank *m* [Cat] / catalogue case *n*
~schublade *f* [Cat] *s. Katalogkasten*
~verwaltung *f* [Cat] / catalogue maintenance *n*
~zettel *m* [Cat] / catalogue card *n* ‖ *s.a. zweiter Zettel*
Katasterkarte *f* [Cart] / cadastral map *n* · property map *n*

Katastrophen|plan *m* [Pres] / disaster plan *n* · (Plan für den Notfall:) emergency plan *n* · contingency plan *n*
~schutz *m* [Pres] / disaster control *n*
~vorsorge *f* [Pres] / disaster preparedness *n* ‖ *s.a. Notstandsplan*
Katechismus *m* [Bk] ⟨RAK-AD⟩ / catechism *n*
Kategorie 1 *f* [EDP] *s. Datenkategorie*
~ 2 *f* [Class] ⟨DIN 32705⟩ / category *n*
Kategorien|katalog *m* [EDP] ⟨DIN 2341/1; DIN 31631/1⟩ / catalogue of data elements *n*
~schema *m* [EDP] *s. Kategorienkatalog*
Katheder *n* [Ed; BdEq] / lectern *n*
Kathedralstil *m* [Bind] *s. Einband im Kathedralstil*
Kathodenstrahlröhre *f* [EDP/VDU] / cathode-ray tube *n*
Kauf *m* [Acq] / purchase *n* ‖ *s.a. Gattungskauf; Spezieskauf*
~bestellung *f* [Acq] / purchase order *n*
~kraft *f* [Acq] / purchasing power *n*
~preis *m* [Acq] / purchase price *n*
~sitzung *f* [Acq] / purchase session *n* · book-selection meeting *n*
~vertrag *m* [Acq] / contract of purchase *n* · (Dokument:) deed of purchase *n* · purchase contract *n* · (in Bezug auf Verkäufe:) sales contract *n*
Kausalbeziehung *f* [KnM] / causal relation *n*
Kaution *f* [BgAcc] / deposit fee *n* · deposit *n* · security *n*
KB *abbr* [Ind] *s. Benutzt für (in) Kombination-Verweisung*
Kegel *m* [Prt] *s. Schriftkegel*
~projektion *f* [Cart] / conic projection *n*
Keil *m* (zum Einrichten der Druckform) [Prt] / quoin *n*
Keilschrift *f* [Writ] / cuneiform writing *n* · cuneiform hand *n* · cuneiform script *n*
~zeichen *n* [Writ] / cuneiform character *n*
Keller|geschoss *n* [BdEq] / basement (storey) *n*
~magazin *n* [BdEq] / basement stack *n*
kellern *v* [EDP] / stack *v*
Kellerspeicher *m* [EDP] ⟨DIN 19237V; 44300/6⟩ / stack register *n* · stack (memory) *n* · pushdown storage *n* · stack *n*
Kenn|nummer *f* [InfSy] / identification number/character *n*

Kennsatz 124

~**satz** m [EDP] ⟨DIN 66010; DIN 66229⟩ / label record n · label n ‖ s.a. Dateikennsatz; Satzkennung
~**familie** f [EDP] / label set n
~**gruppe** f [EDP] ⟨DIN 66010⟩ / label group n
~**name** m [EDP] ⟨DIN 66010; 66229⟩ / label identifier n
~**nummer** f [EDP] / label number n ‖ s.a. Dateiendekennsatz
Kennung f [EDP] / identifier n ‖ s.a. Anschlusskennung 1; Anwendungskennung; Benutzerkennung; Dateikennung; Feldkennung; Netzkennung; Nutzerkennung; Satzkennung; Teilfeldkennung
Kennzahl 1 f (Kennziffer) [OrgM] / key figure n · key indicator n ‖ s.a. Richtwert
~ 2 f (der Vermittlungsstelle in einem Netz) [Comm] ⟨DIN 44331V⟩ / code v
Kennzeichen n [OrgM] / badge n
kennzeichnen v [Gen] / mark v · flag v/n (einen Fehler ~: to flag an error) · (bezeichnen:) denote v
Kennzeichnungsaufnahme f [Repr] / identification frame n · target frame n
Kennziffer s. Kennzahl 1
~**analyse** f [OrgM] / ratio analysis n
~**zeitschrift** f [Bk] / controlled circulation journal n
Kerbe 1 f [PuC] / notch n ‖ s.a. Schreibschutzkerbe
~ 2 f [Bind] / kerf n · cerf n
kerben v [PuC] / notch v
Kerb|lochkarte f [PuC] / edge-notched card n · notched card n
~**zange** f [PuC] / notching pliers pl
Kern m (Mittelteil einer Spule usw.) [NBM; Repr] ⟨DIN 19040/104E; A 2654⟩ / core n
~**bestand** m [Stock] / core collection n
~**fach** n [Ed] / core subject n
~**programm** n [EDP] / kernel (program) n(n)
~**speicher** m [EDP] / magnetic core memory n · core memory n
Kette 1 f (ein Satz fortlaufender Zeichen) [InfSy] / string n ‖ s.a. Zeichenkette
~ 2 f (Begriffskette) [Class] / concept chain n
Ketten|bibliothek f [Lib] / chained library n
~**buch** n [Bk] / chained book n
~**drucker** m [EDP; Prt] / chain printer n
~**förderanlage** f [BdEq] / chain conveyor n
~**indexierung** f [Ind] / chain indexing n
Kettlinien pl [Pp] / wide lines pl

Kettung f [EDP] / concatenation n
KI abbr s. künstliche Intelligenz
Kinder|bibliothek f [Lib] / children's library n · junior library n
~**bibliothekar** m [Staff] / children's librarian n
~**buch** n [Bk] / children's book n
~**buchpreis** m [Bk] / children's book award n
~**buchwoche** f / children's book week
~**literatur** f [Bk] / children's literature n
~- **und Jugendbibliothek** / youth library n
~- **und Jugendliteratur** f [Bk] / juvenile literature
Kinefilm m [NBM; Repr] ⟨DIN 19040/104E⟩ / cinematographic film n · film n
Kippkarte f [NBM] CH ⟨ISBD(NBM)⟩ / flipchart n
Kirchen|bibliothek f [Lib] / church library n · ecclesiastical library n · (kirchliche Gemeindebücherei:) parish library n · parochial library n ‖ s.a. konfessionelle Bibliothek
~**buch** n [Arch] / parish register n · church register n
~**liederbuch** n [Bk] / hymn-book n ‖ s.a. Gesangbuch
kirchliche Bibliothek f [Lib] s. Kirchenbibliothek
Kiste f [BdEq] / box n · case n (Lattenkiste:) crate n · box n · case n
Klammer f [Writ; Prt] / bracket n ‖ s.a. eckige Klammer; geklammerte Einfügung; geschweifte Klammer; runde Klammer; Winkelklammer
~**affe** m (@) [EDP] / commercial at · at sign n
~**heftung** f [Bind] s. Drahtheftung
~**kürzung** f [Lin] ⟨DIN 2340⟩ / contraction n
klammern v [Writ; Prt] / bracket v
Klammerzusatz n [Cat] / parenthetical qualifier n · bracketed interpolation n
Klang m [Pp] / rattle n (noise made of paper)
~**datei** f (Multimedia) [EDP] / sound file n
Klappe f (des Buchumschlags) [Bk] / jacket-flap n (hintere ~:back flap; vordere ~:front flap) · flap n
Klappentext m [Bk] / flap blurb n · jacket blurb n
Klappkarton m [NBM] / solander (case) n Brit · clam shell case n US
Klappmenü f [EDP/VDU] / drop-down menu n · pull-down menu n

Klarschriftcodierer *m* [EDP] ⟨DIN 9774/1⟩ / character encoder *n*
Klarsicht|folie *f* [Off] / clear plastic sheet *n* · clear film *n* ‖ *s.a. Folieneinschweißung; Folienkaschierung*
~hülle *f* [Off] / clear plastic folder *n*
Klartextauthentifizierung *f* / clear-text authentication *n*
Klasse *f* [Gen; Class] / class *n* · bracket *n* ‖ *s.a. Einkommensklasse*
Klassen|nummer *f* [Class] ⟨ISO 5127/6⟩ / class number *n*
~satz *m* [Stock] / classroom loan *n* · collection of books to be lent to schools for use in classes
~zimmerbibliothek *f* [Lib] / classroom library *n* · class library *n*
klassieren *v* [Class] ⟨DIN 6763⟩ / class *v* · classify *v* (books according to a scheme of classification)
Klassifikation *f* [Class] ⟨DIN 31631/4⟩ / classification *n*
Klassifikations|schema *n* [Class] / classification scheme *n*
~system *n* [Class] ⟨DIN 32705; 6763⟩ / classification system *n*
~tafel *f* [Class] / classification schedule *n* · classification table *n*
~übersicht *f* (in Tabellenform) [Class] / classification chart *n*
klassifikatorische Kette *f* [Class] / chain *n* · concept chain *n*
~ Reihe *f* [Class] / array *n* · concept array *n*
klassifizieren *v* [Class] ⟨DIN 6743⟩ / classify *v* · class *v*
Klassifizierer *m* [Staff] / classifier *n*
Klassiker *m* (viel gelesener Autor) [Bk] / classic *n*
klassische Anonyma *pl* [Cat] / anonymous classics *pl*
klassisches anonymes Werk *n* [Cat] / anonymous classic *n*
klassizistische Antiqua *f* [Prt] / modern face *n*
Klauenöl *n* [Pres] / neat's foot oil *n*
Klausel *f* [Law] / clause *n* ‖ *s.a. Zusatzklausel*
Klausur *f* (Prüfungsarbeit in Klausur) [Ed] / written test *n* · written examination paper *n*
Klavier|auszug *m* [Mus] ⟨ISBD(PM)⟩ / 1 piano reduction *n* · piano score *n* · 2 (mit Gesangsstimmen:) vocal score *n*

~-Direktionspartitur *f* [Mus] / piano-conductor score *n*
~stimme *f* [Mus] / piano part *n*
Kldr. *abbr* [Bind] *s. Kunstleder*
Klebe|band *n* [Bind; Off] / adhesive tape *n* · (selbstklebend:) self-adhesive tape *n* ‖ *s.a. Selbstklebeband*
~bindegerät *n* [Bind] / perfect-fan-binder *n*
~bindemaschine *f* [Bind] / perfect-binding machine *n*
~bindung *f* [Bind] / adhesive binding *n* · cut back binding *n* · perfect binding *n* · unsewn binding *n* · lumbecking *n* · thermoplastic binding *n*
~fähigkeit *f* (eines Klebebandes) [Bind] / tack *n*
~folie *f* [Bind] / adhesive film *n* · (selbstklebend:) self-adhesive film *n* ‖ *s.a. Tesafilm*
~korrektur(streifen) *f(m)* [Bk] / slip cancel *n*
kleben *v* / (kleistern:) paste *v* · (leimen:) glue *v/n* · (Film:) splice *v* · joint *v* Brit · (gummieren:) gum *v*
klebend *pres p* [Bind; Off] / adhesive *adj* ‖ *s.a. nicht-klebend; selbstklebend*
Klebe|pappe *f* [Bind] / pasteboard *n*
~presse *f* [Repr] / splicer *n*
Kleber *m* [Bind; Off] / adhesive *n* ‖ *s.a. Heißkleber; Leim 1; Schmelzkleber; Sprühkleber*
Klebestelle 1 *f* (Organisationseinheit) [OrgM] / label(l)ing unit *n*
~ 2 *f* (bei einem Film) [Repr] / splice *n*
Klebe|streifen *m* [Bind; Off] *s. Klebeband*
~umbruch *m* [Prt] / paste-up *n*
Klebstoff *m* [Bind; Off] / adhesive *n* ‖ *s.a. Kleister; Leim 1; Schmelzkleber*
Kleiderständer *m* [BdEq] / coat stand *n*
Klein|auflagendruck *m* [Prt] / short-run printing *n*
~buchstabe *m* [Writ; Prt] / small letter *n* · (beim Druck auch:) lowercase letter (in ~n gedruckt:printed in lowercase) · small letter *n*
~druck *m* [Prt] / small print *n* · fine print *n* ‖ *s.a. kleindrucken*
kleindrucken *v* [Prt] / lowercase *v* (kleingedruckt: printed in lowercase)
Kleingedrucktes *n* [Prt] / small print *n*
Klein|odienband *m* [Bind] / jewelled binding *n*
~offset(druck) *n(m)* [Prt] / small offset *n* · office printing *n* · business printing *n*

Kleinrechner 126

~**rechner** *m* [EDP] / microcomputer *n* ·
 minicomputer *n*
~**schrifttum** *n* [Bk] / pamphlets *pl*
Kleinstlesegerät *n* [Repr] / lap reader *n*
**Klein- und Großbuchstaben
 unterscheidend** *pres p* [EDP] / case
 sensitive *adj*
Kleister *m* [Bind] / paste *n* ∥ *s.a.
 Weizenstärkekleister*
kleistern *v* [Bind] / paste *v*
Kleister|papier *n* [Pp: Bind] / paste paper *n*
~**schnitt** *m* [Bind] / paste-coloured
 edge(s) *n(pl)*
~**wasser** *n* [Bind] / paste-water *n*
Klemm|deckel *m* [Bind] *s. Klemmmappe*
~**mappe** *f* [Bind] / spring binder *n*
klicken *v* [EDP] / click *v*
Klient *m* [RS] / client *n*
Klientel *f* [RS] / clientele *n* · constituency *n*
Klimatisierung *f* [BdEq] / air
 conditioning *n* · climatization *n*
Klinikbibliothek *f* [Lib] / hospital library *n*
Klischee *n* [Prt] / photoengraving *n* ·
 printing plate *n* · printing block *n* ·
 block *n* · cliché *n* ∥ *s.a. Rasterklischee*
~**anstalt** *f* [Prt] / plate maker *n* ·
 engraving establishment *n* · plate-making
 establishment *n* · block maker *n* ∥ *s.a.
 Reproanstalt*
~**herstellung** *f* [Prt] / platemaking *n* ·
 block making *n* · photoengraving *n* ·
 photomechanical engraving *n*
Klischieren *n* [Prt] / photoengraving *n*
 (klischieren: to photoengrave; to make
 a block; to make a half-tone block)
Klischograph *m* [Prt] / clichograph *n* ·
 klischograph *n*
Kloster|bibliothek *f* [Lib] / monastic
 library *n* · monastery library *n*
~**einband** *m* [Bind] / monastic binding *n*
Klotzpresse *f* [Bind] / finishing press *n* ·
 lying press *n*
Klumpenstichprobe *f* [InfSc] / cluster
 sample *n*
Knick|festigkeit *f* [Pres; Pp] / folding
 endurance *n* ∥ *s.a. Knickprobe*
~**probe** *f* [Pres; Pp] / test of folding
 endurance *n*
Kniehebelpresse *f* [Bind] / toggle-joint
 press *n*
knittern *v* [Pres] / crease *v*
Knopflochstich *m* [Bind] / buttonhole
 stitch *n*
Knoten *m* (in einem Rechnernetz) [EDP] /
 node *n* ∥ *s.a. Zwischenknoten*

~**adresse** *f* [InfSy] / node address *n*
~**rechner** *m* [EDP] / network node
 computer *n* · remote communication
 computer *n* · remote front-end processor *n*
~**werk** *n* [Bind] / knotwork *n*
Kochbuch *n* [Bk] ⟨RAK-AD⟩ / cookery
 book *n* · cookbook *n*
Kode *m* [Gen] *s. Code*
Kodex *m* [Bk] / codex *n*
kodieren *v* [InfSy] *s. codieren*
Kohle|papier *n* (ein Blatt ~) [Off] /
 carbon *n*
~**zeichnung** *f* [Art] / charcoal drawing *n*
Kollateralklasse *f* / collateral class *n*
Kollation *f* [Bk] / collation *n*
kollationieren *v* [Acq; Bind] / collate *v*
Kollationierung *f* [Acq; Bind] / collation *n*
Kollations|formel *f* [Cat] / collation
 formula *n*
~**vermerk** *m* [Cat] ⟨DIN 31631/2; TGL
 20972/04⟩ / physical description area *n* ·
 collation statement *n*
Kollege *m* [Staff] / colleague *n* ∥ *s.a.
 Fachkollege*
Kollegiatstiftsbibliothek *f* [Lib] / collegiate
 library *n*
Kollegienbibliothek *f* [Lib] / college
 library *n*
Kolon-Klassifikation *f* [Class] / colon
 classification *n*
Kolophon *n* [Bk] ⟨ISBD(M; S; PM; A);
 DIN 31631/2⟩ / colophon *n*
koloriert *pp* [Bk] / coloured *pp* ∥ *s.a.
 altkoloriert; ankoloriert; handkoloriert*
Kolportage|buch *n* [Bk] *s. Kolportageroman*
~**buchhändler** *m* [Bk] *s. Kolporteur*
~**roman** *m* [Bk] / chapbook *n*
Kolporteur *m* [Bk] / pedlar *n* · colporteur *n*
 · book pedlar *n* · peddler *n US*
Kolumne *f* [Prt] / column *n*
Kolumnen|titel *m* [Prt] / column head *n*
 · headline · page head *n* ∥ *s.a. lebender
 Kolumnentitel; toter Kolumnentitel*
~**zählung** *f* [Prt] / column numeration *n*
~**ziffer** *f* [Prt] *s. toter Kolumnentitel*
Kolumnist *m* [Bk] / columnist *n*
Kombinations|ordnung *f* (der Facetten)
 [Class] / citation order *n* · combination
 order *n* · facet order *n*
~**verschlüsselung** *f* [PuC] / combination
 coding *n*
kombinierte Reprovorlage *f* [Prt] /
 composite artwork *n*
Komma *n* [Writ; Prt] / (Satzzeichen:)
 comma *n* · (Dezimalbruch:) point

Kommando *n* [EDP] ⟨DIN 44300/4E⟩ / command *n*
~**modus** *m* [EDP] ⟨DIN 44300/4E⟩ / command mode *n*
~**sprache** *f* [EDP] ⟨DIN 44300/4E⟩ / command language *n* ‖ *s.a. Standardisierte Kommandosprache*
Kommentar *m* [Comm; Bk] / (Stellungnahme:) comment *n* · (zu einem Gesetzestext usw.:) commentary *n* ‖ *s.a. akustischer Kommentar*
Kommentator *m* [Bk] / commentator *n*
kommerzielle Daten *pl* [InfSy] / business data *pl*
kommerzielles *a s. Klammeraffe*
Kommission 1 *f* [OrgM] / commission *n*
~ 2 *f* [Bk] / commission *n* (in ~ verkaufen: to sell in commission)
Kommissionsverlag *m* [Bk] / publisher acting on the basis of a commission agreement *n*
kommunale (öffentliche) Bibliothek *f* [Lib] / municipal library *n*
~ **Selbstverwaltung** *f* [Adm] / local-self-government *n*
Kommunalverwaltung *f* [Adm] / local government *n* ‖ *s.a. kommunale Selbstverwaltung*
Kommune *f* [Adm] / municipality *n*
Kommunikation *f* [Comm] / communication *n* ‖ *s.a. Massenkommunikation*
~ **offener Systeme** *f* [Comm] / OSI *abbr* · open-systems interconnection *n*
Kommunikations|protokoll *n* [Comm] / protocol *n*
~**prozess** *m* [Comm] / communication process *n*
~**system** *n* [InfSy] / communication system *n*
~**techniken** *pl* [Comm] / communication techniques *pl*
~**theorie** *f* [InfSc] / communication theory *n*
~**wissenschaften** *pl* [InfSc] / communication sciences *pl*
kommunizieren *v* [Comm] / communicate *v*
Kompakt|aufstellung *f* [Sh] / compact shelving *n* · (mit schwenkbaren Regalen:) hinged shelving *n*
~**kassette** *f* [NBM] ⟨ISBD(NBM)⟩ / cassette *n*
~**magazinierung** *f* [Sh] *s. Kompaktaufstellung*
~**regal** *n* [Sh] / compact shelving unit *n* ‖ *s.a. Fahrregal*

~**speicherung** *f* [Sh] *s. Kompaktaufstellung*
Kompasskarte *f* [Cart] / compass map *n* ‖ *s.a. Portolankarte*
kompatibel *adj* [EDP] / compatible *adj* ‖ *s.a. abwärtskompatibel; aufwärtskompatibel*
Kompatibiliät *f* [EDP] / compatibility *n* ‖ *s.a. Inkompatibilität*
Kompendium *n* [Bk] / compendium *n*
Kompetenz *f* [Staff] / (Befähigung:) competence *n* · (Zuständigkeit:) responsibility *n* ‖ *s.a. Informationskompetenz*
Kompilation *f* [Bk] / compilation *n*
Kompilator *m* [Bk] / compiler *n*
Kompilierer *m* [EDP] ⟨DIN 44300/4⟩ / compiler *n*
Komponente *f* [BdEq] / component *n*
komponieren *v* [Mus] / compose *v*
Komponist *m* [Mus] / composer *n*
Kompositum *n* [Lin; Ind] ⟨DIN 2330; DIN 1502⟩ / compound word *n* · compound term *n* · compound *n*
kompresser Satz *m* [Prt] / set solid *n* · solid matter *n* · close matter *n*
komprimieren *v* [EDP] / compress *v*
Komprimierung *f* (von Daten) [EDP] / compression *n*
Kondensatorspeicher *m* [EDP] / capacitor storage *n*
Konfektionierung 1 *f* (die Zurichtung eines Mikrorollfilms für die individuelle Nutzung) [Repr] / unitization *n*
~ 2 *f* (Art, Größe und Ausstattung der Verpackung audiovisueller Materialien/von lichtempfindlichem Material) [NBM; Repr] ⟨DIN 31631/2; A 2654⟩ / packing *n*
Konferenz *f* [Gen; Cat] / conference *n* · meeting ‖ *s.a. einberufen; Tagung*
~**berichte** *pl* [Bk] ⟨DIN 31639/2⟩ *s. Tagungsberichte*
~**raum** *m* [BdEq] / conference room *n*
~**schaltung** *f* [Comm] ⟨DIN 44331V⟩ / conference service *n*
konfessionelle Bibliothek *f* [Lib] / religious body library *n* ‖ *s.a. Kirchenbibliothek*
Konfidenzgrad *m* (Statistik) [InfSc] / degree of confidence *n*
Konfiguration *f* [EDP] / configuration *n* ‖ *s.a. Netzkonfiguration*
konfigurieren *v* [BdEq] / configure *v*
Konfliktlösung *f* [OrgM] / managing conflicts *ger*
Kongress *m* [Gen; Cat] ⟨RAK⟩ / congress *n*
~**berichte** *pl* [Bk] *s. Tagungsberichte*
königliche Bibliothek *f* [Lib] / royal library *n*

Konkordanz *f* [Bk; Ind] ⟨DIN 31631/4; RAK-AD⟩ / concordance *n* ‖ *s.a. Verbalkonkordanz*
konkretisierbar *adj* [KnM] / instantiable *adj*
konkretisieren *v* [KnM] / instantiate *v*
Konkurrenz *f* [Bk] / competition *n*
~betrieb *m* [Comm] ⟨DIN 44302⟩ / contention mode *n*
konkurrenzfähig *adj* [OrgM] / competitive *adj*
Konkurrenzsituation *f* [Comm] ⟨DIN/ ISO 4335⟩ / contention (situation) *n(n)*
Konnektor *m* [Class] / intra-facet connector *n*
Konnotation *f* [Lin] / connotation *n*
Konservator *m* [Staff] / conservator *n*
konservieren *v* / conserve *v*
konservierende Behandlung *f* [Pres] / conservation treatment *n*
Konservierung *f* [Pres] / conservation *n* · (~ und Restaurierung:) preservation *n* ‖ *s.a. schrittweise Konservierung*
Konsistenz *f* (von Daten) [InfSy] *s. Datenkonsistenz*
~prüfung *f* [InfSy] / consistency check *n*
Konsole 1 *f* [EDP] / console *n*
~ 2 *f* [Sh] / bracket *n* · cantilever bracket *n*
Konsolidierung *f* [Pp] / consolidation *n*
Konsolprotokoll *n* [EDP] / dayfile *n*
Konsortialvertrag *n* [Lib] / consortial agreement *n*
konsultieren *v* [OrgM; Retr] / consult *v*
Kontakt|film *m* [Repr] / contact film *n*
~kopie *f* [Repr] / contact copy *n* · contact print *n* · direct copy *n*
~kopiergerät *n* [Repr] / contact printer *n*
~raster *m* [Prt] / contact screen *n*
Kontamination *f* [Pres] / contamination *n*
kontaminieren *v* [Pres] / contaminate *v* ‖ *s.a. befallen*
kontextbezogene Hilfe *f* [EDP] / context-sensitive help *n*
Kontext|menü *n* [EDP] / context menu *n*
~operator *m* [Retr] / context operator *n*
~suche *f* [Retr] / contextual search *n*
Kontingent *n* [Bk] / (Quote:) quota *n*
Konto *n* [BgAcc] / account *n* (ein ~ einrichten: to open an account) ‖ *s.a. Bankkonto; Vorschusskonto*
~auszug *m* [BgAcc] / statement of account *n*
~karte *f* [BgAcc] / ledger card *n*
~stand *m* [BgAcc] / bank balance *n*

Kontrast *m* [Repr] / contrast *n* (kontrastreich sein: to be of high contrast; kontrastarm sein: to be of low contrast)
Kontroll|abzug *m* [Prt] / plate proof *n*
~bit *n* / check bit *n*
Kontrolle *f* [OrgM] / control *n* (~ haben über etw.:to control sth.)
Kontroll|gruppe *f* [InfSc] / control group *n*
kontrollieren *v* [OrgM] / (prüfen:) check *v* · (Kontrolle haben über:) control *v*
kontrollierter Wortschatz *m* [Ind] / controlled vocabulary *n*
Kontroll|nummer *f* [EDP] / control number *n*
~punktverfahren *n* [Comm] / checkpoint recovery *n*
~speicher *m* [EDP] *s. Steuerspeicher*
~tisch *m* [RS] / checking counter *n* · control desk *n*
~ziffer *f* [EDP] *s. Prüfziffer*
Konturenschärfe *f* [Repr] / acutance *n* ‖ *s.a. Bildschärfe*
konturierte Schrift *f* [Prt] / outline letters *pl*
Konus *m* (einer Letter) [Prt] / bevel *n* · beard *n* US · neck *n*
konventionelle Katalogisierung *f* / conventional cataloguing *n* · manually-operated cataloguing *n*
konventioneller Katalog *m* [Cat] / manual catalogue *n*
konventionelles Recherchieren *n* [Retr] / manual searching *n*
Konventionen *pl* [EDP] / conventions *pl*
konvergieren *v* [OrgM] / converge *v*
Konversationslexikon *n* [Bk] / encyclop(a)edia *n*
Konversion *f* (von Dateien) [EDP] / conversion *n* (of files)
Konverter *m* [EDP] / converter *n*
konvertieren *v* [EDP] / convert *v*
Konvertierung *f* [EDP] *s. Konversion*
Konvolut *n* [Bk] / pamphlet volume *n* · a bundle of papers or booklets
Konzentrator *m* [Comm] ⟨DIN 44331V⟩ / concentrator *n*
konzeptionelle Fähigkeiten *pl* [Staff] / conceptual skills *pl*
Konzept|modus *m* [EDP; Prt] / draft mode *n*
~papier *n* [Off] ⟨DIN 6730⟩ / draft paper *n* · scratch paper *n*
~qualität *f* [EDP; Prt] / draft quality *n*
kooperative Erwerbung *f* [Acq] / co-operative acquisition *n*

~ **Katalogisierung** *f* [Cat] / co-operative cataloguing *n* · shared cataloguing *n*
Koordinaten *pl* [Cart] ⟨RAK-Karten⟩ / co-ordinates *pl*
~**graphik** *f* [EDP] / coordinate graphics *pl/sing*
~**zeiger** *m* [Cart] *CH s. Planzeiger*
koordinatives Indexieren *n* [Ind] *DDR* / co-ordinate indexing *n*
Kopf 1 *m* (der Titelaufnahme) [Cat] ⟨DIN 31631/4⟩ / heading *n* (Verfassername im Kopf: author heading)
~ 2 *m* (oberer Teil des Einbandrückens) [Bind] / top *n* · head *n*
~ 3 *m* (die dem Text vorausgehende Zeichenfolge bei der Datenübermittlung; Nachrichtenkopf) [Comm] ⟨DIN 44302⟩ / heading *n* · message heading *n* · header *n*
~**begriff** *m* (einer Hierarchie) [Ind] ⟨DIN 1463/1E⟩ / top term *n* · TT *abbr*
~**bogen** *m* [Off] / letterhead *n* (Kopfbögen: letterheaded paper)
~**goldschnitt** *m* [Bk] / top-edge gilt *n* · t.e.g. *abbr* · gilt top (edge) *n*
~**hörer** *m* [NBM] / earphone(s) *n(pl)* · headphone(s) *n(pl)* · (mit Mikrofon:) headset *n*
~**hörerbuchse** *f* [BdEq; NBM] / headphone jack *n*
~**leiste** *f* [Bk] / head ornament *n* · head piece *n*
~**schnitt** *m* [Bind] / head edge *n* · top edge *n*
~**steg** *m* [Prt] / head margin *n* · head *n* · top margin *n*
~**stempel** *m* [Bind] / cusped-edge stamp *n* · head-outline tool *n*
~**titel** / caption title *n*
~**vignette** *f* / head band · head piece *n* · head ornament *n*
Kopialbuch *n* [Arch] *s. Kopiar*
Kopiar *n* [Arch] / chartulary *n* · cartulary *n*
Kopie 1 *f* [Repr] ⟨DIN 31631/2; A 2653⟩ / (von einem Fotonegativ hergestellt:) print · (Abschrift, Fotokopie:) copy *n* · (Duplikat:) duplicate *n* ‖ *s.a. Arbeitskopie; Durchschlag; Fotokopie; Halbtonkopie; Hochglanzkopie; Kontaktkopie; Mehrfachkopien; Mikrokopie; Nasskopie; Negativkopie; Papierkopie; Positivkopie; Trockenkopie; Wärmekopie*
~ 2 *f* (einer Bildplatte,CD-ROM usw.) [NBM] / copy *n* · replicate *n/v* · (Vorgang:) replication

~**bestellung** *f* [Repr] / photocopy request *n* · photoduplication order *n*
Kopien|auffangbehälter *m* [Repr] / copy tray *n*
~**generation** *f* [Repr] ⟨DIN 31631/2⟩ / generation *n*
Kopierdienst *m* [Repr] / copying service *n* ‖ *s.a. Schnellkopierdienst*
kopieren *v* [EDP/Repr] / reproduce *v* · copy *v* · (Bildplatte, CD-ROM:) replicate *n/v* ‖ *s.a. Raubkopieren*
Kopierer *m* [Repr] *s. Kopiergerät*
Kopier|film *m* [Repr] ⟨DIN 19040/104E⟩ / copying film *n*
~**folie** *f* (einer Mikrofilmtasche) [Repr] ⟨ISO 6196-4; DIN 19040/113E⟩ / emulsion sheet *n* · contact print sheet *n*
~**gerät** *n* [Repr] / copying machine *n* · photocopy(ing) machine *n* · copier *n* ‖ *s.a. Bürokopierer; Farbkopierer; Kartenkopierer; Münzkopierer; Normalpapierkopierer; Tischkopierer*
~**geschwindigkeit** *f* [Repr] / copy speed *n*
~**karte** *f* [Repr] / copy card *n*
~**lizenz** *f* [Law] / licence to copy *n*
~**papier** *n* [Repr] ⟨DIN 6730⟩ / copy paper *n* · photocopying paper *n*
~**schutz** *m* [EDP] / copy protection *n*
~**schutzstecker** *m* [EDP] / dongle *n*
~**vorlage** *f* [Repr] / (das Originaldokument:) original *n* · (in Form einer Mikroform:) master (film) *n*
Kopist *m* [Writ] / copyist *n*
Koppelungsindikator *m* [Ind] / link *n*
Koproduktion *f* [Bk] / co-production *n* · co-publication *n* · co-publishing *n*
Kordeln *pl* [Bind] / cords *pl*
Kordofanleder *n* [Bind] *s. Korduanleder*
Korduanleder *n* [Bind] / Cordovan leather *n* · cordwain *n*
Korn *n* [Repr] ⟨DIN 19040/4+104E⟩ / grain *n*
Körnerschnitt *m* [Bind] / grained edge(s) *n(pl)*
Körnigkeit *f* (Maß der Ungleichmäßigkeit der Dichten) [Repr] ⟨DIN 19040/4+104E⟩ / (subjektiv empfundene Ungleichmäßigkeit der Dichten:) graininess *n* · granularity *n*
Körnung *f* [Repr] *s. Körnigkeit*
Körperschaft *f* [OrgM] / corporate body *n* ‖ *s.a. Gebietskörperschaft; herausgebende Körperschaft; internationale Körperschaft; übergeordnete Körperschaft; untergeordnete Körperschaft; zugehörige*

Körperschaft des öffentlichen Rechts 130

Körperschaft; zwischenstaatliche Körperschaft
~ **des öffentlichen Rechts** *f* [Adm] / public body *n*
körperschaftlicher Urheber *m* [Cat] *s.* Urheber 1
~ **Verfasser** *m* [Cat] / corporate author *n*
Körperschafts|datei *f* [Cat] / (genormt:) corporate body authority file *n* · authority file for corporate names *n*
~**eintragung** *f* [Cat] / corporate entry *n*
~**name** *m* [Cat] ⟨DIN 31631/2⟩ / corporate name *n*
korporativer Benutzer *m* [RS] / corporate user
~ **Verfasser** *m* [Cat] / corporate author *n*
Korpus der Titelaufnahme *m* (bibliographische Beschreibung) [Cat] / body of the entry *n*
Korrektor *m* [Prt] / proofreader *n* · printer's reader *n* · reader *n* · corrector of the press *n* Brit
Korrektur *f* [Prt] / correction *n* ‖ *s.a.* *Autorkorrektur; Fahnenkorrektur; Hauskorrektur*
~**abzug** *m* / proof impression *n* · proof print *n* · (ausgedruckter Bogen:) proof(-sheet) *n* · proof(copy) *n*
~ **durch den Autor** *f* [Prt] / author's correction *n*
~**exemplar** *n* [Prt] / proof(copy) *n*
~**fahne** *f* [Prt] / galley (proof) *n* · slip (proof) *n*
~**lesen** *n* [Prt] / proofreading *n*
~**routine** *f* [EDP] / correction routine *n*
~**verfahren** *n* [EDP:Prt] / correction procedure *n*
~**zeichen** *n* [Prt] ⟨DIN 16544⟩ / correction mark *n* · proof correction symbol *n* · proofmark *n* · proofreaders' mark *n*
Korrelation *f* [InfSc] / correlation *n*
Korrelations|analyse *f* [InfSc] / correlation analysis *n*
~**koeffizient** *m* [InfSc] / correlation coefficient *n*
korrelativer Index *m* [Ind] / correlative index *n*
Korrespondenz *f* [Off] / correspondence *n*
~**akten** *pl* [Off] / correspondence file *n*
korrigieren *v* [EDP; Gen] / (patchen:) patch *v* · (berichtigen:) correct *v* · (eine schriftliche Schülerarbeit ~:) mark *v* ‖ *s.a.* *Korrektur; unkorrigiert*
korrumpierter Text *n* [Bk] / corrupted text *n*

Kosten *pl* [BgAcc] / cost(s) *n(pl)* (Kosten pro Benutzer:cost per user) · (Gebühr u.dgl. auch:) charge *n* · fee *n* ‖ *s.a.* *Ausgaben; einmalige Kosten; Fixkosten; Gemeinkosten; Gesamtkosten; Grenzkosten; kalkulatorische Kosten; laufende Kosten; Leitungskosten; Opportunitätskosten; Personalkosten; Sachkosten; Unkosten; variable Kosten*
~**analyse** *f* [BgAcc] / cost analysis *n*
~**art** *f* [BgAcc] / category of costs *n* · type of costs *n*
~**berechnung** *f* [BgAcc] / costing *n*
kosten|bewußt *adj* [OrgM] / cost conscious *adj*
~**deckende Gebühren** *pl* [BgAcc] / charges sufficient to cover costs *pl*
Kosten|deckung *f* [BgAcc] / cost coverage *n* · cost recovery *n*
~**erstattung** *f* [BgAcc] / reimbursement of costs/expenses *n* · refund *n* ‖ *s.a.* *erstattungsfähig; Reisekostenerstattung; Rückzahlung*
kostengünstig *adj* / (wirtschaftlich:) cost-effective *adj* · (preisgünstig:) at a reasonable price *n* · (billig:) cheap *adj*
kostengünstiger Zugang *m* (zu einem Informationssystem) [BgAcc] / low-cost access *n*
Kosten-Leistungs-Analyse *f* [OrgM] / cost-effectiveness analysis *n*
kosten|los *adj* [BgAcc] / free of charge · without charge · gratis *adv/adj*
~**loses Exemplar** *n* / complimentary copy *n*
Kosten|minimierung *f* [BgAcc] / cost minimization *n*
~-**Nutzen-Analyse** *f* [OrgM] / cost-benefit analysis *n*
~-**Nutzen-Verhältnis** *n* [OrgM] / cost-benefit ratio *n*
~**rechnung** *f* [BgAcc] / cost accounting *n* · costing *n*
~**schätzungen** *pl* [BgAcc] / estimates of expenditure *pl*
~**senkung** *f* [OrgM] / cost reduction *n*
kostensparend *pres p* [BgAcc] / cost cutting *pres p*
Kosten|stelle *f* [BgAcc] / cost centre *n*
~**träger** *m* [BgAcc] / costing unit *n* · cost unit *n*
~**voranschlag** *m* [BgAcc] / estimate *n* ‖ *s.a.* *Preisangebot; Sicherheitszuschlag*
Kostümbuch *n* [Bk] / costume book *n* ‖ *s.a.* *Trachtenbuch*
Kpt. *abbr* [Bk] *s.* *Kupfertitel*

kräftigen v [Pres] / invigorate v
Kraftpapier n [Pp] ⟨DIN 55475⟩ / kraftpaper n
Kranken|akten pl [InfSy] / patient medical records pl
~blatt n [InfSy] / medical record n ‖ s.a. Krankenakten
~hausbibliothek f [Lib] / hospital library n
~hausinformationssystem n [InfSy] / hospital information system n
~stand m (Zahl der Kranken) [Staff] / sickness figures pl
~versicherung f [Staff] / health insurance n (gesetzliche ~ :compulsory health insurance)
~versicherungskarte f [Staff] / health insurance identity card n
Kratzer pl (auf Filmmaterial) [Repr] / grooves pl
Kräuseln n (von Papier) [Pres; Pp] / cockling n · curling n
Kräuterbuch n [Bk] ⟨RAK-AD⟩ / herbal n
Kreide|schnitt m [Bind] / chalk-patterned edge(s) n(pl)
~zeichnung f [Art] / calcography n · chalk drawing n
Kreis m [Adm] s. Landkreis
~bibliothek f [Lib] / library of the administrative district called „Kreis" n
~diagramm n [InfSc] / pie graph n · pie chart n · pie diagram
~pappschere f [Bind] / rotary board-cutting machine n
~umlauf m (von Zeitschriften) [InfSy] / circular routing n
Kreuz|bruchfalz m [Bind] / cross folding n
~katalog m [Cat] / dictionary catalogue n
kreuznarbiges Leder n / cross(ed)-grain leather n
Kreuz|schlitten m (Teil eines Lesegeräts) [Repr] / cross slide n
~schraffur f [Art] / cross hatching n
~(zeichen) n(n) (Hinweis auf eine Fußnote) [Prt] / obelisk n · dagger n
Kriegsroman n [Bk] / war novel n · novel of war n
Kriminalroman m [Bk] / crime novel n · detective novel n
kritischer Apparat m [Bk] / apparatus criticus n · critical apparatus n
kritisches Referat n [Ind] ⟨DIN 1426⟩ / critical abstract n
Kroki n [Cart] ⟨ISBD(CM)⟩ / sketch (map) n ‖ s.a. Geländekroki
Krypto|graphie f [Writ] / cryptography n

~nym n [Writ] / cryptonym n
KSP abbr [EDP] s. Kernspeicher
kt. abbr [Bind] s. kartoniert
Küchenschabe f [Pres] s. Schabe
Kugelkopfdrucker m [EDP; Prt] / ball printer n · golf ball printer n
Kugel|schreiber m [Writ] / ballpoint (pen) n
kulturelles Erbe f [Gen] / cultural heritage n (Schutz des kulturellen Erbes: safeguarding cultural heritage)
Kultur|güter pl [Gen] / cultural assets pl · cultural property n
~hoheit f (der Länder) [Adm] / autonomy of the 'Laender' in cultural affairs n
~ministerium n [Adm] / Ministry of Culture n
Kultusministerium n [Adm] / Ministry of Culture n
Kumulationsband m [Bk] / cumulative volume n
kumulieren v (ein Register, eine Bibliographie usw. ~) [Bib] / cumulate v
kumulierend pres p [Bib] / cumulative adj
kumulierendes Register n [Ind] / cumulative index n
Kunde m [Acq] / customer n · client n ‖ s.a. Abnehmer
Kunden|anforderungen pl [RS] / customer requirements pl
~dienstbüro n [OrgM] / customer service office n
~erwartungen pl [RS] / customer expectations pl (Kundenerwartungen erfüllen:to meet customer expectations)
~nummer f [OrgM] / customer ID (no...)
~zeitschrift f [Bk] / house journal n (addressed to customers)
~zufriedenheit f [RS] / client satisfaction n
kündigen v [Acq; Staff] / cancel v (ein Abonnement~: to cancel; discontinue; drop a subscription) · (jmd. die Anstellung ~:) give sb.notice v ‖ s.a. entlassen
Kündigung 1 f (eines Abonnements) [Acq] / cancel(l)ation n (of a subscription)
~ 2 f (eines Arbeitnehmers) [Staff] / notice (mit monatlicher Kündigung: at a month's notice; mit halbjähriger~ :at six months' notice)
Kündigungs|frist f [Staff] / period of notice n
~grund m [Staff] / (seitens des Arbeitnehmers:) reason/grounds for giving notice pl · (seitens des Arbeitgebers:) grounds for dismissal/for giving notice

Kündigungstermin

~**termin** *m* [Staff] / date for giving notice *n*
Kunst *f* [Art] / art
Kunst|band *m* [Bk] / art book *n*
~**bibliothek** *f* [Lib] / fine arts library *n* · art library *n*
~**bibliothekar** *m* [Staff] / art librarian *n*
~**blatt** *n* [NBM] / art reproduction *n*
~**buch** *n* [Bk] / art book *n*
~**druck** *m* [NBM] *s. Kunstblatt*
~**druckpapier** *n* [Pp] / coated paper *n* · art paper *n* ‖ *s.a. Naturkunstdruckpapier*
~**drucktafel** *f* [Bk] / art plate *n*
~**harz** *m* [Pres] / synthetic resin *n*
~**harzleim** *m* [Bind] / artificial resin glue *n*
~**hochschule** *f* [Ed; Art] / college of art *n*
~**leder** *n* [Bind] / artificial leather *n* · imitation leather *n* · leathercloth *n* · leatherette *n*
~**lederpapier** *n* [Bind] / leatherette paper *n* · leather paper *n*
~**leinen** *n* [Bind] / art canvas *n* · lightweight buckram *n*
Künstler-Abzug *m* [Art; Prt] / remarque proof *n* · artist's proof
~**bücher** *pl* [Art] / artists' books *pl*
~**druck** *m* [Art] / art print *n* · artist's print *n*
künstlerischer Einband *m* [Bind] / fine binding *n*
künstliche Alterung *f* / accelerated aging *n*
~ **Intelligenz** *f* [InfSc; EDP] / artificial intelligence *n* · AI *abbr* ‖ *s.a. verteilte künstliche Intelligenz*
künstlicher Titel *m* [Cat] *s. fingierter Sachtitel*
künstliches Wasserzeichen *n* / imitation watermark *n*
Kunst|lied *n* / art song *n*
~**reproduktion** *f* [Art] / art reproduction *n*
~**sprache** *f* [Lin] / artificial language *n*
~**stoff** *m* [Pres] / plastic material *n*
kunststoffbeschichteter Einband *m* [Bind] / plastic-coated binding *n*
Kunst|stoff(ein)band *m* [Bind] / plastic binding *n* · plastic covers *pl* ‖ *s.a. Kammbroschur*
~**folie** *f* [NBM] / plastic film *n* ‖ *s.a. Plastikfolie*
~**hülle** *f* [Off] / plastic folder *n* · plastic sleeve *n*
~**tasche** *f* [NBM] / plastic sleeve *n* · polythene bag *n* · plastic bag *n* · plastic envelope *n*

Kunst|verlag *m* [Bk] / art publisher *n* · fine art publisher *n*
~**verleih** *m* [Art] / art lending *n*
~**werk** *n* [Art] / work of art *n* · art work *n* ‖ *s.a. Originalkunstwerk*
~**wort** *n* [Lin] / artificial word *n*
Kupfer(druck)platte *f* [Prt] / copperplate *n*
~**stecher** *m* [Art] / copperplate engraver *n*
Kupferstich *m* [Art] / copper engraving *n* · copperplate engraving *n* ‖ *s.a. Deckelkupfer*
~**depot** *n* [Art] / print repository *n*
~**kabinett** *n* [BdEq] / print room · prints division *n*
~**sammlung** *f* [Art] / print collection *n*
Kupfer|tafel *f* [Art] / engraved plate *n*
~**tafeldruck** *m* [Art] / copperplate print *n*
~**tiefdruck** *m* (als Flachbetttiefdruck) [Prt] / copperplate printing *n* ‖ *s.a. Heliogravüre; Rotationstiefdruck*
~**titel** *m* [Bk] / engraved title *n* ‖ *s.a. Titelkupfer*
Kupon *m* [RS; Off] / (Etikett:) tally *n* · side part of an issue slip to be filed in the order of the shelf numbers
~**register** *n* (Teil der Ausleihkartei) [RS] / loan records filed by shelf numbers
Kuppel|bau *m* [BdEq] / domed building *n*
~**lesesaal** *m* [BdEq] / circular reading room *n* (domed)
Kuratorium *n* [OrgM] / board of trustees *n*
Kurierdienst *m* [Comm] / delivery service *n*
Kurrentschrift *f* [Writ] / current script *n* · running script *n*
Kurs *m* [Ed] / course *n*
~**buch** *n* [Bk] ⟨DIN 31631/4⟩ / railway guide *n* Brit · railroad guide *n* US · Bradshaw *n* Brit ‖ *s.a. Fahrplan*
Kursive *f* [Writ; Prt] / (Schrifttype:) italic (type) *n* · (handgeschrieben:) cursive (handwriting) *n* ‖ *s.a. kursiv gedruckt; Kursivschrift*
kursiv gedruckt *pp* [Prt] / italicized *pp*
Kursiv|schreibung *f* [Prt] / italicization *n*
~**schrift** *f* [Writ; Prt] / (Druck:) italic type *n* · (Handschrift:) cursive (handwriting) *n* · (allgemein:) italic(s) *n(pl)*
Kurven|diagramm *n* / curve graph *n* · line graph *n* · curve chart *n*
~**leser** *m* [EDP] / curve follower *n*
~**schreiber** *m* / graphic plotter *n* · plotter *n*
Kurz|ausgabe *f* [Bk] / abridged edition *n* · condensed edition *n*

~ausleihbestand *m* [Stock] / short-loan collection *n*
~ausleihe *f* [RS] / restricted circulation *n* · short loan *n* · short-term loan *n*
kürzen *v* [Lin; Gen] / (abkürzen:) abridge *v* · abbreviate *v* · (verkürzen:) shorten *v* ‖ *s.a.* ungekürzt
Kürzezeichen *n* (auf einem Vokal) [Writ; Prt] / breve *n*
Kurz|fassung *f* / condensed version *n* · abridged version *n* · condensation *n* · compendium *n* · abridgement *n* ‖ *s.a.* Epitome
~film *m* [NBM] / short(film) *n(n)* · minute movie *n*
kurzfristig *adj* / short-term *adj*
Kurz|geschichte *f* [Bk] / short story *n*
~nachrichtendienst *m* [Comm] / short-message service *n*
kurzrandig *adj* [Bk] / with small margins
Kurz|referat *n* [Ind; Bib] ⟨DIN 1426; DIN 31631/2⟩ / abstract *n* ‖ *s.a.* indikatives Referat; maschinell erstelltes Kurzreferat; Referat 2; Referateblatt
~schlüssel *m* [PuC] / abridged code *n*
~schrift *f* [Writ] / shorthand (writing) *n*
~titelaufnahme 1 *f* (als Vorgang) [Cat] / minimal(-level) cataloguing *n* · brief (record) cataloguing ‖ *s.a.* Kurztitelkatalogisierung
~titelaufnahme 2 *f* (als einzelne Katalogeintragung) [Cat] / short catalogue record *n* · short-title entry *n* · abbreviated (catalogue) entry *n*
~titelkatalog *m* [Cat] / brief-entry catalogue *n* · short-entry catalogue *n* · short-title catalogue *n*

~titelkatalogisierung *f* (als Vorgang) [Cat] / simplified cataloguing *n* · minimal(-level) cataloguing · limited cataloguing *n* · brief (record) cataloguing *n* ‖ *s.a.* Kurztitelaufnahme 1
~übersetzung *f* [Lin] / abridged translation *n*
Kürzung 1 [Lin; Bk] / abbreviation *n* · abridgement *n*
~ 2 *f* (von Haushaltsmitteln) [BgAcc] / budget cut *n* · cut *n* ‖ *s.a.* Personalabbau; Sparmaßnahmen
Kurzwahl *f* [Comm] ⟨DIN 44133V⟩ / abbreviated dialling *n*
Kustode *f* (in einer Handschrift) [Bk] / signature (mark) *n*
Kustos (in einem alten Buch) 1 *m* (pl: Kustoden) [Bk] / catchword *n*
~ 2 *m* [Staff] / keeper *n* · curator *n* · custodian *n*
Kuvert *n* [Off] / envelope *n*
Kuvertiermaschine *f* [Off] ⟨DIN 32759⟩ / inserting machine *n* · inserter *n* · envelope-filling machine *n*
KWAC-Register *n* [Ind] / keyword and context index *n* · KWAC index *n*
KWIC-Register *n* [Ind] / keyword in context index *n* · KWIC index *n*
KWOC-Register *n* [Ind] / keyword out of context index *n* · KWOC index *n*
Kybernetik *f* [InfSc] / cybernetics *pl but sing or pl in constr*
kyrillische Schrift *f* [Writ; Prt] / cyrillic script *n*

L

Laborbibliothek *f* [Lib] / laboratory library *n*
Lackeinband *m* [Bind] / lacquered binding *n*
laden 1 *v* (Daten ~) [EDP] ⟨DIN 44300/8⟩ / load *v*
~ 2 *v* (das Betriebssystem ~) [EDP] / (durch Ureingabe:) bootstrap *v*
Laden|hüter *n* [Bk] / non-seller *n* · turkey *n* US
~preis *m* [Bk] / consumer price *n* · retail price *n* ‖ *s.a. fester Ladenpreis; Verkaufspreis*
Laderampe *f* [BdEq] / loading ramp *n* · loading platform *n* · loading dock *n* US
lädiert *pp* / slightly damaged *pp*
Lage 1 *f* (eines Gebäudes) [BdEq] / (räumlicher Bereich:) site · (Ort:) location *n*
~ 2 *f* (gefalzter Druckbogen) [Bind] / gathering *n* · quire *n* · section *n* · signature *n*
Lagenfolge *f* [Bind] / collating sequence *n*
Lager 1 *n* (Sammlung von gelagerten Gegenständen) [Gen] / stock *n* (auf Lager: in stock; nicht am Lager: out of stock; nicht in stock) ‖ *s.a. auf Lager; Büroartikellager; Möbellager; Papierlager; vorübergehend nicht am Lager*
~ 2 *n* (Gebäude mit einem Warenlager) [BdEq] / warehouse *n*

~fähigkeit *f* (eines Films usw.) [Repr] ⟨DIN 19040/4⟩ / storage quality *n* ‖ *s.a. Langzeitlagerung; Lebensdauer*
~kapazität *f* [Stock] *s. Lagerraum 2*
~katalog [Bk] / jobber's catalogue *n* · stock catalogue *n*
lagern *v* (speichern) [Stock] / store *v*
Lagerraum 1 *m* (Räumlichkeit) [BdEq] / store (room) *n* · storage room *n* · stock room *n*
~raum 2 *m* (Lagerkapazität) [Stock] / storage capacity *n*
Lagerung *f* / storage *n* ‖ *s.a. Außer-Haus-Lagerung; Zwischenlagerung*
Laminator *m* [Bind] / laminator *n*
laminieren *v* [Bind] / laminate *v* ‖ *s.a. foliieren; Handlaminierung; Heißlaminierung*
Laminiergerät *n* [Bind] / laminator *n*
laminierter Einband *m* [Bind] / laminated binding *n*
Laminierung *f* [Bind] / lamination *n*
Lammleder *n* [Bind] / lambskin *n*
Länder|referent *m* (in einer Bibliothek) [Staff; Acq] / area bibliographer *n* US · area specialist *n*
~schlüssel *m* [Class] / standard subdivision of areas *n* ‖ *s.a. geographischer Schlüssel*
Landes|behörde *f* [Adm] *D* / Land authority *n*
~bibliothek *f* [Lib] *D* / regional library *n* (as a rule of a German „Land")

~büchereistelle *f* [Lib] *D s. Staatliche Büchereistelle*
~vorwahl(nummer) *f* [Comm] / country code *n*
Landkreis *m* [Adm] / administrative county *n*
ländliches Bibliothekswesen *n* [Lib] / rural librarianship *n*
ländliche Zentralbibliothek *f* [Lib] *DDR* / rural central library *n*
langes S *n* [Writ; Prt] / long S *n*
lang|fristig *adj* [OrgM] / long-term *adj* · long-range *adj* (langfristige Planung: long-range planning; long-term planning)
~fristige Verleihung *f* [RS] / long-term loan *n* ‖ *s.a. Depositum*
~narbiges Leder *n* [Bind] / long-grain leather *n*
Langspielplatte *f* [NBM] / long-playing record *n*
Längs|richtung *f* (des Papiers) [Pp] *s. Laufrichtung*
~titel *m* (von oben nach unten laufend) / title running down *n* · (von unten nach oben laufend) title running up *n*
Langzeit|lagerung *f* [NBM; Repr] ⟨DIN 19070/3+5⟩ / long-term storage *n*
~planung *f* [OrgM] / long-term planning *n*
~studie *f* [InfSc] / longitudinal study *n*
Lärmschutz *m* [BdEq] / noise control *n* ‖ *s.a. Schalldämmung; Senkung des Geräuschpegels*
Laser|drucker *m* [EDP; Prt] / laser printer *n* (mit dem ~ drucken : to laserprint)
~reinigung *f* [Pres] / laser cleaning *n*
~satz *m* [Prt] / laser typesetting *n*
Lastenaufzug *m* [BdEq] / goods lift *n* · hoist *n* ‖ *s.a. Bücheraufzug*
Lastschrift *f* (Buchung) [BgAcc] / debit entry *n*
~anzeige *f* [BgAcc] / debit note
~verfahren [BgAcc] / direct debiting *n*
lateinisches Alphabet *n* [Writ; Bk] / Roman alphabet *n*
lateinische Schrift *f* [Writ; Prt] / Roman script *n* ‖ *s.a. nichtlateinische Schrift*
Latenzzeit *f* [EDP] ⟨DIN 44300/7E⟩ / latency (time) *n(n)* · waiting time *n*
Laubwerk *n* [Bind] / foliage *n*
Laudatio *f* [Comm] / laudatory speech *n* · laudation *n*
Lauf|bahn *f* [Adm] / (im öffentlichen Dienst:) civil service track *n* · (Karriere:) career *n*

~bildprojektion *f* [NBM] / motion picture film projection *n*
laufen *v* [EDP] / run *v* ‖ *s.a. Maschinenlauf*
laufende Akten *pl* [Off] / current records *pl*
~ Bestellung *f* (ff-Bestellung) [Acq] / till-forbid order *n* · standing order *n* · SO *abbr*
~ Kosten *pl* / running cost(s) *n(pl)* · (gegenwärtig laufend:) ongoing cost(s) *n(pl)*
~ Nummer *f* [Sh; Gen] ⟨DIN 6763⟩ / sequence number *n* · serial number *n* · consecutive number *n* · running number *n*
~ Publikation *f* [Bk] / (in regelmäßigen zeitlichen Abständen ohne Abschluss erscheinend:) current publication · (im Erscheinen begriffen; gegenwärtig laufend:) ongoing publication *n*
laufender Meter *m* [Sh] / linear metre *n* · running metre *n*
lauffähig *adj* (von einem Programm) [EDP] / loadable *adj*
Lauf|geschwindigkeit *f* (eines Videobandes usw.) [NBM] ⟨DIN 31631/2⟩ / running speed *n* · (Abspielgeschwindigkeit:) playing speed *n*
~richtung *f* (des Papiers) [Pp] ⟨DIN 16514⟩ / grain (direction) *n* (gegen die ~:against the grain) · machine direction *n*
~titel *m* (lebender Kolumnentitel) [Bk] ⟨DIN 31631/2⟩ / running title *n* · running headline *n* ‖ *s.a. Seitenüberschrift*
~werk *n* [EDP] / drive *n* ‖ *s.a. CD-ROM-Laufwerk; Diskettenlaufwerk; Festplattenlaufwerk; Magnetbandlaufwerk*
~werkbuchstabe *f* [EDP] / drive letter *n*
~werkkennung *f* [EDP] / volume label *n* · (Buchstabe:) drive letter *n*
Laufzeit *f* [BdEq] / (einer Fernleihbestellung usw.:) turnaround time *n* (of an ILL request etc.) · (eines Programms:) run time *n* · running time *n*
~fehler *m* [EDP] / runtime error
Laufzettel *m* [TS] / processing slip *n* · process slip *n* · progress slip *n* · (bei der Akzessionierung angelegt:) accession slip *n* · copy slip *n* · guide slip *n* · P-slip *n* · routine slip *n* · rider slip *n* US ‖ *s.a. Umlaufzettel*
Laut|schrift *f* [Writ] / phonetic writing *n* · sound-writing *n*
~sprecher / loud-speaker *n* · (für die Öffentlichkeit bestimmt:) public address loudspeaker

Lautstärke 136

~stärke *f* (eines zum Hören bestimmten
  Geräts) [NBM] / volume *n*
~stärkesteuerung *f* [BdEq] / volume
  control *n*
Lavendel(kopie) *n(f)* [Repr] ⟨A 2653⟩ /
  lavender (print) *n*
lavieren *v* [Pres; Art] / wash *v*
Lavierung *f* [Art] / wash drawing *n*
Layout *n* [Prt] / layout *n*
Layout|plan *m* (eines Buches, einer
  Zeitschrift usw.) [Prt] / flat plan *n* (of
  the sheets of a book, a magazine etc.)
~strukturausdruck *m* [ElPubl] / thumbnail
  sketch *n*
lebender Kolumnentitel *m* [Bk] ⟨DIN
  1422/1; DIN 1503⟩ / running headline *n*
  · running title *n* ‖ *s.a.* Seitenüberschrift
Lebens|dauer *f* (bestimmter Materialien
  unter normalen Lagerbedingungen) [NBM;
  Repr] / shelf life *n* · storage life *n*
~erwartung *f* (eines Buches usw.) /
  life expectancy *n* ‖ *s.a.* Halbwertzeit;
  Haltbarkeitsdauer
lebenslanges Lernen *n* [Ed] / lifelong
  learning *n*
Lebens|lauf *m* (Daten zum ~) [Staff]
  / curriculum vitae *n* · cv *abbr* ‖ *s.a.*
  Bildungsweg
Leder *n* [Bind] / leather *n* · (Tierhaut:) hide
  ‖ *s.a.* Ganzleder(band)
~auflage *f* [Bind] / leather onlay *n*
~(ein)band *m* [Bind] / leather binding *n* ‖
  s.a. Franzband
~einlegearbeit *f* [Bind] / leather inlaying *n*
~intarsie *f* [Bind] / inlay *n*
~-Intarsienband *m* [Bind] / inlaid
  binding *n*
~mosaik *n* [Bind] / leather mosaic *n* ‖ *s.a.*
  Mosaikeinband
~papier *n* [Bind] / leatherette *n*
~pflegemittel *n* [Pres] / leather dressing *n*
~riemchen *n* [Bind] / thong *n*
~schlaufe *f* (zum Schließen eines Bandes)
  [Bind] *s.* Lederriemchen
~schnitt(ein)band *m* [Bind] / cuir-ciselé
  binding *n*
~schnittornamentik *f* [Bind] / leather-cut
  decoration *n*
~treibarbeit *f* [Bind] / embossed leather
  slabbing *n* · embossing *n*
leere Verweisung *f* [Cat] / blind reference *n*
Leer|karte *f* [Cart] / outline map *n*
~kassette *f* / blank cassette *n*
~laufzeit *f* [OrgM] / idle time *n*

~seite *f* [Bk] / blank *n* · blank (page) *n* ‖
  s.a. eingeschossene Leerseiten
~stelle *f* [EDP] *s.* Leerzeichen
~stellenabschneidung *f* [Retr] / blank
  truncation *n*
~taste *f* [Writ] / (PC-Tastatur:) space key *n*
  · (Schreibmaschine:) space bar *n*
~wert *m* [EDP] / blank value *n*
~zeichen *n* (Spatium) [EDP] ⟨DIN 44300/2⟩
  / space (character) *n* · idle character *n* ·
  blank (character) *n*
~zeile *f* [Prt] / blank line *n* · white
  line *n* · (zwei Zeilen in Verbindung mit
  einer Leerzeile:) double spacing *n* ‖ *s.a.*
  doppelzeilig
Legat *n* [Acq] *s.* Vermächtnis
Legende 1 (Erzählung) [Bk] / legend *n*
  ~ 2 *f* (Zeichenerklärung) [Cart; Bk] ⟨DIN
  31639/2⟩ / legend *n* ‖ *s.a.* Bildlegende
Lehnwort *n* [Lin] / loan-word *n*
Lehr|beauftragter *m* [Ed] / adjunct
  lecturer *n*
~buch *n* [Bk] ⟨DIN 31639/2⟩ / text(book) *n*
  · (für Studenten:) undergraduate text ‖ *s.a.*
  Hochschullehrbuch
~buchsammlung *f* [Stock] / textbook
  collection *n* · undergraduate collection *n*
~einheit *f* [Ed] / 1 (Unterrichtseinheit:)
  teaching unit · 2 (programmierter
  Unterricht:) frame *n*
Lehrer *m* [Ed] / teacher *n*
~handbuch *n* [Bk; Ed] / teacher's
  manual *n*
Lehr|fach *n* [Ed] / (Fachgebiet:) subject *n* ·
  (Disziplin:) discipline *n*
~film *m* [NBM] *s.* Unterrichtsfilm
~körper *m* (einer Hochschule) [Ed] /
  teaching staff *n* · faculty *n* US
~kraft *f* [Ed] / teacher *n* ‖ *s.a.*
  hauptamtliche Lehrkraft
~kraft für besondere Aufgaben *f* [Ed] /
  instructor for special assignments
~ling *m* [Ed; Staff] / apprentice *n* ‖ *s.a.*
  Auszubildender
~material *n* [Ed] / educational material *n*
~materialien *pl* [Ed; Bk; NBM] /
  instructional materials *pl*
~mitteletat *m* [Ed; BgAcc] / instructional
  budget *n*
~plan *m* [Ed] / (Verzeichnis der
  Lehrveranstaltungen:) course-list *n* ·
  (~ eines Faches:) teaching syllabus *n* ·
  syllabus *n* ‖ *s.a.* Studienplan
~planinhalt *m* [Ed] / curriculum subject *n*

~stuhl *m* (an einer Universität) [Ed] / university chair *n*
~stuhlbibliothek *f* [Lib] / library associated with a professorial chair *n*
~stuhlinhaber *m* [Ed] / chair holder *n*
~veranstaltung *f* / (Unterrichtseinheit für die Dauer eines Semesters:) course *n* · (zu einem bestimmten Termin:) class ‖ *s.a.* Pflichtveranstaltung
~verpflichtungen *pl* [Ed] / teaching commitments *pl*
Leiche *f* (Auslassung) [Prt] / out *n*
Leichenpredigt *f* [Bk] / funeral sermon *n*
leicht benutzbar *adj* [RS] / easy-to-use *adj* ‖ *s.a.* benutzerfreundlich
Leih... [RS] ‖ *s.a.* Ausleih...
Leih|bibliothek *f* (gewerblich betrieben) [Lib] / circulating library *n* · lending library *n* · rental library *n* · commercial library *n*
Leihe *f* [RS] / lending *n* ‖ *s.a.* Ausleih...
Leih|exemplar *n* [RS] / lending copy
~frist *f* [RS] / check out period *n* · loan period *n* · length of loan *n* ‖ *s.a.* Fälligkeitsdatum; Fristblatt; fristgerecht; Kurzausleihe; langfristige Verleihung; Verlängerung
~fristverlängerung *f* / renewal of the loan period *n*
~gabe *f* [Acq] / loan *n* ‖ *s.a.* Dauerleihgabe
~gebühr *f* [RS] / loan fee *n* · rental fee *n*
~register *n* [RS] / borrowers' file *n* · borrowers' register *n* ‖ *s.a.* Ausleihdatei
~schein *m* [RS] / charge card *n* · charge slip *n* · charging slip *n* · check-out card *n* · circulation card *n* · issue slip *n* ‖ *s.a.* Bestellschein; Fernleihschein
~stelle *f* [OrgM] / loan department *n* · lending department *n* Brit · circulation department *n* US ‖ *s.a.* Ausleihtheke
~**verkehr der Bibliotheken** *m* [RS] / interlibrary borrowing *n* · ILL *abbr* · inter-library lending *n* · inter-library loan *n* · interlending *n* ‖ *s.a.* Fernleihe; gebender Leihverkehr; internationaler Leihverkehr; nehmender Leihverkehr; regionaler Leihverkehr; überregionaler Leihverkehr
~verkehrsbestellung *f* [RS] / inter-library loan request *n* · inter-library loan demand *n*
~verkehrsordnung *f* [RS] / inter-library loan code *n*
~verkehrsregion *f* [RS] / inter-library lending region *n*
leihweise *adv* [RS] / on loan *n* · as a loan *n*
Leim 1 *m* [Bind] / glue *v/n* ‖ *s.a.* Buchbinderleim; Hartleim; Harzleim; Heißleim; Kaltleim; Klebstoff; Kleister; Kunstharzleim; tierischer Leim
~ 2 *m* (Zusatz bei der Papierherstellung) [Pp] / size *n* ‖ *s.a.* Pergamentleim
leimen 1 *v* [Bind] / glue *v/n* ‖ *s.a.* ableimen; Anleimmaschine; kleben
~ 2 *v* (Papier ~) [Pp] / size *v* ‖ *s.a.* geleimt; geleimtes Papier; ungeleimtes Papier
leimfleckig *adj* [Bk] / glue-spotted *pp*
Leimtopf *m* [Bind] / glue pot *n*
Leimung *f* (von Papier) [Pp] / sizing (of paper) ‖ *s.a.* Harzleimung; oberflächengeleimtes Papier
Leimungsgrad *m* [Pp] / rate of sizing *n*
Leinen *n* [Bind] / (Sammelbezeichnung für alle Gewebeüberzüge:) book cloth *n* · (echtes Leinen:) linen *n* ‖ *s.a.* Kunstleinen; Leinwand 3
~deckel *pl* [Bind] / cloth boards *pl*
~(ein)band *m* [Bind] / cloth binding *n* ‖ *s.a.* Halbleinenband
~papier *n* [Pp] / linen paper *n*
~rücken *m* [Bind] / cloth back *n*
Leinwand 1 *f* (Material) [Bind; Art] / canvas‖ *s.a.* Leinen
~ 2 *f* (zur Projektion eines Films usw.) [NBM] / screen *n*
Leiste *f* [Bk] / ornamental band *n* ‖ *s.a.* Kopfleiste
Leistung *f* [OrgM] / (Dienstleistung:) service *n* · (einer Person,einer Maschine, eines Systems:) performance *n* · (Ausbringungsmenge:) output *n/v* · (das Geleistete,Erreichte:) achievement *n* · accomplishment *n* ‖ *s.a.* Dienstleistung; Durchschnittsleistung; Gesamtleistung; Leseleistung; Preis-Leistungs-Verhältnis; Stundenleistung
Leistungs|anbieter *m* [InfSy] / service provider *n*
~anstieg *m* [OrgM] / increase in performance *n*
~beurteilung *f* [Staff] *s.* Leistungsbewertung
~bewertung *f* [Staff; OrgM; Ed] / performance evaluation *n* · performance appraisal *n* · (System der ~ in einem Ausbildungsgang:) assessment and

Leistungsentgelt 138

marking system *n* ‖ *s.a. Benotung; Personalbeurteilung*
~**entgelt** *n* [BgAcc] / service charge *n*
~**fähigkeit** *f* [OrgM] / efficiency *n* ‖ *s.a. Wirksamkeit*
~**indikator** *m* [OrgM] / performance indicator *n* · (Meßgröße für eine erbrachte Leistung:) output measure *n*
~**kurs** *m* (in der Sekundarstufe II) [Ed] / advanced course *n*
~**mangel** *m* [OrgM] / failure of performance *n*
~**merkmal** *n* [EDP; Comm] ⟨DIN 44302⟩ / feature *n* (ISDN-Leistungsmerkmal:ISDN feature) · user facility *n* · facility *n*
~**merkmalanforderung** *f* [Comm] / facility request *n*
~**messung** *f* [OrgM] / performance measurement *n*
~**nachweis** *m* [Ed] / certificate · credit
~**niveau** *n* [OrgM] / level of performance *n* · degree of performance
~**orientierung** *f* OrgM / performance orientation *n*
~**prämie** *f* [Staff] / output bonus *n*
~**steigerung** *f* [OrgM] / increase in performance *n* ‖ *s.a. Leistungsanstieg; Leistungsverbesserung*
~**überwachung** *f* [OrgM] / performance monitoring *n*
~**umfang** *m* (Umfang der angebotenen/erbrachten Dienstleistung) [InfSc] / range of service *n*
~**unterbrechung** *f* [OrgM] / interruption in service *n* · suspension of service *n*
~**verbesserung** *f* [OrgM] / improvement in performance *n*
Leit|artikel *m* (in einer Zeitung usw.) / leader *n* · editorial *n* · leading article *n*
~**bibliothek** *f* [RS] / library having controlling functions in the system of inter-library lending *n*
~**buchstabe** *m* (am Kopf der Seite eines Lexikons usw.) [Bk] / catch letter *n*
Leiter *m* (einer Abteilung) [Staff] / head *n* · (der für eine Abteilung verantwortliche Bibliothekar auch:) librarian-in-charge *n*
Leit|faden *m* [Bk] ⟨DIN 31639/2⟩ / guide *n*
~**karte** *f* [Ind; TS] / guide-card *n*
~**linie** *f* [OrgM] / guide line *n*
~**punkte** *pl* (Pünktchen, die das Auge des Lesers auf einer Seite führen sollen) [Prt] / leaders *pl*
~**station** *f* [Comm] ⟨DIN 44302⟩ / primary station *n* · control station *n*

~**thema** *n* [Bk] / leading theme *n*
Leitung 1 *f* [Comm] *s. Übertragungsleitung*
~ 2 *f* (Führung) [OrgM] / management *n* ‖ *s.a. Aufsicht; Bibliotheksleitung; Leiter*
Leitungs|geräusch *n* [Comm] / line noise *n*
~**geschwindigkeit** *f* [Comm] / line speed *n*
~**kosten** *pl* [Comm] / communication costs *pl*
leitungsvermittelte Verbindung *f* [Comm] / circuit-switched connection *n*
Leitungs|vermittlung *f* [Comm] / circuit switching *n*
~**zeitsperre** *f* [Comm] / line time out *n*
Leitwerk *n* [EDP] ⟨DIN 44300/5⟩ / control unit *n*
Lektionar *n* [Bk] / lectionary *n*
Lektor 1 *m* (in einer Öffentlichen Bibliothek) [Staff] / subject specialist *n*
~ 2 *m* (in einem Verlag) [Bk] / reader *n* · publisher's reader *n* · editor *n* ‖ *s.a. Cheflektor*
~ 3 *m* (an einer Universität) [Ed] / foreign language assistant *n*
Lektorat 1 *n* (in einem Verlag) [Bk] / editorial department *n*
~ 2 *n* (in einer Öffentlichen Bibliothek) [OrgM] / subject-oriented subdivision in a public library
Lektorats|assistent *m* [Bk] / editorial assistant *n*
~**kooperation** *f* [Acq] / co-operative scheme of book-evaluation for German public libraries *n*
Lektüre *f* [Bk] / reading *n*
~**liste** *f* [Ed] / reading list *n*
Lenkungsausschuss *m* [OrgM] / steering committee *n*
Leporello|beilage *f* [Bk] / accordion insert *n*
~**buch** *n* / concertina-type book *n* · folding book *n*
~**falz** *m* [Bind] / concertina guard *n*
~**falzung** *f* [Binf] / accordion fold *n* · concertina fold *n* · zig-zag fold *n* · accordion pleat *n*
~**papier** *n* [Pp] / fanfold paper *n*
Lern|ergebnisse *pl* [Ed] / outcomes of learning *pl*
~**gesellschaft** *f* [InfSc] / learning society *n*
~**programm** *n* (Lernsoftware) [Ed; EDP] / educational program *n*
~**prozess** *m* [InfSc] / learning process *n* ‖ *s.a. lebenslanges Lernen*
~**psychologie** *f* [Ed] / psychology of learning *n*

~schritt *m* (programmierter Unterricht) [Ed] / frame *n*
~spiel *n* [NBM] / educational game *n*
~spielzeug *n* [NBM] / educational toy *n*
~ziel *n* [Ed] / learning objective *n* · instructional objective *n* ‖ *s.a. Ausbildungsziel; Bildungsziel; Unterrichtsziel*
Lesarten *pl* [Bk] / variant readings *pl*
lesbar *adj* [Writ] / (verständlich geschrieben:) readable *adj* · (leserlich:) legible *adj* ‖ *s.a. maschinenlesbar*
Lesbarkeit *f* (einer Mikroform) [Repr] ⟨DIN 19054⟩ / legibility *n* · readability *n*
Lesbarkeitsindex *m* [Prt] / fog index *n*
Lese|alter *n* [Bk] / reading age *n*
~bändchen *n* [Bind] / register *n* ‖ *s.a. Lesezeichen*
~buch *n* / reader *n*
~café *n* [PR] / reading café *n*
~drama *f* [Bk] / closet drama *n*
~exemplar *n* [Bk] / reading copy *n*
~fehler *m* [EDP] / read error *n*
~förderung *f* [RS] / promotion of reading *n* · reading promotion *n*
~forschung *f* [InfSc] / research in reading *n*
~gebühr *f* [RS] *s. Benutzungsgebühr*
~gerät *n* [Repr] / (für Mikroformen:) microreader *n* · reader *n* · microform reader *n* · reading machine *n* · viewer *n* · (Lesegeräte insgesamt:) viewing equipment ‖ *s.a. Hand-Betrachtungsgerät; Kleinstlesegerät; Leselupe; Mikrofiche-Lesegerät*
~geschmack *m* [RS] / reading taste *n*
~gesellschaft *f* [Lib] / reading society *n*
~gewohnheiten *pl* [Bk] / reading habits *pl*
~hilfe *f* [BdEq] / reading aid *n*
~insel (im Freihandbereich) / oasis *n*
~karte *f* [RS] *s. Benutzerkarte*
~koje *f* [BdEq] / cubicle *n* · study carrel *n*
~kopf *m* [EDP] ⟨DIN 66010⟩ / read head *n*
~-Kopiergerät *n* [Repr] ⟨DIN 19040/113E⟩ / reader-printer *n*
~kreis *m* [Bk] *s. Lesezirkel*
~lampe *f* [BdEq] / book light *n* · reading lamp *n*
~leistung *f* [Bk] / reading achievement *n*
~lernkarte *f* [Ed] / flash card *n*
~liste *f* [Bk] / reading list *n* · reading list *n*
~lupe *f* [Bk; Repr] / reading glass *n* · (für das Lesen von Mikrofilmen ohne Beleuchtungsanlage:) hand viewer *n*
Lesen *n* [Bk] *s. Lektüre*

lesenswert *adj* [Bk] / worth reading *adj*
Lese|pistole *f* (zum Lesen von Strichcodes u.a.) [EDP] / hand-held reader *n* · data pen *n* · light wand *n* ‖ *s.a. Strichcode-Leser*
~platz *m* / reader seat *n* ‖ *s.a. Lesetisch*
Lesepublikum *n* / readers *pl* · readership *n* · audience *n*
Lese|pult *n* [BdEq] / (auf einen Tisch zu stellen:) book rest *n* · (als Stehpult:) reading desk *n* · (alleinstehend:) lectern *n* · (Tisch mit geneigter Oberfläche:) slope-top table *n* · (in Verbindung mit einem aufgesetzten Bücherregal:) stall *n*
Leser *m* / *pl* [Bk] / reader *n* · readers *pl* ‖ *s.a. Benutzer; Nichtleser*
Leseratte *f* [Bk] / bookworm *n*
Leser|ausweis *m* [RS] *s. Leserkarte*
~befragung *f* [InfSc] / readership survey *n*
~beratung *f* [RS] / advice to users *n* · advice to readers *n* · reader's advisory *n* ‖ *s.a. Informationsberatung*
~gebühr *f* [RS] *s. Benutzungsgebühr*
~karte *f* [RS] *s. Benutzerkarte*
leserlich *adj* [Writ] / legible *adj* ‖ *s.a. unleserlich*
Leser|platz *m* [BdEq] / reader space *n* · reader seat *n* ‖ *s.a. Lesetisch*
~schaft *f* [RS] / readership *n* · reading clientele *n* · audience *n* ‖ *s.a. Lesepublikum*
Lese-Rückvergrößerungsgerät *n* [Repr] *s. Lese-Kopiergerät*
Leser|umfrage *f* [InfSc] / readership survey *n*
~zuschrift *f* (in einer Zeitung oder Zeitschrift) [Bk] / letter to the editor *n*
Lesesaal *m* [BdEq] / reading room *n* ‖ *s.a. Fachlesesaal; Kuppellesesaal*
~aufsicht *f* (Person) [Staff] / superintendent of the reading room *n*
~auskunft *f* [Staff] *s. Lesesaalaufsicht*
~bestand *m* [RS] / reading room collection *n*
~personal *n* [Staff] / reading room staff *n*
Lese-Schreibkopf *m* [EDP] / read-write head *n*
~stift *m* (zum Einlesen von Strichcodes u.a.) [EDP] / bar-code scanner *n* · bar-code stick *n* · read stick *n*
~stoff *m* [Bk] / reading matter *n*
~tisch *m* [BdEq] / study desk *n* · study table *n* · reading desk *n* ‖ *s.a. Leseplatz*
~- **und Schreibfähigkeit** *f* / literacy *n* ‖ *s.a. Analphabetismus*

~wut f [Bk] / reading mania n
~zeichen n [Bk] / bookmarker n · marker n · bookmark n ‖ s.a. Lesebändchen
~zimmer n [BdEq] / study (room) n
~zirkel m [Bk] / reading group n · reading circle n
~zone f [BdEq] / reading area n · reader area n
~-Zugriffszeit f [EDP] / read access time n
Letter f [Prt] / letter n · printing type n · type n ‖ s.a. bewegliche Lettern
Letternmetall n [Prt] / type metal n
Letter|set m [Prt] / letterset (indirect letterpress) ‖ s.a. Trockenoffset
Leucht|anzeige f [BdEq] / LED display n
~diode f [BdEq] ⟨DIN41855(2)⟩ / light emitting diode n · LED abbr
~kasten m [Repr] / light box n
~tisch m [NBM] / light table n
lexikalische Anmerkung f (Erläuterung zu einer lexikalischen Einheit in einem Thesaurus) [Ind] DDR ⟨TGL RGW 174⟩ / scope note n · SN abbr
~ **Einheit** f (in Bezug auf einen Thesaurus) [Ind] DDR ⟨TGL RGW 174⟩ / a word etc. to be applied within a thesaurus
Lexikon n [Bk] / lexicon n · (Enzyklopädie:) encyclop(a)edia n · (Wörterbuch; Kurzlexikon:) dictionary n ‖ s.a. biographisches Lexikon; Gelehrtenlexikon
Lfg. abbr [Bk] s. Lieferung 1
Libell n (Schmähschrift) [Bk] / libel n
Librettist m [Mus] / librettist n
Libretto n [Mus] ⟨RAk-AD⟩ / libretto n
lichtbeständig adj [Repr; Prt] s. lichtecht
Lichtbild n [Repr] / photograph n · photo n
~ausweis n [Rs] / identity card n (with a photo)
~platte f (obs.) [NBM] / lantern slide n (obs.)
~werk n [Repr] / photographic work n
Licht|druck m [Prt] / gelatine print n · phototype print n · (Vorgang:) collotype (printing) n · (Produkt:) collotype n
lichtecht adj [Pres; Prt] / light-fast adj · resistant to light adj · fadeless adj (nicht ~: fugitive; unstable) ‖ s.a. farbecht
Lichtechtheit f [Pres] / light fastness n
lichtempfindlich adj [Repr] / light-sensitive adj · photosensitive adj ‖ s.a. Empfindlichkeit 1; strahlungsempfindlicher Film
Licht|empfindlichkeit f [Repr] s. Empfindlichkeit 1

~griffel m [EDP] / light pen n ‖ s.a. Lesestift
~pause f / dyeline print n · diazoprint n · blueprint n
~satz m [Prt] / light setting n ‖ s.a. Fotosatz
~schranke f [BdEq] / light barrier n
~schutz m [Pres] / light control n ‖ s.a. Sonnenschutz
~setzmaschine f [Prt] / photocomposing machine n
~stift m s. Lichtgriffel
Liebhaber|ausgabe f [Bk] / book-lovers' edition n · collectors' edition n
~einband m [Bind] / amateur binding n ‖ s.a. Luxuseinband
Liederbuch n [Mus] / song-book n
Lieferant m [Acq] / supplier n · (Anbieter und Lieferant:) provider n · (als Verkäufer auch:) vendor n ‖ s.a. Anbieter; Bibliothekslieferant
~ **einer Datenbank** m / database provider n · database supplier n
Lieferantendatei f [Acq] / suppliers' file n
Lieferanzeige f [Acq] / advice of shipment n · advice of dispatch n
lieferbare Bücher pl [Bk] / books in print pl ‖ s.a. nicht mehr lieferbar
Liefer|bedingungen pl [Acq] / terms of delivery pl ‖ s.a. Bezugsbedingungen
~frist f [Acq] / (Liefertermin:) delivery date n · delivery deadline n · term of delivery n ‖ s.a. Liefertermin; Lieferzeit
~kette f [OrgM] / supply chain n
liefern v [OrgM] / supply v/n · dispatch v/n
liefernde Bibliothek f (ILL) [RS] / supplying library n
Liefer|schein m [Acq] / delivery note n ‖ s.a. Lieferzettel
~termin m / delivery date n ‖ s.a. Lieferfrist
Lieferung 1 f (Vorgang des Lieferns) [Acq] / dispatch v/n · delivery n · supply v/n · consignment n · shipment n ‖ s.a. Nichtlieferung; Teillieferung; Versand
~ 2 f (das zu Liefernde bzw. Gelieferte) [Acq] / consignment n · shipment n
~ 3 f (Teil eines Lieferungswerks) [Bk] / fascicle n · instal(l)ment n · part-issue n
Lieferungswerk n [Bk] ⟨DIN 31631/4⟩ / a work published over a period in small instalments/fascicles
Liefer|wagen m [BdEq] / delivery van n · delivery vehicle n ‖ s.a. Bücherauto

~zeit *f* [Bk] / delivery time *n* ‖ *s.a.*
Lieferfrist
~zettel *m* [Acq] / packing slip *n* ‖ *s.a.*
Lieferschein
Ligatur *f* [Writ; Prt] / tied letter *n* ·
ligature *n*
Lignin *n* [Pp] / lignin *n*
Liliputbuch *n* [Bk] / dwarf book *n* ·
lilliput book *n* · thumb book *n* ‖ *s.a.*
Miniaturbuch
limitierte Auflage *f* [Bk] / limited edition *n*
Lineal *n* [Off] / ruler *n* · straight edge *n*
Linear-Antiqua *f* [Prt] / sanserif *n*
lineare Notation *f* [Class] / ordinal
notation *n*
~ **Programmierung** *f* [EDP] / linear
programming *n*
~ **Suche** *f* [Retr] / sequential search *n*
Linguistik *f* [Lin] / linguistics *pl but usually*
sing in constr
linguistische Datenverarbeitung *f* [EDP] /
computer linguistics *pl but usually sing in*
constr · computational linguistics *pl but*
usually sing in constr
Linie *f* [Writ] / line *n* · rule *n*
Linien|diagramm *n* [InfSc] / line chart *n*
~**graphik** *f* [InfSc] / line graphics *pl/sing*
~**organisation** *f* [OrgM] / line
management *n* · line organization *n* ‖ *s.a.*
Stab-Linien-Organisation
~**satz** *m* [Bind] / set of one line pallets *n*
linieren *v* [Writ; Prt] / rule *v*
linierte (Kartei-)Karte *f* [Ind; Off] / ruled
card *n*
liniertes Papier *n* [Pp] / ruled paper *n*
Linierung *f* [Writ] / ruling *n*
linksbündig *adj* [Prt] / range left *n* · left
justified *pp* (linksbündiger Rand: even left-
hand margin) · left-aligned *pp* · flush left
US ‖ *s.a. rechtsbündig*
Links|maskierung *f* [EDP] / front
truncation *n* · left truncation *n*
Linkstrunkierung *f* [Retr] *s.*
Linksmaskierung
Linoleumplatte *f* [Art] / linoleum block *n*
Linolschnitt *m* [Art] / linocut *n*
Linse *f* [Repr] / lens *n*
Linson *n* [Bind] / linson *n*
Liste *f* / (für schnelles Recherchieren:)
checklist · (allgemein:) list *n*
Listen|ausdruck *m* [EDP; Prt] / listing *n*
~**feld** *n* [EDP/VDU] / list box *n*
~**preis** *m* [Bk] / list price *n*
~**titel** *m* [Mus] ⟨ISBD(PM)⟩ / listing title *n*
~**verarbeitung** *f* [EDP] / list processing *n*

literarischer Nachlass *m* (eines Autors)
[Arch; NBM] / literary remains *pl*
Literat *m* [Bk] / littérateur *n* · man of
letters *m*
Literatur *f* [Bk] / literature *n* ‖ *s.a. Lektüre;*
weiterführende Literatur; Schrifttum
~**agent** *m* [Bk] / literary agent *n*
~**angabe** *f* / reference *n* ‖ *s.a.*
Literaturnachweis
~**archiv** *n* [Arch] / literary archives *pl* ·
literature archives *pl*
~**auswahl** *f* [Acq] / stock selection *n* ·
selection of documents *n*
~**bedarf** *m* / demand for literature *n*
~**beilage** *f* (einer Zeitung) [Bk] / literary
supplement *n*
~**bereitstellung** *f* [RS] / literature
provision *n*
~**bericht** *m* [Bk; Bib] / literature review *n*
· literature survey *n* · (mit Blick auf
den neuesten Stand von Forschung und
Entwicklung:) state-of-the-art report *n*
~**beschaffung** *f* [Acq] / acquisition of
literature *n*
~-**Datenbank** *f* [InfSy] / reference
database *n* · bibliographic database *n* ·
reference file *n*
~**erwerb** *m* [Acq] / acquisition of
literature *n*
~**förderung** *f* [RS] / promotion of
literature *n*
~**führer** *m* [Bib] / guide to the literature *n*
~**hinweis** *m* [Bib] *s. Literaturangabe*
~-**Informationsbank** *f* [InfSy] *s. Literatur-*
Datenbank
~**kassette** *f* [NBM] / spoken-word
audiocassette *n* · talking book cassette *n*
~**nachweis** *m* / (Literturangabe:) reference *n*
· bibliographic reference *n* · (Verzeichnis
der zitierten Literatur:) list of references *n*
‖ *s.a. Zitat 2*
~**nachweisdatenbank** *f* (Datenbank der
zitierten Literatur) [InfSy] / citation
database *n* ‖ *s.a. Zitierindex*
~**preis** *m* / literary prize · literary award *n*
~**recherche** *f* [Retr] / literature search *n*
~**schlüssel** *m* [Class] / standard subdivision
of publication types *n*
~**suche** *f* [Retr] *s. Literaturrecherche*
~**verlag** *m* [Bk] / literary publishing
house *n*

Literaturversorgung 142

~**versorgung** f [RS] / literature provision n
· (Dokumentlieferung:) document
delivery n · document supply n ·
document provision ‖ s.a. Online-
Literaturbestellung
~**verzeichnis** n [Bib] / bibliography n ‖ s.a.
Literaturnachweis
~**wettbewerb** m [Bk] / literary contest n
Litfasssäule f [BdEq] / advertising column n
Litho n [Art; Prt] / litho n · lithograph n
Litho|graphie f [Art; Prt] / (Verfahren:)
lithography n · (Blatt:) lithograph n ·
litho n
liturgisches Buch n [Bk] / liturgical book n
Lizenz f [Law] / license n US · licence n
Brit ‖ s.a. gebührenfreie Lizenz;
Kopierlizenz
~**ausgabe** f [Bk] / licenced edition n
lizenzfrei (adj) [BgAcc] / licence free adj
Lizenz|gebühr f [InfSy] / licence fee n ·
royalty n ‖ s.a. Nutzungsgebühr
Lizenzierung f [Law] / licencing n
Lizenz|inhaber m [Law] / licencee n
~**nehmer** m [Law] / licencee n
~**vereinbarung** f [Law] / licence
agreement n
Ln. abbr [Bind] s. Leinen
Lobrede f [Gen] s. Laudatio
Loch|band n [PuC] DDR s. Lochstreifen
~**eisen** n [Bind] / hole punch n
lochen v [Bind; PuC] / perforate f ·
(Lochkarten:) punch v
Locher m [Off; PuC] / (Lochkarten:)
punch n
löcherig adj [Bk] / full of holes adj
· (wurmstichig:) worm-eaten pp ·
wormed pp · worm-holed pp
Loch|feld n [PuC] ⟨TGL 20976⟩ / punched-
card field n · punching field n · card
field n
~**karte** f [PuC] ⟨DIN 31631/4; DIN
66018/1⟩ / (gelocht:) punched card n
· (ungelocht:) punch card n ‖ s.a.
Mikrofilmlochkarte
Lochkarten|code n / card code n
~**leser** m [PuC] / card reader n
~**-Lese-Stanz-Einheit** f [PuC] / card read-
punch n
~**locher** m [PuC] s. Lochkartenstanzer
~**maschine** f [PuC] / punch-card machine n
~**schlüssel** m s. Lochkartencode
~**stanzer** m [PuC] / card punch n
~**verfahren** n [PuC] / punched-card
method n

Loch|kombination f [PuC] / punch
combination n
~**pfeife** f [Bind] / hole punch n
~**reihe** f [PuC] / card row n
~**schriftübersetzer** m [PuC] / punched-
card interpreter n · interpreter n · card
interpreter n
~**spalte** f [PuC] ⟨TGL 20976⟩ / punching
column n
~**stanzer** m [PuC] / punch n ‖ s.a.
Lochkartenstanzer; Lochstreifenstanzer
~**stelle** f [PuC] / punching position n
Lochstreifen m [PuC] ⟨DIN 31631/4; DIN
66218⟩ / (ungelocht:) punch tape n · paper
tape n · (gelocht:) punched (paper) tape n
· perforated tape n ‖ s.a. Dauerlochstreifen
~**schreibmaschine** f [PuC] / tape
typewriter n
~**stanzer** m [PuC] / tape punch n · paper
tape perforator n
Lochung (in Katalogkarten) s.
Katalogkartenlochung
Loch|zange f [Bind] / (zum Anbringen von
Ösen:) eyelet tool n · punch pliers pl
~**zeile** f [PuC] / line of holes n
logische Adresse f [EDP] / logical address n
logischer Operator m [Retr] / logical
operator n
~ **Satz** m [EDP] / logical record n
Logo n [PR] / logo(type) n
~**type** f [Prt] / logotype n
lohgares Leder n [Bind] / ooze leather n
Lohn m [Staff] / wage n
~**empfänger** m [Staff] / wage earner n
Lokalbestand n [Stock] / local collection n
lokaler Zugang m [EDP] / local access n
lokales Netz n [EDP] / local area network n
· LAN abbr · local network n
Lokalisator m [InfSy; Retr] / locator n
Lokal|redakteur m (einer Zeitung) [Bk] /
city editor n · local news editor n
~**redaktion** n (einer Zeitung) [Bk] / (Raum
bzw. Platz der ~:) local news room n ·
city desk n
~**signatur** f (das Regal wird als
Aufstellungsort bezeichnet) [Sh] / press
mark n
~**zeitung** f [Bk] / local paper n
Los n (bei einer Versteigerung) [Bk] / lot n
löschbare Diskette f [EDP] / erasable disk
löschbare optische Platte f [EDP] / erasable
optical disk n
löschbarer Speicher m [EDP] / erasable
storage n

löschen v [EDP] / cancel v · clear v (die Formulareintragungen löschen: clear form) · (tilgen:) delete v · erase v
löschendes Lesen n [EDP] ⟨DIN 4476/2⟩ / destructive read out n
Lösch|kopf m [EDP] ⟨DIN 66010⟩ / erase head n
~**papier** n [Pp] ⟨DIN 6730⟩ / blotting paper n
~**roboter** m [EDP] / cancel bot n
~**taste** f (auf einer Tastatur) [EDP] / cancel key n · delete key
Löschung f [EDP] / deletion n · erasion n · cancel(l)ation n
Löschzeichen n [EDP] / cancel character n
Loseblatt|ausgabe f [Bk] ⟨DIN 31631/4; DIN 1464; TGL 20972/04; RAK⟩ / loose-leaf service · loose-leaf publication n
lose Blätter pl (Anmerkung zu einem antiquarisch angebotenem Buch) [Bk] / shaken pp
Loseblatt-Ordner m [Bk] / loose-leaf binder n
~**werk** n [Bk] s. Loseblattausgabe
lose im Einband [Bk; Bind] / loose in binding ‖ s.a. Einband lose
Lösemittel n [Pres] / solvent n
Lösungsbuch n [Bk; Ed] / answer book n
LS 1 abbr [BdEq] s. Lesesaal
LS 2 abbr [PuC] s. Lochstreifen
Luft|aufnahme f [Cart] s. Luftbild
~**bild** n [Cart] ⟨ISBD(CM); RAK-Karten⟩ / air photograph n
~**bildkarte** f [Cart] ⟨ISBD(CM); RAK-Karten⟩ / photomap n · aerial map n · aerial chart n

~**bildmosaik** n [Cart] ⟨ISBD(CM)⟩ / photomosaic n
~**bildplan** m [Cart] ⟨ISBD(CM)⟩ / photomap n
luftdicht adj [Pres] / airtight adj
Luftdurchlässigkeit f [Pres] / air permeability n
Lüfter m (Ventilator) [BdEq] / cooler n · ventilator n
Luft|feuchtigkeit f [Pres] / humidity n (Entfeuchten von Luft: dehumidification)
~**fracht** f [Comm] / air-freight n
luftgetrocknet pp [Pres] / air-dried pp
Luft|navigationskarte f [Cart] / aeronautical chart n
Luftpost f [Comm] / airmail n
~**brief** m [Comm] / air(mail)letter n
~**paket** n [Comm] / air parcel n
~**papier** n [Pp] ⟨DIN 6730⟩ / airmail paper n
Luft|reinhaltung f [Pres] / air purification n
~**trocknung** f [Pres] / air drying n
Lüftung f [BdEq] / ventilation n
Luftverschmutzung [Pres] / air pollution n
Lumbeckbindung f [Bind] / adhesive binding n · lumbecking n · cut back binding n · perfect binding n · unsewn binding n ‖ s.a. gelumbeckt
Lumbecken n [Bind] s. Lumbeckbindung
Lumpenpapier n [Pp] / rag paper n
Luxus|ausgabe f [Bk] / de luxe edition n
~**einband** m [Bind] / de luxe binding n · luxury binding n ‖ s.a. Liebhabereinband
Lw. abbr [Bind] s. Leinwand 1

M

Machbarkeitsstudie *f* [OrgM] / feasibility study *n*
Magazin *n* [NBM; Sh] / (für Dias usw.:) magazine *n* · (Raum mit Buchbestand:) stack room *n* · stack(s) *n(pl)* · bookstack(s) *n(pl)* ‖ *s.a. Ausweichmagazin; Freihandmagazin; geschlossenes Magazin; Handschriftenmagazin; Kompaktmagazinierung; Rundmagazin; selbsttragendes Magazin; Sondermagazin; Speichermagazin*
~**aufstellung** *f* [Sh] *s. Magazinierung*
~**bediensteter** *m* [Staff] / stack assistant *n*
~**bestand** *m* [Stock] / stack collection *n*
~**bibliothek** *f* [Lib] / closed access library with the majority of its collections stored in bookstacks *n*
~**chef** *m* [Staff] / stacks superintendent *n*
~**ebene** *f* [BdEq] / stack level *n* · deck *n* US
Magaziner *m* [Staff] *s. Magazinbediensteter*
magazinieren *v* [Sh] / store *v* (books etc. in the stacks) ‖ *s.a. magazinierter Bestand*
magazinierter Bestand *m* (ohne Benutzerzugang) [Stock] / closed-access collection *n*
Magazinierung *f* (von Beständen) [Sh] / storage shelving *n*
Magazin|kapazität *f* [Stock] / stack capacity *n* · bookstack capacity *n*
~ **mit eingeschossiger (selbsttragender) Regalanlage** *n* [BdEq] / single-tier stack *n*
~ **mit mehrgeschossiger (selbsttragender) Regalanlage** *n* [BdEq] / multi-tier stack *n*
~**regal(e)** *n(pl)* (Regale mit Seitenwangen) [Sh] / bracket shelves *pl* · (Ausstattung mit ~en:) bracket shelving · cantilever(ed) shelving *n*
~**turm** *m* [BdEq] / stacks tower *n* · storage tower *n*
~**verwaltung** *f* [Stock] / stacks management *n* · bookstack management *n*
~**zugang** *m* [RS; BdEq] / stack access *n* · (Eingang zum Magazin:) stack portal *n* · stack entrance *n*
~**zutritt** *m* [Sh] / stack access *n*
magere Schrift *f* [Prt] / light type *n* · light face *n*
Magisterarbeit *f* / master's thesis *n*
Magnetaufzeichnung *f* [NBM] / magnetic recording *n*
Magnetband *n* [EDP] ⟨DIN 31631/4; DIN 66010; A 2653⟩ / magnetic tape *n*
~**datei** *f* [EDP] / magnetic tape file *n* · tape file *n*
~**dienst** *m* [EDP] / tape file service *n* · magnetic tape service *n*
~**einheit** *f* [EDP] ⟨DIN 66010⟩ / magnetic tape unit *n*
~**erfassungsgerät** *n* [EDP] / key(board)-to-tape unit *n* · key-to-tape-unit *n*
~**gerät** *n* [EDP] ⟨DIN 66010⟩ / magnetic tape unit *n*

~kassette [EDP] ⟨DIN 66010⟩ / magnetic tape cassette n · magnetic tape cartridge n · magnetic tape cassette n
~kassettenlaufwerk n [EDP] ⟨DIN 66010⟩ / magnetic tape cassette drive n
~laufwerk n [EDP] ⟨DIN 66010⟩ / magnetic tape drive n · (Bandkassettenlaufwerk:) magnetic tape cassette drive n
~leser m [EDP] / magnetic tape reader n
~speicher m [EDP] / magnetic tape storage n
~spule f [EDP] / tape reel n
Magnet|blasenspeicher m [EDP] / bubble memory n · magnetic bubble memory n
~hafttafel f [BdEq] s. Magnettafel
magnetische Zeichenerkennung f [EDP] ⟨DIN 66226⟩ / magnetic ink character recognition n · MICR abbr
Magnet|karte f [EDP] ⟨DIN 31631/4⟩ / magnetic card n
~kartenspeicher m [EDP] / magnetic card storage n
~kernspeicher m [EDP] s. Kernspeicher
~kopf m [EDP] ⟨DIN 66010⟩ / magnetic head n
~platte f [EDP] ⟨DIN 31631/2⟩ / magnetic disk n ∥ s.a. Festplattenspeicher; flexible Magnetplatte; Plattenstapel
Magnetplatten-Erfassungsgerät n [EDP] / key-to-disk unit n
~kassette f [EDP] / disk cartridge n
~laufwerk n [EDP] / disk (storage) drive n
~speicher m [EDP] / magnetic disk storage n · disk storage n
Magnetschichtdatenträger m [EDP] / data volume n · volume n
Magnetschrift f [EDP] / magnetic ink font n
~leser m [EDP] / magnetic character reader n
~zeichen n [EDP] / magnetic ink character n
~zeichenerkennung f [EDP] s. magnetische Zeichenerkennung
Magnet|spur f [NBM] / magnetic track n
~streifen m [EDP] ⟨DIN9785/1⟩ / magnetic strip(e) n
~tafel f [BdEq] / magnetic board n
~tinte f [EDP] / magnetic ink n
Magnetton|band n [NBM] ⟨DIN 31631/4; DIN 45510⟩ s. Tonband
~folie f [NBM] ⟨DIN 31631/4; DIN 45510⟩ / magnetic sound recording foil n

~platte f [NBM] ⟨DIN 31631/4; DIN 45510⟩ / magnetic sound recording disk n
Magnettrommel f [EDP] / magnetic drum n
~speicher m [EDP] ⟨DIN 66001⟩ / magnetic drum storage n · drum storage n
mahnen v (einen Benutzer wegen der Rückgabe eines Buches, dessen Leihfrist überschritten ist, ~) [RS] / send a user an overdue notice ∥ s.a. zurückfordern
Mahn|gebühr f [RS] / overdue fee n · overdue fine n (~en erheben: charge overdue fines) ∥ s.a. Versäumnisgebühr
~schreiben n [RS] s. Mahnung 1
Mahnung 1 f [RS] / (schriftliche Benachrichtigung:) recall notice n · overdue (notice) n (zweite Mahnung: follow-up notice) · (Erinnerung:) reminder n ∥ s.a. Erinnerung; wiederholte Mahnung; zweite Mahnung
~ 2 f [Acq] / claim n (Mahnschreiben: notice of claim) · (Erinnerung:) reminder n
Majuskel f [Writ; Bk] / majuscule n ∥ s.a. Großbuchstabe; Versalien
Makro|aufruf m [EDP] / macro (call) n
~befehl m [EDP] / macro instruction n
Makulatur f (beim Druck verdorbenes Papier) [Prt] / spoilage n · waste paper n
makulieren v [Bk; Prt] / (einstampfen:) pulp v · repulp v · (als Altpapier verkaufen:) sell as waste paper v ∥ s.a. aussondern; Reißwolf
Malerbücher pl [Art] / painters' books pl
Malutensilien pl (Windows) [EDP] / painting tools pl
Management|informationssystem n [InfSy] / management information system n · M.I.S. abbr
~instrument n [OrgM] / management instrument n
~methoden pl [OrgM] / management techniques pl
Mandat n [OrgM] / mandate n
Mängel pl [Bk] / defects pl · imperfections pl
~exemplar n [Bk] / defective copy n · imperfect copy n ∥ s.a. beschädigtes Exemplar
Manifest n [Bk] / manifesto n
Manilapapier n [Pp] / manil(l)a paper n
Mannstunde f [OrgM] / man-hour n
Mäntel- und Taschenablage f [BdEq] s. Taschen- und Mäntelablage
manuell adj [TS] / manual n/adj
manuelle Eingabe f [EDP] / manual input n

Manuskript *n* [Writ; Prt] ⟨DIN 31639/2⟩ / manuscript *n* · (als Satzvorlage auch:) copy *n* · matter *n* ‖ *s.a.* abgesetztes Manuskript; als Manuskript gedruckt; druckreife Vorlage; Handschrift 2; kamerafähiges Manuskript; maschinenlesbares Manuskript
~**bearbeitung** *f* (zur Vorbereitung des Satzes) [Prt] / copy editing *n*
~**halter** *m* [BdEq] / copyholder · (bei der Fotoreproduktion:) copyboard *n*
Mappe *f* [Stock] / (für Papiere, Zeichnungen usw.:) portfolio *n* · (für lose Papiere:) binder *n* · (zum Aufklappen:) folder *n* ‖ *s.a.* Aktendeckel; Klemmmappe; Umlaufmappe; Unterschriftenmappe; Zeitschriftenmappe
Mappenwerk *n* (mit Kunstdrucken usw.) [NBM] / portfolio edition *n*
Märchen *n* [Bk] / fairy tale *n*
~**buch** *n* [Bk] / fairy book *n*
Marginalie *f* [Bk] / side note *n* · marginal note *n* · (in der oberen rechten Ecke der Seite:) shoulder-note *n*
Marinebibliothek *f* [Lib] / naval library *n*
Marke [BdEq] / brand *n*
Markenname *m* [BdEq] / brand name *n* · trade mark name *n*
Marker *m* [ElPubl] / tag *n*
Marketing *n* [Bk] / marketing *n*
markieren *v* [Off; EDP] / (hervorheben:) highlight *v* · (taggen:) tag *v* · (mit Markierung versehen:) mark *v* ‖ *s.a.* Textmarker
Markierstift *m* [Off] / highlighter *n* · marker pen *n*
Markierungs|beleg *m* [EDP] / mark sheet *n*
~**bereich** *m* [EDP] / mark area *n*
~**kästchen** *n* [EDP/VDU] / check box *n*
~**lesen** *n* [EDP] / mark sensing *n* ‖ *s.a.* optischer Klarschriftleser; optisches Markierungslesen
~**leser** *m* [EDP] / mark reader *n* · mark detection device *n*
Markt|anteil *m* [Bk] / market share *m*
~**datenbank** *f* [InfSy] / market research database *n*
~**durchdringung** *f* [OrgM] / market penetration *n*
~**forschung** *f* [InfSy] / market research *n*
~**orientierung** *f* [OrgM] / market orientation *n*
~**wert** *m* [BgAcc] / market value *n*
marmorieren *v* [Bind] / marble *v*
Marmorierung *f* [Bind] / marbling *n*

Marmor|papier *n* [Bind] / marbled paper *n*
~**schnitt** *m* [Bind] / marbled edge(s) *n(pl)*
Maroquin *n* [Bind] / morocco *n*
Maschennetz *n* [Comm] ⟨DIN 44331V⟩ / meshed network *n*
maschinegeschrieben *pp* [Writ] / typewritten *pp*
maschinegeschriebener Text *m* [Writ] / typescript *n* ‖ *s.a.* maschinenschriftlich
maschinelle Indexierung *f* [Ind] ⟨DIN 31623/1⟩ / automatic indexing *n*
maschinell erstelltes Kurzreferat *n* [Ind] ⟨DIN 1426E⟩ / auto-abstract *n* · automatic abstract *n*
maschinelles Ausleih(verbuchungs)system *n* [RS] *s.* automatisiertes Ausleih(verbuchungs)system
~ **Referieren** *n* [Ind] / automatic abstracting *n*
maschinelle Übersetzung *f* [Lin] / computer-aided translation *n* · machine translation *n*
~ **Zeichenerkennung** *f* [EDP] / mechanical character recognition *n*
maschinell gespeicherte Daten *pl* [EDP] / machine stored data *pl*
Maschinen|abzug *m* [Prt] / machine proof *n*
~**adresse** *f* [EDP] ⟨DIN 44300/4E⟩ / machine address *n*
~**ausfall** *m* [EDP] / machine failure *n* ‖ *s.a.* Stillstandszeit
~**befehl** *m* [EDP] / computer instruction *n* · machine instruction *n*
~**büttenpapier** *n* [Pp] / mould-made paper *n*
~**code** *m* [EDP] / machine code *n*
~**einband** *m* [Bind] / machine binding *n*
maschinen|gestrichenes Papier *n* [Pp] ⟨DIN 6730⟩ / machine-coated paper *n*
~ **glattes Papier** *n* [Pp] ⟨DIN 6730⟩ / machine-finished paper *n* · mill-finished paper *n* · MF paper *n*
Maschinen|heftung *f* [Bind] / machine sewing *n*
~**lauf** *m* [EDP] / computer run *n* · machine run *n*
~**laufrichtung** *f* (des Papiers) [Pp] ⟨DIN 16500/2⟩ / machine direction *n* · grain (direction) *n*
maschinenlesbar *adj* [EDP] / machine-readable *adj* · computer readable *adj*
maschinenlesbares Manuskript *n* [ElPubl] / compuscript *n*
Maschinenlochkarte *f* [PuC] / machine(-operated) punched card *n*

maschinen|nahe Programmiersprache
f [EDP] *s.* maschinenorientierte
Programmiersprache
~orientierte Programmiersprache *f*
[EDP] ⟨DIN 44300/4⟩ / computer-oriented
language *n* · machine-oriented language *n*
· low-level language *n*
Maschinen|papier *n* [Pp] / machine-made
paper *n*
~pappe *f* [Bind] ⟨DIN 6730⟩ / machine-
made board *n* ‖ *s.a. Graupappe*
~programm *n* [EDP] ⟨DIN 44300/4⟩ /
machine program *n*
~protokoll *n* [EDP] / dayfile *n*
~richtung *f* (des Papiers) [Pp] *s.*
Maschinenlaufrichtung
~satz 1 *m* (das Setzen mit der Maschine)
[Prt] / machine composition *n* ·
mechanical composition *n*
~satz 2 *m* (das mit Maschine Gesetzte)
[Prt] / machine-set type *n*
maschinenschriftlich *adj* [Off] /
typewritten *pp*
Maschinensprache *f* [EDP] ⟨DIN 44300/4⟩ /
machine language *n* · computer language *n*
maschinenunterstützte Indexierung *f* [Ind;
EDP] ⟨DIN 31623/1⟩ / computer-aided
indexing *n*
~ Übersetzung *f* [Lin] / computer-aided
translation *n* · machine translation *n*
Maschinenwort *n* [EDP] ⟨DIN 44300/4E⟩ /
computer word *n* · machine word *n*
Maske *f* [EDP] / mask *v/n*
maskieren *v* [EDP] / mask *v/n*
Maskierung *f* / masking *n* ·
(Wortmaskierung:) truncation *n* · (Maske:)
mask *v/n* ‖ *s.a. Innenmaskierung;*
Linksmaskierung; Rechtsmaskierung
Maß *n* [Gen] / measure *n* ‖ *s.a. Maßeinheit*
Masse *f* [Bk] / bulk *n* (der Titel braucht
mehr Masse: the title needs more bulk.)
Maß|einheit *f* [InfSc] / unit of measure *n*
Massen|entsäuerung *f* [Pres] / mass
deacidification *n*
~kommunikation *f* [Comm] / mass
communication *n*
~medien *pl* [Comm] / mass media *pl*
~speicher *m* [EDP] / bulk storage *n* · mass
storage *n*
~speicherung *f* [EDP] / bulk storage *n* ·
mass storage *n*
Maß|norm *f* [Gen; Bk] / dimensional
standard *n*
~stab *m* [Cart] ⟨RAK-Karten⟩ / scale *n*
Masterfilm *m* [Repr] / master (film) *n*

Mater *f* [Prt] / matrix *n*
Material *n* (materielle Mittel) [Gen] /
material resources *pl*
~benennung *f* [NBM; Cat] / medium
designator *n*
~lager *n* (für Büroartikel) [Off; BdEq] /
stationery store *n*
materialspezifische (oder die Art der
Publikation betreffende) Zone *f* [Cat]
CH / material (or type of publication)
specific area *n*
Materialzahl *f* [Class/UDC] *s. allgemeine*
Ergänzungszahl der Materialien
materielle Mittel / material resources *pl*
Matrix|drucker *m* [EDP; Prt] ⟨DIN 9784/1⟩
/ matrix printer *n* · (Rasterdrucker:) dot
matrix printer *n* ‖ *s.a. Nadeldrucker*
~organisation *f* [OrgM] / matrix
organization *n*
~speicher *m* [EDP] / matrix memory *n* ·
matrix storage *n*
Matrize *f* [Repr; Prt] / matrix *n* ‖ *s.a.*
Wachsmatrize
Matronymikon *n* [Cat] / matronymic *n* ‖
s.a. Patronymikon
Mattscheibe *f* [Repr] / groundglass *n*
Matura *f* [Ed] *A* / university entrance
qualification *n* ‖ *s.a. Abitur*
Maus *f* [EDP/VDU] / mouse *n* ‖ *s.a. Funk-*
Maus; klicken; mausgesteuert; zweimal
klicken
Mäusefraß *m* [Bk] / gnawing of mice *n*
mausgesteuert *pp* [EDP] / mouse-driven *pp*
Maus|taste *f* [EDP] / mouse button
~zeiger *m* [EDP/VDU] / mouse pointer *n*
MAZ *abbr* [NBM] *s. Magnetaufzeichnung*
mechanische Aufstellung *f* [Sh] *s.*
Numerus-currens-Aufstellung
mechanischer Drucker *m* [EDP] ⟨DIN
9784/1⟩ / impact printer *n* ‖ *s.a.*
nichtmechanischer Drucker
Medien|einheit *f* [Bk; NBM] / media item *n*
~kombination *f* [RAK-NBM] *s.*
Medienpaket
~paket *n* [NBM] ⟨DIN 31631/2+4; A 2653;
RAK-AV⟩ / multimedia kit *n* · multimedia
item *n*
~präsenz *f* [PR] / media coverage *n*
~zentrum *n* / media services unit *n*
· media resource centre *n* · media
centre *n* · multi-media centre *n* · (mit
Unterrichtsmaterialien:) learning resource
centre *n* · resource centre *n* ‖ *s.a.*
audiovisuelles Zentrum

Medio|graphie *f* [Bib; NBM] ⟨DIN 31631/4⟩ / mediagraphy *n*
~thek *f* [NBM] *s. Medienzentrum*
Medium *n* (pl: Medien) [InfSy] / medium *n* (pl:media) ‖ *s.a. Bildmedien; Datenträger; Speichermedium*
medizinische Bibliothek *f* [Lib] / medical library *n*
Mehltau *m* [Pres] / mildew *n*
mehrbändige Monographie *n* [Bk] / multivolume monograph *n*
~ Publikation *f* [Bk] ⟨ISBD(A)⟩ / multivolume publication *n* · multi-part item *n* · multiple-volume set *n* · multi-volume work *n* · (begrenzt:) terminal set
Mehr|benutzersystem *n* [EDP] / multi-user system *n*
~dateiverarbeitung *f* [EDP] / multi-file processing *n*
~deutigkeit *f* [Lin] / ambiguity *n*
Mehrfach|abonnement *n* [Acq] / multiple-copy subscription *n* · multi-copy subscription *n*
~anschlussbetrieb *m* [Comm] / multilink procedure *n*
mehrfach aufrufbare Routine *f* [EDP] / reusable routine *n*
Mehrfach-Auswahlfrage *f* [InfSc] / multiple-choice question *n*
~band *m* [Bind] / dos-a-dos binding *n*
~eintragung *f* [Cat] / multiple entry *n*
~exemplar *n* [Acq] / multiple copies *pl* · multicopies *pl* · (ein zusätzliches Ex.:) added copy *n* · extra copy *n* · further copy *n* ‖ *s.a. Zweitexemplar*
~formular *n* [TS; Off] / multiple-copy form *n* · multiple-part form *n* ‖ *s.a. Bestellzettelsatz*
~kopien *pl* [Repr] / multiple copies *pl*
~lochung *f* [PuC] / multiple punching *n*
~treffer *m* [Retr] / multiple hit *n*
~verarbeitung *f* [EDP] / multiprocessing *n*
~vererbung *f* [EDP] / multiple inheritance *n*
~verknüpfung *f* (Hypertext) [EDP] / multiple link *n*
~verweis *m* (Hypertext) [EDP] / multiple link *n*
~zugriff *m* [EDP] / multiple access *n* · (gleichzeitig:) concurrent access *n*
Mehrfarbendruck *m* [Prt] ⟨DIN 16500/2⟩ / colour work *n* · process colour printing *n* · colour printing *n* · multi-colour printing *n* ‖ *s.a. Vollfarbdruck*

mehrgeschossig *adj* [BdEq] / multi-stor(e)y *adj* ‖ *s.a. Magazin mit mehrgeschossiger Regalanlage*
Mehr|heitsvotum *n* [OrgM] / majority vote *n*
~jahresabonnement *n* [Acq] / multiple-year subscription *n* ‖ *s.a. Mehrfachabonnement*
~jahreshaushalt *m* [BgAcc] / multi-annual budget *n*
mehr nicht erschienen [Bk] / no more published *pp* · all published *pp*
Mehr-Personen-Spiel *n* [EDP] / multi-user game *n* · MUG *abbr*
~platzsystem *n* [EDP] / multi-user system *n*
~programmbetrieb *m* [EDP] ⟨DIN 44300/9⟩ / multiprogramming *n*
~prozessorbetrieb *m* [EDP] / multiprocessing *n*
~prozessorsystem *n* [EDP] ⟨DIN 44300/5⟩ / multiprocessor *n*
~punktkonfiguration *f* [EDP] / multipoint configuration *n*
~punktverbindung *f* [Comm] ⟨ISO 7498; DIN 44302⟩ / multipoint connection *n*
~rechnersystem *n* [EDP] ⟨DIN 44300/5⟩ / multicomputer system *n*
~schichtverfahren *n* [EDP] / multilayer technique *n*
mehr|sprachiger Thesaurus *m* [Ind] / multi-lingual thesaurus *n*
~sprachiger Titel *m* [Bk] / multi-language title *n*
~sprachiges Wörterbuch *n* [Bk] / multi-lingual dictionary *n* · polyglot dictionary *n*
~sprachige Veröffentlichung *f* [Bk] / multi-language publication *n*
~stöckig *adj* [BdEq] *s. mehrgeschossig*
mehrstufige Formatvorlagen *pl* [Internet] / cascading style sheets *pl* · CSS *abbr*
~ Titelaufnahme *f* [Cat] / multi-level description *n* ‖ *s.a. Stufenaufnahme*
mehrteiliges (begrenztes) Werk *n* [Bk; Cat] *s. mehrbändige Publikation*
mehrteiliges Werk [Bk] / multi-part item *n* · set *n*
Mehr|verfasserschaft *f* [Cat] / multiple authorship *n* · (Verf. haben gleiche Funktionen:) shared authorship *n* · (Verf. haben verschiedene Funktionen:) mixed authorship *n* ‖ *s.a. gemeinschaftliches Werk*
mehrwertige Abhängigkeit *f* [EDP] / multivalued dependency *n*

Mehrwert-Informationsdienst *m* [InfSy] / added value information service *n*
~-Netz *n* [Comm] / value-added network *n* · VAN *abbr*
~steuer *f* (MWSt) [BgAcc] / value-added tax *n* · VAT *abbr* ‖ *s.a. Umsatzsteuer*
mehrwertsteuerfrei *adj* / zero-rated *pp* (exempt from VAT)
Mehr|wortbegriff *m* [Ind] / term phrase *n* · complex term *n* · compound term *n*
~wortsuchbegriff *m* [Retr] *s. Mehrwortbegriff*
~zweckgebäude *n* [BdEq] / multifunctional building *n* · multi-purpose building *n*
Meinungs|forschung *f* [InfSc] / opinion research *n*
~führer *m* [InfSc] / opinion leader *n*
Memoiren *pl* [Bk] ⟨DIN 31639/2; RAK-AD⟩ / memoirs *pl*
Memokarte *f* [Retr] / memo card *n*
Memorandum *n* [OrgM] / memorandum *n*
Mengen|lehre *f* [Gen] / set theory *n* ‖ *s.a. Gesamtmenge; Schnittmenge; Teilmenge*
~rabatt *m* [Acq] / volume discount *n* · quantity discount *n*
Mensch-Maschine-Dialog *m* [EDP] / man-machine dialogue *n*
~-Schnittstelle *f* [EDP] / man-machine interface *n*
Menü *n* [EDP] / menu *n* ‖ *s.a. Kaskadenmenü; Kontextmenü*
menü-geführt *pp* [EDP] *s. menü-gesteuert*
menü-gesteuert *pp* [EDP] / menu-driven *pp*
Menü|leiste *f* [EDP] / menu bar *n*
~technik *f* [EDP] / menu technique *n* · menu logic *n*
Meridian *m* [Cart] / meridian *n*
Merk|band *n* [Bind] / signet *n* · register *n* ‖ *s.a. Lesebändchen*
~blatt *n* [NBM] / memo · leaflet *n* ‖ *s.a. Informationsblatt*
Merker *m* [EDP] / flag *n*
Merkmal *n* (eines Begriffs) [Ind; Class; PuC] ⟨DIN 32705⟩ / characteristic *n* (of a concept)
~karte *f* [Ind; PuC] / feature card *n* · aspect card *n* · term card *n*
Merkmals|bestimmung *f* [KnM] / feature extraction *n*
~dimension *f* [PuC] / characteristic dimension *n*
~extraktion *f* [KnM] / feature extraction *n*
merowingische Schrift *f* [Writ] / Merovingian handwriting *n*

Messbuch *n* [Bk] / mass book *n* · missal *n* ‖ *s.a. Missale*
Messe *f* (Ausstellung von Waren) [Gen] / fair *n* ‖ *s.a. Buchhandelsmesse; Buchmesse; Verkaufsmesse*
~katalog *m* [Bk] / trade fair catalogue *n*
Messerfalzmaschine *f* [Bind] / knife folder *n*
Mess|format *n* (gemessenes Buchformat) [Bk] / exact size *n* · absolute size *n*
~genauigkeit *f* (eines Forschungsinstruments) [InfSc] / reliability *n* (of a research instrument)
~größe *f* [Gen] / measurement variable *n* · measure *n*
Messing|käfer *m* [Pres] / yellow spider *n* · golden spider *n*
~stempel *m* [Bind] / binder's brass *n*
Meßkatalog *m* [Bk] *D* ⟨RAK-AD⟩ *s. Messekatalog*
Messwert *m* (gemessener Wert) [ElPubl] / measured value *n*
Metadaten *pl* [InfSy] / meta data *pl*
Metall|papier *n* [Pp] ⟨DIN 6730⟩ / metal coated paper *n*
~regal(e) *n(pl)* [Sh] / metal shelves *pl*
~schienen *pl* (an den Einbandecken) [Bind] / shoes *pl*
~schnitt *m* [Art] / metal cut *n* · (Hochdruckverfahren:) metal relief cut *n*
~stempel *m* [TS] / metal stamp *n*
Meta|sprache *f* [Ind] / metalanguage *n*
~-Suchmaschine *f* [Internet] / metacrawler *n* · metasearch-engine *n*
Metteur *m* [Prt] / maker-up
Mezzanin *n* [BdEq] / mezzanine *n*
Microfiche *m* [Repr] *s. Mikrofiche*
Miete *f* [BdEq] / (payment to an owner / for the use of a service:) rent *v* · (Mietpreis:) rental fee *n* · (Vermietung:) lease *v/n*
mieten *v* [OrgM] / (auf Mietbasis nutzen:) rent *v* · (pachten,für eine bestimmte Zeit gegen Bezahlung nutzen,leasen:) lease *v*
Miet|leitung *f* [Comm] / leased line *n* ‖ *s.a. Standleitung*
~preis *m* [BdEq] / rental fee *n*
Mikro|befehl *m* [EDP] / microinstruction *n*
Mikrobenbefall *m* [Pres] / microbial attack *n*
Mikro|bild *n* [Repr] ⟨ISO 6196/1; DIN 19040/113E⟩ / microimage *n*
~computer *m* [EDP] / microcomputer *n* · micro *n*
Mikrofiche *m* [Repr] / microfiche *n*

Mikrofiche 150

~ *m* [Repr] ⟨ISBD(NBM); DIN 19040/113E; DIN 19054; DIN 31631/4; A 2654⟩ / microfiche *n* ‖ *s.a. Farbmicrofiche*
~-**behälter** *m* [NBM] / microfiche carrier *n*
~-**Kamera** *f* [Repr] / step-and-repeat camera *n*
~-**Lesegerät** *n* [BdEq] / microfiche reader *n*
~-**Titel** *m* [Repr] / microfiche header *n*
~**träger** *m* [NBM] *s. Mikrofichebehälter*
~**verfilmung** *f* [Repr] ⟨DIN 19040/113E⟩ / step-and-repeat filming *n*
Mikrofilm *m* [Repr] / microfilm *n*
~-**Jacket** *n* [Repr] ⟨DIN 31631/4⟩ *s. Mikrofilmtasche*
~**kassette** *f* [Repr] ⟨ISBD(NBM)⟩ / (als Endlosfilmkassette:) microcartridge *n* · (als Doppelkernkassette:) microcassette *n*
~-**Lesegerät** *n* [Repr] ⟨DIN 19090/1⟩ / microfilm reader *n*
~**lochkarte** *f* [PuC; Repr] ⟨DIN 19053/1; DIN 31631/4; ISO 6196-4⟩ / microfilm aperture card *n* · image card *n* · aperture card *n* (as punched card)
~**rolle** *f* [Repr] ⟨DIN 31631/4⟩ / microfilm roll *n*
~**sammlung** *f* [NBM] / microfilm collection *n* · microfilm library *n*
~**spule** *f* [Repr] ⟨ISBD(NBM)⟩ / microreel *n*
~**streifen** *m* [Repr] ⟨ISBD(NBM)⟩ / microslip *n*
~**tasche** *f* [Repr] / microfilm jacket *n* ‖ *s.a. eintaschen*
Mikroform *f* [Repr] ⟨ISO 6196/1; ISBD(NBM); DIN 19040/113E⟩ / microform *n* · (mit Text auch:) microtext *n*
~**titel** *m* [Repr] ⟨A 2654⟩ / title frame *n*
Mikro|graphie *f* [Repr] ⟨ISO 6196/1; DIN 19040/101E+113⟩ / micrographics *pl but sing in constr*
~**karte** *f* [Repr] ⟨ISBD(NBM); DIN 19040/113E; DIN 31631/4; A 2654⟩ / microcard *n* · micro-opaque *n*
~**katalog** *m* [Cat] / microform catalogue *n*
Mikroklima *n* [Pres] / microclimate *n*
Mikro|kopie *f* [Repr] ⟨DIN 31631/4⟩ / microcopy *n* · microimage *n* · microrecord *n*
~**planfilm** *m* [Repr] ⟨DIN 19040/113E; DIN 19054; ISO 6194-4⟩ / flat microform *n* · (Mikrofiche:) microfiche *n* ‖ *s.a. Mikrofiche*
~**programm** *n* [EDP] ⟨DIN 44300/4E⟩ / microprogram *n*

~**projektor** *m* [NBM] ⟨DIN 19090/1⟩ / microprojector *n*
~**prozessor** *m* [EDP] / microprocessor *n*
~**publikation** *f* [Repr] / micropublication *n*
~**rollfilm** *m* [Repr] / roll microfilm *n*
~**schrittausgleich** *m* [EDP] / microspacing *n*
mikroskopisches Präparat *n* [NBM] ⟨ISBD(NBM)⟩ / microscope slide *n*
Mikro|skop-Projektor *m* [NBM] ⟨DIN 19090/1⟩ / microprojector *n*
~**thesaurus** *m* [Ind] / microthesaurus *n*
~**verkapselung** *f* [Bind] / microencapsulation *n*
Militärbibliothek *f* [Lib] / armed forces library *n* · military library *n*
Mindest|anforderungen *pl* [OrgM] / minimum requirements *pl*
~**gebühr** *f* [BgAcc] / minimum charge *n*
~**rabatt** *m* [Acq] / minimum discount *n*
Miniator *m* [Art; Bk] / miniaturist *n* · miniature painter *n*
Miniatur *f* [Art; Bk] / miniature *n*
~**ausgabe** *f* [Bk] / miniature edition *n*
~**buch** *n* [Bk] / miniature book *n* · microscopic book *n* · (besonders schön gestaltet auch:) bibelot *n* ‖ *s.a. Liliputbuch*
~**darstellung** *f* [EDP/VDU] / thumbnail *n*
~**format** *n* (verkleinerte Bilddarstellung) [EDP/VDU] / thumbnail size *n*
~-**Seitenübersicht** *f* [Prt] / scatter proof *n*
Minirechner *m* [EDP] / minicomputer *n* · mini *n*
Minister *m* / minister *n* · secretary *n* US
Ministerialbibliothek *f* [Lib] / government department library *n* · departmental library *n*
Ministerium *n* [Adm] / government department *n* · department *n* · ministry *n*
Minuskel *f* [Writ; Bk] / minuscule *n* ‖ *s.a. karolingische Minuskel*
Mischbetrieb *m* [Comm] / asynchronous balanced mode *n* · ABM *abbr*
mischen *v* [EDP] ⟨DIN 44300/8⟩ / merge *v* (Datensätze auf einem Magnetband ~: to merge records stored on a tape)
Mischsatz *m* [Prt] *s. gemischter Satz*
Missale *n* [Bk] ⟨DIN 31631/4; RAK-AD⟩ / missal *n* · mass book *n*
Misserfolgsquote *f* [Retr] / failure rate *n*
Miszellen *pl* [Bk] / miscellanies *pl*
Miszellen|sammlung *f* [Bk] / miscellany *n*

Mitarbeiter 1 *m* (bei einem gemeinschaftlichen Werk von mehr als drei Verfassern) [Cat] ⟨RAK⟩ / collaborator *n*
~ 2 *m* (bei einer Zeitschrift usw., Lieferant von Beiträgen) [Bk] / contributor *n* · collaborator *n*
~ 3 *m* (einer, mit dem man zusammenarbeitet) [Staff] / fellow-worker *n* · co-worker *n* ‖ *s.a. freier Mitarbeiter; Heimarbeiter*
~ 4 *m* (Bediensteter einer Bibliothek usw.) [Staff] / employee *n* · member of staff *n* · staff member *n* ‖ *s.a. Bibliotheksangestellter; Personalverzeichnis*
~**beteiligung** *f* [OrgM] / staff involvement *n* · staff participation *n*
~**beurteilung** *f* [Staff] *s. Personalbeurteilung*
~**förderung** *f* (durch Fortbildung) [Staff] / development training *n* ‖ *s.a. Mitarbeiterschulung*
mitarbeiterorientierter Führungsstil *m* [OrgM] / employee-oriented style of leadership *n*
Mitarbeiter|schulung *f* [Ed] / staff training *n*
~**zeitschrift** *f* [Bk] / staff bulletin *n* · employee house journal *n*
~**zeitung** *f* [Staff] *s. Mitarbeiterzeitschrift*
Mitautor *m* [Bk] *s. Mitverfasser*
mitgebunden *pp* [Bind] / bound with *pp*
Mitglied *n* / (eines Vereins usw.:) member · (einer wissenschaftlichen Gesellschaft:) fellow *n* · (korporativ:) member body
Mitgliedsbeitrag *m* / subscription *n* · membership due *n* · membership fee *n*
Mitherausgeber *m* [Bk] / co-editor *n* · joint editor *n*
mithören *v* [Comm] / monitor *v*
mitschneiden *v* (aufzeichnen) [NBM] / record *v* · copy *v*
Mitschnitt *m* (einer Fernsehsendung usw.) [NBM] / copy *n* · recording *n* · transcription *n* (of a tv transmission) ‖ *s.a. Aufzeichnung; Rundfunkmitschnitt*
mitteilen *v* [Comm] / communicate *v*
Mitteilung / message *n* · report *n* · (amtliche ~:) notice · (rechtsverbindlich:) notification *n* ‖ *s.a. Benachrichtigung*
Mitteilungs|blatt *n* [Bk] ⟨DIN 31639/2⟩ / bulletin *n* · newsletter *n*
~**satz** *m* [EDP] ⟨DIN 2341/1⟩ / information record *n*

Mittel *pl* [BgAcc] / (Ressourcen:) resources *pl* · (finanzielle Mittel:) funds *pl* ‖ *s.a. Drittmittel; Erwerbungsmittel; Haushaltsrest; Investitionsmittel; materielle Mittel; Reisemittel; Spendenmittel; staatliche Mittel; Verfügungsmittel*
~**achsensatz** *f* [Prt] / centring *n* · centre alignment *n*
~**aufteilung** *f* (betr.finanzielle Mittel) [BgAcc] / division of funds *n* ‖ *s.a. Mittelzuweisung*
~**behörde** *f* [Adm] / intermediate authority *n*
~**bereich** *m* (einer dreigeteilten Bibliothek) [OrgM] / intermediate area *n*
~**bereitstellung** *f* [BgAcc; OrgM] / commitment of resources *n*
~**beschaffung** *f* [BgAcc] / fundraising *n*
mittelfristig *adj* / medium-term *adj*
Mittel|gang *m* [BdEq] / cross aisle *n*
~**kürzung** *f* [BgAcc] / cut *n* (of funds) · (Haushaltsmittel:) budget cut *n*
~**linie** *f* [EDP; Prt] / centerline *n*
~**pfosten** *m* (einer Regaleinheit) [Sh] / central column *n*
mittelständisches Unternehmen *n* [Gen] / medium sized enterprise *n*
Mittel|töne *pl* [ElPubl] / middle tones *pl*
~**verteilung** *f* [BgAcc] *s. Mittelaufteilung*
~**verwaltung** *f* (Ressourcenverwaltung) [OrgM] / resource management *n* ‖ *s.a. Haushaltsführung*
~**wert** *m* [InfSc] / mean value *n*
~**zuweisung** *f* [BgAcc] / allocation of funds *n* · resource allocation *n* ‖ *s.a. Bewilligung*
mittlere Auflösung *f* [EDP/VDU] / medium resolution
mittlerer Dienst *m* [Staff] / middle (level) service *n* (middle level in the German civil service)
Mitverfasser *m* [Bk] / co-author *n* · joint author *n* · collaborator *n* · (neben einem Hauptverfasser:) secondary author *n*
mnemotechnische Notation *f* [Class] / mnemonic (notation) *n(n)* ‖ *s.a. sprechende Notation*
Möbellager *n* [BdEq] / furniture store *n*
mobile Bibliothek *f* [Lib] / mobile (library) *n*
Mobiliar *n* [BdEq] / furniture *n*
Mobiltelefon *n* [Comm] / mobile (phone) *n* · cellular (tele)phone *n* · cellphone *n*
Möblierung *f* [BdEq] / furnishing *n* ‖ *s.a. Inneneinrichtung*

Modeblatt *n* (ganzseitige Abbildung) [Bk; Art] / fashion plate *n* ‖ *s.a. Modezeitschrift*
Modell *n* [NBM] ⟨ISBD(NBM); DIN 31631/4⟩ / (Nachbildung eines realen Gegenstands:) model *n* · (dreidimensionale Darstellung eines Geräts oder einer Anlage:) mock-up *n*
~**versuch** *m* [InfSc] / pilot project *n*
Modem *m/n* [Comm] ⟨DIN 44302; 44330⟩ / direct-connect modem *n* · modem *n*
Moder *m* [Pres] / mould *n* · mildew *n*
Moderator *m* [Internet] / moderator *n*
moderieren *v* [Internet] / moderate *v*
modernes Antiquariat *n* [Bk] / remainder bookseller *n*
Mode|stich *m* [Bk; Art] / fashion plate *n*
~**zeichnung** *f* [Bk] *s. Modeblatt*
~**zeitschrift** *f* [Bk] / fashion magazine *n*
Modifikator *m* [Ind] / modifier *n*
Modul 1 *n* (Bauteil) [EDP] / module *n*
~ 2 *n* (Bauelement) [BdEq] / module *n*
modulare Konstruktion *f* [BdEq] / modular construction *n*
Modularsystem *n* [InfSy] / modular system *n*
Modulbauweise *f* [BdEq] / modular design *n*
Modus *m* [EDP] / mode ‖ *s.a. Einfügemodus*
Moiré *n* [ElPubl] / moiré pattern *n*
Moiré|seide *f* [Bind] / moiré silk *n*
Moleskin *n* [Bind] / moleskin *n*
Molette-Wasserzeichen *n* [Pp] / impressed watermark *n*
monatlich *adj* / monthly *adj/n*
Monats(zeit)schrift *f* [Bk] / monthly *adj/n*
Mönchsband *m* [Bind] / monastic binding *n*
Monitor *m* [EDP] ⟨DIN 44300/5E⟩ / monitor *n* ‖ *s.a. Farbmonitor*
monochromer Grafikadapter *m* [EDP] / monochrome display adapter *n* · monochrome graphics adapter *n*
Monogramm *n* [Gen] / monogram *n*
~**stempel** *m* [Bk] / stamped initials *pl*
Monographie *f* [Bk] ⟨ISBD(A; M; S); DIN 31631/4; DIN 31639/2⟩ / monograph(ic publication) *n(n)*
monographische Einheit *f* [Cat] / monographic item *n*
Monohierarchie *f* [Ind; Class] ⟨DIN 32705⟩ / mono-hierarchy *n*
monohierarchische Klassifikation *f* [Class] / mono-hierarchical classification *n*

monophonisch *adj* [NBM] / monophonic *adj*
Mono-(Schall-)Platte *f* [NBM] / mono(phonic) record *n* · monaural disc *n*
Monotypie *f* [Art] ⟨ISO 5127-3⟩ / monotype *n*
Montage *f* [Repr; NBM] / (Verfahren:) mounting *n* · (das Montierte:) assembly *n* · (Kombination von Fotografien, Zeichnungen usw.:) montage *n* ‖ *s.a. Seitenmontage*
~**karte** *f* [Repr; PuC] / mounting card *n* · microfilm aperture card *n* · aperture card *n* (prepared for the mounting of microfilm)
~**karton** *m* / mounting board *n*
montieren *v* [BdEq] / (zusammenbauen:) assemble *v* · mount *v*
Montiergerät *n* [Repr] ⟨DIN 19040/113E⟩ / mounter *n*
Morgenzeitung *f* [Bk] / morning (news)paper *n*
morphologische Zerlegung *f* [Ind] / morphological factoring *n* · lexicological factoring *n*
morphometrische Karte *f* [Cart] / morphometric map *n*
Mosaikeinband *m* [Bind] / mosaic (mozaic) binding *n*
Motto *n* [Bk] / motto *n* · device *n*
MR-Sprache *f* [KnM] / meaning-representation language *n*
multidimensionale Datenbank *f* [InfSy] / multi-dimensional database *n*
Multi|plexbetrieb *m* [EDP] ⟨DIN 44300/9; DIN 44331V⟩ / multiplex operation *n*
~**plexen** [EDP] / multiplexing *n*
~**plexer** *m* [EDP] ⟨DIN 44300/5E⟩ / multiplexer *n*
~**plexleitung** *f* [Comm] ⟨DIN 44331V⟩ / multiplex lead *n*
~**plex-Modus** *m* [EDP] / multiplex mode *n*
~**programmbetrieb** *m* [EDP] / multiprogramming *n*
~**prozessorbetrieb** *m* [EDP] / multiprocessing *n*
mündliche Prüfung *f* [Ed] / oral (examination) *n(n)*
~**Vereinbarung** *f* [Gen] / unwritten agreement *n*
Münz|einwurf *m* [BdEq] / coin slot *n*
~**fernsprecher** *m* [Comm] / public telephone *n* · pay phone · coin-box telephone
~**kopierer** *m* [BdEq] / coin-operated copier *n*
~**kopiergerät** *s. Münzkopierer*

Museographie *f* / museography *n*
Museum *n* [Art] / museum *n*
Museumskunde *f* [Gen] / museology *n*
Musikalien *pl* [Mus] ⟨DIN 31631/4⟩ / music *n* · (gedruckte ~:) printed music *n* · published music *n* ‖ *s.a.* Noten...
musikalische Ausgabeform *f* (z.B. Partitur, Stimmen) [Mus] ⟨ISBD(PM)⟩ / musical presentation *n* · music format *n*
~ **Notation** *f* [Mus] / musical notation *n*
Musik|bibliothek *f* [Lib] / music library *n*
~**druck** *m* [Mus] ⟨ISBD(PM)⟩ / printed music publication *n*
~**drucke** *pl* [Mus] / printed music *n* · published music *n*
~**hochschule** *f* [Ed] / academy of music *n*
Musselin *n* [Bind] / muslin *n*
Muster *n* [Gen] / pattern *n* · (Probe:) sample *n* · (von Textilien usw.:) swatch *n* ‖ *s.a. rapportierendes Muster*
~**band** *m* [Bk] / make-up copy *n* · blad *n* · (Blindband:) dummy *n* · (Musterband für die Einbandgestaltung:) pattern volume *n* ‖ *s.a. Blindband; Mustereinbanddecke*
~**blatt** *n* [Cart] ⟨ISBD(CM)⟩ *s. Kartenmuster*
~**brief** *m* [Off] / specimen letter *n*

~**buch** *n* [Bk] ⟨DIN 31631/4; RAK-AD⟩ / sample book *n* · pattern book *n* ‖ *s.a. gemustert*
~**einband** *m* (Probeband) [Bind] / trial binding *n* ‖ *s.a. Probeband*
~**einbanddecke** *f* [Bind] / binding pattern *n* · binding sample *n* · binding specimen *n* · specimen cover *n* · sample binding case *n* · specimen case *n* ‖ *s.a. Musterband*
~**erkennung** *f* [EDP] ⟨DIN 44 300/8⟩ / pattern matching *n* · pattern recognition *n*
~**exemplar** *n* [Bk] / specimen copy *n* · sample copy *n*
~**pappe** *f* [Bind] / pattern board *n*
~**sammlung** *f* [Bind] / (von Textilien usw.:) collection of swatches *n*
~**seite** *f* / master page *n* · sample page *n* · specimen page *n*
~**vorlage** *f* [EDP] / template *n*
mutmaßlicher Verfasser *m* [Cat] / attributed author *n* · probable author *n* · presumed author *n* · supposed author *n*
Mutterplatine *f* [EDP] / mainboard *n* · motherboard *n*
Mutterschaftsurlaub *m* [Staff] / maternity leave *n* ‖ *s.a. Erziehungsurlaub*
MWSt *abbr s. Mehrwertsteuer*

N

Nachauflage *f* [Bk] / re-edition *n* · (Nachdruck:) reprint *n*
Nachbardatensatzsuche [Retr] / neighbour search *n*
Nachbearbeitung *f* [Prt; EDP] / postprocessing *n*
nachbestellen *v* [Acq] / repeat order *v/n* · backorder *v/n* · reorder *v*
Nachbestellung *f* [Bk] / reorder *n* · backorder *v/n* · BO *abbr* · (Wiederholung einer Bestellung:) repeat order *v/n*
Nachbreite *f* [Prt] / kern *n*
nachdatiert *pp* [Bk] / post-dated *pp*
Nachdruck *m* [Bk] / (Nachdruckvorgang:) reprinting *n* · (das Nachgedruckte:) reprint *n* (Nachdruck wird erwogen:reprint under consideration; RPRUC) · reimpression *n* ∥ *s.a. Nachauflage; unerlaubter Nachdruck*
nachdrucken *v* [Prt] / reprint *v*
Nachdruckrecht *n* [Bk; Law] / right to reprint *n* · right of reproduction *n* · reprint right *n* · reprint privilege
nachfalzen *v* [Bind] / refold *v*
Nachfrage *f* [InfSy] / demand *n* ∥ *s.a. Angebot und Nachfrage; viel verlangtes Material*
~**volumen** *n* [RS] / volume of demand *n* · size of demand *n*
nachgelassene Papiere *pl* [Arch] / personal papers (of a deceased person) ∥ *s.a. Nachlass 1*

nachgeordnete Dienststelle *f* [Adm] / subsidiary body *n*
nachhaltige Entwicklung *f* [Gen] / sustainable development *n*
nachladbare Schrift *f* [ElPubl] / soft font *n* · downloadable font *n*
Nachlass 1 *m* [Arch] / (der gesamte ~ eines Verstorbenen:) estate *n* ∥ *s.a. Vermächtnis*
~ 2 *m* [Arch] / (Hinterlassenschaft:) remains *pl* · (schriftliche Unterlagen eines Verstorbenen:) personal papers ∥ *s.a. literarischer Nachlass; schriftlicher Nachlass; Vermächtnis*
~ 3 *m* (Preisermäßigung) [BgAcc] / reduction in price *n* · discount *n* ∥ *s.a. Rabatt*
~**verzeichnis** *n* [Arch] / bequest inventory *n*
Nachlauf *m* (Filmstück nach der letzten Aufnahme) [Repr] / trailer *n*
Nachleimen *n* [Pres] / sizing *n*
Nachleuchtzeit *f* [EDP/VDU] / afterglow *n*
Nachnahme *f* [Comm] / cash on delivery *n* · COD *abbr*
~**paket** *n* [Comm] / COD parcel *n*
Nachricht *f* [Comm] ⟨DIN 44300/2⟩ / message *n* · (Internet:) posting ∥ *s.a. Benachrichtigung; Mitteilung*
Nachrichten|agentur *f* [InfSy] / news agency *n*
~**dienst** *m* [InfSy] / news service *n*

~kanal *m* [Comm] ⟨DIN 44301⟩ / channel *n*
~kopf *m* [Comm] *s. Kopf 3*
~magazin *n* [Bk] / news magazine *n*
~quelle *f* [InfSc] ⟨DIN 44301⟩ / message source *n* · information source *n*
~satellit *m* [InfSy] / communication satellite *n*
~senke *f* [Comm] ⟨DIN 44301⟩ / message sink *n*
~vermittlung *f* [Comm] ⟨DIN 14146/1⟩ / message switching *n*
Nachruf *m* / necrology *n* · obit *n* · obituary *n*
nachrüsten *v* (an neue Gegebenheiten anpassen) [BdEq; OrgM] / retrofit *v* ‖ *s.a. ausbauen*
Nachrüstsatz *m* [EDP] / add-on kit *n*
nachschlagen *v* [Retr] / look up *v* · consult *v* (in einem Katalog, einem Lexikon usw~:to consult a catalogue, a dictionary, etc.)
Nachschlagewerk *n* [Bk] / reference work *n* · (zum schnellen Nachschlagen:) quick-reference book *n*
Nachschrift *f* [Comm] / postscript · post scriptum *n* · PS *abbr*
Nachsendeadresse *f* [Comm] / forwarding address *n*
nachsenden *v* [Comm] / forward *v*
Nachspann *m* [Prt; Repr; EDP] / (bei der Satzherstellung:) back matter *n* · (Text am Ende einer Filmrolle:) final target frames *pl* · (eines Datenpakets:) trailer ‖ *s.a. Anhang*
Nach|trag *m* (zu einem Text) [Bk; Law] ⟨DIN 31639/2⟩ / addendum *n* · supplement *n* · (Anhang:) appendix *n* · (Zusatzklausel:) rider *n*
~trageverfahren *n* (in einem Kartenkatalog) [Cat] / add-to-cards procedures *pl*
Nachtrags|band *m* [Bk] *s. Ergänzungsband*
~haushalt *m* [BgAcc] / supplementary budget *n*
Nachttarif *m* [Comm] / night rate *n*
Nachverfilmung *f* [Repr] ⟨DIN 19040/113E⟩ / refilming *n* · retake *n* (of a document)
Nachweis *m* (von Literatur) [Bib] / (mehrere Literaturangaben:) references ‖ *s.a. Leistungsnachweis*
nachweisen *v* / (aufführen:) enumerate *v*
Nachweis|instrument *n* [TS] / checking record *n*
~karte *f* [TS] / checking card *n*

~mittel *n* [TS; Retr] / (für die Informationssuche:) reference tool · checking record *n*
~quote *f* [Retr] / retrieval ratio *n*
Nachwort *n* [Bk] / postscript · afterword *n* · epilogue *n* · conclusion *n*
Nadel|drucker *m* [EDP; Prt] / wire (matrix) printer *n* · stylus printer *n* ‖ *s.a. Matrixdrucker*
~lochkarte *f* [PuC] / needle punched card *n*
Nadeln *n* [Bind] / whip stitching *n* US · overcasting *n* · oversewing *n*
nadeln *v* [PuC] / needle *v*
Nah|aufnahme *f* [Repr] / close-up (shot) *n*
~bereich *m* (der dreigeteilten Bibliothek) [OrgM] / immediate area *n*
~ziel *n* [OrgM] / short-term goal *n*
Name *m* [Gen] / name *n* ‖ *s.a. Beiname; Doppelname; Familienname; Vorname*
~ des Herstellers *m* (als Teil der bibliographischen Beschreibung) [Cat] / name of manufacturer *n*
Namendatei *f* [Cat] / (normiert:) name authority file *n*
Namens|ansetzung *f* [Cat] / determination of a (personal) name heading *n*
~deskriptor *m* [Ind] / identifier *n*
~eintragung *f* [Cat] / name entry *n*
~register *n* [Ind] / name index *n*
~schild *n* / name badge *n* · name plate *n*
~schlüssel *m* [Cat] / name authority file *n*
~stempel *m* (mit dem Namen des Buchbinders) [Bind] / name pallet *n* ‖ *s.a. signierter Einband*
~verweisung *f* [Cat] / name reference *n*
~zug *m* (einer Bibliothek usw., als Emblem gestaltet) [PR] / logo(type) *n*
Narbe *f* (der Lederoberfläche) [Bind] / grain *n* ‖ *s.a. genarbt; geradnarbiges Leder; kreuznarbiges Leder; langnarbiges Leder*
Narbenseite *f* [Bind] / grain side *n*
Nass|behandlung *f* [Pres] / wet treatment *n*
~festigkeit *f* [Pp] / wet strength *n*
~-in-Nass-Druck *m* [Prt] / wet-on-wet printing *n*
~kopie *f* [Repr] / wet copy *n*
~verarbeitung *f* [Repr] ⟨ISO 6196/3⟩ / wet processing *n*
National|archiv *n* [Arch] / national archives *pl*
~bibliographie *f* [Bib] ⟨DIN 31639/2⟩ / national bibliography *n*
~bibliothek *f* [Lib] / national library *n*

~**schrift** *f* [Writ] / national script *n*
Natronzellstoff *m* [Pp] / soda pulp *n*
Natur|führer *m* (in Bezug auf Flora und Fauna einer Landschaft) [Bk] / field guide *n*
~**kunstdruckpapier** *n* / English finish paper *n* US · imitation art (paper) *n*
natürliche Sprache *f* [Lin] / natural language *n* ‖ *s.a. Verarbeitung natürlicher Sprache*
~ **Wortfolge** *f* [Bib; Cat] / natural word order *n*
natürlichsprachige Bezeichnung *f* [Ind] / natural language term *n*
natürlichsprachiges Indexierungssystem *n* [Ind] / natural-language indexing system *n*
Naturpapier *n* [Pp] ⟨DIN 6730⟩ / non-coated paper *n*
nautisches Jahrbuch *n* [Comm] / nautical almanac *n*
Navigation *f* [Retr] / navigation *n*
Navigations|hilfe *f* [Retr] / navigation support *n* · navigation aid *n*
~**karte** *f* [Cart] / navigation(al) chart *n*
~**pfad** *m* (Hypertext) [Retr] / navigation path
navigieren *v* [Retr] / navigate *v* ‖ *s.a. Internetsurfen*
NC *abbr* [Ed] *s. Numerus clausus*
NCR-Papier *n* [Off] / NCR paper *n* · self-copying paper *n*
Neben|anschluss *m* (in einem Telefonsystem) [Comm] / extension *n*
~**ausgabe** *f* (einer Zeitschrift) [Bk] / subsidiary edition *n*
~**effekt** *m* [Gen] / spin-off *n*
nebeneinander gesetzte Fenster *pl* [EDP/VDU] / tiled windows *pl*
Neben|eingang *m* (als Teil eines Registereingangs) [Bk; Bib; Ind] ⟨DIN 31630/1E⟩ / subheading *n*
~**eintragung** *f* [Cat] ⟨RAK; DIN 31631/3⟩ / added entry *n* · secondary entry *n* ‖ *s.a. zweiteilige Nebeneintragung*
Nebeneintragungs|karte *f* [Cat] / added entry card *n*
~**vermerk** *m* [Cat] ⟨RAK; DIN 31631/3⟩ / tracing *n*
Neben|fach *n* [Ed] / minor (subject) *n*
~**gang** *m* (im Magazin) [BdEq; Sh] / range aisle between two shelving sections *n*
nebengeordnet *pp* [Class] / coordinate *adj* · collateral *adj*

Neben|karte *f* [Cart] ⟨RAK-Karten⟩ / (innerhalb des Kartenrahmens:) inset *n* ‖ *s.a. anschließende Nebenkarte; Beikarte*
~**kosten** *pl* [BgAcc] / incidental expenses *pl*
~**marke** *f* (zu einem Wasserzeichen) [Pp; Bk] / countermark *n*
~**nutzfläche** *f* [BdEq] / non-usable area *n* · (Ausgleichsfläche:) balance area *n* · non-assignable area *n*
~**produkt** *n* [Gen] / by-product *n* · (Nebeneffekt:) spin-off *n*
~**rechte** *pl* [Bk; Law] / neighbouring rights *pl* · subsidiary rights ‖ *s.a. alle Rechte vorbehalten; Lizenz*
~**(sach)titel** *m* [Cat] ⟨TGL 20972/04; RAK⟩ / variant title *n*
~**schlagwort** *n* [Cat] / subheading *n* (adjacent to the main heading)
~**stelle** *f* (Nebenanschluss in einem Telefonsystem) [Comm] / telephone extension *n* · extension *n* ‖ *s.a. Durchwahlnummer*
~**titel** *m* [Cat] ⟨RAK⟩ / variant title *n*
~**wirkung** *f* [Gen] / side effect *n* · spin-off *n*
Negativ *n* [Repr] ⟨A 2654⟩ / negative *n*
~**bild** *n* [Repr] ⟨DIN 19040/1⟩ / negative-appearing image *n*
~**datei** *f* (im Rahmen eines Ausleihverbuchungssystems) [RS; EDP] / a loan file in an absence circulation system ‖ *s.a. Positivdatei*
negative Empfangsbestätigung *f* [Comm] / negative acknowledgement *n* · NAK *abbr*
negativer Erstzeileneinzug *m* [Prt] / hanging indention *n* · hanging indent *n* ‖ *s.a. Absatz mit negativem Erstzeileneinzug*
negativ erledigte Bestellung *f* [RS] / unsatisfied request *n*
Negativ|film *m* [Repr] ⟨A 2653⟩ / negative film *n*
~**kopie** *f* [Repr] / negative print *n*
~**schrift** *f* [Prt] / reversed lettering *n*
nehmender Leihverkehr *m* [RS] ⟨DIN 1425⟩ / borrowing interlibrary loan *n* · interlibrary borrowing *n*
Nekrolog *m* [Bk] / (Nachruf auf einen Toten:) obituary *n* · necrology *n* · (Totenbuch; Totenverzeichnis:) necrology *n*
Nekrologium (Totenverzeichnis) / necrology *n* (list of recently deceased persons)
n. erm. *abbr* [Bib; Retr] *s. nicht ermittelt*
Netto-Einkommen *n* [Staff] *s. Nettogehalt*

~gehalt *n* [Staff] / net salary *n*
~gewicht *n* [Gen] / net weight *n*
~gewinn *m* [BgAcc] / net profit *n*
~grundfläche *f* [BdEq] ⟨DIN 277/1⟩ / net floor area *n*
~preis *m* [Acq] / net price *n* Brit
Netz *n* [Comm; Lib; OrgM] ⟨DIN 44302⟩ / (Gitter; Raster:) grid · (zur Datenübermittlung:) network *n* ‖ *s.a. Fernnetz; integriertes Netz; lokales Netz; Ortsnetz*
netzabhängige Rechenmaschine *f* [Off] / mains-powered calculator *n*
Netz|belastung *f* [Comm] / network load *n*
~**betreiber** *m* [Comm] / common carrier *n* · communications common carrier *n* · data communications common carrier *n*
~**betriebssystem** *n* [InfSy] / network operating system *n* · NOS *abbr*
~**brenner** *m* [EDP] / net-burner *n*
~**kabel** *n* [BdEq] / power cord *n*
~**kennung** [Comm] / network user identification · NUI *abbr*
~**knoten** *m* [EDP] / network node *n*
~**knotenrechner** *m* [EDP] / remote communication computer *n* · remote front-end processor *n*
~**konfiguration** *f* [InfSy] / network configuration
~**ornamentik** *f* [Bk] / network decoration *n*
~**plantechnik** *f* [OrgM] ⟨DIN 69900/1⟩ / network planning technique *n*
~**spannung** *f* / line voltage *n*
~**stromversorgung** *f* [BdEq] / mains supply *n* ‖ *s.a. Stromversorgung*
~**teil** *n* (eines Rechners usw.) [BdEq] / power supply *n*
~**topologie** *f* [EDP] / network topology *n*
~**überlastung** *f* [Comm] / network congestion *n*
netzunabhängige Rechenmaschine *f* [Off] / battery-powered calculator *n*
Netzwerk|architektur *f* [Comm] / network architecture *n*
~**schicht** *f* [Comm] / network layer *n*
Netzzugang *m* [Comm] / network access *n*
~ **Dritter** *m* [Comm] / third-party access *n*
Neu|auflage *f* [Bk] / re-edition *n* · new edition *n* ‖ *s.a. Nachdruck*
~**ausgabe** *f* [Bk] / reissue *n* ‖ *s.a. Neuauflage; neue Ausgabe in Vorbereitung*
neu binden *v* [Bind] / rebind *v* · (in eine neue Decke hängen:) recase *v*
Neudruck *m* [Bk] *s. Nachdruck*

neue Ausgabe in Vorbereitung *f* [Bk] / new edition pending *n* ‖ *s.a. erscheint demnächst*
Neu|erscheinung *f* [Bk] / new publication *n* · new title *n*
~**erscheinungsdienst** *m* / new titles announcement service *n*
~**erwerbung** *f* [Acq] / (Zugang:) accession *n* · addition *n* · intake *n* ‖ *s.a. Neuerwerbungsverzeichnis*
Neuerwerbungs|auslage *f* [RS] / new book display *n*
~**liste** *f* [Acq] *s. Neuerwerbungsverzeichnis*
~**verzeichnis** *n* [Acq] / acquisitions list *n* · additions list *n*
Neuheits|quote *f* [Retr] / novelty ratio *n*
~**wert** *f* (einer Information, einer Erfindung usw.) [Retr; Law] / novelty
Neukatalogisierung *f* [Cat] / recataloguing *n*
neuronale Netze *pl* [EDP] / neural networks *pl*
Neusatz *m* [Prt] / recomposition *n* · resetting *n*
neu setzen *v* [Prt] / reset
~ **starten** *v* [EDP] / reset *v/n*
Neutralisierungsbad *n* [Pres] / neutralization bath *n*
neuwertig *adj* [Bk] / as new *adj* · in mint condition *n* ‖ *s.a. tadelloses Exemplar*
neuzeitliche Handschrift *f* [Writ] / modern manuscript *n*
Neuzugang *m* [Acq] / accession *n* · intake *n* · addition *n*
nicht am Lager *n* [Bk] / (nicht mehr:) out of stock · (nicht vorhanden:) not in stock ‖ *s.a. nicht mehr lieferbar*
~ **am Lager, unbegrenzt** *n* [Bk] / out of stock, indefinitely *n* · OSI *abbr*
~ **am Standort** [RS] / NOS *abbr* · not on shelf
Nicht-Äquivalenz *f* (in einem mehrsprachigen Thesaurus) [Ind] ⟨DIN 1463/2⟩ / non-equivalence *n*
nicht auffindbar *adj* (in einer Datenbank usw.) [Retr] / irretrievable *adj* ‖ *s.a. nicht am Standort*
~**ausleihbarer Bestand** *m* [Stock] *s. Präsenzbestand*
~**autorisierte Ausgabe** *f* [Bk] / unauthorized edition *n* ‖ *s.a. Raubdruck*
~ **behebbarer Fehler** *m* [Gen] / irrecoverable error *n*
~ **bei uns erschienen** [Bk] / not our publication *n* · NOP *abbr*
Nicht-Benutzer *m* [RS] / non-user *n*

nicht beschichtetes Papier *n* [Pp] / non-coated paper *n*
~**besetzte Stelle** *f* [OrgM] / position opening *n* · vacancy *n* · job vacancy *n*
~**bestelltes Exemplar** *n* [Acq] / unordered copy *n*
~**bibliographische Datenbank** *f* [InfSy] / non-bibliographic database *n* ‖ *s.a. Fakten(daten)bank*
Nicht-Buch-Materialien *pl* [NBM] ⟨ISBD(NBM)⟩ / non-book materials *pl*
~**-Deskriptor** *m* [Ind] ⟨DIN 1463/1E⟩ / non-preferred term *n* · non-descriptor *n*
nicht empfangsbereit *adj* [Comm] / receive not ready *adj*
~ **erledigte Bestellung** *f* [RS] / failed request *n* · unsatisfied request *n*
~ **ermittelt** *pp* (n.erm.) [Bib; Retr] / unverified *pp* · UNV. *abbr*
~**fachliches Personal** *n* [Staff] / non-professional staff *n* · (nichtbibliothekarisches Personal:) support staff *n*
~ **farbecht** [Repr] / (nicht lichtecht:) fugitive *adj*
~**flüchtiger Speicher** *m* [EDP] / non-volatile storage *n* · non-volatile RAM *n*
~ **frei zugänglicher Bestand** *m* [Stock] / closed-access collection *n*
~ **frei zugängliche Regale** *pl* / closed shelves *pl* ‖ *s.a. Freihandaufstellung*
~ **im Dienst** *m* [Staff] / off duty *n*
~ **im Handel** [Bk] / (nicht zum Verkauf:) not for sale · private circulation *n* · not in trade
~**-klebend** *pres p* [Bind; Off] / non-adhesive *adj*
~**konventionelle Literatur** *f* [Bk] / grey literature *n* ‖ *s.a. nicht im Handel*
~**lateinische Schrift** *f* [Writ; Prt] / non-roman script *n*
Nichtleser *m* [Bk] / non-reader *n*
nicht lichtecht *s. nicht farbecht*
~ **lieferbar** [Bk] / not available *adj* · (nicht mehr am Lager:) out of stock ‖ *s.a. nicht am Lager; vergriffen*
Nichtlieferung *f* [Acq] / non-delivery *n* · non-supply *n*
nicht|lineare Programmierung *f* [EDP] / non-linear programming *n*
~**mechanischer Drucker** *m* [EDP; Prt] ⟨DIN 9784/1⟩ / non-impact printer *n*
~ **mehr am Lager** [Bk] *s. nicht mehr lieferbar;* ‖ *s.a. nicht vorhanden*

~ **mehr lieferbar** *adj* [Bk] / (vergriffen:) out of print · OP *abbr* · (nicht mehr am Lager:) out of stock · OS *abbr*
~**numerische Datenverarbeitung** *f* [EDP] / non-numeric data processing *n*
~**numerisches Zeichen** *n* [InfSy] / non-numeric character *n*
Nicht-Nutzer *m* [RS] / non-user *n*
nicht ordnende Zeichen *pl* [Cat] / non-sorting characters *pl*
~**staatlich** *adj* / non-governmental *adj*
~**strukturiertes Interview** *n* [InfSc] / unstructured interview *n*
~**tragende Außenwand** *f* [BdEq] / curtain wall *n* ‖ *s.a. tragende Wand*
nicht umkehrbar *adj* [Pres] / irreversible *adj*
nicht verfügbar *adj* / not available *adj* ‖ *s.a. nicht am Lager*
NICHT-Verknüpfung *f* [Retr] / NOT operation *n*
nicht verleihbar [RS] / not for loan · non circulating · for reference only
~**verleihbare Materialien** *pl* [Stock] / non-loan materials *pl* · non-circulating materials *pl* · reference materials *pl* ‖ *s.a. Präsenzbestand*
~**verleihbarer Bestand** *m* [RS] *s. Präsenzbestand;* ‖ *s.a. nichtverleihbares Material*
~**verstellbarer Fachboden** *m* [Sh] / fixed shelf *n* ‖ *s.a. verstellbarer Fachboden*
~ **vorhanden** *adj* [Stock] / not owned by library · not in stock · (bei laufenden Periodica:) not held *pp* ‖ *s.a. fehlt*
~ **vorrätig sein** *adj* [Bk] / to be out of stock *v*
~ **zugelassene Benennung** *f* [Ind] / deprecated term *n*
~ **zum Verkauf** [Bk] / not for sale
Niederschrift *f* (der Verhandlungen einer Tagung) [Org] / minutes *pl* · record *n* (of a meeting) ‖ *s.a. Protokoll 1; Sitzungsberichte*
niedrig auflösender Bildschirm *m* [EDP/VDU] / low-resolution screen *n*
Nigerleder *n* [Bind] / Niger morocco *n*
Nitrozellulosefilm *m* [Repr] / cellulose nitrate film *n*
Niveau *n* [Gen] / level *n*
NN *abbr* [Cart] *s. Normal-Null*
Nobelpreis *m* [Bk] / Nobel Prize *n*
~ **für Literatur** *m* [Bk] / Nobel prize in literature *n*

~träger *m* [Bk] / Nobel laureate *n* · Nobel prizewinner *n*
nochmals abdrucken *v* [Prt] / reprint *v/n*
noch nicht erschienen *pp* [Bk] / not yet published *pp* · NYP *abbr* ‖ *s.a. erscheint demnächst*
Nomenklatur *f* [InfSc] / nomenclature *n*
Nominalkatalog *m* [Cat] / author-title catalogue *n*
Nonpareille *f* [Prt] / nonpareil *n*
Norm 1 *f* (Ergebnis einer Normung) [Gen; Bk] ⟨DIN 820/3; DIN 31631/4; DIN 31639/2⟩ / normative document *n* · standard *n* ‖ *s.a. Maßnorm; Stoffnorm; Verfahrensnorm*
~ 2 *f* (Ergänzung zur Bogensignatur) [Prt] *s. Bogennorm*
Normalbetrieb *m* [BdEq] / normal operation *n*
normale Häufigkeitsverteilung *f* [InfSc] *s. Normalverteilung*
Normal-Null *n* [Cart] / mean sea level *n* · sea level *n*
~papierkopierer *m* [Repr] / plain paper copier *n*
~verteilung *f* [InfSc] / normal distribution *n* · normal frequency distribution *n* ‖ *s.a. Gaußverteilung; Häufigkeitsverteilung*
Normansetzung *f* [Cat] / uniform heading *n* · authority heading *n*
Normdatei *f* [Cat] / authority file *n* (~ der Namen: name authority file; ~ der Verfassernamen: author authority file) ‖ *s.a. Körperschaftsdatei; Schlagwort-Normdatei*
~ansetzung *f* [Cat] / authority file heading *n*
Norm|datensatz *m* [Cat] / authority record *n*
~eintragung *f* [Cat] / authority entry *n*
Normen|ausschuss *m* [InfSc] / committee for standards
~konflikt *m* [InfSc] / norm conflict *n*
Normentwurf *m* [OrgM] / draft standard *n*
normierte Ansetzungsform *f* [Cat] / authority form *n* · standardized form of heading *n* (Form und Struktur der Ansetzung von Körperschaften: form and structurere of corporate headings) ‖ *s.a. Normansetzung*
Normung *f* [Gen] / normalization *n* · standardization *n*
Normungsinstitut *n* [OrgM] / standards institution *n* · standards body *n*

Notation 1 *f* [Class] ⟨DIN 2331; DIN 32705; DIN 32623/1⟩ / notation *n* ‖ *s.a.* gemischte Notation; mnemotechnische Notation; reine Notation; sequentielle Notation; sprechbare Notation; sprechende Notation; springende Notation
~ 2 *f* [Mus] / notation *n*
Notationslänge *f* [Class] / extension of the notation *n*
Not|ausgang *m* [BdEq] / emergency exit *n*
~beleuchtung *f* [BdEq] / emergency light *n*
Note *f* [Mus; Ed] / (Ausbildung:) mark *n* · grade *n* US · (Musik:) note *n* ‖ *s.a. Abschlussnote; Gesamtnote*
Noten *pl* [Mus] / music *n* ‖ *s.a. Musikalien*
~blatt *n* [Mus] / sheet of music *n*
~blätter *pl* [Mus] / sheet music *n*
~durchschnitt *m* [Ed] / grade point average *n* US · average mark *Brit*
~handschriften *pl* [Mus] / manuscript music *n*
~heft *n* [Mus] / (in Buchform:) music book *n* · (ein oder mehrere ~e:) sheet music *n* · (mit handschriftlichen Noten:) manuscript music *n*
~linie *f* [Mus] / staff line *n* · stave line *n*
~linien *pl* [Mus] / staff lines *pl*
~papier *n* [Pp] / music paper *n*
~schrift *f* [Mus] / musical notation *n* · notation *n*
~stiche *pl* [Mus] / engraved music *n*
Notfall|plan *m* [Pres] / contingency plan *n* ‖ *s.a. Notstandsplan*
~vorsorge *f* [Pres] / disaster preparedness *n* ‖ *s.a. Katastrophenschutz*
Notiz *f* [Gen] / notice · (Gedächtnisstütze:) memo *n* · memorandum *n* · note *n* ‖ *s.a. eigenhändige Notiz*
~block *m* / notepad *n* · scratchpad *n* · notepad *n*
Notizblockspeicher *m* [EDP] / scratchpad *n*
Notizbuch [Off] / notebook *n*
Not|rufmelder *m* [Comm] / emergency telephone *n*
~standsplan *m* [OrgM] / disaster plan *n* ‖ *s.a. Notfallplan*
~strom *m* [BdEq] / emergency power *n*
NRZ-Schreibverfahren *n* [EDP] / NRZ recording *n* · change-on-ones recording *n*
NRZ-Schrift *f* [EDP] / NRZ *abbr*
Null|ausgabe *f* (einer Zeitschrift usw.) [Bk] / pilot issue *n*
Null(en)unterdrückung *f* (Programmieren) [EDP] ⟨DIN 9757⟩ / zero suppression *n*
Null-Hypothese *f* [InfSc] / null hypothesis *n*

Nullmeridian 160

~**meridian** *m* [Cart] / prime meridian *n*
~**nummer** *f* [Bk] *s. Nullausgabe*
~**wachstum** *n* [InfSc] / no-growth *n* · zero growth *n*
numerisch *adj* [InfSy] ⟨DIN 44300/2⟩ / numeric *adj*
numerische Darstellung *f* [InfSy] / numeric representation *n*
~ **Daten** *pl* [InfSy] / numeric data *pl*
~ **Datenbank** *f* [InfSy] / numeric database *n*
Numerus clausus *m* (NC) [Ed] / limited admission to universities *n* · mandatory limitation of access to institutions of higher education
Numerus-currens-Aufstellung *f* [Sh] / sequential location *n* · shelving in accession order *n*
~-**Ordnung** *f* [Sh] / accession order
Nummer *f* (einer Zeitschrift, Zeitung) [Bk] / issue *n* · number *n/v*
nummerieren *v* [InfSy] ⟨DIN 6763⟩ / number *n/v*
nummeriertes Exemplar *n* [Bk] / numbered copy *n*
Nummerierung *f* [Bk] ⟨DIN 6763⟩ / numeration *n* · numbering *n* ∥ *s.a. Zeilennummerierung*
Nummerierungsapparat *m* [TS] / numbering machine *n*
Nummernzeichen *n* (#) [Writ; Prt] ⟨DIN 66009⟩ / hash (sign) *n US* · number sign *n*

Nummerung *f* [Bk] ⟨DIN 6763⟩ / numeration *n*
nur zur Benutzung in der Bibliothek *f* [RS] / library use only *n* ∥ *s.a. nicht verleihbar*
Nutzen *m* / (einer Informationseinrichtung usw.:) utility *n* · (Vorteil:) benefit *n* ∥ *s.a. Kosten-Nutzen-Analyse*
Nutzenindikator *m* [OrgM] / utility indicator *n*
Nutzer *m* [RS] *s. Benutzer*
~**kennung** *f* [EDP; Retr] / user-id(entification) *n* · user number *n* · customer number *n*
Nutz|fläche *f* [BdEq] ⟨DIN 277/1⟩ / usable floor space *n* · usable area *n*
~**last** *f* [BdEq] / maximum load *n* · imposed load *n* · live load *n*
Nutzung *f* [RS] *s. Benutzung 2*
Nutzungs|gebühr *f* / royalty *n* ∥ *s.a. Lizenzgebühr*
~**grad** *m* [Stock] / rate of use *n* · degree of use *n* ∥ *s.a. Bestandsnutzung*
nutzungsinvariante Routine *f* [EDP] ⟨DIN 44300/1E⟩ / reusable routine *n*
Nutzungs|rechte *pl* [Law] / (Vermarktungsrechte:) merchandising rights · (Nebenrechte:) subsidiary rights · (gewerbliche Nutzung:) exploitation rights ∥ *s.a. Lizenz*

OA *abbr* [Ind] *s. Oberbegriff*
Oasenziegenleder *n* [Bind] / oasis goat *n*
OB *abbr* [Ind] *s. übergeordneter Begriff*
Ober|begriff *m* (übergeordneter Begriff in einer Abstraktionsrelation)(OA)) [Ind; KnM] ⟨DIN 1463/1E⟩ / parent concept *n* · genus *n* · (Indexierung:) broader term generic *n* · BTG *abbr* · generic term *n* · (knowledge management:) head concept *n*
~**behörde** *f* [Adm] / supreme authority
~**fläche** *f* [NBM] / surface *n*
~**flächenfestigkeit** *f* [Pp] / surface strength *n*
oberflächengeleimtes Papier *n* [Pp] ⟨DIN 6730⟩ / surface sized paper *n*
Ober|flächenleimung *f* [Pp] / surface sizing *n*
~**länge** *f* (eines Kleinbuchstabens) [Prt] ⟨DIN 2107⟩ / extender *n* · ascender *n*
~**längenlinie** *f* [Prt] / ascender line *n*
~**licht** *n* [BdEq] / overhead lighting *n* · (natürliches ~:) skylight *n*
~**schnitt** *m* [Bind] / top edge *n*
oberste Dienstbehörde *f* / highest administrative authority *n*
Ober- und Unterlängen *pl* [Prt] / extenders *pl* · extruders *pl*
Objekt *n* [NBM] / object *n*
Objektiv *n* [Repr] / (Linse:) lens *n* · (System von Linsen:) objective *n* ‖ *s.a. Vario-Objektiv; Wechselobjektiv; Weitwinkelobjektiv*

objektorientierte Programmiersprache *f* [EDP] / object-oriented programming language *n*
Objektorientierung *f* [KnM] / object orientation *n*
obligatorisch *adj* [Cat] / compulsory *adj* · mandatory *adj*
Obsoleszenz *f* [InfSc] *s. Alterung*
obszöne Literatur *f* [Bk] / obscene literature *n*
OCR-Schrift *f* [EDP] / OCR font *n*
ODER-Aufspaltung *f* [EDP] ⟨DIN 19237V⟩ / OR branch *n*
ODER-Verknüpfung *f* [Retr] / OR-operator *n* · OR operation *n*
Oeuvre-Katalog *m* [Art] / oeuvre catalogue *n* · catalogue of all works of an artist
offene Aufnahme *f* [Cat] / open entry *n*
~ **Beobachtung** *f* [InfSc] / obtrusive observation *n*
~ **Frage** *f* (in einem Fragebogen) [InfSc] / open-end(ed) question *n* ‖ *s.a. geschlossene Frage*
~ **Raumaufteilung** *f* (ohne vorher festgelegte Abgrenzungen für bestimmte Nutzungszwecke) [BdEq] / open plan *n*
offenes Kommunikationssystem *n* [Comm] / open system *n* ‖ *s.a. Kommunikation offener Systeme*
~ **Magazin** *n* [Sh] / open stack *n*

offene Stelle *f* [OrgM] / vacancy *n*
· job vacancy *n* ‖ *s.a. freie Stelle; Stellenausschreibung*
~ **Stellen** *pl* / vacancies *pl* · (zur Besetzung angeboten:) employment opportunities *pl*
Offenlegungsschrift *f* [Bk] / patent application *n* (printed)
öffentlich *adj* / public *n/adj*
öffentliche Bibliothek *f* [Lib] / public library *n*
~ **Bücherei** *f* [Lib] *s. öffentliche Bibliothek*
öffentlicher Dienst *m* [Adm] / civil service *n*
öffentliches Bibliothekswesen *n* [Lib] / public librarianship *n*
~ **Datennetz** *n* [Comm] / public data network *n* · PDN *abbr*
öffentliche Verkehrsmittel *pl* / public transport *n*
Öffentlichkeitsarbeit *f* [PR] / public relations (work) *pl(n)*
öffentlich-rechtliche Anstalt *f* [Adm] / institution (governed by public law) · statutory body
Offline-Betrieb *m* [EDP] / offline mode *n*
~**-Verarbeitung** *f* [EDP] / offline processing *n*
Öffnungszeiten *pl* [OrgM] / (Geschäftszeiten:) business hours *pl* · (einer Bibliothek:) library hours *pl* · hours of service *pl* · open hours *pl* · opening hours *pl* · hours of opening *pl* · hours open *pl*
Offset|druck *m* [Prt] ⟨DIN 16529⟩ / offset printing *n*
~**-druckform** *f* [Prt] / offset master *n*
~**-(druck)maschine** *f* [Prt] / offset press *n* · offset machine *n* ‖ *s.a. Bogenoffsetmaschine; Rollenoffsetmaschine*
~**-druckplatte** *f* [Prt] / offset plate *n*
~**-folie** *f* [Prt] / offset foil *n*
~**-papier** *n* [Pp] / offset paper
ohne Blattzählung / unfoliated *pp*
~ **festen Wohnsitz** *m* [Gen] / of no fixed abode *n*
~ **Jahr** (o.J.) [Cat] / no date *n* (n.d.)
~ **Ort und Jahr** [Cat] / no place no date · n.p. n.d. *abbr*
~ **Vorsatz** [Bind] / self-lining *part pres*
Ökonomie *f* / economy *n* · economics *n*
Oktav|band *m* [Bk] / octavo (volume) *n*
~**-(-Format)** *n(n)* [Bk] / octavo *n*
Ölpapier *n* [Pp] / oil paper *n*

Online-Abfragesystem *n* [EDP] / online-query system *n* · online-inquiry system *n* ‖ *s.a. Online-Recherchieren*
~**-Anschluss** *m* [EDP] / online connection *n*
~**-Benutzerkatalog** *m* [Cat] / OPAC *abbr* · online public access catalogue *n* · online patron access catalogue *n* ‖ *s.a. Online-Katalog*
~**-Bestellen** *n* [Acq; RS] / online ordering *n*
~**-Betrieb** *m* [EDP] / online mode *n*
~**-Dienst** *m* [InfSy] / online service *n*
~**-Informationsvermittlung** *f* [Retr] *s. Informationsvermittlung*
~**-Katalog** *m* [Cat] / online catalogue *n* ‖ *s.a. Online-Benutzerkatalog*
~**-Literaturbestellung** *f* [RS] / online document ordering *n*
~**-Recherchieren** *n* [Retr] / online searching *n* · computer searching *n* ‖ *s.a. Online-Abfragesystem*
~**-Verarbeitung** *f* [EDP] / online processing *n* · online data processing *n*
~**-Zugang** *m* [InfSy] / online access *n*
~**-Zugriff** *m* [EDP] / online access *n*
OOP *abbr* [EDP] *s. objektorientierte Programmiersprache*
o.O. u. J. *abbr* [Cat] *s. ohne Ort und Jahr*
Operand *m* [EDV] / operand *n*
Operandenteil *m* [EDP] ⟨DIN 44300/4⟩ / operand part *n*
Operations|code *m* [EDP] ⟨DIN 44300/4E⟩ / operation code *n*
~**-teil** *m* [EDP] ⟨DIN 44300/4⟩ / operation part *n*
Operator 1 *m* [Staff] / operator *n*
~ 2 *m* (PRECIS) [Ind] / role operator *n*
~ 3 *m* [EDP] / operator *n* ‖ *s.a. Abstandsoperator*
Opportunitätskosten *pl* [BgAcc] / opportunity costs *pl*
optimieren *v* [OrgM] / optimize *v*
Optimierung *f* [OrgM] / optimization *n* ‖ *s.a. Prozessoptimierung*
optischer Abtaster *m* [EDP] / optical scanner *n*
~ **Klarschriftleser** *m* [EDP] / optical character reader *n*
optisches Leitsystem *n* [BdEq] / sign system *n* · internal guiding *n* ‖ *s.a. Beschilderung*
~ **Markierungslesen** *n* [EDP] / mark scanning *n* · optical mark reading *n Brit* · OMR *abbr Brit*

optische Speicherplatte *f* [NBM] / digital optical disk *n* · optical disk *n* · DOD *abbr* ‖ *s.a. löschbare optische Platte*
~ **Zeichenerkennung** *f* [EDP] / optical character recognition *n* · OCR *abbr*
opto-elektronisch *adj* [ElPubl] / opto-electronic *adj*
Opus-Zahl *f* [Mus] / opus number *n*
Orchester|material *n* [Mus] / set of orchestral parts *n*
~**partitur** *f* [Mus] / orchestral score
Orchestrierung *f* [Mus] / orchestration *n*
Ordinalskala *f* [InfSc] / ordinal scale *n*
ordnen *v* / file *v* · (anordnen:) arrange *v* · (sortieren:) sort *v* ‖ *s.a. alphabetisch ordnen; einordnen; nicht ordnende Zeichen; zwischenordnen*
Ordner 1 *m* (Ringordner; Organisationsmittel zur Ablage von Akten usw.) [Off] / ring binder *n* · (mit Inhalt:) file *n* ‖ *s.a. Loseblatt-Ordner; Mappe; Zeitschriftenordner*
~ 2 *m* [Off] / (mit Schraubenbindung:) post binder *n*
~ 3 *m* (in einem Computer) [EDP] / folder *n*
Ordnung *f* [OrgM] / (Anordnung:) arrangement *n* · order *n* (~ nach der Größe: arrangement by size; ~ für das Einlegen von Titelkärtchen u. dgl.: filing order) · (nach Zugang, numerus currens:) accession order *s. Tastaturanordnung;* ‖ *s.a. Ordnung Buchstabe für Buchstabe; Wort-für-Wort-Ordnung*
~ **Buchstabe für Buchstabe** *f* [Cat] / solid filing *n* · letter-by-letter arrangement *n* · letter-by-letter filing *n*
~ **nach Format** *f* / arrangement by size *n*
Ordnungs|block *m* [Cat] ⟨RAK; DIN 31631/3⟩ / filing area *n*
~**einheit** *f* [Cat] / filing unit *n*
~**element** *n* [Cat] ⟨RAK⟩ / filing element *n* · (Zeichen:) filing character *n*
~**folge** *f* [Cat] / filing sequence *n*
~**gruppe** *f* [Cat] ⟨RAK⟩ / filing section *n* ‖ *s.a. weitere Ordnungsgruppe*
~**hilfe** *f* [Cat] ⟨RAK⟩ / filing qualifier *n* · (AACR:) addition *n* (to a name in a heading)
~**kriterium** *n* [Cat] / filing criterion *n*
~**leiste** *f* (auf dem äußeren Umschlag einer Zeitschrift) [Bk] ⟨DIN 1501; TGL 20177⟩ / bibliographic strip *n*
~**regeln** *pl* [Cat] / filing rules *pl* · filing code *n*

~**wort** *n* [Cat] ⟨RAK⟩ / filing word *n* · (erstes ~:) entry word *n* ‖ *s.a. erstes Ordnungswort; formales Ordnungswort*
~ **Wort für Wort** *f* [Cat] / word-by-word filing *n*
Organ einer Gebietskörperschaft *n* [Cat] ⟨FSCH⟩ / government agency *n* · (bei personenbezogener Benennung, z.B. Präsident:) government official *n*
Organigramm *n* [OrgM] *s. Organisationsplan*
Organisations|plan *m* [OrgM] ⟨DIN 31631/4⟩ / orgchart *n* · organization(al) chart *n*
~**struktur** *f* [OrgM] / organization structure *n*
~**ziel** *n* [OrgM] / organizational objective *n*
Orientierungs|phase *f* (für Studienanfänger) [Ed] / freshers' week *n*
~**stufe** *f* [Ed] / orientation stage *n*
Original *n* (Träger der ursprünglichen AV-Aufzeichnung bzw. Vorlage für die erste Kopie) [NBM; Repr] / original *n*
~**ausgabe** *f* [Bk] / original edition *n*
~**einband** *m* [Bind] / original binding *n* · original cover *n*
~**fassung** *f* [Bk] / original version *n*
~**film** *m* (eine Mikroform, von der Duplikate oder Zwischenkopien gezogen werden können; Film der ersten Generation) [Repr] / master (film) *n*
~**grafik** *f* [Art] *s. Künstlerdruck*
Originalität *f* (eines Werkes der Literatur usw.) [Law] / originality *n*
Original|kunstwerk *n* [Art] / art original *n*
~**(sach)titel** *m* [Cat] ⟨A 2653⟩ / original title *n*
~**umschlag** *m* [Bind] / original cover *n* · (fest mit dem Buch verbunden:) wrapper(s) *n(pl)*
Ornament *n* [Bk] / ornament *n*
~**rahmung** *f* [Bk] / ornamental border *n* · border *n*
Ort *m* (eines Gebäudes, einer Ansiedlung, einer Tätigkeit) [Gen; BdEq] / site *n* · place *n* · location *n*
Ortho|bildkarte *f* [Cart] *s. Orthophotokarte*
~**graphie** *f* [Writ] / (Schreibung:) spelling *n* · orthography *n*
~**luftbild** *n* [Cart] *s. Orthophoto*
~**photo** *n* [Cart] ⟨ISBD(CM)⟩ / orthophoto *n*
~**photokarte** *f* [Cart] / orthophotomap *n*
~**photoplan** *m* [Cart] *s. Luftbildplan*
Orts|adressbuch *n* [Bk] / local directory *n*

Ortsangabe 164

~**angabe** *f* [Cat] / statement of the place of publication *n*
~**ausleihe** *f* [RS] *s. Ortsleihe*
~**behörde** *f* [Adm] / local authority
~**benutzer** *m* [RS] / local user *n* · local patron *n US* · (Benutzer der im Bibliotheksbereich angesiedelten Trägerinstitution:) on-site user *n*
~**bezeichnung** *f* [Cat] / designation of location *n* ‖ *s.a. Standortbezeichnung*
ortsbezogener Bestand *m* (bezogen auf den geographischen Bereich, dem die Bibliothek angehört) / local collection *n*
ortsfeste Aufstellung *f* / fixed location *n*
Orts|gespräch *n* [Comm] / local call *n* ‖ *s.a. Ferngespräch*
~**katalog** *m* [Cat] / geographic catalogue *n*
~**kennzahl** *f* [Comm] / dialling code *n Brit* · area code *n*
~**leihe** *f* [RS] / local lending *n* · local loan *n* · local circulation *n* ‖ *s.a. interner Leihverkehr*

~**lexikon** *n* [Bk] *s. Ortsnamenverzeichnis*
~**namenverzeichnis** *n* [Bk] / gazetteer *n*
~**netz** *n* [Comm] ⟨DIN 44331V⟩ / local network *n*
~**netzkennzahl** *f* (Ortsvorwahl(nummer)) [Comm] / area code *n* · local code
~**register** *n* [Bib; Ind] / place index *n* · topographical index *n*
~**zahl** *f* [Class/UDC] *s. allgemeine Ergänzungszahl des Ortes*
OSI-Referenzmodell *n* [Comm] / OSI Reference model *n*
Overhead-Projektor *m* [NBM] ⟨DIN 19040/11; DIN 19090/1⟩ / overhead projector *n*
~**-Transparent** *n* [NBM] ⟨A 2653⟩ / transparency *n* · overhead projectual *n* ‖ *s.a. Aufbautransparent; Folgetransparent; Grundtransparent*
Oxidationsbeständigkeit *f* [Pp] ⟨DIN ISO 9706⟩ / resistance to oxidation *n*

P

Paarigkeitsfeld *n* [Retr] / matching field *n*
packen *v* [EDP] / pack *v* ‖ *s.a. entpacken*
Pack|papier *n* [Pp] / (starkes ~:) kraftpaper *n* · packing paper *n* · wrapping paper *n* · (als Papiersorte:) brown paper *n*
~raum *m* [BdEq] / packing room *n*
Packung *f* [EDP] / packaging *n*
Packungsdichte *f* [EDP] / packaging density *n* · packing density *n*
Packzettel *m* [Off] / packing slip *n* · (Versandliste:) packing list *n* ‖ *s.a. Lieferschein*
pädagogische Hochschule *f* [Ed] / college of education *n* · teacher training college *n*
pädagogischer Verlag *m* [Ed; Bk] / educational publisher *n* ‖ *s.a. Schulbuchverlag*
PAD-Einrichtung *f* [EDP] / pad *v* · packet assembly/disassembly facility *n*
paginieren *v* [Bk] / paginate *v* · page *v*
Paginiermaschine *f* [Prt] / (Zählapparat:) numbering machine *n* · paginating machine *n* · paging machine *n*
Paginierung *f* [Bk] / pagination *n*
Paket *n* / package *n/v* (von Programmen)
~netz *n* [Comm] / PSN *abbr* · packet-switching network · packet switched network *n*
~vermittlung *f* [Comm] / packet switching *n*
~vermittlungsprotokoll *n* [Comm] ⟨DIN/ISO 8208⟩ / packet level protocol *n*
~vermittlungsschnittstelle *f* [Comm] / packet layer interface *n*
Paläograph *m* [Writ] / palaeographer *n*
Paläographie *f* [Writ] / palaeography *n*
Palastbibliothek *f* [Lib] / palace library *n*
Palimpsest *n* [Bk] ⟨DIN 31631/4⟩ / palimpsest *n*
Palmblattbuch *n* [Bk] / palm leaf book *n*
Pamphlet *n* [Bk] / (Spott-,Schmähschrift:) lampoon · pamphlet *n*
Pamphletist *m* [Bk] / pamphleteer *n*
Panel(umfrage) *n(f)* [InfSc] / panel *n* · panel survey *n*
Panizzistift *m* [Sh] *s. Stellstift*
Panorama *n* [Cart] ⟨ISBD(CM); RAK-Karten⟩ / panorama *n*
PAP *abbr* [EDP] / PAP *abbr* · password authorization protocol *n*
Paperback-Ausgabe *f* [Bk] / paperback edition *n* · soft-back edition *n* ‖ *s.a. Taschenbuchausgabe*
Papier *n* [Off; Prt] / 1 paper *n* (~ von schlechter Qualität: poor quality paper) · 2 (Druckersprache/das zu bedruckende Papier:) stock *n* ‖ *s.a. Flächengewicht; geripptes Papier; holzfreies Papier; holzhaltiges Papier; säurefreies Papier*
~bahn *f* (Papierherstellung) [Pp] ⟨DIN 6730⟩ / web
~bogen *m* [Pp] *s. Bogen*
~bohrer *m* [Bind] / paper drill *n*
~brei *m* [Pp] / pulp *n*

Papierdokument 166

~**dokument** n [Pp] / paper-based document n · paper document n
~**(ein)band** m [Bind] / paper covers
~**einzug** m (die Zufuhr des Kopierpapiers in ein Kopiergerät) [Repr] / paper feed n ‖ s.a. Einzelblatteinzug
~-**Endformat** n [Pp] ⟨DIN 198; 476⟩ / trimmed paper size n
~**ersatz** m [Pp] / paper surrogate n
~**fabrik** f [pp] / paper mill n
~**format** n [Pp] / (beschnitten; Endformat:) trimmed size n · paper size n
~**führung** f [BdEq] / paper feed n
~**gewicht** n [pp] / weight of paper n ‖ s.a. Flächengewicht
~**kopie** f [Repr] / hard copy n (on paper)
~**korb** m [BdEq] / wastepaper basket n ‖ s.a. Abfallbehälter
~**lager** n [Stock] / paper store n
~**leimung** f [Pp] s. Leimung
papierlos adj / paperless adj
Papier|maschine f [Pp] / paper-making machine n · (mit endloser Papierbahn:) fourdrinier n
~**mühle** f [Pp] / paper mill n
~**schneidemaschine** f (Schnellschneider) [Bind] / paper guillotine n · guillotine n ‖ s.a. Pappschere
~**schneider** m [Off] / paper cutter n
~**spalten** n [Pp] / paper splitting n
~**spaltverfahren** n [Pres] / paper splitting technique n
~**stabilisierung** n [Pp:Pres] / paper stabilization n
~**stärke** f [Pp] / bulk n · thickness of paper n · cal(l)iper n
~**stärkemesser** m [Pp] / cal(l)iper n
~**stau** m (in einem Kopiergerät,Drucker) [Repr] / paper jam n
~**vorschub** m [EDP; Prt] / paper feed n · (Seitenvorschub:) form feed n
~**zerfall** m [Pp; Pres] / paper degradation n · paper decomposition n
~ **zweiter Wahl** n (mit leichten Mängeln) [Pp] / retree n
Papp|band m [Bind] / board binding n · cardboard binding n · (Pappdeckel:) board covers pl
~**deckel** m [Bind] / cardboard cover n
Pappe f [Pp] ⟨DIN 6730⟩ / board n · paperboard n ‖ s.a. Buchbinderpappe; geklebte Pappe; Graupappe; Hartpappe; Kartonagenpappe; Klebepappe; Maschinenpappe; Strohpappe; in Pappe beschneiden

Papp|maschee f [Pp] / papier-mâché n
~**rolle** f [Sh] / cardboard cylinder n · cardboard roll n · stout card cylinder n
~**schachtel** f [Pp] / cardboard box n · carton n
~**schere** f [Bind] / board cutter n · board shears pl · cardboard cutter n · cardboard scissors pl ‖ s.a. Kreispappschere
~**zwischenlage** f (in einer Handdruckpresse) [Prt] / tympan n
Papstbibliothek f [Lib] / papal library n
Papyrologe m [Writ] / papyrologist n
Papyrologie f [Writ] / papyrology n
Papyrus m [Writ] / papyrus n
~**kunde** f [Writ] s. Papyrologie
~**rolle** f [Writ] / papyrus roll n · papyrus scroll n
Paradigmawechsel m [InfSc] / paradigma shift n
Paragraph m [Law] / paragraph n
Paragraphenzeichen n [Writ; Prt] / paragraph mark n
Parallel|ansetzung f [Cat] / parallel heading n
~**ausgabe** f [BK; EDP] / parallel edition n · parallel output n
~**betrieb** m [EDP] ⟨DIN 44300/9⟩ / parallel mode n ‖ s.a. Simultanbetrieb
~**drucker** m [EDP; Prt] ⟨DIN 9757⟩ / parallel printer n
~**druckwerk** m [EDP; Prt] s. Paralleldrucker
~**eingabe** f [EDP] / parallel input n
parallele Schnittstelle f [EDP] / parallel interface n
Parallel|sachtitel m [Cat] ⟨ISBD(M; A; S; CM)⟩ / parallel title n (Angabe des Parallelsachtitels:parallel title statement)
~**serienumsetzer** m [EDP] ⟨DIN 44300/5E⟩ / parallel-serial converter n · dynamicizer n
~**übergabe** f [Comm] ⟨DIN 44302⟩ / parallel transmission n
~**unterteilung** f [Class/UDC] / parallel subdivision n · subdivision by analogy n
~**verarbeitung** f [EDP] / parallel processing n
~**zugriff** m [EDP] / parallel access n · simultaneous access n
Paraphrase f [Bk; Mus] / paraphrase n
Parenthese f [Writ; Prt] / parenthesis n
Parität f [EDP] / parity n
Paritäts|bit n [Comm] ⟨DIN 44302⟩ / parity bit n

~**prüfung** *f* [EDP] ⟨DIN 44300/8; 44302; 19237V⟩ / odd-even check *n* · parity check *n*
Parlamentaria *pl* [Bk] / parliamentary papers *pl* ‖ *s.a. Sitzungsberichte*
Parlaments|bibliothek *f* [Lib] / parliamentary library *n* · legislature library *n*
~**schriften** *pl* [Bk] *s. Parlamentaria*
Partei *f* (bei einem Vertrag) [Law] *s. Partner*
Particell *n* [Mus] / compressed score *n*
partitive Benennung *f* [Ind] / partitive term *n*
~ **Relation** *f* [Ind; Class] / partitive relation *n* · part-whole relation *n* · whole-(and-)part relation *n*
Partitur *f* [Mus] ⟨ISBD(PM)⟩ / score *n* · (mit allen Stimmen:) full score *n* ‖ *s.a. Dirigierpartitur; Gesangspartitur; Probenpartitur; Singpartitur; Spielpartitur; Taschenpartitur*
~**auszug** *m* [Mus] ⟨ISBD(PM)⟩ / close score *n*
Partner *m* (Partei) [Law] / (bei einem Vertrag:) party *n* · (Teilnehmer:) participant *n* ‖ *s.a. Vertragspartner*
Pasquill *n* [Bk] / pasquinade *n* · (Schmähschrift:) libel *n* · lampoon *n*
Passdifferenz *f* [Prt] / missregister *n*
Passepartout *n* [NBM] / passepartout *n* · (glasloser Wechselrahmen:) mat *n* (in einem ~ unterbringen: to mat)
passfähig *adj* [EDP] *DDR* / compatible *adj*
Passfähigkeit *f* [EDP] *DDR* / compatibility *n*
Passional *n* [Bk] *s. Passionar*
Passionar *n* [Bk] / passional *n*
passiver Leihverkehr *m* [RS] *s. nehmender Leihverkehr*
Pass|kreuz *n* [Repr] ⟨DIN 19040/113E⟩ / register mark *n* · register tick *n* · cross-mark *n*
~**löcher** *pl* [Repr] *s. Passlochung*
~**lochung** *f* (bei einem Mikrofilm-Jacket) [Repr] ⟨DIN 19040/113E; ISO 6196-4⟩ / registration holes *pl* · jacket registration holes *pl*
~**stift** *m* [Repr] ⟨DIN 19040/113E⟩ / register pin *n*
Passwort *n* [EDP; Retr] / password *n*
~**prüfung** *f* [EDP; Retr] / password check *n*
Pastellzeichnung *f* [Art] / pastel drawing *n*
Pasticcio *n* [Mus] / pastiche *n*

Pastorale *n* [Bk] / pastoral *n*
patchen *v* [EDP] / patch *v* ‖ *s.a. Fehlerbeseitigung*
Patent *n* [Law] / patent *n* ‖ *s.a. Gemeinschaftspatent*
~**amtsbibliothek** *f* [Lib] / patent office library *n*
~**anmelder** *m* [Law] / applicant (of a patent)
~**anmeldung** *f* [Law] / patent application *n*
~**anspruch** *m* [Law] / patent claim *n*
~**blatt** *n* [Law; Bk] / patent bulletin *n*
~**dokument** *n* [Bk] / patent document *n*
~**fähigkeit** *f* / patentability *n*
~**inhaber** / patentee *n* (proprietor of a patent)
~**recherche** *f* [Retr] / patent search *n*
~**schrift** *f* [Bk] ⟨DIN 31631/4⟩ / patent specification *n*
~**schriftenauslegestelle** *f* [Lib] / patent depository *n*
~**schriftensammlung** *f* [Stock] / patent file *n* · patent collection
~**urkunde** *f* [Law] / letters patent *n/pl*
~**verletzung** *f* [Law] / patent infringement *n*
Paternoster *m* [BdEq] / paternoster *n*
Patientenbibliothek *f* [Lib] / patients(') library *n* · (in einem Krankenhaus:) hospital patients' library *n* · (in einem Sanatorium:) sanatorium patients(') library *n*
Patrize *f* [Prt] / punch *n* ‖ *s.a. Schriftschneider*
Patrone *f* [NBM] / cartridge *n* ‖ *s.a. Tintenpatrone*
Patronymikon *n* [Gen; Cat] / patronymic *n*
Pauschal|bestellung *f* [Acq] / blanket order *n* · standing order *n* · SO *abbr*
~**preis** *m* [BgAcc] / flat rate *n*
~**satz** *m* / flat rate *n*
~**summe** *f* [BgAcc] / lump sum *n* · flat sum *n*
~**tarif** *m* [BgAcc] *s. Einheitstarif*
~**verweisung** *f* [Cat] / blanket reference *n* · general reference *n*
Pause 1 *f* (Unterbrechung) [Gen] / pause *n* · break *v/n*
~ 2 *f* (Durchzeichnung) [NBM] / tracing *n* ‖ *s.a. Lichtpause*
Pauspapier *n* [Pp] ⟨DIN 6730⟩ / tracing paper *n*
Pavillon *m* [BdEq] / pavilion *n*
PC *abbr* [EDP] *s. Personalcomputer*

PDF-Format *n* [ELPubl] / portable document format *n*
Pension *f* (Ruhestandsbezüge) [Staff] / (Altersruhegehalt:) superannuation *n* · pension
pensionieren *v* / (aus Altersgründen:) superannuate *v* · (sich ~ lassen; in Pension/den Ruhestand gehen:) retire *v*
Pensionierung *f* (Versetzung in den Ruhestand) [Staff] / (aus Altersgründen:) superannuation *n*
Perfektor *m* [Prt] / perfecting press *n* · perfecter *n* US
perforieren *v* [Bind] / perforate *f*
Pergament *n* [Writ; Bind] / parchment *n* ‖ *s.a. Jungfernpergament*
~**blatt** *n* [Bk] / membrane *n*
~**(ein)band** *m* [Bind] / parchment binding
~**leim** *m* [Pres] / parchment size *n*
~**papier** *n* [Bk] / parchment paper *n*
~**rolle** *f* [Writ] / parchment roll *n*
Pergamin *n* [Pp] / glassine *n*
~**papier** *n* / glassine paper *n*
Perikopenbuch *n* [Bk] / lectionary *n*
Periodikum *n* (pl: Periodika) [Bk] / (fortlaufendes Sammelwerk:) serial *n* · (Zeitschrift:) periodical *n*
periodische Bibliographie *f* [Bib] / periodical bibliography *n*
periphere Einheit *f* [EDP] ⟨DIN 44300/5⟩ / peripheral unit *n* · peripheral *n*
peripherer Speicher *m* [EDP] ⟨DIN 44300/5⟩ / secondary storage *n* · peripheral storage *n* · backing storage *n*
Peripherie|gerät *n* [EDP] / peripheral *n*
~**geräte** *pl* [EDP] / peripherals *pl*
Perl(schrift) *f(f)* [Prt] / pearl *n*
Permanentspeicher *m* [EDP] / permanent storage *n*
Permutation *f* [Ind] / permutation *n*
Permutations|index *n* / permutation index *n*
~**register** *n* [Ind] / permutation index *n* · permuted index *n*
Personal *n* / (Nennung aller Mitarbeiter/innen:) members of staff *pl* · (als Einsatzfaktor:) manpower *n* · (geschlechtsneutral:) personpower *n* · (Gesamtheit der Beschäftigten:) staff *n* · personnel *n* (beteiligtes Personal: personnel involved) ‖ *s.a. Fachpersonal; Hilfspersonal; Teilzeitpersonal; wissenschaftliches Personal*
~**abbau** *m* / cutback in personnel *n* ‖ *s.a. Personalmangel*

~**abteilung** *f* [Staff:OrgM] / human resources department *n* · personnel department *n* ‖ *s.a. Personalbüro*
~**akte** *f* [Staff] / personal file *n*
~**akten** *pl* [Staff] / staff records *pl*
~**ausstattung** *f* [Staff] / staffing *n*
~**auswahl** *f* [Staff] / staff selection *n* · employee selection *n*
~**ausweis** *m* [RS] / ID *abbr* · identity card *n*
~**bedarf** *m* [Staff] / staffing needs *pl* · staffing requirements *pl*
~**bereich** *m* [BdEq] / staff area *n*
~**beschaffung** *f* [Staff] / recruiting *n* · recruitment *n*
~**beurteilung** *f* [Staff] / staff appraisal *n* · personnel evaluation *n* · personnel appraisal *n* ‖ *s.a. Gesamtbeurteilung; Leistungsbewertung*
~**beurteilungsbogen** *m* [Staff] / personnel evaluation form *n*
~**bibliographie** *f* [Bib] / author bibliography *n*
~**büro** *n* [OrgM] / human resources office *n* · personnel office *n* ‖ *s.a. Personalabteilung*
~**chef** *m* [Staff] / personnel manager *n* · personnel officer *n* · personnel director *n*
~**computer** *m* [EDP] / personal computer *n*
~**einsatzplanung** *f* [OrgM] / manpower scheduling *n*
~**entwicklung** *f* [Staff] / staff development *n*
~**etat** *m* / payroll *n* ‖ *s.a. Planstelle*
~**fluktuation** *f* [Staff] / staff turnover *n*
~**führung** *f* [OrgM; Staff] / personnel supervision · human resources management *n* · personnel management *n*
personalintensiv *adj* / staff intensive *adj*
Personal|kosten *pl* [BgAcc] / staff(ing) costs *n(pl)* · personnel cost(s) *n(pl)* · employment cost(s) *n(pl)* · labour cost(s) *n(pl)*
~**leiter** *m* [OrgM] / personnel director *n*
~**mangel** *n* [Staff] / manpower shortage *n* · staff shortage *n* ‖ *s.a. Arbeitskräftebedarf; Personalabbau; unterbesetzt*
~ **mit Zeitverträgen** *n* [Staff] / temporary staff *n*
~**planung** *f* [Staff] / manpower planning *n*
~**politik** *f* [Staff] / manpower policy *n* · staff policy *n* · personnel policies *pl*
~**raum** *m* [BdEq] / staffroom *n* · staff commons *pl*
~**schrift** *f* [Bk] / personal publication *n*

~stelle f [OrgM] / personnel office n
~struktur f [Staff] / staffing structure n
~terminal n [EDP] / staff terminal n
~verband m [OrgM] / staff association n ∥ s.a. Berufsverband
~vermehrung f [Staff] / increase in personnel n
~versammlung f [Staff] / staff meeting n
~verwaltung f [Staff] / personnel administration n · staff administration n · personnel management n
~verzeichnis n [Staff] / staff list n
personelle Ressourcen pl [OrgM] / human resources pl
personenbezogene Daten pl [Staff; RS] / personal data pl
Personen|katalog m (mit Eintragungen unter den Namen) [Cat] / name catalogue for persons n
~kennzeichen n [EDP; RS] / PIN abbr · personal identification number n · personal identifier n · personal identification mark n
~name m [Gen; Cat] ⟨DIN 31631/2⟩ / personal name n · name of a person n
~namendatei f (PND) / name catalogue for persons n · (genormt:) authority file of personal names n
~register n [Ind; Bk] / name index n
~rufanlage f [Comm] / paging system n
~schlagwort n [Cat] ⟨DIN 31631/2⟩ / personal heading n
~schlüssel m [Class] / standard subgrouping of entries of persons n
~zahl f [Class/UDC] s. allgemeine Ergänzungszahl der Personen und persönlichen Merkmale
persönliche Identifizierungsnummer f [EDP] s. Personenkennzeichen
~ Papiere pl / personal papers
~ Verfasserschaft f [Bk; Cat] / personal authorship n
Pertinenz f [Ind] / pertinence n
Pestizid n [Pres] / pesticide n
Pfad m [EDP] / path n
~steuerung f [Comm] / path control n
Pfand n [RS] / security n · deposit n ∥ s.a. hinterlegter Geldbetrag
Pfarrbücherei f [Lib] / parish library n · parochial library n
Pfeil|diagramm n [Ind] / arrow-graph n
~symbol n [EDP/VDU] / arrow icon n
~taste f [EDP] / arrow key n
Pflanzenbuch n [Bk] ⟨RAK-AD⟩ / herbal n

Pflege f (von Büchern) [Rest] / conservation n · preservation n · care n (of books)
Pflichtabgabe f [Acq] / mandatory deposit n · legal deposit n · copyright deposit n
Pflichtenheft n [EDP] / product requirements specification n · requirements specification n
Pflichtexemplar n [Acq] / deposit copy n · statutory copy n · obligatory copy n
~abgabe f [Acq] s. Pflichtabgabe
~bestand m [Stock] / legal deposit collection n
~bestimmungen pl [Law] / legal deposit regulations pl
~bibliothek f [Lib] / depository library n · copyright (depository) library n · library of deposit n · legal deposit library n · deposit library n
~recht n [Acq; Law] / (Recht auf den Erhalt von Pflichtexemplaren:) legal deposit privilege n · right to legal deposit n
~stelle f [OrgM; Acq] / statutory deposit unit n · legal deposit unit n · copyright unit n ∥ s.a. Pflichtstelle
Pflicht|fach n [Ed] / compulsory subject n · core subject n · core course n ∥ s.a. Kernfächer
~lektüre f [Ed] / set books pl
~stelle f [OrgM] / office for processing deposited works n ∥ s.a. Pflichtexemplarstelle
~stück n [Acq] s. Pflichtexemplar
~veranstaltung f (pflichtgemäß zu besuchende Lehrversanstaltung) [Ed] / compulsory class n
Pförtner m [Staff] / janitor n · porter n
Pfosten m (einer Regaleinheit) [Sh] / upright column n · stack upright n ∥ s.a. Mittelpfosten; Schlitzpfosten
Pfostenbauweise f (bei einem Regalsystem) [Sh] / post design n
Pharmakopöe f [Bk] / pharmacopoeia n · book of drugs n
Phasenbeziehung f [Class] / phase relation n
pH-Messer m [Rest] / pH meter n
phonetische Schrift f [Writ] s. Lautschrift
Phonotypie f [Off] / audio-typing n
Phonotypist/in m/f [Off; Staff] / audiotypist n
Photo... [Repr] ∥ s.a. Foto...
Phrase f [Lin] / phrase n
~onym n [Bk] / phrase pseudonym

pH-Wert *m* [Pres] / pH value *n*
physikalische Adresse *f* [EDP] / physical address *n* ‖ *s.a. Maschinenadresse*
physische Einheit *f* [Stock] / physical unit *n*
physischer Datenträger *m* [EDP] / physical carrier *n*
physischer Satz *m* [EDP] *s. Block*
PIF-Datei *f* [EDP] / PIF *abbr* · program information file *n*
Pigment *n* [ElPubl] / pigment *n* · (Farbstoff:) dye *v/n*
pigmentiert *pp* / pigmented *pp*
Pikto|gramm *n* [InfSy; Writ] / pictogram *n* · pictograph *n*
~graphie *f* [Writ] *s. Bilderschrift*
Pilot|projekt *n* [InfSc] / pilot project *n*
~studie *f* [InfSc] / pilot study *n*
Pilz|befall *m* [Pres] / fungal infestation *n* · fungal attack *n*
~bekämpfung *f* [Pres] / control of fungi *n* ‖ *s.a. Schimmelpilzbekämpfung*
Pinnwand *f s. Anschlagbrett*
Piraterie *f* [Law] / piracy *n* ‖ *s.a. Software-Piraterie*
Pixel|auflösung *f* [ElPubl] / pixel depth *n*
~dichte *f* [ElPubl] / pixel depth *n*
Pixel|grafik *f* [ElPubl] / bit-mapped graphics *pl but sing in constr* · (Rastergrafik:) raster graphics *pl but sing in constr*
~größe *f* [ElPubl] / pixel size *n*
Pixelierung *f* / pixelisation *n*
Pixel|raster *n* [ElPubl] / bitmap (graphic) *n*
~tiefe *f* [ElPubl] / pixel depth *n*
Plagiat *n* [Bk] / plagiarism *n* · plagiary *n* (ein ~ begehen: plagiarize)
Plagiator *m* [Bk] / plagiarist *n*
Plakat *n* / poster *n* · placard *n*
Plakat|schrift *f* [Prt] / poster type *n*
~tafel *f* [BdEq] / billboard *n*
~wand *f* [BdEq] / poster display *n* ‖ *s.a. Anschlagbrett*
Plaketteneinband *m* [Bind] / plaquette binding *n*
Plan *m* [OrgM] / plan *v/n* · (Terminplan:) schedule *v/n* ‖ *s.a. Dienstplan; Personaleinsatzplanung; Publikationsplan*
planen *v* [OrgM] / plan *v/n* · (zeitlich:) schedule *v/n* ‖ *s.a. festlegen*
Planetarium *n* [NBM] ⟨ISBD(CM; NBM)⟩ / planetarium *n*
Planfilm *m* [Repr] ⟨DIN 31631/4; A 2654⟩ / flat microform *n* ‖ *s.a. Mikrofiche*
Planoformat *n* [Pp] / full-size *n*

Planstelle *f* [Adm] / permanent post *n* · established post *n*
Planung *f* [OrgM] / planning *n* · (Terminplanung:) scheduling ‖ *s.a. Personaleinsatzplanung*
Planungsrahmen *m* [OrgM] / planning framework *n*
Planzeiger *m* [Kart] ⟨RAK-Karten⟩ / romer *n* (rectangular scale printed in the margin of a map)
Plasteeinband *m* (Kunststoff(ein)band) [Bind] *DDR* / plastic covers *pl*
Plastic-Bindung *f* [Bind] / plastic comb binding *n*
Plastik *f* (Bildwerk) [Art] ⟨DIN 31631/4⟩ / sculpture *n*
~(ein)band *m* [Bind] *s. Kunststoff(ein)band*
~folie *f* / plastic film *n* · polythene *n*
Platine *f* [EDP] / board *n* ‖ *s.a. Erweiterungsplatine; Hauptplatine*
Platte 1 *f* (Schallplatte) [NBM] *s. Schallplatte*
~ 2 *f* (Druckplatte) [Prt] *s. Klischee*
~ 3 *f* [Bind] *s. Plattenstempel; Pressplatte*
~ 4 *f* [EDP] / disk *n* ‖ *s.a. Magnetplatte*
~-Betriebssystem [EDP] / disk operating system *n*
Platten|belichtung *f* [Prt] *s. Druckplattenbelichtung*
~golddruck *m* [Bind] / gold blocking *n*
~hülle *f* [NBM] / sleeve *n* · jacket *n* · cover *n* (of a record) · (für ein Schallplattenalbum:) album cover *n*
~kassette *f* [EDP] / disk cartridge *n*
~laufwerk *n* [EDP] / disk (storage) drive *n*
~nummer *f* [Mus] *s. Druckplattennummer*
~pressung *f* [Bind] / blind-stamped panel *n*
~speicher *m* [EDP] ⟨DIN 6600⟩ / disk storage *n*
~speichersteuerung *f* (als Schnittstelle) [EDP] / disk controller *n*
~spieler *m* [NBM] / record player *n* · audiodisc player *n* · phonograph player *n*
~stapel *m* [EDP] ⟨DIN ISO 5653⟩ / disk pack *n* ‖ *s.a. Elfplattenstapel; Sechsplattenstapel*
~stempel *m* [Bind] / panel stamp *n*
~teller *m* (eines Schallplattenspielers) [NBM] / turntable *n*
~wechsler *m* [NBM] / record changer *n*
Plattform *f* [EDP] / platform *n*
plattform|übergreifend *p pres* [EDP] / cross-platform *adj*
~unabhängig *adj* [EDP] / platform indipendent *adj*

Platzbedarf *m* [BdEq] / space requirements *pl*
platzen *v* [Bind] / burst *v/pp* ‖ *s.a. geplatzt*
platzsparend *pres p* / space saving *n/pres p*
Plausibilitäts|kontrolle *f* [EDP] / reasonableness check *n* · plausibility check *n* ‖ *s.a. Gültigkeitsprüfung*
~prüfung *f* [EDP] *s. Plausibilitätskontrolle*
Plenartagung *v* / plenary session *n*
Pleonasmus *m* [Lin] / pleonasm *n*
Plotter *m* / plotter *n* ‖ *s.a. Federplotter*
Pluszeichen *n* (+) [Writ; Prt] / plus sign *n*
PND *abbr* [Cat] *s. Personennamendatei*
Pointillé-Stil *m* [Bind] / pointillé *n*
polieren *v* [Bind] / burnish *v*
Polierstein *m* [Bind] / burnisher *n*
polydimensionale Klassifikation *f* [Class] / poly-dimensional classification *n*
Polyglotter *m* [Bk] / polyglot *n*
polyglottes Wörterbuch *n* [Bk; Lin] / polyglot dictionary *n* · multi-lingual dictionary *n*
Polyhierarchie *f* [Ind; Class] ⟨DIN 32705⟩ / poly-hierarchy *n*
polyhierarchische Klassifikation *f* [Class] / poly-hierarchical classification *n*
Polyptichon *n* [Bk] / polyptych
Polysem *n* [Lin] / polyseme *n*
Polysemie *f* [Lin] / polysemy *n*
Polyvinylacetat *n* [Pres] / polyvinyl acetate *n* · PVA *abbr*
Pontifikale *n* [Bk] / pontifical *n*
populärwissenschaftliches Buch *n* [Bk] / book of popular science *n* ‖ *s.a. Sachbuch*
Population *f* (Grundgesamtheit) [InfSc] / population *n*
Popup-Menü *n* [EDP] / pop-up menu *n*
Pornographie *f* [Bk] / pornography *n*
Port *m* [EDP] / port *n*
Portabilität *f* (eines Programms, Dokuments) [EDP] / portability *n*
Portal *n* [Internet] / portal *n* ‖ *s.a. Unternehmensportal*
portieren *v* [EDP] / port *v*
Porto *n* [Comm] *s. Postgebühr(en)*
~kosten *pl* [Comm] / postage (charges) *n(pl)* · mailing costs *pl*
Portolankarte *f* [Cart] / portolan chart *n* · ruttier *n*
Porträt *n* [Art] ⟨DIN 31631/3⟩ / portrait *n*
Portulankarte *f* [Cart] *s. Portolankarte*
positionieren *v* [EDP] / position *v*
Positions|marke *f* [EDP/VDU] ⟨DIN 66233/1⟩ / cursor *n*

~operator *m* [Retr] / adjacency operator *n* · positional operator *n* · proximity operator *n*
~referat *n* [Ind] ⟨DIN 1426E⟩ / structured abstract *n* · categorized abstract *n* · positioned abstract *n*
Positiv *n* [Repr] ⟨A 2654⟩ / positive *n*
~bild *n* [Repr] ⟨DIN 19040/1⟩ / positive-appearing image *n*
~datei *f* (in einem Ausleihverbuchungssystem) [RS; EDP] / loan file in an inventory circulation system ‖ *s.a. Negativdatei*
positiv erledigte Bestellung *f* [RS] / satisfied request *n* ‖ *s.a. Prozentsatz der positiv erledigten Bestellungen*
Positiv|kopie *f* [Repr] / positive copy *n*
Post|adresse *f* [Comm] / postal address *n*
~bearbeitungsmaschine *f* [Off] ⟨DIN 2143⟩ / mail processing machine *n*
~beutel *m* [BdEq] / mailbag *n*
~fach *n* [Comm] / post-office box *n* · P.O. Box *n*
~gebühr(en) *f(pl)* (Porto) [Comm] / postage (charges) *n(pl)* ‖ *s.a. Inlandsporto*
posthumes Werk *n* [Bk] *s. postumes Werk*
Postille *f* [Bk] / postil *n*
Post|karte *f* [Comm] / postcard *n* · postal card *n*
~koordination *f* [Ind] / post-coordination *n*
postkoordiniertes Indexieren *n* [Ind] / post-coordinate indexing *n*
Post|laufzeit *f* [Comm] / postal time *n*
~leitzahl *f* [Comm] / postal code *n* · post-code *n* · ZIP Code *n US*
~schließfach *n* [Comm] / post office box *n*
~skriptum *n* [Comm] / post scriptum *n*
~stelle *f* [OrgM] / mail room *n* · post room *n* ‖ *s.a. Versandstelle*
~stempel *m* [Comm] / postmark *n* (Datum des Poststempels: date as postmark) · mail stamp *n US*
postumes Werk *n* [Bk] / posthumous work *n*
potentieller Benutzer *m* [RS] / potential user *n*
Pracht|ausgabe *f* [Bk] / book of magnificence *n* · de luxe edition *n* · edition de luxe *n*
~einband *m* [Bind] / de luxe binding *n*
Prädikat *n* [Ed] / distinction *n* (eine Prüfung mit ~ bestehen:to pass an examination with distinction)
Prädikatenlogik *f* [InfSc] / predicate calculus *n*

Praeses *m* (der Disputation in einer Doktorprüfung) [Ed] / praeses *n* ‖ *s.a. Respondent*
Präfix *n* [EDP] / prefix code *n*
Präge|apparat *m* [Off] / embossing machine *n*
~**folie** *f* [Bind] / blocking foil *n* · embossing foil *n* · stamping foil *n*
~**material** *n* [Bind] / embossing material *n*
Prägen *n* (mit der Presse) [Bind] / blocking *n* Brit · stamping *n* US
Präge|papier *n* [Pp] / embossed paper *n*
~**platte** *f* [Prt] / embossing plate *n*
~**presse** *f* [Bind] / blocking press *n* · embossing press *n* · stamping press *n* · (handbetriebene ~ für kleine Serien:) arming press *n* ‖ *s.a. Titelprägepresse; Vergoldepresse*
~**stempel** *m* [Prt; Bind] / punch *n* · embossed stamp *n* · embossing stamp *n*
präkombinierte Klassifikation *f* [Class] / enumerative classification *n*
Präkoordination *f* [Ind] / pre-coordination *n*
präkoordiniertes Indexieren *n* [Ind] / pre-coordinate indexing *n*
Praktikant *m* [Ed] / intern *n* US · person undergoing practical training *n* · trainee *n*
Praktiker *m* [Staff] / practitioner *n*
Praktikum *n* [Ed] / practical *n* · (period of) practical (practice) work *n* · fieldwork *n* (ein Praktikum ableisten: to undertake / complete a period of fieldwork; to intern) ‖ *s.a. Betriebspraktikum; Praxissemester*
Präsentation *f* [Gen] / presentation
Präsentations|ständer *m* [BdEq] / display stand *n* · display rack *n*
~**titel** *m* [Bk] / presentation title *n*
Präsenz|benutzung *f* [RS] / in-library use *n* · in-house use *n* (nur zur Präsenzbenutzung: for reference only) ‖ *s.a. nur zur Benutzung in der Bibliothek (im Lesesaal)*
~**bestand** *m* [Stock] / non-lending collection *n* · non-circulating library *n* · (mit Nachschlagewerken usw.:) reference collection *n* · reference holdings *pl* ‖ *s.a. nichtverleihbare Materialien*
~**bibliothek** *f* [Lib] / reference library *n* · non-circulating library *n* · non-lending library *n*
~**exemplar** *n* [Bk] / copy for reference use only
präventive Bestandserhaltung *f* [Pres] / preventive conservation *n* · preventive preservation *n*

praxis|nahe Ausbildung *f* [Ed] / practice-oriented education *n*
~~**orientierter Studiengang** *f* [Ed] / practice-based course *n*
Praxissemester *n* [Ed] / term of practical training *n* · practical training semester *n*
präzisieren *v* [Retr] / fine tune *v*
Preis 1 *m* (Kaufpreis) [Bk] / price *n*
~ 2 *m* (Belohnung für eine Leistung) / award *n* · prize *n* · (jmd. wurde ein ~ verliehen: sb. was awarded a prize) ‖ *s.a. Bibliothekspreis; Friedenspreis des deutschen Buchhandels; Geldpreis; Jury; Kinderbuchpreis; Literaturpreis; Nobelpreis für Literatur; Preisträger*
Preis|angebot *n* [Acq; BdEq] / offer *n* · quotation *n* (amount stated as current price) · (auf Grund einer Ausschreibung usw.:) tender *n* ‖ *s.a. Inklusivpreis; Kostenvoranschlag*
~**aufschlag** *m* [Acq] / mark-up *n* · (zusätzliches Entgelt:) surcharge *n* ‖ *s.a. Zuschlag*
~**bildung** *f* [BgAcc] / (Festlegung des Preises:) price-fixing *n* · pricing *n* ‖ *s.a. Durchschnittspreis; gespaltene Preise; gestaffelte Preisbildung; Ladenpreis; Selbstkostenpreis; Staffelpreis*
~**bindung** *f* [Bk] / price maintenance *n* (~ der zweiten Hand:resale price maintenance; vertical price fixing) · retail price maintenance *n* ‖ *s.a. fester Ladenpreis; Festpreis; Preisbildung; Preisfestsetzung*
~**erhöhung** *f* [Bk] / price increase *n* · (Aufpreis:) mark-up *n*
~**ermäßigung** *f* [Bk] ‖ *s. Preisnachlass*
~**ermäßigungen** *pl* (für bestimmte Benutzergruppen) / concessionary prices *pl*
~**festsetzung** *f* [BgAcc] / price-fixing *n* ‖ *s.a. fester Ladenpreis; Preisbildung*
preisgebundenes Buch *n* / net book *n* Brit
preisgünstig *adj* / cheap *adj*
Preis|herabsetzung *f* [Bk] / price reduction *n* · price cut *n* · cut *n* ‖ *s.a. Preisnachlass*
~**index** *m* [Bk] / price index *n*
~~**Leistungs-Verhältnis** *n* [Acq] / price-performance ratio *n*
Preis|nachlass *m* [Bk] / price reduction *n* · discount *n* · (bei Abnahme des Gesamtwerks:) set discount *n*
~**schrift** *f* [Bk] ⟨RAK-AD⟩ / prize work *n*

~träger m [Bk] / laureate n · prize laureate n · award winner n · prize winner n ‖ s.a. Friedenspreisträger; Nobelpreisträger
Press|brett n [Bind] / pressing board n · pressing board n
~**deckel** m (in einer Handdruckpresse) [Prt] / tympan n
Presse 1 f [Bind] / press n ‖ s.a. Prägepresse; Schlagpresse; Vergoldepresse
~ 2 f [Prt] / press n · printing press n (to be in the press: im Druck sein)
~**datenbank** f [InfSy] / news database n
~**information** f [PR] / press release n · news release n
~**konferenz** f [PR] / press conference n
Pressen|druck m [Bk] / fine press book n · private press print n · press book n
~**nummer** f [Prt] / press figure n · press number n
Presse|sprecher m [Staff; PR] / press officer n
~**stelle** f [PR] / public information office n · public relations office n
Pressplatte f (einer Prägepresse) [Bind] / block n
Pressung f [NBM] / pressing n ‖ s.a. Raubpressung
Pressvergoldung f [Bind] / gold blocking n · gilding in the press n
Primär|bibliographie f [Bib] / primary bibliography n
~**daten** pl [EDP] ⟨DIN 66010⟩ / primary data pl
~**dokument** n [InfSc] ⟨DIN 31639/2⟩ / primary document n
primäre Informationsquelle f [Cat] ⟨ISBD(M; PM)⟩ / principal source of information n · chief source of information n
Primär|farben pl [Prt] / primary colours pl
~**programm** n [EDP] / source program n
~**publikation** f [Bk] / primary publication n
~**speicher** m [EDP] / primary storage n
~**sprache** f [EDP] / source language n
Primarstufe f (der Schulbildung) [Ed] / primary education (at school)
Printmedien pl [InfSc] / print media pl
Prioritäten|folge f [Cat] / order of preference n
~**setzung** f [OrgM] / prioritization n
Privat|archiv [Arch] / private archives pl
~**bibliothek** f [Lib] / private library n
~**druck** m [Bk] / private edition n ‖ s.a. Pressendruck

Privatisierung f [OrgM] / privitization n
Privat|presse f [Bk] / private press n
~**sphäre** f [Law] / privacy n ‖ s.a. Datenschutz
Privileg n (als Schutz gegen Nachdruck) [Bk] / privilege n
Probe|abonnement n [Acq] / trial subscription n
~**abzug** m [Prt] / proof(-sheet) n · proof n · press proof n
~**band** n [Bk] / dummy n ‖ s.a. Probeeinband
~**befragung** f [InfSc] / pretest n
~**druck** m [Prt] / proof print n (das Probedrucken:proof printing)
~**druck avant la lettre** n [Art; Prt] / proof before letters n
~**einband** m [Bind] / sample cover n ‖ s.a. Probeband
~**exemplar** n [Bk] / examination copy n · sample copy n · specimen copy n
~**heft** n [Acq] / sample copy n · sample issue n · specimen copy n · examination copy n
~**lauf** m [OrgM] / pilot run n
Probenpartitur f [Mus] / rehearsal score n
Probe|nummer f [Bk] s. Probeheft
~**seite** f [Prt] / sample page n · specimen page n
~**zeit** f [Staff] / trial period n · probationary period n (in der ~ sein: to be on probation)
Problem|lösung f [OrgM] / problem solving n
~**lösungsfähigkeit** f [Staff] / problem solving ability n
problemorientierte Programmiersprache f [EDP] / problem-oriented language n
Produkt|aktivierung f [EDP] / product activation n
~**datenbank** f [InfSy] / product database n
Produkt-Designer m [Bk] / art director n
Produktionsfaktor m [OrgM] / production factor n
Produktivität f [OrgM] / productivity n ‖ s.a. Arbeitsproduktivität
Produktkatalog m [Bk] / trade catalogue n · trade list n · manufacturer's catalogue n ‖ s.a. Verkaufskatalog
Produzent m (eines Films) [NBM] / producer n
Professorenbibliothekar m [Staff] / professor-librarian n
Professur f [Ed] / professorship n · (Lehrstuhl:) chair n

Profil *n* [Cart] ⟨ISBD(CM); RAK-Karten⟩ / profile *n* ‖ *s.a.* Erwerbungsprofil
~**dienst** *m* [InfSy] / selective dissemination of information *n* · SDI service *n*
~**übertragung** *f* [Retr] / profile transfer *n*
Prognose *n* [InfSc; OrgM] / (Vorausschau:) prediction *f* · forecast *n* · (Vorgang:) forecasting *n*
~**bericht** *m* [InfSc] / predictive report *n*
~**daten** *pl* [InfSc] / forecasting data *pl*
~**system** *n* [InfSc] / prognostic system *n* · predictive system *n*
Prognostizierbarkeit *f* [InfSc] / predictability *n*
prognostizieren *v* [InfSc] / forecast *v*
Programm *n* [EDP] ⟨DIN 44300/4⟩ / program *n* ‖ *s.a.* ablaufinvariantes Programm; Anwenderprogramm; eintrittsinvariantes Programm; Maschinenprogramm; Mikroprogramm; Sortierprogramm
~**ablauf** *m* [EDP] ⟨DIN 44300/4⟩ / program flow *n*
~**ablaufplan** *m* [EDP] ⟨DIN 44300/4; 6601⟩ / program flowchart *n* · programming flowchart *n*
~**anfangsadresse** *f* [EDP] / program start address *n*
~**arbeit** *f* [PR] / extension work *n*
~**baustein** *m* [EDP] ⟨DIN 44300/1⟩ / program module *n* · programming module *n* · program unit *n*
~**bibliothek** *f* [EDP] / program library *n*
~**datei** (f) [EDP] / program file *n*
~**dokumentation** *f* [EDP] ⟨DIN 66230⟩ / program documentation *n* · software documentation *n*
~**fehler** *m* [EDP] / software bug *n* · bug *n* · program error *n* · software fault *n* ‖ *s.a.* Fehlererkennungscode; Fehlermeldung; Fehlersuchprogramm
programmgesteuert *pp* [EDP] / program-controlled *pp*
Programmieraufwand *m* [EDP] / programming effort *n*
programmierbar *adj* [EDP] / programmable *adj*
programmieren *v* [EDP] / program *v* (das Programmieren: programming)
Programmierer *m* [Staff] / programmer *n*
Programmier|sprache *f* [EDP] ⟨DIN 44300/4⟩ / programming language *n* · program language *n* ‖ *s.a.* höhere Programmiersprache; maschinenorientierte Programmiersprache; Maschinensprache;

problemorientierte Programmiersprache; verfahrensorientierte Programmiersprache
~**system** *n* [EDP] ⟨DIN 44300/4E⟩ / programming system *n*
programmierte Unterweisung *f* [Ed] / programmed instruction *n*
Programmierung *f* (das Programmieren) [EDP] / programming *n*
Programm|informationsdatei *f* [EDP] / program information file *n*
~**paket** *n* [EDP] / software package *n* · program package *n*
~**pflege** *f* [EDP] / software maintenance *n* · program maintenance *n*
~**schalter** *m* [EDP] / switch *n* US · switchpoint *n* Brit
~**schleife** *f* [EDP] *s.* Schleife
~**verzweigung** *f* [EDP] / branch *n* · jump *n*
~**vorschau** *f* (für eine Konferenz) [OrgM] / advance programme *n*
~**zeitschrift** *f* (Rundfunkprogramme enthaltend) [Bk] / radio and TV magazine *n*
~**zettel** *m* [Mus] / programme note *n*
Projekt *n* [OrgM] ⟨DIN 31631/7⟩ / project *n*
~**antrag** *m* [InfSc] / proposal (for a project; einen ~ stellen: submit a proposal)
~**beratung** *f* / project consultancy *n*
~**gruppe** *f* [OrgM] / project team *n* · task force *n*
Projektion 1 *f* [NBM] / projection *n* ‖ *s.a.* Standbildprojektion
~ 2 *f* [Cart] ⟨ISBD(CM); RAK-Karten⟩ / map projection *n*
Projektions|bild *n* [NBM] ⟨ISBD(NBM)⟩ / visual projection *n*
~**wand** *f* [NBM] / screen *n*
Projektleiter *m* [OrgM] / project leader *n* · project manager *n*
Projektor *m* [NBM] ⟨DIN 19090/1⟩ / projector *n* ‖ *s.a.* Filmprojektor; Tageslichtprojektor
projizieren *v* [NBM] / project *v*
Pro-Kopf-Ausleihe *f* [RS] / circulation per capita *n*
Promotionsordnung *f* / doctoral regulations *pl*
Proportionalskala *f* [InfSc] / ratio scale *n*
proprietär *adj* [EDP] / proprietary *adj*
Prosaliteratur *f* [Bk] / fiction *n*
Proseminar *n* [Ed] / introductory seminar *n* · seminar *n* (offered during basic studies stage)

Prospekt *m* [PR] ⟨DIN 31631/4⟩ /
 prospectus *n* · (Faltblatt:) flier *n* · flyer *n* ‖
 s.a. Werbezettel
Protokoll 1 *n* (Sitzungsprotokoll) [OrgM] /
 minutes *pl* · (Niederschrift:) record *n* (~
 führen:to take/keep the minutes/records;
 außerhalb des Protokolls: off the record) ‖
 *s.a. Fehlerprotokollierung; Niederschrift;
 Protokolldatei; Ratsprotokolle;
 Rechercheprotokoll; Wortprotokoll*
 ~ 2 *n* (Aufzeichnung von Abläufen) [EDP]
 / log *n*
 ~ 3 *n* (Konventionen zur Regelung
 des Informationsaustauschs zwischen
 Rechenanlagen) [Comm] / protocol *n*
 · communications protocol *n* ‖ *s.a.
 Übertragungsprotokoll*
 ~blatt *n* [Comm] / log sheet *n* (for the
 recording of transaction data)
 ~datei *f* [EDP] / log file *n* · logging file *n*
 ~-Dateneinheit *f* [Comm] / protocol data
 unit *n*
protokollieren *v* [OrgM] / draw up the
 minutes/records *v* · (Verhandlungen ~:)
 record *v* · (Abläufe aufzeichnen:) log *v*
 · (eine Sitzung ~:) keep the minutes of
 a meeting *v* ‖ *s.a. Fehlerprotokollierung;
 Protokoll 1*
Protokollnachricht *f* [Comm] / protocol
 data unit *n* · PDU *abbr*
Provenienz *f* [Acq; Arch] / provenance *n*
 ~prinzip *n* [Arch] / principle of
 provenance *n*
provisorische Katalogisierung *f* [Cat] *s.
 Interimskatalogisierung*
Prozedur *f* [EDP] ⟨DIN 44300/4⟩ /
 procedure *n* ‖ *s.a. rekursive Prozedur*
 ~anweisung *f* [EDP] / procedure
 statement *n*
Prozentsatz *m* [InfSc] / percentage *n*
 ~ **der positiv erledigten Bestellungen** *m* /
 fill rate *n* · holdings rate *n* · satisfaction
 rate *n*
Prozess *m* [EDP] ⟨DIN 44300/1; 66201/1⟩ /
 process *n*
 ~optimierung *f* [OrgM] / process
 optimization *n*
Prozessor *m* [EDP] ⟨DIN 44300/5E⟩ /
 processor *n* · processing unit *n*
 -kamera *f* [Repr] / processor camera *n*
 ~zeit *f* [EDP] / processor time *n* · CPU
 time *n*
Prozess|rechensystem *n* [EDP] *s.
 Prozessrechner*

~rechner *m* [EDP] ⟨DIN 66201/1⟩ /
 process computer *n*
~überwachung *f* [EDP] / process
 monitoring *n*
~verwaltung *f* [EDP] / process
 management *n*
Prüfbit *n* [EDP] / check bit *n*
prüfen *v* [Gen] / (inspizieren,
 untersuchen:) inspect *v* · (testen:) test *v*
 · (Lernergebnisse:) examine *v* ‖ *s.a.
 Zwischenprüfung*
Prüf|ling *m* [Ed] / examinee *n*
 ~norm *f* [Gen; Bk] / standard of test
 methods *n*
 ~programm *n* [EDP] / check routine *n* ·
 diagnostic program *n* ‖ *s.a. grammatisches
 Prüfprogramm*
 ~stück *n* (Ansichtsbuch für Lehrer und
 Professoren) [Bk] / desk copy *n* ·
 examination copy *n* · inspection copy *n*
 ‖ *s.a. Ansichtsexemplar; zur Ansicht*
Prüfung *f* [OrgM; Ed] / (erwägendes
 Überlegen:) consideration · (Ausbildung:)
 examination *n* · exam *n* · (eine
 Prüfung ablegen: to take an exam) ·
 (Inspektion:) inspection · (Einschätzung:)
 assessment *n* ‖ *s.a. Abnahmeprüfung;
 Aufnahmeprüfung; Datenprüfung;
 Endprüfung; mündliche Prüfung;
 schriftliche Prüfung; Überprüfung;
 Umweltverträglichkeitsprüfung;
 Zwischenprüfung*
Prüfungs|anforderungen *pl* [Ed] /
 examination requirements *pl*
 ~arbeit *f* (schriftlich) [Ed] / examination
 paper *n* ‖ *s.a. Klausur*
 ~ausschuss *m* [Ed] / examination board *n*
 ~fach *n* [Ed] / exam subject *n* ‖ *s.a.
 Studienfach*
 ~ordnung *f* [Ed] / examination
 regulations *pl*
 ~zeugnis *n* [Ed] / certificate *n* · (Diplom:)
 diploma *n*
Prüf|zeichen *n* [EDP] / check character *n*
 ~ziffer *f* [EDP] / check digit *n*
Psalter *m* [Bk] ⟨RA-AD⟩ *s. Psalterium*
Psalterium *n* [Bk] ⟨DIN 31631/4⟩ / psalm-
 book *n* · psalter *n*
Pseudo|dezimale *f* [InfSy] ⟨DIN 44300⟩ /
 pseudo-decimal digit *n*
 ~nym *n* [Bk] / pseudonym *n* · pen name *n*
 ‖ *s.a. Deckname*
Publikation *f* [Bk] ⟨DIN 31639/2⟩ /
 publication *n*
Publikations|art *f* [Bk] / publication type *n*

Publikationsform 176

~**form** *f* [Bk] *s. Publikationsart*
~**geschichte** *f* [Bk] / publication history *n*
~**plan** *m* (Terminplan) [Bk] / publication schedule *n*
~**wesen** *n* [Bk] / publishing *n*
Publikum *n* / audience *n* · public *n/adj* ‖ *s.a. Lesepublikum; Zielpublikum*
Publikums|katalog *m* [Cat] / public catalogue *n*
~**zeitschrift** *f* [Bk] / consumer publication *n* (~en insgesamt: consumer press) · (nicht spezialisiert:) general interest magazine
publizieren *v* / publish *v* ‖ *s.a. veröffentlichen*
Publizieren *n* [Bk] / publishing *n*
~ **bei Bedarf** *n* / on-demand publishing *n* · publishing on demand *n* · demand publishing *n*
Puffer 1 *m* [Pres] / buffer *n* ‖ *s.a. puffern*
~ 2 *m* [EDP; Pp; Pres] ⟨DIN 44300/6⟩ / buffer *n* ‖ *s.a. Datenpuffer; Druckausgabepuffer*
puffern *v* [EDP; Pp; Pres] / buffer *v*
Pult *n* [BdEq] / desk *n* · (Stehpult zum Lesen auch:) lectern *n* · reading desk *n* ‖ *s.a. Lesepult*
~**regal** *n* [Prt] / composing frame *n*
Punkt 1 *m* [Writ] / point *n* · (punctuation mark:) full stop *n* · period *n* US · (Pünktchen:) dot *n*
~ 2 *m* (Einheit des typographischen Systems) [Prt] / typographic point *n* · point *n*

~**abstand** *m* [EDP/VDU] / screen pitch *n* · dot pitch *n*
~**ätzung** *f* [Prt] / dot etching *n*
Pünktchen *n* [Writ; Prt] / dot *n*
Punktdiagramm *n* [InfSc] / scatter chart *n*
Punkte pro Zoll *pl* (Mustererkennung) [EDP] / dpi *abbr* · dots per inch *pl*
Punktgrafik *f* [InfSc] / scatter chart *n*
Punktiermanier *f* [Art] / stipple engraving *n*
punktierte Linie *f* [Writ; Prt] / dotted line *n*
Punktschrift *f* [Writ; Bk] / embossed script *n*
~**buch** *n* [Bk] / Braille book *n* · embossed book *n*
Punktstreuungskarte *f* [Cart] / dot map *n*
Punktur *f* (in einer mittelalterlichen Handschrift) [Writ] / prickmark *n*
Punktzahl *f* [Gen] / score *n*
Punkt-zu-Punkt-Verbindung *f* [Comm] ⟨DIN 44302⟩ / point-to-point connection *n*
Punze 1 *f* (Stahlstempel) [Prt; Bind] / punch *n* ‖ *s.a. Schriftschneider*
~ 2 *f* (nichtdruckende Vertiefung in einer Schrifttype) [Prt] / counter *n*
punzieren *v* [Bind] / gauffer *v*
purgierte Ausgabe *f* [Bk] *s. bereinigte Ausgabe*
Puzzle *n* [NBM] ⟨ISBD(NBM)⟩ / jigsaw puzzle *n*
PVA-Kleber *m* [Bind] / PVA *abbr* · polyvinyl acetate *n* · PVA glue *n*
PVC-Überzugmaterial *n* [Bind] / PVC binding fabrics *pl*

Q

Quadrata *f* [Writ] / quadrata *n* · square capital hand *n*
quadrophonisch *adj* [NBM] / quadrophonic *adj*
Qualifikator *m* (zur Differenzierung der verschiedenen Bedeutungen von Homographen) [Ind] / qualifier *n*
Qualität *f* [OrgM] ⟨DIN EN ISO 402; DIN 55350/11⟩ / quality *n*
Qualitäts|audit *n* [OrgM] ⟨DIN 55350/11; DIN ISO 10011/1⟩ / quality audit *n*
~**bewertung** *f* [OrgM] / quality assessment *n*
~**kontrolle** *f* [OrgM] / quality control *n* · quality check *n*
~**lenkung** *f* [OrgM] ⟨ISO 9000-1, A5⟩ / quality control *n*
~**management** *n* [OrgM] ⟨DIN EN ISO 8402; DIN 55350/11⟩ / quality management *n*
~**merkmal** *n* (eines materiellen/immateriellen Produkts) [OrgM] ⟨DIN 55350/11+12⟩ / quality characteristic *n*
~**norm** *f* [Gen; Bk] / quality standard *n* · performance standard *n*
~**planung** *f* [OrgM] ⟨DIN 55350/11⟩ / quality planning *n*
~**prüfung** *f* [OrgM] ⟨DIN 55350/18⟩ / quality test *n* · quality inspection

~**prüfzertifikat** *n* [OrgM] / quality inspection certificate *n*
~**sicherung** *f* [OrgM] ⟨DIN 55350/11⟩ / quality assurance *n* ‖ *s.a.* *Zertifizierungsstelle*
~**sicherungssystem** *n* [OrgM] / quality system *n*
~**steuerung** *f* [OrgM] / quality control *n*
~**überwachung** *f* [OrgM] / quality surveillance *n*
~**verbesserung** *f* [OrgM] ⟨ISO 9000,A.7⟩ / quality improvement *n*
Quart|band *m* [Bk] / quarto volume *n*
~**format** *n* [Bk] / quarto *n*
Quarzlampe *f* [Pres] / quartz lamp *n* · Wood's lamp *n* · ultra-violet lamp *n*
Quasi-Synonym *n* [Lin] / near-synonym *n* · quasi-synonym *n*
~**-Synonymie** *f* [Lin] / quasi-synonymity *n*
Quatern(e) *m(f)* [Bk] / quaternion *n* ‖ *s.a.* *Ternie*
Quell|code *m* [EDP] / source code *n*
~**datei** *f* [EDP] / source file *n*
~**deskriptor** *m* [Ind] / source descriptor *n*
Quellen|programm *n* [EDP] *s.* *Quellprogramm*
~**sprache** [EDP] *s.* *Quellsprache 2*
~**werk** *n* [Bk] / sourcebook *n*
Quell|programm *n* [EDP] ⟨DIN 44300/4E⟩ / source program *n*

Quellsprache

~**sprache** 1 *f* (bei einer Übersetzung) [Lin;] *s. Ausgangssprache*
~**sprache** 2 *f* (bei der Umwandlung von Anweisungen in der einen Programmiersprache in solche einer anderen Programmiersprache) [EDP] ⟨DIN 44300/4⟩ / source language *n*
Quer-Folio *n* (quer-2°) [Bk] / oblong folio *n*
Quer|format 1 *n* (der Bildanordnung auf einem Mikro-film) [Repr] *s. horizontale Bildlage*
~**format** 2 *n* (eines Buches) [Bk] / oblong format *n* · cabinet size *n* · horizontal format *n* · landscape format *n*
~**heftung** *f* [Bind] / (seitliche Heftung:) side-sewing *n* · (Blockheftung mit Draht:) flat-stitching *n* · whip-stitching *n US*
~**-Oktav** *n* [Bk] / oblong octavo *n*
~**richtung** *f* [Pp] / cross direction *n*
~**rippen** *pl* [Pp] / chain-lines *pl*
~**schnittsthesaurus** *m* [Ind] / thematic thesaurus *n*
~**titel** *m* / title running across the spine *n*

Quintern(e) *m(f)* [Bk] / quinternion *n*
quittieren [Comm] / (Datenempfang:) acknowledge *v* · (Warenempfang ~:) acknowledge receipt of...∥ *s.a. Empfangsbestätigung*
Quittung *f* / receipt *n* · acknowledgement
Quittungs|anforderung *f* [Comm] / acknowledgment request *n*
~**austausch(betrieb)** *m(m)* [EDP] / handshaking *n*
~**freigabe** *f* [Comm] / acknowledgment enable signal *f*
~**zeichen** *n* [Comm] / acknowledge character *n*
Quote *f* [InfSc] / (Rate:) rate *n* · (Verhältnis:) ratio · (Anteil:) quota *n* · share *n* ∥ *s.a. Abdeckungsquote; Antwortquote; Diebstahlquote; Erfolgsquote; Fehlerquote; Fehlquote; Frauenquote; Relevanzquote; Rücklaufquote; Trefferquote*
Quoten|stichprobe *f* [InfSc] / quota sample *n*
~**system** *n* [Staff] / quota system *n*

R

Rabatt *m* [Acq] / discount *n* · rebate *n*
· (Preisnachlass:) price discount *n* ‖
*s.a. Barzahlungsrabatt; Mengenrabatt;
Mindestrabatt; Preisherabsetzung; Skonto*
Radier|gummi *m* [Off] / eraser *n US* ·
rubber *n Brit*
~**nadel** *pl* [Art] / etching needle *n*
Radierung *f* [Art; Prt] / etching *n*
Radixpunkt *m* [InfSy] ⟨DIN 44300/1E⟩ /
radix point *n*
Rähmchen *n* (Teil einer Handpresse) [Prt] /
frisket *n* ‖ *s.a. Dia-Rähmchen*
Rahmen *m* [BdEq; OrgM] / framework *n* ·
(rahmen:) frame *v* (ungerahmt: unframed)
‖ *s.a. Dia-Rähmchen*
~**abkommen** *n* [OrgM] / outline
agreement *n* · blanket agreement *n*
~**bedingungen** (allgemein) [OrgM]
/ general framework *n* · terms of
reference *pl*
~**programm** *n* [OrgM; EDP] / framework
programme *n* · (EDV:) framing program *n*
Rahmung *f* [Bk] / (Rahmen:) frame *n* ‖ *s.a.
Rahmen*
RAM-Auffrischung *f* [EDP] / RAM
refresh *n*
Ramsch(bücher) *m(pl)* [Bk] /
(unverkäufliche Lagerbestände:)
remainders *pl* ‖ *s.a. verramschen*
~**buchhandlung** *m* [Bk] *s. modernes
Antiquariat*

Rand *m* [Bk; Gen] / (unbedruckter
Randbereich/Steg:) margin ‖ *s.a. Bundsteg;
Fußsteg; Kopfsteg; Schnitt 2*
~**ausgleich** *m* [Writ; Prt] / margin
alignment *n* · adjustment *n* · justification *n*
‖ *s.a. Flattersatz*
~**bedingung** *f* [InfSc] / marginal
condition *n*
~**bemerkung** *f* / marginal note *n*
Rändeln *n* [Bind] / edging *n*
Rand|feld *n* [EDP/VDU] ⟨DIN 66233/1⟩ /
surrounding area *n*
~**gebiet** *n* [Class; Ind] / marginal subject *n*
~**gruppe** *f* [RS] / fringe group *n*
~**leiste** *f* [Bk] / border *n*
~**lochkarte** *f* [PuC] / verge-perforated
card *n* · edge-punched card *n* · margin-
punched card *n* · marginal-hole punched
card *n*
Randomisierung *f* [InfSc] / randomization *n*
Random-Speicher *m* [EDP] / random-access
memory *n* · RAM *abbr*
Rand|schleier *m* [Repr] / edge fog *n*
~**stecker** *m* (einer Platine) [EDP] / edge
connector *n*
~**stiftleiste** *f* (einer Platine) *s. Randstecker*
~**überschrift** *f* / marginal heading *n* · side-
head(ing) *n* · (linksbündig vor einem
Absatz:) shoulder-head *n*
~**überzeichnung** *f* [Cart] / blister *US*
~**ziffer** *f* (Zeilenzähler) [Prt] / marginal
figure *n* · runner *n*

Rang *m* [InfSc] / ranking *n* · rank *n* ‖ *s.a.*
Rangplatz
~**folge** *f* [InfSc] / ranking *n* · rule of precedence *n*
~**ordnung** *f* [InSc] / rank order *n* · ranking *n*
~**ordnungsskala** *f* [InfSc] / ordinal scale *n* · ranking scale *n*
~**platz** *m* [InfSc] / rank *n*
Ranken *pl* (Kartusche) [Bind] / scroll *n*
rapportierendes Muster *n* [Bind] / diaper design *n* · repeat pattern *n*
Rara *pl* [Bk] / rare books *pl*
~-**Sammlung** *f* [Stock] / rare book collection *n*
Raster 1 *m* [BdEq] / grid (square) *n*
~ 2 *m* [Prt] / half-tone screen *n* · screen *n* ‖ *s.a.* *Entrasterung; grober Raster; Kontaktraster*
~ 3 *m* (eines Mikrofiches) [Repr] ⟨ISO 6196/2; DIN 19040/113E⟩ / grid pattern *n*
~**ätzung** *f* [Prt] / half-tone process *n* · half-tone engraving *n* · half-tone etching · half-tone *n*
~**bild** *n* [Prt] ⟨DIN 16500/2⟩ / screened picture *n* · half-tone *n*
~**bilder** *pl* [Prt] / halftone art *n*
~**feld** *n* (eines Mikrofiches) [Repr] ⟨DIN 19054⟩ / raster *n* · grid area *n*
~**grafik** *f* [ElPubl] / raster graphics *pl but sing in constr*
~**klischee** *n* [Prt] ⟨DIN 16514⟩ / half-tone plate *n* · half-tone block *n*
rastern *v* [Prt] / rasterize *v* (das Rastern:rasterization) · screen *v*
Rasterpunkt *m* / halftone dot *n*
Rasterung *f* [Prt] / half toning *v* · screening *n* · rasterization *n*
Rate *f* [BgAcc] / (bei Ratenzahlung:) rate *n* · instal(l)ment *n*
raten *v* [OrgM] / counsel *v* · advise · (positiv raten:empfehlen:) recommend ‖ *s.a. Informationsberatung*
Ratenzahlung *f* [Acq] / payment by insta(l)lments *n*
Ratgeberbuch *n* [Staff; Bk] / adviser *n* · how-to book *n* · how-to-do-it book *n*
Rationalisierung *f* [OrgM] / rationalization *n*
Rational|skala *f* [InfSc] / ratio scale *n*
~**skalierung** *f* [InfSc] / ratio scaling *n*
Ratsbibliothek *f* / council library *n*
Rätselspiel *n* [NBM] / puzzle game *n*

Rats|mitglied *n* (Mitglied in einer kommunalen Selbstverwaltungskörperschaft) [Adm] / councillor *n*
~**protokolle** *pl* [Adm] / Council minutes *pl*
Raub|druck *m* [Bk] / pirated edition *n* ‖ *s.a. unerlaubter Nachdruck*
~**drucker** *m* [Bk] / pirate *n* · piratical (re)printer *n*
~**druck(wesen)** *m(n)* [Bk] / book piracy *n*
~**kopie** *f* [EDP; NBM] / pirate copy *n*
~**kopieren** *n* [Bk] / piracy *n*
~**pressung** *f* [NBM] *s. Raubkopie*
Rauchmelder *m* [BdEq] / smoke detector *n*
Rauhschnitt *m* [Bind] / shaved edge *n*
Raum|bedarf *m* / space requirement(s) *n(pl)* · space needs *pl* ‖ *s.a. umbauter Raum*
~**bild** *n* [NBM] / stereograph *n*
~**bildkarte** *f* [Cart] / stereoscopic map *n*
raumbildliche Darstellung *f* [Cart] / anaglyphic presentation *n*
Raum|einsparung *f* [BdEq] / space saving *n*
~**enge** *f* (räumliche Enge) [BdEq] / space constraint *n*
~**gliederungskarte** *f* [Cart] / regionalization map *n*
~**klima** *n* [BdEq] / room climate *n*
räumliche Enge *f* [BdEq] *s. Raumenge*
Raum|nutzung *f* [BdEq] / space utilization *n*
~**pflegepersonal** *n* [Staff] / cleaning staff *n* ‖ *s.a. Hauspersonal*
~**planung** *f* [BdEq] / space planning *n* ‖ *s.a. offene Raumaufteilung*
~**programm** *n* (Bauplanung) [BdEq] / (als Dokument:) space book *n* · architect's brief *n* (written description for a building to be designed setting out its rooms etc.) · building programme *n*
~**teiler** *m* [BdEq] / room divider *n* ‖ *s.a. Trennwand*
~**verteilung** *f* [BdEq] / space allocation *n*
~**verteilungsplan** *m* (für ein Geschoss) [BdEq] / floor plan *n*
Raupenvorschub *m* [EDP; Prt] / tractor feed paper drive *n*
Rauschen *n* (in einem gescannten Dokument) [EDP] / speckle *n*
Raute *f* [Bind] / lozenge *n* · diamond *n*
rautenförmig *adj* [Bk] / diamond-shaped *pp* · lozenge-shaped *pp*
Rautenmuster *n* [Bind] / lozenge pattern *n*
Reaktionszeit *f* [EDP] ⟨DIN 44300/7E⟩ / reaction time *n*
reale Adresse *f* [EDP] / real address *n*

Realenzyklopädie f [Bk] / encyclop(a)edia n (for concepts and topics)
Realisation f (eines zur Ausführung bestimmten Werkes) [NBM] ⟨ISBD(NBM)⟩ / realization n
realisierbar adj [OrgM] / realizable adj · (funktionsfähig:) workable
Realisierung f (eines Plans usw.) [OrgM] / implementation n
Real|katalog m [Class] / classified catalogue n · classed catalogue n
~**konkordanz** f [Bk] / concordance of concepts and topics n
~**schule** f / secondary school n (medium level)
~**zeitbetrieb** m [EDP] s. *Realzeitverarbeitung*
~**zeitverarbeitung** f [EDP] ⟨DIN 44300/9E⟩ / realtime processing n
Rechen|anlage f [EDP] ⟨DIN 44300/5⟩ / computer n
~**fehler** m [BgAcc] / miscalculation n
~**maschine** f [Off] ⟨DIN 9757⟩ / calculator n ∥ s.a. *Abrechnungsmaschine; netzabhängige Rechenmaschine; Rechenmaschine mit Batteriebetrieb; Taschenrechner; Tischrechner* 2
~**maschine mit Batteriebetrieb** f [Off] / battery-powered calculator n
~**maschine mit Druckfunktion** f [Off] / printing calculator n
~**maschine mit Netzanschluß** n [Off] / mains-powered calculator n
~**maschine mit Netzanschluss und Batteriebetrieb** f [Off] / mains/battery powered calculator n
~**system** n [EDP] ⟨DIN 44300/5E⟩ / data processing system · computer system n · computing system n
~**werk** n [EDP] ⟨DIN 44300/5⟩ / arithmetic (and) logic unit n
~**zeit** f [EDP] / computing time n
~**zentrum** n [EDP] / computer center n · computing center n · data processing center n
Recherche f [Retr] / search n (Recherchen in der Bibliothek: library research; ~ auf Grund einesThesaurus:thesaurus based search) ∥ s.a. *Abfrage; Ähnlichkeitssuche; Literaturrecherche*
~**ablauf** m (retrospektiv betrachtet) [Retr] / search history n
~**auftrag** m [Retr] / search request n · (gegen Bezahlung:) search order n
~**-Ergebnis** n [Retr] / search result n

~**protokoll** n [Retr] / search log n
~**sprache** f [Retr] / search language n · retrieval language n
~**strategie** f [Retr] / search strategy n
~**system** n [Ind] s. *Retrievalsystem*
~**zeit** f [Retr] / (Dauer:) search duration n · search time n
~ **zum Stand der Technik** f / art search n
recherchierbar adj / searchable adj
recherchieren v / search v · research v (ein Thema recherchieren: to do some research on a subject) ∥ s.a. *Boole'sches Recherchieren; datenbankübergreifendes Recherchieren; rechnergestütztes Recherchieren*
Rechner m [EDP] / computer n
~**architektur** f [EDP] / computer architecture n
~**ausfall** m [EDP] s. *Maschinenausfall*
~**ausfallzeit** f [EDP] / downtime n ∥ s.a. *Computerstörung*
~**datei** f [EDP] / computer file n
rechnergestützt pp / computer-assisted pp · computer-aided pp
rechnergestütztes Design n [Art; BdEq] / computer-assisted design n
rechnergestütztes Recherchieren n [Retr] / computer searching n · computer-assisted retrieval n · CAR abbr
rechnergestützte Übersetzung f [Lin] / computer-aided translation n · machine translation n
rechnergestützte Unterweisung f [Ed] / computer-assisted instruction n · CAI abbr
Rechner|klassifizierung f [EDP] / computer classification n · computer taxonomy n
~**netz** n [EDP] / computer network n
~**raum** m [BdEq] / computer room n
~**steuerung** f [EDP] ⟨DIN 66201⟩ / computer control n
~**system** n [EDP] / computing system n
~**verbund** m [EDP] / computer network n
Rechnung f / invoice n · bill n (in ~ stellen: to invoice; laut ~: as invoiced; jemandem für etwas eine ~ ausstellen: to bill someone for something) ∥ s.a. *Abrechnung; fakturieren; Vorausrechnung*
~ **in dreifacher Ausfertigung** f [BgAcc] / invoice in triplicate n
Rechnungs|betrag m [BgAcc] / invoice amount n · sum payable n
~**buch** n [BgAcc] / account book n ∥ s.a. *Geschäftsbuch*
~**datum** n [BgAcc] / invoice date n · billing date n

Rechnungsführung 182

~**führung** *f* [BgAcc] / accounting *n*
~**gesamtbetrag** *m* [BgAcc] / total invoice value *n*
~**hof** *m* [BgAcc] / court of auditors *n* · audit office *n*
~**jahr** *n* [BgAcc] / financial year *n* · accounting year *n* ‖ *s.a. Haushaltsjahr*
~**legung** *f* [BgAcc] / invoicing *n* · billing *n*
~**nummer** *f* [BgAcc] / billing number *n*
~**prüfer** *m* [BgAcc] / auditor *n*
~**prüfung** *f* [BgAcc] / (Sachverhalt:) audit *n* · (Vorgang:) auditing *n* (eine ~ vornehmen: to audit the accounts)
~**stelle** *f* [BgAcc; OrgM] / accounts office · accounting department *n* · accounting office *n*
~**summe** *f* [BgAcc] *s. Rechnungsbetrag*
~**wesen** *n* [BgAcc] / accounting *n*
Rechte|besitz *m* [Law] / rights ownership *n*
~**inhaber** *m* [Law] / rightsholder *n*
Rechts|abtretung *f* [Law] *s. Rechtseinräumung*
~**anspruch** *m* [Law] / legal claim (to) · legal entitlement *n*
~**aufsicht** *f* [Adm] / regulatory control *n* · legal supervision *n*
rechtsbündig *adj* [Prt] / range right *n Brit* (rechtsbündiger Rand: even right-hand margin) · flush right *adj US* · right adjusted *pp* · right-aligned *pp*
rechtsbündig *adj* / right justified *pp*
Rechtschreib|prüfprogramm *n* [EDP] / spell checker *n* · spelling checker *n*
~**prüfung** *f* [EDP] / spelling check *n*
Rechtschreibung *f* [Writ; Prt] / spelling *n* · orthography *n* ‖ *s.a. falsch schreiben*
Rechtschreibwörterbuch *n* [Bk] / spelling dictionary *n*
Rechts|einräumung *f* [Law] / cession of rights *n* ‖ *s.a. Übernahme 2*
~**maskierung** *f* [Retr] / right truncation *n*
~**titeldokument** *n* [Law] / muniment *n*
~**trunkierung** *f* [Retr] / right truncation *n*
~**verletzung** *f* [Law] / infringement *n* ‖ *s.a. Patentverletzung*
~**verordnung** *f* [Law] / statutory order *n*
Rechtwinkelnetz *n* [Cart] *CH* / grid
Recto *n* [Bk] / recto *n*
Recyclingpapier *n* [Pp] / recycled paper *n*
Redakteur *m* (bei einer Zeitung u. dgl.) [Bk] / editor *n* ‖ *s.a. Chefredakteur; Lokalredakteur*
Redaktion 1 *f* (Redaktionskollegium) [Bk] / editorial staff *n* · editorial board *n*

~ 2 *f* (Tätigkeit) [Bk] / editorial work *n* · editing *n* · (~ eines unvollständigen oder nicht druckreifen Manuskripts:) redaction *n*
redaktioneller Teil *m* (einer Zeitschrift) [Bk] / editorial content *n*
Redaktions|asssistent *m* [Bk] / assistent editor *n* · sub-editor *n*
~**schluss** *m* [Bk] / copy deadline *n* · editorial deadline *n*
redigieren *v* [Bk] / edit *v* · (durch einen Assistenten:) sub-edit *v*
redundant *adj* [InfSc] / redundant *adj*
Redundanz *f* [InfSc] ⟨DIN 44301; 40041E⟩ / redundancy *n*
~**beseitigung** *f* [InfSy] / redundancy elimination *n*
Referat 1 *n* (Vortrag) [Comm] / lecture *n* · paper *n* (ein Referat halten: to read a paper)
~ 2 *n* (Inhaltszusammenfasssung; Kurzreferat) [Bib; Ind] / abstract *n* ‖ *s.a. Fremdreferat; indikatives Referat; kritisches Referat; Schlagwortreferat; zweckorientiertes Referat*
~ 3 *n* (kleine Organisationseinheit) [OrgM] / subdivision *n* ‖ *s.a. Fachreferat*
Referate|blatt *n* [Bib; Ind] / abstract journal *n* · abstracting journal *n*
~**dienst** *m* [Bib; Ind] / abstracting service *n* · (zur internen Verbreitung auch:) abstract bulletin *n*
~**karte** *f* [Ind] ⟨TGL 20975⟩ / documentation card *n* (containing abstracts)
~**zeitschrift** *f* [Bib; Ind] / abstracting journal *n* · abstract journal *n*
Referent *m* [Staff] / official *n* (~ für...: official in charge of ...) ‖ *s.a. Fachreferent; Länderreferent*
Referenz-Datenbank *f* [InfSy] / reference database *n*
Referieren *n* [Ind] / abstracting *n* ‖ *s.a. maschinelles Referieren*
referieren *v* [Ind] / abstract *v*
Referral-Datenbank *f* [InfSy] / referral database *n*
reflexionsarme Oberfläche *f* [BdEq] / low-reflectance surface *n*
Reflex|kopie *f* [Repr] / reflex copy *n*
~**kopierverfahren** *n* [Repr] / reflection copying *n* · reflex copying *n*

Regal *n* [Sh] / (Regaleinheit:) stack *n* US
· (ein und mehrere Regale:) shelves *pl*
· (geschlossenes, traditionelles ~:)
bookcase *n* · (Gestell zur Auslage
von Büchern usw.:) rack *n* · (Regale
insgesamt, i.S. v. Regalausstattung:)
shelving *n* ‖ *s.a. einzeln im Raum
stehendes Bücherregal; Einzelregal;
frei stehende Regale; Holzregal(e);
Regaleinheit; sternförmig aufgestellte
Regale; Wandregal(e); Zeitschriftenregal*
~**abstand** *m* [Sh] / between-stack
distance *n* · between-stack width *n*
~**abteil** *n* [Sh] / compartment *n*
~**achse** *f* [Sh] / shelving range *n* · range *n*
· press *n*
~**anlage** *f* [Sh] / stack(s) *n(pl)* ‖
*s.a. Magazin mit eingeschossiger
(selbsttragender) Regalanlage; Magazin
mit mehrgeschossiger (selbsttragender)
Regalanlage*
~**ausstattung** *f* [Sh] / shelving *n*
~**beschilderung** *f* [Sh] / shelf label(l)ing *n*
· (Hinweistafel am Regal bzw. an der
Regalreihe:) tier guide *n* · shelf guide *n* ·
range guide *n* ‖ *s.a. Sachgruppenhinweis*
~**beschriftung** *f* [Sh] *s. Regalbeschilderung*
~**block** *m* [Sh] / shelving section *n*
~**boden** *m* (Fachboden) [Sh] / shelf *n*
~**einheit** *f* [Sh] / bookstack unit *n* · stack
unit *n* · shelving unit *n* · shelf unit *n* ·
shelf section *n* · tier *n* ‖ *s.a. Anbauregal;
Doppelregal; einseitige Regaleinheit;
Grundregal*
~**einsatz** *m* [Sh] / shelf insert *n*
~**fläche** *f* [Sh] / shelving space *n*
~**gang** *m* [Sh] / range aisle *n* · stack
aisle *n*
~**leiter** *f* [Sh] / shelf ladder *n*
~**meter** *m* [Sh] / linear metre *n*
~ **mit geschlossenen Seitenwänden** *n* [Sh]
/ standard shelves *pl* · (Aufstellung in
~en ~ ~ ~:) standard shelving *n* ‖ *s.a.
Seitenwand*
~**nummer** *f* (als Standortbezeichnung) [Sh]
/ shelf mark *n*
~**ordnung** *f* (Ordnung des Bestandes im
Regal) [Sh] / shelf arrangement *n*
~**reihe** *f* [Sh] *s. Regalachse*
~**system** *n* [Sh] / shelving system *n* ‖ *s.a.
Pfostenbauweise*
~**teiler** *m* [Sh] / divider *n*
~**wand** *f* (mehrere Regale an einer Wand)
[Sh] / wall units *pl*

~**zubehör** *n* [Sh] / shelf fitments *pl*
· shelving accessories *pl* · stack
accessories *pl*
Regel *f* [OrgM] / rule *n* · (Regelung:)
regulation *n* ‖ *s.a. technische Regeln*
~**änderung** *f* [Cat] / rule revision *n*
~**auslegung** *f* [Cat] / rule interpretation *n*
regelmäßige Ausgaben *pl* [BgAcc] /
recurrent expenditure *n*
**Regeln für die alphabetische
Katalogisierung** *pl* [Cat] / cataloguing
rules *pl* · descriptive cataloguing rules *pl*
~ **für die alphabetische Ordnung** *pl* /
rules for alphabetical arrangement *pl*
Regelstudienzeit *f* [Ed] / standard period of
study *n*
Regelung *f* [OrgM] / regulation *n*
Regelwerk *n* [Gen; Cat] ⟨DIN 31631/4⟩ /
code *n*
Regenbogenpresse *f* [Bk] / yellow press *n*
regenerieren *v* [Pres] / regenerate *v*
Regesten *pl* [Arch] ⟨DIN 31631/4; RAK-
AD⟩ / calendar *n*
Regional|ausgabe *f* (einer Zeitung) [Bk] /
area edition *n* · regional edition *n*
~**bibliographie** *f* [Bib] / regional
bibliography *n*
~**bibliothek** *f* [Lib] / regional library *n*
Regionaler Leihverkehr / regional inter-
library lending system *n*
regionaler Zentralkatalog *m* [Cat] /
regional catalogue *n* · regional union
catalogue *n*
Regional|katalog *m* [Cat] / (nach Regionen
gegliederter Katalog:) geographic
catalogue *n* · (ein auf eine Region
bezogener Katalog:) regional catalogue *n*
~**presse** *f* [Bk] / provincial press *n*
~**referat** *n* [OrgM; Acq] / area
development department *n*
~**referent** *m* [Staff; Acq] / area specialist *n*
· area bibliographer *n* US
Regisseur *m* (eines Films) [NBM] /
director *n*
Register 1 *n* [Bk] ⟨DIN 1422/1; 2331;
31630/1E; 31631/2+4⟩ / index *n* ‖ *s.a.
Generalregister; Ortsregister*
~ 2 *n* [EDP] ⟨DIN 44300/6⟩ / register *n*
~**ausgang** *m* (als Teil eines
Registereintrags) [Bk; Bib; Ind] ⟨DIN
31630/1E⟩ / cross-references and
locators *pl*
~**band** *m* [Bk; Ind] / index volume *n*
~**datei** *f* [EDP] / index file *n*

Registereingang 184

~**eingang** *m* (als Teil eines Registereintrags) [Bk; Ind] ⟨DIN 2331; DIN 31630/1⟩ / heading *n*
~**eintrag** *m* [Bk; Ind] ⟨DIN 2331; DIN 31630/1⟩ / index entry *n*
~ **halten** *v* [Prt] / to be in register (Register nicht halten: to be out of register)
~**information** *f* [Bk; Ind] ⟨DIN 2331⟩ / reference *n*
~**papier** *n* [Pp] / ledger paper *n*
~**zusatz** *m* [Bk] ⟨DIN 31630/1⟩ / modification *n*
Registratur *f* [Off] / (Organisationseinheit:) records office *n* · office of record *n* · (Schrank mit der Aktenablage:) filing cabinet *n*
~**schrank** *m* [BdEq] / filing cabinet *n* (for letters, papers, etc.)
Registrierkasse *f* [BdEq] / cash register *n*
Reglette *f* [Prt] / lead *n* · reglet *n*
Regression *f* [InfSc] / regression *n*
Regressions|analyse *f* [InfSc] / regression analysis *n*
~**koeffizient** *m* [InfSc] / regression coefficient *n*
Reichweite *f* (Bereich) [Gen] / scope
Reifezeugnis *n* [Ed] *s. Abitur*
Reihe 1 *f* [Bk] ⟨ISBD(A); DIN 31639/2⟩ / series *n* ‖ *s.a. Folge 2; gezählte Reihe; ungezählte Reihe*
~ 2 *f* [Class] *s. klassifikatorische Reihe*
Reihen|angabe *f* [Cat] / series statement *n*
~**anordnung** *f* (der Bilder auf einem Microfiche) [Repr] / line arrangement *n*
~**folge** *f s. Festlegung der Reihenfolge*
~**titel** *m* [Cat] / series title *n*
~**werk** *n* [Bk] ⟨DIN 31639/2⟩ / serial publication *n* ‖ *s.a. Schriftenreihe*
Reimlexikon *n* [Bk] / rhyming dictionary *n*
reine Bibliographie *f* [Bib] / pure bibliography *n*
~ **Notation** *f* [Class] / pure notation *n*
Reinhadernpapier *n* [Pp] ⟨DIN 6730⟩ / all-rag paper *n*
reinigen *v* [Pres] / clean *v*
Reinigungs|kosten *pl* [BdEq] / cleaning expenses *pl*
~**personal** *n* [Staff] / cleaning staff *n* ‖ *s.a. Hauspersonal*
Reinschrift *f* [Writ] / clean copy *n* · fair copy *n*
Reise|bericht *m* [Bk] ⟨RAK-AD⟩ / travel report *n*

~**buchhändler** *m* [Bk] / itinerant bookseller *n* ‖ *s.a. Kolporteur*
~**erzählung** *f* [Bk] / travel story *n*
~**führer** *m* [Bk] ⟨RAK-AD⟩ / travel guide *n*
~**kosten** *pl* [BgAcc] / travel expenses *pl* · travel(l)ing expenses *pl* ‖ *s.a. Dienstreise; Spesenabrechnung*
~**kostenerstattung** *f* [BgAcc] / refunding of travel expenses *n*
~**kostenzuschuss** *f* / travel(l)ing award *n* · travel grant *n* ‖ *s.a. Reisestipendium*
~**literatur** *f* [Bk] / travel literature *n*
~**mittel** *pl* [BgAcc] / travel funds *pl*
~**spesen** *pl* [BgAcc] *s. Reisekosten*
~**stipendium** *n* [Staff] / travel(l)ing scholarship *n* · (Reisekostenzuschuss:) travel(l)ing award *n* ‖ *s.a. Reisekostenzuschuss*
~**vortrag** *m* (mit Dias oder einem Film) / travelog(ue) *n US*
Reispapier *n* [Pp] / rice paper *n*
Reißer *m* [Bk] / thriller *n*
Reiß|festigkeit *f* (von Papier) [Pp] / mullen *n* · tear resistance *n*
~**festigkeitsprüfer** (m) [Pp] / mullen burst tester *n*
~**nagel** *m* [BdEq] / tack *n*
~**wolf** *m* (Aktenvernichter) [Off] / shredding machine *n* · shredder *n* (in den Reißwolf geben: to shred)
~**zwecke** *f* [BdEq] / tack *n*
Reiter *m* (auf einer Karteikarte) [Off; TS] / flag *v/n*
Reklamante *f* (in einer Handschrift) [Bk] / catchword *n*
Reklamation *f* [Acq] / claim *n*
Reklame|teil *m* (in einer Zeitschrift usw.) [Bk] / advertisement section *n*
~**zettel** *m* [PR] / advertising leaflet *n* · dodger *n US* ‖ *s.a. Prospekt*
reklamieren *v* [Acq] / claim *v* ‖ *s.a. mahnen*
Rektaszension *f* [Cart] ⟨RAK-Karten⟩ / right ascension *n*
Rektoseite *f* [Bk] / recto *n*
Rekursion *f* [EDP] / recursion *n*
rekursive Prozedur *f* [EDP] ⟨DIN 44300/4E⟩ / recursive procedure *n*
Relation *f* [Class] / relation *n*
relationale Datenbank *f* [EDP] / relational database *n*
relationales Datenmodell *n* [EDP] / relational data model *n*
relative Adresse *f* [EDP] / relative address *n*

relative Luftfeuchtigkeit f [Pres] / relative humidity n
relativierbares Programm n [EDP] / relocatable program n
Relator m [Ind] DDR / relator n · qualifier n
Relevanz f [Retr] / relevance n
Relevanz-Bewertung f / relevance judgement n
Relevanzordnung f [Retr] / relevance ranking n
Relevanz|quote f [Retr] / degree of precision n · precision ratio n · relevance factor n
Reliabilität f (eines Forschungsinstruments) [InfSc] / reliability n
Relief n [Cart] ⟨ISBD(CM); RAK-Karten⟩ / relief model n
Relief|karte f [Cart] / relief map n
~modell n [Cart] s. Relief
~prägeeinband m [Bind] / embossed binding n
~prägung f [Bind] / embossing n
Remittenden pl [Bk] / returns pl · crabs pl (eine Remittende: a returned copy)
Renaissance-Antiqua f [Prt] / old face n
~-Schrift f [Writ] / humanistic script n · humanistic hand n
Rennspiel n [NBM] / racing game n
Rentabilität f [Gen] / profitability n ∥ s.a. Wirtschaftlichkeit
Rente f [Staff] s. Pension
Reparatur f [Bk] / repair n
Reparatur|kasten m [Pres] / repair kit n
reparieren / repair v · (ausbessern:) mend v
Repetitionsmuster n [Bind] s. Einband mit Repetitionsmuster
replizieren v [KnM] / replicate v
Repräsentant m (für eine entnommene Karte oder einen entnommenen Band) [TS; Sh] / dummy n · (im Regal auch:) shelf dummy n
repräsentative Stichprobe f [InfSc] / representative sample n
Reprint m / reprint v/n
Reprint|verlag m [Bk] / reprint house n
Repro n [Prt] / repro n
Repro|anstalt f (Druckstockhersteller) [Prt] / blockmaker m · reprographers pl · (Druckplattenhersteller:) platemaking service m
Reproduktion f [Prt] / reproduction n
Reproduktionstechnik f [Prt] ⟨DIN 16544⟩ / reproduction technique f

Reproduzierbarkeit f (eines Experiments oder Tests) [InfSc] / reproducibility n
reproduzieren v [InfSc] / reproduce v
reprofähig adj [Prt] / camera-ready adj ∥ s.a. satzfertig
reprofähige Grafik f [Prt] / camera-ready art n
Reprographie f [Repr] / reprography n
Reprokamera f [Repr; Prt] / process camera n · processor camera n · reproduction camera n
reproreif [Prt] s. reprofähig
Repro|stativ n [Repr] / copy(ing) stand n
~stelle f [OrgM] s. Fotostelle
~vorlage f (Grafikvorlagen) [Prt] / artwork n ∥ s.a. kombinierte Reprovorlage
Reserve|betrieb m [EDP] / standby mode n
~exemplar n [Stock] / backup copy n
~fonds m [BgAcc] / contingency fund n ∥ s.a. Verfügungsmittel
~rechner m [EDP] / standby computer n
residente Schrift f [ElPubl] / built-in font n · resident font n
~ Software f / resident software n
residentes Programm n [EDP] / resident program n
Respondent m (in einer akademischen Disputation) [Ed] / defendant n · respondent n ∥ s.a. Praeses
Ressource f [OrgM] / resource n
Ressourcen pl [OrgM] / resources pl
Ressourcen|nutzung f [OrgM] / resource utilization n · exploitation of resources n
~verwaltung f [EDP] / recources management n
~zuweisung f [BgAcc] / allocation of resources f
Restauflage(n) f(pl) [Bk] / remainders pl
Restaurator m [Staff; Pres] / restorer n
restaurieren v [Pres] / restore v
Restaurierung f [Pres] / restoration n
Restaurierungswerkstatt f [Pres] / restoration laboratory n
Reste pl (in der Buchbearbeitung usw.) [TS] s. Rückstände
Resümee n [Ind] / résumé n · précis n · summary n
Retrieval n [Retr] ⟨DIN 31631/1⟩ / retrieval n · information retrieval n
~-Programm n [Retr] / retrieval program n
~sprache f [Retr] / retrieval language n
~system n [Retr] / retrieval system n · information retrieval system n · IRS abbr
retro|aktive Notation n [Class] / retro-active notation n · retroactive notation

~**spektiv** *adj* / retrospective *adj*
~**spektive Bibliographie** *f* [Bib] ⟨DIN 31639/2⟩ / retrospective bibliography *n*
~**spektive Katalogisierung** *f* (durch Konvertierung eines konventionellen Katalogs) [Cat] / retrospective catalogue conversion *n* · recon *n*
RET-Technologie *f* [EDP; Prt] / RET *abbr* · resolution enhancement technology *n*
retten *v* [Pres] / salvage *v*
Rettung *f* [Pres] / salvage *n*
Retusche *f* [Art; Prt] / retouching *f* ‖ *s.a.* Bildretusche
retuschieren *v* [Art; Prt] / retouch *v*
reversgebundene Aufführungsmaterialien *pl* [Mus] / rental materials for musical performances *pl*
reversibel *adj* (umkehrbar) [Pres] / reversible *adj* ‖ *s.a.* nicht umkehrbar
Reversibilität *f* [Pres] / reversibility *n*
revidieren *v* [Bk] / revise *v*
Revision 1 *f* (Bestandsdurchsicht) [Stock] *s.* Bestandsrevision
~ 2 *f* (Rechnungsprüfung) [BgAcc] / audit *n/v* ‖ *s.a.* Innenrevision
~ 3 *f* (Textrevision) [Bk] / revision *n*
Rezensent *m* [Bk] / reviewer *n*
rezensieren *v* [Bk] / review *v* ‖ *s.a.* begutachten
Rezension *f* (Besprechung) [Bk] ⟨DIN 31631/2; DIN 1426 RAK-AD⟩ / review *n* · book review *n* ‖ *s.a.* Bibliographie der Rezensionen; Sammelbesprechung
Rezensions|exemplar *n* [Bk] / review copy *n* · (für eine Zeitung/Zeitschrift:) press copy *n* · editorial copy *n*
~**organ** *n* [Bk] / review publication *n* · reviewing medium *n* · reviewing organ *n*
~**zeitschrift** *f* [Bk] ⟨RAK-AD⟩ *s.* Rezensionsorgan
Rezipient *m* [Comm] / recipient *n*
Richtlinie *f* / (verbindlich:) directive *n* · (empfehlend:) guideline *n* · (Rat der Europäischen Union:) Council Directive *n*
Richtlinien *pl* [OrgM] / guidelines *pl*
Richtungs|betrieb *m* [Comm] ⟨DIN 44302⟩ / simplex transmission *n*
~**beziehung** *f* [Class] / bias relation *n*
Richtwert *m* [InfSc] ⟨DIN 350/12⟩ / standard value *n* · guiding figure *n*
Riemenantrieb *m* (eines Plattenspielers) [NBM] / belt drive *n*
Ries *n* [Pp] ⟨DIN 6730⟩ / ream *n*
Rille *f* (auf einer Schallplatte) [NBM] ⟨DIN 45510⟩ / groove *n*

rillen *v* [Bind] / score *v*
Rindleder *n* [Bind] / cow-hide *n* · hide · ox *n*
Ring|buch *n* [Off] / ring binder *n*
~**netz** *n* [Comm] ⟨DIN 44300⟩ / ring network *n*
~**ordner** *m* [Off] *s.* Ringbuch
Ripplinien *pl* (in einem Papierbogen) [Pp] / laid lines *pl* · wire marks *pl* ‖ *s.a.* Querrippen
RIP-Prozessor *m* [ElPubl] / raster image processor *n* · RIP *abbr*
Rippung *f* [Pp] *s.* Ripplinien
Risikoabwägung *f* [OrgM] / risk assessment *n*
Riss 1 *m* (das Eingerissene) [Pres] / tear *n*
~ 2 *m* (vereinfachte Kartenzeichnung) [Cart] ⟨RAK-Karten⟩ / reduced-scale drawing *n* · tracing *n*
ritzen (v) [Bind] / score *v*
RK *abbr* [Cat] *s.* Realkatalog
robot-basierter Katalog *m* [Cat; Internet] / robot-based catalogue *n*
Roboter *m* [Internet] / bot *n* ‖ *s.a.* Löschroboter
Roh|daten *pl* [InfSc] / raw data *pl*
~**entwurf** *m* [NBM] / rough draft *n*
~**film** *m* (für Mikroaufnahmen) [Repr] ⟨DIN 19040/104E; ISO 6196-4⟩ / rawstock microfilm *n*
Rohling *m* [NBM; EDP] *s.* CD-Rohling
Rohr|feder *f* [Writ] / reed-pen *n*
~**post** *f* [Comm] / pneumatic tube *n*
~**postsendung** *f* [Comm] / pneumatic dispatch *n*
Rolle 1 *f* [Bind] / roll *n* · (Linienrolle:) fillet *n* · (Dessinrolle:) decorative roll *n* ‖ *s.a.* Dessinrolle; Papprolle; Papyrusrolle; Pergamentrolle; Schriftrolle
~ 2 *f* (alte Buchform) [Bk] / scroll *n* · roll *n* ‖ *s.a.* Papyrusrolle; Pergamentrolle; Schriftrolle
~ 3 *f* [BdEq] / roll *n* · (Walze:) cylinder *n*
~ 4 *f* (Theater) [Art] / role *n*
rollen *v* [EDP/VDU] / scroll *v* ‖ *s.a.* abwärts rollen; aufwärts rollen
Rollen|druck *m* (das Rollenmuster auf dem Einband) [Bind] / roll *n*
~**druckmaschine** *f* [Prt] / web press *n*
~**indikator** *m* [Ind] / role indicator *n*
~**offsetdruck** *m* [Prt] / web offset *n*
~**offsetmaschine** *f* [Prt] / rotary offset machine *n* ‖ *s.a.* Vierfarben-Rollenoffsetmaschine

~**operator** *m* (PRECIS) [Ind] / role operator *n*
~**spiel** *n* [NBM] / role playing game *n*
Roll|film *m* [Repr] ⟨DIN 19040/104E; DIN 31631/4⟩ / roll film *n* · roll microfilm *n*
~**kugel** *f* (Spurkugel) [EDP] / tracker ball *n* · rollerball *n*
~**stempel** *m* [Bind] *s. Rolle 1*
~**treppe** *f* [BdEq] / escalator *n*
~**werk** *n* [Bind] / scroll *n*
Roman *m* [Bk] / novel *n* ‖ *s.a. Abenteuerroman; Heimatroman; Kriminalroman; Schlüsselroman; Spionageroman; Trivialroman*
~**schriftsteller** *m* / novelist *n*
römische Zählung *f* [Writ; Prt] / Roman numeration *n*
römische Ziffer *f* [Writ; Prt] / Roman numeral *n*
Röntgenaufnahme *f* [NBM] / radiography *n*
Röschen *pl* [Prt] / flowers *pl* · printer's flowers *pl*
Rosette *f* [Bind] / rosette *n*
Rostfleck *m* [Pres] / patch of rust *n* · corrosion stain *n*
rostfleckig *adj* [Bind] / rust-stained *pp*
Rotations|druck *m* [Prt] ⟨DIN 16500/2⟩ / rotary printing *n*
~**(druck)maschine** *f* [Prt] / web press *n* · rotary *n* · rotary machine *n*
~**register** *n* [Ind] / rotated index *n* · permutation index *n*
~**tiefdruck** *m* [Prt] / rotogravure *n*
Rötelzeichnung *f* [Art] / red chalk drawing *n*
roter Zerfall *m* [Pres] / red rot *n*
rotiertes Register *n* [Ind] *s. Rotationsregister*
Rotunda *f* [Writ] / rotunda *n*
Routine *f* [EDP] / routine *n* ‖ *s.a. mehrfach aufrufbare Routine*
~**tätigkeiten** *pl* [TS] / housekeeping (activities) *n(pl)*
RTF-Format *n* (Textverarbeitung) [EDP] / rich text format *n* · RTF *abbr*
Rubrik *f* [Bk] / rubric *n*
Rubrikator *m* [Bk] / rubrisher *n* · rubricator *n*
rubrizieren *v* [Bk] / rubricate *v*
Rubrizierung *f* [Bk] / rubrication *n*

Rücken *m* (eines Buches) [Bind] / spine *n* · back *n* · backbone *n* · backstrip *n* · shelf-back *n* ‖ *s.a. eingesägter Rücken; fester Rücken; flacher Rücken; gebrochener Rücken; gerader Rücken; glatter Rücken; hohler Rücken; Sprungrücken*
~**beschilderung** *f* [Bind] / spine label(l)ing *n*
~**beschriftung** *f* [Bind] / lettering on (the) spine *n*
~**einlage** *f* [Bind] / back-lining *n* · spine lining *n*
~**erneuerung** *f* [Bind] / rebacking *n*
~**etikett** *n* [Bind] / spine label *n*
~**falz** *m* / French joint *n*
~**feld** *n* [Bind] / compartment *n* · panel *n*
~**hülse** *f* [Bind] / hollow *n*
~**runden** *n* [Bind] / rounding the back *ger*
~**schild(chen)** *n(n)* (auf einem Buch usw.) [Bk] / back label *n* · spine label *n*
~**stichheftung** *f* [Bind] *s. Rückstichheftung*
~**text** *m* [Bind] *s. Rückenbeschriftung*
~**titel** *m* [Bk] ⟨DIN 31631/2⟩ / back title *n* · spine title *n* (von oben nach unten laufend: running down; von unten nach oben laufend: running up)
~**titeldruck** *m* [Bind] / spine lettering *n*
~**vergoldung** *f* [Bind] / gilt back *n*
~**verstärkung** *f* [Bind] / back-lining *n* · spine back lining *n*
~**verzierung** *f* [Bind] / back decoration *n* · ornamented back *n*
Rück|erstattung *f* [BgAcc] / refund *n*
~**forderung** *f* (eines ausgeliehenen Buches) [RS] / recall *n*
Rückgabe|datum *n* [RS] / (Fälligkeitsdatum:) date due for return *n* · (Datum der erfolgten Rückgabe:) date of return *n* ‖ *s.a. zur Rückgabe fällig*
~**recht** *n* [Bk] / return privilege *n* (mit Rückgaberecht: subject to return privileges; keine Rückgabe:not returnable/NR) ‖ *s.a. Rücksendung ausgeschlossen*
~**schalter** *m* [RS] / discharge point *n* · return counter *n*
~**termin** *m* [RS] *s. Rückgabedatum*
Rückgang (in der Statistik) [RS] / fall *n* (~ der Besucherzahlen: fall in visitor numbers)
rückgebbar *adj* [Bk] / returnable *adj*
Rück|kopplung *f* (bei der Revision eines mehrsprachigen Thesaurus) [Ind] ⟨DIN 1463/2⟩ / feedback *n*
~**läufe** *pl* [Bk] / returns *pl*

rückläufige Notation *f* [Class] / retro-active notation *n*
rückläufiges Wörterbuch *n* [Lin] / reverse index *n*
Rück|laufquote *f* (bei einer schriftlichen Befragung) [InfSc] / response rate *n*
~nahmeschalter *m* [RS] *s. Rückgabeschalter*
~ruf *m* [Comm] / call back *n*
rückschließen *v* [KnM] / infer *v*
Rück|schluss *m* [KnM] / inference *n*
~seite *f* (des Titelblatts) [Bk] / title-page verso *n* · reverse title-page *n*
rückseitiger Titel *m* [Bk] *s. Außentitel 1*
Rücksendung ausgeschlossen *f* [Bk] / no returns allowed *pl* · NR *abbr* ‖ *s.a. Rückgaberecht*
Rücksendungen *pl* [Bk] / returns *pl*
Rücksetzbestätigung *f* [Comm] / reset confirmation *n*
rücksetzen *v* [EDP] / reset *v/n*
rückspulen *v* [NBM] ⟨DIN 66010⟩ / rewind *v*
Rück|stände *pl* (in der Buchbearbeitung usw.) [TS] / arrears *pl* · backlog(s) *n(pl)* ‖ *s.a. Katalogisierungsrückstände*
~stichheftung *f* [Bind] / saddle stitching *n*
~taste *f* [EDP] / backspace key
~trittsfrist *f* [Acq; Law] / cooling-off period *n*
~umschlag [Comm] / reply envelope *n*
~vergrößerung *f* [Repr] ⟨ISO 6196/1⟩ / re-enlargement *n* · (das Produkt der ~ auf Papier auch:) hard copy *n*
~vergrößerungsgerät *n* [Repr] / enlarger *n* · (mit Kopierfunktion:) enlarger-printer
~vergütung *f* [BgAcc] / rebate *n* ‖ *s.a. Rückerstattung*
~verweisung *f* [Ind] / back-reference *n*
rückwärtige Jahrgänge *pl* (einer Zeitschrift) / back runs *pl*
rückwärtiger Schrägstrich *m* (\) [EDP/VDU] *s. Rückwärtsschrägstrich*
rückwärtige Zeitsegmente einer Datenbank *pl* / backfile *n*
Rückwärts|schrägstrich *m* (\) / backslash *n*
~steuerung *f* [Comm] ⟨DIN 44302⟩ / backward supervision *n*
Rück|weis *m* [Cat] CH *s. Verweisung*
~zahlung *f* [BgAcc] / repayment · refund *n* ‖ *s.a. Kostenerstattung; Rückerstattung*

Ruf|anforderung *f* [Comm] / call request *n* ‖ *s.a. Sperre abgehender Rufe*
~anweisung *f* [EDP] ⟨DIN 44300/4⟩ / call statement *n*
rufende Station *f* [Comm] ⟨DIN 44302⟩ / calling station *n*
Ruf|nummer *f* [Comm] ⟨DIN 44302⟩ / (Telefon:) telephone number *n* · phone number *n* (zentrale ~:switchboard number) · (in einem Datennetz:) address signal *n* · (Nummer des Teilnehmers:) subscriber's number
~umleitung *f* (ISDN-Merkmal) [Comm] ⟨DIN 44331⟩ / call forwarding *n*
~zusammenstoß *m* [Comm] ⟨DIN 44302⟩ / call collision *n*
Ruhe|gehalt *n* [BgAcc] / superannuation *n* · pension
~raum *m* [BdEq] / rest room *n*
~stand *m* [Staff] / retirement *n* (im Ruhestand sein: to be retired; aus Altersgründen in den ~ versetzen: superannuate; in den ~gehen: to retire)
Rullette *f* [Bind] *s. Rolle 1*
Rumbenkarte *f* [Cart] / portolan chart *n*
Rund|bau *m* [BdEq] / circular shaped building *n* ‖ *s.a. Kuppelbau*
~bild *n* [Cart] ⟨ISBD(CM)⟩ / panorama *n*
Rundeholz *n* [Bind] / rounding block *n*
runde Klammer *f* [Writ; Prt] / curved bracket *n* · round bracket *n* · parenthesis *n*
runden *v* [Bind] / round *v*
runder Rücken *m* [Bind] / rounded back *n*
Rundfunk|bibliothek *f* [Lib] / broadcasting library *n*
~hörer *m* [Comm] / radio listener *n*
~mitschnitt *m* [Comm] / broadcast recording *n* · off-air recording *n*
~sendung *f* [Comm] / broadcast transmission *n* ‖ *s.a. Schulfunk*
~station *f* [Comm] / broadcasting station ‖ *s.a. Sendestation*
~übertragung *f* / broadcast transmission *n*
Rund|gang *m* (durch die Bibliothek) [RS] / library tour *n* ‖ *s.a. Führung*
~klopfen (des Rückens) [Bind] / rounding the back *ger*
~magazin *n* (für Dias) [NBM] / rotary magazine *n* · carousel
~schau *f* (Zeitschrift) [Bk] / review *n*

~**schreiben** n [OrgM] / circular (letter) n
~**stichel** m [Bind] / gouge n
~**umlauf** m (von Zeitschriften) [InfSy] / circular routing n
Rundungsfehler m [InfSy] ⟨DIN 44300/2⟩ / rounding error n
Rune f [Writ] / rune n
Runenschrift f [Writ] / runic writing n
Rupffestigkeit f [Pp] / picking resistance n
Rüstzeit f [BdEq] / make-ready time n

S

Saalbibliothek *f* / hall-type library *n* · wall-system library *n*
Sach|buch *n* [Bk] / non-fiction book *n* · (mit speziellem Inhalt:) special interest book · SI book *n* ‖ *s.a.* *populärwissenschaftliches Buch; Sachliteratur*
~**erschließung** 1 *f* [Ind] ⟨DIN 31631/2⟩ / subject indexing *n*
~**erschließung** 2 *f* (des Buchbestands) [Stock] ⟨DIN 31631/2⟩ / subject approach *n* (to the bookstore)
~**etat** *m* [BgAcc] / materials fund *n* · non-payroll *n*
~**gebiet** 1 *n* [Class] / class *n* · subject field *n*
~**gebiet** 2 *n* (kleine Organisationseinheit) [OrgM] / subdivision *n*
Sach|gruppenhinweis *m* (am Regal) [Sh] / subject guide *n* · topic guide *n*
~**kapital** *n* [OrgM; BgAcc] / capital goods *pl*
~**katalog** *m* [Cat] / subject catalogue *n* ‖ *s.a. Schlagwortkatalog*
~**kosten** *pl* [BgAcc] / costs of materials *pl* · non-personnel costs *pl*
sachliche Ordnung *f* (des Bestands) [Stock] / subject order *n* (of the collection)
sachliches Schlagwort *n* [Cat] ⟨DIN 31631/2⟩ / topical heading *n*
~ **Unterschlagwort** *n* [Cat] / topical subdivision *n* · subject subdivision *n*

Sach|literatur *f* [Bk] / non-fiction *n* ‖ *s.a. Sachbuch*
~**recherche** *f* [Retr] / subject search *n*
~**register** *n* [Bib; Bk] / subject index *n*
~**schlagwort** *n* [Cat] *s. sachliches Schlagwort*
~**standsbericht** *m* [OrgM] / (in schriftlicher Form:) briefing paper *n*
~**titel** *m* [Cat] ⟨ISBD(M; PM); DIN 3163/12 TGL 20972/04; RAK⟩ / title *n* ‖ *s.a. gemeinsamer Sachtitel; spezifischer (Sach-)Titel*
~**titel- und Verfasserangabe** *f* [Cat] ⟨TGL 20972/04⟩ / title and statement of responsibility area *n*
~**verhalt** *m* [Ind] / topic *n* · fact *n*
~**verständiger** *m* [Law] / expert *n*
~**video** *n* [NBM] / (mit speziellem Inhalt:) special interest video *n* · SI video *n* · thematic video(tape /film) *n*
Saffian *n* [Bind] / saffian *n*
s.a.-Hinweis *m* [Cat] *s. Siehe-auch-Hinweis*
Sakramentar *n* [Bk] / sacramentary *n*
Saldo *m* [BgAcc] / balance *n*
Saldo|übertrag *m* [BgAcc] / balance carried forward *n*
~**vortrag** *m* [BgAcc] *s. Saldoübertrag*
Sämischleder *n* [Bind] / chamois(-leather) *n* · shammy *n*
Sammel|album *n* (zum Einfügen von Zeichnungen, Ausschnitten usw.) [Arch] / scrap book

~**ausgabe** *f* [Bk] / collected edition *n*
~**band** *m* / composite volume *n* · collective volume *n* · (Konvolut:) pamphlet volume *n* · (mehrere Schriften eines oder mehrerer Autoren enthaltend:) omnibus book *n*
~**besprechung** *f* [Bk] ⟨DIN 31631/2; DIN 1426⟩ / omnibus review *n*
~**bezeichnung** *f* [Ind] / collective term *n*
~**eintragung** *f* [Cat] / collective entry *n*
~**handschrift** *f* [Bk] / composite manuscript *n* · collection of manuscripts *n*
~**rezension** *f* [Bk] *s. Sammelbesprechung*
~**schiene** *f* [EDP] / bus *n* ‖ *s.a. Bus*
~**schwerpunkt** *m* [Acq; Stock] / area of collection emphasis *n*
~**titel** *m* [Cat] / generic title *n* (established to collect documents of a certain type by different authors)
~**verweisung** *f* [Cat] / omnibus reference *n* ‖ *s.a. Pauschalverweisung*
~**werk** *n* [Bk] ⟨DIN 31631/2; DIN 31639/2; TGL 20972/04; RAK⟩ / collection *n* ‖ *s.a. begrenztes Sammelwerk; fortlaufendes Sammelwerk*
Sammler *m* [Bk; Cat] / collector *n*
~**stück** *n* [Art] / collectors' piece
Sammlung 1 *f* (schriftlicher und gedruckter Materialien) [Stock] / collection *n* · file *n* ‖ *s.a. Firmenschriftensammlung*
~ 2 *f* (Vereinigung von mindestens zwei Einzelwerken desselben Verfassers) [Cat] ⟨DIN 31631/2; RAK⟩ / collection *n*
~ 3 *f* (in einem Programmablaufdiagramm) [EDP] ⟨DIN 44300/4⟩ / join *n*
~ 4 *f* (früher getrennt erschienener Werke) [Bk] / omnibus (book) *f*
Sammlungsvermerk *m* [Cat] ⟨DIN 31631/2; RAK⟩ / statement of the collective title *n*
Sample-Verteilung *f* [InfSc] / sampling distribution *n*
Samteinband *m* [Bind] / velvet binding *n*
sämtliche Werke *pl* [Bk] / complete works *pl*
Sandschnitt *m* [Bind] / speckled sand edge(s) *n(pl)*
sandwichen *v* [Pres] / sandwich *v*
Sanitätsraum *m* [BdEq] / first-aid room *n*
Sans Serif *f* [Prt] / sanserif *n*
Satelliten|antenne *f* [BdEq] / (Schüssel:) dish antenna *n* · dish aerial *n*
~**aufnahme** *f* [Cart] ⟨ISBD(CM); RAK-Karten⟩ / satellite photograph *n*
~**bild** *n* [Cart] ⟨ISBD(CM); RAK-Karten⟩ / satellite photograph *n*
~**empfang** *m* [Comm] / satellite reception *n*

~**kommunikation** *f* [Comm] / satellite communication *n*
~**rechner** *m* [EDP] / satellite computer *n*
~**schüssel** *f* [Comm] *s. Satellitenantenne*
~**übertragung** *f* [Comm] / satellite transmission *n*
Satinage *f* [Pp] / calendering *n* · glazing *n*
satinieren *v* [Pp] / supercalender *v* · glaze *v* ‖ *s.a. hoch satiniertes Papier*
satiniertes Papier *n* / calendered paper *n* · (stark satiniert:) super-calendered paper *n*
Sattelseife *f* [Pres] / saddle soap *n*
Sättigungsgrad *m* (von Farbtönen) [ElPubl] / saturation value *n*
Satz 1 *m* (Satzherstellung) [Prt] / setting *n* · composition · typesetting *n* ‖ *s.a. Ablegesatz; Akzidenzsatz; elektronische Satzanlage; Fotosatz; kompresser Satz; Neusatz; Satzanweisungen; Stehsatz; Tabellensatz*
~ 2 *m* (das Gesetzte) [Prt] / matter *n* · type *n* · composed text ‖ *s.a. Ablegesatz; gemischter Satz; glatter Satz; Satzbild*
~ 3 *m* (Datensatz) [EDP] ⟨DIN 1506; DIN 66010; DIN 66029⟩ / record *n* ‖ *s.a. geblockter Satz; segmentierter Satz*
~ 4 *m* (physischer ~) [EDP] *s. Block*
~ 5 *m* (Teil eines größeren Musikwerks) [Mus] / movement *n* · (die Art, in der ein Musikwerk gesetzt ist:) setting
~**anlage** *f* [Prt] / typesetting unit *n*
~**anweisungen** *pl* [Prt] / composing instructions *pl* · setting instructions *pl*
~**belichter** *m* (Desktop Publishing) [Prt] / typesetter *n* · imagesetter
~**bild** *n* [Prt] / typographic arrangement *n*
~**breite** *f* [Prt] / measure *n*
~**endezeichen** *n* [EDP] *s. Satztrennzeichen*
~**fehler** *m* [Prt] *s. Setzfehler*
satzfertig *adj* [Prt] / ready for typesetting *adj* ‖ *s.a. reprofähig*
Satz fester Länge *m* [EDP] ⟨DIN 66010; DIN 66029⟩ / fixed-length record *n*
~**format** *n* [EDP] ⟨DIN 66010; DIN 66029⟩ / record format *n*
~**gestaltung** *f* [Prt] / typographic arrangement *n*
~**gruppe** *f* [EDP] ⟨DIN 44300/3E⟩ / record group *n* · record set *n*
~**herstellung** *f* *s. Satz 1*
~**identifikation** *f* [EDP] *s. Satzkennung*
~**kennung** *f* [EDP] ⟨DIN 1506⟩ / record label *n* · record identifier *n* ‖ *s.a. Kennsatzname; Kennsatznummer*

Satzkosten 192

~**kosten** *pl* [Prt; BgAcc] / setting costs *pl* · typesetting costs *pl*
~**kostenberechnung** *f* [Prt; BgAcc] / cast(ing) up *n*
~**länge** *f* [EDP] / record length *n*
~**marke** *f* [EDP] / record mark *n*
~**montage** *f* [Prt] / text assembly
~**nummer** *f* [EDP] / record number *n*
~**rechner** *m* [EDP; Prt] / composition computer *n* · typesetting computer *n*
~**schrift** *s. Schrift*
~**segment** *n* [EDP] ⟨DIN 66010; DIN 66029⟩ / record segment *n*
~**sperre** *f* [EDP] / record locking *n*
~**spiegel** *m* [Prt] / type area *n* · type page *n* · (bei Textverarbeitung:) text area
~**status** *m* [EDP] ⟨DIN 1506⟩ / record status *n*
~**struktur** *f* [EDP] / record layout *n* · record structure *n*
~**suchlauf** *m* [Retr] / block search *n*
~**titel** *m* [Cat] ⟨PI⟩ / sentence title *n*
~**trennzeichen** *n* [EDP] ⟨DIN 2341/1⟩ / record separator *n* · record terminator *n*
Satzung *f* (eines Vereins) [Law] / statutes *pl* · rules *pl* (of an association)
Satz variabler Länge *m* [EDP] ⟨DIN 66010; DIN 66029⟩ / variable-length record *n*
~**vorlage** *f* [Prt] / copy *n* · (Manuskript:) manuscript *n* · matter *n* ∥ *s.a. Druckvorlage*
~**zeichen** *n* [Writ; Prt] / punctuation mark *n*
saugfähig *adj* [Pp] / absorbent *n*
saugfähiges Papier *n* [Pp] *s. Saugpapier*
Saug|fähigkeit *f* [Pp] ⟨DIN 6730⟩ / absorbency *n*
~**papier** *n* [Pp] / absorbent paper *n*
~**postpapier** *n* [Pp; Repr] / duplicating paper *n* · duplicator paper *n* · mimeograph paper *n*
Säule *f* (einer Regaleinheit) [Sh] *s. Pfosten*
Säulendiagramm *n* [InfSc] / bar graph *n* · bar diagram *n* · bar chart *n* · column chart *n* ∥ *s.a. Blockdiagramm; Histogramm; Kreisdiagramm*
säumiger Benutzer *m* [RS] / defaulter *n* ∥ *s.a. überschreiten*
Säumnisgebühr *f* [RS] *s. Versäumnisgebühr*
säurefreies Papier *n* [Pp] / acid-free paper *n*
Säuregehalt *m* [Pres] / acid content *n* · acidity *n*

säurehaltiges Papier *n* [Pp] / acid-based paper *n* ∥ *s.a. Entsäuerung; säurefreies Papier*
Säure|rest *m* [Pp; Pres] / acidic residue *n*
~**schaden** *n* [Pres] / acid deterioration *n*
~**schutz** *m* [Pp; Pres] / acid resist *n*
~**wanderung** *f* [Pres] / acid migration *n*
~**zerfall** *m* [Pres] / acid deterioration *n*
s.a.-Verweisung *f* [Cat] *s. Siehe-auch-Verweisung*
SB *abbr* [Ind] *s. Spitzenbegriff*
Scangeschwindigkeit *f* [EDP] / scanning speed *n*
scannen *v* [EDP] / scan *v*
Scanner *m* [EDP] / scanner *m* (~ mit drei Durchläufen: triple-pass scanner; mit einem Durchlauf: single-pass scanner) ∥ *s.a. Abtastkopf; Aufsichtsscanner; Dia-Scanner; Farbscanner; Flachbett-Scanner; Graustufenscanner; Handscanner; Hochleistungs-Scanner; Trommel-Scanner*
~**-Auflösung** *f* [EDP] / scanner resolution *n*
Scanrate *f* [EDP] / scanning rate *n*
Schabe *f* (Küchenschabe,Kakerlak) [Pres] / cockroach *n*
Schabkunst *f* [Art] / mezzotint *n*
~**blatt** *n* [Art] / mezzotint *n*
Schablone 1 *f* (Wachsmatrize) [Repr] / stencil *n*
~ 2 (Mustervorlage/Textverarbeitung) [EDP] / template *n*
Schablonen|befehl *m* (Textverarbeitung) [EDP] / template command *n*
~**datei** *f* [EDP] / template file *n*
~**druck** *m* [Repr] / (Verfahren:) stencil duplicating *n* · mimeographing *n* · (Produkt:) stencil print *n*
~**drucker** *m* [Repr] / stencil duplicator *n* · mimeograph *n*
~**vervielfältigung** [Repr] *s. Schablonendruck*
Schachtel *f* [BdEq] / (Pappschachtel:) cardboard box *n* · box *n*
Schaden *m* [Pres] / damage *n*
schadhaft *adj* [Pres] / (zerfallen:) decayed *pp* · (beschädigt:) damaged · (fehlerhaft:) faulty *adj*
schädigen *v* [Pres] / damage *v*
Schädigung *f* [Pres] / deterioration *n*
Schadinsekten *n* [Pres] / insect pests
schädliche Substanzen *pl* [Pres] / harmful substances *pl*
Schädling *m* [Pres] / infestant *n* · pest *n*
Schädlings|bekämpfer *m* [Pres] / exterminator *n*

~**bekämpfung** *f* / disinfestation *n* · pest control *n*
~**bekämpfungsmittel** *n* [Pres] / pesticide *n*
Schad|organismen *pl* [Pres] / harmful organisms *pl*
~**stoffe** *pl* [Pres] / harmful substances *pl*
Schäferspiel *n* [Bk] / pastoral *n*
Schafleder *n* [Bind] / sheep *n* · (vegetabilisch gegerbtes ~:) basil *n* ‖ *s.a. sumachgegerbtes Schafleder*
Schall|archiv *n* [NBM] / sound archives *pl* · sound recordings library *n* ‖ *s.a. Schallplattenarchiv*
~**aufzeichnung** *f* [NBM] *s. Schallspeicherung*
schalldämmend *pres p* [BdEq] / soundproofing *pres p* · sound absorbing *pres p*
schalldämmendes Material *n* [BdEq] / acoustic material *n*
Schalldämmung *f* [BdEq] / acoustic absorption *n* · acoustic isolation *n* · sound insulation *n* · soundproofing *n* ‖ *s.a. Lärmschutz*
schalldicht *adj* [BdEq] / soundproof *adj*
Schallplatte *f* [NBM] / audiodisc *n* · gramophone record *n* · phonodisc · sound disc *n* · phonorecord · record *n* ‖ *s.a. Langspielplatte; Schellack-Platte; Single; Vinylschallplatte*
Schallplatten|archiv *n* [NBM] / record library *n* ‖ *s.a. Schallarchiv; Tonträgersammlung*
~**hülle** *f* [NBM] / cover *n* · record jacket *n* · record sleeve *n*
schallschluckend *pres p* [BdEq] *s. schalldämmend*
Schall|schutz *m* [BdEq] / noise control *n*
~**speicherung** *f* [NBM] ⟨DIN 31631/2⟩ / sound recording *n*
Schaltbrett *n* [BdEq] *s. Schalttafel*
schalten *v* [Comm] / switch *v* ‖ *s.a. Durchschalten*
Schalter 1 *m* (geschlossene Theke mit Schiebefenster u. dgl.) [BdEq] / hatch *n* · counter *n* (enclosed counter) ‖ *s.a. Schalterausleihe*
~ 2 *m* (in einem Rechnerprogramm) [EDP] / switch *n* US · switchpoint *n* Brit (einen Schalter setzen: to set a switch) ‖ *s.a. Programmschalter*
~ 3 *m* (Taste für die Stromzufuhr an einem Gerät) [BdEq] / power button *n* ‖ *s.a. Ein-/Ausschalter; Fußschalter; Sperrschalter*

~**ausleihe** *f* [RS] / closed counter lending *n* · hatch system *n*
Schalt|fläche *f* [EDP/VDU] / button *n*
~**knopf** *m* [BdEq] *s. Schalter 3*
~**tafel** *f* [BdEq] / circuit board *n*
~**werk** *n* [EDP] ⟨DIN 44300/5⟩ / sequential circuit *n*
~**zeit** *f* [EDP] / switching time *n*
Scharade *f* / charade *n*
Schärfe *f* (eines Fotos) [Repr] *s. Bildschärfe*
schärfen *v* (Lederkanten ~) [Bind] / pare *v*
Schärf|maschine *f* [Bind] / paring machine *n*
~**messer** *n* [Bind] / paring knife *n*
Schatten|schrift *f* [Prt] / shaded letters *pl*
~**wasserzeichen** *n* [Pp] / shadow watermark *n*
schattieren *v* [Art] / shadow *v*
Schattierung *f* (Farbschattierung) [Repr] / shade of colour *n* ‖ *s.a. Farbintensität; Farbton; Graustufe*
Schatz *m* [Art] / treasure *n*
Schätzer *m* [BgAcc] / appraiser *n*
Schatz|kammer *f* [Art] / treasure house *n*
~**meister** *m* (eines Vereins usw.) [OrgM] / treasurer (of an acssociation)
Schätzpreis *m* / estimated price *n*
Schätzung *f* [BgAcc] / (Wertschätzung:) appraisal *n* ‖ *s.a. Kostenschätzungen*
Schätzwert *m* [BgAcc; InfSc] / estimated value *n* · (in einer Wahrscheinlichkeitsverteilung:) estimate *n*
Schau|bild *n* [InfSc] / graphic representation *n* · graph *n* · diagram *n* · figure *n* · chart *n*
Schauerroman *m* [Bk] / (18.Jahrhundert.) gothic novel *n* · (im viktorianischen England:) penny-dreadful *n* · shilling shocker
Schaufenster *n* [BdEq] / shop window *n*
~**ausstellung** *f* [PR] / shop-window display *n*
Schau|kasten *m* [BdEq] / display case *n* · exhibit(ion) case *n*
~**raum** *m* [BdEq] / showroom *n* · exhibition room *n*
~**tafel** *f* [PR] / chart *n* · display board *n* ‖ *s.a. Schaubild*
Scheck *m* [BgAcc] / cheque *n* Brit · check *n*
Schein *m* [Gen; Ed] / (Bescheinigung:) certificate · (Nachweis einer Studien-oder Prüfungsleistung:) credit
scheinbar zusammengesetzter Name *m* [Cat] ⟨RAK⟩ / apparent compound name *n*

Schellack-Platte *f* [NBM] / shellac record *n*
Schelmenroman *m* [Bk] / picaresque novel *n*
Schenker *m* [Acq] / donor *n*
Schenkung *f* [Acq] / donation *n*
Schenkungs|urkunde *f* [Acq] / deed of donation *n*
~vertrag *m* [Acq] / gift agreement *n*
Schicht 1 *f* [Gen] / (dünner Überzug:) film · (Beschichtung:) coating *n* ‖ *s.a.* Schutzschicht
~ 2 *f* (OSI/Open Systems Interconnection) [Comm] / layer *n* ‖ *s.a.* Anwendungsschicht; Transportschicht; Verbindungsschicht
~arbeit *f* [OrgM] / shift work *n*
schichten *v* [InfSc] / stratify *v*
Schichtenmodell *n* [EDP] / layer model *n*
Schicht|höhe *f* [Cart] A / contour interval *n*
~seite *f* (einer Mikroform) [Repr] / photosensitive side
~träger *m* (bei Filmmaterial) [Repr] / film base *n* · base *n*
Schichtung *f* [InfSc] / stratification *n* ‖ *s.a. geschichtete Stichprobe*
Schiebe|tür *f* [BdEq] / sliding door *n*
~wand *f* [BdEq] / movable screen *n*
Schieds|spruch *m* [Law] / arbitral award *n*
~stelle *f* [Law] / arbitration authority *n*
~verfahren *n* [Law] / arbitration proceedings *pl*
Schiff *n* (Satzschiff) [Prt] / composing galley *n* · galley *n* ‖ *s.a. Setzregal*
~fahrtskarte *f* [Cart] ⟨ISBD(CM)⟩ / nautical chart *n*
Schiffs|bibliothek *f* [Lib] / ship library *n*
~tagebuch *n* [Bk] / logbook *n*
Schild(chen) *n(n)* [Bind] / label *n* ‖ *s.a. Namensschild; Rückenschild(chen); Signaturschild*
Schild|träger *m* [BdEq] / labelholder *n* ‖ *s.a. Beschriftung*
Schimmel *m* [Pres] / mold *n* US · (Lebensmittel u.a.:) mould *n* · (Leder,Papier:) mildew *n* ‖ *s.a. Schimmelpilzbekämpfung*
Schimmel|befall *m* [Pres] / mould contamination *n*
~bekämpfung *f* [Pres] / mould control *n*
~(bogen) *m(m)* [Prt] / blind sheet · blind print *n*
~fleck *m* [Pres] / mildew spot *n*
schimmelig *adj* [Pres] / moulded *pp* · mouldy *adj*

Schimmel|pilzbekämpfung *f* [Pres] / mould control *n* · mildew control *n* ‖ *s.a. Pilzbekämpfung*
Schirm|blende *f* (Teil eines Lesegeräts) [Repr] / hood *n* ‖ *s.a. abschirmen*
~herr *m* (eines Kongresses usw.) [PR] / patron *n* US
~ständer *m* [BdEq] / umbrella rack *n*
Schirting *m* [Bind] / holland *n*
~streifen *m* [Bind] / strip of holland *n*
Schlachtexemplar *n* (Exemplar zum Ausschlachten) [Bk] / breaking copy *n*
Schlagpresse *f* [Bind] / nipping press *n* · standing press *n*
Schlagwort *n* [Cat] / subject heading *n* ‖ *s.a.* enges Schlagwort; Formschlagwort; gebundenes Schlagwort; geographisches Schlagwort; Hauptschlagwort; Personenschlagwort; sachliches Unterschlagwort; ungebundenes Schlagwort; Unterschlagwort; weites Schlagwort; Zeitschlagwort; zusammengesetztes Schlagwort
~bildung *f* [Cat] / choice of subject headings *n*
~eintragung *f* [Cat] / subject entry *n*
~karte *f* [Cat] / subject card *n*
~katalog *m* [Cat] / alphabetical subject catalogue *n* · (nach dem Prinzip des engsten Begriffs:) alphabetico-direct catalogue *n* · alphabetical-direct subject catalogue *n* · alphabetico-specific catalogue *n*
~katalogisierung *f* [Cat] / cataloguing by subject headings *n*
~kette *f* [Ind] / string of indexing terms *n*
~liste *f* [Cat] *s. Standard-Schlagwortliste*
~-Normdatei *f* [Cat] / subject authority file *n*
~referat *n* [Ind] / telegraphic abstract *n*
~register *n* [Bk; Bib; Class] / alphabetical subject index *n*
~verweisung *f* [Cat] / subject reference *n* · subject cross reference *n*
~wahl *f* [Cat] / choice of subject headings *n*
~zettel *m* [Cat] / subject card *n*
Schlagzeile *f* [Bk] / headline · (Balkenüberschrift:) banner (headline) *n* · (marktschreierisch:) screamer *n* US
Schleier *m* (Schwärzung der fotografischen Schicht) [Repr] ⟨DIN 19040/4⟩ / fog *n* ‖ *s.a. Randschleier*

Schleife *f* (in einem Programmablaufplan) [EDP] ⟨DIN 44300/4⟩ / loop *n* ‖ *s.a. Endlosschleife*
schleifen *v* [Pres] / grind *v*
Schleifen|anweisung *f* (FORTRAN) [EDP] / do statement *n* · perform statement *n*
~**bereich** *m* (Programmierung) [EDP] / range *n* (of a do statement)
~**film** *m* [NBM] ⟨A 2653⟩ / cineloop *n*
~**verstärkung** *f* [EDP] / loop gain *n*
Schleifstein *m* [Pres] / grindstone *n*
Schließ|anlage (einer Einrichtung) [BdEq] / locking system *n* (of a facility)
~**blech** *n* [Bind] / catch *n* ‖ *s.a. Schließe*
Schließe *f* (Buchschließe) [Bind] / clasp *n*
schliessen *v* (Schlüsse ziehen) [KnM] / reason *v* · infer *v* ‖ *s.a. Rückschluss*
Schließ|fach *n* [BdEq] / locker *n* ‖ *s.a. Taschenschließfach*
~**rahmen** *m* [Prt] / chase *n*
~**stange** *f* (eines Katalogkastens) [Cat] ⟨DIN 1461⟩ / locking rod *n* · card-locking rod *n*
~**stein** *m* [Prt] / imposing stone *n*
Schließung *f* (der Bibliothek) [OrgM] / library closure *n* · closing (of the library)
Schließ|zeug *n* (beim Formschließen) [Prt] / furniture *n*
Schlitz|leisten *pl* (in den Seitenwänden eines Bücherregals) [Sh] / Tonks fittings *pl*
~**lochkarte** *f* [PuC] / slit(punch)-card *n* · slotted card *n*
~**pfosten** *m* [Sh] / slotted upright column *n*
~**zange** *f* [PuC] / slotting pliers *pl*
Schlossbibliothek *f* [Lib] / castle library *n*
Schluss|abnahme *f* [BdEq] / final inspection *n*
~**bemerkung** *f* (am Ende eines Buches) [Bk] / endnote *n*
~**bericht** *m* [OrgM] / final report *n*
Schlüssel *m* [Class] / standard subdivision *n* · common subdivision *n* ‖ *s.a. biographischer Schlüssel; Formschlüssel; geschlüsselter Katalog; Länderschlüssel; Personenschlüssel; Schlüsselung*
schlüsselfertiges System *n* [BdEq; EDP] / turnkey system *n*
Schlüssel|qualifikation *f* [Ed] / key ability *n* · key qualification *n*
~**roman** *m* [Bk] / roman à clef *n*
~**schalter** *m* [EDP] / keylock *n*
~**titel** *m* (in Verbindung mit der ISSN) [Bk] ⟨ISBD(M; S) TGL RGW 175⟩ / key title *n*

Schlüsselung *f* [Class] / the application of standard (common) subdivisions (in a classification system) ‖ *s.a. geschlüsselter Katalog*
Schlüsselwort *n* [Ind] ⟨DIN 31631/2; A 2653⟩ / key-word *n*
Schlüsse ziehen *v* [KnM] / infer *v* ‖ *s.a. schlussfolgern*
schlussfolgern *v* [KnM] / reason *v* · infer *v*
Schluss(folgerung) *m(f)* [KnM] / inference *n* ‖ *s.a. Analogieschluss; Schlüsse ziehen; unscharfer Schluss*
~**gebot** *n* [Acq] / closing bid *n*
~**korrektur** *f* [Prt] / (Umbruchkorrektur:) page proof *n* · final proof *n*
~**kupfer** *n* [Bk] / tail ornament *n* (copper engraving)
~-**S** *n* [Writ; Prt] / final s *n*
Schlüsseltechnologie *f* [InfSc] / key technology *n*
Schluss|sitzung *f* [OrgM] / closing meeting *n*
~**stelle** *f* [OrgM] / finishing division *n*
~**stück** *n* [Bk] / tail-piece · tail ornament *n* ‖ *s.a. Schlusskupfer; Schlussvignette*
~**termin** *m* [OrgM] / closing date *n* · deadline ‖ *s.a. Bewerbungsschlusstermin*
~**titel** *m* [Cat; Bk] ⟨Pl⟩ / colophon *n*
~**vignette** *f* [Bk] / tail ornament *n* · cul-de-lampe *n*
~**wort** *n* [Bk] *s. Nachwort*
~**zeichen** *n* [EDP] ⟨DIN 66203⟩ / final character *n*
Schmähschrift *f* [Bk] / libel *n* · lampoon ‖ *s.a. Pamphlet; Pasquill; Spottschrift*
Schmalbandkommunikation *f* / narrowband communication *n*
schmale Schrift *f* [Prt] / condensed face *n* · condensed type *n*
Schmalfilm *m* [NBM] ⟨DIN 19040/104E⟩ / a cinematographic film of a width of less than 34mm
Schmelzkleber *m* [Bind] / hot-melt adhesive *n*
Schmierpapier *n* [Off] / scratch paper *n*
Schmirgelpapier *n* [Pres] / abrasion paper *n*
schmökern *v* / browse *v*
Schmökerzone *f* [BdEq] / browsing area *n*
Schmuckinitial *n* [Bk] / figure initial *n*
Schmuggelware *f* [Bk; NBM] / (insbes. Raubkopien:) bootleg *n*
Schmutz|literatur *f* [Bk] / obscene literature *n* · pornography *n* ‖ *s.a. Schund- und Schmutzliteratur*

~titel m [Bk] / half-title n · bastard title n · fly-title n
Schneidemarke f [Repr] / cut mark n · cutting line n · cutting mark n
Schneide|maschine f [Bind; Prt] / cutting machine n · slitter n ‖ s.a. *Papierschneidemaschine; Schnellschneider*
Schneiden n (das Schneiden eines Films/Videos) [NBM] / cutting n ‖ s.a. *Ausschnitt 1; beschneiden*
Schnell|drucker m [EDP; Prt] / high-speed printer n
~**hefter** m [Off] / quick-action binder n · folder n (binder for quickly filing loose papers)
~**informationsdienst** m [Ref] / current awareness service n
~**informationsmaterial** n [Ref] / ready reference material n · quick reference material n
~**informationsrecherche** f [Retr] / ready-reference search n
~**kopierdienst** m [Repr] / rapid copying service n
~**presse** f [Prt] / machine press n · cylinder press n
~**schneider** m [Bind] / guillotine n
~**schuss** m [Prt] / rush job n
~**start** m [EDP] / hot start n
~**trockner** m [Bind] / building-in machine n
~**(zugriffs)speicher** m [EDP] / zero-access storage n · fast memory n · high-speed memory n · immediate-access storage n · rapid storage n · fast(-access) storage n ‖ s.a. *Direktzugriffsspeicher*
Schnitt 1 m (Vertikalschnitt) [Cart] s. *Profil*
~ 2 m [Bind] / edge n ‖ s.a. *beraufter Schnitt; ebarbierter Schnitt; Fußschnitt; glatter Schnitt; Goldschnitt; Kopfschnitt; verschobener Schnitt; Vorderschnitt*
~ 3 m (eines Films) [Art] / cutting n
~**,** Ansicht m,f [BdEq] / elevation (drawing) n
~**malerei** f (am Vorderschnitt) [Bind] / fore-edge painting n (~am verschobenen Schnitt:concealed fore-edge painting)
~**menge** f (Mengenlehre) [InfSc] / intersection n
~**musterbogen** m [Bk] / pattern sheet n
~**stelle** f [EDP] ⟨DIN 44300/1E; DIN 44302; DIN 44330V⟩ / interface n ‖ s.a. *Agentenschnittstelle; Benutzerschnittstelle; Mensch-Maschine-Schnittstelle; parallele Schnittstelle; Standardschnittstelle*

~**stellenleitung** f [EDP] ⟨DIN 44302⟩ / interchange circuit n
~**stellenvervielfältiger** m [EDP] / interface multiplier n
~**verzierung** f [Bind] / edge decoration n ‖ s.a. *Schnittmalerei*
Schnörkel m [Bk] / flourish n
Schnüre pl [Bind] / cords pl ‖ s.a. *Hanfschnur*
Schöndruck m [Prt] ⟨DIN 16500/2⟩ / first impression n · first run n
schöne Literatur f [Bk] / belles lettres pl but sing in constr ‖ s.a. *erzählende Literatur*
schöner Einband m [Bind] / fine binding n
schönes Exemplar n [Bk] / bright copy n
Schönschreibheft n [Ed] / copybook n
Schön- und Widerdruck m [Prt] / first run and back-up printing n · perfecting n
Schön- und Widerdruckmaschine f / perfecter n US · perfecting press n
Schöpfer m [Art] / creator n ‖ s.a. *Urheber 2*
Schöpfform f [Pp] / mould n
Schraffen pl [Cart] / hachures pl ‖ s.a. *Schraffierung*
Schraffierung f (Schraffur) [Art; Cart] / hatching n ‖ s.a. *Kreuzschraffur*
Schraffur f [Art; Cart] s. *Schraffierung*
Schräg|ablage f (in einem Regal) [Sh] / slanted shelving n
~**auslage** f (in einem Regal) [Sh] / slanted display n ‖ s.a. *Schrägablage*
~**boden** m [Sh] / tilted shelf n · sloping shelf n
schräger Falz m [Bind] / French groove n · grooved joint n · sunk joint n · American joint n
Schräg|strich m [Writ; Prt] / oblique (stroke) · (bei Bruchzahlen:) solidus n ‖ s.a. *Rückwärtsschrägstrich*
Schrankwand f [BdEq] / wall units pl
Schraubenbindung f [Bind] s. *Ordner 1*
Schreib|dichte f [EDP] / recording density n · physical recording density n ‖ s.a. *Diskette; doppelte Schreibdichte; einfache Schreibdichte*
~**dienst** f (zentral) [OrgM; Off] / typing pool n
schreiben v/n (Tätigkeit) [Writ] / write v · (das Schreiben mit der Hand:) handwriting n
Schreiber m [Writ] / writer · (von Handschriften:) scribe n

Schreib|feder f [Writ] / (Vogelfeder:) quill(-pen) n ‖ s.a. Federzeichnung
~**fehler** m [Writ; Off] / spelling mistake n · clerical error n
~**feld** n [PuC] / writing field n
~**fläche** f [PuC] / writing field n
schreibgeschütztes Feld n [EDP] / protected field n
Schreib|heft n (Schulheft) [Ed] / exercise book n ‖ s.a. Schönschreibheft
~**kopf** m [EDP] ⟨DIN 66010⟩ / write head n
~**kraft** f [Staff] / typist n
~**kunst** f [Writ] / penmanship n ‖ s.a. Kalligraphie
~-**Lesekopf** m [EDP] / read-write head n
~-**Lese-Speicher** m [EDP] ⟨DIN 44476/1⟩ / read-write memory n ‖ s.a. nichtflüchtiger Schreib-Lese-Speicher
~**marke** f [EDP/VDU] / cursor n
~**maschine** f [BdEq] ⟨DIN 2108⟩ / typewriter n ‖ s.a. Display-Schreibmaschine; Speicherschreibmaschine
~**maschinenpapier** n [Pp] / typing paper n · typewriting paper n
~**maschinentisch** m [BdEq] / typewriter desk n · typist desk n
~**maschinenzimmer** n [BdEq] / typing booth n
~**meister** m [Writ] / writing master n
~**meisterbuch** n [Bk; Writ] ⟨RAK- AD⟩ / penmanship manual n · writing manual n
~**papier** n [Pp] ⟨DIN 6731⟩ / writing paper n
~**projektor** m [NBM] ⟨DIN 19040/11; DIN 19090/1⟩ / overhead projector n
~**satz** m [Prt] / typewriter composition n · typewriter setting n
~**schule** f [Writ] / scriptural school n
~**schutz** m [EDP] / write protection n ‖ s.a. Schreibsperre
~**schutzkerbe** f [EDP] / write-protect notch n
~**setzmaschine** f [Prt] / composing typewriter n · typewriter composing machine n · coldtype composing machine n
~**sperre** f [EDP] ⟨DIN 66010⟩ / write lock n
~**stoff** m (Beschreibstoff) [Writ] / writing material n
~**terminal** n [EDP] / printer terminal n · teletype terminal n · TTY abbr · blind terminal n
~**tinte** f [Writ] / ink n · writing ink n
~**tisch** m [BdEq] / writing-table n · desk n

~- **und Papierwaren** pl [Off] / stationery n ‖ s.a. Büroartikel
Schreibung f [Writ] s. Schreibweise
~**walze** f (an einer Schreibmaschine) [Off] ⟨DIN 9757⟩ / platen n
~**weise** f [Writ] / spelling n
~**werkzeug** n [Writ] / writing instrument n · writing tool n
Schrenzpappe f [Pp] ⟨DIN 6730⟩ / screening board
Schrift 1 f (Schriftart; System des Schreibens) / writing n · script n · hand n
~ 2 f (Art und Weise des Schreibens; Handschrift) [Writ] / script n · (Handschrift:) handwriting n · hand n
~ 3 f (geschriebener Text) [Writ; Bk] / script n · work n ‖ s.a. Schriftstück
~ 4 f (Art der Schrifttype) [Prt; EDP] / kind of type n · type style n · printing type n · type v · (der ganze Typensatz einer bestimmten Schrift:) fount n US · fount n Brit ‖ s.a. Akzidenzschrift; nachladbare Schrift; Schriftenverwaltung; Schriftenverwaltungsprogramm; Schriftfamilie; Schriftgarnitur; Sonderschrift
~**art** f s. Schrift 4
~**auswahl** f [EDP/Prt] / font selection n
~**bild** n [Prt] / type-face n
~**breite** f [Prt] / typewidth n
Schriften|reihe f [Bk] ⟨ISBD(M; S; M); TGL20972/04; RAK; DIN 31639/2⟩ / series n ‖ s.a. Reihe 1; übergeordnete Schriftenreihe
~**tausch** m [Acq] / exchange of publications n · publication exchange n
~**verwaltung** f [EDP/VDU; ElPubl] / font management n
~**verwaltungsprogramm** n [EDP] / font manager n
Schrift|familie f [EDP; Prt] / (EDV:) font family n · (Druck:) type family n · (Textverarbeitung:) character family n
~**garnitur** f [Prt] / type series n
~**gießen** n [Prt] / typecasting n · type founding n
~**gießer** m [Prt] / typefounder n
~**gießerei** f [Prt] / type foundry n
~**gießmaschine** f [Prt] / typecasting machine n
~**grad** m / type size n · point size n · (EDV:) font size n ‖ s.a. Schrifthöhe
~**größe** f [Prt] s. Schriftgrad
~**grundlinie** f [EDP/VDU] ⟨DIN 66233/1⟩ / base line n

Schriftguss 198

~guss *m* [Prt] / typecasting *n* · type founding *n* ‖ *s.a. Schriftgießerei*
~gut *n* [Writ; Arch] / written documents *pl*
~gutverwaltung *f* [Off; Arch] / paperwork management *n* · (einschließlich elektronischer Aufzeichnungen:) records management *n*
~höhe 1 *f* [Prt] / height to paper *n* · type height *n*
~höhe 2 *f* [EDP/VDU] ⟨DIN 66233/1⟩ / fontsize *n*
~kasten 1 *m* [Prt] / type case *n* · case *n*
~kasten 2 *n* [Bind] / pallet *n* · typeholder *n*
~kegel *m* [Prt] / body *n* · shank *n* · stem *n*
~konus *m* [Prt] / bevel *n* · neck *n* · beard *n US*
~leitung *f* (einer Zeitung oder Zeitschrift) [Bk] / editorial board *n* ‖ *s.a. Redaktion 1*
schriftliche Befragung *f* [InfSc] / questionnaire survey *n*
~ Prüfung *f* [Ed] / written examination *n* ‖ *s.a. Klausur*
schriftlicher Nachlass *m* [Writ] / literary remains *pl*
Schrift|linie *f* [Prt] / base line *n*
~metall *n* [Prt] / type metal *n*
~probe *f* [Prt] / type specimen *n*
~rolle *f* [Bk] / roll *n* · scroll *n* ‖ *s.a. Papyrusrolle; Pergamentrolle*
~schneider *m* [Prt] / punch cutter *n* · type cutter *n*
~setzer *m* [Prt] *s. Setzer*
~skalierung *f* [EDP; Prt] / font scaling *n*
~steller *m* [Bk] / writer
~stempel *m* [Prt] / punch *n* ‖ *s.a. Schriftschneider*
~stück *n* [Off; Arch] / (archivalische Verzeichnungseinheit:) piece *n* · (schriftliche Aufzeichnung: Papier:) paper *n* · (amtliches ~:) document *v/n*
~tum *n* [Bk] / literature *n* · (die Gesamtheit des Gedruckten:) imprint *n* (das nationale Schrifttum: the national imprint) ‖ *s.a. Kleinschrifttum*
Schrifttumskarte *f* [Ind] / documentation card *n* · document card *n*
Schrift|type *f* [Prt] / printing type *n* · type *n* ‖ *s.a. Schrift 4*
~verkehr *m* [Off] / correspondence *n*
~wechsel *m* [Off] *s. Schriftverkehr*
~zeichen *n* [InfSy; Writ; Prt] ⟨DIN 44300/2⟩ / graphic character *n*
~zeichenvorrat *m* [EDP] ⟨DIN 32743/8⟩ / graphic character set *n*

Schritt *m* (Signal von definierter Dauer) [Comm] ⟨DIN 44302⟩ / signal element *n*
~aufnahmetechnik *f* [Repr] ⟨ISO 6196/2; DIN 19040/11⟩ / planetary filming *n*
~geschwindigkeit *f* [Comm] ⟨DIN 44302⟩ / modulation rate *n*
~kamera *f* [Repr] / planetary camera *n* · flat-bed camera *n*
~puls *m* [Comm] ⟨DIN 44302⟩ / clock pulse *n*
~takt *m* [Comm] ⟨DIN 44302⟩ / signal element timing *n*
~verfilmung *f* [Repr] *s. Schrittaufnahmetechnik*
schrittweise Konservierung *f* [Pres] / phase conservation *n* · phase preservation *n*
Schrotblatt *n* [Art] / dotted print *n*
schrumpfen *v* [Bind] / shrink *v*
Schrumpf|folie *f* [Bind] / shrink wrap *n* (in ~ verpackt:shrink packed; shrink wrapped)
~folienverpackung *f* [Bk] / shrink wrapping *n* · plastic wrapping *n*
Schuber *m* [Bk] / slip case *n* · open-back case *n* ‖ *s.a. Schutzkarton; Solander(schuber)*
Schub|kasten *m* [BdEq] / drawer *n* ‖ *s.a. Katalogkasten*
~lade *f* [BdEq] *s. Schubkasten*
Schul|abschlusszeugnis *n* [Ed] / school-leaving certificate *n* ‖ *s.a. Bildungsabschluss; Schulzeugnis*
~bibliothek *f* [Lib] ⟨DIN 1425⟩ / school library *n*
~buch *n* [Bk] ⟨RAK-AD⟩ / school book *n* · school textbook *n*
~buchverlag *m* [Ed; Bk] / text publisher *n* · educational publisher *n* · school publisher *n*
~funk *m* [Ed] / school broadcasts *pl* · educational radio *n*
~pflicht *f* [Ed] / compulsory education *n*
~schrift *f* [Bk] / school publication *n*
Schulung *f* [Ed] / instruction *n* ‖ *s.a. Benutzerschulung*
~ am Benutzungsort *f* [RS] / point-of-use instruction *n*
Schulungszentrum *n* [Ed] / training centre *n*
Schul|zeugnis *n* [Ed] / school report *n* ‖ *s.a. Schulabschlusszeugnis*
Schummerung *f* [Cart] / hill shading *n*
Schund- und Schmutzliteratur *f* [Bk] / trashy and dirty literature *n*
Schuppenmuster *n* [Bk] / imbrication *n*
Schuss *m* (mit der Kamera) [Repr] / shot *n*

Schuster|junge *m* [Prt] / club line *n* ·
orphan (line) *n(n)* ‖ *s.a.* Hurenkind
~messer *n* [Bind] / cobbler's knife
Schutz|blatt *n* [Bk] / (allgemein:) protecting
leaf *n* · (transparent, mit Erläuterungen zur
abgedeckten Illustration/Karte o.ä.:) guard
sheet *n*
~folie *f* [Pres; Repr] / (durch Laminierung
hergestellt:) lamination sheet *n* · (zum
Schutz einer Klebefläche:) protection sheet
~frist *f* (für ein urheberrechtlich geschütztes
Werk) [Law] / copyright period *n* ·
copyright term *n*
~gebühr *f* [BgAcc] / token fee *n*
~hülle *f* [Bind] / protective jacket *n* · book
cover *n*
~hüllenvertrag *m* [EDP; Law] / tear-open
agreement *n* · shrink-wrap agreement *n*
~karton *m* [Pres] / (allgemein:) protective
box *n* · (für ein Buch:) book case *n* ‖ *s.a.*
Schuber
~kassette (für die vorübergehende
Aufbewahrung eines schadhaften Buches
usw.) [Pres] / phase box *n*
~maßnahme *f* [Pres] / protective measure *n*
~material *n* [Bind; Pres] / protective
material *n*
~mittel *n* [Pres] / protective agent *n* ·
(Hemmstoff:) inhibitor *n*
~schicht *f* [Repr] ⟨DIN 19040/4+104E⟩ /
(zur Verhütung von Kratzern und Abrieb
auf Filmen:) anti-abrasion coating *n*
~überzug *m* [Pres] / protective coating *n*
~umschlag *m* [Bk] ⟨DIN 31639/2⟩ / book
jacket *n* · dust cover *n* ‖ *s.a.* Umschlag
schutzwürdige Daten *pl* [InfSy; Law] /
sensitive data *pl*
Schwachstellenanalyse *f* [OrgM] / weak-
point analysis *n*
Schwankungsbereich *m* (bei einer
Häufigkeitsverteilung) [InfSc] / range *n*
Schwanz *m* (unterer Teil des Buchrückens)
[Bind] / tail *n*
~schnitt *m* [Bind] / lower edge *n* · tail
edge *n*
schwarze Kunst *f* [Prt] / art of printing *n*
schwarzer Kasten *m* [InfSc] / black box *n*
schwarzes Brett *n* [BdEq] *s.* Anschlagbrett
Schwärzung *f* [Pp] / blackening *n*
Schwärzungsgrad *m* [ElPubl] / gray scale *n*
Schwarzweiß|bild *n* [ElPubl] / black and
white image *n*
~-Film *m* [Repr] ⟨DIN 19040/104E⟩ /
black-and-white film *n*
~-Grafik *f* [ElPubl] / line art *n*

Schweinsleder *n* [Bind] / pigskin *n* ·
hogskin *n*
Schwellenwert *m* [InfSc] / threshold value *n*
schwemmen *v* [Pres] *s. wässern*
schwer beschaffbare Literatur *f* [Acq] /
difficult-to-acquire literature *n*
Schwerkraftförderer *m* [BdEq] / gravity-
feed conveyor *n*
Schwerpunkt *m* (in einem Studium usw.)
[Gen; Ed; OrgM] / (allgemein:) focal
point · focus *n* (einen Schwerpunkt legen
/ haben auf:to focus on.../to be focussed
on..) · emphasis ‖ *s.a.* Bestands-
*schwerpunkt; Forschungsschwerpunkt;
Interessenschwerpunkt; Sammelschwerpunkt*
~bereich *m* [Ed] / area of concentration *n*
schwimmende Bibliothek *f* (zur Versorgung
von Inseln usw.) / floating library *n*
Scratch-Datei *f* [EDP] / scratch file *n*
scrollen *v* [EDP/VDU] / scroll *v*
Sechsplattenstapel *m* (für die magnetische
Datenspeicherung) [EDP] ⟨DIN 66205⟩ /
six-disk pack
Sedez(-Format) *n(n)* [Bk] / sexto-decimo *n*
· sixteen-mo *n*
Sedezimal(zahlen)system *n* [EDP] /
hexadecimal number system *n*
See|hundleder *n* [Bind] / sealskin *n*
~karte *f* [Cart] / nautical chart *n* ·
hydrographic chart *n*
segmentierter Satz *m* [EDP] ⟨DIN 66010E
A1⟩ / segmented record *n*
Segmentierung *f* [Comm] / segmentation *n*
Sehabstand *m* [EDP/VDU] ⟨DIN 66233/1⟩ /
viewing distance *n*
sehbehinderter Leser *m* [RS] / visually
handicapped reader *n* · visually impaired
reader *n* · (teilweise sehbehindert:)
partially sighted reader *n*
Sehbehinderung *f* [RS] / visual
impairment *n*
Sehwinkel *m* [EDP/VDU] ⟨DIN 66233/1⟩ /
angle of vision *n* · viewing angle *n*
Seiden|einband *m* [Bind] / silk binding *n*
~gaze *f* [Pres] / silk gauze *n* · crepeline *n*
(Einbettung mit ~: silking)
~papier *n* (sehr dünnes, feines Papier) [Pp]
/ tissue paper *n*
Seite *f* [InfSy; Bk] ⟨DIN 44300/2⟩ / page *n*
‖ *s.a. austauschbare Seiten*
Seiten|ansicht *f* (eines zu formatierenden
Dokuments) [ElPubl; EDP/VDU] /
preview *n*
~aufbau *m* [Prt] / page layout *n*

Seitenaufruf 200

~**aufruf** *m* [Internet] / page view *n* · page impression *n*
~**beschreibungssprache** *f* [ElPubl] / page description language *n* · PDL *abbr* ‖ *s.a. Druckerkommandosprache*
~**breite** *f* [Prt] / page width *n*
~**drucker** *m* [EDP; Prt] ⟨DIN 9784/1⟩ / page-at-a-time printer *n* · page printer *n*
~**druckformatvorlage** *f* (Textverarbeitung) ⟨EDP⟩ / style sheet *n*
~**folge** *f* [Prt] / page order *n*
~**format** *n* [Prt] / page size *n*
~**formatausrichtung** *f* (hoch oder breit) [Prt] / page orientation *n*
~**gebühr** *f* (vom Autor an den Verlag zu zahlen) [Bk] / page charge *n*
~**konsole** *f* (Träger eines Fachbodens) [Sh] / bracket *n* · cantilever bracket *n*
~**layout** *n* [Prt] / page layout *n* ‖ *s.a. Seitenmontage*
~**montage** *f* [Repr; Prt] / page make-up *n*
seitenrichtiges Bild *n* [Repr] / right reading image *n* · read right image *n* ‖ *s.a. seitenverkehrtes Bild*
~**stütze** *f* (eines Regals) [Sh] / side support *n*
~**überschrift** *f* [Bk] / page heading *n* ‖ *s.a. Kolumnentitel*
~**umbruch** *m* [EDP; Prt] / (Textverarbeitung:) page break · (Druckverfahren:) page make-up *n* ‖ *s.a. Seitenmontage*
~**verhältnis** *n* (bei einem Bild, Dokument, einer Kopie usw.) [Repr] / aspect ratio *n*
seitenverkehrtes Bild *n* [Repr] / reverse reading image *n* · wrong-reading image *n* · read wrong image *n* ‖ *s.a. seitenrichtiges Bild*
Seiten|verweis *m* [Bk; Ind] / page reference *n*
~**vorschau** *f* [ElPubl; EDP/VDU] / preview *v/n*
~**vorschub** *m* [EDP; Prt] / form feed *n*
~**wand** *f* (eines Regals) [Sh] / upright side *n* · end panel *n* · side support *n* ‖ *s.a. Regal mit geschlossenen Seitenwänden*
~**wange** *f* (eines Fachbodens) [Sh] / bracket *n* · cantilever bracket *n* · shelf support *n*
~**wechsel** *m* [EDP] / page change *n* · page break ‖ *s.a. Seitenumbruch*
seitenweise *adj* [Prt] / side by side *n*
seitenweiser Betrieb *m* [EDP] / page mode *n*

seitenweises Lesen *n* [EDP] / page read mode *n*
~ **Schreiben** *n* [EDP] / page write mode *n*
Seiten|zahl *f* [Bk] / page number *n*
~**zählung** *f* [Bk] / page numeration *n* · paging *n* · pagination *n* (Seite mit gerader Zählung: even-numbered page; even page) ‖ *s.a.* doppelte Seitenzählung; durchlaufende Seitenzählung; fortlaufende Seitenzählung; gerade Zählung; getrennte Seitenzählung; gezählte Seite; springende Seitenzählung; springende Zählung; ungerade Zählung; Zählung
seitlich drahtgeheftet *pp* [Bind] / side-wired *pp* · side-stitched *pp* ‖ *s.a. Blockheftung*
seitliches überwendliches Heften *n* [Bind] / oversewing *n*
seitlich fadengeheftet *pp* [Bind] / side-sewed *pp* ‖ *s.a. Fadenblockheftung*
Sekretariat *n* [OrgM] / secretariat *n* · secretary's office *n* · secretarial office *n*
Sekretariatsaufgaben *pl* [Off] / secretarial duties *pl*
sekretieren *v* [Stock] / secrete *v* · sequester *v*
Sektion *f* (einer Karte) [Cart] / section *n*
Sektionsbibliothek *f* (in einer Universität) [Lib] *DDR* / sectional library *n*
Sektor *m* [EDP] ⟨DIN 66010⟩ / sector *n*
~**kennung** *f* [EDP] ⟨DIN 66010⟩ / sector identifier *n*
Sekundär|bibliographie *f* [Bib] / secondary bibliography *n*
~**dokument** *n* [Bk] ⟨DIN 31631/4/; DIN 31 639/2⟩ / secondary document *n* · secondary publication *n*
sekundäre Gebietskörperschaft *f* (Gliedstaat, Ortsteil, Verwaltungsbezirk usw.) / secondary territorial authority *n*
Sekundärpublikation *f* [Bk] *s. Sekundärdokument*
Sekundarschule *f* [Ed] *CH* / secondary school *n* ‖ *s.a. Sekundarstufe*
Sekundär|speicher *m* [EDP] / secondary storage *n*
Sekundärsprache *f* (in einem mehrsprachigen Thesaurus) [Ind] ⟨DIN 1463/2⟩ / secondary language *n*
Sekundarstufe *f* [Ed] / secondary school level *n* ‖ *s.a. Sekundarschule*
selbständige Anhängezahl *f* [Class/UDC] / independent auxiliary (number) *n*
selbständige Ergänzungszahl *f* [Class/UDC] *s. selbständige Anhängezahl*

selbständig erschienenes Werk *n* [Bk; Cat] ⟨RAK-UW⟩ / bibliographically independent work *n* ‖ *s.a. selbständiges Dokument*
selbständiges Dokument *n* [Bk; Cat] ⟨DIN 31631/4⟩ / bibliographically independent work *n* ‖ *s.a. selbständig erschienenes Werk*
selbständiges Werk *n* [Bk; Bk; Cat] *s. selbständig erschienenes Werk*
Selbstbiographie *f* [Bk] / autobiography *n*
selbstdurchschreibendes Papier *n* [Off] / NCR paper *n* ‖ *s.a. Durchschlagpapier*
Selbst|führung *f* [PR] / self-guided tour *n* · self-paced tour *n*
~**klebeband** *n* [Off; Bind] / pressure-sensitive tape *n* ‖ *s.a. Tesafilm*
selbstklebend *pres p* [Off; Bind] / self-adhesive *adj*
Selbst|kostenpreis *m* [BgAcc] / cost price *n* (zum ~ verkaufen: to sell at cost)
~**studium** *n* [Ed] / self-directed study *n* · self-instruction *n*
selbsttragendes Magazin *n* (mehrere Geschosse durchlaufend) [BdEq; Sh] / multi-tier stack *n* (self-supporting structure of steel book cases extending for several floors indepenent of the walls of the building)
Selbst|verlag *m* [Bk] / author-publisher *n* (im ~ erschienen:privately published) ‖ *s.a. im Selbstverlag erschienen*
~**verleger** *m* [Bk] *s. Selbstverlag*
~**verwaltung** *f* / self-government *n* · self administration *n*
~**zitat** *n* [InfSc] / self-citation *n*
Selektionsgüte *f* (Maß für die Relevanz der nachgewiesenen Informationsquellen) [Retr] / selectivity *n*
selektive Informationsverbreitung *f* [InfSy] / selective dissemination of information *n* · SDI *abbr*
Semantik *f* [Lin] / semantics *pl but usually sing in constr*
semantische Begriffszerlegung *f* [Ind] / semantic factoring *n*
~ **Beziehung** *f* [Ind] / semantic relation *n*
Semé-Einband *m* [Bind] / semis *n* · semé *n*
Semester *n* [Ed] / (Trimester:) term *n* · (Studienhalbjahr:) half-year term *n* · semester *n*
Semester|adresse *f* [RS] / term-time address *n*
~**apparat** *m* [RS] / reserve collection *n* (for the period of a semester)

~**ferien** *pl* [Ed] / semester break *n* ‖ *s.a. vorlesungsfreie Zeit*
Semikolon *n* [Writ; Prt] / semi-colon *n*
Seminar *n* [Ed] / seminar *n* · (Veranstaltung zur Besprechung aktueller Probleme:) clinic *n* US ‖ *s.a. Hauptseminar; Proseminar*
~**bibliothek** *f* [Lib] / seminar(y) library *n*
Sende|aufruf *m* [Comm] ⟨DIN 44302⟩ / polling *n*
sendebereit *adj* [Comm] / clear to send *adj* · CTS *abbr*
Sende|betrieb *m* [Comm] ⟨DIN 44302⟩ / send mode *n* · transmit(tal) mode *n*
~**datum** *n* (Datum einer Rundfunksendung (Hörfunk oder Fernsehen)) [Comm] / date of broadcast *n*
~-**Empfangsgerät** *n* [Comm] / transceiver *n*
senden *v* [Comm] / send *v* · (durch Rundfunk:) transmit *v* · broadcast *v* · (mit der Post:) mail *v* US · (zur Post geben:) post *v* Brit ‖ *s.a. liefern*
Sender *m* [Comm] / transmitter *n* ‖ *s.a. Sendestation*
Sende|rechte *pl* (Rundfunk) [Comm; Law] / broadcasting rights *pl*
~**station** *f* [Comm] ⟨DIN 44302⟩ / (Rundfunk:) broadcasting station · transmitter *n* · (Hauptstation:) master station *n*
Sendung *f* [Acq] *s. Lieferung 1*; ‖ *s.a. Zusendung*
Senke *f* (von Daten) [EDP] *s. Datensenke*
Senkung des Geräuschpegels *f* / noise reduction *n*
Sensations|blatt *n* [Comm] / sensational newspaper *n*
~**roman** *m* [Bk] / shilling shocker · sensational novel *n* · thriller *n*
Sensibilisierung *f* [Repr] / sensitizing *n*
Sensor-Bildschirm *m* [EDP] / touch sensitive screen *n*
Separat(ab)druck *m* [Bk] *s. Separatum*
Separator *m* [Ind] / separator *n*
Separatum *n* (Sonder(ab)druck) [Bk] / separate *n* · offprint *n*
sequentielle Notation *f* [Class] / ordinal notation *n*
sequentieller Zugriff *m* [EDP] / sequential access *n* · serial access *n*
sequentielle Zugriffsmethode *f* [EDP] / sequential access method *n* · SAM *abbr*
Serendipität *f* [InfSc] / serendipity *n*
Serie *f* [Bk] / series *n* ‖ *s.a. Reihe 1*
serielle Ausgabe *f* [EDP] / serial output *n*

serielle Eingabe

~ Eingabe *f* [EDP] / serial input *n*
serieller Anschluss *m* [EDP] / serial port *n*
~ Betrieb *m* [EDP] ⟨DIN 44300/9⟩ / serial mode *n*
~ Zugriff *m* [EDP] *s. sequentieller Zugriff*
serielle Schnittstelle *f* [EDP] / serial interface *n*
~ Übertragung *f* / serial transmission *n*
~ Verarbeitung *n* [EDP] / serial processing *n*
Serien|angabe *f* [Cat] / series statement *n*
~brief *m* [Off] / standard letter *n* (personalized, produced by mail merger)
~drucker *m* [EDP; Prt] ⟨DIN 9784/1⟩ / serial printer *n*
~nummer *f* (eines Geräts) [BdEq] / serial number *n*
~-Parallel-Umsetzer *m* [EDP] ⟨DIN 44300/5E⟩ / serial-parallel converter *n* · staticizer *n*
~titel *m* [Cat] ⟨DIN 31631/2⟩ / series title *n*
~übertragung *f* [Comm] ⟨DIN 44302⟩ / serial transmission *n*
~werk *n* [Bk] *s. Serie*
Serife *f* [Prt] / serif *n*
serifenlose Linear-Antiqua *f* [Prt] / sanserif *n*
Serigraphie *f* [Art; Prt] *s. Siebdruck*
Server *m* [EDP] / server *n* ‖ *s.a. Abteilungsserver; Datei-Server; Drucker-Server*
setzen *v* [Prt] / compose *v* · typeset *v* · set *n* ‖ *s.a. absetzen; neu setzen*
Setzer *m* (Schriftsetzer) [Prt] / compositor *n* · type-setter *n* ‖ *s.a. Handsetzer*
Setzerei *f* [Prt] / composing room *n* · case-room *n*
Setz|fehler *m* [Prt] / compositor's error *n* · setting mistake *n* ‖ *s.a. Druckfehler*
~kasten *m* [Prt] / type case *n* · case *n*
~linie *f* [Prt] / setting rule *n* · composing rule *n*
~maschine *f* [Prt] / typesetter *n* · type-composing machine *n* · typesetting machine *n*
~regal *n* [Prt] / composing frame *n*
Sextern(io) *m(m)* [Bk; Bind] / sextern *n*
sexuelle Belästigung *f* [Staff] / sexual harassment *n*
Sicherheit *f* [Pres] / security *n* ‖ *s.a. Datensicherheit; Datensicherung*
Sicherheits|beauftragter *m* [OrgM] / security manager *n* · security officer *n*
~faktor *m* [BdEq] / safety factor *n*

~film [Repr] / safety film *n* · acetate film *n*
~inspektion *f* [OrgM] / security audit *n*
~prüfung *f* [BdEq] / safety check *n*
~streifen *m* / security strip *n*
~überprüfung *f* [OrgM] / security audit *n*
~verfilmung *f* [Pres; Repr] ⟨DIN 19040/113E⟩ / preservation microfilming *n* · security filming *n*
~zuschlag *m* (bei Kostenvoranschlägen) [BdEq] / contingency figure *n*
sichern *v* [EDP] / save · back up *v*
sicherstellen *v* [OrgM] / ensure *v*
Sicherung *f* (von Daten) [EDP] / back-up *n* (of data) · security back-up *n*
Sicherungs|archiv *n* [Stock; Repr] / security file *n*
~kopie *f* [EDP] / back-up copy *n* · security copy *n*
~schicht *f* (OSI-Schichtenmodell) [Comm] / data link layer *n*
~system [BdEq] *s. Diebstahlsicherungssystem*
~verfilmung *f* [Pres; Repr] *s. Sicherheitsverfilmung*
Sicht|blende *f* [BdEq] / sight screen *n* · visual barrier *n*
sichten *v* [OrgM] / screen *v*
Sicht|gerät *n* [EDP] ⟨DIN 44300/5⟩ / display device *n* · display unit *n* ‖ *s.a. Datensichtgerät*
~kartei *f* [Ind] / visible file *n* ‖ *s.a. Flachsichtkartei*
~kontrolle *f* [BdEq] / visual check *n*
~leiste *f* (mit dem Titel einer Microfiche-Ausgabe) [Repr] / title strip *n*
~lochkarte *f* [PuC] / visual feature-punched card *n* · peek-a-boo card *n* · optical coincidence (punched) card *n* · coincidence hole card *n* · peek-hole card *n*
~register *n* [Ind] / visible file *n* ‖ *s.a. Flachsichtkartei*
Sieb *n* [Pp] / strainer *n* · wire cloth *n*
~druck *m* [Art; Prt] / (Verfahren:) screen printing *n* · silkscreen printing *n* · serigraphy *n* · (Druckblatt:) serigraph *n* · screen print *n*
~markierung *f* [Pp] / chain marks *pl US* · chain lines *pl*
~seite *f* [Pp] / deckle wire side *n*
Siegel *n* [NBM] / seal *n*
~kunde *f* [NBM] / sphragistics *n/pl* · sigillography *n*
~lack *m* [NBM] / sealing lac *n*
Siehe-auch-Hinweis *m* [Cat] ⟨RAK⟩ / see also reference *n*

~-auch-Verweisung *f* [Cat] / see also
  reference *n* · reciprocal reference *n*
~-Verweisung *f* [Cat] / see reference *n*
Sigel *n* (Kurzzeichen für eine Bibliothek
  im Rahmen eines Gesamtkatalogs usw.)
  [Lib; Cat] ⟨A 2657⟩ / institution code *n* ·
  location symbol *n* · location mark *n*
Signal *n* [InfSy] ⟨DIN 44300/2: 44302⟩ /
  signal *n*
~-farbe *f* [Prt] / spot colour *n*
~-streifen *m* (in ein Buch eingelegt, zur
  Steuerung von Arbeitsabläufen) [TS] /
  flag *n*
Signatur 1 *f* (Standortbezeichnung für
  ein Buch usw.) [Sh] ⟨DIN 31631/2⟩
  / (generell geltend:) call number *n*
  · (systematische Gruppensignatur:)
  class mark *n* · (Standortbezeichnung:)
  location symbol *n* · location mark *n* ·
  (Bezeichnung des Regalbodens:) shelf
  number ‖ *s.a. Lokalsignatur; systematische
  Gruppensignatur*
~ 2 *f* (Zählung eines Druckbogens;
  Bogensignatur) [Bk] / signature (mark) *n* ‖
  s.a. Bogennorm
~ 3 *f* (einer Drucktype) [Prt] / nick *n*
~-bildung *f* [Sh] / call number
  formulation *n*
~-schild *n* / class mark label *n*
Signet *n* [Bk; PR] / device *n* ·
  (Verlagssignet:) publisher's device *n*
  · (Druckerzeichen:) printer's mark *n*
  · printer's device *n* · (Namenskürzel:)
  logo(type) *n* ‖ *s.a. Bibliothekssignet*
Signieren *v/n* [RS] / holdings check *n* ·
  entering the call number on a request
  form *ger*
signieren 1 *v* [RS] / check *n* US (a request
  form against the catalogue) · entering the
  call number on a request form *ger*
~ 2 *v* (ein Buch durch den Autor ~) [Bk] /
  autograph *v* · sign *v* ‖ *s.a. Signierstunde;
  signiertes Exemplar; unsigniert*
Signierer *m* [Staff] / holdings checker *n*
Signierstunde *f* [PR] / autograph session *n* ·
  signing session *n*
signierter Einband *m* [Bind] / signed
  binding *n* · (Signierung auf einem
  eingeklebten Zettel:) binding with ticket *n*
  ‖ *s.a. Namensstempel*
signiertes Exemplar *n* [Bk] / inscribed
  copy *n* · signed copy *n* · autographed
  copy *n* ‖ *s.a. Widmungsexemplar*
Signifikanztest *m* [InfSc] / significance
  test *n*

Silben|schrift *f* [Writ] / syllabic writing *n*
~-trennung *f* [Writ; Prt] / syllabication *n*
  · word break *n* · hyphenation *n* ‖ *s.a.
  Worttrennung*
~-trennungsprogramm *n* [EDP] /
  hyphenation program *n*
Silber|film *m* [Repr] ⟨ISO 6196-4⟩ / silver
  film *n*
~-fisch *m* [Pres] / silverfish *n*
~-fisch-Befall *m* [Pres] / silverfish
  infestation *n* (Eindämmung des Silberfisch-
  Befalls:silverfish abatement)
~-halogenfilm *m* [Repr] *s. Silberfilm*
~-halogenverfahren *n* [Repr] / silver halide
  process *n*
~-salzverfahren *n* [Repr] *s.
  Silberhalogenverfahren*
~-stiftzeichnung *f* [Art] / silver-point
  drawing *n*
Silospeicher *m s. Kellerspeicher*
Simplex|verbindung *f* [Comm] / simplex
  circuit *n*
~-verfahren *n* (bei der Bestimmung der
  Bildanordnung auf einer Mikroform)
  [Repr] ⟨ISO 6196/2; DIN 19040/113E⟩
  / simplex positioning *n* ‖ *s.a.
  Duplexverfahren*
Simulation *f* [EDP] / simulation *n*
Simulator *m* [EDP] / simulator *n*
Simultan|betrieb *m* [EDP] / simultaneous
  operation *n*
~-zugriff *m* [EDP] / simultaneous access *n*
Single *f* (kleine Schallplatte) [NBM] /
  single *n*
Singpartitur *f* [Mus] / vocal score *n*
Sinnbild *n* [OrgM] ⟨DIN 66001⟩ / graphic
  symbol *n* · (Datenflussplan:) flow chart
  symbol *n*
Sitz *m* (eines Vereins usw.) / seat *n* (of an
  association etc.)
Sitzgruppe *f* [BdEq] / seating unit *n*
Sitzung *f* [OrgM] / meeting ‖ *s.a.
  abschließende Sitzung; Schlusssitzung*
Sitzungs|berichte *pl* (eines Parlaments) [Bk]
  / sessional papers *pl* ‖ *s.a. Verhandlungen*
~-ort *m* / meeting place *n*
~-schicht *f* (OSI) [InfSy] / session layer *n*
~-zimmer *n* [BdEq] / conference room *n*
Skala *f* [InfSc] / scale *n*
Skalenbildung *f* [InfSc] *s. Skalierung*
skalierbare Schrift *f* [ElPubl] / scalable
  font *n*
skalieren *v* [EDP/VDU; Prt] / scale *v*
Skalierung *f* [InfSc] / scaling *n* ‖ *s.a.
  Schriftskalierung*

Skelettbauweise *f* [BdEq] / skeleton construction *n*
Skizze *f* / sketch *n* · rough draft *n*
Skizzenbuch *n* / sketch book *n*
skizzieren *v* [Gen] / sketch *v* · (umreißen:) outline *n/v*
Skonto *m/n* [BgAcc] / (Barzahlungsrabatt:) cash discount *n*
Skript *n* (zu einem Film usw.) [NBM] / script *n*
so bald wie möglich [Bk] / as soon as possible · a.s.a.p. *abbr*
Sockel *m* (eines Regals) [Sh] / base *n* (geschlossener ~: closed/full base) ‖ *s.a.* Holzsockel
~**boden** *m* [Sh] / base shelf *n* · bottom shelf *n*
~**wange** *f* [Sh] / base bracket *n*
soeben erschienen *pp* [Bk] / just come out *pp* · just issued *pp* · just published *pp*
Sofort|ausleihe *f* [RS] / immediate delivery of books *n* (when lending books from the stacks)
~**information** *f* / instant information *n*
Software *f* [EDP] ⟨DIN 44300/1E⟩ / software *n*
~-**Entwicklung** *f* [EDP] / software development *n*
~-**fehler** *m* [EDP] / software bug *n* · software fault *n*
~-**firma** *f* [EDP] / software company *n*
~ **für Unterrichtszwecke** *f* [EDP; Ed] / courseware *n*
~-**haus** *n* [EDP] / software house *n*
~-**paket** *n* [EDP] / software package *n*
~-**Piraterie** *f* [EDP] / software piracy *n*
~-**Unterstützung** *f* [EDP] / software support *n*
Solander(schuber) *m(m)* [Bind] / solander (case) *n Brit* · clam shell case *n US*
Soll|buchung *f* [BgAcc] / debit entry *n*
~**seite** *f* [BgAcc] / debit side *n*
~**spalte** *f* [BgAcc] / debit column *n*
~ **und Haben** *n* [BgAcc] / debit and credit *n*
Sonder(ab)druck *m* [Bk] ⟨DIN 31631/4; DIN 31643⟩ / offprint *n* · separate *n*
~**angebot** *n* [Acq] / bargain offer *n* · special offer *n*
~**bestand** *m* [Stock] / special collection *n*
~**forschungsbereich** *m* [InfSc] / special research area *n*
~**heft** *n* (einer Zeitschrift) [Bk] / special issue *n* ‖ *s.a.* Beiheft

~**magazin** *n* [Stock] / special collections stack *n*
~**nummer** *f* [Bk] ⟨DIN 31639/2⟩ *s.* Sonderheft
~**preis** *m* [Bk] / special price *n*
~**sammelgebietsplan** *m* (der Deutschen Forschungsgemeinschaft) [Acq] *D* / special subject fields programme *n* (of the German Research Society) · subject specialization scheme *n* (of the German Research Society) ‖ *s.a.* Sammelschwerpunkt
~**schrift** *f* [EDP; Prt] / special font *n*
~**schule** *f* [Ed] / special school (for handicapped pupils)
~**zeichen** *pl* [Prt] / side sorts *pl* · pi characters *pl* · special characters *pl* · peculiars *pl* · special sorts *pl* · pi font *n* ‖ *s.a.* Akzentbuchstaben
Sonnen|blende *f* [BdEq] / sun screen *n*
~**schutz** *m* [BdEq] / sun control *n*
Sonntagsbeilage *f* (einer Zeitung) [Bk] / sunday supplement *n*
sonstige beteiligte Person *f* (z.B. Bearbeiter, Herausgeber, Übersetzer) [Cat] ⟨RAK⟩ / a person who participates in producing a work without being the author
sonstige Mitarbeiter *pl* (an einer Hochschule) [Staff] / non-academic staff *n*
Sortiereinrichtung *f* [BdEq] / sorting equipment *n*
sortieren *v* [EDP] / sort *v*
Sortierer *m* [PuC] / sorting machine *n*
Sortier|feld *n* [EDP] / sort field *n*
~**folge** *f* [EDP] / collating sequence *n*
~**gerät** *n* [PuC] *s.* Sortierer
~**geschwindigkeit** *f* [EDP] / sorting speed *n*
~**lauf** *m* [EDP] / sort run *n*
~**maschine** *f* [PuC] / sorting machine *n*
~**nadel** *f* [PuC] / sorting needle *n*
~**programm** *n* [EDP] / sorting program *n*
~**tisch** *m* [BdEq] / sorting counter *n*
~**vorgang** *m* [EDP] / sorting procedure *n* · sorting operation procedure *n*
Sortiments|buchbinder *m* [Bind] / miscellaneous binder *n*
~**buchhandlung** *f* [Bk] / general bookstore *n*
Soufflierbuch *n* (Theater) [Art] / prompt book *n* · prompt copy *n*
Soundkarte *f* [EDP] / audio card *n* · sound card *n*
soziale Bibliotheksarbeit *f* [Lib] / outreach services *pl* · library provision to disadvantaged groups *n*

Sozialraum *m* [BdEq] *s. Personalraum*
Spalte *f* [InfSy; Writ; Prt] ⟨DIN 44300/2; 31639/2⟩ / column *n* ‖ *s.a. einspaltig; zweispaltig*
spalten *v* (Leder, Papier) [Pres] / split *v* ‖ *s.a. Papierspalten*
Spalten|anordnung *f* (der Bilder auf einem Microfiche) [Repr] / column arrangement *n*
~breite *f* [Prt] / column width *n*
Spaltleder *n* [Bind] / split skin *n* · split leather *n* · (~ der Haarseite von Schafleder:) skiver *n*
spannen *v* [Pres] / stretch *v*
Spannrahmen *m* [Pres] / stretching frame *n*
Spar|kampagne *f* [BgAcc] / economy drive *n*
~maßnahmen *pl* / economy measures *pl* ‖ *s.a. Arbeitskräfte-Einsparung; Kürzung 2*
sparsam *adj* [BgAcc] / economical *adj* ‖ *s.a. wirtschaftlich*
Sparsamkeit *f* / economy *n*
Spationieren *n* [Prt] / letterspacing *n*
Spatium *n* [EDP; Prt] / space (character) *n* ‖ *s.a. Leerzeichen*
Speckle *n* [ElPubl] / speckle *n*
Speicher *m* [EDP] ⟨DIN 44300/5⟩ / memory *n* · storage *n* · store *n* Brit ‖ *s.a. Arbeitsspeicher; Assoziativspeicher; Depot; erweiterter Speicher; flüchtiger Speicher; geschützter Speicherbereich; Hauptspeicher; Internspeicher; Kellerspeicher; löschbarer Speicher; peripherer Speicher; Permanentspeicher; Zentralspeicher; Zubringerspeicher*
~auszug *m* [EDP] / dump *n*
~bauart *f* [EDP] ⟨DIN 44300/6E⟩ / storage type *n*
~bibliothek *f* [Lib] / storage library *n* · deposit library *n* · reservoir library *n* · warehouse library *n* · repository library *n* ‖ *s.a. Speichermagazin*
~chip *m* [EDP] / memory chip *n*
~dichte *f* [EDP] / recording density *n* · physical recording density *n* ‖ *s.a. Schreibdichte; Zeichendichte*
~element *n* [EDP] ⟨DIN 44300/6; 44476/2⟩ / storage element *n* · memory element *n*
~erweiterung *f* [EDP] / memory expansion *n*
~größe *f* [EDP] / memory size *n*
~hierarchie *f* [EDP] / storage hierarchy *n*
~kapazität *f* / storage capacity *n* · memory capacity *n*

~magazin *n* / storage stack(s) *n(pl)* · library warehouse *n* · repository *n* ‖ *s.a. Ausweichmagazin; Speicherbibliothek; zentrales Speichermagazin*
~medium *n* [InfSy; EDP] / storage medium *n* · recording medium *n*
~ mit indexsequentiellem Zugriff *m* [EDP] ⟨DIN 44300/6⟩ / index(ed)sequential storage *n*
~ mit sequentiellem Zugriff *m* [EDP] ⟨DIN 44300/6E⟩ / sequential access memory *n* · serial access memory *n* · sequential access storage *n* *s. Speicher mit seriellem Zugriff*
~ mit seriellem Zugriff *n* [EDP] ⟨DIN44476/1⟩ / serial access storage *n* · serial access memory *n* · sequential access memory *n*
~ mit wahlfreiem Zugriff *m* [EDP] / random-access memory *n* · RAM *abbr*
speichern *v* [Gen; EDP] ⟨DIN 44300/6⟩ / store *v* · (sichern:) save ‖ *s.a. abspeichern; sichern*
Speicher|organisation *f* [EDP] / storage organization *n*
~platte *f* [EDP] / storage plate *n*
~platz 1 *m* (Speicherkapazität) [EDP] / storage space *n*
~platz 2 *m* (Speicheradresse) [EDP] *s. Speicherzelle*
~schreibmaschine *f* [Off] ⟨DIN 2108⟩ / memory typewriter *n* · electronic typewriter *n*
~schutz *m* [EDP] ⟨DIN 44300/6⟩ / storage protection *n* · memory protection *n*
stelle *f* [EDP] / location *n* · storage position *n*
~steuerung [EDP] / memory control *n*
~typ *m* [EDP] ⟨DIN 44300/6⟩ / storage type *n*
~- und Zugriff-System *n* [InfSy; Repr] ⟨DIN 19040/113E⟩ / retrieval system *n* · information retrieval system *n*
Speicherung *f* / storage *n* ‖ *s.a. maschinell gespeicherte Daten*
Speicherung *f* (das Speichern) [EDP] / storage *n*
Speicher|vermittlung *f* (rechnergesteuerte Leitungsvermittlung) [Comm] / (Vorgang:) message switching *n* · (Amt:) message switching centre
~verwaltung *f* [EDP] / memory management *n*
~zelle *f* [EDP] ⟨DIN 44300/6⟩ / storage location *n* · memory location *n*

Speicherzone 206

~**zone** *f* [EDP] ⟨DIN 44476/2⟩ / storage zone *n*
Spende *f* / donation *n*
Spenden|aufruf *m* [BgAcc] / call for donation ‖ *s.a. Förderer*
~**mittel** *pl* [BgAcc] / donor funds *pl*
Spender *m* [Acq] / donor *n*
Sperradresse *f* [Comm] ⟨DIN/ISO 3309⟩ / no-station address *n*
Sperre *f* (schmaler, kontrollierter Durchgang) [BdEq] / wicket(gate) *n* ‖ *s.a. Drehkreuz*
~ **abgehender Rufe** *f* [Comm] / outgoing calls barred *pl*
~ **der Ausleihberechtigung** *f* [RS] *s. Sperrung der Ausleihberechtigung*
sperren 1 *v* (gesperrt drucken) [Prt] / letterspace *v* (Sperrung einzelner Wörter: letterspacing) · space out *v* (gesperrt gedruckt: spaced) ‖ *s.a. gesperrter Druck; gesperrt gedruckt*
~ 2 *v* (Zugang, Vorgang verhindern) [Gen] / (schließen:) close *v* · (blockieren:) block · lock *v* (eine Datei ~:to lock a file; Sperre eines Feldes: field lock) ‖ *s.a. gesperrte Datei; Satzsperre; Schreibsperre; Vorlagensperre; Zugriff gesperrt*
Sperr|schalter *m* [BdEq] / lock switch *n*
~**taste** *f* (auf einer Tastatur) [BdEq] / lock key *n*
Sperrung *f* [EDP] / (einer Datei:) file locking *n* · (Druck:) letterspacing *n*
~ **der Ausleihberechtigung** *f* [RS] / withdrawal of borrowing privileges *n* ‖ *s.a. Zugriff gesperrt*
Spesen [BgAcc] / expenses *pl* ‖ *s.a. Bewirtungsspesen; Reisespesen*
~**abrechnung** *f* [BgAcc] / expense account *n* ‖ *s.a. Reisekosten*
Spezial|bibliothek *f* [Lib] ⟨DIN 1425⟩ / special library *n*
~**bibliothekar** *m* [Staff] / special librarian *n*
Spezialisierungsgrad *m* [InfSc] / degree of specialization *n*
Spezial|klassifikation *f* [Class] / special classification *n* · specialized classification *n*
Spezies *f* [Ind; Class] / species *n*
~**kauf** *m* [Acq] / purchase of specific goods *n*
Spezifikation *f* [Bk] *s. technische Spezifikation*
spezifische Materialbennung *f* [Cat] *s. spezifische Materialbezeichnung*

spezifische Materialbezeichnung *f* [Cat] ⟨ISBD(M; A; S; PM); DIN 31631/2⟩ / specific material designation *n* · SMD *abbr*
spezifischer (Sach-)Titel *m* [Cat] / distinctive title *n* · specific title *n* ‖ *s.a. unspezifischer Titel*
spezifizierte Abrechnung *f* [BgAcc] / itemized account *n*
Sphragistik *f* [NBM] *s. Siegelkunde*
Spiegel *m* (Teil des Vorsatzes) [Bind] / paste-down (endpaper) *n* · board paper *n* · lining paper
~**bild** *n* [Repr] / mirror image *n*
~**strich** *n* / (Gliederungspunkt:) bullet *n*
Spiel *n* [NBM] ⟨DIN 31631/4⟩ / game *n* ‖ *s.a. Abenteuerspiel; Geschicklichkeitsspiel; Gesellschaftsspiel; Lernspiel; Mehr-Personen-Spiel; Rätselspiel; Rennspiel; Spieleanschluss; Strategiespiel; Unterhaltungsspiel*
~**computer** *m* [EDP] / playstation *n*
~**dauer** *f* [NBM] ⟨DIN 31631/2⟩ / running time *n* · playing time *n* ‖ *s.a. Spielgeschwindigkeit*
Spieleanschluss *m* [EDP] / game port *n*
Spiel|film *m* [NBM] ⟨DIN 31631/4⟩ / feature (film) *n*
~**geschwindigkeit** *f* (eines Videobandes usw.) [NBM] *s. Laufgeschwindigkeit*
~**karte** *f* [NBM] / playing card
~**konsole** *f* / games console *n*
~**partitur** *f* [Mus] / playing score *n*
~**theorie** *f* [InfSc] / game theory *n*
Spieß *m* [Prt] / black *n* · work up *n*
Spieße *pl* (pl) [Prt] / rising type *n* · rising space *n*
Spindelpresse *f* [Bind] / bench press *n*
Spionageroman / spy novel *n*
Spiral|bindemaschine *f* [Bind] / spiral binding machine *n*
~**bindung** [Bind] / spiral binding
~**broschur** *f* [Bind] / spiral binding · spirex binding *n* · coil(ed) binding *n* ‖ *s.a. Kammbindung*
spiralgeheftet *pp* [Bind] / spiral-bound *pp*
Spiralheftung *f* [Bind] *s. Spiralbroschur*
Spitzbogenornamentik *f* [Bind] / mitred decoration *n*
Spitzen|begriff *m* [Ind] *s. Kopfbegriff*
~**muster** *n* [Bk] / lacework *n*
~**muster-Einband** *m* [Bind] / dentelle binding *n* · lace binding *n*
~**zeit** *f* (Stoßzeit) [RS] / peak period *n*

Spitz|klammer *f* (Winkelklammer) [Writ; Prt] / angle bracket *n* · angular mark *n*
~**name** *m* [Cat] / nickname *n* · sobriquet *n* ‖ *s.a.* Beiname
Spontanbetrieb *m* [Comm] ⟨DIN 44302⟩ / asynchronous response mode *n* · ARM *abbr*
SPOOL-Betrieb *m* [EDP] / spooling *n*
Sporthochschule *f* [Ed] / college of sport science *n* · physical education college *n*
Spottschrift *f* [Bk] / lampoon ‖ *s.a. Schmähschrift*
Sprach|annotation *f* (Multimedia) [NBM] / voice annotation *n*
~**barriere** *f* [Lin] / language barrier *n*
Sprache *f* [Lin] / language *n*
Spracheingabe *f* (Eingabe gesprochener Sprache) [EDP] / voice data entry *n* · voice input *n*
Sprachen|referent *m* [Staff] / language bibliographer *n* US
~**schlüssel** *m* [Class] / standard subdivision of individual languages *n* · (in Zahlen ausgedrückt:) ethnic numbers
~**zentrum** *n* [Ed] / foreign languages centre *n*
Sprach|erkennung *f* [EDP] / speech recognition *n* · voice recognition *n*
~**führer** *m* [Bk] ⟨DIN 31631/4; RAK-AD⟩ / phrasebook *n*
~**gemeinschaft** *f* [Lin] / language constituency *n*
~**karte** *f* (Multimedia) [NBM] / voice card *n*
~**kenntnisse** *pl* / language proficiency · knowledge of languages *n* · language expertise *n*
~**labor** *n* [BdEq] / language laboratory *n*
~**lehrmittel** *pl* [Ed] / language learning materials *pl*
~**prüfung** *v* [Ed] / language-proficiency test *n* ‖ *s.a. Deutsche Sprachprüfung für den Hochschulzugang*
~**übertragung** *f* [Comm] / voice communication *n* · voice transmission *n*
~**zahl** *f* [Class/UDC] *s. allgemeine Ergänzungszahl der Sprache*
sprechbare Notation *f* [Class] / pronouncable notation *n* · syllabic notation *n*
Sprechblase *f* [Bk] / balloon *n*
sprechende Notation *f* [Class] / literal mnemonic (notation) *n*
Sprech|funk *m* [Comm] / voice radio *n*

~**kassette** *f* ⟨NBM⟩ / spoken-word audiocassette *n* ‖ *s.a. Hörbuch*
Sprengschnitt *m* [Bind] / sprinkled edge(s) *n(pl)*
springende Notation *f* [Class] / gap notation *n*
~ **Seitenzählung** *f* [Bk] / erratic pagination *n*
~ **Zählung** *f* / non-consecutive numbering *n*
Sprinkleranlage *f* [BdEq] / sprinkler system *n*
Spritz|pistole *f* [NBM] / spray gun *n* · (Sprühgerät; Zerstäuber:) airbrush *n*
~**schnitt** *m* [Bind] *s. Sprengschnitt*
Sprödigkeit *f* (von Papier) [Pres] / brittleness *n* (of paper)
Spruch *m* [Law] / award *n* (judicial decision) ‖ *s.a. Schiedsspruch*
~**band** *n* / banner *n* · lettered scroll *n*
Sprühkleber *m* [Bind] / spray adhesive *n*
Sprung|anweisung *f* [EDP] ⟨DIN 19237V⟩ / branch instruction *n* · jump instruction *n* · (FORTRAN:) go to statement *n*
~**befehl** *m* [EDP] / jump instruction *n* · go to statement *n* ‖ *s.a. bedingter Sprungbefehl*
~**rücken** *m* [Bind] / spring-back *n*
Spülbecken *n* [BdEq] / sink *n*
Spulbetrieb *m* [EDP] / spooling *n*
Spule *f* [Repr] ⟨DIN 19040/104E; DIN 45510; A 2654⟩ / (für nichtentwickelten Film:) spool *n/v* · (für entwickelten Film:) reel *n* ‖ *s.a. Abwickelspule; Aufwickelspule; Filmspule; Mikrofilmspule; Tonbandspule; Videospule; Vorführspule*
Spüle *f* / sink *n*
spülen *v* [Pres] / rinse *v* ‖ *s.a. wässern*
Spulentonband *n* [NBM] / reel-to-reel tape *n*
Spur *f* (eines Speichermediums) [EDP; NBM] ⟨DIN 44300/6; DIN 66010⟩ / track *n* ‖ *s.a. Datenspur; Indexspur*
~**adresse** *f* [EDP] / home address *n* · track address *n*
~**breite** *f* [EDP] ⟨DIN 66010⟩ / track width *n*
~**kugel** *f* [EDP] / rollerball *n* · tracker ball *n*
~**nummer** *f* [EDP] / track number *n*
~**verschiebung** *f* [NBM] / track shift *n*
Staatliche Allgemeinbibliothek *f* [Lib] *DDR* / state general library *n* · state public library *n*

Staatliche Beratungsstelle für öffentliche Büchereien *f* [Lib] *D s. Staatliche Büchereistelle*
staatliche Bibliothek *f* / government library *n* · (der Staat ist Unterhaltsträger:) state-/government-financed library *n* · (der Staat ist Eigentümer:) state-/government-owned library ‖ *s.a. nichtstaatlich; Staatsbibliothek*
Staatliche Büchereistelle *f* (Beratungsstelle für die Öffentlichen Bibliotheken eines Landes) [Lib] *D* / State Public Library Agency *n*
~ **Fachstelle für das Öffentliche Bibliothekswesen** *f* [Lib] *D s. Staatliche Büchereistelle*
staatliche Mittel *pl* [BgAcc] / government funds *pl*
staatliches Archiv *n* [Arch] / government archive *n*
Staatliches Büchereiamt *n* [Lib] *D s. Staatliche Büchereistelle*
Staats|bibliothek *f* [Lib] / state library *n*
~**bürgerschaftsprinzip** *n* [Cat] / principle of citizenship *n*
Stab *m* [OrgM] / staff *n*
~**diagramm** *n* [InfSc] *s. Säulendiagramm*
~**drucker** *m* [EDP; Prt] / bar (line) printer *n*
Stabilisieren *n* [Repr] / stabilization *n*
Stab-Linien-Organisation *f* [OrgM] / line and staff organization *n*
Stachelrad *n* [EDP; Prt] / pinfeed drum *n*
Stachelwalze *f* [EDP; Prt] *s. Stachelrad*
Stadt|adressbuch *n* [Bk] / city directory *n*
~**archiv** *n* [Arch] / municipal archives *pl* · town archives *pl* · urban archives *pl*
~**ausgabe** *f* (einer Zeitung) [Bk] / local edition *n*
~**bibliothek** *f* [Lib] / municipal library *n* · city library *n* · town library *n*
~**bücherei** *f s. Stadtbibliothek*
städtische Behörden *pl* [Adm] / local authorities *pl*
~ **Bibliothek** *f* [Lib] / urban library *n* ‖ *s.a. Stadtbibliothek*
Stadt|kämmerer *m* [BgAcc] / city treasurer *n*
~**karte** *f* [Cart] *s. Stadtplan*
~**plan** *m* [Cart] ⟨DIN 31631/4⟩ / city map *n* · town map *n*
~**teilausgabe** *f* (einer Großstadtzeitung) [Bk] / zoned edition *n*
staffeln *v* [Acq] *s. gestaffelt anschaffen*

Staffelpreis *m* [Bk] / sliding price *n* (granted to buyers of large quantities of certain books) ‖ *s.a. gestaffelte Preisbildung*
Stahl|feder *f* [Writ] / steel-pen *n*
~**stich** *m* [Art] / steel engraving *n* · siderography *n*
~**stichel** *m* [Prt] / steel graver *n* · cutter *n* · burin *n* · graver *n*
Stamm|band *n* [EDP] / master tape *n*
~**buch** *n* [Bk] / album *n* (liber amicorum)
~**datei** *f* [EDP] / master file *n* · main file *n*
~**daten** *pl* [EDP] / master data *pl*
~**eintrag** *m* [EDP] / master record *n*
~**karte** *f* (als Teil einer Zeitschriftenzugangskartei) [Acq] / basic-entry card *n*
~**satz** *m* [EDP] / master record *n*
~**tafel** *f* [Gen] / genealogical table *n*
~**verzeichnis** *n* [EDP] / root directory *n*
Stampfe *f* [Pp] / beater *n*
Stand *m* (auf einer Ausstellung) [PR] *s. Ausstellungsstand*
Standard *m* [Gen; Bk] / standard *n*
~**abweichung** *f* [InfSc] ⟨DIN 35350/21⟩ / standard deviation *n*
~**annahme** *f* [EDP] ⟨DIN 66254⟩ / default state *n*
~**bedienungssprache** *f* [Retr; EDP] / Common Command Language *n* · CCL *abbr*
~**einstellung** *f* [EDP] / default setting *n*
~**format** *n* [InfSy] / default format *n*
Standardisierte Kommandosprache *f* [Retr; EDP] / Common Command Language *n*
standardisiertes Interview *n* [InfSc] / standardized interview *n*
Standard|isierung *f* [Gen] / standardization *n* ‖ *s.a. Normung*
~**-Schlagwortliste** *f* [Cat] / subject heading list *n* ‖ *s.a. Schlagwort-Normdatei*
~**schnittstelle** *f* [EDP] / standard interface *n*
~**verfilmung** *f* [Repr] ⟨DIN 19040/113E⟩ *s. Simplexverfahren*
~**wert** *m* [EDP] / default value *n*
Standbild *n* [NBM] / still (picture) *n* · still frame *n* · still image *n* ‖ *s.a. Standfoto*
~**projektion** *f* [NBM] ⟨DIN 19040/10⟩ / still projection *n*
~**video** *n* [NBM] / still video *n*
Stand der Technik *m* [Gen] / state of the art *n* (Recherche zum ~ ~ ~: art search)
Ständer *m* [BdEq] / rack *n* · stand *n* · (zur Auslage von Büchern, Zeitschriften usw.:) display rack *n* · display stand *n* ‖ *s.a. Präsentationsständer*

Stand|fernkopierer *m* [Comm] ⟨DIN 32742/1⟩ / free-standing facsimile transmitter *n*
~folie *f* (untere Folie einer Mikrofilmtasche) [Repr] ⟨ISO 6196-4; DIN 19040/113E; ⟩ / support sheet *n* · jacket support sheet *n* · standing foil *n*
~foto *n* [Repr] / still *n* ‖ *s.a. Standbild*
ständige Last *f* [BdEq] / dead load *n*
ständiger Ausschuss *m* [OrgM] / standing committee *n*
Stand|kopierer *m* [Repr] ⟨DIN 9775⟩ / free-standing copier *n*
~leitung *f* [Comm] ⟨DIN 44302⟩ / dedicated line *n* · (gemietet:) leased line *n*
~nummer *f* (Signatur) [Sh] / call number *n* · shelf mark *n* · location symbol *n* · location mark *n* ‖ *s.a. Signatur 3*
Standort *m* / location *n* ‖ *s.a. Hochschulstandort; nicht am Standort*
~bezeichnung *f* [Lib; Cat] / location symbol *n*
standort|freier Realkatalog *m* [Cat; Class] / a classified catalogue which does not reflect the order of the books on the shelves
~gebundener Realkatalog *m* [Cat; Class] / a classified catalogue which reflects the order of the books on the shelves *n*
Standort|katalog *m* [Cat; Sh] / shelflist *n* · shelf-register *n*
~nachweis *m* / location *n* · location identification *n*
~nummer *f* [Sh] *s. Standnummer*
Stapel|betrieb *m* [EDP] *s. Stapelverarbeitung*
~datei *f* [EDP] / batchfile *n*
~fernverarbeitung *f* [EDP] ⟨DIN 44300/9⟩ / remote batch processing *n*
stapeln *v* [EDP] / stack *v*
Stapel|speicher *m* [EDP] / stack (memory) *n*
~verarbeitung *f* [EDP] ⟨DIN 44300/9⟩ / batch mode *n* · batch processing *n* ‖ *s.a. Stapelfernverarbeitung*
Stärkeband *m* (Umfangsmuster) [Bk] / thickness copy *n* · size copy *n*
stärken *v* [Pres] / (verstärken:) strengthen · invigorate *v*
Stärkeschnitt *m* [Bind] / starch-patterned edge(s) *n(pl)*
Start|auflage *f* [Bk] / first printing *n* · initial printrun *n* ‖ *s.a. Erstauflage*
~hilfe *f* (finanzielle Hilfe für den Anfang) [BgAcc] / initial funding *n*

~kapital *n* [BgAcc] / start-up capital *n* · initial capital *n*
~kosten *pl* [BgAcc] / start-up cost(s) *n(pl)*
~menü *n* [EDP] / start menu *n*
~-Stop-Übertragung *f* [Comm] ⟨DIN 44302⟩ / start-stop transmission *n*
~zeile *f* [Prt] / initial line *n*
~zeit *f* (eines Computers) [EDP] ⟨DIN 66010⟩ / start time *n* · acceleration time *n*
Stationsaufforderung *f* [Comm] ⟨DIN 44302⟩ / interrogation *n*
statischer (Schreib-/Lese-)Speicher *m* [EDP] ⟨DIN 44476/1⟩ / static (read/write) memory *n*
Statistik *f* [InfSc] / statistics *pl (the science of~ : sing in constr)* ‖ *s.a. beschreibende Statistik*
Status|anfrage (OSI) [InfSy] / status query *n*
~- oder Fehlermeldung *f* (OSI) [InfSy] / status or error report *n*
~zeile *f* [EDP/VDU] / status bar *n*
Statuten *pl* [Law; OrgM] / statutes *pl*
Stau *m* (Papierstau usw.) [BdEq] / jam *n* ‖ *s.a. Papierstau*
Stechen *n* [Art] / engraving ‖ *s.a. Holzstich; Kupferstich; Stahlstich*
Stecher *m* [Art] / graver *n* · engraver *n* ‖ *s.a. Kupferstecher; Stich*
Steckdose *f* [BdEq] / socket *n*
Stecker *m* [BdEq] / connector *n* · plug *n*
~buchse *f* [EDP] / jack *n*
Steck|karte *f* [EDP] / slot card *n* · plugin card *n* · adapter *n*
platz *m* (auf der Hauptplatine) / slot *n*
~schaltbrett *n* [EDP] / jack panel *n*
~verbindung *f* [EDP] / connector *n*
Steg 1 *m* [Repr] / channel separation area *n*
~ 2 *m* [Prt] / margin *n* ‖ *s.a. Bundsteg; Fußsteg; Kopfsteg*
~linien *pl* [Pp] / chain lines *pl*
Steh|kante *f* [Bind] / square *n* (at the bottom of a book)
~satz [Prt] / standing formes *pl* · standing type *n* · live matter *n* · standing matter *n*
Steifbroschur *f* [Bind] / (Kurzbezeichnung:) flush boards *pl* · stiffened paper covers *pl*
steifer Gewebeband *m* [Bind] / (Kurzbezeichnung:) cloth boards *pl*
Steigung *f* [Bind] / backswell *n*
Steilkartei *f* [TS] / card file *n* (with the cards kept on their edges)
Stein|buch *n* [Bk] / lapidary *n*

Steindruck 210

~**druck** *m* [Prt] ⟨DIN 16529⟩ / stone printing *n* · lithography *n*
~**gravur** *f* [Art] / stone engraving *n*
~**platte** *f* [Art] / litho plate *n*
Stelle 1 *f* (in einer Anordnung von Zeichen) [InfSy] ⟨DIN 44300/2⟩ / position *n* ‖ *s.a. Textstelle*
~ 2 *f* (Arbeitsplatz) [OrgM] / post *v* Brit · position *n* · job *n* ‖ *s.a. Anfangsstelle; freie Stelle; gehobene Stelle; offene Stellen; Planstelle; unbesetzte Stelle; Zeitstelle*
Stellen|anforderungen *pl* [OrgM] / job specifications *pl* · position specification(s) *n(pl)*
~**angebot** *n* [Staff] / job offer *n*
Stellenanzeige *f* / job advert *n* · job announcement *n* · position announcement *n* · advertisement of a vacancy *n*
Stellen|ausschreibung *f* [Staff] / job advertisement *n* (eine Stelle ausschreiben: to post/advertise a job; an opening; a position/a vacant post) · advertisement of a vacancy *n* · job announcement *n* · notice of vacancy · vacancy announcement *n* · position announcement *n*
~**beschreibung** *f* [OrgM] / job description *n* · position description *n* ‖ *s.a. Tätigkeitsbeschreibung*
~**bewerber** *m* [Staff] / job applicant *n*
~**bezeichnung** *f* [OrgM] / job title *n*
~**inhaber** *n* [Staff] / jobholder *n* · postholder *n*
~**plan** *m* [BgAcc] *s. Personaletat*
~**vermittlung** *f* [Staff] / job placement *n*
Stell|fläche *f* [Sh] *s. Stellraum*
~**flächenbedarf** *m* [Sh] *s. Stellraumbedarf*
~**klotz** *m* (in einer Katalogschublade) [Cat] / backslide *n*
~**raum** *m* [Sh] / shelving space *n*
~**raumbedarf** *m* [Sh] / shelf needs *pl*
~**raumkapazität** *f* [Sh] / shelf capacity *n n* · shelving capacity *n*
~**stift** *m* [Sh] / stud *n* · shelf rest *n* · shelf peg *n*
Stellung *f* (Anstellung) [Staff] / job *n*
Stellung|nahme *f* (zu einem Vorschlag usw.) [OrgM] / response *n* · comment *n*
stellvertretender Abteilungsleiter *m* [Staff] / assistant department head *n*
~ **Bibliotheksdirektor** *m* [Staff] / deputy librarian *n* · associate librarian *n* US · assistant librarian *n* US

~ **Direktor** *m* / deputy director *n* ‖ *s.a. stellvertretender Bibliotheksdirektor*
Stellvertreter *m* (für eine entnommene Karte oder einen entnommenen Band) [TS; Sh] / dummy *n* · (im Regal auch:) shelf dummy *n*
Stempel 1 *m* (Werkzeug für die Verzierung von Einbänden) [Bind] / die *n* · stamp *n* · tool *n* ‖ *s.a. Handstempeldruck; Messingstempel; Plattenstempel; Titelstempel*
~ 2 *m* (zur Herstellung einer Matrize; Schriftstempel) [Prt] / punch *n* ‖ *s.a. Schriftschneider*
~ 3 *m* (zum Aufdrucken auf Papier) [TS; Off] / stamp *n* ‖ *s.a. Bearbeitungsstempel; Datumsstempel; Gummistempel; Metallstempel; Poststempel*
~**druck** *m* [Bind] / stamping *n* US · tooling *n* ‖ *s.a. Handstempeldruck*
~**karte** *f* [Staff] / attendance card *n*
~**kissen** *n* [Off] / ink pad *n* · stamp pad *n*
~**schneidemaschine** *f* [Prt] / punch-cutting machine *n*
~**schneider** *m* (Schriftschneider) [Prt] / punch cutter *n* · type cutter *n*
Stenographie *f* [Writ] / stenography *n* · shorthand (writing) *n*
Stereo *n* [Prt] / stereo *n* · stereotype *n*
~**anlage** *f* [BdEq: NBM] / stereo unit *n*
~**bild** *n* [NBM] ⟨ISBD(NBM)⟩ / stereograph *n*
~**phonie** *f* [NBM] ⟨A 2653⟩ / stereophony *n*
stereophonisch *adj* [NBM] / stereophonic *adj*
Stereo|platte 1 *f* [NBM] / stereophonic record *n*
~**platte** 2 *f* [Prt] *s. Stereo*
~**schallplatte** *f* [NBM] *s. Stereoplatte 1*
~**skop** *n* [NBM] / stereoscopic viewer *n*
~**typie** *f* [Prt] ⟨DIN 16514⟩ / stereotypy *n*
~**typieplatte** *f* [Prt] *s. Stereo*
sterilisieren *v* [Pres] / sterilize *v*
Stern|chen *n* (Zeichen *) [Prt; Class/UDC] / asterisk *n* (mit ~ versehen: to asterisk)
sternförmig aufgestellte Regale *pl* [Sh] / radiating stacks *pl*
Stern|karte *f* [Cart] ⟨ISBD(CM)⟩ / star chart *n* · astronomical map *n* · celestial chart *n*
~**netz** *n* [Comm] ⟨DIN 44331V⟩ / star-shaped network *n* · radial network *n* · star(-type) network *n*

~**umlauf** *m* (von Zeitschriften) [InfSy] / controlled circulation *n* · radial routing *n*
Steuer|befehl *m* [EDP] / control command *n* · control instruction *n*
~**bus** *m* [EDP] / control bus *n*
~**feld** [Comm] / control field *n*
~**freiheit** *f* [BgAcc] / tax exemption *n* · exemption from tax ‖ *s.a. abzugsfähig*
~**funktion** *f* [EDP] ⟨DIN 66203⟩ / control function *n*
Steuerkarte 1 *f* (für die Lohnsteuer) [BgAcc] / wage tax card *n*
~**karte** 2 *f* (Schaltkartenmodul) [EDP] / control card *n*
steuern *v* [OrgM; BdEq] / control *v* (rechnergesteuerte Technik: computer-controlled technology)
Steuer|speicher *m* [EDP] / control storage *n* · control memory *n* · control storage *n*
~**sprache** *f* [EDP] / control language *n* · job control language *n*
~**streifen** *m* (in ein Buch usw. eingelegt, zur Steuerung von Arbeitsabläufen:Fahne) [TS] / flag *n*
Steuerung *f* [OrgM; BdEq] / control *n* ‖ *s.a. Gerätesteuerung*
Steuerungs|gremium *n* [OrgM] / steering committee *n*
~**taste** *f* (auf einer Tastatur) [EDP] / control key *n*
~**technik** *f* [BdEq] ⟨DIN 19237V⟩ / control engineering *n*
~**verfahren zur Datenübermittlung** *n* (bit-orientiert) [Comm] ⟨DIN/ISO4335⟩ / high-level data link control procedure *n* · HDLC *abbr*
Steuer|werk *n* [EDP] / control unit *n*
~**zeichen** *n* [EDP] ⟨DIN 44203; 44300/2⟩ / control character *n* ‖ *s.a. Formatsteuerzeichen*
Stich *m* [Art] / engraving ‖ *s.a. Holzstich; Kupferstich; Notenstiche; Stahlstich*
Stichel *m* [Art] / burin *n* · graver's chisel · graving tool *n* · graver *n* ‖ *s.a. Stahlstichel*
Stich|haltigkeit *f* [InfSc] / validity *n*
~**probe** *f* [InfSc] ⟨DIN 55350/14⟩ / sample *n* (eine Stichprobe ziehen: draw a sample) ‖ *s.a. geschichtete Stichprobe; Klumpenstichprobe; Quotenstichprobe; repräsentative Stichprobe; Zufallsstichprobe*
Stichproben|anlage *f* [InfSc] / sample design *n* · sampling scheme *n* · sample plan *n*
~**basis** *f* [InfSc] / sampling frame *n*
~**befragung** *f* [InSc] *s. Stichprobenerhebung*

~**bildung** *f* [InfSc] / sampling *n*
~**erhebung** *f* [InfSc] / sample survey *n* · sampling survey *n*
~**fehler** *m* [InfSc] / sampling error *n* · (systematischer ~:) sample bias *n* · sampling bias *n*
~**größe** *f* (Stichprobenumfang) [InfSc] ⟨DIN 55350/14⟩ / sample size *n*
~**grundlage** *f* [InfSc] *s. Stichprobenbasis*
~**gruppe** *f* [InfSc] / sampling fraction *n* · sampling ratio *n*
~**plan** *m* [InfSc] / sample design *n* · sample plan *n*
~**umfang** *m* / sample size *n*
~**untersuchung** *f* [InfSc] *s. Stichprobenerhebung*
~**verfahren** *n* [InfSc] / sampling *n*
~**verteilung** *f* [InfSc] / sampling distribution *n*
~**wahl** *f* [InfSc] *s. Stichprobenbildung*
Stichwort *n* [Bk] / (in einem Wörterbuch usw.:) entry word *n* · headword *n* · entry term *n* · (sinntragendes Wort in einem Titel:) catchword *n* · key-word *n*
~**bildung** *f* [Ind] / extraction of terms *n*
~**eintragung** *f* [Bib; Cat; Ind] / subject-word entry *n* · catchword entry *n*
~**liste** *f* (eines Wörterbuchs usw.) [Ind] / entry term list *n*
~**register** *n* [Ind] / keyword index *n* · catchword index *n* ‖ *s.a. Sachregister*
~**titel** *m* (Kurztitel mit den wesentlichsten Wörtern eines Titels) [Bk] / catchword title *n* · catch title *n*
Stickereieinband *m* [Bind] / embroidered binding *n* · needlework binding *n*
Stifter *m* [Acq] / donor *n*
Stiftplotter *m* [EDP] / pen plotter
Stiftsockel *m* (einer Platine) [EDP] / edge connector *n*
Stiftung 1 *f* (Schenkung) [Acq] / donation *n* · endowment *n*
~ 2 *f* (Anstalt, durch eine ~ errichtet) [OrgM; Law] / foundation *n*
Stiftungskapital *n* [BgAcc] / endowment fund *n*
Stigmonym *n* [Bk] / stigmonym *n*
stilllegen *v* (einen Katalog ~) [Cat] / close *v* (a catalogue)
Stillstandszeit ⟨EDP⟩ / downtime *n* ‖ *s.a. Maschinenausfall*

Stimme *f* (Mudikdruck,der die Stimme/Stimmen für einen oder zwei Ausführende enthält) [Mus] ⟨ISBD(PM)⟩ / part *n* ‖ *s.a. Klavierstimme; Streicherstimmen*
Stipendiat *m* [Ed] / scholarship holder *n* · fellow *n* (graduate receiving a stipend for a period of research) · scholar *n* (holder of scholarship) ‖ *s.a. Forschungsstipendiat*
Stipendienantrag *m* [Ed] / scholarship application *n*
Stipendium *n* [Ed] / stipend *n* · scholarship *n* ‖ *s.a. Ausbildungsbeihilfe; Bundesausbildungsförderungsgesetz; Forschungsstipendium; Reisestipendium*
Stirnseite *f* (einer Regalreihe) [Sh] / range end *n* · stack end *n*
StK *abbr* [Cat] *s. Standortkatalog*
Stock *m* (Gebäudeteil) [BdEq] *s. Geschoss*
Stock|flecken *pl* [Bk; Pres] / foxing *n* ‖ *s.a. feuchter Fleck*
stockfleckig *adj* [Pres; Bk] / foxed *pp* ‖ *s.a. wasserfleckig*
stockig *adj* (muffig) [Bk] / mouldy *adj* · moulded *pp*
Stockwerk *n* [BdEq] *s. Geschoss*
Stockwerks|höhe *f* [BdEq] / floor height *n*
~plan *m* [BdEq] / floor-plan chart *n*
Stoff|kreiskatalog *m* [Cat] / thematic catalogue *n* · topical catalogue *n* ‖ *s.a. Gattungskatalog*
~norm *f* [Gen; Bk] / materials standard *n*
Stoppwort *n* [EDP; Ind] / stopword *n*
Störlichtblende *f* (zur Lichtabschirmung bei einem Bildschirmarbeitsplatz) [EDP] ⟨DIN 66233/1⟩ / shield *v/n*
stornieren *v* (eine Bestellung ~) [Acq] / cancel *v* (an order)
Stornierung *f* (einer Bestellung) [Acq] / cancel(l)ation *n* (of an order)
Störung *f* (an einem Gerät) [BdEq] / glitch *n* · glytch *n* · (Ausfall:) breakdown *n* ‖ *s.a. Computerstörung; Maschinenausfall; Stromausfall*
Störungsdauer *f* [EDP] / malfunction time *n*
Stoßzeit *f* [RS; OrgM] / peak period *n*
straffen *v* [OrgM] / streamline *v* (die Produktionsabläufe ~: streamline the production procedures) ‖ *s.a. verschlanken*
strahlungs|armer Monitor *m* [EDP] / low-radiation monitor *n*

~empfindlicher Film *m* [Repr] ⟨DIN 19040/104E; DIN 15551/1⟩ / radiation sensitive film *n* ‖ *s.a. Empfindlichkeit 1; lichtempfindlich*
~empfindliche Schicht *f* [Repr] ⟨DIN 19040/4; ISO 6196-4⟩ / radiation sensitive layer *n*
Strang *m* [Ind] / string *n*
strapazierfähig *adj* [BdEq] / hardwearing *adj*
Straße des Buches *f* (ein CERL-Projekt) [PR] / Itinerary of the Book *n* (a project of the Consortium of European Research Libraries/CERL)
Straßen|atlas *m* [Cart] / road atlas *n*
~karte *n* [Cart] / road map *n*
~verzeichnis *n* [Bk] / street directory *n*
Strategiespiel *n* [NBM] / strategy game *n*
strecken *v* [Pres] / stretch *v*
streichen *v* [Gen] / cancel *v*
Streicherstimmen *pl* [Mus] / string parts *pl*
Streichpapier *n* [Pp] / body paper *n*
Streifen *m* (in ein Buch usw. eingelegt, zur Steuerung von Arbeitsabläufen) [TS] *s. Steuerstreifen*
~locher *m* [PuC] ⟨DIN 66218⟩ / tape punch *n* · paper tape perforator *n*
Streu|bild *n* [InfSc] / scatter diagram *n*
~licht *n* [Repr] / scattered light *n* · stray light *n*
Streuung *f* (Statistik) [InfSc] / variance *n*
Streuungs|breite *f* (bei einer Häufigkeitsverteilung) [InfSc] / range *n*
~diagramm *n* [InfSc] / scatter diagram *n*
Strg *abbr* [EDP] *s. Steuerungstaste*
Strg-Taste *f* [EDP] / Ctrl key *n* · control key *n*
Strich 1 *m* [Writ; Prt] / line *n* · stroke ‖ *s.a. Schrägstrich*
~ 2 *m* (Beschichtung) [Pp] / coating *n* ‖ *s.a. Bürstenstrich; gestrichenes Papier*
~abbildung *f* [ElPubl] / line art *n*
~ätzung *f* (Klischee) [Prt] / line block · line etching *n*
Strichcode *m* [EDP] / bar code *n*
Strichcode-Etikett *n* [EDP] / bar-code(d) label *n*
~-Leser *m* (Lesestift) / bar-code reader *n* · light wand *n* ‖ *s.a. Lesepistole*
Strich|diagramm *n* [InfSc] / line graph *n* · line chart *n*
~klischee *n* [Prt] / line block
~kopie *f* [Repr] / line copy *n* · line reproduction *n*

~liste f (für eine statistische Erhebung) [InfSc] / tally sheet n ‖ s.a. Zählstrich
~listenauszählung f [InfSc] / tallying n
~stärke f (einer Drucktype) [Prt] / stroke weight n · weight n
~vorlage f [Repr] / line original n
~zeichnung f [Art] / line drawing n
strittige Verfasserschaft f [Cat] / controversial authorship n
Strohpappe f [Bind] ⟨DIN 6730⟩ / strawboard n
Strom|ausfall m [BdEq] / power glitch n
~einsparung f / power saving n
~netz n [BdEq] / mains sing or pl ‖ s.a. netzabhängige Rechenmaschine
~quelle f [BdEq] / power source n
~spannung f [BdEq] / mains voltage n
~verbrauch m [BdEq] / power consumption n
~versorgung f [BdEq] / electricity supply n · power supply n ‖ s.a. Netzstromversorgung
strukturierte Daten pl [EDP] ⟨DIN 44300/3E⟩ / structured data pl
strukturierte Notation f [Class] / structured notation n
strukturiertes Interview n [InfSc] / structured interview n
Strukturreferat n [Ind] ⟨DIN 1426⟩ / structured abstract n
Stück n [Arch] / piece n
~kosten pl [BgAcc] / unit costs pl
~preis m [BgAcc] / unit price n
~titel m [Cat] ⟨TGL 20972/04; RAK⟩ / title of a part of a monographic series or a multipart monograph n
~aufnahme f / analytical entry n · (unter dem Verfasser:) author analytic n
Studenten|ausweis m [Ed] / student pass n · student identity card
~bibliothek f [Lib] / undergraduate library n
~schaft f [Ed] / (die Gesamtheit der Studierenden:) student population n · (die ~ als Teilkörperschaft:) student body n
~verbindung f [Ed] / fraternity n US
~werk n [Ed] / student welfare service n
~wohnheim n [Ed; BdEq] / dormitory n US · students' hostel n · hall of residence n ‖ s.a. Wohnheimbibliothek
studentische Hilfskraft f [Staff] / student assistant n
Studien|abbrecher m [Ed] / university dropout n
~anfänger/in m/f [Ed] / fresher n

~beratung f [Ed] / study counselling n (als Institution: service of ~~)
~bewerber m [Ed] / study applicant n
~buch n [Ed] / study book n
~druck m [Ed; NBM] CH ⟨ISBD(NBM)⟩ / study print n
~fach n [Ed] / subject n (field of study) · (vorrangig gewählt:) major US · course n ‖ s.a. Ergänzungsfach; Kernfächer; Nebenfach; Pflichtfach; Prüfungsfach; Wahlfach; Wahlpflichtfach
~fahrt f [Ed; Staff] / study tour n ‖ s.a. Exkursion
Studien|führer m [Ed] / calendar n Brit · catalog n US
~gang m [Ed] / degree course n ‖ s.a. Ausbildungsgang; Fernstudiengang; Hauptfach; praxis-orientierter Studiengang
~gebühr f [Ed] / study fee n · tuition fee n
~inhalt m [Ed] / course content n
~jahr n [Es] / academic year n
~material n [Ed] / course material n
~ordnung f [Ed] / study regulations pl
~partitur f [Mus] ⟨ISBD(PM)⟩ / study score n
~plan m [Ed] / syllabus n · curriculum n
~reise f [Staff] / study tour n
~richtung f [Ed] / field of study n ‖ s.a. Studienfach; Studiengang
~urlaub m [Staff] / study leave n ‖ s.a. Forschungsurlaub
~zeitverkürzung f [Ed] / reduction in the length of courses n
Studierraum m [BdEq] / study (room) n
Stufe f [Gen] / (Ebene:) level n · (Gruppe:) group n · (Einheit, deren Glieder die gleichen Charakteristiken haben:) bracket n ‖ s.a. einstufige Titelaufnahme; Gehaltsniveau; Klasse
Stufenaufnahme f (bei mehrbändigen Publikationen und fortlaufenden Sammelwerken) [Cat] / (zwei Stufen:) two-level description n · (mehr als zwei Stufen:) multi-level description n ‖ s.a. Beschreibungsstufe; einstufige Titelaufnahme; mehrstufige Titelaufnahme
Stummfilm m [NBM] / silent movie n · silent film n
Stunden|buch n [Bk] / book of hours n
~glassymbol n [EDP/VDU] / hourglass icon n
~leistung f [OrgM] / output per hour n
~plan m [Ed] / timetable n
Sub|facette f [Class] / subfacet n
~menü n [EDP/VDU] / submenu n

~**routine** *f* [EDP] / subroutine *n* ·
  subprogram *n*
~**skribent** *m* [Bk] / subscriber *n*
subskribieren *v* (ein Buch ~) [Bk; Acq] /
  subscribe *v* (for a book)
Subskription *f* [Bk; Acq] / subscription *n*
Subskriptions|ausgabe *f* [Bk] / subscription
  edition *n* · subscribers'edition *n*
~**preis** *m* / subscription price *n*
Sub|system *n* [InfSy] / subsystem *n*
~**vention** *f* [BgAcc] / subsidy *n*
subventionieren *v* [BgAcc] / subsidize *v*
Such|anfrage *f* [Retr] / (bei einer
  Suchmaschine:) search query *n* · (bei
  einem Buchhändler:) search request *n*
  · inquiry *n* ‖ *s.a. Katalogabfrage;
  Suchauftrag*
~**auftrag** *m* [Retr] / search order *n* · search
  request *n* ‖ *s.a. Suchanfrage*
~**baum** *m* [InfSy] / search tree *n*
~**begriff** *m* [Retr] / search word *n* · search
  term *n*
~**einstieg** *m* [Retr] / access point *n*
~**ergebnis** *n* [Retr] / search result *n*
~**feld** *n* [Retr] / search field *n* ·
  (recherchierbar:) searchable field *n* ‖ *s.a.
  Zugriffspunkt*
~**frage** *f* [Retr] / query *n* · search
  question *n*
~**hilfe** *f* [Retr; Ref] / finding aid · search
  aid *n*
~**instrument** *n* [Retr] / finding tool *n*
~**kategorie** *f* [Retr] / searchable field *n* ‖
  s.a. Zugriffspunkt
~**kerbe** *f* [Repr; Retr] ⟨ISO 6196-4⟩ /
  retrieval notch *n*
~**lauf** *m* [Retr] / retrieval run *n*
~**liste** (Liste mit für die Beschaffung
  gewünschten Titeln) [Acq] / want(s) list *n*
  · desiderata list *n*
~**logik** *f* [Retr] / search logic *n*
~**markierung** *f* (auf einem Mikrofilm)
  [Repr; Retr] ⟨ISO 6196/2; DIN
  19040/113E⟩ / retrieval mark *n* · searching
  mark *n* ‖ *s.a. Bildmarke*
~**maschine** *f* [Internet] / search engine *n*
~**modus** *m* [Retr] / search mode *n*
~**profil** *n* [InfSy; Retr] / search profile *n*
~**protokoll** *n* [Retr] / search record *n*
~**schlüssel** *m* [Retr] / search key *n*
~**sprache** *f* [Retr] / retrieval language *n*
~**strategie** *f* [Retr] / search strategy *n*
~**system** *n* [InfSy; Repr] ⟨DIN 19040/113E⟩
  s. Speicher- und Zugriff-System
~**verfahren** *n* [Retr] / search procedure *n*

~**vorgang** *m* [Retr] / search process *n* ·
  search procedure *n*
~**wort** *n* [Retr] / approach term *n* · search
  word *n*
~**zeichen** *n* (auf einem Mikrofilm) [Retr] *s.
  Suchmarkierung*
Sulfitzellstoff *m* [Pp] / sulphite pulp *n*
sumachgegerbtes Schafleder *n* / roan *n*
Summen|feld *n* [EDP] / accumulator *n*
~**spalte** *f* [EDP/VDU] / totals column *n*
~**speicher** *m* [EDP] *s. Summenfeld*
Super-Exlibris *n* [Bind; Bk] *s. Supralibros*
Supplement *n* [Bk] / supplement *n*
Supralibros *n* [Bk] / supralibros *n* · super
  ex-libris *n*
Surfen *n* [Internet] / surfing *n* · network
  surfing *n* ‖ *s.a. Internetsurfer*
SWD *abbr* [Cat] *s. Schlagwort-Normdatei*
SWK *abbr* [Cat] *s. Schlagwortkatalog*
SyK *abbr* [Cat] *s. systematischer Katalog*
Symbol *n* [Gen; EDP/VDU] / (allgemein:)
  symbol · (Bildsymbol auf der
  Benutzeroberfläche:) icon *n* ‖ *s.a.
  Stundenglassymbol*
~**grafik** *f* (Desktop Publishing) [ElPubl] /
  clip art *n*
~**leiste** *f* [EDP/VDU] / property bar *n*
synchron *adj* [Gen; EDP] / synchronous *adj*
synchrone Übertragung *f* [Comm] ⟨DIN
  44302⟩ / synchronous transmission *n*
Synchronisiereinheit *f* [Comm] ⟨DIN
  44302⟩ / timing generator *n*
synchronisieren *v* [KnM; NBM] / (einen
  Film ~:) dub *v* · (Datenbankinhalte ~:)
  replicate *v*
Syn|onym *n* [Lin] / synonym *n*
  (synonym:synonymous)
Synonymie *f* [Lin] / synonymity *n*
Synopse *f* [Bk] / synopsis *n* ‖ *s.a.
  zusammenfassende Darstellung*
~**-Zeitschrift** *f* [Bk] / synoptic journal *n*
syntaktische Indexierung *f* [Ind] ⟨DIN
  31623/1⟩ / syntactic indexing *n*
Syntax *f* [Ind] / syntax *n*
synthetische Klassifikation *f* [Class] /
  synthetic classification *n* · composite
  classification *n*
System *n* (Systematik) [Class] /
  classification scheme *n* · classification
  system *n*
~**administrator** *m* [EDP] / SysOp *abbr* ·
  system administrator *n* · system operator *n*
~**analyse** *f* [OrgM] / systems analysis *n*
~**analytiker** *m* [Staff] / systems analyst *n*

~**anforderungen** *pl* / system requirements *pl*
~**ansatz** *m* [InfSc] / systems approach *n*
Systematik *f* [Class] / classification scheme *n* · classification system *n* · (in schriftlicher Form:) classification schedule *n*
~**übersicht** *f* (in Tabellenform) [Class] / classification chart *n*
systematische Aufstellung *f* [Sh] / classified arrangement of books *n*
~ **Gruppensignatur** *f* [Sh] / class mark *n* · class number *n*
~ **Ordnung** *f* [Class] / classified order *n*
systematischer Katalog *m* / classified subject catalogue *n* · classified catalogue *n* · classed catalogue *n* · systematic catalogue *n*

systematisches Register *n* [Ind] / classified index *n*
systematisieren *v* [Class] / class *v* · classify *v*
System|betreuer *m* [Staff] / system attendant *n*
~**entwurf** *m* [OrgM] / system(s) design *n*
~**-Programm** *n* [EDP] / system program *n*
~**regale** *pl* [Sh] / (Aufstellung in ~n:) systems shelving *n*
~**status** *m* [EDP] / system state *n*
~**steuerung** *f* (Teil der Benutzeroberfläche) [EDP/VDU] / control panel *n*
~**übersicht** *f* (in Tabellenform) [Class] / classification chart *n* ‖ *s.a. Systematik*
Szenario *n* [NBM] / scenario *n*

T

Tab *m* [Off; TS] / tab *n*
tabellarischer Satz *m* [Prt] *s. Tabellensatz*
tabellarische Zusammenfassung *f* [Bk] / tabular abstract *n*
Tabelle *f* [InfSc] / table *n* · chart *n*
Tabellen|ausdruck *m* [EDP; Prt] / tabular printout *n*
~editor *m* [EDP] / table editor *n*
~kalkulationsprogramm *n* [EDP] / spreadsheet program *n* · calc program *n*
~satz *m* [Prt] / tabular setting *n* · tabular composition *n*
~werk *n* [Bk] / tabular work *n* · tables *pl*
Tabellier|karte *f* [PuC] / tabulating card *n*
~maschine *f* [PuC] / tabulating machine *n*
Tabulator *m* [Writ] / tab key *n* · tabstop *n* · tab(ulator) *n*
tadelloses Exemplar *n* [Bk] / mint copy *n* ‖ *s.a. neuwertig*
Tafel 1 *f* [Class] *s. Klassifikationstafel*
~ 2 *f* (Illustration außerhalb des Textes eines Buches) [Bk] ⟨ISBD(M); DIN 31631/2⟩ / plate *n* ‖ *s.a. Farbtafel; Ganztafel*
~band *m* [Bk] / plates volume *n*
~malerei *f* [Art] / panel painting *n*
~werk *n* / collection of plates *n* · (farbig:) colour plate book *n*
Tag *m* [ElPubl] / tag *n*
Tageblatt *n* [Bk] *s. Tageszeitung*
Tagebuch *n* [Arch; Bk] ⟨DIN 31639/2; RAK-AD⟩ / diary *n* ‖ *s.a. Schiffstagebuch*

~schreiber *m* [Arch; Bk] / diarist *n*
Tagesablage *f* [Off] / chronological file *n*
Tageslicht-Entwicklungsgerät *n* [Repr] / daylight developing equipment *n*
~projektor *m* [NBM] / overhead projector *n*
~spule *f* [Repr] ⟨DIN 19040/104E; ISO 6196-4⟩ / spool *n/v*
Tages|ordnung *f* [OrgM] / agenda *n* (Genehmigung der ~:approval of the agenda)
~ordnungspunkt *m* [OrgM] / item on the agenda *n*
~zeitung *f* [Bk] / daily newspaper *n* · daily paper *n*
taggen *v* [EDP] / tag *v*
Tagung *f* [Gen] / meeting · conference *n* ‖ *s.a. einberufen*
Tagungs|ankündigung *f* [OrgM] / conference announcement *n*
~beitrag *m* [NBM] / (Vortrag:) conference paper *n* (Teilnahmegebühr:) registration fee *n*
~berichte *pl* [Bk] ⟨DIN 31639/2⟩ / conference proceedings *pl* · memoirs *pl* · records *pl* (of a conference / of a meeting) · (Verhandlungen:) transactions *pl*
~ort *m* / meeting place *n*
~schriften *s. Tagungsberichte*
~vortrag *m* [NBM] / conference paper *n*
Taktfrequenz *f* [EDP] / clock rate *n*

Taktgeber *m* [EDP] ⟨DIN 44300/5⟩ /
clock *n*
Tampon *m* [Prt] / ink ball *n* · tampon *n*
TAN *abbr* [InfSy] *s. Transaktionsnummer*
Tantieme 1 (Vergütung für einen Autor)
[Bk] *s. Autorenhonorar*
~ 2 *f* (zur Abgeltung urheberrechtlicher
Ansprüche in bezug auf Buchausleihen)
[BgAcc] *s. Bibliothekstantieme*
Tarif|abkommen *n* [Staff] *s. Tarifvertrag*
~**recht** *n* [Staff] / collective bargaining
law *n*
~**verhandlungen** *pl* [Staff] / collective
bargaining *n*
~**vertrag** *m* [Staff] / collective agreement *n*
· industrial agreement *n*
Tarnkappenvirus *m* [EDP] / stealth virus *n*
Tasche 1 *f* (in einer Hängeregistratur usw.)
[BdEq; Off] / wallet *n*
~ 2 *f* (zum Aufbewahren einer Diskette)
[NBM] ⟨DIN 66010E⟩ / envelope *n*
~**atlas** *m* [Cart] / pocket atlas *n*
~**buch** *n* [Bk] / pocket book *n* ·
paperback *n*
~**buchausgabe** *f* [Bk] / pocket edition *n* ·
paperback edition *n*
~**buchreihe** *f* [Bk] / paperback series *n*
~**partitur** *f* [Mus] ⟨ISBD(PM); DIN
31631/2⟩ / miniature score *n* · pocket
score *n* ‖ *s.a. Studienpartitur*
~**rechner** *m* [Off] ⟨DIN 9757⟩ / pocket
calculator *n* · hand-held calculator *n*
~**schließfach** *n* [BdEq] / bag locker *n*
~**- und Mäntelablage** *f* [BdEq] / bag
and coat deposit *n* ‖ *s.a. Garderobe;
Taschenschließfach*
~**wörterbuch** *n* [Bk] / pocket dictionary *n*
Task-Leiste *f* [EDP/VDU] / task bar *n*
Tastatur *f* [Off; EDP] ⟨DIN 2148⟩ /
keyboard *n*
~**anordnung** *f* [EDP; Off] / keyboard
layout *n*
Tast-Bildschirm *m* [EDP] / touch sensitive
screen *n*
Taste *f* [BdEq] / (einer Tastatur:)
key *n* · (Schaltknopf:) button *n*
‖ *s.a. Feststelltaste; Leertaste;
Löschtaste; Maustaste; Umschalttaste;
Wagenrücklauf(taste)*
Tasten|anschlag *m* [Off; EDP] / keystroke *n*
~**feld** *n* [Off; EDP] *s. Tastatur*
~**kombination** *f* [EDP] / hotkey *n* ·
shortcut *n*
~**sperre** *f* [EDP] / keylock *n*
~**steuerung** *f* [EDP] / key control *n*

Tätigkeits|bericht *m* [OrgM] / activity
report *n* · report of activities *n*
~**beschreibung** *f* (Arbeitsplatzbeschreibung)
[OrgM] / job specification *n* · occupational
description *n* · job description *n* ‖ *s.a.
Arbeitsplatzbeschreibung*
tatsächliche Adresse *f* [EDP] / actual
address *n* ‖ *s.a. Maschinenadresse*
Taufname *m* [Cat] / baptismal name
Tausch *m* [Acq] / exchange *n* ‖ *s.a.
Dublettentausch; internationaler
Schriftentausch*
~**gabe** *f* [Acq] / exchange *n*
~**liste** *f* [Acq] / exchange list *n*
~**stelle** *f* [OrgM] / exchange department *n* ‖
s.a. Geschenk- und Tauschstelle
~**vereinbarung** *f* [Acq] / exchange
arrangement *n*
~**zentrale** *f* [Acq] / exchange centre *n*
Taxonomie *f* [Class] / taxonomy *n*
Teamfähigkeit *f* [Staff] / ability to work in
teams *n*
technische Beschreibung *f* [BdEq] ⟨DIN
31639/2⟩ / technical specification *n*
~ **Buchbearbeitung** *f* (Stempeln, Einband,
Beschriften, Signaturanbringen usw.)
[TS] / book preparation *n* · technical
processes *pl* · physical processing *n* (of
books for use)
~ **Firmenzeitschrift** *f* [Bk] / technical
house journal *n*
~ **Hochschule** *f* [Ed] / technical
university *n*
~ **Konfektionierung** *f* [NBM] *s.
Konfektionierung 1*
~ **Norm** *f* [Gen] *s. Norm 1*
~ **Regeln** *pl* [Bk] / technical regulations *pl*
technischer Plan *m* [Cart] ⟨ISBD(CM)⟩ /
engineering plan *n*
technische Spezifikation *f* [Gen] ⟨DIN
820/3⟩ / technical specification *n*
~ **Universität** *f* [Ed] / technical
university *n*
~ **Vorschrift** *f* [Gen] ⟨DIN 820/3⟩ /
technical regulation *n*
~ **Zeichnung** *f* [NBM] / engineering
drawing *n* · technical drawing *n* ‖ *s.a.
Zeichnungsverfilmung*
Teigdruck *m* [Prt] / paste print *n*
Teil 1 *m* (einer Karte) [Cart] *s. Teilblatt*
~ 2 *m* (eines Buches) [Bk] / part *n*
~**Äquivalenz** *f* (in einem mehrsprachigen
Thesaurus) [Ind] ⟨DIN 1463/2⟩ / partial
equivalence *n*
~**auftrag** *m* [Acq] / part order *n*

Teilausgabe 218

~**ausgabe** *f* [Bk] / issue
teilbares Wissen *n* [KnM] / shareable knowledge *n*
Teil|begriff *m* (untergeordneter Begriff in einer Bestandsrelation:TP) [Ind] ⟨DIN 1463⟩ / part term *n* · narrower term partitive *n* · NTP *abbr*
~**betrag** *m* [BgAcc] / partial amount *n*
~**bibliographie** *f* / partial bibliography *n*
~**bibliothek** *f* [Lib] *s. Bereichsbibliothek*
~**blatt** *n* (einer Karte) [Cart] ⟨ISBD(CM)⟩ / section *n*
~**ergebnis** *n* [OrgM] / partial result *n*
~**erhebung** *f* [InfSc] / partial census *n*
~**feld** *n* [EDP] / subfield *n*
~**feldkennung** *f* [EDP] ⟨DIN 1506⟩ / subfield code *n* · subfield identifier *n*
~**fenster** *n* [EDP/VDU] / subwindow *n*
~**-Ganzes-Beziehung** *f* [Class; Ind] ⟨TGL RGW 174⟩ / part-whole relation *n* · partitive relation *n*
~**gesamtheit** *f* (bei einer Erhebung) [InfSc] ⟨DIN 55350/14⟩ / subpopulation *n*
~**haberbetrieb** *m* [EDP] ⟨DIN 44300/9⟩ / multiprocessing *n*
~**lieferung** *f* [Bk] / part shipment *n* · part delivery *n* · (bei Lieferungswerken:) instal(l)ment *n*
~**lösung** *f* [Gen] / partial solution *n*
~**menge** *f* (Mengenlehre) [Gen] / subset *n*
Teilnahme|bestätigung *f* [OrgM] / confirmation of attendance *n*
~**gebühr** *f* [OrgM] / registration fee *n*
teilnehmende Beobachtung *f* [InfSc] / participant observation *n*
Teilnehmer 1 *m* (Teilnehmender) [Gen] / participant *n* ‖ *s.a. Gesprächspartner*
~ 2 *m* (an einem Telekommunikationssystem) [Comm] ⟨DIN 44331⟩ / subscriber *n* ‖ *s.a. Fernsprechteilnehmer*
~**betrieb** *m* [EDP] ⟨DIN 44300/9⟩ / time sharing system *n*
~**bibliothek** *f* [Lib] / participating library *n* ‖ *s.a. angeschlossene Bibliothek*
~**kennung** *f* [Comm] / network user identification · NUI *abbr*
~**klasse** *f* [Comm] ⟨DIN 44331V⟩ / subscribers' class
~**system** *n* [EDP] *s. Teilnehmerbetrieb*
Teil|netz *n* [Comm] / subnet *n* · subnetwork *n*
~**sammlung** *f* [Cat] ⟨PI⟩ / partial collection *n*
~**vererbung** *f* [KnM] / partial inheritance *n*
~**verknüpfung** *f* [KnM] / sublink *n*

teilweise sehbehinderter Leser *m* [RS] / partially sighted reader *n*
Teilzahlung *f* [BgAcc] / part payment *n* · (Rate:) instal(l)ment *n*
Teilzeit|arbeit *f* [OrgM] / part-time work *n*
~**beschäftigter** *m* [Staff] *s. Teilzeitkraft*
~**beschäftigung** *f* / part-time appointment *n*
~**kraft** *f* [Staff] / part-time employee *n* ‖ *s.a. befristet eingestelltes Personal; Halbtagskraft*
~**personal** *n* [Staff] / part-time staff *n*
Tele|arbeit *f* [OrgM] / teleworking *n* · telecommuting *f*
~**arbeiter** *m* [Staff] / telecommuter *n*
~**arbeitsplatz** *m* [Staff] / teleworkstation *n* · teleworkplace *n*
Telefon|apparat *m* [Comm] / telephone set *n* ‖ *s.a. Notrufmelder*
~**buch** *n* [Bk] / telephone directory *n*
~**gesellschaft** *f* [Comm] / telephone provider *n*
telefonische Befragung *f* [InfSc] / telephone survey *n*
telefonischer Anrufbeantworter *m* [Comm] / answering machine *n* · telephone answering device *n* · answerphone *n*
telefonische Umfrage *f* [InfSc] / telephone survey *n*
Telefon|leitung *f* [Comm] / telephone line *n*
~**nummer** *f* [Comm] *s. Rufnummer*
~**verbindung** *f* / telephone connection *n*
~**zelle** *f* [Comm] / telephone box *n* · telephone booth *n* · telephone kiosk · call box *n*
Tele|kommunikation *f* [Comm] / telecommunication *n*
~**konferenz** *f* [Comm] / teleconference *n*
~**kopie** *f* [Comm] *s. Faxübermittlung*
~**kopierer** *m* [Comm] *s. Fernkopierer*
Telex *n* [Comm] *s. Fernschreiben*
~**dienst** *m* [Comm] / telex *n*
Telonisnym *n* [Cat] / telonism *n*
Tempelbibliothek *f* [Lib] / temple library *n*
Termin *m* [OrgM] / date *v/n* ‖ *s.a. Bewerbungsschlusstermin; Fertigstellungstermin; Frist; Gesprächstermin; Liefertermin; Schlusstermin*
Terminal *n* [Comm; EDP] / data terminal *n* ‖ *s.a. Datensichtgerät; Druckerterminal; dummes Terminal; Endgerät; intelligentes Terminal*
Terminkalender *m* [OrgM] / appointments diary · engagements diary
Terminologie *f* [InfSc] / terminology *n*

~**norm** *f* [Gen] / standard of terminology *n*
terminologische Kontrolle *f* [Ind] ⟨DIN 1463/1E; DIN 31623/1V⟩ / terminological control *n*
terminologisches Wörterbuch *n* / terminological dictionary *n*
Termin|plan [OrgM] / date schedule *n*
~**planung** *f* [OrgM] / time-scheduling *n*
Terminus *m* [Ind] / term *n* ‖ *s.a. Index-Terminus*
Ternie *f* [Bind] / ternio(n) *n(n)* ‖ *s.a. Quatern(e)*
Ternio *m* [Bind] *s. Ternie*
Tesafilm *m* [Off] / Scotch tape *n* US · adhesive tape *n* · Sellotape *n* Brit (mit ~bekleben:to sellotape, to scotchtape) ‖ *s.a. Klebefolie*
Test *m* / test *n*
~**betrieb** *m* [EDP] / test mode *n*
~**blatt** *n* [Repr] ⟨DIN 19040/113E⟩ / test target *n*
testen *v* [Gen] / test *v* (vorher testen: to pretest)
Testfeld *n* [Repr] / test chart *n*
~**hilfe** *f* [EDP] / diagnostic routine *n* · debugging aid routine *n*
~**karte** *f* [Repr] / test chart *n*
~**lauf** *m* [EDP] / debugging run *n* · pilot run *n* · test run *n*
~**materialien** *pl* [NBM] ⟨DIN 31631/4⟩ / test materials *pl*
~**modus** *m* [EDP] *s. Testbetrieb*
~**vorlage** *f* [Repr] / test pattern *n*
~**zeichen** *n* [Repr] / test pattern *n* · test character *n* ‖ *s.a. Testfeld*
~**zeichengruppe** *f* [Repr] ⟨DIN 19040/113E; DIN 19051/2⟩ *s. ISO-Testzeichengruppe*
Text *m* [Writ; Bk] / text *n*
~**aufbereitung** *f* [ElPubl] / text preparation *n*
~**ausrichtung** *f* [EDP] / text alignment *n*
~**baustein** *m* [EDP] / boilerplate *n* · stored paragraph *n* · text module *n*
~**buch** *n* [Mus] ⟨RAK-AD⟩ / libretto *n*
~**datei** [EDP] / text file *n*
~**dichter** *m* [Mus] / librettist *n*
~**ende** *n* [Comm] / end of text *n* · ETX *abbr*
Texter *m* (von Werbetexten) [Bk] / copywriter *n*
Texterfassung *f* [EDP] *s. Dateneingabe; Datenerfassung*
Textil(ein)band *m* [Bind] / textile binding *n*
Text|kritik *f* [Bk] / textual criticism *n*
~**länge** *f* [Prt] / body matter *n*

~**marker** *m* (Markierstift) [Off] / marker pen *n*
~**modus** *m* [EDP] / text mode *n*
~**montage** *f* [Prt] / text assembly
~**schriften** *pl* [Prt] / body type *n*
~**stelle** *f* [Bk] / passage (in a text)
~**system** *n* [Off] ⟨DIN 2140/1⟩ / text system *n*
~**überlieferung** *f* [Bk] / transmission *n* (of a text)
Textur(a) *f(f)* [Writ; Prt] / black letter *n* · gothic type *n*
Textverarbeitung *f* [EDP] / word processing *n* · (im Rahmen von Textherstellung und -redaktion:) text processing *n*
Textverarbeitungsprogramm *n* [EDP] / word processing program *n*
~**verarbeitungssystem** *n* [EDP] ⟨DIN 2140/1⟩ / word processing system *n* · text processing system *n*
~**verfasser** *m* [Bk] / writer
~**verständnis** *n* [KnM] / text understanding *n*
~**zeile** *f* [EDP] / line of text *n*
Theater|programm *m* [Bk] / theatre programme *n*
~**zettel** *m* [Bk] ⟨RAK-AD⟩ / playbill *n*
Theke *f* / desk *n* · counter *n* ‖ *s.a. Ausleihtheke*
Thekenbücherei *f* [Lib] / closed access type of public library with an open counter
Thema *n* [Bk] / theme *n* · topic *n* · subject *n* ‖ *s.a. aktuelle Themen; Leitthema*
thematische Karte *f* [Cart] / thematic map *n*
Themen|katalog *m* [Cat] / thematic catalogue *n*
~**verzeichnis** *n* [Mus] / thematic index *n*
Thermo|graphie *f* [Prt] / thermography *n*
~**kopierverfahren** *n* [Repr] / thermography *n*
~**(transfer)drucker** *m* [EDP; Prt] / thermal printer *n*
Thesaurus *m* [Ind] ⟨DIN 1463/1E; DIN 31631/4⟩ / thesaurus *n* (Recherche aufgrund eines ~: thesaurus-based search) ‖ *s.a. aufgabenbezogener Thesaurus; Dachthesaurus; einsprachiger Thesaurus; Fachthesaurus; mehrsprachiger Thesaurus; Mikrothesaurus; Querschnittsthesaurus*
~**pflege** *f* [Ind] / thesaurus maintenance *n*

Tiefdruck *m* [Prt] ⟨DIN 16528E⟩ / gravure printing *n* · intaglio (printing) *n* ∥ *s.a. Heliogravüre; Rotationstiefdruck*
~**abbildung** *f* [Bk] / photogravure illustration *n*
~**papier** *n* [Pp] ⟨DIN 6730; 109306⟩ / rotogravure paper *n*
Tiefen|interview *n* [InfSc] / depth interview *n*
~**karte** *f* [Cart] / bathymetric chart *n*
~**schärfe** *f* [Repr] / depth of focus *n* · depth of field *n*
tiefer Falz *m* / tight joint *n* · closed joint *n*
Tiefgeschoss *n* (Untergeschoss) [BdEq] / basement (storey) *n*
tief stehendes Initial *n* / drop initial *n*
Tiegel(druck)presse *f* [Prt] / platen press *n* · platen (machine) *n(n)*
Tierepos *n* [Bk] / beast epic *n*
tierischer Leim *m* [Bind] / (Papierherstellung:) animal size *n* · (Einband:) animal glue *n*
Tilde *f* (~) [Writ; Prt] ⟨DIN 66009⟩ / (diakritisches Zeichen im Spanischen und Portugiesischen:) tilde *n* · (Wiederholungszeichen in Wörterbüchern:) swung dash *n*
tilgen *v* [Writ; EDP] / delete *v* · erase *v* · (löschen:) cancel *v* · obliterate *v*
Tilgung *f* [Writ; EDP] / (Löschung:) cancel(l)ation *n* · deletion *n*
Tilgungszeichen *n* (Korrekturzeichen) [Prt] / deletion mark *n* · cancel(l)ation mark *n*
Tinte *f* [Writ] / ink *n* ∥ *s.a. Eisengallustinte*
Tinten|fleck *m* [Pres] / ink stain *n* · ink blot *n*
~**fraß** *n* [Pres] / ink corrosion *n*
~ *f* [Off] / ink cartridge *n*
~**strahldrucker** *m* [EDP; Prt] ⟨DIN 9784/1⟩ / ink-jet printer *n*
~**strahldüse** *f* [EDP; Prt] / inkjet nozzle *n*
tippen *v* (auf einer Tastatur) [Off; EDP] / type *v* (noch einmal ~ :retype)
Tippfehler *m* [Off] / typing error *n* · typist's error *n*
Tisch|computer *m* [EDP] / desk-top computer *n*
~-**Faxgerät** *n* [BdEq] / desk-top fax *n* · desk-top facsimile transmitter *n*
~**fernkopierer** *m* [Comm] ⟨DIN 32742/1⟩ *s. Tisch-Faxgerät*
~**kopierer** *m* [Repr] ⟨DIN 9775⟩ / desk-top copier *n*
~**lampe** *f* [BdEq] / table lamp *n*
~**presse** *f* [Bind] / nipping press *n*

~**rechner** 1 *m* [EDP] / desk-top computer *n*
~**rechner** 2 *m* [Off] ⟨DIN 9757⟩ / desk-top calculator *n*
~**scanner** *m* [EDP] / desktop scanner *n*
Titel 1 *m* (eines Buches) [Bk; Cat] ⟨ISBD(M; PM)RAK; DIN 31631/2; TGL20972/04⟩ / title *n* ∥ *s.a. Alternativsachtitel; fingierter Titel; Hauptsachtitel; Haupttitel; Lauftitel; Nebentitel; Rückentitel; Sachtitel; Schmutztitel; übergeordneter (Sach-)Titel; Umschlagtitel; Untertitel; Zwischentitel*
~ 2 *m* (eines Microfiches) [Repr] ⟨ISO 6196-4⟩ / heading *n*
~**änderung** *f* [Bk; Cat] / title change *n*
~**aufnahme** 1 *f* (als Tätigkeit und Vorgang) [Cat] / descriptive cataloguing *n* ∥ *s.a. formale Erfassung*
~**aufnahme** 2 *f* (Eintrag in einem Katalog oder einer Bibliographie) [Cat; Bib] / entry *n* · record *n* · (in einem Katalog:) catalogue record *n* · descriptive entry *n* ∥ *s.a. abgeschlossene Aufnahme; Hauptaufnahme; Stücktitelaufnahme*
~**aufnahme(stelle)** *f(f)* [OrgM] / descriptive cataloguing division *n*
~**aufnehmer** *m* [Staff] / cataloguer *n* · descriptive cataloguer *n*
~**ausgabe** *f* [Bk] / reissue of a book with a new title-page
~**bild** *n* (einer Mikroform) [Repr] / title frame *n* ∥ *s.a. Titelfeld*
~**bildschirm** *m* [Cat] / title screen *n*
Titelblatt *n* [Bk] ⟨DIN 1429⟩ / title-leaf *n* ∥ *s.a. Rückseite; Titelseite*
~**karton** *m* [Bk] / cancel title-page *n*
~ **Register** *n* (TR) [Bind] / Title-Page Index *n* · TPI *abbr*
~**rückseite** *f* [Bk] / reverse title-page *n*
Titel|bogen *m* [Prt] / front section *n* · title sheet *n* · title section *n*
~**bordüre** *f* [Bk] / title-page border *n*
~**drucke** *pl* (in Kärtchenform) [Cat] / printed (catalogue) cards *pl*
~**drucken** *n* (Druck des Titels auf dem Einband) [Bind] / lettering *n* ∥ *s.a. Rückentiteldruck*
Titelei *f* [Bk; Prt] ⟨ISBD(M; S); DIN 16514⟩ / preliminaries *pl* · front matter *n* · prelims *pl*
Titel|einfassung *f* [Bk] / title-page border *n*
~**eintragung** *f* [Cat; Bib] / title entry *n*

~feld *n* (auf einem Microfiche) [Repr] ⟨DIN 19040/113E; DIN 19054/IV; ISO 6194-4⟩ / heading area *n* · title area *n* · title space *n* · title strip *n*
~geschichte *f* [Bk] / cover story *n*
~holzschnitt *m* [Bk] / title woodcut *n*
~ in gemischter Form *m* [Cat] ⟨PI⟩ / title in mixed form *n*
~ in gewöhnlicher Form *m* [Cat] ⟨PI⟩ / title in the usual form *n*
~katalog *m* [Cat] / title catalogue *n*
~kupfer *n* [Bk] / copper engraving on the title-page *n* ‖ *s.a. Frontispiz; Kupfertitel*
~leiste *f* [EDP/VDU] / title bar *n*
~prägepresse *f* [Bind] / titling press *n*
~rahmen *m* [Bk] / title-page border *n*
~schrift *f* [Prt; EDP] / titling font *n*
~seite *f* [Bk] ⟨ISBD(M; A); TGL 11616; RAK⟩ / title-page *n* ‖ *s.a. Titelblatt*
~seitenersatz *m* [Cat] ⟨ISBD(M; A; S; PM)⟩ / title-page substitute *n*
~setzgerät *n* [Prt] / headline setter *n* · photo-headsetter *n*
~stelle *f* [NBM] ⟨RAK-AV⟩ / the principal source of information for the bibliographic description of a non-book item (Titelstelle einer Mikroform: title frame)
~stempel *m* [Bind] / front cover brass *n*
~übersicht *f* (auf einer Katalogkarte) [Cat] ⟨RAK⟩ / history card *n* · information card *n* (for changes in title)
~umrahmung *f* [Bk] / title-page border *n*
~unterlage *f* (einer Mikroform) [Repr] / title backing *n*
~vorspann *m* [Bk; Cat] / avant-titre *n*
Titlonym *n* [Bk] / titlonym *n*
Toilette *f* [BdEq] / 1 toilet *n* · 2 lavatory *n*
Token-Passing-Verfahren *n* [EDP] / token passing *n*
~~-Ring *m* [Comm] / token ring *n*
~~-Verfahren *n* [RS] / token charging *n*
Ton|abnehmer *m* (bei einem Plattenspieler) [NBM] / pick-up head *n* · reproducing head *n*
~arm *m* (eines Plattenspielers) [NBM] / tone arm *n* ‖ *s.a. Tonabnehmer*
~aufzeichnung *f* [NBM] / sound recording *n* · audiorecording *n* · (Ergebnis der ~:) sound record *n* · phonogram *n*
Tonband *n* [NBM] ⟨A 2653⟩ / audiotape *n* · sound tape *n* ‖ *s.a. Spulentonband*
~führung *f* [RS] / audio-tour *n*

~gerät *n* [NBM] / (zum Aufzeichnen und Abspielen:) audiotape recorder *n* · tape recorder *n* · (zum Abspielen:) audiotape player *n* ‖ *s.a. Kassettenrecorder*
~kassette *f* (Kompaktkassette) [NBM] ⟨ISBD(NBM)⟩ / sound cassette *n* · tape cassette *n* · audiocassette *n* · (mit Musik- oder auch Wortaufzeichnung:) music cassette · MC *abbr* ‖ *s.a. Endlostonband-Kassette*
~spule *f* [NBM] ⟨ISBD(NBM)⟩ / audio reel *n* · audiotape reel *n* · sound (tape) reel *n*
Tonbild|reihe *f* [NBM] *s. Tonbildschau*
~schau *f* [NBM] ⟨ISBD(NBM); DIN 31764/1; A 2653⟩ / tape-slide *n* · slide-tape *n*
Toner|kassette *f* (eines Druckers) [EDP:Prt] / toner cartridge
~patrone *f* [Repr] / toner cartridge
Ton|film *m* [NBM] / sound film *n*
~kassette *f* [NBM] *s. Tonbandkassette*
~qualität *f* [NBM] / sound quality *n*
~spur *f* [NBM] / audio track *n* · sound track *n*
~studio *n* [BdEq] / sound recording studio *n*
~tafel *f* [Writ] / clay tablet *n*
~technik *f* [NBM] / sound engineering *n* · sound technology *n*
~techniker *m* [Staff] / sound engineer *n*
Tonträger *m* [NBM] ⟨DIN 45510⟩ / sound carrier *n*
~sammlung *f* [NBM] / sound archives *pl* · sound recordings library *n* ‖ *s.a. Schallplattenarchiv*
~zeit *f* [NBM] / playing time of a sound carrier *n*
Tonwertkorrektur *f* (Bildverarbeitung) [ElPubl] / gamma correction *n*
topographische Karte *f* [Cart] / topographical map *n*
Tortendiagramm *n* [InfSc] / pie chart *n*
Totalerhebung [InfSc] / census *n*
Toten|uhr *f* (Anobium punctatum) [Pres] / death watch (beetle) *n* ‖ *s.a. Holzwurm*
~verzeichnis *n* [Bk] / necrology *n*
toter Kolumnentitel *m* [Bk] / folio *n* (page heading consisting only of the page number)
TP *abbr* [Ind] *s. Teilbegriff*
TR *abbr* [Bind] *s. Titelblatt Register*
Trabantenstation *f* [Comm] ⟨DIN 44302⟩ / tributary station *n*

Trachtenbuch *n* [Bk] / (Kostümbuch:) costume book *n*
Trackball *m* [EDP] / tracker ball *n*
tragbarer Computer *m* [EDP] / portable computer *n* · hand-held computer *n*
tragende Wand *f* [BdEq] / load-bearing wall *n* · load-carrying wall *n* ‖ *s.a. nichttragende Außenwand*
Träger|institution *f* [OrgM] / host organization *n* · parent institution *n*
~material *n* (Träger einer strahlungsempfindlichen Schicht) [Repr] / substrate *n* · base *n* · base stock *n* · film base *n*
~papier *n* (Papierspalten) [Pp; Pres] / carrying paper *n*
Tragetasche *f* [RS] / carrier bag *n*
Tragfähigkeit *f* [BdEq] / load-bearing capacity *n*
Traktat *n* [Bk] ⟨RAK-AD⟩ / tract *n*
Transaktions|karte *f* [RS] / transaction card *n*
~nummer *f* (TAN) [InfSy] / transaction number *n* (TAN)
Transfer|geschwindigkeit *f* [Comm] / transmission speed *n* · data transfer rate *n*
~rate *f* [Comm] / transfer rate *n*
~zeit *f* [EDP] / transfer time *n*
transkribieren *v* [Writ] / transcribe *v* ‖ *s.a. transliterieren*
Transkript *n* [Writ] / transcript *n* · copy *n*
Transkription *f* [Writ; Bk] ⟨DIN 1460⟩ / transcription *n* ‖ *s.a. Transliteration*
Transliteration *f* [Writ; Bk] ⟨DIN 1460⟩ / transliteration *n* (Umschrift nichtlateinischer Buchstaben in lateinische:romanization)
transliterieren *v* [Writ] / transliterate *v*
Transparent *n* (Overhead-Folie) [NBM] ⟨DIN 19040/11; A 2653⟩ / overhead transparency *n* ‖ *s.a. Aufbautransparent; Folgetransparent; Grundtransparent*
~kopie *f* / overhead transparency *n*
Transport|anlage *f* [BdEq] / transport installation *n*
~kosten *pl* / transport(ation) charges *pl*
~schicht *f* [Comm] / transport layer *n*
Treffer *m* [Retr] / hit *n* · result *n* ‖ *s.a. Anfrageergebnis; Mehrfachtreffer*
~bewertung *f* [Retr] / (gemäß einer Rangfolge:) ranking *n* · (gemäß Relevanz:) relevance *n*
~liste *f* [Retr] / result set *n* · results list *n*

~quote *f* [Retr] / degree of recall *n* · recall ratio *n* · hit rate *n* · hit ratio *n* · sensitivity *n*
~zahl *f* [Retr] / number of hits *n*
Treffsicherheit *f* (bei der Bereitstellung von Informationen) [Retr] / accuracy *n*
Trema *n* [Writ; Prt] ⟨DIN 66 009⟩ / dieresis *n* US · diaeresis *n* Brit
Trennblatt *n* (zwischen zwei Tafeln) [Bk; Off] / (zwischen zwei Seiten:) page divider *n* · barrier sheet *n*
Trennungszeichen *n* (in einer synthetischen Notation) [Class] / fence *n*
Trenn|wand *f* [BdEq] / partition screen *n* ‖ *s.a. Raumteiler*
~zeichen *n* [Prt] / break character *n* · separating character *n* · separator *n* · delimiter *n* ‖ *s.a. Feldtrennzeichen; Satztrennzeichen*
Tresen *m* [BdEq] *s. Theke*
Tresor *m* [BdEq] / safe *n* · (Raum:) strongroom *n* · (im Untergeschoss:) vault *n*
Trickfilm *m* [NBM] ⟨A 2653⟩ / trick film *n*
trimmen *v* [Pp] / trim *v*
Triptychon *n* [Bk] / triptych *n*
Tritt *m* [BdEq] / stool *n*
~hocker *m* [BdEq] / step-stool *n*
~leiter *f* [BdEq] / step-ladder *n*
Trivialroman *m* [Bk] / trivial novel *n*
Trocken|entwicklung *f* [Repr] ⟨ISO 6196/3⟩ / dry processing *n*
~gehalt *m* (des Papiers) [Pp] ⟨DIN 5730⟩ / dry solid content *n*
~gerät *n* [Bind] / drying device *n*
~gestell *n* [Pres] / drying rack *n*
~kopie *f* [Repr] / dry copy *n*
~offset *m* [Prt] / dry offset *n* ‖ *s.a. Letterset*
~reinigung *f* [Pres] / dry cleaning *n*
~silberverfahren *n* [Repr] / dry-silver process *n*
~verarbeitung *f* [Repr] *s. Trockenentwicklung*
trocknen *v* [Pres] / dry *v* ‖ *s.a. Gefriertrocknung*
Trog *m* [BdEq] / trough *n* ‖ *s.a. Bilderbuchtrog*
Trommel *f* [BdEq] / (rotierend:) rotating drum
~antrieb *m* [EDP] / drum drive *n*
~belichter *m* [Prt] / drum imagesetter *n*
~drucker *m* [EDP; Prt] / drum printer *n*
~-Scanner *m* [EDP] / drum scanner *n*
~speicher *m* [EDP] ⟨DIN 66001⟩ / drum storage *n*

trunkieren *v* [Retr] / truncate *v*
Trunkierung *f* [Retr] ⟨DIN 1502⟩ / truncation *n* ‖ *s.a. Linkstrunkierung; Maskierung; Rechtstrunkierung*
Truppenbücherei *f* [Lib] / soldiers' library *n*
Tunkpapier *n* [Bind] / marbled paper *n*
Türschild *n* [BdEq] / door label *n*
Tusche *f* [Art] / India ink *n US* · Indian ink *n Brit* · China ink *n*
Tuschzeichnung *f* [Art] / Indian ink drawing *n*
Type *f* [Prt] *s. Drucktype*
Typen|drucker *m* [EDP; Prt] ⟨DIN 9784/1⟩ / type printer *n*
~**rad** *n* [EDP; Prt] / print wheel *n* · type wheel *n*
~**raddrucker** *m* [EDP] / wheel printer *n* · type-wheel printer *n* · daisy wheel printer *n*

~**stabdrucker** *m* [EDP; Prt] / bar (line) printer *n*
~**stangendrucker** *m* [EDP; Prt] *s. Typenstabdrucker*
~**stangendrucker** *m s. Typenstabdrucker*
~**theorie** *f* [Lin] / type theory *n*
~**walzendrucker** *m* [EDP; Prt] / drum printer *n*
Typograph *m* [Prt] / typographer *n*
Typographie *f* [Prt] / typography *n*
typographischer Punkt *m* [Prt] / typographic point *n*
~ **Titel** *m* [Bk] / letterpress title-page *n*
typographisches Maßsystem *n* [Prt] / point system *n*
Typometer *n* [Prt] / typometer *n*
Typoskript *n* [Writ] / typescript *n*

U

UA *abbr* [Ind] ⟨DIN 1463/2⟩ *s. Unterbegriff*
UB *abbr* [Ind] ⟨DIN 1463/2⟩ *s. untergeordneter Begriff*
überarbeiten *v* [Bk] / revise *v* ‖ *s.a. durchsehen*
überarbeitete Ausgabe *f* [Bk] / revised edition *n*
Überbelastung *f* [BdEq] / overload *n* ‖ *s.a. Netzüberlastung*
überbelichten *v* [Repr] / overexpose *v*
Über|belichtung *f* [Repr] / overexposure *n*
überblenden *v* (Film,Video) / dissolve *v*
Überblendung *f* (Film,Video) [NBM] / dissolve *n*
Überblick *m* (über ein Fachgebiet) [Ed] / outline *n/v* (of a subject field) ‖ *s.a. zusammenfassende Darstellung*
Überbrückungssoftware *f* [EDP] / bridgeware *n*
Übereinkommen *n* [OrgM] / agreement *n* ‖ *s.a. Übereinkunft*
Übereinkunft *f* [OrgM] / settlement *n*
übereinstimmen *v* (von Daten) [Cat; InfSy] / match *v/n*
Übereinstimmung *f* (Einigkeit in den Auffassungen) [OrgM] / agreement *n* (in ~sein mit: to conform with)
überfällig *adj* [RS] / overdue *adj* ‖ *s.a. fristgerecht*
Über|format *n* (Buch mit Überformat) [Bk] / oversize book *n*

~**gabestelle** *f* [Comm] ⟨DIN 44302⟩ / interchange point *n*
Übergangs-Antiqua *f* [Prt] / transitional (type) face *n*
~**stelle** *f* (in einem Ablaufdiagramm) [OrgM; EDP] / connector *n*
übergeordnete Klasse *f* [Class] / parent class *n*
~ **Körperschaft** *f* [Cat] / parent body *n*
übergeordneter Begriff *m* (OB) [Ind] ⟨DIN 1463/1E⟩ / broader term *n* · broader concept *n* · superordinate term *n* · BT *abbr* ‖ *s.a. Oberbegriff; Verbandsbegriff*
~ **(Sach-)Titel** *m* [Cat] / collective title *n*
übergeordnete Schriftenreihe *f* [Bk] / main series *n*
überholt *pp* [Gen] / outdated *pp*
Über|lage *f* (zu einem Grundtransparent) [NBM] ⟨DIN 19040/11⟩ / overlay *n*
Überlagerungsdiagramm *n* [InfSc] / overlapped bar chart *n*
überlappendes Fenster *n* [EDP/VDU] / staggered window *n*
Über|lappung *f* (zu einem Grundtransparent) [NBM] *s. Überlage*
~**lappungsrate** *f* (Maß der Duplizierungen bei Einträgen in Datenbanken mit ähnlicher Thematik) [InfSy] / overlap *n*
~**last** *f* [BdEq] / overload *n*
~**lauf** *m* [EDP] ⟨DIN 44300/8⟩ / overflow *n*

~**legung** *f* [Gen] / consideration
übermitteln *v* [Comm] / transmit *v*
Über|mittlung *f* [Comm] / transmission *n*
Übermittlungs|abschnitt *m* [Comm] ⟨DIN 44302⟩ / data link *n* ‖ *s.a. Arbeitszustand des Übermittlungsabschnitts*
~**vorschrift** *f* [Comm] ⟨DIN 44302⟩ / link protocol *n*
Übernahme 1 *f* (der Bestandteile eines Titels in die bibliographische Beschreibung) [Cat] / transcription *n*
~ 2 *f* (der Rechte an einem Buch) [Law] / take-over (of the rights in a book)
übernehmen *v* (bibliographische Daten ~) [Cat] / transcribe *v*
überprüfen / (inspizieren:) review *n* · check *v* · verify *v*
Überprüfung *f* [Bib; OrgM] / (Inspektion:) review *n* · (von bibliographischen Daten:) verification *n* · checking *n* (of bibliographic data)
über|regionaler Leihverkehr *m* [RS] / supra-regional inter-library lending system *n* (the German national interlending system)
~**regionales Netz** *n* [Comm] / wide area network *n* · WAN *abbr*
~**schlägige Berechnung** *f* [Gen] / rough calculation *n*
~**schreiben** *v* [EDP] / overwrite *v*
Überschreibmodus *m* [EDP] / overwrite mode *n* · overtype mode *n* · overstrike mode *n*
über|schreiten *v* [RS] / exceed *v* (die Leihfrist ~: to exceed the loan period) ‖ *s.a. säumiger Benutzer*
Über|schrift *f* [Bk] / (Schlagzeile:) headline· heading *n* · head *n* · (Zwischenüberschrift:) cross-head *n* · heading *n* ‖ *s.a. Balkenüberschrift; Kapitelüberschrift; Randüberschrift; Seitenüberschrift; umrandete Überschrift; Zwischenüberschrift*
~**schuss** *m* [BgAcc] / surplus *n*
übersetzen *v* [Lin] / translate *v*
Übersetzer 1 *m* [Lin] / translator *n*
~ 2 *m* (für die Umwandlung von Anweisungen einer Programmiersprache in solche einer anderen Programmiersprache) [EDP] ⟨DIN 44300/4E⟩ / translator *n*
Übersetzung *f* [Lin] ⟨DIN 31639/2⟩ / translation *n* ‖ *s.a. Kurzübersetzung; maschinelle Übersetzung; rechnergestützte Übersetzung*

Übersetzungs|anweisung [EDP] ⟨DIN 44300⟩ / directive *n*
~**rechte** *pl* [Law] / translation rights *pl*
~**vermerk** *m* [Cat] / translation note *n*
~**wörterbuch** *n* [Lin] / translation dictionary
Übersicht *f* (Abriss; Grundzüge eines Faches) [Bk] / outline(s) *n(pl)*
Übersichts|bericht *m* [Bk] / state-of-the-art report *n*
~**karte** *f* (chorographische Karte) [Cart] *DDR* / chorographic map *n*
überspielen *v* [Art; Mus] / dub *v* (vom Fernsehen ~: to record from tv) · rerecord *v* ‖ *s.a. mitschneiden*
Überstunden *pl* [Staff] / overtime (work) *n* ‖ *s.a. Ausgleichsfreizeit*
~**bezahlung** *f* [BgAcc] / overtime payment *n*
~**verbot** *n* [OrgM] / overtime ban *n*
Übertrag *m* [BgAcc] / balance carried forward *n* · balance brought forward *n*
übertragbar *adj* (von einem Recht) [Law] / transferable *adj* (nicht übertragbar:non-transferable)
übertragbares Dokumentformat *n* [ElPubl] / portable document format *n* · PDF *abbr*
Übertragbarkeit *f* (eines Programms) [EDP] / portability *n*
übertragen 1 *v* (im Rundfunk ~) [Comm] / broadcast *v*
~ 2 *v* (schriftliche Daten ~) [Writ] / transcribe *v*
~ 3 *v* (von einem Recht) [Law] / transfer *v/n* (ein Recht ~: transfer a right)
Übertragung 1 *f* (eines Textes in eine andere Form) [Writ] / transcript *n*
~ 2 *f* (von Daten) [Comm] / transfer *v/n* · transmission *n*
Übertragungs|fehler *m* [Comm] / transmission error *n*
~**geschwindigkeit** *f* [Comm] ⟨DIN 44302⟩ / data signalling rate *n* · data transfer rate *n* · transmission speed *n*
~**kanal** *m* [Comm] ⟨DIN 44302⟩ / communication channel *n* ‖ *s.a. Datenübermittlung; Datenübertragung*
~**kontrollprotokoll** *n* [Comm] / transmission control protocol *n*
~**kosten** *pl* [Comm] / transmission costs *pl* · communication costs *pl*
~**leitung** *f* [Comm] ⟨DIN 44302⟩ / transmission line *n* ‖ *s.a. Standleitung*
~**netz** *n* [Comm] / transmission network *n* · communications network *n*

~**protokoll** *n* [Comm] / transfer protocol *n*
~**rate** *f* [Comm] / transfer rate *n*
~**steuerzeichen** *n* [Comm] ⟨DIN 44300/2⟩ / transmission control character *n* · communication control character *n*
~**steuerzeichenfolge** *f* [Comm] ⟨DIN 44302⟩ / supervisory sequence *n*
~**zeichenfolge** *f* [Comm] ⟨DIN 44302⟩ / information message *n*
überwachen *v* [OrgM] / monitor *v* ‖ *s.a. Aufsicht; Prozessüberwachung; Video-Überwachungsanlage*
Überweisung *f* [BgAcc] / bank transfer *n* · remittance *n*
Überweisungsbeleg *m* [BgAcc] / proof of bank transfer *n*
Überwendlingsstich *m* [Bind] / whip stitching *n* US · (seitlich:) oversewing *n* ‖ *s.a. unverschlungener Überwendlingsstich; verschlungener Überwendlingsstich*
überziehen *v* [Bind; Pres] / (bedecken:) cover *n* · (beschichten:) coat *v* ‖ *s.a. Schutzüberzug*
Überzugs|material *n* [Bind] / covering material *n* ‖ *s.a. PVC-Überzugmaterial*
~**papier** *n* [Bind] / book-cover paper *n* · lining paper · pasting paper *n*
~**stoff** *m* [Bind] / covering material *n*
Übungsbuch *n* [Bk; Ed] / workbook *n*
Ultra|fiche *m* [Repr] / ultrafiche *n*
~**schallreinigung** *f* (von Filmmaterial) [Repr] / ultrasonic cleaning
Umbau *m* (eines Gebäudes) [BdEq] / rebuilding *n* · remodel(l)ing *n* (of a building) · (Erneuerung:) renovation *n*
umbauter Raum *m* [BdEq] / enclosed space *n*
umbenennen *v* [OrgM] / rename *v*
umbinden *v* [Bind] / recover *v* · rebind *v* · (in eine neue Decke einhängen:) recase *v* ‖ *s.a. Vorrichten*
umbrechen *v* [Prt] / make up *v* ‖ *s.a. Umbruch*
Umbruch *m* [Prt] / make-up *n* ‖ *s.a. Seitenmontage; Seitenumbruch*
~**korrektur** *f* [Prt] / made-up proof *n* · page proof *n*
Umdrehungen pro Minute *pl* (UpM) [NBM] / revolutions per minute *pl* · rpm *abbr*
Umfang *m* (eine Buches, einer Vorlage) [Cat] / extent of item *n*
Umfangs|angabe *f* [Cat] ⟨DIN 31631/2; TGL 20972/04⟩ / pagination *n*

~**berechnung** *f* (Druckumfangsberechnung) [Prt] / cast(ing) off *n*
~**definition** *f* [InfSc] / extensional definition *n*
umformatieren *v* [EDP] / reformat *v*
Umfrage *f* [InfSc] / survey *n* (applying questioning procedures) ‖ *s.a. briefliche Umfrage; Erhebung; Leserumfrage; Panel(umfrage); telefonische Umfrage*
~**daten** *pl* [InfSc] / survey data *pl*
~**forschung** *f* [InfSc] / survey research *n*
umgearbeitete Auflage *f* [Bk] / revised edition *n*
umgekehrt chronologisch *adj* [InfSy] / reverse chronological *adj*
umkehrbar *adj* [Pres] / reversible *adj* (nicht umkehrbar: irreversible)
Umkehr|film *m* [Repr] ⟨DIN 19040/104E; A 2653; ISO 6194-4⟩ / reversal film *n*
~**papier** *n* [Repr] / reversal paper *n*
~**verfahren** *n* [Repr] ⟨ISO 6193/3⟩ / reversal processing *n*
Umlauf *m* (von Zeitschriften) [InfSy] / circulation *n* · routing *n* (in Umlauf geben: to route) ‖ *s.a. Rundumlauf; Sternumlauf*
umlaufen *v* [TS] / circulate *v*
~ **lassen** *v* [TS] / route *v* · circulate *v*
Umlauf|hülle *f* [Off] / circular envelope *n*
~**mappe** *f* [Off] / circular file *n*
~**zettel** *n* [InfSy] / routing slip *n*
Umlegen *n* (eines Gesprächs/Telefonanrufs) [Comm] ⟨DIN 44331V⟩ / call transfer *n* ‖ *s.a. Rufumleitung*
umordnen *v* [TS] / (Bücher usw.:) re-arrange *v* · (Katalogkarten usw.:) refile *v*
Umrahmung *f* [Cart] / border *n*
umrandete Überschrift *f* [Prt] / box head(ing) *n*
Umrandung *f* [Writ; Prt] / box *n*
Umrechnungskurs *m* [BgAcc] / conversion rate *n* ‖ *s.a. Wechselkurs*
umreißen *v* [Gen] / outline *v* · outline *n/v*
Umriss *m* [Gen] / outline *n/v*
~**karte** *f* [Cart] / outline map *n*
Umsatz *m* [Bk] / (umgesetzte Geldbeträge:) turnover *n* · (Verkaufsmenge,Absatz:) volume of sales *n*
~**quote** *f* (Quotient aus Ausleih- und Bestandszahl) [RS] / stock utilization factor *n* · turnover rate *n* ‖ *s.a. Buchumsatz*
~**steuer** *f* [BgAcc] / sales tax *n* ‖ *s.a. Mehrwertsteuer*
Umschalttaste *f* (für Großbuchstaben) [Writ] / shift key

Umschlag *m* [Off; Bind] / cover *n* · (Schutzumschlag für ein Buch:) book jacket *n* · dust cover *n* · (bei einer Interimsbroschur, fest mit dem Buch verbunden:) wrapper(s) *n(pl)* ‖ *s.a. Briefumschlag; Originalumschlag; Rückumschlag; Schutzumschlag; Vorderumschlag*
~**gestaltung** *f* [Bk] / jacket design *n* · cover design *n* ‖ *s.a. Einbandgestaltung*
~**klappe** *f* [Bk] *s. Klappe*
~ **mitgebunden** [Bind] / wrappers bound in
~**titel** *m* [Bk] ⟨PI⟩ / cover title *n* ‖ *s.a. Außentitel 1*
umschreiben 1 *v* (z.B. ü in ue ~) [Writ; Cat] / transcribe *v* ‖ *s.a. Umschrift*
~ 2 *v* (in anderer Form schreiben) [Writ] / rewrite *v*
~ 3 *v* (anders ausdrücken) [Gen] / circumscribe *v*
Umschrift *f* (von Zeichen einer Schrift in Zeichen einer anderen Schrift) [Writ; Prt] / (von nichtlateinischen Buchstaben in lateinische:) romanization · transcription *n* · conversion *n* (of letters in letters of a different alphabet) ‖ *s.a. Transkription; Transliteration*
umsetzen *v* (in) [EDP] / convert *v* (to)
Umsetzer *m* [EDP] ⟨DIN 44300/5⟩ / converter *n* ‖ *s.a. Code-Umsetzer*
Umsetzprogramm *n* [EDP] / conversion program *n*
umspulen [NBM] / rewind *v* ‖ *s.a. aufspulen*
umstellen (v) [Sh; Class] / relocate *v*
Umstellung *f* [Cat; Class] / (eines Sachgebiets in einem Klassifikationssystem:) relocation *n* · (~ der Wortfolge bei einer Titelaufnahme usw.:) inversion of the word sequence
umwandeln *v* (in) [EDP] / convert *v* (to)
Umwandler *m* [EDP] *s. Umsetzer*
Umwandlungsprogramm *n* [EDP] / conversion program *n*
Umwelt|bedingungen *pl* [Pres] / environmental conditions *pl* · ambient conditions *pl*
~**gefahren** *pl* [Pres] / environmental hazards *pl*
~**verträglichkeitsprüfung** *f* [Pres] / environmental impact assessment *n*
Umzug *m* [BdEq] / (Vorgang:) moving · removal *n* · (einer Bibliothek:) library move *n*

Umzugs|firma *f* [BdEq] / moving company *n*
~**karton** *m* [BdEq] / removal box *n*
unabhängiger Wartebetrieb *m* [Comm] ⟨DIN 44302⟩ / asynchronous disconnected mode *n* · ADM *abbr*
unaufgeschnitten *pp* [Bind] / unopened *pp*
unbekannt *pp* [Gen] / NK *abbr* · not known *pp*
unbeschnitten *pp* [Bind] / unploughed *pp* · uncut *pp*
unbeschnittener Buchblock *m* [Bind] / uncut edges *pl* · untrimmed edges *pl*
unbesetzte Stelle *f* [OrgM] / vacancy *n* · job vacancy *n* ‖ *s.a. offene Stellen; Stellenangebot*
UND-Aufspaltung *f* [EDP] / AND branch *n*
UND-Verknüpfung *f* [Retr] / AND operation *n*
~**-Zeichen** *n* [Writ; Prt] *s. Et-Zeichen*
unentgeltlich *adj* [Acq] / free of charge · without charge · gratis *adv/adj*
unerlaubter Nachdruck *m* [Bk] / unauthorized reprint *n* ‖ *s.a. Raubdruck*
Unfallverhütung *f* [BdEq] / accident prevention *n*
ungebundene Ausgabe *f* [Bind] / softback edition *n* · unbound edition *n* ‖ *s.a. broschiert*
ungebundenes Schlagwort *n* [Cat] ⟨DIN 31631/2⟩ / subject heading *n* (not taken from a subject authority file)
ungeeignet *adj* / unsuitable *adj* (~ für Kinder: unsuitable for children)
ungeglättetes Papier *n* [Pp] ⟨DIN 6730⟩ / unfinished paper *n* · uncalendered paper *n*
ungekürzt *pp* [Bk] / unabridged *pp*
ungeleimt *pp* [Pp] ⟨DIN 6730⟩ / unsized *pp*
ungerade Zählung *f* [Bk] / (eine Seite mit ~r ~:) an odd-numbered page *n* ‖ *s.a. Seiten mit ungerader Zählung*
ungestrichen *pp* [Pp] / uncoated *pp*
ungezählt *pp* [Bk] / (ohne Seitenzählung:) unpaged *pp*
ungezählte Reihe *f* [Bk; Cat] / unnumbered series *n*
~ **Seiten** *pl* [Bk] / unnumbered pages *pl*
ungültig *adj* [Law] / invalid *adj* (~ werden: expire)
ungültiger DÜ-Block ⟨DIN/ISO 3309⟩ / invalid frame *n*
~ **Empfang** *m* [Comm] ⟨DIN 44302⟩ / invalid reception *n*
Unikat *n* [Bk; NBM] ⟨A 2653⟩ / unique copy *n* · unicum *n*

Universalbibliothek *f* [Lib] / general
library *n US*
Universale Dezimalklassifikation *f*
[Class/UDC] / Universal Decimal
Classification *n*
Universalklassifikation *f* [Class] / universal
classification *n*
Universitäts|bibliothek *f* [Lib] / university
library *n*
~**verlag** *m* [Bk] / university press *n*
unkorrigiert *pp* [Prt] / uncorrected *pp*
Unkosten *pl* [BgAcc] / (Geldausgabe:)
expense(s) *n(pl)* ‖ *s.a. Reisekosten*
unleserlich *adj* [Writ] / illegible *adj*
Unschärfe *f* [KnM] / fuzziness *n*
unscharfe Äquivalenz *f* (in einem
mehrsprachigen Thesaurus) / inexact
equivalence *n*
unscharfer Schluss *m* [KnM] / fuzzy
inference *n*
unselbständige Anhängezahl *f s.*
unselbständige Ergänzungszahl
~ **Ergänzungszahl** *f* [Class/UDC] /
dependent auxiliary (number) *n*
unselbständig erschienenes Werk *n* (UW)
[Bk; Cat] ⟨RAK-UW⟩ / component part *n*
unselbständiges Dokument *n* [Bk; Cat] *s.*
unselbständig erschienenes Werk
~ **Werk** *m* [Bk; Cat] *s. unselbständig*
erschienenes Werk
Unsicherheit *f* (Ungewissheit) [KnM]
/ uncertainty *n* (Abschätzung der
~:uncertainty assessment)
unsigniert *pp* (ohne Angabe des
Verfassernamens) [Bk] / unsigned *pp*
unspezifischer Titel *m* [Cat] / non-
distinctive title *n* · non-descriptive title *n* ‖
s.a. spezifischer (Sach-)Titel
unstrukturiertes Interview *n* [InfSc] /
unstructured interview *n*
Unterabteilung 1 *f* (in einem
Klassifikationssystem) [Class] /
subdivision *n*
~ 2 *f* (einer Organisationseinheit) [OrgM] /
subdivision *n*
~ 3 *f* (eines in mehreren Teilen
erschienenen Werkes) [Bk] *s. Abteilung 2*
Unter|ausschuss *m* [OrgM] /
subcommittee *n*
~**begriff** *m* (untergeordneter Begriff in einer
Abstraktionsrelation UA) [Ind] / narrower
term generic *n* · narrower concept *n* ·
specific term *n* · NTG *abbr* · species *n*
~**belichtung** *f* [Repr] / underexposure *n*

unterbesetzt *pp* [Staff] / short-staffed *pp* ·
short-handed *pp* ‖ *s.a. Personalmangel*
Unterbesetzung *f* [Staff] / understaffing *n* ‖
s.a. Personalmangel
unterbrechen *v* (eine Veröffentlichung
~) / suspend publication *v* · break *v/n*
(publication)
Unterbrechung 1 *f* (des Erscheinens einer
laufenden Publikation) [Bk] / suspension *n*
‖ *s.a. Leistungsunterbrechung*
~ 2 *f* (eines Prozesses) [EDP] ⟨DIN
44300/9⟩ / interrupt(ion) *n(n)* (of a
process)
Unterbrechungs|anforderung *f* [Comm] /
interrupt request *n*
~**anfrage** *f* [EDP] / interrupt request *n*
~**taste** *f* (auf einer Tastatur) [BdEq] / break
key *n*
unter|bringen *v* [BdEq] / accommodate *v* ·
(beherbergen:) house *v*
Unterbringung *f* (von Geräten, Personen)
[BdEq] / accommodation *n* · housing *n*
unter|drücken *v* [EDP] / suppress *v*
Unterdrückung *f* (Programmieren) [EDP] /
suppression *n* ‖ *s.a. Null(en)unterdrückung*
unteres Kapital *n* [Bind] / tailband *n* ·
bottomband *n*
unterfärbter Goldschnitt *m* [Bind] / art gilt
edges *pl*
Unter|fenster *n* [EDP/VDU] / subwindow *n*
unterfinanziert *pp* [BgAcc] /
underfunded *pp*
Unter|führungszeichen *pl* („") [Writ; Prt] /
ditto marks *pl*
~**gebener** *m* (unterstellter Mitarbeiter)
[Staff] / subordinate *n* (jmd. unterstellt
sein: to report to sb.)
untergeordnete Körperschaft *f* [Cat]
⟨RAK⟩ / subordinate body *n*
untergeordneter Begriff *m* [Ind] / narrower
term *n* · NT *abbr* · subordinate term *n* ‖
s.a. Teilbegriff; Unterbegriff
Untergeschoss *n* [BdEq] / basement
(storey) *n*
Untergrund|druckerei *f* [Prt] / underground
press *n*
~**literatur** *f* [Bk] / underground literature *n*
· clandestine literature *n*
~**publikation** *f* [Bk] / underground
publication *n*
Untergruppierung *f* (Zeichen [ ] eckige
Klammern) [Class/UDC] / subgrouping *n*

Unterhaltsträger *m* [Lib] / (für die Finnzierung zuständige Stelle:) funding agency *n* · funding body ‖ *s.a. Finanzierungsträger*
Unterhaltungs|kosten *pl* [BdEq] / maintenance costs *pl*
~lektüre *f* [Bk] / light reading *n* · recreational reading‖ *s.a. eskapistische Literatur; Freizeitlektüre*
~software *f* [EDP] / entertainment software *n*
~spiel *n* [NBM] / recreational game *n*
Unter|klasse *f* [Class] / subclass *n* · subdivision *n*
~kunft *f* [BdEq] / accommodation *n*
~lage *f* (für eine strahlungsempfindliche Schicht) [Repr] ⟨DIN 19040/104E; ISO 6196-4⟩ / base *n* · base stock *n* · film base *n*
~länge *f* (eines Kleinbuchstabens) [Prt] / descender *n* · (Ober- und Unterlänge:) extender *n*
~menü *n* [EDP/VDU] / submenu *n*
Unternehmens|daten *pl* [InfSy] / corporate data *pl*
~datenbank *f* [InfSy] / corporate database *n*
~planung *f* [OrgM] / business planning *n*
~portal *n* [Internet] / enterprise portal *n*
~praktikum *n* (Betriebspraktikum) [Ed] / internship *n*
Unter|ordnung *f* [Class] / subordination *n* · inclusion *n*
~programm *n* [EDP] / subprogram *n*
~reihe *f* (eines fortlaufenden Sammelwerks) [Cat] ⟨ISBD(S); DIN 31631/2; TGL 20972/04; RAK⟩ / section *n* (of a periodical) · sub-series *n*
Unterricht *f* / (das Unterrichten/Lehren:) teaching · instruction *n* · class *n* (unterrichten:teach / to hold classes/give lessons)
unterrichten *v* (in Kenntnis setzen) [Comm] / notify *v*
Unterrichts|einheit *f* [Ed] / teaching unit *n*
~fach *n* [Ed] / course *n* · subject *n*
~film *m* [NBM] ⟨DIN 31631/4⟩ / educational film *n* · teaching film *n* · instructional film *n*
~materialien *pl* [Ed; Bk; NBM] / instructional materials *pl* ‖ *s.a. Software für Unterrichtszwecke*
~mitschau *f* [Ed] ⟨DIN 31631/4⟩ / lecture monitoring *n*
~ziel *n* [Ed] / course objective *n*

~material *n* [Ed] / educational material *n*
Untersatz *m* [EDP] / subrecord *n*
unterscheidender Zusatz *m* (bei einer Titelkürzung) [Bk] / qualifying element *n*
Unterscheidungsfacette *f* [Class] / differential facet *n*
Unterschlagwort *n* [Cat] / subheading *n* · subdivision *n* ‖ *s.a. sachliches Unterschlagwort*
unterschneiden *v* [Prt] / kern *v* · (das Unterschneiden:) kerning *n* (Tabelle der Unterschneidungswerte:kerning table) ‖ *s.a. automatisches Unterschneiden; unterschnittene Buchstaben*
Unterschneidfunktion *f* [ElPubl] / kerning function *n*
Unterschneidung *f* (das Unterschneiden) [Prt] / kerning *n* ‖ *s.a. automatisches Unterschneiden*
Unterschneidungswerte *pl* [Prt] / kerning values *pl*
Unterschnitt *m* [Bind] / lower edge *n* · bottom edge *n* · tail edge *n*
unterschnittene Buchstaben *pl* [Prt] / kerned letters *pl*
Unterschnittmalerei *f* [Bind] / (am Vorderschnitt, verschoben:) concealed fore-edge painting *n*
unterschreiben *v* [Writ] / sign *v* ‖ *s.a. gegenzeichnen; Signieren*
Unter|schrift *f* [Writ] / signature *n* ‖ *s.a. digitale Unterschrift; elektronische Unterschrift*
Unterschriftenmappe *f* [Off] / signature folder *n*
unterstellter Mitarbeiter *m* [Staff] *s. Untergebener*
unterstreichen *v* [Gen] / (eine Linie darunter setzen:) underline *v* · underscore *v/n* US · (die Wichtigkeit betonen:) emphasize *v* · highlight *v* ‖ *s.a. auszeichnen*
Unterstreichung *f* [Writ] / underscore *v/n* US
Unterstrich *m* (_) [Prt; Writ] / underscore character *n* ‖ *s.a. unterstreichen*
unterstützen *v* [EDP] / support *v*
Unterstützung *n* [EDP] / support *n* ‖ *s.a. anwendungsorientierte Unterstützung; Benutzerunterstützung; Software-Unterstützung*
untersuchen *v* [InfSc] / investigate *v*
Unter|titel *m* [Bk] / subtitle ‖ *s.a. Zusatz zum Sachtitel*
~verzeichnis *n* [EDP] / subdirectory *n*

Unterweisung

~**weisung** *f* [Ed] / instruction *n*
unterzeichnen *v* [Writ] / sign *v* ‖ *s.a.
gegenzeichnen*
unverlangtes Exemplar *n* [Acq] /
unsolicited copy *n* · unordered copy *n*
unveröffentlicht *pp* [Bk] / unpublished *pp*
unverschlungener Überwendlingsstich *n*
[Bind] / overcasting *n*
unvollständig (adj) [Bk] / incomplete *adj*
Unziale *f* [Writ] / uncial *n*
updaten *v* [EDP] / update *v*
UpM *abbr* [NBM] *s. Umdrehungen pro
Minute*
Uraufführung *f* (eines Teaterstücks usw.) /
original performance
Urbar *n* [Arch] / rent-roll *n* · rental *n* ‖ *s.a.
Zinsregister*
Ureingabe *f* [EDP] / boot *n*
Urheber 1 *m* (eine Körperschaft, die ein
anonymes Werk erarbeitet oder veranlasst
und herausgegeben hat) [Cat] ⟨RAK⟩ /
corporate author *n*
~ 2 *m* [Law] / author *n* · (Verfasser
eines literarischen Werks auch:) writer ·
(allgemein auch:) originator *n* · creator *n*
· (eines Musikwerks:) composer *n* · (eines
Kunstwerks:) artist *n*
~**angabe** *f* [Cat] ⟨ISBDA(A; M; S)⟩
/ statement of responsibility *n* ‖ *s.a.
Urheberrechtsvermerk*
~**recht** *n* [Law] / copyright *n* (dieses
Material ist urheberrechtlich geschützt:
this material is copyright) · (als
Rechtsgebiet:) copyright law *n* ‖ *s.a. alle
Rechte vorbehalten; geistiges Eigentum;
Schutzfrist; Welturheberrechtsabkommen*
~**rechte** *pl* [Law] / copyright rights *pl*
urheberrechtlich geschützt *pp* / copyright
protected *pp* · protected by copyright *pp*
(dieses Material ist urheberrechtlich
geschützt: this material is copyright)
~ **geschützte Ausgabe** *f* [Bk] / copyright
edition *n*
~ **geschütztes Werk** *n* [Law] / copyright
work *n*
Urheberrechts|bestimmungen *pl* [Law]
/ copyright stipulations *pl* · copyright
regulations *pl*

~**eintragung** *f* [Law] / copyright
registration *n*
~**gesetz** *n* [Law] / copyright act *n* Brit ·
copyright satute *n* US
~**inhaber** *m* [Law] / copyright holder *n* ·
copyright owner *n*
~**klage** *f* [Law] / action of copyright *n*
~**rolle** *f* [Law] / register of copyright(s) *n*
~**schutz** *m* [Law] / copyright protection *n*
~**streitsache** *f* [Law] / copyright case *n*
~**übertragung** *f* [Law] / (Weitergabe des
Urheberrechts:) transfer of copyright
· (Zuerteilung des Urheberrechts:)
assignment of copyright *n*
~**verletzung** *f* [Law] / copyright violation *n*
· copyright infringement *n*
~**vermerk** *m* [Bk] / (allgemein:) statement
of copyright *n* · copyright notice *n* · (bei
einer Tonaufzeichnung:) p note
Urkunde *f* [Arch] ⟨DIN 31631/4⟩ / deed *n*
· document *n* (eigenhändig geschriebene
und unterzeichnete ~: autograph document
signed – A.D.S.) ‖ *s.a. Schenkungsurkunde*
Urkunden|lehre *f* [Arch] / diplomatics *pl
but sing in constr*
~**schrift** *f* [Writ] / court hand *n*
urladen *v* [EDP] / boot *v* · (das Urladen:)
bootstrapping *n*
URL-Adresse *f* [Internet] / URL *abbr* ·
uniform resource locator *n*
Urlaub *m* [Staff] / leave (of absence) *n*
· (eines Professors für Forschungs-
und Studienzwecke; Freisemester:)
sabbatical leave ‖ *s.a. bezahlter Urlaub;
Forschungsurlaub*
Urlaubs|anspruch *m* [Staff] / entitlement to
leave *n* · leave claim *n*
~**geld** *n* [Staff] / vacation bonus *n*
~**plan** *m* [Staff] / leave schedule *n*
~**schein** *m* [Staff] *n* / ticket-of-leave *n*
Urschrift *f* [Arch] / original *n*
Ursprung *m* [Gen] / origin *n*
Ursprungs|programm *n* [EDP] / source
program *n*
~**sprache** *f* [EDP] / source language *n*
~**zeugnis** *n* [Acq] / certificate of origin
ÜSt-Zeichenfolge *f* [Comm] *s.
Übertragungssteuerzeichenfolge*

V

Vademecum *n* [Bk] / vade-mecum *n*
Vakat-Seite *f* [Bk] / blind page *n* · blank (page) *n*
Vakuum|saugplatte *f* (in einer Kamera) [Repr] *s. Ansaugplatte*
~**tränkung** *f* [Pres] / vacuum impregnation *n*
~**trocknung** *f* [Pres] / vacuum drying *n*
Validierung *f* [InfSc] / validation *n*
Validität *f* [InfSc] / validity *n*
Variable *f* [InfSc] / variable *n*
variable Kosten *pl* [BgAcc] / variable costs *pl*
Variante *f* [Bk] ⟨ISBD(A)⟩ / variant *n*
Varianz *f* [InfSc] / variance *n*
~**analyse** *f* [InfSc] / variance analysis *n*
Variationsbreite *f* (bei einer Häufigkeitsverteilung) [InfSc] / range *n*
Vario-Objektiv *n* [Repr] / zoom lens *n*
Vatersname *m* (Patronymikon) [Cat] / patronymic *n*
VB *abbr* [Ind] *s. verwandter Begriff*
Vektorgrafik *f* [ElPubl] / vector graphics *pl but sing in constr*
vektorisieren *v* [ElPubl] / vectorize *v*
vektorisierte Daten *pl* [ElPubl] / vector data *pl*
Velin *n* [Bind] / vellum *n*
~**papier** *n* [Pp] / wove paper *n*
Venn-Diagramm *n* [Retr] / Venn diagram *n*

Ventilator *m* [BdEq] / ventilator *n* · (Gebläse:) fan *n/v*
Verabredung *f* [OrgM] / (Vereinbarung:) arrangement *n* · (für eine Zusammenkunft:) appointment *n* ∥ *s.a. Terminkalender*
Veralten *n* [Gen] / obsolescence *n* (veralten: to become obsolete/outdated/antiquated)
veraltet *pp* [InfSy] / obsolete *adj* · (antiquiert:) antiquated *pp* · (überholt:) outdated *pp* · dated *pp*
veränderte Ausgabe *f* [Bk] / (durchgesehen und geringfügig geändert:) revised edition *n* ∥ *s.a. erweiterte Ausgabe*
verankern *v* [Sh] / anchor *v*
Veranstaltung *f* [OrgM] / event *n*
Veranstaltungskalender *m* [PR] / calendar of events *n*
Verantwortlichkeit *f* [OrgM] / accountability *n*
Verantwortung *f* [OrgM] / responsibility *n* ∥ *s.a. Gesamtverantwortung*
verarbeiten *v* [EDP] / (handhaben,bearbeiten:) manipulate *v* · process *v* (Daten ~: process data)
Verarbeitung *f* (eines Films, eines Programms usw.) [Repr; EDP] / processing *n* ∥ *s.a. Mehrfachverarbeitung; Parallelverarbeitung; serielle Verarbeitung; Weiterverarbeitung*
~ **natürlicher Sprache** *f* [EDP] / natural language processing *n*

Verarbeitungs|anforderungen pl [EDP] /
processing requirements pl
~**einheit** f [EDP] / processing unit n
~**rechner** m [EDP] / processing unit n ·
host computer n
~**werk** n [EDP] s. Rechenwerk
~**zeit** f [EDP] / processing time n
Verbalkonkordanz f [Bk] / concordance of
words and phrases n
Verband m (Vereinigung) [OrgM] /
association n
Verbandsbegriff m (übergeordneter Begriff
in einer Bestandsrelation) [Ind] ⟨DIN
1463/1E⟩ / entity term n · broader term
partitive n · BTP abbr
verbessern v [Writ; Prt; Bk] /
(korrigieren,berichtigen:) correct v · (besser
machen:) improve v
verbesserte Auflage f [Bk] / improved
edition n ‖ s.a. berichtigte Ausgabe
Verbesserung f [OrgM] / improvement n ‖
s.a. Leistungsverbesserung
Verbesserungsvorschlag m [OrgM] /
suggestion for improvement n
verbinden v [Gen] / connect ‖ s.a.
verknüpfen
Verbindlichkeiten pl [Law] / liabilities pl
Verbindung f [Comm] ⟨DIN 44331V⟩ /
connection n
Verbindungs|abbau m (Beendigung der
Verbindung zu einem entfernten Rechner)
[Comm] / logoff n · logging off n
~**abbruch** m (gewollt oder ungewollt)
[Comm] / break n · disconnection n
~**aufbau** m [Comm] / dial-up n ·
connection setup n · call set up n ·
logging in n · logging on n · login n ·
logon n
~**aufbauzeit** f [Comm] / connection setup
time n
~**aufforderung** f [Comm] / call request n
~**auslösung** f [Comm] / call clearing n
~**schicht** f [Comm] / data link layer n
~**steuerungsverfahren** n [Comm] ⟨DIN
44302⟩ / call control procedure n
~**zeit** f [Comm] / connect time n
Verblassen n [Pres] / fading n (verblassen:
to fade) ‖ s.a. verblasst
verblasst pp [Bk] / faded pp
verbotene Bücher pl [Bk] / banned
books pl
verbraucherorientiert pp [PU] / consumer
orient(at)ed pp
Verbraucherschutz m [Gen] / consumer
protection n

Verbrauchsmaterialien pl [Off] /
supplies pl · consumablespl ‖ s.a.
Büromaterial
verbreiten v [InfSy] / (verteilen:)
distribute v · disseminate v ‖ s.a.
Informationsverbreitung
verbreitender Buchhandel m [Bk] /
distributive book trade n · book trade n
Verbreitung f (von Informationen usw.:)
dissemination n · (einer Zeitung usw.:)
circulation n · (Verteilung:) distribution n ‖
s.a. Wissensverbreitung
verbuchen v (ein ausgeliehenes Buch usw.
~) [RS] / charge v (a book)
Verbuchungssystem n (Ausleihverbuchung)
[RS] / charging system n · issuing
system n
Verbund m [OrgM] / (Netz:) network n
· (organisierter Zusammenschluss:)
consortium n · co-operative
(system) n ‖ s.a. bibliothekarisches
Verbundprojekt; Bibliotheksverbund;
Datenverarbeitungsverbund; Datenverbund
~**abhängigkeit** f [Cat] / joint dependency n
~**datenbank** f [Cat] / consortial database n
· union database n
verbunden pp (fehlerhaft gebunden) [Bind] /
misbound pp
Verbund|karte f [PuC] / combination card n
~**katalog** m [Cat] / union catalogue n
(as the result of co-operative
cataloguing) ‖ s.a. Gesamtkatalog;
Katalogisierungsverbund
~**katalogisierung** f [Cat] / co-operative
cataloguing n · shared cataloguing n
~**klasse** f [Class] / compound class n
~**netz** n [Comm] ⟨DIN 44331V⟩ / mixed
network n
~**system** n [Lib] s. Verbund
~**teilnehmer** m [Cat] / union participant n
~**zentrum** n (mit zentraler bibliographischer
Datenbank für die teilnehmenden
Bibliotheken) [Lib] / bibliographic utility n
verdeckte Beobachtung f [InfSc] /
unobtrusive observation n
verdichten v [EDP] / compress v · (packen:)
pack v
verdichtete Datei f [EDP] / packed file n ·
compressed file n
Verdichtungsprogramm n [EDP] /
condensing program n
verdorben pp [Pres] / decayed pp
verdrahten v [BdEq] / wire n/v
Verein m [OrgM] / association n

Vereinbarung *f* / agreement *n* ·
(Abmachung:) arrangement *n* · (in
einem Programmbaustein:) declaration *n*
· understanding *n* ‖ *s.a.* Abmachung;
Lizenzvereinbarung; mündliche
Vereinbarung; Tauschvereinbarung;
Übereinkunft; Ad-hoc-Vereinbarung
vereinigt mit *pp* (bei fortlaufenden
Sammelwerken) [Cat] / merged with *pp*
Vereinigung *f* (Vorgang) [OrgM] / merger *n*
(of two periodicals)
Vererbung *f* (OOP) [EDP; KnM] /
inheritance *n* ‖ *s.a.* Abwärtsvererbung;
Mehrfachvererbung; Teilvererbung
Verf. *abbr* [Bk] *s.* Verfasser
Verfahren *n* [OrgM] / procedure *n*
Verfahrensnorm *f* [Gen] / code of
practice *n*
verfahrensorientierte Programmiersprache
f [EDP] / procedure-oriented language *n*
Verfahrensregeln *pl* [OrgM] / rules (of
procedure) *pl* · (festgelegte Regeln:)
standing rules *pl* (of procedure)
Verfall *m* [Pres] / deterioration *n*
verfallen *pp* (heruntergekommen) [Pres] /
decayed *pp*
Verfallsdatum *n* [Gen] / expiration date *n*
verfälschen *v* [Gen] / falsify *v*
verfassen *v* [Bk] / (schreiben:) write *v* ·
(zusammenstellen:) compile *v*
Verfasser *m* [Bk] ⟨TGL 20972/04;
RAK⟩ / author *n* ‖ *s.a.* Hauptverfasser;
körperschaftlicher Verfasser; Mitverfasser;
mutmaßlicher Verfasser
  ~**angabe** *f* [Cat] ⟨ISBD(M); TGL 20972/04;
RAK⟩ / statement of responsibility *n* ·
author statement *n*
  ~**eintragung** *f* [Cat] / author entry *n*
  ~**in** *f* [Bk] / authoress *n*
  ~**katalog** *m* [Cat] / author catalogue *n*
verfasserlos *adj* [Bk] / anonymous *adj*
Verfasser mit verschiedenen Funktionen *pl*
[Cat] / authors with various responsibilities
in producing a book *pl*
  ~**register** *n* [Ind] / author index *n*
  ~**schaft** *f* [Cat] / authorship *n* ‖ *s.a.*
Mehrverfasserschaft; persönliche
Verfasserschaft; strittige Verfasserschaft;
zweifelhafte Verfasserschaft
  ~**zeile** (eines Zeitungsartikels) / byline *n*
verfilmen *v* [Repr] / microfilm *n/v*

Verfilmung *f* [Repr] ⟨DIN 19040/113E⟩ /
(eines Buches usw.:) filming · (auf einen
Mikrofilm übertragen:) microfilming *n*
‖ *s.a.* Zeichnungsverfilmung;
Zeitungsverfilmung
Verfilmungsrechte *pl* [Law] / film rights *pl*
Verformung *f* (von Einbanddeckeln usw.)
[Pres] / buckling *n*
Verfügbarkeit *f* [Stock] / availability *n*
Verfügbarkeitsquote *f* [RS] / availability
rate *n* ‖ *s.a. nicht auffindbar*
Verfügungsmittel *pl* (zum Ausgleich von
unvorhergesehenen Ausgaben) [BgAcc]
/ contingency funds *pl* · discretionary
funds *pl* ‖ *s.a.* Reservefonds
vergilben *v* [Bk; Pres] / yellow *v* ‖ *s.a.
gegilbt*
vergilbt *pp* [Bk; Pres] / completely
yellowed *pp* ‖ *s.a. gegilbt*
Vergilbung *f* [Bk; Pres] / yellowing *n*
Verglasung *f* [BdEq] / glass panelling *n* ‖
s.a. voll verglast
Vergleichbarkeit *f* [InfSc] / comparability *n*
vergleichende Bibliothekswissenschaft *f*
[Lib] / comparative librarianship *n*
Vergleichs|beziehung *f* [Class] / comparison
relation *n* · comparative relation *n*
  ~**operator** *m* [EDP] / relation operator *n* ·
relational operator *n*
Vergolde|grund *m* [Bind] / assiette *n*
  ~**kissen** *n* [Bind] / gilder's cushion *n*
vergolden *v* [Bind] / gild *v* ‖ *s.a.
Vergoldung 1*
Vergolde|presse *f* [Bind] / gilding press *n* ·
gold blocking press *n*
  ~**pulver** *n* [Bind] / blocking powder *n*
Vergolder *m* [Bind] / gilder *n* ‖ *s.a.
Handvergolder*
Vergolderolle *f* [Bind] / gilding roll *n*
vergoldet *pp* [Bind] / gilt *pp* · gilded *pp*
Vergoldung *f* [Bind] / (Verfahren und
Ergebnis:) gilding *n* · (Goldauftrag:)
gilt *n* ‖ *s.a. Handvergoldung;
Innenkantenvergoldung; Pressvergoldung*
vergriffen *pp* [Bk] / out of print ·
OP *abbr* · (Auflage:) exhausted *pp* ‖ *s.a.
vorübergehend vergriffen*
vergrößern *v* [Repr] / enlarge *v* · magnify *v*
· blow up *v*
Vergrößerung *f* [Repr] ⟨DIN 19040/2;
ISO 6196/1⟩ / enlargement *n* · (durch
optisches Kopieren:) projection print(ing) *n*
· magnification *n* · (das Produkt der
~ auf Papier auch:) hard copy *n* ·

Vergrößerungsfaktor 234

(Großfoto, Poster:) blow-up *n* ‖ *s.a. Rückvergrößerung*
Vergrößerungs|faktor *m* [Repr] ⟨ISO 6196/1⟩ / degree of magnification *n* · magnification factor *n* · enlargement ratio *n* · magnification ratio *n*
~gerät *n* [Repr] / enlarger *n*
~glas *n* [Repr] / magnifying glass *n*
Vergütung *f* (für eine Leistung) [BgAcc] / remuneration *n* ‖ *s.a. Gehalt*
Vergütungs|anspruch *m* [Law] / entitlement to remuneration *n* ‖ *s.a. Abgeltung von urheberrechtlichen Vergütungsansprüchen*
~gruppe *f* [Staff] / pay bracket *n* · salary class *n*
~ordnung *f* [Staff] / salary schedule *n* · salary scale *n*
Verhaltenskodex *m* [Staff] / code of right conduct *n*
Verhältnis *n* [InfSc] / ratio ‖ *s.a. Preis-Leistungs-Verhältnis*
Verhältnis|skala *f* [InfSc] / ratio scale *n*
~skalierung *f* [InfSc] / ratio scaling *n*
verhandeln *v* [OrgM] / negotiate *v*
Verhandlungen *pl* (eines Kongresses) / acts *pl* · proceedings *pl* · transactions *pl* (of a congress) ‖ *s.a. Sitzungsberichte; Tagungsberichte*
verheftet *pp* [Bind] / missewn *pp*
verifizieren *v* [Retr] / verify *v*
Verifizierung *f* (bibliographischer Daten) [Retr] / verification *n* (of bibliographic data)
Verkäufer *m* [Bk] / seller *n* · vendor *n*
verkäuflich *adj* [Acq] / saleable *adj* · (zum Verkauf angeboten:) for sale *n* ‖ *s.a. nicht zum Verkauf; zum Verkauf*
Verkaufs|abteilung *f* [Bk] / sales department *n*
~automat *m* [BdEq] / vending machine *n* ‖ *s.a. Getränkeautomat*
~bedingungen *pl* [Bk] / terms of sale *pl* · conditions of sale *pl*
~katalog *m* [Bk] ⟨RAK-AD⟩ / sales catalogue *n*
~messe *f* [Bk] / selling fair *n*
~preis *m* [Acq] / selling price *n* ‖ *s.a. Ladenpreis*
~raum *m* [Bk] / sales room *n*
~stelle *f* [Acq] / sales office *n* ‖ *s.a. Vertriebsstelle*
verkaufte Auflage *f* (einer Zeitung oder Zeitschrift) [Bk] / circulation figure *n*
Verkehrs|fläche *f* [BdEq] ⟨DIN 277/1⟩ / circulation space *n* · traffic area *n*

~last *f* [BdEq] / imposed load *n* · live load *n*
~wege *pl* [BdEq] / traffic routes *pl*
verketten *v* [Cat] / concatenate *v*
Verkettung *f* [EDP] / concatenation *n*
verkleinern *v* [Repr] / reduce *v*
verkleinerte Abbildung *f* [EDP/VDU] / thumbnail *n*
verkleinerter Bildausschnitt *m* [EDP/VDU] / thumbnail size *n*
Verkleinerung *f* [Repr] ⟨DIN 19040/2; ISO 6196/1⟩ / (verkleinerter Abzug:) reduction print · (Vorgang:) reduction *n*
Verkleinerungsfaktor *m* [Repr] / reduction factor *n* · reduction ratio *n*
verknüpfen *v* (mit) [Retr] / interconnect *v* · link *v* (to) ‖ *s.a. verbinden; verketten*
Verknüpfung 1 *f* [Ind] / (Ergebnis:) link *n* · (Vorgang:) linking *n* ‖ *s.a. bedingte Verknüpfung; hierarchische Verknüpfung; Hinweisverknüpfung; Mehrfachverknüpfung; ODER-Verknüpfung; UND-Verknüpfung*
~ 2 *f* (von Dateien usw.) [EDP] / concatenation *n*
Verknüpfungs|indikator *m* [Ind] / link indicator *n* · link *n*
~operator *m* [Retr] / linkage operand *n*
~symbol *n* (Hypertext) [EDP] / link icon *n*
~zeichen *n* [Class/UDC] / connection symbol *n*
~ziel *n* (Hypertext) [EDP] / target link *n*
verkohlen *v* [Pres] / carbonize *v*
verkürzte Katalogisierung *f* [Cat] / simplified cataloguing *n*
Verkürzung *f* [Gen] / reduction *n* ‖ *s.a. Studienzeitverkürzung*
Verlag *m* [Bk] ⟨TGL 20972/04⟩ / publisher *n* · publishing house *n* · (Firma:) publishing company ‖ *s.a. Fachverlag; Kunstverlag; Literaturverlag; Zeitschriftenverlag*
Verlags|angabe *f* [Cat] ⟨DIN 31631/2⟩ / publisher statement *n*
~anstalt *f* [Bk] *s. Verlag*
~bestellnummer *f* [Mus] ⟨ISBD(PM)⟩ / publisher's number *n*
~buchbinderei *f* [Bind] / edition bindery *n*
~buchhandel *m* [Bk] / publishing trade
~einband *m* [Bind] / edition binding *n* · publisher's binding *n* · trade binding *n*
~gesetz *n* [Law] / publishing law *n*
~katalog *m* [Bk] / publisher's list · publisher's catalogue *n*
~lektor *m* [Bk] *s. Lektor 1*

~ort *m* [Bk] / place of publication *n*
~programm *n* [Bk] / publishing programme *n*
~recht *n* [Law] / publishing law *n*
~signet *n* [Bk] / publisher's mark *n* · publisher's device *n*
~vertrag *m* (zwischen Verlag und Autor) [Law] / author-publisher agreement *n* · publishing contract *n* · publishing agreement *n*
~verzeichnis *n* [Bk] / publisher's catalogue *n* · publisher's list
~wesen *n* (Gewerbezweig) [Bk] / publishing trade · book publishing *n* · publishing *n*
verlängern *v* (die Leihfrist ~) [RS] / renew *v* (the loan period)
Verlängerung *f* (der Leihfrist) [RS] / renewal *n* (of the loan period)
Verlängerungsvorgang *m* [RS] / renewal transaction *n*
verlassen *v* (das Programm~) [EDP] / quit *v* (the program) ‖ *s.a. aussteigen*
Verlässlichkeit *f* (einer Person) [BdEq] / dependability · reliability *n*
verlegen *v/n* (veröffentlichen) [Bk] / (das Verlegen:) publishing *n* (Verbum: to publish)
Verleger *m* [Bk] / publisher *n* ‖ *s.a. Verlag*
Verleger|serie *f* [Bk] / publisher's series *n* · trade series *n*
~titel *m* [Cat] ⟨PI⟩ / publisher's title *n*
~verband *m* [Bk] / publishers' association *n*
~zeichen *n* [Bk] *s. Verlagssignet*
verleihbar *adj* [Stock] / loanable *adj* (zur Zeit nicht verleihbar: out of circulation) ‖ *s.a. Abteilung mit verleihbarem Bestand; nicht verleihbar; nicht verleihbare Materialien*
verleihbares Exemplar *n* / lending copy
Verleihdatum *n* [RS] / lending date *n* · issue date *n*
verleihen *v s. ausleihen 1*
Verletzung *f* (eines Rechts) [Law] / infringement *n* · violation *n* (of a right) ‖ *s.a. Urheberrechtsverletzung*
verliehen *pp* [RS] / checked out *pp* · on loan *n* ‖ *s.a. ausgeliehen*
Verlust *m* (Vermerk in einem Katalog) [Cat] / lost *pp*
~rate *f* [Stock] / loss rate *n* ‖ *s.a. Diebstahlquote*
Vermächtnis *n* [Acq] / bequest *n* · (Legat:) legacy *n* ‖ *s.a. Nachlass 1*

Vermarktung *f* [Bk] / marketing *n* · merchandising *n*
vermehrte Auflage *f* [Bk] / expanded edition *n* · amplified edition *n* · enlarged edition *n* · augmented edition *n*
Vermehrungsetat *m* [Acq] / acquisitions budget *n* · book budget *n* · book fund *n*
Vermerk *m* [Off] / memo *n* · memorandum *n* · note *n*
vermerken *v* [Cat; Ind] *s. angeben*
vermisst *pp* [Stock] / missing *pres p* ‖ *s.a. nicht am Standort; nicht auffindbar*
Vermittler *m* [InfSy] / intermediary *n* ‖ *s.a. Informationsvermittler*
Vermittlungs|schicht *f* [Comm] / network layer *n*
~technik *f* [Comm] ⟨DIN 44331V⟩ / exchange technique *n* · switching technology *n* ‖ *s.a. Durchschaltetechnik; Paketvermittlung; Speichervermittlung*
vernetzbar *adj* / networkable *adj*
vernetzen *v* [EDP] / network *v*
Vernetzung *f* [InfSy] / networking *n*
vernetzungsfähig *adj* / networkable *adj*
Vernetzungssoftware *f* [Comm] / netware *n*
veröffentlichen *v* / publish *v* · issue *v* · (das Veröffentlichen:) publishing *n*
Veröffentlichung *f* [Bk] ⟨DIN 31639/2; DIN 31643⟩ / publication *n*
~ **außerhalb des Buchhandels** / non-trade publication *n* · non-book trade publication *n*
Veröffentlichungsdatum *n* [Bk] / date of publication *n* · publication date *n*
Verordnung *f* [Law] / statutory order *n*
verpacken *v* [Bk] / wrap (up) *v* · package *n/v* ‖ *s.a. packen*
Verpackung *f* / (von Waren usw.:) packing *n* · packaging *n* ‖ *s.a. Schrumpffolienverpackung*
Verpackungskosten *pl* [Bk] / packing charges *pl*
Verpflichtung *f* [Staff] / commitment *n* ‖ *s.a. Lehrverpflichtungen*
Verpflichtungen *pl* [Law] / liabilities *pl*
verramschen *v* [Bk] / remainder *v* ‖ *s.a. Ramsch(bücher)*
Versalhöhe *f* [EDP] / capline *n*
Versalien *pl* [Prt] / capitals *pl* · caps *pl* · uppercase (letters) *n(pl)*
Versammlung *f* [OrgM] / (Zusammenkunft:) assembly *n* · (Sitzung; Tagung:) meeting *n*
Versammlungsraum *m* [BdEq] / assembly room *n*

Versand *m* [Bk] / shipping *n* · dispatch *v/n* ‖ *s.a. Lieferung 1*
~**abteilung** *f* [OrgM] / shipping department *n*
~**kosten** *pl* [Acq] / delivery charges *pl*
~**liste** *f* [Off] / (Packzettel:) packing list *n* · (Anschriftenliste:) mailing list *n*
~**stelle** *f* [BdEq; OrgM] / shipping room *n*
~**tasche** *f* [Comm] / mailing bag *n* · (gepolstert:) jiffy bag *n*
~**weg** *m* (Fernleihe) / transportation mode *n*
Versäumnisgebühr *f* [RS] / overdue fee *n* (based upon a fixed charge per day) ‖ *s.a. Mahngebühr*
verschiebbares Programm *n* / relocatable program *n*
verschieben *v* (Bestände. Bestandsteile ~) [Stock] / shift *v*
verschiedene Erscheinungsdaten [Cat] / various dates *pl* (v.d.)
verschlanken *v* [OrgM] / streamline *v* · slimline *v*
Verschlechterung *f* [Pres] / deterioration *n* ‖ *s.a. Verfall*
Verschleiß *m* [Bk] / wear and tear *n*
verschlungener Überwendlingsstich *m* [Bind] / blanket stitching *n*
verschlüsseln *v* [Writ; EDP] / encode *v* · encrypt *v* · (chiffrieren:) cipher *v* · (kodieren:) code *v*
Verschlüsselung *f* [EDP] / encryption *n* ‖ *s.a. Datenverschlüsselung; Entschlüsselung*
Verschlusssache *f* [Arch; Bk] / classified material *n* · restricted matter *n* · classified document *n* (als Verschlusssache einstufen: to classify) ‖ *s.a. Freigabe; Geheimdokument*
verschnitten *pp* [Bind] / badly trimmed *pp*
Verschnürungsmaschine *f* [Off] / tying-up machine *n*
verschobener Schnitt *m* [Bind] / (Vorderschnitt:) concealed fore-edge *n*
verseuchen *v* [Pres] / infest *v*
Verseuchung *f* [Pres] / contamination *n* · infestation *n* ‖ *s.a. Befall*
Versicherungskosten *pl* [BgAcc] / insurance charges *pl*
Verso *n* [Bk] / verso *n*
Versorgung *f* [OrgM] / supply *v/n* · provision *n* (~mit: provision of) ‖ *s.a. Informationsversorgung; Literaturversorgung*
Versorgungsbetrieb *m* [OrgM] / public utility *n*
Versoseite *f* [Bk] / verso *n*

Verständnis *n* / understanding *n* (ability to understand)
verstärken *v* [Pres] / strengthen
verstärkter Einband *m* [Bind] / reinforced binding *n*
Versteigerer *m* [Bk] / auctioneer *n*
versteigern *v* [Bk] / auction *v*
Versteigerung *f* [Acq] / auction *n*
Versteigerungs|haus *n* [Bk] / auction house *n*
~**katalog** *m* [Bk] / auction catalogue *n*
verstellbarer Fachboden *m* [Sh] / adjustable shelf *n*
verstellen *v* (Bücher ~) [Sh] / (falsch einstellen:) misplace *v* · misshelve *v*
Verstellquote *f* [Sh] / misshelving rate
verteilen *v* [InfSy] / distribute *v* ‖ *s.a. zuweisen*
verteilte Datenverarbeitung *f* [EDP] / distributed data processing *n*
verteilte künstliche Intelligenz *f* [KnM] / distributed artificial intelligence *n*
verteiltes Netz *n* [EDP] / distributed network *n*
Verteilungskurve *f* [InfSc] / distribution curve *n*
Vertikalablage *f* [BdEq] / vertical file *n* (Schrank mit Vertikalablage: vertical filing cabinet) ‖ *s.a. Hängeregistratur*
vertikale Bildlage *f* (auf einem Mikro-Rollfilm) [Repr] ⟨ISO 6196/2⟩ / vertical mode *n* · cine mode *n* · orientation A *n*
Vertikal|maßstab *m* [Cart] ⟨RAK-Karten⟩ / vertical scale *n*
~**schnitt** *m* [Cart] *s. Profil*
vertonen *v* [Mus] / set to music *v*
Vertonung *f* (eines Liedes usw.) [Mus] / setting *n* (of a song etc.)
Vertrag *m* [Law] / (zwischen Körperschaften, Personen:) contract *n* · (Übereinkommen:) agreement *n* · (zwischen Staaten:) treaty *n* ‖ *s.a. Dauerleihvertrag; Dienstvertrag; Zeitvertrag*
Verträglichkeit *f* [OrgM] / compatibility *n*
Vertrags|bedingungen *pl* [Law] / terms of contract *pl*
~**bruch** *n* [OrgM] / breach of contract *n*
~**partner** *n* [OrgM] / contracting party *n*
Vertrauens|bereich *m* (statistische Schätztheorie) [InfSc] / confidence level *n* · confidence interval *n*
~**grad** *m* (Statistik) [InfSc] / degree of confidence *n*

Vertreter *m* (für eine entnommene Karte oder einen entnommenen Band) [TS; Sh] / dummy *n* · (im Regal auch:) shelf dummy *n*
Vertrieb *m* [Bk] / distribution *n*
Vertriebs|abteilung *f* [Bk] / sales department *n*
~**kosten** *pl* / distribution costs *pl*
~**leiter** *m* [Bk] / sales manager *n* · sales executive *n*
~**ort** *m* [Bk] / place of distribution *n*
~**rechte** *pl* [Bk] / marketing rights *pl* · sales rights *pl* · rights of sale *pl* · distribution rights *pl*
~**stelle** *f* [Bk] / distributor *n* · sales office *n* ‖ *s.a. Alleinauslieferer; Verkaufsstelle*
~**wege** *pl* [Bk] / distribution channels *pl*
vervielfältigen 1 *v* (im allgemeinen) [Prt; Repr] ⟨DIN 16500/2; DIN 44510⟩ / (duplizieren:) duplicate *v* · make *v* (copies) ‖ *s.a.* kopieren
~ 2 *v* (Kopie herstellen) [Prt; Repr] / (reproduzieren:) reproduce *v* · (mit Hilfe von Schablonen:) mimeograph *v*
Vervielfältigung *f* [Repr] / reproduction *n* · duplication *n* ‖ *s.a. Kopie*
Vervielfältigungs|gerät *n* [Repr] / (Dupliziergerät:) duplicating machine *n* · duplicator *n* ‖ *s.a. Kopiergerät; Schablonendrucker*
~**papier** *n* [Repr] *s. Kopierpapier*
~**recht** *n* [Law] / reproduction right *n* · right of reproduction *n*
Verwaltung *f* [Adm] / administration *n* ‖ *s.a. Kommunalverwaltung*
Verwaltungs|akt *m* [Adm] / administrative act *n*
~**einheit** *f* [OrgM] ⟨DIN 1425⟩ / administrative unit *n*
~**haushalt** *m* [BgAcc] / operating budget *n*
~**katalog** *m* [Cat] / official catalogue *n*
~**kosten** *pl* [BgAcc] / administration costs *pl*
~**personal** *n* [Staff] / administrative staff *n*
verwandter Begriff *m* (VB) [Ind] ⟨DIN 1463/1E⟩ / related term *n* · RT *abbr*
verweisen *v* [Cat] / refer *v* ‖ *s.a. Verweisung*
Verweisung *f* [Cat] ⟨RAK⟩ / cross reference *n* · reference *n* ‖ *s.a. Herausgeberverweisung; hierarchische Verweisung; leere Verweisung; Nebeneintragung; Rückverweisung*
Verweisungs|karte *f* [Cat] / reference card *n*
~**vermerk** *m* [Cat] ⟨RAK⟩ / tracing *n*

Verwertungs|gesellschaft *f* (zur Einziehung und Verteilung von Fotokopie-Gebühren) [Law] / copyright clearinghouse *n*
~**recht** *n* / right of exploitation *n*
~**rechte** *pl* / (Rechte für die Vermarktung:) merchandising rights · exploitation rights
verzeichnen *v* [Bib] / record *v* · (auflisten:) list *v* · (in einem Kalender ~:) calendar *v*
Verzeichnis 1 *n* [Bib; Cat; EDP] / (Liste:) list *n* · (Register:) index *n* · (Dateiverwaltung:) directory *n* ‖ *s.a. Abbildungsverzeichnis; Unterverzeichnis*
~ 2 *n* (Liste) [Ind] / list *n* · (in Buchform:) directory *n* ‖ *s.a. Inhaltsverzeichnis 1; Register 1*
Verzierung *f* [Art; Bk] / ornament *n* · decoration *n* ‖ *s.a. Rückenverzierung*
Verzugsgebühr *f* [RS] *s. Versäumnisgebühr*
Verzweigung *f* (in einem Programmablaufplan) [EDP] ⟨DIN 44300/4⟩ / branch *n* · jump *n*
Verzweigungspunkt *m* (in einem Programmablaufplan) [EDP] / branching point *n* · branch point *n*
Vesikularfilm *m* [Repr] ⟨DIN 19040/104E; ISO 6194-4⟩ / vesicular film *n* ‖ *s.a. Duplikatfilm*
Vestibül *n* [BdEq] / vestibule *n* · lobby *n* ‖ *s.a. Empfangshalle; Vorhalle*
VGA-Auflösung *f* [EDP/VDU] / VGA resolution *n*
VGA-Karte *f* [EDP/VDU] / VGA card *n*
Video *n* [NBM] / video *n*
~**aufzeichnung** *f* [NBM] / videotape recording *n* · videorecording *n*
~**ausgang** *f* (Multimedia) [NBM] / video output *n*
~**band** *n* [NBM] ⟨DIN 31631/4; A 2653⟩ / videotape *n*
~-**Einblendkarte** *f* [EDP] / audio video connection *n*
~-**Grafikbereich** *m* / video graphics array *n*
~-**Grafikkarte** *f* [EDP] / video graphics adapter *n*
~**kamera** *f* [NBM] / video camera *n*
~**kassette** *f* [NBM] / videocassette *n* · (Endloskassette:) videocartridge *n*
~**konferenz** *f* [OrgM] / videoconference *n*
~**magnetband** *n* [NBM] ⟨DIN 31631/4; A 2653⟩ / videotape *n*
~**platte** *f* [NBM] ⟨ISBD(NBM)⟩ / videodisk *n*
~**recorder** *m* [NBM] / video recorder *n* · videotape recorder *n*
~**schnitt** *m* [NBM] / video cutting *n*

Videospiel 238

~**spiel** *n* [NBM] / video game *n* ‖ *s.a.*
  Computerspiel
~**spule** *f* [NBM] ⟨ISBD(NBM)⟩ /
  videoreel *n*
~**text** *m* [Comm] / teletext *n* · videotext *n*
~**thek** *f* / (kommerziell betrieben:)
  videoshop *n* · (Abteilung in einer
  Bibliothek:) video library *n*
~-**Überwachungsanlage** *f* [BdEq] / video
  monitoring equipment *n*
viel benutztes Material *n* [Stock] / high-use
  material *n* ‖ *s.a. viel verlangtes Material*
Vielprozessorbetrieb *m* [EDP] /
  multiprocessing *n*
Vielverfasserschaft *f* [Bk] *s.*
  Mehrverfasserschaft
viel verlangter Titel *m* [RS] / high-demand
  item *n*
~ **verlangtes Material** *n* [RS] / high-
  demand material *n* ‖ *s.a. viel benutztes*
  Material
Vierfarben-Bogenoffsetmaschine *f* [Prt] /
  four-colour sheetfed offset machine
Vierfarben|druck *m* [Prt] / four-colour
  printing *n*
~-**Rollenoffsetmaschine** *f* [Prt] / four
  colour rotary offset press
Vierpaß *m* [Bind] / quatrefoil *n*
Vierteljahresschrift *f* [Bk] /
  quadrennial *adj/n* · quarterly *n*
vierteljährlich *adj* [Bk; InfSy] /
  quarterly *adj/n* · quadrennial *adj/n*
vierzehntäglich *adj* [Bk] / fortnightly *adj*
Vignette *f* [Prt] / vignette *n* ‖ *s.a.*
  Kopfvignette; Schlussvignette
Vinylschallplatte *f* [NBM] / vinyl *n*
virtuell *adj* [EDP] ⟨DIN 44300/1⟩ /
  virtual *adj*
virtuelle Bibliothek *f* / virtual library *n*
virtueller Speicher *m* [EDP] / virtual
  memory *n*
virtuelle Standverbindung *f* [Comm] /
  permanent virtual circuit *n*
~ **Wählverbindung** *f* [Comm] / virtual
  call *n*
Virusprüfprogramm *n* [EDP] / virus
  checker *n* ‖ *s.a. Tarnkappenvirus*
Visitenkarte *f* [Gen] / visiting card *n* ·
  calling-card *n*
Visualisierungstechnik *f* [ElPubl] /
  visualization technique *n*
visuell *adj* / visual *adj*
Visum *n* [Adm] / visa *n* ‖ *s.a. Einreisevisum*
Vitrine *f* [BdEq] / exhibit(ion) case *n* ·
  display case *n* · showcase *n*

VK *abbr* [Cat] *s. Verbundkatalog*
VKI *abbr* [KnM] *s. verteilte künstliche*
  Intelligenz
Vogelschau|bild *n* [Cart] ⟨ISBD(CM); RAK-
  Karten⟩ / bird's-eye view *n* · aerial view *n*
~**karte** *f* [Cart] ⟨ISBD(CM)⟩ / pictorial
  relief plan *n*
Vokabular *n* [Lin] / vocabulary *n*
Volks|ausgabe *f* [Bk] / popular edition *n*
~**bibliothekar** *m* (veraltet) [Staff] / public
  librarian *n*
~**bücherei** *f* (Vorläufer der Öffentlichen
  Bibliothek) [Lib] / popular library *n* ·
  public library *n*
~**hochschule** *f* [Ed] / adult education
  centre *n*
~**wirtschaftslehre** *f* / economics *n*
~**zahl** *f* [Class/UDC] *s. allgemeine*
  Ergänzungszahl von ethnischen Gruppen
~**zählung** *f* / census *n* (count of population)
Voll|bild *n* (Anzeige auf dem Monitor)
  [EDP/VDU] / full frame display *n* · full
  screen view *n*
~**bildanzeige** *f* [EDP/VDU] / full-frame
  display *n* · full-screen display *n*
~**erhebung** *f* [InfSc] / census *n* · total
  survey *n*
~**farbdruck** *m* / full-colour print *n* ‖ *s.a.*
  Mehrfarbendruck; Vierfarbendruck
vollständige Ausgabe *f* [Bk] / complete
  edition *n*
Volltext|bank *f* [InfSy] / full-text database *n*
~-**Retrieval** *n* [Retr] / full-text retrieval *n*
~**suche** *f* [Retr] / full-text retrieval *n* ·
  fulltext searching *n* · full-text search *n*
  ‖ *s.a. Freitextsuche*
voll verglast *pp* [BdEq] / fully-glazed *pp* ‖
  s.a. Verglasung
Vollversammlung *f* [OrgM] / plenary
  session *n*
Vollzeitbeschäftigter *m* (Ganztagsbeschäftig-
  ter) [Staff] / full-time employee *n*
Volumentarif *m* [Internet] / volume rate *n*
Volute *f* [Bind] / volute *n*
Vorabdruck *m* [Bk] / preprint *n* ·
  (Vorausexemplar:) advance copy *n*
Vorakzession 1 *f* (Tätigkeit) [Acq] /
  bibliographic checking *n* (of books to
  be ordered) · pre-order (bibliographic)
  search(ing) *n* · acquisitions searching *n* ‖
  s.a. Dublettenprobe

~ 2 *f* (Organisationseinheit der Erwerbungsabteilung) [OrgM] / bibliographic checking unit *n* (checking titles to be ordered) · searching section *n* · search unit *n* (of the acquisitions department)
Vor|ankündigungsdienst *m* (für Bücher, deren Erscheinen vorbereitet wird) [Acq] / announcement of forthcoming books *n* · (in Listenform:) advance list *n* ‖ *s.a. Neuerscheinungsdienst*
~anzeige *f* [Bk] / preliminary notice *n* · preliminary announcement *n*
~ausbestellung *f* (vor Erscheinen eines Buches) [Bk; Acq] / advance order · pre-publication order *n*
voraus|bezahlen *v* [BgAcc] / prepay *v*
~datieren *v* [Gen] / predate *v*
~datiert *pp* [Bk] / antedated *pp*
Voraus|druck *m* [Bk] *s. Vorabdruck*
~exemplar *n* [Bk] / advance copy *n*
vorauskatalogisieren *v* [Cat] / pre-catalogue *v*
Vorauskatalogisierung 1 *f* (allgemein) [Cat] / pre-cataloguing *n*
~ 2 *f* (vor dem Erscheinungstermin) [Cat] / cataloguing in publication *n*
~rechnung *f* / proforma invoice *n*
~zahlung *f* [BgAcc] / advance payment *n* · prepayment *n*
Vorbemerkung (zu einem Kapitel usw.) [Bk] / headnote *n* (at the beginning of a chapter)
vorbereiten *v* [OrgM] / prepare *v*
Vorbereitungs|betrieb *m* [Comm] ⟨DIN 44302⟩ / initialization mode *n* · IM *abbr*
~dienst *m* [Ed] / preparatory service *n* (for a civil service career)
Vorbesprechung *f* [OrgM] / preliminary meeting *n* · preliminary discussion *n*
vorbestellen *v* (ein Buch für die Ausleihe ~) [RS] *s. vormerken*
Vorbestellkarte *f* [RS] / reservation card *n*
Vorbestellung 1 *f* [RS] *s. Vormerkung*
~ 2 *f* [Bk; Acq] *s. Vorausbestellung*
vorbeugende Bestandserhaltung *f* [Pres] / preventive conservation *n*
vordatiert *pp* [Bk] / antedated *pp*
Vorder|deckel *m* [Bind] / front board *n*
~schnitt *m* [Bind] / fore-edge *n* · front edge *n*
~schnittvergoldung *f* / (in dem nicht rundgeklopften Schnitt:) gilt in the square *pp* · (in dem rundgeklopften Schnitt:) gilt in the round *pp*

~seite *f* [Bk] / front page *n* · recto *n*
~umschlag *m* [Bind] / upper cover *n* · obverse cover *n* · front cover
Vor|diplom *n* [Ed] / preparatory diploma ‖ *s.a. Diplomvorprüfung*
~druck *m* (Formular) / form *n* · form sheet *n* ‖ *s.a. Endlosvordruck*
~film *m* (gezeigt vor Beginn eines Spielfilms) [Art] / trailer
~führraum *m* (für das Vorführen von Filmen usw.) / projection room *n* · viewing room *n*
~führspule *f* [Repr] / reel *n*
Vorgabe|font *m* [ElPubl] / default font *n*
~schriftart *f* [ElPubl] / default font *n*
Vorgang *m* [Off; InfSy] / (Akte:) file *f* · (Ereignis:) event *n*
vorgemerkter Band *m* / item on hold *n* · reserved item *n*
vorgesetzte Behörde *f* [Adm] / superior authority *n*
Vorgesetzter *m* [Staff] / supervisor *n* · superior *n*
Vorhalle *f* [BdEq] / (Vorbau:) porch *n* · lobby *n* · (Vestibül:) vestibule *n* ‖ *s.a. Eingangshalle; Empfangshalle*
vorhanden *adj* [Stock] / in stock *n* ‖ *s.a. nicht vorhanden*
vorhersagen *v* [InfSc] / forecast *v*
Vorkaufsrecht *n* [Acq] / first option *n* · pre-emption (right) *n*
Vorkonferenz *f* [OrgM] / pre-conference *n*
Vorlage 1 *f* (das zu katalogisierende und im Katalog nachzuweisende Exemplar einer Ausgabe eines Werkes) [Cat] ⟨RAK⟩ / item *n* · bibliographic item *n* · copy *n* ‖ *s.a. druckreife Vorlage; vorliegende Ausgabe; vorliegendes Exemplar*
~ 2 *f* (für eine Reproduktion) [Repr] ⟨ISO 6196/1; DIN 19040/113E⟩ / original *n* · (in Gestalt einer Mikroform:) master (film) *n* ‖ *s.a. Aufsichtvorlage; Druckvorlage; Halbtonvorlage; Strichvorlage*
~ 3 *f* (Textverarbeitung) [EDP] / style sheet *n* · template *n* ‖ *s.a. Aufsichtvorlage; Dokumentvorlage; Druckformatvorlage*
~ 4 *f* (Entwurf für eine Entscheidung) [OrgM] / draft *n* ‖ *s.a. Entwurfsvorlage*
Vorlagen|halter *m* [BdEq; Off] *s. Manuskripthalter*
~sperre *f* [Repr] / double document stop *n* · document stop *n* · document stop *n*

Vorlauf *m* (Filmstück am Anfang einer Filmrolle) [Repr] ⟨DIN 19040/113E; ISO 6196-4⟩ / leader *n*
vorläufige Ausgabe *f* [Bk] / preliminary edition *n* · provisional edition *n*
vorläufiges Katalogisieren *n* [Cat] / preliminary cataloguing *n*
vorlegen *v* (unterbreiten) [Gen] / submit *v*
Vorlesende(r) *f(m)* / storyteller *n*
Vorlese|stunde *f* [RS] / story hour *n*
~wettbewerb *m* [RS] / reading competition *n*
Vorlesung *f* [Ed] / lecture *n* (eine Vorlesung halten: to give a lecture) ‖ *s.a. Gastvorlesung*
vorlesungsfreie Zeit *f* [Ed] / non-lecture period *n* · (Semesterferien:) semester break *n*
Vorlesungs|plan *m* [Ed] / (mit Zeitangaben:) lecture timetable *n*
~verzeichnis *n* [Bk] ⟨RAK-AD⟩ / (Studienführer:) calendar *n* Brit · catalog *n* US ‖ *s.a. Vorlesungsplan*
~zeit *f* / lecture period *n*
vorliegende Ausgabe *f* [Cat; Ind] / edition in hand
vorliegendes Exemplar *n* [Cat] / copy in hand *n*
vorliegende Veröffentlichung *f* [Cat; Ind] / publication in hand
Vormerkdatei (mit Titeln, deren Bestellung erwogen wird) [Acq] / consideration(s) file *n(pl)* ‖ *s.a. Wunschdatei*
vormerken *v* (ein Buch für die Ausleihe ~) [RS] / reserve *v* · bespeak *v* ‖ *s.a. vorgemerkter Band; Vormerkung*
Vormerk|karte *f* [RS] / reservation card *n*
~kartei *f* [Acq] *s. Vormerkdatei*
~liste *f* [RS] / waiting list *n*
Vor|merkung *f* [RS] / hold *n* · reservation *n* (ein Buch vormerken: place a hold / a reservation on a book) ‖ *s.a. vorgemerkter Band; vormerken*
~name *m* [Gen; Cat] / forename *n* · first name *n* (jmd. mit seinem ~n anreden: to address s.b. by his first name) · given name *n*
Vorrang *m* [OrgM] / primacy *n* · (Priorität:) priority *n* · precedence *n*
Vorrangdaten *pl* [Comm] / expedited data *pl*
~paket *n* [Comm] / interrupt packet *n*
vorrangig *adv* [Gen] / primarily *adv*

vorrangige Sprache *f* (in einem mehrsprachigen Thesaurus) ⟨DIN 1463/2⟩ / dominant language *n*
vorrätig *adj* [Bk] / in stock *n* (nicht ~sein: to be out of stock)
Vor|raum *m* [BdEq] / ante-room *n*
~rechner *m* [EDP] / satellite computer *n* · (Entlastungsrechner:) relief computer *n* · backup computer *n* ‖ *s.a. Datenübertragungsvorrechner*
~rede *f* [Bk] *s. Vorwort*
~redner *m* [Bk] / writer of preface *n*
~richten *n* (eines Bandes zum Zwecke des Umbindens) [Bind] / pulling to pieces *n* (ein Buch auseinandernehmen:to take a book apart; to pull a book)
Vorsatz|code *m* [EDP] / prefix code *n*
Vorsatz(blatt) *n(n)* [Bind] ⟨DIN 6730⟩ endpaper *n* / (Spiegel:) lining paper‖ *s.a. fliegendes Blatt; ohne Vorsatz; Spiegel*
Vorschau *f* [ElPubl; EDP/VDU] / (Vorgang:) onscreen previewing *n* · preview *v/n*
Vorschlag 1 *m* (für eine Beschaffung usw.) [Acq] / proposal · suggestion *n* ‖ *s.a. Änderungsvorschlag; Anschaffungsvorschlag; Entwurfsvorlage*
~ 2 *m* (unbedruckter Raum vor Beginn eines Kapitels) [Prt] / sinkage *n* · chapter drop *n*
Vorschlagskasten *m* [RS] / suggestion box *n*
Vorschrift *f* [Adm] / directive *n* · (Regel:) rule *v* · provision *n* · (Regelung:) regulation *n* ‖ *s.a. Bauvorschrift; technische Vorschrift*
Vorschubloch *n* [Pp] / feed hole *n* ‖ *s.a. Papiervorschub; Seitenvorschub*
Vorschuss *m* [BgAcc] / advance *n* (on one's salary)
~konto *n* [BgScc] / deposit account *n*
Vorsitz *m* [OrgM] / chair *n* (den ~ haben/führen: to chair)
Vorsitzende(r) *f(m)* [OrgM] / (Mann:) chairman *n* · (Frau:) chairwoman *f* (den Vorsitz führen: to chair) · (geschlechtsneutral:) chairperson · (einer Gesellschaft:) president
Vorsorge *f* [Pres] / preparedness *n* ‖ *s.a. Katastrophenvorsorge*
Vorspann 1 *m* (zu einem Titel) [Bk] ⟨ISBD(A; M; S)⟩ / front matter *n* · avant-titre *n* ‖ *s.a. Titelei*
~ 2 *m* (zu einem Spielfilm) [Art] / (mit den Namen der Mitwirkenden:) opening credits *pl* · (für Werbezwecke:) trailer

~ 3 *m* (auf einer Mikroform) [Repr] / (für das Titelfeld:) title space (strip) *n*
~ 4 *m* (einer Mikrofilmrolle) [Repr] / (vorlaufende Aufnahmen:) preceding target frames *pl*
Vorstand [OrgM] / board ‖ *s.a. geschäftsführender Vorstand; Vorsitz*
Vorstandsvorsitzender *m* [OrgM] / CEO *abbr* · chief executive officer *n*
Vorstudie *f* [InfSc] / pilot study *n*
Vorstudienkurs *m* (für die Zulassung zum Hochschulstudium) [Ed] / access course *n*
Vortitel *m* [Bk] / half-title *n* · bastard title *n* · fly-title *n*
~**seite** *f* [Bk] / half-title leaf *n*
Vortrag *m* / lecture *n* (einen ~ halten: to read a paper; to give a lecture) ‖ *s.a. Diavortrag; Tagungsvortrag*
Vortrags|raum *m* [BdEq] / lecture room *n* ‖ *s.a. Vortragssaal*
~**reihe** *f* [Comm] / lecture series *n*
~**saal** *m* [BdEq] / lecture hall *n* · lecture room *n*
vorübergehend nicht am Lager / temporarily out of stock

vorübergehend vergriffen *pp* [Bk] / top *abbr* · temporarily out of print *n*
Voruntersuchung *f* [InfSc] *s. Vorstudie*
Vorverkauf *m* [Bk] / advance selling *n*
Vorveröffentlichung *f* [Bk] / prior publication *n* · pre-publication *n*
Vorwahl(nummer) *f(f)* / area code *n* · US · dialling code *n* Brit ‖ *s.a. Landesvorwahl(nummer); Ortskennzahl*
Vorwärtssteuerung *f* [Comm] ⟨DIN 44302⟩ / forward supervision *n*
Vorwort *n* [Bk] ⟨DIN 31639/2⟩ / preface *n* · foreword *n*
~**verfasser** *m* / writer of preface *n*
Vorzensur *f* [Bk] / prior censorship *n*
Vorzugs|ausgabe *f* [Bk] / edition de luxe *n*
~**benennung** *f* [Ind] ⟨DIN 1463; DIN 31623/1V⟩ / preferred term *n* ‖ *s.a. Nicht-Deskriptor; nicht zugelassene Benennung*
~**bezeichnung** *f* [Ind] *s. Vorzugsbenennung*
~**preis** *m* [Bk] / special price *n*
~**rabatt** *m* [Bk] / courtesy discount *n*
Votum *n* [OrgM] / vote *n* ‖ *s.a. Mehrheitsvotum*
Vulgata *f* [Bk] / vulgate *n*
Vw *abbr* [Cat] *s. Verweisung*

W

Wachs|matrize *f* [Repr] / wax stencil *n* ‖ *s.a. Schablonendrucker*
~papier *n* [Pp] / wax(ed) paper *n*
~schablone *f* [Repr] *s. Wachsmatrize*
~tafel *f* [Writ] / wax tablet *n*
Wachstum *n* / increase *n*
Wachstumsrate *f* [InfSc] / rate of growth *n* · rate of increase *n* ‖ *s.a. exponentielles Wachstum*
Wagen *m* [BdEq] *s. Bücherwagen*
~rücklauf(taste) *m(f)* (auf der Tastatur eines Terminals oder einer Schreibmaschine) [EDP; Off] / carriage return (key) *n* · CR *abbr*
Wahl *f* [Gen] / choice *n*
Wähl|anschluss *m* [Comm] / dial-up port *n*
~eingang *f s. Wählanschluss*
wählen *v* [Comm; Gen] / elect *v* · choose *v* · (eine Nummer auf einer Wählscheibe ~:) dial *v* · (auswählen:) select *v* ‖ *s.a. Kurzwahl*
Wahl|endezeichen *n* [Comm] ⟨DIN 44302⟩ / end-of-selection signal *n*
~fach *n* [Ed] / option *n* · optional subject *n* · elective (subject) *n*
wahlfreie Funktion *f* [Comm] / optional function *n*
wahlfreier Zugriff *m* [EDP] / random access *n*
Wähl|leitung *f* [Comm] ⟨DIN 44302⟩ / switched line *n* · dial-up line *n* ‖ *s.a. Datenwählverbindung*

~netz *n* / switched network *n*
Wahlpflichtfach *n* [Ed] / compulsory option *n* · compulsory elective *n*
Wählscheibe *f* [Comm] / dial switch *n*
Wahlsperre *f* [Comm] / dial-in lock *n* · dial close *n*
Wähl|ton *m* [Comm] / dial tone *n*
~verbindung *f* [Comm] / dial-up connection
~zeichenfolge *f* [Comm] ⟨DIN 44302⟩ / selection signal sequence *n*
~zeit *f* [Comm] / dial time *n*
~zugang *m* [Comm] / dial-in connection *n*
Wahrnehmung *f* [InfSc] / perception *n* ‖ *s.a. Benutzerwahrnehmung*
Wahrscheinlichkeitsrechnung *f* [InfSc] / probability calculus *n*
Währungszeichen *n* [BgAcc] / currency sign *n*
Wanderausstellung *f* [PR] / travel(l)ing exhibition *n*
Wandler *m* [EDP] / converter *n* ‖ *s.a. Datenwandler*
Wand|regal(e) *n(pl)* [Sh] / perimeter shelves *pl* · wall-mounted shelves *pl* · wall(-fixed) shelves *pl* · perimeter bookcase(s) *n(pl)*
~tafel *f* [BdEq] / blackboard *n* · chalkboard *n*
Wange *f* (an einem Regal) [Sh] *s. Seitenwange*

Wappen [Bind] / coat of arms *n* ·
(Helmzier:) crest *n* ‖ *s.a. Familienwappen;
Wappenschild*
~**buch** *n* [Bk] ⟨RAK-AD⟩ / armorial *n* ·
book of arms *n*
~**einband** *m* [Bind] / armorial binding *n* ·
coat-of-arms binding *n*
~**schild** *n* [Bk] / escutcheon *n* ·
scutcheon *n*
Warenzeichen *n* [Law] / trade mark *n*
~**recht** *n* [Law] / trade mark law *n*
Wärme-Entwicklung *f* [Repr] / thermal
development *n*
~**isolierung** *f* [BdEq] / thermal insulation *n*
~**kopie** *f* [Repr] / thermic copy *n*
~**kopierverfahren** *n* [Repr] / thermal
process *n* · thermography *n*
~**verlust** *n* [BdEq] / heat loss *n*
Warte|betrieb *m* [Comm] ⟨DIN 44302⟩ /
disconnected mode *n* · DM *abbr* ‖ *s.a.
abhängiger Wartebetrieb; unabhängiger
Wartebetrieb*
~**schlange** *f* [InfSc] / queue *n* ‖ *s.a. Ausgabewarteschlange; Druckerwarteschlange;
Eingabewarteschlange*
~**schlangentheorie** *f* [InfSc] / queuing
theory *n*
~**station** *f* [Comm] ⟨DIN 44302⟩ / passive
station *n*
~**zeit** *f* [OrgM; EDP] / time of waiting *n* ·
(in einer Warteschlange:) queuing time *n* ·
waiting time *n* (lange Wartezeit:long wait)
· (Computer:) latency (time) *n(n)*
~**zustand** *m* [EDP] / standby condition *n* ·
wait state *n*
Wartung *f* [BdEq] ⟨DIN 31051; 40041E⟩ /
preventive maintenance *n* · maintenance *n*
wartungsfrei *adj* [BdEq] / maintenance-
free *adj*
Wartungs|intervall *n* [BdEq] / maintenance
rate *n*
~**vertrag** *m* / service contract *n* ·
maintenance contract *n*
Wasch|raum *m* [BdEq] / lavatory *n* · wash-
room *n*
~**zettel** *m* [Bk] / (auf dem Buchumschlag:)
jacket blurb *n* · blurb *n* · (auf der
Umschlagklappe:) flap blurb *n* ·
(Reklame:) puff *n*
wasser|dicht *adj* [Pres] / waterproof *adj*
~**fest** *adj* [Pp] ⟨DIN 6730⟩ / water-resistant
~**fleckig** *adj* [Pres] / water-stained *pp* ·
(Feuchtigkeitsflecken:) damp-spotted *pp* ‖
s.a. stockfleckig
~**gewellt** *pp* [Pp] / crinkled by water *pp*

Wasserlinien *pl* [Pp] / chain lines *pl*
wasserlöslich *adj* [Pres] / water-
solubable *adj*
wässern *v* [Repr; Pres] / wash *v* · (spülen:)
rinse *v*
Wasser|rand *m* [Pres] / tide line *n* · tide
mark *n*
~**schaden** *m* [Pres] / water damage *n*
~**zeichen** *n* [Pp] ⟨DIN 6730⟩ / watermark *n*
· papermark *n* (Papier mit Wasserzeichen:
watermarked paper) ‖ *s.a. halbechtes
Wasserzeichen; künstliches Wasserzeichen;
Molette-Wasserzeichen; Nebenmarke;
Schattenwasserzeichen*
Web-Adresse *f* [Internet] / uniform resource
locator *n* · URL *abbr*
Weberknoten *m* [Bind] / weaver's knot *n*
Wechsel|betrieb *m* [Comm] ⟨DIN 44302⟩ /
half-duplex transmission *n*
~**heftung** *f* [Bind] / sewing two sheets
on *ger*
~**kurs** *m* [BgAcc] / exchange rate *m* ‖ *s.a.
Umrechnungskurs*
~**objektiv** *n* [Repr] / interchangeable lens *n*
~**platte** *f* [EDP] / removable disk *n*
~**rahmen** / mat *n*
~**schrift** *f* [EDP] *s. NRZ-Schrift*
~**schriftverfahren** *n* [EDP] ⟨DIN 66010E⟩
/ NRZ recording *n* · change-on-ones
recording *n*
wechselseitige Datenübermittlung *f*
[Comm] ⟨DIN 44302⟩ / either-way
communication *n* · two-way alternate
communication *n*
Wechselsprechanlage *f* [Comm] /
intercom(munication) system *n*
Weg|lassungspunkte *pl* (...) [Writ; Prt; Cat]
/ omission marks *pl*
~**steuerung** *f* [Comm] / path control *n*
~**weiser** *m/pl* (zu den Personen und
Räumlichkeiten in einem Gebäude) [BdEq]
/ (als Übersichtstafel:) building directory *n*
· (als Einzelhinweis/e:) directional
sign(s) *n(pl)* ‖ *s.a. Gebäudeplan*
Weich|broschur *f* [Bind] / paper binding *n*
· (Kurzbezeichnung:) drawn-on solid
covers *pl* · flexible binding *n*
weichsektorierte Diskette *f* [EDP] / soft-
sector(ed) disk *n*
Weich-Sektorierung *f* [EDP] / soft-
sectoring *n*
Weißschnitt *m* [Art] / dotted print *n*
Weisung *f* [Adm] / instruction *n* ·
directive *n*

weisungsgebunden *pp* [OrgM; Adm] / bound by directives *pp*
Weiterbildung *f* [Staff] / continuing education *n* · further education *n*
weitere Ordnungsgruppe *f* (bei einer Körperschaft) [Cat] ⟨RAK⟩ / subheading *n*
weiteres Exemplar *n* [Acq] *s. zusätzliches Exemplar*
weiterführende Literatur *f* [Bk] / further reading *n*
~ **Schulbildung** *f* [Ed] / secondary education *n* ‖ *s.a. Sekundarstufe*
weiterleiten *v* (eine Fernleihbestellung u.s.w. ~) / forward *v*
Weiterleitung (von Benutzern) / referrall *n* · forwarding *n*
Weiter|verarbeitung *n* [Prt; EDP] / postprocessing *n*
weites Schlagwort *n* [Cat; Ind] / subject heading that is broader than the subject content of the work to be catalogued *n* (Eintragung unter einem weiten Schlagwort :class entry / generic entry)
Weit|verkehrsnetz *n* [Comm] / wide area network *n*
~**winkelobjektiv** *n* [Repr] / wide-angle lens *n*
Weizenstärkekleister *m* [Bind; Pres] / wheat starch paste *n*
Wellenlinie *f* [Writ] / wavy line *n*
wellig *adj* [Bk] / wavy *adj* ‖ *s.a. gewellt*
Welt|karte *f* [Cart] / world map *n*
~**raumkartographie** *f* [Cart] / space cartography *n*
~**urheberrechtsabkommen** *n* [Law] / Universal Copyright Convention *n* · UCC *abbr*
wenig benutztes Material *n* [Stock] / little-used material *n* · low-use material *n*
WENN-Anweisung *f* [EDP] / IF-statement *n*
Wenn-Bedingung *f* [EDP] / IF clause *n*
Werbe|agentur *f* [PR] / publicity agency *n* · advertising agency *n* · ad agency *n*
~**banner** *n* [Internet] / banner *n*
~**blocker** *m* [Internet] / adblocker *n* · webblocker *n* · webwasher *n*
~**brief** *m* [Internet] / ad mail *n*
~**broschüre** *f* [Bk] / advertising brochure *n*
~**film** *m* [NBM] ⟨DIN 31631/4⟩ / advertising film *n* · publicity film *n* · promotion film *n*
~**grafik** *f* [Art] / commercial art *n* (used in advertising)
~**grafiker** *m* [PR] / commercial artist *n*
~**klick** *m* [Internet] / ad click *n*

~**klickrate** *f* [Internet] / ad click rate *n*
~**mittel** *n/pl* [PR] / publicity material *n*
~**schrifttum** *n* [Bk] / advertising literature *n*
~**spruch** *m* [PR] / publicity slogan *n*
~**text** *m* [Bk] / publicity copy *n* · copy *n* · advertising copy *n*
~**texter** *m* [Bk] / copywriter *n*
~**textschreiben** *n* / (Tätigkeit:) copywriting *n*
~**träger** *m* / advertising medium *n*
~**zettel** *m* [PR] / advertising leaflet *n* · publicity leaflet *n* · flier *n* · dodger *n US* ‖ *s.a. Prospekt*
Werbung *f* [PR] / advertising *n* · publicity *n*
Werk *n* [Bk; NBM] ⟨A 2653; TGL 20972/04; RAK⟩ / work *n*
~**ausgabe** *f* (einmes Schriftstellers) / collected works *pl* (of a writer)
~**bank** *f* [BdEq] / workbench *n*
~**bibliothek** *f* [Lib] / public library in an industrial firm
~**druck** *m* [Prt] ⟨DIN 16514⟩ / bookwork *n*
~**druckpapier** *n* / book paper *n*
~**satz** *m* [Prt] / book composition *n*
~**schrift** *f* [Prt] *s. Buchschrift 1*
~**stoffdatenbank** *f* [InfSy] / material database *n*
Werkszeitschrift *f* [Bk] / internal house journal *n* ‖ *s.a. Firmenzeitschrift*
Werkzeug *n* [BdEq] / tool *n*
Werkzeug|kasten *n* [BdEq] / toolbox *n* ‖ *s.a. Reparaturkasten*
Wert|paket *n* [Comm] / insured parcel *n*
~**schöpfungskette** *f* [InfSc] / value chain *n*
~**verlust** *m* [Stock] / depreciation *n*
~**zeichenpapier** *n* [Pp] / bond paper *n*
Wettbewerb *m* [Bk] / competition *n*
Wettbewerbsfähigkeit *f* [OrgM] / competitiveness *n*
Widerdruck *m* [Prt] ⟨DIN 16500/2⟩ / back-up printing *n* ‖ *s.a. Schön- und Widerdruck*
Widmung *f* [Bk] / dedication *n* ‖ *s.a. eigenhändige Widmung*
Widmungs|blatt *n* [Bk] / dedication leaf *n*
~**exemplar** *n* [Bk] / dedication copy *n* · presentation copy *n*
Wiederauffinden von Informationen *n* [Retr] / information retrieval *n*
Wiedergabe *f* (einer Tonaufzeichnung) [NBM] / reproduction *n* (of a sound recording) · playback *n*
~**qualität** *f* [Mus; NBM] / sound quality *n*

~**spule** *f* [Repr] ⟨ISO 6196-4⟩ / reel *n* ‖ *s.a. Abwickelspule*
wiedergeben *v* (z.B. die Seitenzählung in einer Titelaufnahme~) [Cat] / record *v* · give *v* · (umschreiben, übernehmen:) transcribe *v*
Wiederherstellungsprozedur *f* (der Datenübermittlung nach Störung) [Comm] ⟨DIN 44302⟩ / recovery procedure *n*
Wiederholbarkeit *f* (eines Experiments usw.) [InfSc] / reproducibility *n*
wiederholte Mahnung *f* [RS] / follow-up notice *n*
Wieder|holungszeichen *pl* („") [Writ; Prt] / ditto marks *pl*
~**verkäufer** *m* [Acq] / reseller *n*
Wiegen|druck *m* [Bk] / cradle book *n* · incunable *n* · incunabulum *n* ‖ *s.a. Inkunabel*
~**fußstempel** *m* [Bind] / drawer-handle-stamp *n*
Wildleder *n* [Bind] / buckskin *n* · deerskin *n* · doeskin *n*
Wind|fang *m* [BdEq] / porch *n*
~**strahlenkarte** *f* [Cart] / portolan chart *n*
Winkel|haken *m* [Prt] / composing stick *n*
~**klammer** *f* [Writ; Prt] / angle bracket *n* · angular mark *n*
~**stütze** *f* [Sh] / angle support *n*
~**zeichen** *n* (^:Korrekturzeichen für einen einzufügenden Buchstaben) [Writ; Prt] / caret *n* · insertion mark *n*
wirkliche Adresse *f* [EDP] / real address *n*
wirksam *adj* / effective *adj* (wirksam werden; in Kraft treten:become effective)
Wirksamkeit *f* [OrgM] / effectiveness *n* ‖ *s.a. Leistungsfähigkeit*
Wirkstoffe *pl* [Pres] / active substances *pl*
Wirkungs|beziehung *f* [Class] / effect relation *n*
~**weise** *f* (einer Substanz) [Pres] / mode of action *n*
wirtschaftlich *adj* [OrgM] / (in Bezug auf das Kosten-Leistungsverhältnis:) cost-effective *adj* · economic *adj* ‖ *s.a. sparsam*
Wirtschaftlichkeit *f* [BgAcc] / cost-effectiveness *n* · economic efficiency *n* · economics *n*
Wirtschaftlichkeits|analyse *f* [OrgM] / cost-effectiveness analysis *n*
~**prüfung** *f* [BgAcc] / efficiency audit *n*
Wirtschafts|archiv *n* [Arch] / business archives *pl*
~**datenbank** *f* [InfSy] / business database *n*

~**information** [InfSy] / business information *n*
~**plan** *m* [BgAcc; OrgM] / business plan *n*
wirtschaftswissenschaftliche Bibliothek *f* [Lib] / economics library *n*
Wirtsrechner *m* [EDP] / host computer *n*
Wissensbank *f* [KnM] / knowledge database *n* ‖ *s.a. gemeinsam genutzte Wissensbasis*
wissensbasiertes System *n* [InfSc] / knowledge based system *n*
Wissensbasis *f* (eines Expertensystems) [InfSy] / knowledge base *n*
Wissensbestand *m* [KnM] / fund of knowledge *n*
Wissenschaftler *m* / scientist *n*
wissenschaftlich *adj* [InfSc] / scientific *adj* · (gelehrt:) learned *adj*
wissenschaftliche Allgemeinbibliothek *f* [Lib] / general research library *n*
~ **Bibliothek** *f* [Lib] / research library *n* (the term includes national, state, academic and special libraries)
~ **Klassifikation** *f* [Class] / knowledge classification *n*
wissenschaftlicher Bibliothekar *m* [Staff] / academic librarian *n*
~ **Film** *m* [NBM] ⟨DIN 31631/4⟩ / educational film
wissenschaftliches Personal *n* [Staff] / academic staff *n* ‖ *s.a. sonstige Mitarbeiter*
Wissenschaftsfach *n* (als Hauptklasse einer Systematik) [Class] / disciplinary main class *n*
Wissenserwerb *m* [KnM] / knowledge capture *n* · knowledge acquisition *n*
Wissens|gebiet *n* [KnM] / knowledge domain · field of knowledge *n*
~**gesellschaft** *f* [KnM] / knowledge-based society *n*
~**repräsentation** *f* (WR) [InfSc] / knowledge representation *n* · KR *abbr*
~**speicher** *m* [KnM] / repository of knowledge *n*
~**standsbericht** *m* [Bk] ⟨DIN 31639/2⟩ / state of the art report *n*
Wissens|verarbeitung *f* [KnM] / knowledge processing *n*
~**verbreitung** *f* [KnM] / knowledge distribution *n*
~**vorrat** *m* [KnM] / fund of knowledge *n*
Witz|blatt *n* [Bk] / humorous paper *n*
~**zeichnung** *f* [Art] / cartoon *n*
Woche der Bibliotheken *f* / library week *n*
~ **des Buches** *f* / book week *n*

Wochenblatt *n* [Bk] / weekly *n/adj*
wöchentlich *adj* [Gen] / weekly *n/adj*
Wohn|heimbibliothek *f* [Lib] / dormitory library *n* · halls (of residence) library *n* · residence library *n*
~**sitz** *m* [RS] / abode *n* ‖ *s.a.* fester Wohnsitz
Wort *n* [Lin; EDP] ⟨DIN 44300/2⟩ / word *n*
~**bildung** *f* [Lin] / word formation *n*
Wörterbuch *n* [Bk] ⟨DIN 31631/4; DIN 31639/2; RAk-AD⟩ / dictionary *n* · (für alte Sprachen auch:) lexicon *n* ‖ *s.a. Fachwörterbuch; Handwörterbuch; mehrsprachiges Wörterbuch; rückläufiges Wörterbuch; Taschenwörterbuch; Übersetzungswörterbuch; zweisprachiges Wörterbuch*
~**datenbank** *f* [InfSy] / dictionary database *n*
Wort|folge *f* [Ind] / word sequence *n* · word order *n* ‖ *s.a. Inversion der Wortfolge*
~**-für-Wort-Ordnung** *f* [Bib; Cat] / word-by-word filing *n*
~**häufigkeit** *f* [Ind] / word frequency *n*
~**häufigkeitsanalyse** *f* [InfSc] / word-frequency analysis *n*
~**laut** *m* [Cat] / wording *n* (der genaue Wortlaut des Titels: the exact wording of the title)
~**maskierung** *f* [Retr] / truncation *n* ‖ *s.a. Innenmaskierung; Linksmaskierung; Rechtsmaskierung*
wortorganisierter Speicher *m* [EDP] ⟨DIN 44300/6E⟩ / word-organized storage *n*
Wort|prägung *f* [Ind] ⟨DIN 1463/2⟩ / coined term *n*
~**protokoll** *n* / verbatim record *n*
~**schatz** *m* [Lin] / vocabulary *n* ‖ *s.a. kontrollierter Wortschatz*

~**schatzkontrolle** *f* [Ind] / vocabulary control *n*
~**stamm** *m* [Lin] / word stem *n*
~**trennung** *f* [Writ; Prt] / word break *n* · (mit einem Trennungsstrich:) hyphenation *n* ‖ *s.a. Silbentrennung*
~**verbindung** *f* [Lin] / complex term *n* · word combination *n*
~**zusammensetzung** *f* [Lin] / compound word *n* · compound *n*
~**zwischenraum** *m* [Prt] / word spacing *n*
WR *abbr* [KnM] *s. Wissensrepräsentation*
WUA *abbr* [Law] *s. Welturheberrechtsabkommen*
Wulstkante *f* (des Kapitalbandes) [Bind] / bead(ing) *n(n)*
Wunsch|buch *n* (mit Beschaffungswünschen von Benutzern) [Acq] / desiderata book *n*
~**datei** [Acq] / want(s) file *n* · desiderata file *n* ‖ *s.a. Vormerkdatei*
~**kartei** *f* [Acq] *s. Wunschdatei*
~**liste** *f* [Acq] / want(s) list *n* · waiting list *n* · desiderata list *n*
~**zettel** *m* [Acq] / (mit der Bitte um Beschaffung:) book request slip *n* · (mit einem Beschaffungsvorschlag:) suggestion slip *n* · recommendation card *n* · request card *n* · requisition card *n* ‖ *s.a. Anschaffungsvorschlag*
Wurmstich *m* [Pres] / worm bore *n* · (Wurmloch:) wormhole *n*
wurmstichig *adj* [Pres] / worm-eaten *pp* · wormed *pp* · worm-holed *pp* ‖ *s.a. löcherig*
Wurmstichigkeit *f* [Pres] / worming *n*
Wurzelverzeichnis *n* [EDP] / root directory *n*

Xero|graphie *f* [Repr] / xerography *n*
 ~kopiergerät *n* [Repr] / xerox(machine)

Xylographie *f* [Art] / xylography ‖ *s.a.*
 Holzschnitt

Y

Yankeemaschine *f* [Pp] / yankee machine *n*

Z

Zahl *f* [Gen] / number *n/v* · figure *n* ‖ *s.a. Gesamtzahl*
zählen *v* [Gen] / count *v* · (aufzählen:) enumerate *v* · (nummerieren:) number *n/v* ‖ *s.a. auszählen; ungezählt*
Zahlen|code *m* [EDP] / numeric code *n*
~**material** *n* [Gen] / figures *pl*
~**wert** *m* [InfSc] / numerical score *n*
Zählstrich *m* (bei einer Strichliste) [InfSc] / tally *n* ‖ *s.a. auszählen; Strichliste*
Zahlung *f* [BgAcc] / payment *n* ‖ *s.a. Anzahlung; Teilzahlung*
Zählung *f* [Bk] / numeration *n* (Seite mit gerader Zählung:even page) · (Nummerierung:) numbering *n* · (Aufzählung:) enumeration *n* ‖ *s.a. arabische Zählung; Bandzählung; Doppelzählung; gerade Zählung; getrennte Zählung; Heftzählung; Kolumnenzählung; römische Zählung; Seitenzählung; springende Zählung; ungerade Zählung; ungezählt; zusammenfassende Zählung*
Zahlungs|anweisung *f* [BgAcc] / giro transfer order *n* · order for payment *n* · draft *n* ‖ *s.a. Geldanweisung; Überweisung*
~**aufforderung** *f* [BgAcc] / request for payment *n*
~**bedingungen** *pl* [BgAcc] / terms of payment *pl* ‖ *s.a. Vorauszahlung; Zuzahlung*
~**erinnerung** *f* [BgAcc] / reminder *n*

~**termin** *m* [BgAcc] / payment deadline *n* · payment date *n*
~**weise** *f* [BgAcc] / mode of payment *n*
Zahl|wort *n* [Lin] / numeral *n*
~**zeichen** *n* [InfSy; Prt] / numeral *n*
Zahnleiste *f* [Sh] / toothed lath *n*
Zange *f* [Bind] / pliers *pl*
ZDB *abbr* [Cat] *s. Zeitschriftendatenbank*
Zeichen *n* [InfSy] ⟨DIN 44300/2⟩ / (allgemein:) sign *n* · (zur grafischen Darstellung von Daten:) character *n* ‖ *s.a. Binärzeichen; Leerzeichen; Schriftzeichen; Sonderzeichen; Steuerzeichen*
~**abstand** *m* [EDP] / character spacing *n*
~**basisvektor** *m* / character base vector *n*
~**begrenzung** *f* [EDP/VDU] ⟨DIN 66233/1⟩ / character boundary *n*
~**breite** *f* [EDP/VDU] ⟨DIN 66233/1⟩ / character width *n*
~**breitefaktor** *m* [EDP] / character expansion factor *n*
~**darstellung** *f* [Comm] / representation of characters *n*
~**dichte** *f* [EDP] ⟨DIN 44300/6; 66010⟩ / character density *n* · packing density *n* · recording density *n* ‖ *s.a. Schreibdichte*
~**drucker** *m* [EDP; Prt] / character printer *n* · character-at-a-time printer *n*
~**erkennung** *f* [EDP] ⟨DIN 44300/8⟩ / character recognition *n* ‖ *s.a. magnetische Zeichenerkennung;*

Zeichenerklärung 250

maschinelle Zeichenerkennung; optische Zeichenerkennung
~**erklärung** *f* [Cart] / legend *n*
~**feld** *n* [EDP/VDU] ⟨DIN 66233/1⟩ / character area *n*
~**folge** *f* [EDP] / character string *n*
~**generator** *m* [EDP] / character generator *n*
~**höhe** *f* [EDP/VDU] ⟨DIN 66233/1⟩ / character height *n*
~**kette** *f* [InfSy] / character string *n*
~**kontrast** *m* [EDP/VDU] ⟨DIN 66233/1⟩ / contrast character to background *n*
~**körper** *m* [EDP] / character body *n*
~**leser** *m* [EDP] / character reader *n* ‖ *s.a. optischer Klarschriftleser*
~**lochkarte** *f* [PuC] / mark-sensing card *n*
~**lochverfahren** *n* [PuC] / mark sensing *n*
~**mittenabstand** *m* [EDP/VDU] ⟨DIN 66233/1⟩ / character spacing *n*
zeichenorientierte Benutzeroberfläche *f* [EDP] / character user interface *n*
Zeichen pro Sekunde *pl* [InfSy] / characters per second *pl* · cps *abbr*
~ **pro Zeile** *pl* [EDP] / characters per line *pl*
~ **pro Zoll** *pl* [EDP] / characters per inch *pl* · cpi *abbr*
~**reihe** *f* [EDP] *s. Zeichenkette*
~**satz** *m* [Writ; EDP] / character set *n*
~**schrank** *m* [BdEq] / plan cabinet *n* · horizontal case *n* (for plans, technical drawings etc.)
~**setzung** *f* (Interpunktion) [Writ; Prt; Cat] / punctuation *n* ‖ *s.a. Deskriptionszeichen*
~**stelle** *f* [EDP/VDU] ⟨DIN 66233/1⟩ / character position *n*
~**tablett** *n* [EDP] / digitizing tablet *n* · graphics tablet *n*
~**trickfilm** *m* [NBM] ⟨A 2653⟩ / animated cartoon *n* · cartoon film *n*
~**vorrat** *m* [InfSy] ⟨DIN 31631/2; DIN 44300/2E⟩ / character set *n*
~**zwischenraum** *m* [EDP/VDU] ⟨DIN 66233/1⟩ / character distance *n* ‖ *s.a. Zeichenabstand*
zeichnen *v* [Writ; Art] / draw *v*
Zeichner *m* [Cart; Art] / draftsman *n* US · draughtsman *n* Brit
Zeichnung *f* [Art] ⟨DIN 31631/2+4⟩ / drawing *n* ‖ *s.a. Bleistiftzeichnung; Federzeichnung; Freihandzeichnung; Kohlezeichnung; Kreidezeichnung; Pastellzeichnung; Strichzeichnung; technische Zeichnung; Tuschzeichnung*

Zeichnungsverfilmung *f* [Repr] / microfilming of engineering drawings *n*
zeigen *v* (auf einem Bildschirm) [EDP/VDU] / display *v*
Zeile *f* [EDP/VDU; Writ; Prt] ⟨DIN 44300/2; DIN 66233/1⟩ / line *n*
Zeilen|abstand *m* [Prt] / line spacing *n* · interlinear space *n* · line to line spacing *n* · line space *n*
~**ausdruck** *m* [EDP] / line print-out *n*
~**breite** *f* [Prt] / line width *n* · line length *n*
~**drucker** *m* [EDP] ⟨DIN 9784/1⟩ / line printer *n* · line-at-a-time printer *n*
~**länge** *f* [Prt] *s. Zeilenbreite*
~**nummerierung** *f* [Bk] / line numeration *n*
~**setz- und -gießmaschine** *f* [Prt] / linotype (machine) *n*
~**umbruch** *m* (Textverarbeitung) [EDP] / word wrap *n*
~**vorschub** *m* [EDP] / line feed *n*
~**zähler** *m* [Prt] *s. Randziffer*
zeitaufwendig *adj* [OrgM] / time consuming *pres p*
Zeit|geber *m* [EDP] ⟨DIN 44300/5; DIN 66201/1⟩ / timer *n*
~**multiplexbetrieb** *m* [EDP] / time-division multiplexing *n* · time-slice multiplexing *n*
~**personal** *n* [Staff] / temporary staff *n*
~**plan** *m* [OrgM] / schedule *v/n*
~**punkt** *m* / date *v/n*
~**rahmen** *m* [OrgM] / time limit *n* · time frame *n*
~**raster** *m* [EDP] / time-slot pattern *n*
~**raum** *m* [Gen] / period of time *n* ‖ *s.a. Frist; Zeitrahmen*
~**rechnung** *f* [Gen] / calendar *n*
~**scheibenverfahren** *n* [EDP] / time slicing *n*
~**schlagwort** *n* (als Unterschlagwort) [Cat] / period subdivision *n* · chronological subdivision *n* · time subdivision *n*
~**schlüssel** *m* [Class] / standard chronological subdivision *n* · standard subdivision of time *n* · standard period subdivision *n*
Zeitschrift [Bk] ⟨DIN 31639/2⟩ / periodical *n* · journal *n* · (für das allgemeine Publikum:) magazine *n* · (für einen Gewerbe- oder Industriezweig:) trade journal *n* ‖ *s.a. Fachzeitschrift; fortlaufendes Sammelwerk*

Zeitschriften|ablage *f* (nicht frei zugänglicher Ort der ~) [Stock] / storage room for unbound serial issues on closed shelves
~adressbuch *n* [Bib] / periodicals directory *n*
~agentur *f* [Acq] / subscription agent *n*
~akzession *f* [OrgM; Acq] / serial(s) department *n* · periodicals division *n* · serial(s) section *n* · serial(s) (receipt) unit *n*
~akzessionierung *f* [Acq] / serials accessioning *n* · serial check-in *n* · periodical accessioning *n*
zeitschriftenartige Reihe *f* [Cat] ⟨DIN 31631/4; RAK⟩ / a serial the parts of which are issued more or less regularly once a year
Zeitschriften|aufsatz *m* [Bk] / periodical article *n*
~auswertung *f* [Ind] / periodicals indexing *n*
~bestand *m* [Stock] / periodicals collection *n* · periodical holdings *pl* · serial holdings *pl*
~bibliographie *f* [Bib] / periodicals directory *n*
~buchhandlung *f* [Bk] *s. Zeitschriftenagentur*
~datenbank *f* [Cat] / serials database *n*
~erschließung *f* [Ind] / periodicals indexing *n*
~heft *n* [Bk] *s. Heft 1*
~indexierung *f* [Ind] / periodicals indexing *n*
~inhaltsbibliographie *f* [Bib] / periodical index *n*
~kartei *f* (als Sichtkartei) [Acq] / visible file *n* (for serial checking)
~katalog *m* [Cat] / serial catalogue *n*
~katalogisierung *f* [Cat] / serial cataloguing *n*
~lesesaal *m* [BdEq] / periodicals reading room *n* · periodical room *n*
~mappe *f* (für Publikumszeitschriften) [Sh] / magazine binder *n* ‖ *s.a. Zeitschriftensammelordner*
~nachweis *m* [Cat] / serial record *n*
~nutzungsanalyse *f* [InfSc] / journal use analysis *n*
~ordner *m* (für Publikumszeitschriften) / magazine binder *n*
~regal *n* (mit Auslage der neuesten Hefte) [Sh] / periodical display shelves *pl* · periodical rack *n*

~sammelordner *m* [Sh] / periodical case *n* · (für Publikumszeitschriften:) magazine case *n* · reading case *n*
~ständer *m* [BdEq] / magazine rack *n* · periodical rack *n*
~stelle *f* [OrgM; Acq] *s. Zeitschriftenakzession*
~titelaufnahme *f* / serial section *n* (in charge of cataloguing serials)
~überwachung *f* [Acq] / serials control *n*
~umlauf *m* [InfSy] *s. Umlauf*
~verlag *m* [Bk] / periodical publisher *n* · (von Publikumszeitschriften:) magazine publisher *n*
~verwaltung *f* [Acq; Cat; RS] / serials control *n*
~zugangskartei *f* [Acq] *s. Zeitschriftenkartei*; ‖ *s.a. Zugangsnachweis 2*
~zugangsnachweis *m* [Acq] / periodical accession record *n* · periodical receipt record *n* · serial record *n*
Zeit|stelle *f* [Staff] / temporary post *n* ‖ *s.a. befristeter Vertrag*
~studie *f* [OrgM] / time study *n*
~überbrückung *f* (zwischen DÜ-Blöcken) / interframe-time fill *n*
~überwachung *f* [Comm] / time-out function *n*
Zeitung *f* [Bk] / paper *n* · newspaper *n* ‖ *s.a. Abendzeitung; Bibliothek einer Zeitung/Nachrichtenagentur; Lokalzeitung; Morgenzeitung; Tageszeitung*
Zeitungs|adressbuch *n* [Bib] / newspaper press directory *n* · press directory *n* · press guide *n*
~ausschnitt *m* [NBM] / newspaper cutting *n* · press cutting *n* · clipping *n* US ‖ *s.a. Ausschnittdienst*
~ausschnitt|büro *n* [Bk] / clipping agency *n* US · press cutting agency *n* · cutting bureau *n* · clipping bureau *n* US
~halter *m* [BdEq] / newspaper stick *n* · newspaper rod *n* · newspaper holder *n*
~leseraum *m* [BdEq] / newspaper (reading) room *n* · newsroom *n*
~papier *n* [Pp] ⟨DIN 6730⟩ / newsprint *n*
~regal *n* (für Auslagezwecke) [Sh] / newspaper rack *n*
Zeitungsausschnittsammlung *f* [NBM] / cuttings collection *n* Brit · clipping file *n* US
~stand *m* (Kiosk) [Bk] / newsstall *n* · news stand *n*

~verfilmung *f* [Repr] / microfilming of newspapers *n*
Zeit|vertrag *m* [Staff] / short-term contract *n* ‖ *s.a.* Personal mit Zeitverträgen
~zahl *f* [Class/UDC] *s.* allgemeine Ergänzungszahl der Zeit
Zellenschmelz *m* [Bind] / cloisonné *n*
Zellstoff *m* [Pp] / chemical pulp *n* · (Zellulose:) cellulose *n* ‖ *s.a.* Natronzellstoff; Sulfitzellstoff
Zellulose *f* [Pp] / cellulose *n* ‖ *s.a.* Zellstoff
zensieren *v* [Bk] / censor *v*
Zensor *m* [Bk] / censor *n*
Zensur *f* [Bk] / censorship *n* ‖ *s.a.* Buchzensur; verbotene Bücher; Vorzensur
Zensus *m* [InfSc] / census *n*
Zentimeter pro Sekunde *pl* (cm/s) [NBM] / centimetres per second *pl*
Zentralbibliothek *f* [Lib] / central library *n* · (in einer Universität auch:) general library *n* US
zentrale Fachbibliothek *f* [Lib] / central subject library *n*
Zentral|einheit *f* (eines Computers) [EDP] ⟨DIN 44300/5E⟩ / central processor *n* · main frame *n* · central processing unit *n* · CPU *abbr*
Zentraleinheit *f* (ines Computers) [EDP] / central processing unit *n* · CPU *abbr*
zentrales Speichermagazin *n* [Lib] / storage centre *n*
Zentral|katalog *m* [Cat] / union catalogue *n* · (in einer Leihverkehrsregion:) regional union catalogue *n* · regional catalogue *n*
~katalogisierung *f* [Cat] / centralized cataloguing *n*
~speicher *m* [EDP] ⟨DIN 44300/5⟩ / central memory *n* · central storage *n* · main storage *n* · internal storage *n*
zentrieren *v* [Prt; EDP] / center *v* (nicht zentriert:off-centre)
Zentrierung *f* (eines Textes) [EDP; Prt] / centring *n* · centre alignment *n*
Zerfall *m* [Pres] / disintegration *n* · decomposition *n* · (Verschlechterung:) deterioration *n* ‖ *s.a.* roter Zerfall; Säurezerfall
zerfallen *v* [Pres] / disintegrate *v* · (sich verschlechtern:) deteriorate *v*
zerknittern *v* [Pres] / crease *v*
Zerlegung *f* (von Begriffen oder Wortkombinationen) [Ind] / factoring *n* ‖ *s.a.* morphologische Zerlegung

Zersetzung *f* [Pres] / disintegration *n* ‖ *s.a.* Zerfall
Zerstäuber *m* [BdEq] / airbrush *n*
Zertifikat *n* [OrgM] / certificate ‖ *s.a.* Qualitätsprüfzertifikat
zertifizieren *v* [OrgM] / certify *v*
zertifizierte Bezugsdiskette *f* [EDP] / certified reference flexible disk *n*
Zertifizierung *f* [Internet] / certification *n*
Zertifizierungsstelle *f* ⟨OrgM⟩ / (im Rahmen von Qualitätssicherung:) certification body *n* · (Internet:) certificate authority *n*
Zettel *m* [Cat] / card ‖ *s.a.* Bearbeitungszettel; Benachrichtigungszettel; Bestellzettel 1; Bindezettel; Bücherzettel; Einheitszettel; Ersatzzettel; Fortsetzungszettel; Fristzettel; Handzettel; Interimszettel; Karteizettel; Katalogzettel; Laufzettel; Lieferzettel; Programmzettel; Reklamezettel; Schlagwortzettel; Theaterzettel; Waschzettel; Werbezettel; Wunschzettel
Zettel|drucke *pl* [Cat] / printed (catalogue) cards *pl*
~katalog *m* [Cat] / card catalogue *n*
Zeugnis *n* [Ed] / certificate ‖ *s.a.* Arbeitszeugnis; Führungszeugnis; Reifezeugnis; Schulabschlusszeugnis; Schulzeugnis
Zick-Zack-Falz *m* [Bind] / concertina guard *n* · zig-zag fold *n* · accordion pleat *n*
~-Papier *n* [Pp] / fanfold paper *n*
Ziegenleder *n* [Bind] / goatskin *n* ‖ *s.a.* Maroquin
ziehen *v* [EDP/VDU] / drag *v* (ziehen und fallenlassen:drag and drop)
Ziehkarte *f* (automatisierte Zeitschriftenakzessionierung) [Acq; EDP] / arrival card *n*
Ziel *n* [Gen] / aim *n* · goal *n* · object *n* · target *n* · objective *n* (ein ~ erreichen:to meet an objective) ‖ *s.a.* Ausbildungsziel; Bildungsziel; Fernziel; Nahziel; Organisationsziel; Unterrichtsziel
Ziel|adresse *f* [Comm] / destination address *n* · called address *n*
~bestimmung *f* [OrgM] / definition of objectives *n*
~deskriptor *m* [Ind] / target descriptor *n*
~gruppe [Comm] / (eines Werkes:) intended audience *n* · (Werbung:) target group *n* · (mehrere zusammengehörende Zielgruppen:) target population *n*
~orientierung *f* [OrgM] / goal orientation *n*

~**publikum** *n* [Bk] / target audience *n* · intended audience *n*
~**sprache** 1 *f* (bei einer Übersetzung in einem mehrsprachigen Thesaurus) [Lin; Ind] ⟨DIN 1463/2⟩ / target language *n*
~**sprache** 2 *f* (bei der Umwandlung von Anweisungen einer Programmiersprache in solche einer anderen) [EDP] ⟨DIN 44300/4E⟩ / object language *n*
~**sytem** *n* [Comm] / target system *n*
~**thesaurus** *m* [Ind] / target thesaurus *n*
Zier|buchstabe *m* [Bk] / swash letter *n* · ornamental letter *n*
~**initial(e)** *n(f)* / swash initial *n* · decorated initial *n*
~**leiste** *f* [Bk] / ornamental band *n*
~**material** *n* [Prt] *s. Zierrat*
~**rahmen** *m* [Bk] / ornamental border *n* · border *n*
~**rand** *m* [Bk] *s. Zierrahmen*
~**rat** *m* [Prt] / printer's flowers *pl* · printer's ornament *n* · type ornament *n*
~**schrift** *f* [Prt] / fancy type *n* · ornamental type *n*
Ziffer [Gen] / figure *n* (numerical symbol) · digit *n* · numeric character *n* · numeral *n* ‖ *s.a. Randziffer; römische Ziffer*
Ziffern|anzeige *f* [BdEq] / numeric annunciator *n*
~**folge** *f* [InfSy] / numerical order *n*
Zimelie *f* [Art] / treasure *n*
Zink|ätzung *f* [Prt] / zinc etching *n*
~**druck** *m* [Art] / zincography *n*
Zinkographie *f* [Art] / zincography *n*
Zinkoxidpapier *n* [Repr] / zinc oxide coated paper *n*
Zinsregister *n* [Arch] / rental *n* · rent-roll *n*
Zirkapreis *m* [Bk] / estimated price *n*
Zirkel *m* [Bind] / dividers *pl*
Zirkel|stich *m* (in einer mittelalterlichen Handschrift) [Writ] / prickmark *n*
ziselieren *v* [Bind] / gauffer *v* · chase *v* · goffer *v*
ziselierter Goldschnitt *m* [Bind] / goffered edge(s) *n(pl)* · gauffered edge(s) *n(pl)* · chased edge(s) *n(pl)*
Ziselierung *f* [Bind] / chasing *n*
Zitat 1 *n* (zitierte Textpassage) [Bk] ⟨DIN 31631/4⟩ / quote *n* · quotation *n* (wörtliches Zitat: literal quote)
~ 2 *n* (zitiertes Dokument) [Bib; Retr] / citation *n* ‖ *s.a. Literaturnachweis; Selbstzitat*
~**analyse** *f* [InfSc; Bib] / citation analysis *n* · citation study *n*

Zitatenlexikon *n* / dictionary of quotations *n*
zitieren *v* [Bk] / cite *v* · quote *n* (falsch zitieren: misquote)
Zitier|index *m* [Ind] ⟨DIN 31639/2⟩ / citation index *n*
~**regeln** *pl* [Bib] ⟨DIN 1505/2⟩ / rules for citing *pl* · (Zitierordnung:) citation style *n*
~**titel** *m* [Bk] ⟨DIN 31631/2⟩ / citation title *n*
Zitierungsregister *n* [Ind] *s. Zitierindex*
ZK *abbr* [Cat] *s. Zentralkatalog*
ZLS *abbr* [BdEq] *s. Zeitschriftenlesesaal*
Zoll pro Sekunde *pl* [NBM] / inches per second *pl*
Zone *f* (in der bibliographischen Beschreibung) [Cat] CH ⟨ISBD⟩ / area *n*
~ **für den Erscheinungsvermerk usw.** *f* [Cat] CH ⟨ISBD⟩ / publication, distribution, etc. area *n*
~ **für die Angabe des Sachtitels und der verantwortlichen Personen und/oder Körperschaften** *f* [Cat] CH ⟨ISBD⟩ / title and statement of responsibility area *n*
~ **für die Gesamttitelangabe** *f* (bei Serien) [Cat] CH ⟨ISBD⟩ / series area *n*
~ **für Fußnoten** *f* [Cat] CH / note area *n*
zoomen *v* [EDP/VDU] / zoom *v*
Zoom-Funktion *f* [EDP/VDU] / zoom function *n*
Zs. *abbr* [Bk] *s. Zeitschrift*
ZSK *abbr* [Cat] *s. Zeitschriftenkatalog*
Zubehör *n* [BdEq] / accessories *pl* ‖ *s.a. Regalzubehör; Zusatzgerät*
Zubringerspeicher *m* [EDP] / secondary storage *n* · backing storage *n* · auxiliary storage *n*
Zufalls|stichprobe *f* [InfSc] / random sample *n*
~**streuung** *f* [InfSc] / randomization *n*
~**zahl** *f* [InfSc] / random digit *n*
~**zahlengenerator** *m* [EDP] / random number generator *n*
Zufriedenheitsgrad *m* [InfSy] / level of satisfaction *n* · satisfaction rate *n* ‖ *s.a. Benutzerzufriedenheit; Gesamtzufriedenheit; Kundenzufriedenheit*
zufügen *v* / add *v* · (einfügen:) insert *v*
zuführen *v* (Papier usw.) [Repr] / feed *v* ‖ *s.a. Anleger*
Zuführung *f* (von Papier usw.) [Repr] / feed *n* (of paper etc.) ‖ *s.a. Papierführung*

Zugang 1 *m* [Acq] / accession *n* ·
addition *n* · intake *n* ‖ *s.a. Erwerbung;
kostengünstiger Zugang; Magazinzugang;
Wählzugang; Zugänge; zugreifen; Zugriff*
~ 2 *m* (zu einem Datenbestand, einem
Raum) [InfSy; Retr; BdEq] / access *n*
‖ *s.a. freier Zugang; lokaler Zugang;
zugänglich; zugreifen; Zugriff*
Zugänge *pl* [Acq] / accessions *pl*
zugänglich *adj* [InfSy; BdEq] /
accessible *adj*
Zugänglichkeit *f* [Lib] / accessibility *n*
zugangsberechtigte Datei *f* [InfSy] /
authorized file *n*
Zugangs|bereitsteller *m* [Internet] / access
provider *n*
~**beschränkung** *f* [Retr] / restriction on
access · restriction of access *n*
~**buch** *n* [Acq] *s. Akzessionsjournal;
Zugangsnachweis 1*
~**datei** *f* [Acq] / accession file *n* (machine-
readable file) ‖ *s.a. Zugangsnachweis 1*
~**datum** *n* [Acq] / accession date *n*
~**gebühr** *f* [Comm; InfSy] / access
charge *n*
~**kartei** *f* [Acq] / accession file *n* (card
index) · books-received file *n* (card index)
~**kontrolle** *f* [InfSy] / access control *n*
~**nachweis** 1 *m* (allgemein)
[Acq] / accession(s) record *n* ·
acquisition record *n* · accessions
register *n* ‖ *s.a. Akzessionsjournal;
Zeitschriftenzugangsnachweis;
Zugangsdatei*
~**nachweis** 2 *m* (für Zeitschriften) [Acq] /
check(ing)-in record *n*
~**nummer** *f* [Acq] / accession number *n* ·
acquisition number *n*
~**stelle** *f* [OrgM] / accessions
section *n* · acquisition unit *n* ·
(Bestellabteilung:) order department *n* ‖
s.a. Erwerbungsabteilung
~**verzeichnis** *n* [Acq] / accessions list *n* ‖
s.a. Zugangsnachweis 1
zugehörige Körperschaft *f* [Cat] / related
body *n*
Zugehörigkeits|begriff *m* [Ind] /
appurtenance term *n*
~**beziehung** *f* [KnM] / appurtenance
relation *n* · is-a relation *n*
zugelassene Benennung *f* [Ind] / permitted
term *n*
Zugfestigkeit *f* [Pres] / tensile strength *n*

zugreifen *v* (auf) [InfSy] / access *v* (auf ein
Netz zugreifen: to access a network) ‖ *s.a.
direkter Speicherzugriff; Zugriff*
Zugriff *m* (auf eine Datenbank)
[Retr] / access *n* (to a database) ‖
*s.a. Dateizugriff; Datenbankzugriff;
direkter Zugriff; Fernzugriff; indirekter
Zugriff; Mehrfachzugriff; Online-
Zugriff; Parallelzugriff; sequentielle
Zugriffsmethode; Speicher mit
indexsequentiellem Zugriff; wahlfreier
Zugriff; Zugang 1; zugreifen*
~ **auf mehreren Ebenen** *m* / multi-level
access *n*
~ **gesperrt** *pp* [Comm] / access barred *pp*
Zugriffs|berechtigung *f* [EDP; Retr] /
access permission *n* · access authority *n*
~**häufigkeit** *f* [Retr] / access frequency *n*
~**punkt** *m* [Retr] / access point *n* ‖ *s.a.
Suchfeld*
~**recht** *n* / access right *n* · permission *n*
~**sicherung** *f* [EDP] / access control *n*
~**steuerung** *f* [EDP] / access control *n*
~**system** *n* [InfSy; Repr] *s. Speicher- und
Zugriff-System*
~**zeit** *f* [EDP] ⟨DIN 44300/7; 44476/3⟩ /
access time *n*
Zugwalze *f* [EDP; Prt] / friction drive
roller *n*
Zuhörer *m/pl* [NBM] / listener *n* ·
(Zuhörerschaft:) audience *n*
Zukunftsplanung *f* [OrgM] / forward
planning *n*
Zulage *f* [Staff; BgAcc] / allowance *n* ‖ *s.a.
Dienstalterszulage*
Zulassung *f* (von Benutzern usw.) [RS] /
admission *n* · registration (of borrowers)
Zulassungs|bedingung *f* [Ed; RS] *s.
Zulassungsvoraussetzung*
~**büro** *n* (einer Hochschule) [Ed] /
admissions office *n*
~**voraussetzung** *f* [Ed; RS] / admission
requirement *n* · entrance requirement *n*
zum Verkauf *m* / on sale *n*
zur Ansicht *f* [Acq] / on approval *n* ‖ *s.a.
Ansichtsbestellung*
zurichten *v* [Prt] / make ready *v*
Zurichtzeit *f* [Prt] / make-ready time *n*
zur Rückgabe fällig *adj* / due for
return *adj*
zurück|datieren *v* [Bk] / antedate *v*
~**erstatten** *v* [BgAcc] / refund *v* ‖ *s.a.
Reisekostenerstattung*
~**fordern** *v* (ein ausgeliehenes Buch ~)
[RS] / recall *v* (a book which is on loan)

zurückgeben *v* (ein ausgeliehene Buch ~) [RS] / return *v* (a book)
zurückgewiesene Exemplare *pl* [Bk] / rejects *pl*
zurück|melden *v* (sich ~) [Ed] / re-register · report back *v*
~spulen *v* [NBM] / rewind *v* (to reverse the winding)
~stellen *v* (ein Buch ins Regal ~) [Sh] / replace *v* · reshelve *v* (a book)
~zahlen *v* [BgAcc] / repay *v* · reimburse *v* · (zurückerstatten:) refund *v*
zusammenfassende Darstellung *f* [Bk] / conspectus *n*
~ Zählung *f* [Cat] / inclusive numbering *n*
Zusammenfassung *f* (des Inhalts) [Bk] / (zusammenfassende Darstellung:) condensed version *n* · condensation *n* · summary *n* · résumé *n* · précis *n* · (zusammenfassende Darstellung eines Sachgebiets:) compendium *n* ‖ *s.a.* Kurzfassung
zusammenführen *v* [OrgM] / converge *v*
Zusammenführung *f* (von Programmverzweigungen) [EDP] ⟨DIN 44300/4⟩ / junction *n* (of program branches)
zusammen|gelegt mit *pp* (bei einer Zeitschrift) [Cat] / merged with *pp* ‖ *s.a.* Zusammenlegung
~gesetzte Benennung *f* [Ind] / compound term *n* · compound *n*
zusammengesetzter Familienname *m* [Cat] ⟨RAK⟩ / compound surname *n* ‖ *s.a. scheinbar zusammengesetzter Name*
~ Schlüssel *m* [PuC] / composed code *n*
zusammengesetztes Schlagwort *n* / compound subject heading *n*
zusammengesetztes Wort *n* [Lin] ⟨DIN 2330⟩ / compound word *n* · compound *n*
Zusammenlegung *f* (zweier Zeitschriften) [Bk] / merger *n* (of two periodicals) ‖ *s.a. zusammengelegt mit*
Zusammen|setzung *f* (des Bestands) [Stock] / composition (of the collection) ‖ *s.a. Bestandsanalyse*
zusammenstellen *v* (ein Adressbuch usw.~) [Bk] / compile *v* (a directory)
Zusammenstellung *f* (eines Buches) [Bk] / compilation *n* (of a book)
zusammentragen [Bind] / collate *v* · assemble *v* · gather *v*
Zusammentragmaschine *f* [Bind] / collating(-and-gathering) machine *n* · collator *n* · gatherer *n* · gathering machine *n*

Zusatz *m* [Gen] / add-on *n*
~ausbildung *f* [Ed] / additional training *n* · complementary education *n* ‖ *s.a. Zusatzstudium*
~gerät *n* [BdEq] / additional device *n*
~klausel *f* [Law] / rider *n*
zusätzliche Gebühr *f* [BgAcc] / surcharge *n*
zusätzliches Exemplar *n* [Acq] / added copy *n* · additional copy *n* · extra copy *n* · further copy *n* ‖ *s.a. Zweitexemplar*
Zusatz|prüfung *f* [Ed] / additional examination *f*
~studium *n* [Ed] / complementary studies *pl*
~vorrichtung *f* [BdEq] / accessory *n* ‖ *s.a. Zubehör*
~ zum Sachtitel *m* [Cat] ⟨ISBD(M; S; PM); TGL 20972/04; RAK⟩ / other title information *n* ‖ *s.a. Untertitel*
Zuschauer *m* [NBM] / viewer *n*
Zuschlag *m* / (Auktion:) knock down *n* (dem Höchstbietenden den ~ geben: knock down to the highest bidder)
zuschlagen *v* [Bk] / knock down *v* (jmd etwas zuschlagen: knock down sth. to sb.)
Zuschlagpreis *n* (bei einer Auktion) [Bk] / hammer price *f*
Zuschreibung *f* [Art] / attribution *n*
Zuschuss *m* [BgAcc] / award *n* · (einmaliger ~:) contribution *n* · (regelmäßiger ~:) allowance *n* ‖ *s.a. Reisekostenzuschuss; Zuwendung*
~verlag *m* [Bk] / subsidy publisher *n*
Zusendung *f* [Comm] / consignment *n* · delivery *n* · shipment *n*
Zuständigkeit *f* / responsibility *n* · competence *n*
Zuständigkeitsbereich *m* [OrgM] / area of responsibility *n*
Zustandsdruck *m* [Prt] / state proof *n* · proof impression *n*
Zustimmung *f* [OrgM] / consent *n* · approval *n*
Zuverlässigkeit *f* (eines Forschungsinstruments, eines Gerätes usw.) [InfSc] ⟨DIN 55350/11⟩ / reliability *n* · (Verlässlichkeit:) dependability
Zuwachs|rate *f* [Stock] / growth rate *n* ‖ *s.a. Wachstumsrate*
~verzeichnis *n* [Acq] / accessions list *n*
zuweisen *v* (Mittel ~) [BgAcc] / allocate *v* (funds)
Zuweisung *f* (von Mitteln) [BgAcc] / allocation of funds *n* ‖ *s.a. Bewilligung; Mittelzuweisung; Ressourcenzuweisung*

Zuwendung *f* [BgAcc] / award *n* ·
allocation *n* · grant *n* · (regelmäßige ~:)
allowance *n* · (Schenkung:) donation *n*
‖ *s.a. Beihilfe; einmalige Zuwendung;
Reisestipendium*
Zuwendungsempfänger *m* [BgAcc] /
grantee *n*
Zuzahlung *f* [BgAcc] / extra payment *n*
zweckorientiertes Referat *n* [Ind] / special
purpose abstract *n*
zweibändig *adj* [Bk] / in two volumes
Zweifarbendruck *m* [Prt] / two-colour
process *n*
zweifarbig *adj* [ElPubl] / bitonal *adj*
zweifelhafte Verfasserschaft *f* [Cat] /
doubtful authorship *n*
Zweigbibliothek *f* [Lib] / branch library *n*
zweigleisiges Bibliothekssystem *n* (an
einer Universität) / binary library system
· bipartite library system *n* · two-
track library system *n* · two-tier library
system *n*
Zwei-Jahres-Haushalt *m* [BgAcc] / bi-
annual budget *n*
~kernkassette *f* [Repr] / cassette *n*
~komponenten-Entwicklung *f* [Repr] /
two-component development *n*
zweimal klicken *v* (mit der Maus) [EDV] /
double-click *v*
zweimonatlich *adj* / bimonthly *adj/n*
Zwei|monatsschrift *f* [Bk] / bimonthly *adj/n*
zwei|schichtiges Bibliothekssystem *n* [Lib]
s. zweigleisiges Bibliothekssystem
~spaltig *adj* [Bk] / double-columned *pp* ·
two-columned *pp*
~sprachiges Wörterbuch *n* [Bk] / bilingual
dictionary *n*
Zwei-Stufen-Aufnahme *f* [Cat] *s. Zwei-
Stufen-Beschreibung*
~-Stufen-Beschreibung *f* [Cat] ⟨ISBD(M;
S)⟩ / two-level description *n*
zweiteilige Nebeneintragung *f* [Cat] ⟨RAK⟩
/ name-title added entry *n*
zweite Mahnung *f* [RS] / follow-up
notice *n*
zweiter Bildungsweg *m* [Ed] / second
chance education *n*
~ Zettel *m* (für eine Titelaufnahme) [Cat] /
extension card *n*
Zweitexemplar *n* [Repr] / duplicate *v/n* ‖
s.a. zusätzliches Exemplar

Zweiwochenschrift *f* [Bk] / fortnightly *n* ·
biweekly *n*
zweiwöchentlich *adj* / biweekly *adj*
zweizeiliges Drucken *n* [EDP; Prt] / double-
space printing *n*
Zwillingsband *m* [Bind] / dos-a-dos
binding *n* · twin binding *n*
Zwirn *m* [Bind] / thread *n* · (Heftzwirn:)
sewing thread *n*
Zwischen|ablage *f* [EDP] / clipboard *n*
~bericht *m* [Bk] / interim report *n*
~bescheid *m* [Acq; RS] / (vorläufiger
Bescheid:) provisional notification *n*
· (über den Bearbeitungsstand:) status
report *n*
~blatt *n* [Bk] / interleaf *n*
~geschoss *n* [BdEq] / intermediate
stor(e)y *n*
~knoten *m* [InfSy] / intermediate node *n*
~kopie *f* [Repr] ⟨ISO 6196/1; DIN
19040/113E⟩ / intermediate (copy) *n*
~lagerung *f* [Stock] / intermediate
storage *n*
zwischenordnen *v* [TS; Cat] / interfile *v*
Zwischenoriginal *n* [Repr] *s. Zwischenkopie*
zwischenpeichern *v* [EDP] / buffer *v*
Zwischen|prüfung *f* [Ed] / intermediary
examination *n*
~schlag *m* (Raum zwischen Spalten) [Prt] /
gutter *n*
~speicher *m* [EDP] / temporary storage *n*
· intermediate memory *n* · intermediate
storage *n* · buffer *n*
zwischenspeichern (puffern) *v* [EDP] /
buffer *v*
Zwischenspeicherung / temporary storage *n*
· intermediate storage *n*
zwischenstaatliche Körperschaft *f* [Gen]
/ international body *n* · international
intergovernmental body *n*
Zwischen|titel *m* [Bk] ⟨PI⟩ / part title *n* ·
section title *n* · divisional title *n*
~überschrift *f* / cross head *n*
zyklische Blockprüfung *f* [Comm] ⟨DIN
44300/8E; DIN 44302⟩ / cyclic redundancy
check *n* · CRC *abbr*
Zykluszeit *f* [EDP] ⟨DIN 44300/7; 44476/3⟩
/ cycle time *n*
Zylinder|presse *f* [Prt] / cylinder press *n*
~projektion *f* [Cart] / cylindrical
projection *n*

Wörterbuch Teil II:
Englisch - Deutsch

Dictionary Part II:
English - German

abandon *v* (a program) [EDP] / aussteigen *v* (aus einem Programm ~) · abbrechen *v* (ein Programm ~)
abandonment *n* (of a program) [EDP] / Abbruch *m* (eines Programms)
abatement *n* [Pres] / Eindämmung *f* (silverfish abatement: Eindämmung des Silberfisch-Befalls) ‖ *s.a. silverfish infestation*
abbreviate *v* [Lin] / kürzen *v* · abkürzen *v*
abbreviated (catalogue) entry *n* [Cat] / Kurztiteleintragung *f* · Kurztitelaufnahme *f*
~ **cataloguing** *n* [Cat] / Kurztitelaufnahme *f* (als Vorgang) · Kurztitelkatalogisierung *f* ‖ *s.a. minimal(-level) cataloguing*
~ **dialling** *n* [Comm] / Kurzwahl *f*
~ **term** *n* [Lin] / Abkürzung *f* · abgekürzte Benennung *f*
abbreviation *n* [Lin] / Abbreviatur *f* · Abkürzung *f* · Kürzung ‖ *s.a. acronym*
ABC book *n* [Bk] / ABC-Buch *n*
abduce *v* [KnM] / abduzieren *v*
aberrant copy *n* [Bk] / ein Exemplar mit erheblichen buchbinderischen oder drucktechnischen Mängeln
aberration *n* [Repr] / Abbildungsfehler *m*
ability *n* [Staff] / Befähigung *f* ‖ *s.a. key ability*
~ **to work in teams** *n* [Staff] / Teamfähigkeit *f*
ABM *abbr* [Comm] *s. asynchronous balanced mode*

abode *n* [RS] / Wohnsitz *m* ‖ *s.a. fixed abode*
abort *v* (to ~ a program) [EDP; Comm] / aussteigen *v* (aus einem Programm ~) · abbrechen *v* (ein Programm ~) ‖ *s.a. block abort*
abortion *n* (of a program) [EDP] / Abbruch *m* (eines Programms)
abort routine *n* [EDP] / Abbruchroutine *f*
about to be published [Bk] / erscheint demnächst *v* · erscheint in Kürze
abrasion *n* [Bk] / Abrieb *m* · abgeriebene Stelle *f*
~ **paper** *n* [Pres] / Schmirgelpapier *n*
~ **resistance** *n* [Pres] / Abriebfestigkeit *f* ‖ *s.a. anti-abrasion coating*
abrasures *pl* [Bind] / Abschürfungen *pl*
abridge *v* [Lin] / kürzen *v* ‖ *s.a. unabridged*
abridged code *n* [PuC] / Kurzschlüssel *m*
~ **edition** *n* [Bk] / gekürzte Ausgabe *f* · Kurzausgabe *f*
~ **translation** *n* [Lin] / Kurzübersetzung *f*
~ **version** *n* [Bk] ⟨ISO 5127/2+3a⟩ / Kurzfassung *f* ‖ *s.a. epitome*
abridgement *n* [Bk] / Kürzung · Kurzfassung *f* ‖ *s.a. abridged version*
absence circulation system *n* [RS; EDP] / ein Ausleihverbuchungssystem mit einer Negativdatei ‖ *s.a. inventory circulation system*
absolute address *n* [EDP] ⟨ISO 2382/VII⟩ / absolute Adresse *f*

absolute location 260

~ **location** *n* [Sh] *s. fixed location*
~ **size** *n* (the measured size of a book) [Bk] / Messformat *n*
absorbed by *pp* (of a serial) [Bk; Cat] / aufgegangen in *pp* ‖ *s.a. merged with*
absorbency *n* [Pp] / Saugfähigkeit *f*
absorbent *n* [Pp] / saugfähig *adj*
~ **paper** *n* [Pp] / Saugpapier *n* · saugfähiges Papier *n*
abstract 1 *n* [Ind; Bib] ⟨ISO 214; ISO 215; ISO 5127/3a⟩ / Kurzreferat *n* · Referat *n* ‖ *s.a. categorized abstract; comprehensive abstract; descriptive abstract; indicative abstract; informative abstract; selective abstract; slanted abstract; special purpose abstract*
~ 2 *v* [Ind; Bib] / referieren *v*
~ **bulletin** *n* [Bib; Ind] / Referatedienst *m* (zur internen Verbreitung)
abstracting *n* [Ind] / Erstellen von Kurzreferaten *n* · Referieren *n* ‖ *s.a. automatic abstracting*
~ **journal** *n* [Bib; Ind] *s. abstract journal*
~ **service** *n* [Bib; Ind] / Referatedienst *m*
abstraction *n* [KnM] / Abstraktion *f*
~ **level** *n* [KnM] / Abstraktionsstufe *f* · Abstraktionsgrad *m*
abstract journal *n* [Bib; Ind] / Referateblatt *n* · Referatezeitschrift *f*
~ **page** *n s. abstract sheet*
~ **sheet** *n* (in a periodical) [Bk; Ind] ⟨ISO 5127/2; ISO 5122⟩ / Inhaltsfahne *f*
academic freedom *n* [Ed] / akademische Freiheit *f*
~ **librarian** *n* / wissenschaftlicher Bibliothekar *m*
~ **library** *n* [Lib] / Hochschulbibliothek *f* ‖ *s.a. library of an institution of higher education*
~ **publication** *n* [Bk] / Akademieschrift *f*
~ **staff** *n* [Staff] / wissenschaftliches Personal *n*
~ **text** / Hochschullehrbuch
~ **year** *n* [Ed] / Studienjahr *n*
academy of music *n* [Ed] / Musikhochschule *f*
~ **publication** *n* / Akademieschrift *f*
accelerated aging *n* [Pres] / beschleunigte Alterung *f* · künstliche Alterung *f*
acceleration time *n* [EDP] / Anlaufzeit *f* · Startzeit *f*
accent *n* [Writ; Prt] / Akzent *m*
accented letters *pl* [Prt] / Akzentbuchstaben *pl*

accent mark *n* [Writ; Prt] / Betonungszeichen *n*
acceptability *n* [InfSc] / Akzeptanz *f*
acceptance *n* [Gen] / Akzeptanz *f*
~ **certificate** *n* [BdEq] / Abnahmeprotokoll
~ **inspection** [BdEq] / Abnahmeprüfung *f*
~ **test** *n* [BdEq] / Abnahmeprüfung *f*
access 1 *n* (doorway) [BdEq;] / Zugang *m* ‖ *s.a. access 3*
~ 2 *v* [Retr] ⟨ISO/IEC 2382-1⟩ / zugreifen *v* ‖ *s.a. direct memory access*
~ 3 *n* (to a database) [InfSy] ⟨ISBD(ER)⟩ / Zugang *m* (zu einer Datenbank) · Zugriff *m* (auf eine Datenbank) ‖ *s.a. concurrent access; database access; direct access; file access; indirect access; local access; low-cost access; multilevel access; multiple access; off-site access; online access; open access; parallel access; random access; remote access; restricted access; restriction of access; right of access*
~ **authority** *n* [Retr] / Zugriffsberechtigung *f*
~ **barred** *pp* [Comm; Retr] / Zugriff gesperrt *pp*
~ **charge** *n* [Comm; Retr] / Zugangsgebühr *f*
~ **control** *n* [InfSy] / Zugangskontrolle *f* · Zugriffssteuerung *f* · Zugriffssicherung *f*
~ **course** *n* [Ed] / Vorstudienkurs *m* (für die Zulassung zum Hochschulstudium)
~ **date** *n* (the date at which records become available for consultation by the general public) [Arch] / Freigabedatum *n*
~ **fee** *n* [RS] / Benutzungsgebühr *f* · Lesergebühr *f* · Benutzergebühr *f*
~ **for guests** *n* [InfSy] / Gastzugang *m*
~ **frequency** *n* [Retr] / Zugriffshäufigkeit *f*
accessibility *n* (of a library) [Lib] ⟨ISO 11620⟩ / Erreichbarkeit *f* (einer Bibliothek) · Zugänglichkeit *f* (einer Bibliothek)
accessible *adj* [InfSy] / zugänglich *adj*
accession 1 *n* (intake) [Acq] ⟨ISO 5127/3a⟩ / Zugang *m* · Neuzugang *m* · Neuerwerbung *f*
~ 2 *v* [Acq] / akzessionieren *v* · inventarisieren *v*
~ **book** *n* [Acq] / Akzessionsjournal · Zugangsbuch *n* ‖ *s.a. accession file; accession(s) record; inventory 2; stock-record*
~ **catalogue** *n* [Acq] *s. accessions register*
~ **date** *n* [Acq] / Zugangsdatum *n*
accessioner *n* [Staff] / Akzessionierer *m*

accession file *n* [Acq] / (machine-readable file:) Zugangsdatei *f* · (card index:) Zugangskartei *f* ‖ *s.a. accession book*
accessioning *n* [Acq] ⟨ISO 5127/3a⟩ / Akzessionierung *f*
accession number *n* [Acq] / Akzessionsnummer *f* · Zugangsnummer *f*
~ order [Sh] / Ordnung *f* nach Zugang · Numerus-currens-Ordnung *f* ‖ *s.a. shelving in accession order*
accessions *pl* [Acq] / Neuerwerbungen *pl* · Zugänge *pl*
accession(s) catalogue *n* [Acq] *s. accession book*
accession(s) department *n* [OrgM] *s. acquisition(s) department*
accession slip *n* [TS] / Laufzettel *m* (für die Bearbeitung der Zugänge)
accessions list *n* [Acq] / Neuerwerbungsliste *f* · Neuerwerbungsverzeichnis *n* · Zugangsverzeichnis *n* · (accessions register:) Akzessionsjournal · Zugangsbuch *n*
accession(s) record *n* [Acq] / Zugangsnachweis *m* ‖ *s.a. accession book; accession file*
accessions register *n* [Acq] / Akzessionsjournal · Zugangsverzeichnis *n*
~ section *n* [OrgM] / Akzession *f* · Zugangsstelle *f* ‖ *s.a. acquisition(s) department*
access line *n* [BdEq] / Anschlusskabel *n*
accessories *pl* [Bk; BdEq] / (fittings:) Zubehör *n* · (books:) Beiwerk *n* ‖ *s.a. shelving accessories; stack accessories*
accessory *n* [BdEq] / Zusatzvorrichtung *f*
access permission *n* [EDP; Retr] / Zugriffsberechtigung *f*
~ point 1 *n* [Cat] ⟨AACR2⟩ / Einordnungsstelle *f* · Eintragungsstelle *f* ‖ *s.a. choice of the access points (headings)*
~ point 2 *n* [Retr] ⟨GARR⟩ / Zugriffspunkt *m* · Einstiegspunkt *m* · Sucheinstieg *m* ‖ *s.a. searchable field*
~ provider *n* [Internet] / Zugangsbereitsteller *m*
~ right *n* [EDP] / Zugriffsrecht *n*
~ time *n* [Retr] ⟨ISO 2382/XII⟩ / Zugriffszeit *f*
accident prevention *n* [BdEq] / Unfallverhütung *f*
accommodate *v* [BdEq] / beherbergen *v* · (lodge:) unterbringen *v*
accommodation *n* [BdEq] / (lodging:) Unterkunft *f* · (procedure:) Unterbringung *f*

accompanying issue *n* [Bk] / Begleitheft *n*
~ letter *n* [Off] / Begleitschreiben *n* ‖ *s.a. cover letter*
~ material *n* [Cat] ⟨ISO 5127/3a; ISBD(M; S; PM; NBM; ER)⟩ / Begleitmaterial *n*
~ material statement *n* [Cat] ⟨ISBD(M; S; PM; A; ER)⟩ / Angabe von Begleitmaterial *f*
accomplishment *n* [OrgM] / (of a task:) Ausführung *f* (einer Aufgabe) · (acquired skill:) Fähigkeit *f* · Fertigkeit *n* · (a thing done or achieved:) Leistung *f*
accordion door *n* [BdEq] / Falttür *f*
~ fold *n* [Bind] / Leporellofalzung *f* · Zick-Zack-Falzung *f*
~-folding book *n* [Bk] / Faltbuch *n*
~ insert *n* [Bk] / Leporellobeilage *f* · Beilage in Zick-Zack-Falzung *f*
~ pleat *n* / Zick-Zack-Falz *m* · Leporellofalzung *f*
account *n* [Gen; BgAcc] / (for financial transactions:) Konto *n* · (of a subject field:) Darstellung *f* (~ eines Sachgebiets) ‖ *s.a. annual closing of account; auditing; bank account; budget account; itemized account; report of accounts; statement of account; user account*
accountability *n* [OrgM] / Verantwortlichkeit *f*
account book *n* [BgAcc] / Rechnungsbuch *n* ‖ *s.a. ledger*
~ book paper *n* [Pp] / Bücherpapier *n*
accounting *n* [BgAcc] / Rechnungsführung *f* · Buchführung *f* · Buchhaltung *f* · Rechnungswesen *n* ‖ *s.a. cost accounting; job accounting*
~ department *n* [OrgM] / Buchhaltung *f* · Rechnungsstelle *f*
~ machine *n* [BgAcc] / Abrechnungsmaschine *f*
~ office *n* [OrgM] / Rechnungsstelle *f*
~ system *n* [BgAcc] / Abrechnungssystem *m*
~ year *n* [BgAcc] / Rechnungsjahr *n*
accounts office [BgAcc; OrgM] / Rechnungsstelle *f*
accreditation *n* (of an educational institute, a course of studies) [Ed] / Akkreditierung *f* · Anerkennung einer Ausbildungsstätte, eines Studiengangs
accumulator *n* [EDP] / Summenspeicher *m* · Summenfeld *n* · Akkumulator *n*

accuracy *n* (of information supply) [Retr] / Genauigkeit *f* (der Informationsversorgung) · Fehlerfreiheit *f* · Treffsicherheit *f* ‖ *s.a. degree of accuracy*
~ **check** *n* [Retr] / Genauigkeitsprüfung *f*
acetate film *n* [Repr] / Azetatfilm *m* · (safety film:) Sicherheitsfilm
achievement *n* / Leistung *f* (das Geleistete) ‖ *s.a. average achievement; reading achievement*
achromatic *adj* [NBM] / farblos *adj*
acid-based paper *n* [Pp] / säurehaltiges Papier *n* ‖ *s.a. acid-free paper; deacidification*
~ **content** *n* [Pp; Pres] / Säuregehalt *m* ‖ *s.a. deacidification*
~ **deterioration** *n* [Pres] / Säureschaden *n* · Säurezerfall *m* ‖ *s.a. deacidification*
~-**free paper** *n* [Pp] ⟨ISO 4046⟩ / säurefreies Papier *n*
acidic residue *n* [Pp; Pres] / Säurerest *m*
acidity *n* [Pp; Pres] / Säuregehalt *m*
acid migration *n* [Pres] / Säurewanderung *f*
~ **resist** *n* [Pres; Pp] / Säureschutz *m*
~ **transfer** *n* [Pp] *s. acid migration*
acknowledge *v* [Comm] / bestätigen *v* · quittieren
~ **character** *n* [Comm] / Quittungszeichen *n*
acknowledgement [Comm; Bk] / 1 Quittung *f* · Bestätigungsmeldung *f* · 2 (author's statement of indebtedness to others:) Danksagung *f* ‖ *s.a. negative acknowledgement*
~ **enable signal** *f* [Comm] / Quittungsfreigabe *f*
~ **request** *n* [Comm] / Quittungsanforderung *f*
acoustic absorption *n* [BdEq] / Schalldämmung *f*
~ (**data**) **coupler** *n* [EDP] / Akustikkoppler *m* · akustischer Koppler *m*
~ **isolation** *n* [BdEq] / Schalldämmung *f* ‖ *s.a. noise control*
~ **material** *n* [BdEq] / schalldämmendes Material *n*
acquire *v* [Acq] / beschaffen *v* · erwerben *v* · anschaffen *v* (acquire multicopies: gestaffelt anschaffen)
acquisition *n* (of documents) [Acq] ⟨ISO 5127/3a; ISO 2789⟩ / Erwerb *m* · Erwerbung *f* · Beschaffung *f* (von Dokumenten) ‖ *s.a. free acquisition; type of acquisition*
~ **number** *n* [Acq] *s. accession number*

~ **of literature** *n* [Acq] / Literaturerwerb *m*
~ **record** *n* [Acq] / Zugangsnachweis *m* ‖ *s.a. accession book; accession file*
acquisitions budget *n* [BgAcc] / Erwerbungsetat *m* · Anschaffungsetat *m* · Vermehrungsetat *m* · Buchetat *m*
acquisition(s) department *n* [OrgM] / Erwerbungsabteilung *f* · Akzession *f* · Zugangsstelle *f*
acquisitions funds *pl* [BgAcc] / Erwerbungsmittel *pl*
~ **librarian** *n* [Acq] / Erwerbungsbibliothekar *m* · Erwerbungsreferent *m*
~ **list** *n* [Acq] *s. accessions list*
acquisition speed *n* / Beschaffungsgeschwindigkeit *f*
acquisition(s) policy *n* [Acq] / Erwerbungspolitik *f*
~ **policy statement** *n* [Acq] / Erwerbungsrichtlinien *pl*
acquisitions searching *n* [Acq] / Vorakzession *f* ‖ *s.a. holdings check 1*
acquisition unit *n* [OrgM] / Akzession *f* · Zugangsstelle *f* ‖ *s.a. acquisition(s) department*
~ **profile** *n* [Acq] / Erwerbungsprofil *n*
acronym *n* [Lin] ⟨ISO 4; ISO ISO/R 1087; ISBD(S)⟩ / Akronym *n* · (initialism:) Initialkürzung *f* · Initialenfolge *f* ‖ *s.a. abbreviation; three-letter acronym*
acrostic *n* [Bk] / Akrostichon *n*
act *n* (stage play) [Art] / Aufzug *m* · Akt *m* ‖ *s.a. one-act play*
acting edition *n* [Bk; Art] / Textausgabe eines Schauspiels mit Bühnenanweisungen
action chart *n* [InfSc] / Funktionsdiagramm *n*
~ **group** *n* [OrgM] *s. task force*
~ **of copyright** *n* [Law] / Urheberrechtsklage *f*
~ **plan** *n* [OrgM] / Aktionsplan *m*
active data link channel state *n* [Comm] / Arbeitszustand des Übermittlungsabschnitts *m*
~ **records** *pl* / (kept close at hand:) Handakten *pl*
~ **substances** *pl* [Pres] / Wirkstoffe *pl*
~ **window** *n* [EDP/VDU] / Arbeitsfenster *n*
activity card *n* [Cat] / Ereigniskarte *f*
~ **report** *n* [OrgM] / Tätigkeitsbericht *m*
act of God *n* [Law] / höhere Gewalt *f*
actor *n* [KnM] / Handlungsträger *m* · Akteur · Aktor *m* ‖ *s.a. capacity to act*
~ **model** *n* [KnM] / Aktorenmodell *n*

acts *pl* (of a congress) / Verhandlungen *pl* (eines Kongresses) ‖ *s.a. transactions*
actual address *n* [EDP] / tatsächliche Adresse *f*
acutance *n* [Repr] / Konturenschärfe *f* ‖ *s.a. picture sharpness*
ad *abbr* [PR] *s. advertisement*
~ **agency** *n* [PR] / Werbeagentur *f*
adaptability *n* [BdEq; EDV] / Adaptierbarkeit *f* · Anpassungsfähigkeit *f*
adaptable *adj* [KnM] / adaptierbar *adj*
adaptation *n* (of a work) [Bk] / Bearbeitung *f* (eines Werkes)
adapter 1 *n* (person who adapts) [Bk] / Bearbeiter *m*
~ 2 *n* (expansion board) [EDP] / Steckkarte *f*
adblocker *n* [Internet] / Werbeblocker *m*
ad click *n* [Internet] / Werbeklick *m*
~ **click rate** *n* [Internet] / Werbeklickrate *f*
A-D converter *n* [EDP] / AD-Konverter *m* · AD-Umwandler *m* · **ADU** *abbr* · Analog-Digital-Konverter *m* · AD-Wandler *m*
add *v* [Gen] / zufügen *v* · einfügen *v*
added copy *n* [Acq] / zusätzliches Exemplar *n* ‖ *s.a. duplicate 3; multicopies*
~ **entry** *n* [Cat] ⟨AACR2⟩ / Nebeneintragung *f* ‖ *s.a. author-title added entry; name-title added entry*
~ **entry card** *n* [Cat] / Nebeneintragungskarte *f*
~ **title-page** *n* [Cat] ⟨AACR2⟩ / Titelseite vor oder nach der Haupttitelseite
~ **value information service** *n* [InfSy] / Mehrwert-Informationsdienst *m*
addendum *n* (pl: addenda) [Bk] ⟨ISO 5127/2⟩ / Nachtrag *m* ‖ *s.a. appendix*
adder 1 *n* [Sh] / Anbauregal *n* ‖ *s.a. starter*
~ 2 *n* [EDP] / Addierwerk *n*
adding unit *n* [EDP] / Addierwerk *n*
addition 1 *n* (to an existing building) [BdEq] / Erweiterungsbau *m* ‖ *s.a. annex(e) 1*
~ 2 *n* (to a name in a heading) [Cat] ⟨AACR2⟩ / Ordnungshilfe *f*
~ 3 *n* (symbol + plus) [Class/UDC] / Beiordnung *f*
~ 4 *n* (intake) [Acq] ⟨ISO 2789⟩ / Neuerwerbung *f* · Zugang *m* · Neuzugang *m*
additional copy *n* [Acq] / zusätzliches Exemplar *n*
~ **device** *n* [BdEq] / Zusatzgerät *n*
~ **examination** *f* [Ed] / Zusatzprüfung *f*
~ **section** *n* [Sh] *s. adder 1*

~ **training** *n* [Ed] / Zusatzausbildung *f*
additions list *n* [Acq] *s. accessions list*
~ **to the collection** *pl* [Acq] / Bestandsvermehrung *f* · Bestandszugänge *pl*
add-on *n* [Acq] / (something added to an object or quantity:) Zusatz *m* · Zuschlag *m* (add-on to the price: Preiszuschlag, Preisaufschlag)
~-**on board** *n* [EDP] / Erweiterungsplatine *f*
~-**on kit** *n* [EDP] / Nachrüstsatz *m*
~-**on memory** [EDP] / Arbeitsspeichererweiterung *f*
address *n* [EDP] ⟨ISO 2382-7⟩ / Adresse *f* ‖ *s.a. actual address; base address; home address 1; logical address; machine address; real address; relative address; term of address; term-time address; welcome address*
~ **access time** *n* [EDP] / Adressenzugriffszeit *f*
~ **arithmetic** *n s. address computation*
~ **bus** *n* [EDP] / Adressbus *m*
~ **calculation** *n* [EDP] *s. address computation*
~ **computation** *n* [EDP] / Adressrechnung *f*
addressee *n* [Off] / Adressat *m*
addresser(-printing machine) *n* [Prt] ⟨ISO 5138/3⟩ / Adressiermaschine *f*
address field *n* [Comm] ⟨DIN/ISO3309⟩ / Adressfeld *n* ‖ *s.a. extended address field*
~ **field extension** *n* [Comm] / Adressfelderweiterung *f*
~ **file** *n* [Off] / Adressenverzeichnis *n* · (machine-readable file:) Adressendatei *f* · (card index:) Adressenkartei *f*
addressing *n* [EDP] / Adressierung *f*
~ **machine** *n* [Off] / Adressiermaschine *f*
address label *n* [Off] / Adressenaufkleber *m*
~ **list** *n* [Off] / Adressenliste *f*
~ **mapping** *n* [EDP] / Adressabbildung *f*
~ **negotiation** *n* [Comm] / Adressenverhandlung *f*
~ **part** *n* [EDP] ⟨ISO 2382/VII⟩ / Adressteil *m*
~ **range** *n* [EDP] / Adressraum *m*
~ **resolution** *n* [Comm] / Adressenvereinbarung *f*
~ **signal** *n* [Comm] / Rufnummer *f* (in einem Datennetz)
~ **storage** *n* [EDP] / Adressspeicher *m*
~ **table** *n* [EDP] / Adresstabelle *f*

add-to-cards procedures pl [Cat] / Nachtrageverfahren *n* (in einem Kartenkatalog)
adhesive 1 *adj* [Bind; Off] / klebend *pres p* ‖ *s.a. all-purpose adhesive; non-adhesive; self-adhesive*
~ 2 *n* (adhesive substance) [Bind; Off] / Kleber *m* · Klebstoff *m* ‖ *s.a. glue; hot-melt adhesive; paste 1; spray adhesive*
~ **binding** *n* [Bind] / Klebebindung *f* · Lumbeckbindung *f*
~**-bound** *pp* [Bind] / gelumbeckt *pp*
~ **film** *n* [Bind] / Klebefolie *f*
~ **heat sealing** *n* [Pres] / Heißsiegeln *n*
~ **tape** *n* [Off] / Klebeband *n* · Klebestreifen *m* · (transparent:) Tesafilm *m*
adjacency operator *n* [Retr] / Abstandsoperator *m* · Positionsoperator *m*
adjacent area inset *n* [Cart] / anschließende Nebenkarte *f*
adjoining sheet *n* [Cart] / Anschlusskarte *f* · Anschlussblatt *n*
adjunct lecturer *n* [Ed] / Lehrbeauftragter *m*
adjustable shelf *n* [Sh] / verstellbarer Fachboden *m*
~ **shelving** *n* [Sh] / Ausstattung mit Regalen mit verstellbaren Fachböden *f*
adjustment *n* (margin alignment) [Writ; Prt] / Randausgleich *m*
ADM *abbr* [Comm] *s. asynchronous disconnected mode*
ad mail *n* [Internet] / Werbebrief *m*
administration *n* [Adm] / Verwaltung *f*
~ **costs** *pl* [BgAcc] / Verwaltungskosten *pl*
administrative act *n* [Adm] / Verwaltungsakt *m*
~ **body** *n* [OrgM] / Behörde *f* ‖ *s.a. authority*
~ **county** *n* / Landkreis *m*
~ **staff** *n* [Staff] / Verwaltungspersonal *n*
~ **supervision** *n* [Adm] / Dienstaufsicht *f*
~ **unit** *n* [OrgM] / ⟨ISO 2789⟩ / Verwaltungseinheit *f*
administrator of collections *n* [Stock; Staff] / Bestandsverwalter *m*
admission *n* (of a student, a reader, etc.) [Ed; RS] / Zulassung *f* (eines Lesers usw.) ‖ *s.a. reader admission*
~ **card** *n* [RS] / Benutzerkarte *f* · Lesekarte *f* · Leserkarte *f*
~ **charge** *n* [BgAcc] / Eintrittsgebühr *f* ‖ *s.a. access charge*
~ **fee** *n* / Eintrittsgebühr *f*
~ **requirement** *n* [Ed; RS] / Zulassungsvoraussetzung *f* · Zulassungsbedingung *f*
admissions office *n* (of a college etc.) [Ed] / Zulassungsbüro *n*
adolescent library *n* / Jugendbibliothek *f*
adopt a book scheme *n* [Pres] / Buchpatenschaft *f* (to adopt a book: eine Buchpatenschaft übernehmen)
ADP *abbr* [EDP] *s. automatic data processing*
A.D.S. *abbr* [Arch] *s. autograph document signed*
ads *pl* [Bk] *s. advertisements*
adult education *n* [Ed] / Erwachsenenbildung *f*
~ **education centre** *n* [Ed] / Volkshochschule *f*
~ **library** *n* [Lib] / Erwachsenenbibliothek *f*
~ **services** *pl* [RS] / Dienstleistungen für Erwachsene
advance *n* (on one's salary) [Staff] / Vorschuss *m* · Gehaltsvorschuss *m* ‖ *s.a. advance royalty*
~ **copy** *n* / Vorabdruck *m* · Vorausexemplar *n*
advanced course *n* (at sixth form level) [Ed] / Leistungskurs *m* (in der Sekundarstufe II)
~**-level position** [Staff] / gehobene Stelle *f*
~ **query** *n* [Internet] / erweiterte Abfrage *f*
~ **seminar** *n* [Ed] / Hauptseminar *n*
advance list *n* [Bk; Acq] / Vorankündigungsdienst *m*
advancement of women's issues *n* / Frauenförderung *f* ‖ *s.a. equal opportunities for women*
advance order [Bk] / Vorausbestellung *f*
~ **payment** *n* [BgAcc] / Vorauszahlung *f* · Anzahlung *f*
~ **programme** *n* [OrgM] / Programmvorschau *f*
~ **royalty** *n* [Bk] / Honorarvorschuss *m*
~ **selling** *n* [Bk] / Vorverkauf *m*
adventure film *n* [NBM] ⟨ISO 4246⟩ / Abenteuerfilm *m*
~ **game** *n* [NBM] / Abenteuerspiel *n*
~ **novel** *n* [Bk] / Abenteuerroman *m*
advertise *v* [Bk] / inserieren *v*
advertisement *n* (abbreviated: ad) [Adm; OrgM] / Inserat *n* · Anzeige *f* (to put an advertisement into...: inserieren in...; eine Anzeige aufgeben/schalten in...) · Annonce *f* · (public announcement:)

Bekanntmachung *f* ‖ *s.a. ad agency; job advertisement*
~ **of a vacancy** *n* [Staff] / Stellenanzeige *f* ‖ *s.a. job advertisement*
advertisements *pl* (ads) / Anzeigen *pl*
advertisement section *n* (in a newspaper) [Bk] / Anzeigenteil *m* · Reklameteil *m*
advertiser *n* [Bk] / Inserent *m*
advertising *n* [PR] / Werbung *f*
~ **agency** *n* [PR] / Werbeagentur *f*
~ **brochure** *n* [Bk] / Werbebroschüre *f*
~ **column** *n* [BdEq] / Litfasssäule *f*
~ **copy** *n* / Werbetext *m*
~ **film** *n* [NBM] ⟨ISO 4246⟩ / Werbefilm *m*
~ **journal** *n* [Bk] / Anzeigenblatt *n*
~ **leaflet** *n* [PR] / Werbezettel *m* · Reklamezettel *m* ‖ *s.a. prospectus*
~ **literature** *n* [Bk] / Werbeschrifttum *n*
~ **medium** *n* [Pr] / Werbeträger *m*
adverts *pl* [Bk] *s. advertisements*
advice note *v* [Comm] / Benachrichtigungszettel *m*
~ **of dispatch** *n* [Acq] / Lieferanzeige *f*
~ **of shipment** *n* [Acq] *s. advice of dispatch*
~ **to readers** *n* / Leserberatung *f* · Benutzerberatung *f*
~ **to users** *n* / Benutzerberatung *f*
advise [Comm] / (recommend:) raten *v* · (inform:) benachrichtigen *v*
adviser *n* [Staff; Bk] / (book:) Ratgeberbuch *n* · (person:) Berater *m* ‖ *s.a. medical adviser*
advisory board *n* [OrgM] / beratender Ausschuss *m* · Beirat *m* ‖ *s.a. expert advisory group*
~ **committee** *n* / beratender Ausschuss *m*
~ **council** *n* [OrgM] / Beirat *m*
~ **panel** *n* [OrgM] / (of experts:) Fachbeirat *m*
~ **service** / Beratungsdienst *m* ‖ *s.a. reference service*
a.e.g. [Bk] *s. all edges gilt*
aerial chart *n* [Cart] *s. aerial maps*
~ **map** *n* [Cart] / Luftbildkarte *f*
~ **photograph** *n* [Cart] / Luftbild *n*
~ **view** *n* [Cart] / Vogelschaubild *n*
aeronautical chart *n* [Cart] / Luftbildkarte *f* · Luftnavigationskarte *f*
affiliated library *n* [Lib] / angeschlossene Bibliothek (eine Bibliothek in einem Bibliothekssystem mit relativer Selbständigkeit)
affiliation *n* [Bk] *s. author affiliation*
afterglow *n* [EDP/VDU] / Nachleuchtzeit *f*

afterword *n* [Bk] / Nachwort *n*
agate (burnisher) *n* [Bind] / Achatstein *m*
agency [Adm] / Behörde *f* · Amt *n* · Dienststelle *f* · Agentur *f* ‖ *s.a. ad agency; archival agency; government agency; news agency; picture agency; publicity agency*
agenda 1 *n* [OrgM] / Tagesordnung *f* ‖ *s.a. item on the agenda*
~ 2 *n* [KnM] / Aktionsliste *f* · Agenda *f*
~ **-based system** *n* [KnM] / agendabasiertes System *n*
~ **-driven system** *n* [KnM] / agendagesteuertes System *n*
agent *n* [KnM] / Agent *m* ‖ *s.a. exclusive agent; funding agent*
~ **-based system** *n* [KnM] / agentenbasiertes System *n*
~ **interface** *n* [KnM] / Agentenschnittstelle *f*
~ **-oriented programming** *n* [KnM] / agentenorientiertes Programmieren *n*
aggregate *v* [KnM] / aggregieren *v*
aging *n* (of photographic and other materials) [Pres] / Alterung *f* ‖ *s.a. accelerated aging; traces of aging*
AGNT *abbr* [KnM] *s. agent*
agreement *n* [OrgM] / (mutual understanding:) Vereinbarung · Abmachung *f* · Vertrag *m* · (holding the same opinion:) Übereinstimmung *f* · Übereinkommen *n* ‖ *s.a. author-publisher agreement; collective agreement; consortial agreement; industrial agreement; licence agreement; one-off agreement; outline agreement; royalty agreement; salary agreement; unwritten agreement*
A.I. *abbr* [EDP] *s. artificial intelligence*
aids to book selection *pl* [Acq] / Bestellunterlagen *pl*
aim *n* [Gen] / Ziel *n*
air|brush *n* [Pres] / Spritzpistole *f* · Zerstäuber *m*
~ **conditioning** *n* [BdEq] / Klimatisierung *f*
~ **-dried** *pp* [Pres] / luftgetrocknet *pp*
~ **drying** *n* [Pres] / Lufttrocknung *f*
~ **-freight** *n* [Comm] / Luftfracht *f*
~**mail** *n* [Comm] / Luftpost *f*
~**-(mail)letter** *n* [Comm] / Luftpostbrief *m*
~**mail paper** *n* [Pp] / Luftpostpapier *n*
~ **parcel** *n* [Comm] / Luftpostpaket *n*
~ **permeability** *n* [Pres] / Luftdurchlässigkeit *f*
~ **photograph** *n* [Cart] / Luftbild *n* · Luftaufnahme *f*
~ **pollution** *n* [Pres] / Luftverschmutzung

air purification   266

~ **purification** *n* [Pres] / Luftreinhaltung *f*
~**tight** *adj* [Pres] / luftdicht *adj*
aisle *n* [BdEq] / Durchgang *m* · Gang *m* ‖ *s.a. cross aisle; range aisle*
   ~ **width** *n* [BdEq] / Gangbreite *f*
a.k.a. *abbr* [Cat] *s. also known as*
AKO inheritance *n* [KnM] / AKO-Vererbung *f*
AKO relation *n* [KnM] / AKO-Beziehung *f* (AKO: a kind of)
alarm *n* [BdEq] / Alarm *m*
album *n* [Bk] / Album *n* · (liber amicorum:) Stammbuch *n*
   ~ **cover** *n* (protective cover for sound recordings) [NBM] / Plattenhülle *f*
albumen *n* [Bind] / Albumen *n* · Eiweiß *n*
alcuinian script *n* [Writ] / karolingische Minuskel *f*
Aldines *pl* [Bk] / Aldinen *pl*
alert box *n* [EDP] / Alarmbox *f*
algaphry *n* [Prt] *s. aluminography*
algorithm *n* [EDP] ⟨ISO 2382/1⟩ / Algorithmus *m*
aliens' authority *n* [Adm] / Ausländerbehörde *f*
align *v* [Prt] / ausrichten *v*
alignment *n* [Prt] / Ausrichtung *f* (der gesetzten Zeilen) ‖ *s.a. centre alignment; left-aligned; margin alignment; right-aligned; text alignment*
alkali buffer *n* / basischer Puffer *m*
alkaline buffer *n* [Pp; Pres] *s. alkaline reserve*
alkaline paper *n* [Pp] / alkalihaltiges Papier *n*
   ~ **reserve** *n* [Pp; Pres] ⟨ISO 9706⟩ / basischer Puffer *m*
all across *n* [Bind] *s. all along sewing*
   ~ **along sewing** *n* [Bind] / Durchausheften *n* · Durchausheftung *f*
~**-day school** *n* [Ed] / Ganztagsschule *f*
   ~ **edges gilt** *pl* (a.e.g.) / Ganzgoldschnitt *m* · durchweg Goldschnitt *m*
   ~ **firsts** *pl* (expression in an antiquarian catalogue) [Bk] / alles Erstausgaben *pl*
~**-inclusive price** *n* [Acq] / Inklusivpreis *m*
~**-in price** *n* [Acq] / Inklusivpreis *m*
allocate *v* [BgAcc] / zuweisen *v*
allocation *n* [BgAcc] / Zuwendung *f* · Zuweisung *f* ‖ *s.a. one-off allocation; resource allocation; space allocation*
   ~ **formula** *n* [BgAcc] / Etatsaufteilungsschlüssel *m*
   ~ **of funds** *n* [BgAcc] / Mittelzuweisung *f* · Zuweisung *f* ‖ *s.a. appropriation*

   ~ **of resources** *f* [BgAcc] / Ressourcenzuweisung *f*
   ~ **of tasks** *n* [OrgM] / Aufgabenverteilung *f*
all on *n* [Bind] *s. all along sewing*
allonge *n* [Bind] *s. fold-out*
allonym *n* [Bk] / Allonym *n*
all-over pattern binding *n* [Bind] / Einband mit Repetitionsmuster *m*
~**-over style** *n* [Bind] / All-over-Stil *m*
allowance *n* [BgAcc] / Zulage *f* · (contribution:) Beihilfe *f* ‖ *s.a. expense allowance; grant; seniority allowance; space allowance; subsidy*
all published *pp* [Bk] / alles Erschienene *n* · mehr nicht erschienen · alles was erschienen
~**-purpose adhesive** *n* [Bind] / Alleskleber *m*
   ~ **rag** *n* [Pp] *s. all-rag paper*
~**-rag paper** *n* [Pp] / Reinhadernpapier *n*
   ~ **rights reserved** [Law] / alle Rechte vorbehalten
~**-station address** [Comm] ⟨ISO 3309⟩ / Generaladresse *f*
~**-through filing** *n* [Cat] / Ordnung Buchstabe für Buchstabe *f*
almanac(k) *n* [Bk] / Almanach *m* ‖ *s.a. court almanac(k)*
alphabet *n* [InfSy] ⟨ISO 2382/IV⟩ / Alphabet *n*
alphabetical arrangement *n* [Cat] / alphabetische Ordnung *f* ‖ *s.a. alphabetization; rules for alphabetical arrangement*
   ~ **catalogue** *n* / alphabetischer Katalog *m* · alphabetisch (nach Namen, Titeln und/oder Schlagwörtern) geordneter Katalog
~**-direct subject catalogue** *n* [Cat] *s. alphabetico-direct catalogue*
   ~ **extension** *n* [Class/UDC] / alphabetische Unterteilung *f*
   ~ **index** *n* [Ind] / alphabetisches Register *n*
   ~ **notation** *n* [Class] / alphabetische Notation *f* · Buchstabennotation *f*
   ~ **order** *n* [Cat] / alphabetische Ordnung *f* ‖ *s.a. alphabetization*
   ~ **script** *n* [Writ] / Buchstabenschrift *f*
   ~ **specific subject catalogue** *n* [Cat] *s. alphabetico-direct catalogue*
   ~ **subject catalogue** *n* [Cat] / Schlagwortkatalog *m* · SWK *abbr*
   ~ **subject index** *n* [Bib; Class] / Sachregister *n* · Schlagwortregister *n*

alphabetic character set *n* [EDP] /
  alphabetischer Zeichensatz *m*
alphabetico-classed catalogue *n* [Cat] /
  Gruppenschlagwortkatalog *m*
~-direct catalogue *n* [Cat] /
  Schlagwortkatalog *m* (nach dem Prinzip
  des engsten Begriffs)
~-specific catalogue *n* [Cat] *s. alphabetico-
  direct catalogue*
~-specific subject catalogue *n* [Cat] *s.
  alphabetico-direct catalogue*
alphabetization *n* [Cat] / alphabetische
  Ordnung *f* (als Vorgang) ‖ *s.a.
  alphabetical arrangement*
alphabetize *v* [Cat] / alphabetisch ordnen *v*
alphameric *adj* [EDP] *s. alphanumeric*
alphanumeric *adj* [InfSy] /
  alphanumerisch *adj*
alpha-numeric notation *n* [Class] /
  alphanumerische Notation *f*
A.L.S. *abbr* [Arch] *s. autograph letter
  signed*
also known as (a.k.a.) [Cat] / auch bekannt
  als *pp*
alternate path *n* [Retr] / Alternativpfad *m*
alternative relation *n* [Ind] /
  Alternativrelation *f*
~ title *n* [Cat] ⟨ISO 5127/3a; ISBD(M;
  CM; ER; PM; A); AACR2⟩ /
  Alternativsachtitel *m*
altitude tint *n* [Cart] / Höhenschichten-
  farbe *f*
aluminium foil *n* [Bind] / Aluminiumfolie *f*
aluminography *n* [Prt] / Aluminiumdruck *m*
alum/rosin size *n* / Harzleim (mit
  Alaunzusatz)
~/rosin sizing *n* [Pres] / Harzleimung *f*
  (mit Alaun)
~ tanning *n* [Bind] / Alaungerbung *f*
amateur binding *n* [Bind] /
  Liebhabereinband *m* ‖ *s.a. de luxe binding*
ambient conditions *pl* [Pres] /
  Umweltbedingungen *pl*
ambiguity *n* [Lin] / Mehrdeutigkeit *f*
American joint *n* [Bind] / schräger Falz *m*
~ Russia *n* [Bind] / imitiertes
  Juchten(leder) *n(n)* (aus gespaltenem
  Rindleder)
amount *n* [BgAcc] / Betrag *m* ‖ *s.a. invoice
  amount; partial amount*
ampersand *n* (&) [Writ; Prt] / Et-Zeichen *n*
  (&)
amplified edition *n* [Bk] / vermehrte
  Auflage *f*
amplify *f* [BdEq] / erweitern *v*

anaglyphic presentation *n* [Cart] /
  raumbildliche Darstellung *f*
anagram *n* [Bk] / Anagramm *n*
analects *pl* [Bk] / Analekten *pl*
analog *adj* [InfSy] ⟨ISO 2382/1⟩ /
  analog *adj*
~ computer *n* [EDP] ⟨ISO 2382/1⟩ /
  Analogrechner *m*
~ data *pl* [InfSy] / Analogdaten *pl* ·
  analoge Daten *pl*
analogical inference *n* [KnM] /
  Analogieschluss *m*
analog recording *n* [NBM] /
  Analogaufzeichnung *f*
~(-to-)digital converter *n* [EDP] *s. A-D
  converter*
analyse *v* [Ind] / auswerten *v*
analytic *n* [Cat] *s. analytical entry 2*
analytical bibliography *n* [Bib] /
  analytische Druckforschung *f* · analytische
  Bibliographie *f*
~ catalogue *n* [Cat] / Katalog mit
  Eintragungen für bibliographisch
  unselbständige Werke *m*
~ classification *n* [Class] ⟨ISO 5127/6⟩ /
  analytische Klassifikation *f*
~ entry 1 *n* [Cat] ⟨AACR2⟩ / (for a part
  of a monographic series or a multipart
  monograph:) Stücktitelaufnahme *f* ‖ *s.a.
  author analytic; In analytic; subject
  analytic*
~ entry 2 *n* [Cat] / (analytic for a
  periodical article:) Titelaufnahme für einen
  Zeitschriftenaufsatz *f*
~ statistics *pl but sing in constr* [InfSc] /
  analytische Statistik *f*
analytico-synthetic classification *n* [Class]
  ⟨ISO 5127/6⟩ / analytisch-synthetische
  Klassifikation *f*
ananym *n* [Bk] / Ananym *n*
anastatic reprint *n* [Prt] / anastatischer
  Nachdruck *m*
anathema *n* [Bk] / Bücherfluch *m*
anchor *v* [Sh] / verankern *v*
ancillary map *n* [Cart] *s. inset*
AND branch *n* [EDP] / UND-Aufspaltung *f*
~ operation *n* [Retr] / UND-Verknüpfung *f*
anepigraphon *n* [Bk] / Anepigraphon *n*
angle bracket *n* [Writ; Prt] /
  Winkelklammer *f* · Spitzklammer *f*
~ of vision *n* [EDP/VDU] /
  Beobachtungswinkel *m* · Sehwinkel *m*
~ support *n* [Sh] / Winkelstütze *f*
Anglo-Saxon script *n* [Writ] /
  angelsächsische Schrift *f*

angular mark *n* [Writ; Prt] *s. angle bracket*
aniline printing *n* [Prt] / Anilindruck *m* · Flexodruck *m*
animal glue *n* [Bind] / tierischer Leim *m*
~ **size** *n* [Pp] / (Papierherstellung:) tierischer Leim *m*
animated cartoon *n* [NBM] ⟨ISO 4246⟩ / Zeichentrickfilm *m*
~ **images** *pl* [NBM] / belebte Bilder *pl*
animation *n* [NBM] / Animation *f*
annals *pl* [Bk] / Annalen *pl* ‖ *s.a. annual*
annex(e) 1 *n* [BdEq] / Anbau *m* ‖ *s.a. addition 1*
~ 2 *n* [Bk] ⟨ISO 215; ISO 5127/2⟩ / (appendix:) Anhang *m*
anniversary issue *n* (of a periodical) [Bk] / Jubiläumsausgabe *f*
annotate *v* [Bib] / annotieren *v*
annotated bibliography *n* [Bib] / annotierte Bibliographie *f*
~ **entry** *n* [Bib] ⟨ISO 5127/3a⟩ / annotierte Eintragung *f*
annotation *n* [Bib] ⟨ISO 5127/3a⟩ / Annotation *f*
~ **button** *n* (hypertext) [EDP] / Anmerkungsknopf *m*
announcement [Comm] / Bekanntmachung *f* · Ankündigung *f* ‖ *s.a. vacancy announcement*
~ **of forthcoming books** *n* [Bk] / Vorankündigungsdienst *m* ‖ *s.a. new titles announcement service*
annual *n/adj* [Bk] ⟨ISO 5127/2⟩ / (yearly:) jährlich · (yearbook:) Jahrbuch *n* · Jahresschrift *f*
~ **account** *n* [BgAcc] *s. annual closing of account*
~ **closing of account** *n* [BgAcc] / Jahresabschluss *m*
~ **fee** *n* [BgAcc] / Jahresgebühr *f*
~ **financial statement** *n* [BgAcc] / Jahresabschluss *m*
~ **index** *n* [Bk] / Jahresregister *n* ‖ *s.a. consolidated index*
~ **report** *n* [Bk] / Jahresbericht *m* · (of a business firm, published annually:) Geschäftsbericht *m*
~ **subscription** *n* [Acq] / Jahresabonnement *n* ‖ *s.a. cost of annual subscription*
annunciator panel *n* [BdEq] / Anzeigetafel *f* (mit optischen und akustischen Signalen) ‖ *s.a. numeric annunciator*
anonym *n* [Bk] / 1 Anonymus *m* · 2 anonyme Publikation *f*

anonymous *adj* [Bk] ⟨ISO 5127/3a; AACR2⟩ / anonym *adj* · verfasserlos *adj*
~ **classic** *n* [Cat] / klassisches anonymes Werk *n*
~ **classics** *pl* [Cat] / klassische Anonyma *pl*
~ **publication** *n* / anonyme Publikation *f*
anopisthographic *adj* [Bk] / anopisthographisch *adj*
~ **printing** *n* [Prt] / anopisthographischer Druck *m*
answer book *n* [Bk; Ed] / Lösungsbuch *n*
answering *n* (data transmission) [Comm] ⟨ISO 2382/9⟩ / Anrufbeantwortung *f*
~ **machine** *n* [Comm] / Anrufbeantworter *m* · telefonischer Anrufbeantworter *m*
answerphone *n* [Comm] / telefonischer Anrufbeantworter *m*
antedate *v* [Bk] / vordatieren *v* · vorausdatieren *v*
ante|dated *pp* [Bk] / vorausdatiert *pp* · vordatiert *pp*
~-**room** *n* [BdEq] / Vorraum *m*
anthology *n* [Bk] ⟨ISO 5127/2⟩ / Anthologie *f*
anti-abrasion coating *n* [Repr] / Schutzschicht *f* (zum Schutz gegen Kratzer oder Abrieb)
~-**chlor** *n* / Antichlor *n*
anti glare *n* [EDP] / Entspiegelung *f*
anti|phonary *n* [Bk] / Antiphonar *n*
antiquarian book fair *n* [Bk] / Antiquariatsmesse *f*
~ **book market** *n* [Bk] / Antiquariatsmarkt *m*
~ **books** *pl* / Antiquaria *pl*
~ **bookshop** *n* [Bk] / Antiquariat *n*
~ (**book**) **trade** *n* [Bk] / Antiquariatsbuchhandel *m*
~ **catalogue** *n* [Bk] / Antiquariatskatalog *m*
antiquated *pp* [Gen] / antiquiert *pp* · veraltet *pp*
antique *n* (relic of old times sought by collectors) [NBM] / Antiquität *f*
antiques *pl* [Gen] / Antiquitäten *pl*
anti reflection *n* [EDP] / Entspiegelung *f*
~-**virus program** *n* [EDP] / Antivirusprogramm *n*
antonym *n* [Ind] / Antonym *n* · Gegenbegriff *m*
antonymic relation *n* [Ind] / Antonomie *f* · Gegensatzrelation *f* · Gegensatzbeziehung *f*
aperture *n* [Repr] / Blende *f*

~ **card** *n* [Repr; PuC] / Fensterkarte *f* ·
(as punched card:) Mikrofilmlochkarte *f*
· Filmlochkarte *f* · (prepared for the
mounting of microfilm:) Montagekarte *f*
apocrypha *pl* [Bk] / Apokryphen *pl*
apocryphal *adj* [Bk] / apokryph *adj*
apograph *n* [Writ] / Apographum *n* ·
Apographon *n*
apostrophe *n* [Writ] / Apostroph *m*
apparatus criticus *n* [Bk] / kritischer
Apparat *m*
apparent compound name *n* [Cat] /
scheinbar zusammengesetzter Name *m*
appear *v* / erscheinen *v* ‖ *s.a.* to appear
shortly; to come out soon
appendix *n* [Bk] ⟨ISO 5127/2⟩ / Anhang *m*
applicant 1 *n* [Staff] / Bewerber *m* ‖ *s.a.*
job applicant; proposer; study applicant
~ 2 (of a patent) [Law] / Patentanmelder *m*
application 1 *n* [Gen; RS] / (request:)
Bestellung *f* · (the act of putting to a
special use:) Anwendung ‖ *s.a. direct
application*
~ 2 *n* (for employment) [Staff] /
Bewerbung *f* (um Anstellung) ‖ *s.a. letter
of application; scholarship application*
~ 3 *n* (for admission to studies) [Ed] /
Antrag *m* (auf Zulassung zum Studium)
~ **-based support** *n* [OrgM] /
anwendungsorientierte Unterstützung *f*
~ **deadline** *n* [Staff] / Bewerbungsschluss-
termin *m*
~ **documents** *pl* [Staff] / Bewerbungsunter-
lagen *pl*
~ **form** *n* (for library membership) [RS]
/ Anmeldeformular *n* ‖ *s.a. library
membership application form*
~ **layer** *n* (OSI) [InfSy] ⟨ISO 9545⟩ /
Anwendungsschicht *f* · Anwendungsebene *f*
~ **period** *n* [OrgM] / Antragsfrist *f*
~ **process** *n* [EDP] / Anwendungsprozess *m*
~ **program** *n* [EDP] ⟨ISBD(ER)⟩
/ Anwenderprogramm *n* ·
Anwendungsprogramm *n*
~ **software** *n* [EDP] / Anwendersoftware *f*
applied research *n* / angewandte
Forschung *f*
appointment *n* [OrgM] / Ernennung *f* ·
Berufung *f* · (office assigned, position:)
Anstellung *f* · (of time and place for
meeting:) Verabredung *f* · (for a talk:)
Gesprächstermin *n* ‖ *s.a. full-time
appointment; part-time appointment;
permanent appointment*
appointments diary / Terminkalender *m*

appraisal 1 *n* [OrgM; BgAcc] / (formal
evaluation of the performance of an
employee:) Beurteilung *f* · (estimating a
value or quality:) Schätzung *f* ‖ *s.a. staff
appraisal*
~ 2 *n* [BgAcc] / (monetary evaluation:)
Schätzung *f*
appraise [Gen] / beurteilen *v* · einschätzen *v*
· bewerten *v*
appraiser *n* [BgAcc] / Schätzer *m*
apprentice *n* [Ed; Staff] / Auzubildender *m*
· Lehrling *m* ‖ *s.a. trainee*
approach *n* [InfSc] / Ansatz *m* ‖ *s.a.
systems approach*
~ **term** *n* [Retr] / Suchwort *n*
appropriate *v* (money etc.) [BgAcc] /
bereitstellen *v* · bewilligen *v*
appropriateness *n* (of an indicator etc.)
[OrgM] ⟨ISO 11620⟩ / Eignung *f* (eines
Indikators usw.)
appropriation *n* [BgAcc] / Bewilligung *f*
‖ *s.a. allocation of funds; lump-sum
appropriation*
approval *n* [Gen] / (consent:) Zustimmung *f*
· Einverständnis *n* · Billigung *f* ·
Genehmigung *f*
~ **copy** *n* [Acq] / Ansichtsexemplar *n* ‖ *s.a.
inspection copy; on approval*
~ **order** *n* [Acq] / Ansichtsbestellung *f*
‖ *s.a. consignment of books sent on
approval*
~ **plan** *n* [Acq] / Approval-Plan *m*
~ **shelves** *pl* [Acq] / Ansichtsregal *n*
appurtenance relation *n* [Ind]
/ Zugehörigkeitsrelation *f* ·
Zugehörigkeitsbeziehung *f*
appurtenance term *n* [Ind] /
Zugehörigkeitsbegriff *m*
aptitude test *n* [Staff] / Eignungstest *m*
aquatint *n* [Art] ⟨ISO 5127-3⟩ / Aquatinta *f*
aquatone *n* [Prt] / Aquatonverfahren *n*
AR *abbr* [Repr] *s. aspect ratio*
arabesque *n* [Bk] / Arabeske *f*
Arabic figure *n* [InfSy] / arabische Zahl *f*
~ **numeral** *n* [InfSy] / arabische Ziffer *f*
~ **numeration** *n* [Inf] / arabische Zählung *f*
arbitral award *n* [Law] / Schiedsspruch *m*
arbitration authority *n* [Law] /
Schiedsstelle *f*
~ **proceedings** *pl* [Law] / Schiedsverfah-
ren *n*
architect's brief *n* (the client's written
statement to the architect, detailing his
requirements with respect to rooms etc.)
[BdEq] ⟨ISO 6707/1⟩ / Raumprogramm *n*

architectural binding *n* [Bind] / Architektureinband *m*
- **brief** *n* [BdEq] *s. architect's brief*
- **design** *n* [BdEq] / Architektenentwurf *m*
- **drawing** *n* [BdEq] / Architektenzeichnung *f*
- **plan** [Cart] / Architekturplan *m*

archival agency *n* [Arch] / Archiv *n*
- **building** *n* [Arch] / Archivbau *m* · Archivgebäude *n*
- **copy** *n* [Stock] / Archivexemplar *n*
- **documents** *pl* [Arch] / Archivalien *pl*
- **film** *n* [Repr] ⟨ISO 4331; ISO 4332⟩ / Archivfilm *m*
- **function** *n* [Lib] / Archivfunktion *f*

archivalia *pl* [Arch] / Archivalien *pl* · Archivgut *n*

archival paper *n* [Pp] / Archivpapier *n*
- **quality** *n* [Pres] / Archivfähigkeit *f* · Archivqualität *f*
- **record film** *n* [Repr] *s. archival film*
- **repository** *n* [Arch] / Archiv *n*
- **value** *n* [Arch] / Archivwert *m*

archive 1 *n* [Arch] *s. archives 1*
- ~ 2 *v* [Arch] / archivieren *v*
- **copy** *n* [Stock] / Archivexemplar *n*
- **file** *n* [EDP] / Archivdatei *f*
- **material** *n* [Arch] / Archivmaterial *n*

archives 1 *pl* (institute or repository of public or institutional records) [Arch] ⟨ISO 5127/1⟩ / Archiv *n* ‖ *s.a. business archives; iconographic archive(s); municipal archives; national archives; private archives; town archives*
- ~ 2 *pl* (archivalia) [Arch] ⟨ISO 5127/1⟩ / Archivalien *pl* · Archivgut *n*
- **administration** *n* [Arch] / Archivverwaltung *f*
- **building** *n* [Arch] *s. archival building*

archive science *n* [Arch] ⟨ISO 5127/1⟩ / Archivwissenschaft *f*

archives depository *n* [Arch] *s. archives 1*
- **management** *n* [Arch] / Archivverwaltung *f*
- **repository** *n* [Arch] / Archiv *n* (Depot für Archivalien)

archive storage *n* [EDP] / Archivspeicher *m*

archivist *n* [Arch] / Archivar *n*

area *n* (in a bibliographic description) [Cat] ⟨ISBD⟩ / Zone *f* CH · Gruppe *f* D ‖ *s.a. heading area*
- **bibliographer** *n* [Staff] US / Regionalreferent *m* · Länderreferent *m*
- **code** *n* [Comm] / Vorwahl(nummer) *f(f)* · Ortsnetzkennzahl *f*
- **development department** *n* [OrgM] / Regionalreferat *n*
- **diagram** *n* / Flächendiagramm *n*
- **edition** *n* (of a newspaper) [Bk] *s. regional edition*
- **graph** *n* / Flächendiagramm *n*

areal map *n* [Cart] / Arealkarte *f*

area of collection emphasis *n* [Acq] / Sammelschwerpunkt *m*
- **of concentration** *n* [Ed] / Schwerpunktbereich *m*
- **of responsibility** *n* [OrgM; Staff] / Aufgabenbereich *m* · Zuständigkeitsbereich *m*
- **specialist** *n* [Staff] *s. area bibliographer*

aristonym *n* [Cat] / Aristonym *n*

arithmetic (and) logic unit *n* [EDP] ⟨ISO 2382/XI⟩ / Rechenwerk *n* · Verarbeitungswerk *n*

ARM *abbr* [Comm] *s. asynchronous response mode*

armarian *n* [Staff] / Armarius *m*

armed forces library *n* [Lib] / Militärbibliothek *f*

Armenian bole *n* [Bind] / Bolus *m*

armillary sphere *n* [Cart] / Armillarsphäre *f*

arming press *n* [Bind] / Prägepresse *f* (handbetrieben, für kleine Serien)

armorial *n* [Bk] / Wappenbuch *n*
- **binding** *n* [Bind] / Wappeneinband *m*

army library *n* [Lib] / Armeebibliothek *f*

arrange *v* (entries, books, etc.) [Cat; Sh] / ordnen *v* ‖ *s.a. re-arrange*

arrangement 1 *n* [Cat; Sh] / Ordnung *f* (~ by size: Ordnung nach der Größe / nach Format) ‖ *s.a. alphabetical arrangement; classified arrangement of books; letter-by-letter arrangement; shelf arrangement*
- ~ 2 *n* [Mus] / Arrangement *n*
- ~ 3 *n* [OrgM] / Verabredung *f* · Vereinbarung · Abmachung *f* ‖ *s.a. exchange arrangement*
- **by size** *n* [Sh] / Ordnung nach Format *f* ‖ *s.a. parallel arrangement*

arranger *n* [Mus] / Arrangeur *m* · Bearbeiter *m*

array *n* [Class] ⟨ISO 5127/6⟩ / Begriffsreihe *f* · klassifikatorische Reihe *f* ‖ *s.a. concept array*

arrearages *pl* [TS] *s. arrears*

arrears *pl* [TS] / Rückstände *pl* · Reste *pl* ‖ *s.a. cataloguing arrears*

arrival card *n* (serials automation) [Acq; EDP] / Ziehkarte *f*

arrow-graph *n* [Ind] / Pfeildiagramm *n*

~ **icon** *n* [EDP/VDU] / Pfeilsymbol *n*
~ **key** *n* [EDP] / Pfeiltaste *f*
art 1 [Art] / Kunst *f* ‖ *s.a. commercial art*
~ 2 *n* (artwork) [Prt] / Bildmaterial *n* (für den Druck) ‖ *s.a. camera-ready art; halftone art; line art*
~ **book** *n* [Bk] / Kunstband *m* · Kunstbuch *n*
~ **canvas** *n* [Bind] / Kunstleinen *n*
~ **director** *n* (production designer) [Bk] / Produkt-Designer *m* · Art-Direktor *m*
artefact *n* [NBM] ⟨AACR2⟩ / Artefakt *n*
art gilt edges *pl* [Bind] / unterfärbter Goldschnitt *m*
article *n* [Bk] / Artikel *m* · Aufsatz *m* · (contribution:) Beitrag *m*
artificial intelligence *n* [InfSc] ⟨ISO/IEC 2382-1⟩ / künstliche Intelligenz *f* ‖ *s.a. distributed artificial intelligence*
~ **language** *n* [Lin] ⟨ISO 5127/1⟩ / Kunstsprache *f*
~ **leather** *n* [Bind] / Kunstleder *n*
~ **resin glue** *n* [Bind] / Kunstharzleim *m*
~ **word** *n* [Lin] ⟨ISO 4⟩ / Kunstwort *n*
artist *n* (having provided illustrations for a text) [Cat] / Bildautor *m*
artists' books *pl* [Art] / Künstlerbücher *pl*
artist's print *n* [Art; Prt] / Originalgrafik *f* · Druckgrafik *f* · Künstlerdruck *m*
~ **proof** [Art] / Künstler-Abzug *m*
art lending *n* [Art] / Kunstverleih *m*
~ **lending library** *n* [Lib] / Artothek *f*
~ **librarian** *n* / Kunstbibliothekar *m*
~ **library** *n* [Lib] / Kunstbibliothek *f*
· **of printing** *n* [Prt] / Buchdruckerkunst *f* · schwarze Kunst *f*
~ **of the book** *n* [Art; Bk] / Buchkunst *f*
~ **original** *n* [NBM] ⟨AACR2⟩ / Originalkunstwerk *n*
artotek *n* [Lib] / Artothek *f*
art paper *n* [Pp] ⟨ISO 4046⟩ / Kunstdruckpapier *n* ‖ *s.a. imitation art (paper)*
~ **plate** *n* [Bk] / Kunstdrucktafel *f*
~ **print** *n* [Art; Prt] / Druckgrafik *f*
~ **publisher** *n* [Bk] / Kunstverlag *m* · Kunstverlag *m*
~ **reproduction** *n* / (printed:) Kunstblatt *n* · Kunstreproduktion *f* · Kunstdruck *m*
~ **search** *n* [Retr] / Recherche zum Stand der Technik *f* ‖ *s.a. state of the art*
~ **song** *n* [Mus] / Kunstlied *n*
~ **work** *n* [Art] / Kunstwerk *n*

artwork *n* [Prt] / Reprovorlage *f* · Grafikvorlagen *pl* (nicht zu setzende Druckvorlagen) ‖ *s.a. camera-ready art; composite artwork*
a.s.a.p. *abbr s. as soon as possible*
ascender *n* (of a lower-case letter) [Prt] / Oberlänge *f* ‖ *s.a. extenders*
~ **line** *n* [Prt] / Oberlängenlinie *f* ‖ *s.a. capline*
ascending order *n* [EDP] / aufsteigende Reihenfolge *f*
~ **sequence** *n* [EDP] / aufsteigende Reihenfolge *f*
ascertain *v* [Retr] / ermitteln *v*
ASCII *abbr* [EDP] / American Standard Code for Information Interchange
ASF *abbr s. aspect source flag*
as new *adj* [Bk] / neuwertig *adj*
aspect card *n* [PuC] / Merkmalkarte *f*
~ **classification** *n* [Class] / Aspektklassifikation *f*
~ **ratio** *n* (of a whole image, document, reproduction format, etc.) [Repr] / Höhen-Breiten-Verhältnis *n* · Seitenverhältnis *n* · Aspektverhältnis *n*
~ **source flag** *n* [EDP] / Aspektanzeiger *m*
assemblage *n* [BdEq; Art] / Montage *f* · (art:) Installation *f*
assemble 1 *v* [Bind] / zusammentragen
~ 2 *v* [Repr] / montieren *v*
assembler *n* [EDP] / Assembler *m* · Assemblierer *m*
~ **language** *n* [EDP] / Assemblersprache *f*
assembly 1 *n* [BdEq] / Baugruppe *f*
~ 2 *n* [Repr] / Montage *f* ‖ *s.a. text assembly*
~ 3 *n* (meeting) / Versammlung *f* ‖ *s.a. general assembly*
~ **language** *n* [EDP] / Assemblersprache *f*
~ **room** *n* [BdEq] / Versammlungsraum *m*
assertive library service *n* [RS] *s. proactive library service*
assess *v* [Gen] / einschätzen *v* · bewerten *v*
assessment *n* [Ed] / Prüfung *f* · Bewertung · Benotung *f* ‖ *s.a. final assessment; overall assessment; risk assessment*
~ **and marking system** *n* [Ed] / System der Leistungsbewertung (in einem Ausbildungsgang) *f*
~ **test** *n* [Ed] / Feststellungsprüfung *f*
assiette *n* [Bind] / Vergoldegrund *m* · Goldgrund *m*
assignment *n* [Ed] / Aufgabe *f*
~ **of copyright** *n* [Law] / Urheberrechtsübertragung *f*

assistant department head *n* [Staff] / stellvertretender Abteilungsleiter *m*
~ **director** *n* [Staff] / stellvertretender Direktor *m*
~ **librarian 1** *n* [Staff] *Brit* / Bibliothekar (vergleichbar dem Diplom-Bibliothekar, beauftragt mit qualifizierten Tätigkeiten)
~ **librarian 2** *n* [Staff] *US* / stellvertretender Bibliotheksdirektor *m* · einer der dem Direktor unmittelbar nachgeordneten Bibliothekare
~ **editor** *n* [Bk] / Redaktionsasssistent *m*
associate librarian *n* [Staff] *US* / stellvertretender Bibliotheksdirektor *m*
~ **specialist** *n* [Staff] *s. library associate*
association *n* [OrgM] / Verein *m* · Verband *m*
~ **book** *n* [Bk] *s. association copy*
~ **copy** *n* [Bk] / Buchexemplar mit Vermerken im Zusammenhang mit dem Autor oder einem Vorbesitzer
~ **map** *n* [Ind] / Pfeildiagramm *n*
~ **publication** *n* [Bk] / Gesellschaftsschrift *f*
associative memory *n* [EDP] ⟨ISO 2382/XII⟩ / Assoziativspeicher *m* · inhaltsadressierbarer Speicher *m*
~ **relation** *n* [Ind] ⟨ISO 5127/6; ISO 2788⟩ / Assoziationsrelation *f* · assoziative Relation *f* · assoziative Beziehung *f*
as soon as possible [Bk] / so bald wie möglich
assumption of office *n* / Amtsantritt *m*
asterisk 1 *n* (symbol: *) [Prt; Class/UDC] / Sternchen *n*
~ **2** *n* (manuscript cataloguing) [Cat] / Asteriskus *m*
~ **3** *v* [Prt] / mit Sternchen versehen *v*
asterism *n* [Bk] / 1 (cluster of stars, as in a triangle:) eine Gruppe von Sternchen zur Kennzeichnung eines Kapitelschlusses · 2 (asteriks instead of a proper name:) Asteronym *n*
astronomical map *n* [Cart] / Sternkarte *f* · Himmelskarte *f*
asynchronous *adj* [Comm] / asynchron *adj*
~ **balanced mode** *n* [Comm] / gleichberechtigter Spontanbetrieb *m* · Mischbetrieb *m*
~ **disconnected mode** *n* [Comm] / unabhängiger Wartebetrieb *m*
~ **response mode** *n* [Comm] / Spontanbetrieb *m*
~ **transmission** *n* [Comm] ⟨ISO 2382/9⟩ / asynchrone Übertragung *f*

asyndetic catalogue *n* [Cat] / ein Katalog ohne Verweisungen *m* ‖ *s.a. syndetic catalogue*
~ **index** *n* [Ind] / Register ohne Verweisungen und andere zusätzliche Eintragungen *n* ‖ *s.a. syndetic index*
atlas *n* [Bk] ⟨ISO 5127/2⟩ / Atlas *m*
~ **size** *n* [Bk] / Atlasformat *n*
at-risk state *n* [Pres] / Gefährdungszustand *m*
at sign *n* (@) [EDP] / At-Zeichen *n* · Klammeraffe *m*
attach *v* [Bind] / ansetzen *v*
~ **device** *n* [BdEq] / Anschlussgerät *n*
attachment *n* (part of an E-mail message) [Comm] / Anlage *f*
~ **approval** *n* [BdEq] / Anschlussgenehmigung *f*
~ **charge** *n* [BdEq] / Anschlussgebühr *f*
~ **identification** *n* [Comm] / Anschlusskennung *f*
~ **time** *n* [Comm] / Anschaltzeit *f*
attack *n/v* [Pres] / befallen *v* · (infestation:) Befall *m* ‖ *s.a. fungal attack; infest; infestation; microbial attack*
attendance card *n* [Staff] / Stempelkarte *f*
~ **list** *n* [OrgM] / Anwesenheitsliste *f* ‖ *s.a. confirmation of attendance*
~ **register** *n* [OrgM] / Anwesenheitsliste *f*
attention *n* [Writ; Comm] / Aufmerksamkeit *f* (for the~ of: zu Hdn. von:(abgekürzt: attn; z. Hdn. v.))
~ **getter** *n* [BdEq] / Blickfang *m*
attitude *n* [InfSc] / Einstellung · Haltung *f*
~ **change** *n* [InfSc] / Einstellungsänderung *f* · Einstellungswandel *m*
~ **measurement** *n* [InfSc] / Einstellungsmessung *f*
~ **scale** *n* [InfSc] / Einstellungsskala *f*
attn. *abbr* [Writ; Comm] *s. attention*
attributed author *n* [Cat] / mutmaßlicher Verfasser *m*
attribute grammar *n* [Lin] / attribuierte Grammatik *f*
attributes *pl* (of a person) [Staff] / Eigenschaften *pl*
attribution *n* [Art] / Zuschreibung *f*
auction 1 *n* [Bk] / Auktion *f* · Versteigerung *f* ‖ *s.a. book auction*
auction 2 *v* [Bk] / versteigern *v*
~ **catalogue** *n* [Bk] / Auktionskatalog *m* · Versteigerungskatalog *m*
auctioneer *n* [Bk] / Auktionator *m* · Versteigerer *m*

auction house *n* [Bk] / Auktionshaus *n* · Versteigerungshaus *n*
audience 1 *n* (listeners) [Comm] / Zuhörer *m/pl*
~ 2 *n* / (of a book; readership:) Lesepublikum *n* · Leserschaft *f* · (spectators at an event:) Publikum *n* ‖ *s.a. intended audience; target audience*
audio card *n* [EDP] / Audiokarte *f* · Soundkarte *f*
~-**cartridge** *n* [NBM] / Endlostonband-Kassette *f*
~**cassette** *n* [NBM] / Tonbandkassette *f* ‖ *s.a. spoken-word audiocassette*
audiodisc *n* [NBM] / Schallplatte *f*
~ **player** *n* [NBM] / Plattenspieler *m*
audio interface *n* [EDP] / Audio-Schnittstelle *f*
~ **library** *n* [Lib] / Hörbücherei *f*
~ **modem riser** *n* [EDP] / AMR-Steckplatz *m*
~**recording** *n* ⟨AACR2⟩ / Tonaufzeichnung *f*
~ **reel** *n* [NBM] / Tonbandspule *f*
audiotape *n* [NBM] / Tonband *n*
~ **cartridge** *n* [NBM] *s. audio-cartridge*
~ **cassette** *n* [NBM] *s. audiocassette*
~ **player** *n* [NBM] / Tonbandgerät *n* (nur zum Abspielen)
~ **recorder** *n* [NBM] / Tonbandgerät *n* (Aufnahmegerät)
~ **reel** *n* [NBM] / Tonbandspule *f*
audio-tour *n* [RS] / Tonbandführung *f*
~ **track** *n* [NBM] / Tonspur *f* · Audiospur *f*
~-**typing** *n* [Off] / Phonotypie *f*
audiotypist *n* / Phonotypist/in *m/f*
audio video connection *n* [EDP] / Video-Einblendkarte *f*
~/**video learning laboratory** *n* [NBM] *s. audio-visual centre*
~-**visual centre** *n* [NBM] / audiovisuelles Zentrum *n* · (lending audio-visual material to schools etc.:) Bildstelle *f* · AV-Medienzentrum *n* · Mediothek *f*
~-**visual document** *n* [NBM] ⟨ISO 5127/11; ISO 2789⟩ / audiovisuelles Dokument *n* · AV-Dokument *n*
~-**visual interleave** *n* [EDP] / Audio-Video-Verflechtung *f*
~-**visual materials** *pl* [NBM] / audiovisuelle Materialien *pl* · audiovisuelle Medien *pl*
audit 1 *n/v* [OrgM; BgAcc] / auditieren *v* · eine Rechnungsprüfung vornehmen *v* · prüfen *v*

~ 2 *n* [OrgM; BgAcc] / (systematic review:) Audit *n* · (examination of accounts:) Buchprüfung *f* · Rechnungsprüfung *f* ‖ *s.a. efficiency audit; internal audit; quality audit; security audit*
auditee *n* [OrgM] ⟨ISO DIS 19011⟩ / auditierte Organisation *f*
auditing *n* [OrgM] / (of accounts:) Buchprüfung *f* · Rechnungsprüfung *f* · (examination process:) Auditdurchführung *f*
audit office *n* [BgAcc] / Rechnungshof *m*
auditor *n* [OrgM; BgAcc] ⟨ISO/DIS 19011⟩ / Auditor · (~ of accounts:) Kassenprüfer *m* · Rechnungsprüfer *m* ‖ *s.a. court of auditors*
augmented edition *n* [Bk] *s. enlarged edition*
authenticate *v* [Adm; EDP] / (computing:) authentifizieren *v* · (certify:) beglaubigen
authentication *n* [Arch; EDP;] / Echtheitsbestätigung *f* · (computing,Internet:) Authentifizierung *f* ‖ *s.a. clear-text authentication*
author *n* [Bk] / Verfasser *m* · Autor *m* · (copyright:) Urheber ‖ *s.a. attributed author; co-author; corporate author; individual author; joint author; main author; presumed author; probable author; supposed author*
~ **abstract** *n* [Ind] / Autorreferat *n*
~ **affiliation** *n* [Bk] ⟨ISO 5127/3a⟩ / die Zugehörigkeit eines Autors zu einer Institution oder Organisation
~ **analytic** *n* / Stücktitelaufnahme *f* (unter dem Verfasser) ‖ *s.a. analytical entry 1*
~ **authority file** *n* [Cat] / Normdatei der Verfassernamen *f*
~ **bibliography** *n* [Bib] / Personalbibliographie *f*
~ **catalogue** *n* [Cat] ⟨ISO 5127/3a⟩ / Verfasserkatalog *m* · alphabetischer Katalog *m*
~ **entry** *n* [Cat] / Eintragung unter dem Verfasser *f* · Verfassereintragung *f*
authoress *n* [Bk] / Autorin *f* · Verfasserin *f*
author heading *n* [Cat] ⟨ISO 5127/3a⟩ / der im Kopf einer Titelaufnahme erscheinende Verfassername
~ **index** *n* [Ind] / Verfasserregister *n*
authoring system *n* [EDP] / Autorensystem *n*
authorised heading *n* [Cat] ⟨GARR⟩ *s. uniform heading*
authoritative edition [Bk] *s. definitive edition*

authority *n* [Adm] / Behörde *f* ·
Dienststelle *f* (übergeordnet) ‖ *s.a. aliens'
authority; arbitration authority; certificate
authority; federal authority; highest
administrative authority; intermediate
authority; library authority; local
authorities; superior authority; supreme
authority; territorial authority*
~ **control** *n* [Cat] ⟨GARR⟩ /
Kartalogisierungsverfahren, bei dem die
Ansetzung von Namen, Schlagwörtern
usw.in normierter Form erfolgt
~ **entry** *n* [Cat] ⟨GARR⟩ /
Normeintragung *f* ‖ *s.a. authority record*
~ **file** *n* [Cat] ⟨ISO 5127/3a; GARR⟩ /
Normdatei *f* · Autoritätsdatei *f CH* ‖ *s.a.
author authority file; name authority file;
subject authority file*
~ **file for corporate names** *n* [Cat;]
⟨GSRR⟩ / Körperschaftsdatei *f*
~ **file heading** *n* [Cat] ⟨GARR⟩ /
Normdateiansetzung *f*
~ **file of personal names** *n* /
Personennamendatei *f* (als Normdatei)
~ **form** *n* [Cat] / normierte
Ansetzungsform *f*
~ **heading** *n* [Cat] / Normansetzung *f*
~ **record** *n* [Cat] / Normdatensatz *m* ‖ *s.a.
authority entry*
authorization *n* [Gen] / Genehmigung *f*
authorized edition *n* [Bk] / autorisierte
Ausgabe *f* ‖ *s.a. unauthorized edition*
~ **file** *n* [InfSy] / zugangsberechtigte Datei *f*
‖ *s.a. access authority*
author list *n* [Cat] ⟨ISO 5127/3a⟩
/ Verzeichnis der normierten
Verfassernamen *n*
~ **mark** *n* [Sh] / Symbol für den
Verfassernamen in einer Signatur *n* ‖ *s.a.
book mark*
~ **number** *n* [Sh] *s. author mark*
~**-publisher** *n* [Bk] / Selbstverlag *m* ·
Selbstverleger *m*
~**-publisher agreement** *n* [Law; Bk] /
Verlagsvertrag *m*
author's advance / Honorarvorschuss *m* (für
den Autor)
~ **binding** *n* [Bind] / Autoren-Einband *m*
~ **copy** *n* [Bk] / Autorenexemplar *n* ·
Belegexemplar *n* (für den Verfasser) ·
Freiexemplar *n* (für den Autor) ‖ *s.a. free
copy*
~ **correction** *n* [Prt] / Autorkorrektur *f*

authorship *n* [Cat] / Autorschaft *f* ·
Verfasserschaft *f* ‖ *s.a. controversial
authorship; doubtful authorship; mixed
authorship; multiple authorship; shared
authorship; single personal authorship*
author's proof *n* [Prt] / Autorkorrektur *f*
author statement *n* [Cat] ⟨AACR1967⟩ /
Verfasserangabe *f*
~**-title added entry** *n* [Cat] ⟨AACR2⟩ /
zweiteilige Nebeneintragung unter einem
Verfassernamen *f*
~**-title catalogue** *n* [Cat] / alphabetischer
Katalog *m* · AK *abbr* · Nominalkatalog *m*
~**-title cataloguing** *n* [Cat] / alphabetische
Katalogisierung *f*
~**-title reference** *n* [Cat] ⟨AACR2⟩ /
Verweisung unter dem Verfassernamen
mit Sachtitel *f*
auto-abstract *n* [Ind] / maschinell
erstelltes Kurzreferat *n* · automatisches
Kurzreferat *n*
~**biography** *n* [Bk] ⟨ISO 5127/2⟩ /
Autobiographie *f* · Selbstbiographie *f*
~ **dial** *n* [Comm] / automatische Wahl *f*
autograph 1 *n* [Arch; Writ] ⟨ISO 5127/4⟩ /
(a manuscript in the hand of the author:)
Autograph *n* · (signature:) Autogramm *n*
~ 2 *v* [Bk] / Signieren *v/n*
~ **document signed** *n* (A.D.S.) [Arch]
/ eigenhändig geschriebene und
unterzeichnete Urkunde *f* (E.U.U.)
autographed copy *n* [Bk] / signiertes
Exemplar *n*
~ **dedication** *n* [Bk] / eigenhändige
Widmung *f*
~ **presentation** *n* / eigenhändige
Widmung *f*
autographing party *n* [Bk] /
Autogrammstunde *f*
autograph letter *n* [Writ; Arch]
/ handgeschriebener Brief *m* ·
Handschreiben *n* (aus der Feder des
Autors)
~ **letter signed** / eigenhändig geschriebener
und unterzeichneter Brief *m* (E.U.Br.)
~ **note** *n* [Arch] / eigenhändige Notiz *f*
~ **session** *n* [Bk] / Signierstunde *f* ·
Autogrammstunde *f*
autography 1 *n* [Writ] / Handschrift des
Autors *f*
~ 2 *n* [Writ] / Autographenkunde *f*
autokerning *n* [Prt] / automatisches
Unterschneiden *n*
auto-lithography *n* (lithographic process)
[Prt] / Autolithographie *f* · Autographie *f*

automate *v* [EDP] ⟨ISO/IEC 2382/1⟩ / automatisieren *v*
automated circulation system *n* [RS] / automatisiertes Ausleih(verbuchungs)system *n*
~ **data processing** *n* [EDP] / automatische Datenverarbeitung *f* · ADV *abbr*
automatibility *n* [EDP] / Automatisierbarkeit *f*
automatic abstract *n* [Ind] *s. auto-abstract*
automatic abstracting *n* [Ind] ⟨ISO 5127/3a⟩ / maschinelles Referieren *n* · automatisches Referieren *n*
~ **advance** *n* (slide projector) [NBM] / automatischer Bildwechsel *m* (bei der Diavorführung)
~ **data processing** *n* [EDP] ⟨ISO/IEC 2382/1⟩ / automatische Datenverarbeitung *f* · ADV *abbr*
~ **indexing** *n* [Ind] ⟨ISO 5127/3a⟩ / maschinelle Indexierung *f* · automatische Indexierung *f*
~ **switch off** *n* [BdEq] / Abschaltautomatik *f*
automation *n* [EDP] ⟨ISO/IEC 2382/1⟩ / Automatisierung *f*
autonym *n* [Bk] / Autonym *n*
auxiliary descriptor *n* [Ind] ⟨ISO 5127/6⟩ / Hilfsdeskriptor *m*
~ **(number)** *n* [Class/UDC] / Ergänzungszahl *f* · Anhängezahl *f* ∥ *s.a. common auxiliary (number); dependent auxiliary (number); independent auxiliary (number); special auxiliary (number)*

~ **stack(s)** *n(pl)* [Stock] / Hilfsmagazin *n* · Ausweichmagazin *n* ∥ *s.a. library warehouse; remote storage*
~ **staff** *n* [Staff] / Hilfspersonal *n*
~ **storage** *n* [EDP] ⟨ISO 2382/XII⟩ / Ergänzungsspeicher *m* · Zubringerspeicher *m* · peripherer Speicher *m*
~ **table** *n* [Class/UDC] / Ergänzungstafel *f* · Hilfstafel *f*
availability *n* [Stock] ⟨ISO 11620⟩ / Verfügbarkeit *f* ∥ *s.a. terms of availability*
~ **rate** *n* [Stock] / Verfügbarkeitsquote *f*
avant-titre *n* [Bk] / Titelvorspann *m*
AVC *abbr* [Comm] *s. audio video connection*
average achievement *n* [OrgM] / Durchschnittsleistung *f*
~ **price** *n* [Bk; Acq] / Durchschnittspreis *m*
AVI *abbr* [EDP] *s. audio-visual interleave*
AV materials *pl* [NBM] / AV-Materialien *pl* · AV-Medien *pl*
AV media *pl* [NBM] *s. AV materials*
award *n* [BgAcc; Law] / (judicial decision:) Spruch *m* · (payment:) Zuwendung *f* · Zuschuss *m* · (prize awarded:) Preis *m* ∥ *s.a. arbitral award; children's book award; literary award; prize; travel(l)ing award*
~ **winner** *n* / Preisträger *m*
awl *n* [Bind] / Ahle *f*
azimuth *n* [Cart] / Azimut *m/n*
azure tooling *n* [Bind] / Verzierung mit Assurélinien *f*

B

bachelor's degree *n* [Ed] / Bachelorgrad
back 1 *n* (of a book) [Bind] / Rücken *m*
∥ *s.a.* cloth back; false back; flat back; hollow back; loose back; open back; rounded back; rounding the back; sawn-in back; square back; tight back
~ 2 *v* (to shape the back of a book) [Bind] / abpressen *v* (backing: das Abpressen)
~ 3 *v* (to apply material to the whole area of one side of a document) [Bind] / aufziehen *v*
~ **board** *n* [Bind] / Hinterdeckel *m*
~**bone** *n* [Bind] *s.* back 1
~ **cornering** *n* [Bind] / das Abschrägen der Deckelecken von Franzbänden am Falz
~ **cover** *n* [Bind] *s.* back board
~ **decoration** *n* [Bind] / Rückenverzierung *f*
~**file** 1 *n* (of the volumes of a serial or set) [Bk] / eine geschlossene Reihe rückwärtiger Bände einer Zeitschrift usw.
~**file** 2 *n* (of the issues of a periodical) [Bk] / die dem neuesten Heft einer Zeitschrift vorausgehenden Hefte
~**file** 3 *n* (of a database) [InfSy] / rückwärtige Zeitsegmente einer Datenbank *pl*
background density *n* [Repr] / Hintergrunddichte *f*
~ **processing** *n* [EDP] / Hintergrundverarbeitung *f*
~ **program** *n* [EDP] / Hintergrundprogramm *n*

backing *n* [Bind] *s.* back 2
~ **board** *n* [Bind] / Abpressbrett *n*
~ **storage** *n* [EDP] / Hintergrundspeicher *m* · Zubringerspeicher *m* · peripherer Speicher *m*
~ **up** *n* [Prt] / Widerdruck *m*
back issue *n* [Bk] / ältere Ausgabe *f* ∥ *s.a.* back runs
~ **label** *n* [Bk] / Rückenschild(chen) *n(n)*
~**-lining** 1 *n* (the action of ~) [Bind] / Hinterkleben *n* · Rückenverstärkung *f*
~**-lining** 2 *n* (material pasted on the inside of the spine) [Bind] / Rückeneinlage *f* · Hinterklebegewebe *n* · Rückenverstärkung *f*
~**list** *n* [Bk] / Backlist *f* (Liste älterer Titel)
~**log(s)** *n(pl)* [TS] / Rückstände *pl* · Reste *pl* ∥ *s.a.* cataloguing backlog(s); filing backlogs
~ **margin** *n* [Prt] / Bundsteg *m* · Bund *m*
~ **mark** *n* [Prt; Bind] / Flattermarke *f*
~ **matter** *n* [Prt] / Nachspann *m* · Anhang *m*
~**order** *v/n* (BO) / (noun:) Nachbestellung *f* · (verb:) nachbestellen *v*
~**plane** *n* [EDP] *s.* motherboard
~ **projection reader** *n* [Repr] / Durchlichtlesegerät *n*
~**-reference** *n* [Ind] / Rückverweisung *f*
~ **runs** *pl* (of a periodical etc.) [Bk] / rückwärtige Jahrgänge *pl*

~slash *n* (\) [Writ; EDP] /
Rückwärtsschrägstrich *m*
~slide *n* (used to keep the cards in
a catalogue drawer upright) [Cat] /
Gleitblock *m* · Stellklotz *m*
~space key [EDP] / Rücktaste *f*
~strip *n* (of a book) [Bind] / Rücken *m*
~swell *n* [Bind] / Steigung *f*
~ title *n* [Bk] / Rückentitel *m*
~ up *v* [EDP] / sichern *v*
~-up *n* (of data) [EDP] / Sicherung *f* (von
Daten) · Datensicherung *f*
~up computer *n* [EDP] / Vorrechner *m*
~-up copy *n* [EDP] / Sicherungskopie *f*
~up copy *n* [Bk] / Reserveexemplar *n*
~-up printing *n* [Prt] / Widerdruck *m*
backward channel *n* [Comm] ⟨ISO 2382/9⟩
/ Hilfskanal *m*
~ supervision *n* [Comm] /
Rückwärtssteuerung *f*
badge *n* [OrgM] / Kennzeichen *n* ·
Abzeichen *n* ∥ *s.a. name badge*
~ reader *n* [EDP] / Lesegerät zum Lesen
von Kärtchen, Schildchen u.dgl. *n* (z.B.
Ausweiskarten, Signaturschilder)
badly trimmed *pp* [Bind] / verschnitten *pp*
bag and coat deposit *n* [BdEq] / Taschen-
und Mäntelablage *f*
~ locker *n* [BdEq] / Taschenschließfach *n*
balance *n* (an amount left over) [BgAcc] /
Saldo *m* ∥ *s.a. bank balance; unexpended
balance*
~ area *n* [BdEq] / Nebennutzfläche *f*
~ brought forward *n* [BgAcc] *s. balance
carried forward*
~ carried forward *n* [BgAcc] / Übertrag *m*
· Saldoübertrag *m* · Saldovortrag *m*
balanced collection *n* [Stock] /
ausgewogener Bestand *m*
~ data link *n* [Comm] / Übermittlungsab-
schnitt mit gleichberechtigter Steuerung *m*
~ station *n* [Comm] / Hybridstation *f*
balloon *n* (in a comic strip) [Bk] /
Sprechblase *f*
~ cloth *n* [Bind] / Ballonleinen *n*
ballpoint (pen) *n* [Writ] / Kugelschreiber *m*
ball printer *n* [EDP; Prt] /
Kugelkopfdrucker *m*
balustrade *n* [BdEq] / Brüstung *f*
band chart *n* [InfSc] / Banddiagramm *n* ·
Bandgrafik *f*
~ nippers *pl* [Bind] / Bündezange *f* ·
Bundzange *f*

bands *pl* [Bind] / Bünde *pl* ∥ *s.a. cords;
dummy bands; false bands; raised bands;
sunk bands; thongs; underbanding*
bandwidth *n* [Comm] / Bandbreite *f*
bank account *n* [BgAcc] / Bankkonto *n*
~ balance *n* [BgAcc] / Kontostand *m*
~ charges *pl* [BgAcc] / Bankgebühren *pl*
~ transfer *n* / Überweisung *f* ∥ *s.a. proof
of bank transfer*
banned books *pl* [Bk] / verbotene
Bücher *pl*
banner *n* [NBM] / Spruchband *n* ·
Werbebanner *n*
~ (headline) *n* [Bk] / Balkenüberschrift *f* ·
Schlagzeile *f* ∥ *s.a. streamer*
baptismal name [Cat] / Taufname *m*
bar chart *n* [InfSc] / Balkendiagramm *n*
· Stabdiagramm *n* · Säulendiagramm *n* ∥
*s.a. band chart; histogram; overlapped bar
chart*
~ code *n* [EDP] / Balkencode *m* ·
Strichcode *m*
~-code(d) label *n* [EDP] / Balkencode-
Etikett *n* · Strichcode-Etikett *n*
~-code reader *n* [EDP] / Handlesegerät *n* ·
Balkencode-Leser *m* · Strichcode-Leser *m*
~-code scanner *n* [EDP] / Lesestift *m*
~-code stick *n* [EDP] / Strichcode-Leser *m*
· Lesestift *m*
~ diagram *n* [InfSc] *s. bar chart*
bargain offer *n* [Acq] / Sonderangebot *n*
bar graph *n* [InfSc] *s. bar diagram*
~ (line) printer *n* [EDP; Prt] /
Typenstabdrucker *m* · Stabdrucker *m* ·
Typenstangendrucker *m*
baroque library *n* [Lib] / Barockbiblio-
thek *f*
barrier sheet *n* [Bk] / Trennblatt *n*
(zwischen zwei Tafeln)
baryta paper *n* [Pp] / Barytpapier *n*
basan skin *n* [Bind] / Basane *f*
base 1 *n* (carrier for a photosensitive
emulsion) [Repr] ⟨ISO 6196-4⟩ /
Schichtträger *m* · Trägermaterial *n*
~ 2 *n* (of a shelving unit) [Sh] / Sockel *m*
∥ *s.a. wooden base*
~ address *n* (of data) [EDP] ⟨ISO
2382/VII⟩ / Basisadresse *f* · Grundadresse *f*
· Bezugsadresse *f* · Datenanfangsadresse *f*
~ bracket *n* [Sh] / Sockelwange *f*
~ line *n* [EDP] ⟨ISO/IEC 2382-23⟩ /
Grundlinie *f* (einer Schrift)
basement stack *n* [BdEq] / Kellermagazin *n*

basement (storey)   278

~ **(storey)** *n* [BdEq] ⟨ISO 6707/1⟩ / Tiefgeschoss *n* · Untergeschoss *n* · Kellergeschoss *n*
base price *n* [Acq] / Grundpreis *m*
~ **shelf** *n* [Sh] / Sockelboden *m*
~ **stock** *n* [Repr] *s. base 1*
basic-entry card *n* (as part of a periodical accession record) [Acq] / Stammkarte *f*
~ **reference model** *n* [Comm] / Basis-Referenzmodell *n*
~ **repertoire** *n* [Comm] / Grundumfang *m*
~ **research** *n* [InfSc] / Grundlagenforschung *f*
~ **statement** *n* [EDP] / Grundanweisung *f*
~ **studies** *pl* (foundation course) [Ed] / Grundstudium *n*
basil *n* [Bind] / Basane *f*
bastarda *n* [Writ; Prt] / Bastarda *f*
bastard title *n* [Bk] / Schmutztitel *m* · Vortitel *m*
batch|file *n* [EDP] / Stapeldatei *f*
~ **mode** *n* [EDP] / Stapelverarbeitung *f*
~ **processing** *n* [EDP] ⟨ISO 2382-10⟩ / Stapelverarbeitung *f* · Stapelbetrieb *m* ‖ *s.a. remote batch processing*
~ **sent on approval** *n* [Acq] / Ansichtssendung *f*
bathymetric chart *n* [Cart] / bathymetrische Karte *f* · Tiefenkarte *f*
battered copy *n* [Bk] / Mängelexemplar *n*
battery-powered calculator *n* [Off] ⟨ISO 2382/22⟩ / Rechenmaschine mit Batteriebetrieb *f*
battledore *n* [Bk] / englische Fibel aus dem 18.Jh.
baud *n* [Comm] / Baud *n*
~ **rate** *n* [Comm] / Baud-Rate *f*
bay *n* (section of a wall) [BdEq] / Fach *n* (ausgemauert) · Modul *n*
BCC *abbr* [Internet] *s. blind carbon copy*
BCDC *abbr* [EDP] *s. binary-coded decimal code*
BCD code *n* (BCDC) [EDP] / Binärcode für Dezimalziffern *m*
bds. *abbr. s. in boards*
bead(ing) *n(n)* (of the headband) [Bind] / Wulstkante *f*
beard 1 *n* (of a type) [Prt] *US* / Schriftkonus *m* · Konus *m*
~ 2 *n* (of a type) [Prt] *Brit* / Fleisch *n*
beast epic *n* [Bk] / Tierepos *n*
beater *n* [Pp] / Stampfe *f* · Holländer *m*
beating engine *n* [Pp] / Holländer *m*
beginning of file *n* [EDP] / Dateianfang *m*

~-**of-tape marker** *n* [EDP] / Bandanfangsmarke *f*
beginnings of stains along the edges / Anrandungen *pl*
bell curve *n* [InfSc] / Glockenkurve *f*
belles lettres *pl but sing in constr* [Bk] / Belletristik *f* · schöne Literatur *f*
belly band *n* [Bk] / Buchschleife *f* · Bauchbinde *f*
belt drive *n* (of a record player) [NBM] / Riemenantrieb *m*
bench book *n* [Bk] / Buch für die praktische Arbeit am Arbeitsplatz *n*
~**mark test** *n* [EDP] / Benchmark-Test *m*
~ **press** *n* [Bind] / Spindelpresse *f*
benefit *n* [Org] / Nutzen *m* ‖ *s.a. cost-benefit analysis; fringe benefits*
Beneventan *n* [Writ] / Beneventana *f*
bequest *n* (items bequeathed) / Vermächtnis *n* · Legat *n* ‖ *s.a. estate*
~ **inventory** *n* [Acq] / Nachlassverzeichnis *n*
bespeak *v* (a book) [RS] / vormerken *v*
bestiary *n* [Bk] / Bestiarium *n*
bestseller *n* [Bk] / Bestseller *m*
beta *n* [EDP] / Betaversion *f*
between-stack distance *n* [Sh] / Regalabstand *m*
between-stack width *n* [BdEq; Sh] *s. between-stack distance*
bevel *n* [Prt] / Schriftkonus *m* · Konus *m*
bevelled boards *pl* [Bind] *s. bevelled edges*
~ **edges** [Bind] / abgeschrägte Deckelkanten *pl*
beverage machine *n* [BdEq] / Getränkeautomat *m*
biannual *n* [Bk] / Halbjahresschrift *f* ‖ *s.a. biennial*
bi-annual budget *n* [BgAcc] / Doppelhaushalt *m* · Zwei-Jahres-Haushalt *m*
bias relation *n* [Class] ⟨ISO 5127/6⟩ / Richtungsbeziehung *f*
bibelot *n* [Bk] / Miniaturbuch *n* (besonders schön gestaltet)
bible paper *n* [Pp] / Bibel(druck)papier *n*
biblid *n* (bibliographic identification of contributions in serials and books) ⟨ISO 9115⟩ / Biblid *n*
biblio *n* [Bk] / bibliographische Angaben (auf der Rückseite des Titelblatts)
~**clasm** *n* [Bk] / Büchervernichtung *f*
~**clast** *n* [Bk] / Biblioklast *m*
bibliographer 1 *n* (one who prepares bibliographies) [Bib] / Bibliograph *m*

~ 2 *n* (one who writes about books) [Bk] / Buchkundler *m* · Buchwissenschaftler *m*
~ 3 *n* (one who is responsible for collection development in a special field) [Staff; Acq] US / Fachreferent *m* · Erwerbungsreferent *m* (für ein Fachgebiet) ‖ *s.a. area bibliographer; language bibliographer; subject bibliographer*
~ 4 *n* (a bibliographic checker) [Staff] / Bibliographierer *m*
bibliographical ghost *n s. ghost (edition)*
bibliographically independent work *n* [Bk] / selbständig erschienenes Werk *n* · selbständiges Werk *n* · selbständiges Dokument *n*
bibliographic checker *n* [Bib] / Bibliographierer *m*
~ **checking** *n* [Bib] / Bibliographieren *n* · bibliographische Ermittlung *f* · (of books to be ordered:) Vorakzession *f*
~ **checking unit** *n* [Acq; OrgM] / Vorakzession *f*
~ **citation** *n* (reference in a bibliography or database) [Bib; Retr] / Zitat *n* ‖ *s.a. bibliographic reference*
~ **control** *n* [Bib] / bibliographische Kontrolle *f*
~ **database** *n* [InfSy] ⟨ISBD(ER)⟩ / Literatur-Datenbank *f* · Literatur-Informationsbank *f* · Hinweisbank *f*
~ **department** *n* [Acq; OrgM] US / Abteilung für Bestandsaufbau *f* (bestehend aus „bibliographers")
~ **description** *n* [Cat] ⟨ISBD(M; S; CM; ER; A); ISO 5127/3a⟩ / bibliographische Beschreibung *f* · formale Erfassung *f* · formale Beschreibung *f* ‖ *s.a. descriptive cataloguing; level of description*
~ **element** *n* [Bib; Cat] ⟨ISO 5127/3a⟩ / bibliographisches Element *n*
~ **entity** *n* [Bk] ⟨GARR⟩ / bibliographische Einheit *f*
~ **entry** *n* [Bib; Cat] ⟨ISO 5127/3a; ISO 7154⟩ / Eintragung *f* · Eintrag *m*
~ **format** *n* (the size of a publication in terms of the number of times the printed sheet has been folded to make the leaves of a book,e.g. folio) [Bk] ⟨AACR2; ISBD(A)⟩ / bibliographisches Format *n*
~ **information interchange format** *n* [Bib; Cat; EDP] / Austauschformat *n*
~ **instruction** *n* [RS] / Benutzerschulung *f* · Benutzerunterweisung *f* (mit Betonung der bibliographischen Aspekte)
~ **item** *n* [Cat] *s. item*

~ **record** *n* [Bib; Cat] / Titelaufnahme *f* (als bibliographischer Datensatz)
~ **record prepared for exchange** *n* / bibliographische Austauscheinheit *f*
~ **reference** *n* [Bib] ⟨ISO 690; ISO 5127/2⟩ / Literaturangabe *f* · Literaturnachweis *m* · bibliographischer Nachweis *m* ‖ *s.a. list of references*
~ **reference service** *n* / bibliographischer Nachweisdienst *m*
~ **retrieval** *n* [Retr] *s. information retrieval*
~ **search** *n* [Bib] *s. search 1*
~ **strip** *n* (on the front page of the cover of a periodical) [Bk] ⟨ISO/R 30⟩ / Ordnungsleiste *f* · bibliographische Ordnungsleiste *f* DDR
~ **tool** *n* [Bib] / bibliographisches Hilfsmittel *n*
~ **unit** *n* [Bk] / bibliographische Einheit *f*
~ **utility** *n* [Lib] / Verbundzentrum *n* (mit einer bibliographischen Datenbank für die Katalogisierung usw.)
~ **verification** *n* [Bib] / bibliographische Ermittlung *f* · Bibliographieren *n*
~ **volume** *n* [Bk] / bibliographischer Band *m*
bibliography 1 *n* (bibliology) [Bk] ⟨ISO 5127/1⟩ / Buchkunde *f* ‖ *s.a. critical bibliography; historical bibliography*
~ 2 *n* (list of books etc.) [Bib] ⟨ISO 215; ISO 5127/1+2⟩ / Bibliographie *f* ‖ *s.a. analytical bibliography; closed bibliography; current bibliography; enumerative bibliography; national bibliography; subject bibliography; trade bibliography; universal bibliography*
biblio|klept *n* [Bk;] / Bücherdieb *m*
~**kleptomaniac** *n* [Bk] / Bücherdieb *m* (krankhaft)
~**logy** *n* [Bk] ⟨ISO 5127/1⟩ *s. bibliography 1*
~**mane** *n* [Bk] / Bibliomane *m*
~**mania** *n* [Bk] / Bibliomanie *f*
~**maniac** *n* [Bk] / Büchernarr *m* · Bibliomane *m*
~**manist** *n* [Bk] *s. bibliomaniac*
~**metrics** *pl but sing in constr* [InfSc] / Bibliometrie *f*
~**pegist** *n* [Bind] / Buchbinder *m* ‖ *s.a. binder 2*
~**pegy** *n* [Bind] / Einbandkunst *f* ‖ *s.a. binding art*
~**phile** *n* [Bk] / Bibliophiler *m*
~**philic** *adj* [Bk] / bibliophil *adj*
~**philism** *n* [Bk] / Bibliophilie *f*

bibliophilist

~**philist** *n* [Bk] / Bibliophiler *m*
~**philistic** *adj* [Bk] / bibliophil *adj*
~**phily** *n* [Bk] / Bibliophilie *f*
~**thecal classification** *n* [Class] / bibliothekarische Klassifikation *f*
~**therapy** *n* [Bk] / Bibliotherapie *f*
bib table *n* [BdEq] *s. index table*
bicycle rack *n* [BdEq] / Fahrradständer *m*
bid 1 *n* [Acq] / Angebot *n* (auf Grund einer Ausschreibung) · Gebot *n* (auf einer Auktion) ‖ *s.a. closing bid; highest bid; invitation to bid; opening bid; topping bid*
~ 2 *v* [Acq] / 1 (at auctions:) bieten *v* · 2 (offer to do work at a certain price:) ein Angebot machen · 3 an einer Ausschreibung teilnehmen *v*
bidder *n* [cq] / Bieter *m* ‖ *s.a. highest bidder*
bid documents *pl* [BdEq] / Ausschreibungsunterlagen *pl*
bi-directional record *n* [Writ] ⟨ISBD(ER)⟩ / Dokument in mehreren Schriften mit zwei verschiedenen Schreibrichtungen
biennial *n* [Bk] / Zweijahresschrift *f* ‖ *s.a. biannual*
bifurcate classification *n* [Class] / dichotomische Klassifikation *f*
bilingual dictionary *n* [Bk] / zweisprachiges Wörterbuch *n*
bill 1 *n* (invoice) [BgAcc] / Rechnung *f*
~ 2 *v* (someone for something) [BgAcc] / eine Rechnung ausstellen *v* (jemandem für etwas ~ ~ ~) · berechnen *v* (jemandem etwas ~) ‖ *s.a. billing*
~ 3 *n* (draft of a proposed law) [Law] / Gesetzesvorlage *f* · Gesetzesvorschlag *m* ‖ *s.a. draft law*
~ 4 *n* [PR] / (public announcement:) Aushang · (poster:) Plakat *n* ‖ *s.a. billboard; handbill; playbill*
~**able** *adj* [BgAcc] / gebührenpflichtig *adj*
~**board** *n* [BdEq] / Plakattafel *f*
billing *n* [BgAcc] / Fakturierung *f* · Rechnungslegung *f*
~ **date** *n* [BgAcc] / Rechnungsdatum *n*
~ **number** *n* [BgAcc] / Rechnungsnummer *f*
~ **system** *n* [BgAcc] / Abrechnungssystem *m*
bimonthly *adj/n* [Bk] / 1 zweimonatlich *adj* · 2 Zweimonatsschrift *f*
binary *adj* [EDP] / binär *adj*
~ **channel** *n* [Comm] / Binärkanal *m*
~ **character** *n* [InfSy] / Binärzeichen *n*
~ **code** *n* [EDP] / Binärcode *m*

280

~**-coded decimal code** *n* (BCDC) [EDP] ⟨ISO 2382/V⟩ / Binärcode für Dezimalziffern *m*
~**-coded decimal representation** *n* [EDP] / binär codierte Dezimalzifferndarstellung *f*
~ **digit** *n* [EDP] ⟨ISO 2382/IV⟩ / Binärzeichen *n*
~ **element** *n* [EDP] / Binärzeichen *n*
~ **file** *n* [EDP] / Binärdatei *f*
~ **notation** *n* [Class] ⟨ISO 5127/6⟩ / binäre Notation *f*
~ **number** *n* [EDP] / Binärzahl *f* · Dualzahl *f*
~ **recording mode** *n* [EDP] / Binärschreibweise *f*
~ **search** *n* [EDP] / Binärsuche *f*
~ **zero** *n* [EDP] / Binärnull *f*
bind *v* [Bind] / binden *v* · (binding:) Einbinden *n* ‖ *s.a. misbound; ready for binding; rebind; unbound edition*
binder 1 *n* (loose cover) [Off] / Mappe *f* ‖ *s.a. loose-leaf binder; magazine binder; quick-action binder; ring binder; spring binder*
~ 2 *n* (bookbinder) [Bind] / Buchbinder *m*
~ 3 (binding agent) [Pres] / Bindemittel *n*
binder's board [Bind] / Buchbinderpappe *f*
~ **brass** *n* [Bind] / Messingstempel *m* ‖ *s.a. front cover brass*
~ **cloth** *n* [Bind] *s. book cloth*
~ **glue** *n* [Bind] / Buchbinderleim *m*
~ **leaves** *pl* [Bind] / unbedruckte, vom Buchbinder zusätzlich zum Vorsatz eingefügte Blätter
~ **slip** *n* [Bind] *s. bindery slip*
~ **ticket** *n* / Buchbindeetikett *n* ‖ *s.a. name pallet; signed binding*
~ **title** *n* [Bind; Bk] / Buchbindertitel *m* ‖ *s.a. binding title*
~ **trim** *n* [Bind] / Buchblockbeschnitt *m*
bindery *n* [Bind] / Buchbinderei *f* ‖ *s.a. edition bindery; home bindery; in-house bindery*
~ **preparation division** *n* [OrgM] / Einbandstelle *f*
~ **record** *n* [Bind] *s. binding record*
~ **section** [Bind; OrgM] / Buchbinderei (als Abteilung in einer Bibliothek)
~ **slip** *n* [Bind] / Bindezettel *m*
bind in *v* [Bind] / anbinden *v*
binding 1 *n* [Bind] / Binden *n* · 1 Einbinden *n* · 2 Einband *m* (kind of binding: Einbandart) ‖ *s.a. adhesive binding; case binding; laminated binding; reinforced binding*

~ **agent** *n* [Pres] / Bindemittel *n*
~ **art** *n* [Bind] / Einbandkunst *f*
~ **book** *n* [Bind] / Buchbinderjournal *n*
~ **case** *n* [Bind] / Einbanddecke *f* · Buchdecke *f* ‖ *s.a. casemaker; sample binding case*
~ **cloth** *n* [Bind] *s. book cloth*
~ **decoration** *n* [Bind] / Einbandverzierung *f* · Einbandschmuck *m* ‖ *s.a. binding design*
~ **design** *n* [Bind] / Einbandgestaltung *f* · Einbandzeichnung *f* ‖ *s.a. binding decoration*
~ **error** *n* [Bind] / Einbandfehler
~ **fabric** *n* [Bind] / Einbandgewebe *n*
~ **fabrics** *pl* [Bind] / Einbandstoffe *pl*
~ **instruction** *n* [Bind] / Bindeanweisung *f*
~ **margin** *n* [Prt] / Bundsteg *m*
~ **method** *n* [Bind] / Bindeart *f* · Bindeverfahren *n*
~ **pattern** *n* [Bind] / Musterpappe *f* · Mustereinbanddecke *f*
~ **record** *n* [Bind] / (in form of a book:) Buchbinderjournal *n* · (in form of a card index:) Buchbinderkartei *f*
~ **sample** *n* [Bind] *s. binding pattern*
~ **shop** *n* [Bind] / Buchbinderei
~ **slip** *n* [Bind] *s. bindery slip*
~ **specifications** *pl* [Bind] / Einbandanweisungen *pl* · Einbandanforderungen *pl*
~ **specimen** *n* [Bind] *s. binding pattern*
~ **title** *n* [Bind] / Einbandtitel *m*
~ **unit** *n* [OrgM] *s. bindery preparation division*
~ **vehicle** *n* [Pres] / Bindemittel *n*
~ **wire** *n* [Bind] / Heftdraht *m* ‖ *s.a. wire sewing; wire stabbing; wire stitching*
~ **with ticket** *n* [Bind] / signierter Einband *m* (mit Hilfe eines eingeklebten Zettels) ‖ *s.a. name pallet*
bind in paper boards *v* [Bind] / kartonieren *v*
~ **in paper covers** *v* [Bind] / broschieren *v*
~ **up** *v* [Bind] / aufbinden *v*
bio-bibliography *n* [Bib] / Bio-Bibliographie *f*
biographee *n* [Bk] / biographierte Persönlichkeit *f*
biographer *n* [Bk] / Biograph *m*
biographical dictionary *n* [Bib] / biographisches Lexikon *n*
~ **dictionary of scientists** *n* / Gelehrtenlexikon *n*

biography *n* [Bk] ⟨ISO 5127/2⟩ / Biographie *f* ‖ *s.a. collective biography*
bird's-eye view *n* [Cart] / Vogelschaubild *n*
bit *n* [EDP] / Bit *n*
~ **density** *n* [EDP] / Bitdichte *f*
~**map (graphic)** *n* / Pixelraster *n* · Bitmap-Grafik *f* · Bitmap *f* · Pixel-Grafik *f*
~**-mapped graphics** *pl but sing in constr* / Pixelgrafik *f* · Bitmap-Grafik *f*
bitonal *adj* [ElPubl] / zweifarbig *adj* · bitonal *adj*
bit rate *n* [EDP] / Bit-Geschwindigkeit *f*
biweekly *n* [Bk] / 1 (twice a week:) zweiwöchentlich *adj* · 2 (a semiweekly:) Halbwochenschrift *f* · (a fortnightly:) Zweiwochenschrift *f*
black *n* (work up) [Prt] / Spieß *m*
~**-and-white film** *n* [Repr] / Schwarzweiß-Film *m*
~ **and white image** *n* [ElPubl] / Schwarzweißbild *n*
~**board** *n* [BdEq] / Wandtafel *f*
~ **box** *n* [InfSc] / schwarzer Kasten *m*
blackening *n* [Pp] / Schwärzung *f*
black face *n* [Prt] / fette Schrift *f*
~ **ink** *n* [Prt] / Druckerschwärze *f*
~ **letter** *n* [Writ] / Textur(a) *f(f)* · Fraktur *f*
~ **step** *n* [Bind; Prt] / Flattermarke *f*
blad *n* [Bk] / Musterband *m* · Blindband *m*
blank *n* (blank page) [Bk] *s. blank (page)*
~ **cassette** *n* [NBM] / Leerkassette *f*
~ **CD** *n* [NBM] / CD-Rohling *m*
~ **(character)** *n* [EDP] ⟨ISO 2382/IV⟩ / Leerzeichen *n* · Leerstelle *f* ‖ *s.a. space (character)*
~ **cover** *n* [Bind] / Einband ohne Beschriftung und Verzierung *m*
~ **dummy** *n* [Bk] / Blindband *m*
blanket agreement *n* [OrgM] / Rahmenabkommen *n*
~ **cylinder** *n* (offset press) [Prt] / Gummizylinder *m*
~ **order** *n* [Acq] ⟨ISO 5127/3a⟩ / Dauerauftrag *m* · Pauschalbestellung *f* ‖ *s.a. standing order*
~ **reference** *n* [Cat] / allgemeine Verweisung *f* · Pauschalverweisung *f*
~ **roller** *n* [Prt] *s. blanket cylinder*
~ **stitching** *n* [Bind] / verschlungener Überwendlingsstich *m*
blanking interval *n* [Comm] / Austastlücke *f*
blank line *n* [Prt] / Leerzeile *f*
~ **material** *n* [Prt] / Blindmaterial *n*

blank (page)

~ **(page)** *n* [Bk] / Leerseite *f* · Vakat-Seite *f*
blanks *pl* [Prt] *s. blank material*
blank space *n* [Prt] / Ausschluss *m* ‖ *s.a. space out 1*
~ **stamping** *n* [Bind] / Blindpressung *f*
~ **tape** *n* [PuC] / Lochstreifen *m*
~ **tooling** *n* [Bind] *s. blind tooling*
~ **truncation** *n* [Retr] / Leerstellenabschneidung *f*
~ **value** *n* [EDP] / Leerwert *m*
bleach 1 *v* [Pres] / bleichen *v*
~ 2 *n* (bleaching substance) [Pres] / Bleichmittel *n*
bleached *pp* / gebleicht *pp*
bleaching *n* [Pres] / Bleiche *f*
bled *pp* [Bind] / zu stark beschnitten *pp* (mit Textverlust)
~ **off plate** *n* [Bk] / angeschnittene Tafel *f*
bleed *n* [Bk; Cart] / 1 angeschnittenes Bild *n* · 2 Kartenanschnitt *m* · 3 zu stark beschnittener Steg *m*
bleeding edge *n* [Cart] *s. bleed*
bleed off *v* (of illustrations) [Bk] / anschneiden *v*
blind blocking *n* [Bind] / Blindpressung *f*
~ **carbon copy** *n* [Internet] / blinder Durchschlag *m*
~ **colours** *pl* [ElPubl] / Blindfarben *pl*
~ **finishing** *n* [Bind] / Blindverzierung *f*
~ **out** / ausblenden *v* (nicht anzeigen)
~ **page** *n* [Bk] / Vakat-Seite *f*
~ **print** *n* / Schimmel(bogen) *m(m)*
~ **reference** *n* [Cat] / leere Verweisung *f*
~ **sheet** [Prt] *s. blind print*
~-**stamped panel** *n* [Bind] / Plattenpressung *f*
~ **stamping** *n* [Bind] / Blinddruck *m* · Blindpressung *f*
~ **terminal** *n* [EDP] / Schreibterminal *n*
~ **tool** *n* [Bind] / Blindstempel *m*
~ **tooling** *n* [Bind] / Blinddruck *m* · Blindstempelung *f* · Handblinddruck *m*
blip *n* [Repr] ⟨ISO 6196/2⟩ / Bildmarke *f* · Suchzeichen *n*
blister [Cart] *US* / Randüberzeichnung *f*
blistering *n* [Pp] / Blasenbildung *f*
block 1 *n* [Prt] / Druckstock *m* · Klischee *n* ‖ *s.a. line block*
~ 2 *n* (of a blocking press) [Bind] / Platte *f* · Pressplatte *f* ‖ *s.a. blind blocking*
~ 3 *n* [EDP] ⟨ISO 1001; ISO 2382-4⟩ / Block *m* · Datenblock *m* · physischer Satz *m*
~ **abort** *n* [Comm] / Blockabbruch *m*

282

~ **book** *n* [Bk] / Blockbuch *n*
~ **check** *n* [Comm] ⟨ISO 2382/9⟩ / Blockprüfung *f Comm*
~ **check character** *n* [Comm] / Blockprüfzeichen *n*
~ **check sequence** *n* [Comm] / Blockprüfzeichenfolge *f*
~ **cutter** *n* [Prt] / Formschneider *m*
~ **diagram** *n* [InfSc; Cart] ⟨ISO/IEC 2382/1⟩ / Blockdiagramm *n*
blocked record *n* [EDP] ⟨ISO 1001⟩ / geblockter Satz *m*
blocking *n* [Bind] *Brit* / Plattenpressung *f* · Prägen *n* ‖ *s.a. foil blocking; gold blocking*
~ **factor** *n* [EDP] ⟨ISO 2382-4⟩ / Blockfaktor *m*
~ **foil** *n* [Bind] / Prägefolie *f* ‖ *s.a. foil blocking*
~ **out** *n* [Repr] / Abdeckung *f* (Vorgang)
~ **powder** *n* [Bind] / Vergoldepulver *n*
~ **press** *n* [Bind] / Prägepresse *f* ‖ *s.a. gold blocking press*
block length *n* [EDP] / Blocklänge *f*
~ **letters** *pl* / Blockschrift *f Writ*
~ **maker** *n* [Prt] / Klischeeanstalt *f* · (process engraver:) Reproanstalt *f*
block making *n* [Prt] / Druckplattenherstellung *f* · Klischeeherstellung *f*
~-**printing** *n* [Prt] / Blockdruck *m* · (made from wood blocks:) Holztafeldruck *m*
~ **search** *n* [Retr] / Satzsuchlauf *m*
~ **size** *n* [EDP] ⟨ISO 2382-4⟩ / Blockgröße *f*
~ **stitching** *n* [Bind] / Blockheftung *f*
blotting paper *n* [Off] ⟨ISO 4046⟩ / Löschpapier *n*
blow-up *n* [Repr] / Großfoto *n* · Vergrößerung *f*
blow up *v* [Repr] / vergrößern *v*
blueprint *n* [Repr] / Blaupause *f* · Lichtpause *f* (mit weißen Linien auf blauem Hintergrund)
blurb *n* [Bk] / (jacket ~:) Waschzettel *m* ‖ *s.a. flap blurb*
BO *abbr s. backorder*
board 1 *n* (paperboard) [Pp] ⟨ISO 4046⟩ / Pappe *f* · Karton *m* ‖ *s.a. binder's board; boxboard; brown solid board; chipboard; grey board; millboard; mounting board; pasteboard; strawboard*
~ 2 *n* (motherboard) [EDP] / Platine *f* ‖ *s.a. circuit board; expansion board; mainboard; motherboard*

~ 3 (board of management) [OrgM] / Vorstand ‖ *s.a. executive board*
~ **binding** *n* [Bind] / Pappband *m*
~ **covers** *pl* [Bind] / (short for:) Pappband *m* ‖ *s.a. boards 2*
~ **cutter** *n* [Bind] / Pappschere *f*
~ **edge** *n* [Bind] / Deckelkante *f* · Kante *f*
~ **label** *n* [Bk] / Exlibris *n*
~ **of trustees** *n* [OrgM] / Kuratorium *n* ‖ *s.a. advisory board*
~ **paper** *n* (part of the endpaper) [Bind] / Spiegel *m*
boards 1 (covers) [Bind] / Deckel *pl* ‖ *s.a. back board; cardboard cover; cloth boards; cut in boards; front board; wooden boards*
~ 2 *pl* (short for: bound in boards) [Bind] / kartoniert *pp* ‖ *s.a. board covers*
board shears *pl* / Pappschere *f*
bocasin *n* [Bind] / Buckram von besonderer Qualität
bodkin *n* [Prt] / Ahle *f*
body 1 *n* (group of persons having corporate functions; corporate body) [OrgM] / Körperschaft *f* ‖ *s.a. funding body; government body; intergovernmental body; international body; issuing body; public body; student body*
~ 2 *n* [Prt] / Kegel *m* · Schriftkegel *m*
~ **colour** *n* [Pres] / Deckfarbe *f*
~ **matter** *n* [Prt] / Textlänge *f*
~ **of the book** *n* [Bind] / Buchblock *m*
~ **of the entry** *n* [Cat] / Korpus der Titelaufnahme *m* (bibliographische Beschreibung)
~ **paper** *n* [Pp] / Streichpapier *n*
~**-punched card** *n* [PuC] / Binnenlochkarte *f* · Flächenlochkarte *f*
~ **type** *n* [Prt] / Textschriften *pl* · Brotschriften *pl*
BOF *abbr* [EDP] *s. beginning of file*
boilerplate *n* (text module) [EDP] ⟨ISO/IEC 2382-23⟩ / Textbaustein *m*
bold face *n* [Prt] / fette Schrift *f* ‖ *s.a. medium-bold face; semi-bold face*
bold type *f* [Prt] *s. bold face*
bolt *n* [Bind] / Faltkante *f* (unaufgeschnitten) ‖ *s.a. tail fold*
bond paper *n* [Pp] / Kanzleipapier *n* · Wertzeichenpapier *n* · Dokumentenpapier *n* · (archival paper:) Archivpapier *n*
bone folder *n* [Bind] / Falzbein *n*
book 1 *n* [Bk] ⟨ISO 5127/2; ISO 9707; ISO 2789⟩ / Buch *n*

~ 2 *n* (typescript of play, motion picture, etc.) [NBM] / Skript *n* · Buch *n*
~ **art** *n* [Art] / Buchkunst *f*
~ **auction** *n* [Bk] / Buchauktion *f* · Bücherversteigerung *f*
~ **band** *n* (strip of paper wrapped round a book) [Bk] / Bauchbinde *f* · Buchbinde *f* · Buchschleife *f*
~**binder** *n* [Bind] / Buchbinder *m* ‖ *s.a. craft binder; extra binder; miscellaneous binder*
~**binder's volume** *n* / Buchbinderband *m*
~**bindery** *n* [Bind] / Buchbinderei ‖ *s.a. edition bindery; in-house bindery*
bookbinding *n* [Bind] / Buchbinden *n* ‖ *s.a. craft of bookbinding*
~ **board** *n* [Bind] ⟨ISO 4046⟩ / Buchbinderpappe *f*
book box *n* (book shrine) [Bind] / Buchkasten *m* · Buchkapsel *f*
~ **budget** *n* [BgAcc] / Buchetat *m* · Erwerbungsetat *m* · Vermehrungsetat *m*
~ **burning** *n* / Bücherverbrennung *f*
~ **buyer** *n* [Bk] / Buchkäufer *m*
~ **buying** *n* [Acq] / Buchkauf *m* · Buchankauf *m*
~ **card** *n* [RS] / Buchkarte *f*
~ **carriage** *n* (for facilitating the rapid microfilming of large printed books) [Repr] / Buchwippe *f*
~ **carrier (system)** *n* [BdEq] / Buchförderanlage *f*
~ **case** *n* (box used as a protective cover for a book) [Bk] / Schutzkarton *m*
bookcase 1 *n* (a book cover ready to be attached to the text block) [Bind] / Buchdecke *f* ‖ *s.a. casemaking*
~ 2 *n* [Sh] / (a framed set of two or more shelves:) Bücherregal *n* · (with doors:) Bücherschrank *m* ‖ *s.a. case (type) shelving; display case; double-sided case; floor case; free-standing bookcase; island (book)case; rolling case; single-sided case*
book case *n* (book chest) [BdEq] / Bücherkiste *f*
~ **catalogue** *n* [Cat] / Bandkatalog *m*
~**-censorship** *n* [Bk] / Buchzensur *f*
~ **chest** *n* [BdEq] / Bücherkiste *f*
~ **chute** *n* [BdEq] / Bücherrutsche *f*
~ **cloth** *n* [Bind] / Buchbinderleinen *n* ‖ *s.a. cloth binding*
~ **club** *n* [Bk] / Buchgemeinschaft *f*
~**-collecting policy** *n* [Acq] / Erwerbungspolitik *f*
~ **collector** *n* [Bk] / Büchersammler *m*

book composition

~ **composition** *n* [Prt] / Werksatz *m*
~ **conveyor** *n* [BdEq] / Buchförderanlage *f*
~ **cover** *n* [Bk] / Schutzhülle *f* ‖ *s.a.* cover 1
~-**cover paper** *n* [Bind] / Überzugspapier *n*
~ **cradle** *n* [Repr] / Buchwippe *f*
~ **craft** *n* [Bk] / Buchgewerbe *n* (~~s: Zweige des Buchgewerbes)
~ **culture** *n* [Bk] / Buchkultur *f*
~-**dealer** *n* [Bk] / Buchhändler *m*
~ **decoration** *n* [Bk] / Buchschmuck *m*
~ **design** *n* [Bk] / Buchgestaltung *f* · Ausstattung *f* (eines Buches)
~ **detection system** *n* [BdEq] / Buchsicherungsanlage *f*
~ **display** *n* / Buchausstellung *f* · Buchauslage *f*
~ **distributor** *n* [BdEq] / Buchverteilungsanlage *f*
~ **drop** *n* [BdEq] *s.* book return
~ **elevator** *n* [BdEq] / Bücheraufzug *m*
~ **end** *n* [Sh] / Bücherstütze *f* · Buchstütze *f* ‖ *s.a.* angle support; end support; suspended bracket
~ **exhibition** *n* [PR] / Buchausstellung *f*
~ **face** *n* [Prt] / Buchschrift *f* · Werkschrift *f*
~ **fair** *n* [Bk] / Buchmesse *f* · Buchhandelsmesse *f*
~ **fund** *n* [BgAcc] *s.* book budget
~ **funds** *pl* [BgAcc] / Erwerbungsmittel *pl*
~-**guard** *n* [Bind] / Falz *m*
~ **hand** *n* [Writ] / Buchschrift *f*
~ **hawker** *n* [Bk] / Kolporteur *m* · Hausierbuchhändler *m*
~ **history** *n* [Bk] / Buchgeschichte *f*
~ **hoist** *n* [BdEq] / Bücheraufzug *m*
~ **holder** *n* [Repr] / Buchwippe *f*
~ **illustrator** *n* [Bk] / Buchillustrator *m*
~ **issue system** *n* [RS] *s.* issuing system
~ **jacket** *n* [Bind] / Umschlag *m* · Schutzumschlag *m* ‖ *s.a.* jacket band; jacket blurb; jacket design; jacket-flap
~ **jobber** *n* [Bk] *US* / Buchgroßhändler *m* ‖ *s.a.* library book jobber
~ **jobbing** *n* [Bk] *US* / Buchgroßhandel *m*
~-**keeping department** *n* [OrgM] / Rechnungsstelle *f* · Buchhaltung *f*
~ **label** *n* [Bk] / Exlibris *n*
~-**let** *n* [Bk] / Heft *n* · Broschüre *f*
~ **lift** *n* [BdEq] / Bücheraufzug *m*
~ **light** *n* [Bk] / Leselampe *f*
~ **loss** *n* [Stock] / Buchverlust *m* ‖ *s.a.* loss rate
~ **louse** *n* [Pres] / Bücherlaus *f*

~-**lover** *n* [Bk] / Bücherfreund *m*
~-**lovers' edition** *n* [Bk] / Liebhaberausgabe *f*
~-**madness** *n* [Bk] / Bibliomanie *f*
~-**making** *n* [Bk] / Büchermachen *n* · Buchherstellung *f*
~ **manufacture** *n* [Bk] / Buchherstellung *f*
~-**mark** 1 *n* [Bk; Internet] / Lesezeichen *n* ‖ *s.a.* register 4; signet
~ **mark** 2 *n* (part of a call number) / Individualanhänger *m* ‖ *s.a.* author mark
~-**marker** *n* [Bk] / Lesezeichen *n*
~ **market** *n* [Bk] / Buchmarkt *m*
~-**mobile** *n* [Lib] *US* ⟨ISO 5127/1⟩ / Bücherbus *m*
~ **number** *n* [Sh] *s.* book mark 2
~ **of arms** *n* [Bk] / Wappenbuch *n*
~ **of drugs** *n* [Bk] / Arzneibuch *n* · Pharmakopöe *f*
~ **of hours** *n* [Bk] / Stundenbuch *n*
~ **of magnificence** *n* [Bk] / Prachtausgabe *f* ‖ *s.a.* edition de luxe
~ **of pattern(s)** *n* [Bk] / Musterbuch *n*
~ **of popular science** *n* / populärwissenschaftliches Buch *n*
~ **order suggestion** *n* [Acq] / Anschaffungsvorschlag *m* · Bestellwunsch *m*
~ **paper** *n* [Prt; Pp] / Werkdruckpapier *n*
~ **pedlar** *n* [Bk] / Kolporteur *m* · Hausierbuchhändler *m* · Kolportagebuchhändler *m*
~ **piracy** *n* [Bk] / Raubdruck(wesen) *m(n)*
~-**plate** *n* [Bk] ⟨ISO 5127-3⟩ / Exlibris *n* ‖ *s.a.* presentation bookplate
~ **pocket** *n* [RS] / Buchkartentasche *f*
~ **preparation** *n* [TS] / technische Buchbearbeitung *f*
~ **press** *n* [Bind] *s.* press 3
~ **processing** *n* [TS] / Buchbearbeitung *f* · Geschäftsgang *m* (der Buchbearbeitung) ‖ *s.a.* in process; physical processing
~ **processing speed** *n* [TS] / Buchdurchlaufzeit *f* (Schnelligkeit der Buchbearbeitung)
~ **processing time** *n* / Buchdurchlaufzeit *f*
~ **production** *n* [Bk] / Buchherstellung *f* · Buchproduktion *f*
~ **promotion** *n* / Buchförderung *f* · Buchwerbung *f* ‖ *s.a.* promotion of literature
~ **publicity** *n* / Buchwerbung *f*
~ **publishing** *n* [Bk] / Verlagswesen *n*
~ **purchase** *n* [Acq] / Buchkauf *m* · Buchankauf *m*

~ **purchaser** n [Bk] / Buchkäufer m
~ **rack** n [Sh] / Büchergestell n · Regal n · Bücherständer m · Buchständer m ‖ s.a. revolving bookrack
~ **request slip** n [Acq] / Wunschzettel m
~ **rest** n [BdEq] / (for holding a book:) Lesepult n (zum Aufstellen auf einem Tisch) · (at the end of a shelving unit:) Anlesebrett n ‖ s.a. slope-top table
~ **return** n [BdEq] / Bucheinwurf m · Büchereinwurf m ‖ s.a. book chute
~-**return chute** / Büchereinwurf m (in Verbindung mit einer Bücherrutsche)
~ **return counter** n [RS] s. discharge point
~ **return slot** n [BdEq] s. book return
~ **review** n [Bk] / Buchbesprechung f · Rezension f
~ **review index** n [Bib] / Bibliographie der Rezensionen f
~ **satchel** n [Bk] / Buchtasche f
~ **scanner** n [EDP] / Buchscanner n
~-**security system** n [BdEq] / Buchsicherungsanlage f ‖ s.a. theft detection system
~ **selection** n [Acq] / Buchauswahl f ‖ s.a. aids to book selection
~-**selection meeting** n / Kaufsitzung f
~ **selection policy** n [Acq] / Erwerbungspolitik f
~-**seller** n [Bk] / Buchhändler m ‖ s.a. itinerant bookseller; retail bookseller; second-hand bookseller
~-**sellers' association** n [Bk] / Buchhändlerverband m
~-**shelf** n / Bücherbord n · Bücherbrett n
~-**shop** n [Bk] / Buchhandlung f · Buchladen m ‖ s.a. general bookstore; special bookstore
~ **shrine** n [Bind] / Buchschrein m · Buchkapsel f · Buchkasten m
books in print pl [Bk] / lieferbare Bücher pl ‖ s.a. out of print
book-square n [Bind] s. square
books-received file n [Acq] / (machine-readable file:) Zugangsdatei f · (card file:) Zugangskartei f
book|stack capacity n [Stock] / Magazinkapazität f
~-**stack management** n [Stock] / Magazinverwaltung f
~-**stack(s)** n(pl) [BdEq] s. stack(s) 1
~-**stack unit** n [Sh] / Regaleinheit f
~-**stall** n [Bk] / Buchverkaufsstand m
~ **stamp** n [TS] s. ownership stamp

~ **stand** n [Sh] / Büchergestell n · Bücherständer m ‖ s.a. book rack
~-**stock** n [Stock] / Buchbestand m ‖ s.a. open-shelf bookstock
~-**stock management** n [Stock] / Bestandsverwaltung f
~-**store** n [Bk] s. bookshop
~ **studies** pl / Buchkunde f (als Forschungsfeld)
~ **support** n [Sh] / Bücherstütze f · Buchstütze f ‖ s.a. angle support; end support; suspended bracket
~ **tally** n / Büchergutschein m
~ **theft** n [Bk] / Bücherdiebstahl m ‖ s.a. theft detection system
~-**thief** n [Bk] / Bücherdieb m ‖ s.a. book detection system
~ **token** / Büchergutschein m
~ **trade** n [Bk] / Buchhandel m ‖ s.a. antiquarian (book) trade; distributive book trade; not in trade; publishing trade; wholesale booktrade
~ **trade directory** n [Bk] / Buchhandelsadressbuch n
~ **trade fair** n [Bk] / Buchhandelsmesse f · Buchmesse f ‖ s.a. antiquarian book fair; selling fair
~ **trolley** n [BdEq] Brit / Bücherwagen m
~ **trough** n [Sh] / Büchertrog m
~ **truck** n [BdEq] US / Bücherwagen m
~ **type** n [Prt] s. book face
~ **van** n [Comm] / Bücherauto n · (travelling library:) Bücherbus m
~ **wagon** n [Comm] s. book van
~ **week** n [PR] / Woche des Buches f ‖ s.a. children's book week
~-**wheel** n [Sh] / Bücherrad n
~ **wholesaler** n / Barsortiment n · Buchgroßhändler m · Buchgroßhandlung f
~-**work** n [Prt] / Werkdruck m
~-**worm** 1 n (larva of a moth or beetle) [Pres] / Bücherwurm m ‖ s.a. book louse; death watch (beetle); infestation of bookworms
~-**worm** 2 n (a person who reads voraciously) [Bk] / Bücherwurm m · Leseratte f
Boolean algebra n [Retr] / Boole'sche Algebra f
~ **logic** n [Retr] / Boole'sche Logik f
~ **operator** n [Retr] ⟨ISO 2382/1⟩ / Boole'scher Operator m
~ **search** n [Retr] / Boole'sches Recherchieren n
boot 1 v [EDP] / booten v ‖ s.a. bootstrap

boot

~ 2 *n* [EDP] / Ureingabe *f* ‖ *s.a. cold boot*
booth *n* (listening ~) [BdEq] / Abhörkabine *f* ‖ *s.a. single booth; typing booth*
boot|leg *n* [Bk; NBM] / Schmuggelware *f* (insbes. Raubkopien)
~**strap** *v* [EDP] / laden *v* · starten *v* (ein System mit Urlader starten)
~**strapping** *n* [EDP] / Urladeverfahren *n*
border *n* [Bk] / Randleiste *f* ‖ *s.a. ornamental border*
border *n* [Cart] / Umrahmung *f*
~ **break** *n* [Cart] / Randüberzeichnung *f*
borrow *v* [RS] / entleihen *v* · ausleihen *v* · entlehnen *v* A
borrower *n* [RS] / Entleiher *m* ‖ *s.a. registered borrower; rules for borrowers*
~ **registration** *n* [RS] / Benutzeranmeldung *f*
borrower's card *n* [RS] / Leserausweis *m* · Benutzerausweis *m* · Benutzerkarte *f*
borrowers' file *n* [RS] / (machine-readable file:) Benutzerdatei
borrower's number *n* [RS] / Benutzernummer *f*
borrowers' register *n* [RS] / Leihregister *n* · (machine-readable file:) Benutzerdatei · (card file:) Benutzerkartei *f*
~ **registration** *n* [RS] / Entleiheranmeldung *f* ‖ *s.a. reader registration*
borrower's ticket *n* [RS] *s. borrower's card*
borrowing *n* [RS] / Entleihung *f* (books authorized for borrowing: ausleihbare Bücher)
~ **card** *n* [RS] *s. borrower's card*
~ **charge** *n* / Ausleihgebühr *f*
~ **interlibrary loan** *n* [RS] / nehmender Leihverkehr *m* · passiver Leihverkehr *m* ‖ *s.a. fax borrowing request form*
~ **privileges** *pl* [RS] / Ausleihberechtigung *f* ‖ *s.a. privileges desk; registration; withdrawal of borrowing privileges*
~ **regulations** *pl* [RS] / Ausleihbedingungen *pl*
boss *n* (metal knob) [Bind] / Buckel *m*
bot *n* [Internet] / Roboter *m* ‖ *s.a. cancel bot*
both-way communication *n* / beidseitige Datenübermittlung *f*
bottleneck *n* [OrgM] / Engpass *m*
bottom|band *n* [Bind] / unteres Kapital *n*
~ **edge** *n* [Bind] / Unterschnitt *m*
bottom margin *n* [Prt] / Fußsteg *m*
~ **shelf** *n* [Sh] / Sockelboden *m*

bought-in cataloguing *n* [Cat] / Fremdkatalogisierung *f* · Katalogisierung durch Fremddatenübernahme *f* (mit Entgeltzahlung)
bound *pp* [Bind] / gebunden *pp*
boundary value *n* / Grenzwert *m* ‖ *s.a. threshold value*
bound by directives *pp* [OrgM] / weisungsgebunden *pp*
~ **edition** *n* / gebundene Ausgabe *f* ‖ *s.a. unbound edition*
~ **in boards** *pp* [Bind] / kartoniert *pp*
~ **in paper covers** *pp* [Bind] / broschiert *pp*
~ **with** *pp* [Bind; Cat] / angebunden *pp* · beigebunden *pp* · mitgebunden *pp*
boustrophedon writing *n* [Writ] / Bustrophedon *n* · Furchenschrift *f*
bow bracket *n* [Writ; Prt] / geschweifte Klammer *f*
bowdlerized edition *n* [Bk] *s. expurgated edition*
box 1 *n* (cardboard box) [BdEq] / Karton *m* · Schachtel *f* (custom box: nach Vorgaben des Kunden gefertigte Schachtel) ‖ *s.a. filing box; phase box; removal box*
~ 2 *n* (in a form) [Off; TS] / Kästchen *n* (to check/tick/mark the appropriate box: das entsprechende Kästchen ankreuzen) ‖ *s.a. check box*
~ 3 *n* (area of print enclosed by a border) [Writ; Prt] / Umrandung *f* · Kasten *n*
~**board** *n* [Bind] / Kartonagenpappe *f*
~ **head(ing)** [Prt] / umrandete Überschrift *f*
brace *n* [Writ; Prt] / geschweifte Klammer *f* · Akkolade *f*
bracket 1 *n* [Writ; Prt] / (each of a pair of marks used to enclose words, figures,etc.:) Klammer *f* ‖ *s.a. angle bracket; brace; parenthesis; round bracket; square bracket*
~ 2 *v* [Writ; Prt] / einklammern *v* · klammern *v* ‖ *s.a. bracketed interpolation*
~ 3 *n* [Sh] / Bücherwange *f* · Seitenwange *f* · Konsole *f* (an einem Regal) ‖ *s.a. base bracket; hanging bracket*
~ 4 *n* (group containing similar elements) [Gen] / Gruppe *f* · Klasse *f* · Stufe *f* ‖ *s.a. income bracket; pay bracket*
bracketed interpolation *n* [Cat] / geklammerte Einfügung *f* (in einer Titelaufnahme) · Klammerzusatz *n* (zu einer Titelaufnahme in eckigen Klammern)

bracket shelves *pl* [Sh] / Magazinregal(e) *n(pl)* (bracket shelving: Aufstellung in Magazinregalen)
Bradel binding *n* [Bind] / Bradel-Einband *m*
Bradford's law of scatter *n* [InfSc] / Bradford's Gesetz der Streuung *m*
Bradshaw *n* [Bk] *Brit* / Kursbuch *n*
braille *n* [Bk; Writ] / Blindenschrift *f* · Brailleschrift *f* · Punktschrift *f*
Braille book *n* [Bk] / Punktschriftbuch *n*
brain game *n* [NBM] / Denkspiel *n*
branch *n* (in a program flowchart) [EDP] ⟨DIN 2382/VII⟩ / Programmverzweigung *f* · Verzweigung *f*
branching point *n* (in a program flowchart) [EDP] ⟨ISO 2382/VII⟩ / Aufspaltung *f* · Verzweigungspunkt *m*
branch instruction *n* [EDP] / Sprunganweisung *f* · Sprungbefehl *m* ‖ *s.a.* conditional branch instruction
~ **library** *n* [Lib] / Zweigbibliothek *f* · (in a university:) Teilbibliothek *f* ‖ *s.a.* departmental library 1
~ **point** *n* (in a program flowchart) [EDP] *s.* branching point
brand *n* [BdEq] / Marke (Warenzeichen)
~ **name** *n* / Markenname *m*
breach of contract *n* [OrgM] / Vertragsbruch *n*
bread beetle *n* [Pres] / Brotkäfer *m*
~ **board** *n* [BdEq] / Ausziehplatte *f* · Ausziehschieber *m*
break 1 *v/n* [BdEq] / (disconnect a circuit:) abschalten *v* · (interrupt:) unterbrechen *v* · (interruption of continuity.) Pause *f* · Unterbrechung *f*
~ 2 *n* (separation of composed matter) [Prt] / Absatz *m*
~ 3 *n* (disconnection) [Comm] / Verbindungsabbruch *m*
~ **character** *n* [Prt] / Trennzeichen *n*
~-**down** *n* [Class; BdEq] / (of a subject field:) Gliederung *f* · (collapse:) Ausfall *m* · Störung *f* ‖ *s.a.* budget breakdown; computer breakdown; failsafe; machine failure
breaking copy *n* (a copy that may be dismembered) [Bk] / Schlachtexemplar *n*
breaking period *n* [Comm] / Abschaltzeit *f*
break key *n* (on a keyboard) [BdEq] / Unterbrechungstaste *f*
~-**line** *n* [Prt] / Ausgangszeile *f*
breve *n* (mark over a short or unstressed vowel) [Writ; Prt] / Kürzezeichen *n*

breviary *n* [Bk] / Brevier *n*
bridgeware *n* [EDP] / Überbrückungssoftware *f*
brief 1 *n* (instruction for a task) [Gen] / schriftliche Anweisung *f* ‖ *s.a.* architect's brief; briefing paper
~ 2 *n* (papal letter) [Bk] / Breve *n*
~-**entry catalogue** *n* / Kurztitelkatalog *m*
~-**ing paper** *n* [OrgM] / Sachstandsbericht *m* (in schriftlicher Form) ‖ *s.a.* architect's brief
~**listing** *n* [Cat] / Interimskatalogisierung *f* · provisorische Katalogisierung *f*
~ **(record) cataloguing** *n* [Cat] / Kurztitelaufnahme *f* · verkürzte Katalogisierung *f*
bright copy *n* [Bk] / schönes Exemplar *n*
brightness (of a colour) [ElPubl] / Helligkeit *f* (einer Farbe)
~ **proportion** *n* [ElPubl] / Helligkeitsanteil *m*
bristle brush [Pres] / Borstenpinsel *m*
brittle *adj* [Pp] / brüchig *adj*
~ **book** *n* [Pres] / ein Buch mit brüchigem Papier
brittleness *n* [Pres] / Brüchigkeit *f* · Sprödigkeit *f*
broadband communication *n* [Comm] / Breitbandkommunikation *f*
~ **network** *n* [Comm] / Breitbandnetz *n*
broadcast *v* [Comm] / senden *v* · übertragen *v* (durch Rundfunk)
broadcasting library *n* [Lib] / Rundfunkbibliothek *f*
~ **rights** *pl* [Comm; Law] / Senderechte *pl*
~ **station** *n* / Rundfunkstation *f*
~ **recording** *n* [Comm] / Rundfunkmitschnitt *m*
~ **transmission** *n* / Rundfunkübertragung *f* · Rundfunksendung *f* ‖ *s.a.* date of broadcast; wired broadcasting
broad classification *n* [Class] ⟨ISO 5127/6⟩ / Grobklassifikation *f*
broader concept *n* [Ind] / übergeordneter Begriff *m*
~ **term** *n* (BT) [Ind] ⟨ISO 5127/6; ISO 2788⟩ / übergeordneter Begriff *m*
~ **term generic** *n* (BTG) [Ind] ⟨ISO 2788⟩ / Oberbegriff *m* (Abstraktionsrelation)
~ **term partitive** *n* (BTP) [Ind] ⟨ISO 2788⟩ / Verbandsbegriff *m*
broadsheet *n* [Bk] *s.* broadside
broadside *n* [Bk] ⟨AACR2⟩ / Einblattdruck *m*
brocade(d) paper *n* [Pp] / Brokatpapier *n*

brochure *n* [Bk] / Broschüre *f* · Heft *n* ‖ *s.a. advertising brochure*
broken binding *n* (note in an antiquarian catalogue) [Bind] / aus dem Einband
~ **line** *n* [Prt] / Ausgangszeile *f*
~ **loose** *pp* [Bind] / ausgebrochen *pp*
bromide paper *n* [Repr] / Bromsilberpapier *n*
~ **(print)** *n* [Repr] / Bromsilberdruck *m* · Bromsilberkopie *f*
bronzing *n* [Pp] / Bronzierung *f*
browned *pp* [Bk; Pres] / gebräunt *pp*
~ **spots** *pl* (note in an antiquarian catalogue) [Bk] / Bräunungen *pl*
brownings *pl* [Bk] *s. browned spots*
brown paper *n* [Pp] / Packpapier *n*
~ **solid board** *n* [pp] / Braunpappe *f*
~**-spotted** *pp* [Bk; Pres] / braunfleckig *adj*
browse *v* (read desultorily) / schmökern *v*
browsing *n* [RS] / Browsing *n* · Schmökern *n* · Stöbern *n*
~ **area** *n* [BdEq] / Anlesezone *f* · Schmökerzone *f*
bruised *pp* (note in an antiquarian catalogue) [Bind] / bestoßen *pp* ‖ *s.a. slightly bruised*
brush coating *n* [Pp] / Bürstenstrich *m*
Brussels Classification *n* [Class] / Brüsseler Dezimalklassifikation *f* · Universale Dezimalklassifikation *f*
BT *abbr* [Ind] ⟨DIN 1463/2⟩ *s. broader term*
BTG *abbr* [Ind] ⟨DIN 1463/2⟩ *s. broader term generic*
BTP *abbr* [Ind] ⟨DIN 1463/2⟩ *s. broader term partitive*
bubble memory *n* [EDP] / Magnetblasenspeicher *m* · Blasenspeicher *m*
buckling *n* [Pres] / Verformung *f*
buckram *n* [Bind] / Buckram-Leinen *n* ‖ *s.a. light-weight buckram*
buckskin *n* [Bind] / Wildleder *n*
budget *n* [BgAcc] / 1 Haushalt *m* · Etat *m* · 2 Haushaltsplan *m* ‖ *s.a. bi-annual budget; extraordinary budget; instructional budget; lump-sum budget; multi-annual budget; operating budget; program budget; size of the budget; supplementary budget; total budget*
~ **account** *n* [BgAcc] / Haushaltstitel *m* · Haushaltstitel *m*
~ **allocation** *n* / Haushaltsansatz *m* (verfügbarer Betrag)
budgetary committee *n* [BgAc] / Haushaltsausschuss *m*

~ **control** *n* [BgAcc] / Haushaltskontrolle *f* · Haushaltsüberwachung *f* · Etatüberwachung *f*
~ **discipline** *n* [BgAcc] / Haushaltsdisziplin *f*
~ **expenditure** *n* / Haushaltsausgaben *pl*
~ **item** *n* [BgAcc] / Haushaltstitel *m*
~ **management** *n* [BgAcc] / Haushaltsführung *f*
~ **planning** *f* [BgAcc] / Haushaltsplanung *f* · Finanzplanung *f*
~ **provisions** *pl* [BgAcc] / Haushaltsvorschriften *pl*
budget(ary) revenue *n* [BgAcc] / Haushaltseinnahmen *pl*
budgetary year *n* [BgAcc] / Haushaltsjahr *n*
budget breakdown *n* [BgAcc] / Haushaltsübersicht *f*
~ **category** *n* [BgAcc] / Haushaltstitel *m*
~ **cut** *n* [BgAcc] / Haushaltskürzung *f* · Mittelkürzung *f*
~ **cutback** *n* / Haushaltskürzung *f*
~ **deficit** *n* [BgAcc] / Haushaltsdefizit *n*
~ **estimate** *n* [BgAcc] / Haushaltsansatz *m* · Haushaltsvoranschlag *m*
~ **execution** *n* [BgAcc] / Haushaltsvollzug *m*
~ **heading** *n* [BgAcc] / Haushaltskapitel *n* (subheading:Unterkapitel)
budgeting *n* [BgAcc] / Haushaltsführung *f*
budgeting *n* [BgAcc] / Budgetierung *f*
budget regulations *pl* [BgAcc] / Haushaltsordnung *f*
~ **request** *n* [BgAcc] / Haushaltsantrag *m*
~ **surplus** *n* [BgAcc] / Haushaltsüberschuss *m*
buffer 1 *n* [EDP; Pp] ⟨ISO 2382/XII⟩ / Zwischenspeicher *m* · Puffer *m* ‖ *s.a. alkali buffer; data buffer; input buffer; print buffer*
~ **2** *v* [EDP; Pp] / (computing:) puffern *v* · zwischenspeichern *v*
~ **3** *v* [Pp] / (paper:) puffern *v* · abpuffern *v* ‖ *s.a. alkaline buffer*
~ **4** *n* [Pres] / Puffer *m*
~ **(storage)** *n(n)* [EDP] ⟨ISO 2382/XII⟩ / Zwischenspeicher *m* · Puffer *m*
bug *n* [EDP] / Fehler *m* (in der Soft- oder Hardware) ‖ *s.a. debug*
~**fixing** *n* [EDP] / Fehlerbeseitigung *f*
building *n* [BdEq] / Bau *m* · Gebäude *n* ‖ *s.a. multifunctional building*
~ **addition** *n* [BdEq] / Erweiterungsbau *m* ‖ *s.a. annex(e) 1*

~ **code** *n* [Law] / Bauordnung *f* ·
Baurechtsvorschriften *pl*
~ **department** *n* [OrgM] / Abteilung für
Gebäudeunterhaltung *f*
~ **depreciation** *n* [BgAcc] /
Gebäudeabschreibung *f*
~ **directory** *n* [BdEq] / Wegweiser *m/pl* (in
einem Gebäude) ‖ *s.a. directional sign(s)*
~ **expansion** *n* [BdEq] *s. building addition*
~**-in machine** *n* [Bind] / Schnelltrockner *m*
~ **inspection** *n* / Bauabnahme *f* ‖ *s.a. final inspection*
~ **maintenance** *n* [BdEq] /
Hausverwaltung *f* · Gebäudeunterhaltung *f*
· Gebäudeverwaltung *f*
~ **permit** *n* [BdEq] / Baugenehmigung *f*
~ **plan** *n* [BdEq] / Bauplan *m*
~ **planning** *n* [BdEq] / Bauplanung *f*
~ **programme** *n* [BdEq] /
Raumprogramm *n*
~ **regulations** [BdEq] / Bauvorschriften *pl*
~ **site** *n* [BdEq] / Baugrundstück *n*
~ **specification** *n* [BdEq] / Bauvorschrift *f*
~ **cabinet** *n* [BdEq] / Einbauschrank *m*
built-in equipment *n* [BdEq] *s. built-ins*
~ **font** *n* [ElPubl] / residente Schrift *f*
~ **function** *n* [EDP] / eingebaute Funktion *f*
built-ins *pl* [BdEq] / Einbauten *pl*
bulk 1 *n* (thickness of a book) [Bk] /
Masse *f* (the title needs more bulk: der
Titel braucht mehr Masse.)
~ 2 *n* (thickness of paper) [Pp] /
Papierstärke *f*
~ **storage** *n* [EDP] ⟨ISO 2382/XII⟩ / (bulk
storage device:) Massenspeicher *m* · (storing bulks of data:) Massenspeicherung *f*
bull *n* (papal edict) [Bk] / Bulle *f*
bullet *n* (to emphasize a line in a
list etc.) [Writ; Prt] / (large dot:)
Gliederungspunkt *m* · (dash:)
Spiegelstrich *n*
bulletin *n* [Bk] / Mitteilungsblatt *n*
~ **board** *n* [BdEq] / Anschlagbrett *n* ·
Anschlagtafel *f* · schwarzes Brett *n*
burglary alarm *n* [OrgM] /
Diebstahlalarm *m*
burin *n* [Art; Prt] / Grabstichel *m* ·
Stichel *m*
burn *v* (plates) [EPubl] / brennen *v* ·
(expose:) belichten *v*
burnish *v* [Bind] / glätten *v* · polieren *v*
burnished edge(s) *n(pl)* [Bind] /
Glanzschnitt *m*

burnisher *n* [Bind] / Polierstein *m* ‖ *s.a. tooth burnisher*
burst 1 *v/pp* [Bind] / platzen *v*
burst 2 *v/pp* [Bind] / (participle:)
aufgeplatzt *pp* · geplatzt *pp*
bursting resistance *n* [Pp] /
Berstwiderstand *m*
~ **test** *n* [Pp] / Berstfestigkeitsprüfung *f*
burst transmission *n* [Comm] ⟨ISO 2382/9⟩
/ Bitbündel-Übertragung *f*
bus *n* [EDP] / Bus *m* · Sammelschiene *f* ‖
s.a. address bus; control bus; data bus
business archives *pl* [Arch] /
Firmenarchiv *n* · Wirtschaftsarchiv *n*
~ **data** *pl* / kommerzielle Daten *pl*
~ **database** *n* [InfSy] / Wirtschaftsdatenbank *f*
~ **hours** *pl* [OrgM] / Geschäftszeiten *pl* ·
Öffnungszeiten *pl*
~ **information** *n* [InfSy] / Firmeninformation *f* · Wirtschaftsinformation *f*
~ **letter** *n* [Off] / Geschäftsbrief *m*
~ **library** *n* [Lib] *s. commercial library*
~ **plan** *n* [BgAcc; OrgM] /
Wirtschaftsplan *m*
~ **planning** *n* [OrgM] / Unternehmensplanung *f*
~ **printing** *n* [Prt] / Kleinoffset(druck) *n(m)*
· Bürooffsetdruck *m*
busy *adj* (of the telephone line, the
photocopier, etc.) [BdEq] / besetzt *pp*
~ **signal** *n* [Comm] / Besetztzeichen *n*
~ **tone** *n* [Comm] US *s. busy signal*
button *n* [BdEq; EDP/VDU] / (icon for
activating a process etc:) Schaltfläche *f* ·
(power button:) Taste *f* · Schaltknopf *m*
(für die Stromzufuhr) · Schalter *m* ‖ *s.a. mouse button*
~**hole stitch** *n* [Bind] / Knopflochstich *m*
buyers' guide *n* [Bk] / Bezugsquellennachweis *m* ‖ *s.a. trade directory*
buying guide *n* [Bk] / Einkaufsführer *m*
buy second hand *v* [Acq] / antiquarisch
kaufen *v*
byelaws *pl* (regulating the use of
public libraries) [Law] *Brit* / von der
örtlichen Aufsichtsbehörde erlassene
Benutzungsordnung *f* ‖ *s.a. circulation rules*
byline *n* [Bk] / Verfasserzeile (am Anfang
oder Ende eines Zeitungsartikels)
byname *n* [Cat] / Beiname *m*
by-product *n* [Gen] / Nebenprodukt *n*
byte *n* [EDP] / Byte *n*

C

C. A. *abbr* [EDP] *s. computer-aided*
cabinet edition *n* [Bk] *s. library edition*
~ **size** *n* [Bk] / Querformat *n*
cable *n* [BdEq] / Kabel *n* ‖ *s.a. connecting cable; fibre glass cable*
~ **broadcasting** *n* [Comm] / Kabelrundfunk *m*
~ **harness** *n* [BdEq] / Kabelbaum *m*
~ **television** *n* [Comm] / Kabelfernsehen *n*
~ **TV** *n* [Comm] / Kabelfernsehen *n*
CAD *abbr s. computer-assisted design*
cadastral map *n* [Cart] / Katasterkarte *f* · Flurkarte *f*
CAD program *n* [EDP] / CAD-Programm *n*
cafeteria *n* [BdEq] / Cafeteria *f* · Erfrischungsraum *m* · Kantine *f*
CAI *abbr* [Ed] *s. computer-assisted instruction*
calcography *n* [Art] / Kreidezeichnung *f*
calc program *n* [EDP] / Tabellenkalkulationsprogramm *n*
calculate *v* [Gen] / berechnen *v*
calculation *n* [Gen] / Berechnung *n* ‖ *s.a. cast(ing) off; cast(ing) up; rough calculation*
calculator *n* [Off; BdEq] ⟨ISO 2382/1+22⟩ / Rechenmaschine *f* ‖ *s.a. battery-powered calculator; desk-top calculator; mains-powered calculator; pocket calculator; printing calculator*

calendar 1 *n* [Gen; Bk] / (tabular register of days, almanac:) Kalender *m* · (system by which beginning, length, and subdivision of the year are fixed:) Zeitrechnung *f* · Kalender *m* ‖ *s.a. perpetual calendar*
~ 2 *n* (chronological list of documents) [Arch] / Regesten *pl*
~ 3 *n* (of a university) [Bk] *Brit* / Studienführer *m* · (lecture timetable:) Vorlesungsverzeichnis *n*
~ 4 *v* [Cat] / verzeichnen *v*
~ **date** / Kalendertag *m* · Kalenderdatum *n*
~ **of events** *n* / Veranstaltungskalender *m*
~ **year** *n* [Gen] / Kalenderjahr *n*
calender *n* [Pp] / Kalander *m*
calendered paper *n* [Pp] ⟨ISO 4046⟩ / satiniertes Papier *n* · kalandriertes Papier *n* ‖ *s.a. super-calendered paper; uncalendered paper*
calendering *n* [Pp] / Kalandersatinage *f*
calf *n* [Bind] / Kalbleder *n* ‖ *s.a. divinity calf; extra calf (binding); law calf; leather binding*
~ **binding** *n* [Bind] / Kalbleder(ein)band *m* · (with the sections sewn on raised bands and the boards snugly fitting into deep grooves:) Franzband *m*
calibrate *v* [EDP] / kalibrieren *v*
calibration *n* [BdEq] / Kalibrierung *f* ‖ *s.a. colour calibration*

calico *n* [Bind] / Kaliko *n*
call *v/n* [Comm] / (phone call:) Anruf *m* · (to phone:) anrufen *v* · (for doing sth.:) Aufruf *m* (etwas zu tun) ‖ *s.a.* **call for donation**
~ **back** *n* [Comm] / Rückruf *m*
~ **box** *n* [Comm; BdEq] / Telefonzelle *f*
~ **card** *n* [RS] / Bestellschein *m* · Bestellzettel *m*
~ **clearing** *n* [Comm] / Verbindungsauslösung *f* ‖ *s.a.* **outgoing calls barred**
~ **collision** *n* [Comm] / Rufzusammenstoß *m*
~ **control procedure** *n* [Comm] ⟨ISO 2382/9⟩ / Verbindungssteuerungsverfahren *n*
called address *n* [Comm] / Zieladresse *f*
~ **line identification** *n* [Comm] / Anschlusskennung *f* (der gerufenen Station)
~ **station** *n* [Comm] / gerufene Station *f*
call for action *n* [OrgM] / Handlungsbedarf *m*
~ **for donation** / Spendenaufruf *m*
~ **for tender(s)** *n* [BdEq] / Ausschreibung *f* ‖ *s.a.* **bid 2**
~ **forwarding** *n* [Comm] / Anrufweiterschaltung *f* · Rufumleitung *f*
calligrapher *n* [Writ] / Kalligraph *n*
calligraphy *n* [Writ] / Kalligraphie *f*
calling *n* [Comm] ⟨ISO 2382/9⟩ / Anruf *m*
~ **address** *n* [Comm] / Herkunftsadresse *f*
~-**card** *n* / Visitenkarte *f*
~ **line identification** *n* [Comm] / Anschlusskennung *f* (der rufenden Station)
~ **station** *n* [Comm] / rufende Station *f*
cal(l)iper *n* [Pp] / (instrument:) Dickenmesser *m* · Papierstärkemesser *m* · (strength of paper:) Papierstärke *f*
call number *n* [Sh] / Signatur *f* · Standortnummer *f* · Standnummer *f* ‖ *s.a. entering the call number on a request form; unique call number*
~ **number formulation** *n* [Sh] / Signaturbildung *f*
~ **progress signal** *n* [Comm] / Dienstsignal *n*
~ **request** *n* [Comm] / Rufanforderung *f* · abgehender Ruf *m* · Verbindungsaufforderung *f*
~ **set up** *n* [Comm] / Verbindungsaufbau *m*
~ **slip** *n* [RS] / Bestellschein *m* · Bestellzettel *m*
~ **statement** *n* [EDP] / Rufanweisung *f*

~ **transfer** *n* [Comm] / Umlegen *n* (eines Gesprächs)
CAM *abbr* [EDP] *s.* **content-addressable memory**
cameo binding *n* [Bind] / Kameoeinband *m*
camera card *n* [Repr] / Kamerakarte *f*
~-**ready** *adj* [Prt] / reproreif · reprofähig *adj*
~-**ready art** *n* [Prt] / reprofähige Grafik *f* · druckreifes Bildmaterial *n* (reproreif)
~-**ready copy** *n* [Prt] / Druckvorlage *f* (reproreif) · kamerafähiges Manuskript *n*
~ **scanner** *n* [ElPubl] / Kamera-Scanner *n*
cancel 1 *v* [Gen; EDP] / streichen *v* · annullieren *v* · tilgen *v* · löschen *v* ‖ *s.a.* **strike out**
~ 2 *v* (an order) [Acq] / stornieren *v* (eine Bestellung stornieren) ‖ *s.a.* **out of stock,cancelled**
~ 3 *v* (a subscription) [Acq] / ein Abonnement kündigen *v*
~ 4 *n* [Bk] ⟨ISBD(A)⟩ / (cancelling leaf:) Ersatzblatt *n* · Karton *m*
~ **bot** *n* [EDP] / Löschroboter *m*
~ **character** *n* [EDP] / Löschzeichen *n*
~ **key** *n* [EDP] / Löschtaste *f*
cancel(l)ation 1 *n* [Gen] / Annullierung *f* · Tilgung *f* · Löschung *f*
~ 2 *n* [Acq] / (of an order:) Stornierung *f* (einer Bestellung) · (of a periodical:) Abbestellung *f* (einer Zeitschrift) · (of a subscription:) Kündigung *f* (eines Abonnements)
~ **mark** *n* (used in correcting a proof) [Prt] / Tilgungszeichen *n*
cancel(ling) leaf *n* [Bk] *s.* **cancel 4**
cancel title-page *n* [Bk] / Titelblattkarton *m*
candidate descriptor *n* [Ind] ⟨ISO 5127/6⟩ / Deskriptor-Kandidat *m* · Kandidat-Deskriptor *m*
canon *n* [Bk] / Kanon *m*
canopy (top) *n* [Sh] / Abdeckboden *m* (als oberer Abschluß eines Regals)
canteen *n* [BdEq] / Kantine *f* ‖ *s.a. cafeteria*
cantilever bracket *n* [Sh] / Seitenwange *f* · Buchwange *f* · Konsole *f* (an einem Magazinregal)
cantilever(ed) shelving *n* [Sh]
canvas 1 (firm, loosely woven cloth) [Bind; Art] / Leinwand *f* · Leinen *n* ‖ *s.a. art canvas*
~ 2 [Art] / Gemälde (auf Leinwand)

capability *n* [Staff] / Befähigung *f* ·
Fähigkeit *f* ‖ *s.a. ability; management
capabilities*
capacitor storage *n* [EDP] ⟨ISO
2382/XII⟩ / kapazitiver Speicher *m* ·
Kondensatorspeicher *m*
capacity to act *n* [OrgM] /
Handlungsfähigkeit *f*
cape morocco *n* [Bind] / Ziegenleder aus
Südafrika
capital budget *n* [BgAcc] /
Investitionshaushalt *m*
~ **expenditure** *n* [BgAcc] ⟨ISO 2789⟩ /
Investitionsaufwendungen *pl*
~ **funds** *pl* [BgAcc] / Investitionsmittel *pl*
~ **goods** *pl* / Investitionsgüter *pl* ·
Sachkapital *n*
capitalization *n* [Writ; Prt] /
Großschreibung *f*
capitalize *v* [Writ; Prt] / großschreiben *v*
capital (letter) *n* [Writ; Prt] /
Großbuchstabe *m*
capitals *pl* [Prt] / Versalien *pl* ‖ *s.a. small
capitals*
capline *n* [EDP] / Versalhöhe *f*
caps *pl* [Prt:Writ] / Großbuchstaben *pl* ·
Versalien *pl*
~ **lock (key)** *n* (on a keyboard) [Writ] /
Feststelltaste *f* (auf einer Tastatur: für die
dauernde Großschreibung)
caption 1 *n* (the heading at the beginning
of a chapter / a text) [Bk] / Überschrift *f* ·
(chapter heading:) Kapitelüberschrift *f*
~ 2 *n* (text accompanying an illustration)
[Bk] ⟨ISO 215; ISO 5127/2⟩ /
Bildlegende *f* · (above an illustration:)
Bildüberschrift *f* · (below an illustration:)
Bildunterschrift *f*
~ **title** *n* [Bk] ⟨ISBD(S); AACR2⟩ /
Kopftitel
capture *v* [EDP] / erfassen *v* (the capture:
die Erfassung) ‖ *s.a. knowledge capture*
captured art treasures *pl* / (captured by the
Soviet Army:) Beutekunst *f*
~ **books** *pl* [Lib] / (captured by the Soviet
Army:) Beutebücher *pl*
CAR *abbr* [Retr] *s. computer-assisted
retrieval*
carbon copy *n* (cc) [Writ] / Durchschlag *m*
(mittels Kohlepapier) ‖ *s.a. blind carbon
copy*
carbonize *v* [Pres] / verkohlen *v*
card [Cat] / Karte *f* · Kärtchen *n* · Zettel *m*
cardboard *n* [Bind] / Karton *m* · Pappe *f* ‖
s.a. paperboard

~ **binding** *n* [Bind] / Pappband *m*
~ **box** *n* [BdEq] / Karton *m* ·
Pappschachtel *f* · Schachtel *f*
~ **cover** *n* [Bind] / Pappdeckel *pl*
~ **cutter** *n* [Bind] / Pappschere *f*
~ **cylinder** *n* [Sh] / Papprolle *f*
~ **roll** *n* [Sh] / Papprolle *f*
~ **scissors** *pl* [Bind] / Pappschere *f*
card cabinet *n* [Cat] / Katalogschrank *m*
(für einen Zettelkatalog)
~ **catalogue** *n* [Cat] / Kartenkatalog *m* ·
Kärtchenkatalog *m* · Zettelkatalog *m*
~ **charging system** *n* [RS] /
Buchkartenverfahren *n* (bei der
Ausleihverbuchung)
~ **code** *n* [PuC] / Lochkartencode *m*
~ **deck** *n* [PuC] / Kartenstapel *m*
~ **field** *n* [PuC] / Lochfeld *n*
~ **file** *n* [TS; Off] / Kartei *f* · (with the
cards kept on their edges:) Steilkartei *f* ‖
s.a. rotary card file; visible file
~ **index** *n* [Ind; Off] *s. card file*
~-**index box** *n* [BdEq] / Karteikasten *m*
~ **interpreter** *n* [PuC] / Lochschriftüberset-
zer *m*
~-**locking rod** *n* (of a catalogue tray) [Cat]
/ Schließstange *f*
~-**operated copier** *n* [BdEq] /
Kartenkopierer *m* ‖ *s.a. copy card*
~ **pack** *n* [PuC] Brit / Kartenstapel *m*
cardphone *n* / Kartentelefon *n*
card pocket *n* [RS] / Buchkartentasche *f*
~ **punch** *n* [PuC] / Kartenlocher *m* ·
Lochkartenstanzer *m*
~ **reader** *n* [PuC] / Lochkartenleser *m* ·
Kartenleser *m*
~ **read-punch** *n* [PuC] / Lochkarten-Lese-
Stanz-Einheit *f*
~ **reproducer** *n* [PuC] / Kartendoppler *m*
~ **row** *n* [PuC] / Lochreihe *f*
~ **tray** *n* [Cat] / Katalogkasten *m*
care *n* (of books) [Pres] / Pflege *f* (von
Büchern; Buchpflege)
career *n* [Staff] / Karriere *f* · (civil service:)
Laufbahn
~ **opportunities** *pl* [Staff] /
Aufstiegsmöglichkeiten *pl* ·
Beschäftigungsaussichten *pl* ·
Karrierechancen *pl*
~ **prospects** *pl* [Staff] / Beschäftigungsaus-
sichten *pl* ‖ *s.a. career opportunities*
caret *n* [Writ; Prt] / Winkelzeichen *n* ·
Einfügezeichen *n*
caretaker *n* [Staff] / Hausmeister *m*
caricature *n* [Art] / Karikatur *f*

caroline minuscule *n* [Writ] / karolingische Minuskel *f*
carolingian minuscule (script) *n* [Writ] *s. caroline minuscule*
carousel 1 *n* [BdEq] *s. car(r)ousel (displayer)*
~ 2 (container for slides) [NBM] / Rundmagazin *n*
carrel *n* [BdEq] *s. study carrel*
carriage return (key) *n* (on the keyboard of a terminal or typewriter) [EDP; Off] / Wagenrücklauf(taste) *m(f)*
carrier *n* [Comm] *s. common carrier*
~ **bag** *n* [RS] / Tragetasche *f* ‖ *s.a. plastic bag*
car(r)ousel (displayer) *n* [BdEq] / Drehsäule *f* · Drehständer *m* · Drehturm *m* · Buchkarussel *n* · Karussell *n*
carrying paper *n* (paper splitting) [Pp; Pres] / Trägerpapier *n*
cart *n* [BdEq] *US* / (vehicle:) Wagen *m* · (kinderbox:) Bilderbuchtrog *m* ‖ *s.a. shopping cart*
cartobibliography *n* [Cart] / Kartenbibliographie *f*
cartogram *n* [Cart] / Kartogramm *n*
cartographer (n) [Cart] / Kartograph *m*
cartographic interpretation *n* [Cart] / Karteninterpretation *f* · Kartenauswertung *f*
~ **material** *n* [Cart] / ⟨ISBD(CM); AACR2⟩ / kartographisches Material *n*
cartography *n* [Cart] / Kartographie *f*
cartology *n* [Cart] / Kartenkunde *f*
carton *n* (light box or container) [Pp; BdEq] / Pappschachtel *f* · Karton *m*
cartoon 1 *n* (preparatory design for a fresco) [Art] / Karton *m*
~ 2 *n* [Art] / Cartoon *m* · (humorous drawing:) Witzzeichnung *f* · (drawing intended as a satire:) Karikatur *f*
~ **film** *n* [NBM] / Zeichentrickfilm *m*
cartouche *n* [Bind; Cart] / Kartusche *f* ‖ *s.a. corner cartouche*
cartridge *n* [NBM; Repr] ⟨ISO 5127/11; ISO 6196-4; ISBD(NBM)⟩ / Patrone *f* · (magnetic tapes:) Einkernkassette *f* · Endloskassette *f* · (microforms:) Filmmagazin *n* ‖ *s.a. audio-cartridge; data cartridge; ink cartridge; print cartridge; toner cartridge*
~ **audiotape** *n* [NBM] / Endlostonband-Kassette *f*
~ **disk** *n* [EDP] *s. disk cartridge*
~ **paper** *n* [Bind] / Kartuschenpapier *n*

~ **videotape** *n* [NBM] / Endlos-Videokassette *f*
cartulary *n* [Arch] / Kopiar *n* · Kopialbuch *n*
cascade window *n* [EDP/VDU] *s. staggered window*
~ **menu** *n* [EDP] / gestaffeltes Menü *n* · Kaskadenmenü *n*
~ **style sheets** *pl* (CSS) [Internet] / mehrstufige Formatvorlagen *pl*
case 1 *n* [BdEq] / Kasten *n* · Behältnis *n* · Kiste *f* ‖ *s.a. periodical case; magazine case; open-back case*
~ 2 *n* [Sh] *s. bookcase 1*
~ 3 *n* [Prt] / Schriftkasten *m* · Setzkasten *m* ‖ *s.a. case sensitive; lower case (letters); upper case*
~ 4 *n* [Bind] / Buchdecke *f* · Einbanddecke *f* ‖ *s.a. bookcase 2; specimen case; case binding*
~-**based learning** *n* [KnM] / fallbasiertes Lernen *n*
~-**based reasoning system** *n* [KnM] / fallbasiertes Inferenzsystem *n*
~-**based representation** *n* [KnM] / fallbasierte Darstellung *f*
~ **binding** *n* [Bind] ⟨AACR2⟩ / Deckenband *m*
~**book** *n* [Bk] / Fallsammlung *f*
cased *pp* [Bind] / gebunden *pp*
case data management *n* [KnM] / Falldatenverwaltung *f* (case memorization:Abspeicherung früherer Fälle)
~ (**in**) *v* [Bind] / einhängen *v* ‖ *s.a. casing-in machine; recase*
~**maker** *n* [Bind] / Deckenmachgerät *n* · Buchdeckenmaschine *f*
~**making** *n* [Bind] / Deckenmachen *n*
~ **memorization** *n* [KnM] *s. case data management*
~ **press** *n* [Bind] / Anreibepresse *f*
~-**room** *n* [Prt] / Setzerei *f*
~ **sensitive** *adj* [EDP] / Klein- und Großbuchstaben unterscheidend *pres p*
~ **size** *n* [Bind] / Deckenformat *n*
~ **study** *n* [InfSc] / Fallstudie *f* · Einzelfallstudie *f*
~ (**type**) **shelving** *n* [Sh] / Ausstattung mit geschlossenen Bücherregalen *f* (mit oder ohne Türen)
cash discount *n* [BgAcc] / Barzahlungsrabatt *m* · Skonto *m/n*
~ **dispenser** *n* [BgAcc] / Geldautomat *m*

cash on delivery

~ **on delivery** *n* [Comm] / Nachnahme *f* ‖ *s.a.* COD parcel
~ **price** *n* [Acq] / Barpreis *m*
~ **prize** *n* [BgAcc] / Geldpreis *m* (zur Barauszahlung)
~ **register** *n* [BgAcc] / Registrierkasse *f*
~ **required with order** *n* (CWO) [Bk] / Barzahlung *f* (bei Bestellung)
~ **sale** *n* [Acq] / Barverkauf *m*
casing *n s. case binding*
~-**in machine** *n* [Bind] / Einhängemaschine *f*
cassette *n* [Repr] ⟨ISO 5127/11; ISO 6196-4; ISBD(NBM)⟩ / Kompaktkassette *f* · Zweikernkassette *f* · Doppelkernkassette *f* · Kassette *f* ‖ *s.a. audiocassette; videocassette*
~ **audiotape** *n* [NBM] / Tonbandkassette *f* ‖ *s.a. audiocassette*
~ **recorder** *n* [NBM] / Kassettenrecorder *m*
cast 1 *v* [Prt] / gießen *v*
~ 2 *n* (set of actors taking parts in a film etc.) / Besetzung *f*
~-**coated paper** *n* [Pp] / heiß gestrichenes Papier *n*
caster *n* [Prt] / Gießmaschine *f*
casting instrument *n* [Prt] / Gießinstrument *n*
~ **machine** *n* [Prt] / Gießmaschine *f* ‖ *s.a. linotype (machine)*
~ **mould** *n* [Prt] *s. mould 1*
cast(ing) off *n* [Prt; BgAcc] / Umfangsberechnung *f* (eines Druckwerks auf Grund der Druckvorlage)
~-**(ing) up** *n* [Prt; BgAcc] / Satzkostenberechnung *f* ‖ *s.a. typesetting costs*
castle library *n* [Lib] / Schlossbibliothek *f*
CAT *abbr s. computer-aided translation*
catalog 1 *n* (of a library) [Cat] *US s. catalogue 1*
catalog 2 *n* (~ of a university) [Bk; Ed] *US* / (course list:) Studienführer *m* · (lecture timetable:) Vorlesungsverzeichnis *n*
~ 1 *n* [Cat] ⟨ISO 5127/2+3a; AACR2⟩ / Katalog *m* ‖ *s.a. catalog 2; computerized catalogue; manual catalogue*
catalogue 2 *v* [Cat] / katalogisieren *v* · aufnehmen *v* ‖ *s.a. enter 1; recataloguing; recon*
~ **cabinet** *n* [Cat] *s. catalogue case*
~ **card** *n* [Cat] / Katalogkärtchen *n* · Katalogkarte *f* · Katalogzettel *m* ‖ *s.a. extension card; printed (catalogue) cards*
~ **case** *n* [Cat] / Katalogschrank *m*

294

~ **code** *n* [Cat] / Katalogregelwerk *n* · Katalogisierungsregelwerk *n*
~ **database** *n* [Cat] / Katalogdatenbank *f*
~ **department** *n* [OrgM] / Katalogabteilung *f*
~ **drawer** *n* [Cat] / Katalogkasten *m* · Katalogschublade *f*
~ **editing** *n* [Cat] / Katalogrevision *f*
~ **enquiry** *n* / Katalogabfrage *f*
~ **entry** *n* [Cat] ⟨ISO 5127/3a⟩ / Katalogeintragung *f* · Katalogisat *n* ‖ *s.a. entry*
~ **hall** *n* [BdEq] / Katalogsaal *m*
~ **maintenance** *n* [Cat] / Katalogverwaltung *f*
~ **of data elements** *n* [EDP] / Kategorienkatalog *m* · Datenerfassungsschema *n* · Kategorienschema *m* ‖ *s.a. input cataloguing workform*
~ **of manuscripts** *n* / Handschriftenkatalog *m*
cataloguer *n* [Staff] / Katalogisierer *m* · (performing descriptive cataloguing; descriptive cataloguer:) Titelaufnehmer *m*
catalogue record *n* [Cat] / Titelaufnahme *f*
~ **tray** *n* [Cat] *s. catalogue drawer*
~ **use** *n* [Cat] / Katalogbenutzung *f*
~ **user** *n* [Cat] / Katalogbenutzer *m*
cataloguing *n* [Cat] ⟨ISO 5127/3a⟩ / Katalogisierung *f* ‖ *s.a. centralized cataloguing; derived cataloguing; short cataloguing; temporary cataloguing*
~ **agency** *n* [Cat] / Katalogisierungszentrum *n* · Katalogisierungsstelle *f* (extern)
~ **arrears** *pl* [Cat] / Katalogisierungsrückstände *pl*
~ **backlog(s)** *n(pl)* [Cat] *s. cataloguing arrears*
~ **by subject headings** *n* [Cat] / Schlagwortkatalogisierung *f*
~ **code** *n* [Cat] / Katalogisierungsregelwerk *n*
~ **co-operative** *n* [Cat; OrgM] / Katalogisierungsverbund *n*
~ **data base** *n* [Cat] / Katalogdatenbank *f*
~ **department** *n* [OrgM] / Katalogabteilung *f*
~ **entry** *n* [Cat] *s. catalogue entry*
~ **in publication** *n* [Bib; Cat] ⟨ISO 5127/3a⟩ / Vorauskatalogisierung *f* (durch eine zentrale Katalogisierungsstelle)
~ **in source** *n* [Cat] *s. cataloguing in publication*
~ **record** *n s. record 3*
~ **rules** *pl* [Cat] / Katalogisierungsregeln *pl*

~ **union** *n* [Cat] / Katalogisierungsverbund *m*
catch *n* (metal plate secured to a book cover) / Schließblech *n* ‖ *s.a. clasp*
~ **letter** *n* (in a reference book at the top of a page) [Bk] / Leitbuchstabe *m*
catchment area *n* [Lib] / Einzugsgebiet *n* (catchment population: Bevölkerung des Einzugsgebietes)
catch stitch *n* [Bind] / Fitzbund *m*
~ **title** *n* [Bk] / Stichworttitel *m*
catchword 1 *n* (striking word in a title) [Ind] / Stichwort *n*
~ 2 *n* (in an old book or manuscript) [Bk] / (in an old printed book:) Kustos *m* (pl:Kustoden) · (medieval manuscripts:) Reklamante *f*
~ **entry** *n* [Ind] / Stichworteintragung *f*
~ **index** *n* [Ind] / Stichwortregister *n*
~ **title** *n* [Bk] / Stichworttitel *m*
catechism *n* [Bk] / Katechismus *m*
categorized abstract *n* [Ind] / Positionsreferat *n*
category *n* [Class] ⟨ISO 5127/6⟩ / Kategorie *f*
~ **of costs** *n* [BgAcc] / Kostenart *f*
~ **of expenditure** *n* [BgAcc] / Ausgabentitel *m*
cathedral binding *n* [Bind] / Einband im Kathedralstil *m*
~ **library** *n* [Lib] / Dombibliothek *f*
cathode-ray tube *n* [EDP/VDU] / Kathodenstrahlröhre *f* · Bildröhre *f*
~ **tube terminal** *n* [EDP/VDU] *s. video display terminal*
causal relation *n* [KnM] / Kausalbeziehung *f*
cc. *abbr* [Off] *s. carbon copy*
CCL *abbr* [Retr] *s. Common Command Language*
CCU *abbr* [Comm] *s. communications control unit*
CD *abbr s. compact (audio) disc*
CD burner *n* [NBM] / CD-Brenner *m* ‖ *s.a. net-burner*
~**-R** *abbr s. CD-Recordable*
~ **rack** *n* [BdEq] / CD-Ständer *m*
~**-Recordable** *n* [EDP] / CD-Rohling *m*
~ **recorder** *n* [EDP; NBM] / CD-Brenner *m*
~**-recording software** *n* [EDP] / CD-Brenner-Software *f*
~ **rewriter** *n* [EDP] / CD-Brenner *m*
~**-ROM** *abbr* / CD-ROM *f*
~**-ROM drive** *n* [EDP] / CD-ROM-Laufwerk
~**-ROM player** *n* / CD-ROM-Laufwerk
~**-RW** *abbr* / CD-Brenner *m*
~ **writer** *n* [EDP] / CD-Brenner *m*
cease publication *v* (of serials) [Bk] / das Erscheinen einstellen *v* · eingehen *v*
ceiling [BdEq] / Decke *f* ‖ *s.a. lowered ceiling*
~ **height** *n* [BdEq] / Deckenhöhe *f*
celestial chart *n* [Cart] / Himmelskarte *f* · Sternkarte *f*
~ **globe** *n* [Cart] / Himmelsglobus *m*
~ **map** *n* [Cart] *s. celestial chart*
cellphone *n* [Comm] / Mobiltelefon *n*
cellular (tele)phone *n* [Comm] / Mobiltelefon *n*
cellulose *n* [Pp] / Zellstoff *m* · Zellulose *f*
~ **nitrate film** *n* [Repr] / Nitrozellulosefilm *m*
cement *v* [Pres] / auskitten *v*
censor 1 *n* [Bk] / Zensor *m*
~ 2 *v* [Bk] / zensieren *v*
~**ship** *n* [Bk] / Zensur *f* ‖ *s.a. prior censorship*
census *n* / Erhebung *f* · (general ~:) Gesamterhebung *f* · Vollerhebung *f* · Totalerhebung · (count of population:) Volkszählung *f* ‖ *s.a. partial census; sample census*
~ **data** *pl* [InfSy] / Erhebungsdaten *pl* ‖ *s.a. survey data*
center *v* [EDP; Prt] ⟨ISO/IEC 2382-23⟩ / zentrieren *v*
center|line *n* [EDP] / Mittellinie *f*
centimetres per second *pl* (cps) [NBM] / cm/s *abbr* · Zentimeter pro Sekunde *pl*
central column *n* (of a stack unit) [Sh] / Mittelpfosten *m*
~ **control panel** *n* [EDP] / Bedienungsfeld *n*
centralized cataloguing *n* [Cat] ⟨ISO 5127/3a⟩ / Zentralkatalogisierung *f*
central library *n* [Lib] / Zentralbibliothek *f*
~ **memory** *n* [EDP] / Zentralspeicher *m*
~ **processing unit** *n* [EDP] ⟨ISO 2382/11⟩ / Zentraleinheit *f*
~ **processor** *n* [EDP] *s. central processing unit*
~ **storage** *n* [EDP] *s. central memory*
centre alignment *n* [Prt] / Zentrierung *f* · (der gesetzten Zeilen) · Mittelachsensatz *f*
centres *pl* [Sh] *s. stack centres*
centring *n* [Prt] / Mittelachsensatz *f* · Zentrierung *f*

CEO *abbr s. chief executive officer*
cerf *n* [Bind] / Kerbe *f*
certificate / Bescheinigung *f* · Schein *m* · Zertifikat *n* · Prüfungszeugnis *n* · Zeugnis *n* ‖ *s.a. degree certificate; quality inspection certificate; school-leaving certificate*
~ **authority** *n* [Internet] / Zertifizierungsstelle *f*
~ **of conduct** *n* [Staff] / Führungszeugnis *n*
~ **of employment** *n* [Staff] / Arbeitszeugnis *n*
~ **of maturity** *n* / Reifezeugnis *n*
~ **of origin** [Acq] / Herkunftsbescheinigung *f* · Ursprungszeugnis *n*
certification *n* [Internet] / Zertifizierung *f*
~ **body** *n* (quality management) / Zertifizierungsgesellschaft *f*
certified librarian *n* [Staff] / ein durch eine staatliche Stelle oder einen Berufsverband anerkannter Bibliothekar
~ **reference flexible disk** *n* [EDP] / zertifizierte Bezugsdiskette *f*
certify *v* [Adm] / zertifizieren *v* · bescheinigen *v* · (authenticate:) beglaubigen
cession of rights *n* [Law] / Rechtseinräumung *f*
CGA *abbr* [EDP] *s. colour graphics adapter*
chafed *pp* [Bind] / berieben *pp* · beschabt *pp* · bescheuert *pp* · abgewetzt *pp*
chagrin paper *n* [Pp] / Chagrinpapier *n*
chain *n* [Class] ⟨ISO 5127/6⟩ / Begriffsleiter *f* · klassifikatorische Kette *f*
~ **conveyor** *n* [BdEq] / Kettenförderanlage *f*
chained book *n* [Bk] / Kettenbuch *n*
~ **library** *n* [Lib] / Kettenbibliothek *f*
chain indexing *n* [Ind] / Kettenindexierung *f*
~ **lines** *pl* [Pp] / Wasserlinien *pl* · Steglinien *pl* · Querrippen *pl* · Siebmarkierung *f* ‖ *s.a. laid paper*
~ **marks** *pl US* / Siebmarkierung *f*
~ **printer** *n* [EDP; Prt] ⟨ISO 2382/XII⟩ / Kettendrucker *m*
~ **stitch** *n* [Bind] / Fitzbund *m*
chair *n* (of a committee) [OrgM] / Vorsitz *m* (to chair: den Vorsitz haben) ‖ *s.a. chairperson; university chair*
~ **holder** *n* [Ed] / Lehrstuhlinhaber *m*
~**man** *n* / Vorsitzende(r) *f(m)*
~**person** / Vorsitzende *m/f* (der/die Vorsitzende)
~**woman** *f* / Vorsitzende *f* (die Vorsitzende)

chalk|board *n* [BdEq] / Wandtafel *f*
~ **drawing** *n* [Art] / Kreidezeichnung *f*
~ **manner** *n* [Art] / Crayonmanier *f*
~**-patterned edge(s)** *n(pl)* [Bind] / Kreideschnitt *m*
chamfered edges *pl* [Bind] / abgeschrägte Deckelkanten *pl*
chammy *n* [Bind] *s. chamois(-leather)*
chamois(-leather) *n* [Bind] / Chamois *n* · Sämischleder *n*
champlevé *n* [Bind] / Grubenschmelz *m*
Chancellor of the Exchequer *n Brit* / Finanzminister *m*
chancery script *n* [Writ] / Kanzleischrift *f*
change machine *n* [BdEq] / Geldwechselgerät *n*
~ **of meaning** *n* [Lin] / Bedeutungswandel *m*
~**-on-ones recording** *n* [EDP] *s. NRZ recording*
channel *n* [Comm] ⟨ISO 2382/9+XVI⟩ / Kanal *m* · Nachrichtenkanal *m* · Übertragungskanal *m* ‖ *s.a. backward channel; forward channel; input channel; output channel*
~ **capacity** *n* [Comm] / Kanalkapazität *f*
~ **separation area** *n* (part of a microfilm jacket) [Repr] ⟨ISO 6194-4⟩ / Steg *m*
chapbook *n* / ein kleines, billiges Buch mit unterhaltendem oder erzieherischem Inhalt (verbreitet im 17. und 18. Jh.)
chapter *n* [Bk] ⟨ISO 5127/2; ISO 690⟩ / Kapitel *n*
~ **drop** *n* [Prt] / Vorschlag *m* (unbedruckter Raum vor Beginn eines Kapitels)
~ **heading** *n* [Bk] / Kapitelüberschrift *f*
character *n* (symbol used in a system of writing) [Writ; Prt] ⟨ISO 2382/IV; ISO 5127/1; ISO 5138/9⟩ / Zeichen *n* ‖ *s.a. binary character; graphic character; idle character; representation of characters; special characters*
~ **area** *n* [EDP/VDU] / Zeichenfeld *n*
~**-at-a-time printer** *n* [EDP; Prt] ⟨ISO 2382/XII⟩ / Zeichendrucker *m*
~ **base vector** *n* [EDP] / Zeichenbasisvektor *m*
~ **body** *n* [EDP/VDU] / Zeichenkörper *m*
~ **boundary** *n* [EDP/VDU] / Zeichenbegrenzung *f*
~ **density** *n* [EDP] / Zeichendichte *f*
~ **distance** *n* [EDP/VDU] / Zeichenzwischenraum *m*
~ **encoder** *n* [EDP] / Klarschriftcodierer *m*

~ **expansion factor** *n* [EDP] / Zeichenbreitefaktor *m*
~ **family** *n* [Prt] / Schriftfamilie *f*
~ **generator** *n* [EDP] / Zeichengenerator *m*
~ **height** *n* [EDP/VDU; Off] ⟨ISO 5138/9⟩ / Zeichenhöhe *f*
characteristic *n* (of a concept) [Ind; Class] ⟨ISO/R 1087⟩ / Merkmal *n* ‖ *s.a. quality characteristic*
~ **dimension** *n* [PuC] / Merkmalsdimension *f*
character position *n* [EDP/VDU] / Zeichenstelle *f*
~ **printer** *n* [EDP; Prt] / Zeichendrucker *m*
~ **reader** *n* [EDP] / Zeichenleser *m* ‖ *s.a. optical character reader*
~ **recognition** *n* [EDP] ⟨ISO 2382/XII⟩ / Zeichenerkennung *f* ‖ *s.a. mechanical character recognition; optical character recognition*
~ **set** *n* [Writ; EDP] ⟨ISO 2382/IV⟩ / Zeichensatz *m* · Zeichenvorrat *m* ‖ *s.a. alphabetic character set*
~ **spacing** *n* [EDP/VDU] / Zeichenabstand *m* · Zeichenmittenabstand *m*
characters per inch *pl* (cpi) [EDP] / Zeichen pro Zoll *pl*
~ **per line** *pl* (cpl) [EDP] / Zeichen pro Zeile *pl*
~ **per second** *pl* (cps) [EDP] / Zeichen pro Sekunde *pl*
character string *n* [EDP] ⟨ISO 8459-3⟩ / Zeichenkette *f* · Zeichenreihe *f* · Zeichenfolge *f*
~ **user interface** *n* [EDP] / zeichenorientierte Benutzeroberfläche *f*
~ **width** *n* [EDP/VDU] / Zeichenbreite *f*
charade *n* / Scharade *f*
charcoal drawing *n* [Art] / Kohlezeichnung *f*
charge 1 *n* [BgAcc] / Entgelt *n* · Gebühr *f* (scale of charges:Gebührenordnung) · Kosten *pl* · Unkosten *pl* ‖ *s.a. admission charge; delivery charges; entrance charge; fee; free of charge; handling charge; inclusive charge; insurance charges; minimum charge; page charge; postage charge(s); scale of charges; service charge; subject to a charge; surcharge; without charge*
~ 2 *v* [RS; BgAcc] / (demand a price / a fee:) ein Entgelt fordern *v* · (charge a book to be lent etc.:) verbuchen *v*
chargeable *adj* [BgAcc] / gebührenpflichtig *adj*

charge card *n* [RS] / (identifying a particular book:) Buchkarte *f* · (filled out by the borrower:) Leihschein *m*
charged (for) library service *n* [BgAcc] / gebührenpflichtige bibliothekarische Dienstleistung *f* ‖ *s.a. added value information service*
charge out *v* [RS] / ausleihen *v*
~ **slip** *n* [RS] / Leihschein *m*
charges sufficient to cover costs *pl* [BgAcc] / kostendeckende Gebühren *pl* ‖ *s.a. cost recovery*
charging *n* [RS; BgAcc] / 1 (book issue system:) Ausleihverbuchung *f* · 2 (debiting:) Gebührenerfassung *f* · Belastung ‖ *s.a. computer-based circulation system; photocharging; pocket card charging*
~ **card** *n* [RS] *s. charge card*
~ **desk** *n* [RS; OrgM] / Bücherausgabe *f* (Ort der ~) · Ausleihtheke *f* · Ausleihtresen *m* · Ausleihtisch *m* · (enclosed counter:) Ausleihschalter *m*
~ **file** *n* [RS] / Leihregister *n* · (machine-readable file:) Ausleihdatei *f* · (card index:) Ausleihkartei *f*
~ **information** *n* [Comm; BgAcc] / Gebühreninformation *f*
~ **slip** *n* [RS] *s. charge slip*
~ **system** *n* (issuing system) [RS] / Ausleihverbuchungssystem *n* · Verbuchungssystem *n*
chart 1 *n* [InfSc] ⟨AACR2⟩ / Tabelle *f* · grafische Darstellung *f* · Diagramm *n* · Schaubild *n* · Grafik *f* ‖ *s.a. action chart; band chart; bar chart; classification chart; column chart; curve chart; flow chart; line chart; pie chart; scatter chart; surface chart; wall chart*
~ 2 *n* (a map for navigation purposes; e.g., an aeronautical chart, a nautical chart) [Cart] ⟨AACR2⟩ / Karte *f* ‖ *s.a. star chart*
charter *n* [Law] / Charta *f*
chartered librarian *n* [Staff] *Brit* / umfassend qualifiz. Bibliothekar, aufgenommen in das „Register of Chartered Librarians" der Library Assoc.
chart paper *n* [Pp] / Diagrammpapier *n*
chartulary *n* [Arch] *s. cartulary*
chase 1 *v* [Prt] / Schließrahmen *m*
~ 2 *v* [Bind] / ziselieren *v*
chased edge(s) *n(pl)* [Bind] / ziselierter Goldschnitt *m*
chasing *n* [Bind] / Ziselierung *f*
cheap *adj* [BgAcc] / billig *adj* · preisgünstig *adj*

check 1 v / (examine:) überprüfen·
kontrollieren v · (checking bibliographic
data:) Bibliographieren n ‖ s.a. duplicate
checking; holdings check
~ 2 n (cheque) [BgAcc] US / Scheck m
~ **bit** n [EDP] / Kontrollbit n · Prüfbit n
~ **box** n (in a questionnaire) [EDP] /
Markierungskästchen n
~ **character** [EDP] / Prüfzeichen n
~ **digit** n [EDP] / Prüfziffer f
checked out pp (on loan) [RS] /
verliehen pp · ausgeliehen pp
checker n [Staff; Bib] s. bibliographic
checker
checking n (of bibliographic data) [Bib] /
Überprüfung f (bibliographischer Daten)
~ **card** n [TS; Off] / Nachweiskarte f ·
Karteikarte f
~ **counter** n [RS] / Kontrolltisch m
check(ing)-in record n (for serials) [Acq]
/ Zugangsnachweis m (für Zeitschriften) ‖
s.a. serial check-in
checking record n [TS] / Nachweisin-
strument n · Nachweismittel n ‖ s.a.
check(ing)-in record
check|list / Liste f (für schnelles
Recherchieren)
~ **out** 1 v [RS] / (lend:) verleihen v ·
ausleihen v · (borrow:) entleihen v
~ **out** 2 v (a program) [EDP] / austesten v
(ein Programm ~)
~-**out card** n [RS] / Leihschein m
~ **out period** n [RS] / Leihfrist f
~**out routine** n [Stock] / Aussonderungs-
verfahren n
~**point recovery** n [Comm] /
Kontrollpunktverfahren n
~**room** n (cloakroom) [BdEq] US /
Garderobe f
~ **routine** n [EDP] / Prüfprogramm n ‖ s.a.
grammar checker
chemical pulp n [Pp] / Zellstoff m
~ **wood pulp** n [Pp] / Holzschliff m
chemise n [Bind] / Hülleneinband m
cheque n [BgAcc] Brit / Scheck m
chiaroscuro n (wood engraving) [Art] /
Helldunkelschnitt m
chief editor n [Bk] / (of a newspaper:)
Chefredakteur m · (in a publishing house:)
Cheflektor m
~ **executive officer** n (CEO) [OrgM] /
Vorstandsvorsitzender m
~ **information officer** n (CIO) [OrgM] /
Informationsmanager m

~ **librarian** n [Staff] / Bibliotheksdirek-
tor m
~ **source of information** n [Cat] s.
principal source of information
child-raising leave n [Staff] /
Erziehungsurlaub m
children's book n [Bk] / Kinderbuch n
~ **book award** n [Bk] / Kinderbuchpreis m
~ **book week** / Kinderbuchwoche f ·
Jugendbuchwoche f
~ **librarian** n [Staff] / Kinderbibliothekar m
~ **library** n [Lib] / Kinderbibliothek f
~ **literature** n [Bk] / Kinderliteratur f
China ink n [Art] / Tusche f
~ **paper** n [Pp] / Chinapapier n
Chinese ink n [Art] s. China ink
chip n [EDP] / Chip m
~**board** n [Pp] / Graupappe f ·
Maschinenpappe f (fast nur aus Altpapier
hergestellt)
~ **card** n [EDP] / Chipkarte f
~ **cartridge** n [EDP] ⟨ISBD(ER)⟩ / Chip-
Gehäuse n
chirograph n [Arch] / Chirograph n
chloride content n [Pp] / Chloridgehalt m
choice n [Gen] / Wahl f · Auswahl f
~ **of database** n [Comm] /
Datenbankwahl f
~ **of subject headings** n [Cat] /
Schlagwortwahl f · Schlagwortbildung f
~ **of the access points (headings)** n
[Cat] / Bestimmung der Haupt- und
Nebeneintragungen f
choir book n [Mus] / Chorbuch n
choosing a database ger [Retr] s. choice of
database
choreography n [Art] / Choreographie f
choro|graphic map n [Cart] /
chorographische Karte f · Übersichtskarte f
DDR
~**logical map** n [Cart] / Gebietslagekarte f
~**pleth map** n [Cart] / Choroplethenkarte f
· Gebietsstufenkarte f
chorus score n [Mus] ⟨ISBD(PM); AACR2⟩
/ Chorpartitur f
chrestomathy n [Bk] / Chrestomathie f
chromo-lithography n [Art] /
Chromolithographie f · Farblithographie f
~**paper** n [Pp] / Chromopapier n
~-**xylography** n [Art] / Farbholzstich m
chronicle n [Bk] / Chronik f
chronicler n [Bk] / Chronist m
chronogram n [Bk] / Chronogramm n
chronological catalogue n [Cat] ⟨ISO
5127/3a⟩ / chronologischer Katalog m

~ **file** *n* [Off] / Tagesablage *f*
~ **subdivision** *n* [Class; Cat] / (standard subdivision of a class:) Zeitschlüssel *m* · (subdivision of a subject heading:) Zeitschlagwort *n* (als Unterschlagwort)
chrysography *n* [Writ] / Chrysographie *f*
church library *n* [Lib] / kirchliche Bibliothek *f* · Kirchenbibliothek *f* ‖ *s.a. ecclesiastical library; parish library; religious body library*
~ **register** *n* [Arch] / Kirchenbuch *n*
cine|cartridge *n* [NBM] ⟨ISBD(NBM)⟩ / Endlosfilm-Kassette *f*
~**cassette** *n* [NBM] ⟨ISBD(NBM)⟩ / Film-Kompaktkassette *f*
~**loop** *n* [NBM] ⟨ISBD(NBM)⟩ / Film-Loop *m* · Schleifenfilm *m*
~**matographic film** *n* [NBM] ⟨ISO 5127/11⟩ / Kinefilm *m* · Film *m*
~ **mode** *n* (of the arrangement of images on a micro-rollfilm) [Repr] ⟨ISO 6196/2⟩ / vertikale Bildlage *f* · Hochformat *m*
~**reel** *n* [NBM] ⟨ISBD(NBM)⟩ / Filmspule *f*
CIO *abbr s. chief information officer*
CIP *abbr* [Bk] *s. cataloguing in publication*
~ **entry** *n* / CIP-Aufnahme *f*
cipher *v* [Writ] / verschlüsseln *v* · chiffrieren *v*
~ **code** *n* [Writ] / Chiffrierschlüssel *m*
~ **machine** *n* [Writ] / Chiffriermaschine *f*
~**text** *n* [Writ] / chiffrierter Text *m*
circuit board *n* [BdEq] / Schaltbrett *n* · Schalttafel *f*
~ **edges** *pl* [Bind] / übergreifende Kanten *pl* (beim Einband von Bibeln und Gebetbüchern)
~**-switched connection** *n* [Comm] / leitungsvermittelte Verbindung *f*
~**-switched network** *n* [Comm] / Durchschaltenetz *n*
~ **switching** *n* [Comm] ⟨ISO 2382/9⟩ / Leitungsvermittlung *f* · Durchschaltetechnik *f*
circular envelope *n* [Off] / Umlaufhülle *f*
~ **file** *n* [Off] / Umlaufmappe *f*
~ **(letter)** *n* [OrgM; Off] / Rundschreiben *n*
~ **reading room** *n* [BdEq] / (domed:) Kuppellesesaal *m*
~ **routing** *n* (of periodicals) [InfSy] / Kreislauf *m* · Rundumlauf *m* ‖ *s.a. radial routing*
~ **shaped building** *n* [BdEq] / Rundbau *m*
circulate *v* [RS] / (route:) umlaufen *v* · (to be loanable:) ausgeliehen werden *v*

circulating book *n* [Stock] / ausleihbares Buch *n* ‖ *s.a. non-circulating materials*
circulating collection *n* [Stock] / Ausleihbestand *m* (these books circulate: diese Bücher sind ausleihbar)
~ **library** *n* [Lib] / Ausleihbibliothek *f* · (England:) Leihbibliothek *f* ‖ *s.a. subscription library*
circulation 1 *n* [RS] / Ausleihe *f* ‖ *s.a. automated circulation system; computer-based circulation system; non circulating; restricted circulation*
~ 2 *n* (of a periodical, a newspaper) [Bk] / (numbers of copies issued:) Auflage *f* · Auflagenhöhe *f* · (distribution:) Verbreitung · (routing:) Umlauf *m* ‖ *s.a. routing*
~ **analysis** *n* [RS; OrgM] / Ausleihanalyse *f*
~ **card** *n* [RS] / Leihschein *m*
~ **department** *n* [OrgM] *US* / Leihstelle *f* · Ausleihe *f* ‖ *s.a. lending department*
~ **desk** *n* [RS] / Ausleihtheke *f* (für die Ausleihe und Rücknahme von Büchern) · (enclosed counter:) Ausleihschalter *m* ‖ *s.a. charging desk*
~ **figure** *n* (of a magazine etc.) [Bk] ⟨ISO 9707⟩ / verkaufte Auflage *f*
~ **file** *n* [RS] / (machine-readable file:) Ausleihdatei *f* · (card index:) Ausleihkartei *f*
~ **per capita** *n* [RS] / Pro-Kopf-Ausleihe *f*
~ **record** *n* [RS] *s. circulation file*
~ **regulations** *pl* [RS] *s. circulation rules*
~ **restriction** *n* [RS] / Ausleihbeschränkung *f*
~ **rules** *pl* [RS] / Ausleihbestimmungen *pl* · Ausleihbedingungen *pl*
~ **space** *n* [BdEq] ⟨ISO 6707/1⟩ / Verkehrsfläche *f*
~ **staff** *n* [Staff] / Ausleihpersonal *n*
~ **statistics** *pl* [RS] / Ausleihstatistik *f*
~ **system** *n* [RS] / Ausleihverbuchungssystem *n*
~ **transaction** *n* [RS] / Ausleihvorgang *m*
circumscribe *v* / umschreiben *v*
citation 1 *n* [Bk] / (a quoted passage:) Zitat *n* ‖ *s.a. self-citation*
~ 2 *n* [Bk; Bib] / (reference in a bibliography or database:) Zitat *n* ‖ *s.a. bibliographic reference*
~ **analysis** *n* [InfSc] / (e:) Zitatanalyse *f*
~ **database** *n* [InfSy] / Literaturnachweisdatenbank *f*
~ **formula** *n* (of facets) [Class] / Facettenformel *f*

citation index 300

~ **index** n [Ind] ⟨ISO 5127/2⟩ /
Zitierungsregister n · Zitierindex m
~ **order** n (of facets) [Class] ⟨ISO
5127/6⟩ / Facettenordnung f ·
Kombinationsordnung f
~ **study** n [InfSc] / Zitatanalyse f
~ **style** n [Bibl] / Zitierordnung f ·
Zitierregeln pl
~ **title** n [Bk] / Zitiertitel m
cite v [Bk] / zitieren v ‖ s.a. rules for citing
city desk n (of a newspaper) [Bk] /
Lokalredaktion n
~ **directory** n [Bk] / Stadtadressbuch n
~ **editor** n (of a newspaper) [Bk] /
Lokalredakteur m
~ **library** n [Lib] / Stadtbibliothek f ·
Stadtbücherei f ‖ s.a. metropolitan city library
~ **map** n [Cart] / Stadtplan m · Stadtkarte f
~ **treasurer** n [BgAcc] / Stadtkämmerer m
civil servant n [Staff] / Beamter m
~ **service** n [OrgM] / öffentlicher Dienst m
~ **service track** n [Adm] / Laufbahn (im öffentlichen Dienst)
claim 1 v [Acq] / reklamieren v · anmahnen v
~ 2 n (request for payment etc.) [Acq] /
Mahnung f · Reklamation f (notice of ~:
Mahnschreiben)
clam shell case n [NBM] US /
Klappkarton m · Solander(schuber) m(m) ‖
s.a. folder 2
clandestine literature n [Bk] /
Untergrundliteratur f
~ **press** n [Prt] / Geheimdruckerei f
clasp n [Bind] / Buchschließe f · Schließe f
class 1 (course of instruction) [Ed] /
(classes:) Unterricht f · Lehrveranstaltung f
(to attend classes am Unterricht
teilnehmen/to hold classes: Unterricht
erteilen) ‖ s.a. compulsory class
~ 2 n [Class] ⟨ISO 5127/6⟩ / Klasse f ·
Fach n · Gruppe f · Sachgebiet n · (UDC:)
Hauptabteilung f ‖ s.a. co-ordinate classes;
elemental class; parent class
~ 3 v [Class] / klassieren v
classed catalogue n [Class] s. classified catalogue
class entry n (in a subject catalogue or an
index) [Cat] / Eintragung unter einem
weiten Schlagwort f
classic n (widely read book/author) [Bk] /
Klassiker m

classification n [Class] ⟨ISO 5127/6⟩
/ Klassifikation f ‖ s.a. bibliothecal
classification; bifurcate classification;
broad classification
~ **by dichotomy** n [Class] / dichotomische
Klassifikation f
~ **chart** n [Class] / Klassifikationsübersicht f · Systematikübersicht f ·
Systemübersicht f
classificationist n [Class] / Verfasser einer
Klassifikation m
classification number n [Class] / Notation f
~ **schedule** n [Class] s. classification table
~ **scheme** n [Class] / Klassifikationsschema n · System n · Systematik f
~ **system** n [Class] ⟨ISO 5127/6⟩ /
Klassifikationssystem n · Systematik f ·
System n
~ **table** n [Class] ⟨ISO 5127/6⟩
/ Klassifikationsschema n ·
Klassifikationstafel f · Systematik f (in
schriftlich fixierter Form)
classified arrangement of books n [Sh] /
systematische Aufstellung f (der Bücher)
~ **catalogue** n [Class] ⟨ISO 5127/3a⟩ /
systematischer Katalog m · SyK abbr ·
(obsolete:) Realkatalog m · RK abbr
~ **document** n (classified as secret
or confidential) [Arch; Bk] /
Verschlusssache f ‖ s.a. level of security
classification; security classification
~ **index** n [Ind] / systematisches Register n
~ **material** n [Arch] / Verschlusssache f
~ **order** n [Class] / systematische
Ordnung f
~ **subject catalogue** n [Cat] /
systematischer Katalog m
classifier n [Class] / Klassifizierer m
classify 1 v (a document as secret) [Adm] /
als geheim einstufen v ‖ s.a. downgrading
~ 2 v [Class] ⟨ISO 5127-3⟩ /
klassifizieren v · systematisieren v ·
klassieren v
class library n (classroom library) [Lib] /
Klassenzimmerbibliothek f
~ **mark** n [Sh] s. class number
~ **mark label** n [Sh] / Signaturschild n
~ **number** n [Class] / (denoting a
particular class of a classification system:)
Klassennummer f · (indicating a book's
place on the shelves:) systematische
Gruppensignatur f (in numerischer Form)
~ **of pay** n [Staff] / Gehaltsgruppe f
classroom library n [Lib] /
Klassenzimmerbibliothek f

clause *n* [Law] / Klausel *f*
clay tablet *n* [Writ] / Tontafel *f*
clean *v* [Pres] / reinigen *v*
~ **copy** *n* [Writ] / Reinschrift *f*
cleaning expenses *pl* [BgAcc] / Reinigungskosten *pl*
~ **staff** *n* [Staff] / Raumpflegepersonal *n* · Reinigungspersonal *n*
clear *v* (remove) [EDP] / löschen *v* (clear form: lösche die Formulareintragungen)
~ **confirmation** *n* [Comm] / Auslösebestätigung *f*
~ **film** *n* [Off] / Klarsichtfolie *f*
~ **indication** *n* [Comm] / Auslöseanzeige *f*
clearing *n* [Comm] / Auslösung *f*
clearing house *n* [InfSy] ⟨ISO 5127/1⟩ / Clearinghaus *n*
~ **house for duplicates** *n* [Acq] / Dublettentauschstelle *f* (als selbständige Einrichtung)
clear plastic folder *n* [Off] / Klarsichthülle *f*
~ **plastic sheet** *n* [Off] / Klarsichtfolie *f*
~ **request** *n* [Comm] / Auslöseaufforderung *f*
~-**text authentication** *n* [Internet] / Klartextauthentifizierung *f*
~ **to send** *adj* [Comm] / sendebereit *adj*
clerical assistant *n* [Staff] / Bürokraft *f*
~ **error** *n* [Writ; Off] / Schreibfehler *m*
~ **personnel** *n* [Staff] / Büropersonal *n*
~ **staff** *n* [Off] / Büropersonal *n*
~ **work** *n* [Off] / Büroarbeit *f*
~ **worker** *n* [Staff] / Bürokraft *f*
cliché *n* [Prt] / Klischee *n*
clichograph *n* [Prt] / Klischograph *m*
click *v* [EDP] / anklicken *v* · klicken *v* ‖ *s.a.* double-click
client *n* [RS] / Kunde *m* · Klient *m*
clientele *n* (of a library) [RS] / Benutzerschaft *f* · Klientel *f* (einer Bibliothek)
client satisfaction *n* [RS] / Kundenzufriedenheit *f*
climatization *n* [BdEq] / Klimatisierung *f*
clinic *n* US / Seminar *n* (Veranstaltung zur Besprechung von aktuellen konkreten Problemen)
clip 1 *v* [Off] / (clip out:) ausschneiden *v* · (fix with clip:) anklammern *v* · anklemmen *f* ‖ *s.a. clipping*
~ 2 *n* (paper clip) [Off] / Büroklammer *f*
~ **art** *n* (desk top publishing) [ElPubl] / Symbolgrafik *f*
~-**art images** *pl* [ElPubl] / Clipart-Bilder *pl*

~-**art library** *n* [ElPubl] / Clipart-Sammlung *f*
~-**board** *n* [EDP] / Zwischenablage *f*
clipping *n* (from a newspaper or periodical) [Bk] US / Ausschnitt *m* · Zeitungsausschnitt *m*
clipping agency *n* US / Zeitungsausschnittbüro *n*
~ **bureau** *n* [Bk] US / Zeitungsausschnittbüro *n*
~ **file** *n* [NBM] US / Zeitungsausschnittsammlung *f*
~ **service** *n* [Ind] / Ausschnittdienst *m*
cloakroom *n* [BdEq] / Garderobe *f*
clock *n* [EDP] / Taktgeber *m*
~ **pulse** *n* [Comm] / Schrittpuls *m*
~ **rate** *n* [EDP] / Taktfrequenz *f*
cloisonné *n* [Bind] / Zellenschmelz *m*
close *v* (a catalogue) [Cat] / abbrechen *v* (einen Katalog abbrechen)
~ **classification** *n* [Class] ⟨ISO 5127/6⟩ / eine fein gegliederte Klassifikation *f*
closed-access collection *n* [Stock] / nicht frei zugänglicher Bestand *m* · magazinierter Bestand *m*
~-**access shelving** *n* [Sh] / Magazinierung *f* · Magazinaufstellung *f*
~-**access storage** *n* [Stock] *s. closed-access shelving*
~ **bibliography** *n* [Bib] / abgeschlossene Bibliographie *f*
~ **counter lending** *n* [RS] / Schalterausleihe *f*
~ **end(ed) question** [InfSc] *s. closed question*
~ **entry** *n* [Cat] / abgeschlossene Aufnahme *f*
~ **joint** *n* [Bind] / tiefer Falz *m*
~-**jointed book** *n* / Franzband *m*
~ **question** *n* (in a questionnaire) [InfSc] / geschlossene Frage *f*
~ **shelves** *pl* / (books on ~ ~: magazinierte Bücher)· nicht frei zugängliche Regale *pl*
~ **stack(s)** *n(pl)* [Stock] / geschlossenes Magazin *n*
~ **user group** *n* [EDP] ⟨ISO 2382/9⟩ / geschlossene Benutzergruppe *f* · geschlossene Teilnehmerbetriebsklasse
close-grained leather *n* [Bind] / feingenarbtes Leder *n*
~ **matter** *n* [Prt] / kompresser Satz *m*
~ **score** *n* [Mus] ⟨ISBD(PM); AACR2⟩ / Partiturauszug *m*
closest match search *n* [Retr] / Ähnlichkeitssuche *f*

closet drama *n* [Bk] / Lesedrama *f*
close-up (shot) *n* [Repr] / Nahaufnahme *f*
closing (of the library) / Schließung *f*
~ **bid** *n* [Acq] / Schlussgebot *n* · (highest bid:) höchstes Angebot *n* · Höchstgebot *n*
~ **date** *n* [Cat] / (deadline:) Schlusstermin *m* · abschließendes Erscheinungsjahr *n*
~ **meeting** *n* [OrgM] / abschließende Sitzung *f* · Schlusssitzung *f*
cloth back *n* [Bind] / Geweberücken *m* · Leinenrücken *m*
~ **binding** *n* [Bind] / Gewebeband *m* · Ganzgewebe(ein)band *m* · Leinen(ein)band *m* ‖ *s.a. colonial cloth; imitation cloth*
~ **boards** *pl* [Bind] / Leinendeckel *pl* · (short for:) steifer Gewebeband *m*
~ **joint** *n* [Bind] / Falzstreifen *m* (am Gelenk)
club line *n* [Prt] / Schusterjunge *m* · Hängezeile *f*
cluster analysis *n* [InfSc] / Clusteranalyse *f*
~ **sample** *n* [InfSc] / Klumpenstichprobe *f*
coarse-grained leather *n* [Bind] / grobgenarbtes Leder *n*
~ **screen** *n* [Repr; Prt] / grober Raster *m*
coat *v* [Bind] / überziehen *v* ‖ *s.a. coated paper; protective coating*
~ **deposit** *n* [BdEq] *s. bag and coat deposit*
coated paper *n* [Pp] / gestrichenes Papier *n* · beschichtetes Papier *n* · (art paper:) Kunstdruckpapier *n* ‖ *s.a. art paper; cast-coated paper; double-coated paper; uncoated; zinc oxide coated paper*
coating *n* [Pp; Pres] / Schicht *f* (Beschichtung) · (paper:) Strich *m* ‖ *s.a. brush coating*
coat of arms *n* [Bk] / Wappen ‖ *s.a. armorial binding; book of arms; escutcheon*
~-**of-arms binding** *n* [Bind] / Wappeneinband *m*
~-**rack** *n* [BdEq] / Garderobenständer *m*
~ **stand** *n* [BdEq] / Kleiderständer *m*
co-author *n* [Bk] / Mitverfasser *m* · Mitautor *m*
cobbler's knife [Bind] / Schustermesser *n*
cockling *n* [Pres] / Kräuseln *n*
cockroach *n* [Pres] / Schabe *f* · Küchenschabe *f* · Kakerlak *m*
cock-up initial *n* [Writ; Bk] / hoch stehendes Initial *n* ‖ *s.a. drop initial*
COD *abbr* [Bk] *s. cash on delivery*

cod. *abbr* [Bk] *s. codex*
code 1 *n* [InfSy] ⟨ISO 5127/1; ISO 2382/IV⟩ / Code *m* · (exchange technique:) Kennzahl *f* ‖ *s.a. area code; country code; institution code; instruction code; postcode; source code*
~ 2 *v* (encode) [Comm] / codieren *v* · verschlüsseln *v*
~ 3 *n* (set of rules) [Cat] / Regelwerk *n* ‖ *s.a. catalogue code*
~ 4 *n* (of laws) [Bk; Law] / Gesetzbuch *n*
~ 5 *n* (card code) [PuC] / Lochkartencode *n* · Lochkartenschlüssel *m* ‖ *s.a. triangular code*
~ **converter** *n* [EDP] / Code-Umsetzer *m* · Code-Wandler *m*
~ **extension character** *n* [EDP] / Codesteuerzeichen *n*
~-**independent data communication** *n* [Comm] ⟨ISO 2382/9⟩ / codeunabhängige Datenübermittlung *f*
~ **line indexing** *n* [Repr] / Codelinien-Verfahren *n*
~ **of ethics** *n* [Gen] / Ehrenkodex *m*
~ **of practice** *n* [OrgM] / Verfahrensnorm *f*
~ **of right conduct** *n* / Verhaltenskodex *m*
coder *n* (coding device) [EDP] / Codierer *m* ‖ *s.a. character encoder*
code translator *n* [EDP] / Code-Übersetzer *m*
~ **transparency** *n* [Comm] / Codetransparenz *f*
~-**transparent data communication** *n* [Comm] ⟨ISO 2382/9⟩ / codetransparente Datenübermittlung *f*
codex *n* [Bk] / Kodex *m* · Codex *m*
codicology *n* [Bk] / Handschriftenkunde *f*
coding *n* [InfSy] ⟨ISO 5127/1⟩ / Codierung *f*
~ **device** *n* [EDP] *s. coder*
COD parcel *n* / Nachnahmepaket *n*
co-edition *n* [Bk] / Gemeinschaftsausgabe *f*
~-**editor** *n* [Bk] / Mitherausgeber *m*
coffee-table book *n* [Bk] / großes bebildertes Buch *n* (zur Betrachtung am Kaffeetisch)
coil(ed) binding *n* [Bind] / Spiralbroschur *f* · Spiralheftung *f*
coin-box telephone / Münzfernsprecher *m*
coincidence hole card *n* [PuC] / Sichtlochkarte *f*
coined term *n* [Ind] ⟨ISO 5964⟩ / in der Zielsprache neu geprägte Benennung *f*
coin-operated copier *n* [BdEq] / Münzkopiergerät · Münzkopierer *m* ‖ *s.a. coin slot*

~-operated copying machine *n* / Münzkopiergerät
~ slot *n* [BdEq] / Münzeinwurf *m*
cold boot *n* [EDP] / Kaltstart *m*
~ composition *n* [Prt] / Kaltsatz *m*
~ start *n* [EDP] / Kaltstart *m*
~ type *n* [Prt] *s. cold composition*
~-type composing machine *n* [Prt] *s. typewriter composing machine*
collaborator *n* (one who works with one or more associates to produce a book) [Cat] ⟨AACR2⟩ / Mitarbeiter *m* · Mitverfasser *m* · Mitautor *m*
collage *n* [Art] ⟨ISO 5127-3⟩ / Collage *f*
collapse *n* [BdEq] / Ausfall *m*
collate *v* [Acq; Bk; Bind] / kollationieren *v* · (gather:) zusammentragen ‖ *s.a. collation 2; collation 2*
collateral class *n* [Class] / Kollateralklasse *f*
collating(-and-gathering) machine *n* [Bind] / Zusammentragmaschine *f*
~ mark *n* [Bk] / Flattermarke *f*
~ sequence *n* [Bind; EDP] / (binding:) Lagenfolge *f* · (Cobol:) Sortierfolge *f*
collation 2 *n* [Cat] ⟨ISO 5127/3a⟩ / (description of a book as a physical object:) Kollation *f* · (by gatherings:) Auflistung der Lagenfolge *f*
~ 2 *n* (the act of collating) [Acq; Bind] / Kollationierung *f*
~ 3 *n* [Cat] ⟨ISO 5127/3a⟩ / Kollation *f*
~ formula *n* [Cat] / Kollationsformel *f*
~ statement *n* [Cat] / Kollationsvermerk *m*
collator 1 *n* [PuC] / Kartenmischer *m*
~ 2 *n* [Bind] / Zusammentragmaschine *f*
colleague *n* [Staff] / Kollege *m* ‖ *s.a. professional colleague*
collected edition *n* [Bk] / Sammelausgabe *f*
~ works *pl* (of a writer) [Bk] / gesammelte Werke *pl* · Werkausgabe *f* (eines Schriftstellers) ‖ *s.a. complete works*
collecting policy *n* [Acq] / Erwerbungspolitik *f*
collection 1 *n* [Cat] ⟨ISO 5127/2; AACR2; DCMI⟩ / (by more than one author:) begrenztes Sammelwerk *n* · (by one author:) Sammlung *f*
~ 2 *n* (of a library) [Stock] ⟨ISO 2789⟩ / Bestand (einer Bibliothek) · Sammlung *f* (schriftlicher oder gedruckter Materialien) ‖ *s.a. core collection; deposit collection; lending collection; rare book collection; reading room collection; reference collection; high-risk collection; historic collections; holdings*

~ assessment *n* [Stock] / Bestandsbewertung *f*
~ building *n* [Acq] / Bestandsaufbau *m*
~ database *n* [Cat] / Datenbank, welche bei der Konversion konventioneller Kataloge Fremddaten übernimmt
~ development *n* [Acq; Stock] / Bestandsentwicklung *f*
~ emphasis *n* [Stock] / Sammelschwerpunkt *m* · Bestandsschwerpunkt *m*
~ evaluation *n* [Stock] / Bestandsbewertung *f*
~ growth *n* / Bestandsvermehrung *f* · Bestandswachstum *n*
~ maintenance *n* [Pres] / Bestandserhaltung *f* · Bestandspflege *f*
~ management *n* [Stock] / Bestandsverwaltung *f*
~ of manuscripts *n* [Bk] / Sammelhandschrift *f*
~ of plates *n* [Bk] / Tafelwerk *n*
~ of swatches *n* [Gen] / Mustersammlung *f*
~ profile *n* [Stock] / Bestandsprofil *n* ‖ *s.a. area of collection emphasis*
~ quality *n* [Stock] / Bestandsqualität *f*
~ size *n* [Stock] / Bestandsumfang *f* · Bestandsgröße *f*
~ survey *n* [Stock] / Bestandsanalyse *f*
~ turnover *n* [RS] / Bestandsumsatz *m*
~ use *n* [Stock] / Bestandsnutzung *f*
~ utilization *n* [RS] / Bestandsnutzung *f*
collective agreement *n* [Staff] / Tarifvertrag *m*
~ bargaining *n* [Staff] / Tarifverhandlungen *pl*
~ bargaining law *n* [Law] / Tarifrecht *n*
~ biography *n* [Bk] / Biographiensammlung *f*
~ entry *n* [Cat] / Sammeleintragung *f*
~ term *n* [Ind] ⟨ISO 5127/6⟩ / Sammelbezeichnung *f*
~ title *n* [Cat] / Gesamttitel *m* · gemeinsamer Sachtitel *m* · übergeordneter (Sach-)Titel *m* · Titel des Sammlungsvermerks *m*
~ volume *n* [Bk] / Sammelband *m*
collector *n* [Bk] / Sammler *m*
collectors' edition *n* [Bk] / Liebhaberausgabe *f*
~ piece (n) [Art] / Sammlerstück *n*
college library *n* [Lib] / 1 Bibliothek eines „College" *f* · 2 (Middle Ages:) Kollegienbibliothek *f*
~ of art *n* / Kunsthochschule *f*

~ **of education** *n* [Ed] / pädagogische Hochschule *f*
~ **of engineering** *n* [Ed] / Ingenieurschule *f*
~ **of sport science** *n* [Ed] / Sporthochschule *f*
collegiate library *n* [Lib] / Kollegiatstiftsbibliothek *f*
collotype (printing) *n* [Prt] ⟨ISO 5127-3⟩ / Lichtdruck *m*
colon *n* [Writ; Prt] / Doppelpunkt *m*
~ **classification** *n* [Class] / Kolon-Klassifikation *f*
colonial cloth *n* [Bind] / billiger Gewebe(ein)band für „colonial editions"
~ **edition** *n* [Bk] / eine für den Verkauf in den britischen Kolonien hergestellte Buchausgabe
colophon *n* [Bk] ⟨ISBD(PM)⟩ / Kolophon *n* · Schlusstitel *m*
coloration in brown *n* [Bk] / Braunanmalung *f*
colour balance *n* [ElPubl] / Farbabstimmung *f* · Farbabgleich *m*
~ **board** *n* [EDP] / Farbplatine *f*
~ **calibration** *n* [ElPubl] / Farbkalibrierung *f* · Farbeinstellung *f*
~ **card** *n* [EDP] / Farbgrafikkarte *f*
~ **chart** *n* [ElPubl] / Farbtafel *f*
~ **copier** *n* [Repr] / Farbkopierer *m*
~ **depth** *n* [EDP/VDU] / Farbtiefe *f*
~ **design** *n* [BdEq] / Farbgebung *f*
coloured *pp* [Gen] / koloriert *pp* (slightly ~:ankoloriert) · farbig *adj* ∥ *s.a. differently coloured; discoloured; slightly coloured*
~ **by hand** *pp* [Art] / handkoloriert *pp*
~ **edge(s)** *n(pl)* [Bind] / Farbschnitt *m*
~ **fancy paper** *n* [Bind] / Buntpapier *n*
~ **illustration** *n* [Bk] / farbige Abbildung *f*
~ **plate** *n* [Bk] / Farbtafel *f*
colour-fast *adj* [Repr; Prt] / farbecht *adj* ∥ *s.a. fugitive*
~ **fastness** *n* [Pres] / Farbechtheit *f*
~ **fault** *n* / Farbstich *m*
~ **film** *n* [Repr] / Farbfilm *m*
~ **graphics adapter** *n* [EDP] / Farbgrafikkarte *f*
colouring *n* [BdEq] / Farbgebung *f*
colour intensity *n* [ElPubl] / Farbintensität *f*
~ **lithography** *n* / Farblithographie *f*
~ **matching** *n* [ElPubl] / Farbabgleich *m* · Farbabstimmung *f*
~ **microfiche** *n* [Repr] / Farbmicrofiche *m*
~ **monitor** *n* [EDP/VDU] / Farbbildschirm *m* · Farbmonitor *m*
~ **palette** *n* [ElPubl] / Farbpalette *f*

~ **photograph** *n* [Repr] / Farbfoto *n*
~ **plate** *n* [Bk] / Farbtafel *f*
~ **plate book** *n* [Bk] / Tafelwerk *n* (farbig)
~ **print** *n* [Prt] / Farbdruck *m*
~ **printing** *n* [Prt] / Farbdruck *m* · Farbendruck *m* ∥ *s.a. four-colour printing; multi-colour printing; process colour printing; single-colour printing; three-colour printing*
~ **(process) printing** *n* [Prt] / Mehrfarbendruck *m*
~ **proof** *n* [Prt] / Farbabzug *m*
~ **range** *n* [Prt] / Farbskala *f*
~ **reduction** *n* [ElPubl] / Farbreduktion *f*
~ **rendering** *n* [Repr] / Farbwiedergabe *f*
~ **reproduction** *n* [ElPubl] / Farbwiedergabe *f*
~ **saturation** *n* [ElPubl] / Farbsättigung *f*
~ **scanner** *n* [EDP] / Farbscanner *m*
~ **screen** *n* [EDP/VDU] / Farbmonitor *m*
~ **separation** *n* [Prt] / Farbauszug *m*
~ **shade** *n* [ElPubl] / Farbton *m*
~ **slide** *n* [NBM] / Farbdia *n*
~ **swatch** *n* [NBM] / Farbprobe *f* · Farbmuster *n*
~ **table** *n* [EDP] / Farbtabelle *f*
~ **tone** [NBM] / Farbton *m*
~ **wood engraving** *n* [Art] / Farbholzstich *m*
~ **work** *n* [Prt] / Mehrfarbendruck *m*
colporteur *n* [Bk] / Kolporteur *m* · Kolportagebuchhändler *m* · Hausierbuchhändler *m*
column 1 *n* [Prt] / Kolumne *f*
~ 2 *n* [Bk; InfSy] ⟨ISO 5127/2⟩ / Spalte *f* ∥ *s.a. single-columned; two-columned*
~ **arrangement** *n* (of the images on a microfiche) [Repr] / Spaltenanordnung *f*
~ **chart** *n* [InfSc] / Säulendiagramm *n*
~ **head** *n* [Prt] / Kolumnentitel *m*
columnist *n* [Bk] / Kolumnist *n*
~ **numeration** *n* [Bk] / Kolumnenzählung *f*
~ **width** *n* [Prt] / Spaltenbreite *f*
COM *abbr* [EDP; Repr] / 1 COM-Verfahren *n* · 2 COM-Anlage *f* · 3 COM-Film *m* · COM-Fiche *m*
comb binding *n* [Bind] / Kammbindung *f*
combination card *n* [PuC] / Verbundkarte *f*
~ **coding** *n* [PuC] / Kombinationsverschlüsselung *f*
~ **formula** *n* (of facets) [Class] / Facettenformel *f*
~ **order** *n* (of facets) [Class] / Facettenordnung *f* · Kombinationsordnung *f*

combined station *n* [Comm] ⟨ISO 2382/9⟩ / Hybridstation *f*
COM catalogue *n* [Cat] / COM-Katalog *m*
comic mode *n* (of the arrangement of images on a micro-rollfilm)(comic strip oriented images)) [Repr] ⟨ISO 6196/2⟩ / horizontale Bildlage *f* · Querformat *n*
~ **(strip)** *n(n)* [Bk] / Comic *m* ∥ *s.a. strip cartoon*
comma *n* [Writ; Prt] / Komma *n* ∥ *s.a. inverted commas*
command *n* [EDP] / Befehl *m* · Kommando *n*
~**-driven** *pp* [EDP] / befehlsgesteuert *pp*
~ **frame** *n* [Comm] ⟨DIN/ISO 4335⟩ / Befehlsblock *m*
~ **language** *n* [EDP] ⟨ISO 2382/X⟩ / Kommandosprache *f* ∥ *s.a. Common Command Language*
~ **mode** *n* [EDP] / Kommandomodus *m*
commemorative publication *n* [Bk] / Gedenkschrift *f* ∥ *s.a. jubilee publication*
comment *n* [Comm] / Kommentar *m* · Stellungnahme *f*
commentary *n* [Bk] / Kommentar *m* (zu einem Gesetzestext usw.)
commentator *n* [Bk] / Kommentator *m*
commercial art *n* [Art] / Grafik-Design *n* · Gebrauchsgrafik *f* · (used in advertising:) Werbegrafik *f*
~ **artist** *n* [PR] / Werbegrafiker *m*
~ **at** (@) [EDP] ⟨DIN 660009⟩ / At-Zeichen *n* · Klammeraffe *m* · kommerzielles a
~ **directory** *n* [Bk] *s. trade directory*
~ **firm library** *n* [Lib] / Firmenbibliothek *f* ∥ *s.a. industrial library*
~ **library** *n* [Lib] / 1 Leihbibliothek *f* (gewerblich betrieben) · 2 Bibliothek(sabteilung) mit Literatur für Handel und Gewerbe (innerhalb eines städtischen Bibliothekssystems)
~ **shelving** *n* [Sh] / Ausstattung mit handelsüblichen Regalen *f* (industrielle Lagerregale aus Metall)
commission 1 *n* (committee) [OrgM] / Kommission *f*
~ 2 *n* (an order fo something) [OrgM] / Auftrag *n* · Kommission *f* (to sell in ~: in Kommission verkaufen) ∥ *s.a. order 2*
commissionary party *n* [Acq] / Auftraggeber *m*
commitment *n* [Staff; OrgM] / Engagement *n* · Verpflichtung *f* · Übertragung *f* ∥ *s.a. teaching commitments*

~ **of resources** *n* [BgAcc; OrgM] / Mittelbereitstellung *f*
committee *n* / Ausschuss *m* · (commission:) Kommission ∥ *s.a. advisory committee; standing committee; steering committee; subcommittee*
~ **for standards** / Normenausschuss *m*
common auxiliary (number) *n* [Class/UDC] / allgemeine Ergänzungszahl *f* · allgemeine Anhängezahl *f*
~ **auxiliary of form** *n* (symbol (0...) brackets nought) [Class/UDC] / allgemeine Ergänzungszahl der Form und Darbietung von Dokumenten *f* · Formzahl *f*
~ **auxiliary of language** *n* (symbol = equals) [Class/UDC] / allgemeine Ergänzungszahl der Sprache *f* · Sprachzahl *f*
~ **auxiliary of materials** *n* (symbol -03 hyphen nought three) [Class/UDC] / allgemeine Ergänzungszahl der Materialien *f* · Materialzahl *f*
~ **auxiliary of persons and personal characteristics** *n* (symbol -05 hyphen nought five) [Class/UDC] / allgemeine Ergänzungszahl der Personen und persönlichen Merkmale *f* · Personenzahl *f*
~ **auxiliary of place** *n* (symbol (1/9) brackets-one-to-nine) [Class/UDC] / allgemeine Ergänzungszahl des Ortes *f* · Ortszahl *f*
~ **auxiliary of point of view** *n* (symbol .00... point nought nought) [Class/UDC] / allgemeine Ergänzungszahl des Gesichtspunkts *f* · Aspektzahl *f*
~ **auxillary of race and nationality** *n* (symbol (=...) brackets equals) [Class/UDC] / allgemeine Ergänzungszahl von ethnischen Gruppen *f* · Volkszahl *f*
~ **auxiliary of time** *n* (symbol „...." double quotation marks) [Class/UDC] / allgemeine Ergänzungszahl der Zeit *f* · Zeitzahl *f*
~ **carrier** *n* [Comm] / Netzbetreiber *m* ∥ *s.a. communications common carrier*
Common Command Language *n* [Retr] / Standardbedienungssprache *f* · Standardisierte Kommandosprache *f*
common facet *n* [Class] / allgemeine Facette *f*
~ **part of title proper** *n* [Cat] ⟨ISBD(S)⟩ / gemeinsamer Teil eines Hauptsachtitels *m*
commonsense knowledge *n* [KnM] / Alltagswissen *n*
~ **subdivision** *n* [Class] ⟨ISO 5127/6⟩ / Schlüssel *m* ∥ *s.a. standard subdivision*

~ **title** *n* [Cat] ⟨ISO 5127/3a; ISBD(S; PM; ER)⟩ / Gesamttitel *m* (im allgemeinen)
communicate *v* [Comm] / kommunizieren *v* · mitteilen *v*
communication *n* [Comm] ⟨ISO 5127/1⟩ / Kommunikation *f* ‖ *s.a. data communication(s)*
~ **channel** *n* [Comm] / Übertragungskanal *m* · Kanal *m*
~ **control character** *n* [EDP] / Übertragungssteuerzeichen *n*
~ **costs** *pl* [Comm] / Leitungskosten *pl* · Übertragungskosten *pl*
~ **format** *n* [Bib; Cat; EDP] / Austauschformat *n*
~ **process** *n* [Comm] / Kommunikationsprozess *m*
~ **satellite** *n* [InfSy] / Nachrichtensatellit *m*
~ **sciences** *pl* [InfSc] / Kommunikationswissenschaften *pl*
communications common carrier *n* [Comm] / Netzbetreiber *m*
~ **control unit** *n* [Comm] / Fernbetriebseinheit *f* · FBE *f*
~ **network** *n* [Comm] / Übertragungsnetz *n*
~ **protocol** *n* [Comm] *s. protocol*
communication system *n* [InfSy] ⟨ISO 5127/1⟩ / Kommunikationssystem *n*
~ **techniques** *pl* [Comm] / Kommunikationstechniken *pl*
~ **theory** *n* [InfSc] ⟨ISO 5127/1⟩ / Kommunikationstheorie *f*
community analysis *n* [InfSc] / Gemeinwesenanalyse *f*
~ **information service** *n* [InfSy] / Bürgerinformationsdienst *m*
~ **librarianship** *n* [Lib] / eine primär auf die Bedürfnisse aller Angehörigen eines Gemeinwesens ausgerichtete Bibliotheksarbeit
~ **patent** *n* [Law] / Gemeinschaftspatent *n*
compact (audio) disc *n* [NBM] / Compact-Disc *f* · CD *f* ‖ *s.a. blank CD*
~ **shelving** *n* [Sh] / Kompaktaufstellung *f* · Kompaktmagazinierung *f* · Kompaktspeicherung *f*
~ **shelving unit** *n* [Sh] / Kompaktregal *n* ‖ *s.a. rolling case*
~ **storage** *n* [Sh] *s. compact shelving*
companion volume *n* [Bk] / Begleitband *m*
company directory *n* [Bk] / Firmenadressbuch *n*
~ **file** *n* [Stock] / Firmenschriftensammlung *f*

~ **information database** *n* [InfSy] / Firmendatenbank *f*
~ **library** *n* [Lib] / Firmenbibliothek *f*
~ **magazine** *n* [Bk] / Firmenzeitschrift *f*
~ **publication** *n* [Bk] / Firmenschrift *f* ‖ *s.a. company file*
comparability *n* [InfSc] / Vergleichbarkeit *f*
comparative librarianship *n* [Lib] / vergleichende Bibliothekswissenschaft *f*
~ **relation** *n* [Class] ⟨ISO 5127/6⟩ / Vergleichsbeziehung *f*
comparison relation *n* [Class] *s. comparative relation*
compartment 1 *n* [Bind] / Rückenfeld *n*
~ 2 *n* [Sh] / Doppelregal *n* · Regalabteil *n*
compass map *n* [Cart] / Kompasskarte *f* ‖ *s.a. portolan chart*
compatibility *n* [EDP; OrgM] ⟨ISO/IEC 2382-1⟩ / Verträglichkeit *f* · (computer compatibility:) Kompatibiliät *f* · Passfähigkeit *f DDR* ‖ *s.a. upward compatibility*
compatible *adj* [EDP] / kompatibel *adj* · passfähig *adj DDR* ‖ *s.a. downward compatible; upward compatible*
compendium *n* [Bk] / Kompendium *n* · (abridgment of a larger work:) Kurzfassung *f* · Zusammenfassung *f* · (containing the substance of a subject in brief:) Abriss *m*
compensation guard *n* [Bind] / Ausgleichsfalz *m*
compensatory time off *n* [OrgM] / Ausgleichsfreizeit *f* (zum Ausgleich von Überstunden)
competence *n* [Staff; OrgM] ⟨ISODIS 19011⟩ / (responsibility:) Zuständigkeit *f* · (ability:) Kompetenz *f* · Befähigung *f*
competition *n* [Bk] / Wettbewerb *m* · Konkurrenz *f*
competitive *adj* [OrgM] / konkurrenzfähig *adj*
competitiveness *n* [OrgM] / Wettbewerbsfähigkeit *f*
compilation *n* / Kompilation *f* · Zusammenstellung *f*
compile *v* [Bk] / zusammenstellen *v*
compiler 1 *n* [Cat] ⟨AACR2⟩ / Herausgeber *m* · Kompilator *m* · (of a bibliography:) Bearbeiter *m*
~ 2 *n* [EDP] / Kompilierer *m*
complementary education *n* [Ed] / Zusatzausbildung *f*
~ **studies** *pl* [Ed] / Zusatzstudium *n*

complete *v* (a questionnaire) [InfSc] / ausfüllen *v* (einen Fragebogen ~)
~ **edition** *n* [Bk] / vollständige Ausgabe *f* · Gesamtausgabe *f*
completely yellowed *pp* [Bk] / vergilbt *pp*
complete works *pl* (of an author) [Bk] / sämtliche Werke *pl* · Gesamtausgabe *f* (eines Autors)
completion date *n* [BdEq] / Fertigstellungstermin *m*
complex pagination *n* [Bk] ⟨ISO 5127/3a⟩ / komplexe Seitenzählung *f* (mehr als drei verschiedene Zählungen)
~ **term** *n* [Ind] ⟨ISO1087; 5127⟩ / Wortverbindung *f*
complimentary copy *n* [Acq] / Freiexemplar *n* · Freistück *n* · kostenloses Exemplar *n* (als Geschenk erbeten oder überreicht)
~ **subscription** *n* [Acq] / Geschenkabonnement *n*
component *n* [BdEq] / Komponente *f* · Bauteil *n* ‖ *s.a.* assembly *1*
~ **part** *n* (of a bibliographically independent work) [Cat] ⟨ISBD(CP)⟩ / unselbständig erschienenes Werk *n* · unselbständiges Werk *m* · unselbständiges Dokument *n*
compose *v* [Prt; Mus] / (typeset:) setzen *v* · (set to music:) komponieren *v*
composed code *n* [PuC] / zusammengesetzter Schlüssel *m*
~ **text** (n) [Prt] / Satz *m* (der gesetzte Text)
composer *n* [Mus] / Komponist *m*
composing *n* [Prt] / Satzherstellung *f*
~ **frame** *n* [Prt] / Pultregal *n* · Setzregal *n*
~ **galley** *n* [Prt] / Schiff *n*
~ **instructions** *pl* [Prt] / Satzanweisungen *pl*
~ **room** *n* [Prt] / Setzerei *f*
~ **rule** *n* [Prt] / Setzlinie *f*
~ **stick** *n* [Prt] / Winkelhaken *m*
~ **typewriter** *n* [Prt] *s.* typewriter composing machine
composite artwork *n* [Prt] / kombinierte Reprovorlage *f*
~ **classification** *n* [Class] / synthetische Klassifikation *f*
~ **manuscript** *n* [Bk; Writ] / Sammelhandschrift *f*
~ **video signal** *n* [NBM] / Bild-, Austast- und Synchron-Signal *n* · BAS-Signal *n*
~ **volume** *n* [Bk] / Sammelband *m*

~ **work** *n* [Cat] ⟨AACR1967⟩ / begrenztes Sammelwerk, dessen Beiträge insgesamt eine Einheit bilden
composition 1 (type setting) [Prt] / Satz *m* ‖ *s.a.* book composition; cold composition; hand composition; job composition; mechanical composition; recomposition; tabular composition
~ 2 *n* (of the collection) [Stock] / Zusammensetzung *f* (des Bestands)
~ **computer** *n* [Prt] / Satzrechner *m*
compositor *n* [Prt; Staff] / Schriftsetzer *m* · Setzer *m*
compositor's error *n* [Prt] / Setzfehler *m* · Satzfehler *m* ‖ *s.a.* misprint
compound *n* [Lin] *s. compound term*
~ **class** *n* [Class] / Verbundklasse *f*
~ **subject heading** *n* [Cat] / zusammengesetztes Schlagwort *n* (eine Schlagworteintragung, die aus zwei oder mehr Wörtern besteht)
~ **surname** *n* [Cat] / Doppelname *m* · zusammengesetzter Familienname *m* ‖ *s.a. apparent compound name*
~ **term** *n* [Ind] ⟨ISO 1087; 5127⟩ / Mehrwortbegriff *m* · Kompositum *n* · zusammengesetzte Benennung *f*
~ **word** *n* [Lin] ⟨ISO 4⟩ / zusammengesetztes Wort *n* · Wortzusammensetzung *f*
comprehensive abstract *n* [Ind] / informatives Referat *n*
~ **entry** *n* [Cat] / Gesamtaufnahme *f*
~ **item** *n* [Cat] / Gesamtwerk *n*
~ **university** *n* [Ed] / Gesamthochschule *f*
compress *v* [EDP] / verdichten *v* · komprimieren *v*
compressed file *n* [EDP] / verdichtete Datei *f*
~ **score** *n* [Mus] / Particell *n* · Partiturauszug *m*
compression *n* (of data) [EDP] ⟨ISBD(ER)⟩ / Komprimierung *f* (von Daten)
compulsory *adj* [Cat] / obligatorisch *adj*
~ **class** *n* [Ed] / Pflichtveranstaltung *f*
~ **education** *n* [Ed] / Schulpflicht *f*
~ **elective** *n* [Ed] / Wahlpflichtfach *n*
~ **health insurance** *n* [Staff] / gesetzliche Krankenversicherung *f*
~ **option** *n* [Ed] / Wahlpflichtfach *n*
~ **subject** *n* [Ed] / Pflichtfach *n*
compuscript *n* [ElPubl] / maschinenlesbares Manuskript *n*
computation [Ed] / (as a subject of study:) Informatik *f*

computational linguistics *pl but usually sing in constr* [Lin] / Computerlinguistik *f* · linguistische Datenverarbeitung *f*
computer *n* [EDP] ⟨ISO 2382/1; ISBD(ER)⟩ / Computer *m* · Rechner *m* · Rechenanlage *f* · Datenverarbeitungsanlage *f*
~**-aided** *pp* [EDP] ⟨ISO/IEC 2382-1⟩ / rechnergestützt *pp*
~**-aided composition** *n* [Prt] / Computersatz *m*
~**-aided indexing** *n* [Ind] / maschinenunterstützte Indexierung *f*
~**-aided publishing** *n* [EDP] ⟨ISO/IEC 2382-1⟩ *s. electronic publishing*
~**-aided translation** *n* [Lin] / maschinelle Übersetzung *f* · maschinenunterstützte Übersetzung *f* · rechnergestützte Übersetzung *f*
~**-aided typesetting** *n* [Prt] *s. computer-aided composition*
~ **architecture** *n* [EDP] / Rechnerarchitektur *f*
~ **art** *n* [Art] / Computerkunst *f*
~**-assisted** *pp* [EDP] ‖ *s.a. computer-aided*
~**-assisted design** *n* (CAD) [Art; BdEq] / rechnergestütztes Design *n*
~**-assisted instruction** *n* (CAI) [Ed] / rechnergestützte Unterweisung *f*
~**-assisted reference service** *n* [Ref] / Informationsvermittlung *f* (als Dienstleistung)
~**-assisted retrieval** *n* [Retr] / rechnergestütztes Recherchieren *n* ‖ *s.a. computer searching*
~**-based circulation system** *n* [RS] / automatisiertes Ausleih(verbuchungs)system *n*
~ **breakdown** *n* [EDP] / Computerstörung *f*
~ **center** *n* [EDP] ⟨ISO /IEC 2382-1⟩ / Rechenzentrum *n*
~ **chip cartridge** *n* [EDP] / Chip-Gehäuse *n*
~ **classification** *n* [EDP] / Rechnerklassifizierung *f*
~ **control** *n* [EDP] / Rechnersteuerung *f*
~**-controlled type setting** *n* [Prt] *s. computer-aided composition*
~ **crime** *n* [EDP; Law] / Computerkriminalität *f*
~ **file** *n* [EDP] ⟨ISO 970; ISBD(CF)⟩ / Rechnerdatei *f*
~ **game** *n* [EDP] / Computerspiel *n* ‖ *s.a. adventure game; brain game; puzzle game; racing game; role playing game; skill game; social game; strategy game*

~ **graphics** *pl but sing in constr* / Computergrafik *f* · grafische Datenverarbeitung *f*
~ **instruction** *n* [EDP] ⟨ISO 2382/VII⟩ / Maschinenbefehl *m*
computerization *n* [EDP] / Automatisierung *f*
computerize *v* [EDP] ⟨ISO/IEC 2382/1⟩ / computerisieren *v* · automatisieren *v* ‖ *s.a. automatibility*
computerized catalogue *n* [Cat] / EDV-Katalog *m*
~ **cataloguing** *n* [Cat] / automatisierte Katalogisierung *f*
~ **typesetting** *n* [Prt] *s. computer-aided composition*
computer lab *n* [BdEq] / EDV-Labor *n*
~ **language** *n* [EDP] / Maschinensprache *f*
~ **library center** *n* [EDP] / Bibliotheksrechenzentrum
~ **linguistics** *pl but usually sing in constr* [Lin] *s. computational linguistics*
~ **literacy** *n* [EDP] / Computerkompetenz *f*
~ **map** *n* [Cart] / Computerkarte *f*
~ **network** *n* [EDP] / Rechnernetz *n* · Rechnerverbund *m*
~**-oriented language** *n* [EDP] / maschinenorientierte Programmiersprache *f* · maschinennahe Programmiersprache *f*
~**-output-microfilm** *n* [EDP; Repr] / COM-Film *m* · COM-Fiche *m*
~**-output-microfilming** *n* [Repr] / COM-Aufnahmeverfahren *n* · COM-Verfahren *n*
~ **personnel** *n* [EDP] / EDV-Personal *n*
~ **program** *n* [EDP] *s. program 1*
~ **readable** *adj* [EDP] / maschinenlesbar *adj*
~ **room** *n* [BdEq] / Rechnerraum *m*
~ **run** *n* [EDP] / Maschinenlauf *m*
~ **science** *n* / Informatik *f*
~ **scientist** *n* [EDP] / Informatiker *m*
~ **searching** *n* [Retr] / rechnergestütztes Recherchieren *n* · Online-Recherchieren *n*
~ **system** *n* [EDP] ⟨ISO 2382/1⟩ / Rechensystem *n* · Datenverarbeitungsanlage *f*
~ **taxonomy** *n* [EDP] / Rechnerklassifizierung *f*
~ **typesetting** *n* [Prt] *s. computer-aided composition*
~ **word** *n* [EDP] / Maschinenwort *n*
computing *n* [Ed] / (as a subject of study:) Informatik *f*
~ **center** *n* [EDP] *s. computer center*
~ **system** *n* [EDP] ⟨ISO/IEC 2382-1⟩ / Rechnersystem *n* *s.a. computer system*

~ **time** *n* [EDP] / Rechenzeit *f*
COM recorder *n* [EDP; Repr] / COM-Anlage *f*
~ **recording** *n* [Repr] / COM-Aufnahmeverfahren *n* · COM-Verfahren *n*
concatenate *v* [Cat; EDP] / verketten *v* · (link together:) verknüpfen *v*
concatenation *n* [EDP] / Verknüpfung *f* · Verkettung *f* · Kettung *f*
~ **fore-edge** *n* [Bind] / verschobener Schnitt *m*
concealed fore-edge painting *n* [Bind] / Unterschnittmalerei *f* (am Vorderschnitt)
concentrator *n* [Comm] / Konzentrator *m*
concept *n* [Ind; Class] ⟨ISO/R 704; ISO 5963; ISO 5127/1⟩ / Begriff *m* ‖ *s.a. broader concept; generic concept; individual concept; modular concept; narrower concept; parent concept; term*
~ **array** *n* [Class] ⟨ISO 5127/6⟩ / Begriffsreihe *f* · klassifikatorische Reihe *f*
~ **chain** *n* [Class] ⟨ISO 5127/6⟩ / Begriffsleiter *f* · klassifikatorische Kette *f*
~ **co-ordination** *n* [Ind] / Begriffsgleichordnung *f* · Gleichordnung *f*
~ **indexing** *n* [Ind] / Begriffsindexierung *f*
~ **relation** *n* [Ind] / Begriffsbeziehung *f*
~ **symbol** *n* [Ind] ⟨ISO 5127/6⟩ / Begriffssymbol *n*
conceptual skills *pl* [Staff] / konzeptionelle Fähigkeiten *pl*
concertina fold *n* [Bind] *s. concertina guard*
~ **guard** *n* [Bind] / Zick-Zack-Falz *m* · Leporellofalz *m*
~**-type book** *n* / Leporellobuch *n*
concessionary prices *pl* / ermäßigte Preise *pl* · Preisermäßigungen *pl*
concise dictionary *n* [Bk] / Handwörterbuch *n*
conclusion *n* [Bk] / Schlusswort *n* · Nachwort *n*
concordance *n* [Bk; Ind] / Konkordanz *f* (~ of concepts and topics: Realkonkordanz; ~ of words and phrases: Verbalkonkordanz)
concurrent access *n* [EDP] / Mehrfachzugriff *m*
condensation *n* [Ind] / Zusammenfassung *f* · Kurzfassung *f*
condensed edition *n* [Bk] / Kurzausgabe *f* · gekürzte Ausgabe *f*
~ **face** *n* [Prt] / schmale Schrift *f*
~ **type** *n* [Prt] *s. condensed face*

~ **version** *n* (of a document) [Ind] / Kurzfassung *f* · Zusammenfassung *f* (eines Werkes) · (abstract:) ersetzendes Referat *n*
condensing program *n* [EDP] / Verdichtungsprogramm *n*
conditional branch instruction *n* / bedingter Sprungbefehl *m*
~ **link** *n* (hypertext) [EDP] / bedingte Verknüpfung *f*
~ **statement** [EDP] / bedingte Anweisung *f*
conditions *pl* [Gen] / Bedingungen *pl*
~ **of employment** *pl* / Anstellungsbedingungen *pl* · Arbeitsbedingungen *pl*
~ **of sale** *pl* [Bk] / Verkaufsbedingungen *pl* ‖ *s.a. sales contract*
conduction score *n* [Mus] *s. conductor's score*
conductor's score *n* [Mus] / Dirigierpartitur *f*
conference *n* [Gen; Cat] ⟨FSCH; AACR2⟩ / Konferenz *f* · Tagung *f* ‖ *s.a. convene; records*
~ **announcement** *n* [OrgM] / Tagungsankündigung *f*
~ **paper** *n* [NBM] / Tagungsvortrag *m* · Tagungsbeitrag *m*
~ **proceedings** *pl* [Bk] / Tagungsberichte *pl* · Konferenzberichte *pl*
~ **room** *n* [BdEq] / Sitzungszimmer *n* · Besprechungszimmer *n* · Konferenzraum *m*
~ **service** *n* [Comm] / Konferenzschaltung *f*
~ **table** *n* [BdEq] / Besprechungstisch *m*
confidence interval *n* [InfSc] / Vertrauensbereich *m*
~ **level** *n* [InfSc] *s. confidence interval*
configuration *n* [EDP] ⟨ISO/IEC 2382/1; ISO 10007⟩ / Konfiguration *f* ‖ *s.a. network configuration*
configure *v* [BdEq] / konfigurieren *v* (reconfigure: neu konfigurieren)
confirmation of attendance *n* [OrgM] / Teilnahmebestätigung *f*
~ **of order** *n* [Acq] / Auftragsbestätigung *f*
confiscate *v* [Law] / beschlagnahmen *v*
congress *n* [Gen; Cat] / Kongress *m* ‖ *s.a. conference*
conic projection *n* [Cart] / Kegelprojektion *f*
connect (to) [BdEq] / verbinden *v* (mit) · anschließen *v* (an) ‖ *s.a. link*
~**-hour charges** *pl* [Retr] / Anschaltkosten je Stunde *pl*
connecting cable *n* [BdEq] / Anschlusskabel *n*

connection *n* [Comm] ⟨ISO 2382/9⟩ / Verbindung *f* ‖ *s.a. dial-in connection; multipoint connection*
~ **setup** *n* [Comm] / Verbindungsaufbau *m*
~ **setup time** *n* [Comm] / Verbindungsaufbauzeit *f*
~ **symbol** *n* [Class/UDC] / Verknüpfungszeichen *n*
connective catalogue *n* [Cat] *s. syndetic catalogue*
connector *n* [BdEq; OrgM] / Stecker *m* · Steckverbindung *f* · (in a flowchart:) Übergangsstelle *f*
connect time *n* [Retr] / Anschaltzeit *f* · Verbindungszeit *f* · Anschlusszeit *f*
connotation *n* [Lin] / Konnotation *f*
consecutive extension *n* [Class/UDC] *s. extension 2*
~ **number** *n* [Gen] / laufende Nummer *f*
~ **pagination** *n* [Bk] *s. continuous pagination*
consent *n* [OrgM; Comm] / Zustimmung *f*
conservation *n* (of books) [Pres] / Konservierung *f* (von Büchern) · Pflege *f* (von Büchern; Buchpflege) ‖ *s.a. preservation*
~ **treatment** *n* [Pres] / konservierende Behandlung *f*
conservator *n* [Staff] / Konservator *m* ‖ *s.a. restorer*
conserve *v* [Stock; Pres] / konservieren *v* · erhalten *v* · bewahren *v* ‖ *s.a. preserve*
consideration [Gen] / Überlegung *f* · Prüfung *f* (erwägendes Überlegen)
consideration(s) file *n(pl)* [Acq] / (machine-readable file:) Vormerkdatei · (card index:) Vormerkkartei *f*
consignment *n* [Acq] / (the act of consigning s.th.:) Lieferung *f* · Sendung *f* · Zusendung *f* · (s.th. that is consigned:) Lieferung *f*
~ **of books sent on approval** *n* [Acq] / Ansichtssendung *f*
consistency check *n* [InfSy] / Konsistenzprüfung *f* ‖ *s.a. data consistency*
~ **of indexing** *n* [Ind] / Indexierungskonsistenz *f*
console *n* [EDP] ⟨ISO 2382/XI⟩ / Bedienungskonsole *f* · Konsole *f* ‖ *s.a. games console*
~ **typewriter** *n* (telex) [Comm] / Blattschreiber *m* · Bedienungsblattschreiber *m*
consolidated index *n* [Ind] / Gesamtregister *n* · Generalregister *n* ‖ *s.a. annual index*

~ **system** *n* [Lib] / Gesamtsystem *n*
consolidation *n* (of paper) [Pres] / Konsolidierung *f* · Festigung *f* (von Papier)
consortial agreement *n* [Lib] / Konsortialvertrag *n*
~ **database** *n* [InfSy] / Verbunddatenbank *f*
consortium *n* [Lib] *s. library consortium*
conspectus *n* [Bk] / zusammenfassende Darstellung *f*
constant contour value *n* [Cart] / Äquidistanz *f*
constituency *n* (of a library) [RS] / Benutzerschaft *f* · Klientel *f* (einer Bibliothek) ‖ *s.a. language constituency*
construction of the (form of) heading *n* [Cat] / Ansetzung *f* (von Namen und Titeln im Katalog)
~ **period** *n* [BdEq] / Bauzeit *f*
consult *v* [Retr] / konsultieren *v* · nachschlagen *v* (in einem Katalog, einem Lexikon usw.)
consultancy *n* [Lib] / Beratung *f* · Beratungswesen *n* ‖ *s.a. project consultancy*
consultant *n* [OrgM] / Berater *m* ‖ *s.a. information consultant*
consultation shelf *n* [BdEq] / Ausziehfachboden *m* · Ausziehplatte *f* · Ausziehschieber *m* (an einem Regal/Katalogschrank)
consumables *pl* [Off] / Verbrauchsmaterialien *pl*
consumable textbook *n* [Bk] / ein mit Notizen zu versehendes Lehrbuch *n*
consumer orient(at)ed *pp* [Gen] / verbraucherorientiert *pp*
~ **press** *n* [Bk] / Publikumszeitschriften *pl*
~ **price** *n* [Acq] / Ladenpreis *m* · Endabnehmerpreis *m* · Endverbraucherpreis *m*
~ **protection** *n* [Gen] / Verbraucherschutz *m*
~ **publication** *n* / (magazine:) Publikumszeitschrift *f*
contact copy *n* [Repr] / Kontaktkopie *f*
~ **film** *n* [Repr] / Kontaktfilm *m*
~ **person** [OrgM] / Ansprechpartner *m*
~ **print** *n* [Repr] / Kontaktkopie *f*
~ **printer** *n* [Repr] / Kontaktkopiergerät *n*
~ **print sheet** *n* [Repr] / Kopierfolie *f*
~ **screen** *n* [Prt] / Kontaktraster *m*
container *n* [NBM] ⟨ISBD(NBM; ER)⟩ / Behältnis *n* · Behälter *m*
contaminate *v* [Pres] / kontaminieren *v*

contamination *n* [Pres] / Verseuchung *f* · Kontamination *f* ‖ *s.a. infestation; mould contamination*
contemporary binding *n* (note in a catalogue) [Bind] / Einband der Zeit *m*
content *n* [Ind] / Inhalt *m* ‖ *s.a. information content*
~ **-addressable memory** *n* [EDP] ⟨ISO 2382/XII⟩ / inhaltsadressierbarer Speicher *m* · Assoziativspeicher *m*
~ **analysis** *n* [Ind] / inhaltliche Erschließung *f* · Inhaltserschließung · Inhaltsanalyse *f*
contention mode *n* [Comm] ⟨ISO 2382/9; 4335⟩ / Konkurrenzbetrieb *m*
~ **(situation)** *n(n)* [Comm] ⟨ISO 4335⟩ / Konkurrenzsituation *f*
content maintenance *n* [KnM] / Inhaltspflege *f*
contents *pl* (of a book) [Bk] / Inhalt *m* (eines Buches) ‖ *s.a. digest of contents; statement of contents; summarization of contents; summary of contents; table of contents*
~ **list** *n* [Bk] ⟨ISO 18⟩ / Inhaltsverzeichnis *n* ‖ *s.a. short contents list*
context menu *n* [EDP] / Kontextmenü *n*
~ **operator** *n* [Retr] / Kontextoperator *m*
~ **-sensitive help** *n* [EDP] / kontextbezogene Hilfe *f*
contextual search *n* [Retr] / Kontextsuche *f*
contingency figure *n* [BdEq] / Sicherheitszuschlag *m*
~ **fund** *n* [BgAcc] / Reservefonds *m*
~ **funds** *pl* [BgAcc] / Reservefonds *m* · Verfügungsmittel *pl* (zum Ausgleich von unvorhersehbaren Ausgaben)
~ **plan** *n* [Pres] / Notfallplan *m* · Katastrophenplan *m*
continuation *n* [Cat] ⟨AACR2⟩ / Fortsetzung *f*
~ **card** 1 *n* [Acq] / Fortsetzungskarte *f*
~ **card** 2 *n* (in a card catalogue) [Cat] *s. extension card*
~ **order** *n* [Acq] / Fortsetzungsbestellung *f* ‖ *s.a. standing order*
~ **record** *n* [Acq] / Fortsetzungskartei *f*
~ **register** *n* [Acq] *s. continuation record*
~ **volume** *n* [Acq] / Fortsetzungsband *m*
continuing education *n* [Staff] / Fortbildung *f* · Weiterbildung *f*
~ **set** *n* [Bk] / Fortsetzungswerk *n* · Fortsetzung *f*
continuous apparatus *n* [Repr] / Durchlaufgerät *n*

~ **feed** *n* [Repr] / Endlospapiereinzug
~ **-flow camera** *n* [Repr] / Durchlaufkamera *f*
~ **form** *n* [EDP; Prt] / Endlosformular *n* · Endlosvordruck *m*
~ **operation** *n* [BdEq] / Dauerbetrieb *m*
~ **pagination** *n* [Bk] / durchlaufende Seitenzählung *f* · durchgehende Seitenzählung *f* · fortlaufende Seitenzählung *f*
~ **paper** *n* / Endlospapier *n*
~ **processor** *n* [Repr] / Entwicklungsmaschine *f*
~ **stationery** *n* [Pp] / Endlospapier *n*
~ **text** *n* [EDP] / Fließtext *m*
~ **-tone copy** *n* [Repr] / Halbtonkopie *f*
~ **tone image** *n* [Repr] / Halbtonbild *n*
~ **-tone original** *n* [Repr] / Halbtonvorlage *f*
contour(ed) map *n* [Cart] / Höhenlinienkarte *f*
~ **interval** *n* [Cart] / Höhenstufe *f* · Schichthöhe *f* A
~ **(line)** *n(n)* [Cart] / Höhenlinie *f* · Isohypse *f* · Höhenschichtlinie *f* A · Höhenkurve *f* CH
contract [Law] / Vertrag *m* (zwischen Körperschaften, Personen) ‖ *s.a. agreement; breach of contract; employment contract; maintenance contract; short-term contract; temporary contract; terms of contract; treaty; work contract*
contracting party *n* [Law] / Vertragspartner *m*
contraction *n* [Lin] ⟨ISO 4⟩ / Klammerkürzung *f*
contract of purchase *n* [Acq] / Kaufvertrag *m*
contrast *n* [Repr] / Kontrast *m* (to be of high ~: kontrastreich sein; to be of low ~:kontrastarm sein)
~ **character to background** *n* [EDP/VDU] / Zeichenkontrast *m*
contribution 1 *n* (article contributed to a publication) [Bk] ⟨ISO 215; ISO 690⟩ / Beitrag *m*
~ 2 *n* (sum of money contributed) [BgAcc] / Beihilfe *f* · Zuschuss *m*
contributor *n* (of a periodical etc.) [Bk] / Mitarbeiter *m* (einer Zeitschrift)
control 1 *n* [OrgM] / Steuerung *f* · Kontrolle *f* ‖ *s.a. computer control; device control; exit control; expense control*

control 312

~ 2 *v* [OrgM] / steuern *v* · (exert control over:) kontrollieren *v* · Kontrolle haben über *v* ‖ *s.a. device control; remote control*
~ **bus** *n* [EDP] / Steuerbus *m*
~ **button** *n* [BdEq] / Bedienungstaste *f* ‖ *s.a. control key*
~ **card** *n* [EDP] / Steuerkarte *f*
~ **character** *n* [EDP] ⟨ISO 2382/IV⟩ / Steuerzeichen *n* ‖ *s.a. device control character*
~ **command** *n* [EDP] / Steuerbefehl *m*
~ **counter** *n* [OrgM] / Kontrolltisch *m*
~ **desk** *n* [OrgM] / Aufsichtsplatz *m* · Kontrolltisch *m*
~ **engineering** *n* [BdEq] / Steuerungstechnik *f*
~ **field** *n* [Comm] ⟨DIN/ISO 3309⟩ / Steuerfeld
~ **function** *n* [EDP] / Steuerfunktion *f*
~ **group** *n* [InfSc] / Kontrollgruppe *f*
~ **instruction** *n* [EDP] *s. control command*
~ **key** *n* (Ctrl) [EDP] / Steuerungstaste *f* · Strg-Taste *f*
~ **language** *n* [EDP] / Betriebssprache *f* · Steuersprache *f*
controlled circulation *n* (of journals) [OrgM] / (radial routing:) Sternumlauf *m*
~ **circulation journal** *n* [Bk] / Kennzifferzeitschrift *f* (für Werbezwecke gratis abgegebene Zeitschrift mit Kennziffern für die angezeigten Produkte)
~ **vocabulary** *n* [Ind] / kontrollierter Wortschatz *m* · kontrolliertes Vokabular *n*
~-**vocabulary indexing system** *n* [Ind] / Indexierungssystem mit kontrolliertem Wortschatz
control memory *n* [EDP] / Steuerspeicher *m*
~ **number** *n* [EDP] / Kontrollnummer *f*
~ **of fungi** *n* [Pres] / Pilzbekämpfung *f* ‖ *s.a. fungal attack*
~ **panel** *n* [EDP/VDU] / Bedienungsfeld *n* (zur Systemsteuerung) ‖ *s.a. printer control panel*
~ **station** *n* [Comm] ⟨ISO 2382/9⟩ / Leitstation *f*
~ **storage** *n* [EDP] / Steuerspeicher *m* · Kontrollspeicher *m*
~ **unit** *n* [EDP] ⟨ISO 2382/XI⟩ / Leitwerk *n* · Steuerwerk *n*
controversial authorship *n* / strittige Verfasserschaft *f*
convene *v* (a conference) [OrgM] / einberufen *v* (eine Tagung einberufen)

conventional cataloguing *n* [Cat] / konventionelle Katalogisierung *f*
~ **name** *n* [Cat] / gewöhnlich gebrauchter Name *m*
~ **title** *n* [Cat] *s. uniform title*
conventions *pl* [EDP] / Konventionen *pl*
converge *v* [OrgM] / integrieren *v* · zusammenführen *v* · konvergieren *v*
conversational language *n* [EDP] / Dialogsprache *f*
~ **mode** *n* [EDP] ⟨ISO 2382/X⟩ / Dialogbetrieb *m* · Dialogverarbeitung *f* · interaktiver Betrieb *m*
~ **system** *n* [EDP] / Dialogsystem *n*
conversion 1 *n* (of one written language into another) [Writ; Prt] ⟨ISO R9⟩ / Umschrift *f* (einer Schrift in eine andere) ‖ *s.a. transcription 1; transliteration*
~ 2 *n* (of files) [EDP] / Konversion *f* (von Dateien) · Konvertierung *f*
~ **program** *n* [EDP] / Umsetzprogramm *n* · Umwandlungsprogramm *n*
~ **rate** *n* [BgAcc] / Umrechnungskurs *m*
convert *v* [EDP] / umwandeln *v* · umsetzen *v* · konvertieren *v*
converter *n* [EDP] / Wandler *m* · Umsetzer *m* · Umwandler *m* ‖ *s.a. data converter*
conveyor *n* [BdEq] / Förderanlage *f* ‖ *s.a. chain conveyor; endless-belt conveyor; gravity-feed conveyor*
~ **belt** *n* [BdEq] / Förderband(anlage) *n(f)*
cookbook *n* [Bk] / Kochbuch *n*
cookery book *n* [Bk] *s. cookbook*
cooler *n* [BdEq] / Lüfter *m*
cooling-off period *n* [Acq] / Rücktrittsfrist *f*
co-operative acquisition *n* [Acq] ⟨ISO 5127/3a⟩ / kooperative Erwerbung *f* · abgestimmte Erwerbung *f*
~ **cataloguing** *n* [Cat] / kooperative Katalogisierung *f* · Verbundkatalogisierung *f*
~ **cataloguing system** *n* [Cat] / Katalogisierungsverbund *m*
~ **library venture** *n* [Lib] / bibliothekarisches Verbundprojekt *n* · bibliothekarisches Gemeinschaftsunternehmen *n*
~ **(system)** *n* (network) [Lib] / Verbund *m*
coordinate *adj* [Class] / nebengeordnet *pp* ‖ *s.a. concept co-ordination*
~ **classes** *pl* [Class] / gleichgeordnete Klassen *pl*
~ **graphics** *pl/sing* [InfSc] / Koordinatengraphik *f* · Liniengraphik *f*

~ **indexing** *n* [Ind] / gleichordnende Indexierung *f* · koordinatives Indexieren *n* DDR
~ **reference** *n* [Cat] / assoziative Verweisung
~ **relation** *n* [Ind] ⟨ISO 5127/6⟩ / gleichordnende Beziehung *f* · Gleichordnungsbeziehung *f*
co-ordinates *pl* [Cart] / Koordinaten *pl*
co-ordination *n* [Ind] / Gleichordnung *f*
copier *n* [BdEq] / Kopiergerät *n* · Kopierer *m* ‖ *s.a. card-operated copier; coin-operated copier; colour copier; desktop copier; office copier; plain paper copier*
copper engraving *n* [Art] ⟨ISO 5127-3⟩ / Kupferstich *m* · (engraved plate:) Kupfertafel *f* ‖ *s.a. engraved title*
~**plate** *n* [Prt] / Kupfer(druck)platte *f*
~ **engraver** *n* [Art] / Kupferstecher *m*
~ **engraving** *n* [Art] *s. copper engraving*
~ **print** *n* [Art] / Kupfertafeldruck *m*
~ **printing** *n* [Prt] / Kupfertiefdruck *m* (als Flachbetttiefdruck)
coproduction *n* [Bk] / Koproduktion *f* · Gemeinschaftsausgabe *f* ‖ *s.a. joint publication*
~**published edition** *n* [Bk] / Gemeinschaftsausgabe *f*
~**publishing** *n* [Bk] *s. coproduction*
copy 1 *n* (written copy) [Writ] / Abschrift *f* ‖ *s.a. fair copy; manuscript copy*
~ 2 *v* (make a reproduction of a document) [Writ; Repr] / kopieren *v* · (by writing:) abschreiben *v* ‖ *s.a. licence to copy*
~ 3 *n* (a single specimen of a print) [Bk; NBM] / Exemplar *n* ‖ *s.a. advance copy; backup copy; bright copy; imperfect copy; sample copy; unique copy; voucher copy*
~ 4 *n* (transcript) [Writ] / Transkript *n* · Abschrift *f* ‖ *s.a. carbon copy; piracy*
~ 5 *n* [Repr] / (result of the reproduction of a document:) Kopie *f* · (duplicate:) Duplikat *n* ‖ *s.a. multiple copies 1*
~ 6 *n* (matter to be printed; printer's copy) [Prt] / Druckvorlage *f* · Satzvorlage *f* · Manuskript *n* ‖ *s.a. camera-ready copy; compuscript; copy deadline; copy editing; dead copy; live copy*
~ 7 *n* (offprint) [Prt] / Abdruck *m* · Abzug *m*
~ 8 *n* (advertising copy) [Bk] / Werbetext *m*
~**board** *n* [Repr] / Manuskripthalter *m*

~**book** *n* [Writ] / Schönschreibheft *n*
~ **card** *n* [Repr] / Kopierkarte *f* ‖ *s.a. card-operated copier*
~ **cataloguing** *n* [Cat] / Fremdkatalogisierung *f* ‖ *s.a. near copy cataloguing*
~ **cover** *n* [Bind] / Textvorlage für den Rückenaufdruck *f*
~ **deadline** *n* [Bk] / Redaktionsschluss *m*
~ **editing** *n* [Prt] / Manuskriptbearbeitung *f*
~ **for personal use** *n* / Handexemplar *n*
~ **for reference use only** [Bk] / Präsenzexemplar *n*
~**holder** [Prt; Repr] / Manuskripthalter *m* · Vorlagenhalter *m*
copying film *n* [Repr] / Kopierfilm *m*
~ **machine** *n* [Repr] *s. copier*
~ **service** *n* [Repr] / Kopierdienst *m* ‖ *s.a. rapid copying service*
copy(ing) stand *n* [Repr] / Reprostativ *n*
copyist *n* [Writ] / Kopist *m* · Abschreiber *m*
copy machine *n* [Repr] *s. copier*
~ **number** *n* [Cat] / Exemplarnummer *f*
~ **paper** *n* [Repr] / Fotokopierpapier *n* · (typewriter:) Durchschlagpapier *n* · (copier:) Kopierpapier *n*
~ **protection** *n* [EDP] / Kopierschutz *m*
copyright 1 *n* [Law] / Urheberrecht *n* ‖ *s.a. action of copyright; assignment of copyright; intellectual property; register of copyright(s); Universal Copyright Convention*
~ 2 *adj* [Law] / urheberrechtlich geschützt *pp* (this material is copyright:dieses Material ist urheberrechtlich geschützt)
~ **act** *n* [Law] / Urheberrechtsgesetz *n*
~ **case** *n* [Law] / Urheberrechtsstreitsache *f*
~ **clearance** *n* [Law] / Abgeltung von urheberrechtlichen Vergütungsansprüchen *f*
~ **clearinghouse** *n* [Law] / Verwertungsgesellschaft *f* (für die Einziehung und Verteilung von Urheberrechtsgebühren)
~ **deposit** *n* [Acq] *s. legal deposit*
~ **(depository) library** *n* [Lib] ⟨ISO 5127/1⟩ / Pflichtexemplarbibliothek *f* (in Verbindung mit der Sicherung von Urheberrechtsansprüchen)
~ **edition** *n* [Bk] / urheberrechtlich geschützte Ausgabe *f*
~ **holder** *n* [Law] / Urheberrechtsinhaber *m*
~ **infringement** *n* [Law] / Urheberrechtsverletzung *f*

copyright law 314

~ **law** n [Law] / (copyright act:) Urheberrechtsgesetz n · (the body of copyright rules:) Urheberrecht n
~ **notice** n [Bk] / Urheberrechtsvermerk m · Copyright-Vermerk m ‖ s.a. statement of copyright
~-**owner** n [Law] s. copyright holder
~ **period** n [Law] / Schutzfrist f (in Bezug auf das Urheberrecht)
~ **protected** pp [Law] / urheberrechtlich geschützt pp
~ **protection** n [Law] / Urheberrechtsschutz m
~ **registration** n [Law] / Urheberrechtseintragung f
~ **regulations** pl / Urheberrechtsbestimmungen pl
~ **reserved** [Law] / alle Rechte vorbehalten
~ **stipulations** pl [Law] / Urheberrechtsbestimmungen pl
~ **term** n [Law] s. copyright period
~ **unit** n [OrgM] / Pflichtexemplarstelle f
~ **violation** n [Law] / Urheberrechtsverletzung f
~ **work** n [Law] / urheberrechtlich geschütztes Werk n
copy slip n (process slip) [TS] / Laufzettel m
~ **speed** n [Repr] / Kopiergeschwindigkeit f
~ **tray** n [Repr] / Kopienauffangbehälter m
~-**writer** n (of advertising material) [Bk] / Texter m (von Werbematerial) · Werbetexter m ‖ s.a. copy 8
~-**writing** n [Prt] / Werbetextschreiben n (Tätigkeit)
cordless radio mouse n [EDP] / Funk-Maus f
Cordovan leather n [Bind] / Corduan n · Korduanleder n · Kordofanleder n
cords pl [Bind] / Bünde pl · Kordeln pl · Schnüre pl ‖ s.a. bands; double cord sewing; hemp cord; recessed cords; sawn-in cords; sunken cords; thongs
cordwain n [Bind] s. Cordovan leather
core n [Repr] ⟨ISO 5127/11; ISO 6196-4⟩ / (centre portion of a reel or spool:) Kern m · (around which microfilm can be wound:) Filmkern m
~ **collection** n [Stock] / Kernbestand m · Grundbestand m
~ **course** n [Ed] / Pflichtfach n
~ **memory** n [EDP] / Kernspeicher m
~ **subject** n [Ed] / Kernfach n · Pflichtfach n
~ **subjects** pl [Ed] / Kernfächer pl

corner cartouche n [Bk] / Eckkartusche f
~ **cut** n [Repr; PuC] ⟨ISO 6196-4⟩ / Ecken(ab)schnitt m
~ **mark** n [Cat] / Zusatzinformation in der rechten oberen Ecke einer Katalogkarte, für Ordnungszwecke
~-**piece** n [Bind; Bk] / Eckstück n
corporate author n [Cat] / korporativer Verfasser m · körperschaftlicher Verfasser m · (RAK:) Urheber m ‖ s.a. form and structure of corporate headings
~ **body** n [OrgM; Cat] ⟨ISO 4; ISO 9707; ISBD(S); FSCH; AACR2; GARR⟩ / Körperschaft f ‖ s.a. intergovernmental body; parent body; related body; subordinate body; subsidiary body
~ **body authority file** n [Cat] / Körperschaftsdatei f
~ **data** pl [InfSy] / Unternehmensdaten pl
~ **database** n [InfSy] / Unternehmensdatenbank f
~ **entry** n [Cat] / Körperschaftseintragung f
~ **library** n [Lib] / Firmenbibliothek f
~ **name** n [Cat] / Körperschaftsname m ‖ s.a. authority file for corporate names
~ **network** [Comm] / Firmennetz n
~ **user** [n] / korporativer Benutzer m
corporation file n [Stock] / Firmenschriftensammlung f
correct v [Gen] / berichtigen v · verbessern v · korigieren v ‖ s.a. uncorrected
corrected edition n [Bk] / berichtigte Ausgabe f
correction n [Prt] / Korrektur f
correctional library n [Lib] / Gefängnisbibliothek f · Justizvollzugsanstaltsbibliothek f
correction mark n [Prt] / Korrekturzeichen n ‖ s.a. insertion mark
~ **procedure** n [EDP; Prt] / Korrekturverfahren n
~ **routine** n [EDP] / Korrekturroutine f
corrector of the press n [Prt] Brit / Korrektor m
correlation n [InfSc] / Korrelation f
~ **analysis** n [InfSc] / Korrelationsanalyse f
~ **coefficient** n [InfSc] / Korrelationskoeffizient m
correlative index n [Ind] / korrelativer Index m
correspondence n [Off] / Briefwechsel m · Korrespondenz f · Schriftverkehr m · Schriftwechsel m

~ **course** *n* [Ed] / Fernlehrgang *m* · Fernunterricht *m* ‖ *s.a. distance learning*
~ **degree course** *n* [Ed] / Fernstudiengang *m*
~ **file** *n* [Off] / Briefablage *f* · Korrespondenzakten *pl*
~ **university** *n* [Ed] / Fernuniversität *f*
corrigendum *n* (pl: corrigenda) [Bk] ⟨ISO 5127/2⟩ / Berichtigung *f*
corrosion stain *n* [Pres] / Rostfleck *m*
corrugated *pp* [Pres] / gewellt *pp*
corrupt *adj* [Bk] / fehlerhaft *adj*
corrupted text *n* [Bk] / korrumpierter Text *n*
cost accounting *n* [BgAcc] / Kostenrechnung *f*
~ **analysis** *n* [BgAcc] / Kostenanalyse *f*
~-**benefit analysis** *n* [OrgM] / Kosten-Nutzen-Analyse *f*
~-**benefit ratio** *n* [OrgM] / Kosten-Nutzen-Verhältnis *n*
~ **centre** *n* [BgAcc] / Kostenstelle *f*
~ **conscious** *adj* [OrgM] / kostenbewußt *adj*
~ **coverage** *n* [BgAcc] / Kostendeckung *f*
~ **cutting** *pres p* / kostensparend *pres p*
~-**effective** *adj* / kostengünstig *adj* · wirtschaftlich *adj*
~-**effectiveness** *n* [OrgM] / Wirtschaftlichkeit *f*
~-**effectiveness analysis** *n* [OrgM] / Wirtschaftlichkeitsanalyse *f* · Kosten-Leistungs-Analyse *f* ‖ *s.a. cost-benefit analysis*
costing *n* [BgAcc] / Kostenberechnung *f* · (the estimate of the cost of a particular product:) Kalkulation *f* · (cost accounting:) Kostenrechnung *f*
~ **unit** *n* [BgAcc] / Kostenträger *m*
cost minimization *n* [BgAcc] / Kostenminimierung *f*
~ **of annual subscription** *n* [Acq] / Jahresbezugspreis *m*
~ **price** *n* [BgAcc] / Selbstkostenpreis *m*
~ **recovery** *n* [BgAcc] / Kostendeckung *f* ‖ *s.a. charges sufficient to cover costs*
~ **reduction** *n* [OrgM] / Kostensenkung *f*
cost(s) *n(pl)* [BgAcc] / Kosten *pl* (cost per user:Kosten pro Benutzer; cost per loan: Kosten pro Ausleihe) ‖ *s.a. category of costs; expenses; fixed costs; implicit costs; incremental cost(s); non-recurrent costs; ongoing cost(s); operating costs; overall cost(s); running cost(s); staff(ing) costs; start-up cost(s); type of costs; unit costs*
costs of materials *pl* / Sachkosten *pl*

cost statement *n* [BgAcc] / Ausgabennachweis *m*
costume book *n* [Bk] / Kostümbuch *n* · (book of traditional costume:) Trachtenbuch *n*
cost unit *n* [BgAcc] *s. costing unit*
Council Directive *n* / Richtlinie *f* (des Rates der Europäischen Union)
council library *n* [Lib] / Ratsbibliothek *f*
councillor *n* (member of a council) [Adm] / Ratsmitglied *n*
Council minutes *pl* [Adm] / Ratsprotokolle *pl*
counsel *v* [OrgM] / einen Rat geben · raten *v* ‖ *s.a. information counselling*
counsellor *n* [OrgM] / Berater *m* ‖ *s.a. information consultant*
count *v* [Gen] / zählen *v* ‖ *s.a. tally 1*
counter 1 *n* [BdEq] / Theke *f* · Tresen *m* · (closed ~: hatch system:) Schalter *m* ‖ *s.a. closed counter lending; issue counter; return counter*
~ 2 *n* (the interior 'white' of a letter) [Prt] / Punze *f*
~-**feit binding** *n* [Bind] / Einbandfälschung *f* ‖ *s.a. forgery*
~-**foil** *n* [BgAcc] / Einzahlungsbeleg *m*
~-**mark** *n* (the smaller watermark in addition to the main watermark) [Bk] / Gegenzeichen *n* · Gegenmarke *f* · Nebenmarke *f*
~-**sign** *v* [Writ] / gegenzeichnen *v*
country code *n* [Comm] / Landesvorwahl(nummer) *f*
~ **of origin** *n* [Gen] / Herkunftsland *n*
~ **of publication** *n* [Bk] / Erscheinungsland *n*
county *n* [Adm] *s. administrative county*
coupon [Off] / Kupon *m* · (~ voucher:) Gutschein *m*
course *n* [Ed] / (series of lessons in a particular subject:) Lehrveranstaltung *f* · Unterrichtsfach *n* · Kurs *m* ‖ *s.a. access course; core course; field of study; induction course; introductory course; supplementary course*
~ **catalog** *n* [Ed] *US* / Studienführer *m*
~ **content** *n* [Ed] / Studieninhalt *m*
~-**list** *n* / Lehrplan *m* (Verzeichnis der Lehrveranstaltungen)
~ **material** *n* [Ed] / Studienmaterial *n*
~ **objective** *n* [Ed] / Unterrichtsziel *n*
~ **of further education** *n* / Fortbildungslehrgang *m* · Fortbildungskurs *m*
~ **of training** *n* / Ausbildungsgang *m*

~ware *n* [Ed] / Software für Unterrichtszwecke *f*
court almanac(k) *n* / Hofkalender *m*
court calendar *n* [Bk] / Hofkalender *m*
courtesy discount *n* [Bk] / Vorzugsrabatt *m*
court hand *n* [Writ] / Urkundenschrift *f* · Geschäftsschrift *f* · Kanzleischrift *f*
~ library *n* [Lib] / (library of a law court:) Gerichtsbibliothek *f* · (library of a princely court:) Hofbibliothek *f*
~ of auditors *n* [BgAcc] / Rechnungshof *m*
cover 1 *n* [Bind; NBM; Off] / (of a hardcover book:) Einband *m* · (board:) Buchdeckel *pl* · (of a pamphlet or periodical:) Umschlag *m* · Heftumschlag *m* · (of a gramophone record:) Schallplattenhülle *f* ‖ *s.a. album cover; back cover; board covers; bookcover paper; cardboard cover; document cover; dust cover; front cover; inside cover*
~ 2 *v* [Bind] / (put a cover on ...:) überziehen *v* ‖ *s.a. covering; recover*
~ 3 *v* [Gen] / (serve as a covering:) decken *v* · bedecken *v* · abdecken *v* ‖ *s.a. cost recovery*
coverage ratio *n* [Retr] / Abdeckungsquote *f*
cover decoration *n* [Bind] / Einbandschmuck *m* · Einbandverzierung *f*
~ design *n* [Bind] / Umschlaggestaltung *f* · Einbandgestaltung *f* ‖ *s.a. binding decoration*
~ engraving *n* [Bind] / Deckelkupfer *n*
covering *n* [Bind] / Deckelbezug *m*
~ letter *n* [Comm] / Anschreiben *n* · Begleitbrief *m* · Begleitschreiben *n*
~ material *n* [Bind] / Überzugsmaterial *n* · Überzugsstoff *m*
cover letter *n* [Off] / Anschreiben *n* · Begleitschreiben *n*
~ material *n* [Bind] / Bezugsstoff *m*
~ materials *pl* [Bind] / Einbandstoffe *pl*
~ plate *n* [Sh] / Abdeckboden *m*
~ sheet *n* [Bind] / Deckblatt *n*
~ story *n* [Bk] / Titelgeschichte *f*
~ title *n* [Bk] ⟨ISBD(PM)⟩ / Umschlagtitel *m* ‖ *s.a. side title*
~ to cover translation *n* [Bk] / vollständige Übersetzung einer Zeitschrift (von der ersten bis zur letzten Umschlagseite)
cow-hide *n* [Bind] / Rindleder *n*
co-worker *n* [Staff] / Mitarbeiter *m*
cpi *abbr s. characters per inch*
cpl *abbr* [EDP] *s. characters per line*

cps 1 *abbr s. characters per second*
cps 2 *abbr* [NBM] *s. centimetres per second*
CPU *abbr s. central processing unit*
CPU time *n* [EDP] / CPU-Zeit *f* · Prozessorzeit *f*
CR *abbr* [EDP; Off] *s. carriage return (key)*
crabs *pl* [Bk] / Remittenden *pl*
cracked *pp* [Bind] / aufgeplatzt *pp* · geplatzt *pp*
cradle book *n* [Bk] / Wiegendruck *m*
craft binder *n* [Bind] / Handwerksbuchbinder *m*
~ of bookbinding *n* [Bind] / Buchbinderhandwerk *n*
crash 1 *n* (of a program) [EDP] / Absturz *m* (eines Programms)
~ 2 *n* [Bind] US / Heftgaze *f* · Gaze *f*
crate *n* [BdEq] / Kiste *f* (Lattenkiste)
crayon manner [Prt] / Crayonmanier *f*
CRC *abbr* [Prt] *s. camera-ready copy*
~ 1 *abbr* [Comm] *s. cyclic redundancy check* 2 *abbr* [Prt] *s. camera-ready copy*
crease 1 *n* [Pres] / Falte *f*
~ 2 *v* [Pres] / knittern *v* · zerknittern *v*
creator *n* [Art; Law] / Schöpfer *m* · (author:) Urheber *m*
credentials *pl* [Staff] / Bewerbungsunterlagen *pl*
credit 1 *n* [BgAcc] / Gutschrift *f*
~ 2 *n* (certificate) [Ed] US / Studienleistung, die für die Erlangung eines akademischen Grades anerkannt wird *f* (Schein)
~ hour *n* [Ed] US / Pflicht- bzw. Wahlpflichtstunde *f*
~ memo(randum) *n* [BgAcc] / Gutschriftanzeige *f*
~ note *n* [BgAcc] *s. credit memo(randum)*
credits *pl* (of a television film etc.) [NBM] / (after the end of the film:) Abspann *m* ‖ *s.a. opening credits*
~ slip *n* [BgAcc] / Einzahlungsschein *m*
crepeline *n* [Pres] / Seidengaze *f*
crest *n* [Gen] / Wappen ‖ *s.a. family crest*
crime novel *n* [Bk] / Kriminalroman *m*
crinkled by water *pp* [Pp] / wassergewellt *pp*
critical abstract *n* [Ind] / kritisches Referat *n*
~ apparatus *n* [Bk] / kritischer Apparat *m*
~ bibliography *n* [Bib] / analytische Druckforschung *f* · analytische Bibliographie *f*
crop mark *n* [Prt] / Beschnittlinie *f*
cropped *pp* [Bind] / zu stark beschnitten *pp*

cross aisle *n* (in a bookstack) [BdEq] / Mittelgang *m* · Hauptgang *m* (quer zu den Regalblöcken)
cross-border data flow *n* [Comm] / grenzüberschreitender Datenfluss *m*
~ **classification** *m* [Class] / eine fehlerhafte Klassifikation (die Unterteilung erfolgt nach mehr als einem Merkmal)
~ **compiler** *n* [EDP] / Cross-Compiler *m*
~**-database searching** *n* [Retr] / datenbankübergreifendes Recherchieren *n*
~ **direction** *n* [Pp] ⟨ISO 4046⟩ / Dehnrichtung *f* · Querrichtung *f*
~**(ed)-grain leather** *n* [Bind] / kreuznarbiges Leder *n*
~**-file searching** *n* [Retr] *s. cross-database searching*
~ **folding** *n* [Bind] / Kreuzbruchfalz *m*
~ **hatching** *n* [Art] / Kreuzschraffur *f*
~**-head** *n* [Bk] *s. cross head*
~ **head** *n* [Bk] / Zwischenüberschrift *f*
~**-mark** *n* [Repr] / Passkreuz *n*
~ **out** *v* [Writ] / durchstreichen *v* · ausstreichen *v*
~**-platform** *adj* [EDP] / plattformübergreifend *p pres*
~ **reference** *n* [Cat; Ind] ⟨AACR2⟩ / Verweisung *f* ‖ *s.a. subject cross reference*
~ **slide** *n* [Repr] / Kreuzschlitten *m*
~ **way** *n* [Pp] ⟨ISO 4046⟩ / Dehnrichtung *f*
CRT *abbr* [EDP/VDU] *s. cathode-ray tube*
~ **display console** *n* [EDP] / Bildschirmkonsole *f*
crushed leather *n* [Bind] / geglättetes Leder *n*
cryptography *n* / Kryptographie *f* · Geheimschrift *f*
cryptonym *n* [Writ] / Kryptonym *n* · Deckname *m*
CSS *abbr* [Internet] *s. cascading style sheets*
Ctrl *abbr* [EDP] *s. control key*
Ctrl key *n* [EDP] / Strg-Taste *f*
CTS *abbr* [Comm] *s. clear to send*
cubicle *n* [BdEq] / Arbeitskabine *f*
cubook *n* [Sh] / Normeinheit für den Raumbedarf für ein durchschnittliches Buch auf einem Regalfachboden
cuir-ciselé binding *n* [Bind] / Lederschnitt(ein)band *m*
cul-de-lampe *n* [Bk] / Schlussvignette *f*
culling record *n* [Stock] / Aussonderungsbeleg *m*
cultural assets *pl* [Gen] / Kulturgüter *pl*

~ **heritage** *n* [Bk] / kulturelles Erbe *f* (safeguarding cultural heritage: Schutz des kulturellen Erbes)
~ **property** *n* [Gen] / Kulturgüter *pl*
cumdach *n* [Bind] / Buchkasten zur Aufbewahrung wertvoller Bücher (im frühmittelalterlichen Irland gebraucht) ‖ *s.a. book shrine*
cumulate *v* (an index, a bibliography etc.) [Bib] / kumulieren *v*
cumulative *adj* [Bib] / kumulierend *pres p*
~ **index** *n* [Ind] / kumulierendes Register *n* ‖ *s.a. consolidated index*
~ **volume** *n* [Bk] / Kumulationsband *m*
cuneiform character *n* [Writ] / Keilschriftzeichen *n*
~ **hand** *n* [Writ] *s. cuneiform script*
~ **script** [Writ] / Keilschrift *f*
~ **writing** *n* [Writ] *s. cuneiform script*
curator *n* [Staff] / Leiter einer Spezialsammlung oder Sonderabteilung *m* · Kustos *m*
curling *n* [Pres] / Kräuseln *n*
currency *n* (of a database) [InfSy] / Aktualität *f* (einer Datenbank)
~ **sign** *n* [BgAcc] / Währungszeichen *n*
current awareness service *n* [InfSy] / Schnellinformationsdienst *m*
~ **bibliography** *n* [Bib] ⟨ISO 5127/2⟩ / fortlaufende Bibliographie *f*
~ **publication** / laufende Publikation *f* (ohne zeitliche Begrenzung) ‖ *s.a. ongoing publication*
~ **records** *pl* [Off] / laufende Akten *pl* · (kept close at hand:) Handakten *pl*
~ **script** *n* [Writ] / Kurrentschrift *f*
curriculum *n* [Ed] / Studienplan *m* · Curriculum *n*
~ **subject** *n* [Ed] / Lehrplaninhalt *m*
~ **vitae** *n* (cv) [Staff] / Lebenslauf *m*
cursive (handwriting) *n* [Writ] / Kursivschrift *f* · Kursive *f*
cursor *n* [EDP/VDU] / Cursor *n* · Positionsmarke *f* · Schreibmarke *f*
~ **control key** *n* [EDP] / Cursortaste *f*
curtain coated *pp* [Pp] / gegossen *pp*
~ **wall** *n* [BdEq] / nichttragende Außenwand *f*
curve chart *n* [InfSc] / Kurvendiagramm *n*
curved bracket *n* [Writ] / runde Klammer *f*
~ **terminal stroke** *n* (of a letter) [Prt; Writ] / Elefantenrüssel *m*
curve follower *n* [EDP] ⟨ISO 2382/XI⟩ / Kurvenleser *m*
~ **graph** *n* [InfSc] *s. curve chart*

cusped-edge stamp *n* [Bind] / Kopfstempel *m*
custodian *n* [Staff] / (keeper:) Kustos *m* · (house manager:) Hausverwalter *m*
custom binding *n* [Bind] / ein nach den Wünschen des Kunden gefertigter Einband
~ **box** *n* [NBM] *s. box 1*
~**-designed** *pp* [BdEq] / gemäß den Wünschen des Kunden entworfen
customer *n* [Acq] / Kunde *m* ‖ *s.a. taker*
~ **expectations** *pl* [RS] / Kundenerwartungen *pl*
~ **ID** / Kundennummer *f*
~ **number** *n* (user id) [Retr] / Nutzerkennung *f*
~ **requirements** *pl* [RS] / Kundenanforderungen *pl*
~ **service office** *n* [OrgM] / Kundendienstbüro *n*
customize *v* [EDP] / anpassen *v* · auf die Bedürfnisse des Kunden zuschneiden
cut 1 *v* (trim) [Bind] / beschneiden *v* ‖ *s.a. cutting plough/plow; open; uncut*
~ 2 *pp* (trimmed) [Bind] / beschnitten *pp*
~ 3 *n* (of funds) [BgAcc] / Mittelkürzung *f* · Kürzung *f* ‖ *s.a. cutback in personnel*
~ 4 *v* (word processing) [EDP] / ausschneiden *v* (cut and paste: ausschneiden und einfügen)
~ **away** *pp* [Bk] / abgeschnitten *pp*
~ **back binding** *n* [Bind] / Klebebindung *f* · Lumbeckbindung *f*
~**back in personnel** *n* [Staff] / Personalabbau *m*
~ **edge(s)** *n(pl)* [Bind] / glatter Schnitt *m*
~ **flush** *v/pp* [Bind] / bündig geschnitten *pp* · (to cut flush:) glatt beschneiden *v*
~ **in boards** *v* [Bind] / in Deckeln beschneiden *v* · in Pappen beschneiden *v*
~**-in index** *n* / Daumenregister *n* · Griffregister *n*
~**line** *n* (of an illustration) [Bk] / Bildlegende *f*
~ **mark** *n* [Repr] ⟨ISO 6196-4⟩ / Schneidemarke *f*

~ **off** *v* (interrupt) [BdEq] / abschalten *v*
~ **out-of-boards** *pp* [Bind] *s. out of boards*
cutter *n* (steel graver) [Prt] / Stahlstichel *m*
Cutter number *n* [Sh] / Cutter-Nummer *f*
cutting *n* [NBM] / (film editing:) Schneiden *n* · Schnitt *m* · (from a newspaper or periodical:) Ausschnitt *m* ‖ *s.a. cutting bureau; video cutting*
~ **bureau** *n* [Bk] / Zeitungsausschnittbüro *n*
~ **line** *n* [Repr] *s. cut mark*
~ **machine** *n* [Bind] / Schneidemaschine *f*
~ **mark** *n* [Repr] / Schneidemarke *f*
~ **of expenses** *n* [BgAcc] / Ausgabenkürzung *f*
~ **plough/plow** *n* [Bind] / Beschneidehobel *m* · Buchbinderhobel *m*
~ **ruler** *n* [Repr] / Abreißschiene *f*
cuttings bureau *n* [OrgM] *Brit* / Zeitungsausschnittbüro *n*
~ **collection** *n* [NBM] *Brit* / Zeitungsausschnittsammlung *f*
~ **file** *n* [NBM] *Brit s. cuttings collection*
cv *abbr* [Staff] *s. curriculum vitae*
CWO *abbr* [Bk] *s. cash required with order*
cyber|café *n* / Internet-Café *n*
~**glove** *n* [EDP] / Datenhandschuh *m*
~**netics** *pl but sing or pl in constr* [InfSc] / Kybernetik *f*
~**surfer** *n* / Internetsurfer *m*
~**surfing** *n* / Internetsurfen *n*
cycle time *n* [EDP] ⟨ISO 2382/XII⟩ / Zykluszeit *f*
cyclic redundancy check *n* [Comm] / zyklische Blockprüfung *f*
cyclop(a)edia *n* [Bk] / Enzyklopädie *f*
cylinder *n* [BdEq] / Rolle *f* ‖ *s.a. stout card cylinder*
~ **press** *n* [Prt] / Zylinderpresse *f* · Schnellpresse *f*
cylindrical projection *n* [Cart] / Zylinderprojektion *f*
cyrillic script *n* [Writ; Prt] / kyrillische Schrift *f*

D

dagger *n* [Prt] / Kreuz(zeichen) *n(n)* ‖ *s.a. double dagger*
daguerrotype *n* [NBM] ⟨ISO 5127-3⟩ / Daguerrotypie *f*
daily newspaper *n* [Bk] / Tageszeitung *f* · Tageblatt *n*
~ **paper** *n* [Bk] *s. daily newspaper*
daisy wheel printer *n* [EDP; Prt] / Typenraddrucker *m*
damage 1 *n* [Pres] / Schaden *m* (damage caused by burning: Brandschaden) ‖ *s.a. deterioration*
~ 2 *v* [Pres] / schädigen *v*
damaged / schadhaft *adj* (beschädigt)
damp *v* [Bind] / feuchten *v*
damping unit *n* (offset press) [Prt] / Feuchtwerk *n*
damp-spotted *pp* / feuchtfleckig *adj* ‖ *s.a. foxed; traces of moisture*
~ **stain** *n* [Pres] / feuchter Fleck *m* ‖ *s.a. foxing*
~**-stained** *pp* [Pres] *s. damp-spotted*
~ **stretching** *n* [Pp] / Feuchtdehnung *f*
dandy roll *n* [Pp] ⟨ISO 4046⟩ / Egoutteur *m*
darkroom *n* [Repr] / Dunkelkammer *f*
dash *n* [Writ; Prt] / (horizontal stroke:) Gedankenstrich *m* ‖ *s.a. em dash*
data *pl* [InfSy] ⟨ISO 2382/1; ISBD(ER)⟩ / Daten *pl*
~ **acquisition** *n* [EDP] ⟨ISO 2382-6⟩ / Datengewinnung *f* · Datenerfassung *f*
~ **aggregate** *n* [EDP] / Datenverbund *m*

~**bank** *n* [InfSy] ⟨ISO 2382-4⟩ / Datenbank *f* ‖ *s.a. database*
database *n* [InfSy] ⟨ISO 2382-4⟩ / Datenbank *f* · Informationsbank *f* · Datenbasis *f* ‖ *s.a. choice of database; consortial database; external database; shared database*
~ **access** *n* [Retr] / Datenbankzugriff *m*
~ **design** *n* [EDP] / Datenbankaufbau *m* · Datenbankentwurf *m*
~ **inquiry** *n* [Retr] / Datenbankrecherche *f*
~ **interrogation** *n* [Retr] / Datenbankabfrage
~ **language** *n* [EDP] / Datenbanksprache *f*
~ **machine** *n* [EDP] / Datenbankmaschine *f*
~ **(management) system** *n* [EDP] / Datenbank-Management-System *n* · Datenbankverwaltungssystem *n* · Datenbanksystem *n* · Datenbasisverwaltungssystem *n*
~ **producer** *n* [InfSy] / Datenbankproduzent *m* · Datenbankhersteller *m* · Hersteller einer Datenbank *m* ‖ *s.a. database provider*
~ **provider** *n* / Lieferant einer Datenbank *m* (in der Regel identisch mit dem Hersteller) · Datenbankanbieter *m* ‖ *s.a. database producer; database vendor*
~ **search** *n* [Retr] / Datenbankrecherche *f* ‖ *s.a. database inquiry; database interrogation*
~ **supplier** *n s. database provider*

database vendor 320

~ **vendor** *n* [InfSy] / Host *m* ·
Datenbankanbieter *m*
data block *n* [EDP] / Datenblock *m*
~ **buffer** *n* [EDP] / Datenpuffer *m*
~ **bus** *n* [EDP] / Datenbus *m* ·
Datensammelschiene *f*
~ **capture** *n* [EDP] / Datenerfassung *f*
~ **capture terminal** *n* [EDP] /
Datenerfassungsgerät *n*
~ **carrier** *n* [InfSy] / Datenträger *m*
~ **cartridge** *n* [EDP] / Datenkassette *f*
~ **centre** *n* [InfSy] ⟨ISO 5127/1⟩ /
Datenzentrum *n*
~ **circuit** *n* [Comm] / Datenübertragungsstrecke *f* · Datenverbindung *f*
~ **circuit-terminating equipment**
n [Comm] ⟨ISO 2382/9⟩ /
Datenfernübertragungseinrichtung *f*
~ **cleaning** *n* [KnM] / Datenbereinigung *f*
~ **clean up** *n* [KnM] / Datenbereinigung *f*
~ **collection** 1 *n* (survey research) [InfSc] /
Datenerhebung *f*
~ **collection** 2 *n* [EDP] ⟨ISO 2382-6⟩ /
Datenerfassung *f*
~ **collection terminal** *n* [EDP] /
Datenerfassungsgerät *n*
~ **combination** *n* [EDP] / Datenverbund *m*
~ **communication(s)** *n(pl)* [Comm]
⟨ISO/IEC 2382/9⟩ / Datenübermittlung *f*
‖ *s.a.* both-way communication; code-independent data communication; code-transparent data communication; data transmission; one-way communication; two-way alternate communication; two-way simultaneous communication
~ **communications common carrier** *n*
[InfSy] / Netzbetreiber *m*
~ **communications equipment** *n* [Comm] /
Datenfernübertragungseinrichtung *f*
~ **compaction** *n* [EDP] / Datenverdichtung *f*
~ **compression** *n* [EDP] /
Datenkompression *f* · Datenverdichtung *f* ‖
s.a. decompress
~ **concentrator** *n* [Comm] ⟨ISO 2382/9⟩ /
Datenkonzentrator *m* · Konzentrator *m*
~ **consistency** *n* [InfSy] / Datenkonsistenz *f*
‖ *s.a. inconsistent data*
~ **contamination** *n* [EDP] *s. data corruption*
~ **conversion** *n* [EDP] ⟨ISO 5127/1⟩ /
Datenwandlung *f* · Datenkonversion *f* ·
Datenkonvertierung *f*
~ **converter** *n* [EDP] ⟨ISO 2382/XI⟩ /
Datenumsetzer *m* · Datenwandler *m*

~ **corruption** *n* [EDP] ⟨ISO 2382/8⟩ /
Datenverfälschung *f*
~ **cube** *n* [KnM] / Datenwürfel *m*
~ **definition language** *n* [EDP] /
Datendefinitionssprache *f*
~ **description language** *n* [EDP] /
Datenbeschreibungssprache *f*
~ **display** *n* [EDP] / Datenanzeige *f* ‖ *s.a. screen display*
~ **display console** *n* [EDP] /
Bildschirmkonsole *f*
~ **documentation** *n* [InfSy] /
Datendokumentation *f*
~ **driven** *pp* / datengesteuert *pp*
~ **element** *n* [EDP] ⟨ISO 2382-4;
ISO 8459-1; 3⟩ / Datenelement *n* ·
Datenkategorie *f* ‖ *s.a. catalogue of data elements*
~ **encryption** *n* [EDP] / Datenverschlüsselung *f*
~ **enrichment** *n* [KnM] / Datenanreicherung *f*
~ **entry** *n* [EDP] ⟨ISO 2382-6⟩ /
Dateneingabe *f* · Datenerfassung *f* ‖ *s.a. interactive data entry; voice data entry*
~ **entry terminal** *n* [EDP] /
Datenerfassungsgerät *n*
~ **exchange** *n* [EDP] / Datentausch *m* ·
Datenaustausch *m*
~ **export** *n* [EDP] / Datenexport *m*
~**field** *n* [EDP] ⟨ISO 2709⟩ / Datenfeld *n* ‖
s.a. length of datafield
~ **file** *n* [EDP] / Datei *f* ‖ *s.a. file 1*
~**flow** *n* [EDP] / Datenfluss *m*
~ **flowchart** *n* [EDP] / Datenflussplan *m*
~**-flow control** *n* [Comm] /
Datenflusssteuerung *f*
~ **format** *n* [EDP] ⟨ISO 2382/IV; ISO 5127/1⟩ / Datenformat *n*
~ **gathering** *n* [EDP] / Datenerfassung *f*
~ **glove** *n* [EDP] / Datenhandschuh *m*
~ **hierarchy** *n* [EDP] / Datenhierarchie *f*
~ **highway** *n* [Comm] *s. information (super)highway*
~ **import** *n* [EDP] / Datenimport *m*
~ **independence** *n* [EDP] /
Datenunabhängigkeit *f*
~ **input** *n* [EDP] / Dateneingabe *f*
~ **input form** *n* [TS] / Datenerfassungsblatt *n* · Datenerfassungsbogen *n*
~ **input sheet** *n* [EDP] *s. data input form*
~ **integrity** *n* [EDP] ⟨ISO 2382/8⟩ /
Datenintegrität *f*
~ **interchange** *n* ⟨EDP⟩ / Datenaustausch *m*
~ **interlocking** *n* [EDP] / Datenverbund *m*

~ **link** *n* [Comm] ⟨ISO 2382/9: 4335⟩ / Übermittlungsabschnitt *m* ‖ *s.a. active data link channel state*
~ **link layer** *n* [Comm] / Verbindungsschicht *f* · Sicherungsschicht *f*
~ **loss** *n* [EDP] / Datenverlust *m*
~ **management system** *n* [EDP] / Datenverwaltungsssystem *n*
~ **manipulation** *n* [EDP] / Datenmanipulation *f*
~ **manipulation language** *n* [InfSy] / Datenmanipulationssprache *f* · Datenbehandlungssprache *f* · Datenhandhabungssprache *f*
~ **medium** *n* [InfSy] ⟨ISO 2382/1; ISO 5127/1⟩ / Datenträger *m* ‖ *s.a. data carrier*
~ **mining** *n* [KnM] / Data Mining *n* · Datenexploration *n* (Schürfen und Analyse von Daten)
~ **mining technique** *n* [KnM] / Data-Mining-Verfahren *n*
~ **model** *n* [EDP] / Datenmodell *n* ‖ *s.a. relational data model*
~ **multiplexer** *n* [EDP] / Datenmultiplexer *m*
~ **network** *n* [Comm] ⟨ISO/IEC 2382/9⟩ / Datennetz *n*
~ **object** *n* [EDP] / Datenobjekt *n*
~ **organization** *n* [EDP] / Datenorganisation *f*
~ **packet** *n* [Comm] / Datenpaket *n* ‖ *s.a. packet switching*
~ **pen** *n* [EDP] / Lesestift *m* · Lesepistole *f* · Handlesegerät *n*
~ **phone** *n* [Comm] / Datenfernsprecher *m* · Datentelefon *n*
~ **preparation** *n* [EDP] / Datenaufbereitung *f*
~ **privacy** *n* [Law] / Datenschutz *m* (in bezug auf die Daten der Privatsphäre) ‖ *s.a. data protection*
~ **processing** *n* [EDP] ⟨ISO/IEC 2382/1; ISO 5127/1⟩ / Datenverarbeitung *f* · DV *abbr* ‖ *s.a. interactive data processing*
~ **processing center** *n* [EDP] / Rechenzentrum *n*
~ **processing machine** *n* [EDP] / Datenverarbeitungsanlage *f*
~ **processing system** / Datenverarbeitungssystem *n* · Rechensystem *n*
~ **processor** *n* [EDP] / Datenprozessor *m*
~ **protection** *n* [Law] ⟨ISO 2382/9⟩ / Datenschutz *m* ‖ *s.a. sensitive data*

Data Protection Commissioner *m* [InfSy] *Brit* / Datenschutzbeauftragter *m* (für das UK)
data protection officer *n* [Law] / Datenschutzbeauftragter *m*
Data Protection Registrar *n* [Law] *Brit* / Datenschutzbeauftragter *m* (für das UK)
data reception *n* [EDP] / Datenübernahme *f*
~ **record** *n* [EDP] / Datensatz *m*
~ **recovery** *n* [EDP] / Datenwiederherstellung *f*
~ **reduction** (n) [EDP] / Datenreduktion *f* ‖ *s.a. data compression*
~ **replication** *n* [KnM] / Datenabgleich *m*
~ **representation** *n* [EDP] / Datendarstellung *f*
~ **security** *n* [EDP] / Datensicherheit *f*
~ **set** *n* [EDP] *s. dataset 1*
~**set** 1 *n* [InfSy] ⟨DCMI⟩ / Datensatz *m* · Datenmenge *f* ‖ *s.a. dataset 2*
~**set** 2 *n* (a database of relatively small size) [EDP] / Datei *f*
~ **set identifier** *n* [EDP] / Dateikennzeichen *n*
~ **set section number** *n* [EDP] / Dateiabschnittnummer *f*
~ **set sequence number** *n* [EDP] / Dateifolgenummer *f*
~**set serial number** *n* [EDP] / Dateimengenkennzeichnung *f* ‖ *s.a. data set identifier*
~ **sharing** *n* [InfSy; KnM] / gemeinsame Datennutzung *f*
~ **signalling rate** *n* [Comm] / Übertragungsgeschwindigkeit *f*
~ **sink** *n* [Comm] ⟨ISO/IEC 2382/9⟩ / Datensenke *f*
~ **source** *n* [Comm] ⟨ISO/IEC 2382/9⟩ / Datenquelle *f*
~ **station** *n* [Comm] ⟨ISO 2382/9⟩ / Datenstation *f*
~ **structure** *n* / Datenstruktur *f* · Datenaufbau *m*
~ **terminal** *n* [Comm; EDP] / Datenendgerät *n* · Endgerät *n* · Terminal *n* ‖ *s.a. dumb terminal; intelligent terminal; printer terminal; remote terminal; video display terminal*
~ **terminal equipment** *n* [Comm] ⟨ISO 2382/9⟩ / Datenendgerät *n* / Datenendeinrichtung *f* · DEE *abbr*
~ **throughput** *n* [Comm] / Datendurchsatz *m*
~ **track** *n* [EDP] / Datenspur *f*
~ **traffic** *n* [Comm] / Datenverkehr *m*

data transfer 322

~ **transfer** *n* [Comm] / Datenübertragung *f*
‖ *s.a.* *data transmission*
~ **transfer phase** *n* / Datenübertragungsphase *f*
~ **transfer rate** *n* [Comm] ⟨ISO 2382/9⟩ / Transfergeschwindigkeit *f* · Übertragungsgeschwindigkeit *f*
~ **transformation** *n* [EDP] ⟨ISO 5127/1⟩ / Datentransformation *f*
~ **transmission** *n* [Comm] ⟨ISO/IEC 2382/9⟩ / Datenübertragung *f* · (remote ~:) Datenfernübertragung *f* ‖ *s.a.* *remote data transmission*
~ **transmission block** *n* [Comm] / Datenübertragungsblock *m* · DÜ-Block *m*
~ **type** *n* [EDP] / Datentyp *m*
~ **typist** *n* [Staff] / Datentypist *m*
~ **unit** *n* [EDP] / Dateneinheit *f*
~ **validation** *n* [EDP] / Datenprüfung *f*
~ **volume** *n* [EDP] / Magnetschichtdatenträger *m*
date *v/n* / (to date:) datieren *v* · (statement of the time:) Zeitpunkt *m* · Datum *n* · Termin *m* ‖ *s.a.* *antedate; completion date; deadline; delivery date; outdated; predate; various dates*
~ **card** *n* [RS] / (dating slip:) Friststreifen *m* · Fristzettel *m* (lose ins Buch gelegt) ‖ *s.a.* *date label*
dated *pp* [InfSc] / datiert *pp* · (outdated:) veraltet *pp*
date due *n* [RS] / Fälligkeitstermin *m* · Fälligkeitsdatum *n* · (~ ~ for return:) Rückgabedatum *n* · Rückgabetermin *m* ‖ *s.a.* *loan period*
~ **due slip** *n* [RS] *US* *s.* *date label*
~ **file** *n* [RS] / (machine-readable index:) Fristdatei *n* · (card index:) Fristkartei *f*
~ **for giving notice** *n* [Staff] / Kündigungstermin *m*
~ **label** *n* [RS] / Fristzettel *m* · Fristblatt *n* ‖ *s.a.* *date card*
~ **of borrowing** *n* [RS] / Ausleihdatum *n* · Entleihdatum *n* ‖ *s.a.* *date of issue*
~ **of broadcast** *n* [Comm] / Sendedatum *n*
~ **of coverage** *n* [Cat] / Berichtszeit *f*
~ **of employment** *n* [Staff] / Einstellungsdatum *n*
~ **of issue** *n* [RS] / Ausgabedatum ‖ *s.a.* *date of borrowing*
~ **of publication** *n* [Cat] ⟨ISO 5127/3a⟩ / Erscheinungsdatum · Erscheinungstermin *m* · Veröffentlichungsdatum *n*
~ **of receipt** *n* [Acq] / Eingangsdatum *n* · Einlaufsdatum *n*

~ **of return** *n* [RS] / Rückgabedatum *n*
~ **record** *n* [TS; RS] *s.* *date file*
~ **schedule** *n* [OrgM] / Terminplan
~ **slip** *n* [RS] *US* *s.* *date label*
dates of usage *pl* / Benutzungsdaten *pl*
~ **of use** *pl* / Benutzungsdaten *pl*
date stamp *n* [Off] / Datumstempel *m*
dating slip *n* [RS] *s.* *date label*
dayfile *n* [EDP] / Konsolprotokoll *n* · Maschinenprotokoll *n*
daylight developing equipment *n* [Repr] / Tageslicht-Entwicklungsgerät *n*
DBMS *abbr* [Retr] *s.* *database (management) system*
DCE *abbr* [Comm] *s.* *data circuit-terminating equipment; data communications equipment*
~ **clear indication** *n* [Comm] / Auslösemeldung *f*
~ **provided information** *n* [Comm] / DÜE-Information *f*
DD *abbr* *s.* *document delivery; double density*
DDL *abbr* [EDP] *s.* *data definition language; data description language*
deaccession *v* [Stock] *s.* *deacquisition 1*
~ **record** *n* [Stock] / Aussonderungsbeleg *m*
deacidificate *v* [Pres] / entsäuern
deacidification *n* [Pres] / Entsäuerung *f* ‖ *s.a.* *mass deacidification; vapour phase deacidification*
deacidify *f* [Pres] / entsäuern
deacquisition 1 *n* [Stock] / Aussonderung *f* ‖ *s.a.* *deaccession record*
~ 2 *v* [Stock] / aussondern *v*
deactivate *v* / abschalten *v*
dead copy *n* [Prt] / abgesetztes Manuskript *n*
~ **letters** *pl* [Prt] / Ablegeschrift *f*
dead|line [OrgM] / Frist *f* · Schlusstermin *m* ‖ *s.a.* *application deadline; copy deadline; editorial deadline; payment deadline*
~ **load** *n* [BdEq] / Eigengewicht *n* (der Konstruktion) · ständige Last *f*
~ **matter** *n* [Prt] / abgelegter Satz *m* · Ablegesatz *m*
dealer *n* [Bk] / Händler *m*
dean / Dekan *m*
death watch (beetle) *n* (anobium punctatum) [Pres] / Totenuhr *f*
debit *v* (enter on debit side of an account) [BgAcc] / belasten *v* (ein Konto ~) ‖ *s.a.* *direct debiting*

~ **and credit** n [BgAcc] / Soll und Haben n
~ **column** n [BgAcc] / Sollspalte f
~ **entry** n [BgAcc] / Sollbuchung f · Lastschrift f
~ **note** [BgAcc] / Lastschriftanzeige f ‖ s.a. direct debiting
~ **side** n [BgAcc] / Sollseite f
debug v [EDP] ⟨ISO 2382/VII⟩ / 1 austesten v (ein Programm ~ und von Fehlern befreien) · 2 Fehler (an einem Gerät usw.) beheben (or:) beseitigen (to ~ a computer: Fehler an einem Rechner beheben)
debugger n [EDP] / Fehlersuchprogramm n
debugging n [EDP] / Fehlerbeseitigung f
~ **aid routine** n [EDP] / Testhilfe f
~ **run** n [EDP] / Testlauf m
debug pogram n [EDP] / Fehlersuchprogramm n
decayed pp / verfallen pp · verdorben pp · (damaged:) schadhaft adj
Decimal Classification n [Class] ⟨ISO 5127/6⟩ / Dezimalklassifikation f
decimal digit n [InfSy] / Dezimalziffer f
~ **division** n [Class] / Dezimalunterteilung f
~ **notation** n [Class] ⟨ISO 5127/6⟩ / Dezimalnotation f
~ **number** n [Class] / Dezimalzahl f · (UDC number:) DK-Zahl f
~ **(place)** n [InfSy] / Dezimalstelle f
~ **point** n [Writ] ⟨ISO 2382-5⟩ / Dezimalpunkt m
decipher v [Writ; EDP] / dekodieren v · entschlüsseln v · entziffern v
decipherment / (Entzifferung:) Entschlüsselung f
decision aid n [KnM] / Entscheidungshilfe f
~ **maker** n [OrgM; KnM] / Entscheider m
~ **making** n [OrgM] / Entscheidungsfindung f
~ **support** n [KnM] / Entscheidungshilfe f · Entscheidungsunterstützung f
~ **table** n [OrgM] ⟨ISO 2382/1⟩ / Entscheidungstabelle f
deck n (stack level) [BdEq] US / Magazinebene f
deckle-edged paper n [Pp] / Büttenpapier n ‖ s.a. hand-made paper
~ **edge(s)** n(pl) [Pp] / Büttenrand m
~ **wire side** n [Pp] / Siebseite f
declaration n [EDP] / Vereinbarung f
declassification n (of classified materials) [Arch; Bk] / Freigabe f (von Verschlusssachen)

declassified document n / nicht mehr als Verschlusssache eingestuftes Dokument n · freigegebenes Dokument n
declassify v (classified materials) [Arch; Bk] / freigeben v
declination n [Cart] / Deklination f
decode v / entschlüsseln v · dekodieren v
decoder n [EDP] ⟨ISO 2382/XI⟩ / Dekodierer m ‖ s.a. instruction decoder
decoding n [EDP] / Dekodierung f
decomposition n [Pres] / Zerfall m
decompress v (multimedia) [EDP] / entpacken v · entkomprimieren v
decorated initial n [Writ; Bk] / Zierinitial(e) n(f)
decorating fancy paper n [Pp] / Dekorationspapier n
decoration n [Bk] / Dekor n · Verzierung f ‖ s.a. binding decoration; cover decoration; edge decoration
decorative roll n [Bind] / Dessinrolle f
decryption n [Writ] / Dechiffrierung f · Entschlüsselung f
dedicated circuit data network n [Comm] / Datenfestnetz n
~ **data processing system** n / dediziertes Datenverarbeitungssystem n
~ **line** n [Comm] / Standleitung f ‖ s.a. leased line
~ **server** n [EDP] / dedizierter Server m
dedication n [Bk] / Widmung f ‖ s.a. autographed dedication
~ **copy** n [Bk] / Widmungsexemplar n
~ **leaf** n [Bk] / Widmungsblatt n
deducee v [KnM] / ableiten v
deduction n [KnM] / Ableitung f
~ **chain** n [KnM] / Ableitungskette f
~ **tree** n [KnM] / Ableitungsbaum m
deductive knowledge n [KnM] / Ableitungswissen n · abgeleitetes Wissen n
deduping n (in a union catalogue) [Cat] / Dublettenbereinigung f
deed n [Arch] / Urkunde f
~ **of donation** n [Acq] / Schenkungsurkunde f
~ **of purchase** n [Acq] / Kaufvertrag m (Dokument)
deerskin n [Bind] / Wildleder n
defaulter n [RS] / säumiger Benutzer m
default font n [ElPubl] / Vorgabefont n · Vorgabeschriftart f
~ **format** n [EDP] / Standardformat n
~ **setting** n [EDP] / Standardeinstellung f
~ **state** n [EDP] / Standardannahme f

~ **value** *n* [EDP] / Standardwert *m* ·
Ausgangswert *m*
defective *adj* [Gen] / fehlerhaft *adj* ·
defekt *adj*
~ **copy** *n* [Bk] / Mängelexemplar *n* ·
Defektexemplar *n* ‖ *s.a. aberrant copy*
defects *pl* [Bk] / Mängel *pl*
defendant *n* (of a doctoral dissertation) /
Respondent *m* · Disserent *m*
definition 1 *n* [InfSc] ⟨ISO1087; 5127⟩ /
Definition *f* ‖ *s.a. extensional definition; intensional definition*
~ 2 *n* [NBM] / (resolution:) Auflösung *f*
· (photographic image; image on a tv screen:) Bildschärfe *f* ‖ *s.a. high-definition television; high-definition video system*
~ **of objectives** *n* [OrgM] /
Zielbestimmung *f*
definitive edition *n* [Bk] / endgültige
Ausgabe *f* · (prepared by the author:)
Ausgabe letzter Hand *f*
degree certificate [Ed] / Zeugnis über einen
akademischen Grad *n*
~ **course** *n* [Ed] / Studiengang *m* (mit
einem akademischen Abschluss) ‖ *s.a. correspondence degree course*
~ **of accuracy** *n* [InfSc] /
Genauigkeitsgrad *m*
~ **of confidence** *n* (statistics) [InfSc] /
Vertrauensgrad *m* · Konfidenzgrad *m*
~ **of humidity** *n* [Pp] / Feuchtigkeitsgrad *m*
~ **of magnification** *n* [Repr] /
Vergrößerungsfaktor *m*
~ **of performance** / Leistungsniveau *n*
~ **of precision** *n* [Retr] / Relevanzquote *f*
~ **of recall** *n* [Retr] / Trefferquote *f*
~ **of specialization** *n* [InfSc] /
Spezialisierungsgrad *m*
~ **of use** *n* [Stock] / Nutzungsgrad *m*
dehumidification *n* [BdEq; Pres] /
Entfeuchtung *f* (von Luft) ‖ *s.a. humidification*
de-humidifier *n* [Pres] / Entfeuchter *m*
delaminate *v* [Pres] / delaminieren *v*
delamination *n* [Pres] / Delaminierung *f*
delegation *n* [OrgM] / Delegation *f*
delete *v* [EDP; Prt] / tilgen *v* · löschen *v*
~ **key** / Löschtaste *f*
deletion *n* [EDP] / Löschung *f* · Tilgung *f*
~ **mark** *n* (used in correcting a proof) [Prt] / Tilgungszeichen *n*
delimiter *n* [EDP] / Trennzeichen *n*

delivery *n* [Acq; Bk] / Lieferung *f* ·
Sendung *f* · Zusendung *f* · (distribution:)
Auslieferung *f* ‖ *s.a. document delivery; non-delivery; part delivery; terms of delivery*
~ **charges** *pl* [Acq] / Versandkosten *pl*
~ **date** *n* / Liefertermin *m* · Lieferfrist *f*
~ **deadline** *n* [Acq] / Lieferfrist *f*
~ **desk** *n* [RS] / Ausleihtheke *f* ‖ *s.a. charging desk*
~ **note** *n* [Acq] / Lieferschein *m* ‖ *s.a. packing slip*
~ **order** *n* [Bk] / Auslieferungsauftrag *m*
~ **room** *n* [RS] *US* / Ausleihraum *m*
~ **service** *n* [Comm] / Kurierdienst *m*
~ **time** *n* [Bk] / Lieferzeit *f*
~ **van** *n* [BdEq] / Lieferwagen *m* ‖ *s.a. book van*
~ **vehicle** *n* [BdEq] / Lieferwagen *m*
Delphi method *n* [InfSc] / Delphi-
Methode *f*
de luxe binding *n* [Bind] / Prachteinband *m*
· Luxuseinband *m* ‖ *s.a. amateur binding; luxury binding*
de luxe edition *n* [Bk] / Luxusausgabe *f* ·
Prachtausgabe *f*
demand 1 *n* (manifested desire) [InfSy]
/ Anforderung *f* · (need:) Bedarf *m* ·
Nachfrage *f* ‖ *s.a. high-demand material; information demand; needs; supply and demand; volume of demand*
~ 2 *n* (request) [RS] / Bestellung *n* ‖ *s.a. size of demand*
~ **for literature** *n* / Literaturbedarf *m*
~ **publishing** *n* [Bk] / Publizieren bei
Bedarf *n*
demands *pl* / Anforderungen *pl*
demo disk *n* / Demonstrationsdiskette *f*
demonstration program *n* [EDP] /
Demonstrationsprogramm *n*
demotic script *n* [Writ] / demotische
Schrift *f*
denote *v* [Lin] / kennzeichnen *v* ·
bezeichnen *v* · benennen *v*
densitometer *n* [Pp] / Densometer *n*
density 1 *n* (optical ~) [Repr] / Dichte *f* ‖
s.a. packaging density
~ 2 *n* (physical recording ~) [EDP] /
Schreibdichte *f* · Speicherdichte *f* ‖ *s.a. double-density disk; high-density disk; packaging density; single-density disk*
dentelle binding *n* [Bind] / Dentelles-
Einband *m* · Spitzenmuster-Einband *m*
depacketize *v* [EDP] / entpacken *v*

department *n* [Adm] / (of a government:) Ministerium *n* · (of a shop:) Abteilung *f* · (of a university:) Fachbereich ‖ *s.a. subject department*
departmentalization *n* [OrgM] / Abteilungsbildung *f* · Abteilungsgliederung *f*
departmental library 1 *n* (in a college or university) [Lib] / Abteilungsbibliothek *f* · Bereichsbibliothek *f* · Fach(bereichs)bibliothek *f* · Teilbibliothek *f*
~ **library** 2 *n* (the library of a government department) [Lib] / Ministerialbibliothek *f*
~ **network** *n* [EDP] / Abteilungsnetz *n*
~ **records** *pl* [Arch] / Behördenakten *pl*
~ **server** *n* [EDP] / Abteilungsserver *m*
department head *n* [Staff] / (of a university department:) Dekan *m* · (of a library:) Abteilungsleiter *m* ‖ *s.a. assistant department head*
~ **of printed books** *n* [OrgM] / Druckschriftenabteilung *f*
dependability [BdEq] / Verlässlichkeit *f* · Zuverlässigkeit *f*
dependency diagram *n* [KnM] / Abhängigkeitsdiagramm *n*
dependent auxiliary (number) *n* [Class/UDC] / unselbständige Ergänzungszahl *f* · unselbständige Anhängezahl *f*
~ **part of title proper** *n* [Cat] ⟨ISBD(S)⟩ / abhängiger Teil eines Hauptsachtitels *m*
~ **title** *n* [Cat] ⟨ISBD(PM; ER)⟩ / abhängiger (Sach-)Titel *m*
~ **variable** *n* [InfSc] / abhängige Variable *f*
deploy *v* [Staff] / einsetzen *v*
deposit 1 *n* (deposit collection) [Stock] ⟨ISO 5127/3a⟩ / Depositum *n* (als Dauerleihgabe eingebrachte Sammlung; to place on deposit:deponieren) ‖ *s.a. mandatory deposit*
~ 2 *n* (depository) [Stock] / Depot *n* · Aufbewahrungsort *m* · Aufbewahrungsstelle *f* ‖ *s.a. library of deposit; place on deposit*
~ 3 *n* (something given as security) [RS] / (sum of money:) Hinterlegungsbetrag *m* · Kaution *f* · (thing:) hinterlegte Sache *f* · Pfand *n*
~ 4 *v* [RS; Stock] / (to lay down in a specified place:) einlagern *v* · (to lay down in a specific place:) deponieren *v* · (to give as a pledge or security:) hinterlegen *v*
~ **account** *n* [BgAcc] / Depositenkonto *n* · Vorschusskonto *n*

~ **agreement** *n* [Acq; Stock] / Dauerleihvertrag *m*
~ **collection** *n* [Stock] *s. deposit 1*
~ **copy** *n* [Acq] / Pflichtexemplar *n* · Pflichtstück *n* ‖ *s.a. legal deposit*
~ **fee** *n* [RS] / Hinterlegungsbetrag *m* · Kaution *f*
~ **library** *n* [Lib] ⟨ISO 5127/1⟩ / (legal deposit library:) Pflichtexemplarbibliothek *f* · (storage library:) Speicherbibliothek *f*
~ **loan** *n* [Stock] / Depositum *n* · Dauerleihgabe *f* ‖ *s.a. long-term loan*
depository *n* [Stock] / Depot *n* · Aufbewahrungsort *m* · Aufbewahrungsstelle *f* ‖ *s.a. deposit 2*
~ **library** *n* [Lib] / (legal deposit library:) Pflichtexemplarbibliothek *f* · Archivbibliothek *f* · Depot-Bibliothek ‖ *s.a. copyright (depository) library*
deposit slip *n* [BgAcc] *US* / Einzahlungsbeleg *m*
depot *n* [Stock] *s. depository*
deprecated term *n* [Ind] / nicht zugelassene Benennung *f*
depreciate *v* [BgAcc] / entwerten *v* · (write off:) abschreiben
depreciation *n* [BgAcc] / Entwertung *f* · Abschreibung *f* · Wertverlust *m* ‖ *s.a. building depreciation*
depth classification *n* [Class] ⟨ISO 5127/6⟩ *s. close classification*
~ **interview** *n* [InfSc] / Tiefeninterview *n*
~ **of field** *n* [Repr] / Tiefenschärfe *f*
~ **of focus** *n* [Repr] / Tiefenschärfe *f*
~ **of indexing** *n* [Ind] ⟨ISO 5127/3a⟩ / Indexierungstiefe *f*
deputy *n* [Staff] / Stellvertreter *m*
~ **director** *n* [OrgM] / stellvertretender Direktor *m*
~ **librarian** *n* [Staff] / stellvertretender Bibliotheksdirektor *m*
derivation *n* [KnM] / Ableitung *f*
~ **tree** *n* [KnM] / Ableitungsbaum *m*
derivative document *n* (the result of adapting, translating a document, etc.) ⟨ISO 5127/2⟩ / abgeleitetes Dokument *n*
~ **word** *n* [Lin] / abgeleitetes Wort *n*
derive *v* [KnM] / ableiten *v*
derived cataloguing *n* [Cat] / Fremdkatalogisierung *f*
~ **word** *n* [Lin] / abgeleitetes Wort *n*
descendant *n* [KnM] / Abkömmling *m*
descender *n* (of a lower-case letter) [Prt] / Unterlänge *f* ‖ *s.a. extenders*

descreening *n* [ElPubl] / Entrasterung *f* (von Bildern)
description *f* [Gen] / Beschreibung *f* · Darstellung *f*
descriptive abstract *n* [Ind] / indikatives Referat *n*
~ **cataloguer** *n* [Staff] / Titelaufnehmer *m*
~ **cataloguing** *n* [Cat] / alphabetische Katalogisierung *f* · Titelaufnahme *f* ‖ *s.a. bibliographic description*
~ **cataloguing division** *n* [OrgM] / Titelaufnahme(stelle) *f(f)*
~ **cataloguing rules** *pl* [Cat] / Regeln für die alphabetische Katalogisierung *pl*
~ **entry** *n* [Cat] ⟨ISO 5127/3a⟩ / Titelaufnahme *f*
~ **statistics** *pl but sing in constr* [InfSc] / beschreibende Statistik *f* · deskriptive Statistik *f*
descriptor *n* [Ind] ⟨ISO 5127/6⟩ / Deskriptor *m* ‖ *s.a. auxiliary descriptor; candidate descriptor; source descriptor*
~ **language** *n* [Ind] / Deskriptorsprache *f*
~ **network** *n* [Ind] / Beziehungsgraph *m* (zur Darstellung der logischen Beziehungen zwischen Deskriptoren) ‖ *s.a. arrow-graph*
deselection *n* (of materials) [Stock] / Aussonderung *f* (von Materialien mit geringer Bednutzungerwartung)
desensitization n *n* (of a magnetic strip) [EDP] / Entmagnetisierung *f* (eines Magnetstreifens)
desiccant *n* [Pres] / Entfeuchtungsmittel *n*
desiderata book *n* [Acq] / Desideratenbuch *n* · Wunschbuch *n*
~ **file** *n* [Acq] / (machine-readable file:) Desideratendatei *f* · Wunschdatei+ati *f* · (card index:) Desideratenkartei *f* · Wunschkartei *f* · (a list to be sent to a second-hand dealer:) Suchliste · Desideratenliste *f*
~ **list** *n* (to be sent to a second-hand dealer) [Acq] / Suchliste · Desideratenliste *f*
desideratum *n* [Acq] / Beschaffungswunsch *f* · Erwerbungswunsch *m*
design *n/v* [Art; Bk] / Formgebung *f* · Gestaltung *f* · Entwurf *m* · (to design:) gestalten *v* · entwerfen *v* ‖ *s.a. architectural design; custom-designed; graphic design; industrial design; interior design*
designation (representation of a concept) [Ind] / Bezeichnung *f*

~ **mark** *n* [Prt] / Bogennorm *f*
~ **of function** *n* [Cat] / Funktionsbezeichnung *f*
~ **of location** *n* [Cat] / Ortsbezeichnung *f*
designer *n* [Art] / Grafiker *m*
desk *n* [BdEq] / (writing table:) Schreibtisch *m* · (with a sloping surface:) Pult *n* · (counter:) Tresen *m*
~ **copy** *n* [Bk] / Prüfstück *n* ‖ *s.a. approval copy*
deskilling *n* [Staff] / Herabqualifizierung *f*
desk schedule / Dienstplan *m* (an den Benutzungsstellen)
desktop *n* [EDP/VDU] / Arbeitsfläche *f*
~ **calculator** *n* [Off] ⟨ISO 2382/22⟩ / Tischrechner *m*
~ **computer** *n* [EDP] / Tischrechner *m* · Tischcomputer *m*
~ **copier** *n* [Repr] / Tischkopierer *m*
~ **facsimile transmitter** *n* [Comm] *s. desktop fax*
~ **fax** *n* [Comm] / Tisch-Faxgerät *n*
~ **publishing** *n* [EDP; Prt] / Desktop-Publishing *n*
~ **scanner** *n* [EDP] / Tischscanner *m*
despeckle *v* [ElPubl] *s. speckle*
destination address *n* [Comm] / Zieladresse *f*
destructive read out *n* [EDP] / löschendes Lesen *n*
desuperimposition *n* [Cat] *US* / die Abkehr von der Politik der „superimposition"
detached *pp* [Bind] / abgelöst *pp*
detail reproduction *n* [Repr] / Detailwiedergabe *f*
detective novel *n* / Kriminalroman *m*
~ **story** *n* *s. detective novel*
deteriorate *v* [Pres] / kaputtgehen *v* · (disintegrate:) zerfallen *v* · sich verschlechtern
deterioration *n* [Pres] / (disintegration:) Zerfall *m* · (decay:) Verfall *m* · Verschlechterung *f* (to deteriorate: sich verschlechtern) · (impairment:) Schädigung *f*
develop *v* [Repr] / entwickeln *v*
developer *n* [Repr] ⟨ISO 6196/3⟩ / Entwickler *m*
developing tank *n* [Repr] / Entwicklungstank *m*
development training *n* [Staff] / Mitarbeiterförderung *f*
deviation *n* [InfSc] / Abweichung *f* ‖ *s.a. standard deviation*

device 1 *n* (emblematic design) [Bk] / Signet *n* · (of a publishing house; publisher's device:) Verlagssignet *n* · (of a printing office:) Druckermarke *f* ‖ *s.a. printer's device*
~ 2 *n* (motto) [Bk] / Motto *n* · Devise *f*
~ 3 [BdEq] / Gerät *n* ‖ *s.a. additional device; input device*
~ **address** *n* [EDP; BdEq] / Geräteadresse *f*
~ **control** *n* [BdEq] / Gerätesteuerung *f*
~ **control character** *n* [EDP] / Gerätesteuerzeichen *n*
~ **driver** *n* [EDP] / Gerätetreiber *m*
devotional literature *n* [Bk] / Erbauungsliteratur *f*
diacritic(al mark) *n(n)* [Writ; Prt] / diakritisches Zeichen *n*
diaeresis *n* [Writ; Prt] *Brit* / Trema *n* ‖ *s.a. dieresis*
diagnose program *n* [EDP] / Diagnoseprogramm *n*
diagnostic program *n* [EDP] ⟨ISO 2382/VII⟩ / Prüfprogramm *n*
~ **routine** *n* [EDP] / Testhilfe *f*
diagram *n* [InfSc] / Diagramm *n* · Grafik *f* ‖ *s.a. area diagram; chart 1; scatter diagram*
diagrammatic map *n* [Cart] / Diagrammkarte *f*
dial *v* [Comm] / wählen *v* ‖ *s.a. abbreviated dialling; direct dialling; in-dialling*
~ **close** *n* [Comm] / Wahlsperre *f*
dialer *n* [Internet] / Einwahlprogramm *n*
dial-in connection *n* [Comm] / Wählzugang *m*
~-**in lock** *n* [Comm] / Wahlsperre *f*
dialling code *n* [Comm] *Brit* / Ortskennzahl *f* · Vorwahl(nummer) *f(f)*
dial node *n* [Comm] / Einwahlknoten *n*
dialog box *n* [EDP] / Dialogfenster *n*
~ **language** *n* [EDP] / Dialogsprache *f*
~ **mode** *n* [EDP] / Dialogbetrieb *m* · Dialogverarbeitung *f* · interaktiver Betrieb *m*
~ **system** *n* [EDP] / Dialogsystem *n*
~ **window** *n* [EDP] / Dialogfenster *n*
dial switch *n* [Comm] / Wählscheibe *f*
~ **time** *n* [Comm] / Wählzeit *f*
~ **tone** *n* [Comm] / Wählton *m*
~-**up** *n* [Comm] / Verbindungsaufbau *m* ‖ *s.a. auto dial*
~-**up access** *n* [Comm] / Verbindungsaufnahme über Wählleitung *f*
~-**up connection** [Comm] / Wählverbindung *f*

~ **up/in** *v* [Comm] / anwählen *v* · einwählen *v*
~-**up line** *n* [Comm] / Wählleitung *f*
~-**up port** *n* [Comm] / Wählanschluss *m* · Wähleingang *f*
~-**up telephone modem** *n* [Comm] / Akustikkoppler *m* · akustischer Koppler *m*
diameter *n* [NBM] / Durchmesser *m*
diamond *n* [Bind] / Raute *f*
~-**shaped** *pp* [Bk] / rautenförmig *adj*
diaper design *n* [Bind] / rapportierendes Muster *n*
diaphragm *n* [Repr] / Blende *f*
diapositive *n* [Repr] / Diapositiv *n* ‖ *s.a. slide*
diarist [Arch; Bk] / Tagebuchschreiber *m*
diary *n* [Arch; Bk] ⟨ISO 5127/2⟩ / Tagebuch *n* · Diarium *n* ‖ *s.a. appointments diary*
diazo film *n* [Repr] ⟨ISO 6196-4⟩ / Diazofilm *m*
~-**print** *n* [Repr] / Lichtpause *f*
~-**process** *n* [Repr] / Diazo(kopier)verfahren *n*
~-**type process** *n* [Repr] *s. diazoprocess*
dichotomized classification *n* [Class] ⟨ISO 5127/6⟩ / dichotomische Klassifikation *f*
dichotomous division *n* [Class] / dichotomische Einteilung *f* ‖ *s.a. classification by dichotomy*
dictating machine *n* [Off] ⟨ISO 5138/I⟩ / Diktiergerät *n*
dictation *n* [Off] / Diktat *n*
dictionary *n* [Bk] ⟨ISO 5127/2⟩ / Wörterbuch *n* · Lexikon *n* ‖ *s.a. bilingual dictionary; biographical dictionary; concise dictionary; polyglot dictionary; special dictionary*
~ **catalogue** *n* [Cat] ⟨ISO 5127/3a⟩ / Kreuzkatalog *m*
~ **database** *n* [InfSy] / Wörterbuchdatenbank *f*
~ **of foreign terms** *n* [Bk] / Fremdwörterbuch *n*
~ **of quotations** *n* [Bk] / Zitatenlexikon *n*
die *n* [Bind] / Stempel *m*
dieresis *n* [Writ; Prt] *US s. diaeresis*
differential facet *n* [Class] / Unterscheidungsfacette *f*
~ **pricing** [BgAcc] / gestaffelte Preisbildung *f* · gespaltene Preise *pl*
differently coloured *pp* [Bk] / andersfarbig *adj*
difficult-to-acquire literature *n* [Acq] / schwer beschaffbare Literatur *f*

digest of contents n [Ind] /
Inhaltszusammenfassung f
digit 1 n [InfSy] ⟨ISO 2382/IV⟩ / Ziffer ‖
s.a. binary digit; random digit
~ 2 n (printed outline of a hand) [Prt] /
Handzeichen n
digital adj [InfSy] ⟨ISO 2382/1⟩ / digital adj
~ **computer** n [EDP] / Digitalrechner m
~ **data** pl / Digitaldaten pl · digitale
Daten pl
~ **divide** n [InfSy] / digitale Kluft f
(zwischen den informationstechnisch
hochentwickelten Ländern und den
weniger entwickelten)
~ **optical disk** n [NBM] / optische
Speicherplatte f ‖ s.a. erasable disk
~ **signature** n [EDP; Comm] /
elektronische Unterschrift f · digitale
Unterschrift f
~ **subscriber line process** n [Comm] /
DSL-Verfahren n
~ **type** n [ElPubl] / Digitalschrift f
~ **typesetting** n [ElPubl] / Digitalsatz m
~ **video disk** n (DVD) [NBM] /
Digitalvideoplatte f
digitizable adj [EDP] / digitalisierbar adj
digitization n [EDP] / Digitalisierung f
digitize v [EDP] / digitalisieren v
digitized typesetting n [ElPubl] /
Digitalsatz m
digitizer n [EDP] / Digitalisiergerät n
digitizing board n [EDP] /
Digitalisierkarte f
~ **pad** n [EDP] s. digitizer
~ **speed** n / Digitalisierungsgeschwindig-
keit f
~ **tablet** n [EDP] / Grafiktablett n ·
Zeichentablett n · Digitalisiertablett n
dime novel n [Bk] / Groschenroman m ·
Hintertreppenroman m
dimensional standard n [Gen; Bk] /
Maßnorm f · Abmessungsnorm f
dimensions 1 pl (of the item as part of
the bibliographic description) [Cat] /
Ausmaße pl
~ 2 pl (of a map when folded) [Cart] /
Faltgröße f
diocesan library n [Lib] / Diözesanbiblio-
thek f
diorama n [NBM] ⟨ISBD(NBM)⟩ /
Diorama n
diploma n / Diplom n ‖ s.a. certificate
diplomatic edition n [Bk] / diplomatische
Ausgabe f

diplomatics pl but sing in constr [Arch] /
Diplomatik f · Urkundenlehre f
Diplom dissertation n [Ed] / Diplomarbeit f
~ **examination** [Ed] / Diplomprüfung f
DIP switch n [EDP] / DIP-Schalter m
diptych n [Bk] / Diptichon n
direct access n [EDP] ⟨ISO 2382/XII⟩ /
direkter Zugriff m · Direktzugriff m
~-**access memory** n [EDP] s. direct-access
storage
~-**access storage** n [EDP] ⟨ISO 2382/XII⟩ /
Direktzugriffsspeicher m
~ **application** n [RS] / Direktbestellung f
~ **call** n [Comm] / Direktruf m
~ **code** n [PuC] / Direktschlüssel m
~-**connect modem** n [Comm] ⟨ISO 2382/9⟩
/ Modem m/n
~ **copy** n [Repr] / Kontaktkopie f
~ **debiting** n [BgAcc] / Lastschriftverfahren
‖ s.a. debit note
~ **dial** n [Comm] s. direct call
~ **dialling** n [Comm] / Durchwahl f
~-**image film** n [Repr] ⟨ISO 6196-4⟩ /
Direktbildfilm m · Direktbildfilm m
directional signing n [BdEq] /
Beschilderung f (zur räumlichen
Orientierung)
~ **sign(s)** n(pl) [BdEq] / Wegweiser m/pl
directions for use pl [BdEq] / Gebrauchsan-
leitung f · Gebrauchsanweisung f
directive 1 n [Adm] / Direktive f ·
Richtlinie f · Vorschrift f · (instruction:)
Weisung f ‖ s.a. bound by directives;
Council Directive
~ 2 n [EDP] / Übersetzungsanweisung f
direct memory access n [EDP] / direkter
Speicherzugriff m
director n (of a film) [NBM] / Regisseur m
directorate-general n [Adm] /
Generaldirektion f
director-general n [Staff] /
Generaldirektor m
director's office n [BdEq] /
Direktorzimmer n
directory 1 n [Bk] ⟨ISO 2146; ISO
5127/2⟩ / Adressbuch n · Verzeichnis n
‖ s.a. building directory; city directory;
local directory; product directory; root
directory; subdirectory; trade directory
~ 2 n [EDP] ⟨ISBD(ER)⟩ / Verzeichnis n
direct positive silver film n [Repr] s. direct
image film
~-**to plate imagesetter** n [ElPubl] / DTP-
Belichter m

disability leave *n* [Staff] / Arbeitsbefreiung *f*
disabled *pp* [Gen; BdEq] / (of a machine:) außer Betrieb *m* · abgeschaltet *pp* · (of a person:) behindert *pp*
disaster control *n* [Pres] / Katastrophenschutz *m*
~ **plan** *n* [OrgM] / Katastrophenplan *m* · Notstandsplan *m*
~ **preparedness** *n* [Pres] / Notfallvorsorge *f* · Katastrophenvorsorge *f*
disbind *v* [Bind] / den Einband lösen *v*
disc *n* [EDP; NBM] *s. disk*
discard 1 *v* [Stock] / aussondern *v* ‖ *s.a. checkout routine*
~ 2 *n* [Stock] / Aussonderung *f* · (discarded volume:) ausgesonderter Band *m*
discharge *n/v* (act of discharging) [BgAcc; RS] / 1 Entlastung *f* (grant a discharge: Entlastung erteilen) · 2 löschen *v* (einen Ausleihnachweis löschen/einen Benutzer entlasten)
~ **point** *n* [RS] / Bücherrückgabe *f* · (enclosed counter:) Rückgabeschalter *m*
discharging *n* [RS] / Entlastung *f*
~ **desk** *n* [RS] *s. discharge point*
disciplinary main class *n* [Class] / Wissenschaftsfach *n* (in einem Klassifikationssystem)
discipline *n* [Ed] / Lehrfach *n*
disclaimer of liability *n* [Law] / Haftungsausschluss *m*
discography *n* [NBM; Bib] / Diskographie *f*
discoloured *pp* [Bk] / entfärbt *pp*
disconnected mode *n* [Comm] / Wartebetrieb *m* ‖ *s.a. asynchronous disconnected mode; normal disconnected mode*
disconnection *n* [Comm] / Verbindungsabbruch *m*
discontinue *v* [Acq] / (cease to exist:) abbrechen *v* · einstellen *v* · (a subscription:) ein Abonnement kündigen *v*
discount *n* [BgAcc] / Rabatt *m* · Nachlass *m* · Preisermäßigung *f* ‖ *s.a. cash discount; library discount; minimum discount; quantity discount; volume discount*
discrete *adj* [InfSy] ⟨ISO 2382/1⟩ / diskret *adj*
~ **channel** *n* [Comm] / diskreter Kanal *m*
discretion *n* [Gen] / Ermessen *n* (at the ~ of: nach dem Ermessen von)
discretionary funds *pl* [BgAcc] / Verfügungsmittel *pl*

disdainer of warranties *n* [Law] / Garantieausschluss *m*
dish aerial *n* [BdEq] *s. dish antenna*
~ **antenna** *n* [BdEq] / Satellitenantenne *f*
disinfect *v* [Pres] / desinfizieren *v*
disinfectant *n* [Pres] / Desinfektionsmittel *n*
disinfection *n* [Pres] / Desinfizierung *f*
disinfest *v* [Pres] / desinfizieren *v* · entwesen *v*
disinfestation *n* [Pres] / Entwesung *f* · (pest control:) Schädlingsbekämpfung *f* ‖ *s.a. disinfection*
disintegrate *v* [Pres] / sich auflösen *v* · zerfallen *v*
disintegration *n* [Pres] / Zersetzung *f* · (decomposition:) Zerfall *m*
disk *n* [EDP; NBM] ⟨ISBD(ER)⟩ / (floppy disk:) Diskette *f* · (gramophone record:) Schallplatte *f* · Platte *f* ‖ *s.a. magnetic disk*
~ **cartridge** *n* [EDP] / Plattenkassette *f* · Magnetplattenkassette *f*
~ **controller** *n* [EDP] / Plattenspeichersteuerung *f* (als Schnittstelle)
~ **drive** *n* [EDP] / Diskettenlaufwerk *n*
diskette *n* (disk) [EDP] / Diskette *f* (double-density disk: Diskette mit doppelter Schreibdichte)
~ **unit** *n* [EDP] / Disketteneinheit *f*
disk operating system *n* (DOS) [EDP] / Diskettenbetriebssystem *n*
~ **pack** *n* [EDP] ⟨ISO 2382/XII⟩ / Plattenstapel *m* ‖ *s.a. eleven-disk pack*
~ **storage** *n* [EDP] ⟨ISO 2382/XII⟩ / Magnetplattenspeicher *m* · Plattenspeicher *m*
~ **(storage) drive** *n* [EDP] ⟨ISO 2382/XII⟩ / Magnetplattenlaufwerk *n* · Plattenlaufwerk *n* ‖ *s.a. hard disk drive*
dismiss *v* [Staff] / entlassen *v*
dismissal *n* [Staff] / Entlassung *f*
dispatch *v/n* [OrgM] / liefern *v* · (send off:) absenden *v* · abschicken · (shipment:) Versand *m* · Lieferung *f* ‖ *s.a. advice of dispatch; pneumatic dispatch*
dispenser *n* (paper ~) [Repr] / Blattspender *m*
display 1 *v* [EDP/VDU] / anzeigen *v* · zeigen *v* · darstellen *v*
~ 2 *v* (choice of type in order to attract attention) [Prt] / auszeichnen *v* ‖ *s.a. display font; display type*
~ 3 *v* [PR; RS] / (books etc.:) ausstellen *v* · (issues of a periodical:) auslegen *v* ‖ *s.a. new book display*

display   330

~ **4** *n* [EDP/VDU] / (visual display unit:) Display *m/n* · (act of displaying:) Anzeige *f* ‖ *s.a. full-frame display; liquid-crystal display*
~ **5** *n* (exhibition) [PR; EDP] / Ausstellung *f* · (material intended to be looked at:) Auslage *f* ‖ *s.a. book display; data display; LED display; screen display; shop-window display*
~ **board** *n* [BdEq] / Schautafel *f*
~ **booth** *n* [BdEq] / Ausstellungsstand *m*
~ **case** *n* [BdEq] / (bookcase:) Ausstellungsregal *n* · (exhibition case:) Schaukasten *m* · Vitrine *f*
~ **copy** *n* [PR] / Ausstellungsexemplar *n*
~ **device** *n* [EDP/VDU] ⟨ISO 2382/XI⟩ / Sichtgerät *n* · Anzeigegerät *n*
~ **duration** *n* [EDP/VDU] / Anzeigedauer *f*
~ **element** *n* [EDP/VDU] / Darstellungselement *n*
~ **face** *n* [Prt] *s. display type*
~ **font** *n* [EDP] / Auszeichnungsschrift *f*
~ **format** *n* [EDP/VDU] / Bildschirmformat *n*
~ **image** *n* [EDP/VDU] / grafische Darstellung *f* (auf dem Bildschirm) · Bildsymbol *n*
~ **material** *n* [PR] / Dekorationsmaterial *n*
~ **option** *n* [Internet] / Anzeigeoption *f*
~ **rack** *n* [BdEq] / Ausstellungsregal *n* · Präsentationsständer *m*
~ **room** *n* [BdEq] / Ausstellungsraum *n*
~ **screen** *n* [EDP/VDU] / Bildschirm *m*
~ **screen equipment** *n* [EDP] / Datensichtgerät *n* · Bildschirm *m*
~ **shelf** *n* [BdEq] / Auslage(fach)boden *m* ‖ *s.a. book display; slanted display*
~ **stand** *n* [BdEq] / Präsentationsständer *m*
~ **tube** *n* [EDP/VDU] *s. cathode-ray tube*
~ **type** *n* [Prt] / Akzidenzschrift *f* · Auszeichnungsschrift *f*
~ **unit** *n* [EDP/VDU] *s. display device*
~ **work-station** *n* [EDP/VDU] / Bildschirmarbeitsplatz *m*
disposal list *n* [Arch] / Aussonderungsplan *m* (Liste der auszusondernden Archivalien)
~ **microfilming** *n* (substitution microfilming) [Repr] / Ersatzverfilmung *f*
disposition schedule *n* [Arch] / Aufbewahrungsplan *m*
disseminate *v* [InfSy] / verbreiten *v* ‖ *s.a. selective dissemination of information*
dissemination *n* [Gen] / Verbreitung *f* ‖ *s.a. information dissemination*

dissertation *n* [Bk] ⟨ISO 5127/2; ISO 7144⟩ / Dissertation *f* · Hochschulschrift *f* (zur Erlangung eines akademischen Grades) ‖ *s.a. doctoral dissertation*
~ **note** *n* [Cat] / Hochschulschriftenvermerk *m*
~ **room** *n* [BdEq] / Doktorandenzimmer *n*
dissolve 1 *v* (video) [NBM] / überblenden *v*
~ **2** *n* [NBM] / Überblendung *f* (the act of dissolving a picture:das Überblenden eines Bildes)
distance education *n* [Ed] /
Fernunterricht *m*
~ **learning** *n* [Ed] / Fernunterricht *m*
~-**learning course** *n* [Ed] / Fernstudiengang *m*
~ **teaching** *n* [Ed] / Fernunterricht *m*
~ **teaching university** *n* [Ed] / Fernuniversität *f*
distinctive title *n* [Cat] / spezifischer (Sach-)Titel *m*
distribute *v* [InfSy] / verteilen *v* · verbreiten *v* ‖ *s.a. allocate; book distributor; dissemination*
distributed artificial intelligence *n* [KnM] / verteilte künstliche Intelligenz *f*
~ **data processing** *n* [EDP] / verteilte Datenverarbeitung *f*
~ **network** *n* [EDP] / verteiltes Netz *n* · verteilte Netzkonfiguration *f*
distribution *n* [Bk] / Verbreitung · (trade:) Vertrieb *m* ‖ *s.a. knowledge distribution*
~ **channels** *pl* [Bk] / Vertriebswege *pl*
~ **copy** *n* *s. distribution microform*
~ **costs** *pl* [Bk] / Vertriebskosten *pl*
~ **curve** *n* [InfSc] / Verteilungskurve *f*
~ **depot** *n* [Bk] / Auslieferungslager *n*
~ **microform** *n* [Repr] ⟨ISO 6196-4⟩ / Arbeitsfilm *m*
~ **of responsibilities** *n* [OrgM] / Geschäftsverteilung *f* · Aufgabenverteilung *f*
~ **rights** *pl* [Bk] / Vertriebsrechte *pl*
distributive book trade *n* [Bk] / verbreitender Buchhandel *m*
distributor *n* [Bk] / Vertriebsstelle *f* ‖ *s.a. exclusive distributor*
dittography *n* [Writ] / Dittographie *f*
ditto marks *pl* („") [Writ; Prt] / Unterführungszeichen *pl* · Wiederholungszeichen *pl*
diurnal *n* [Bk] / Diurnal *n*
divided catalogue *n* [Cat] / geteilter Katalog *m*
divider *n* [Sh] / Regalteiler *m*
dividers *pl* [Bind] / Zirkel *m*

divider shelf *n* [Sh] / Fachboden mit fester Unterteilung *m*
divinity calf *n* [Bind] / Kalblederart, vor allem für den Einband von theologischen und Erbauungsbüchern benutzt
~ **circuit** *n* [Bind] / übergreifende Kanten *pl* (beim Einband von Bibeln und Gebetbüchern)
division *n* (section of a book) [Bk] / Abteilung *f* (eines in mehreren Teilen erscheinenden Buches)
divisional library *n* (of a university) / Abteilungsbibliothek *f* · Fach(bereichs)bibliothek *f* · Bereichsbibliothek *f* · Teilbibliothek *f*
~ **title** *n* [Bk] / (within a book:) Zwischentitel *m* · (part title; section title:) Abteilungstitel *m*
division head *n* [Staff] / Abteilungsleiter *m*
~ **of funds** *n* [BgAcc] / Mittelaufteilung *f* · Mittelverteilung *f* ‖ *s.a.* allocation of funds
~ **of work** *n* [OrgM] / Arbeitsteilung *f*
DIY book *n* *s.* do-it-yourself book
DM *abbr* [Comm] *s.* disconnected mode
DMA *abbr* [EDP] *s.* direct memory access
DML *abbr* [InfSy] *s.* data manipulation language
dock *n* US [BdEq] *s.* loading ramp
docket title *n* [Bk] ⟨ISBD(A)⟩ / Außentitel *m*
docking station *n* [EDP] / Docking-Station *n* · Andockstation *f*
doctoral dissertation *n* [Bk] / Doktorarbeit *f* · Dissertation *f*
~ **regulations** *pl* [Ed] / Promotionsordnung *f*
~ **thesis** *n* [Bk] *s.* doctoral dissertation
doctor book *n* / Gesundheitsbuch *n*
~ **novel** *n* / Arztroman *m*
document 1 *n* [Arch] / (legal document:) Urkunde *f*
~ 2 *n* [InfSc; Bk; NBM] ⟨ISO 2788; ISO 2789; ISO 2382/23; ISO 5127/1; ISO 596⟩ / Dokument *n* · (paper:) Schriftstück *n*
~ 3 *v* / dokumentieren *v*
documentalist *n* [Staff] / Dokumentar *m* · Informator *m* DDR
document analysis *n* [Ind] / Dokumentenanalyse *f*
~ **architecture** *n* [EDP] / Dokumentenarchitektur *f*
documentary (film) *n* [NBM] / Dokumentarfilm *m*
documentary language *n* [Ind] ⟨ISO 5127/6⟩ / Dokumentationssprache *f*

documentation *n* [InfSc] ⟨ISO 2382/IV; ISO 5127/1⟩ / Dokumentation *f* · (as a general field of activity:) Dokumentationswesen *n* ‖ *s.a.* worthy of documentation
~ **card** *n* [Ind] / Schrifttumskarte *f* · (with abstracts:) Referatekarte *f*
~ **centre** *n* [InfSy] ⟨ISO 5127/1⟩ / Dokumentationsstelle *f* · Informations- und Dokumentationsstelle *f* · IuD-Stelle *f*
~ **language** *n* [Ind] *s.* documentary language
document card *n* [Ind] *s.* documentation card
~ **copying machine** *n* [Repr] / Bürokopierer *m* · Bürokopiergerät *n*
~ **cover** *n* [Off] / Aktendeckel *m*
~ **delivery** *n* [RS] / Dokumentlieferung *f* · (of literature:) Literaturversorgung *f* ‖ *s.a.* document supply; literature provision
~ **description language** *n* (DDL) [ElPubl] / Dokumentbeschreibungssprache *f*
~ **encoder** *n* [EDP] / Belegcodierer *m*
~ **filing** *n* [Arch] / Aktenablage *f* ‖ *s.a.* chronological filing
~ **management** *n* [OrgM] / Dokumentverwaltung *f*
~ **mark** *n* (on a microfilm) [Repr; Retr] ⟨ISO 6196/2⟩ / Bildmarke *f* · Suchzeichen *n* · Blip *m*
~ **printing machine** *n* [Prt] / Bürodruckmaschine *f*
~ **provision** [Bk] / (literature:) Literaturversorgung *f* ‖ *s.a.* document supply
~ **reader** *n* [EDP] / Belegleser *m* · Belegschriftleser *m*
~ **retrieval** *n* [Retr] ⟨ISO 5127/1⟩ / Dokumentretrieval *n*
~ **stop** *n* (incorporated into a rotary camera) [Repr] / Doppelblattsperre *f* · Vorlagensperre *f*
~ **store** *n* [Stock] / Dokumentspeicher *m*
~ **supply** *n* [RS] / Dokumentlieferung *f* · (literature:) Literaturversorgung *f*
~ **type** *n* [Bk; NBM] / Dokumentart *f*
~ **type definition** *n* [ElPubl] / Dokumenttypdefinition *f*
DOD *abbr* [NBM] *s.* digital optical disk
dodger *n* [NBM] US / Handzettel *m* · Reklamezettel *m* · Flugblatt *n*
doeskin *n* [Bind] / Wildleder *n*
dog's ear *n* [Bk] / Eselsohr *n* (a dog-eared book: ein Buch mit Eselsohren)
do-it-yourself book *n* [Bk] / Hobbybuch *n* · Heimwerkerbuch *n*

~-**it-yourself magazine** *n* / Heimwerkerzeitschrift *f*
domain of expertise *n* [KnM] / Fachwissensgebiet *n* · Erfahrungsgebiet *n*
domed building *n* [BdEq] / Kuppelbau *m* ‖ *s.a. circular reading room*
domestic market *n* [Bk] / Inlandsmarkt *m* · Binnenmarkt *m*
~ **novel** *n* [Bk] / Familienroman *m*
~ **postage** *n* [Comm] / Inlandsporto *n*
~ **price** *n* [BgAcc] / Inlandspreis *m*
dominant language (in a multilingual thesaurus) [Ind] ⟨ISO 5964⟩ / vorrangige Sprache *f* · Hauptsprache *f*
donation *n* [BgAcc] / Schenkung *f* · Stiftung *f* · Zuwendung *f* · Spende *f* ‖ *s.a. call for donation; deed of donation*
~ **book** *n* [Acq] / Geschenkjournal *n*
dongle *n* [EDP] / Kopierschutzstecker *m*
donor *n* [Acq] / Geber *m* · Schenker *m* · Stifter *m* · Spender *m* ‖ *s.a. donation*
~ **funds** *pl* [BgAcc] / Spendenmittel *pl*
door label *n* [BdEq] / Türschild *n*
dormer (window) *n* [BdEq] / Dachgaube *f* · Gaube *f*
dormitory *n* [Ed; BdEq] *US* / Studentenwohnheim *n*
~ **library** *n* [Lib] / Wohnheimbibliothek *f*
dorse *n* [Bk] / Versoseite eines Pergamentblattes *f*
DOS *abbr s. disk operating system*
dos-a-dos binding *n* [Bind] / Zwillingsband *m* · Mehrfachband *m*
do statement *n* [EDP] / Schleifenanweisung *f*
dot *n* [Prt] / Pünktchen *n* ‖ *s.a. halftone dot*
~ **address** *n* [Internet] / IP-Adresse *f*
~ **etching** *n* [Prt] / Punktätzung *f*
~ **map** *n* [Cart] / Punktstreuungskarte *f*
~ **matrix printer** *n* [EDP] ⟨ISO 2382/XII⟩ / Matrixdrucker *m* ‖ *s.a. wire (matrix) printer*
~ **pitch** *n* [EDP/VDU] / Punktabstand *m*
dots per inch *pl* (dps) [EDP] / Punkte pro Zoll *pl*
dotted line *n* [Writ; Prt] / punktierte Linie *f*
~ **print** *n* [Art] / Schrotblatt *n* · Weißschnitt *m*
~ **rule** *n* [Writ; Prt] *s. dotted line*
double-click *v* [EDP] / zweimal klicken *v* (mit der Maus) · doppelklicken *v*
~-**coated paper** *n* [Pp] / doppelseitig gestrichenes Papier *n*
~-**columned** *pp* [Bk] *s. two-columned*

double cord sewing *n* [Bind] / Heften auf doppelte Bünde *n*
~ **dagger** *n* [Prt] / doppeltes Kreuz- (Zeichen) *n(n)*
~ **density** *n* [EDP] / doppelte Speicherdichte *f*
~-**density disk** *n* [EDP] / Diskette mit doppelter Schreibdichte *f*
~ **document stop** *n* (incorporated into a rotary camera) [Repr] / Doppelblattsperre *f* · Vorlagensperre *f*
~ **exposure** *n* [Repr] / Doppelbelichtung *f*
~ **letter** *n* [Prt] / Ligatur *f*
~ **obelisk** *n* / (n:) doppeltes Kreuz- (Zeichen) *n(n)*
~ **pagination** *n* [Bk] ⟨ISO 5127/3a⟩ / doppelte Seitenzählung *f*
~-**sided case** *n* [Sh] / Doppelregal *n*
~-**sided shelf unit** *n* [Sh] / Doppelregal *n* (doppelseitige Regaleinheit)
~-**sided (stack) section** *n* [Sh] / Doppelregal *n* (doppelseitige Regaleinheit)
~-**sided tier** *n* [Sh] *Brit* / Doppelregal *n* (doppelseitige Regaleinheit)
~-**spaced** *pp* [Writ; Prt] / doppelzeilig *adj*
~-**space printing** *n* [Prt] / zweizeiliges Drucken *n*
~ **spacing** *n* [Prt] / Leerzeile *f*
~ **stack section** *n* [Sh] / Doppelregal *n*
doublure *n* [Bind] / Doublure *f* · Dublüre *f*
doubtful authorship *n* [Cat] / zweifelhafte Verfasserschaft *f* ‖ *s.a. controversial authorship*
down|grading *n* (reducing the level of security classification) [Adm] / Herabstufen *n* (von Verschlusssachen)
~-**load** *v* [EDP] ⟨ISO/IEC 2382-1⟩ / herunterladen *v*
~-**loadable** *adj* / herunterladbar *adj*
~-**loadable font** *n* (soft font) [ElPubl] / nachladbare Schrift *f*
~ **payment** *n* [BgAcc] / Anzahlung *f*
~-**time** *n* [EDP] / Ausfallzeit *f* · Stillstandszeit · (computer:) Rechnerausfallzeit *f*
downward compatible *adj* [EDP] / abwärtskompatibel *adj*
~ **inheritance** *n* [EDP; KnM] / Abwärtsvererbung *f*
DP *abbr* [EDP] *s. data processing*
dpi *abbr s. dots per inch*
DPI value *n* [ElPubl] / DPI-Wert *m*
draft 1 *n* (of a document) [NBM] / Entwurf *m* (eines Dokuments)

~ 2 *n* (written order for payment of money by a bank) [BgAcc] / Zahlungsanweisung *f*
~ 3 *n* [OrgM] / Vorlage *f* (Entwurf zur weiteren Prüfung/Entscheidung) ‖ *s.a. draft (copy)*
~ 4 *v* / entwerfen *v* (einen Text)
~ **budget** *n* [BgAcc] / Haushaltsentwurf *m*
~ **(copy)** *n* [Writ] ⟨ISO/IEC 2382-23⟩ / Entwurf *m* (eines Textes)
~ **law** *n* [Law] / Gesetzentwurf *m* ‖ *s.a. bill 3*
~ **mode** *n* [Prt; EDP] / Draftmodus *m* · Konzeptmodus *m*
~ **paper** *n* [Pp] / Konzeptpapier *n*
~ **proposal** *n* [OrgM] / Entwurfsvorlage *f*
~ **quality** *n* [Prt] / Konzeptqualität *f*
draftsman *n* [Cart] *US* / Zeichner *m*
draft standard *n* [OrgM] / Normentwurf *m*
drag *v* [EDP/VDU] / ziehen *v* (drag and drop:ziehen und fallenlassen)
draughtsman *n* [Cart] *Brit* / Zeichner *m*
draw *v* [Art] / zeichnen *v*
drawer *n* [BdEq] / Schubkasten *m* · Schublade *f* ‖ *s.a. catalogue drawer*
~-**handle-stamp** *n* [Bind] / Wiegenfußstempel *m*
drawing *n* [Art] / Zeichnung *f* ‖ *s.a. chalk drawing; charcoal drawing; engineering drawing; free-hand drawing; Indian ink drawing; line drawing; pastel drawing; pen-and-ink drawing; pencil drawing*
drawn-on covers *n* [Bind] / englische Broschur *f*
~-**on solid covers** *pl* [Bind] / Weichbroschur *f*
draw up *v* (a plan) / erstellen *v* (einen Plan ~)
draw up the minutes/records *v* / protokollieren *v*
dress *n* (size) [Bind] / grundieren *v*
drive 1 *n* (computing) [EDP] / Laufwerk *n* ‖ *s.a. CD-ROM drive; disk drive; floppy disk drive; magnetic tape drive*
~ 2 *n* (transmission of power to machinery) [BdEq] / Antrieb *m* ‖ *s.a. belt drive; drum drive; manual drive*
~ **letter** *n* [EDP] / Laufwerkkennung *f* · Laufwerkbuchstabe *f*
drop *v* (a subscription) [Acq] / ein Abonnement kündigen *v*
~ **cable** *n* [BdEq] / Anschlusskabel *n*
~-**down menu** *n* [EDP/VDU] / Klappmenü *n*

~-**down title** *n* [Bk] / Kurztitel auf der ersten Seite eines Textes *m*
~ **folio** *n* [Bk] / Foliierung am Fuß eines Blattes
~ **initial** *n* [Writ; Bk] / tief stehendes Initial *n* (am Anfang eines Abschnitts) ‖ *s.a. cock-up initial*
~ **letter** *n* [Prt] *s. drop initial*
drum drive *n* [EDP] ⟨ISO 2382/XII⟩ / Trommelantrieb *m*
~ **imagesetter** *n* [Prt] / Trommelbelichter *m*
~ **printer** *n* [EDP; Prt] / Trommeldrucker *m* · Typenwalzendrucker *m*
~ **scanner** *n* [EDP] / Trommel-Scanner *m*
~ **storage** *n* [EDP] ⟨ISO 2382/XII⟩ / Trommelspeicher *m* · Magnettrommelspeicher *m*
dry *v* [Pres] / trocknen *v*
~ **carrel** *n* [BdEq] / Arbeitskabine ohne elektrischen Anschluss *f*
~ **cleaning** *n* [Pres] / Trockenreinigung *f*
~ **copy** *n* [Repr] / Trockenkopie *f*
drying device *n* [Bind] / Trockengerät *n* ‖ *s.a. freeze-dryer; freeze drying; vacuum drying*
~ **rack** *n* [BdEq] / Trockengestell *n*
dry offset *n* [Prt] / Trockenoffset *m* (Letterset)
~-**point** *n* [Art] *s. dry-point etching*
~-**point engraving** *f* [Art] *s. dry-point etching*
~-**point etching** *n* [Art] ⟨ISO 5127-3⟩ / Kaltnadelradierung *f*
~ **processing** *n* [Repr] ⟨ISO 6196/3⟩ / Trockenverarbeitung *f* · Trockenentwicklung *f*
~ **(relief) offset** *n* [Prt] / indirekter Hochdruck *m* · Letterset *m* · Trockenoffset *m*
~-**silver process** *n* [Repr] / Trockensilberverfahren *n*
~ **solid content** *n* (of paper) [Pp] ⟨ISO 4046⟩ / Trockengehalt *m*
DSL *abbr* [Comm] *s. digital subscriber line process*
DTD *abbr* [ElPubl] *s. document type definition*
DTE *abbr* [Comm] *s. data terminal equipment*
~ **clear request** *n* [Comm] / Auslöseaufforderung *f*
dual pricing / gespaltene Preise *pl*
~ **system** *n* [EDP] / Dualsystem *n*
dub *v* (a motion-picture film) [NBM] / synchronisieren *v*

duck-foot quotes *pl* [Writ; Prt] /
Guillemets *pl* · Anführungszeichen
(französische Art)
due back *adj* [RS] / fällig *adj*
~ **date** *n* [RS] *s. date due*
~ **for return** *adj* [RS] / zur Rückgabe
fällig *adj*
dumb terminal *n* [Comm] / dummes
Terminal *n*
dummy *n* ‖ *s.a. blank dummy*
dummy 1 *n* (a book made up of blank
leaves) [Bk] / Probeband *n* · Blindband *m*
· Musterband *m* ‖ *s.a. make-up copy*
~ 2 *n* (placed on a shelf or in a card tray)
[Sh; TS] / Vertreter *m* · Stellvertreter *m* ·
Repräsentant *m* ‖ *s.a. shelf dummy*
~ **bands** *pl* [Bind] / falsche Bünde *pl*
dump *n* [EDP] / Speicherauszug *m* ‖ *s.a.
screen dump*
duodecimo (volume) *n* [Bk] /
Duodezband *m* · Duodez(-Format) *n(n)*
duo positioning *n* (of microimages) [Repr]
⟨ISO 6196/2⟩ *s. duplex positioning*
duplex positioning *n* (of microimages)
[Repr] ⟨ISO 6196/2⟩ / Duplexverfahren *n*
(bei der Festlegung der Bildanordnung auf
einer Mikroform)
~ **transmission** *n* [Comm] ⟨ISO/IEC
2382/9⟩ / Gegenbetrieb *m*
duplicate 1 *v* [Repr] / (to make an
additional copy:) duplizieren *v* · (to
make multiple copies; to reproduce:)
vervielfältigen *v*
~ 2 *n* [Repr] ⟨ISO 6196/1⟩ /
Zweitexemplar *n* · Duplikat *n* · (if surplus
to library needs:) Dublette *n*
~ **checking** *n* [InfSy] / Duplizitätskon-
trolle *f*
~ **entry** *n* [Cat] / Doppeleintragung *f*
~ **exchange** *n* [Acq] / Dublettentausch *m* ‖
s.a. clearing house for duplicates
~ **numbering** *n* [Bk] / Doppelzählung *f*

~ **order** *n* [Acq] / Doppelbestellung *f*
~ **paging** *n* [Bk] / doppelte Seitenzählung *f*
duplicating film *n* (film material suitable
for the production of duplicates) [Repr] /
Duplikatfilm *m* · Duplizierfilm *m*
~ **machine** *n* [Repr] *s. duplicator*
~ **paper** *n* [Pp] / Saugpostpapier *n* ·
Abzugpapier *n*
duplication *n* [Repr] / Duplizierung *f* ·
Vervielfältigung *f*
~ **check** *n* [InfSy] *s. duplicate checking*
duplicator *n* [Repr] ⟨ISO 5138/2⟩ /
Vervielfältigungsgerät *n* · Dupliziergerät *n*
‖ *s.a. mimeograph 1; stencil duplicator*
~ **paper** *n* [Repr] *s. duplicating paper*
durability *n* [Pres] / Dauerhaftigkeit *f*
durable *adj* [Pres] / haltbar *adj*
~ **paper** *n* / alterungsbeständiges Papier *n*
dust *v* [Pres] / abstauben *v*
~ **cover** *n* [Bk] ⟨ISO 5127/2⟩ /
Schutzumschlag *m*
~ **jacket** *n* [Bk] *s. dust cover*
~ **wrapper** *n* [Bk] *s. dust cover*
dutch gilt paper *n* [Pp] / Augsburger
Papier *n* · Brokatpapier *n*
duty roster *n* [OrgM] / Dienstplan *m* ‖ *s.a.
off duty; on duty*
DVD *abbr* [NBM] *s. digital video disk*
~ **player** *n* [NBM] / DVD-Abspielgerät *n*
d.w. [Bind] *s. dust wrapper*
dwarf book *n* [Bk] / Liliputbuch *n*
dye *v/n* [Pres] / (to colour:) färben *v*
· (dyestuff:) Farbstoff *m* · (pigment:)
Pigment *n*
~**line print** *n* [Repr] / Lichtpause *f*
dynamicizer *n* [EDP] / Parallelserienumset-
zer *m*
dynamic (program) relocation *n* [EDP] /
dynamische (Adress-)Verschiebung *f*
~ **(read/write) memory** *n* [EDP] /
dynamischer (Schreib-/Lese-)Speicher *m*

E

EAN *abbr* [Acq] *s. European article number*
early imprints *pl* [Bk] / Frühdrucke *pl* (European Hand Press Book Database (HPBDatabase:) Datenbank für frühe europäische Drucke)
~ **printed books** *pl s. early imprints*
~ **prints** *pl* [Bk] *s. early imprints*
earphone(s) *n(pl)* [NBM] / Kopfhörer *m*
easy-to-use *adj* [RS] / leicht benutzbar *adj* · benutzerfreundlich *adj*
ebook *n* [ElPubl] / elektronisches Buch *n*
ECC *abbr* [EDP] *s. error correcting code*
~ **character** *n* [EDP] / ECC-Zeichen *n*
ecclesiastical library *n* [Lib] / kirchliche Bibliothek *f* · Kirchenbibliothek *f* ‖ *s.a. church library*
echo area *n* [EDP/VDU] / Echofeld *n*
~ **type** *n* [EDP/VDU] / Echotyp *m*
~ **volume** *n* [EDP/VDU] / Echokörper *m*
economic *adj* [OrgM] / wirtschaftlich *adj* ‖ *s.a. economical*
economical *adj* [BgAcc] / sparsam *adj* ‖ *s.a. economic*
economic efficiency *n* [BgAcc] / Wirtschaftlichkeit *f*
economics *n* [Gen] / Volkswirtschaftslehre *f* · Ökonomie *f* · Wirtschaftlichkeit *f*
~ **library** *n* [Lib] / wirtschaftswissenschaftliche Bibliothek *f*
economy *n* [BgAcc] / Wirtschaft *f* · Ökonomie *f* · Sparsamkeit *f*
~ **drive** *n* [BgAcc] / Sparkampagne *f*
~ **measures** *pl* [BgAcc] / Sparmaßnahmen *pl*
écrasé leather *n* [Bind] / Ecrasé-Leder *n*
edge *n* (edges) [Bind] / Schnitt *m* ‖ *s.a.* bottom edge; burnished edge(s); chased edge(s); fore-edge; gilt edges; goffered edge(s); grained edge(s); head edge; lower edge; marbled edge(s); rough edge(s); shaved edge; smoothed edge(s); speckled sand edge(s); sprinkled edge(s); starch-patterned edge(s); tail edge; top edge; uncut edges; untrimmed edges
~ **connector** *n* [EDP] / Randstecker *m* · Stiftsockel *m* · Randstiftleiste *f* (einer Platine)
~ **decoration** *n* [Bind] / Schnittverzierung *f* ‖ *s.a.* coloured edge(s); gauffered edge(s)
~ **fog** *n* [Repr] / Randschleier *m*
~ **gilding** *n* [Bind] / Goldschnittmachen *n*
~ **gilding roll** *n* [Bind] / Goldschnittrolle *f*
~ **notch** *n* (on a sheet of photographic film or microfiche) [Repr] ⟨ISO 6196-4⟩ / Eckenkerbe *f*
~-**notched card** *n* [PuC] ⟨ISO 2382/XII⟩ / Kerblochkarte *f*
~-**punched card** *n* [PuC] ⟨ISO 2382/XII⟩ / Randlochkarte *f*
~ **trimmer** *n* [Bind] / Beschneidemaschine *f*
edging *n* [Bind] / Rändeln *n*

edit 1 *v* [Bk] / herausgeben *v* · edieren *v*
· 2 (to set in order for publication:) redigieren *v*
~ 2 *v* (to amend a computer record or program) [EDP] ⟨ISO/IEC 2382-23⟩ / editieren *v* ‖ *s.a.* catalogue editing
editing *n* (editorial work) [Bk] / Redaktion *f*
~ **routine** *n* / Editierroutine *f*
edition 1 *n* (e.g., a new edition; a paperback edition; the morning edition of a newspaper) [Bk] / Ausgabe *f* ‖ *s.a.* amplified edition; co-edition; condensed edition; corrected edition; first edition; improved edition; joint edition; re-edition; size of edition
~ 2 *n* (e.g., an edition of 1000 copies; 2nd edition) [Bk; NBM] ⟨ISO 5127/3a; ISBD(S; A; PM; ER; A)⟩ / Auflage *f* ‖ *s.a.* amplified edition; improved edition; revised edition
~ **bindery** *n* [Bind] / Verlagsbuchbinderei *f*
~ **binding** *n* [Bind] / Verlagseinband *m*
~ **de luxe** *n* [Bk] / Luxusausgabe *f* · Prachtausgabe *f* · Vorzugsausgabe *f*
~ **in hand** [Cat] / vorliegende Ausgabe *f*
~ **mark** *n* [Sh] / Symbol für die Auflage in einer Signatur *n*
~ **size** *n* [Bk] / Auflagenhöhe *f*
~ **statement** *n* [Cat] ⟨ISBD(A; PM; ER)⟩ / Ausgabenvermerk *m* · Ausgabebezeichnung *f* · Auflagenvermerk *m*
edit mode *n* [EDP] / Editiermodus *m*
editor 1 *n* (Anwendungsprogramm) [EDP] / Editor *m* ‖ *s.a.* linkage (editor); table editor
~ 2 *n* (of a newspaper, a journal, a book) [Bk] ⟨ISO 5127/3a⟩ / (person responsible for the publication:) Herausgeber *m* · (person conducting a section of the newspaper or journal:) Redakteur *m* ‖ *s.a.* assistent editor; chief editor; city editor; letter to the editor; local news editor
~ 3 *n* (in a publishing house) [Bk] / Verlagslektor *m* · Lektor *m* ‖ *s.a.* editorial department; editorial director; managing editor; senior editor
editorial *n* (in a newspaper,journal) / Editorial *n* · Leitartikel *m*
~ **assistent** *n* (in a publishing house) [Bk] / Lektoratsassistent *n*
~ **board** *n* [Bk] / Redaktion *f* (die Gesamtheit der Redakteure) · Schriftleitung *f*

~ **content** *n* (of a periodical) [Bk] / redaktioneller Teil *m* (einer Zeitschrift)
~ **copy** *n* [Bk] *s. review copy*
~ **deadline** *n* [Bk] / Redaktionsschluss *m*
~ **department** *n* (in a publishing house) / Lektorat *n*
~ **director** *n* (in a publishing house) / Cheflektor *m*
~ **staff** *n* (of a newspaper) [Bk] / Redaktion *f*
~ **work** *n* / Redaktion *f*
editor-in-chief *n* (of a newspaper) [Bk] / Chefredakteur *m*
~ **reference** *n* [Cat] / Herausgeberverweisung *f*
editress *n* [Bk] / Herausgeberin *f*
EDP *abbr* [EDP] *s. electronic data processing*
education *n* [Ed] / Erziehung *f* · Ausbildung *f* · (field of activity:) Bildungswesen *n* ‖ *s.a.* adult education; complementary education; continuing education; distance education; higher education; place of education; practice-oriented education; second chance education
educational advancement *n* [Ed] / (subsidized:) Ausbildungsförderung *f*
~ **assistance** *n* / (subsidized:) Ausbildungsförderung *f*
~ **course** *n* [Ed] / Ausbildungsgang *m*
~ **film** / (with a scientific content:) wissenschaftlicher Film *m* · Lehrfilm *m* · (produced for instructional purposes:) Unterrichtsfilm *m*
~ **game** *n* [NBM] / Lernspiel *n*
~ **goal** *n* [Ed] / Bildungsziel *n*
~ **history** *n* [Ed] / (history of education:) Bildungsgeschichte *f* · (of an individual:) Bildungsweg *m*
~ **institute** / Ausbildungsstätte *f* (Institut)
~ **material** *n* [Ed] / Unterrrichtsmaterial *n* · Lehrmaterial *n*
~ **novel** *n* [Bk] / Bildungsroman *m*
~ **program** *n* [Ed; EDP] / Lernprogramm *n*
~ **publisher** *n* [Bk] / pädagogischer Verlag *m* · Schulbuchverlag *m*
~ **qualification** *n* [Ed] / Bildungsabschluss *m*
~ **radio** *n* [Ed] / Schulfunk *m*
~ **system** *n* [Ed] / Bildungswesen *n*
~ **television** *n* [NBM] / Bildungsfernsehen *n*
~ **toy** *n* [NBM] / Lernspielzeug *n*

education for librarianship n [Ed] / Bibliothekarausbildung f
~ **grant** n [Ed] / Ausbildungsbeihilfe f
~ **track** n [Ed] / Ausbildungsgang m ‖ s.a. *degree course*
effective adj [OrgM; Law] / effektiv adj · wirksam adj (to become effective: wirksam werden; in Kraft treten)
effectiveness n [OrgM] ⟨ISO 11620⟩ / Wirksamkeit f · Effektivität f ‖ s.a. *cost-effectiveness; efficiency*
effectivity n [OrgM] s. *effectiveness*
effect relation n [Class] / Wirkungsbeziehung f
efficiency n [OrgM] ⟨ISO 11620⟩ / Leistungsfähigkeit f · Effizienz f ‖ s.a. *economic efficiency; effectiveness*
~ **audit** n [BgAcc] / Wirtschaftlichkeitsprüfung f
egghead paperback n [Bk] / Paperback mit anspruchsvollem sachlichem Inhalt
eggshell antique n [Pp] / eierschalenglattes Antikdruckpapier n
~ **finish** n [Pp] / Eierschalenglätte f
egg white n [Bind] / Eiweiß n
egress route [BdEq] / Fluchtweg m
egyptian n [Prt] / Egyptienne f
EIS abbr [KnM] s. *executive information system*
either-way communication n [Comm] / wechselseitige Datenübermittlung f
eject v [BdEq] / auswerfen v (eine Kassette usw. ~)
~ **button** n [BdEq; NBM] s. *eject key*
~ **key** n (of a CD player etc.) [BdEq] / Auswurftaste f
elect v [Comm; Gen] / wählen v
elective (subject) n [Ed] / Wahlfach n ‖ s.a. *compulsory elective*
electricity supply n [BdEq] / Stromversorgung f
electro n [Prt] s. *electrotype*
electronic data processing n [EDP] ⟨ISO 2382/I⟩ / elektronische Datenverarbeitung f · EDV abbr
~ **document** n [EDP] ⟨ISO 2789⟩ / elektronisches Dokument n
~ **image processing** n [ElPubl] / elektronische Bildbearbeitung f · EBV abbr · elektronische Bildverarbeitung f
~ **imaging** n [ElPubl] / elektronische Bildverarbeitung f · EBV abbr
~ **mail** n [Comm] ⟨ISO/IEC 2382-1⟩ / eMail f · elektronische Post f

~ **prepress** n [ElPubl] / elektronische Druckvorstufe f
~ **publication** n [EDP] ⟨ISO 9707⟩ / elektronische Veröffentlichung f
~ **publishing** n [EDP] ⟨ISO/IEC 2382-1⟩ / elektronisches Publizieren n
~ **security system** n (book-security system) [BdEq] / Buchsicherungsanlage f
~ **signature** n [EDP] / elektronische Unterschrift f
~ **typesetting system** n [ElPubl] / elektronische Satzanlage f
~ **typewriter** n [Off] / Speicherschreibmaschine f
electrophotography n [Repr] / Elektrofotografie f
electrostatic copy n [Repr] / elektrostatische Kopie f
~ **printer** n [Prt] / elektrostatischer Drucker m
electrotype n (electro) [Prt] / Galvano n
element n [BdEq] / Element n · Bauteil n
elemental class n [Class] / Einfach-Klasse f
elephant folio n [Bk] / Elefant-Folio n
~ **hide** n [Bind] / Elefantenhaut f
elevation (drawing) n [BdEq] / Schnitt, Ansicht m,f · Aufriss m
elevator n [BdEq] US / Aufzug m · Fahrstuhl m ‖ s.a. *book elevator*
eleven-disk pack n [EDP] / Elfplattenstapel m
elimination record n [Stock] / Aussonderungsbeleg m
elision n [Lin] / Elision f
~ **marks** pl [Writ; Bk; Cat] s. *omission marks*
ellipsis n (set of 3 dots indicating an omission: ...) [Writ; Prt; Cat] / Auslassungspunkte pl
embedded character truncation n [Retr] / Innenmaskierung f
emblem book n [Bk] / Emblem-Buch n
embossed pp [Pp] / geprägt pp
~ **binding** n [Bind] / Reliefprägeeinband m
~ **book** n (printed in Braille) [Bk] / Punktschriftbuch n · Blindenschriftbuch n
~ **leather slabbing** n [Bind] / Ledertreibarbeit f
~ **paper** n [Pp] / Prägepapier n
~ **script** n [Writ; Bk] / Brailleschrift f · Blindenschrift f · Punktschrift f
~ **stamp** n [Bind; Off] / Prägestempel m
embossing n [Bind] / Ledertreibarbeit f · Reliefprägung f
~ **foil** n [Bind] / Prägefolie f

embossing machine 338

~ **machine** *n* [Off] / Prägeapparat *m*
~ **material** *n* [Bind] / Prägematerial *n*
~ **plate** *n* [Prt] / Prägeplatte *f*
~ **press** *n* [Bind] / Prägepresse *f*
~ **stamp** *n* [Bind; Off] *s. embossed stamp*
embrittle *v* [Pres] / brüchig werden *v* (embrittlement: das Brüchigwerden)
embroidered binding *n* [Bind] / gestickter Einband *m* · Stickereieinband *m*
em dash *n* [Prt] / Gedankenstrich *m* (mit der Breite eines M)
emergency exit *n* [BdEq] / Notausgang *m* ‖ *s.a. escape route*
~ **light** *n* [BdEq] / Notbeleuchtung *f*
~ **plan** *n* [Pres] / Katastrophenplan *m* (Plan für den Notfall)
~ **power** *n* [BdEq] / Notstrom *m*
~ **telephone** *n* [Comm] / Notrufmelder *m*
emoluments *pl* [Staff] / Bezüge *pl* · (perquisites from office:) Dienstbezüge *pl*
emphasis *n* [Ed] / Schwerpunkt *m* ‖ *s.a. area of collection emphasis; collection emphasis*
emphasize *v* [Gen] / betonen *v* · unterstreichen *v*
employ *v* [Staff] / beschäftigen *v* · (engage:) einstellen
employee *n* [Staff] / Bediensteter *m* · Angestellter *m* · Mitarbeiter *m* ‖ *s.a. full-time employee; library employee; salaried employee*
~ **house journal** *n* [Bk] / Mitarbeiterzeitschrift *f*
~ **in charge** *n* [Staff] / Beauftragter *m*
~ **morale** *n* [Staff] / Arbeitsmoral *f*
~**-oriented style of leadership** *n* [OrgM] / mitarbeiterorientierter Führungsstil *m*
~ **selection** *n* [Staff] / Personalauswahl *f*
employer's contribution [BgAcc] / Arbeitgeberbeitrag *m*
employment *n* [Staff] / Beschäftigung *f* · Anstellung *f* ‖ *s.a. application 2; date of employment; statement of employment; terms of employment*
~ **contract** *n* [Staff] / Arbeitsvertrag *m* · Anstellungsvertrag *m* ‖ *s.a. conditions of employment*
~ **cost(s)** *n(pl)* [BgAcc] / Personalkosten *pl* · Arbeitskosten *pl*
~ **market** *n* [Staff] / Arbeitsmarkt *m*
~ **opportunities** *pl* [OrgM] / offene Stellen *pl* (zur Besetzung angeboten) · Beschäftigungsmöglichkeiten *pl*
~ **permit** *n* [Staff] / Arbeitserlaubnis *f*

~ **prospects** *pl* [Staff] / Beschäftigungsaussichten *pl*
empty slot scheme *n* [EDP] / Empty-Slot-Verfahren *n*
em rule *n* [Prt] *s. em dash*
emulate *v* [EDP] ⟨ISO 2382/X⟩ / emulieren *v*
emulation *n* [EDP] ⟨ISO/IEC 2382-1⟩ / Emulation *f*
emulator *n* [EDP] / Emulator *m*
emulsion *n* [Repr] / Emulsion *f*
~ **layer** *n* [Repr] ⟨ISO 4331; ISO 4332⟩ / Emulsionsschicht *f*
~ **sheet** *n* (part of a microfilm jacket) [Repr] ⟨ISO 6196-4⟩ / Kopierfolie *f*
enable *v* [EDP; Comm] / freischalten *v* ‖ *s.a. disabled*
~ **access time** *n* [EDP] / Freigabe-Zugriffszeit *f*
~ **command** *n* [EDP; Comm] / Freigabebefehl *m* ‖ *s.a. acknowledgment enable signal*
enabling signal *n* [EDP; Comm] / Freigabesignal *n*
enamelled binding *n* [Bind] / emaillierter Einband *m*
encapsulate *v* [Pres] / einkapseln *v* · einbetten *v*
encapsulation *n* [Pres] / Einkapselung *f* · Einbettung *f* · (shrink wrapping:) Einschweißen *n*
enclose *v* [Comm; Off] / beifügen *v* · beilegen *v*
enclosed space *n* [BdEq] / umbauter Raum *m*
enclosure *n* (with a letter etc.) [Off] / Anlage *f* Beilage *f* (zu einem Brief)
encode *v* [EDP] / codieren *v* · verschlüsseln *v*
encoded abstract *n* [Ind] / codiertes Referat *n* DDR
encoder *n* [EDP] ⟨ISO 2382/XI⟩ / Codierer *m* ‖ *s.a. character encoder; document encoder*
encoding *n* [EDP] / Codierung *f*
~ **level** *n* (MARC) [Cat] / Codierungsstufe *f* (increase in ~ ~:Erhöhung der Codierungsstufe)
encrypt *v* [Writ] / verschlüsseln *v*
encryption *n* [EDP] / Chiffrierung *f* · Verschlüsselung *f* ‖ *s.a. decryption*
encyclic *n* [Bk] / Encyclica *f*
encyclop(a)edia *n* [Bk] ⟨ISO 5127/2⟩ / Enzyklopädie *f* · Konversationslexikon *n* · Lexikon *n* ‖ *s.a. subject encyclop(a)edia*

end|leaf *n* [Bind] / Vorsatz(papier) *n(n)*
~-less-belt conveyor *n* [BdEq] /
  Förderband(anlage) *n(f)*
~ mark *n* [EDP] / Endemarke *f*
~ marker *n* [EDP] / Endemarke *f*
~-matter *n* [Prt] / Anhang *m* (Schlussteil
  des Satzes im Gegensatz zur Titelei)
~-note *n* (at the end of a book) [Bk] /
  Schlussbemerkung *f* (am Ende eines
  Buches)
~ of file *n* (EOF) [EDP] / Dateiende *f*
~-of-file label *n* [EDP] / Dateiendekenn-
  satz *m*
~-of-selection signal *n* [Comm] /
  Wahlendezeichen *n*
~-of-tape marker *n* [EDP] /
  Bandendemarke *f*
~ of text *n* (ETX) [Comm] / Ende des
  Textes *n* · ETX *abbr* · Textende *n*
~ of volume *n* (EOV) [EDP] /
  Datenträgerende *n*
~-of-volume label *n* [EDP] /
  Bandendekennsatz *m*
endorsed title *n* (of a legal document) [Bk]
  s. docket title
endowment *n* [Acq] / Stiftung *f*
~ fund *n* [BgAcc] / Stiftungskapital *n*
end panel *n* (of a bookcase) [Sh] /
  Seitenwand *f*
~paper *n* [Bind] / Vorsatz(papier) *n(n)* ‖
  s.a. free endpaper; paste-down (endpaper)
~sheet *n* [Bind] *s. endpaper*
~ support *n* [Sh] / Endbuchstütze *f* ‖ *s.a.
  book end*
~ system *n* [Comm] / Endsystem *n*
~ user / Endbenutzer *m*
~-user searches *pl* [Retr] /
  Benutzerrecherchen *pl*
engage *v* (employ / hire a person) /
  einstellen v
engaged *pp* (of the telephone line, the
  photocopier, etc.) [Comm; BdEq] /
  besetzt *pp*
~ signal *n* [Comm] / Besetztzeichen *n*
~ tone *n* / Besetztzeichen *n* (akustisch)
engagements diary / Terminkalender *m*
engineering drawing *n* [NBM] / technische
  Zeichnung *f*
~ plan *n* [Cart] / technischer Plan *m*
English finish paper *n* [Pp] *US* /
  Naturkunstdruckpapier *n*
engraved music *n* [Mus] / Notenstiche *pl*
~ plate *n* [Bk; Art] / Kupfertafel *f*
~ text *n* [Bk] / gestochener Text
~ title *n* [Bk] / Kupfertitel *m*

engraver *n* [Art] / Graveur *m* · Stecher *m* ‖
  s.a. copperplate engraver
engraving / Gravur *f* · Ätzen *n* · (the
  impression made from an engraved plate:)
  Stich *m* · ((copper) engraving on title
  page:) Titelkupfer *n* · (the process of
  ~:) Stechen *n* ‖ *s.a. copper engraving;
  cover engraving; steel engraving; stone
  engraving; wood engraving*
~ establishment *n* [Prt] / Klischeeanstalt *f*
enlarge *v* [Repr; Bk] / (photography:)
  vergrößern *v* · (new edition:) erweitern *v*
enlarged edition *n* [Bk] / erweiterte
  Ausgabe *f* · vermehrte Auflage *f* ·
  erweiterte Auflage *f*
enlargement *n* [Repr] ⟨ISO 6196/1⟩ /
  Vergrößerung *f*
~ ratio *n* [Repr] ⟨ISO 5127/8; ISO 6196/1⟩
  / Vergrößerungsfaktor *m*
enlarger *n* [Repr] / Vergrößerungsgerät *n* ·
  Rückvergrößerungsgerät *n*
~-printer *n* [Repr] / Rückvergrößerungs-
  gerät *n* (mit Kopierfunktion)
enquiry *n* [Ref; Retr] / (asking
  information:) Anfrage *f* · (in a database:)
  Abfrage *f* ‖ *s.a. inquiry; search 1*
~ command *n* [Retr] / Abfragebefehl *m*
~ desk *n* [Ref; OrgM] *s. enquiry point*
~ file *n* [Retr] / Abfragedatei *f*
~ point *n* [Ref; OrgM] / Auskunftsplatz *m*
~ request *n* [Retr] / Abfrageanforderung *f*
~ service *n* [Ref] / Auskunftsdienst *m*
~ terminal *n* [Retr] / Abfrageplatz *m*
~ unit *n* [Retr] / Abfrageeinheit *f*
enroll *v* [Ed] / immatrikulieren *v*
enrol(l)ment *n* (in a university) [Ed] /
  Immatrikulation *f*
ensure *v* [OrgM] / sicherstellen *v*
enter 1 *v* (a work) [Cat] / eintragen *v* (ein
  Werk ~) · eine Eintragung machen(für ein
  Werk)
~ 2 *v* (e.g., enter a corporate body
  directly under the name by which it
  is predominantly identified) [Cat] /
  ansetzen *v*
~-ing the call number on a request form
  ger / Signieren *n*
enterprise portal *n* [Internet] /
  Unternehmensportal *n*
entertainment expenses *pl* [BgAcc] /
  Bewirtungsspesen *pl*
~ software *n* [EDP] / Unterhaltungssoft-
  ware *f*
entire stock *n* / Gesamtbestand *m*

entitlement to leave *n* [Staff] / Urlaubsanspruch *m*
~ **to remuneration** *n* [Staff] / Vergütungsanspruch *m*
entity *n* [EDP; KnM] / (thing with distinct existence:) Einheit · (knowledge management:) Entität *f* · (programming:) Instanz *f* ‖ *s.a. bibliographic entity*
~**/relationship diagram** *n* [KnM] / ER-Darstellung *f*
~ **term** *n* (in a partitive relation) [Ind] ⟨ISO 2788⟩ / Verbandsbegriff *m*
entrance charge *n* [BgAcc] / Eintrittsgebühr *f*
~ **control** *n* [OrgM] / Eingangskontrolle *f*
~ **examination** *n* [Ed] / Aufnahmeprüfung *f*
~ **hall** *n* [BdEq] ⟨ISO 6707/1⟩ / Eingangshalle *f* ‖ *s.a. porch; vestibule*
~-**level librarian** [Staff] / Berufsanfänger *m* (als Bibliothekar)
~-**level position** *n* [Staff] / Anfangsstelle *f* · Anfängerstelle *f*
~ **lobby** *n* [BdEq] ⟨ISO 6707/1⟩ / Eingangshalle *f* ‖ *s.a. porch; vestibule*
~ **requirement** *n* [Ed; RS] / Zulassungsvoraussetzung *f* · Zulassungsbedingung *f*
entrant *n* (a person who enters a profession) [Staff] / Berufsanfänger *m*
entry *n* (record of an item in a catalogue) [Cat] ⟨AACR2⟩ / Eintragung *f* · Eintrag *m* · Katalogeintragung *f* · Titelaufnahme *f* · Aufnahme *f* · Katalogisat *n* ‖ *s.a. author entry; closed entry; collective entry; comprehensive entry; duplicate entry; generic entry; index entry; main entry; multiple entry; short-entry catalogue; standardized form of heading; subject entry*
~ **element** *n* (of a person's name consisting of several parts) [Cat] / erstes Ordnungswort *n* ‖ *s.a. entry word*
~ **field** *n* [EDP/VDU] / Eingabefeld *n*
~-**level librarian** [Staff] / Berufsanfänger *m* (im Bibliothekswesen)
~-**level position** *n* [Staff] / Anfangsstelle *f*
~ **point** *n* [Cat] / Eintragungsstelle *f*
~ **term list** *n* (of a terminological dictionary) [Ind] ⟨ISO 1087; 5127⟩ / Stichwortliste *f*
~ **visa** *n* [Adm] / Einreisevisum *n*
~ **word** *n* [Bk] / erstes Ordnungswort *n* · Stichwort *n*
enumerate *v* [Cat] / aufzählen *v* · zählen *v* · (list, specify:) aufführen *v* · nachweisen *v*

enumeration *n* [Bk] / Zählung *f*
enumerative bibliography *n* [Bib] / Bibliographie *f* (mit einfacher Titelaufführung) ‖ *s.a. analytical bibliography*
~ **classification** *n* [Class] ⟨ISO 5127/6⟩ / präkombinierte Klassifikation *f* · enumerative Klassifikation *f*
envelope *n* [EDP; Off] / (for a flexible disk etc.:) Hülle *f* · Tasche *f* · (for a letter:) Briefumschlag · Kuvert *n* ‖ *s.a. padded envelope; reply envelope; window envelope*
~-**filling machine** *n* [Off] / Kuvertiermaschine *f*
environmental conditions *pl* [Pres] / Umweltbedingungen *pl*
~ **hazards** *pl* [Gen] / Umweltgefahren *pl*
~ **impact assessment** *n* [Pres] / Umweltverträglichkeitsprüfung *f*
EOF *abbr* [EDP] *s. end of file*
EOV *abbr* [EDP] *s. end of volume*
EP *abbr* [EDP] *s. electronic publishing*
ephemera *pl* [NBM] / Ephemera *pl* ‖ *s.a. fugitive material*
epic poem *n* / Epos *n*
epidiascope *n* [NBM] / Epidiaprojektor *m* · Epidiaskop *n*
epigraph *n* [Writ] / Epigraph *n* ‖ *s.a. inscription*
epigraphy *n* [NBM] / Epigraphik *f* · Inschriftenkunde *f*
epilogue *n* [Bk] / Epilog *m* · Nachwort *n*
episcope *n* [NBM] / Epiprojektor *m* · Episkop *n*
epistolarium *n* / Epistolarium *n*
epistolary *n* [Bk] / Epistolar *n*
~ **novel** *n* [Bk] / Briefroman *n*
epithalamium *n* [Bk] / Hochzeitsgedicht *n*
epithet *n* [Gen; Cat] / Epitheton *n* · (additional name:) Beiname *m*
epitome *n* [Bk] / Epitome *f* ‖ *s.a. abridged version*
eponym *n* [Lin] / Eponym *n*
equality of opportunity *n* [Staff] / Chancengleichheit *f*
equal opportunities *pl* [Staff] / Chancengleichheit *f*
~ **opportunities for women** *n pl* / Frauengleichstellung *f* ‖ *s.a. advancement of women's issues; law on equal treatment for men and women; promotion of positive action for women*
equals sign *n* (=) [Writ; Prt] / Gleichheitszeichen *n*

equal treatment (of men and women) [Law] / Gleichbehandlung *f* (von Frauen und Männern)
equinox *n* [Cart] / Äquinoktium *n*
equipment *n* [BdEq] / Ausrüstung *f* · Ausstattung *f* ‖ *s.a. office equipment*
~ **storage room** *n* [BdEq] / Gerätelagerraum *m*
equivalence *n* [Lin] / Äquivalenz *f* ‖ *s.a. exact equivalence; linguistic equivalence; non-equivalence; partial equivalence*
~ **category** *n* [Ind] ⟨ISO 2788⟩ / Äquivalenzklasse *f*
~ **class** *n* [Ind] *s. equivalence category*
~ **relation** *n* [Ind] ⟨ISO 2788; ISO 5127/6⟩ / Äquivalenzrelation *f* · Äquivalenzbeziehung *f*
equivalent term *n* [Ind] ⟨ISO 5127/6⟩ / Äquivalenzbenennung *f*
erasable disk / löschbare Diskette *f*
~ **optical disk** *n* [NBM] / löschbare optische Platte *f*
~ **storage** *n* [EDP] ⟨ISO 2382/XII⟩ / löschbarer Speicher *m*
erase *v* [Pres; EDP] / (rub out:) ausradieren *v* · (cancel:) tilgen *v* · löschen *v*
erased *pp* [Pres] / (cancelled:) gelöscht · (rubbed out:) ausradiert *pp*
erase head *n* [EDP] / Löschkopf *m*
eraser *n* (rubber) [Off] *US* / Radiergummi *m*
erasion *n* [EDP] / Löschung *f*
ER diagram *n* [KnM] *s. entity/relationship diagram*
ergonomics *sing or pl in constr* [OrgM] / Ergonomie *f*
errata (slip) *pl(n)* [Bk] / Druckfehlerverzeichnis *n*
erratic pagination *n* [Bk] / springende Seitenzählung *f* ‖ *s.a. non-consecutive numbering*
erratum *n* (pl: errata) [Bk] ⟨ISO 5127/2⟩ / Druckfehler *m*
error *n* [Writ; EDP] / Fehler *m* ‖ *s.a. hard error*
~ **checking** *n* [Comm] / Fehlerprüfung *f*
~ **control** *n* [Comm] ⟨ISO 2382/9⟩ / Fehlerüberwachung *f*
~ **control procedure** *n* [Comm] / Fehlerüberwachung *f*
~ **control unit** *n* [Comm] / Fehlerüberwachungseinheit *f*

~ **correcting code** *n* (ECC) [EDP] / Fehlerkorrekturcode *m* ‖ *s.a. irrecoverable error*
~ **detecting code** *n* [InfSy] / Fehlererkennungscode *m*
~ **detection** *n* [EDP] / Fehlererkennung *f*
~ **flag** *n* [EDP] *s. flag 4*
~ **message** *n* [EDP] / Fehlermeldung *f*
~ **rate** *n* [Gen] / Fehlerrate *f* · Fehlerquote *f* ‖ *s.a. miss ratio*
ES *abbr s. expert system*
escalator *n* [BdEq] / Rolltreppe *f*
escape key *n* (on a keyboard:Esc) [BdEq] / Abbruchtaste *f*
~ **route** *n* [BdEq] / Fluchtweg *m*
escapist literature *n* [Bk] / eskapistische Literatur *f*
escutcheon *n* [Bk] / Wappenschild *n*
esparto paper *n* [Bind] / Alfapapier *n* · Espartopapier *n*
essay *n* [Bk; Ed] / (short text on any subject:) Essay *m* · (examination paper to be written at home:) Hausarbeit *f*
establish [OrgM] / errichten *v* · einrichten *v*
established post *n* [Adm] / Planstelle *f*
establishment *n* [OrgM] ⟨ISO 9707⟩ / Einrichtung *f* · Institution *f*
estate *n* (of a deceased) [Arch] / Nachlass *m* ‖ *s.a. bequest; legacy; remains*
estimate *n* [BgAcc; InfSc] / Schätzwert *m* (in einer Wahrscheinlichkeitsverteilung) · (approximate calculation of cost:) Kostenvoranschlag *m* ‖ *s.a. estimates of expenditure*
estimated price *n* [Acq] / Schätzpreis *m* · Zirkapreis *m*
estimates of expenditure *pl* / Kostenschätzungen *pl*
estray *n* (document not in the possession of its legal custodian) [Arch] *US* / entfremdetes Dokument *n*
etch *v* [Art] / ätzen *v*
etching *n* [Art] ⟨ISO 5127-3⟩ / (the impression made from an etched plate; the process of ~:) Radierung *f* ‖ *s.a. drypoint etching; line etching; zinc etching*
~ **ground** *n* [Art] / Ätzgrund *m*
~ **needle** *n* [Art] / Radiernadel *pl* · Ätznadel *f*
ethnic numbers (standard subdivision of individual languages) [Class] / Sprachenschlüssel *m* (in Zahlen ausgedrückt)
ETX *abbr* [Comm] *s. end of text*

European article number *n* / Europäische Artikelnummer *f*
evaluate *v* [InfSc] / evaluieren *v* · bewerten *v*
evaluation *n* [InfSc] ⟨ISO 11620⟩ / Bewertung · Evaluation *f* ‖ *s.a. collection evaluation; information evaluation*
evangelary *n* [Bk] / Evangeliar *n*
evangelistary *n* [Bk] / Evangelistar *n*
evening (news)paper *n* [Bk] / Abendzeitung *f*
even-numbered page *n* [Bk] / Seite mit gerader Zählung
event *n* [InfSy] / (occurrence:) Ereignis *n* · Vorgang *m* · (item in a programme:) Veranstaltung *f* ‖ *s.a. calendar of events*
~ **mode** *n* [EDP] / Ereignismodus *m*
exact equivalence *n* (in a multilingual thesaurus) / genaue Äquivalenz *f*
~ **size** *n* (the measured size of a book) [Bk] / Messformat *n*
exam *n* [Ed] / Prüfung *f*
examination *n* [Ed] / Prüfung *f* ‖ *s.a. additional examination; final examination; oral (examination); written examination*
~ **board** *n* [Ed] / Prüfungsausschuss *m*
~ **copy** *n* [Acq] / Ansichtsexemplar *n* · Probeexemplar *n* · Prüfstück *n* · (sample copy of a periodical:) Probeheft *n* · Probenummer *f* ‖ *s.a. approval copy*
~ **paper** *n* [Ed] / Examensarbeit *f* · Prüfungsarbeit *f* · (to be written at home:) Hausarbeit *f* ‖ *s.a. written examination*
~ **regulations** *pl* [Ed] / Prüfungsordnung *f*
~ **requirements** *pl* [Ed] / Prüfungsanforderungen *pl*
examine *v* [Ed; Gen] / prüfen *v*
examinee *n* [Ed] / Prüfling *m* · Kandidat *m*
exam subject *n* [Ed] / Prüfungsfach *n*
exceed *v* [RS] / überschreiten *v* (to exceed the loan period: die Leihfrist überschreiten)
exception condition *n* [Comm] / Ablaufunterbrechung *f*
exchange *n* [Acq] / (procedure:) Tausch *m* · (an item given or received through an ~ arrangement:) Tauschgabe *f* ‖ *s.a. duplicate exchange; international exchange of publications; publication exchange*
~ **arrangement** *n* [Acq] / Tauschvereinbarung *f*
~ **centre** *n* [Acq] / Tauschzentrale *f*
~ **department** *n* [OrgM] / Tauschstelle *f*
~ **format** *n* [Bib; Cat; EDP] ⟨ISO 2709⟩ / Austauschformat *n*

~ **language** *n* (in a multilingual thesaurus) [ISO 5964] / Austauschsprache *f*
~ **list** *n* [Acq] / Tauschliste *f*
~ **of data** *n* [EDP] / Datentausch *m*
~ **of experience** *n* [OrgM] / Erfahrungsaustausch *m*
~ **of publications** *n* [Acq] ⟨ISO 5127/3a⟩ / Schriftentausch *m*
~ **rate** *m* [BgAcc] / Wechselkurs *m*
~ **technique** *n* [Comm] / Vermittlungstechnik *f*
exclamation mark *n* (!) [Writ; Prt] / Ausrufezeichen *n*
exclusive agent *n* [Bk] / Alleinvertreter *m*
~ **distributor** *n* [Bk] / Alleinauslieferer *m*
excursion *n* [Ed; Staff] / Exkursion *f* ‖ *s.a. study tour*
executable *adj* [EDP] / ablauffähig *adj*
~ **program** *n* [EDP] / ausführbares Programm *n*
executive *n* [Staff] / Führungskraft *f* ‖ *s.a. sales executive*
~ **board** *n* [OrgM] / geschäftsführender Vorstand *m*
~ **information system** *n* (EIS) [KnM] / Führungsinformationssystem *n* · EIS *abbr*
exemption from tax / Steuerfreiheit *f*
~ **of service** *n* [Staff] / Dienstbefreiung *f*
exercise book *n* [Ed] / Schreibheft *n* ‖ *s.a. copybook*
exhausted *pp* [Bk] / (edition:) vergriffen *pp*
exhibit 1 *n* [PR] / (the act of exhibiting or a collection of articles exhibited:) Ausstellung *f* · (something exhibited:) Ausstellungsstück *n* · Exponat *n*
~ 2 *v* [PR] / ausstellen *v*
~ **hall** *n* [BdEq] / Ausstellungsraum *m* (Saal)
exhibition *n* [PR] / Ausstellung *f* ‖ *s.a. permanent exhibition*
~ **case** *n* [BdEq] / Schaukasten *m* · Vitrine *f*
~ **catalogue** *n* [Bk] / Ausstellungskatalog *m*
~ **room** *n* [BdEq] / Ausstellungsraum *m* · Schauraum *m*
~ **space** *n* [BdEq] / Ausstellungsfläche *f*
~ **stand** *n* [BdEq] / Ausstellungsstand *m*
~ **tour** *n* [PR] / Ausstellungsrundgang *f*
exhibitor *n* [PR] / Aussteller *m*
exile literature *n* [Bk] / Exilliteratur *f*
exit control *n* [OrgM] / Ausgangskontrolle *f*
~ **hub** *n* [BdEq] / Ausgangsbuchse *f*
~ **point** *n* (port) [EDP] / Ausgabekanal *m*
expand *v* [BdEq; InfSy] / ausbauen *v* · erweitern *v*

expandable *adj* [BdEq] / ausbaufähig *adj*
expanded edition *n* [Bk] / vermehrte Auflage *f*
~ **node** *n* [KnM] / entwickelter Knoten *m*
expandibility *n* [Gen; EDP] / Erweiterungsfähigkeit *f*
expansion 1 *n* [BdEq] *s. addition 1;* ‖ *s.a. memory expansion*
~ 2 *n* (of stock) [Stock] / Bestandsvermehrung *f* · Bestandszuwachs *m*
~ **board** / Erweiterungssteckkarte *f* · Erweiterungsplatine *f*
~ **card** *n* [EDP] *s. expansion board*
expedited data *pl* [Comm] / Vorrangdaten *pl*
expenditure *n* [BgAcc] / Ausgaben *pl* · Aufwand *m* ‖ *s.a. budgetary expenditure; estimates of expenditure; recurrent expenditure*
~ **of work** *n* [OrgM] / Arbeitsaufwand *m*
~ **record** [BgAcc] / Ausgabennachweis *m*
expense account *n* [BgAcc] / Spesenabrechnung *f* ‖ *s.a. travel(l)ing expenses*
~ **allowance** *n* [BgAcc] / Aufwandsentschädigung *f*
~ **control** *n* [BgAcc] / Ausgabenüberwachung *f*
expense(s) *n(pl)* / Ausgaben *pl* · Spesen · Auslagen *pl* · Unkosten *pl* ‖ *s.a. entertainment expenses; incidental expenses; reimbursement of costs/expenses; travel(l)ing expenses*
expert *n* [InfSc; Law] / Fachmann *m* · Sachverständiger *m* · Experte *m* · (rendering an opinion:) Gutachter *m*
~ **advisory group** *n* [OrgM] / Fachbeirat *m*
~ **committee** *n* [OrgM] / Fachausschuss *m*
~ **database** *n* [KnM] / Expertendatenbank *f*
expertise *n* [KnM] / Fachwissen *n* · Expertenwissen *n* ‖ *s.a. domain of expertise; language expertise*
~ **pool** *n* [KnM] / Expertise-Pool *m* · Erfahrungsdatenbank *f*
expert opinion *n* (formal statement of an expert) [Bk] / Gutachten *n*
~ **system** *n* (ES) [EDP] / Expertensystem *n*
expiration date *n* [Gen] / Verfallsdatum *n*
explanation dialogue *n* [KnM] / Erklärungsdialog *m*
explanatory reference *n* [Cat] ⟨AACR2⟩ / Verweisung mit erläuterndem Zusatz *f*
explicit *n* [Bk] ⟨AACR2⟩ / Explicit *n*

exploitation of resources *n* / Ressourcennutzung *f* ‖ *s.a. resource sharing*
~ **rights** [Law] / Verwertungsrechte *pl* (commercial exploitation: gewerbliche Nutzung) · Nutzungsrechte *pl*
exponential growth *n* [InfSc] / exponentielles Wachstum *n*
expose *v* [Repr] / belichten *v* ‖ *s.a. overexpose*
exposure 1 *n* (the act of exposing a sensitive material to radiant energy for obtainig an image) [Repr] ⟨ISO 6196/1⟩ / Belichtung *f* ‖ *s.a. double exposure; underexposure*
~ 2 *n* (a section of a film for an individual picture) [Repr] / Aufnahme *f*
~ **error** *n* [Repr] / Fehlbelichtung *f*
~ **index** *n* [Repr] / Empfindlichkeit *f* (als Maßeinheit)
~ **meter** *n* [Repr] / Belichtungsmesser *m*
~ **time** *n* [Repr] ⟨ISO 6196/1⟩ / Belichtungszeit *f*
~ **unit** *n* [ElPubl; Prt] / Belichter *m*
expressive notation *n* [Class] / Notation, die die Struktur eines Klassifikationssystems widerspiegelt
express mail *n* / Eilpost *f*
expurgated edition *n* [Bk] / bereinigte Ausgabe *f*
extend *v* [OrgM] / erweitern *v*
extended address field *n* [Comm] ⟨ISO 3309⟩ / erweitertes Adressfeld *n*
~ **control field** *n* [Comm] ⟨ISO 3309⟩ / erweitertes Steuerfeld *n*
~ **memory** *n* [EDP] / erweiterter Speicher *m*
extender *n* (of a lower-case letter) [Prt] / (descender:) Unterlänge *f* · (ascender:) Oberlänge *f*
extenders *pl* (of lower-case letters) [Prt] / Ober- und Unterlängen *pl*
extendibility *n* [Gen] / Erweiterungsfähigkeit *f*
extension 1 *n* (a subsidiary telephone) [Comm] / Nebenanschluss *m* · Nebenstelle *f* · (number of the extension:) Durchwahl *f*
~ 2 *n* [Class/UDC] / Erstreckung *f* ‖ *s.a. alphabetical extension; extension sign*
~ 3 *n* [Ind; Class] ⟨ISO/R 1087⟩ / Begriffsumfang *m*
~ 4 (building addition) [BdEq] / Erweiterungsbau *m*

extensional definition *n* [InfSc] / Umfangsdefinition *f*
extension campus *n* (of a university) [Ed] / Erweiterungscampus *m*
~ **card** *n* (in a card catalogue) [Cat] / zweiter Zettel *m* · Fortsetzungszettel *m*
~ **cover** *n* [Bind] / überstehender Kartonumschlag *m*
~ **number** *n* [Comm] / Durchwahlnummer *f*
~ **of the notation** *n* [Class] / Notationslänge *f*
~ **sign** *n* (symbol / oblique stroke) [Class/UDC] ⟨ISO 5127/6⟩ / Erstreckungszeichen *n*
~ **work** *n* [PR] / Programmarbeit *f*
extent of item *n* [Cat] ⟨ISBD(S)⟩ / Umfang *m* (bei Zeitschriften usw.)
exterminator *n* [Pres] / Kammerjäger *m* · Schädlingsbekämpfer *m*
external database *n* / Fremddatenbank *f*
~ **funding** *n* / Fremdfinanzierung *f*
~ **house journal** *n* [Bk] / Hauszeitschrift (für das allgemeine Publikum bestimmt) · (addressed to customers:) Kundenzeitschrift *f* ‖ *s.a. internal house journal*
~ **source data** *pl* [Cat] / Fremddaten *pl*

~ **storage** *n* [EDP] ⟨ISO 2382/XII⟩ / externer Speicher *m*
extra binder *n* [Bind] / ein Buchbinder, der hohen Ansprüchen genügt
~ **binding** *n* [Bind] / ein Einband von hervorragender Qualität
~ **calf (binding)** *n* [Bind] / ein Kalbledereinband von hervorragender Qualität
~ **copy** *n* [Acq] *s. further copy*
extract 1 *n* [Ind] ⟨ISO 214; ISO 5127/3a⟩ / Auszug *m*
~ 2 *n* (of a map) [Cart] *s. map extract*
extraction of terms *n* [Ind] ⟨ISO 5127/3a⟩ / Stichwortbildung *f*
extramural loan *n* / Ausleihe außer Haus *f* (aus dem Bereich der Trägerorganisation einer Bibliothek)
extraordinary budget *n* [BgAcc] / außerordentlicher Haushalt *m*
extra payment *n* [BgAcc] / Zuzahlung *f*
extrapolate *v* [InfSc] / extrapolieren *v*
extruders *pl* (of a type letter) [Prt] / Ober- und Unterlängen *pl*
extrusion *n* [Cart] / Randüberzeichnung *f*
eye|ball characters *pl* [Repr] / mit bloßem Auge lesbare Zeichen auf einer Mikroform
eye-catcher *n* [BdEq] / Blickfang *m*
~**let tool** *n* [Bind] / Lochzange *f*

F

fable *n* [Bk] / Fabel *f*
fabric *n* (woven material) [Bind] / Gewebe *n*
fac. 1 *abbr* [Bk] *s. facsimile (edition/reprint/reproduction)*
~ 2 *abbr* [Bk] *s. factotum (initial)*
façade *n* [BdEq] / Fassade *f*
face *n* [Prt] *s. type-face*
facet *n* [Class] ⟨ISO 5127/6⟩ / Facette *f* ‖ *s.a. differential facet*
~ **analysis** *n* [Class] / Facettenanalyse *f*
faceted classification *n* [Class] ⟨ISO 5127/6⟩ / Facettenklassifikation *f*
~ **thesaurus** *n* [Ind] ⟨ISO 5127/6⟩ / facettierter Thesaurus *m*
facet formula *n* [Class] / Facettenformel *f*
~ **indicator** *n* [Class] ⟨ISO 5127/6⟩ / Facettenindikator *m*
~ **order** *n* [Class] / Facettenordnung *f* · Kombinationsordnung *f*
facilities *pl* [BdEq] ⟨ISO 11620⟩ / Betriebsmittel *pl* · Ausstattung (einer Bibliothek mit Räumlichkeiten,Mobiliar, Geräten usw.) ‖ *s.a. equipment*
facility 1 *n* [OrgM; BdEq] / Anlage *f* · (establishment:) Einrichtung *f* ‖ *s.a. information facility; listening facility; playing facility*
~ 2 *n* [Comm] / Leistungsmerkmal *n* ‖ *s.a. query facilities*
~ **request** *n* [Comm] / Leistungsmerkmalanforderung *f*

facsimile (edition/reprint/reproduction) *n(n/n/n)* [Bk] ⟨ISO 5127/3a; ISBD(M; PM; A); AACR2⟩ / Faksimile(-Ausgabe/-Nachdruck) *n(f/m)*
~ **letter** *n* [Arch] / Brief-Faksimile *n*
~ **transceiver** *n* [Comm] / Faxgerät *n* · Telekopierer *m*
~ **transmission** *n* [Comm] / Fernkopie *f* · Telekopie *f* · Faxübermittlung *f* ‖ *s.a. fax*
~ **transmitter** *n* [Comm] / Fernkopierer *m* · Telekopierer *m* · Faxgerät *n* ‖ *s.a. desktop facsimile transmitter; free-standing facsimile transmitter*
fact *n* (state of things or relation between things) [Ind] / Sachverhalt *m*
~ **database** *n* [InfSy] / Fakten(daten)bank *f*
factor analysis *n* [InfSc] / Faktorenanalyse *f*
factoring *n* (of concepts or word combinations) [Ind] / Zerlegung *f* (von Begriffen oder Wortzusammensetzungen) ‖ *s.a. lexicological factoring; morphological factoring*
factotum (initial) *n(n)* [Prt] / Zierstück, das Raum für das Einfügen eines Initials ausspart
facts representation *n* [KnM] / Faktendarstellung *f*
factual database *n* [InfSy] *s. fact database*
~ **information** *n* [KnM] / Fakteninformation *f*
~ **knowledge** *n* [KnM] / Faktenwissen *n*

faculty *n* [Ed] / (group of university departments:) Fakultät *f* · (teaching staff of an American university or college:) Lehrkörper *m*
~ **library** *n* [Lib] *Brit* / Fakultätsbibliothek *f* ‖ *s.a. departmental library 1*
~ **study** *n* [BdEq] *US* / Dozentenzimmer *n*
faded *pp* [Bk] / gebleicht *pp* · verblasst *pp*
fadeless *adj* [Pres; Prt] / lichtecht *adj* · farbecht *adj* ‖ *s.a. fugitive*
fading *n* [Pres] / Verblassen *n*
failed request *n* [RS] / nicht erledigte Bestellung *f* ‖ *s.a. fill rate*
failsafe *adj* [BdEq] / ausfallsicher *adj*
failure *n* [BdEq] / Ausfall *m* ‖ *s.a. breakdown*
~ **of performance** *n* [OrgM] / Leistungsmangel *m*
~ **rate** *n* [Retr] / Misserfolgsquote *f*
fair *n* [Gen] / (exhibition to promote particular products:) Messe *f* ‖ *s.a. book fair; book trade fair*
~ **copy** *n* [Writ] / Reinschrift *f*
fairy book *n* [Bk] / Märchenbuch *n*
~ **tale** *n* [Bk] / Märchen *n*
fake *v/n* [Bk; Bind] / (to falsify:) fälschen *v* · (falsification:) Fälschung *f*
fall *n* (drop) / Rückgang (~ in visitor numbers: Rückgang der Besucherzahlen)
~ **apart** *v* [Pres] / auseinanderfallen *v*
~**out ratio** *n* [Retr] / Abfallquote *f*
false back *n* [Bind] / hohler Rücken *m*
~ **bands** *pl* [Bind] / falsche Bünde *pl*
~ **drops** *pl* (retrieval of unwanted items) [Retr] / nicht zutreffende Ergebnisse einer Online-Recherche *pl*
falsification *n* [Bk; Bind] / Fälschung *f*
falsify *v* [Gen] / verfälschen *v* · fälschen *v*
family crest *n* / Familienwappen *n*
~ **name** *n* [Gen; Cat] / Familienname *n*
~ **novel** *n* [Bk] / Familienroman *n*
fan *n/v* [BdEq; Pp] / Fächer *n* · Gebläse *n* · Ventilator *m* · (to fan:) auffächern *v*
~ **binding** *n* [Bind] / Einband im Fächerstil *m*
fancy type *n* [Prt] / Zierschrift *f*
fanfare style *n* [Bind] / Fanfarenstil *m*
fanfold paper *n* [Pp] / Leporellopapier *n* · Zick-Zack-Papier *n* ‖ *s.a. continuous paper*
FAQ *abbr* [InfSy] *s. frequently asked questions*
fascicle *n* [Bk] ⟨AACR2⟩ / (instalment:) Lieferung *f* · Faszikel *m*
fashion magazine *n* [Bk] / Modezeitschrift *f*

~ **plate** *n* [BBk; Art] / Modestich *m* · Modeblatt *n* · Modezeichnung *f*
fast(-access) storage *n* [EDP] / Schnell(zugriffs)speicher *m s. fast memory*
fast memory *n* [EDP] *s. fast(-access) storage*
FAT *abbr s. file allocation table*
fat face *n* [Prt] / fette Schrift *f*
fault tolerance *n* [Gen] / Fehlertoleranz *f*
faulty *adj* [BdEq] / schadhaft *adj* · fehlerhaft *adj* · defekt *adj* ‖ *s.a. logging of faults*
fax 1 *v* [Comm] ⟨ISO/IEC 2382⟩ / (to fax:) faxen *v*
fax 2 *n* [Comm] ⟨ISO/IEC 2382⟩ / Fax *n*
~ **borrowing request form** *n* [RS] / Fax-Bestellschein *m*
~ **machine** *n* / Faxgerät *n*
~ **switch** *n* / Faxweiche *f*
FCS *abbr* [Comm] *s. frame checking sequence*
FDD *abbr s. floppy disk drive*
feasibility study *n* [InfSc; OrgM] / Machbarkeitsstudie *f* · Durchführbarkeitsstudie *f*
feather-edge(s) *n(pl)* [Pp] / Büttenrand *m*
~**work** *n* [Bk] / Federornament *n*
feature 1 *n* [Comm] / Leistungsmerkmal *n*
~ **2** *n* (article in a newspaper/magazine) [Bk] / Feature *n*
~ **card** *n* [PuC] / Merkmalkarte *f*
~ **extraction** *n* [KnM] / Merkmalsbestimmung *f* · Merkmalsextraktion *f*
~ **(film)** *n* [NBM] ⟨ISO 4246⟩ / Spielfilm *m*
~ **key** *n* (on a keyboard) [EDP] / Funktionstaste *f*
features *pl* (of a system) / Eigenschaften *pl* (eines Systems)
federal authority *n* [Adm] / Bundesbehörde *f*
~ **library** *n* [Lib] / Bundesbibliothek *f*
fee *n* [BgAcc] / Gebühr *f* ‖ *s.a. access fee; admission fee; charging; flat fee; licence fee; loan fee; overdue fee; processing fee; service fee; token fee*
~**-based library service** *n* [BgAcc] / gebührenpflichtige bibliothekarische Dienstleistung *f* ‖ *s.a. added value information service*
feed 1 *v* [Repr] / zuführen *v* · anlegen *v* ‖ *s.a. sheet feeder*
~ **2** *n* [Repr] / Zuführung *f* · Vorschub *m* (von Papier usw.) ‖ *s.a. continuous feed; paper feed 1*

~-**back** *n* (in the revision of a multilingual thesaurus) [Ind] ⟨ISO 5964⟩ / Rückkopplung *f*
~-**(er)** *n(n)* (apparatus for guiding documents into reprographic equipment) [Repr] / Anleger *m* ‖ *s.a. form feed; hand-feed input; hand-feed shelf; paper feed 1; single-sheet feed; tractor feed paper drive*
~ **hole** *n* (of continuous paper) / Vorschubloch *n*
fee schedule *n* [BgAcc] / Gebührenordnung *f*
feet *pl* (the base on which a type stands) [Prt] / Fuß *m*
fellow *n* [OrgM] / (of a learned society:) Mitglied *n* (einer gelehrten/wissenschaftlichen Gesellschaft) · (graduate receiving a stipend for a period of research:) Stipendiat *m* ‖ *s.a. research fellow*
fellow|ship *n* (grant by an educational institution for advanced studies or research) [InfSc] / Forschungsstipendium *n*
~-**worker** *n* [Staff] / Mitarbeiter *m*
felt(-tipped) pen *n* [Off] / Filzstift *m*
feminine literature *n* / Frauenliteratur *f*
~ **writing** *n* [Bk] / Frauenliteratur *f* · Frauenliteratur *f*
fence *n* (symbol between the elements of a synthesized notation) [Class] / Trennungszeichen *n*
FEP *abbr* [EDP] *s. front-end processor*
fere-humanistica *n* [Writ] / Gotico-Antiqua *f*
ferrotype *n* [NBM] ⟨ISO5127-3⟩ / Ferrotypie *f*
festschrift *n* [Bk] ⟨ISO 5127/2⟩ / Festschrift *f*
fiberglass cable *n* [Comm] *US* / Glasfaserkabel *n*
fibre *n* [Pres] / Faser *f*
~ **composition** *n* [Pp] / Faserstoffzusammensetzung *f* ‖ *s.a. type of fibre composition*
~ **glass cable** *n* [Comm] *Brit* / Glasfaserkabel *n*
~ **linkage** *n* [Pp; Pres] / Faserbindung *f*
~ **optic cable** *n* [Comm] *Brit* / Glasfaserkabel *n*
fiction *n* [Bk] / Prosaliteratur *f* · Belletristik *f* · erzählende Literatur *f*
fictitious *adj* [Cat] / fiktiv *adj*
~ **imprint** *n* [Bk] / fingiertes Impressum *n*
field *n* (as part of a record) [EDP] ⟨ISO 2382/4⟩ / Feld *n* ‖ *s.a. subfield*

~ **guide** *n* [Bk] / Naturführer *m* (in Bezug auf Fauna unf Flora einer Landschaft)
~ **label** *n* [EDP] / Dateikennsatz *m* ‖ *s.a. label record*
~ **length** *n* [EDP] / Feldlänge *f*
~ **mark** *n* [EDP] / Feldmarke *f*
~ **name** *n* [EDP] / Feldname *m*
~ **of fixed length** *n* [EDP] / Feld fester Länge *n*
~ **of knowledge** *n* [KnM] / Wissensgebiet *n*
~ **of study** *n* [Ed] / Studienrichtung *f*
~ **of variable length** *n* [EDP] / Feld variabler Länge *n*
~ **separator** *n* [EDP] / Feldtrennzeichen *n*
~ **sketch** *n* [Cart] / Geländekroki *n*
~ **tag** *n* [EDP] *s. tag 2*
~ **trial** *n* [InfSc] / Feldversuch *m*
~ **width** *n* [EDP] / Datenfeldlänge *f*
~ **work** *n* [Ed] / (period of field work:) Praktikum *n*
figure 1 *n* (illustration intended to explain or complete a text) [Bk] ⟨ISO 5127/2⟩ / Abbildung *f*
~ 2 *n* (diagram) [InfSc] / Diagramm *n* · grafische Darstellung *f* · Grafik *f* · Schaubild *n*
~ 3 *n* (numeral) [InfSy] / Zahl *f* · Ziffer ‖ *s.a. Arabic figure; guiding figure; sickness figures; circulation figure; marginal figure*
figured *pp* [Bk] / figürlich *adj*
figure initial *n* [Bk] / Schmuckinitial *n* · figurales Initial *n*
figures *pl* (numbers) [Gen] / Zahlen *pl* · Zahlenmaterial *n*
file 1 *n* (collection of records) [Off; Stock; TS] / Akten *pl* · Sammlung *f* · (binder holding records:) Aktenordner *m* · Ordner *m* ‖ *s.a. card file; clipping file; company file; correspondence file; cuttings file; document filing; lateral file; map file; personal file; picture file (collection)*
~ 2 *n* (collection of data stored under one name) [EDP] ⟨ISO 1001; ISO 2382-4⟩ / Datei *f* ‖ *s.a. authority file; beginning of file; compressed file; follow-up file; interloan file; internal file; inverted file; text file; work file*
~ 3 *v* [Cat; Off; Arch] / (place in a file:) einordnen · (place papers on file:) abheften ‖ *s.a. all-through filing; letter-by-letter filing; word-by-word filing; interfile; refile; solid filing*
~ **access** *n* [EDP] / Dateizugriff *m*

file allocation table 348

~ **allocation table** *n* [EDP] / Dateizuordnungstabelle *f*
~ **architecture** *n* [EDP] / Dateiorganisation *f*
~ **attribute** *n* [EDP] / Dateiattribut *n*
~ **cabinet** *n* [BdEq] *s. filing cabinet*
~ **card** *n* [Off; TS] / Karteikarte *f* ‖ *s.a. filing box; filing cabinet*
~ **compression** *n* [EDP] *s. data compression*
~ **conversion** *n* [EDP] / Dateikonvertierung *f* · Dateikonversion *f* · Dateiumsetzung *f*
~ **copy** *n* [Stock] / Archivexemplar *n*
~ **folder** *n* [Off] / Aktenmappe *f*
~ **header label** *n* [EDP] / Dateianfangskennsatz *m*
~ **identifier** *n* [EDP] / Dateikennung *f*
~ **locking** *n* [InfSy] / Sperrung *f* (von Dateien in einem Netz)
~ **maintenance** *n* [EDP] ⟨ISO 2382-4⟩ / Dateiverwaltung *f* · Dateipflege *f*
~ **name** *n* [EDP] ⟨ISBD(ER)⟩ / Dateiname *n*
~ **name extension** *n* [EDP] / Erweiterung *f* (eines Dateinamens)
~ **number** *pl* [Off] / Aktenzeichen *n*
~ **organization** *n* [EDP] / Dateiorganisation *f*
~ **packing** *n* [EDP] / Belegungsdichte *f* (eines Datenbestands)
~ **protection** *n* [EDP] / Dateischutz *m*
~ **reference** *n* [Off] / (reference number:) Aktenzeichen *n*
files *pl* [Off; Arch] / Aktenablage *f* · Akten *pl* (to close the files: die Akten schließen) ‖ *s.a. inspection of files*
~ **section** *n* [EDP] ⟨ISO 1001⟩ / Dateiabschnitt *m*
~ **server** *n* [EDP] / Datei-Server *m*
~ **set** *n* [EDP] ⟨ISO 1001⟩ / Dateimenge *f*
~ **transfer** *n* [Comm] / Datei-Übertragung *f*
~ **transfer protocol** *n* [Comm] / Dateiübertragungsprotokoll *n*
~ **updating** *n* [EDP] ⟨ISO 2382-4⟩ / Dateipflege *f* (durch Aktualisierung)
filigree initial *n* [Bk] / Filigraninitial(e) *n(f)*
filing area *n* [Cat] ⟨ISO 7154⟩ / Ordnungsblock *m*
~ **backlogs** *pl* [Cat] / Einordnungsrückstände *pl*
~ **basket** *n* [Off] / Ablagekorb *m*
~ **box** *n* [BdEq] / Karteikasten *m*

~ **cabinet** *n* / (unspecified:) Schrank (zur geordneten Aufnahme von Materialien aller Art) *m* · (for correspondence etc.:) Aktenschrank *m* · Registraturschrank *m* · (for card files:) Karteischrank *m* ‖ *s.a. vertical filing cabinet*
~ **character** *n* [Cat] ⟨ISO 7154⟩ / Ordnungselement *n*
~ **code** *n* [Cat] / Ordnungsregeln *pl*
~ **criterion** *n* [Cat] ⟨ISO 7154⟩ / Ordnungskriterium *n*
~ **element** *n* [Cat] / Ordnungselement *n*
~ **entry** *n* [Cat] ⟨ISO 7154⟩ / eine Katalogeintragung als Ordnungseinheit
~ **order** *n* [TS] / Ordnung *f* (für das Einordnen von Katalogkarten usw.)
~ **plan** *n* [Off; Arch] / Aktenplan *m*
~ **qualifier** *n* [Cat] ⟨ISO 7154⟩ / Ordnungshilfe *f*
~ **rules** *pl* [Cat] / Ordnungsregeln *pl*
~ **section** *n* [Cat] ⟨ISO 7154⟩ / Ordnungsgruppe *f*
~ **sequence** *n* [Cat] / Ordnungsfolge *f* (die festgelegte Reihenfolge der Ordnungseinheiten bei Katalogeintragungen)
~ **shelves** *pl* [Off] / Aktenregal *n*
~ **slip** *n* [TS; Off] / Karteizettel *m*
~ **system** *n* [Off; Arch] / (for records etc.:) Ablagesystem *n* · Aktenplan *m*
~ **title** *n* [Cat] / Einheitssachtitel *m* · der für die Einordnung maßgebliche Titel *m*
~ **title display** *n* (PRECIS) [Ind] / Darstellposition *f*
~ **tray** *n* [Off] / Ablagekorb *m*
~ **unit** *n* [Cat] ⟨ISO 7154⟩ / Ordnungseinheit *f*
~ **word** *n* [Cat] / Ordnungswort *n*
fill character *n* [Comm] / Füllzeichen *n*
filler *n* [Pp] / Füllstoff *m*
fillet *n* [Bind] / Rolle *f* · Filete *f*
fill in (a questionnaire) / ausfüllen *v* (einen Fragebogen ~)
filling-in guard *n* [Bind] / Ausgleichsfalz *m*
fill rate *n* [RS] / Erledigungsrate *f* · Prozentsatz der positiv erledigten Bestellungen *m* ‖ *s.a. satisfied request*
film 1 *n* (motion picture) [NBM] / Film *m* ‖ *s.a. feature (film); instructional film; promotion film; publicity film; silent film; sound film*
~ 2 *n* (photographic ~) [NBM; Repr] ⟨ISO 4246; ISO 6196-4⟩ / Film *m*

~ 3 *n* (cinematographic ~) [NBM; Repr] ⟨ISO 4246; ISO 5127/11⟩ / Kinefilm *m* · Film *m*
~ 4 *n* (thin coating layer) / Folie *f* ‖ *s.a. adhesive film; clear film; plastic film*
~ **advance** *n* [Repr] / Filmtransport *m* · Filmvorschub *m*
~ **archive** *n* [Arch] / Filmarchiv *n*
~ **base** *n* [Repr] ⟨ISO 4331; ISO 4332⟩ / Schichtträger *m* · Trägermaterial *n* · Unterlage *f*
~ **channel** *n* (of a microfilm jacket) [Repr] ⟨ISO 6196-4⟩ / Filmkanal *m*
~ **cutter** *n* [Repr] / Filmschneidegerät *n*
~ **drive** *n* [Repr] / Filmtransport *m*
filming / (of a book etc:) Verfilmung *f*
film library *n* [NBM] ⟨ISO 5127/1⟩ / Filmarchiv *n* · Filmothek *f*
~ **loader** *n* [Repr] / Filmeinfädelung *f*
~ **loop** *n* [NBM] / Filmschleife *f*
~ **magazine** 2 *n* (container for photosensitive material) [Repr] ⟨ISO 6196-4⟩ / Filmmagazin *n*
~**maker** *n* [Art] / Filmemacher *m*
~ **music** *n* [Mus] / Filmmusik *f*
filmography *n* [NBM; Bib] / Filmographie *f*
film projector *n* [NBM] / Filmprojektor *m*
~ **rights** *pl* [Law] / Verfilmungsrechte *pl*
~ **sensitivity** *n* [Repr] / Filmempfindlichkeit *f*
filmsetting *n* [Prt] / Filmsatz *m* · Fotosatz *m*
~ **machine** *n* [Prt] / Fotosetzmaschine *f*
film|slip *n* [NBM] / Filmstreifen *m*
~ **speed** *n* [Repr] / (sensitivity:) Filmempfindlichkeit *f* · (running speed:) Filmlaufgeschwindigkeit *f*
~**strip** *n* [NBM] ⟨ISO 5127/11; ISBD(NBM); AACR2⟩ / Filmstreifen *m*
filter *n* [Repr] / Filter *m*
~ **paper** *n* [Pres] / Filterpapier *n*
~ **question** *n* [InfSc] / Filterfrage *f*
final assessment *n* [Ed] *s. final mark*
~ **character** *n* [EDP] / Schlusszeichen *n*
~ **examination** *n* [Ed] / Abschlussprüfung *f*
~ **grade** *n* [Ed] *US s. final mark*
~ **inspection** *n* [BdEq] / Schlussabnahme *f*
~ **mark** *n* [Ed] / Endnote *f* · Abschlussnote *f*
~ **proof** *n* [Prt] / Schlusskorrektur *f*
~ **report** *n* [Bk] / Abschlussbericht *m* · Endbericht *m* · Schlussbericht *m*
~ **s** *n* [Writ; Prt] / Schluss-S *n*
~ **target frames** *pl* [Repr] / Nachspann *m* (Bildfelder am Ende einer Filmrolle)
finance *v* [BgAcc] / finanzieren *v*

financial programming *n* [BgAcc] / Finanzplanung *f*
~ **regulations** *pl* [BgAcc] / Haushaltsordnung *f*
~ **requirements** *pl* [BgAcc] / Finanzbedarf *m*
~ **resources** *pl* [BgAcc] / Finanzen *pl* ‖ *s.a. model for financing*
~ **year** *n* [BgAcc] / Rechnungsjahr *n*
financing *n* [BgAcc] / Finanzierung *f*
finding aid [Ref] / Suchhilfe *f*
~ **tool** *n* [Retr] / Suchinstrument *n*
fine *n* (for retaining a book longer than the period allowed) [RS] / (based upon a fixed charge per day:) Versäumnisgebühr *f* · Verzugsgebühr *f* · (subsequent to an overdue notice:) Mahngebühr *f*
fine art publisher *n* [Bk] / Kunstverlag *m*
~ **arts library** *n* [Lib] / Kunstbibliothek *f*
~ **binding** *n* [Bind] / schöner Einband *m* · künstlerischer Einband *m*
~ **cloth** *n* [Bind] / Feinleinen *n*
~**-line pen** *n* [Off] / Faserschreiber *m*
~ **press book** *n* [Bk] / Pressendruck *m*
~ **print** *n* [Prt] / Kleindruck *m*
~ **tune** *v* [Retr] / präzisieren *v*
finger-marked *pp* [Bk] / fingerfleckig *pp* ‖ *s.a. fingerprints*
~**print** *n* [Cat] ⟨RAK-AD⟩ / Fingerprint *m*
~**prints** *pl* [Bk] / Fingerspuren *pl*
finishing *n* [Bind] / Beschriftung und Verzierung (eines Einbands als Schlussbearbeitung) ‖ *s.a. blind finishing; forwarding 2*
~ **division** *n* [OrgM] / Schlussstelle *f*
~ **press** *n* [Bind] / Klotzpresse *f*
~ **stove** *n* [Bind] / Erhitzer *m*
~ **tool** *n* [Bind] / Stempel *m*
fire damage *n* (damage caused by burning) [Pres] / Brandschaden *m*
~ **detection system** *n* [BdEq] / Feuermeldeanlage *f*
~ **extinguisher** *n* [BdEq] / Feuerlöscher *m*
~ **fighting** *n* [BdEq] / Brandbekämpfung *f*
~ **protection** *n* [BdEq] / Brandschutz *m* · Feuerschutz *m*
~ **regulations** *pl* / Brandschutzbestimmungen *pl*
~ **risk** *n* [BdEq] / Brandgefahr *f* · Feuergefahr *f*
firm library *n* [Lib] / Firmenbibliothek *f* ‖ *s.a. industrial library*
~ **order** *n* [Acq] / Festbestellung *f*
~ **price** *n* [Bk] / Festpreis *m* ‖ *s.a. price maintenance*

firmware

~ware *n* [EDP] ⟨ISBD(CF); ISO/IEC 2382-1⟩ / Firmware *f*
first-aid room *n* [BdEq] / Sanitätsraum *m*
~ **degree** *n* [Ed] / Bachelorgrad
~ **edition** *n* [Bk] / Erstauflage *f* · Erstausgabe *f* ‖ *s.a. all firsts*
~ **floor** *n* [BdEq] US / Erdgeschoss *n*
~**-grader** *n* [Ed] US / Erstklässler *m* (Schüler der 1.Klasse)
~ **impression** *n* [Prt] / (all the copies of a book printed at the first printing:) erster Druck · (first printing operation on one side of the sheet of paper:) Schöndruck *m* ‖ *s.a. back-up printing*
~ **name** *n* [Cat] / Vorname *m*
~ **novel** [Bk] / Erstlingsroman *m*
~ **option** *n* (to purchase) [Acq] / Vorkaufsrecht *n*
~ **owner** *n* (ISRC) [NBM; Law] ⟨ISO 3901⟩ / Erstbesitzer *m* · Erstinhaber *m*
~ **printing** *n* [Bk] / erster Druck · (initial printing:) Startauflage *f*
~ **reader** *n* [Bk; Ed] / Fibel *f*
~ **run** *n* [Prt] *s. first impression*
~ **run and back-up printing** *n* [Prt] / Schön- und Widerdruck *m*
~ **spelling book** *n* [Bk] *s. first reader*
~ **textbook** *n* [Bk; Ed] / Fibel *f*
fiscal year *n* [BgAcc] / Haushaltsjahr *n*
fist *n* (printed outline of a hand) [Prt] / Handzeichen *n*
fix *v* [OrgM; Pres] / festlegen *v* (festsetzen) · fixieren *v*
fixative *n* [Pres] / Fixativ *n*
fixed abode *n* [RS] / fester Wohnsitz *m*
~**-alternative question** *n* [InfSc] / geschlossene Frage *f* · Frage mit fester Antwortvorgabe *f*
~ **costs** *pl* [BgAcc] / Fixkosten *pl*
~ **disk storage** *n* [EDP] / Festplattenspeicher *m*
~ **field** *n* [EDP] *s. field of fixed length*
~**-length record** *n* [EDP] ⟨ISO 1001⟩ / Satz fester Länge *m*
~ **location** *n* [Sh] / ortsfeste Aufstellung *f*
~ **network** *n* [Comm] / Festnetz *n*
~ **price** *n* [Bk] / Festpreis *m*
~ **retail price** *n* [Bk] / fester Ladenpreis *m*
~ **shelf** *n* [Sh] / nichtverstellbarer Fachboden *m*
~ **storage** *n* [EDP] / Festwertspeicher *m* · Festspeicher *m*
fixer *n* [Repr] / Fixiermittel *n*
fixing bath *n* [Repr] / Fixierbad *n*
~ **unit** *n* [EDP/Prt] / Fixiereinheit *f*

flag 1 *n* (of a periodical or newspaper) [Bk] / Kopftitel (grafisch gestaltet) ‖ *s.a. masthead*
flag 2 *n* (clip to be attached to a card as a reminder) [Off; TS] / Reiter *m*
~ 3 *n* (small strip of paper inserted in a book to be processed) [TS] / Fahne *f* · Steuerstreifen *m* · Signalstreifen *m* (in ein Buch eingelegt, zur Steuerung von Arbeitsabläufen)
~ 4 *n* (additional information added to items of data) [EDP] / Merker *m* · (error flag:) Fehlerkennzeichen *n*
~ 5 *v* [EDP] / kennzeichnen *v* (to ~ an error: einen Fehler kennzeichnen)
flange *n* [Bind] / Ansetzfalz *m* · Ansetzfalz *n* · Flügelfalz *m*
flap *n* (of a book jacket) [Bk] / Umschlagklappe *f* · Klappe *f*
~ **blurb** *n* [Bk] / Waschzettel *m* · Klappentext *m*
flash card *n* [Ed; NBM] ⟨ISBD(NBM); AACR2⟩ / Leselernkarte *f* · Blitzkarte *f* CH
flat back *n* [Bind] / flacher Rücken *m* · gerader Rücken *m* · glatter Rücken *m*
~ **back binding** *n* [Bind] / Einband mit geradem Rücken
~**-bed camera** *n* [Repr] / Schrittkamera *f*
~**-bed fixed platen** *n* [Repr] / flache Auflagefläche *f*
~**-bed scanner** *n* [EDP] / Flachbett-Scanner *m*
~ **fee** *n* [BgAcc] / Einheitsgebühr *f*
~ **filing** [Sh] / Horizontalablage *f* ‖ *s.a. flat shelving*
~ **microform** *n* [Repr] / Mikroplanfilm *m* (Mikrofiche) · Planfilm *m*
~ **plan** *n* [Prt] / Layoutplan *m*
~ **rate** *n* / Einheitstarif *m* · Pauschalpreis *m* · Pauschalsatz *m* ‖ *s.a. lump sum*
~ **screen** *n* [EDP] / Flachbildschirm *m*
~ **sewing** *n* [Bind] / Blockheftung *f*
~ **shelving** *n* [Sh] / Horizontalablage *f* (im Regal)
~**-stitching** *n* [Bind] / Blockheftung *f*
~ **sum** *n* [BgAcc] / Pauschalsumme *f*
flesh side *n* (the inner side of a hide) [Bk; Bind] / Fleischseite *f*
fleuron *n* [Bind; Bk] / Fleuron *n* ‖ *s.a. floret*
flex *n* [BdEq] / Anschlusskabel *n*
~**binding** *n s. flexible binding*
flexibility *n* [BdEq] / Flexibilität (bei der Raumnutzung) *f*

flexible binding *n* [Bind] / Weichbroschur *f* · biegsamer Einband *m*
~ **disk** *n* [EDP] *s*. *floppy disk*
~ **magnetic disk** *n* [EDP] / flexible Magnetplatte *f*
~ **sewing** *n* [Bind] / Heften auf Schnur oder Band *n* · eine Heftart, bei der der Faden um die Kordel herumgeführt wird
~ **working hours** *pl* [OrgM] / gleitende Arbeitszeit *f*
flexitime *n* [OrgM] *s*. *flexible working hours*
flexographic printing *n* [Prt] / Flexodruck *m*
flexography *n* [Prt] / Flexographie *f*
flicker free *adj* [EDP/VDU] / flimmerfrei *adj*
flier *n* (flyer) [PR] / (handbill:) Handzettel *m* · (for political advertisement:) Flugblatt *n* · (announcing a coming sale:) Prospekt *m* · (folded leaflet:) Faltblatt *n* ‖ *s.a.* *handout; leaflet*
flint-glazed paper *n* / Hochglanzpapier *n*
flipchart *n* [NBM] ⟨ISBD(NBM)⟩ / Flipchart *n* · Kippkarte *f* CH
floating graphic *n* [ElPubl] / gleitende Grafik *f*
~ **library** *n* [Lib] / schwimmende Bibliothek *f* (zur Versorgung von Inseln usw.)
~ **point** *n* [EDP] / Gleitkomma *n*
~ **point representation** *n* [EDP] / Gleitkommadarstellung *f* · Fließkommadarstellung *f*
floor 1 *n* (storey) [BdEq] / Geschoss *n* · Stock *m* · Stockwerk *n* · Etage *f* ‖ *s.a.* *first floor; ground floor*
~ 2 *n* (lower surface of a room) [BdEq] ⟨ISO 6707/1⟩ / Fußboden *m*
~ **area** *n* [BdEq] / Grundfläche *f* ‖ *s.a.* *gross floor area; net floor area; total floor area; usable floor space*
~ **case** *n* (island stack) [BdEq] / frei im Raum stehendes Bücherregal *n*
~ **covering** *n* [BdEq] / Fußbodenbelag *m*
~ **height** *n* [BdEq] / Geschosshöhe *f* · Stockwerkshöhe *f*
~ **load** *n* [BdEq] / Deckenbelastung *f* · Deckenlast *f* · Flächenbelastung *f* ‖ *s.a.* *maximum load*
~ **plan** *n* [BdEq] / Grundriss (eines Stockwerks) · Raumverteilungsplan *m* (für ein Geschoss)
~ **-plan chart** *n* [BdEq] / Geschossplan *m* · Stockwerksplan *m*
~ **space** *n* [BdEq] *s*. *floor area*

floppy disk *n* [EDP] / Diskette *f* ‖ *s.a.* *hard-sector(ed) disk; reference flexible disk; soft-sector(ed) disk*
~ **disk drive** *n* [EDP] / Diskettenlaufwerk *n*
floral ornamentation *n* [Bk] / Blumenrankenornament *n* ‖ *s.a.* *interlaced floral ornamentation*
~ **stamping(s)** *n(pl)* [Bk] / Blumenstempel *m(pl)* · Blütenstempel *m* ‖ *s.a.* *flowers*
floret *n* [Bind] *s*. *floral stamping(s)*
florilegium *n* (florilegy) [Bk] / Florilegium *n* · (an anthology of the „flowers" of literature:) Blütenlese *f* · Anthologie *f* · (picture book of flowers:) Blumenbuch *n*
florilegy *n* [Bk] *s*. *florilegium*
flourish *n* [Bk] / Schnörkel *m*
flow camera *n* [Repr] / Durchlaufkamera *f*
~ **chart** *n* [OrgM] ⟨ISO 2382/1⟩ / Ablaufdiagramm *n* · Flussdiagramm ‖ *s.a.* *program flowchart*
~ **chart symbol** *n* [OrgM] ⟨ISO 2382/1⟩ / Sinnbild *n* (eines Flussdiagramms)
~ **control** *n* [Comm] / Flusssteuerung *f*
~ **diagram** *n* [OrgM] *s*. *flow chart*
~ **direction** *n* (in a flow chart) [OrgM] ⟨ISO 2382/1⟩ / Ablaufrichtung *f* · Flussrichtung *f* (in einem Ablaufdiagramm)
flower book *n* [Bk] / Blumenbuch *n*
flowers *pl* [Prt; Art] / Röschen *pl*
flowline *n* (in a flow chart) [OrgM] ⟨ISO 2382/1⟩ / Flusslinie *f*
flush boards *pl* [Bind] / Steifbroschur *f* ‖ *s.a. cut flush*
~ **left** [Prt] US / linksbündig *adj* ‖ *s.a. trimmed flush*
~ **left and right** *adj* [Prt; EDP] / Blocksatz *m*
~ **right** *adj* [Prt] US / rechtsbündig *adj*
flyer *n* [NBM] *s*. *flier*
fly-leaf *n* (part of the endpaper) [Bind] / fliegendes Blatt *n s.a. binder's leaves*
~-sheet *n* [NBM] / Flugblatt *n*
~-title *n* [Bk] / Schmutztitel *n* · Vortitel *m*
fo. *abbr* [Bk] *s*. *folio 1*
focal area of interest *n* [Gen] / Interessenschwerpunkt *f*
~ **length** *n* [Repr] / Brennweite *f*
~ **point** / Schwerpunkt *m* (allgemein)

focus *n* [Ed; Repr] / Fokus *m* ·
Bildschärfe *f* (: to bring into ~: scharf
einstellen) · (area of concentration selected
by a student:) Schwerpunkt *m* ‖ *s.a. depth
of focus; focal length*
fog *n* (non-image photographic density)
[Repr] / Schleier *m* ‖ *s.a. edge fog*
~ **index** *n* [Prt] / Lesbarkeitsindex *m*
foil *n* (thin sheet of metal) [Bind] / Folie *f*
‖ *s.a. aluminium foil; blocking foil;
embossing foil; glossy foil; gold leaf;
polished foil; stamping foil*
~ **blocking** *n* [Bind] / Foliendruck *m* ‖ *s.a.
blocking foil*
FOL *abbr* [PR] *s. friends of the library*
fold 1 *v* [Bind] / falzen *v* ‖ *s.a. refold*
~ 2 *n* (bolt) [Bind] / Falz *m* ‖ *s.a.
accordion fold; concertina fold; zig-zag
fold*
folded book *n* [Bk] / Faltbuch *n*
~ **map** *n* [Cart] / Faltkarte *f* · Faltplan *m*
~ **plate** *n* [Bk] / (copper engraving:)
Faltkupfer *n*
~ **endurance** *n* (of paper) [Pp] /
Falzfestigkeit *f*
folder 1 *n* [Off] / (cover for loose papers:)
Aktendeckel *m* ‖ *s.a. file folder; plastic
folder*
~ 2 *n* [Off] / (binder for quickly filing
loose papers:) Schnellhefter *m* · (for
keeping loose papers:) Mappe *f* ‖ *s.a.
clam shell case*
~ 3 (collection of files in a computer)
[EDP] / Ordner *m*
~ 4 *n* (folded leaflet) [PR] / Faltblatt *n* ‖
s.a. flier
~ 5 *n* [Bind] *s. folding bone*
folding blade *n* [Bind] / Falzmesser *n* ‖ *s.a.
knife folder*
~ **bone** *n* [Bind] / Falzbein *n*
~ **book** *n* [Bk] / Leporellobuch *n* ·
Faltbuch *n*
~ **endurance** *n* [Pres; Pp] / Falzfestigkeit *f*
· Knickfestigkeit *f* ‖ *s.a. folding strength;
test of folding endurance*
~ **machine** *n* [Bind] / Falzmaschine *f* ‖ *s.a.
sheet folding machine*
~ **map** *n* [Cart] *s. folded map*
~ **plate** *n* [Bk] / Ausklapptafel *f*
~ **plate** *n* [Bk] / (copper engraving:)
Faltkupfer *n*
~ **stick** *n* [Bind] / Falzbein *n*
~ **strength** *n* [Pp] / Falzfestigkeit *f* ‖ *s.a.
folding endurance*

fold-out *n* [Bind] / ausklappbares Faltblatt *n*
· gefalzte Beilage *f*
foliage *n* [Bind] / Laubwerk *n*
foliate *v* [Bk] / foliieren *v*
foliation *n* [Bk] ⟨ISO 5127/3a⟩ / (numbering
of leaves:) Blattzählung *f* (unfoliated: ohne
Blattzählung) · (allotting folio numbers
to pages:) Foliierung *f* ‖ *s.a. various
foliations*
folio 1 *n* (format of a book) [Prt] / Folio(-
Format) *n(n)* ‖ *s.a. large folio; oblong
folio*
~ 2 (number of a leaf printed at the top of
the recto) [Prt] / toter Kolumnentitel *m*
~ **number** *n* [Bk] / Blattzahl *f*
~ **numeration** / Blattzählung *f*
~ **(volume)** *n* [Bk] / Folioband *m* ·
Foliant *m*
follow-up file *n* [EDP] / Anschlussdatei *f*
~ **notice** *n* [RS] / zweite Mahnung *f* ·
wiederholte Mahnung *f*
~ **studies** *pl* [InfSc] / Folgestudien *pl*
font *n* [Prt] ⟨ISO/IEC 2382-23⟩ / Schrift *f*
· Schriftart *f* ‖ *s.a. built-in font; default
font; magnetic ink font; OCR font;
resident font; scalable font; soft font;
special font*
~ **family** *n* [EDP; Prt] / Schriftfamilie *f*
~ **management** *n* [EDP/VDU] /
Schriftenverwaltung *f*
~ **manager** *n* [EDP; Prt] /
Schriftenverwaltungsprogramm *n*
~ **scaling** *n* [EDP; Prt] / Schriftskalierung *f*
~ **selection** *n* [EDP; Prt] / Schriftauswahl *f*
~ **size** *n* / Schrifthöhe *f* · Schriftgrad *m*
footer *n* [Prt] / Text am Fußsteg *m*
footline *n* [Prt] / Fußzeile *f*
footnote *n* [Bk] ⟨ISO 215⟩ / Fußnote *f*
~ **symbol** *n* [Prt; Writ] / Fußnotenzeichen *n*
foot operated switch *n* [Repr] /
Fußschalter *m*
footrest *n* [BdEq] / Fußstütze *f*
force majeure *n* [Law] / höhere Gewalt *f*
forecast 1 *n* [OrgM; InfSc] / Prognose *n*
~ 2 *v* / vorhersagen *v* · prognostizieren *v*
forecasting *n* [OrgM] / Prognose *n*
~ **data** *pl* [InfSc] / Prognosedaten *pl*
fore-edge *n* [Bind] / Vorderschnitt *m* ‖ *s.a.
concealed fore-edge*
~ **margin** *n* [Bk] / Außensteg *m*
~ **painting** *n* [Bind] / Schnittmalerei *f* (am
Vorderschnitt) · Schnittbemalung *f*
foreign language assistant *n* (at a
university) [Ed] / Lektor *m*

~ **language course** *n* / Fremdsprachenkurs *m*
~ **language materials** *pl* [Stock] / fremdsprachige Materialien *pl*
~ **languages centre** *n* [Ed] / Sprachenzentrum *n*
~ **language teaching** *n* [Ed] / Fremdsprachenunterricht *m*
~ **student office** *n* [Ed] / akademisches Auslandsamt *n*
~ **word** *n* [Lin] / Fremdwort *n*
fore|name *n* [Gen; Cat] / Vorname *m*
~**word** *n* [Bk] / Vorwort *n*
forge *v* [Gen] / fälschen *v*
forgery *n* [Bk] / Fälschung *f* ‖ *s.a. counterfeit binding*
fork *n* (in a program flowchart) [EDP] / Aufspaltung *f* (in einem Flussdiagramm)
form 1 *n* [Prt] *US s. type forme*
~ 2 *n* (printed document with blank spaces for answers to be inserted) [Off] / Formular *n* · Formblatt · Vordruck *m* ‖ *s.a. clear; continuous form; forms design; intralibrary form; order form; query by form*
formal relation *n* [Ind] ⟨ISO 5127/6⟩ / formale Beziehung *f*
form and structure of corporate headings *n* [Cat] / Form unf Struktur der Ansetzung von Körperschaften *f*
format 1 *n* (in its widest sense, any particular physical presentation of an item) [Gen] ⟨AACR2⟩ / Format *n* ‖ *s.a. landscape format; oblong format; upright format*
~ 2 *n* (the number of times the printed sheet has been folded to make the leaves of a book) [Bk] ⟨AACR2⟩ / bibliographisches Format *n*
~ 3 *n* [EDP] ⟨ISO 5127/1⟩ / Format *n* ‖ *s.a. formatting*
~ 4 *v* [EDP] / formatieren *v* ‖ *s.a. reformat*
~ **effector** *n* [EDP] / Formatsteuerzeichen *n*
formatting *n* [EDP] / Formatierung *f*
form division *n* [Class] / Formalgruppe *f*
forme *n* [Prt] *Brit* / Druckform *f* ‖ *s.a. standing formes*
former title *n* [Cat] / früherer Titel *m*
form feed *n* [EDP; Prt; Repr] ⟨ISO 2382/XII⟩ / Seitenvorschub *m* · Papiervorschub *m*
~ **heading** 1 *n* (serving as a subject entry) [Cat] / Formschlagwort *n*

~ **heading** 2 *n* (heading adopted to bring together documents of the same type, but different in content) [Cat] ⟨ISO 5127/3a⟩ / formales Ordnungswort *n*
~ **indicator** *n* [Class] / Form-Indikator *m*
~ **letter** *n* [Off; Comm] / Formbrief *m*
~ **of entry** *n s. form of heading*
~ **of heading** *n* [Cat] / Ansetzungsform *f*
forms design *n* [Off] / Formulargestaltung *f*
form sheet *n* [OrgM] / Vordruck *m* · Formblatt · Formular *n*
~ **subdivision** *n* [Cat; Class] / Formalgruppe *f* (als Untergruppe) · (standard subdivision of a class:) Formschlüssel *m* · (subdivision of a subject heading:) Formschlagwort *n*
for press! [Prt] / druckfertig! *adj* · imprimatur! *v*
~ **reference only** [RS] / nicht verleihbar
~ **sale** *n* [Bk] / zum Verkauf *m* · verkäuflich *adj*
forthcoming *p pres* [Bk] / in Kürze erscheinend *p pres*
~ **books** *pl* [Bk] *s. announcement of forthcoming books*
fortnightly 1 *adj* [Bk] / vierzehntäglich *adj*
~ 2 *n* (a publication issued every second week) [Bk] / Zweiwochenschrift *f*
forward *v* [Comm] / (ILL request:) weiterleiten *v* · (letter:) nachsenden *v* ‖ *s.a. forwarding address*
~ **channel** *n* [Comm] ⟨ISO 2382/9⟩ / Hauptkanal *m*
forwarding 1 *n* [Comm] / Weiterleitung
~ 2 *n* [Bind] / die hauptsächlichen buchbinderischen Arbeiten (vor dem Beschriften und Verzieren (finishing)) ‖ *s.a. finishing*
~ **address** *n* [Comm] / Nachsendeadresse *f*
forward planning *n* [OrgM] / Zukunftsplanung *f*
~ **supervision** *n* [Comm] / Vorwärtssteuerung *f*
foster *v* [OrgM] / fördern *v*
foundation 1 *n* [BdEq] / Fundament *n* · Gründung *f*
~ 2 *n* (institution) [OrgM] / Stiftung *f*
~ **studies** *pl* [Ed] / Grundstudium *n*
founder member *n* (of an association) [OrgM] / Gründungsmitglied *n* (eines Vereins)
founder's type *n* [Prt] / Handsatzschrift *f*
foundry type *n s. founder's type*
fount *n* [EDP] *Brit s. font*
fountain-pen *n* [Writ] / Füllfederhalter *m*

four-colour printing *n* [Prt] /
Vierfarbendruck *m*
~ **colour rotary offset press** / Vierfarben-Rollenoffsetmaschine *f*
~-**colour sheetfed offset machine** /
Vierfarben-Bogenoffsetmaschine *f*
fourdrinier *n* / Papiermaschine *f* (mit endloser Papierbahn)
foxed *pp* [Pres; Bk] / gelbfleckig *adj* · stockfleckig *adj* ‖ *s.a. damp-spotted*
foxing *n* [Pres; Bk] / Stockflecken *pl*
fractal library *n* / fraktale Bibliothek *f*
fragmentation *n* [EDP] / Fragmentierung *f*
frame 1 *n* [Bk] / Rahmen *m* · Einfassung *f* · Rahmung *f* ‖ *s.a. sewing frame; stretching frame*
~ 2 *n* (of a microform) [Repr] ⟨ISO 6196/1⟩ / Bildfeld *n* ‖ *s.a. title frame*
~ 3 *n* [Ed] / (pogrammed instruction:) Lernschritt *m* · Lehreinheit *f*
~ 4 *n* (list of the members of a population) [InfSc] / Erhebungsgrundlage *f* · Erhebungsrahmen *m* ‖ *s.a. sampling frame*
~ 5 *n* [Comm] / Datenübertragungsblock *m* · DÜ-Block *m* ‖ *s.a. invalid frame*
~ 6 *n* [EDP/VDU; NBM] / Bildeinheit *f* (auf dem Monitor) · (picture in a video recording:) Einzelbild *n* ‖ *s.a. full frame display*
~ 7 *n* [Prt] *s. composing frame*
~ **checking** *n* [Comm] / Blockprüfung *f* Comm
~ **checking sequence** *n* [Comm] ⟨DIN/ISO 3309⟩ / Blockprüfzeichenfolge *f*
~ **frequency** *n* [EDP/VDU] /
Bildwiederholfrequenz *f*
~ **of reference** *n* [OrgM] /
Bezugsrahmen *m* ‖ *s.a. terms of reference*
~ **pitch** *n* [Repr] *Brit* ⟨ISO 6196/1⟩ /
Bildschritt *n*
~ **rate** *n* (display of video images) [NBM] / Framerate *f* · Bildwiederholfrequenz *f*
frames per second (projection rate) [NBM] / Bildfrequenz *f*
framework *n* [BdEq; OrgM] / (general ~:) Rahmenbedingungen · (supporting structure:) Rahmen *m*
~ **programme** *n* [OrgM] /
Rahmenprogramm *n*
franking machine *n* [Comm] *s. postal franking machine*
fraternity *n* [Ed] *US* / Studentenverbindung *f*
fray *v* [Bind] / aufschaben *v* · ausfransen *v*

free acquisition *n* [Acq] ⟨ISO 5127/3a⟩ /
Erwerbung ohne Kauf oder Tausch
~ **copy** *n* [Acq] / Gratisexemplar *n* ·
Freiexemplar *n* · Freistück *n* ‖ *s.a. author's copy*
freedom of information *n* [InfSc] /
Informationsfreiheit *f*
free endpaper *n* [Bind] / fliegendes Blatt *n*
~-**hand drawing** *n* [Art] /
Freihandzeichnung *f*
~-**lance(r)** *n(n)* [Staff] / freier Mitarbeiter *m* ‖ *s.a. outworker*
~ **of charge** [Acq] / kostenlos *adj* · unentgeltlich *adj* · gratis *adv*
~ **place administration** *n* [EDP] /
Freiplatzverwaltung *f*
~ **service** *n* [RS] / gebührenfreie Dienstleistung *f*
~ **space administration** *n* [EDP] *s. free place administration*
~-**standing bookcase** *n* / freistehendes Bücherregal *n*
~-**standing copier** *n* [Repr] /
Standkopierer *m*
~-**standing facsimile transmitter** *n*
[Comm] / Standfernkopierer *m*
~-**text search(ing)** *n* [Retr] / Freitextsuche *f*
freeze-dryer *n* [BdEq] / Gefriertrocknungsanlage *f*
~ **drying** *n* [Pres] / Gefriertrocknung *f*
French groove *n* [Bind] *s. French joint*
~ **joint** *n* [Bind] / Gelenkfalz *m* · äußerer Falz *m* · Rückenfalz *m*
~ **sewing** *n* / Heften ohne Bünde *n*
frequency *n* (of a serial) [Bk] ⟨ISBD(S)⟩ /
Erscheinungsweise *f* (einer Zeitschrift)
~ **distribution** *n* [InfSc] /
Häufigkeitsverteilung *f* ‖ *s.a. range 3*
~ **polygon** *n* [InfSc] / Häufigkeitspolygon *n* · Frequenzpolygon *n*
frequently asked questions *pl* [InfSy] /
FAQ *abbr* · häufig gestellte Fragen *pl*
fresher *n* [Ed] / Studienanfänger/in *m/f*
freshers' week *n* [Ed] / Orientierungsphase *f* (für Studienanfänger)
fret *n* [Bk] / Flechtwerk *n*
friction drive roller *n* [EDP; Prt] /
Zugwalze *f*
friends of the library *pl* / Förderverein *m*
fringe benefits *pl* [Staff] / zusätzliche Vergünstigungen *pl* (zusätzlich zum Gehalt)
~ **group** *n* [RS] / Randgruppe *f*
frisket *n* (part of a hand-press) [Prt] /
Rähmchen *n*

~ **bite** *n* [Prt] / Fehldruck *m*
front board *n* [Bind] / Vorderdeckel *m*
~ **cover** [Bind] / Vorderumschlag *m*
~ **cover brass** *n* [Bind] / Titelstempel *m*
~ **edge** *n* [Bind] *s. fore-edge*
~-**end processor** *n* [EDP] / Datenübertragungsvorrechner *m* ‖ *s.a. remote front-end processor; satellite computer*
frontis *abbr* [Bk] *s. frontispiece*
frontispiece *n* [Bk] / Frontispiz *n*
front matter *n* [Bk] / Titelei *f* · Vorspann *m*
~ **page** *n* [Bk] / Vorderseite *f* · (of a newspaper:) erste Seite *f*
~-**projection reader** *n* [Repr] / Auflichtlesegerät *n*
~ **section** *n* [Prt; Bind] / Titelbogen *m*
~ **truncation** *n* [Retr] / Linksmaskierung *f*
FSCH *abbr* [Cat] *s. form and structure of corporate headings*
FTE *abbr* [Staff] *s. full-time equivalent*
FTP *abbr* [Comm] *s. file transfer protocol*
fugitive *adj* (of colours) [Repr] / nicht lichtecht · nicht farbecht ‖ *s.a. fadeless*
~ **material** *n* [Stock] / ephemeres Material *n*
full binding *n* [Bind] / Ganzband *m* (zumeist ein Ganzlederband) ‖ *s.a. full leather*
~ **cloth** *n* (short for: full cloth binding) [Bind] / Ganzgewebe(ein)band *m* · (also short for:) Ganzleinen(ein)band *m*
~-**colour print** *n* [Prt] / Vollfarbdruck *m*
~ **face** *n* [Prt] / fette Schrift *f* ‖ *s.a. semibold face*
~-**frame display** *n* / Vollbildanzeige *f*
~-**gilt** (short for: all edges gilded) [Bind] / Ganzgoldschnitt *m*
~ **justification** *n* [Prt] / Blocksatz *m*
~ **leather** *n* [Bind] / Ganzleder(band) *m* · Ganzband *m* · (with the sections sewn on raised bands and the boards snugly fitting into deep grooves:) Franzband *m*
~ **leather binding** *n* [Bind] / Ganzlederband *m*
~-**page plate** *n* [Bk] / Ganztafel *f*
~ **point** *n* [Writ; Prt] / Punkt *m*
~ **reset** *n* [EDP] / Kaltstart *m* ‖ *s.a. reset 1*
~ **score** *n* [Mus] / Partitur *f* (mit allen Stimmen) · Dirigierpartitur *f*
~-**screen display** *n* / Ganzseitenanzeige *f* · Vollbildanzeige *f*
~ **screen view** *n* [EDP/VDU] / Ganzbild *n* · Vollbild *n*
~ **size** *n* [Pp] / Planoformat *n* (ungefalzt)

~ **stop** *n* (punctuation mark) [Writ; Prt] / Punkt *m*
~-**text database** *n* [InfSy] / Volltextbank *f*
~-**text retrieval** *n* [Retr] / Volltext-Retrieval *n* · Volltextsuche *f*
~-**text search** *n* [Retr] / Volltextsuche *f*
~-**time appointment** *n* [Staff] / Ganztagsbeschäftigung *f*
~-**time employee** *n* [Staff] / Ganztagskraft *f* · Vollzeitbeschäftigter *m* · Ganztagsbeschäftigter *m* ‖ *s.a. half-time employee; part-time employee*
~-**time equivalent** *n* (FTE) [Staff] / Vollzeit-Äquivalent (als Ergebnis der Umrechnung der Arbeitszeit von Teilzeitkräften) *n*
~-**time position** *n* / Ganztagsstelle *f*
~-**time school** *n* [Ed] / Ganztagsschule *f*
~-**time teacher** *n* [Ed] / hauptamtliche Lehrkraft *f*
~ **title** *n* [Cat] / Haupttitel *m*
fully-glazed *pp* [BdEq] / voll verglast *pp* ‖ *s.a. glass panelling*
fume cupboard *n* [Pres] / Digestorium *n* · Abzug *m*
~ **hood** *n s. fume cupboard*
fumigant *n* [Pres] / gasförmiges Desinfektionsmittel *n*
fumigation *n* [Pres] / Begasung *f*
~ **chamber** *n* [Pres] / Begasungskammer *f*
funcionality *n* [BdEq] / Funktionalität
functional requirements *pl* [BdEq] / Funktionsanforderungen *pl*
~ **unit** *n* [EDP] ⟨ISO 2382/X⟩ / Funktionseinheit *f*
function key *n* (on a keyboard) [EDP] / Funktionstaste *f*
~ **part** *n* [EDP] *s. operation part*
fund 1 *n* [BgAcc; Stock] / 1 (permanent stock of anything:) Vorrat *n* · Fundus *m* · 2 (stock of money:) Fonds *m* ‖ *s.a. endowment fund; fund of knowledge; materials fund*
~ 3 *v* [BgAcc] / finanzieren *v* ‖ *s.a. funding; refund; underfunded*
fundamental category *n* [Class] / Fundamentalkategorie *f*
~ **colours** *pl* [ElPubl] / Grundfarben *pl*
funding [BgAcc] / Finanzierung *f* ‖ *s.a. higher education funding; initial funding*
~ **agency** *n* / Unterhaltsträger *m* · Finanzierungsträger *m*
~ **agent** *n* [BgAcc] / Geldgeber *m*

funding body

~ **body** / Finanzierungsträger m · Geldgeber m · (responsible for financing a library etc.:) Unterhaltsträger m ‖ *s.a. external funding*
fund of knowledge n [Gen] / Wissensbestand m · Wissensvorrat m ‖ *s.a. knowledge pool*
~**raising** n [BgAcc] / Mittelbeschaffung f
funds pl [BgAcc] / Haushaltsmittel pl · Mittel pl ‖ *s.a. acquisitions funds; allocation of funds; book funds; budget; capital funds; contingency funds; discretionary funds; division of funds; donor funds; government funds; third-party funds; travel funds*
funeral sermon n [Bk] / Leichenpredigt f
fungal attack n [Pres] / Pilzbefall m ‖ *s.a. control of fungi*
~ **infestation** n [Pres] / Pilzbefall m
fungicide n [Pres] / Fungizid n
furnishing n (supplying a room with furniture) [BdEq] / Möblierung f ‖ *s.a. interior equipment*

furniture n [Prt; BdEq] / (printing:) Schließzeug n · (tables, chairs etc.:) Mobiliar n ‖ *s.a. individual items of furniture*
~ **beetle** n [Pres] / Holzwurm m ‖ *s.a. death watch (beetle)*
~ **store** n [BdEq] / Möbellager n
furtherance of women's issues [Staff] / Frauenförderung f
further copy n [Acq] / weiteres Exemplar n · zusätzliches Exemplar n · Mehrfachexemplar n
~ **education** n [Staff] / Fortbildung f · Weiterbildung f ‖ *s.a. course of further education*
~ **reading** n [Ed] / weiterführende Literatur f
futura n [Prt] / Futura f
fuzziness n [KnM] / Unschärfe f
fuzzy inference n [KnM] / unscharfer Schluss m · Fuzzy-Inferenz f
~ **reasoning** n [KnM] / Fuzzy-Schließen n

G

G&E section *n* (Gifts & Exchanges section) [OrgM] / Geschenk- und Tauschstelle *f*
gallery *n* (elevated platform) [BdEq] / Empore *f* · Galerie *f*
galley *n* (composing galley) [Prt] / Schiff *n* · Satzschiff *n*
~ **(proof)** *n* [Prt] / Korrekturfahne *f* · Fahnenkorrektur *f* · Fahnenabzug *m*
~ **rack** *n* [Prt] / Setzregal *n*
game *n* [NBM] ⟨ISBD(NBM; ER); AACR2⟩ / Spiel *n* ‖ *s.a. computer game; educational game; recreational game*
~ **port** *n* [EDP] / Spieleanschluss *m*
games console *n* [EDP] / Spielkonsole *f*
~ **theory** *n* [InfSc] / Spieltheorie *f*
gamma *n* [ElPubl] / Gammawert *m*
~ **adjustment** *n* [ElPubl] / Gammaeinstellung *f*
~ **correction** *n* (image processing) [ElPubl] / Tonwertkorrektur *f* · Gamma-Korrektur *f*
gap in the stock *n* / Bestandslücke *f* ‖ *s.a. holdings gap*
~ **notation** *n* [Class] / springende Notation *f*
gatefold *n* [Bind] / Fensterfalz *n* · gefalzte Beilage *f*
gather *v* [Bind] / zusammentragen ‖ *s.a. collating(-and-gathering) machine*
gatherer *n* [Bind] *s. gathering machine*
gathering *n* [Bind] / (the act of gathering:) Zusammentragen *n* · (section:) Lage *f*

~ **machine** *n* [Bind] / Zusammentragmaschine *f*
gauffer *v* [Bind] / ziselieren *v* · punzieren *v* · gaufrieren *v*
gauffered edge(s) *n(pl)* [Bind] / ziselierter Goldschnitt *m*
Gaussian distribution *n* [InfSc] / Gaußverteilung *f* ‖ *s.a. normal distribution*
gauze *n* [Bind] / Gaze *f* · Heftgaze *f* ‖ *s.a. silk gauze*
gazetteer *n* [Bk] / 1 (newspaper publisher:) Zeitungsverleger *n* · 2 (dictionary of geographic names:) Ortsnamenverzeichnis *n* · Ortslexikon *n*
g.e. *abbr* [Bind] *s. gilt edges*
gelatin(e) *n* [Pres] / Gelatine *f*
gelatine print *n* [Prt] / Lichtdruck *m*
genealogical table *n* [Gen] / Stammtafel *f*
general assembly *n* [OrgM] / Generalversammlung *f*
~ **bookstore** *n* [Bk] / Sortimentsbuchhandlung *f*
~ **classification** *n* [Class] ⟨ISO 5127/6⟩ / allgemeine Klassifikation *f*
~ **framework** *n* [OrgM] / Rahmenbedingungen
~ **heading** *n* (in an alphabetical subject catalogue) [Cat] / weites Schlagwort *n*
generalia class *pl* [Class] / Generalia *pl* · Allgemeingruppe *f*
general interest magazine / Publikumszeitschrift *f* (nicht spezialisiert)

general library 358

~ **library** *n* [Lib] *US* ⟨ISO 5127/1⟩ / 1 Allgemeinbibliothek *f* · Universalbibliothek *f* · 2 zentrale Bibliothek einer Universität *f*
~ **manager** *n* [Staff] / Generaldirektor *m*
~ **material designation** *n* [Cat] ⟨ISBD(M; S; CM; PM; A; ER); AACR2⟩ / allgemeine Materialbezeichnung *f* · allgemeine Materialbenennung *f*
~ **-purpose computer** *n* [EDP] / Allzweckrechner *m*
~ **reference** *n* [Cat] / allgemeine Verweisung *f* · Pauschalverweisung *f*
~ **relation** *n* (symbol : colon) [Class/UDC] / allgemeine Beziehung *f*
~ **research library** *n* [Lib] / wissenschaftliche Allgemeinbibliothek *f*
~ **works** *pl* [Class] / Generalia *pl*
generate *v* [EDP] / generieren *v* · erzeugen *v*
generation 1 *n* (measure of the remoteness of a particular copy from the original material) [Repr] ⟨ISO 6196/1⟩ / Kopiengeneration *f* · Generation *f*
~ 2 *n* (act of generating) / Erzeugung *f* · Generierung *f*
generator *n* [EDP] / Generator *m* ∥ *s.a. random number generator*
generic concept *n* [KnM] ⟨ISO 1087; 5127⟩ / Allgemeinbegriff *m* · Gattungsbegriff *m*
~ **entry** *n* (in a subject catalogue or an index) [Cat; Ind] / Eintragung unter einem weiten Schlagwort *f*
~ **name** *n* [Lin] / Gattungsname *m*
~ **relation** *n* [Ind; Class] ⟨ISO 2788; ISO 5127/6⟩ / Abstraktionsrelation *f* · generische Relation *f* · Genus-species-Beziehung *f* · Gattung-Art-Beziehung *f* · Abstraktionsbeziehung *f*
~ **term** 1 *n* (in the title of a periodical) [Bk] ⟨ISO 4; ISBD(PM; S)⟩ / Gattungsbegriff *m*
~ **term** 2 *n* [Ind] ⟨ISO 5127/6; ISO 2788⟩ / Oberbegriff *m*
~ **title** *n* (established to collect documents of a certain type by different authors) / Sammeltitel *m*
genre catalogue *n* [Cat] / Gattungskatalog *m*
~ **(painting)** *n* [Art] / Genrebild *n*
genus *n* [Ind; Class] ⟨ISO/R 1087; ISO 5127/6⟩ / Genus *n* · Oberbegriff *m*

~ **-species relation** *n* [Ind; Class] ⟨ISO/R 1087⟩ / Gattung-Art-Beziehung *f* · Genus-species-Beziehung *f* · Abstraktionsrelation *f* · Abstraktionsbeziehung *f*
geographic catalogue *n* [Cat] ⟨ISO 5127/3a⟩ / geographischer Katalog *m* · Regionalkatalog *m* · Ortskatalog *m*
~ **heading** *n* [Cat] / (subject cataloguing:) geographisches Schlagwort *n*
~ **subdivision** *n* [Cat; Class] / (standard subdivision of a class based on geographic order:) geographischer Schlüssel *m* · (subject cataloguing:) geographisches Unterschlagwort *n*
German characters *pl* (German blackface type) [Prt] / Fraktur *f*
get broken *v* [BdEq] / kaputtgehen *v*
get-up *n* (of a book) [Bk] / Ausstattung *f* · Aufmachung (eines Buches)
ghost (edition) *n* [Bk] / Geistertitel *m*
GIF *abbr s. graphics interchange format*
gift *n* [Acq] ⟨ISO 5127/3a⟩ / Geschenk *n*
~ **agreement** *n* [Acq] / Schenkungsvertrag *m*
~ **and exchange department** *n* (G&E section) [OrgM] / Geschenk- und Tauschstelle *f*
~ **book** *n* [Bk] / Geschenkbuch *n*
~ **copy** *n* [Acq] / Geschenkexemplar *n*
~ **edition** *n* [Bk] / Geschenkausgabe *f*
gifts and exchanges section *n* [OrgM] *s. gift and exchange department*
gift voucher *n* [PR] / Geschenkgutschein *m*
gild *v* [Bind] / vergolden *v*
gilded *pp* [Bind] / vergoldet *pp*
gilder *n* [Bind, Staff] / Handvergolder *m* · Vergolder *m*
~ **cushion** *n* [Bind] / Vergoldekissen *n*
~'s **size** *n* [Bind] / Grundiermittel *n*
~'s **tip** *n* [Bind] / Anschießer *m* · Auftrager *m*
gilding *n* [Bind] / Vergoldung *f*
~ **in the press** *n* [Bind] / Pressvergoldung *f*
~ **on side** *n* [Bind] / Deckelvergoldung *f*
~ **press** *n* [Bind] / Vergoldepresse *f*
~ **roll** *n* [Bind] / Vergolderolle *f* ∥ *s.a. edge gilding roll*
gilt 1 *n* (gilding) [Bind] / Vergoldung *f*
~ 2 *pp* (covered thinly with gold) [Bind] / vergoldet *pp*
~ **after rounding** *pp* [Bind] / Hohlgoldschnitt *m*
~ **back** *n* [Bind] / Rückenvergoldung *f*
~ **decoration** *n* [Bk] / Goldverzierung *f* · Goldornament ∥ *s.a. heightened with gold*

~ **edged** *pp* [Bind] / Goldschnitt *m*
~ **edges** *pl* [Bind] / Goldschnitt *m* ‖ *s.a.*
all edges gilt; art gilt edges; full-gilt; top edge gilt
~ **in the round** *pp* / Vorderschnittvergoldung *f* (in dem rundgeklopften Schnitt)
~ **in the square** *pp* [Bind] / Vorderschnittvergoldung *f* (in dem nicht rundgeklopften Schnitt)
~ **on sides** *n* [Bind] / Deckelvergoldung *f*
~ **on the rough** *n* [Bind] / Vergoldung nach dem Aufschneiden, aber vor dem Heften
~ **solid (edges)** *n(pl)* [Bind] / Hohlgoldschnitt *m*
~ **stamped** *pp* [Bind] / goldgeprägt *pp*
~ **top (edge)** *n* [Bind] / Kopfgoldschnitt *m*
girdle book *n* [Bk] / Beutelbuch *n* · Buchbeutel *m* · Gürtelbuch *n*
giro transfer order *n* [BgAcc] / Zahlungsanweisung *f*
give *v* [Cat] *s. record 3*
given name *n* [Gen; Cat] / Vorname *m*
glair *n* [Bind] / Grundiermittel *n*
glass brick *n* [BdEq] / Glasbaustein *m*
~ **fibre network** *n* [Comm] / Glasfasernetz *n*
glassine *n* [Pp] / Pergamin *n*
~ **paper** *n* [Pp] / Pergaminpapier *n*
glass panelling *n* [BdEq] / Verglasung *f* ‖ *s.a. fully-glazed*
glaze *v* [Pp] / glätten *v* · satinieren *v*
glazed paper *n* [Pp] / Glanzpapier *n*
glazing *n* [Pp] ⟨ISO 4046⟩ / Satinage *f* ‖ *s.a. high-glazed paper*
glitch *n* [BdEq] / Störung *f* ‖ *s.a. power glitch*
globe *n* [Cart] ⟨AACR2⟩ / Globus *m* ‖ *s.a. celestial globe; segment of a globe; terrestrial globe*
gloss *n* [Lin] / Glosse *f* ‖ *s.a. interlinear glosses*
glossary *n* [Bk] ⟨ISO 5127/2⟩ / Glossar *n*
glossy foil *n* [Bind] / Glanzfolie *f*
~ **paper** *n* [Pp] / Glanzpapier *n* ‖ *s.a. high-gloss paper*
~ **print** *n* [Repr] / Hochglanzabzug *m* · Hochglanzkopie *f*
glue *v/n* [Bind] / kleben *v* · Leim *m* · leimen *v* ‖ *s.a. animal glue; artificial resin glue; binder's glue; hard glue; hot-melt adhesive; PVA glue*
glueing machine *n* [Bind] / Ableimmaschine *f*
glue off *v* [Bind] / ableimen *v*

~ **pot** *n* [Bind] / Leimtopf *m*
gluer *n* [Bind] / Ableimmaschine *f*
glue-spotted *pp* [Bk] / leimfleckig *adj*
~ **up** *v* [Bind] / ableimen *v*
gluing-up machine *n* [Bind] / Ableimmaschine *f*
glytch *n* *s. glitch*
gmd *abbr* [Cat] *s. general material designation*
gnawed *pp* [Pres] / angefressen *pp* · benagt *pp*
gnawing of mice *n* [Bk] / Mäusefraß *m*
goal *n* [Gen] ⟨ISO 11620⟩ / Ziel *n* ‖ *s.a. educational goal; long-term goal; short-term goal*
~ **orientation** *n* [OrgM] / Zielorientierung *f*
goatskin *n* [Bind] / Ziegenleder *n* ‖ *s.a. morocco*
goffer *v* (gauffer) [Bind] / gaufrieren *v* · ziselieren *v*
goffered edge(s) *n(pl)* [Bind] / ziselierter Goldschnitt *m*
gold|beater's skin *n* [Pres] / Goldschlägerhaut *f*
~ **beating** *n* [Pres] / Goldschlagen *n*
~ **blocking** *n* [Bind] / Pressvergoldung *f* · Goldpressung *f* · Goldprägung *f* · Plattengolddruck *m*
~ **blocking press** *n* [Bind] / Vergoldepresse *f*
~**-brocaded** *pp* [Bind] / golddurchwirkt *pp*
~ **decoration** *n* [Bk] *s. gilt decoration*
golden spider *n* [Pres] / Messingkäfer *m*
gold finisher *n* [Bind] / Handvergolder *m*
~ **foil** *n* [Bind] *s. blocking foil*
~ **knife** *n* [Bind] / Goldmesser *n*
~ **leaf** *n* [Bind] / Blattgold *n*
~**-leaf decorated cover** *n* [Bind] / Goldfolieneinband *m*
~ **lifter** *n* [Bind] / Anschießer *n*
~ **size** *n* [Bind] / Grundiermittel *n* (beim Vergolden)
~ **stamping** *n* [Bind] *s. gold blocking*
~ **tooling** *n* [Bind] / Handvergoldung *f* · Golddruck *m*
golf ball printer *n* [EDP; Prt] / Kugelkopfdrucker *m*
good for press *adj* US / druckfertig! *adj*
goods lift *n* [BdEq] / Lastenaufzug *m*
gospel-book *n* [Bk] / Evangeliar *n*
gothic novel *n* [Bk] / Schauerroman *m* (18.Jahrhundert)
~ **script** *n* [Writ] / gotische Schrift *f*
~ **type** *n* [Prt] / Textura · gotische Druckschrift *f*

go to statement *n* [EDP] / Sprunganweisung *f* · Sprungbefehl *m*
gouge *n* [Bind] / Bogenstempel *m* · (set of gouges:) Bogensatz *m*
government 1 *n* (governing body in a state; the state as an agent) [Adm] / 1 Regierung *f* 2 staatlich *adj* · Staats- *attr* ~ **2** *n* (a corporate body – executive, legislative, or judicial – exercising the power of jurisdiction) [Adm] ⟨AACR2⟩ / Gebietskörperschaft *f*
~ **agency** *n* [OrgM] / Organ einer Gebietskörperschaft *n* · Behörde *f*
~ **archive** *n* [Arch] / staatliches Archiv *n*
~ **body** *n* [Adm] / eine einer Gebietskörperschaft unterstellte oder zugehörige Körperschaft *f*
~ **department** *n* [Adm] / Ministerium *n*
~ **department library** *n* [Lib] / Ministerialbibliothek *f*
~ **document** *n* [Bk] *s. government publication*
~ **funds** *pl* [BgAcc] / staatliche Mittel *pl*
~ **library** *n* (a library maintained by a unity of government at the local, or state, or federal level) / staatliche Bibliothek *f*
~ **official** *n* [Cat] / Organ einer Gebietskörperschaft *n* (personenbezogene Benennung, z.B. Präsident)
~ **publication** *n* [Bk] ⟨ISO 9707⟩ / amtliche Druckschrift *f* · Amtsdruckschrift *f*
grabber (hand) *n* [EDP/VDU] / Greifhand *f*
gradation *n* [Repr] / Gradation *f*
grade *n* (mark indicating the quality of a student's work) [Ed] *US* / Note *f*
~ **point average** *n* [Ed] / Notendurchschnitt *m* ∥ *s.a. final grade*
gradual *n* [Bk] / Graduale *n*
graduate *n* (of a library school etc.) [Ed] / Absolvent *m* (einer Bibliothekschule)
~ **documentalist** *n* / Diplom-Dokumentar · <leere Eintragung>
~ **librarian** *n* [Staff] / Diplom-Bibliothekar *m*
grain 1 *n* (on leather) [Bind] / Narbe *f* ∥ *s.a. long-grain leather; straight-grain leather*
~ **2** *n* [Repr] / Korn *n* ∥ *s.a. granularity*
~ **(direction)** *n* (in a sheet of paper) [Pp] / Laufrichtung *f* (against the ~:gegen die Laufrichtung) · Längsrichtung *f* · Maschinenlaufrichtung *f*
grained *pp* [Bind] / genarbt *pp* ∥ *s.a. close-grained leather; coarse-grained leather*

~ **edge(s)** *n(pl)* [Bind] / Körnerschnitt *m*
graininess *n* [Repr] / Körnigkeit *f*
grain side *n* [Bind] / Narbenseite *f*
grammage *n* (of paper) [Pp] / Grammgewicht *n*
grammar checker *n* [EDP] ⟨ISO/IEC 2382-23⟩ / grammatisches Prüfprogramm *n*
~ **school** *n* / Gymnasium *n*
grammatical label *n* (in a dictionary) [Lin] ⟨ISO 1087; 5127⟩ / grammatischer Zusatz *m*
gramophone record *n* [NBM] ⟨ISO 5127/11⟩ / Schallplatte *f*
grangerized copy / extra-ausgestattetes Exemplar *n*
grangerizing *n* [Bk] / Grangerizing *n*
grant *n* [BgAcc] / Bewilligung *f* · Zuwendung *f* · Zuschuss *m* ∥ *s.a. appropriation; education grant; subsidy; training grant; travel grant*
grantee *n* [BgAcc] / Zuwendungsempfänger *m*
granularity *n* [Repr] / Körnung *f* · Körnigkeit *f*
graph *n* [InfSc] / Grafik *f* (mit numerischen Daten) ∥ *s.a. area graph; graphic representation*
graphic art *n* [Art] / Grafik *f*
~ **artist** *n* [Art] / Grafiker *m*
~ **arts** *pl* [Bk] / grafische Künste *pl* · grafisches Gewerbe *n*
~ **character** *n* [Writ; Prt] ⟨ISO 2382/IV⟩ / Schriftzeichen *n*
~ **character set** *n* [EDP] / Schriftzeichenvorrat *m*
~ **design** *n* [Art] / grafische Gestaltung *n*
~ **display** *n* (of a descriptor network) [Ind] ⟨ISO 5127/6⟩ / Beziehungsgraph *m* ∥ *s.a. arrow-graph*
~ **display terminal** *n* [EDP] / Grafikterminal *n*
~ **document** *n* [NBM] ⟨ISO 2789⟩ / Bilddokument *n*
~ **language** *n* [EDP] / Grafiksprache *f*
~ **plotter** *n* [EDP] / Plotter *m* · Kurvenschreiber *m*
~ **representation** *n* [InfSc] / grafische Darstellung *f* · Grafik *f* · (diagram:) Diagramm *n* · Schaubild *n*
graphics adapter *n* [EDP] / Grafikkarte *f* ∥ *s.a. colour graphics adapter; monochrome display adapter; video graphics adapter*
~ **board** *n* [EDP] / Grafikkarte *f*
~ **card** *n* [EDP] / Grafikkarte *f*

~ **interchange format** *n* [Internet] / Grafik-Austausch-Format *n*
~ **memory** *n* [EDP] / Grafikspeicher *m*
~ **mode** *n* [EDP] / Grafikmodus *m*
~ **tablet** *n* [EDP] / Zeichentablett *n* · Grafiktablett *n*
~ **terminal** *n* [EDP] *s. graphic display terminal*
graphic symbol *n* [InfSy] / Bildzeichen *n*
graticule *n* [Cart] / Kartennetz *n*
gratis *adv/adj* [Acq] / gratis *adv* · kostenlos *adj* · unentgeltlich *adj*
graver *n* [Art] / (engraver:) Graveur *m* · Stecher *m* · (burin:) Stichel *m* ‖ *s.a. steel graver*
graver's chisel [Art] / Stichel *m*
graving tool *n* [Art] / Stichel *m*
gravity-feed conveyor *n* [BdEq] / Schwerkraftförderer *m*
gravure printing *n* [Prt] / Tiefdruck *m* ‖ *s.a. photogravure; rotogravure*
gray level *n* [ElPubl] / Graustufe *f*
~ **scale** *n* [ElPubl] / Graustufe *f* · Grauabstufung *f* · Schwärzungsgrad *m* · Grautonskala *f*
~-**scale view** *n* [ElPubl] / Graustufendarstellung *f*
grease spotted *pp* [Pres] / fettfleckig *adj*
greasy *adj* [Pres] / fettig *adj*
green computer *n* [EDP] / energiesparender Rechner *m*
Gregorian chant *n* [Mus] / gregorianischer Gesang *m*
grey board *n* [Pp] / Graupappe *f*
~-**level scanner** *n* [ElPubl] / Graustufen-Scanner *m*
~ **literature** *n* [Bk] / graue Literatur *f* · nichtkonventionelle Literatur *f*
~ **scale** *n* [Prt] / Grauskala *f* ‖ *s.a. tones of grey*
~-**scale scanner** *n* [ElPubl] / Graustufenscanner *m*
grid *n* [Cart] / Gitternetz *n* · Kartengitter *n* · Gitter *n* · Rechtwinkelnetz *n* CH
~-**area** *n* [Repr] / Rasterfeld *n*
~ **pattern** *n* (of a microfiche) [Repr] ⟨ISO 6196/2⟩ / Raster *m*
~ **(square)** *n* [BdEq] / Raster *m*
grievance *n* [Staff] / Beschwerde *f*
grind *v* [Pres] / schleifen *v*
grindstone *n* [Pres] / Schleifstein *m*
groove 1 *n* (depression (shoulder)formed on the sides of books in rounding and backing) [Bind] / Falzrille · Falz *m*

~ 2 *n* (on a gramophone disc) [NBM] / Rille *f*
~ 3 *n* (hollow between the feet of a type) [Prt] / Fußrille *f*
grooved joint *n* [Bind] / schräger Falz *m*
grooves *pl* (on film material) [Repr] / Kratzer *pl*
gross floor area *n* [BdEq] / Brutto-Grundfläche *f*
~ **floor space** *n* [BdEq] *s. gross floor area*
~ **income** *n* [Staff] / Bruttoeinkommen *n*
~ **price** *n* [Acq] / Bruttopreis *m*
~ **salary** / Bruttogehalt *n*
grotesque *n* [Prt] / Grotesk *f*
ground floor *n* [BdEq] / Erdgeschoss *n*
~**glass** *n* [Repr] / Mattscheibe *f*
~ **level** *n* [BdEq] / Boden *m* · Bodennähe *f* (to be at ground level: ebenerdig sein; zu ebener Erde sein) ‖ *s.a. ground floor*
~ **plan** *n* [BdEq] / Grundriss
~**wood paper** *n* [Pp] / holzschliffhaltiges Papier *n*
~**wood pulp** *n* [Pp] US / Holzschliff *m*
group *n* / Gruppe *f*
~ **address** *n* [Comm] ⟨ISO 3309⟩ / Gruppenadresse *f*
grouped style (word processing) [Prt; EDP] / Blocksatz *m*
grouping *n* [Class; Ind] / Gruppenbildung *f*
group interview *n* [InfSc] / Gruppeninterview *n*
~ **learning room** *n* [BdEq] / Gruppenarbeitsraum *m*
~ **study (room)** *n* [BdEq] / Gruppenarbeitsraum *m*
growth of stock *n* [Stock] / Bestandsvermehrung *f* · Bestandszuwachs *m*
~ **rate** *n* [Stock] / Zuwachsrate *f*
g.t. *abbr* [Bind] *s. gilt top (edge)*
g.t.e. *abbr s. top edge gilt*
guarantee *v/n* [Law] / 1 Garantie *f* · 2 garantieren *v* · 3 (document:) Garantieschein *m*
guard 1 *n* (strip of linen or paper; stub) [Bind] / Falz *m* · Fälzel *n* · Ansatzfalz *m* ‖ *s.a. compensation guard; filling-in guard; stub*
~ 2 *v* [Bind] / fälzeln *v* (to ~ plates: Tafeln auf Falze kleben; Tafeln fälzeln)
~ **book catalogue** *n* [Cat] / Bandkatalog mit der Möglichkeit, ergänzende Blätter einzuschieben
~ **sheet** *n* [Bk] / Schutzblatt *n* (mit Erläuterungen zur abgedeckten Illustration, Karte o.ä.)

guest|book / Gästebuch *n*
~ **lecture** *n* [Ed] / Gastvortrag *m* · (university:) Gastvorlesung *f*
guidance *n* [RS] / Anleitung *f*
guide 1 *n* (instruction manual) [Bk] ⟨ISO 5127/2⟩ / Leitfaden *m* ‖ *s.a. railroad guide*
~ 2 *n* (book of information for tourists etc.) / Führer *m* ‖ *s.a. field guide; identification guide*
~**-card** *n* (in a card catalogue) [Off; TS] / Leitkarte *f*
guided tour *n* [RS] / Führung *f* ‖ *s.a. audio-tour; library tour; self-guided tour*
guide hole *n* (in a slotted card) [PuC] / Fixierloch *n*
guideline *n* / Richtlinie *f*
guidelines *pl* [OrgM] / Richtlinien *pl* ‖ *s.a. directive 1*

guide slip *n* [TS] / Laufzettel *m* ‖ *s.a. routing slip*
~ **to the literature** *n* / Literaturführer *m*
~ **word** *n* [Bk] *s. catchword 2*
guiding *n* [BdEq] *s. internal guiding*
~ **figure** *n* [InfSc] / Richtwert *m*
guillemets *pl* [Writ; Prt] / Guillemets *pl* · Anführungszeichen (französische Art)
guilloche *n* [Bind] / Guilloche *f*
guillotine *n* [Bind] / Papierschneidemaschine *f* · Schnellschneider *m*
gum *v* [Off] / kleben *v* (gummieren)
gummed paper *n* / gummiertes Papier *n*
gum up *v* [Bind] / gummieren *v*
gutter *n* [Prt] / (American usage: the space between two columns of type:) Zwischenschlag *m* · (gutter margin:) Bundsteg *m* · Bund *m*
~ **press** *s. yellow press*

H

hachures *pl* [Cart] / Schraffen *pl*
hagiography *n* [Bk] / Hagiographie *f*
hairline *n* [Writ; Prt] / Haarstrich *m*
hairside *n* (of a hide) [Bind] / Haarseite *f*
half binding *n* [Bind] / Halbband *m* (zumeist ein Halblederband) ‖ *s.a. half-cloth binding; half-leather binding; three-quarter binding*
~**-cloth binding** *n* [Bind] / Halbgewebeband *m* · Halbleinenband *m*
~**-duplex transmission** *n* [Comm] ⟨ISO 2382/9⟩ / Wechselbetrieb *m*
~**-leather binding** *n* [Bind] / Halblederband *m* · (with the sections sewn on raised bands and the boards snugly fitting into deep grooves:) Halbfranzband *m*
~**-life** *n* (of the literature of a subject etc.) [InfSc] / Halbwertzeit *f*
~ **plate** *n* [Bk] / halbseitiges Bild *n*
~**-stuff** *n* [Pp] / Halbstoff *m*
~**-time employee** *n* [Staff] / Halbtagskraft *f* · Halbtagsbeschäftigter *m* ‖ *s.a. part-time employee*
~**-title** *n* [Bk] ⟨ISO 5127/3a; AACR2⟩ / Schmutztitel *m* · Vortitel *m*
~**-title leaf** *n* / Vortitelseite *f*
~**-tone** *n* [Prt] / Rasterätzung *f* · Autotypie *f* · Halbton *n* (gerastert) · Halbtonbild *n* · Rasterbild *n* · Halbtonkopie *f*
~**tone art** *n* [Prt] / Rasterbilder *pl*
~**-tone block** *n* [Prt] / Rasterklischee *n*
~**tone dot** *n* [Prt] / Rasterpunkt *m*
~**-tone engraving** *n* [Prt] *s. half-tone process*
~**-tone etching** [Prt] *s. half-tone process*
~**-tone plate** *n* [Prt] *s. half-tone block*
~**-tone printing paper** *n* [Prt] / Illustrationsdruckpapier *n*
~**-tone process** *n* [Prt] / Rasterätzung *f* · Autotypie *f*
~**-tone screen** *n* [Prt] / Raster *m*
~ **toning** *n* [Prt] / Rasterung *f*
~**-uncial** *n* [Writ] / Halbunziale *f*
~ **volume** *n* [Bk] / Halbband *m*
~ **yearly** *adj* [Bk] / halbjährlich *adj* ‖ *s.a. semi-annual*
hall of residence *n* (residence for students) [Ed; BdEq] / Studentenwohnheim *n*
halls (of residence) library *n* [Lib] / Wohnheimbibliothek *f*
hall-type library *n* / Saalbibliothek *f*
hammer price *n* (at an auction) [Bk] / Zuschlagpreis *n*
hand 1 *n* (e.g., a legible hand) [Writ] / Handschrift *f* · Schrift *f* ‖ *s.a. cuneiform hand; humanistic hand; library hand*
~ 2 *n* (e.g., the Gothic ~) [Writ] / Schrift *f* ‖ *s.a. humanistic hand*
~ 3 *n* (printed outline of a hand) [Prt] / Handzeichen *n* (Verweiszeichen)
~**bill** *n* [PR] / Handzettel *m* · Flugblatt *n* ‖ *s.a. advertising leaflet; flier*

hand-binding 364

~-**binding** n [Bind] s. hand bookbinding
~-**book** n [Bk] / Handbuch n
~ **bookbinding** n [Bind] / Handeinband m
~-**bound** pp [Bind] / handgebunden pp
hand-casting instrument n [Prt] / Handgießinstrument n
~-**coloured** pp [Art] / handkoloriert pp
~ **composition** n [Prt] / Handsatz m
~ **compositor** n [Prt] / Handsetzer m
~-**feed input** n (manual insertion of documents to be photographed) [Repr] / Handeingabe f
~-**feed shelf** n [Repr] / Handanleger m
~-**held calculator** n [Off] ⟨ISO 2381/22⟩ / Taschenrechner m
~-**held computer** n [EDP] / tragbarer Computer m
~-**held reader** n [EDP] / Lesepistole f
~-**held scanner** n [EDP] / Handscanner m
handicapped user n [RS] / behinderter Benutzer m
hand lamination n [Pres] / Einbettung f · Handlaminierung f · (applying heat and pressure:) Heißsiegeln n
handling charge n / Bearbeitungsgebühr f
hand-made paper n [Pp] ⟨ISO 4046⟩ / handgeschöpftes Papier n · Handpapier n · Büttenpapier n ‖ s.a. mould-made paper
hand|out n / Handzettel m ‖ s.a. flier
~ **press** [Prt] / Handpresse f ‖ s.a. early imprints
~-**printed** pp [Prt] / handgedruckt pp
~-**punch(ed) card** n [PuC] / Handlochkarte f
~ **set** pp [Prt] / handgesetzt pp
~ **setting** n [Prt] / Handsatz m s. hand composition
~-**set (type)** n (type matter composed letter by letter in a stick) [Prt] / Handsatz m
~-**sewing** n [Bind] / Handheftung f
~-**sewn** pp [Bind] / handgeheftet pp
~-**shaking** n [EDP; Comm] / Quittungsaustausch(betrieb) m(m)
hands-on (instruction) n (library instruction) [Ed] / praxisbezogene Benutzerschulung; Schulung am Objekt, z.B. am Computer f
hand-sorted punch(ed) card n [PuC] / Handlochkarte f
~ **viewer** n [Repr] / Hand-Betrachtungsgerät n · Leselupe f (für das Lesen von Mikrofilmen)
handwriting 1 n (writing with a pen, a pencil, etc.) [Writ] / Schreiben n · Schrift f ‖ s.a. hand 2; manuscript

~ 2 n (a person's particular style of writing) [Writ] / Handschrift f · Schrift f
~ **recognition** n [KnM] / Handschriftenerkennung f
handy atlas n / Handatlas m
hanging bracket n [Sh] / Hängebügel m
~ **indent(ion)** n [Prt] / negativer Erstzeileneinzug m
~ **paragraph** n [Prt] / Absatz mit negativem Erstzeileneinzug m
hard|back(ed book) n(n) [Bind; Bk] / gebundenes Buch n · Buch mit festem Einband n
~-**back edition** n [Bind; Bk] / gebundene Ausgabe f
~-**bound (book)** n [Bind] s. hardback(ed book)
~ **copy** n [Repr] ⟨ISO 6196/1; ISO 2382/1⟩ / (on paper:) Papierkopie f · Rückvergrößerung f (auf Papier)
~-**cover (book)** n(n) [Bind; Bk] s. hardback(ed book)
~-**cover edition** n [Bind; Bk] s. hardback edition
~ **disk** n [EDP] ⟨ISBD(ER)⟩ / Festplatte f
~ **disk drive** n [EDP] / Festplattenlaufwerk n
~ **error** n [EDP] / Hardwarefehler m
~ **glue** n [Bind] / Hartleim m
~-**sector(ed) disk** n [EDP] / hartsektorierte Diskette f
~-**sectoring** n [EDP] / Hart-Sektorierung f
hardship clause n [OrgM] / Härtefallregelung f
hard|ware n [EDP] ⟨ISO/IED2382/1; ISBD(ER)⟩ / Hardware f
~-**wearing** adj [BdEq] / strapazierfähig adj
~-**wired** pp [EDP] / festverdrahtet pp
harmful organisms pl [Pres] / Schadorganismen pl
~ **substances** pl [Pres] / Schadstoffe pl
has-a relation n [KnM] / Hat-Beziehung f · Aggregationsbeziehung f
hash (sign) n (#) [Writ; Prt] US / Nummernzeichen n
hatch n (enclosed counter) [BdEq] / Schalter m
hatching n [Art] / Schraffur f · Schraffierung f ‖ s.a. cross hatching
hatch system n (closed counter lending) [RS] / Schalterausleihe f
HDD abbr [EDP] s. hard disk drive
HDLC abbr [Comm] s. high-level data link control procedure

HDTV *abbr* [Comm] *s. high-definition television*
HDVS *abbr s. high-definition video system*
HE *abbr* [Ed] *s. higher education*
head 1 *n* (title, headline) [Bk] / Überschrift *f* ‖ *s.a.* box head(ing); caption 2; chapter heading; cross-head; shoulder-head; side-head(ing)
~ 2 *n* (of a cataloguing record) [Bind] / Kopf *m* (einer Titelaufnahme) ‖ *s.a. form of heading; heading 2*
~ 3 *n* (head margin) [Prt] / Kopfsteg *m*
~ 4 *n* (of a department etc.) [OrgM] / Leiter *m* · Chef *m* (to head a department: eine Abteilung leiten) ‖ *s.a. division head*
~ **band** [Bk] / Kopfvignette *f*
~**band** 1 *n* [Bind] / Kapital *n* · Kapitalband *n* (handmade ~: handgestochenes Kapital) ‖ *s.a. bottomband; tailband*
~**band** 2 *n* [Bk] *s. head-piece*
~**cap** *n* [Bind] / Häubchen *n*
~ **concept** *n* [KnM] / Oberbegriff *m*
~ **edge** *n* [Bind] / Kopfschnitt *m*
header *n* [Comm] *s. heading 5*
heading 1 *n* [Bk] *s. head 1*
~ 2 *n* (of a catalogue entry) [Cat] ⟨ISO 5127/3a; ISO 7154; AACR2; GARR⟩ / Ansetzung *f* · Kopf *m* (einer Titelaufnahme) ‖ *s.a. authority form; construction of the (form of) heading; filing title; form heading 2; form of heading; general heading; inverted heading; parallel heading; standardized form of heading; subject heading; uniform heading; variant heading*
~ 3 *n* (as part of an index entry) [Bk] / Haupteingang *m* · Registereingang *m*
~ 4 *n* (of a microfiche) [Repr] ⟨ISO 6196-4⟩ / Titel *m*
~ 5 *n* (message ~) [Comm] / Kopf *m* (einer Nachricht) · Nachrichtenkopf *m*
~ **area** *n* (on a microfiche) [Repr] ⟨ISO 6196-4⟩ / Titelfeld *n*
~ **area backing** *n* [Repr] *s. title backing*
head librarian *n* [Staff] / Bibliotheksdirektor *m*
headline / (line of type set in the margin above the text area of a page: page head:) Kolumnentitel *m* · (in a newspaper:) Schlagzeile *f* · Überschrift *f* ‖ *s.a. banner (headline); running headline; streamer*
head|liner [Prt] *s. headline setter*
headline setter *n* [Prt] / Titelsetzgerät *n*
head margin *n* [Prt] / Kopfsteg *m*

~**note** *n* (at the beginning of a chapter etc.) / Vorbemerkung (zu einem Kapitel usw.)
~ **of department** *n* [Ed] / Dekan *m*
~ **ornament** *n* [Bk] / Kopfvignette *f* · Kopfleiste *f*
~**-outline tool** *n* [Bind] / Kopfstempel *m*
~**phone jack** *n* / Kopfhörerbuchse *f*
~**phone(s)** *n(pl)* [NBM] / Kopfhörer *m*
~ **piece** *n* [Bk] / Kopfvignette *f* · Kopfleiste *f*
~**set** *n* [NBM] / Kopfhörer *m* (mit Mikrofon)
headword *n* (in a dictionary etc.) / Stichwort *n*
health guide *n* [Bk] / Gesundheitsbuch *n*
~ **insurance** *n* [Staff] / Krankenversicherung *f* ‖ *s.a. compulsory health insurance*
~ **insurance identity card** *n* [Staff] / Krankenversicherungskarte *f*
hearing *n* [Comm] / Anhörung *f*
heat loss *n* [BdEq] / Wärmeverlust *n*
~ **sealing** *n* [Pres] / Heißsiegeln *n*
heavy type *n* [Prt] / fette Schrift *f* ‖ *s.a. bold face*
HEI *abbr* [Ed] *s. higher education institution*
heightened with gold [Bk] / goldgehöht *pp*
height of type *n* [Prt] *s. height to paper*
height to paper *n* (height of type) [Prt] / Schrifthöhe *f*
heliogravure *n* [Prt] / Heliogravüre *f* · Fotogravüre *f*
help function *n* [EDP] / Hilfefunktion *f* ‖ *s.a. context-sensitive help*
~ **line** *n* (graphics program) [EDP] / Hilfslinie *f*
~ **screen** *n* [EDP] / Hilfe-Bildschirm *m*
hemp cord *n* [Bind] / Hanfschnur *f*
herbal *n* [Bk] / Kräuterbuch *n* · Pflanzenbuch *n*
heritage *n* / Erbe *n* ‖ *s.a. cultural heritage*
hexadecimal number system *n* [EDP] / Hexadezimalsystem *n* · Sedezimal(zahlen)system *n*
hide *s. cow-hide*
hierarchical classification *n* [Class] ⟨ISO 5127/6⟩ / hierarchische Klassifikation *f*
~ **code** *n* [PuC] / hierarchischer Schlüssel *m*
~ **display** *n* [Class] ⟨ISO 5127/6⟩ / hierarchische Darstellung *f*
~ **link** *n* / hierarchische Verknüpfung *f*
~ **network** *n* [Comm] / hierarchisches Netz *n*

~ **notation** *n* [Class] ⟨ISO 5127/6⟩ / hierarchische Notation *f*
~ **reference** *n* [Cat] / hierarchische Verweisung *f*
~ **relation** *n* [Ind; Class] ⟨ISO 2788; ISO 5127/6⟩ / Hierarchierelation *f* · hierarchische Beziehung *f*
hierarchy *n* [Class] / Hierarchie *f*
hieratic (script) *n* [Writ] / hieratische Schrift *f*
hieroglyph(ic) *n(n)* [Writ] / Hieroglyphe *f*
hieroglyphic (writing) *n* [Writ] / Hieroglyphenschrift *f*
hieronym *n* (surname based on a sacred name) [Cat] / Hieronym *n*
high-definition television *n* [Comm] / hoch auflösendes Fernsehen *n* · hoch auflösendes Fernsehen *n*
~**-definition video system** *n* [EDP] / hoch auflösendes Videosystem *n*
~**-demand item** *n* [RS] / viel verlangter Titel *m*
~**-demand material** *n* [RS] / viel verlangtes Material *n*
~**-density disk** *n* [EDP] / Diskette mit hoher Schreibdichte *f*
~**-durability tape** *n* [PuC] / Dauerlochstreifen *m*
higher education *n* [Ed] / Hochschulbildung *f* ‖ *s.a.* *library of an institution of higher education; system of higher education*
~ **education funding** *n* [BgAcc] / Hochschulfinanzierung *f*
~ **education institution** *n* [Ed] / Hochschuleinrichtung *f*
~ **education library** [Lib] / Hochschulbibliothek *f*
~ **education location** *n* [Ed] / Hochschulstandort *m*
~ **education teaching** *n* [Ed] / Hochschullehre *f*
~**-level position** *n* [OrgM] / gehobene Stelle *f*
highest administrative authority *n* [Adm] / oberste Dienstbehörde *f*
~ **bid** *n* [Acq] / höchstes Angebot *n*
~ **bidder** *n* [Acq] / Höchstbietender *m*
high-glazed paper *n* [Pp] / Hochglanzpapier *n*
~**-gloss paper** [Pp] / Hochglanzpapier *n*
~**-level data link control** *n* [Comm] ⟨ISO 3309⟩ / Bit-orientiertes Steuerungsverfahren zur Datenübermittlung *f*

~**-level data link control procedure** *n* [Comm] ⟨ISO 3309⟩ / Steuerungsverfahren zur Datenübermittlung *n*
~**-level language** *n* [EDP] ⟨ISO 2382-6⟩ / höhere Programmiersprache *f*
highlight *v* [Comm] / (emphasize, bring intro prominence when speaking/writing:) betonen *v* · unterstreichen *v* · (mark with a highlighter:) markieren *v*
highlighter *n* [Off] / Markierstift *m*
high-performance computer *n* [EDP] / Hochleistungsrechner *m*
~**-performance scanner** *n* [BdEq] / Hochleistungs-Scanner *m*
~**-resolution monitor** *n* / hoch auflösender Bildschirm *m*
~**-risk collection** *n* [Stock] / gefährdeter Bestand *m*
~**-speed computer** *n* [EDP] / Hochleistungsrechner *m*
~**-speed memory** *n* [EDP] / Schnell(zugriffs)speicher *m*
~**-speed printer** *n* [EDP] / Schnelldrucker *m*
~**-use material** *n* [Stock] / viel benutztes Material *n* ‖ *s.a. low-use material*
hill shading *n* [Cart] / Schummerung *f*
hinge *n* [Bind] / Gelenkfalz *m* · Ansetzfalz *m* · Gelenk *n*
hinged shelving *n* [Sh] / Kompaktspeicherung mit schwenkbaren Regalen *f*
hire *v* [Staff] *US* / (employ a person:) einstellen
hiring freeze *n* [Staff] / Einstellungsstopp *m*
histogram *n* [InfSc] / Histogramm *n* ‖ *s.a. bar graph*
historiated initial *n* / historisiertes Initial *n*
historical bibliography *n* [Bk] / Buchgeschichte *f* (als Wissenschaftsgebiet)
historic collections *pl* [Stock] / historische Bestände *pl*
history card *n* (for changes in titles and names) [Cat] / Katalogkarte mit Namens- bzw. Titel-Übersicht *f*
hit *n* [Retr] / Treffer *m* ‖ *s.a. multiple hit*
~ **rate** *n* [Retr] / Trefferquote *f*
~ **ratio** *n* [Retr] *s. hit rate*
hobby book [Bk] / Hobbybuch *n*
hogskin *n* [Bind] / Schweinsleder *n*
hoist *n* [BdEq] / Lastenaufzug *m* ‖ *s.a. book hoist*
hold *n* [RS] / Vorbestellung *f* · Vormerkung *f* (place a hold on a book: ein Buch vormerken lassen/vorbestellen) ‖ *s.a. item on hold*

holdings *pl* [Lib] ⟨ISO 5127/3a⟩ / Bestand ‖ *s.a.* collection; library holdings; serial holdings
~ **check** 1 *n* (pre-order searching) [Acq] / Dublettenprobe *f*
~ **check** 2 *n* (checking a request form against the catalogue) [RS] / Signieren *v/n*
~ **checker** *n* [Staff] / Signierer *m*
~ **data** *pl* [Cat] / Bestandsdaten *pl*
~ **display** *n* / Bestandsübersicht *f* (Übersicht über die besitzenden Bibliotheken)
~ **gap** *n* [Stock] / Bestandslücke *f*
~ **list** *n* [Stock] / Bestandsverzeichnis *n*
~ **note** *n* [Cat] *s.* holdings statement
~ **rate** *n* [RS] / Prozentsatz der positiv erledigten Bestellungen *m*
~ **record** *n* [Cat] / Besitznachweis *m*
~ **statement** *n* [Cat] / Bandaufführung *f n* · Bestandsangabe *f*
hole punch *n* [Bind] / Lochpfeife *f* · Locheisen *n*
holland *n* [Bind] / Schirting *m* ‖ *s.a.* strip of holland
hollander *n* [Pp] / Holländer *m*
Hollerith card *n* [PuC] / Hollerith-Karte *f*
hollow *n* [Bind] / Hülse *f* · Rückenhülse *f*
~ **back** *n* [Bind] / hohler Rücken *m*
~ **back binding** *n* [Bind] / Hohlrückeneinband *m*
~ **-rounding-machine** *n* [Bind] / Deckenrundegerät *n*
hologram *n* [NBM] ⟨ISO 5127/11; ISBD(NBM)⟩ / Hologramm *n*
holograph *n* [Writ; Arch] / eigenhändig geschriebener Text *m* · Autograph *n*
holographic memory *n* [EDP] / holografischer Speicher *m*
holography *n* [Repr] / Holographie *f*
Holy Scripture *n* [Bk] / Heilige Schrift *f*
home address 1 *n* (of a person) [RS] / Heimatadresse *f*
~ **address** 2 *n* (place in a computer system) [EDP] / Spuradresse *f* · Ausgangsadresse *f*
~ **bindery** *n* [Bind] / Hausbuchbinderei *f*
~ **computer** *n* [EDP] / Heimcomputer *m*
~ **market** *n* [Bk] / Inlandsmarkt *m* · Binnenmarkt *m*
~ **page** *n* [Internet] ⟨ISBD(ER)⟩ / Homepage *f*
~ **worker** *n* [Staff] / Heimarbeiter *m*
homo|graph *n* [Lin] / Homogramm *n* · Homograph *n*

~**graphy** *n* [Lin] ⟨ISO 5127/1⟩ / Homographie *f*
~**nym** *n* [Lin] ⟨ISO/R 1087⟩ / Homonym *n*
~**nym(it)y** *n* [Lin] ⟨ISO 5127/1⟩ / Homonymie *f*
~**phony** *n* [Lin] ⟨ISO 5127/1⟩ / Homophonie *f*
honorific title *n* [Cat] / Ehrentitel *m*
Honours degree *n* [Ed] / Bachelorgrad (auf höherer Stufe)
honours thesis *n* [Ed] / (master's thesis:) Magisterarbeit · Diplomarbeit *f*
hood *n* [BdEq] / (part of a microform reader:) Schirmblende *f* · (fume cupboard:) Digestorium *n*
hook *v* [Bind] / einkleben *v* (Tafeln usw. ~)
horizontal case *n* [BdEq] / (for drawings:) Zeichenschrank *m*
~ **filing cabinet** [BdEq] *s. horizontal case*
~ **format** *n* [Bk] / Querformat *n*
~ **mode** *n* (of the arrangement of images on a micro-rollfilm) [Repr] ⟨ISO 6196/2⟩ / horizontale Bildlage *f*
~ **shelving** *n* [Sh] / Horizontalablage *f*
~ **storage** *n* [Sh] *s. horizontal shelving*
horn book *n* [Bk] / englische Fibel aus dem 15.bis 18. Jahrh. *f*
horror story *n* [Bk] / Gruselgeschichte *f*
hospital information system *n* [InfSy] / Krankenhausinformationssystem *n*
hospitality *n* (of notation) [Class] ⟨ISO 5127/6⟩ / Erweiterungsfähigkeit *f* (einer Notation) · Hospitalität *f*
~ **in array** *n* [Class] / Hospitalität *f* (in Bezug auf neue nebengeordnete Klassen)
hospital library *n* [Lib] / Krankenhausbibliothek *f* · Klinikbibliothek *f*
~ **patients' library** *n* [Lib] / Patientenbibliothek *f* (in einem Krankenhaus)
host *n* (online host) [InfSy] / Host *m* · Datenbankanbieter *m*
~ **computer** *n* [EDP; InfSy] / 1 Arbeitsrechner *m* · 2 Dienstleistungsrechner *m* · Verarbeitungsrechner *m* · Wirtsrechner *m* · 2 Datenbankrechner *m* · Host-Rechner *m*
~ **country** *n* [OrgM] / Gastland *n*
~ **document** *n* ⟨Bib⟩ / Fundstelle *f* (eines unselbständigen Werkes)
~ **organization** *n* [OrgM] / Trägerinstitution *f*
hot|key *n* [EDP] / Tastenkombination *f*
~**-melt adhesive** *n* [Bind] / Schmelzkleber *m* · Heißleim *m*

hot-metal composition

~**-metal composition** *n* [Prt] / heißer Satz *m* · Bleisatz *m*
~**-metal typesetting** *n* [Prt] *s. hot-metal composition*
~**-stamping foil** *n* [Bind] / Prägefolie *f*
~ **start** *n* [EDP] / Schnellstart *m*
hourglass icon *n* [EDP/VDU] / Stundenglassymbol *n*
hours of opening *pl* [RS] / Öffnungszeiten *pl*
~ **of service** *pl* [RS] / Öffnungszeiten *pl*
~ **open** *pl* [RS] / Öffnungszeiten *pl*
house *v* [BdEq] / unterbringen *v* · beherbergen *v*
~ **corrections** *pl* [Prt] / Hauskorrektur *f*
~ **journal** *n* [Bk] / Firmenzeitschrift *f* · Hauszeitschrift · (addressed to customers:) Kundenzeitschrift *f* ‖ *s.a. employee house journal; external house journal; internal house journal*
~**keeping (activities)** *n(pl)* [TS] / Routinetätigkeiten *pl*
~ **magazine** *n* [Bk] *s. house journal*
~ **organ** *n* [Bk] / Hauszeitschrift
housing *n* [BdEq] / Unterbringung *f*
how-to book *n* [Bk] *s. how-to-do-it book*
how-to-do-it book *n* [Bk] / Ratgeberbuch *n* (für Heimwerker)
HPBDatabase *n* [Bk] *s. early imprints*
h.t. *abbr* [Bk] *s. half-title*
hue [Repr] / Farbnuance *f* · Farbton *m* ‖ *s.a. shade of colour*
human-computer interface *n* [EDP] *s. man-machine interface*
humanistic hand *n* [Writ] / Renaissance-Schrift *f* · humanistische Schrift *f*
humanities *pl* [Gen] / Geisteswissenschaften *pl*
human resources management *n* / Personalführung *f*

human resources *pl* [OrgM] / personelle Ressourcen *pl*
~ **resources department** *n* [Staff; OrgM] / Personalabteilung *f*
~ **resources office** *n* [OrgM] / Personalbüro *n*
humidification *n* [Pres] / Befeuchtung *f* ‖ *s.a. dehumidification*
humidifier *n* [Pres] / Befeuchter *m*
humidity *n* [Pres] / Feuchtigkeit *f* · (of the air:) Luftfeuchtigkeit *f* ‖ *s.a. relative humidity*
humorous paper *n* [Bk] / Witzblatt *n*
hunt group *n* [Comm] / Teilnehmergruppe mit gemeinsamer Adresse *f*
hurt copy *n* [Bk] / beschädigtes Exemplar *n* · Mängelexemplar *n*
hybrid computer *n* [EDP] ⟨ISO 2382/1⟩ / Hybridrechner *m*
hydrographic chart *n* [Cart] / Seekarte *f*
~ **map** [Cart] / hydrographische Karte *f*
hygrometer *n* [Pres] / Hygrometer *m* · Feuchtigkeitsmesser *m*
hygroscope *n* [Pres] / Hygroskop *n*
hygroscopic *adj* [Pres] / hygroskopisch *adj*
hymnal *n* [Bk; Mus] / Gesangbuch *n* · Choralbuch *n*
hymn-book *n* [Bk] / Choralbuch *n* · Gesangbuch *n* · Kirchenliederbuch *n*
hyphen *n* [Writ; Prt] / Bindestrich *m*
hyphenation *n* [Prt; Writ] / Worttrennung *f* (mit einem Trennungsstrich) · Silbentrennung *f*
~ **program** *n* [EDP; Writ; Prt] / Silbentrennungsprogramm *n*
hypothesis *n* [InfSc] / Hypothese *f* ‖ *s.a. null hypothesis; working hypothesis*
~ **test** *n* [InfSc] / Hypothesenüberprüfung *f*

I

IAC *abbr* [InfSy] *s. information analysis centre*
ibid *abbr* [InfSc] *s. ibidem*
ibidem [InfSc] / ebenda *adv* · ebda. *abbr*
ICDL *abbr* [EDP] *s. international computer driving licence*
icon *n* [EDP/VDU] / Icon *n* · Symbol *n* · Bildsymbol *n* (auf der grafischen Benutzeroberfläche; iconic interface Benutzeroberfläche mit Icons) ‖ *s.a.* arrow icon; hourglass icon; link icon
iconic document *n* [Bk] ⟨ISO 5127/3⟩ / Bilddokument *n* · Bildwerk *n*
iconographic archive(s) *n(pl)* [Arch; NBM] / Bildarchiv *n*
~ **collection** [Arch] / Bildarchiv *n*
iconography *n* [Art] / Ikonographie *f*
icon panel *n* [EDP/VDU] / Icon-Feld *n* · Icon-Leiste *f*
ICT *abbr* [InfSc] *s. information and communications technology*
ID *abbr* [RS] *s. identity card*
ID(card) *n* [Off] / Ausweis(karte) *m(f)* ‖ *s.a.* user ID
ideas processing *n* [KnM] / Ideenverarbeitung *f*
identification card *n* [RS] / Ausweis(karte) *m(f)* ‖ *s.a. borrower's card*
identification frame *n* [Repr] / Kennzeichnungsaufnahme *f*
~ **guide** *n* (for flowers etc.) [Bk] / Bestimmungsbuch *n*

~ **number/character** *n* [InfSy] / Kennnummer *f*
~ **stamp** *n* [TS] / Besitzstempel *m*
identifier 1 *n* [Ind] ⟨ISO 5127/6⟩ / Identifikator *m* · (name used as a descriptor:) Namensdeskriptor *m*
~ 2 *n* (identification label) [EDP] ⟨ISO 2382/15⟩ / Kennung *f* · Identifizierungskennzeichen *n* ‖ *s.a. file identifier; record identifier; subfield identifier; tag 2; user-id(entification)*
identify [Retr] / ermitteln *v* · identifizieren *v*
identity card *n* [Pp] / (~~ with a photo:) Lichtbildausweis *m* · Ausweis · Personalausweis *m* ‖ *s.a. student identity card*
ideogram *n* [Writ] ⟨ISO 2382-4⟩ / Ideogramm *n*
ideograph *n* [Writ] *s. ideogram*
ideographic writing *n* [Writ] / ideographische Schrift *f*
idle character *n* [EDP] / Leerzeichen *n*
~ **time** *n* [OrgM] / Leerlaufzeit *f*
ID number *n* [EDP] / Identnummer *f*
IF-AND-Only-IF operation *n* [Retr] / Äquivalenzoperation *f*
~**-AND-Only-IF-element** *n* [Retr] / Äquivalenzbedingung *f*
IF clause *n* [Retr] / Wenn-Bedingung *f*
IF-statement *n* [Retr] / WENN-Anweisung *f*
~**-THEN element** *n* [Retr] / Folgebedingung *f*

IF-THEN gate 370

~-THEN gate *n* [Retr] / Folgeschaltung *f*
ILL *abbr* [RS] *s*. *inter-library lending*
ill. *abbr* [Bk] *s. illustration*
ILL department *n* [RS; OrgM] / Fernleihstelle *f*
illegible *adj* [Writ] / unleserlich *adj*
illiteracy *n* [Ed] / Analphabetismus *m*
illiterate *n* / Analphabet *m*
ILL protocol *n* (OSI) [InfSy] ⟨ISO 10160/1⟩ / (OSI:) Fernleihprotokoll *n*
~ **request** *n* / Fernleihbestellung *f*
~ **traffic** *n* [RS] / Fernleihverkehr *m*
illuminate *v* [Bk; Art] / illuminieren *v* · ausmalen *v*
illuminated manuscript *n* [Bk; Art] / Bilderhandschrift *f* · illuminierte Handschrift *f*
illumination *n* [Bk; Art] / (the art of ~:) Buchmalerei *f* · (the decoration of a manuscript:) Illuminierung *f*
illuminator *n* [Bk; Art] / Illuminator *m*
illustrate *v* [Bk] / illustrieren *v* · bebildern *v*
illustrated edition *n* [Bk] / illustrierte Ausgabe *f*
~ **magazine** *n* [Bk] / Illustrierte *f*
~ **title-page** *n* [Bk] / Bildertitel *m*
illustration *n* [Bk; Cat] ⟨ISO 215; ISO 5127/3a; ISBD(M; PM; S)⟩ / Abbildung *f* · Illustration *f* ‖ *s.a. coloured illustration; figure 1; list of illustrations; pictorial representation; plate 1*
~ **statement** *n* [Cat] / Illustrationsangabe *f*
illustrator *n* [Bk] / Illustrator *n*
IM *abbr* [Comm] *s. initialization mode*
image 1 *n* [Repr; NBM; Art] ⟨ISO 6196/1; DCMI⟩ / Bild *n* ‖ *s.a. black and white image; mirror image; photograph; still image*
~ 2 *v* (computer graphics) [EDP] / abbilden *v* ‖ *s.a. electronic imaging*
~ **archive** *n* [NBM] / Bildarchiv *n*
~ **area** *n* (of a microform) [Repr] / Informationsfeld *n*
~ **arrangement** *n* [Repr] / Bildfeldanordnung *f* · Bildanordnung *f* ‖ *s.a. duo positioning; duplex positioning; simplex positioning*
~ **card** *n* [Repr; PuC] ⟨ISO 6196-4⟩ *s. microfilm aperture card*
~ **communication** *n* [Comm] / Bildkommunikation *f*
~ **compression** *n* [ElPubl] / Bildkompression *f*
~ **conversion** *n* [ElPubl] / Bildwandlung *f*

~**(-count) mark** *n* [Repr; Retr] / Bildmarke *f* · Suchzeichen *n* · Blip *m* ‖ *s.a. retrieval mark*
~ **data** *pl* [EDP] / bildliche Daten *pl*
~ **database** *n* [n] / Bilddatenbank *f*
~ **file** *n* [ElPubl] / Bilddatei *f* (mit Informationen zum Aufbau einer Grafik)
~ **map** [Internet] / Bildatlas *m* · Bildkarte *f*
~ **orientation** *n* [Repr] / Bildlage *f* ‖ *s.a. horizontal mode; vertical mode*
~ **position** *n* [Repr] *s. image arrangement*
~ **processing** *n* [EDP] / Bildbearbeitung *f* · Bildverarbeitung *f* ‖ *s.a. integrated text and image processing*
~ **recording medium** *n* [NBM] / Bildträger *m*
~ **resolution** *n* [ElPubl] / Bildauflösung *f*
~ **retouching** *n* [ElPubl] / Bildretusche *f*
~ **rotation** *n* (in a microfilm reader) [Repr] / Bilddrehung *f*
~**setter** [ElPubl] / Belichtungseinheit *f* · Belichter *m* · Satzbelichter *m* · Imagesetter *m* ‖ *s.a. direct-to plate imagesetter; drum imagesetter*
~ **storage** *n* [EDP] / Bildspeicherung *f*
~ **transmission** *n* [Comm] / Bildübertragung *f*
imaging *n* [ElPubl] / Imaging *n* · digitales Erfassen und Weiterverarbeiten von Dokumenten *n*
imbrication *n* [Bk] / Fischschuppenmuster *n* · Schuppenmuster *n*
imitation art (paper) *n* [Pp] ⟨ISO 4046⟩ / Naturkunstdruckpapier *n*
~ **cloth** *n* [Bind] / Gewebeimitation *f*
~ **leather** *n* [Bind] / Kunstleder *n*
~ **russia** *n* [Bind] / imitiertes Juchten(leder) *n(n)* (aus gespaltenem Rindleder)
~ **watermark** *n* [Pp] / künstliches Wasserzeichen *n*
immediate-access storage *n* [EDP] / Schnell(zugriffs)speicher *m*
~ **delivery of books** *n* [RS] / Sofortausleihe *f*
impact printer *n* [EDP] ⟨ISO 2382/XII⟩ / mechanischer Drucker *m* · Anschlagdrucker *m* · Impact-Drucker *m* ‖ *s.a. non-impact printer*
imperfect copy *n* [Bk] / Defektexemplar *n* · Mängelexemplar *n* ‖ *s.a. battered copy*
imperfections *pl* [Bk] / Mängel *pl*
imperial library *n* [Lib] / kaiserliche Bibliothek *f*
implement *v* [OrgM] / implementieren *v*

implementation *n* [OrgM] / Implementierung *f* · Realisierung *f* (eines Plans usw.)
~ **code** *n* [EDP] / Anwendungskennung *f*
implicit costs *pl* [BgAcc] / kalkulatorische Kosten *pl*
import *v* [EDP] / importieren *v* ‖ *s.a.* **data import**
impose *v* (lay pages of type in the proper order) [Prt] / ausschießen *v/n*
imposed load *n* [BdEq] / Nutzlast *f* · Verkehrslast *f*
imposing stone *n* [Prt] / Schließstein *m*
imposition *n* [Prt] / Ausschießen *n*
~ **scheme** *n* [Prt] / Ausschießschema *f*
impressed watermark *n* [Pp] / Molette-Wasserzeichen *n* · halbechtes Wasserzeichen *n*
impression *n* (all the copies of an edition printed at one time; syn.: printing) [Bk] ⟨ISO 5127/3a; AACR2 ISBD(A; PM)⟩ / Druck *m* ‖ *s.a.* **imprint**; **printing**
~ **cylinder** *n* [Prt] / Druckzylinder *m*
imprimatur *n* [Prt] / Imprimatur *n* ‖ *s.a.* **licence to print**
imprint 1 *n* (printing/printed document) [Bk] / 1 Druck *m* · Druck-Erzeugnis · Druckschrift *f* · Veröffentlichung *f* · Publikation *f* (18th century imprints: Drucke des 18. Jahrhunderts) · 2 Schrifttum *n* (the national imprint/s: das nationale Schrifttum) ‖ *s.a.* **early imprints**
~ 2 *n* (in a book or a bibliographic description) [Bk] ⟨ISO 5127/3a⟩ / Impressum *n* · Erscheinungsvermerk *m* · (printer's imprint:) Druckvermerk *m* ‖ *s.a.* **biblio**; **fictitious imprint**
~ **date** *n* [Bk] / Erscheinungsjahr *n*
~ **place** *n* [Bk] / Druckort (im Impressum genannt)
improve *v* [Gen] / verbessern *v*
improved edition *n* [Bk] / verbesserte Auflage *f* · verbesserte Ausgabe *f*
improvement *n* [OrgM] / Verbesserung *f*
~ **in performance** *n* [OrgM] / Leistungsverbesserung *f*
imputed costs *pl* [BgAcc] / kalkulatorische Kosten *pl*
In analytic *n* [Cat] ⟨AACR⟩ / Titelaufnahme für eine unselbständig erschienene Schrift *f* (die Angabe der übergeordneten bibliographischen Einheit wird mit „In" eingeleitet)

in boards *pl* (short for: bound in boards) [Bind] / kartoniert *pp* ‖ *s.a.* **bevelled edges; cardboard cover; cloth boards; cut in boards; wooden boards**
inches per second *pl* [NBM] / Zoll pro Sekunde *pl*
incidental expenses *pl* / Nebenkosten *pl*
~ **music** *n* [Mus] / Begleitmusik *f*
incident light *n* [Repr] / Auflicht *n*
incipit *n* [Bk] ⟨AACR2⟩ / Incipit *n*
inclusive charge *n* [BgAcc] / Gesamtgebühr *f*
~ **numbering** *n* (e.g., p. 117-128, 1967-1972) [Cat] / zusammenfassende Zählung *f*
income *n* [BgAcc] / Einkünfte *pl* · Einkommen *n* ‖ *s.a.* **gross income**
~ **bracket** *n* [Staff] / Einkommensklasse *f*
incoming call *n* [Comm] / ankommender Ruf *m*
incompatibility *n* [EDP] / Inkompatibilität *f*
incomplete *adj* [Bk] / unvollständig
inconsistent data *pl* [InfSy] / inkonsistente Daten *pl*
increase *n* [OrgM] / Anstieg *m* · (growth:) Wachstum *n*
~ **in performance** *n* [OrgM] / Leistungsanstieg *m* · Leistungssteigerung *f*
~ **in personnel** *n* [Staff] / Personalvermehrung *f*
~ **of stock** *n* [Stock] / Bestandsvermehrung *f* · Bestandszuwachs *m*
increment *v* [EDP] / inkrementieren *v*
incremental cost(s) *n(pl)* [BgAcc] / Grenzkosten *pl*
incunable *n* [Bk] ⟨ISO 5127/2⟩ / Inkunabel *f* · Wiegendruck *m* ‖ *s.a.* **study of incunabula**
incunabulist *n* [Bk] / Inkunabelfachmann *m*
indemnify *v* [Law] / entschädigen *v*
indent *v* [Prt; EDP] ⟨ISO/IEC2382-23⟩ / einrücken *v* · einziehen *v*
indentation *n* *s.* **indent(ion)**
indent(ion) *n(n)* (at the beginning of a new paragraph etc.) [Prt] / Einzug *m* · Einrückung *f* ‖ *s.a.* **hanging indent(ion); hanging paragraph; paragraph indent(ion)**
independent auxiliary (number) *n* [Class/UDC] / selbständige Anhängezahl *f*
index 1 *n* (.) [Bk; Ind] ⟨ISO 2382-6⟩ / (list:) Verzeichnis *n* · (computing:) Index *m*

index   372

~ **2** *n* [Bk; Bib; Ind; EDP] ⟨ISO 999; ISO 5127/2; ISO 5963⟩ / (guide to the contents of a file, document, or group of documents:) Register *n* ‖ *s.a. author index; classified index; consolidated index; cumulative index; name index; place index; rotated index; subject index; thematic index*
~ **3** *v* [Ind] ⟨ISO 1087; 5127⟩ / erschließen *v* · auswerten *v* · indexieren *v*
~ **4** *n* (printed outline of a hand) [Prt] / Handzeichen *n*
~ **card** *n* [Off; TS] / Karteikarte *f*
~ **cylinder** *n* [EDP] / Indexzylinder *m*
index(ed-)sequential access *n* [EDP] / indexsequentieller Zugriff *m*
~ **storage** *n* [EDP] / Speicher mit indexsequentiellem Zugriff *m*
index entry *n* [Bk; Bib] / Registereintrag *m*
indexer *n* [Staff] / Auswerter *m* · Indexierer *m*
~ **consistency** *n* [Ind] *s. indexing consistency*
index file *n* [EDP] / Registerdatei *f*
~ **frame** 1 *n* (the first or last frame of a series of images on a microform that records a table of contents or index) [Repr] / Indexaufnahme *f*
~ **frame** 2 *n* (last grid area on a COM) [Repr] / Indexfeld *n*
~ **gap** *n* [EDP] ⟨DIN 44300⟩ / Indexmarke *f*
indexing *n* [Ind] ⟨ISO 5127/3a; ISO 5963⟩ / Indexierung *f* · Auswertung *f* · Erschließung *f* ‖ *s.a. concept indexing; consistency of indexing; depth of indexing; non-subject indexing; periodicals indexing; subject indexing*
~ **consistency** *n* [Ind] / Indexierungskonsistenz *f* ‖ *s.a. inter-indexer consistency*
~ **density** *n* [Ind] / Indexierungsdichte *f*
~ **depth** *n* [Ind] ⟨ISO 5127/3a⟩ / Indexierungstiefe *f*
~ **exhaustivity** *n* [Ind] / Indexierungstiefe *f*
~ **homogeneity** *n* [Ind] / Indexierungskonsistenz *f*
~ **language** *n* [Ind] ⟨ISO 1001; ISO 5964⟩ / Indexierungssprache *f*
~ **specificity** *n* [Ind] / Indexierungsspezifität *f*
~ **system** *n* [Ind] / Indexierungssystem *n* ‖ *s.a. controlled-vocabulary indexing system; natural-language indexing system*
~ **technique** *n* [Ind] / Indexierungsverfahren *n*

~ **term** / Indexwort *n* · Index-Terminus *m* · Indexierungsbezeichnung *f* ‖ *s.a. string of indexing terms*
index level *n* [Ind] / Indexstufe *f*
~ **line** *n* [Repr; Retr] / Indexlinie *f*
~ **register** *n* [EDP] ⟨ISO 2382/XII⟩ / Indexregister *n*
~ **slip** *n* [Off; TS] / Karteizettel *m*
~ **table** *n* [BdEq] / Tisch mit einem Regalaufsatz für Bibliographien, Adressbücher usw.
~ **term** *n* [Ind] *s. indexing term*
~ **track** *n* [EDP] / Indexspur *f*
~ **volume** *n* [Ind; Bk] / Registerband *m*
India ink *n* [Art] *US* / Tusche *f*
in-dialling *n* [Comm] / Durchwahl *f*
Indian ink *n* [Art] *Brit* / Tusche *f*
~ **ink drawing** *n* [Art] / Tuschzeichnung *f*
India paper *n* [Pp] / Dünndruckpapier *n*
indicative abstract *n* [Ind; Bib] ⟨ISO 5127/3a⟩ / indikatives Referat *n*
~-informative abstract *n* [Ind; Bib] / indikativ-informatives Referat *n*
indicator *n* [OrgM; EDP] ⟨ISO 11620⟩ / Indikator *m* ‖ *s.a. key indicator; range indicator*
~ **length** *n* [EDP] / Indikatorlänge *f*
indirect access *n* [EDP] / indirekter Zugriff *m*
~ **address** *n* [EDP] / indirekte Adresse *f* *EDP*
~ **relief** *n* [Prt] / indirekter Hochdruck *m*
individual author *n* [Bk] / Einzelautor *m* · Einzelverfasser *m*
~ **concept** *n* [Ind; Class] / Individualbegriff *m*
~ **items of furniture** *pl* [BdEq] / Einzelmöbel *pl*
~ **work** *n* / Einzelwerk *n*
induction course *n* [Ed] / Einführungslehrgang *m*
~ **training** *n* [Staff] / Einarbeitung *f* (eines neuen Mitarbeiters) ‖ *s.a. job training*
industrial agreement *n* [Staff] / Tarifvertrag *m*
~ **design** *n* [Art] / industrielle Formgebung *f*
~ **dispute** *n* [Staff] / Arbeitskonflikt *m*
~ **library** *n* [Lib] / (type of library:) Industriebibliothek *f* · (library in an industrial firm:) Firmenbibliothek *f* ‖ *s.a. commercial firm library*
~ **relations law** *n* [Law] / Arbeitsrecht *n*
~ **safety** *n* [OrgM] / Arbeitsschutz *f*
~ **shelving** *n* [Sh] *s. commercial shelving*

inexact equivalence n n (in a multilingual thesaurus) ⟨ISO 5964⟩ / unscharfe Äquivalenz f
infect v [Pres] / infizieren
infer v [KnM] / schliessen v · schlussfolgern v · rückschließen v · Schlüsse ziehen v · inferieren v ‖ s.a. fuzzy inference; inference
inference n [KnM] / Rückschluss m (to make inferences:Schlüsse ziehen; rückschließen) · Schluss(folgerung) m(f) ‖ s.a. analogical inference
inferential knowledge n [KnM] / Inferenzwissen n
~ **rule** n [KnM] / Inferenzregel f
inferior character n (subscript) [Prt] / Index m
~ **figure** n [Prt] s. inferior character
infest v [Pres] / befallen v (to be infested by/with...:befallen sein/werden von...) · verseuchen v ‖ s.a. infestation
infestant n [Pres] / Schädling m
infestation n [Pres] / Verseuchung f · Befall m ‖ s.a. contamination; fungal infestation; insect infestation; silverfish infestation
~ **of bookworms** n [Pres] / Bücherwurmbefall m
infinite loop n [EDP] / Endlosschleife f
inform v [Comm] / informieren v · benachrichtigen v
information n [Ref] / Auskunft f · Information f ‖ s.a. instant information
~ **age** n [InfSc] / Informationszeitalter n
informational abstract n [Ind; Bib] s. informative abstract
information analysis n [Ind] / Informationsanalyse f
~ **analysis centre** n [InfSy] ⟨ISO 5127/1⟩ / Informationsanalysezentrum n
~ **and communications technology** n [InfSc] / Informations- und Kommunikationstechnik f
~ **area** n [Repr] / Informationsfeld n
~ **broker** n [InfSy] / Informationsbroker m · (intermediary-searcher:) Informationsvermittler m
~ **card** n (for changes in title) [Cat] / Titelübersicht f
~ **carrier** n [InfSy] / Informationsträger m
~ **centre** n [InfSy] ⟨ISO 5127/1⟩ / Informationsstelle f · Informations- und Dokumentationsstelle f · IuD-Stelle f
~ **channel** n [InfSy] / Informationskanal m

~ **collecting** n [InfSc] / Informationsbeschaffung f · Informationssammlung f
~ **consultant** n [InfSy] / Informationsberater m
~ **content** n [InfSc] / Informationsgehalt m
~ **counselling** n [InfSy] / Informationsberatung f
~ **crisis** n [InfSc] / Informationskrise f
~ **database** n [InfSy] / Informationsbank f
~ **demand** n [InfSc] / Informationsbedarf m ‖ s.a. information needs
~ **density** n [InfSy] / Informationsdichte f
~ **desk** n [Ref] / Auskunftstisch m · Information f (Stelle für die allgemeine Auskunftserteilung) ‖ s.a. reference desk
~ **dissemination** n [InfSy] / Informationsverbreitung f ‖ s.a. selective dissemination of information
~ **economy** n / Informationswirtschaft f
~ **engineering** n [InfSy] / Informationstechnik f
~ **enquiry** n [Retr] / Informationssuche f
~ **evaluation** n / Informationsbewertung f
~ **exchange** n [InfSy] / Informationsaustausch m
~ **explosion** n [InfSc] / Informationsexplosion f
~ **facility** n [OrgM] / Informationseinrichtung f
~ **field** n [Comm] ⟨DIN/ISO 3309; 4335⟩ / Datenfeld n
~ **file** n [TS] s. in-process file
~ **flow** n [InfSc] / Informationsfluss m
~ **gain** n [InfSy] / Informationsgewinn m
~ **gap** n [InfSc] / Informationslücke f
~ **gathering** n [InfSc] / Informationsbeschaffung f · Informationssammlung f
~ **industry** n [InfSy] / Informationsindustrie f
~ **interchange format** n [EDP] s. communication format
information intermediary n [Retr; Staff] / Informationsvermittler m
~ **law** n [Law] / Informationsrecht n
~ **literacy** n [InfSc] / Informationskompetenz f
~ **literate** adj / informationskompetent adj
~ **loss** n [InfSc] / Informationsverlust m
~ **medium** n [InfSy] / Informationsträger m
~ **message** n (data communication) [Comm] / Übertragungszeichenfolge f
~ **needs** pl [InfSc] / Informationsbedürfnisse pl
~ **network** n [InfSc] / Informationsnetz n

~ **officer** *n* [Staff] / Auskunftsbeamter *m* ‖ *s.a. chief information officer*
~ **overload** *n* [InfSy] / Informationsüberlastung *f*
~ **policy** *n* [InfSc] / Informationspolitik *f*
~ **preparation** *n* [InfSc] / Informationsaufbereitung *f*
~ **processing** *n* [EDP] ⟨ISO 2382/1⟩ / Informationsverarbeitung *f*
~ **procurement** *n* [InfSy] / Informationsbeschaffung *f*
~ **professional** *n* [Staff] / Informationsfachkraft *f* · Informationsspezialist *m*
~ **provider** *n* [InfSy] / Informationsanbieter *m*
~ **provision** *n* [InfSy] / Informationsversorgung *f*
~ **psychology** *n* [InfSc] / Informationspsychologie *f*
~ **record** *n* [EDP] / Mitteilungssatz *m*
~ **requirements** *pl* / Informationsbedürfnisse *pl*
~ **retrieval** *n* [Retr] ⟨ISO/IEC 2382-1; ISO 5127/1⟩ / Informationsretrieval *n* · Informationswiedergewinnung *f* · Wiederauffinden von Informationen *n*
~ **retrieval language** *n* [Retr] / Informationsrecherchesprache *f*
~ **retrieval system** *n* [InfSy] / Retrievalsystem *n* · Speicher- und Zugriff-System *n* · Suchsystem *n* · Zugriffssystem *n* · Recherchesystem *n*
~ **science** *n* [InfSc] ⟨ISO 5127/1⟩ / Informationswissenschaft *f* · Informations- und Dokumentationswissenschaft *f*
~ **scientist** *n* [Staff] / Informationswissenschaftler *m*
~ **searching** *n* / Informationssuche *f*
~ **separator** *n* [EDP] / Informationstrennzeichen *n* ‖ *s.a. separating character*
~ **service** *n* / Informationsdienst *m* · (bulletin:) Informationsblatt *n*
~ **society** *n* [InfSc] / Informationsgesellschaft
~ **source** 1 *n* [Bib; Cat] / Fundstelle *f* · Informationsquelle *f* ‖ *s.a. principal source of information*
~ **source** 2 *n* (information theory) [InfSc] / Nachrichtenquelle *f*
~ **specialist** *n* [Staff] / Informationsfachkraft *f* · Informationsspezialist *m* ‖ *s.a. information consultant*
~ **staff** *n* [Ref; Staff] / Auskunftspersonal *n*
~ **store** *n* [InfSy] / Informationsspeicher *m*

~ **(super)highway** *n* [Comm] / Datenautobahn *f*
~ **system** *n* [InfSy] ⟨ISO 5127/1; ISO/IEC 2382-1⟩ / Informationssystem *n*
~ **technology** *n* [InfSy] / Informationstechnik *f*
~ **tool** *n* [Bib; Retr] / Informationsmittel *n*
~ **transfer** *n* [Comm] / Informationstransfer *m*
~ **utilization** *n* / Informationsnutzung *f*
~ **vocation** *n* [InfSc] / Informationsberuf *m*
~ **worker** *n* [Staff] / Informationskraft *f*
informative abstract *n* [Ind; Bib] ⟨ISO 5127/3a⟩ / informatives Referat *n*
~ **content** / Informationsgehalt *m*
infrastructural institution *n* [OrgM] / Infrastruktureinrichtung *f*
infrastructure *n* [InfSc] / Infrastruktur *f*
infringement *n* [Law] / Rechtsverletzung *f* ‖ *s.a. copyright infringement; patent infringement*
inheritance *n* (OOP) [EDP] / Vererbung *f* ‖ *s.a. downward inheritance; multiple inheritance; partial inheritance*
inhibitor *n* [Pres] / Hemmstoff *m* · Inhibitor *m* · (protective agent:) Schutzmittel *n*
in-house bindery *n* [OrgM] / Hausbuchbinderei *f*
~ **printery** *n* [OrgM; Prt] / Hausdruckerei *f*
~ **proof** *n* [Prt] / Hauskorrektur *f*
~ **system** *n* [InfSy] / innerbetriebliches System *n* · hausinternes System *n*
~ **training** *n* [Ed] / interne Ausbildung *f*
~ **use** *n* [RS] / Präsenzbenutzung *f*
initia *pl* [Bk] / Initia *pl*
initial capital *n* [BgAcc] / Startkapital *n*
~ **condition** *n* [EDP] / Anfangsbedingung *f*
~ **funding** *n* [BgAcc] / Anschubfinanzierung *f* · Starthilfe *f*
initialism *n* [Lin] ⟨ISO 1087; 5127; ISBD(S)⟩ / Initialkürzung *f*
initialization *n* [EDP] / Initialisierung *f*
~ **mode** *n* [Comm] / Vorbereitungsbetrieb *m*
initialize *v* [EDP] / initialisieren *v*
initial (letter) *n(n)* [Writ; Bk] / Initial(e) *n(f)* · Anfangsbuchstabe *m* ‖ *s.a. cock-up initial; drop initial; factotum (initial); figure initial; filigree initial; historiated initial; stamped initials*
~ **line** *n* [Retr] / Anfangszeile *f* · Startzeile *f*
~ **mode** [Retr] / Einleitungsmodus *m*
~ **printrun** *n* [Bk] / Startauflage *f*

~ **section** *n* (in a range) [Sh] / Grundregal *n*
init string *n* [EDP] / Init-String *n* · Initialisierungszeichenkette *f*
injured *pp* (bruised) [Bind] / bestoßen *pp*
ink 1 *n* (used in printing) [Prt] / Druckfarbe *f* · Farbe *f*
~ 2 *n* (writing ink) [Writ] / Schreibtinte *f* · Tinte *f* ∥ *s.a. iron gall ink*
~ **ball** *n* [Prt] / Druckerballen *m* · Farbballen *m* · Tampon *m*
~ **blot** *n* [Pres] / Tintenfleck *m*
~ **cartridge** *n* [Off] / Tintenpatrone *f*
~ **corrosion** *n* [Pres] / Tintenfraß *n*
~**ed ribbon** *n* [Off] / Farbband *n*
inker *n* [Prt] *s. ink(ing) roller*
ink(ing) roller *n* [Prt] / Farbwalze *f*
~**ing system** *n* [Prt] / Farbwerk *n*
~**jet nozzle** [EDP; Prt] / Tintenstrahldüse *f*
~**-jet printer** *n* [EDP; Prt] ⟨ISO 2382/XII⟩ / Tintenstrahldrucker *m*
~ **pad** *n* [Off] / Stempelkissen *n*
~ **ribbon** *n* [Off] / Farbband *n*
~ **rub** *n* [Pres] / Farbabrieb *m*
~ **stain** *n* [Pres] *s. ink blot*
inlaid binding *n* [Bind] / Intarsieneinband *m* · (leather insets:) Leder-Intarsienband *m*
inlay *n* (piece of leather inset in a cover differing in texture or colour) [Bind] / Intarsia *f* · Lederintarsie *f*
inlaying *n* [Bind] / Einlegearbeit *f*
in-library use *n* [RS] / Präsenzbenutzung *f*
inner joint *n* [Bind] / Ansetzfalz *n*
~ **margin** *n* [Prt] / Bundsteg *m* · Bund *m*
innovation *n* [InfSc] / Innovation *f*
innovative *adj* / innovativ *adj*
in print [Bk] *s. books in print*
~ **process** *n* [TS] / im Geschäftsgang *m* (der Buchbearbeitung)
~**-process file** *n* [TS] / Interimsnachweis *m* · (machine-readable file:) Interimsdatei *f* · (computing also:) Bearbeitungsdatei *f* · (card index:) Interimskartei *f* · Bearbeitungskartei *f*
~**-process record** *n* [TS] *s. in-process file*
~**-progress set** *n* [Bk] / Fortsetzungswerk *n* ∥ *s.a. multiple-volume set*
input *v/n* [EDP] / eingeben *v* · Eingabe *f* ∥ *s.a. manual input; parallel input; serial input*
~ **buffer** *n* [EDP] / Eingabepuffer *m*
~ **cataloguing workform** *n* [Cat] / Aufnahmebogen *m* ∥ *s.a. data input form*
~ **channel** *n* [Comm] / Eingangskanal *m*

~ **data** *pl* [EDP] ⟨ISO/IEC 2382-1⟩ / Eingabedaten *pl*
~ **device** *n* [EDP] / Eingabegerät *n*
~ **label** *n* [EDP] / Eingabekennsatz *m*
~ **mode** *n* [EDP] / Eingabemodus *m*
~**/output** *n* [EDP] / Eingabe/Ausgabe *f*
~**/output device** *n* [EDP] / Ein-/Ausgabeeinheit *f*
~**/output processor** *n* [EDP] / Ein-/Ausgabewerk *n* · Ein-/Ausgabeprozessor *m*
~ **queue** *n* [EDP] / Eingabewarteschlange *f*
~ **rate** *n* [EDP] / Eingabegeschwindigkeit *f*
~ **routine** *n* [EDP] / Eingaberoutine *f*
~ **time interval** *n* [EDP] / Eingabezeit *f*
~**ting device** *n* [EDP] / Eingabegerät *n*
~ **unit** *n* [EDP] / Eingabeeinheit *f*
in quires *pl* [Bk] *s. in sheets*
inquiry *n* [Retr] / Suchanfrage *f* · Abfrage *f* ∥ *s.a. enquiry; search 1*
inscribed copy *n* [Bk] / signiertes Exemplar *n* ∥ *s.a. presentation copy*
inscription *n* [Writ] / Inschrift *f*
insect infestation *n* [Pres] / Insektenbefall *m*
~ **pest** *n* [Pres] / Insektenschädling *m* ∥ *s.a. insect infestation*
~ **pests** / Schadinsekten *n*
~ **resistant paper** *n* / insektenfestes Papier *n*
insert 1 *v* [Bind; EDP] / zufügen *v* · einfügen *v* ∥ *s.a. insert 2; insert mode*
~ 2 *v* (microfilm strips into a jacket) [Repr] / eintaschen *v* · jacketieren *v*
~ 3 *n* [Sh] *s. shelf insert*
~ 4 *n* (in a periodical etc.) [Bk] ⟨ISBD(S)⟩ / Beilage *f* (accordion insert: Beilage in Zick-Zack- Falzung)
inserted leaf *n* [Bk] / eingeschaltetes Blatt *n* · Einschaltblatt *n*
inserter 1 *n* [Off] *s. inserting machine*
~ 2 *n* (jacket filler) [Repr] / Eintaschgerät *n* · Jacketiergerät *n*
inserting machine *n* [Off] / Kuvertiermaschine *f*
insertion *n* (in a periodical) [Bk] / Beilage *f*
~ **character** *n* [EDP] / Einfügezeichen *n*
~ **mark** *n* [Writ; Prt] / Einfügezeichen· Winkelzeichen *n* (Korrekturzeichen)
~ **opening** *n* (of a microfilm jacket) [Repr] US ⟨ISO 6196-4⟩ / Einschuböffnung *f*
insert mode *n* [EDP] / Einfügemodus *m*
in-service training *n* [Ed] / interne Ausbildung *f*

inset *n* [Cart; Bind] / (inset map:) Nebenkarte *f* (innerhalb des Kartenrahmens) · (binding:) Einsteckbogen *m* ‖ *s.a. adjacent area inset*
in sheets *pl* [Bk] / in Bogen *pl*
inside cover *n* [Bind] / Innendeckel *m* · Deckelinnenseite *f*
~ **margin** *n* [Prt] *s. inner margin*
inspect *v* / prüfen *v* (inspizieren, untersuchen)
inspection / Prüfung *f* (Inspektion) ‖ *s.a. building inspection; final inspection*
~ **copy** *n* [Acq] / Ansichtsexemplar *n* · Prüfstück *n* (für die Hand des Lehrers oder Professors) ‖ *s.a. approval copy*
~ **of files** *n* [Adm; Off] / Akteneinsicht *f*
install *v* [BdEq] / installieren
installation *n* [EDP] / Installation *f* ‖ *s.a. transport installation*
~ **program** *n* [EDP] / Installationsprogramm *n*
installment *n* [Bk] *US s. instal(l)ment*
instal(l)ment *n* [Bk; BgAcc] / (part payment:) Teilzahlung *f* · (payment by instal(l)ments:) Rate *f* · (fascicle:) Lieferung *f* · (part of a literary work published serially:) Fortsetzung *f* (a novel by/in insta(l)lments: ein Fortsetzungsroman) · Teillieferung *f* (bei Lieferungswerken) ‖ *s.a. payment by insta(l)lments*
instantiable *adj* [KnM] / konkretisierbar *adj*
instantiate *v* [KnM] / konkretisieren *v*
instant information *n* [InfSy] / Sofortinformation *f*
institute *n* [OrgM; Ed] / 1 Institut *n* · 2 (brief instruction course:) Fortbildungskurs *m*
~ **library** *n* [Lib] / Institutsbibliothek *f*
institution / Institution *f* · Anstalt *f* · (governed by public law:) öffentlich-rechtliche Anstalt *f*
institutional library *n* [Lib] / institutionsbezogene Bibliothek *f*
institution code *n* (indicating the library in which a copy of a bibliographic item my be found) [Lib; Cat] / Sigel *n*
~ **identifier** *n* (indicating thr library in which a copy of a bibliographic item may be found) [Lib; Cat] *s. institution code*
in stock *n* [Bk; Stock] / (librarianship:) vorhanden *adj* · (booktrade:) auf Lager *n*

instruction *n* [EDP; OrgM] / (programming:) Befehl *m* · (teaching:) Schulung *f* · Unterweisung *f* · Unterricht *f* · (direction:) Weisung *f* ‖ *s.a. branch instruction; computer instruction; jump instruction; keyboarding instruction; library instruction; microinstruction*
instructional budget *n* [BgAcc] / Lehrmitteletat *m*
~ **film** *n* [NBM; Ed] / Lehrfilm *m* · Unterrichtsfilm *m*
~ **materials** *pl* [Ed] / Lehrmaterialien *pl* · Unterrichtsmaterialien *pl* ‖ *s.a. self-instructional materials*
~ **objective** *n* [Ed] / Lernziel *n*
instruction code *n* [EDP] ⟨ISO 2382-6⟩ / Befehlscode *m* · Befehlsschlüssel *m*
~ **counter** *n* [EDP] / Befehlszähler *m*
~ **decoder** *n* [EDP] / Befehlsdecodierer *m*
~ **list** *n* [EDP] / Befehlsliste *f*
~ **register** *n* [EDP] ⟨ISO 2382/XII⟩ / Befehlsregister *n*
~ **repertory** *n* [EDP] *s. instruction set*
~ **set** *n* [EDP] ⟨ISO 2382/VII⟩ / Befehlsvorrat *m*
instructions for use *pl* [Gen] / Bedienungshinweise *pl* · Benutzungsanleitung *f*
instruction word *n* [EDP] ⟨ISO 2382/VII⟩ / Befehlswort *n*
instrumentation *n* [Mus] / Instrumentierung *f*
insular hand(writing) *n(n)* [Writ] *s. insular script*
~ **script** *n* [Writ] / insulare Schrift *f*
insulation *n* (of walls etc.) [BdEq] / Isolierung *f* (von Wänden usw.) ‖ *s.a. sound insulation*
insurance charges *pl* [BgAcc] / Versicherungskosten *pl*
insured parcel *n* [Comm] / Wertpaket *n*
intaglio (printing) *n* [Prt] / Tiefdruck *m* ‖ *s.a. photogravure; rotogravure*
intake *n* [Acq] / Neuerwerbung *f* · Zugang *m* · Neuzugang *m*
integer *n* [InfSc] / ganze Zahl *f*
integrate *v* [OrgM] / integrieren *v*
integrated circuit *n* [EDP] / integrierte Schaltung *f*
~ **library system** *n* [EDP] / integrierter Geschäftsgang *m* (Hard- und Software dafür)
~ **network** *n* [Comm] / integriertes Netz *n*

~ **shelving** *n* [Sh] / eine Aufstellungsart, bei der alle Bücher und anderen Medien in einer einzigen Folge aufgestellt sind.
~ **text and image processing** *n* (el.prepress) [ElPubl] / Bild-Text-Integration *f*
intellectual property *n* [Law] / geistiges Eigentum *n* ‖ *s.a. copyright I*
intelligent terminal *n* [EDP/VDU] / intelligentes Terminal *n*
intended audience *n* / Zielpublikum *n* · Zielgruppe
intension *n* (of a concept) [Ind; Class] / Begriffsinhalt *m* · Intension *f*
intensional definition *n* [InfSc] / Inhaltsdefinition *f*
interaction *n* [InfSy] / Interaktion *f* ‖ *s.a. voice interaction*
~ **data entry** *n* [EDP] / Dialogdatenerfassung *f*
interactive data processing *n* [EDP] / Dialogdatenverarbeitung *f*
~ **mode** *n* [EDP] ⟨ISO 2382/X⟩ / Dialogbetrieb *m* · Dialogverkehr *m* · interaktiver Betrieb *m*
~ **multimedia** *pl* [NBM; EDP] ⟨ISBD(ER)⟩ / interaktive Multimedia *pl*
~ **videotex** *n* [InfSy] / Bildschirmtext *m* · Btx *abbr*
interaxis *n* [Sh] / Achsabstand *m*
intercalated leaf *n* [Bk] / eingeschaltetes Blatt *n* · Einschaltblatt *n*
intercalation *n* [Class] / Interkalation *f*
~ **starter** *n* [Class] *s. intercalator*
intercalator *n* [Ind] ⟨ISO 5127/6⟩ / Interkalator *m* ‖ *s.a. fence*
interchangeable *adj* [InfSy] / austauschbar *adj*
~ **lens** *n* [Repr] / Wechselobjektiv *n*
interchange circuit *n* [Comm] / Schnittstellenleitung *f*
interchange file format *n* [EDP] / IFF_Format *f*
~ **format** *n* [Bib; Cat; EDP] / Austauschformat *n* ‖ *s.a. graphics interchange format*
~ **point** *n* [Comm] / Übergabestelle *f*
intercom(munication) system *n* [Comm] / Gegensprechanlage *f* · Wechselsprechanlage *f*
interconnect *v* [OrgM] / verknüpfen *v*
interdisciplinarity *n* [InfSc] / Interdisziplinarität *f*
interdisciplinary *adj* [InfSc] / fächerübergreifend *adj* · interdisziplinär *adj*

interest profile *n* [InfSy] / Interessenprofil *n*
interface *n* [EDP] ⟨ISO/IEC 2382/9⟩ / Schnittstelle *f* ‖ *s.a. agent interface; output interface; parallel interface; serial interface; standard interface; user interface*
~ **multiplier** *n* [EDP] / Schnittstellenvervielfältiger *m*
interfile *v* [Cat] / zwischenordnen *v*
interframe-time fill *n* [Comm] ⟨ISO 4335⟩ / Zeitüberbrückung *f* (zwischen DÜ-Blöcken)
intergovernmental body *n* [OrgM; Cat] / internationale Körperschaft *f* (auf Grund eines zwischenstaatlichen Abkommens eingerichtet)
interim report *n* [Bk] / Zwischenbericht *m*
inter-indexer consistency *n* [Ind] / Indexierungskonsistenz *f*
interior design *n* [BdEq] / Innenausstattung *f* · Innenarchitektur *f*
~ **equipment** *n* [BdEq] / Inneneinrichtung *f* ‖ *s.a. furnishing*
interlaced floral ornamentation *n* [Bk] / Blumenrankenornament *n*
interlacing *n* [Bind] / Bandwerk *n*
interleaf *n* [Bk] / Zwischenblatt *n*
interleave *v* [Bind] / durchschießen *v*
interleaved copy *n* [Bk] / durchschossenes Exemplar *n*
interleaved pages *pl* [Bk] / eingeschossene Leerseiten *pl*
interleaves *pl* [Bk] *s. interleaved pages*
interlending *n* [RS] ⟨ISO 2789⟩ *s. inter-library loan*
inter-library borrowing *n* [RS] / Fernleihe *f* · auswärtiger Leihverkehr *m* · Leihverkehr der Bibliotheken *m* · (borrowing function in inter-library loan:) nehmender Leihverkehr *m* · Fernentleihung *f*
~ **borrowing unit** *n* [OrgM] *s. inter-library loan division*
~ **cooperation** *n* [Lib] / bibliothekarische Zusammenarbeit *f*
~ **lending** *n* (ILL) [RS] / Fernleihe *f* · Leihverkehr der Bibliotheken *m* · auswärtiger Leihverkehr *m* · (lending function in inter-library loan:) gebender Leihverkehr *m* ‖ *s.a. interlibrary borrowing; inter-library loan; regional inter-library lending system*

inter loan

~ **loan** *n* [RS] / 1 Fernleihe *f* · Leihverkehr der Bibliotheken *m* · auswärtiger Leihverkehr *m* · 2 durch Ausleihe erledigte Fernleihbestellung · 3 (a book lent between libraries:) Fernleihbuch *n* ‖ *s.a. borrowing interlibrary loan*
~ **loan code** *n* [RS] / Leihverkehrsordnung *f*
~ **loan demand** *n s. inter-library loan request*
~ **loan division** *n* [OrgM] / Fernleihstelle *f*
~ **loan office** / Fernleihstelle *f*
~ **loan request** *n* [RS] / Fernleihbestellung *f* · Leihverkehrsbestellung *f*
~ **loan (request) form** *n* [RS] / Fernleihschein *m* ‖ *s.a. fax borrowing request form; international loan request form*
interlinear blank *n* [Prt] *s. interlinear space*
~ **glosses** *pl* [Bk] / Interlinearglossen *pl*
~ **space** *n* [Prt] / Zeilenabstand *m* · Durchschuss *m*
~ **translation** *n* [Bk] / Interlinearübersetzung *f*
interloan *n* [RS] ⟨ISO 3459-1⟩ *s. interlibrary loan*
~ **file** *n* [RS] / Fernleihregister *n* · (machine-readable file:) Fernleihdatei *f* · (card index:) Fernleihkartei *f*
~ **officer** *n* [Staff] / Fernleihbeamter *m*
intermediary *n* / Vermittler *m*
intermediary examination *n* [Ed] / Zwischenprüfung *f*
~**(-searcher)** *n* [Retr] / Informationsvermittler *m*
intermediate authority *n* [Adm] / Mittelbehörde *f*
~ **(copy)** *n* [Repr] ⟨ISO 6196/1⟩ / Zwischenkopie *f* · Zwischenoriginal *n*
~ **memory** *n* [EDP] / Zwischenspeicher *m* ‖ *s.a. buffer (storage)*
~ **node** *n* [InfSy] / Zwischenknoten *m*
~ **storage** *n* [Stock; EDP] / Zwischenspeicherung *f* · Zwischenspeicher *m* · Zwischenlagerung *f*
~ **stor(e)y** *n* [BdEq] / Zwischengeschoss *n* · Halbgeschoss *n*
intern *n* (student receiving practical training) [Ed] *US* / Praktikant *m* ‖ *s.a. internship*
~ **audit** *n* [OrgM] / Innenrevision *f*
internal file *n* [EDP] / Interndatei *f*
~ **guiding** *n* [BdEq] / Beschilderung *f* (innerhalb eines Gebäudes) · optisches Leitsystem *n*

~ **house journal** *n* [Bk] / Betriebszeitschrift *f* · Werkszeitschrift *f*
~ **market** *n* / Binnenmarkt *m*
~ **storage** *n* [EDP] ⟨ISO 2382/XII⟩ / Arbeitsspeicher *m* · Hauptspeicher *m* · Internspeicher *m* · Zentralspeicher *m* · Primärspeicher *m*
~ **training** *n* [Ed] / interne Ausbildung *f*
~ **truncation** *n* [Retr] / Innenmaskierung *f*
international body *n* [OrgM] / internationale Körperschaft *f*
~ **computer driving licence** *n* [EDP] / internationaler Computer-Führerschein *m*
~ **exchange of publications** *n* [Acq] / internationaler Schriftentausch *m*
~ **intergovernmental body** *n* [OrgM] ⟨AACR2⟩ / zwischenstaatliche Körperschaft *f* · internationale Körperschaft *f* (auf Grund eines zwischenstaatlichen Abkommens eingerichtet)
~ **interlending** *n* [RS] / internationaler Leihverkehr *m*
~ **interloans** *pl* [RS] / Bücher des Internationalen Leihverkehrs *pl* ‖ *s.a. international interlending*
international loan request form *n* [RS] / Bestellschein im Internationalen Leihverkehr *m* · internationaler Leihschein *m*
~ **office** *n* (of a university) / Auslandsamt *n*
~ **reply coupon** *n* [Comm] / internationaler Antwortschein *m*
International Standard Bibliographic Description *n* (ISBD) [Bib; Cat] ⟨ISO 5127/3a⟩ / Internationale Standardisierte Bibliographische Beschreibung *f* · ISBD *abbr*
International Standard Book Number *n* [Bk] ⟨ISO 2108: 1992; ISO 5127/3a; ISO 970; ISBD(M; CF)⟩ / Internationale Standard-Buchnummer *f* · ISBN *abbr*
~ **Standard Music Number** *n* / Internationale Standardnummer für Musikalien *f* · ISMN *abbr*
~ **Standard Recording Code** *n* (ISRC) [NBM] ⟨ISO/CD 3901⟩ / Internationaler Standard-Ton- und Bildtonaufnahme-Schlüssel *m* · ISRC *abbr*
~ **Standard Serial Number** *n* (ISSN) [Bk] ⟨ISO 3297; ISO 5127/3a; ISBD(S; CM); AACR2⟩ / Internationale Standardnummer für fortlaufende Sammelwerke *f* · ISSN *abbr*

Internet access *n* [Internet] / Internet-Zugang *m*
~ **café** *n* / Internet-Café *n*
~ **Protocol** *n* [Internet] / Internet-Protokoll *n*
~ **service provider** *n* [Internet] / Internet-Anbieter *m*
~ **surfer** *n* / Internetsurfer *m*
~ **surfing** *n* / Internetsurfen *n*
internship *n* [Ed] / Unternehmenspraktikum *n* · Betriebspraktikum *n* (to intern: ein Praktikum ableisten) ‖ *s.a.* **intern**
interpolate *v* [InfSc] / interpolieren *v*
interpreter 1 *n* [PuC] / Lochschriftübersetzer *m*
~ 2 *n* [EDP] / Interpreter *m* · Interpretierer *m*
interpreting machine *n* [PuC] *s.* **interpreter** *l*
interrogation *n* [Retr; Comm] / (information retrieval:) Abfrage *f* · (communication:) Stationsaufforderung *f*
~ **frequence** *n* [Retr] / Abfragefrequenz *f*
~ **mark** *n* [Writ; Prt] / Fragezeichen *n*
~ **program** *n* [Retr] / Abfrageprogramm *n*
interrupting time *n* [Comm] / Abschaltzeit *f*
interrupt(ion) *n(n)* (of a process in a processor) [EDP] / Unterbrechung *f* (eines Prozesses)
interruption in service *n* [OrgM] / Leistungsunterbrechung *f*
interrupt packet *n* [Comm] / Vorrangdatenpaket *n*
~ **request** *n* (IRQ) [EDP] / Unterbrechungsanforderung *f*
intersection *n* [InfSc] / Schnittmenge *f*
interspacing *n* [Prt] *s.* **letter spacing**
interval scale *n* [InfSc] / Abstandsskala *f*
interview *n* / Interview *n* · (with an applicant for a job:) Einstellungsgespräch *n* ‖ *s.a.* **depth interview; group interview; standardized interview; structured interview; unstructured interview**
in the press *n* [Prt] / im Druck *m*
~ **the trade** *n* [Bk] / im Handel *n* (erhältlich)
~ **time** *n* [RS] / fristgerecht *adj*
intra-facet connector *n* [Class] ⟨ISO 5127/6⟩ / Konnektor *m*
intralibrary form *n* [TS] / bibliotheksinternes Formular *n*
~ **loan** *n* [RS] / interner Leihverkehr *m* (zwischen Bibliotheken eines Systems)

intramural loan *n* [RS] / hausinterne Ausleihe *f*
introduction *n* [Bk] / Einleitung *f*
~ **into library use** *n* [RS] / Einführung in die Bibliotheksbenutzung *f*
introductory course *n* / Einführungskurs *m*
~ **offer** *n* [Bk] / Einführungsangebot *n*
~ **seminar** *n* [Ed] / Proseminar *n*
invalid *adj* [Law; OrgM] / ungültig *adj*
~ **frame** *n* [Comm] ⟨DIN/ISO 3309⟩ / ungültiger DÜ-Block
~ **reception** *n* [Comm] / ungültiger Empfang *m*
inventory 1 *v* (to ~ the book collection) [Stock] / eine Bestandsrevision machen *v*
~ 2 *n* [Stock] ⟨ISO 5127/3a⟩ / 1 (stocktaking:) Bestandsaufnahme *f* · Bestandsrevision *f* · Inventur *f* · 2 (list of goods in stock:) Bestandsverzeichnis *n* · Inventar(verzeichnis) *n(n)* · 3 (stock:) Bestand
~ **circulation system** *n* [RS] / ein Ausleihverbuchungssystem mit einer Positivdatei ‖ *s.a.* **absence circulation system**
~ **file** *n* [Stock] / Bestandsdatei *f*
inversion of the word sequence [Ind] / Inversion der Wortfolge *f*
invert *v* [Lin; Ind; EDP] / invertieren *v* ‖ *s.a.* **inversion of the word sequence**
inverted commas *pl* („) [Writ; Prt] / Anführungszeichen · Gänsefüßchen *pl* · Anführungsstriche *pl*
~ **file** *n* [EDP] / invertierte Datei *f*
~ **heading** *n* [Cat; Ind] / 1 (author-title cataloguing:) invertiertes Ordnungswort *n* · 2 (subject cataloguing:) invertiertes Schlagwort *n*
investigate *v* [InfSc] / untersuchen *v*
investment *n* [BdEq] / Investition *f*
~ **costs** *pl* [BgAcc] / Investitionskosten *pl*
invigorate *v* [Pres] / kräftigen *v* · stärken *v*
invisible college *n* [InfSc] / Invisible College *n*
invitation to bid *n* [Acq] / Ausschreibung *f*
invoice 1 *n* [BgAcc] / Rechnung *f* · Faktura *f* ‖ *s.a.* **proforma invoice**
~ 2 *v* [BgAcc] / fakturieren *v*
~ **amount** *n* [BgAcc] / Rechnungsbetrag *m* ‖ *s.a.* **sum payable**
~ **date** *n* [BgAcc] / Rechnungsdatum *n*
~ **in triplicate** *n* [BgAcc] / Rechnung in dreifacher Ausfertigung *f*
invoicing *n* [BgAcc] / Fakturierung *f* · Rechnungslegung *f*

invoke *v* [EDP] / anrufen *v*
involvement *n* [Staff] / Beteiligung *f* ·
Engagement *n* ‖ *s.a. staff involvement*
I/O *abbr* [EDP] *s. input/output*
I/O processor *n* [EDP] *s. input/output processor*
IP *n* [Internet] *s. Internet Protocol*
IP address *n* [Internet] / IP-Adresse *f*
ips *pl* [NBM] *s. inches per second*
IR *abbr* [Retr] *s. information retrieval*
Irish hand *n* [Writ] *s. Irish script*
~ **script** *n* [Writ] / irische Schrift *f*
iron gall ink *n* [Writ] / Eisengallustinte *f*
IRQ *abbr* [EDP] *s. interrupt request*
irrecoverable error *n* [Gen] / nicht behebbarer Fehler *m*
irretrievable *adj* [Stock] / vermisst *pp* · nicht auffindbar *adj* ‖ *s.a. not on shelf*
irreversible *adj* [Pres] / nicht umkehrbar *adj* · irreversibel *adj*
IRS *abbr* [Retr] *s. information retrieval system*
IS *abbr* [EDP] *s. information separator*
is-a relation *n* [KnM] / Zugehörigkeitsbeziehung *f* · Ist-Ein-Beziehung *f* · Generalisierungsbeziehung *f* · Zugehörigkeitsbeziehung *f*
ISBD *abbr* [Bib; Cat] ⟨ISO 2108⟩ *s. International Standard Bibliographic Description*
ISBN *abbr s. International Standard Book Number*
island (book)case *n* [Sh] / einzeln im Raum stehendes Bücherregal *n*
ISMN *abbr s. International Standard Music Number*
ISO character *n* [Repr] ⟨ISO 435⟩ / ISO-Testzeichen *n*
isolate *n* [Class] ⟨ISO 5127/6⟩ / Isolat *n*
isolated location *n* [EDP] / geschützter Speicherplatz *m*
isoline map *n* [Cart] / Isolinienkarte *f*
isopleth map *n* [Cart] / Isoplethenkarte *f*
ISO Testpattern No.2 *n* [Repr] ⟨ISO 6196/5⟩ / ISO-Testzeichen Nr 2 *n*
~ **word** *n* [Repr] ⟨ISO 6196/5⟩ / ISO-Testzeichengruppe *f*
ISRC *abbr* [NBM] *s. International Standard Recording Code*

ISSN *abbr* [Bib; Bk] ⟨ISO 3297; ISBD(M) ISBD(CF/ER)⟩ *s. International Standard Serial Number*
issue 1 *n* (a separately published part of a serial) [Bk] ⟨ISBD(S)⟩ / (series:) Band *m* · (periodicals:) Heft *n* · Nummer *f* · (newspapers:) Ausgabe *f* ‖ *s.a. accompanying issue; reissue; sample issue; single issue*
~ 2 *v* (e.g., to issue a book to a reader) [RS] / ausgeben *v* · ausleihen *v*
~ 3 *n* [RS] *s. loan* 2
~ 4 *v* (publish) [Bk] / veröffentlichen *v* · herausgeben *v*
~ 5 (part of an edition which differs from other copies either in the text of its title-page or in having undergone textual alterations) ⟨ISBD(A)⟩ / Teilausgabe *f*
~ **counter** *n* [RS] / Bücherausgabe *f* · Ausleihtheke *f* ‖ *s.a. charging desk*
~ **date** *n* [Bk; RS] / (publishing date:) Erscheinungsdatum · (lending date:) Ausgabedatum · Verleihdatum *n*
~ **desk** *n* [RS] *s. issue counter*
~ **number** *n* [Bk] / Heftnummer *f*
~ **point** *n* [RS] / Bücherausgabe *f* ‖ *s.a. charging desk*
~ **record** *n* [RS] *s. loan file*
~ **slip** *n* [RS] / Leihschein *m* (two-part slip: zweiteiliger Leihschein)
~ **statistics** *pl* [RS] / Ausleihstatistik *f* (betr. die Zahl der verliehenen Bände)
~ **system** *n* [RS] *s. issuing system*
issuing body *n* [Bk] ⟨ISBD(S)⟩ / herausgebende Körperschaft *f*
~ **system** *n* (for the record of loan transactions) [RS] / Verbuchungssystem *n* · Ausleihverbuchungssystem *n*
~ **unit** *n* [Bk; Cat] / herausgebende Stelle *f*
IT *abbr* [EDP] *s. information technology*
ital. *abbr* [Bk] *s. italic(s)*
italicization *n* [Prt] / Kursivschreibung *f*
italicized *pp* [Prt] / kursiv gedruckt *pp*
italic(s) *n(pl)* [Prt] *s. italic type*
italic type *n* [Prt] / (italics:) Kursivschrift *f* · (printing type:) Kursive *f*
item *n* [Gen; Cat; Stock] / Einheit · (of a collection:) Bestandseinheit *f* · (basis for a single bibliographic description:) Vorlage *f* ‖ *s.a. media item*
itemized account *n* / spezifizierte Abrechnung *f*

item on hold *n* [RS] / vorgemerkter Band *m*
~ **on the agenda** *n* [OrgM] / Tagesordnungspunkt *m*
itinerant bookseller *n* [Bk] / Reisebuchhändler *m*
Itinerary of the Book *n* (a CERL project) [PR] / Straße des Buches *f*
ivory paper *n* [Pp] / Elfenbeinpapier *n*
~ **side** *n* [Bind] / Elfenbeindeckel *m*

J

jack *n* [BdEq] / Buchse *f* · Steckerbuchse *f* ‖ *s.a.* headphone jack
jacket 1 *n* [Repr] / Mikrofilmjacket *n* · Jacket *n* · Mikrofilmtasche *f*
~ 2 *v* [Repr] / jacketieren *v*
~ 3 *n* (protective envelope for a sound disc) [NBM] / Plattenhülle *f* · Hülle *f* ‖ *s.a.* protective jacket
~ **band** *n* (strip of paper wrapped round a book-jacket) [Bk] / Buchbinde *f* · Buchschleife *f* · Bauchbinde *f*
~ **blurb** *n* [Bk] / Waschzettel *m* · Klappentext *m*
~ **design** *n* [Bind] / Umschlaggestaltung *f*
~ **filler** *n* [Repr] / Eintaschgerät *n* · Jacketiergerät *n*
~ **-flap** *n* [Bk] / Klappe *f* (des Buchumschlags) ‖ *s.a.* jacket blurb
~ **registration holes** *pl* [Repr] ⟨ISO 6196-4⟩ / Passlochung *f* · Passlöcher *pl* (einer Mikrofilmtasche)
~ **support sheet** *n* [Repr] ⟨ISO 6196-4⟩ / Standfolie *f* (einer Mikrofilmtasche)
jack panel *n* [EDP] / Steckschaltbrett *n*
jail library *n* [Lib] *s.* prison library
jam *n* (crowded mass) [Repr] / Stau *m* ‖ *s.a.* paper jam
janitor *n* [Staff] / (doorkeeper:) Pförtner *m* · (caretaker:) Hausmeister *m*
janitorial staff *n* [Staff] / Hauspersonal *n*

Jansenist binding *n* [Bind] / Jansenisteneinband *m*
Japanese paper *n* [Pp] / Japanpapier *n*
~ **tissue** *n* [Pp] *s.* Japanese paper
jewelled binding *n* [Bind] / Goldschmiedeband *m* · Kleinodienband *m*
jiffy bag *n* [Comm] / Versandtasche *f* (gepolstert)
jigsaw puzzle *n* [NBM] ⟨ISBD(NBM)⟩ / Puzzle *n*
job 1 *n* [OrgM] / Arbeitsplatz *m* · Stelle *f* · Stellung *f*
~ 2 *n* (task processed by a computer) [EDP] ⟨ISO 2382/X⟩ / Auftrag *m* ‖ *s.a.* print job
~ **accounting** *n* [EDP] / Auftragsabrechnung *f*
~ **advert** *n* [Staff] *s.* job advertisement
~ **advertisement** *n* [OrgM] / Stellenanzeige *f* · Stellenausschreibung *f*
~ **analysis** *n* [OrgM] / Arbeitsanalyse *f* · Arbeitsplatzanalyse *f*
~ **announcement** *n* [OrgM] / Stellenanzeige *f* ‖ *s.a.* position announcement
~ **applicant** *n* [Staff] / Stellenbewerber *m*
jobber *n* [Bk] *s.* book jobber
jobber's catalogue *n* [Bk] / Lagerkatalog (eines Buchhändlers)
jobbing font *n* [Prt] / Akzidenzschrift *f*
~ **printer** *n* [Prt] / Akzidenzdrucker *m*

~ **printing** *n* / Akzidenzdruck *m*
~ **type** *n* [Prt] / Akzidenztype *f*
~ **work** *n* [Prt] *s. jobbing printing*
job composition *n* [Prt] / Akzidenzsatz *m*
~ **control language** *n* [EDP] / Betriebssprache *f* · Steuersprache *f*
~ **control statement** *n* [EDP] / Betriebsanweisung *f*
~ **description** *n* [OrgM] / Tätigkeitsbeschreibung *f* · Stellenbeschreibung *f* · Arbeitsplatzbeschreibung *f* ‖ *s.a. occupational description*
~ **environment** *n* / Arbeitsumgebung *f* · Arbeitsumwelt *f*
~ **evaluation** *n* [OrgM] / Arbeitsplatzbewertung *f* · (in the civil service also:) Dienstpostenbewertung *f*
~**holder** *n* [Staff] / Stelleninhaber *n*
~**less** *adj* [Staff] / arbeitslos *adj*
~ **management** *n* [EDP] / Auftragsverwaltung *f*
~ **market** *n* [Staff] / Arbeitsmarkt *m*
~ **offer** *n* / Stellenangebot *n*
~ **opening** / freie Stelle
~ **opportunities** *pl* / Beschäftigungsaussichten *pl*
~ **opportunity** *n* [Staff] / Arbeitsstelle *f* (frei und besetzbar) ‖ *s.a. job opening*
~ **outlook** *n* / Beschäftigungsaussichten *pl*
~ **performance** *n* [OrgM] / Arbeitsleistung *f*
~ **placement** *n* / Stellenvermittlung *f*
~ **press** *n* [Prt] / Akzidenzdruckmaschine *f*
~ **printer** *n* [Prt] / Akzidenzdrucker *m*
~ **printing** *n* [Prt] / Akzidenzdruck *m*
~ **processing** *n* [EDP] / Auftragsabwicklung *f*
~ **prospects** *pl* [Staff] / Beschäftigungsaussichten *pl*
~ **rotation** *n* [OrgM] / Arbeitsplatzrotation *f*
~ **satisfaction** *n* [Staff] / Arbeitszufriedenheit *f*
~ **security** *n* [OrgM] / Arbeitssicherheit *f*
~ **seeker** *n* [Staff] / Arbeitssuchender *m*
~ **sharing** *n* [OrgM] / Arbeitsplatzteilung *f*
~ **specification** *n* [OrgM] / Tätigkeitsbeschreibung *f*
~ **specifications** *pl* [OrgM] / Arbeitsplatzanforderungen *pl* · Stellenanforderungen *pl*
~ **title** *n* [OrgM] / Berufsbezeichnung *f* · Stellenbezeichnung *f*

~ **training** *n* [Staff] / Einarbeitung eines neuen Mitarbeiters in seinen neuen Arbeitsplatz *f* ‖ *s.a. development training; induction training*
~ **vacancy** *n* [Staff] / freie Stelle · offene Stelle *f* · unbesetzte Stelle *f* · nichtbesetzte Stelle *f* ‖ *s.a. advertisement of a vacancy; notice of vacancy*
join *n* (in a flowchart) [OrgM] / Sammlung *f*
joiner's press *n* [Prt] / Handpresse *f* (aus Holz)
joint 1 *n* [Bind] / Gelenk *n* · Falz *m* (am Buchrücken) ‖ *s.a. closed joint; cloth joint; French joint; grooved joint; sunk joint; tight joint*
~ 2 *v* (to ~ strips of film; splice) [Repr] Brit ⟨ISO 4246⟩ / kleben *v*
~ **author** *n* [Bk] ⟨AACR2⟩ / Mitverfasser *m* · Mitautor *m*
~ **dependency** *n* [EDP] / Verbundabhängigkeit *f*
~ **edition** *n* / Gemeinschaftsausgabe *f*
~ **editor** *n* [Bk] / Mitherausgeber *m*
~ **project** *n* [OrgM] / Gemeinschaftsprojekt *n*
~ **publication** *n* [Bk] / gemeinschaftliche Veröffentlichung *f* ‖ *s.a. co-production*
~ **publishers** *pl* [Bk] / Gemeinschaftsverlag *m*
~ **task** *n* [OrgM] / Gemeinschaftsaufgabe *f*
~ **venture** *n* [OrgM] / Gemeinschaftsunternehmen *n*
~ **working group** *n* [OrgM] / gemeinsame Arbeitsgruppe *f*
journal *n* [Bk] ⟨ISBD(S; ER)⟩ / Zeitschrift ‖ *s.a. periodical; serial; specialist journal*
journalism *n* [Bk] / Journalimus *m*
journalist *n* [Bk] / Journalist *m*
journal use analysis *n* / Zeitschriftennutzungsanalyse *f*
jubilee publication *n* [Bk] / Jubiläumsschrift *f* ‖ *s.a. commemorative publication*
judicial publication *n* / Gerichtsveröffentlichung *f*
jump *n* (in a program flowchart) [EDP] ⟨ISO 2382-6⟩ / Programmverzweigung *f* · Verzweigung *f*
~ **instruction** *n* [EDP] / Sprunganweisung *f* · Sprungbefehl *m*
junction *n* (of program branches) [EDP] / Zusammenführung *f* (von Programmzweigen)

junior librarian *n* [Staff] / Bibliothekar in untergeordneter Stellung *m*
~ **library** *n* [Lib] / Kinderbibliothek *f*
just come out *pp* [Bk] *s. just published*
justification *n* [Prt] / Randausgleich *m* · Ausschluss *m* ‖ *s.a. full justification; left justified; ragged-right setting; right adjusted*

justify *v* [Prt] / ausschließen *v* ‖ *s.a. full justification; left justified; right adjusted; unjustified setting*
just issued *pp* [Bk] / soeben erschienen *pp*
~ **published** *pp* / soeben erschienen *pp*
juvenile book *n* [Bk] / Jugendbuch *n*
~ **literature** [Bk] / Kinderliteratur *f* · Kinder- und Jugendliteratur *f*

Kalamazoo visible index *n* [Ind] / Sichtregister in Buchform *n* (der Firma Kalamazoo)
kardex *n* [Acq] / Kardex *m*
keeper *n* [Staff] / Kustos *m*
kerf *n* [Bind] / Kerbe *f*
kern 1 *n* (part of a type projecting beyond its body) / Nachbreite *f*
~ 2 *v* (reduce the space between letters) [Prt] / unterschneiden *v*
kerned letters *pl* [Prt] / unterschnittene Buchstaben *pl*
kernel (program) *n(n)* [EDP] / Kernprogramm *n*
kerning *n* [Prt] ⟨ISO/IEC 2382-23⟩ / Unterschneidung *f* (das Unterschneiden) ∥ *s.a. autokerning*
~ **function** *n* [ElPubl] / Unterschneidfunktion *f*
~ **table** *n* [Prt] / Tabelle der Unterschneidungswerte *f*
~ **values** *pl* [ElPubl] / Unterschneidungswerte *pl*
kettle stitch *n* [Bind] / Fitzbund *m*
key 1 *n* (part of a keyboard) [Off; EDP] / Taste *f* ∥ *s.a. cancel key; delete key; escape key; function key; hotkey; return key; space key*
~ 2 *v* (sth.in) / eintippen *v*
~ **ability** *n* [Ed] *s. key qualification*
keyboard 1 *n* [Off; EDP] ⟨ISO 2382/8⟩ / Tastatur *f* · Tastenfeld *n*

~ 2 *v* (enter by means of a keyboard) [EDP] / eintasten *v* · erfassen *v* (über eine Tastatur) ∥ *s.a. keyboarding instruction*
key|boarder *n* [Staff] / Datentypist *m*
~**boarding instruction** *n* [EDP] / Datenerfassungsanweisung *f*
~**board layout** *n* [EDP; Off] / Tastaturanordnung *f*
~**(board)-to-tape unit** *n* [EDP] / Magnetbanderfassungsgerät *n*
~ **control** *n* [EDP] / Tastensteuerung *f*
~ **entry area** *n* [EDP] / Eintastbereich *m*
~ **figure** *n* [OrgM] / Kennzahl *f*
~ **indicator** *n* [OrgM] / Kennziffer ∥ *s.a. performance indicator; utility indicator*
~ **issues** *pl* [InfSc] / aktuelle Themen *pl*
~**lock** *n* [EDP] / Tastensperre *f* · Betriebsschloss *n* · Schlüsselschalter *m*
~**pad** *n* [Comm] / Fernsteuerung *f* · (for selecting a channel on a television set:) Fernbedienung *f*
~ **qualification** *n* [Ed] / Schlüsselqualifikation *f*
~**stroke** *n* [Off; EDP] ⟨ISO 5138/9⟩ / Tastenanschlag *m* · Anschlag *m*
~ **technology** *n* [InfSc] / Schlüsseltechnologie *f*
~ **title** *n* (in conjunction with an ISSN) [Bk] ⟨ISO 3297; ISO 5127/3a; ISBD(M; S; CM; PM; ER) AACR2⟩ / ISSN-Titel *m* · Schlüsseltitel *m*

~-to-disk unit *n* [EDP] / Magnetplatten-Erfassungsgerät *n*
~-to-tape-unit *n* [EDP] / Magnetbanderfassungsgerät *n*
~-word *n* [Ind; Retr] ⟨ISO 5127/6⟩ / Schlüsselwort *n* · Stichwort *n* · (database inquiry:) Suchwort *n*
keyword and context index *n* [Ind] / KWAC-Register *n*
~ in context index *n* [Ind] / KWIC-Register *n*
~ index *n* [Ind] / Stichwortregister *n*
~ out of context index *n* [Ind] / KWOC-Register *n*
kinderbox *n* [BdEq] *Brit* / Bilderbuchtrog *m*
kind of binding *n* [Bind] / Einbandart *f*
~ of type *n* [Prt] / Schriftart *f*
kit *n* [BdEq] / Satz *m* (von funktional zusammengehörenden Teilen) · Bausatz *m* ‖ *s.a.* add-on kit; laboratory kit; multimedia kit; repair kit; upgrade kit
klischograph *n* [Prt] / Klischograph *m*
knife folder *n* [Bind] / Messerfalzmaschine *f*
knock *v* (ISDN feature) [Comm] / anklopfen *v*
~ down 1 *n* [Acq] / (auction:) Zuschlag *m* ‖ *s.a.* hammer price
~ down 2 *v* (at an auction) [Bk] / zuschlagen *v* (knock down sth. to sb.:jmd. etwas zuschlagen) ‖ *s.a.* hammer price

knotwork *n* [Bind] / Knotenwerk *n*
knowledge acquisition *n* [KnM] / Wissenserwerb *m*
~ base *n* / Wissensbasis *f*
~-based society *n* [KnM] / Wissensgesellschaft *f*
~ based system *n* [InfSc] / wissensbasiertes System *n*
~ capture *n* [KnM] / Wissenserwerb *m*
~ classification *n* [Class] / wissenschaftliche Klassifikation *f*
~ database *n* [KnM] / Wissensbank *f*
~ distribution *n* [KnM] / Wissensverbreitung *f*
~ domain [KnM] / Wissensgebiet *n*
~ of languages *n* [Lin] / Sprachkenntnisse *pl*
~ pool *n* [KnM] / gemeinsam genutzte Wissensbasis *f* ‖ *s.a. fund of knowledge*
~ processing *n* [KnM] / Wissensverarbeitung *f*
~ representation *n* [KnM] / Wissensrepräsentation *f* · WR *abbr*
KR *abbr* [KnM] *s. knowledge representation*
kraftpaper *n* [Pp] / Kraftpapier *n*
KWAC index *n* [Ind] *s. keyword and context index*
KWIC index *n* [Ind] *s. keyword in context index*
KWOC index *n* [Ind] *s. keyword out of context index*

L

label 1 *n* [Bind] / Etikett *n* ·
Schild(chen) *n(n)* ‖ *s.a. address label;
back label; bar-code(d) label; class mark
label; spine label*
~ 2 *n* [EDP] ⟨ISO 2382-4⟩ *s. label record*
~ 3 *v* [Bind] / beschildern *v* · etikettieren *v*
~ **group** *n* [EDP] / Kennsatzgruppe *f*
~**holder** *n* [Sh] / Beschriftungsträger *m*
~ **identifier** *n* [EDP] / Kennsatzname *m*
label(l)ing *n* [Bind] / Etikettierung *f* ·
Beschilderung *f* ‖ *s.a. lettering 1; shelf
label(l)ing; spine label(l)ing*
~ **machine** *n* [TS] / Etikettiermaschine *f*
~ **unit** *n* [OrgM] / Klebestelle *f*
label number *n* [EDP] / Kennsatznummer *f*
~ **paper** *n* [Pp] / Etikettenpapier *n*
~ **printer** *n* [BdEq] / Etikettendrucker *m*
~ **record** *n* [EDP] ⟨ISO 1001; ISO 2382/15⟩ / Kennsatz *m* ‖ *s.a. record label*
~ **set** *n* [EDP] / Kennsatzfamilie *f*
laboratory kit *n* [NBM] ⟨ISBD(NBM)⟩ /
Experimentierkasten *m*
~ **library** *n* [Lib] / Laborbibliothek *f*
labour cost(s) *n(pl)* [BgAcc] /
Arbeitskosten *pl* · Personalkosten *pl* ‖
s.a. saving in labour
~ **court** *n* / Arbeitsgericht *n*
~ **demand** / Arbeitskräftebedarf *m*
~ **dispute** *n* [Staff] / Arbeitskonflikt *m*
~ **intensive** *adj* [OrgM] / arbeitsintensiv *adj*
~ **law** *n* [Law] / Arbeitsrecht *n*
~ **market** *n* [Staff] / Arbeitsmarkt *m*

~ **productivity** *n* [OrgM] /
Arbeitsproduktivität *f*
~ **shortage** *n* [OrgM] / Arbeitskräftemangel *m*
lace binding *n* [Bind] / Spitzenmuster-Einband *m*
~**work** *n* [Bind] / Spitzenmuster *n*
lacquered binding *n* [Bind] /
Lackeinband *m*
lacuna *n* [Stock] / Bestandslücke *f*
(pl:lacunae)
laid-in *n* [BK; NBM] / eingelegtes Blatt *n* ·
Einlage *f*
laid lines *pl* [Pp] / Rippung *f* ·
Ripplinien *pl*
~ **paper** *n* [Pp] / geripptes Papier *n* ‖ *s.a.
chain-lines; wire marks*
lambskin *n* [Bind] / Lammleder *n*
laminate *v* [Pres] / (encapsulate:)
einbetten *v* · laminieren *v* · foliieren *v* ·
kaschieren *v* ‖ *s.a. delaminate*
laminated binding *n* [Bind] /
Folieneinband *m* · laminierter Einband *m*
laminating machine *n* [Pres] /
Heißsiegelpresse *f* ‖ *s.a. laminator*
~ **paper** *n* [Bind] / Kaschierpapier *n*
lamination *n* [Bind; Pres] / Kaschierung *f*
· Laminierung *f* · Folienkaschierung *f*
· Foliierung *f* · (document repair:)
Einbettung *f* ‖ *s.a. hand lamination;
thermoplastic lamination*
~ **sheet** *n* [Pres] / Schutzfolie *f*

laminator *n* [Bind] / Laminiergerät *n* · Laminator *m* · Kaschiermaschine *f*
lampoon [Bk] / Schmähschrift *f* · Spottschrift *f* ‖ *s.a. libel*
LAN *abbr* [Comm] *s. local area network*
landscape format *n* [Bk] / Horizontalformat *n* · Querformat *n*
language *n* [Lin] / Sprache *f* ‖ *s.a. artificial language; knowledge of languages; natural language; technical language*
~ **barrier** *n* [Lin] / Sprachbarriere *f*
~ **bibliographer** *n* [Staff; Acq] *US* / Sprachenreferent *m*
~ **constituency** *n* [Lin] / Sprachgemeinschaft *f*
~ **expertise** *n* [Lin] / Sprachkenntnisse *pl*
~ **laboratory** *n* [BdEq] / Sprachlabor *n*
~ **learning materials** *pl* [Ed] / Sprachlehrmittel *pl*
~ **proficiency** / Sprachkenntnisse *pl*
~-**proficiency test** *n* [Ed] / Sprachprüfung *v*
lantern slide *n* (obs.) [Repr] / Dia *n* · Groß-Dia *n* · Diapositiv *n* · Lichtbildplatte *f*
lapidary *n* [Bk] / Steinbuch *n*
lap reader *n* [Repr] / Kleinstlesegerät *n*
large folio *n* [Bk] / Großfolio *n*
~-**format book** *n* [Bk] / Großformat *n*
~-**format printing** *n* / Großformatdruck *m*
~-**print book** *n* [Bk] / Großdruckbuch *n*
~-**print edition** *n* [Bk] / Großdruckausgabe *f*
~-**size book** *n* [Bk] / Großformat *n* (Buch in Großformat)
laser cleaning *n* [Pres] / Laserreinigung *f*
~ **disc** *n* [EDP] / Bildplatte *f*
~ **printer** *n* [EDP] / Laserdrucker *m*
~ **typesetting** *n* [Prt] / Lasersatz *m*
latency (time) *n(n)* [EDP] / Latenzzeit *f*
lateral file *n* [BdEq] / Hängeregistratur *f* (die Taschen sind seitlich abgehängt)
latitude [Cart] / geographische Breite *f* ‖ *s.a. line of latitude; parallel of latitude*
laudation *n* [Gen] / Laudatio *f*
laudatory speech *n* [Gen] / Laudatio *f* · Lobrede *f*
laureate *n* [Bk] / Preisträger *m* ‖ *s.a. Nobel laureate; Peace Prize laureate*
lavatory *n* [BdEq] / 1 Waschraum *m* · 2 Toilette *f*
lavender (print) *n* [Repr] ⟨ISO 4246⟩ / Lavendel(kopie) *n(f)*
law calf (n) [Bind] / Kalbleder *n* (für juristische Bücher)

~ **gazette** *n* [Bk; Law] / Gesetzblatt *n* · juristische Zeitschrift *f*
~ **library** *n* [Lib] / juristische Bibliothek *f*
~ **of employment** *n* [Law] / Arbeitsrecht *n*
~ **on equal treatment for men and women** *n* [Law] / Gleichstellungsgesetz *n* ‖ *s.a. equal opportunities for women*
layer *n* (ISO Open Systems Architecture) [Comm] / Schicht *f* ‖ *s.a. application layer; network layer; session layer*
~ **model** *n* [EDP] / Schichtenmodell *n*
layout *n* / Layout *n* ‖ *s.a. keyboard layout*
~ **character** *n* [EDP] / Formatsteuerzeichen *n*
l.c. *abbr* [Prt] *s. lower case (letters)*
LCD *abbr* [BdEq] *s. liquid-crystal display*
lead *n* (metal strip used to create space between lines of type) [Prt] / Reglette *f* ‖ *s.a. leads*
leader 1 *n* (blank section of a film at the beginning of a roll of film) [Repr] ⟨ISO 6196-4⟩ / Vorlauf *m*
~ 2 *n* (in a newspaper) [Bk] / Leitartikel *m*
leaders *pl* (lines of dots intended to direct the reader's eye across the page) [Prt] / Leitpunkte *pl*
leadership behaviour *n* [OrgM] / Führungsverhalten *n*
leading *n* [Prt] *s. leads*
~ **article** *n* / Leitartikel *m*
~ **theme** *n* [Bk] / Leitthema *n*
~ **zero** *n* [EDP] / führende Null *f*
lead microfiche *n* [Repr] / der erste Microfiche in einem Satz von Microfiches
leads *pl* (strips of lead used to separate lines of type) [Prt] / Blindmaterial *n*
leaf *n* [Bk] ⟨AACR2⟩ / Blatt *n* ‖ *s.a. gold leaf; inserted leaf; intercalated leaf; interleaf*
~ **casting** *n* [Pres] / Angießen *n* · Anfasern *n*
~ **casting machine** *n* [Pres] / Anfasergerät *n*
leaflet *n* [NBM] / Blättchen *n* · (instructional ~:) Merkblatt *n* · (advertising ~:) Reklamezettel *m* · (flier:) Flugblatt *n* · (folder:) Faltblatt *n*
learned *adj* / wissenschaftlich *adj* · gelehrt *pp*
~ **society** *n* [InfSc] / gelehrte Gesellschaft *f*
learning objective *n* [Ed] / Lernziel *n*
~ **process** *n* [InfSc] / Lernprozess *m* ‖ *s.a. outcomes of learning*
~ **resource centre** *n* [NBM] *s. resource centre*

~ **society** *n* [InfSc] / Lerngesellschaft *f*
lease *v/n* / Miete *f* · mieten *v*
leased line *n* [Comm] / Mietleitung *f* · Standleitung *f* ‖ *s.a. dedicated line*
leather *n* [Bind] / Leder *n* ‖ *s.a. crushed leather*
 ~ **binding** *n* [Bind] / Leder(ein)band *m* · (with the sections sewn on raised bands and the boards snugly fitting into deep grooves:) Franzband *m*
 ~**cloth** *n* / Kunstleder *n*
 ~**-cut decoration** *n* [Bind] / Lederschnittornamentik *f*
 ~ **dressing** *n* [Pres] / Lederpflegemittel *n*
leatherette *n* [Bind] / Lederpapier *n* · Kunstleder *n* · Kunstlederpapier *n*
 ~ **paper** *n* [Bind] / Kunstlederpapier *n*
leather inlay *n* [Bind] *s. inlay*
 ~ **inlaying** *n* [Bind] / Ledereinlegearbeit *f*
 ~ **mosaic** *n* / Ledermosaik *n*
 ~ **onlay** *n* [Bind] / Lederauflage *f*
 ~ **paper** *n* [Bind] / Kunstlederpapier *n*
leave claim *n* [Staff] / Urlaubsanspruch *m*
 ~ **(of absence)** *n* [Staff] / Urlaub *m* ‖ *s.a.* child-raising leave; disability leave; entitlement to leave; maternity leave; research leave; sabbatical leave; sick leave; ticket-of-leave
 ~ **schedule** *n* [Staff] / Urlaubsplan *m*
 ~ **with pay** *n* [Staff] / bezahlter Urlaub *m*
lectern *n* [Ed; BdEq] / Lesepult *n* · Pult *n* · (stand for a lecturer:) Katheder *n*
lectionary *n* [Bk] / Lektionar *n* · Perikopenbuch *n*
lecture *n* [Ed] / 1 (discourse:) Vortrag *m* · 2 (instructional discourse in a university etc.:) Vorlesung *f* ‖ *s.a.* guest lecture; paper 3; slide lecture
 ~ **hall** *n* [BdEq] / Vortragssaal *m* · (in a university:) Hörsaal *m*
 ~ **monitoring** *n* [Ed] / Unterrichtsmitschau *f*
 ~ **period** *n* (in a university) [Ed] / Vorlesungszeit *f* ‖ *s.a. non-lecture period*
lecturer *n* [Ed] / Dozent *m* ‖ *s.a.* adjunct lecturer; visiting lecturer
lecture room *n* [BdEq] / Vortragssaal *m* · Vortragsraum *m* ‖ *s.a.* lecture hall; lecture theatre
 ~ **series** *n* [Comm] / Vortragsreihe *f*
lectureship *n* [Ed] / Dozentur *f*
lecture theatre *n* [Ed] / Hörsaal *m* (mit ansteigenden Rängen)
 ~ **timetable** *n* / Vorlesungsplan *m* (Zeitplan)

LED *abbr s. light emitting diode*
LED display *n* [BdEq] / Leuchtanzeige *f*
ledger [BgAcc] / Hauptbuch *n* · Geschäftsbuch *n* (Buch mit allen Geschäftsvorfällen)
 ~ **card** *n* [BgAcc] / Kontokarte *f*
 ~ **catalogue** *n* [Cat] *s. guard book catalogue*
 ~ **paper** *n* [Pp] / Registerpapier *n* · Geschäftsbücher-Papier *n*
left-aligned *pp* [Prt; EDP] ⟨ISO/IEC 2382-23⟩ / linksbündig *adj*
 ~ **justified** *pp* / linksbündig *adj*
 ~ **truncation** *n* [Retr] / Frontmaskierung *f* · Linksmaskierung *f* · Linkstrunkierung *f*
legacy *n* [Acq] ⟨ISO 5127/3a⟩ / Vermächtnis *n* · Legat *n* ‖ *s.a.* bequest; estate
 ~ **application** *n* [KnM] / Altanwendung *f*
 ~ **data** *pl* [KnM] / ältere Daten *pl* · Altdaten *pl*
 ~ **hardware** *n* [KnM] / ältere Hardware *n*
 ~ **system** *n* [KnM] / Altsystem *n* · älteres System *n*
legal claim (to) / Rechtsanspruch *m* (auf)
 ~ **database** *n* [InfSy] / juristische Datenbank *f*
 ~ **data processing** *n* [EDP] / juristische Datenverarbeitung *f*
 ~ **deposit** *n* [Acq] ⟨ISO 5127/3a⟩ / Pflichtabgabe *f* (gemäß Pflichtexemplarrecht) · Pflichtexemplarabgabe *f* ‖ *s.a. deposit copy*
 ~ **deposit collection** *n* [Stock] / Pflichtexemplarbestand *m*
 ~ **deposit library** *n* / Pflichtexemplarbibliothek *f*
 ~ **deposit privilege** *n* / Pflichtexemplarrecht *n* (Recht auf den Erhalt von Pflichtexemplaren)
 ~ **deposit regulations** *pl* [Law] / Pflichtexemplarbestimmungen *pl*
 ~ **deposit unit** *n* [Acq; OrgM] / Pflichtexemplarstelle *f*
 ~ **entitlement** *n* [Law] / Rechtsanspruch *m*
 ~ **supervision** *n* [Adm] / Rechtsaufsicht *f*
legend 1 *n* (story based on tradition) [Bk] / Legende *f*
 ~ 2 *n* (of an illustration) [Bk] ⟨ISO 5127/2⟩ / Bildlegende *f*
 ~ 3 *n* (of a map) [Cart] / Legende *f* · Zeichenerklärung *f*
legibility *n* [Repr] / Lesbarkeit *f*
legible *adj* [Writ] / leserlich *adj* · lesbar *adj* ‖ *s.a. illegible*
legislation *n* [Law] / Gesetzgebung *f*

legislature library *n* [Lib] /
Parlamentsbibliothek *f*
leisure reading *n* [Bk] / Freizeitlektüre *f*
~ **requirements** *pl* / Freizeitbedürfnisse *pl*
~ **time** / Freizeit *f* (Zeit der Muße)
lend *v* [RS] / verleihen *v* · ausleihen *v* ‖ *s.a.
loan*
lending *n* [RS] / Leihe *f* · Ausleihe *f*
~ **collection** *n* [Stock] / Ausleihbestand *m*
~ **copy** [RS] / Leihexemplar *n* ·
verleihbares Exemplar *n*
~ **date** *n* / Verleihdatum *n*
~ **department** *n* [OrgM; Stock] *Brit*
/ Ausleihe *f* · Leihstelle *f* · (stock:)
Abteilung mit verleihbarem Bestand
~ **desk** *n* [RS] / Ausleihtisch *m* ·
Ausleihtheke *f* · Ausleihtresen *m* ·
(enclosed counter:) Ausleihschalter *m*
~ **holdings** *pl* [Stock] *s. lending collection*
~ **library** *n* [Lib] / 1 Ausleihbibliothek *f* ·
2 Leihbibliothek *f* (gewerblich)
~ **record** *n* [RS] / (machine-readable
file:) Ausleihdatei *f* · (card index:)
Ausleihkartei *f*
~ **regulations** *pl* [RS] / Ausleihbedingungen *pl*
~ **restriction** *n* [RS] / Ausleihbeschränkung *f*
~ **royalty** *n* (public lending right) /
Bibliothekstantieme *f*
~ **stock** *n* [Stock] / Ausleihbestand *m*
length of datafield *n* [EDP] / Feldlänge *f*
~ **of loan** *n* [RS] / Leihfrist *f*
~ **of service** *n* [Staff] / Dienstalter *n*
lens *n* [Repr] / Linse *f* · (system of lenses:)
Objektiv *n* ‖ *s.a. interchangeable lens;
wide-angle lens; zoom lens*
~ **stop** *n* [Repr] / Blende *f*
~ **tissue** *n* [Pp; Repr; Pres] / Josephs-Papier *n* · Josépapier *n*
lent *pp* [RS] / ausgeliehen *pp*
letter 1 *n* (alphabetic symbol) [InfSy; Writ;
Prt] ⟨ISO 2382/IV⟩ / Buchstabe *m* ‖ *s.a.
small letter*
~ **2** *v* [Writ; Bk] / beschriften *v* · (label:)
beschildern *v* ‖ *s.a. lettering 1*
~ **3** *n* (printing type) [Prt] / Letter *f* ·
Drucktype *f*
~ **4** *n* (written communication) [Comm]
/ Brief *m* ‖ *s.a. accompanying letter;
circular (letter); correspondence; cover
letter; registered letter*
~**box** *n* [BdEq] / Briefkasten *m*
~**-by-letter arrangement** *n* [Cat] / Ordnung
Buchstabe für Buchstabe *f*

~**-by-letter filing** *n* [Bib; Cat] / Ordnung
Buchstabe für Buchstabe *f*
~**card** *n* [Off] / Briefkarte *f*
lettered scroll *n* (banner) / Spruchband *n*
letter folding machine *n* [Off] ⟨ISO 5138/5⟩
/ Brieffalzmaschine *f*
~**head** *n* [Off] / 1 Briefkopf *m* · 2
Kopfbogen *m* ‖ *s.a. letterheaded paper*
~**headed paper** *n* [Off] / Schreibpapier mit
Briefkopf *n* · Kopfbögen *pl*
lettering 1 *n* (impressing the title on the
book cover) [Bind] / Titeldrucken *n* ‖ *s.a.
spine lettering*
~ **2** *n* (of books, periodicals) [Writ; Bk]
/ Beschriftung *f* ‖ *s.a. label(l)ing; map
lettering*
~ **on (the) spine** *n* [TS] /
Rückenbeschriftung *f*
~ **pallet** *n* [Bind] *s. pallet*
letter of application *n* [Staff] /
Bewerbungsschreiben *n*
~ **opening machine** *n* [Off] ⟨ISO 5128/4⟩ /
Brieföffnungsmaschine *f*
~ **paper** *n* [Off] / Briefpapier *n*
letterpress *n* [Prt] *s. letterpress printing*
~ **binding** *n* [Bind] / der Einband von
gedruckten Büchern ‖ *s.a. stationery
binding*
~ **composition** *n* [Prt] / Bleisatz *m*
~ **paper** *n* [Pp] / Hochdruckpapier *n*
~ **printer** *n* [Prt] / Buchdrucker *m*
~ **printing** *n* [Prt] / Buchdruck *m* ·
Hochdruck *m*
~ **(printing) machine** *n* [Prt] /
Buchdruckerpresse *f*
~ **rotary press** *n* [Prt] / Hochdruck-Rotationsmaschine *f*
~ **title-page** *n* [Bk] / typographischer
Titel *m*
~ **typesetting** *n* [Prt] *s. letterpress
composition*
letter quality *n* (text processing) [EDP]
⟨ISO /IEC 2382-23⟩ / Briefqualität *f*
~ **recognition** *n* [KnM; EDP] /
Buchstabenerkennung *f*
letterset [Prt] / indirekter Hochdruck *m* ·
Letterset *m* · Trockenoffset *m*
letter|space *v* [Prt] / sperren *v* ‖ *s.a. spaced
type*
~**-spaced** *pp* [Prt] / gesperrt gedruckt *pp*
letterspacing *n* [Prt] / Spationieren *n* ·
Sperrung *f*
letters patent *n/pl* [Law] / Patenturkunde *f*
letter to the editor *n* [Bk] / Leserzuschrift *f*
~**-writer** *n* / Briefschreiber *m*

levant *n* [Bind] / Maroquin bester Qualität mit besonders hervortretender Narbung
level *n* [Gen] / (position ona scale:) Stufe *f* · Niveau *n* · (horizontal plane:) Ebene *f* ‖ *s.a. floor 1; one-level description; stack level*
~ **of description** *n* [Cat] ⟨AACR2⟩ / Beschreibungsstufe *f* ‖ *s.a. multi-level description; one-level description; two-level description*
~ **of literacy** *n* [InfSc] / Alphabetisierungsgrad *m*
~ **of management** *n* [OrgM] / Führungsebene *f*
~ **of performance** *n* [OrgM] / Leistungsniveau *n*
~ **of satisfaction** *n* [InfSc] / Zufriedenheitsgrad *m*
~ **of security classification** *n* [Law; Arch] / Geheimhaltungsgrad *m*
lexicological factoring *n* [Ind] / morphologische Zerlegung *f*
lexicon *n* [Bk] ⟨ISO 5127⟩ / Lexikon *n* · Wörterbuch *n*
LF *abbr* [EDP] *s. line feed*
liabilities *pl* [Law] / Verpflichtungen *pl* · Verbindlichkeiten *pl*
liability *n* [Law] / Belastung · (responsibility:) Haftung ‖ *s.a. limitation of liability*
~ **slip** *n* [RS] / eine Empfangsquittung für ein nur innerhalb der Bibliothek zu benutzendes Buch
liable *adj* [Law] / haftbar *adj*
libel *n* [Bk] / Pasquill *n* · Schmähschrift *f* · Libell *n* ‖ *s.a. lampoon*
librarian *n* [Staff] / 1 Bibliothekar · 2 (library director:) Bibliotheksdirektor *m* ‖ *s.a. assistant librarian 1; certified librarian; chartered librarian; library assistant 1; library associate; library technical assistant*
~**-in-charge** *n* [OrgM] / Bibliothekar *m* (verantwortlich für eine Abteilung usw.)
librarianship *n* [Lib] ⟨ISO 5127/1⟩ / Bibliothekswesen *n*
librarianship|, information and documentation / Bibliothekswesen, Information und Dokumentation · BID *abbr*
librarian's office *n* [BdEq] / Direktorzimmer *n*
library *n* [Lib] ⟨ISO 2789; ISO 5127/1; ISO 11620⟩ / Bibliothek *f* · Bücherei *f*

~ **administration** *n* [Lib] / Bibliotheksverwaltung *f*
~ **assistant** 1 *n* [Staff] *Brit* / (academic libraries:) Bibliotheksassistent *m* · (public libraries:) Assistent an Bibliotheken *m*
~ **assistant** 2 *n* [Staff] *US* / ein Mitarbeiter mit nichtbibliothekarischer Fachkompetenz *m*
~ **associate** *n* [Staff] / qualifizierter nichtbibliothekarischer Mitarbeiter mit Spezialaufgaben
~ **association** *n* [Lib] / Bibliotheksverband *m*
~ **authority** *n* [Lib] / Amt für Bibliotheken *n* · Bibliotheksbehörde *f*
~ **automation** *n* [EDP] / Bibliotheksautomatisierung *f*
~ **award** *n* [Lib] / Bibliothekspreis *m*
~ **binding** *n* [Bind] / Bibliothekseinband *m*
~ **board** *n* [OrgM] / Bibliotheksvorstand *m*
~ **book jobber** *n* [Bk; Acq] *US* / Buchhändler *m* (spezialisiert auf die Belieferung von Bibliotheken)
~ **building** *n* [BdEq] / (the act of building a library as well as the finished building:) Bibliotheksbau *m* · (the finished building also:) Bibliotheksgebäude *n*
~ **centre** *n* [Lib] / Bibliothekszentrum *n*
~ **classification** *n* [Class] / bibliothekarische Klassifikation *f*
~ **closure** *n* [OrgM] / Bibliotheksschließung *f* · Schließung *f*
~ **collection** *n* [Stock] ⟨ISO 2789⟩ / Bibliotheksbestand *m*
~ **committee** *n* [OrgM] / Bibliothekskommission *f* · Bibliotheksausschuss *m*
~ **consortium** *n* [Lib] / (for the joint management of electronic publications:) Bibliothekskonsortium *n* · (library co-operative:) Bibliotheksverbund *m*
~ **cooperation** *n* [Lib] / bibliothekarische Zusammenarbeit *f*
~ **director** *n* [Staff] / Bibliotheksdirektor *m*
~ **directory** *n* [Bk] / Bibliotheksadressbuch *n*
~ **discount** *n* [Acq] / Bibliotheksrabatt *m*
~ **economy** *n* [Lib] / Bibliotheksbetriebslehre *f* · Bibliotheksverwaltungslehre *f*
~ **edition** *n* [Bk] / Bibliotheksausgabe *f*
~ **education** *n* [Ed] / Bibliothekarausbildung *f*
~ **employee** *n* [Staff] ⟨ISO 2789⟩ / Bibliotheksangestellter *m*
~ **equipment** *n* [BdEq] / Bibliothekseinrichtung *f*

~ **extension** n [Lib] / Bibliotheksarbeit außerhalb der Bibliothek (mit dem Ziel, bibliotheksferne Personen zu erreichen) ‖ s.a. outreach services
~ **for the blind** n [Lib] / Blindenbibliothek f
~ **for use** / Gebrauchsbibliothek f
~ **friends** pl / Förderverein m
~ **furniture** n [BdEq] / Bibliotheksmöbel pl
~ **guide** n [RS] / Bibliotheksführer m · Benutzungsführer m
~ **hall** n [BdEq] / Bibliothekssaal m
~ **hand** n [Writ] / Büchereihandschrift f
~ **handbook** n [RS] / Bibliotheksführer m
~ **historian** n [Lib] / Bibliothekshistoriker m
~ **history** n [Lib] / Bibliotheksgeschichte f
~ **holdings** pl [Stock] / Bibliotheksbestand m
~ **hours** pl [RS] / Öffnungszeiten pl (der Bibliothek)
~ **instruction** n [RS] / Benutzerschulung f (hands-on instruction: Schulung am Objekt, z.B. am Computer)
~ **introduction** n [RS] / Bibliothekseinführung f
~ **journal** n [Lib] / Bibliothekszeitschrift f
~ **law** n [Law] / 1 (legal framework for libraries:) Bibliotheksrecht n · 2 (library act:) Bibliotheksgesetz n
~ **legislation** n [Law] / Bibliotheksgesetzgebung f
~ **management** n [OrgM] / Bibliotheksleitung f · Bibliotheksverwaltung f
~ **management system** n [Lib; EDP] / Bibliotheksverwaltungssystem n
~ **member** n [RS] / eingetragener Benutzer m (non-active member in a file: Karteileiche) · eingeschriebener Benutzer m
~ **membership application form** n [RS] / Anmeldeformular n (für die Eintragung als eingeschriebener Benutzer)
~ **move** n [BdEq] / Umzug m (einer Bibliothek)
~ **network** n [Lib] ⟨ISO 5127/1⟩ / Bibliotheksverbund m · Bibliotheksnetz n
~ **of an institution of higher education** n ⟨ISO 2789⟩ / Hochschulbibliothek f
~ **of a rural community** n s. rural library
~ **of deposit** n [Acq] / Pflichtexemplarbibliothek f
~ **policy** n [Lib] / Bibliothekspolitik f
~ **provision to disadvantaged groups** n / soziale Bibliotheksarbeit f

~ **regulations** pl [Lib] / Bibliotheksordnung f · (regulations of usage:) Benutzungsordnung f
~ **representative** n (in an academic department) [Staff] / Bibliotheksbeauftragter m
~ **research** 1 n (research activities in librarianship) [Lib] / Bibliotheksforschung f
~ **research** 2 n (searching in libraries) [Ref] / Recherchen in der Bibliothek pl (unternommen von Benutzern)
~ **resources** pl [Stock] s. library collection
~ **rules** pl [Lib] / Bibliotheksordnung f ‖ s.a. library regulations; loan library rules
~ **scene** n [Lib] / Bibliothekslandschaft f
~ **school** n [Ed] / Bibliotheksschule f · Bibliothekarlehrinstitut n
~ **school graduate** n [Ed] / Bibliotheksschulabsolvent m
~ **science** n [Lib] ⟨ISO 5127/1⟩ / Bibliothekswissenschaft f
~ **sign** n [PR] / Bibliothekssignet n ‖ s.a. logo(type) 1
~'s **premises** pl [BdEq] / Bibliotheksgelände f
~ **staff** n [Staff] / Bibliothekspersonal n
~ **stamp** n [Off; TS] / Bibliotheksstempel m
~ **statistics** pl; (method or theory:) sing in constr [Lib] / Bibliotheksstatistik f
~ **statutes** pl [Lib] / Bibliotheksordnung f
~ **supplier** n [Acq] / Bibliothekslieferant m
~ **survey** n [InfSc] / Erhebung f · Umfrage f (unter Bibliotheken)
~ **system** n [Lib] ⟨ISO 5127/1⟩ / Bibliothekssystem n
~ **technical assistant** n [Staff] / (academic libraries:) Bibliotheksassistent m · (public libraries:) Assistent an Bibliotheken m
~ **ticket** n [RS] / Benutzerkarte f
~ **tour** n [RS] / Bibliotheksrundgang m · Rundgang m (durch die Bibliothek) ‖ s.a. guided tour
~ **usage** n / Bibliotheksbenutzung f
~ **use** n [RS] / Bibliotheksbenutzung f ‖ s.a. introduction into library use
~ **use only** n [RS] / nur zur Benutzung in der Bibliothek f ‖ s.a. for reference only
~ **user** RS / Bibliotheksbenutzer m ‖ s.a. user
~ **van** n [Lib] / Bücherbus m ‖ s.a. mobile (library)
~ **visit** n [RS] / Besuch m (einer Bibliothek)

~ **warehouse** *n* [Stock] / Speichermagazin *n*
~ **week** *n* [PR] / Woche der Bibliotheken *f*
librettist *n* [Mus] / Textdichter *m* · Librettist *m*
libretto *n* (of an opera etc.) [Mus] / Textbuch *n* · Libretto *n*
licence *n* [Law] *Brit* / Genehmigung *f* · Lizenz *f* (für eine bestimmte Berufsausübung) · Berechtigung *f* (eine bestimmte Tätigkeit ausüben zu dürfen) ‖ *s.a. royalty-free licence*
licence agreement *n* [Law] / Lizenzvereinbarung *f*
licenced edition *n* [Bk] / Lizenzausgabe *f*
licencee *n* [Law] / Lizenznehmer *m* · Lizenzinhaber *m*
licence fee *n* [InfSy] / Lizenzgebühr *f* ‖ *s.a. royalty 2*
~ **free** *adj* [BgAcc] / lizenzfrei
~ **to copy** *n* [Law] / Kopierlizenz *f*
~ **to print** *n* [Bk] / Druckerlaubnis *f*
licencing *n* [Law] / Lizenzierung *f*
license *n US s. licence*
life expectancy *n* [Pres] / Lebenserwartung *f*
~**long learning** *n* [Ed] / lebenslanges Lernen *n*
lift *n* [BdEq] *Brit* / Aufzug *m* · Fahrstuhl *m* ‖ *s.a. elevator; goods lift; hoist*
ligature *n* [Writ; Prt] / Ligatur *f*
light *v* [BdEq] / beleuchten *v* (:to highlight a problem:ein Problem beleuchten)
~ **barrier** *n* [BdEq] / Lichtschranke *f*
~ **box** *n* [Repr] / Dia-Tischgerät *n* · Leuchtkasten *m*
~ **control** *n* [Pres] / Lichtschutz *m*
~ **emitting diode** *n* (LED) [BdEq] / Leuchtdiode *f* ‖ *s.a. LED display*
~ **exposure** *n* [Repr] ⟨ISO 6196/1⟩ / Belichtung *f* ‖ *s.a. exposure 2*
~ **face** *n* [Prt] / magere Schrift *f*
~**-fast** *adj* [Pres; Prt] / lichtecht *adj* ‖ *s.a. colour-fast; fugitive; light fastness*
~ **fastness** *n* [Pres] / Lichtechtheit *f* ‖ *s.a. resistant to light*
lighting *n* [BdEq] / Beleuchtung *f*
light pen *n* [EDP] / Lichtgriffel *m* · Lichtstift *m* ‖ *s.a. bar-code reader*
~ **reading** *n* [Bk] / Unterhaltungslektüre *f*
~**-sensitive** *adj* [Repr] / lichtempfindlich *adj*
~ **setting** *n* [Prt] / Lichtsatz *m* ‖ *s.a. photocomposition*
~ **table** *n* [NBM] / Leuchttisch *m*
~ **type** *n* [Prt] *s. light face*

~ **wand** *n* [EDP] / Strichcode-Leser *m* · Handleser *m*
~**-weight buckram** *n* [Bind] / Kunstleinen *n*
lignin *n* [Pp] / Lignin *n*
lilliput book *n* [Bk] / Liliputbuch *n*
limitation of liability *n* [Law] / Haftungsbeschränkung *f*
~ **(restriction) on access to records etc.** [Arch] / Benutzungsbeschränkung *f*
limited cataloguing *n* [Cat] / Kurztitelaufnahme *f* · Kurztitelkatalogisierung *f*
~ **edition** *n* [Bk] / beschränkte Auflage *f* · limitierte Auflage *f*
limp binding *n* [Bind] / biegsamer Einband *m* · flexibler Einband *m*
~ **cloth** *n* [Bind] / biegsamer Gewebeband *m*
line 1 *n* [EDP/VDU; Prt; Writ] / Linie *f* · Strich *m* · Zeile *f* ‖ *s.a. blank line; broken line; dotted line; line of text; outline(s)*
~ 2 *n* [Comm] *s. transmission line*
~ 3 *v* (cover the inside surface) / füttern *v* · hinterkleben *v/n* ‖ *s.a. back-lining 1; spine back lining*
~ 4 *v* (mark with lines) [Writ; Prt] / linieren *v*
~ **and staff organization** *n* [OrgM] / Stab-Linien-Organisation *f*
linear metre *n* [Sh] / laufender Meter *m* · (shelving:) Regalmeter *m*
~ **notation** *n* [Class] ⟨ISO 5127/6⟩ / sequentielle Notation *f* · lineare Notation *f*
~ **programming** *n* [EDP] / lineare Programmierung *f*
line arrangement *n* (of the images on a microfiche) [Repr] / Reihenanordnung *f*
~ **art** *n* [Art] / Grafik *f* · Schwarz-Weiß-Grafik *f* · (line-art drawing:) Strichabbildung *f*
~**-at-a-time printer** *n* [EDP; Prt] ⟨ISO 2382/XII⟩ / Zeilendrucker *m*
~ **block** [Prt] / Strichklischee *n* · Strichätzung *f*
~ **chart** *n* [InfSc] / Strichdiagramm *n* · Kurvendiagramm *n* · Liniendiagramm *n*
~ **copy** *n* [Repr] / Strichkopie *f* (Kopie nach Strichvorlagen)
~ **cut** *n* [Prt] *s. line engraving*
~ **drawing** *n* [Art] / Strichzeichnung *f*
~ **engraving** *n* [Art; Prt] ⟨ISO 5127-3⟩ / Stich in Linien-/Grabstichelmanier *m*
~ **etching** *n* [Prt] / (the process of ~:) Strichätzung *f* · (line block:) Strichklischee *n*

line feed

~ **feed** n [EDP] / Zeilenvorschub m
~ **graph** n [InfSc] / Kurvendiagramm n · Strichdiagramm n
~ **graphics** pl/sing / Liniengraphik f
~ **length** n [Prt] / Zeilenlänge f · Zeilenbreite f
~ **management** n [OrgM] / Linienorganisation f
linen n [Bind] / Leinen n
line noise n [Comm] / Leitungsgeräusch n
linen paper n [Pp] / Leinenpapier n
line numeration n [Bk] / Zeilennummerierung f
~ **of holes** n [PuC] / Lochzeile f
~ **of latitude** n [Cart] / Breitenkreis m
~ **of text** n [EDP] ⟨ISO/IEC 2382-23⟩ / Textzeile f
~ **organization** n [OrgM] / Linienorganisation f ‖ s.a. line and staff organization
~ **original** n [Repr] / (line document:) Strichvorlage f
~ **printer** n [EDP; Prt] / Zeilendrucker m
~ **print-out** n [EDP] / Zeilenausdruck m
~ **reproduction** n [Repr] / Strichkopie f
~ **space** n [EDP/VDU] / Zeilenabstand m
~ **spacing** n [Prt] / Grundzeilenabstand m · Zeilenabstand m
~ **speed** n [Comm] / Leitungsgeschwindigkeit f
~ **switching** n [Comm] / Durchschaltetechnik f
~ **through** v [Writ] / durchstreichen v
~ **time out** n [Comm] / Leitungszeitsperre f
~ **to line spacing** n [EDP] / Zeilenabstand m
~ **transmission error** n [Comm] / Übertragungsfehler m
~ **voltage** n [EDP] / Netzspannung f
~ **width** n [Prt] / Zeilenbreite f
linguistic equivalence n (in a multilingual thesaurus) [Ind] ⟨ISO 5127/6⟩ / fremdsprachige Äquivalenz f
linguistics pl but usually sing in constr [Lin] / Linguistik f
lining n [Bind] / (material placed in the spine of a book:) Rückeneinlage f · (pastedown:) Spiegel m ‖ s.a. spine back lining
~ **paper** / (paste-down endpaper:) Spiegel m · Überzugspapier n ‖ s.a. self-lining
~ **(up)** n [Bind] / Hinterkleben n (des Buchrückens)

link n [Ind] / Verknüpfung f ‖ s.a. hierarchical link; referential link; target link
link 1 v [Retr] ⟨ISO 5127/3a⟩ / verknüpfen v ‖ s.a. connect
~ 2 n [Ind] ⟨ISO 5127/3a⟩ / Koppelungsindikator m · Verknüpfungsindikator m
linkage (editor) n [EDP] / Binder m · Binderprogramm n
~ **operand** n [Retr] / Verknüpfungsoperator m
linker n [EDP] s. linkage (editor)
link icon n (hypertext) [EDP] / Verknüpfungssymbol n
~ **indicator** n [Ind] / Koppelungsindikator m · Verknüpfungsindikator m
linking n [Ind] / Verknüpfung f (Vorgang)
link protocol n [Comm] / Übermittlungsvorschrift f
linocut n [Art] ⟨ISO 5127-3⟩ / Linolschnitt m
linoleum block n [Art] / Linoleumplatte f
linotype (machine) n [Prt] / Linotype f · Zeilensetz- und -gießmaschine f
linson n [Bind] / Linson n
liquid-crystal display n (LCD) [BdEq] / Flüssigkristallanzeige f
list 1 n [Bib; Cat] / Verzeichnis n · Liste f
~ 2 v [Bib] / auflisten v · verzeichnen v ‖ s.a. listing
~ **box** n [EDP/VDU] / Listenfeld n
listener n / Zuhörer m/pl
listening booth n [BdEq] / Abhörkabine f
~ **equipment** n s. listening facility
~ **facility** n [BdEq] / Abhöranlage f ‖ s.a. playing facility
~ **place** n [BdEq] / Abhörplatz m
~ **room** n [BdEq] / Abhörraum m
listing n [Ind; EDP; Prt] ⟨ISBD(ER)⟩ / Auflistung f · (printout:) Listenausdruck m
~ **title** n [Mus] / Listentitel m
list of illustrations n [Bk] / Abbildungsverzeichnis n
~ **of references** n [Bk; Bib] / Literaturnachweis m
~ **price** n [Bk] / Listenpreis m
~ **processing** n / Listenverarbeitung f
literacy n / Lese- und Schreibfähigkeit f ‖ s.a. computer literacy; illiteracy; information literacy; level of literacy
~ **course** n [Ed] / Alphabetisierungskurs m
~ **programme** n [Ed] / Alphabetisierungsprogramm n

literal mnemonic (notation) *n* [Class] / sprechende Notation *f*
literary agent *n* [Bk] / Literaturagent *m*
~ **archives** *pl* [Arch] / Literaturarchiv *n*
~ **award** *n* [Bk] / Literaturpreis *m* ‖ *s.a.* children's book award
~ **contest** *n* [Bk] / Literaturwettbewerb *m*
~ **prize** *s. literary award*
~ **publishing house** *n* [Bk] / Literaturverlag *m*
~ **remains** *pl* [Arch] / literarischer Nachlass *m* · schriftlicher Nachlass *m* ‖ *s.a. bequest; estate; legacy*
~ **supplement** *n* (of a newspaper) [Bk] / Literaturbeilage *f*
~ **warrant** *n* [Bk] / Gesamtheit der Literatur zu einem Sachgebiet/Thema *f*
literature *n* [Bk] / Literatur *f* · Schrifttum *n* ‖ *s.a. acquisition of literature*
~ **archives** *pl* [Arch] / Literaturarchiv *n*
~ **provision** *n* [RS] / Literaturbereitstellung *f* · Literaturversorgung *f*
~ **review** *n* [Bib] / (survey of progress in a subject:) Literaturbericht *m*
~ **search** *n* [Retr] / Literaturrecherche *f* · Literatursuche *f*
~ **survey** *n* [Bib] *s. literature review*
litho *n* [Art; Prt] / Litho *n* · Lithographie *f*
litho|graph *n* [Art; Prt] ⟨ISO 5127-3⟩ / Lithographie *f* · Litho *n*
~**graphy** *n* [Art; Prt] / Steindruck *m* · Lithographie *f* ‖ *s.a. colour lithography*
~ **paper** *n* [Pp] / Flachdruckpapier *n*
~ **plate** *n* [Art] / Steinplatte *f*
littérateur *n* (literary person) [Bk] / Literat *m*
little-used material *n* [Stock] / wenig benutztes Material *n*
liturgical book *n* [Bk] / liturgisches Buch *n*
live copy *n* [Prt] / noch nicht abgesetztes Manuskript *n*
~ **load** *n* [BdEq] / Nutzlast *f* · Verkehrslast *f*
~ **matter** *n* [Prt] / Satz, von dem noch nicht gedruckt worden ist *m* · (if held for future use:) Stehsatz *m*
~ **type** *n* [Prt] *s. live matter*
LMS *abbr* [Lib] *s. library management system*
load *v* (a program etc.) [EDP] / laden *v* (ein Programm ~)
loadable *adj* [EDP] / lauffähig *adj* · ablauffähig *adj*

load-bearing capacity *n* [BdEq] / Tragfähigkeit *f* ‖ *s.a. imposed load; live load*
~-**bearing wall** *n* [BdEq] / tragende Wand *f*
~-**carrying wall** *n* [BdEq] *s. load-bearing wall*
loaded paper *n* [Pp] *s. coated paper*
loading dock *n* [BdEq] US *s. loading ramp*
~ **platform** *n* / Laderampe *f*
~ **ramp** *n* [BdEq] / Laderampe *f*
loan *n* [RS] / Leihgabe *f*
loan 1 *n/v* (to lend) [RS] / verleihen *v* · ausleihen *v* ‖ *s.a. lend*
~ 2 *n* (the act of lending/something lent) [RS] ⟨ISO 2789; ISO 11620⟩ / Ausleihe *f* (on ~:ausgeliehen) · Ausleihfall *m* (number of loans: Zahl der Ausleihfälle) · (thing lent to be returned:) Leihgabe *f* ‖ *s.a. deposit loan; extramural loan; interlibrary loan; intralibrary loan; intramural loan; local loan; long-term loan; not for loan; overnight loan; short loan; shortterm loan*
loanable *adj* / ausleihbar *adj* · verleihbar *adj*
loan collection *n* [Stock] / Ausleihbestand *m*
~ **department** *n* [OrgM] / Leihstelle *f* · Ausleihe *f*
~ **desk** *n* [RS] / Ausleihtheke *f* ‖ *s.a. lending desk*
~ **desk schedule** *n* [OrgM] / Dienstplan für die Ausleihe *m*
~ **fee** *n* [RS] / Leihgebühr *f*
~ **file** *n* [RS] / (machine-readable file:) Ausleihdatei *f* · (card index:) Ausleihkartei *f*
~ **library rules** *pl* [RS] / Ausleihbestimmungen *pl* · Ausleihbedingungen *pl* (einer Bibliothek)
~ **period** *n* [RS] / Leihfrist *f*
~**(s) record** *n* [RS] *s. loan file*
~ **statistics** *pl* [RS] / Ausleihstatistik *f*
~ **status** *n* RS / Ausleihstatus *m*
~ **system** *n* [RS] / Ausleihverbuchungssystem *n*
~-**word** *n* [Lin] / Lehnwort *n*
lobby *n* [BdEq] ⟨ISO 6707/1⟩ / Vorhalle *f* · Eingangshalle *f* · Vestibül *n*
local access *n* [EDP] ⟨ISBD(ER)⟩ / lokaler Zugang *m*
~ **archives** *pl* [Arch] / Gemeindearchiv *n*
~ **area network** (LAN) [EDP] / lokales Netz *n*
~ **authorities** *pl* / Gemeindeverwaltung *f* · städtische Behörden *pl*

local authority   396

~ **authority** / Ortsbehörde *f*
~ **call** *n* [Comm] / Ortsgespräch *n*
~ **circulation** *n* [RS] *s. local lending*
~ **code** *s. area code*
~ **collection** *n* / Lokalbestand *n* · ortsbezogener Bestand *m* (bezogen auf den geographischen Bereich, der die Bibliothek angehört)
~ **directory** *n* [Bk] / Ortsadressbuch *n*
~ **edition** *n* (of a newspaper etc.) [Bk] / Stadtausgabe *f*
~ **government** *n* [Adm] / Gemeindeverwaltung *f* · Kommunalverwaltung *f*
~ **lending** *n* [RS] / Ortsausleihe *f* · Ortsleihe *f*
~ **loan** *n* [RS] *s. local lending*
~ **network** 1 *n* [Comm] / Ortsnetz *n*
~ **network** 2 *n* [EDP] *s. local area network*
~ **news editor** *n* (of a newspaper) [Bk] / Lokalredakteur *m*
~ **news room** *n* (of a newspaper) [Bk] / Lokalredaktion *n* (Raum der ~)
~ **novel** *n* / Heimatroman *m*
~ **paper** *n* [Bk] / Lokalzeitung *f*
~ **patron** *n* [RS] *US* / Ortsbenutzer *m*
~-**self-government** *n* [Adm] / kommunale Selbstverwaltung *f*
~ **subdivision** *n* [Cat; Class] *s. geographic subdivision*
~ **user** *n* [RS] / Ortsbenutzer *m*
locate *v* [Retr] / auffinden *v*
location 1 *n* (of a volume etc.) / Aufstellungsort *m* · Standort *m* (eines Bandes)
~ 2 *n* (of a library building) [BdEq] / Lage *f* · Standort *m* (eines Bibliotheksgebäudes) ‖ *s.a. higher education location*
~ 3 *n* (record in a catalogue etc. indicating the collection, the library etc., in which a copy of an item may be found) [Cat] / Besitznachweis *m* · Standortnachweis *m*
~ 4 *n* (storage position) [EDP] / Speicherstelle *f* ‖ *s.a. isolated location; protected location*
locational display *n* [BdEq] / Gebäudeplan *m* ‖ *s.a. building directory*
location identification *n* [Stock] / Standortnachweis *m* · Besitznachweis *m* ‖ *s.a. institution code*
~ **mark** *n* [Lib; Cat] *s. location symbol*

~ **symbol** *n* (indicating the collection, library or position at which a book is shelved) [Lib; Cat] / Standortbezeichnung *f* · (institution code:) Sigel *n*
locator *n* (reference code that identifies the source of an article etc.) [Bk] / Fundstellenangabe *f* (sequential locator: Fundstellenangabe mit vollständiger Angabe der Seitenzählung:von...bis...)
lock *v* [Gen] / feststellen *v* · sperren *v* ‖ *s.a. record locking; write lock*
locker *n* [BdEq] / Schließfach *n* ‖ *s.a. bag locker*
locking rod *n* (of a catalogue drawer) [Cat] / Schließstange *f*
locking system *n* (of a facility) [BdEq] / Schließanlage
~ **up** *n* (tightening up a forme of type matter) [Prt] / Formschließen *n*
lock key *n* [BdEq] / Feststelltaste *f* · Sperrtaste *f* (caps lock key:Feststelltaste für Großbuchstaben)
~ **switch** *n* [BdEq] / Sperrschalter *m*
log 1 *n* [EDP] / Protokoll *n* ‖ *s.a. search log*
~ 2 *v* [EDP; InfSc] / protokollieren *v*
~-**book** *n* [Bk] / Schiffstagebuch *n*
~ **file** *n* [EDP] / Protokolldatei *f*
logging file *n* [EDP] / Protokolldatei *f*
~ **in** *n* [Comm] / Einloggen *n* · Verbindungsaufbau *m*
~ **off** *n* [Comm; Retr] *s. logoff*
~ **of faults** *n* [EDP] / Fehlerprotokollierung *f*
~ **on** *n* [Comm] *s. logging in*
logical address *n* [EDP] / logische Adresse *f*
~ **operator** *n* [Retr] / logischer Operator *m*
~ **record** *n* [EDP] ⟨ISO 2382-4; ISBD(ER)⟩ / logischer Satz *m* ‖ *s.a. record 4*
login *n* [Comm] *s. logging in*
log in *v* / (im Verkehr mit einem anderen Rechner:) anmelden *v*
login procedure *n* [Comm] / Eingangsdialog *m* · Einlogprozedur *f*
logo *n* (masthead of a newspaper) [Bk] / Impressum *n* ‖ *s.a. logo(type)* 1
log off *v* (log out) [Comm; EDP] / ausloggen *v* (sich~) · abmelden *v* (sich~)
logoff *n* [Comm] / Abmeldung *f* · Verbindungsabbau *m*
logon *n* [Comm] *s. logging in*
log on *v* [Comm; EDP] / anmelden *v* (sich ~)

logon procedure *n* [Comm] *s. login procedure*
logotype *n* [Prt] / Logotype *f* ‖ *s.a. logo(type) 1*
logo(type) *n* (of a library etc.) [PR] ⟨ISBD(S)⟩ / Namenszug *m* (einer Bibliothek usw., als Emblem gestaltet) · Signet *n* · Logo *n* ‖ *s.a. logotype*
log out *v* [InfSy] *s. log off*
~ **sheet** *n* [InfSc] / (prepared for a survey:) Erhebungsbogen *m* · (for the recording of transaction data:) Protokollblatt *n*
long-distance call *n* [Comm] / Ferngespräch *n*
~-**distance network** *n* [Comm] / Fernnetz *n*
~-**grain leather** *n* [Bind] / langnarbiges Leder *n*
longitude *n* [Cart] / geographische Länge *f*
longitudinal study *n* [InfSc] / Langzeitstudie *f*
long-life tape *n* [PuC] / Dauerlochstreifen *m*
~-**playing record** *n* [NBM] / Langspielplatte *f*
~-**range** *adj* / langfristig *adj*
~ **S** *n* [Writ; Prt] / langes S *n*
~-**term** *adj* / langfristig *adj*
~-**term goal** *n* [OrgM] / Fernziel *n*
~-**term loan** *n* [RS] / langfristige Verleihung *f* ‖ *s.a. deposit loan*
~-**term planning** *n* [OrgM] / Langzeitplanung *f*
~-**term preservation** *n* [Stock] / Aufbewahrung auf Dauer
~-**term storage** *n* [NBM; Repr] / Langzeitlagerung *f*
look up *v* [Ref] / nachschlagen *v*
loop *n* (in a computer program) [EDP] ⟨ISO 2382-6⟩ / Schleife *f* · Programmschleife *f* ‖ *s.a. infinite loop*
~ **gain** *n* [EDP] / Schleifenverstärkung *f*
loose back *n* [Bind] / hohler Rücken *m*
~ **in binding** [Bk; Bind] / lose im Einband
~-**leaf binder** *n* [Bind] / Loseblatt-Ordner *m*
~-**leaf catalogue** *n* [Cat] / Kapselkatalog *m*
~-**leaf publication** *n* [Bk] / Loseblattausgabe *f* · Loseblattwerk *n* ‖ *s.a. service issue*
~-**leaf service** [Bk] *s. loose-leaf publication*
looted art treasures *pl* / Beutekunst *f* ‖ *s.a. looted books*

~ **books** *pl* / Beutebücher *pl* ‖ *s.a. looted art treasures*
loss rate *n* [Stock] / Verlustrate *f*
lost *pp* (note in a catalogue) [Cat] / Verlust *m*
~ **property** *n* [RS] / Fundsachen *pl*
~ **property office** / Fundbüro *n*
lot *n* (set of articles for sale at an auction) [Bk] / Los *n*
loud-speaker *n* [BdEq] / Lautsprecher
lounge *n* [BdEq] / Eingangshalle *f* ‖ *s.a. vestibule*
low-cost access *n* [BgAcc] / kostengünstiger Zugang *m*
lowercase *v* [Prt] / kleindrucken *v* ‖ *s.a. lower case (letters)*
~ **(letters)** *n* [Prt] / Kleinbuchstaben *pl* · die unteren Reihen des Schriftkastens mit den Kleinbuchstaben ‖ *s.a. case sensitive; lowercase*
lowered ceiling *n* [BdEq] / abgehängte Decke *f*
lower edge *n* [Bind] / Schwanzschnitt *m* · Fußschnitt *m* · Unterschnitt *m*
~ **margin** *n* [Prt] / Fußsteg *m*
low-level language *n* [EDP] / maschinenorientierte Programmiersprache *f* · maschinennahe Programmiersprache *f*
~-**radiation monitor** *n* [EDP] / strahlungsarmer Monitor *m*
~-**reflectance surface** *n* [BdEq] / reflexionsarme Oberfläche *f*
~-**resolution screen** *n* [EDP/VDU] / niedrig auflösender Bildschirm *m*
~-**use material** *n* [Stock] / wenig benutztes Material *n* ‖ *s.a. high-use material*
loxodrome *n* [Cart] *s. portolan chart*
lozenge *n* [Bk] / Raute *f*
~ **pattern** *n* [Bind] / Rautenmuster *n*
~-**shaped** *pp* [Bk] / rautenförmig *adj*
LQ *abbr* [EDP; Prt] ⟨ISO/IEC 33383⟩ *s. letter quality*
lumbecking *n* [Bind] / Klebebindung *f* · Lumbeckbindung *f* · Lumbecken *n*
lump sum *n* [BgAcc] / Pauschalsumme *f*
~-**sum appropriation** *n* [BgAcc] / Globalbewilligung
~-**sum budget** *n* [BgAcc] / Globalhaushalt *m*
luxury binding *n* [Bind] / Prachteinband *m* · Luxuseinband *m* ‖ *s.a. de luxe binding*
lying press *n* [Bind] / Klotzpresse *f*

M

machine address *n* [EDP] / Maschinenadresse *f*
~ **binding** *n* [Bind] / Maschineneinband *m*
~**-coated paper** *n* [Pp] / maschinengestrichenes Papier *n*
~ **code** *n* [EDP] ⟨ISO 2382/VII⟩ / Maschinencode *m*
~ **composition** *n* [Prt] / Maschinensatz *m*
~ **direction** *n* [Pp] ⟨ISO 4046⟩ / Maschinenlaufrichtung *f* · Laufrichtung *f* · Längsrichtung *f*
~ **error** *n* [EDP] / Hardwarefehler *m*
~ **failure** *n* [EDP] / Maschinenausfall *m* ‖ *s.a. breakdown; malfunction*
~**-finished paper** *n* [Pp] ⟨ISO 4046⟩ / maschinenglattes Papier *n*
~ **instruction** *n* [EDP] ⟨ISO 2382/6⟩ / Maschinenbefehl *m*
~ **language** *n* [EDP] / Maschinensprache *f*
~**-made board** *n* [Pp] / Maschinenpappe *f*
~**-made paper** *n* [Pp] / Maschinenpapier *n*
~**-(-operated) punched card** *n* [PuC] / Maschinenlochkarte *f*
~**-oriented language** *n* [EDP] *s. computer-oriented language*
~ **press** *n* [Prt] / Schnellpresse *f*
~ **program** *n* [EDP] / Maschinenprogramm *n*
~ **proof** *n* [Prt] / Maschinenabzug *m* · Andruck *m*
~**-readable** *adj* [EDP] / maschinenlesbar *adj*
~ **run** *n* [EDP] / Maschinenlauf *m*
~**-set type** *n* [Prt] / Maschinensatz *m*
~ **sewing** *n* [Bind] / Maschinenheftung *f*
~ **stored data** *pl* [EDP] / maschinell gespeicherte Daten *pl*
~ **translation** *n* [Lin] *s. computer-aided translation*
~ **word** *n* [EDP] / Maschinenwort *n*
macro (call) *n* [EDP] / Makroaufruf *m*
~ **instruction** *n* [EDP] ⟨ISO 2382/VII⟩ / Makrobefehl *m*
~**thesaurus** *n* [Ind] ⟨ISO 5127/6⟩ / Dachthesaurus *m*
made-up proof *n* [Prt] / Umbruchkorrektur *f*
~**-up title** *n* [Cat] / fingierter Sachtitel *m* · künstlicher Titel *m* · fingierter Titel *m*
magazine 1 *n* (popular interest periodical) [Bk] / Magazin *n* · Zeitschrift (für das allgemeine Publikum) *f* ‖ *s.a.* do-it-yourself magazine; fashion magazine; illustrated magazine; pictorial (magazine); women's magazine
~ 2 *n* (device feeding a camera, slide projector) [NBM] / Magazin *n*
~ **binder** *n* [Sh] / Zeitschriftenmappe *f* · Zeitschriftenordner *m*
~ **case** *n* [Sh] / Zeitschriftensammelordner *m*
~ **publisher** *n* / Zeitschriftenverlag *m* (für Publikumszeitschriften)
~ **rack** *n* [BdEq] / Zeitschriftenständer *m*

magnetic board *n* [BdEq] /
  Magnethafttafel *f* · Magnettafel *f*
~ **bubble memory** *n* [EDP]
  / Magnetblasenspeicher *m* ·
  Blasenspeicher *m*
~ **card** *n* [EDP] ⟨ISO 2382/XII⟩ /
  Magnetkarte *f*
~ **card storage** *n* [EDP] ⟨ISO 2382/XII⟩ /
  Magnetkartenspeicher *m*
~ **character reader** *n* [EDP] /
  Magnetschriftleser *m*
~ **core memory** *n* [EDP] / Kernspeicher *m*
  · KSP *abbr* ‖ *s.a.* internal storage
~ **disk** *n* [EDP] ⟨ISO 2382/XII⟩ /
  Magnetplatte *f* ‖ *s.a.* disk pack; fixed disk
  storage; flexible magnetic disk; hard disk
~ **disk storage** *n* [EDP] /
  Magnetplattenspeicher *m*
~ **drum** *n* [EDP] ⟨ISO 2382/XII⟩ /
  Magnettrommel *f*
~ **drum storage** *n* [EDP] /
  Magnettrommelspeicher *m*
~ **head** *n* [EDP] / Magnetkopf *m*
~ **ink** *n* [EDP] / Magnettinte *f*
~ **ink character** *n* [EDP] /
  Magnetschriftzeichen *n*
~ **ink character recognition**
  n [EDP] ⟨ISO 2382/XII⟩ /
  Magnetschriftzeichenerkennung *f* ·
  magnetische Zeichenerkennung *f*
~ **ink font** *n* [EDP] / Magnetschrift *f*
~ **recording** *n* [NBM] ⟨A 2653⟩ /
  Magnetaufzeichnung *f* · MAZ *abbr*
~ **sound recording disk** *n* [NBM] /
  Magnettonplatte *f*
~ **sound recording foil** *n* [NBM] /
  Magnettonfolie *f*
~ **strip(e)** *n* [EDP] / Magnetstreifen *m*
~ **tape** *n* [EDP] ⟨ISO 2382/XI; ISO
  8462/1⟩ / Magnetband *n*
~ **tape cartridge** *n* [EDP] ⟨ISO 2382/XII⟩ /
  Magnetbandkassette *f*
~ **tape cassette** *n* [EDP] ⟨ISBD(CF)⟩ /
  Magnetbandkassette *f*
~ **tape cassette drive** *n* / Magnetbandkas-
  settenlaufwerk *n*
~ **tape drive** *n* [EDP] ⟨ISO 2382/XII⟩ /
  Magnetbandlaufwerk *n*
~ **tape file** *n* [EDP] / Magnetbanddatei *f* ·
  Banddatei *f* ‖ *s.a.* tape file service
~ **tape reader** *n* [EDP] / Magnetbandle-
  ser *m*
~ **tape service** *n* / Magnetbanddienst *m*
~ **tape storage** *n* [EDP] /
  Magnetbandspeicher *m*

~ **tape unit** *n* [EDP] ⟨ISO 2382/XII⟩ /
  Magnetbandeinheit *f* · Magnetbandgerät *n*
~ **thin-film memory** *n* [EDP] /
  Dünnschichtspeicher *m*
~ **track** *n* [NBM] / Magnetspur *f*
magnification *n* [Repr] / Vergrößerung *f*
~ **factor** *n* / Vergrößerungsfaktor *m*
~ **ratio** *n* [Repr] / Vergrößerungsfaktor *m*
magnify *v* [Repr] / vergrößern *v*
magnifying glass *n* [Repr] /
  Vergrößerungsglas *n*
mail 1 *n* [Comm] *US* / Post *f* ·
  Postsendung *f*
~ 2 *v* [Comm] *US* / senden *v* (mit der
  Post)
mail|bag *n* [BdEq] / Postbeutel *m*
~ **box** *n* [BdEq] *US* / Briefkasten *m*
mailing bag *n* [Comm; Off] /
  Versandtasche *f*
mailing costs *pl* [Comm] / Porto *n* ·
  Portokosten *pl*
~ **list** *n* [Off] / Adressenliste *f* ·
  Versandliste *f*
mail merger *n* [EDP] / Programm zur
  Verknüpfung von Name, Adresse und
  Brieftext ‖ *s.a.* standard letter
~-**order book business** *n* /
  Buchversandgeschäft *n*
~-**order bookseller** *n* / Buchversand-
  geschäft *n*
~-**order bookselling** *n* *s.* mail-order book
  business
~-**order house** *n* [Bk] *s.* mail-order
  bookseller
~ **processing machine** *n* [Off] /
  Postbearbeitungsmaschine *f*
~ **questionnaire** *n* [InfSc] / durch die Post
  zugestellter Fragebogen *m*
~ **room** *n* [OrgM] / Poststelle *f* ‖ *s.a.*
  shipping room
~ **stamp** *n* [Comm] *US* / Poststempel *m*
~ **survey** *n* [InfSc] / briefliche Umfrage *f*
main author *n* [Bk] ⟨ISO 5127/3a⟩ /
  Hauptverfasser *m*
~**board** *n* [EDP] / Grundplatine *f*
~ **catalogue** *n* [Cat] / Hauptkatalog *m*
~ **class** *n* [Class] / Fach *n* (als oberste
  Gliederungseinheit) · Hauptklasse *f*
~ **entrance** [BdEq] / Haupteingang *m*
~ **entry** *n* [Cat] ⟨AACR2⟩ /
  Hauptaufnahme *f* · Haupteintragung *f*
~ **file** *n* [EDP] / Stammdatei *f*
~ **frame** *n* [EDP] ⟨ISO 2382-11⟩ /
  (CPU:) Zentraleinheit *f* · (computer:)
  Großrechner *m*

main heading 400

~ **heading** 1 *n* (descriptive cataloguing) [Cat] ⟨AACR2⟩ / der erste Teil eines mehrgliedrigen Kopfes einer Katalogaufnahme
~ **heading** 2 *n* (as part of a subject entry) [Cat] / Hauptschlagwort *n*
~ **map** *n* [Cart] / Hauptkarte *f*
~ **memory** *n* [EDP] / Hauptspeicher *m*
~ **menu** *n* [EDP/VDU] / Hauptmenü *n*
mains *sing or pl* [BdEq] / Stromnetz *n*
~-**/battery powered calculator** *n* [Off] ⟨ISO 2382/22⟩ / Rechenmaschine mit Netzanschluss und Batteriebetrieb *f*
main series *n* [Bk] ⟨ISBD(S; PM; ER)⟩ / übergeordnete Schriftenreihe *f*
mains-powered calculator *n* [Off] / Rechenmaschine mit Netzanschluß *n* · netzabhängige Rechenmaschine *f*
~ **supply** *n* [BdEq] / Netzstromversorgung *f*
main storage *n* [EDP] ⟨ISO 2382/XII⟩ / Hauptspeicher *m* ∥ *s.a. internal storage; working storage*
~ **stroke** *n* [Writ; Prt] / Grundstrich *m*
mains voltage *n* [BdEq] / Stromspannung *f*
main table *n* [Class/UDC] / Haupttafel *f*
maintenance *n* [BdEq] / Instandhaltung *f* · Wartung *f* ∥ *s.a. building maintenance; preventive maintenance; program maintenance*
~ **contract** *n* [BdEq] / Wartungsvertrag *m*
~ **costs** *pl* [BdEq] / Unterhaltungskosten *pl*
~ **department** *n* [BdEq; OrgM] / Abteilung für Gebäudeunterhaltung *f*
~-**free** *adj* [BdEq] / wartungsfrei *adj*
~ **of plant** *n* [BdEq] / Gebäudeunterhaltung *f*
~ **rate** *n* [BdEq] / Wartungsintervall *n*
~ **staff** *n* [Staff] / Hauspersonal *n*
main title *n* [Cat] / Haupttitel *m*
majority vote *n* [OrgM] / Mehrheitsvotum *n*
major (subject) *n* [Ed] US / Hauptfach *n*
majuscule *n* [Writ; Prt] / Majuskel *f* ∥ *s.a. uppercase (letter)*
make *v* [Cat] / anlegen (to make a reference from ... to: eine Verweisung von ... nach...anlegen)
~ **ready** *v* (prepare the printing press for a press run) [Prt] / zurichten *v* (die Druckmaschine zurichten)
~-**ready time** *n* [Prt] / Zurichtzeit *f* · Rüstzeit *f*
maker-up [Prt] / Metteur *m*
~ **up** *v* [Prt] / umbrechen *v* ∥ *s.a. made-up proof; make-up*

~-**up** 1 *n* [Prt] / Umbruch *m* ∥ *s.a. page make-up*
~-**up** 2 *n* (of a book) [Bk] / Aufmachung *f* · Ausstattung *f* (eines Buches)
~-**up copy** *n* [Bk] / Musterband *m*
malfunction *n* [EDP] / fehlerhafte Funktion *f*
~ **time** *n* [EDP] / Störungsdauer *f*
management *n* [OrgM] / Leitung *f* ∥ *s.a. level of management*
~ **capabilities** *pl* [Staff] / Führungsfähigkeiten *pl*
~ **information system** *n* [KnM] / Führungsinformationssystem *n* · Managementinformationssystem *n*
~ **instrument** *n* [OrgM] / Managementinstrument *n*
~ **style** *n* (style of leadership) [OrgM] / Führungsstil *m* ∥ *s.a. employee-oriented style of leadership*
~ **techniques** *pl* [OrgM] / Managementmethoden *pl*
managerial qualities *pl* [OrgM] / Führungsbefähigung *f*
managing conflicts *ger* [OrgM] / Konfliktlösung *f*
~ **director** *n* [OrgM] / Geschäftsführer *m*
~ **editor** *n* (in a publishing house) [Bk] / Cheflektor *m*
~ **instrument** *n* [OrgM] / Führungsinstrument *n*
mandate *n* [OrgM] / Auftrag *n* · Mandat *n* (von hoher Stelle erteilt)
mandatory *adj* [Cat] / obligatorisch *adj*
~ **deposit** *n* [Acq] / Pflichtabgabe *f*
man-hour *n* [OrgM] / Mannstunde *f* · Arbeitsstunde *f*
manifestation *n* (e.g., one of the various manifestations of „Beowulf") [Bk] / Ausgabe *f*
manifesto *n* [Bk] / Manifest *n*
manil(l)a envelope *n* [Bind] / Tasche aus Manila-Karton *f*
~ **paper** *n* [Pp] / Manilapapier *n*
manipulate *v* [EDP] / handhaben *v* · verarbeiten *v*
man-machine dialogue *n* (n) [EDP] / Mensch-Maschine-Dialog *m*
~-**machine interface** *n* [EDP] / Mensch-Maschine-Schnittstelle *f*
man of letters *m* [Bk] / Literat *m*
manpower *n* / (number of people available for work:) Arbeitskräfte *pl* · Personal *n* ∥ *s.a. personpower*

~ **planning** *n* [Staff] / Personalplanung *f* ‖ *s.a. saving in manpower*
~ **policy** *n* [Staff] / Personalpolitik *f*
~ **scheduling** *n* / Personaleinsatzplanung *f*
~ **shortage** *n* [Staff] / Personalmangel *n*
manual *n/adj* [Bk; TS] / 1 manuell *adj* · 2 Handbuch *n*
~ **catalogue** *n* [Cat] / konventioneller Katalog *m*
~ **drive** [BdEq] / Handantrieb *m*
~ **input** *n* [EDP] / manuelle Eingabe *f*
manually-operated cataloguing *n* [Cat] / konventionelle Katalogisierung *f*
manual searching *n* [Retr] / konventionelles Recherchieren *n*
~ **typesetting** *n* [Prt] / Handsatz *m*
manufacturer *n* (of an audiovisual item, a computer, etc.) [EDP; NBM] ⟨ISBD(NBM)⟩ / Hersteller *m* ‖ *s.a. name of manufacturer; original equipment manufacturer*
manufacturer's catalogue *n* [Bk] / Firmenkatalog *m* · Produktkatalog *m*
manuscript *n* [Writ] / (hand-written or typewritten document:) Manuskript *n* · (hand-written document before the invention of printing:) Handschrift *f* ‖ *s.a. catalogue of manuscripts; collection of manuscripts; composite manuscript; illuminated manuscript; modern manuscript; printed as manuscript*
~ **catalogue** *n* [Cat] / handschriftlicher Katalog *m* (catalogue of manuscripts: Handschriftenkatalog)
~ **collection** *n* [Stock] / Handschriftenbestand *m* · Handschriftensammlung *f*
~ **copy** *n* [Writ] / handschriftliche Kopie *f* · Abschrift *f*
~ **curator** *n* [Staff] *s. manuscript librarian*
~ **department** *n* [OrgM] / Handschriftenabteilung *f*
~ **librarian** *n* [Staff] / Handschriftenbibliothekar *m*
~ **map** *n* [Cart] / handschriftliche Karte *f*
~ **music** *n* [Mus] / Notenhandschriften *pl*
~ **music book** *n* [Mus] / Notenheft *n* (mit handschriftlichen Noten)
~ **note** *n* [Writ] / handschriftliche Notiz *f* · (in the handwriting of the person who owned the document:) eigenhändige Notiz *f*
manuscripts stack *n* [Stock] / Handschriftenmagazin *n*
manuscript volume *n* [Writ; Bk] / Handschriftenband *m*

map *n* [Cart] ⟨ISO 5127/2⟩ / Karte *f* · Karte *f* ‖ *s.a. areal map; cadastral map; celestial map; chart 2; chorographic map; choropleth map; city map; compass map; computer map; contour(ed) map; diagrammatic map; dot map; folded map; hydrographic map; isoline map; isopleth map; morphometric map; outline map; pictorial map; quadrangle map; regionalization map; relief map; thematic map*
~ **cabinet** *n* [BdEq] *s. map case*
~ **case** *n* [BdEq] / Kartenschrank *m*
~ **catalogue** *n* [Cart; Cat] / Kartenkatalog *m*
~ **chest** *n* [Cart] *s. map case*
~ **collection** *n* [Cart] / Kartensammlung *f*
~ **extract** *n* [Cart] / Kartenausschnitt *m*
~ **face** *n* [Cart] / Kartenfeld *n* · Kartenbild *n*
~ **file** *n* [Cart] / Kartenablage *f*
~ **graticule** *n* [Cart] / Gradnetz *n* · Kartennetz *n*
~ **lettering** *n* [Cart] / Kartenbeschriftung *f*
~ **library** *n* [Cart] / Kartensammlung *f*
~ **orientation** *n* [Cart] / Kartenorientierung *f*
mapping *n* [Cart] / Kartierung *f*
map projection *n* [Cart] ⟨ISBD(CM)⟩ / Kartenprojektion *f* · Projektion *f*
~ **room** *n* [BdEq] / Kartenzimmer *n* · Kartenlesesaal *m*
~ **series** *n* [Cart] / Kartenwerk *n*
~ **sheet** *n* [Cart] ⟨ISBD(CM)⟩ / Kartenblatt *n* · Blatt *n* ‖ *s.a. sheet 2*
~ **sign** *n* [Cart] / Kartenzeichen *n*
~ **symbol** *n* [Cart] / Kartenzeichen *n*
~ **table** *n* [Cart; BdEq] / Kartentisch *m*
~ **title** *n* [Cart] / Kartentitel *m*
marble *v* [Bind] / marmorieren *v*
marbled edge(s) *n(pl)* [Bind] / Marmorschnitt *m*
marbled paper *n* [Bind] / Tunkpapier *n* · Marmorpapier *n*
marbling *n* [Bind] / Marmorierung *f* · Marmorieren *n*
margin 1 (blank space around printed matter on a page) [Bk] / Steg *m* · Rand *m* (unbedruckter Randbereich) ‖ *s.a. fore-edge margin; gutter; head 3; lower margin; tail (margin)*
~ **2** *n* (of a map) [Cart] / Kartenrand *m* ‖ *s.a. sheet margin*
marginal condition *n* [InfSc] / Randbedingung *f*

marginal cost(s) 402

~ **cost(s)** *n(pl)* [BgAcc] / Grenzkosten *pl*
~ **figure** *n* [Prt] / Randziffer *f* · Zeilenzähler *m* ‖ *s.a. runner*
~ **heading** *n* [Bk] / Randüberschrift *f*
~**-hole punched card** *n* [PuC] / Randlochkarte *f*
margin alignment *n* [Prt; Writ] / Randausgleich *m*
marginal note *n* [Writ] / Marginalie *f* · Randbemerkung *f*
~ **subject** *n* [Class; Ind] / Randgebiet *n*
margin-punched card *n* [PuC] *s. marginal-hole punched card*
margins *pl* (of a microform) [Repr] ⟨ISO 6196-4⟩ / Bildbegrenzung *f*
mark 1 *v* [Gen] / markieren *v* · kennzeichnen *v* ‖ *s.a. author mark*
~ 2 *v* (a paper etc.) [Ed] / benoten *v* (eine schriftliche Arbeit ~) · korrigieren *v* (eine schriftliche Arbeit~) ‖ *s.a. assessment and marking system*
~ 3 *n* (grade) [Ed] / Note *f* ‖ *s.a. overall mark*
~ **area** *n* [EDP] / Markierungsbereich *m*
~ **detection device** *n* [EDP] / Markierungsleser *m*
marker *n* [Bk] / Lesezeichen *n* ‖ *s.a. beginning-of-tape marker; register 4*
~ **pen** *n* [Off] / Markierstift *m* · Textmarker *m*
marketing *n* [Bk] / Vermarktung *f* · Marketing *n*
~ **rights** *pl* [Bk] / Vertriebsrechte *pl*
market orientation *n* / Marktorientierung *f*
~ **penetration** *n* [InfSc] / Marktdurchdringung *f*
~ **research** *n* / Marktforschung *f*
~ **research database** *n* [InfSy] / Marktdatenbank *f*
~ **share** *m* / Marktanteil *m*
~ **value** *n* [BgAcc] / Marktwert *m*
mark of prescribed punctuation *n* [Cat] / Deskriptionszeichen *n*
~ **reader** *n* [EDP] / Markierungsleser *m*
marks *pl* (pencil marks etc. in a book) [Bk] / Anstreichungen *pl* ‖ *s.a. pencil notes*
mark scanning *n* [EDP] ⟨ISO 2382/XII⟩ / optisches Markierungslesen *n*
~ **scanning document** *n* [EDP] *s. mark sheet*
~ **sensing** 1 *n* [EDP] ⟨ISO 2382/XII⟩ / Markierungslesen *n*
~ **sensing** 2 *n* [PuC] / Zeichenlochverfahren *n*

~**-sensing card** *n* [PuC] / Zeichenlochkarte *f*
~ **sheet** *n* [EDP] / Markierungsbeleg *m*
marks of omission *pl* [Prt] / Weglassungspunkte *pl* · Auslassungspunkte *pl*
~ **of use** *pl* [Bk] / Gebrauchsspuren *pl*
mark-up *n* / (amount added to the cost price:) Aufpreis *m* · (surcharge:) Preisaufschlag *m* · Preiserhöhung *f* · (printing:) Auszeichnung *f* ‖ *s.a. add-on*
~ **up** 1 *v* [Prt] / (to indicate how a document is to be displayed in printed form:) auszeichnen *v* ‖ *s.a. Standard Generalized Markup language*
~ **up** 2 *v* [Bk] / (to mark goods at a higher price:) den Preis erhöhen/anheben *v* ‖ *s.a. mark-up*
mask 1 *n* [Repr; EDP/VDU] / Maskierung *f* · Maske *f* ‖ *s.a. screen mask*
~ 2 *v/n* [Repr; EDP/VDU] / Maske *f* · maskieren *v* · abdecken *v* (zur Verhinderung einer Reproduktion) · (masking:) Abdeckung *f*
masking *n* [EDP; Repr] / Abdeckung *f* · Maskierung *f*
mask out *v* [EDP/VDU] / ausblenden *v*
mass book *n* [Bk] / Messbuch *n* · Missale *n*
~ **communication** *n* [Comm] / Massenkommunikation *f*
~ **deacidification** *n* / Massenentsäuerung *f*
~ **media** *pl* [Comm] / Massenmedien *pl*
~ **storage** *n* [EDP] ⟨ISO 2382/XII⟩ / (mass storage device:) Massenspeicher *m* · (storing masses of data:) Massenspeicherung *f*
master data *pl* [EDP] / Stammdaten *pl*
~ **file** *n* [EDP] ⟨ISO 2382/IV⟩ / Stammdatei *f*
~ **(film)** *n* [Repr] ⟨ISO 5138/2; ISO 6196/1⟩ / 1 Master *m* · Zwischenoriginal *n* · Masterfilm *m* · 2 Kopiervorlage *f* · Vorlage *f* (für eine Reproduktion)
~ **page** *n* [Bk] / Musterseite *f*
~ **record** *n* [EDP] / Hauptsatz *m* · Stammeintrag *m*
~ **station** *n* [Comm] ⟨ISO 2382/9⟩ / Sendestation *f* (Hauptstation)
master's thesis *n* [Bk] / Magisterarbeit
master tape *n* [EDP] / Stammband *n*
masthead *n* (the statement of title, ownership, editors, etc. in a newspaper or periodical) [Bk] ⟨ISBD(S); AACR2⟩ / Impressum *n*

mat *n* / Wechselrahmen (glaslos) · Passepartout *n*
match *v/n* [Cat] / Abgleich *m* · (harmonize:) übereinstimmen *v* · passen · (data:) abgleichen *v* ‖ *s.a. closest match search; colour matching*
~ **code** *n* [EDP] / Matchcode *m* · Abgleichcode *m*
matching field *n* [Retr] / Paarigkeitsfeld *n*
material database *n* [InfSy] / Werkstoffdatenbank *f*
~ **(or type of publication) specific area** *n* [Cat] / materialspezifische (oder die Art der Publikation betreffende) Zone *f* CH
~ **resources** *pl* / materielle Mittel · Material *n*
materials budget *n* [BgAcc] *s. materials fund*
materials fund *n* [BgAcc] / Sachetat *m* ‖ *s.a. costs of materials*
~ **standard** *n* [Gen; Bk] / Stoffnorm *f*
maternity leave *n* [Staff] / Mutterschaftsurlaub *m*
matriculation *n* (enrol(l)lment) [Ed] / Immatrikulation *f*
matrix *n* [Prt] / (the mould from which a stereo is made:) Mater *f* · (a mould from which ink is transferred to paper:) Matrize *f*
~ **memory** *n* [EDP] / Matrixspeicher *m*
~ **organization** *n* [OrgM] / Matrixorganisation *f*
~ **printer** *n* [EDP; Prt] ⟨ISO 2382/XII⟩ / Matrixdrucker *m* ‖ *s.a. wire (matrix) printer*
~ **storage** *n* [EDP] / Matrixspeicher *m*
matronymic *n* [Cat] / Matronymikon *n*
matter 1 *n* (manuscript of copy to be printed) [Prt] / Satzvorlage *f* · Manuskript *n* ‖ *s.a. end-matter*
~ 2 *n* (type that is composed) [Prt] / Satz *m* ‖ *s.a. close matter; dead matter; end-matter; live matter; mixed matter; solid matter; standing matter; straight matter*
maximum load *n* [BdEq] / Höchstbelastung *f* · Nutzlast *f* ‖ *s.a. floor load*
~ **price** *n* / Höchstpreis *m*
MB *abbr* [EDP] *s. motherboard*
MC *abbr* [NBM] *s. music cassette*
meaning *n* [Lin] ⟨ISO 5127/1⟩ / Bedeutung *f* ‖ *s.a. change of meaning*
~ **representation** *n* [KnM] / Bedeutungsdarstellung *f*

~**-representation language** *n* [KnM] / MR-Sprache *f*
mean sea level *n* [Cart] *s. sea level*
~ **value** *n* [InfSc] / Mittelwert *m*
measure 1 *n* [Gen] / Messgröße *f* · Maß *n* ‖ *s.a. unit of measure*
~ 2 *n* (width of a page or column of type) [Prt] / Satzbreite *f*
measured value *n* [ElPubl] / Messwert *m*
measurement variable *n* / Messgröße *f*
mechanical character recognition *n* [EDP] / maschinelle Zeichenerkennung *f*
~ **composition** *n* [Prt] / Maschinensatz *m*
~ **pulp** *n* [Pp] / Holzschliff *m*
media centre *n* [NBM] *s. media resource centre*
media coverage *n* [PR] / Medienpräsenz *f*
mediagraphy *n* [Bib; NBM] / Mediographie *f*
media item *n* [Bk; NBM] / Medieneinheit *f*
~ **resource centre** *n* [NBM] ⟨ISO 5127/1⟩ / Mediothek *f* · Medienzentrum *n* ‖ *s.a. record library; sound recordings library*
~ **services unit** *n* / Medienzentrum *n*
mediator of information *n* [InfSc] / Informationsvermittler *m*
medical adviser *n* [Bk] / Gesundheitsbuch
~ **library** *n* [Lib] / medizinische Bibliothek *f*
~ **record** *n* [InfSy] / Krankenblatt *n*
medium *n* [InfSy] / Informationsträger *m* · Medium *n* ‖ *s.a. data medium; picture media; storage medium*
~**-bold face** *n* [Prt] / halbfette Schrift *f*
~ **designator** *n* [NBM; Cat] / Materialbenennung *f*
~ **of performance** *n* [Mus] / Besetzung *f*
~ **resolution** [EDP/VDU] / mittlere Auflösung *f*
~ **sized enterprise** *n* / mittelständisches Unternehmen *n*
~**-term** *adj* / mittelfristig *adj*
meeting / (conference:) Tagung *f* · Konferenz *f* · (assembly of persons for discussion:) Besprechung *f* · Sitzung *f* ‖ *s.a. closing meeting; memoirs 1; minutes*
~ **place** *n* [OrgM] / Sitzungsort *m* · Tagungsort *m*
member [RS] *s. library member*
~ **body** / Mitglied *n* (korporativ)
~ **of staff** *n* [Staff] / Bediensteter *m* · Mitarbeiter *m*
membership application form *n* [RS] *s. application form*
~ **card** *n* [RS] *s. borrower's card*

membership due

~ **due** n [OrgM] / Mitgliedsbeitrag m
~ **fee** n [RS] / Lesergebühr f ·
Mitgliedsbeitrag m · (library:) Gebühr für die Zulassung zur Bibliotheksbenutzung ‖ s.a. access fee; user charge
~ **file** n [RS] / (machine-readable file:) Benutzerdatei · (card index:) Benutzerkartei f
members of staff pl / Personal n
membrane n [Bk] / Pergamentblatt n
memo n s. memorandum
~ **card** n [Retr] / Memokarte f
memoirs 1 pl (of a meeting) [Bk] / Tagungsberichte pl · Konferenzberichte pl
~ 2 pl (of a person) [Bk] ⟨ISO 5127/2⟩ / Erinnerungen pl · Memoiren pl (einer Person) ‖ s.a. autobiography
memorandum n [Off; Bk] / 1 (memo:) Vermerk m · Notiz f · (memo for the records:) Aktenvermerk m · 2 (written message:) Denkschrift f · Memorandum n ‖ s.a. credit memo(randum)
memorization n [EDP] / Abspeicherung f
memorize v [EDP] / abspeichern v ‖ s.a. store
memory n [EDP] / Internspeicher m · Speicher m ‖ s.a. add-on memory; associative memory; bubble memory; extended memory; intermediate memory; random-access memory; read-write memory; stack (memory); thin-film memory; volatile memory
~ **capacity** n / Speicherkapazität f
~ **card** n [EDP] / Chipkarte f
~ **chip** n / Speicherchip m
~ **control** n [EDP] / Speichersteuerung
~ **element** n [EDP] / Speicherelement n
~ **expansion** n [EDP] / Speichererweiterung f · (main memory:) Arbeitsspeichererweiterung f
~ **location** n / Speicherplatz n · Speicherzelle f
~ **management** n [EDP] / Speicherverwaltung f
~ **protection** n [EDP] / Speicherschutz m
~ **size** n [EDP] / Speichergröße f
~ **typewriter** n [Off] / Speicherschreibmaschine f
mend v [Pres] / (repair:) reparieren · flicken v · ausbessern v · ausflicken v
mended pp [Bk] / geflickt pp
menu n [EDP] ⟨ISO/IEC 2382-1 ISBD(ER)⟩ / Menü n ‖ s.a. cascading menu; pull-down menu; start menu
~ **bar** n [EDP] / Menüleiste f

~**-driven** pp [EDP] / menü-geführt pp · menü-gesteuert pp
~ **logic** n [EDP] / Menütechnik f
~ **technique** n / Menütechnik f
merchandising n [Bk] / Vermarktung f
~ **rights** [Law] / Verwertungsrechte pl · Nutzungsrechte pl
merge v [EDP] / mischen v (~ records stored on tape: Datensätze auf einem Magnetband mischen)
merged with pp (of a serial) [Cat] / vereinigt mit pp · zusammengelegt mit pp ‖ s.a. absorbed by
merger n (of two periodicals) / Vereinigung f · Zusammenlegung f (zweier Zeitschriften)
meridian n [Cart] / Meridian m
Merovingian handwriting n [Writ] / merowingische Schrift f
meshed network n [Comm] / Maschennetz n
mesh sign n (#) [Writ; Prt] / Nummernzeichen n
message n [Comm] ⟨ISO 5127/1⟩ / Botschaft f · (report:) Mitteilung · Nachricht f
~ **header** n [Comm] s. message heading
~ **heading** n [Comm] / Nachrichtenkopf m · Kopf m
~ **sink** n [Comm] / Nachrichtensenke f
~ **source** n [InfSc] / Nachrichtenquelle f
~ **switching** n [Comm] ⟨ISO 2382/9⟩ / Nachrichtenvermittlung f · Speichervermittlung f
~ **switching centre** / Speichervermittlung f (Amt)
meta|crawler n [Internet] / Meta-Suchmaschine f
~ **data** pl [InfSy] / Metadaten pl
~**language** n [Ind] / Metasprache f
metal coated paper n [Pp] / Metallpapier n
~ **corners** pl [Bind] / Eckbeschläge pl
~ **cut** n [Bk] / Metallschnitt m ‖ s.a. metal relief cut
~ **ornaments** pl [Bind] s. mountings
~ **relief cut** n [Art] ⟨ISO 5127-3⟩ / Metallschnitt m (Hochdruckverfahren)
~ **shelves** pl [Sh] / Metallregal(e) n(pl)
~ **stamp** n [TS] / Metallstempel m
metasearch-engine n [Internet] / Meta-Suchmaschine f
metering zone n [Comm; BgAcc] / Gebührenzone f
metropolitan city library n [Lib] / Großstadtbibliothek f

~ **newspaper** n [Bk] / Großstadtzeitung
mezzanine n [BdEq] ⟨ISO 6707/1⟩ /
   Mezzanin n
mezzotint n [Art] ⟨ISO 5127-3⟩ / (an
   engraving or print produced by the
   technique of mezzotint:) Schabkunstblatt n
   · (the art of ~:) Schabkunst f
MF paper n [Pp] s. *machine-finished paper*
MGA *abbr* [EDP/VDU] s. *monochrome
   graphics adapter*
MICR *abbr* [EDP] s. *magnetic ink
   character recognition*
micro n [EDP] s. *microcomputer*
microbial attack n [Pres] /
   Mikrobenbefall m
micro|card n [Repr] ⟨ISO 5127/11⟩ /
   Mikrokarte f
~ **carrel** n [BdEq] / Arbeitsplatz für die
   Arbeit mit Mikroformen m
~**cartridge** n [Repr] ⟨ISBD(NBM)⟩ /
   Mikrofilmkassette f (Endlosfilmkassette;
   Einkernkassette)
~**cassette** n [Repr] ⟨ISBD(NBM)⟩ /
   Mikrofilmkassette f (Doppelkernkassette)
~**climate** n [Pres] / Mikroklima n
~**computer** n [EDP] / Mikrocomputer m ·
   Kleinrechner m
~**copy** n [Repr] / Mikrokopie f
~**encapsulation** n [Pres] /
   Mikroverkapselung f
microfiche n [Repr] / Mikrofiche f ·
   Mikroplanfilm m
~ **carrier** n [NBM] / Mikrofichebehälter m
   · Mikroficheträger m
~ **header** n [NBM] / Mikrofiche-Titel m
~ **reader** n [BdEq] / Mikrofiche-
   Lesegerät n
microfilm 1 n [Repr] ⟨ISO 2789; ISO
   5127/11; ISO 6196-4; ISO 9707; AACR2⟩
   / Mikrofilm m
~ 2 v [Repr] / verfilmen v ‖ s.a.
   microfilming
~ **aperture card** n [Repr; PuC] /
   Mikrofilmlochkarte f ‖ s.a. *aperture card*
~ **collection** n [NBM] / Mikrofilmsamm-
   lung f
microfilming n [Repr] / Verfilmung f ‖
   s.a. *disposal microfilming; substitution
   microfilming*
~ **of engineering drawings** n [Repr] /
   Zeichnungsverfilmung f
~ **of newspapers** n / Zeitungsverfilmung f
~ **of vouchers** n [Repr] / Belegverfilmung f

microfilm jacket n [Repr] ⟨ISO 5127/11;
   ISO 6196-4⟩ / Mikrofilmtasche f ·
   Mikrofilm-Jacket n
~ **library** n [NBM] / Mikrofilmsammlung f
~ **reader** n [Repr] / Mikrofilm-Lesegerät n
~ **roll** n [Repr] / Mikrofilmrolle f
microform n [Repr] ⟨ISO 5127/11;
   ISO 9707; ISBD(NBM); AACR2⟩ /
   Mikroform f
~ **catalogue** n [Cat] / Mikrokatalog m
~ **reader** n [Repr] / Lesegerät n (für
   Mikroformen)
~-**reader-printer** n [Repr] s. *reader-printer*
micro|graphics pl but sing in constr [Repr] /
   ⟨ISO 6196/1⟩ / Mikrographie f
~**image** n [Repr] ⟨ISO 6196/1⟩ /
   Mikrobild n · Mikrokopie f
~**instruction** n [EDP] ⟨ISO 2382/VII⟩ /
   Mikrobefehl m
~-**opaque** n [Repr] ⟨ISBD(NBM); ISO
   5127/11; AACR2⟩ / Mikrokarte f
~**processor** n [EDP] ⟨ISO 2382–11⟩ /
   Mikroprozessor m
~**program** n [EDP] / Mikroprogramm n
~**projector** n [NBM] / Mikroprojektor m ·
   Mikroskop-Projektor m
~**publication** n [Repr] / Mikropublikation f
~**reader** n [Repr] / Lesegerät n
~**record** n [Repr] / Mikrokopie f
~**reel** n [Repr] ⟨ISBD(NBM)⟩ /
   Mikrofilmspule f
~**scope slide** n [NBM] ⟨ISBD(NBM)⟩ /
   mikroskopisches Präparat n
~**scopic book** n [Bk] / Miniaturbuch n
~**slip** n [Repr] ⟨ISBD(NBM)⟩ /
   Mikrofilmstreifen m
~**spacing** n [EDP] / Mikroschrittaus-
   gleich m
~**text** n [Repr] / Mikroform f (mit Text)
~**thesaurus** n [Ind] ⟨ISO 5127/6⟩ /
   Mikrothesaurus m
middle tones pl [Prt] / Mitteltöne pl
mildew n [Pres] / Moder m · Mehltau m ·
   Schimmel m ‖ s.a. *mould* 3
~ **control** n [Pres] / Schimmelpilzbekämp-
   fung f
~ **spot** n [Pres] / Schimmelfleck m
military library n [Lib] / Militärbibliothek f
mill|board n [Pp] ⟨ISO 4046⟩ / Hartpappe f
   · Graupappe f ‖ s.a. *binder's board*
~-**finished paper** n [Pp] / maschinenglattes
   Papier n
mimeograph 1 n [Prt] / Schablonen-
   drucker m

mimeograph 406

~ 2 *v* [Prt] / vervielfältigen *v* (mit Hilfe von Schablonen)
mimeographing *n* [Repr] / Schablonendruck *m*
mimeograph paper *n* [Repr] / Saugpostpapier *n* · Abzugpapier *n*
~ **stencil** *n* [Repr] *s.* stencil
mini *n* [EDP] *s.* minicomputer
miniature *n* [Bk; Art] ⟨ISO 5127-3⟩ / Miniatur *f*
~ **book** *n* [Bk] / Miniaturbuch *n* ‖ *s.a.* lilliput book
~ **edition** *n* [Bk] / Miniaturausgabe *f*
~ **painter** *n* [Writ; Bk] / Miniator *m*
~ **score** *n* [Mus] ⟨ISBD(PM)⟩ / Taschenpartitur *f*
miniaturist *n* [Art; Bk] / Miniator *m*
minicomputer *n* [EDP] / Kleinrechner *m* · Minirechner *m*
minimal(-level) cataloguing *n* [Cat] / Kurztitelaufnahme *f* · verkürzte Katalogisierung *f*
minimum charge *n* [BgAcc] / Mindestgebühr *f*
~ **discount** *n* [Acq] / Mindestrabatt *m*
~ **requirements** *pl* [Adm] / Mindestanforderungen *pl*
minister *n* [Adm] / Minister *m*
~ **of finance** *n* [Adm] / Finanzminister *m*
ministry [Adm] / Ministerium *n*
Ministry of Culture *n* / Kulturministerium *n* · Kultusministerium *n* D
minor (subject) *n* [Ed] / Nebenfach *n*
mint copy *n* (a copy which is in the same new and unblemished condition as when it was first published) [Bk] / neuwertiges Exemplar *n* · tadelloses Exemplar *n*
minuscule *n* [Writ; Prt] / Minuskel *f*
minute movie *n* [NBM] / Kurzfilm *m*
minutes *pl* [OrgM] / Protokoll *n* (to keep/draw up the minutes of a meeting:eine Sitzung protokollieren) ‖ *s.a.* Council minutes; draw up the minutes/records
mirror image *n* [Repr] / Spiegelbild *n*
M.I.S. *abbr* [InfSy] *s.* management information system
mis|bound *pp* [Bind] / verbunden *pp*
misc. *abbr* [Bk] *s.* miscellany
miscalculation *n* / Rechenfehler *m*
miscellaneous binder *n* [Bind] / Sortimentsbuchbinder *m*
miscellanies *pl* [Bk] / Miszellen *pl*
miscellany *n* [Stock] / Miszellensammlung *f*
misplace *v* [Sh] / verstellen *v*

misprint *n* / Druckfehler *m* · Fehldruck *m* ‖ *s.a.* setting mistake; compositor's error; erratum
misquote *v* [InfSc] / falsch zitieren *v*
missal *n* [Bk] / Missale *n* · Messbuch *n*
missewn *pp* [Bind] / verheftet *pp*
misshelve *v* [Sh] / verstellen *v* (falsch einstellen)
misshelving rate [Sh] / Verstellquote *f*
missing *pres p* / vermisst *pp*
mission [OrgM] ⟨ISO 11620⟩ / Aufgabe *f* · Auftrag *m* (Auftragstellung/Zielstellung einer Institution)
~ **analysis** *n* [OrgM] / Aufgabenanalyse *f*
~-**oriented thesaurus** *n* [Ind] / aufgabenbezogener Thesaurus *m*
~ **statement** *n* [OrgM] / Aufgabenbeschreibung *f*
misspell *v* [Writ; Prt] / falsch schreiben *v*
miss ratio *n* [Retr] / Fehlquote *f* ‖ *s.a.* error rate
missregister *n* [Prt] / Passdifferenz *f*
mitering *n* [Bind] / Gehrung *f*
mitred decoration *n* [Bind] / Spitzbogenornamentik *f*
mixed authorship *n* [Cat] *s.* mixed responsibility
mixed composition *n* [Prt] / gemischter Satz *m* · Mischsatz *m*
~ **matter** *n* [Prt] *s.* mixed composition
~ **network** *n* [Comm] / Verbundnetz *n*
~ **notation** *n* [Class] ⟨ISO 5127/6⟩ / gemischte Notation *f*
~ **responsibility** *n* [Cat] ⟨AACR2⟩ / Verfasserschaft, bei der die beteiligten Personen verschiedene Funktionen haben; analog bei Körperschaften
MLP *abbr* [Comm] *s.* multilink procedure
mnemonic (notation) *n(n)* [Class] / mnemotechnische Notation *f* ‖ *s.a.* literal mnemonic (notation)
mobile (library) *n* [Lib] ⟨ISO 5127/1; ISO 2789⟩ / Fahrbibliothek *f* · Fahrbücherei *f* · mobile Bibliothek *f* ‖ *s.a.* library van
~ **(phone)** *n* [Comm] / Handy *n* · Mobiltelefon *n*
mock-up 1 *n* (blank dummy) [Bk] / Blindband *m*
~ 2 *n* (three-dimensional representation of a device) [NBM] ⟨AACR2⟩ / Modell *n*
mode [EDP] / Modus *m* · Betrieb *m*
model *n* (three-dimensional representation of a real thing) [NBM] ⟨ISBD(NBM); AACR2⟩ / Modell *n*

~ **for financing** *n* [BgAcc] / Finanzierungsmodell *n*
modem *n* [Comm] / Modem *m/n*
mode of action *n* [Pres] / Wirkungsweise *f*
~ **of operation** *n* [EDP] / Betriebsart *f*
~ **of payment** *n* [BgAcc] / Zahlungsweise *f*
moderate *v* [Internet] / moderieren *v*
moderator *n* [Internet] / Diskussionsleiter *m* · Moderator *m*
modern face *n* [Prt] / klassizistische Antiqua *f*
~ **manuscript** *n* [Writ] / neuzeitliche Handschrift *f*
modification *n* (in an index entry) [Ind] / Registerzusatz *m*
modifier *n* [Ind] / Modifikator *m*
modular concept *n* [BdEq] / Baukastenprinzip *n*
~ **construction** *n* [BdEq] / modulare Konstruktion *f*
~ **design** *n* [BdEq] / Modulbauweise *f*
~ **design principle** *n* [BdEq] / Baukastenprinzip *n*
~ **system** *n* [InfSy] / Modularsystem *n*
modulation rate *n* [Comm] / Schrittgeschwindigkeit *f*
module *n* [BdEq; EDP; Ed] / Modul *n* ‖ *s.a. program module*
MOF *abbr* [Acq] *s. multiple-copy order form*
moiré pattern *n* [ElPubl] / Moiré *n*
~ **silk** *n* [Bind] / Moiréseide *f*
moisten *v* [Bind] / feuchten *v*
moisture *n* [BdEq; Pres] / Feuchtigkeit *f*
~ **content** *n* [Pp] / Feuchtigkeitsgehalt *m* · Feuchtegehalt *m*
mold *n* [Pres] *US s. mould 1*
moleskin *n* [Bind] / Moleskin *n*
monastery library *n* / Klosterbibliothek *f*
monastic binding *n* [Bind] / Klostereinband *m* · Mönchsband *m*
~ **library** *n* [Lib] / Klosterbibliothek *f*
monaural disc *n* [NBM] *s. mono(phonic) record*
monetary prize *n* / Geldpreis *m*
money order *n* [BgAcc] / Geldanweisung *f*
monitor 1 *n* [EDP/VDU] ⟨ISO 2382/XI⟩ / Datensichtgerät *n* · Monitor *m* · Bildschirm *m* ‖ *s.a. colour monitor*
~ 2 *v* [OrgM] / (maintain regular surveillance over:) überwachen *v* · (listen:) mithören *v* ‖ *s.a. lecture monitoring; performance monitoring; process monitoring*
~ **screen** *n* [EDP/VDU] / Bildschirm *m*

mono|chromatic monitor *n* [EDP/VDU] / einfarbiger Bildschirm *m*
~**chrome display adapter** *n* [EDP] / monochromer Grafikadapter *m*
~**chrome graphics adapter** *n* [EDP/VDU] / monochromer Grafikadapter *m* · Bildschirmkarte für einfarbige Darstellung *f*
~**dimensional classification** *n* [Class] / eindimensionale Klassifikation *f*
~**gram** *n* [Gen] / Monogramm *n*
monographic item *n* [Cat] ⟨ISBD(ER)⟩ / monographische Einheit *f*
mono|graph(ic publication) *n(n)* [Bk] ⟨ISO 5127/2; ISO 9707; ISO 690; ISBD(M; PM; A); AACR2⟩ / Monographie *f* ‖ *s.a. multivolume monograph*
monographic series *n* [Bk] ⟨ISO 9707⟩ *s. series 1*
mono-hierarchical classification *n* [Class] ⟨ISO 5127/6⟩ / monohierarchische Klassifikation *f*
~**-hierarchy** *n* [Ind; Class] ⟨ISO 5127/6⟩ / Monohierarchie *f*
~**lingual thesaurus** *n* [Ind] ⟨ISO 5127/6⟩ / einsprachiger Thesaurus *m*
~**phonic** *adj* [NBM] / monophonisch *adj*
~**(phonic) record** *n* [NBM] / Mono-(Schall-)Platte *f*
mono|type 1 *n* [Prt] / Einzelbuchstaben-Setz- und -Gießmaschine *f* · Monotype *f*
~ 2 *n* [Art] ⟨ISO5127-3⟩ / Monotypie *f*
montage *n* [NBM] / Montage *f* ‖ *s.a. photomontage*
monthly *adj/n* / monatlich *adj* · (periodical appearing once a month:) Monats(zeit)schrift *f*
morning (news)paper *n* [Bk] / Morgenzeitung *f*
morocco *n* [Bind] / Maroquin *n* ‖ *s.a. cape morocco; Niger morocco*
morphological factoring *n* [Ind] / morphologische Zerlegung *f*
morphometric map *n* [Cart] / morphometrische Karte *f*
mosaic (mozaic) binding *n* [Bind] / Mosaikeinband *m*
most common term *n* [Cat] / gebräuchlichste Bezeichnung *f*
motherboard *n* [EDP] / Hauptplatine *f* · Grundplatine *f* · Mutterplatine *f* ‖ *s.a. add-on board*
motion picture art *n* [Art] / Filmkunst *f*
~ **picture (film)** *n* [NBM] ⟨ISBD(NBM); AACR2⟩ / Film *m*

~ **picture film projection** n [NBM] / Laufbildprojektion f
~ **picture projector** n [NBM] / Filmprojektor m
~ **picture science** n / Filmwissenschaft f
motto n [Bk] / Motto n
mould 1 n (typecasting) [Prt] / Gießform f ‖ s.a. hand-casting instrument
~ 2 n (paper making) [Pp] / Schöpfform f
~ 3 n (growth of minute fungi) [Pres] / Moder m · Schimmel m ‖ s.a. fungal attack; fungicide; mildew
~ **contamination** n [Pres] / Schimmelbefall m
~ **control** n / Schimmelbekämpfung f · Schimmelpilzbekämpfung f
moulded pp (mouldy) [Pres] / schimmelig adj · stockig adj
mould-made paper n [Pp] / Maschinenbüttenpapier n
mouldy adj [Pres] s. moulded
mount 1 n (card or paper to which sth. is pasted) [NBM] / Aufziehkarton m
~ 2 v [BdEq; EDP; Bind] / montieren v · (attach to a backing:) aufziehen v · aufkleben v · (instal:) installieren ‖ s.a. mounting board; slide mount
mounter n [Repr] / Montiergerät n
mounting n [Repr] / Montage f
~ **board** n [Pp] / Aufziehkarton m · Montagekarton m
~ **card** n [Repr] / Montagekarte f
mountings pl [Bind] / Beschläge pl
mouse n [EDP/VDU] ⟨ISO – IEC 2382/13⟩ / Maus f ‖ s.a. click; cordless radio mouse; double-click
~ **button** [EDP] / Maustaste f
~-**driven** pp [EDP] / mausgesteuert pp
~ **pointer** n [EDP/VDU] / Mauszeiger m
movable location n [Sh] / eine nicht regalgebundene Aufstellungsart
~ **screen** n [BdEq] / Schiebewand f
~ **type(s)** n(pl) [Prt] / bewegliche Lettern pl
movement n (division of a larger musical work) [Mus] / Satz m
movie (film) n / Film m ‖ s.a. minute movie
moving / Umzug m
~ **company** n [BdEq] / Umzugsfirma f
MR abbr [KnM] s. meaning representation
MS abbr [Writ] s. manuscript
MUG abbr [EDP] s. multi-user game
mull n [Bind] Brit / Heftgaze f · Gaze f
mullen n [Pp] / Reißfestigkeit f

~ **burst test** n [Pp] / Berstfestigkeitsprüfung f
~ **burst tester** n [Pp] / Reißfestigkeitsprüfer
multi|access system n [EDP] s. multi-user system
~-**annual budget** n [BgAcc] / Mehrjahreshaushalt m
~-**casting** n (OSI) [Comm] / Gruppendialog m
~-**colour printing** n [Prt] / Mehrfarbendruck m
~-**computer system** n [EDP] / Mehrrechnersystem n
~**copies** pl [Acq] s. multiple copies 1
~-**copy subscription** n [Acq] / Mehrfachabonnement n
~-**database searching** n [Retr] / datenbankübergreifendes Recherchieren n
~-**dimensional database** n [InfSy] / multidimensionale Datenbank f
~-**element work** n [Ind] / Werk, das einen Gegenstand unter verschiedenen Gesichtspunkten behandelt.
~-**file item** n [EDP; Cat] ⟨AACR2⟩ / bibliographischer Komplex, der aus mehreren Dateien besteht
~-**file processing** n [EDP] / Mehrdateiverarbeitung f
~-**file searching** n [Retr] s. multi-database searching
~**functional building** n [BdEq] / Mehrzweckgebäude n
~**key search** n [Retr] / Abfrage nach mehreren Kriterien f
~-**language publication** n [Bk] / mehrsprachige Veröffentlichung f
~-**language title** n [Bk] / mehrsprachiger Titel m
~**layer technique** n [EDP] / Mehrschichtverfahren n
~-**level access** n [Retr] / Zugriff auf mehreren Ebenen n
~-**level description** n [Cat] ⟨ISBD(S; PM; ER);⟩ / mehrstufige Titelaufnahme f · Stufenaufnahme f ‖ s.a. one-level description; two-level description
~-**lingual dictionary** n / mehrsprachiges Wörterbuch n · polyglottes Wörterbuch n
~-**lingual thesaurus** n [Ind] ⟨ISO 5127/6; ISO 5964⟩ / mehrsprachiger Thesaurus m
~**link procedure** n [Comm] ⟨ISO 7478⟩ / Mehrfachanschlussbetrieb m · Steuerungsverfahren Übermittlungsabschnittsbündel n

~-**media centre** *n* [NBM] | *s. media resource centre*
~**media item** *n* [NBM] ⟨ISBD(NBM); PM); AACR2⟩ / Medienpaket *n* · Medienkombination *f*
~**media kit** *n* (multimedia kit) [NBM] ⟨ISBD(NBM); AACR2⟩ / Medienpaket *n* · Medienkombination *f*
~**media package** *n* [NBM] *s. multimedia item*
~-**part item** *n* / mehrbändige Publikation *f* · mehrteiliges (begrenztes) Werk *n*
multiple access *n* [InfSy; EDP] / Mehrfachzugriff *m*
~ **authorship** *n* [Cat] / Mehrverfasserschaft *f* · Vielverfasserschaft *f*
~-**choice question** *n* (in a questionnaire) [InfSc] / Auswahlfrage *f* · Mehrfach-Auswahlfrage *f*
~ **copies** 1 *pl* [Acq] / Mehrfachexemplare *pl* ‖ *s.a. added copy; duplicate 3*
~ **copies** 2 *pl* [Repr] / (several reproductions:) Mehrfachkopien *pl*
~-**copy form** *n* [TS; Off] / Mehrfachformular *n* · Formularsatz *m*
~-**copy order form** *n* [Acq] / Bestellzettelsatz *m*
~-**copy subscription** *n* [Acq] *s. multi-copy subscription*
~ **entry** *n* [Cat] / Mehrfacheintragung *f* ‖ *s.a. duplicate entry*
~ **file searching** *n* [Retr] *s. multi-database searching*
~ **hit** *n* [Ret] / Mehrfachtreffer *m*
~ **inheritance** *n* (OOP) [EDP] / Mehrfachvererbung *f*
~ **link** *n* (hypertext) [EDP] / Mehrfachverweis *m* · Mehrfachverknüpfung *f*
~-**order-form** *n* [Acq] *s. multiple-copy order form*
~-**part form** *n* [TS; Off] *s. multiple-copy form*
~-**part order form** *n* [Acq] *s. multiple-copy order form*
~ **punching** *n* [PuC] / Mehrfachlochung *f*
~-**volume set** *n* [Bk] ⟨ISBD(M)⟩ / mehrbändige Publikation *f* · mehrteiliges (begrenztes) Werk *n*
multiplexer *n* [EDP] / Multiplexer *m*
multiplexing *n* [EDP] ⟨ISO/IEC 2382/9⟩ / Multiplexen *n*
multiplex lead *n* [Comm] / Multiplexleitung *f*
~ **mode** *n* [EDP] / Multiplex-Modus *m*
~ **operation** *n* [EDP] / Multiplexbetrieb *m*

multiple-year subscription *n* [Acq] / Mehrjahresabonnement *n*
multipoint configuration *n* [EDP] / Mehrpunktkonfiguration *f*
~ **connection** *n* [Comm] ⟨ISO 2382/9⟩ / Mehrpunktverbindung *f*
multi|processing *n* [EDP] / Mehrfachverarbeitung *f* · Mehrprozessorbetrieb *m* · Teilhaberbetrieb *m*
~**processor** *n* [EDP] ⟨ISO 2382/II+III⟩ / Mehrprozessorsystem *n*
~**programming** *n* [EDP] ⟨ISO 2382/X⟩ / Mehrprogrammbetrieb *m* · Multiprogrammbetrieb *m*
~-**purpose building** *n* [BdEq] / Mehrzweckgebäude *n*
~-**script title** *n* [Bk; Cat] / Titel in mehreren Schriftarten *m*
~-**stor(e)y** *adj* [BdEq] / mehrgeschossig *adj* · mehrstöckig *adj*
~**tasking** *n* [EDP] ⟨ISO 2382/X⟩ / Multitasking *n*
~-**tier stack** *n* [BdEq; Sh] / selbsttragendes Magazin *n* (sich auf mehreren Ebenen vom Untergeschoss bis zum Dachgeschoss erstreckend) · Magazin mit mehrgeschossiger (selbsttragender) Regalanlage *n*
~**topical work** *n* [Ind] / mehrere Sachverhalte betreffendes Werk *n*
~-**user game** *n* [EDP] / Mehr-Personen-Spiel *n*
~-**user system** *n* [EDP] / Mehrplatzsystem *n* · Mehrbenutzersystem *n*
~**valued dependency** *n* [EDP] / mehrwertige Abhängigkeit *f*
~**volume monograph** *n* / mehrbändige Monographie *n* · begrenzte mehrbändige Schrift *f*
~-**volume publication** *n* [Bk] ⟨ISBD(PM; A)⟩ / mehrbändige Publikation *f*
~-**volume work** *n* *s. multiple-volume set*
municipal archives *pl* [Arch] / Stadtarchiv *n*
municipality *n* [Adm] / Kommune *f* · Gemeinde *f*
municipal library *n* [Lib] / kommunale (öffentliche) Bibliothek *f* · Stadtbibliothek *f* · Stadtbücherei *f* ‖ *s.a. metropolitan city library*
muniment *n* [Law; Arch] / Rechtstiteldokument *n* (Urkunde, einen Rechtsanspruch belegend)
museography *n* / Museographie *f*

museology *n* [Gen] ⟨ISO 5127/1⟩ / Museumskunde *f*
museum *n* [Art] ⟨ISO 5127/1⟩ / Museum *n*
music *n* (printed music) [Mus] / Musikalien *pl* · Noten *pl* ‖ *s.a. engraved music; manuscript music; printed music; sheet music*
musical notation *n* [Mus] / musikalische Notation *f* · Notenschrift *f*
~ **presentation** *n* [Mus] / musikalische Ausgabeform *f*
music book *n* / Notenheft *n*
~ **cassette** *n* (MC) / Tonbandkassette *f* (mit Musik- oder auch Wortaufzeichnung) ‖ *s.a. sound cassette*
~ **format** *n* (e.g., score, parts) [Mus] ⟨ISBD(PM)⟩ / musikalische Ausgabeform *f*
~ **library** *n* [Lib] / Musikbibliothek *f*
~ **paper** *n* [Pp] / Notenpapier *n*
muslin *n* [Bind] / Musselin *n*

N

NAK *abbr* [Comm] *s. negative acknowledgement*
name *n* [Gen] / Name *m* ‖ *s.a. forename; nickname; proper name; rename; surname*
~ **authority file** *n* [Cat] / Namendatei *f* (mit genormten Ansetzungen) · Namensschlüssel *m* · Normdatei *f* (für Namen)
~ **badge** *n* [OrgM] / Namensschild *n*
~ **catalogue** *n* [Cat] ⟨ISO 5127/3a⟩ / nach den Namen von Personen, Körperschaften oder Orten geordneter Katalog
~ **entry** *n* [Cat] / Namenseintragung *f* ‖ *s.a. variant (form of) name*
~ **index** *n* [Ind] / Namensregister *n* · Personenregister *n*
~ **of manufacturer** *n* (as part of the bibliographic description) [Cat] / Herstellername *m* · Name des Herstellers *m*
~ **pallet** *n* [Bind] / Namensstempel *m* ‖ *s.a. binder's ticket; signed binding*
~ **plate** *n* / Namensschild *n*
~ **reference** *n* [Cat] / Namensverweisung *f*
~-**title added entry** *n* [Cat] ⟨AACR2⟩ / zweiteilige Nebeneintragung *f*
~-**title reference** *n* [Cat] ⟨AACR2⟩ / Verweisung unter dem Namen einer Person oder einer Körperschaft mit Sachtitel *f*
narrowband communication *n* [Comm] / Schmalbandkommunikation *f*

narrower concept *n* [Ind; Class] / Unterbegriff *m* ‖ *s.a. narrower term*
~ **term** *n* (NT) [Ind] ⟨ISO 2788; ISO 5127/6⟩ / untergeordneter Begriff *m* · UB *abbr*
~ **term generic** *n* [Ind] ⟨ISO 2788⟩ / Unterbegriff *m* (Abstraktionsrelation) · UA *abbr*
~ **term partitive** *n* (NTP) [Ind] ⟨ISO 2788⟩ / Teilbegriff *m* · TP *abbr*
national archives *pl* [Arch] / Nationalarchiv *n*
~ **bibliography** *n* [Bib] ⟨ISO 5127/2⟩ / Nationalbibliographie *f*
~ **library** *n* [Lib] ⟨ISO 2789; ISO 5127/1⟩ / Nationalbibliothek *f*
~ **script** *n* [Writ] / Nationalschrift *f*
natural language *n* [Lin] ⟨ISO 5127/1⟩ / natürliche Sprache *f*
~-**language indexing system** *n* [Ind] / natürlichsprachiges Indexierungssystem *n*
~ **language processing** *n* [EDP] / Verarbeitung natürlicher Sprache *f*
~ **language term** *n* [Ind] / natürlichsprachige Bezeichnung *f*
~ **word order** *n* [Bib; Cat] / natürliche Wortfolge *f*
nautical almanac *n* [Comm] / nautisches Jahrbuch *n*
~ **chart** *n* [Cart] / Seekarte *f* · Schifffahrtskarte *f*
naval library *n* [Lib] / Marinebibliothek *f*

navigate *v* [Retr; Internet] / navigieren *v* ‖ *s.a. Internet surfing*
navigation *n* [Retr; Internet] / Navigation *f*
~ **aid** *n* [Retr] / Navigationshilfe *f*
~**-(al) chart** *n* [Cart] / Navigationskarte *f* ‖ *s.a. aeronautical chart; nautical chart*
~ **path** (hypertext) / Navigationspfad *m*
~ **support** *n* [Retr] / Navigationshilfe *f*
NCR paper *n* [Pp] / Durchschreibpapier *n* · selbstdurchschreibendes Papier *n* · NCR-Papier *n*
n.d. *abbr* [Cat] *s. no date*
NDM *abbr* [Comm] *s. normal disconnected mode*
near copy cataloguing *n* [Cat] / Fremdkatalogisierung an Hand einer anderen Ausgabe des Werkes *f*
~**-letter quality** *n* [EDP; Prt] ⟨ISO/IEC 2382-23⟩ / Beinahe-Briefqualität *f*
~**-synonym** *n* [Lin] ⟨ISO 5127/6⟩ / Quasi-Synonym *n*
neatline *n* (of a map) [Cart] / Kartenfeldbegrenzung *f* · Blattrandlinie *f* · Kartenfeldrandlinie *f*
neat's foot oil *n* [Pres] / Klauenöl *n*
neck *n* [Prt] / Schriftkonus *m* · Konus *m*
necrology *n* [Bk] / (list of recently deceased persons:) Totenverzeichnis *n* · Nekrologium · (obituary notice:) Nachruf *m* · Nekrolog *m*
needle *v* [PuC] / nadeln *v*
~ **punched card** *n* [PuC] / Nadellochkarte *f*
~**work binding** *n* [Bind] *s. embroidered binding*
needs *pl* [InfSc] / Bedarf *m* · Bedürfnisse *pl* ‖ *s.a. demand 1; requirements; shelf needs*
~ **analysis** *n* / Bedarfsanalyse *f*
negative *n* [Repr] ⟨ISO 4246⟩ / Negativ *n*
~ **acknowledgement** *n* (NAK) [Comm] / negative Empfangsbestätigung *f*
~**-appearing image** *n* [Repr] ⟨ISO 6196/1⟩ / Negativbild *n*
~ **film** *n* [Repr] / Negativfilm *m*
~ **print** *n* [Repr] / Negativkopie *f*
negotiate *v* [Gen] / verhandeln *v*
neighbouring rights *pl* / Nebenrechte *pl* ‖ *s.a. all rights reserved*
neighbour search *n* [Retr] / Nachbardatensatzsuche
neo-caroline *n* [Writ] *s. humanistic hand*
NEP *abbr* [Bk] *s. new edition pending*
net book *n* [Bk] *Brit* / preisgebundenes Buch *n* ‖ *s.a. non-net book*
~**-burner** *n* [EDP] / Netzbrenner *m*

netcafé *n* [Internet] / Internet-Café *n*
~ **floor area** *n* [BdEq] / Nettogrundfläche *f*
netiquette *n* [Internet] / Internet-Verhaltenskodex *m*
net price *n* [Acq] *Brit* / Nettopreis *m*
~ **profit** *n* [Bk] / Nettogewinn *m*
~ **salary** *n* [Staff] / Nettogehalt *n*
netware *n* [Comm] / Vernetzungssoftware *f*
net weight *n* [Gen] / Nettogewicht *n*
network 1 *n* [Bk] *s. network decoration*
~ 2 *n* [Lib; OrgM] / Verbundsystem *n* · Verbund *m* · Netz *n* ‖ *s.a. integrated network; radial network; information network; library network*
~ 3 *n* [Comm] / Netz *n* ‖ *s.a. communications network*
~ 4 *v* [EDP] / vernetzen *v* ‖ *s.a. networking*
networkable *adj* [Comm] / vernetzungsfähig *adj* · vernetzbar *adj*
network access *n* [Comm] / Netzzugang *m*
~ **address** *n* [Comm] / Endsystemadresse *f*
~ **architecture** *n* [EDP] / Netzwerkarchitektur *f*
~ **configuration** [InfSy] / Netzkonfiguration *f*
~ **congestion** *n* [Comm] / Netzüberlastung *f*
~ **connection** *n* [Comm] / Endsystemverbindung *f*
~ **decoration** *n* [Bk] / Netzornamentik *f*
networking *n* [InfSy] / Vernetzung *f*
network layer *n* [Comm] / Vermittlungsschicht *f*
~ **load** *n* [Comm] / Netzbelastung *f*
~ **node** *n* [EDP] / Netzknoten *m*
~ **node computer** *n* [EDP] / Knotenrechner *m*
~ **operating system** *n* [InfSy] / Netzbetriebssystem *n*
~ **planning technique** *n* [OrgM] / Netzplantechnik *f*
~ **surfing** *n* [Internet] / Surfen *n*
~ **topology** *n* [Comm] / Netztopologie *f*
~ **user identification** (NUI) / Teilnehmerkennung *f* · Netzkennung *f*
neural networks *pl* [EDP] / neuronale Netze *pl*
neutralization bath *n* [Pres] / Neutralisierungsbad *n*
new book display *n* [RS] / Neuerwerbungsauslage *f*
~ **edition** *n* [Bk] ⟨ISO 5127/3a⟩ / Neuauflage *f* · Neuausgabe *f*
~ **edition pending** *n* (NEP) [Bk] / neue Ausgabe in Vorbereitung *f*

news agency *n* [InfSy] / Nachrichtenagentur *f*
~**board** *n* [Pp] / Pappe, hergestellt auf der Grundlage von wieder aufbereitetem Zeitungspapier
~ **bulletin** *n* [InfSy] / Informationsblatt *n*
~ **database** *n* [InfSy] / Pressedatenbank *f*
~**letter** *n* [InfSy] ⟨ISBD(ER)⟩ / Informationsblatt *n* (laufend) · Mitteilungsblatt *n*
~ **library** *n* [Lib] / Bibliothek einer Zeitung/Nachrichtenagentur *f*
~ **magazine** *n* [Bk] / Nachrichtenmagazin *n*
newspaper *n* [Bk] ⟨ISO 5127/2; ISO 2789; ISO 9707; ISBD(S)⟩ / Zeitung *f* ‖ *s.a. daily newspaper; metropolitan newspaper*
~ **cutting** *n* [Bk] / Zeitungsausschnitt *m* ‖ *s.a. clipping file; cutting bureau*
~ **holder** *n* [Sh] / Zeitungshalter *m*
~ **press directory** *n* [Bib] / Zeitungsadressbuch *n*
~ **rack** *n* [Sh] / Zeitungsregal *n*
~ **(reading) room** *n* [BdEq] / Zeitungsleseraum *m*
~ **rod** *n* [Sh] / Zeitungshalter *m*
~ **stick** *n* [Sh] / Zeitungshalter *m*
news|print *n* [Pp] ⟨ISO 4046⟩ / Zeitungspapier *n*
~ **release** *n* [PR] / Presseinformation *f*
~**room** *n* [BdEq] / Zeitungsleseraum *m*
~ **service** *n* [InfSy] / Nachrichtendienst *m*
news-sheet *s. newsletter*
~**stall** *n* [Bk] / Zeitungsstand *m*
~ **stand** *n* [Bk] / Zeitungsstand *m*
new titles announcement service *n* [Bk] / Neuerscheinungsdienst *m* ‖ *s.a. announcement of forthcoming books*
nick *n* (groove in a movable type) [Prt] / Signatur *f*
nickname *n* [Cat] / Spitzname *m*
Niger morocco *n* [Bind] / Nigerleder *n*
night rate *n* [Comm] / Nachttarif *m*
nipping *n* [Bind] / Einpressen *n*
~ **press** *n* [Bind] / Tischpresse *f*
NK *abbr* [Bk] *s. not known*
NL *abbr* [Comm] *s. network layer*
NLQ *abbr* [EDP; Prt] *s. near-letter quality*
NO *abbr* [Bk] *s. not our publication*
Nobel laureate *n* [Bk] / Nobelpreisträger *n*
~ **Prize** *n* / Nobelpreis *m*
~ **Prize in literature** *n* [Bk] / Nobelpreis für Literatur *m*
~ **prizewinner** *n* [Bk] / Nobelpreisträger *m*
no date *n* (n.d.) / ohne Jahr (o.J.)

node *n* (in a data network) [Comm] ⟨ISO/IEC 2382/9⟩ / Knoten *m* ‖ *s.a. expanded node; intermediate node; network node*
~ **address** *n* [InfSy] / Knotenadresse *f*
~ **label** *n* (in the systematic section of some types of thesauri) [Ind] / Gliederungshilfe *f*
no-growth *n* [InfSc] / Nullwachstum *n*
noise *n* [Retr] / Ballast *m*
~ **control** *n* [BdEq] / Schallschutz *m* · Lärmschutz *m* ‖ *s.a. sound insulation*
~ **level** *n* [NBM] / Geräuschpegel *m*
~ **reduction** *n* / Senkung des Geräuschpegels *f* · Geräuschpegelsenkung *f* · Geräuschpegelminderung
nomenclature *n* [InfSc] ⟨ISO 5127/1; 1087⟩ / Nomenklatur *f*
no more published *pp* [Bk] / mehr nicht erschienen
non-academic staff *n* / sonstige Mitarbeiter *pl* (an einer Hochschule)
~**-adhesive** *adj* [Bind; Off] / nichtklebend *pres p*
~**-assignable area** *n* [BdEq] / Nebennutzfläche *f*
~**-bibliographic database** *n* [InfSy] / nichtbibliographische Datenbank *f* ‖ *s.a. fact database*
~**-book materials** *pl* [NBM] ⟨ISBD(NBM)⟩ / Nicht-Buch-Materialien *pl*
~**-book trade publication** *n s. non-trade publication*
non circulating [RS] / nicht verleihbar
non-circulating library *n* [RS] *s. non-lending collection*
~**-circulating materials** *pl* [Stock] / nichtverleihbare Materialien *pl*
~**-coated paper** *n* [Pp] / nicht beschichtetes Papier *n* · Naturpapier *n*
~**-consecutive numbering** *n* [Bk] / springende Zählung *f* ‖ *s.a. erratic pagination*
~**-delivery** *n* [Acq] / Nichtlieferung *f*
~**-descriptive title** *n* [Cat] *s. non-distinctive title*
~**-descriptor** *n* [Ind] ⟨ISO 5127/6⟩ / Nicht-Deskriptor *m* · Askriptor *m DDR*
~**-distinctive title** *n* [Cat] / unspezifischer Titel *m*
~**-equivalence** *n* (in a multilingual thesaurus) [Ind] ⟨ISO 5964⟩ / Nicht-Äquivalenz *f*
~**-fiction** *n* [Bk] / Sachliteratur *f*
~**-fiction book** *n* [Bk] / Sachbuch *n*

non-governmental   414

~-**governmental** *adj* / nichtstaatlich *adj*
~-**impact printer** *n* [EDP; Prt] ⟨ISO 2382/XII⟩ / nichtmechanischer Drucker *m* · anschlagfreier Drucker *m*
~-**lecture period** *n* [Ed] / vorlesungsfreie Zeit *f*
~-**lending collection** *n* [RS] / Präsenzbestand *m*
~-**lending library** *n* [Stock] / Präsenzbibliothek *f*
~-**linear programming** *n* [EDP] / nichtlineare Programmierung *f*
~-**loan material** *n* [Stock] / nichtverleihbares Material *n*
~-**loan materials** *pl* [Stock] / nicht verleihbare Materialien *pl*
~-**net book** *n* [Bk] *Brit* / Buch ohne festen Ladenpreis ‖ *s.a.* net book
~-**numeric character** *n* [InfSy] / nichtnumerisches Zeichen *n*
~-**numeric data processing** *n* [EDP] / nichtnumerische Datenverarbeitung *f*
~-**organ of a territorial authority** *n* [Cat] ⟨FSCH⟩ / nicht als Organ einer Gebietskörperschaft geltende Körperschaft *f*
nonpareil *n* [Prt] / Nonpareille *f*
non-payroll *n* / Sachetat *m*
~-**personnel costs** *pl* [BgAcc] / Sachkosten *pl*
~-**preferred term** *n* [Ind] ⟨ISO 2788; ISO 5963; ISO 5964⟩ / Nicht-Deskriptor *m* · Askriptor *m DDR*
~-**print materials** *pl* [NBM] *s.* non-book materials
~-**professional staff** *n* [Staff] / nichtfachliches Personal *n*
~-**reader** *n* [Bk] / Nichtleser *m*
~-**recurrent costs** *pl* [BgAcc] / einmalige Kosten *pl*
~-**roman script** *n* [Writ] / nichtlateinische Schrift *f*
~-**seller** *n* [Bk] / Ladenhüter *m*
~-**serial work** *n* [Cat] / begrenztes Werk *n*
~-**sorting characters** *pl* [Cat] / nicht ordnende Zeichen *pl*
~-**specific title** *n* [Cat] / Formalsachtitel *m*
~-**subject indexing** *n* / formale Erfassung *f* · formale Beschreibung *f* ‖ *s.a.* bibliographic description
~-**supply** *n* [Acq] / Nichtlieferung *f*
~-**switched data circuit** *n* [Comm] / Datenstandverbindung *f*

~-**trade publication** *n* / eine Veröffentlichung, die in der Regel nicht über den Einzelbuchhandel vertrieben wird · Veröffentlichung außerhalb des Buchhandels
~-**usable area** *n* [BdEq] / Nebennutzfläche *f*
~-**user** *n* [RS] / Nicht-Benutzer *m* · Nicht-Nutzer *m*
~-**volatile RAM** *n* [EDP] / nichtflüchtiger Schreib-Lese-Speicher *m*
~-**volatile storage** *n* [EDP] ⟨ISO 2382/XII⟩ / nichtflüchtiger Speicher *m*
NOP *abbr* [Bk] *s. not our publication*
no place no date (n.p.n.d.) [Cat] / ohne Ort und Jahr (o.O.o.J.) · o.O. u. J. *abbr*
~ **returns allowed** *pl* (NR) [Bk] / Rücksendung ausgeschlossen *f*
normal disconnected mode *n* [Comm] / abhängiger Wartebetrieb *m*
~ **distribution** *n* [InfSc] / Normalverteilung *f* · normale Häufigkeitsverteilung *f* ‖ *s.a.* Gaussian distribution
~ **frequency distribution** *n* [InfSc] *s. normal distribution*
normalization *n* [Gen] / Normung *f*
normal operation *n* [BdEq] / Normalbetrieb *m*
~ **response mode** *n* [Comm] / Aufforderungsbetrieb *m*
normative document *n* [Gen; Bk] / Norm *f*
norm conflict *n* [InfSc] / Normenkonflikt *m*
N.O.S. [RS] *s. not on shelf*
NOS *abbr s.* network operating system; not on shelf
no-station address *n* [Comm] ⟨ISO 3309⟩ / Sperradresse *f*
notation 1 *n* [Mus] / Notation *f* · Notenschrift *f*
~ 2 *n* [Class] ⟨ISO 215; ISO 5127/6⟩ / Notation *f* ‖ *s.a.* expressive notation; extension of the notation; gap notation; literal mnemonic (notation); mixed notation; mnemonic (notation); ordinal notation; pronounceable notation; pure notation; syllabic notation
~ **of ownership** *n* [Bk] / Eigentumsvermerk *m* · Besitzvermerk *m* ‖ *s.a.* ownership marks
not available *adj* / nicht verfügbar *adj* · (out of stock:) nicht lieferbar
notch 1 *n* [PuC] / Kerbe *f* ‖ *s.a.* retrieval notch; write-protect notch
~ 2 *v* [PuC] / kerben *v*

notched card *n* [PuC] / Kerblochkarte *f*
notching pliers *pl* [PuC] / Kerbzange *f*
note 1 *n* [Cat] ⟨ISO 5127/3a⟩ / (footnote:)
  Fußnote *f* · Anmerkung *f*
~ 2 *n* [Off] / (brief record of facts etc.:)
  Notiz *f* · Vermerk *m* · (for the records:)
  Aktennotiz *f* · Aktenvermerk *m* ‖ *s.a.*
  manuscript note; memorandum
~ 4 *n* [Mus] / Note *f*
~ **area** *n* [Cat] / Zone für Fußnoten *f* CH
~**book** *n* [Off] / Notizbuch
~**pad** *n* [EDP; Off] / (pad of papers for
  writing notes:) Notizblock *m* · (portable
  PC:) Notepad *m*
notes *pl* [Cat] / Fußnote *f* · ergänzende
  Angaben *pl*
not for loan [RS] / nicht verleihbar
~ **for sale** [Bk] / nicht zum Verkauf ‖ *s.a.*
  saleable
~ **held** *pp* [Stock] / nicht vorhanden *adj*
notice [Gen] / (announcement, information:)
  Mitteilung · (displayed sheet:) Notiz *f*
  · (termination of an agreement:)
  Kündigung *f* (to give a week's notice:
  mit Wochenfrist kündigen) ‖ *s.a. overdue
  (notice); period of notice; preliminary
  notice; recall notice*
~ **board** *n* [BdEq] / Anschlagbrett *n* ·
  Anschlagtafel *f* · schwarzes Brett *n*
~ **of vacancy** / Stellenausschreibung *f*
notification *n* / Mitteilung · Bescheid *m* ·
  Benachrichtigung *f* (rechtsverbindlich) ‖
  s.a. provisional notification
~ **postcard** *n* [Comm] / Benachrichtigungskarte *f*
~ **slip** *n* [Acq] / Benachrichtigungszettel *m*
notify *v* [Comm] / unterrichten *v* ·
  benachrichtigen *v* (amtlich)
not in stock / (booktrade:) nicht am
  Lager *n* · (libraries:) nicht vorhanden *adj* ‖
  s.a. out of stock
~ **in trade** [Bk] / nicht im Handel
~ **known** *pp* [Bk] / unbekannt *pp*
~ **on shelf** (N.O.S.) / nicht am Standort
NOT operation *n* [Retr] / NICHT-Verknüpfung *f*
not our publication *n* (NOP) [Bk] / nicht
  bei uns erschienen
not owned by library *s. not in stock*
~ **yet published** *pp* [Bk] / noch nicht
  erschienen *pp*
novel *n* [Bk] / Roman *m* ‖ *s.a. adventure
  novel; first novel*
novelist *n* [Bk] / Romanschriftsteller *m*
novel of war *n* / Kriegsroman *n*

novelty (quality of a new intellectual work)
  [Law] / Neuheitswert *m*
~ **ratio** *n* [Retr] / Neuheitsquote *f*
nozzle *n* [Prt] / Düse *f* ‖ *s.a. inkjet nozzle*
n.p. n.d. *abbr* [Cat] *s. no place no date*
NR *abbr* [Bk] *s. no returns allowed*
NRM *abbr* [Comm] *s. normal response
  mode*
NRZ *abbr* [EDP] / NRZ-Schrift *f*
~ **recording** *n* [EDP] / NRZ-Schreibverfahren *n* · Wechselschriftverfahren *n*
NT *abbr* [Ind] ⟨DIN 1463/2⟩ *s. narrower
  term*
NTG *abbr* [Ind] ⟨DIN 1463/2⟩ *s. narrower
  term generic*
NTP *abbr* [Ind] *s. narrower term partitive*
NUI *abbr* [Comm] *s. network user
  identification*
null hypothesis *n* [InfSc] / Null-Hypothese *f*
number *n/v* [Prt; InfSy] / 1 Zahl *f* · 2
  (issue of a periodical:) Heft *n* · Nummer *f*
  · 3 (to assign numbers:) nummerieren *v* ·
  zählen *v* ‖ *s.a. binary number; numbered
  page*
numbered copy *n* [Bk] / nummeriertes
  Exemplar *n*
numbered page *n* [Bk] / gezählte Seite *f* ‖
  s.a. unnumbered pages
~ **series** *n* [Bk; Cat] / gezählte Reihe *f*
numbering *n* [Bk] / Nummerierung *f* ·
  Zählung *f* · (of the issues of a periodical:)
  Heftzählung *f* ‖ *s.a. duplicate numbering;
  inclusive numbering; non-consecutive
  numbering; pagination; sheet numbering;
  volume numbering*
~ **area** *n* [Cat] / Bandaufführung *f n*
~ **machine** *n* [Prt; Off] / Nummerierungsapparat *m* · (paginating machine:)
  Paginiermaschine *f*
~ **of parts** *n* [Bk] ⟨ISO 5127/3a⟩ /
  Bandzählung *f*
number sign *n* (#hash sign) ⟨DIN 66009⟩ /
  Nummernzeichen *n*
numeral 1 *n* (figure) [InfSy; Prt] /
  Zahlzeichen *n* · Ziffer ‖ *s.a. Arabic
  numeral; Roman numeral*
~ 2 *n* (word denoting a number) [Lin] /
  Zahlwort *n*
numeration *n* [Bk] / Zählung *f* ·
  Nummerierung *f* · Nummerung *f* ‖ *s.a.
  folio numeration; line numeration; page
  numeration; Roman numeration*
numeric *adj* [InfSy] ⟨ISO 2382/1⟩ /
  numerisch *adj*

numerical order *n* [InfSy] / Ziffernfolge *f*
~ **score** *n* [InfSc] / Zahlenwert *m*
numeric annunciator *n* [BdEq] / Ziffernanzeige *f*
~ **character** *n* [InfSy] ⟨ISO 2382/IV⟩ / Ziffer
~ **code** *n* [EDP] / Zahlencode *m*

~ **data** *pl* / numerische Daten *pl*
~ **database** *n* [InfSy] / numerische Datenbank *f*
~ **representation** *n* [InfSy] / numerische Darstellung *f*
NYP *abbr* [Bk] *s. not yet published*

oasis *n* [BdEq] / Leseinsel
~ **goat** *n* [Bind] / Oasenziegenleder *n*
obelisk *n* (dagger) [Prt] / Kreuz(zeichen) *n(n)* ‖ *s.a. double obelisk*
obit *n* [Bk] / Nachruf *m*
obituary *n* [Bk] / Nachruf *m* · Nekrolog *m*
object *n* [Gen; NBM] ⟨ISBD(NBM)⟩ / Gegenstand *m* · Objekt *n* · (sth. aimed at:) Ziel *n*
objective 1 (something aimed at) [OrgM] ⟨ISO 11620⟩ / Ziel *n* ‖ *s.a. course objective; definition of objectives; learning objective; organizational objective; training objective*
~ 2 *n* [Repr] / Objektiv *n*
object language *n* [EDP] / Zielsprache *f*
~ **orientation** *n* [KnM] / Objektorientierung *f*
~**-oriented programming language** *n* (OOP) [EDP] ⟨ISO 2382-6⟩ / objektorientierte Programmiersprache *f*
obligatory copy *n* [Acq] / Pflichtexemplar *n* · Pflichtstück *n*
oblique (stroke) (/) [Writ; Prt] / Schrägstrich *m* ‖ *s.a. slash*
obliterate *v* [Writ] / tilgen *v* · ausstreichen *v*
oblong folio *n* [Bk] / Quer-Folio *n*
~ **format** *n* [Bk] / Albumformat *n* · Querformat *n* · Breitformat *n*
~ **octavo** *n* [Bk] / Quer-Oktav *n*
obscene literature *n* [Bk] / obszöne Literatur *f* · Schmutzliteratur *f*

obsolescence *n* [InfSc] / Alterung *f* · Veralten *n* · Obsoleszenz *f*
obsolete *adj* [Gen] / veraltet *pp*
obtrusive observation *n* [InfSc] / offene Beobachtung *f*
obverse cover *n* [Bind] / Vorderumschlag *m*
OC *abbr s. order cancelled*
occasional writing *n* / Gelegenheitsschrift *f*
occupational description *n* [Staff; OrgM] / Tätigkeitsbeschreibung *f* ‖ *s.a. job description*
~ **safety** *n* [OrgM] / Arbeitssicherheit *f*
occupy *v* [OrgM] / beschäftigen *v*
OCR *abbr* [EDP] *s. optical character recognition*
OCR font *n* [EDP] / OCR-Schrift *f*
octavo *n* [Bk] / Oktav(-Format) *n(n)*
~ **(volume)** *n* [Bk] / Oktavband *m*
odd-even check *n* [EDP] / Paritätsprüfung *f*
oddments *pl* [Bk; Prt] / die dem eigentlichen Text eines Buches voran- und nachgestellten Seiten
odd-numbered page *n* [Bk] / eine Seite mit ungerader Zählung
~**-numbered volume** *n* [Bk; Stock] / (bei einem unvollständig vorhandenen mehrbändigen Werk:) ein vereinzelter Band
OEM *abbr* [EDP] *s. original equipment manufacturer*
oeuvre catalogue *n* [Art] / Oeuvre-Katalog *m*

off-air recording *n* [Comm] / (of a TV transmission:) Fernsehmitschnitt *m* · (of a broadcast programme:) Rundfunkmitschnitt *m*
~ **duty** *n* [Staff] / nicht im Dienst *m* · dienstfrei *adj*
~ **duty time** *n* [Staff] / dienstfreie Zeit *f*
offer *n* [Acq] / Angebot *n* · (at a certain price:) Preisangebot *n* ‖ *s.a. bargain offer; introductory offer; special offer; quotation 2*
office *n* [Off] / Büro *n* · (authority of a Government:) Amt *n*
~ **automation** *n* [Off] ⟨ISO/IRC 2382-1⟩ / Büroautomatisierung *f*
~ **copier** *n* [Repr] / Bürokopierer *m* · Bürokopiergerät *n*
~ **cupboard** *n* [BdEq] / Büroschrank *m*
~ **duplicator** *n* [Repr] / Bürovervielfältigungsmaschine *f*
~ **equipment** *n* [Off] / Büroeinrichtung *f* · Bürogeräte *pl*
~ **for international affairs** *n* [OrgM; Ed] / Auslandsamt *n*
~ **furniture** *n* [BdEq] / Büromöbel *pl*
~ **of record** *n* [Off] / Registratur *f*
~ **paper** *n* / Büropapier *n*
~ **printing** *n* [Prt] / Kleinoffset(druck) *n(m)*
~ **supplies** *pl* [Off] / Bürobedarf *m* ‖ *s.a. stationery*
official *n* [Staff] / Referent *m*
~ **bulletin** *n* [Bk] *s. official gazette*
~ **catalogue** *n* [Cat] / Dienstkatalog *m*
~ **channel** *n* [Adm] / Dienstweg *m*
~ **gazette** *n* [Bk] / Amtsblatt *n*
~ **publication** *n* [Bk] / amtliche Druckschrift *f* · amtliche Veröffentlichung *f*
~ **stamp** *n* / Dienststempel *m*
~ **title** *n* [Staff] / Dienstbezeichnung *f*
~ **trip** *n* / Dienstreise *f*
~ **use** *n* [Adm] / Dienstgebrauch *m*
offline mode *n* [EDP] / Offline-Betrieb *m*
~ **processing** *n* [EDP] / Offline-Verarbeitung *f*
offprint *n* [Bk] / Sonder(ab)druck *m* · Separatum *n* · (copy:) Abdruck *m*
offset foil *n* [Prt] / Offsetfolie *f*
~ **letterpress** *n* [Prt] / indirekter Hochdruck *m*
~ **machine** *n* [Prt] / Offset(druck)maschine *f* ‖ *s.a. sheet-fed offset machine; small offset*
~ **master** *n* [Prt] / Offsetdruckform *f*
~ **paper** / Flachdruckpapier *n* (für den Offsetdruck) · Offsetpapier *n*

~ **plate** *n* [Prt] / Offsetdruckplatte *f*
~ **press** *n* [Prt] *s. offset machine*
~ **printing** *n* [Prt] / Offsetdruck *m*
off-site access *n* [Retr] / Fernzugriff *m*
~-**site storage** *n* [Stock] / Außer-Haus-Lagerung *f* · Auslagerung *f* (von Beständen) ‖ *s.a. storage library*
oil *v* [Pres] / fetten *v*
~ **paper** *n* [Pp] / Ölpapier *n*
old books *pl* / alte Drucke *pl* ‖ *s.a. early imprints*
~ **colouring** *n* [Bk] / Altkolorit *n*
~ **face** *n* [Prt] / Renaissance-Antiqua *f*
~ **stock** *n* / Altbestand *m* ‖ *s.a. historic collections*
omission marks *pl* (...) [Writ; Bk] / Auslassungspunkte *pl* · Weglassungspunkte *pl*
omnibus book *n* [Bk] / Sammelband *m* (ein Buch, in dem Bücher oder Aufsätze vereinigt sind, die früher getrennt erschienen waren)
~ **reference** *n* [Cat] / Sammelverweisung *f*
~ **review** *n* [Bk] / Sammelbesprechung *f* · Sammelrezension *f*
~ **volume** *n* [Bk] *s. omnibus book*
OMR *abbr* [EDP] *Brit s. optical mark reading*
on approval *n* [Acq] ⟨ISO 5127/3a⟩ / zur Ansicht *f* ‖ *s.a. approval copy; batch sent on approval*
on-demand publishing *n* [Bk] / Publizieren bei Bedarf *n*
on duty *n* [Staff] / im Dienst *m*
one-act play *n* [Art] / Einakter *m*
~-**level description** *n* [Cat] ⟨ISBD(S)⟩ / einstufige Titelaufnahme *f* ‖ *s.a. multi-level description; two-level description*
~-**off agreement** *n* [Law] / Ad-hoc-Vereinbarung *f* (Vereinbarung nur für einen Fall)
~-**off allocation** *n* [BgAcc] / einmalige Zuwendung *f*
~-**person business** *n* [OrgM] / Ein-Mann-Betrieb *m*
~-**plus entry** *n* (1+) [Cat] / Bandaufführung mit dem Pluszeichen *f* · ff- Eintragung *f*
~-**sided shelving** *n* [Sh] *s. single-sided shelving*
one-storey(ed) *pp* [BdEq] / eingeschossig *adj* · einstöckig *adj*
~-**way communication** *n* [Comm] ⟨ISO 2382/9⟩ / einseitige Datenübermittlung *f*
ongoing cost(s) *n(pl)* [BgAcc] / laufende Kosten *pl*

~ **publication** *n* [Bk] / laufende Publikation *f*
onlaying *n* [Bind] / Auflegearbeit *f*
online access *n* [InfSy] / Online-Zugang *m* · Online-Zugriff *m*
~ **catalogue** *n* [Cat] / Online-Katalog *m* · Bildschirmkatalog *m* ‖ *s.a. online public access catalogue*
~ **connection** *n* [Comm] / Online-Anschluss *m*
~ **data processing** *n* [EDP] / Online-Verarbeitung *f*
~ **document ordering** *n* [RS] / Online-Literaturbestellung *f*
~ **host** *n* [InfSy] / Datenbankanbieter *m*
~ **information service** *n* [Ref] / Informationsvermittlung *f* (als Dienstleistung)
~**-inquiry system** *n* [EDP] / Online-Abfragesystem *n*
~ **mode** *n* [EDP] / Online-Betrieb *m*
~ **ordering** *n* [Acq] / Online-Bestellen *n*
~ **patron access catalogue** *n* / OPAC *abbr* · Online-Benutzerkatalog *m*
~ **processing** *n* [EDP] / Online-Verarbeitung *f*
~ **public access catalogue** *n* (OPAC) [Cat] / Online-Benutzerkatalog *m*
~**-query system** *n* [Retr] *s. online-inquiry system*
~ **searching** *n* [Retr] / Online-Recherchieren *n*
~ **searching office** *n* / Informationsvermittlungsstelle *f*
~ **search service** *n* [Retr] *s. online information service*
~ **service** *n* [InfSy] ⟨ISBD(ER)⟩ / Online-Dienst *m* · Host *m* · Datenbankanbieter *m*
~ **supplier** *n* [InfSy] / Datenbankanbieter *m*
~ **vendor** *n* [InfSy] *s. online service*
on loan *n* / verliehen *pp*
~**/off switch** *n* / Ein-/Ausschalter *m* · Ein-/Aus-Schalter *m*
~ **order** *n* / ist bestellt *pp* (to be currently on order:Bestellung läuft)
~**-order file** *n* [Acq] *s. order file*
~**-order-in-process file** *n* [Acq] / Bestellkartei *f* (mit Zugangsnachweisen)
~ **reserve** *n* [Stock] / im Semesterapparat *m*
on sale *n* [Acq] / zum Verkauf *m*
onscreen previewing *n* [EDP/VDU] / Vorschau *f* (Vorgang)
~**-site use** *n* [RS] / Benutzung vor Ort *f* ‖ *s.a. in-house use*

~**-site user** *n* / Ortsbenutzer *m* (Benutzer der im Bibliotheksbereich angesiedelten Trägerinstitution)
~**-the-job training** [Ed] / Ausbildung am Arbeitsplatz *f* ‖ *s.a. in-service training*
~ **the record** *n* [Off] / aktenkundig *adj*
~ **time** *s. in time*
OO *abbr* [Bk] *s. on order*
O.O.file *n* (orders-out/on-order file) [Acq] / (card index:) Bestellkartei *f* · (machine-readable file:) Bestelldatei *n*
OOP *abbr s. object-oriented programming language*
ooze leather *n* [Bind] / lohgares Leder *n*
OP *abbr* [Bk] *s. out of print*
OPAC *abbr* [Cat] *s. online public access catalogue*
opaque colour *n* [Pres] / Deckfarbe *f*
~ **copy** *n* [Repr] / Kopie (auf undurchsichtigem Material)
opaque projector *n* [NBM] / Epiprojektor *m* · Episkop *n*
OP catalogue *n* [Bk] / Antiquariatskatalog *m*
~ **dealer** *n* (out-of-print dealer) [Bk] / Antiquar *m*
open *v* (a book)) [Bind] / aufschneiden *v* (ein Buch ~) ‖ *s.a. unopened*
~ **access** *n* [Stock] / freier Zugang *m* (to be on open access:frei zugänglich sein) ‖ *s.a. open-access library; open-access shelving*
~**-access area** *n* [OrgM] / Freihandbereich *m*
~**-access library** *n* [Lib] / Freihandbibliothek *f*
~**-access shelving** *n* [Sh] / Freihandaufstellung *f*
~**-access storage** *n* [Sh] / Freihandaufstellung *f*
~ **back** *n* [Bind] / hohler Rücken *m*
~**-back case** *n* [Bk; NBM] / Schuber *m*
~**-end(ed) question** *n* (in a questionnaire) [InfSc] / offene Frage *f* ‖ *s.a. closed end(ed) question*
~ **entry** *n* [Cat] / offene Aufnahme *f*
~ **hours** *pl* [RS] *s. opening hours*
opening bid *n* (auction) [Acq] / Eröffnungsangebot *n* · Erstgebot *n*
~ **credits** *pl* / Vorspann *m* (bei einem Film, Fernsehspiel)
~ **hours** *pl* [RS] / Öffnungszeiten *pl*
opening *n* [Staff] *s. position opening*
~ **screen** *n* [EDP] / Eröffnungsbildschirm *m*

open plan *n* [BdEq] / offene Raumaufteilung *f* (ohne vorher festgelegte Abgrenzungen für bestimmte Nutzungszwecke) ‖ *s.a. open-plan office*
~-**plan office** *n* [BdEq] / Großraumbüro *n*
~ **procedure** *n* [EDP] / Eröffnungsprozedur *f*
~ **reserve** *n* (reserve collection in an open stack) [Stock] / frei zugänglicher Semesterapparat *m*
~ **routine** *n* [EDP] / Dateieröffnungsroutine *f* · Open-Routine *f*
~-**shelf accomodation** *n* [Sh] / Freihandaufstellung *f*
~ **shelf book** *n* / Freihandbuch *n*
~-**shelf bookstock** *n* / Freihandbestand *m*
~ **shelves** *pl* [Sh] / (books on open ~: Bücher in Freihandaufstellung:) frei zugängliche Regale *pl*
~ **stack** *n* [RS] / Freihandmagazin *n* · offenes Magazin *n*
~-**stack library** *n* [Lib] / Freihandbibliothek *f*
~ **shelving** *n* [Sh] *s. open-access shelving*
~ **system** *n* [Comm] ⟨ISO 7498⟩ / offenes Kommunikationssystem *n*
~-**systems interconnection** *n* (OSI) [Comm] ⟨ISO 7498⟩ / Kommunikation offener Systeme *f*
Open Systems Interconnection *n* (OSI) / Kommunikation offener Systeme *f*
operand *n* [EDP] / Operand *m*
~ **part** *n* [EDP] / Operandenteil *m*
operating budget *n* [BgAcc] / Verwaltungshaushalt *m*
~ **costs** *pl* [BgAcc] / Betriebskosten *pl*
~ **expenditure** *n* [BgAcc] / Betriebsausgaben *pl*
~ **instructions** *pl* [BdEq] / Betriebsanleitung *f*
~ **key** *n* [BdEq] / Bedienungstaste *f*
~ **language** *n* [EDP] / Betriebssprache *f*
~ **manual** *n* [OrgM] / Betriebsanleitung (in Form eines Handbuchs) *f*
~ **system** *n* [EDP] ⟨ISO 2382/1; ISBD(ER)⟩ / Betriebssystem *n* ‖ *s.a. disk operating system; network operating system*
~ **time** *n* [EDP] ⟨ISO 2382/14⟩ / Betriebszeit *f*
operation *n* (of a machine) [BdEq] / Betrieb *m* (eines Geräts) ‖ *s.a. continuous operation; normal operation*
operational costs *pl* [BgAcc] *s. operating costs*
~ **hours** *pl* [EDP] / Betriebsstunden *pl*

~ **procedure** *n* [OrgM] / Betriebsablauf *m* (operational management:Management des Betriebsablaufs)
~ **techniques** *pl* [OrgM] / Arbeitstechniken *pl*
operation code *n* [EDP] ⟨ISO 2382/VII⟩ / Operationscode *m*
~ **part** *n* [EDP] ⟨ISO 2382/VII⟩ / Operationsteil *m*
~ **scheduling** *n* [OrgM] / Arbeitsplanung *f* (Zeitplanung)
operations planning *n* [OrgM] / Ablaufplanung *f*
~ **structure** *n* [OrgN] / Ablauforganisation *f*
operator *n* [EDP] / Operator *m* ‖ *s.a. adjacency operator; proximity operator*
~ **console** *n* [EDP] / Bedienungsplatz *m*
~ **control panel** *n* [EDP] / Bedienungsfeld *n*
~ **part** *n* [EDP] *s. operation part*
operator('s) console *n* [EDP] *s. console*
opinion *n* (formal statement of an expert) [OrgM] / Gutachten *n*
~ **leader** *n* [InfSc] / Meinungsführer *m*
~ **research** *n* [InfSc] / Meinungsforschung *f*
OPP *abbr* [Bk] *s. out of print at present*
opportunity costs *pl* [BgAcc] / Opportunitätskosten *pl*
optical character reader *n* [EDP] / optischer Klarschriftleser *m*
~ **character recognition** *n* [EDP] ⟨ISO 2382/XII⟩ / optische Zeichenerkennung *f*
~ **coincidence (punched) card** *n* [PuC] / Sichtlochkarte *f*
~ **disk** *n* (digital ~ ~) [NBM] ⟨ISBD(ER)⟩ / optische Speicherplatte *f* · Bildplatte *f* ‖ *s.a. erasable disk*
~ **fibre network** *n* [Comm] / Glasfasernetz *n*
~ **mark reading** *n* [EDP] *Brit* ⟨ISO 2382/XII⟩ / optisches Markierungslesen *n*
~ **reader** *n* [EDP] / Belegleser *m*
~ **scanner** *n* [EDP] ⟨ISO 2382/XI⟩ / optischer Abtaster *m*
~ **waveguide communication** *n* [Comm] / Glasfaserkommunikation *f*
optimization *n* [OrgM] / Optimierung *f* ‖ *s.a. process optimization*
optimize *v* [OrgM] / optimieren *v*
option *n* (optional subject) [Ed] / Wahlfach *n*
optional *adj* [Cat] / fakultativ *adj* Cat
~ **field** *n* [InfSy] / Kannfeld *n*

~ **function** *n* [Comm] / wahlfreie Funktion *f*
~ **rule** *n* [Cat; Class] / Kann-Bestimmung *f* · fakultative Bestimmung *f*
~ **subject** *n* [Ed] / Wahlfach *n* ‖ *s.a. compulsory option*
opto-electronic *adj* [ElPubl] / optoelektronisch *adj*
opus number *n* [Mus] / Opus-Zahl *f*
oral (examination) *n(n)* / mündliche Prüfung *f*
OR branch *n* [EDP] / ODER-Aufspaltung *f*
orchestral score [Mus] / Orchesterpartitur *f* ‖ *s.a. set of orchestral parts*
orchestration *n* [Mus] / Orchestrierung *f*
order 1 *n* (specified sequence) [Cat; Sh] / Ordnung *f* ‖ *s.a. classified order; numerical order; page order; word order*
~ 2 *n* (written direction to supply sth.) [Acq] ⟨ISO 5127/3a⟩ / Auftrag *m* · Bestellung *f* (on order: Bestellung läuft) ‖ *s.a. advance order; commission 2; continuation order; duplicate order; firm order; purchase order; rush order; search order; standing order; urgent order*
~ 3 *v* [Acq] / bestellen *v* ‖ *s.a. reorder 1; unordered copy*
~ 4 *n* (general principles of procedure) [OrgM] / Ordnung *f* ‖ *s.a. standing orders*
~ **and shipping department** *n* [Bk] / Bestell- und Versandabteilung *f*
~ **cancelled** *n* (OC) [Bk] / Bestellung gestrichen *f*
~ **card** *n* [Acq] / Bestellkarte *f*
~ **department** *n* [OrgM] / Akzession *f* · Erwerbungsabteilung *f* · Zugangsstelle *f*
~ **file** *n* [Acq] / (card file:) Bestellkartei *f* · (card file under booksellers' names:) Buchhändlerkartei *f* · (machine-readable file:) Bestelldatei *n*
~-**fixing** *n* (symbol :: double colon) [Class/UDC] / Festlegung der Reihenfolge *f*
~ **form** *n* [Acq] / Bestellformular *n* · Bestellzettel *m* ‖ *s.a. multiple-copy order form*
~ **for payment** *n* [BgAcc] / Zahlungsanweisung *f*
ordering *n* [Acq] / Auftragserteilung *f*
order of preference *n* [Cat] / Reihenfolge *f* · Prioritätenfolge *f* ‖ *s.a. order-fixing*
~ **procedures** *pl* [Acq] / Bestellabläufe *pl* · Bestellvorgang *m*
~ **record** *n* [Acq] / Bestellnachweis *m*
~ **request** *n* [Acq] / Bestellwunsch *m*

~ **slip** *n* [Acq] *s. order form*
orders-outstanding file *n* [Acq] / (card index:) Bestellkartei *f* · (card index under booksellers' names:) Buchhändlerkartei *f* · (machine-readable file:) Bestelldatei *n*
ordinal notation *n* [Class] *s. linear notation*
~ **scale** *n* [InfSc] / Ordinalskala *f* · Rangordnungsskala *f*
ordinary expenditure *n* [BgAcc] *s. operating expenditure*
ordinary language *n* [Lin] / Gemeinsprache *f*
ordnance map *n* [Cart] / Karte des britischen Ordnance Survey *f*
organizational climate *n* [OrgM] / Betriebsklima *n*
organization(al) chart *n* [OrgM] / Organisationsplan *m* · Organigramm *n*
organizational objective *n* [OrgM] / Organisationsziel *n*
organization structure *n* [OrgM] / Aufbauorganisation *f* · Organisationsstruktur *f*
orgchart *n* [OrgM] / Organigramm *n* · Organisationsplan *m*
orgware *n* [EDP] / Orgware *f*
orientation A *n* (of images on a microrollfilm) [Repr] ⟨ISO 6196/2⟩ / vertikale Bildlage *f* ‖ *s.a. page orientation*
~ **B** *n* (of images on a micro-rollfilm) [Repr] ⟨IS0 6196/2⟩ / horizontale Bildlage *f*
origin *n* (provenance) [Arch] / Ursprung *m* · Herkunft *f*
original 1 *n* (the originally created document) [Arch] / Original *n* · (as a manuscript also:) Urschrift *f*
~ 2 *n* (a document to be reproduced) [Repr] ⟨ISO 6196/1⟩ / Vorlage *f* · Original *n* ‖ *s.a. line original*
~ **binding** *n* [Bind] / Originaleinband *m*
~ **cataloguing** *n* [Cat] / Eigenkatalogisierung *f*
~ **cover** *n* [Bind] / Originaleinband *m* · Originalumschlag *m*
~ **edition** *n* [Bk] ⟨ISO 5127/3a⟩ / Originalausgabe *f*
~ **equipment manufacturer** *n* [EDP] / Hersteller von Originalgeräten fremder Firmen *m*
originality *n* (of a work of literature etc.) [Law] / Originalität *f*
original performance (theatre) [Art] / Uraufführung *f*
~ **title** *n* [Cat] ⟨ISO 5127/3a⟩ / Original(sach)titel *m*

original version 422

~ **version** *n* [Bk] / Originalfassung *f*
originator *n* [Law] / Urheber *m*
orihon *n* [Bk] / Faltbuch *n* (japanischer, chinesischer Buchtyp)
ornament *n* [Bk] / Zierrat *m* · Ornament *n* · Verzierung *f* ‖ *s.a. printer's ornament*
ornamental band *n* [Bk] / Zierleiste *f* · Leiste *f*
~ **border** *n* [Bk] / Bordüre *f* · Ornamentrahmung *f* · Zierrahmen *m* · Zierrand *m* ‖ *s.a. title-page border*
~ **inside lining** *n* *s. doublure*
~ **letter** *n* [Bk] / Zierbuchstabe *m*
~ **type** *n* [Prt] / Zierschrift *f*
ornamented back *n* [Bind] / Rückenverzierung *f*
OR operation *n* [Retr] / ODER-Verknüpfung *f*
~-**operator** *n* [Retr] / ODER-Verknüpfung *f*
orphan (line) *n(n)* [Prt; EDP] ⟨ISO/IEC 2382-23⟩ *s. club line*
orthography *n* [Writ; Prt] / Orthographie *f* · Rechtschreibung *f* ‖ *s.a. spelling*
orthophoto *n* [Cart] / Orthophoto *n* · Ortholuftbild *n*
orthophotomap *n* [Cart] / Orthophotokarte *f* · Orthobildkarte *f*
OS 1 *abbr* [Bk] *s. out of stock*
OS 2 *abbr* [EDP] *s. operating system*
OSC *abbr* [Bk] *s. out of stock,cancelled*
OSI 1 *abbr s. Open Systems Interconnection*
OSI 2 *abbr* [Bk] *s. out of stock,indefinitely*
~ **Reference model** *n* ⟨ISO 7498⟩ / OSI-Referenzmodell *n*
other title information *n* [Cat] ⟨ISBD(M; A; S; CM; ER); AACR2⟩ / Zusatz zum Sachtitel *m*
ouput medium *n* [EDP] / Ausgabemedium *n*
out *n* [Prt] / Auslassung *f* · Leiche *f*
outage *n* (of a computer etc.) [BdEq] / Abschaltzeit *f*
outcome *n* [OrgM] / Ergebnis *n*
outcomes of learning *pl* [Ed] / Lernergebnisse *pl*
outdated *pp* [Gen] / überholt *pp* · veraltet *pp*
outer margin *n* [Prt] / Außensteg *m*
outgoing calls barred *pl* [Comm] / Sperre abgehender Rufe *f*
outhouse *v* / auslagern *v* ‖ *s.a. off-site storage*
outlay *n* [BgAcc] / Auslagen *pl*
outlier *n* (in a statistics) [InfSc] / Ausreißer *m*

~ **data** *pl* [KnM] / Extremwerte *pl*
~ **library** *n* [Lib] *Brit* / nicht im Zentralkatalog erfasste, aber am Leihverkehr teilnehmende Bibliothek *f*
outline 1 *n/v* [Bk; Gen] / (of a subject field:) Überblick *m* · Umriss *m* ‖ *s.a. outline(s)*
~ 2 *v* [Gen] / skizzieren *v* · umreißen *v*
~ **agreement** *n* [OrgM] / Rahmenabkommen *n*
~ **letters** *pl* [Prt] / konturierte Schrift *f*
~ **map** *n* [Cart] / Leerkarte *f* · Umrisskarte *f*
outline(s) *n(pl)* (of a subject) [Bk] / Abriss *m* · Grundriss (eines Fachgebiets)
out of boards (short for: cut out of boards) [Bind] / ein vor dem Ansetzen der Pappen beschnittener Einband
~ **of circulation** *n* [RS] / zur Zeit nicht verleihbar
~-**of-pocket cost(s)** *n(pl)* [BgAcc] / Barauslagen *pl*
~ **of print** (OP) [Bk] / vergriffen *pp* · nicht mehr lieferbar *adj* ‖ *s.a. temporarily out of print*
~ **of print at present** *n* (OPP) / zur Zeit vergriffen *pp*
~-**of-print book trade** *n* [Bk] / Antiquariatsbuchhandel *m* (für vergriffene Bücher)
~-**of-print dealer** / Antiquar *m*
~ **of stock** (OS) [Bk] / nicht am Lager *n* · nicht lieferbar ‖ *s.a. not in stock; temporarily out of stock*
~ **of stock, cancelled** *n* (OSC) [Bk] / nicht am Lager,Bestellung gestrichen *n*
~ **of stock, indefinitely** *n* (OSI) [Bk] / nicht am Lager, unbegrenzt *n*
outpost *n* (of a college etc.) [OrgM] / Außenstelle *f*
output *n/v* [OrgM; EDP] / (product of a process:) Ergebnis *n* · (verb:) ausgeben *v* · (noun:) Ausgabe *f* · (quantity of product:) Leistung *f* ‖ *s.a. parallel output; serial output*
~ **bonus** *n* [Staff] / Leistungsprämie *f*
~ **channel** *n* [Comm] / Ausgangskanal *m*
~ **data** *pl* [EDP] ⟨ISO/IEC 2382-1⟩ / Ausgabedaten *pl*
~ **device** *n* [EDP] / Ausgabeeinheit *f* · Ausgabegerät *n*
~ **format** *n* [EDP] / Ausgabeformat *n*
~ **interface** *n* [EDP] / Ausgangsschnittstelle *f*

~ **measure** n / Leistungsindikator m (Meßgröße für eine erbrachte Leistung)
~ **medium** n [EDP] / Ausgabemedium n
~ **mode** n [EDP] / Ausgabemodus m
~ **per hour** n [OrgM] / Stundenleistung f
~ **queue** n [EDP] / Ausgabewarteschlange f
~ **rate** / Ausgabegeschwindigkeit f
~ **unit** n [EDP] / Ausgabeeinheit f
outreach programme n [Lib] / die aktive Bereitstellung von bibliothekarischen Dienstleistungen außerhalb des Bibliotheksgebäudes
~ **services** pl [Lib] / soziale Bibliotheksarbeit f
outside funding n [BgAcc] / Fremdfinanzierung f
~ **margin** n [Bk] / Außensteg m
~ **worker** n [Staff] / Heimarbeiter m
outstanding-order file n [Acq] s. orders outstanding file
outwork n [OrgM] / Heimarbeit f
outworker n [Staff] / Heimarbeiter m
overall assessment n [Ed] / Gesamtbeurteilung f
~ **cost(s)** n(pl) [BgAcc] / Gesamtkosten pl
~ **mark** n [Ed] / Gesamtnote f
~ **number** n [RS] / Gesamtzahl f
~ **performance** n [OrgM] / Gesamtleistung f
~ **satisfaction** n [InfSc] / Gesamtzufriedenheit f
~ **structure** n [Gen] / Gesamtstruktur f
overcasting n [Bind] s. oversewing
overdue adj / überfällig adj
~ **(book)** n [RS] / ein (ausgeliehenes) Buch, dessen Leihfrist überschritten ist ‖ s.a. due for return
~ **fee** n [RS] / 1 (after an overdue notice:) Mahngebühr f · 2 (due without a previous overdue notice:) Säumnisgebühr f · Versäumnisgebühr f
~ **fine** n [RS] / Mahngebühr f
~ **letter** n [RS] s. overdue (notice)
~ **(notice)** n [RS] / Mahnung f ‖ s.a. due back; due date; follow-up notice
over|expose v [Repr] / überbelichten v
~exposure n [Repr] / Überbelichtung f
~flow n [EDP] / Überlauf m
~head cost(s) pl [BgAcc] / Gemeinkosten pl
overhead lighting n [BdEq] / Oberlicht n
~ **original** n [NBM] / Aufsichtvorlage f

~ **projection pen** n [NBM] / Folienschreiber m
~ **projector** n [NBM] / Tageslichtprojektor m · Overhead-Projektor m · Arbeitsprojektor m · Schreibprojektor m
~ **projectual** n [NBM] s. overhead transparency
overheads pl [BgAcc] / Gemeinkosten pl
overhead scanner n [Bk] / Buchscanner n · Aufsichtscanner n
~ **transparency** n [Repr] / Transparentkopie f · Arbeitstransparent n · Transparent n · Overhead-Transparent n · Folie f
overlap n (degree of duplication of entries in databases which cover similar topics) [InfSy] / Überlappungsrate f
overlapped bar chart n [InfSc] / Überlagerungsdiagramm n
overlay 1 n [Cart] / Deckblatt n
~ 2 n [NBM] ⟨AACR2⟩ / Auflegefolie f · Folgetransparent n · Überlage f
~ **assembly** n (a set of transparencies consisting of a basic transparency and one or more overlays) [NBM] / Aufbautransparent n
overload n [Gen; BdEq] / Überbelastung f · Überlast f ‖ s.a. work load
overnight loan n / Ausleihe über Nacht f
oversewing n / seitliches überwendliches Heften n (von Einzelblättern)
oversewn pp [Bind] / jedes Blatt einzeln geheftet pp
oversize book n [Bk] / Überformat n (Buch mit Überformat)
~ **book shelves** pl [Sh] / Foliantenregal n
overstock n [Bk] / Überbestand m · zu hoher Lagerbestand m
overstrike mode n [EDP] / Überschreibmodus m
overtime ban n [OrgM] / Überstundenverbot n
~ **payment** n [BgAcc] / Überstundenbezahlung f
~ **work** n [OrgM] / Überstunden pl ‖ s.a. compensatory time off
overtype mode n [EDP] / Überschreibmodus m
overwrite v [EDP] / überschreiben v
~ **mode** n [EDP] / Überschreibmodus m
ownership n [Gen] / (property:) Eigentum n · (possession:) Besitz m

~ **marks** pl / Besitzvermerke pl · Eigentumsvermerke pl ‖ s.a. notation of ownership
~ **stamp** n [TS] / Besitzstempel m
owner's stamp n [TS] / Besitzstempel m

owning library n [Stock] / besitzende Bibliothek f
own resources / Eigenmittel pl
ox n [Bind] / Rindleder n

P

pack *v* [EDP] ⟨ISO 2382-6⟩ / packen *v* · verdichten *v* ‖ *s.a. depacketize; unpack*
package *n/v* [TS; Off; EDP] / Packung *f* · (of programs:) Paket *n* (von Programmen) · (to enclose in a package:) verpacken *v* ‖ *s.a. software package*
packaging *n* [Off; Bk] / Packung *f* · Verpackung *f*
~ **density** *n* [EDP] / Packungsdichte *f* ‖ *s.a. depacketize*
packed file *n* [EDP] / verdichtete Datei *f*
packet *n* (set of bits to be sent over a network) [Comm] ⟨ISO 2382/9⟩ / Datenpaket *n*
~ **assembly/disassembly facility** *n* [Comm] / PAD-Einrichtung *f*
~ **layer interface** *n* [Comm] / Paketvermittlungsschnittstelle *f*
~ **level protocol** *n* [Comm] / Paketvermittlungsprotokoll *n*
~ **switched network** *n* [Comm] / Paketnetz *n*
~ **switching** *n* [Comm] ⟨ISO 2382/9⟩ / Paketvermittlung *f* · Datenpaket-Vermittlung *f*
~-**switching network** *n* [Comm] / paketvermittelndes Datennetz *n* · Paketnetz *n*
packing 1 *n* (kind,size, and formation of the packaging of light-sensitive material) [Repr] / Konfektionierung *f* · Verpackung *f*

~ 2 *n* (of goods) [Off] / Verpackung *f* (von Waren usw.)
~ **charges** *pl* / Verpackungskosten *pl*
~ **density** *n* [EDP] ⟨ISO 2382/XII⟩ / Zeichendichte *f* · Packungsdichte *f*
~ **list** *n* [Off] / Versandliste *f* · Packzettel *m*
~ **paper** *n* [Pp] / Packpapier *n*
~ **room** *n* [BdEq] / Packraum *m*
~ **slip** *n* / Packzettel *m* ‖ *s.a. delivery note*
pad *v* [Bind] / füttern *v* (polstern)
padded binding *n* [Bind] / gefütterter Einband *m*
~ **envelope** *n* [Off] / gefütterter Umschlag *m*
page 1 *n* [Bk] ⟨ISO 5127/3a⟩ / Seite *f* ‖ *s.a. removable pages*
~ 2 *v* [Bk] / paginieren *v* ‖ *s.a. paging machine; unpaged*
~ 3 *n* [Staff] / Hilfskraft für den Boten-, Magazin- oder Buchpflegedienst u.dgl. *f* ‖ *s.a. paging desk*
~ 4 *v* (a book) [RS] *US* / bestellen *v* (ein Buch aus dem Magazin ~; or: holen lassen) ‖ *s.a. paging slip*
~-**at-a-time printer** *n* [EDP; Prt] ⟨ISO 2382/XII⟩ / Seitendrucker *m*
~ **break** [EDP; Prt] / (page make-up:) Seitenumbruch *m* · (page change:) Seitenwechsel *m*
~ **catalogue** *n* [Cat] *s. guard book catalogue*

page change

~ **change** *n* [EDP] / Seitenwechsel *m*
~ **charge** *n* (levied by publishers) [Bk] / Seitengebühr *f*
~ **description language** *n* (text processing) [EDP] ⟨ISO/IEC 2382-23⟩ / Seitenbeschreibungssprache *f*
~ **divider** *n* [Off; Bk] / Trennblatt *n*
~ **frame** *n* [EDP] / Kachel *f*
~ **head** *n* [Prt] / Kolumnentitel *m* ‖ *s.a. headline; running title*
~ **heading** *n* [Bk] / Seitenüberschrift *f*
~ **impression** *n* [Internet] / Seitenaufruf *m*
~ **layout** *n* [Prt] / Seitenlayout *n* · Seitenaufbau *m*
~ **make-up** *n* [Repr; Prt] / Seitenumbruch *m* · Seitenmontage *f*
~ **mode** *n* [EDP] / seitenweiser Betrieb *m*
~ **number** *n* [Bk] / Seitenzahl *f*
~ **numeration** *n* [Bk] / Seitenzählung *f*
~ **order** *n* [Prt] / Seitenfolge *f*
~ **orientation** *n* [Prt] / Seitenformatausrichtung *f* (hoch oder breit)
~ **printer** *n* [EDP; Prt] *s. page-at-a-time printer*
~ **proof** *n* [Prt] / Umbruchkorrektur *f* · Schlusskorrektur *f*
~ **read mode** *n* [EDP] / seitenweises Lesen *n*
~ **reference** *n* [Bk] / Seitenverweis *m*
~ **size** *n* [Prt] / Seitenformat *n*
~ **turning** *n* [EDP/VDU] *s. paging 1*
~ **view** *n* [Internet] / Seitenaufruf *m*
~ **width** *n* [Prt] / Seitenbreite *f*
~ **write mode** *n* [EDP] / seitenweises Schreiben *n*
paginate *v* [Bk] / paginieren *v* ‖ *s.a. pagination*
paginating machine *n* [Prt] / Paginiermaschine *f*
pagination *n* [Bk; Cat] ⟨ISO 5127/3a⟩ / Seitenzählung *f* · Paginierung *f* ‖ *s.a. complex pagination; continuous pagination; double pagination; duplicate paging; erratic pagination; even-numbered page; numeration; various pagings*
paging 1 *n* [EDP/VDU] / Blättern *n*
~ 2 *n* [Bk] *s. pagination*
~ **desk** *n* [RS] *US* / Ausleihtheke *f* (für die Magazinausleihe) ‖ *s.a. page 3*
~ **machine** *n* [Prt] *s. paginating machine*
~ **slip** *n* [RS] *US* / Bestellschein *m* · (für die Magazinausleihe:) Bestellzettel *m*
~ **system** *n* [Comm] / Personenrufanlage *f*
painted edges *pl* [Bind] *s. fore-edge painting*

painters' books *pl* [Art] / Malerbücher *pl*
painting *n* [Art] ⟨ISO 5127-3⟩ / Gemälde *n*
~ **tools** *pl* [EDP] / Malutensilien *pl*
palace library *n* [Lib] / Palastbibliothek *f*
palaeographer *n* [Writ] / Paläograph *m*
palaeography *n* [Writ] / Paläographie *f*
palimpsest *n* [Bk] / Palimpsest *n*
pallet *n* [Bind] / (finishing tool:) Filete *f* · (typeholder:) Schriftkasten *n*
palm leaf book *n* [Bk] / Palmblattbuch *n*
pam box *n* [BdEq] *s. pamphlet box*
pamphlet 1 *n* [Bk] ⟨ISO 5127/2⟩ / Broschüre *f*
2 *n* (short piece of polemical writing, intended for wide circulation) [Bk] / Flugschrift *f* · Pamphlet *n*
~ **box** *n* (pam box) [BdEq] / Broschürenbox *f*
pamphleteer *n* [Bk] / Pamphletist *m*
pamphlets *pl* [Bk] / Kleinschrifttum *n*
pamphlet volume *n* / Konvolut *n* · Sammelband *m*
panel 1 *n* (group of persons forming an organizational unit) [OrgM] / Gremium *n*
~ 2 *n* (on the spine) [Bind] / Rückenfeld *n* ‖ *s.a. panelled binding*
panelled binding *n* [Bind] / Einband mit Zierfeldern *m* (auf dem Rücken)
panel of judges *n* (for awarding a prize) [Bk] / Jury *f*
~ **painting** *n* [Art] / Tafelmalerei *f*
~ **stamp** *n* [Bind] / Plattenstempel *m*
~ **survey** *n* [InfSc] / Panel(umfrage) *n(f)*
panorama *n* [Cart] / Panorama *n* · Rundbild *n*
papal library *n* [Lib] / Papstbibliothek *f*
paper 1 *n* (substance) [Pp] / Papier *n* ‖ *s.a. weight of paper; woody paper*
~ 2 *n* (document) [Off] / Papier *n* · Schriftstück *n*
~ 3 (conference paper) / Referat *m* · Vortrag *m* (read a paper: einen Vortrag/ein Referat halten) ‖ *s.a. conference paper; lecture*
~ 4 *n* (newspaper) [Bk] / Zeitung *f*
~**back** *n* [Bk] / 1 Broschur *f* · 2 (a ~ book:) Paperback *n* · Taschenbuch *n* ‖ *s.a. egghead paperback; quality paperback*
~ **edition** *n* / Taschenbuchausgabe *f*
~ **series** *n* / Taschenbuchreihe *f*
~**based document** *n* / Papierdokument *n*
~ **binding** *n* [Bind] / Weichbroschur *f*
~**board** *n* [Pp] / Pappe *f*
~ **boards** *pl* [Bind] / Pappband *m* ‖ *s.a. bind in paper boards*

~-**bound** *pp* [Bind] / broschiert *pp* · kartoniert *pp*
~ **bound book** *n* [Bind] / Broschur *f*
~ **clip** *n* [Off] / Büroklammer *f*
~ **covers** / Broschur *f* · Papier(ein)band *m* ‖ *s.a.* bind in paper covers; bound in paper covers; stiffened paper covers
~ **cutter** *n* [Pp] / Papierschneider *m*
~ **decomposition** *n* [Pp; Pres] / Papierzerfall *m*
~ **degradation** *n* [Pp] / Papierzerfall *m*
~ **dispenser** *n* [Repr] / Blattspender *m*
~ **document** *n* / Papierdokument *n*
~ **drill** *n* [Bind] / Papierbohrer *m*
~ **feed** 1 *n* [EDP; Prt] / Papiervorschub *m* · Papierführung *f*
~ **feed** 2 *n* (the process of introducing the copy paper into a copier) [Repr] ⟨ISO 5138/2⟩ / Papiereinzug *m* ‖ *s.a.* single-sheet feed
~ **folder** *n* [Bind] / Falzbein *n*
~ **gauge** *n* [Pp] / Dickenmesser *m* · Dickenmessgerät *n*
~ **guillotine** *n* [Bind] / Papierschneidemaschine *f*
~ **jam** *n* (when copying) [Repr] / Papierstau *m*
~-**less** *adj* / papierlos *adj*
~-**making machine** *n* / Papiermaschine *f*
~-**mark** *n* (watermark) [Pp] / Wasserzeichen *n*
~ **mill** *n* [Pp] / Papiermühle *f* · Papierfabrik *f*
~ **size** *n* [Bk] / Papierformat *n* ‖ *s.a.* trimmed paper size
~ **splitting** *n* [Pres] / Papierspalten *n*
~ **splitting technique** *n* [Pres] / Papierspaltverfahren *n*
~ **stabilization** *n* [Pp; Pres] / Papierstabilisierung *n*
~ **store** *n* [Stock] / Papierlager *n*
~ **substance** *n* [Pp] / Flächengewicht *n* (von Papier)
~ **surface efficiency** *n* [Pp; Prt] / Bedruckbarkeit *f* (von Papier)
~ **surrogate** *n* [Pp] / Papierersatz *m*
~ **tape** *n* [PuC] / Lochstreifen *m* · Lochband *n* *DDR* ‖ *s.a.* punched (paper) tape
~ **tape perforator** *n* [PuC] / Lochstreifenstanzer *m* · Streifenlocher *m*
~-**weight** *n* [Off] / Briefbeschwerer *m*
~-**work management** *n* [Off; Arch] / Schriftgutverwaltung *f*
papier-mâché *n* [Pp] / Pappmaschee *f*

papyrologist *n* [Writ] / Papyrologe *m*
papyrology *n* [Writ] / Papyrologie *f* · Papyruskunde *f*
papyrus *n* [Writ] / Papyrus *m*
~ **roll** *n* [Writ] / Papyrusrolle *f*
~ **scroll** *n* [Writ] / Papyrusrolle *f*
paracartographic representation *n* [Cart] / kartenverwandte Darstellung *f*
paradigma shift *n* [InfSc] / Paradigmawechsel *m*
paragraph 1 *n* (numbered article of a legal document) [Law] / Paragraph *m*
~ 2 *n* (section) [Writ; Bk] / Absatz *m* · Abschnitt *m* ‖ *s.a.* hanging paragraph; stored paragraph
~ **formatting** *n* [ElPubl] / Absatzformatierung *f*
~ **indent(ion)** *n(n)* [Prt] / Absatzeinzug *m*
~ **mark** *n* [Writ; Prt] / Paragraphenzeichen *n* · Absatzzeichen *n*
parallel access *n* [Retr] / Parallelzugriff *m*
~ **arrangement** *n* (of books of varying sizes) [Sh] / parallele Aufstellung *f* ‖ *s.a.* arrangement 1
~ **edition** *n* [Bk; Cat] ⟨ISBDM; (S; ER)⟩ / Parallelausgabe *f*
~ **heading** *n* [Cat] / Parallelansetzung *f*
~ **input** *n* [EDP] / Paralleleingabe *f*
~ **interface** *n* [EDP] / parallele Schnittstelle *f*
~ **mode** *n* [EDP] / Parallelbetrieb *m* ‖ *s.a.* simultaneous operation
~ **of latitude** *n* [Cart] / Breitenkreis *m*
~ **output** *n* [EDP] / Parallelausgabe *f*
~ **printer** *n* [EDP; Prt] / Paralleldrucker *m* · Paralleldruckwerk *m*
~ **processing** *n* [EDP] / Parallelverarbeitung *f*
~-**serial converter** *n* [EDP] / Parallelserienumsetzer *m*
~ **subdivision** *n* [Class/UDC] / Parallelunterteilung *f*
~ **title** *n* [Cat] ⟨ISO 5127/3a; ISBD(M; A; S; CM); AACR2⟩ / Parallelsachtitel *m*
~ **title statement** *n* [Cat] ⟨ISBD(ER)⟩ / Angabe de Parallelsachtitels
~ **transmission** *n* [Comm] ⟨ISO 2382/9⟩ / Parallelübergabe *f*
paraphrase *n* [Bk; Mus] / Paraphrase *f*
parchment *n* [Writ; Bind] / Pergament *n* ‖ *s.a.* vellum; virgin parchment
~ **binding** / Pergament(ein)band *m*
~ **paper** *n* [Pp] / Pergamentpapier *n*
~ **roll** *n* [Writ] / Pergamentrolle *f*
~ **size** *n* [Pres] / Pergamentleim *m*

pare *v* (the edges of leather) [Bind] / ausschärfen *v* · schärfen *v* ‖ *s.a. paring knife*
~ **down** *v* (the slips) [Bind] / ausschaben *v*
parent body *n* [Cat] / übergeordnete Körperschaft *f*
~ **class** *n* [Class] / übergeordnete Klasse *f*
~ **concept** *n* [KnM] / Oberbegriff *m*
parenthesis *n* [Writ; Prt] / (short explanatory clause:) Parenthese *f* · (round bracket:) runde Klammer *f*
parenthetical qualifier *n* [Cat] / Klammerzusatz *n*
~ **reference styling** *n* [Ind] / Einordnungsformel *f* (für ein Literaturzitat, in Klammern gesetzt)
parent institution *n* [OrgM] / Trägerinstitution *f*
paring knife *n* [Bind] / Schärfmesser *n*
~ **machine** *n* [Bind] / Schärfmaschine *f*
parish library *n* [Lib] / Pfarrbücherei *f* · Gemeindebücherei *f*
~ **register** *n* [Arch] / Kirchenbuch *n*
parity *n* [EDP] / Parität *f*
~ **bit** *n* [EDP] / Paritätsbit *n*
~ **check** *n* [EDP] / Paritätsprüfung *f*
parliamentary library *n* [Lib] / Parlamentsbibliothek *f*
~ **papers** *pl* [Bk] / Parlamentaria *pl* · Parlamentsschriften *pl*
parochial library *n* [Lib] *s. parish library*
parsing *n* [EDP] / Parsing *n*
part 1 *n* [Bk] ⟨ISO 5127/3a⟩ / Teil *m* · Abteilung *f* ‖ *s.a. numbering of parts*
~ 2 *n* (music printed for one or two of the performers in an ensemble) [Mus] ⟨ISBD(PM); AACR2⟩ / Stimme *f* ‖ *s.a. piano part; string parts; vocal parts*
~ **delivery** *n* [Bk] / Teillieferung *f*
partial amount *n* [BgAcc] / Teilbetrag *m*
~ **bibliography** *n* [Bib] / Teilbibliographie *f* ‖ *s.a. select(ive) bibliography*
~ **census** *n* [InfSc] / Teilerhebung *f*
~ **collection** *n* [Cat] / Teilsammlung *f*
~ **equivalence** *n* (in a multilingual thesaurus) [Ind] ⟨ISO 5964⟩ / Teil-Äquivalenz *f*
~ **inheritance** *n* [EDP; KnM] / Teilvererbung *f*
~**ly sighted reader** *n* / teilweise sehbehinderter Leser *m*
~ **result** *n* [OrgM] / Teilergebnis *n*
~ **solution** *n* [Gen] / Teillösung *f*

~ **title** *n* [Bk] / ein Titel, der nur aus einem sekundären Titel besteht, z.B. dem Untertitel oder dem Alternativsachtitel
participant *n* [Comm; Gen] / (partner:) Partner *m* · (in a discussion:) Gesprächspartner *m* · (participator:) Teilnehmer *m* ‖ *s.a. union participant*
~ **observation** *n* [InfSc] / teilnehmende Beobachtung *f*
participating library *n* [Lib] / Teilnehmerbibliothek *f*
part-issue *n* [Bk] / Lieferung *f*
partition screen *n* [BdEq] / Trennwand *f*
partitive relation *n* [Ind] *s. part-whole relation*
~ **term** *n* [Ind] ⟨ISO 5127/6⟩ / partitive Benennung *f*
part order *n* [Acq] / Teilauftrag *m*
~ **payment** *n* [BgAcc] / Abschlagzahlung *f* · Teilzahlung *f*
~ **publication** *n* [Cat] / in Teilen erscheinendes Werk *n* ‖ *s.a. instal(l)ment*
~ **shipment** *n* [Bk] / Teillieferung *f*
~ **term** *n* [Ind] ⟨ISO 2788⟩ / Teilbegriff *m*
~**-time appointment** *n* [Staff] / Teilzeitbeschäftigung *f*
~**-time employee** [Staff] / Teilzeitkraft *f* · Teilzeitbeschäftigter *m* ‖ *s.a. half-time employee*
~**-time staff** *n* [Staff] / Teilzeitpersonal *n*
~**-time work** *n* [OrgM] / Teilzeitarbeit *f*
~ **title** *n* (of a major subdivision of a book) [Bk] / Abteilungstitel *m* · (within a book:) Zwischentitel *m*
~**-whole relation** *n* [Ind; Class] ⟨ISO 5127/6⟩ / Bestandsbeziehung *f* · partitive Relation *f* · Teil-Ganzes-Beziehung *f*
~ **work** *n* [Bk] / Fortsetzungswerk *n*
party *n* [Law] / Partner *m* (bei einem Vertrag)
pasquinade *n* [Bk] / Pasquill *n*
passage (in a text) / Textstelle *f*
passepartout *n* [NBM] / Passepartout *n*
pass for press *v* [Prt] / druckfertig! *adj* · imprimatur! *v*
passional *n* [Bk] / Passional *n* · Passionar *n*
passive station *n* [Comm] ⟨ISO 2382/9⟩ / Wartestation *f*
password *n* [Retr] ⟨ISO 2382/8⟩ / Passwort *n*
~ **authorization protocol** *n* [EDP] / PAP *abbr*
~ **check** *n* [EDP] / Passwortprüfung *f*

paste 1 *n* (adhesive of flour, water, etc,) [Bind] / Kleister *m* ‖ *s.a.* wheat starch paste
~ 2 *v* [Bind] / anschmieren *v* · kleistern *v*
~ 3 *v* (word processing) [EDP] / einfügen *v* (cut and paste:ausschneiden und einfügen)
~-**board** *n* [Bind] / Klebepappe *f* · geklebte Pappe *f*
~-**coloured edge(s)** *n(pl)* [Bind] / Kleisterschnitt *m*
pasted *pp* [Pp] / geklebt *pp*
paste down *v* [Bind] / anpappen *v*
~-**down (endpaper)** *n* [Bind] / Spiegel *m*
~-**in** *n* [Bind] / ein eingeklebtes Blatt *n*
~ **in(to)** *v* [Bind] / einkleben *v*
pastel drawing *n* [Art] / Pastellzeichnung *f*
paste paper *n* [Bind] / Bezugspapier *n* · Buntpapier *n* · Kaschierpapier *n* · Kleisterpapier *n*
~ **print** *n* [Prt] / Teigdruck *m*
~ **up** *n* [Bind] *s. paste down*
~-**up** *n* [Prt] / Klebeumbruch *m*
~-**water** *n* [Bind] / Kleisterwasser *n*
pastiche *n* [Mus] / Pasticcio *n*
pasting paper *n* [Bind] / Bezugspapier *n* · Überzugspapier *n* · Kaschierpapier *n*
pastoral *n* [Bk] / (pastoral letter:) Hirtenbrief *m* · (pastoral play:) Schäferspiel *n* · Pastorale *n*
patch 1 *v* [Pres] / ausflicken *v*
~ 2 *n* [EDP] / Direktkorrektur *f* (eines Programms)
~ 3 *v* [EDP] / patchen *v* · korrigieren *v*
patched *pp* [Pres; Bk] / geflickt *pp*
patch of rust *n* [Pres] / Rostfleck *m*
patent *n* [Law] / Patent *n* ‖ *s.a.* community patent
patentability *n* [Law] / Patentfähigkeit *f*
patent application *n* [Law] / Patentanmeldung *f* · (printed:) Offenlegungsschrift *f*
~ **bulletin** *n* [Bk] / Patentblatt *n*
~ **claim** *n* [Law] / Patentanspruch *m*
~ **collection** / Patentschriftensammlung *f*
~ **depository** *n* [Lib] / (for public use:) Patentschriftenauslegestelle *f*
~ **document** *n* [Bk] ⟨ISO 690⟩ / Patentdokument *n*
patentee *n* [Law] / Patentinhaber *m*
patent file *n* [Stock] / Patentschriftensammlung *f*
~ **infringement** *n* [Law] / Patentverletzung *f*
~ **office library** *n* [Lib] / Patentamtsbibliothek *f*

~ **search** *n* [Retr] / Patentrecherche *f*
~ **specification** *n* [Bk] / Patentschrift *f*
paternoster *n* [BdEq] / Paternoster *m*
path *n* [EDP] / Pfad *m*
~ **control** *n* [Comm] / Wegsteuerung *f* · Pfadsteuerung *f*
patient medical records *pl* [InfSy] / Krankenakten *pl*
patients(') library *n* [Lib] / Patientenbibliothek *f*
patron *n* [PR; RS] *US* / (of a congress etc:) Schirmherr *m* · (a person who gives financial or other support:) Förderer *m* · (user/client:) Benutzer *m* ‖ *s.a. local patron; patrons society; user*
patron ID *n* [RS] *US* / Benutzernummer *f*
~ **record** *n* [RS] *US* / Benutzerdaten *pl*
~ **registration** *n* [RS] *US* / Benutzeranmeldung *f*
~ **registration card** *n* [RS] *US* / Benutzerkarte *f*
~ **registration file** *n* [RS] *US* / (machine-readable file:) Benutzerdatei · (card file:) Benutzerkartei *f*
patrons society *n* [PR] / Förderverein *m* (friends of the library: Verein der Freunde der Bibliothek)
patronymic *n* [Gen; Cat] ⟨AACR2⟩ / Vatersname *m* · Patronymikon *n*
pattern *n* [Gen] / Muster *n* ‖ *s.a. all-over pattern binding; binding pattern; book of pattern(s)*
~ **board** *n* [Bind] / Musterpappe *f*
~ **book** *n* [Bk] / Musterbuch *n*
patterned *pp* [Bind] / gemustert *pp*
pattern matching *n s. pattern recognition*
~ **of leadership** *n* [OrgM] / Führungsstil *m*
~ **recognition** *n* [EDP] ⟨ISO 2382/XII⟩ / Mustererkennung *f* ‖ *s.a. character recognition*
~ **sheet** *n* / Schnittmusterbogen *m*
~ **volume** *n* [Bind] / Musterband *m*
pause *n* (break) [Gen] / Pause *f*
pavilion *n* [BdEq] / Pavillon *m*
pay bracket *n* [Staff] / Vergütungsgruppe *f*
~ **content** *n* [Internet] / Bezahlinhalt *m*
payment *n* [BgAcc] / Zahlung *f* ‖ *s.a. down payment; mode of payment; part payment; request for payment; terms of payment*
~ **by insta(l)lments** *n* [Acq] / Ratenzahlung *f*
~ **date** *n* [BgAcc] / Zahlungstermin *m*
~ **deadline** *n* [BgAcc] / Zahlungstermin *m*
~ **required** *n* [BgAcc] / gebührenpflichtig *adj*

pay phone / Münzfernsprecher *m*
~-roll *n* (list of employees receiving regular pay) [Staff] / Gehaltsliste *f* ‖ *s.a. non-payroll*
PCL *abbr* [EDP; Prt] *s. printer command language*
PDF *abbr* [ElPubl] *s. portable document format*
PDL *abbr s. page description language*
PDN *abbr* [Comm] *s. public data network*
PDU *abbr* [Comm] *s. protocol data unit*
Peace Prize laureate *n* [Bk] / Friedenspreisträger *m*
peace-prize of the German book-trade *n* [Bk] / Friedenspreis des deutschen Buchhandels *m*
peak period *n* (the period of the most intense use) [RS] / Stoßzeit *f* · Spitzenzeit *f*
pearl *n* [Prt] / Perl(schrift) *f(f)*
peculiars *pl* (special sorts) [Prt] / Sonderzeichen *pl*
peddler *n US s. book pedlar*
pedigree copy *n* [Bk] / Exemplar berühmter Herkunft *n*
pedlar *n* [Bk] / Kolporteur *m*
peek-a-boo card *n* [PuC] / Sichtlochkarte *f*
~-hole card *n* / Sichtlochkarte *f*
peer referee *n* [Bk] *s. referee 1*
~ review *n* / Begutachtung *f* (eines zur Veröffentlichung vorgesehenen Manuskripts durch Fachleute von gleicher Kompetenz)
pen-and-ink drawing *n* [Art] / Federzeichnung *f*
pencil drawing *n* [Art] / Bleistiftzeichnung *f*
~ marks *pl* (in a book) [Bk] / Bleistiftanstriche *pl*
~ notes *pl* (in a book) [Bk] / Bleistiftanmerkungen *pl* · Bleianmerkungen *pl*
~ sharpener *n* [Off] / Bleistiftspitzer *m*
penknife *n* [Writ] / Federmesser *n*
penmanship *n* [Writ] / Schreibkunst *f* ‖ *s.a. calligraphy*
~ manual *n* [Writ] / Schreibmeisterbuch *n*
pen name *n* [Bk] / Pseudonym *n*
penny-dreadful *n* [Bk] / Schauerroman *m*
pen plotter [EDP] / Stiftplotter *m* · Federplotter *m*
pension [Staff] / (to be paid to civil servants when retired:) Pension *f* · Ruhegehalt *n* · (to be paid from the National Insurance Fund:) Rente *f*
per annum amount *n* [BgAcc] / Jahresbetrag *m*

percentage *n* [InfSc] / Prozentsatz *m*
perception *n* [InfSc] / Wahrnehmung *f* ‖ *s.a. user perception*
perfect binding *n* [Bind] / Klebebindung *f* · Lumbeckbindung *f*
~-binding machine *n* [Bind] / Klebebindemaschine *f*
~-bound *pp* [Bind] / gelumbeckt *pp*
perfecter *n* [Prt] *US* / Schön- und Widerdruckmaschine *f* · Perfektor *m*
perfect-fan-binder *n* [Bind] / Klebebindegerät *n*
perfecting *n* [Prt] / Schön- und Widerdruck *m*
~ press *n* [Prt] / Schön- und Widerdruckmaschine *f* · Perfektor *m*
perfector *n US* / Schön- und Widerdruckmaschine *f* · Perfektor *m*
perforate *f* [Bind] / lochen *v* · perforieren *v*
perforated tape *n* [PuC] *s. punched (paper) tape*
perform *v* [Mus] / aufführen *v*
performance 1 *n* [OrgM] / Leistung *f* ‖ *s.a. failure of performance; high-performance computer; improvement in performance; increase in performance; level of performance; overall performance*
~ 2 *n* (of a musical work, a play) [Mus; Art] / Aufführung *f* (eines Musikwerkes, eines Schauspiels) ‖ *s.a. medium of performance; original performance; performing rights*
~ appraisal *n* [Staff; OrgM] *s. performance evaluation*
~ evaluation *n* [Staff; OrgM] / Leistungsbewertung *f* ‖ *s.a. personnel evaluation*
~ indicator *n* [OrgM] ⟨ISO 11620⟩ / Leistungsindikator *m*
~ measurement *n* / Leistungsmessung *f*
~ monitoring *n* [OrgM] / Leistungsüberwachung *f*
~ orientation *n* (n) [OrgM] / Leistungsorientierung *f*
~ rights *pl* [Art] / Aufführungsrechte *pl*
~ standard *n* [Gen; Bk] / Qualitätsnorm *f*
performer *n* [Mus] / ausübender Musiker *m* · Interpret *m* · Ausführender *m*
performing rights *pl* [Mus] / Aufführungsrechte *pl*
perform statement *n* [EDP] / Schleifenanweisung *f*
perimeter bookcase(s) *n(pl)* / Wandregal(e) *n(pl)*
perimeter shelves *pl* / Wandregal(e) *n(pl)*

period *n* [Writ] *US* / Punkt *m*
periodical *n* [Bk] ⟨ISO 215; ISO 1425; ISO 2789; ISO 5127/2; ISO 9707; ISB⟩ / Zeitschrift · Periodikum *n* ‖ *s.a.* serial
~ **accessioning** *n* [Acq] / Zeitschriftenakzessionierung *f*
~ **accession record** *n* [Acq] / Zeitschriftenzugangsnachweis *m*
~ **article** *n* [Bk] / Zeitschriftenaufsatz *m*
~ **bibliography** *n* [Bib] / periodische Bibliographie *f*
~ **case** *n* [Sh] / Zeitschriftensammelordner *m*
~ **display shelves** *pl* [Sh] / Zeitschriftenregal *n* (zur Auslage von Zeitschriften)
~ **holdings** *pl* [Stock] / Zeitschriftenbestand *m*
~ **index** *n* [Bib] / Zeitschrifteninhaltsbibliographie *f*
~ **publisher** *n* [Bk] / Zeitschriftenverlag *m*
~ **rack** *n* [Sh] / Zeitschriftenregal *n* · Zeitschriftenständer *m*
~ **receipt record** *n* [Acq] / Zeitschriftenzugangsnachweis *m*
~ **room** *n* [BdEq] / Zeitschriftenlesesaal *m* · ZLS *abbr*
periodicals collection *n* [Stock] / Zeitschriftenbestand *m*
~ **directory** *n* [Bib] / Zeitschriftenadressbuch *n* · Zeitschriftenbibliographie *f* ‖ *s.a. periodical index*
~ **display rack** *n* [Sh] *s. periodical display shelves*
~ **division** *n* [OrgM] *s. serial(s) department*
~ **indexing** *n* [Ind] / Zeitschriftenauswertung *f* · Zeitschriftenerschließung *f* · Zeitschriftenindexierung *f*
~ **reading room** *n* [BdEq] / Zeitschriftenlesesaal *m* · ZLS *abbr*
~ **stack** *n* [Sh] / Zeitschriftenregal *n*
periodical(s) stand *n* [Sh] / Zeitschriftenständer *m* · Zeitschriftenregal *n*
period of notice *n* [Staff] / Kündigungsfrist *f*
~ **of time** *n* / Zeitraum *m* · Frist *f* ‖ *s.a. term 2*
~ **of training** *n* / Ausbildungszeit *f* · (length:) Ausbildungsdauer *f*
~ **subdivision** *n* [Class; Cat] / (standard subdivision of a class:) Zeitschlüssel *m* · (subdivision of a subject heading:) Zeitschlagwort *n*

peripheral *n* [EDP] ⟨ISO 2382/1; ISBD(ER)⟩ / periphere Einheit *f* · Peripheriegerät *n*
peripherals *pl* [EDP] ⟨ISO 2382/1⟩ / Peripheriegeräte *pl*
peripheral storage *n* [EDP] / peripherer Speicher *m*
~ **unit** *n* [EDP] *s. peripherals*
permanence *n* (of paper) [Pp] / Altersbeständigkeit *f* · Haltbarkeit *f* · Alterungsbeständigkeit *f*
permanent address *f* / fester Wohnsitz *m* (ständige Adresse)
~ **appointment** *n* [Staff] / feste Anstellung *f*
~ **-durable paper** *n* [Pp] / alterungsbeständiges Papier *n*
~ **exhibition** *n* [PR] / Dauerausstellung *f*
~ **loan** *n* [RS; Stock] / Dauerleihgabe *f* ‖ *s.a. deposit loan*
~ **paper** *n* / alterungsbeständiges Papier *n*
~ **position** *n* [Staff] / feste Anstellung *f*
~ **post** *n* [Adm] / Planstelle *f*
~ **record film** *n* [Repr] / Archivfilm *m*
~ **storage** *n* [EDP] ⟨ISO 2382/XII⟩ / Permanentspeicher *m*
~ **virtual circuit** *n* [Comm] / virtuelle Standverbindung *f*
permission *n* (access right) [Comm] / Zugriffsrecht *n*
permitted term *n* [Ind] ⟨ISO/R 1087⟩ / zugelassene Benennung *f*
permutation *n* [Ind] / Permutation *f*
~ **index** *n* [Ind] / Permutationsregister *n* · Rotationsregister *n* · Permutationsindex *n*
permuted index *n* [Ind] *s. permutation index*
perpetual calendar *n* / ewiger Kalender *m*
personal authorship *n* [Bk] / persönliche Verfasserschaft *f*
~ **computer** *n* [EDP] / Personalcomputer *m* · PC *abbr*
~ **data** *pl* [Staff; RS] / personenbezogene Daten *pl*
~ **file** *n* [OrgM; Off] / Personalakte *f* ‖ *s.a. staff records*
~ **heading** *n* (serving as subject entry) [Cat] / Personenschlagwort *n*
~ **identification mark** *n* [EDP; RS] / Personenkennzeichen *n*
~ **identification number** *n* / persönliche Identifizierungsnummer *f* · Personenkennzeichen *n*
~ **identifier** *n* [EDP; RS] / Personenkennzeichen *n*

personalize v [EDP] / anpassen v
personal name n [Gen; Cat] /
  Personenname m ‖ s.a. authority file of
  personal names
  ~ **papers** / persönliche Papiere pl · (of a
    deceased person:) nachgelassene Papiere pl
    · Nachlass m
  ~ **publication** n / Personalschrift f
person honoured n [Cat] / gefeierte
  Persönlichkeit f
  ~ **name** n [Gen; Cat] / Personenname m
personnel n [Staff] ⟨ISO 9707⟩ / Personal n
  ‖ s.a. cutback in personnel; increase in
  personnel; staff
  ~ **administration** n [Staff] /
    Personalverwaltung f
  ~ **appraisal** n s. personnel evaluation
  ~ **cost(s)** n(pl) [BgAcc] / Personalkosten pl
  ~ **department** n [Staff; OrgM] /
    Personalabteilung f
  ~ **director** n / Personalleiter m ·
    Personalchef m
  ~ **evaluation** n [Staff] / Personalbeurtei-
    lung f ‖ s.a. performance evaluation
  ~ **evaluation form** n [Staff] /
    Personalbeurteilungsbogen m
  ~ **management** n [Staff] /
    Personalführung f · Personalverwaltung f
  ~ **manager** n [Staff] / Personalchef m
  ~ **office** n [OrgM] / Personalbüro n ·
    Personalstelle f
  ~ **officer** n [Staff] / Personalchef m
  ~ **policies** pl / Personalpolitik f
  ~ **supervision** / Personalführung f
personpower n [Staff] / Personal n
pertinence n [Ind; Retr] / Pertinenz f ‖ s.a.
  relevance
pest n [Pres] / Schädling m ‖ s.a. insect
  pests
  ~ **control** n [Pres] / Schädlingsbekämp-
    fung f
pesticide n [Pres] / Pestizid n ·
  Schädlingsbekämpfungsmittel n
pharmacopoeia n [Bk] / Pharmakopöe f ·
  Arzneibuch n
phase box n [Pres] / Schutzkassette (für
  die vorübergehende Aufbewahrung eines
  schadhaften Buches usw.)
  ~ **conservation** n [Pres] / schrittweise
    Konservierung f
  ~ **preservation** n (Pres) / schrittweise
    Konservierung f
  ~ **relation** n [Class] / Phasenbeziehung f
PhD thesis n [Ed] / Doktorarbeit f
pH meter n [Rest] / pH-Messer m

phoenix schedule n [Class] / neu
  eingerichtete Fachgruppe innerhalb der
  Dewey-Dezimalklassifikation f
phone number n [Comm] / Rufnummer f ·
  Telefonnummer f
phonetic writing n [Writ] / Lautschrift f
phono|disc [NBM] / Schallplatte f · Platte f
  ‖ s.a. long-playing record; mono(phonic)
  record; shellac record; stereophonic record
  ~**gram** n [NBM] ⟨ISO 5127/11⟩ /
    Tonaufzeichnung f
  ~**graph player** n [NBM] / Plattenspieler m
  ~**record** n [NBM] s. phonodisc
photo n (photograph) [Repr] / Lichtbild n ·
  Foto n
  ~**charging** n [RS] / Fotoverbuchung f
  ~**composing machine** n [Prt] /
    Fotosetzmaschine f · Lichtsetzmaschine f
  ~**composition** n [Prt] / Fotosatz m ·
    Lichtsatz m
  ~**copy** n [Repr] / Fotokopie f ·
    Ablichtung f
  ~**copying** n [Repr] / Fotokopieren n
  ~**copy(ing) machine** n [Repr] /
    Kopiergerät n
  ~**copying paper** n [Repr] /
    Fotokopierpapier n · Kopierpapier n
  ~**copy request** n [Repr] / Kopiebestellung f
  ~**duplication order** n [Repr] s. photocopy
    request
  ~**engraving** n [Prt] / Chemigraphie f
    · (process of preparing letterpress
    plates from illustrations:)
    Druckplattenherstellung f ·
    Klischeeherstellung f · Klischieren n ·
    (plate:) Klischee n · Druckstock m
  ~**graph** n [Repr] ⟨ISBD(NBM); ISO 5127-
    3⟩ / Fotografie f · Foto n · Lichtbild n
  ~**graph collection** n [NBM] / Fotoarchiv n
  ~**graphic archives** pl [Repr] / Fotoarchiv n
    · Fotothek f
  ~**graphic department** n [OrgM] /
    Fotostelle f
  ~**graphic library** n [NBM] ⟨ISO 5127/1⟩ /
    Fotoarchiv n · Fotothek f
  ~**graphic work** n [Repr; Art] /
    Lichtbildwerk n
  ~**graphy** n [Repr] / Fotografie f
photogravure n [Prt] / Fotogravüre f ·
  Heliogravüre f ‖ s.a. rotogravure
  ~ **illustration** n [Bk] / Tiefdruckabbildung f
photo-headsetter n [Prt] / Titelsetzgerät n
  ~**lettering** n [Prt] / Fotohandsatz m
  ~**lithography** n [Prt] / Fotolithografie f

~map *n* [Cart] / 1 Luftbildplan *m* · Bildplan *m* · 2 Luftbildkarte *f*
~mechanical *adj* [Prt] / fotomechanisch *adj*
~mechanical engraving *n* [Prt] *s. photoengraving*
~-montage *n* [NBM] / Fotomontage *f*
~mosaic *n* [Cart] / Luftbildmosaik *n*
~paper *n* [Repr] / Fotopapier *n*
~sensitive *adj* [Repr] / lichtempfindlich *adj* ‖ *s.a. sensitivity 1*
~sensitive side (of a microform) [Repr] / Schichtseite *f* (einer Mikroform)
~setting *n* [Repr] *s. photocomposition*
~stat *n* [Repr] / Fotokopie *f*
~type print *n* [Art] ⟨ISO 5127-3⟩ / Lichtdruck *m*
~typesetter *n* (manual ~) [Prt] / Fotosetzgerät *n*
~-typesetting *n* [Prt] *s. photocomposition*
~-typesetting machine *n* [Prt] / Fotosetzmaschine *f*
~unit *n* [Prt] / Belichtungseinheit *f*
phrase *n* [Lin] ⟨ISO 5127/1⟩ / Phrase *f*
~book *n* [Bk] / Sprachführer *m*
~ pseudonym / Phraseonym *n*
pH value *n* [Pres] / pH-Wert *m*
physical address *n* [EDP] / physikalische Adresse *f*
~ carrier *n* [EDP] ⟨ISBD(ER)⟩ / physischer Datenträger *m*
~ description area *n* [Cat] / Kollationsvermerk *m*
~ education college *n* [Ed] / Sporthochschule *f*
~ layer *n* [Comm] / Bitübertragungsschicht *f*
~ preparations unit *n* [TS] / Beschriftungs- und Beschilderungsstelle *f*
~ processing *n* (of books for use) [TS] / technische Buchbearbeitung *f*
~ record *n* [EDP] / Block *m* · Datenblock *m* · physischer Satz *m*
~ recording density *n* [EDP] / Schreibdichte *f* · Speicherdichte *f*
~ unit 1 *n* [EDP] / Baueinheit *f*
~ unit 2 *n* [Stock] ⟨ISO 9707; ISO 2789⟩ / physische Einheit *f*
~ volume *n* [Bk] / Buchbinderband *m*
piano-conductor score *n* [Mus] / Klavier-Direktionspartitur *f*
~ part *n* [Mus] / Klavierstimme *f*
~ reduction *n* [Mus] / Klavierauszug *m*
~ score *n* [Mus] ⟨ISBD(PM); AACR2⟩ / Klavierauszug *m*

~ (violin etc.) conductor part *n* [Mus] ⟨ISBD(PM); AACR2⟩ / Direktionsstimme *f*
picaresque novel *n* / Schelmenroman *m* · Schelmenroman *m*
pi characters *pl* [InfSy] / Sonderzeichen *pl*
picking resistance *n* [Pp] / Rupffestigkeit *f*
pick-up head *n* (of a record player) [NBM] / Tonabnehmer *m*
picto|gram *n* [InfSy; Writ] / Piktogramm *n*
~graph *n* [InfSy; Writ] *s. pictogram*
~graphic script / Bilderschrift *f*
~graphy *n* [Writ] / Bilderschrift *f* · Piktographie *f*
pictorial book *n* [Bk] / Bildband *m*
~ dictionary *n* ⟨Bk⟩ / Bildwörterbuch *n*
~ (magazine) [Bk] / Illustrierte *f*
~ map *n* [Cart] / Bildkarte *f* · Bilderkarte *f*
~ relief plan *n* [Cart] / Vogelschaukarte *f*
~ representation *n* [NBM] / bildliche Darstellung *f* ‖ *s.a. illustration*
~ supplement *n* [Bk] / Bildbeilage *f*
~ symbol *n* [Writ] / Bildzeichen *n*
~ work *n* [Bk] / Bildwerk *n*
picture *n* [NBM] ⟨ISBD(NBM); ISO 5127-3; AACR2⟩ / Bild *n* ‖ *s.a. image 1; still (picture)*
picture agency *n* [NBM] / Bildagentur *f*
~ book *n* [Bk] / 1 Bildband *m* · 2 (for children:) Bilderbuch *n*
~ collection *n* / Bildarchiv *n*
~ database *n* [InfSy] / Bilderdatenbank *f*
~ dictionary *n* [Bk] / Bildwörterbuch *n*
~ element *n* [EDP/VDU] / Bildelement *n*
~ file *n* [EDP; Arch] / Bildersammlung *f* · Bildarchiv *n* · (computing:) Bilddatei *f*
~ lending library *n* [Art] / Artothek *f*
~ library *n* [NBM] / Bildarchiv *n*
~ media *pl* / Bildmedien *pl*
~ postcard *n* [NBM] / Ansichtskarte *f* · Bildpostkarte *f*
~ processing *n* [EDP] / Bildbearbeitung *f*
~ sharpness *n* [Repr] / Bildschärfe *f* ‖ *s.a. acutance*
~ sheet *n* [NBM] / Bilderbogen *m*
~ supplement *n* [Bk] / Bildbeilage *f*
~ symbol *n* [Writ] *s. pictorial symbol*
~ telephone *n* [Comm] / Bildtelefon *n*
~ writing *n* [Writ] *s. pictography*
piece *n* [Arch] / Stück *n* · Schriftstück *n*
pie chart *n* [InfSc] / Tortendiagramm *n* · Kreisdiagramm *n* (pie-bar chart:Kombination aus Kreis- und Balkendiagramm)
~ diagram *n* / Kreisdiagramm *n*
~ graph *n* / Kreisdiagramm *n*

pi font *n* [InfSy] / Sonderzeichen *pl*
pigeon-hole *n* [BdEq] / Ablagefach *n* · Fach *n*
pigment *n* [ElPubl] / Pigment *n*
pigmented *pp* [Pp] / pigmentiert *pp*
pigskin *n* [Bind] / Schweinsleder *n*
pilcrow (sign) *n* [Prt; Writ] / Alineazeichen *n* · Absatzzeichen *n*
pilferage rate *n* / Diebstahlquote *f*
pilot issue *n* [Bk] / Nullausgabe *f* · Nullnummer *f*
 ~ **project** *n* [InfSc] / Pilotprojekt *n* · Modellversuch *m*
 ~ **run** *n* [OrgM] / Testlauf *m* · Probelauf *m*
 ~ **sheet** *n* [Cart] / Kartenmuster *n*
 ~ **study** *n* [InfSc] / Vorstudie *f* · Voruntersuchung *f* · Pilotstudie *f*
PIN *abbr s. personal identification number*
pinboard *n* [Off] / Pinnwand *f*
pinfeed drum *n* [EDP; Prt] / Stachelrad *n* · Stachelwalze *f*
 ~ **platen** *n* [EDP; Prt] *s. pinfeed drum*
piracy *n* (publication of a copyright work without permission) [Law] / Piraterie *f* · Raubkopieren *n* ‖ *s.a. pirated edition; software piracy*
pirate *n* [Prt] / Raubdrucker *m*
 ~ **copy** *n* [EDP] / Raubkopie *f*
pirated edition *n* [Bk] / Raubdruck *m*
piratical (re)printer *n* [Bk] / Raubdrucker *m*
pixel *n* [EDP/VDU] / Bildelement *n*
 ~ **depth** *n* [ElPubl] / Pixeldichte *f* · Pixeltiefe *f* · Pixelauflösung *f*
pixelisation *n* [ElPubl] / Pixelierung *f*
pixel size *n* [ElPubl] / Pixelgröße *f*
placard *n* [NBM] / Plakat *n*
place index *n* [Bib] / Ortsregister *n*
 ~ **of distribution** *n* [Bk] / Vertriebsort *m*
 ~ **of education** *n* [Ed] / Ausbildungsstätte *f*
 ~ **of manufacture** *n* (as part of the bibliographic description) [Cat] / Herstellungsort *m*
 ~ **of printing** *n* [Bk] ⟨ISO 5127/3a⟩ / Druckort
 ~ **of publication** *n* [Bk] ⟨ISO 5127/3a⟩ / Erscheinungsort *m* · Verlagsort *m*
 ~ **on deposit** *v* / deponieren *v*
 ~ **subdivision** *n* [Cat; Class] *s. geographic subdivision*
plagiarism *n* (a plagiarized item) [Bk] / Plagiat *n*
plagiarist *n* [Bk] / Plagiator *m*
plagiarize *v* [Bk] / ein Plagiat begehen *v*
plagiary *n* [Bk] *s. plagiarism*

plain language *n* [Lin] / Gemeinsprache *f*
 ~ **paper copier** *n* [Repr] / Normalpapierkopierer *m*
plan *v/n* [OrgM] / (to plan:) planen *v* · (noun:) Plan *m* ‖ *s.a. planning; schedule 1*
 ~ **cabinet** *n* [BdEq] / Zeichenschrank *m*
planetarium *n* [NBM] ⟨ISBD(NBM)⟩ / Planetarium *n*
planetary camera *n* [Repr] / Schrittkamera *f*
 ~ **filming** *n* [Repr] ⟨ISO 6196/2⟩ / Schrittaufnahmetechnik *f*
planimetric map *n* [Cart] / Grundrisskarte *f*
planning *n* [OrgM] / Planung *f* ‖ *s.a. long-term planning*
 ~ **framework** *n* [OrgM] / Planungsrahmen *m*
planographic printing *n* [Prt] / Flachdruck *m*
planography *n* [Prt] / Flachdruck *m*
plant *n* [OrgM] *US* / Betrieb *m* · Anlage *f* ‖ *s.a. printing plant*
plaquette binding *n* [Bind] / Plaketteneinband *m*
plastic bag *n* [NBM] / Kunststofftasche *f*
 ~ **binding** *n* [Bind] / Kunststoff(ein)band *m*
 ~ **-coated binding** *n* [Bind] / kunststoffbeschichteter Einband *m*
 ~ **comb binding** *n* [Bind] / Kammbroschur *f*
 ~ **covers** *pl* [Bind] / Kunststoff(ein)band *m* · Plastik(ein)band *m* · Plasteinband *m* *DDR*
 ~ **envelope** *n* [NBM] / Kunststofftasche *f*
 ~ **film** *n* [Bind] / Kunststofffolie *f* · Plastikfolie *f*
 ~ **folder** *n* [Off] / Kunststoffhülle *f* ‖ *s.a. clear plastic folder*
 ~ **material** *n* [Pres] / Kunststoff *m*
 ~ **sheet** *n* / Folie *f* ‖ *s.a. clear plastic sheet*
 ~ **sleeve** *n* [NBM] / Kunststoffhülle *f* · Kunststofftasche *f*
 ~ **wrapping** *n* / Schrumpffolienverpackung *f*
plate 1 *n* (an illustration printed separately from the text of a book) [Bk] ⟨ISO 5127/3a; ISBD(M; A); AACR2⟩ / Tafel *f* (volume of plates: Tafelband) · Bildbeigabe *f* ‖ *s.a. bled off plate; collection of plates; coloured plate; colour plate book; engraved plate; folded plate; full-page plate; half plate; name plate*
 ~ 2 *n* [Prt] / Druckplatte *f*
 ~ **burning** *n* [Prt] / Druckplattenbelichtung *f*

~ **exposure** *n* [Prt] / Druckplattenbelichtung *f*
~ **maker** *n* [Prt] / Klischeeanstalt *f*
~**making** *n* [Prt] / Klischeeherstellung *f* · Druckstockherstellung *f* · Druckformherstellung *f*
~**-making establishment** *n* [Prt] / Klischeeanstalt *f* · Reproanstalt *f*
~**making service** *m* [Prt] / Reproanstalt *f* (Druckplattenhersteller)
platen 1 *n* (part of a typewriter) [Off] / Schreibwalze *f*
~ 2 *n* (part of a copier) [Repr] / Auflagefläche *f* ‖ *s.a. flat-bed fixed platen*
~ (**machine**) 1 *n(n)* [Prt] / Tiegel(druck)presse *f*
~ **press** *n* [Prt] / Tiegelpresse *f* · Tiegeldruckpresse *f*
plate number *n* [Mus] ⟨ISBD(PM)⟩ / Plattennummer *f* · Druckplattennummer *f*
~ **production** *n* [Prt] *s. plate making*
~ **proof** *n* [Prt] / Kontrollabzug *m*
plates volume *n* [Bk] / Tafelband *m*
platform *n* [EDP] / Plattform *f* ‖ *s.a. cross-platform*
platform indipendent *adj* [EDP] / plattformunabhängig *adj*
plausibility check *n* [EDP] / Plausibilitätsprüfung *f* · Plausibilitätskontrolle *f*
playback *n* (of a sound recording) [NBM] / Wiedergabe *f* (einer Tonaufnahme) · Abspielen *n* (einer Tonaufzeichnung)
~ **equipment** *n* [NBM] *s. playing facility*
playbill *n* [Bk] / Theaterzettel *m* ‖ *s.a. theatre programme*
player *n* [NBM] / Player *m* · Abspielgerät *n*
playing card / Spielkarte *f*
~ **facility** *n* [NBM] / Abspielanlage *f* ‖ *s.a. listening facility*
~ **score** *n* [Mus] / Spielpartitur *f*
~ **speed** *n* [NBM] / Laufgeschwindigkeit *f* · Abspielgeschwindigkeit *f* · Spielgeschwindigkeit *f*
~ **time** *n* [NBM] / Spieldauer *f* (~ ~ of a sound carrier: Tonträgerzeit)
playstation *n* [EDP] / Spielcomputer *m*
pleat *n* [Bind] / Falte *f* · Falz *m* ‖ *s.a. accordion pleat*
plenary session *n* [OrgM] / Vollversammlung *f* · Plenartagung *v*
pleonasm *n* [Lin] / Pleonasmus *m*
pliers *pl* [Bind] / Zange *f* ‖ *s.a. notching pliers; slotting pliers*
plotter *n* [EDP] ⟨ISO 2382/XI⟩ / Plotter *m* · Kurvenschreiber *m* ‖ *s.a. pen plotter*

plough *n* [Bind] / Beschneidehobel *m* · Buchbinderhobel *m* ‖ *s.a. unploughed*
plow *n* [Bind] *s. plough*
plug *n* [BdEq] / Stecker *m* · Steckerbuchse *f*
~**-and-play system** / anschlussfertiges System *n*
~**in card** *n* [EDP] / Steckkarte *f*
plus sign *n* [Writ; Prt] / Pluszeichen *n*
pneumatic dispatch *n* [Comm] / Rohrpostsendung *f*
pneumatic tube *n* [Comm] / Rohrpost *f*
p note / Urheberrechtsvermerk *m* (bei einer Tonaufzeichnung)
P.O. Box *n* [Comm] / Postfach *n*
pocket atlas *n* [Cart] / Taschenatlas *m*
~ **book** *n* [Bk] / Taschenbuch *n* ‖ *s.a. paperback*
~ **calculator** *n* [Off] ⟨ISO 2382/22⟩ / Taschenrechner *m*
~ **card charging** *n* [RS] / Buchkartenverbuchung *f*
~ **dictionary** *n* [Bk] / Taschenwörterbuch *n*
~ **edition** *n* [Bk] / Taschenbuchausgabe *f*
~ **score** *n* [Mus] ⟨ISBD(PM)⟩ / Taschenpartitur *f*
poem *n* [Bk] / Gedicht *n*
point / (decimal point:) Komma *n* ‖ *s.a. floating point*
point 1 *n* [Writ] / (full stop:) Punkt *m*
~ 2 *n* (typographic ~) [Prt] / Punkt *m* (typographischer ~)
pointillé *n* [Bind] / Pointillé-Stil *m*
point-of-use instruction *n* [RS] / Schulung am Benutzungsort *f*
~ **size** *n* [Prt] / Schriftgrad *m* · Schriftgröße *f*
~ **system** *n* [Prt] / typographisches Maßsystem *n*
~**-to-point connection** *n* [Comm] ⟨ISO 2382/9⟩ / Punkt-zu-Punkt-Verbindung *f*
polished foil *n* [Bind] / Glanzfolie *f*
polisher *n* [Bind] / Glättkolben *m*
polishing iron *n* [Bind] / Glättkolben *m*
polling *n* [Comm] ⟨ISO 2382/9⟩ / Sendeaufruf *m*
~ **mode** *n* [Comm] / Abrufbetrieb *m*
~**/selecting mode** *n* [EDP] / Aufrufbetrieb *m*
poly-dimensional classification *n* [Class] / polydimensionale Klassifikation *f*
polyglot dictionary *n* / mehrsprachiges Wörterbuch *n* · polyglottes Wörterbuch *n*
poly-hierarchical classification *n* [Class] / polyhierarchische Klassifikation *f*

poly-hierarchy 436

~-hierarchy *n* [Ind; Class] ⟨ISO 5127/6⟩ /
  Polyhierarchie *f*
polyptych / Polyptichon *n*
polyseme *n* [Lin] ⟨ISO 5127/6⟩ / Polysem *n*
polysemy *n* [Lin] ⟨ISO 5127/1⟩ /
  Polysemie *f*
polythene *n* ⟨NBM⟩ / Kunststofffolie *f* ·
  Plastikfolie *f*
  ~ **bag** *n* [NBM] / Kunststofftasche *f*
polyvinyl acetate *n* [Bind] / PVA-Kleber *m*
  · Polyvinylacetat *n*
pontifical *n* [Bk] / Pontifikale *n*
popular edition *n* [Bk] / Volksausgabe *f*
  ~ **library** 1 *n* (obsolete name for a public
  library) [Lib] / Volksbücherei *f*
  ~ **library** 2 *n* [OrgM] / Abteilung mit
  Literatur für breite Leserkreise *f*
population *n* [InfSc] / Grundgesamtheit *f*
  · Population *f* ‖ *s.a. sampled population;
  subpopulation*
pop-up menu *n* [EDP] / Popup-Menü *n*
porch *n* [BdEq] / Vorhalle *f* · Windfang *m*
pornography *n* [Bk] / Pornographie *f* ·
  Schmutzliteratur *f*
port. *abbr* [Art] *s. portrait*
port 1 *n* [Comm; EDP] / Anschlussstelle *f*
  · Ausgabekanal *m* · Ausgang *m* · Port *m* ‖
  s.a. serial port
  ~ 2 *v* [EDP] / portieren *v*
portability *n* (of a software product) [EDP]
  / Portabilität *f* · Übertragbarkeit *f*
portable computer *n* [EDP] / tragbarer
  Computer *m*
  ~ **document format** *n* [ElPubl] /
  übertragbares Dokumentformat *n* · PDF-
  Format *n*
portal *n* [Internet] / Portal *n* ‖ *s.a.
  enterprise portal*
porter *n* [Staff] / Pförtner *m*
portfolio *n* (a container for holding loose
  materials) [NBM] ⟨AACR2⟩ / Mappe *f*
  ~ **edition** *n* [NBM] / Mappenwerk *n*
portolan chart *n* [Cart] / Portolankarte *f*
  · Rumbenkarte *f* · Windstrahlenkarte *f* ·
  Portulankarte *f*
portrait *n* [Art] / Bildnis *n* · Porträt *n*
  ~ **format** *n* [Bk; Prt] / Hochformat *n*
position 1 *n* [OrgM] / (place occupied
  by a person:) Stelle *f* · Anstellung *f* ‖
  *s.a. advanced-level position; full-time
  position; permanent position; postholder;
  supervisory position; tenure*
  ~ 2 *n* [InfSy] / (in an arrangement of
  characters:) Stelle *f*
  ~ 3 *v* [EDP] / positionieren *v*

positional operator *n* [Retr] /
  Positionsoperator *m*
position announcement *n* [OrgM] /
  Stellenausschreibung *f*
  ~ **description** *n* [OrgM] / Stellenbeschreibung *f* · Arbeitsplatzbeschreibung *f*
positioned abstract *n* [Ind] /
  Positionsreferat *n*
position opening *n* / freie Stelle ·
  nichtbesetzte Stelle *f*
  ~ **rotation** *n* [OrgM] / Arbeitsplatzrotation *f*
  ~ **specification(s)** *n(pl)* [OrgM] /
  Stellenanforderungen *pl*
positive *n* [Repr] / Positiv *n*
  ~-**appearing image** *n* [Repr] ⟨ISO 6196/1⟩
  / Positivbild *n*
  ~ **copy** *n* [Repr] / Positivkopie *f*
possible purchase file *n* [Acq] *s. desiderata
  file*
post 1 *v* (send by mail) [Comm] *Brit* /
  abschicken · senden *v* (mit der Post)
  ~ 2 *n* (position) [OrgM] / Stelle *f* ‖ *s.a.
  established post; temporary post*
postage (charges) *n(pl)* [Comm] / Porto *n*
  · Postgebühr(en) *f(pl)* ‖ *s.a. domestic
  postage*
  ~ **stamp** *n* [Comm] / Briefmarke *f*
postal address *n* [Comm] / Postadresse *f*
  ~ **card** *n* [Comm] *s. postcard*
  ~ **code** *n* [Comm] / Postleitzahl *f*
  ~ **franking machine** *n* [Comm] ⟨ISO
  5138/7⟩ / Frankiermaschine *f*
  ~ **time** *n* [Comm] / Postlaufzeit *f*
post binder *n* [Off] / Ordner *m* (mit
  Schraubenbindung) · Ordner *m*
  ~ **box** *n* [BdEq] / Briefkasten *m*
  ~**card** *n* [Comm] / Postkarte *f*
  ~-**code** *n* [Comm] / Postleitzahl *f*
  ~-**coordinate indexing** *n* [Ind] ⟨ISO
  5127/3a⟩ / postkoordiniertes Indexieren *n*
  ~-**coordination** *n* [Ind] / Postkoordination *f*
  ~-**dated** *pp* [Bk] / nachdatiert *pp*
  ~ **design** *n* [Sh] / Pfostenbauweise *f*
poster *n* [NBM] ⟨ISBD(NBM)⟩ / Poster *n* ·
  Plakat *n*
  ~ **display** *n* [BdEq] / Plakatwand *f*
  ~ **type** *n* [Prt] / Plakatschrift *f*
post-graduate studies *pl* [Ed] /
  Aufbaustudium *n*
postholder *n* [Staff] / Stelleninhaber *n*
posthumous work *n* [Bk] / posthumes
  Werk *n* · postumes Werk *n*
postil *n* [Bk] / Postille *f*
posting *n* / (Internet:) Nachricht *f* · Posting *n*

post|mark *n* [Comm] / Poststempel *m*
  ~ **office box** (P.O.B.) [Comm] /
    Postschließfach *n*
  ~**processing** *n* [Prt; EDP; Repr] /
    Nachbearbeitung *f* · Weiterverarbeitung *n*
  ~ **production script** *n* [NBM] /
    Filmprotokoll *n*
  ~ **room** *n* [BdEq] / Poststelle *f* ‖ *s.a.
    shipping room*
  ~**script** [Writ; Book] / Nachschrift *f* ·
    Nachwort *n*
  ~ **scriptum** *n* [Comm] / Postskriptum *n* ·
    Nachschrift *f*
potential user *n* [RS] / potentieller
  Benutzer *m*
power button *n* / Schalter *m* (für die
  Stromzufuhr an einem Gerät) · Ein-/Aus-
  Schalter *m*
  ~ **consumption** *n* [BdEq] /
    Stromverbrauch *m*
  ~ **cord** *n* [BdEq] / Netzkabel *n*
  ~ **glitch** *n* [BdEq] / Stromausfall *m*
  ~**-on time** *n* [BdEq] / Betriebszeit *f*
  ~ **saving** *n* [BdEq] / Stromeinsparung *f*
  ~ **source** *n* [BdEq] / Stromquelle *f*
  ~ **supply** *n* [BdEq] / (power pack:)
    Netzteil *n* · (electricity supply:)
    Stromversorgung *f*
practical training semester *n* [Ed] /
  Praxissemester *n*
practice-based course *n* [Ed] / praxis-
  orientierter Studiengang *f*
  ~**-oriented education** *n* [Ed] / praxisnahe
    Ausbildung *f*
  ~ **work** *n* (period of ~) [Ed] *s. practicum*
practicum *n* [Ed] / Praktikum *n* ‖ *s.a.
  internship*
practitioner *n* [Staff] / Praktiker *m*
praeses *n* (of an academic disputation) [Ed]
  / Praeses *m*
prayer book *n* [Bk] / Gebetbuch *n*
pre-catalogue *v* [Cat] / vorauskatalogisie-
  ren *v*
pre-cataloguing *n* [Cat] / Vorauskatalogisie-
  rung *f*
precedence *n* [OrgM] / Vorrang *m*
preceding target frames *pl* (of a
  microform) [Repr] / Vorspann *m*
précis *n* [Ind] / Resümee *n* ·
  Zusammenfassung *f*
precision ratio *n* [Retr] / Relevanzquote *f* ·
  Nachweisquote *f*
pre-conference *n* [OrgM] / Vorkonferenz *f*
  ~**-coordinate indexing** *n* [Ind] ⟨ISO
    5127/3a⟩ / präkoordiniertes Indexieren *n*

  ~**-coordination** *n* [Ind] / Präkoordination *f*
predate *v* [Gen] / vorausdatieren *v*
predicate calculus *n* / Prädikatenlogik *f*
predictability *n* [InfSc] / Prognostizierbar-
  keit *f*
prediction *f* [OrgM; InfSc] / Prognose *n*
  (Vorausschau)
predictive report *n* [InfSc] /
  Prognosebericht *m*
predictive system *n* [InfSc] /
  Prognosesystem *n*
predominant name *n* [Cat] ⟨AACR2⟩
  / gewöhnlich gebrauchter Name *m* ·
  gebräuchlicher Name *m*
pre-emption (right) *n* [Acq] /
  Vorkaufsrecht *n*
preface *n* [Bk] ⟨ISO 5127/2⟩ / Vorwort *n* ·
  Vorrede *f* ‖ *s.a. writer of preface*
preferential relation *n* [Ind] ⟨ISO 5127/6⟩ *s.
  equivalence relation*
preferred term *n* [Ind] ⟨ISO/R 1087;
  ISO 5127/6; ISO 5963; ISO 5964;
  ISO 2788⟩ / Vorzugsbenennung *f* ·
  Vorzugsbezeichnung *f* ‖ *s.a. non-preferred
  term*
prefix code *n* [EDP] / Vorsatzcode *m* ·
  Präfix *n*
preliminaries *pl* [Bk] / Titelei *f*
preliminary announcement *n* [Bk] *s.
  preliminary notice*
  ~ **cataloguing** *n* [Cat] / vorläufiges
    Katalogisieren *n*
  ~ **discussion** *n* [OrgM] / Vorbesprechung *f*
  ~ **edition** *n* [Bk] / vorläufige Ausgabe *f*
  ~ **meeting** *n* [OrgM] / Vorbesprechung *f*
  ~ **notice** *n* [Bk] / Voranzeige *f*
prelims *pl* (those parts of the book
  which precede the first page of the
  text :preliminaries) [Cat] ⟨ISO 5127/3a;
  ISBD(M; S); AACR2⟩ / Titelei *f*
pre-order (bibliographic) search(ing) *n*
  [Acq] / Vorakzession *f* ‖ *s.a. holdings
  check 1*
prepare *v* [OrgM] / vorbereiten *v* ·
  ausarbeiten *v*
preparedness *n* [Pres] / Vorsorge *f* ‖ *s.a.
  disaster preparedness*
prepay *v* [BgAcc] / vorausbezahlen *v*
prepayment *n* [BgAcc] / Vorauszahlung *f*
prepress *n* [Prt] / Druckvorstufe *f* ·
  Druckvorbereitung *f* ‖ *s.a. electronic
  prepress*
prepress plant (n) [ElPubl] /
  Druckvorstufenbetrieb *m*

prepress provider 438

~ **provider** *n* [ElPubl] / Druckvorstufenlieferant *m*
preprint *n* [Bk] / Vorabdruck *m* · Vorausdruck *m*
pre-publication *n* [Bk] / Vorveröffentlichung *f*
~-publication order *n* [Bk] / Vorausbestellung *f*
presentation / Präsentation *f* · Vorstellung *f* · Darstellung *f*
presentation bookplate *n* [Bk] / Donatoren-Exlibris *n*
~ **copy** *n* [Bk] / Geschenkexemplar *n* ‖ *s.a. complimentary copy; dedication copy*
~ **technique** *n* [Cart] / Darstellungstechnik *f*
~ **title** *n* [Bk] / Präsentationstitel *m*
preservation *n* (of library material) [Pres] / Erhaltung *f* (von Bibliotheksgut) · Bestandserhaltung *f* · Pflege *f* (von Bibliotheksgut) ‖ *s.a. conservation; phase preservation; restoration; state of preservation*
~ **copy** *n* [Stock] / Archivexemplar *n*
~ **department** *n* [OrgM] / Abteilung für Bestandserhaltung *f*
~ **microfilming** *n* [Pres] / Sicherheitsverfilmung *f* · Sicherungsverfilmung *f*
preserve *v* [Stock; Pres] / erhalten *v* · (keep up:) aufbewahren *v* · bewahren *v* ‖ *s.a. long-term preservation*
press 1 *n* [Prt] / Druckerpresse *f* (to be in ~ : im Druck sein) ‖ *s.a. for press!; hand press; in the press; joiner's press; printing press*
~ 2 *n* [Sh] / (historically:) Bücherregal *n* · (shelving range:) Regalachse *f* · Regalreihe *f*
~ 3 *n* [Bind] / Presse *f* ‖ *s.a. blocking press; gilding press; standing press*
~ **book** *n* [Bk] / Pressendruck *m*
~ **conference** *n* [PR] / Pressekonferenz *f*
~ **copy** *n* [Bk] / ⟨ISO 5127/3a⟩ / Rezensionsexemplar *n* · Besprechungsexemplar *n*
~ **cutting** *n* [Bk] / ⟨ISO 6197/1+2⟩ / Zeitungsausschnitt *m*
~ **cutting agency** *n* [Bk] / Zeitungsausschnittbüro *n*
~ **directory** *n* [Bib] / Zeitungsadressbuch *n*
~ **error** *n* [Prt] *s. misprint*
~ **figure** *n* [Prt] / Pressennummer *f*
~ **guide** *n* [Bib] *s. press directory*
pressing *n* [NBM] / Pressung *f*

~ **board** *n* [Bind] / Abpressbrett *n* · Pressbrett *n*
pressing board *n* [Bind] / Pressbrett *n*
press|man *n* [Prt] / Drucker *m*
~ **mark** *n* [Sh] / Lokalsignatur *f*
~ **number** *n* [Prt] / Pressennummer *f*
~ **officer** *n* [Staff] / Pressesprecher *m*
~ **on** *v* [Bind] / anreiben *v*
~ **proof** *n* / (trial impression:) Andruck *m* · Probeabzug *m* ‖ *s.a. final proof; made-up proof*
~ **release** *n* [PR] / Presseinformation *f*
~ **revise** *n* [Prt] / Andruck *m*
~ **run** *n* [Prt] *US* / Druckauflage *f* (Zahl der in einem Druckvorgang hergestellten/herzustellenden Drucke)
pressure sensitive *adj* / drucksensitiv *adj*
~-sensitive tape *n* [Off; Bind] / Selbstklebeband *n*
presumed author *n* [Bk] / mutmaßlicher Verfasser *m*
pretest *n* [InfSc] / (pretesting a questionnaire:) Probebefragung *f* · Pretest *m*
preventive conservation *n* [Pres] / präventive Bestandserhaltung *f* · vorbeugende Bestandserhaltung *f*
~ **maintenance** *n* [BdEq] / Wartung *f*
preview *v/n* [EDP/VDU] / (print preview:) Druckbildvorschau *f* · Seitenvorschau *f* · Seitenansicht *f* · Vorschau *f* · Druckansicht *f* · durchsehen *v* (auf dem Bildschirm vor dem Druck)
~ **function** *n* [EDP/VDU] / Ansichtfunktion *f*
price *n* [Bk] / Preis *m*
~ **cut** *n* [Bk] / Preisherabsetzung *f* ‖ *s.a. concessionary prices*
~ **discount** *n* [Acq] / Preisnachlass *m* · Rabatt *m*
~-fixing *n* [BgAcc] / Preisfestsetzung *f*
~ **increase** *n* [Acq] / Preiserhöhung *f* ‖ *s.a. surcharge*
~ **index** *n* [Acq] / Preisindex *m*
~ **maintenance** *n* [BgAcc] / Preisbindung *f*
~-performance ratio *n* / Preis-Leistungs-Verhältnis *n*
~ **reduction** *n* [Acq] / Preisherabsetzung *f* · Preisnachlass *m*
pricing *n* [BgAcc] / Preisbildung *f* ‖ *s.a. add-on; all-in price; average price; base price; differential pricing; dual pricing; estimated price; mark-up; reduction in price; sliding price; special price*

prickmark *n* (in a medieval manuscript) [Writ] / Punktur *f* · Zirkelstich *m*
primacy *n* [OrgM] / Vorrang *m*
primarily *adv* [Gen] / vorrangig *adv*
primary bibliography *n* [Bib] / Primärbibliographie *f*
~ **colours** *pl* / Erstfarben *pl* · Primärfarben *pl* · Grundfarben *pl*
~ **data** *pl* / Primärdaten *pl*
~ **document** *n* [InfSc; Bk] ⟨ISO 5127/2⟩ / Primärdokument *n*
~ **education** (at school) / Primarstufe *f*
~ **publication** *n* [Bk] / Primärpublikation *f*
~ **school** *n* [Ed] / Grundschule *f*
~ **station** *n* [Comm] / Leitstation *f*
~ **storage** *n* [EDP] / Hauptspeicher *m* · Primärspeicher *m* ‖ *s.a.* working storage
prime meridian *n* [Cart] / Nullmeridian *m*
primer *n* [Bk] / Fibel *f*
princely library *n* [Lib] / Fürstenbibliothek *f*
principal author *n* [Bk] / Hauptverfasser *m*
~ **librarian** *n* [Staff] / Bibliotheksdirektor *m*
~ **source of information** *n* [Cat] ⟨ISBD(M)⟩ / primäre Informationsquelle *f*
~ **of citizenship** *n* [Cat] / Staatsbürgerschaftsprinzip *n*
~ **of delegated authority** *n* / Delegationsprinzip *n*
~ **of provenance** *n* [Arch] / Provenienzprinzip *n*
print 1 *v* (to reproduce in print) [Prt] / drucken *v* · abdrucken *v* · (computing:) ausdrucken *v* ‖ *s.a.* reprint 1
print 2 *n* [Prt; Repr] / (printed document:) Druck *m* · (photography:) Abzug ‖ *s.a.* books in print; glossy print; negative print; out of print
~ 3 *n* (art print) [Art] / Grafik *f* · grafisches Blatt *n* ‖ *s.a.* artist's print; engraving
printable *adj* [Prt] / druckreif *adj* · druckfertig! *adj*
printable character *n* (of a highspeed printer) [EDP; Prt] / Druckzeichen *n*
print buffer *n* [EDP; Prt] / Druckpuffer *m* · Druckausgabepuffer *m*
~ **cartridge** *n* [EDP; Prt] / Druckpatrone *f*
~ **collection** *n* [Stock] / (collection of printed books:) Druckschriftenbestand *m* · (collection of engravings, etchings, etc.:) grafische Sammlung *f* · (collection of copper engravings:) Kupferstichsammlung *f*

~ **control character** *n* [EDP; Prt] / Drucksteuerzeichen *n*
printed as manuscript [Bk] / als Manuskript gedruckt
~ **book** *n* [Bk] *s.* printed work
~ **(catalogue) cards** *pl* [Cat] / Titeldrucke *pl* · Zetteldrucke *pl*
~ **document** *n* [Bk] / Druckschrift *f* ‖ *s.a.* department of printed books
~ **matter** *n* [Comm] / Drucksache *f* ‖ *s.a.* matter 2
~ **music** *n* [Mus] ⟨ISBD(PM)⟩ / Musikdrucke *pl* · Musikalien *pl* · Noten *pl*
~ **music document** *n* [Mus] ⟨ISO 2789⟩ *s.* printed music publication
~ **music publication** *n* [Mus] ⟨ISBD(PM)⟩ / Musikdruck *m*
~ **page** *n* [Bk] / Druckseite *f*
~ **sheet** *n* [Prt] / Druckbogen *m*
~ **work** *n* [Bk] / Druckwerk *n* · Druckschrift *f*
printer 1 *n* (computer-output device) [EDP; Pr; BdEq] ⟨ISO 2382/XII; ISO 9707⟩ / Drucker *m* ‖ *s.a.* impact printer
~ 2 *n* (a person who prints) [Prt; Staff] ⟨ISO 5127/3a⟩ / Drucker *m*
~ **command language** *n* [EDP; Prt] / Druckerkommandosprache *f*
~ **control panel** [EDP; Prt] / Druckerbedienfeld *n*
~ **driver** *n* [EDP; Prt] / Druckertreiber *m*
~ **head** *n* [EDP; Prt] / Druckkopf *m*
printer's copy *n* [Prt] / Druckvorlage *f*
~ **device** *n* [Bk; PR] *s.* printer's mark
~ **error** *n* [Prt] *s.* misprint
~ **flowers** *pl* [Prt] / Röschen *pl* · Zierrat *m*
~ **imprint** *n* [Prt] / Druckvermerk *m*
~ **ink** *n* [Prt] *s.* printing ink
~ **mark** *n* [Prt] / Buchdruckerzeichen *n* · Druckermarke *f* · Druckerzeichen *n*
~ **ornament** *n* [Prt] / Zierrat *m* · Ziermaterial *n*
~ **reader** *n* [Prt] / Korrektor *m*
printer terminal *n* [EDP] / Schreibterminal *n* · Druckerterminal *n*
printery *n* [Prt] *US* / Druckerei *f* ‖ *s.a.* in-house printery
print in colour *v* [Prt] / farbig drucken *v*
printing 1 *n* (all activities connected with the printing of a book) [Prt] / Druckvorgang *m* · Druck *m* · Drucklegung *f* ‖ *s.a.* gravure printing; impression; job printing; letterpress printing; offset printing; planographic printing

printing

~ **2** *n* (impression) [Prt; Bk] *s. impression*
~ **block** *n* [Prt] / Druckstock *m* · Klischee *n* ‖ *s.a. printing plate*
~ **calculator** *n* [Off] ⟨ISO 2382/22⟩ / Rechenmaschine mit Druckfunktion *f*
~ **costs** *pl* [BgAcc] / Druckkosten *pl*
~ **history** *n* [Prt] / Druckgeschichte *f*
~ **house** *n* [Prt] ⟨ISO 9707⟩ *s. printing office*
~ **industry** *n* [Prt] / Druckindustrie *f*
~ **ink** *n* [Prt] / Druckfarbe *f* ‖ *s.a. black ink*
~ **machine** *n* [Prt] *Brit* / Druckmaschine *f*
~ **method** *n* [Prt] / Druckverfahren *n*
~ **office** *n* [Prt] / Druckerei *f*
~ **paper** *n* [Prt] / Druckpapier *n*
~ **plant** *n* [Prt] *s. printing office*
~ **plate** *n* [Prt] / Druckplatte *f* ‖ *s.a. printing block*
~ **plate** *n* [Prt] / Druckstock *m* · Klischee *n*
~ **press** *n* [Prt] / Druckerpresse *f* · Druckmaschine *f*
~ **privilege** *n* / Druckprivileg *n*
~ **process** *n* [Prt] / Druckvorgang *m*
~ **shop** *n* [Prt] *s. printing office*
~ **speed** *n* [Prt] / Druckgeschwindigkeit *n*
~ **technology** *n* [Prt] / Drucktechnik *f*
~ **trade** *n* [Prt] / Druckgewerbe *n* · grafisches Gewerbe *n*
~ **type** *n* / 1 Type *f* · Schrifttype *f* · Drucktype *f* · Letter *f* · (type style:) Schrift *f* ‖ *s.a. movable type(s)*
~ **unit** [OrgM] / (in a library etc.:) Druckerei *f*
~ **unit** *n* [Prt] / (offset press:) Druckwerk *n*
print job *n* [EDP; Prt] / Druckauftrag *m*
~ **media** *pl* [InfSc] / Printmedien *pl*
~ **mode** *n* [EDP; Prt] / Druckmodus *m*
~ **off** *v* [EDP; Prt] / ausdrucken *v*
~ **order** *n* [Prt] / Druckauftrag *m*
~**out** *n* [EDP; Prt] / Ausdruck *m* ‖ *s.a. line print-out*
~ **preview** *n* (word processing) [EDP] / Druckvorschau *f*
~ **queue** *n* [EDP; Prt] / Druckerwarteschlange *f*
~ **repository** *n* [Art] / grafische Sammlung *f* · Kupferstichdepot *n*
~ **room** [Art] / Kupferstichkabinett *n*
~**run** *n Brit s. pressrun*
prints division *n* [Art; OrgM] / Kupferstichkabinett *n*
print server *n* [EDP] / Drucker-Server *m*
~ **subscription** *n* (of a periodical) [Acq] / Druck-Abonnement (einer Zeitschrift)

440

~ **unit** *n* (in a library etc.) [Prt; OrgM] / Druckerei *f*
~ **wheel** *n* [EDP; Prt] ⟨ISO 2382/XII⟩ / Typenrad *n*
prior censorship *n* / Vorzensur *f*
prioritization *n* [OrgM] / Prioritätensetzung *f*
priority *n* [OrgM] / Vorrang *m*
prior publication *n* [Bk] / Vorveröffentlichung *f*
prison library *n* [Lib] / Gefängnisbibliothek *f* · Justizvollzugsanstaltsbibliothek *f*
privacy *n* [Law] / Privatsphäre *f* (durch Datenschutz gesichert)
~ **policy** *n* [Law] / Datenschutzpolitik *f*
~ **protection** *n* [Law] ⟨ISO 2382/8⟩ / Datenschutz *m*
private archives *pl* [Arch] / Privatarchiv
~ **circulation** *n* (not in trade) [Bk] / nicht im Handel
~ **edition** *n* [Bk] / Privatdruck *m*
~ **library** *n* [Lib] / Privatbibliothek *f*
privately printed *pp* [Prt] / als Manuskript gedruckt
~ **published** *pp* [Bk] / im Selbstverlag erschienen *pp*
private press *n* [Bk] / Privatpresse *f*
~ **press print** *n* [Prt] / Pressendruck *m*
privilege *n* (the sole right to print and sell books) [Bk] / Privileg *n* · Bücherprivileg *n* ‖ *s.a. printing privilege; return privilege*
privileges desk *n* / Benutzeranmeldung *f* (Ort der ~) ‖ *s.a. borrowing privileges*
privitization *n* [OrgM] / Privatisierung *f*
prize *n* [Gen] / Preis *m* ‖ *s.a. cash prize; monetary prize; Nobel prize in literature; peace-prize of the German book-trade*
~ **laureate** *n* [Bk] / Preisträger *m*
~ **winner** *n* [Bk] / Preisträger *m*
~ **work** *n* / Preisschrift *f*
proactive library service *n* [RS] / bibliothekarische Dienstleistungen, die auf antizipierte Informationsbedürfnisse gerichtet sind
probability calculus *n* [InfSc] / Wahrscheinlichkeitsrechnung *f*
probable author *n* [Cat] / mutmaßlicher Verfasser *m*
probationary period *n* [Staff] / Probezeit *f*
problem-oriented language *n* [EDP] / problemorientierte Programmiersprache *f*
~ **solving** *n* [OrgM] / Problemlösung *f*
~ **solving ability** *n* [Staff] / Problemlösungsfähigkeit *f*

procedural language *n* [EDP] *s. procedure-oriented language*
procedure *n* [EDP; OrgM] / Verfahren *n* · Ablauf *m* · (computing:) Prozedur *f* ‖ *s.a. operational procedure; order procedures; recovery procedure; recursive procedure; search procedure*
~-oriented language *n* [EDP] / verfahrensorientierte Programmiersprache *f*
procedure(s) manual *n* [OrgM] / Arbeitsordnung *f* · Arbeitsrichtlinien *pl*
procedure statement *n* [EDP] / Prozeduranweisung *f*
proceedings *pl* (of a congress etc.) [Bk] ⟨ISO 5127/2⟩ / Verhandlungen *pl* (eines Kongresses usw.) ‖ *s.a. conference proceedings*
process 1 *v* (a book) [TS] / bearbeiten *v* (ein Buch ~) ‖ *s.a. in process*
process 2 *v* (data) [EDP] ⟨ISO 2382/X⟩ / verarbeiten *v* (Daten ~) ‖ *s.a. background processing; data processing; information processing; parallel processing; remote processing; word processing*
~ 3 *v* (instructions) [EDP] / abarbeiten *v* (Befehle ~) ‖ *s.a. batch processing; online processing; realtime processing*
~ 4 *v* (to treat exposed photographic material) [Repr] / entwickeln *v* · bearbeiten *v* · verarbeiten *v*
~ 5 *n* [EDP] ⟨ISO/IEC 2382-1⟩ / Prozess *m*
~ **camera** *n* [Prt] / Reprokamera *f*
~ **colour printing** *n* [Prt] / Mehrfarbendruck *m*
~ **computer** *n* [EDP] / Prozessrechner *m* · Prozessrechensystem *n*
~ **control computer** *n* [EDP] *s. process computer*
~ **engraving** *n* [Prt] / (prepared by ~ ~:) Druckplatte *f* · Chemigraphie *f*
~ **file** *n* [TS] *s. in-process file*
processing *n* (of a film) [Repr; EDP] ⟨ISO 6196/3⟩ / Bearbeitung *f* · Verarbeitung *f* (eines Films) ‖ *s.a. dry processing; natural language processing; postprocessing; serial processing; wet processing*
~ **department** *n* [TS; Org] / Geschäftsgangsabteilung *f* · Buchbearbeitung(sabteilung) *f(f)* ‖ *s.a. book processing*
~ **fee** *n* [BgAcc] / Bearbeitungsgebühr *f*
~ **requirements** *pl* [EDP] / Verarbeitungsanforderungen *pl*
~ **slip** *n* [TS] *s. process slip*
~ **time** *n* [EDP] / Verarbeitungszeit *f*

~ **unit** *n* [EDP] / Verarbeitungsrechner *m* · Verarbeitungseinheit *f*
process management *n* [EDP] / Prozessverwaltung *f*
~ **monitoring** *n* [EDP] / Prozessüberwachung *f*
~ **optimization** *n* [OrgM] / Prozessoptimierung *f*
processor 1 *n* [Repr] / Entwicklungsmaschine *f*
~ 2 *n* [EDP] ⟨ISO 2382/1+11⟩ / Prozessor *m*
~ **camera** *n* [Repr] / Reprokamera *f* · Prozessorkamera *f*
~ **time** *n* [EDP] / Prozessorzeit *f* · CPU-Zeit *f*
process slip *n* [TS] / Laufzettel *m* · Bearbeitungszettel *m*
~ **stamp** *n* [TS] / Bearbeitungsstempel *m*
~ **work** *n* [Prt] *s. process engraving*
procurement market *n* [Acq] / Beschaffungsmarkt *m* ‖ *s.a. information procurement*
producer *n* (of a motion picture, a computer file, etc.) [NBM] ⟨AACR2; ISBD(ER)⟩ / Produzent *m*
product activation *n* [EDP] / Produktaktivierung *f*
~ **database** *n* [InfSy] / Produktdatenbank *f*
~ **directory** *n* [Bk] / Bezugsquellennachweis *m*
production department *n* (in a publishing house) / Herstellungsabteilung *f*
~ **factor** *n* [OrgM] / Produktionsfaktor *m*
~ **manager** *n* (in a publishing house) [Bk] / Herstellungsleiter *m*
~ **run** *n* [Prt] / Fortdruck *m*
productivity *n* [OrgM] / Produktivität *f* ‖ *s.a. labour productivity*
product requirements specification *n* [EDP] / Pflichtenheft *n*
professional *n* [Staff] / Fachmann *m* · Fachkraft *f*
~ **association** *n* [Staff] / Berufsverband *m* ‖ *s.a. staff association*
~ **book** *n* [Bk] / Fachbuch *n*
~ **colleague** *n* [Gen] / Fachkollege *m*
~ **ethics** *pl but sing in constr* [Staff] / Berufsethik *f*
~ **experience** *n* [Staff] / Berufserfahrung *f*
~ **personnel** *n* [Staff] / Fachpersonal *n* ‖ *s.a. non-professional staff*
~ **training** *n* [Ed] / Berufsausbildung *f* · Fachausbildung *f*

professor-librarian 442

professor-librarian *n* / Professorenbibliothekar *m*
professorship *n* [Ed] / Professur *f*
profile *n* [Cart] / Profil *n*
~ **transfer** *n* [Retr] / Profilübertragung *f*
profit *n* [BgAcc] / Gewinn *m* ‖ *s.a.* **net profit**
profitability *n* [BgAcc] / Rentabilität *f*
proforma invoice *n* [Acq] / Vorausrechnung *f*
prognostic system *n* [InfSc] / Prognosesystem *n*
program 1 *n* [EDP] ⟨ISO 2382/1; ISBD(ER)⟩ / Programm *n* ‖ *s.a.* **software**
~ 2 *v* [EDP] ⟨ISO 2382/1⟩ / programmieren *v*
~ **budget** *n* [BgAcc] / ein Haushalt, der die zu erwartenden Ausgaben nach Aufgabenbereichen (Programmen) gruppiert
~-**controlled** *pp* [EDP] / programmgesteuert *pp*
~ **control unit** *n* [EDP] / Befehlswerk *n*
~ **counter** *n* [EDP] / Befehlszähler *m*
~ **documentation** *n* [EDP] / Programmdokumentation *f*
~ **error** *n* [EDP] / Programmfehler *m* ‖ *s.a.* **bug**
~ **file** *n* [EDP] / Programmdatei *f*
~ **flow** *n* [EDP] / Programmablauf *m*
~ **flowchart** *n* [EDP] / Programmablaufplan *m*
~ **information file** *n* [EDP] / Programminformationsdatei *f* · PIF-Datei *f*
~ **language** *n* [EDP] *s.* **programming language**
~ **library** *n* [EDP] / Programmbibliothek *f*
programmable *adj* [EDP] / programmierbar *adj*
program maintenance *n* [EDP] / Programmpflege *f*
programmed instruction *n* [Ed] / programmierte Unterweisung *f*
programme note *n* [Mus] / Programmzettel *m*
~ **of work** *n* [OrgM] / Arbeitsprogramm *n*
programmer *n* [EDP; Staff] / Programmierer *m*
programming *n* [EDP] ⟨ISO 2382/1⟩ / Programmierung *f* (das Programmieren)
~ **effort** *n* [EDP] / Programmieraufwand *m*
~ **flowchart** *n* [EDP] *s.* **program flowchart**

~ **language** *n* [EDP] ⟨ISO/IEC 2382-1; ISO 2382/15; ISBD (ER)⟩ / Programmiersprache *f* ‖ *s.a.* **high-level language; low-level language; object-oriented programming language; problem-oriented language**
~ **module** *n* [EDP] *s.* **program module**
~ **of expenditure** *n* [BgAcc] / Ausgabenplanung *f*
~ **system** *n* [EDP] / Programmiersystem *n*
program module *n* [EDP] / Programmbaustein *m*
~ **package** *n* [EDP] / Programmpaket *n*
~ **start address** *n* [EDP] / Programmanfangsadresse *f*
~ **unit** *n* [EDP] / Programmbaustein *m*
progress report *n* [Bib] ⟨ISO 5127/2⟩ / Fortschrittsbericht *m*
~ **slip** *n* [TS] *s.* **process slip**
project 1 *n* [OrgM] / Projekt *n*
~ 2 *v* [NBM] / projizieren *v*
~ **consultancy** *n* [OrgM] / Projektberatung *f*
projection 1 *n* [NBM] / Projektion *f* · (of images:) Bildprojektion *f* ‖ *s.a.* **back projection reader; still projection**
~ 2 *n* [Cart] *s.* **map projection**
~ **print(ing)** *n* [Repr] / Vergrößerung *f* (mit optischen Hilfsmitteln)
~ **rate** *n* [NBM] / Bildfrequenz *f*
project leader *n* [OrgM] / Projektleiter *m*
~ **manager** *n* / Projektleiter *m*
projection room *n* [BdEq] / Vorführraum *m*
projector *n* [NBM] / Projektor *m* · Bildwerfer *m* ‖ *s.a.* **back projection reader; film projector; motion picture projector; opaque projector; overhead projector; slide projector**
project team *n* [OrgM] / Projektgruppe *f*
promote *v* [OrgM] / fördern *v*
promotion *n* (active support) [Lib] / Förderung *f* ‖ *s.a.* **reading promotion; sales promotion**
~ **film** *n* [NBM] / Werbefilm *m*
~ **of literature** *n* [RS] / Literaturförderung *f* ‖ *s.a.* **book promotion**
~ **of positive action for women** *n* / Frauenförderung *f*
~ **of reading** *n* [RS] / Leseförderung *f*
prompt *n* [EDP] ⟨ISO/IEC 2382-1⟩ / Eingabeaufforderung *f*
~ **book** *n* [Art] *s.* **prompt copy**
~ **copy** *n* [Art] / Soufflierbuch *n*
pronounceable notation *n* [Class] / sprechbare Notation *f*

proof *n* [Prt] / Probeabzug *m* · Abzug *m* ‖ *s.a. plate proof; remarque proof; slip (proof)*
~ **before letters** *n* [Art; Prt] / Probedruck avant la lettre *n*
~**(copy)** *n* [Prt] / Korrekturabzug *m* · Korrekturexemplar *n* ‖ *s.a. artist's proof*
~ **correction symbol** *n* [Prt] *s. proofmark*
~ **impression** *n* [Art] / Korrekturabzug *m* · Zustandsdruck *m*
~**mark** *n* [Prt] / Korrekturzeichen *n*
~ **of bank transfer** *n* / Überweisungsbeleg *m*
~ **print** *n* [Prt] / Korrekturabzug *m* · Probedruck *m*
~**reader** *n* [Prt; Staff] / Korrektor *m*
~**readers' mark** *n* [Prt] *s. proofmark*
~**reading** *n* [Prt] / Korrekturlesen *n*
~**(-sheet)** *n* / Korrekturbogen *m* · Korrektur(abzug) *f(m)* ‖ *s.a. author's proof; galley (proof); page proof*
proper name *n* [Gen] / Eigenname *m*
property *n* / (attribute:) Eigenschaft *f* · (sth. owned:) Eigentum ‖ *s.a. strength properties*
~ **bar** *n* [EDP/VDU] / Symbolleiste *f*
~ **map** *n* [Cart] *s. cadastral map*
~ **stamp** *n* [TS] / Besitzstempel *m*
proposal [OrgM] / (for undertaking a project:) Projektantrag *m* · (suggestion:) Vorschlag *m* ‖ *s.a. purchase suggestion*
proposer *n* [OrgM] / Antragsteller *m* ‖ *s.a. applicant 1*
proprietary *adj* [EDP] / proprietär *adj*
prospectus *n* [NBM] / Prospekt *m* ‖ *s.a. advertising leaflet*
protected by copyright *pp* / urheberrechtlich geschützt *pp*
~ **field** *n* [EDP] / schreibgeschütztes Feld *n* · geschütztes Feld *n*
~ **location** *n* [EDP] / geschützter Speicherplatz *m*
~ **storage area** *n* [EDP] / geschützter Speicherbereich *m*
protecting leaf *n* [Bk] / Schutzblatt *n*
protection of industrial property *n* [Law] / gewerblicher Rechtsschutz *m*
~ **sheet** [Pres] / Schutzfolie *f* (zum Schutz einer Klebefläche)
protective agent *n* [Pres] / Schutzmittel *n*
~ **box** *n* [Pres] / Schutzkarton *m*
~ **coating** *n* [Pres] / Schutzüberzug *m*
~ **jacket** *n* [Bind] / Schutzhülle *f*
~ **material** *n* [Bind; Pres] / Schutzmaterial *n*

~ **measure** *n* [Pres] / Schutzmaßnahme *f*
protocol *n* (a set of semantic and syntactic rules that determines the behaviour of functional units in achieving communication) [Comm] ⟨ISO 2382/9⟩ / Kommunikationsprotokoll *n* · Protokoll *n*
~ **data unit** *n* [Comm] / Protokoll-Dateneinheit *f* · Protokollnachricht *f*
provenance *n* [Arch; Acq] / Herkunft *f* · Provenienz *f* ‖ *s.a. principle of provenance*
provide *v* [RS; InfSy] / bereitstellen *v* · anbieten *v* ‖ *s.a. access provider; database provider; service provider*
provider *n* / Lieferant *m* · Anbieter *m* ‖ *s.a. information provider; Internet service provider*
provincial press *n* [Bk] / Regionalpresse *f*
provision *n* / (supply:) Versorgung *f* · (formal statement:) Bestimmung *n* ‖ *s.a. information provision; literature provision*
provisional edition *n* [Bk] / vorläufige Ausgabe *f*
~ **notification** *n* [Acq; RS] / Zwischenbescheid *m*
proximity operator *n* [Retr] / Positionsoperator *m* · Abstandsoperator *m*
PS *abbr* [Comm] *s. post scriptum*
psalm-book *n* [Bk] / Psalterium *n* · Psalter *m*
psalter *n* [Bk] *s. psalm-book*
PSE *abbr s. paper surface efficiency*
pseudo-decimal digit *n* [InfSy] / Pseudodezimale *f*
pseudonym *n* [Bk] ⟨ISO 5127/3a; AACR2⟩ / Pseudonym *n* · Deckname *m*
P-slip *n* [TS] *s. process slip*
PSN *abbr s. packet-switching network*
psychology of learning *n* [Ed] / Lernpsychologie *f*
public *n/adj* [Comm] / öffentlich *adj* · Publikum *n*
~ **address loudspeaker** / Lautsprecher (für die Öffentlichkeit bestimmt)
publication *n* [Bk; Cat] ⟨ISO 215; ISO 690; ISO 5127/2; ISO 9707⟩ / Publikation *f* (~ in hand: vorliegende Veröffentlichung) · Veröffentlichung *f* ‖ *s.a. country of publication; type of publication*
~ **date** *n* [Bk] / Erscheinungsdatum *n* · Veröffentlichungsdatum *n*
~**, distribution, etc. area** *n* [Cat] ⟨ISBD(G)⟩ / Zone für den Erscheinungsvermerk usw. *f CH* · Erscheinungsvermerk *m*
~ **exchange** *n* [Acq] / Schriftentausch *m*

publication grant 444

~ **grant** / Druckkostenzuschuss *m* · Druckbeihilfe *f*
~ **history** *n* [Bk] / Publikationsgeschichte *f*
~ **schedule** *n* / Publikationsplan *m* (Terminplan)
~ **type** *n* [Bk] / Publikationsart *f* · Publikationsform *f*
public body *n* [Adm] / Körperschaft des öffentlichen Rechts *f*
~ **catalogue** *n* [Cat] / Benutzerkatalog *m* · Publikumskatalog *m*
~ **data network** *n* [Comm] / öffentliches Datennetz *n*
~ **document** *n* [Bk] / amtliche Druckschrift *f* · Amtsdruckschrift *f* · amtliche Veröffentlichung *f*
~ **domain** *n* [Bk; Law] *s. work in public domain*
~ **information office** *n* [PR] / Pressestelle *f*
publicity *n* [PR] / Werbung *f* ‖ *s.a.* **book publicity**
~ **agency** *n* [PR] / Werbeagentur *f*
~ **copy** *n* [Bk] / Werbetext *m*
~ **film** *n* [NBM] / Werbefilm *m*
~ **leaflet** *n* [PR] / Werbezettel *m*
~ **material** *n* [PR] / Werbemittel *n/pl*
~ **slogan** *n* [PR] / Werbespruch *m*
public librarian *n* [Staff] / (formerly:) Volksbibliothekar *m*
~ **librarianship** *n* [Lib] / öffentliches Bibliothekswesen *n*
~ **library** *n* [Lib] ⟨ISO 2789; ISO 5127/1⟩ / öffentliche Bücherei *f* · öffentliche Bibliothek *f* · (formerly:) Volksbücherei *f*
~ **official** *n* [Staff] / Beamter *m*
~ **record office** *n* [Arch] / Archiv *n*
~ **relations office** *n* [PR] / Pressestelle *f*
~ **relations (work)** *pl(n)* [PR] / Öffentlichkeitsarbeit *f*
~ **service area** *n* [BdEq] / Benutzungsbereich *m*
~ **services** 1 *pl* [OrgM] / Benutzung *f* · Benutzungsdienst *m*
~ 2 *pl* [OrgM] / (department:) Benutzungsabteilung *f*
~ **telephone** *n* [Comm] / (pay phone:) Münzfernsprecher *m*
~ **transport** *n* [Gen] / öffentliche Verkehrsmittel *pl*
~ **utility** *n* [Genb] / Versorgungsbetrieb *m* (der öffentlichen Hand)

publish *v* [Bk] / veröffentlichen *v* (to be published soon:erscheint demnächst/in Kürze) · publizieren *v* (publish electronically on the network:elektronisch im Netz publizieren) · (by a publisher:) verlegen *v/n* ‖ *s.a. just published*
published music *n* [Mus] / Noten *pl* / Musikalien *pl* · Musikdrucke *pl*
publisher *n* [Bk] ⟨ISO 5127/3a; ISO 690; ISO 9707⟩ / Verleger *m* · Verlag *m* ‖ *s.a.* **art publisher; periodical publisher; specialized publisher; subsidy publisher; trade publisher**
publishers' association *n* [Bk] / Verlegerverband *m*
publisher's binding *n* [Bind] / Verlagseinband *m*
~ **catalogue** *n* [Cat] / Verlagskatalog *m* · Verlagsverzeichnis *n*
~ **cloth** *n* [Bind] / (short for:) Ganzgewebe-Verlagseinband *m*
~ **device** *n* [Bk] / Verlagssignet *n* · Verlegerzeichen *n*
~ **dummy** *n* [Bk] *s. dummy 1*
~ **list** / Verlagsverzeichnis *n* · Verlagskatalog *m*
~ **mark** *n* [Bk] *s. publisher's device*
~ **number** *n* [Mus] ⟨ISBD(PM)⟩ / Verlagsbestellnummer *f*
~ **reader** *n* [Bk] / Verlagslektor *m* · Lektor *m*
~ **series** *n* [Cat] / Verlegerserie *f*
publisher statement *n* [Cat] / Verlagsangabe *f*
publisher's title *n* [Cat] / Verlegertitel *m*
publishing 1 *n* [Bk] / (the production and issuance of literature for public distribution:) Publikationswesen *n* · (the publishing trade:) Verlagswesen *n*
~ 2 *n* [Bk] ⟨ISO 9707⟩ / Publizieren *n* · Veröffentlichen *n* · (if done by a publisher also:) Verlegen *n*
~ **agreement** *n* / Verlagsvertrag *m*
~ **company** / Verlag *m*
~ **contract** *n* [Bk] / Verlagsvertrag *m*
~ **house** *n* [Bk] / Verlag *m*
~ **law** *n* [Law] / Verlagsrecht *n*
~ **on demand** *n* [Bk; NBM] / Publizieren bei Bedarf *n*
~ **programme** *n* [Bk] / Verlagsprogramm *n*
~ **trade** / Verlagsbuchhandel *m* · Verlagswesen *n*
puff *n s. blurb*
pull *n* [Prt] / Abzug *m*
~ **a proof** *v* [Prt] / andrucken *v*

~-**down** *n* [Repr] *US* ⟨ISO 6196/1⟩ / Bildschritt *m* · Filmschritt *m*
~-**down menu** *n* [EDP/VDU] / Klappmenü *n*
pulling to pieces *n* (the preparation of a book for rebinding) [Bind] / Vorrichten *n*
pullout *n s. fold-out*
pull-out shelf *n* [BdEq] / Ausziehfachboden *m* · Ausziehplatte *f* · Ausziehschieber *m*
pulp 1 *n* [Pp] / Ganzstoff *m* · Ganzzeug *n* · Papierbrei *m* ‖ *s.a. chemical pulp; mechanical pulp; sulphite pulp*
~ 2 *v* [Pp] / (to recycle the paper of a book:) einstampfen *v* · makulieren *v*
~ **board** *n* [Pp] / Holzschliffpappe *f*
punch 1 *n* [Prt; Bind] / Stempel *m* · (piece of steel on which is engraved a type character:) Schriftstempel *m* · Patrize *f* · (the interior white of a letter:) Punze *f* · (embossing stamp:) Prägestempel *m*
~ 2 *n* (for cutting holes in paper) [Off] / Locher *m*
~ 3 *n* [PuC] ⟨ISO 2382/XII⟩ / Lochstanzer *m* · Locher *m* ‖ *s.a. card punch; tape punch*
~ 4 *v* [PuC] / ablochen *v* · lochen *v*
~ **card** *n* [PuC] ⟨ISO 2382/XII⟩ / Lochkarte *f* (ungelocht) ‖ *s.a. slit(punch)-card*
~-**card machine** *n* [PuC] / Lochkartenmaschine *f*
~ **combination** *n* [PuC] / Lochkombination *f*
~ **cutter** *n* [Prt] / Schriftschneider *m* · Stempelschneider *m*
~-**cutting machine** *n* [Prt] / Stempelschneidemaschine *f*
punched card *n* [PuC] ⟨ISO 2382/XII⟩ / Lochkarte *f* (gelocht) ‖ *s.a. hand-sorted punch(ed) card; notched card; optical coincidence (punched) card; peek-a-boo card; visual feature-punched card*
~-**card field** *n* [PuC] / Lochfeld *n*
~-**card interpreter** *n* [PuC] / Lochschriftübersetzer *m*
~-**card method** *n* [PuC] / Lochkartenverfahren *n*

~ **(paper) tape** *n* [PuC] ⟨ISO 2382/XII⟩ / Lochstreifen *m* (gelocht) · Lochband *n* *DDR* ‖ *s.a. high-durability tape*
punch form *n* [EDP; PuC] / Ablochbeleg *m*
punching column *n* [PuC] / Lochspalte *f*
~ **field** *n* [PuC] / Lochfeld *n*
~ **position** *n* [PuC] / Lochstelle *f*
punch pliers *pl* [PuC] / Lochzange *f*
~ **tape** *n* [PuC] ⟨ISO 2382/XII⟩ / Lochstreifen *m* · Lochband *n* *DDR* ‖ *s.a. long-life tape; punched (paper) tape*
punctuation *n* [Writ; Prt] / Zeichensetzung *f* · Interpunktion *f*
~ **mark** *n* [Writ; Prt] / Interpunktionszeichen *n* · Satzzeichen *n* ‖ *s.a. mark of prescribed punctuation*
~ **sign** *n* [Writ; Prt] / Interpunktionszeichen *n*
~ **symbol** *n* [Cat] / Deskriptionszeichen *n*
purchase *n* [Acq] / Beschaffung *f* (durch Kauf) · Ankauf *m* · Kauf *m* ‖ *s.a. contract of purchase*
~ **by description** *n* / Gattungskauf *m*
~ **contract** *n* [Acq] / Kaufvertrag *m*
~ **of fungible goods** *n* [Acq] / Gattungskauf *m*
~ **of specific goods** *n* / Spezieskauf *m*
~ **of unascertained goods** *n* [Acq] / Gattungskauf *m*
~ **order** *n* [Acq] / Kaufbestellung *f*
~ **price** *n* / Kaufpreis *m*
~ **suggestion** *n* [Acq] / Anschaffungsvorschlag *m* · Bestellwunsch *m*
purchasing power *n* [Acq] / Kaufkraft *f*
pure bibliography *n* [Bib] / reine Bibliographie *f*
~ **notation** *n* [Class] ⟨ISO 5127/6⟩ / reine Notation *f*
purposeful research *n* [InfSc] / ergebnisorientierte Forschung *f*
pushdown storage *n* [EDP] ⟨ISO 2382/XII⟩ / Silospeicher *m* · Kellerspeicher *m*
puzzle game *n* [NBM] / Rätselspiel *n*
PVA *abbr* [Bind] *s. polyvinyl acetate*
PVA glue *n* [Bind] / Kaltleim *m* · PVA-Kleber *m*
PVC binding fabrics *pl* [Bind] / PVC-Überzugmaterial *n*

Q

QA *abbr* [OrgM] *s. quality assurance*
QBF *abbr s. query by form*
quad *n* [Cart] / Gradfeld *n*
~ **mark** *n* [Prt; Bind] / Flattermarke *f*
quadrangle *n* [Cart] *s. quad*
~ **map** *n* [Cart] / Gradabteilungskarte *f*
quadrata *n* [Writ] / Quadrata *f* · Kapitalis *f*
quadrennial *adj/n* [InfSy; Bk] / vierteljährlich *adj* · (quarterly publication:) Vierteljahresschrift *f*
quadrille *n* [Pp] / Diagrammpapier *n*
quadrophonic *adj* [NBM] / quadrophonisch *adj*
qualified heading *n* [Cat] / Kopf einer Titelaufnahme, der durch einen qualifizierenden Zusatz näher bestimmt wird
qualifier 1 *n* (supplementary information attached to filing units) [Cat] ⟨ISO 7154; GARR⟩ / qualifizierender Zusatz *m* (zu einer Ordnungseinheit) ∥ *s.a. filing qualifier*
~ 2 *n* (used to differentiate the various meanings of homographs) [Ind] ⟨ISO 5127/6⟩ / Qualifikator *m* · Relator *m DDR*
~ 3 *n* (PRECIS) [Ind] / Bestimmposition *f*
qualifying element *n* (element added to an abbreviated title to make the abbreviated title unique) [Bk] ⟨ISO 4⟩ / unterscheidender Zusatz *m*

quality *n* [OrgM] ⟨ISO 8402; 11620⟩ / Qualität *f* ∥ *s.a. collection quality*
~ **assessment** *n* [OrgM] / Qualitätsbewertung *f*
~ **assurance** *n* [OrgM] ⟨ISO 9000-1,A6; 8402⟩ / Qualitätssicherung *f*
~ **audit** *n* [OrgM] ⟨ISO 8402⟩ / Qualitätsaudit *n*
~ **characteristic** *n* [Gen] / Qualitätsmerkmal *n*
~ **check** *n* [OrgM] / Qualitätskontrolle *f*
~ **control** *n* [OrgM] ⟨ISO 9 000-1,A5⟩ / Qualitätskontrolle *f* · Qualitätssteuerung *f* · Qualitätslenkung *f*
~ **improvement** *n* [OrgM] ⟨ISO 9000-1,A.7⟩ / Qualitätsverbesserung *f*
~ **inspection** *n* [OrgM] / Qualitätsprüfung *f*
~ **inspection certificate** *n* [OrgM] / Qualitätsprüfzertifikat *n*
~ **management** *n* ⟨ISO 8402; 9000⟩ / Qualitätsmanagement *n*
~ **paperback** *n* [Bk] / ein Paperback mit anspruchsvollem sachlichem Inhalt
~ **planning** *n* [OrgM] / Qualitätsplanung *f*
~ **standard** *n* [Gen; Bk] / Qualitätsnorm *f*
~ **surveillance** *n* [OrgM] ⟨ISO 8402⟩ / Qualitätsüberwachung *f*
~ **system** *n* [OrgM] ⟨ISO 8402⟩ / Qualitätssicherungssystem *n*
~ **test** *n* [OrgM] / Qualitätsprüfung *f*

quantity discount *n* [Acq] / Mengenrabatt *m*
quarter leather *n* [Bind] / Halblederband *m* · Halblederband ohne Lederecken *m* ‖ *s.a. three-quarter binding*
quarterly *adj/n* / vierteljährlich *adj* · (a periodical published once every quarter:) Vierteljahresschrift *f*
quarto *n* [Bk] / Quartformat *n*
~ **volume** *n* [Bk] / Quartband *m*
quartz lamp *n* [Pres] / Quarzlampe *f*
quasi-synonym *n* [Lin] ⟨ISO/R 1087; ISO 5127/6⟩ / Quasi-Synonym *n*
~**-synonymity** *n*; *n* [Lin] ⟨ISO 5127/1⟩ / Quasi-Synonymie *f*
quaternion *n* [Bk; Bind] / Quatern(e) *m(f)*
quatrefoil *n* [Bind] / Vierpaß *m*
query *n* / Anfrage *f* · Abfrage *f* ‖ *s.a. advanced query; simple query*
~ **by form** *n* (QBF) [Retr] / Abfrage per Formular *f*
~ **entry** *n* [Retr] / Abfrageeingabe *f*
~ **facilities** *pl* [Retr] / Abfragemöglichkeiten *pl*
~ **language** *n* [Retr] / Abfragesprache *f*
~ **optimization** *n* [Retr] / Abfrageoptimierung *f*
~ **processing** *n* [Retr] / Abfrageverarbeitung *f*
~ **profile** *n* [Retr] / Abfrageprofil *n*
~ **result** *n* [Retr] / Abfrageresultat *n* · Abfrageergebnis *n*
~ **system** *n* [Retr] / Abfragesystem *n* ‖ *s.a. retrieval system*
~ **technique** *n* [Retr] / Abfragetechnik *f*
~ **window** *n* [Retr] / Abfragefenster *n*
question answered *n* [Ref] / Auskunft *f* (erteilte ~)
~**-answering service** *n* [Ref] / Auskunftsdienst *m*
questionary *n* [InfSc; Off] *s. questionnaire*
question mark *n* (?) [Writ; Prt] / Fragezeichen *n*
questionnaire *n* [InfSc] / Fragebogen *m* ‖ *s.a. complete; mail questionnaire*
~ **construction** *n* / Fragebogenkonstruktion *f*

~ **design** *n* [InfSc] / Fragebogenkonstruktion *f*
~ **survey** *n* [InfSc] / Fragebogenuntersuchung *f* · schriftliche Befragung *f*
question negotiation *n* [Ref] / Auskunftsinterview *n*
~ **phrasing** *n* (questionnaire design) [InfSc] / Fragenformulierung *f*
queue *n* [EDP] / Warteschlange *f* ‖ *s.a. input queue; output queue; print queue*
queuing theory *n* [InfSc] / Warteschlangentheorie *f*
~ **time** *n* [RS] / Wartezeit *f*
quick-action binder *n* [Off] / Schnellhefter *m*
~**-reference book** *n* [Ref] / Nachschlagewerk *n*
~**-reference file** *n* [TS] / (card index:) Handkartei *f*
~ **reference material** *n* [Ref] / Schnellinformationsmaterial *n* ‖ *s.a. ready reference holdings*
quill(-pen) *n* [Writ] / Feder *f* · Schreibfeder *f*
quinquennial *adj/n* / fünfjährlich *adj* · (publication issued every five years:) Fünfjahresschrift *f* · fünfjährlich *adj*
quinternion *n* [Bk; Bind] / Quintern(e) *m(f)*
quire *n* [Bind] / Lage *f* ‖ *s.a. in quires*
quit *v* [EDP] / abbrechen *v* · verlassen *v*
quoin *n* [Prt] / Keil *m* (zum Einrichten der Druckform)
quota *n* [Bk] / Quote *f* · Kontingent *n*
~ **of women** *n* [Staff] / Frauenquote *f*
~ **sample** *n* [InfSc] / Quotenstichprobe *f*
~ **system** *n* (giving priority to women with the same qualifications where they are under-represented) [Staff] / Quotensystem *n*
quotation 1 *n* (a quoted passage) [Bk] / Zitat *n* ‖ *s.a. dictionary of quotations*
~ 2 *n* (statement of price) [Acq; BdEq] / Preisangebot *n*
~ **marks** *pl* [Writ; Prt] / Anführungszeichen
quote *n* [Bk] / zitieren *v* · Zitat *n* ‖ *s.a. misquote*
quotes *pl* [Writ; Prt] / Anführungszeichen · Gänsefüßchen *pl* ‖ *s.a. duck-foot quotes*

R

R&D *abbr* [InfSc] *s. research and development*
racing game *n* [NBM] / Rennspiel *n*
rack *n* [Sh] / Gestell *n* · Regal *n* · Ständer *m* ‖ *s.a. bicycle rack; book rack; CD rack; coat-rack; display rack; drying rack; newspaper rack; rotating rack; umbrella rack*
radial network *n* [EDP] / Sternnetz *n*
~ **routing** *n* (of periodicals) [InfSy] / Sternumlauf *m*
radiating stacks *pl* / sternförmig aufgestellte Regale *pl*
radiation sensitive film *n* [Repr] / strahlungsempfindlicher Film *m*
~ **sensitive layer** *n* [Repr] / strahlungsempfindliche Schicht *f*
radio and TV magazine *n* [Bk] / Programmzeitschrift *f*
~**graphy** *n* [NBM] / Röntgenaufnahme *f*
~ **listener** *n* [Comm] / Rundfunkhörer *m*
~**paging** *n* [Comm] *s. paging system*
~ **play** *n* [NBM] / Hörspiel *n*
radix point *n* [InfSy] / Radixpunkt *m*
rag-content paper *n* [Pp] / hadernhaltiges Papier *n*
ragged-right setting *n* [Prt] / Flattersatz *m* (rechts flatternd)
~ **setting** *n* [Prt] / Flattersatz *m*
~ **text** *n* [Prt] / Flattersatztext *m*

rag paper *n* [Pp] ⟨ISO 4046⟩ / Hadernpapier *n* · Lumpenpapier *n* ‖ *s.a. all-rag paper*
~ **pulp** [Pp] / Halbstoff *m* (aus Hadern)
railroad guide *n* [Bk] *US* / Kursbuch *n* ‖ *s.a. timetable 1*
railway guide *n* [Bk] *Brit* / Kursbuch *n*
raised bands *pl* [Bind] / echte Bünde *pl* · erhabene Bünde *pl*
RAM *abbr* [EDP] *s. random-access memory*
RAM refresh *n* [EDP] / RAM-Auffrischung *f*
random access *n* [EDP] ⟨ISO 2382/XII⟩ / wahlfreier Zugriff *m* ‖ *s.a. direct access*
~-**access memory** *n* [EDP] ⟨ISO 2382/XII⟩ / Speicher mit wahlfreiem Zugriff *m* · Random-Speicher *m*
~ **digit** *n* [InfSc] / Zufallszahl *f*
randomization *n* [InfSc] / Randomisierung *f* · Zufallsstreuung *f*
random number generator *n* [EDP] / Zufallszahlengenerator *m*
~ **sample** *n* [InfSc] / Zufallsstichprobe *f*
~ **sampling** *n* [InfSc] / Stichprobenwahl *f* (nach dem Zufallsprinzip)
range 1 *n* (shelving range) [Sh] / Regalachse *f* · Regalreihe *f*
~ 2 *n* (of a do statement) [EDP] / Schleifenbereich *m*
~ 3 *n* (of a frequency distribution) [InfSc] / Streuungsbreite *f* · Schwankungsbereich *m* · Variationsbreite *f*

~ 4 v [Prt] / ausrichten v ‖ s.a. range left;
range right
~ **aisle** n [BdEq] / Regalgang m
~ **end** n [Sh] / Stirnseite f (einer
Regalreihe)
~ **guide** n [Sh] / Hinweistafel am Regal
bzw. an der Regalreihe f
~ **indicator** n [Sh] / Beschilderung an der
Stirnseite einer Regalachse f
~ **left** n [Prt] / linksbündig adj
~ **of service** n [InfSc] / Bandbreite f (einer
Leistung) · Leistungsumfang m (Umfang
der angebotenen/erbrachten Dienstleistung)
~ **right** n [Prt] Brit / rechtsbündig adj
~ **searching** n [Retr] / Bereichssuche f
rank n (the placement of an object, event,
or individual on an ordinary scale) [InfSc]
/ Rang m · Rangplatz m
ranking n [Retr] / Rangfolge f ·
Rangordnung f · (rank:) Rang m ·
Trefferbewertung f (in einer Reihenfolge)
~ **scale** n [InfSc] / Rangordnungsskala f
rank order n [InfSc] / Rangordnung f
~ **(order) scale** n [InfSc] s. ranking scale
rapid copying service n / Schnellkopier-
dienst m
~ **storage** n [EDP] / Schnell(zugriffs)spei-
cher m
rare book collection n [Stock] / Rara-
Sammlung f
~ **books** pl [Bk] / Rara pl
raster n [EDP/VDU] / Rasterfeld n
~ **graphics** pl but sing in constr [ElPubl] /
Rastergrafik f
~ **image processor** n [ElPubl] / RIP-
Prozessor m
rasterization n [Prt] / Rasterung f
rasterize v [Prt] / rastern v
rate n [InfSc] / Rate f · Quote f ‖ s.a.
error rate; failure rate; fill rate; holdings
rate; night rate; output rate; refresh rate;
response rate; transfer rate
~ **of growth** n [InfSc] s. rate of increase
~ **of increase** n [InfSc] / Wachstumsrate f
~ **of sizing** n [Pp] / Leimungsgrad m
~ **of use** n [Stock] / Nutzungsgrad m
rating committee n [OrgM] /
Gutachterausschuss m
ratio / Quote f · Verhältnis n · (numeric
indicator:) Kennzahl f · Kennziffer ‖ s.a.
cost-benefit ratio; enlargement ratio;
fallout ratio; miss ratio; novelty ratio;
precision ratio; price-performance ratio;
recall ratio; reduction ratio
~ **analysis** n [OrgM] / Kennzifferanalyse f

rationalization n [OrgM] /
Rationalisierung f
ratio scale n [InfSc] / Verhältniskala f ·
Rationalskala f · Proportionalskala f
~ **scaling** n [InfSc] / Verhältniskalierung f
· Rationalskalierung f
rattle n (noise produced by a shake of
paper) [Pp] / Klang m
raw data pl [InfSc] / Rohdaten pl
~**stock microfilm** n [Repr] ⟨ISO 6196-4⟩ /
Aufnahmefilm m · Rohfilm m
RBR abbr [RS] s. reserve book room
reaction time n [EDP] / Reaktionszeit f
readability n [Repr] / Lesbarkeit f
readable adj [Bk; Repr] / lesenswert adj ·
lesbar adj ‖ s.a. computer readable
read access time n [EDP] / Lese-
Zugriffszeit f
~ **buffer** n [EDP] / Eingabepuffer m
reader 1 n [RS; BK] / Leser pl ‖ s.a. user
~ 2 n (in a publishing house) [Bk] /
Lektor m · Verlagslektor m
~ 3 n (reading machine) [Repr; NBM;
BdEq] / Lesegerät n ‖ s.a. lap reader;
microfiche reader
~ 4 n (proofreader) [Prt] / Korrektor m
~ 5 n (book of selections from other
publications) [Bk] / Reader m ·
Lesebuch n ‖ s.a. first reader
~ 6 (in a university) Brit /
außerplanmäßiger (apl.) Professor m ·
Dozent m
~ **admission** n [RS] / Benutzerzulassung f
~ **area** n [BdEq] / Lesezone f ·
Benutzungsbereich m
~ **instruction** n [RS] / Benutzerschulung f ·
Benutzerunterweisung f
~**-printer** n [Rep; BdEq] / Reader-
Printer m · Lese-Kopiergerät n · Lese-
Rückvergrößerungsgerät n
~ **registration** n [RS] / Benutzeranmel-
dung f ‖ s.a. borrowers' registration
read error n [EDP] / Lesefehler m
readers pl [Bk] / Leser pl · Lesepublikum n
reader's advisory n [RS] / Leserberatung f
~ **card** n [RS] s. borrower's card
reader seat n [BdEq] / Leseplatz m
~ **services** n [OrgM] / Benutzungsdienst m
· (department:) Benutzungsabteilung f
· **services policy (policies)** n(pl) [RS] /
Benutzungspolitik f
readership n [Bk] / Lesepublikum n ·
Leserschaft f
~ **survey** n [InfSc] / Leserbefragung f ·
Leserumfrage f

reader space *n* [BdEq] / Leserplatz *m* · Benutzerarbeitsplatz *m*
reader's proof *n* [Prt] / Hauskorrektur *f*
readers' register *n* [RS] *s. borrowers' register*
reader's request *n* [Acq] / Benutzerwunsch *m* ‖ *s.a. purchase suggestion; request card 2*
~ **slip** *n* [RS] / Bestellschein *m* · Bestellzettel *m*
~ **ticket** *n* [RS] *s. borrower's card*
read head *n* [EDP] ⟨ISO 2382/XII⟩ / Lesekopf *m*
read-in *v* [EDP] / einlesen *v* · eingeben *v* ‖ *s.a. input*
reading *n* [Bk] / Lesen *n* · Lektüre *f* ‖ *s.a. further reading; leisure reading; light reading; research in reading*
~ **achievement** *n* [Bk] / Leseleistung *f*
~ **age** *n* [Bk] / Lesealter *n*
~ **aid** *n* / Lesehilfe *f*
~ **area** *n* [RS] / Lesezone *f*
~ **café** *n* [PR] / Lesecafé *n*
~ **case** *n* [Sh] / Zeitschriftensammelordner *m*
~ **circle** *n* [Bk] / Lesezirkel *m*
~ **clientele** *n* [RS] / Leserschaft *f* · Benutzerschaft *f*
~ **competition** *n* [RS] / Vorlesewettbewerb *m*
~ **copy** *n* [Bk] / Leseexemplar *n*
~ **desk** *n* [BdEq] / Lesepult *n* · Lesetisch *m*
~ **easel** *n* [BdEq] *s. book rest*
~ **glass** *n* [Bk] / Leselupe *f*
~ **group** *n* [Bk] / Lesezirkel *m*
~ **habits** *pl* / Lesegewohnheiten *pl*
~ **lamp** *n* [BdEq] / Leselampe *f*
~ **list** *n* [Ed] / Leseliste *f* · Lektüreliste *f*
~ **machine** *n* [Repr] / Lesegerät *n* ‖ *s.a. front-projection reader; rear projection reader*
~ **mania** *n* [Bk] / Lesewut *f*
~ **matter** *n* [Bk] / Lesestoff *m*
~ **promotion** *n* [RS] / Leseförderung *f* ‖ *s.a. research in reading*
~ **room** *n* [BdEq] / Lesesaal *m* · LS *abbr* ‖ *s.a. circular reading room; specialized reading room; superintendent of the reading room*
~ **room collection** *n* [RS] / Lesesaalbestand *m*
~ **room staff** *n* [Staff] / Lesesaalpersonal *n*
~ **shelves** *ger* [Stock] *s. shelf reading*
~ **society** *n* [Lib] / Lesegesellschaft *f*
~ **taste** *n* [RS] / Lesegeschmack *m*
read-only memory *n* [EDP] ⟨ISO 2382/XII⟩ / Festspeicher *m* · Festwertspeicher *m*
~-**only storage** *n* [EDP] *s. read-only memory*
~ **right image** *n* [Repr] / seitenrichtiges Bild *n*
~ **stick** *n* [EDP] / Lesestift *m*
~-**write head** *n* [EDP] ⟨ISO 2382/IV⟩ / Lese-Schreibkopf *m* · Schreib-Lesekopf *m*
~-**write memory** *n* [EDP] / Schreib-Lese-Speicher *m* ‖ *s.a. non-volatile RAM*
~ **wrong image** *n* / seitenverkehrtes Bild *n* · seitenverkehrtes Bild *n*
ready for binding *adj* [Bind] / bindereif *adj*
~ **for (the) press** *adj* [Bk] / druckreif *adj* · druckfertig! *adj* · imprimatur! *v*
~ **for typesetting** *adj* / satzfertig *adj* ‖ *s.a. camera-ready*
~ **reference collection** *n* [Ref] / Handbibliothek *f*
~-**reference file** *n* [TS] / (card index:) Handkartei *f*
~-**reference holdings** *pl* [Ref] / Auskunftsbestand *m*
~-**reference material** *n* [Ref] / Schnellinformationsmaterial *n*
~-**reference search** *n* [Retr] / Schnellinformationsrecherche *f*
real address *n* [EDP] ⟨ISO 2382/X⟩ / reale Adresse *f* · wirkliche Adresse *f* · echte Adresse *f*
realization *n* (of a figured bass) [Mus] / Aussetzen *n* (eines bezifferten Basses)
real-time clock *n* (RTC) [EDP] / Echtzeituhr *f*
~-**time processing** *n* [EDP] / Realzeitverarbeitung *f* · Echtzeitverarbeitung *f* · Realzeitbetrieb *m*
~-**time recognition** *n* [EDP] / Echtzeiterkennung *f*
ream *n* [Pp] / Ries *n*
rear projection reader *n* [Repr] / Durchlichtlesegerät *n*
re-arrange *v* [TS] / umordnen *v*
reason *v* [KnM] / schlussfolgern *v* · schliessen *v* ‖ *s.a. case-based reasoning system; fuzzy reasoning*
reasonableness check *n* [EDP] / Plausibilitätsprüfung *f* · Plausibilitätskontrolle *f*
rebacking *n* [Bind] / Rückenerneuerung *f*
rebate 1 *n* (of a microfilm jacket) [Repr] ⟨ISO 6196-4⟩ / Ausschnitt *m*
~ 2 *n* (discount) [BgAcc; Acq] / Rabatt *m* · (partial refund:) Rückvergütung *f*

rebind *v* / umbinden *v* · neu binden *v*
rebuilding *n* [BdEq] / Umbau *m*
recall 1 *v* (a book which is on loan) [RS] / zurückfordern *v* (ein ausgeliehenes Buch ~)
~ 2 *n* (of a borrowed book) [RS] / Rückforderung *f* (eines ausgeliehenen Buches)
~ 3 *n* (of data) [Retr] / Abruf *m* (von Daten) ‖ *s.a.* recall ratio
~ **notice** *n* (overdue notice) [RS] / Mahnung *f* · Mahnschreiben *n* ‖ *s.a.* follow-up notice
~ **ratio** *n* [Retr] / Trefferquote *f*
recase *v* [Bind] / neu binden *v* (unter Nutzung der vorhandenen Einbanddecke) · umbinden *v*
recataloguing *n* [Cat] / Neukatalogisierung *f*
receipt *n* [Acq] / 1 Empfang *m* · 2 (acknowledgement of the act of receiving:) Empfangsbestätigung *f* · Quittung *f* ‖ *s.a.* acknowledge receipt of...
~ **confirmation** [Comm] / Empfangsbestätigung *f*
receive mode *n* [EDP] / Empfangsbetrieb *m*
~ **not ready** *adj* (RNR) [Comm] / nicht empfangsbereit *adj*
receiver *n* [Comm] / Empfänger *m* · Empfangsgerät *n*
receive ready *adj* / empfangsbereit *adj*
recency *n* [InfSy; KnM] / Aktualität *f*
recension *n* [Bk] / kritische Revision *f* (eines vorhandenen Textes)
reception hall *n* [BdEq] / Empfangshalle *f*
recessed bands *pl* [Bind] / eingesägte Bünde *pl*
~ **cords** [Bind] *s.* recessed bands
recipient *n* [Comm] / Rezipient *m*
reciprocal reference *n* [Cat] / Siehe-auch-Verweisung *f* · gegenseitige Verweisung *f*
recommend *v* / raten *v* (positiv raten:empfehlen)
recommendation card *n* [Acq] *s.* suggestion slip
recomposition *n* [Prt] / Neusatz *m*
recon *n* [Cat] *s.* retrospective (catalogue) conversion
record 1 *v* [NBM] / aufzeichnen *v*
~ 2 *n* [Arch; OrgM] / Aufzeichnung *f* · (of a meeting etc.:) Niederschrift *f* · Bericht *m* (in schriftlicher Form) · (record/s of a meeting:) Protokoll *n* (to keep the records of a meeting: eine Sitzung protokollieren) · (records received and maintained by an agency:) Akten *pl* ‖ *s.a.* active records;

current records; departmental records; draw up the minutes/records; on the record; patron record; records; serial record; sound record; staff records; verbatim record
~ 3 *n* (catalogue record) [Cat] / Titelaufnahme *f* · Aufnahme *f* · Katalogisat *n* ‖ *s.a.* entry; short catalogue record
~ 3 *v* (e.g., to ~ the number of pages) [Cat] / angeben *v* · anführen *v* · wiedergeben *v* · verzeichnen *v*
~ 4 *n* [EDP] ⟨ISO 1001; ISO 2382/4; ISO 2709; ISBD(ER)⟩ / Satz *m* · Datensatz *m* ‖ *s.a.* blocked record; logical record; physical record; segmented record; variable-length record
~ 5 *n* (gramophone record) [NBM] *s.* phonodisc
~ 6 *v* (CD's) [EDP] / brennen *v*
~ **changer** *n* [NBM] / Plattenwechsler *m*
~ **density** *n* [EDP] / Aufzeichnungsdichte *f* (auf einem Datenträger)
recorded message *n* [Comm] / automatische Ansage *f*
record format *n* [EDP] / Satzformat *n*
~ **group** *n* [EDP] / Satzgruppe *f*
~ **identifier** *n* [EDP] *s.* record label
recording *n* (of a television transmission) [Comm] / Mitschnitt *m* · Aufzeichnung *f* (einer Fernsehsendung) ‖ *s.a.* analog recording; broadcast recording; magnetic recording; videorecording
~ **density** *n* [EDP] / Schreibdichte *f* · Speicherdichte *f* · Zeichendichte *f*
~ **device** *n* [BdEq; NBM] / Aufnahmegerät *n*
~ **medium** *n* [InfSy] / Speichermedium *n*
record jacket *n* [NBM] / Schallplattenhülle *f*
~**-keeping system** *n* [Off] / Aktenführungssystem *n* ‖ *s.a.* filing plan
~ **label** *n* [EDP] ⟨ISO 2709⟩ / Satzkennung *f* · Satzidentifikation *f* ‖ *s.a.* label identifier; label number; label record
~ **layout** *n* [EDP] / Satzstruktur *f*
~ **length** *n* [EDP] ⟨ISO 2382-4⟩ / Satzlänge *f*
~ **library** *n* [NBM] ⟨ISO 127/1⟩ / Schallplattenarchiv *n*
~ **locking** *n* [EDP] / Satzsperre *f*
~ **mark** *n* [EDP] / Satzmarke *f*
~ **number** *n* [EDP] / Satznummer *f*
~ **office** [Arch] / Archiv *n*
~ **player** *n* [NBM] / Plattenspieler *m*

records *pl* (of a conference) [Bk] /
Tagungsberichte *pl*
record search *n* [EDP] / Datensatzsuche *f*
~ **segment** *n* [EDP] / Satzsegment *n*
~ **separator** *n* [EDP] / Satztrennzeichen *n*
~ **set** *n* [EDP] *s. record group*
~ **sleeve** *n* [NBM] / Schallplattenhülle *f*
records management *n* [Off; Arch] ⟨ISO 15489⟩ / Schriftgutverwaltung *f*
~ **microfilming** *n* [Repr] / Belegverfilmung *f*
~ **office** *n* [Arch; OrgM] / Registratur *f* (als Organisationseinheit)
record status *n* [EDP] / Satzstatus *m*
~ **structure** *n* [EDP] / Satzstruktur *f*
~ **terminator** *n* [EDP] *s. record separator*
~ **transfer** *n* [EDP] / Datensatzübertragung *f*
~ **update** *n* [EDP] / Datensatz-Update *m* · Datensatzkorrektur *f*
recources management *n* [EDP] / Ressourcenverwaltung *f*
recover *v* [Bind] / umbinden *v*
recovery procedure *n* (after interruption of data communication) [Comm] ⟨ISO 2382/9⟩ / Wiederherstellungsprozedur *f*
recreational game *n* [NBM] / Unterhaltungsspiel *n*
~ **reading** / Entspannungslektüre *f* · Unterhaltungslektüre *f*
recruiting *n* [Staff] / Personalbeschaffung *f*
recruitment *n* / Personalbeschaffung *f*
recto *n* [Bk] ⟨AACR2⟩ / Rektoseite *f* · Recto *n* · Vorderseite *f*
recurrent expenditure *n* [BgAcc] ⟨ISO 11620⟩ / regelmäßige Ausgaben *pl*
recursion *n* [EDP] / Rekursion *f*
recursive procedure *n* [EDP] / rekursive Prozedur *f*
recycled paper *n* [Pp] / Recyclingpapier *n*
recycling paper [Pp] / Recyclingpapier *n*
redaction *n* (of an incomplete manuscript) [Bk] / Redaktion *f*
red chalk drawing *n* [Art] / Rötelzeichnung *f*
~ **rot** *n* [Pres] / roter Zerfall *m*
reduce *v* [Repr] / verkleinern *v*
reduced-scale drawing *n* [Cart] / Riss *m*
reduction *n* [Repr] ⟨ISO 6196/1⟩ / Verkürzung *f* · Verkleinerung *f*
~ **factor** *n* [Repr] / Verkleinerungsfaktor *m*
~ **in price** *n* [Bk] / Preisermäßigung *f* · Nachlass *m*
~ **of working hours** *n* [OrgM] / Arbeitszeitverkürzung *f*

~ **print** [Repr] / Verkleinerung *f* (verkleinerter Abzug)
~ **ratio** *n* [Repr] ⟨ISO 5127/8; ISO 6196/1⟩ / Verkleinerungsfaktor *m*
redundancy *n* [Retr; InfSy] / Redundanz *f*
~ **elimination** *n* [InfSy] / Redundanzbeseitigung *f*
redundant *adj* [InfSc] / redundant *adj*
re-edition *n* / Nachauflage *f* · Neuauflage *f* · Neuausgabe *f*
reed-pen *n* [Writ] / Rohrfeder *f*
reel *n* [Repr] ⟨ISO 6196-4; ISO 5127/11⟩ / Spule *f* · (for processed microfilm:) Wiedergabespule *f* · Vorführspule *f* ∥ *s.a. audio reel; microreel; sound (tape) reel; supply reel; take-up reel; tape reel*
~-to-reel tape *n* (audiotape) [NBM] / Spulentonband *n*
re-enlargement *n* [Repr] / Rückvergrößerung *f*
reentrant program *n* [EDP] / eintrittsinvariantes Programm *n* · ablaufinvariantes Programm *n*
refer *v* [Cat] / verweisen *v* ∥ *s.a. cross reference; reciprocal reference; reference 1*
referee 1 *n* (for assessing the value of a scientific paper) [Gen] / Gutachter *m* (peer referee:Gutachter mit gleichem Rang) ∥ *s.a. peer review*
~ 2 *v* [Bk] / begutachten *v*
reference 1 *n* (a direction from one heading or entry to another) [Cat; Ind] ⟨ISO 5127/3a; AACR2⟩ / Verweisung *f* ∥ *s.a. bibliographic reference; blanket reference; blind reference; co-ordinate reference; editor reference; explanatory reference; general reference; hierarchical reference; name-title reference; reciprocal reference; see also reference; see reference; subject reference*
~ 2 *n* (as part of an index entry) [Bk] / Fundstellenangabe *f* · Registerinformation *f*
~ 3 *n* (a publication to which an author has made specific reference) [Bib] / Literaturnachweis *m* · Literaturangabe *f* ∥ *s.a. bibliographic reference; list of references; page reference; parenthetical reference styling*
~ 4 *n* (file ~) [Off] / Aktenzeichen *n*
~ **area** *n* [Ref] / Informationsbereich *n*
~ **card** *n* [Cat] / Verweisungskarte *f*
~ **cassette** *n* [EDP] / Bezugskassette *f*
~ **collection** *n* [Ref] / Präsenzbestand *m* (mit Nachschlagewerken) ∥ *s.a. for reference only*

~ **copy** *n* [Repr] / Arbeitskopie *f* ‖ *s.a. copy for reference use only*
~ **database** *n* [InfSy] / Referenz-Datenbank *f* · Hinweisbank *f* · Literatur-Datenbank *f* · Literatur-Informationsbank *f*
~ **department** *n* [OrgM] / Informationszentrum *n* · Auskunftsabteilung *f*
~ **desk** *n* [Ref] / Auskunftsplatz *m* ‖ *s.a. information desk*
~ **file** *n s. bibliographic database*
~ **flexible disk** *n* / Bezugsdiskette *f* ‖ *s.a. certified reference flexible disk*
~ **holdings** *pl* [Stock] / Präsenzbestand *m* (for reference only: nur zur Präsenzbenutzung)
~ **interview** *n* [Ref] / Auskunftsinterview *n*
~ **librarian** *n* [Staff] / Auskunftsbibliothekar *m*
~ **library** *n* [Lib] ⟨ISO 5127/1⟩ / (a collection of books primarily for consultation:) Handbibliothek *f* · (a library or department containing books which may not be taken out:) Präsenzbibliothek *f*
~ **line** *n* [EDP/Prt] ⟨ISO/IEC 2382-23⟩ / Grundlinie *f*
~ **mark** *n* [Prt] / Anmerkungszeichen *n*
~ **materials** *pl* [Stock] / nichtverleihbare Materialien *pl*
~ **number** *n* [Off] / Aktenzeichen *n*
~ **question** *n* [Ref] / Anfrage *f*
~ **retrieval** *n* [Retr] ⟨ISO 5127/1⟩ / Retrieval (von Nachweisen in einem Speicher) *n*
~ **service** *n* [OrgM] / Auskunftsdienst *m* ‖ *s.a. advisory service; computer-assisted reference service*
~ **shelf** *n* [Sh] *s. consultation shelf*
~ **source** *n* (any publication from which authoritative information may be obtained) [Bib; Cat] ⟨AACR2⟩ / Informationsquelle *f* · Fundstelle *f*
~ **staff** *n* [Staff] / Auskunftspersonal *n*
~ **tape** *n* (magnetic tape technique) [EDP] / Bezugsband *n*
~ **term** *n* [Ind] / Bezugsbegriff *m*
~ **tool** [Ref] / Nachweismittel *n* (für die Informationssuche)
~ **transaction** *n* [Ref] / Auskunftserteilung *f*
~ **work** *n* [Bk] ⟨ISO 5127/2⟩ / Nachschlagewerk *n*
referential integrity *n* [InfSy] / Datenkonsistenz *f* (in einer relationalen Datenbank)
~ **link** *n* [InfSy] / Hinweisverknüpfung *f*

referral centre *n* [InfSy] ⟨ISO 5127/1⟩ / Referral-Zentrum *n*
~ **database** *n* [InfSy] / Referral-Datenbank *f*
referral *n* (of users asking for information to appropriate sources) / Weiterleitung (von Benutzern)
refile *v* (catalogue cards etc.) [TS] / umordnen *v*
refilming *n* (of a document) [Repr] / Nachverfilmung *f*
reflection copying *n* [Repr] / Reflexkopierverfahren *n*
reflex copy *n* [Repr] / Reflexkopie *f*
~ **copying** *n* [Repr] / Reflexkopierverfahren *n*
refold *v* [Bind] / nachfalzen *v*
reformat *v* [EDP] / umformatieren *v*
refresh rate *n* [EDP/VDU] / Bildwiederholrate *f* · Bildelementwiederholfrequenz *f* · Bildwiederholfrequenz *f*
refund 1 *v* [BgAcc] / zurückerstatten *v* · zurückzahlen *v* ‖ *s.a. reimburse; repay*
~ 2 *n* [BgAcc] / Rückerstattung *f* ‖ *s.a. reimbursement of costs/expenses*
refundable *adj* [BgAcc] / erstattungsfähig *pl*
refunding of travel expenses *n* [BgAcc] / Reisekostenerstattung *f*
regenerate *v* [Pres] / regenerieren *v*
regional bibliography *n* [Bib] / Regionalbibliographie *f*
~ **catalogue** *n* [Cat] / Regionalkatalog *m* · (regional union catalogue:) regionaler Zentralkatalog *m*
~ **edition** *n* (of a newspaper) [Bk] / Bezirksausgabe *f* · Gebietsausgabe *f* · Regionalausgabe *f*
~ **inter-library lending system** *n* [RS] / Regionaler Leihverkehr
regionalization map *n* [Cart] / Raumgliederungskarte *f*
regional library *n* [Lib] / (of a German „Land":) Landesbibliothek *f D* · Regionalbibliothek *f*
~ **novel** *n* / Heimatroman *m*
~ **union catalogue** *n* [Cat] *s. regional catalogue*
register 1 *n* [Arch] / Geschäftsbuch *n* · Amtsbuch *n*
~ 2 *n* [EDP] ⟨ISO 2382/XII⟩ / Register *n* · Register *n*
~ 3 *v* (to be in register) [Prt] / Register halten *v* (to be out of register: nicht Register halten) ‖ *s.a. missregister*

register 454

~ **4** *n* (ribbon attached to a volume to serve as a bookmarker) [Bind] / Lesebändchen *n* · Merkband *n*
~ **5** *v* (for borrowing) [RS] / sich für die Ausleihe anmelden *v* ‖ *s.a.* re-*register*
registered borrower *n* [RS] ⟨ISO 2789⟩ / eingetragener Benutzer *m* · eingeschriebener Benutzer *m*
~ **letter** *n* [Comm] / Einschreibebrief *m*
register mark *n* [Repr] / Passkreuz *n*
~ **of copyright(s)** *n* [Law] / Urheberrechtsrolle *f*
~ **pin** *n* [Repr] / Passstift *m*
~ **tick** *n* [Repr] *s. register mark*
registration [RS] / Benutzeranmeldung *f* · Anmeldung *f* · (of borrowers/readers:) Zulassung *f* (von Entleihern/Benutzern) · (at a university:) Immatrikulation *f* ‖ *s.a. reader registration; visitors' registration*
~ **card** *n* [RS] / Benutzerkarte *f* ‖ *s.a. application form*
~ **fee** *n* (for a meeting etc.) [OrgM] / Einschreibgebühr *f* · Anmeldegebühr *f* · Teilnahmegebühr *f*
~ **file** *n* [RS] / (machine-readable file:) Benutzerdatei · (card index:) Benutzerkartei *f*
~ **form** *n* [OrgM] / Anmeldeformular *n* ‖ *s.a. application form*
~ **holes** *pl* (of a microfilm jacket) [Repr] ⟨ISO 6196-4⟩ / Passlochung *f* · Passlöcher *pl*
~ **period** *n* (of a registration card) [RS] / Gültigkeitsdauer *f*
registry fee *n* [Comm] *US s. registration fee*
reglet *n* [Prt] / Reglette *f*
regression *n* [InfSc] / Regression *f*
~ **analysis** *n* [InfSc] / Regressionsanalyse *f*
~ **coefficient** *n* [InfSc] / Regressionskoeffizient *m*
regulation *n* [OrgM] / Regel *f* · Regelung *f* · (prescribed rule:) Vorschrift *f* ‖ *s.a. building regulations; copyright regulations; technical regulations*
regulations of usage *pl* [RS] / Benutzungsbestimmungen *pl* ‖ *s.a. circulation regulations*
regulatory control *n* [Adm] / Rechtsaufsicht *f*
~ **requirements** *pl* / behördliche Anforderungen *pl*
rehearsal score *n* [Mus] / Probenpartitur *f*
reimburse *v* [BgAcc] / zurückzahlen *v*

reimbursement of costs/expenses *n* [BgAcc] / Kostenerstattung *f*
reimpression *n* [Bk] / Nachdruck *m*
reinforced binding *n* [Bind] / verstärkter Einband *m*
reissue *n* [Bk] / Neuausgabe *f*
rejects *pl* (goods/copies) [BdEq; Bk] / Ausschuss *m* · zurückgewiesene Exemplare *pl*
related body *n* [Cat] / zugehörige Körperschaft *f*
~ **term** *n* (RT) [Ind] ⟨ISO 5127/6⟩ / VB *abbr* · verwandter Begriff *m* (Assoziationsrelation)
~-**term-reference** *n* [Ind] ⟨ISO 2788⟩ / Verweisung auf einen verwandten Begriff *f*
relation *n* [Class] / Relation *f*
relational database *n* [EDP] / relationale Datenbank *f*
~ **data model** *n* [EDP] / relationales Datenmodell *n* · Relationenmodell *n*
~ **operator** *n* [EDP] / Vergleichsoperator *m*
relation indicator *n* [Class] ⟨ISO 5127/6⟩ / Beziehungsindikator *m*
~ **operator** *n* [EDP] / Vergleichsoperator *m*
relative address *n* [EDP] / relative Adresse *f*
~ **humidity** *n* [Pres] / relative Luftfeuchtigkeit *f*
~ **location** *n* [Sh] / eine Aufstellung, bei der die Bücher gemäß ihren Beziehungen zueinander geordnet sind (systematisch oder alphabetisch)
relator *n* [Ind] / Relator *m* *DDR*
release *v/n* / freigeben *v* · Freischaltung *f* · freischalten *v*
relegate *v* (books etc.) [Stock] / aussondern *v*
relegation *n* [Stock] / Aussonderung *f*
relevance *n* [Retr] / Trefferbewertung *f* · Relevanz *f* ‖ *s.a. pertinence*
~ **factor** *n* [Retr] / Relevanzquote *f*
~ **judgement** *n* [Retr] / Relevanz-Bewertung *f*
~ **ranking** *n* [Retr] / Relevanzordnung *f*
~ **ratio** *n* [Retr] *s. precision ratio*
reliability *n* (of a measuring device) [InfSc] ⟨ISO 11620; 8402⟩ / Zuverlässigkeit *f* · Verlässlichkeit *f* (eines Messinstruments) · Messgenauigkeit *f* · Reliabilität *f*
relief computer *n* [EDP] / Vorrechner *m*
~ **map** *n* [Cart] / Reliefkarte *f*
~ **model** *n* [Cart] / Reliefmodell *n* · Geländemodell *n* · Kartenrelief *n* · Relief *n*

~ **printing** *n* [Prt] / Hochdruck *m* · Buchdruck *m*
religious body library *n* [Lib] / konfessionelle Bibliothek *f* ‖ *s.a. church library*
relocatable program *n* [EDP] / relativierbares Programm *n* · verschiebbares Programm *n*
relocate *v* [Sh; Class] / umstellen
relocation *n* (of a topic in a classification system) [Class] / Umstellung *f* (eines Sachgebiets in einem Klassifikationssystem)
remainder *v* [Bk] / verramschen *v*
~ **bookseller** *n* [Bk] / modernes Antiquariat *n* · (depreciateively:) Ramschbuchhandlung *m*
remainders *pl* [Bk] / Ramsch(bücher) *m(pl)* · Restauflage(n) *f(pl)*
remains *pl* (a person's property left after his death) [Gen] / Nachlass *m* ‖ *s.a. bequest; estate; legacy; literary remains*
remarque proof *n* [Art; Prt] / Künstler-Abzug *m*
reminder 1 *n* (of a payment) [BgAcc] / Zahlungserinnerung *f* · Mahnung *f*
~ 2 *n* (to bring back an overdue book) [RS] / Erinnerung *f* (ein Buch zurückzubringen, dessen Leihfrist überschritten ist)
remittance *n* [BgAcc] / Überweisung *f*
remodel(l)ing *n* (of a building) [BdEq] / Umbau *m* (eines Gebäudes)
remote access *n* [EDP] ⟨ISBD(ER)⟩ / Fernzugriff *m*
~ **batch processing** *n* [EDP] ⟨ISO 2382-10⟩ / Stapelfernverarbeitung *f*
~ **communication computer** *n* [EDP] / Netzknotenrechner *m* · Knotenrechner *m*
~ **control** *n* [BdEq] / Fernsteuerung *f* · (device:) Fernbedienung *f*
~ **data transmission** *n* [Comm] / Datenfernübertragung *f*
~ **front-end processor** *n* [EDP] *s. remote communication computer*
~ **job entry** *n* [EDP] ⟨ISO 2382/X⟩ / Auftragsferneingabe *f* · Joberneingabe *f*
~ **network** *n* [Comm] / DFÜ-Netz *n*
~ **processing** *n* [EDP] / Datenfernverarbeitung *f*
~ **sensing image** *n* [Cart] / Fernerkundungsbild *n*
~ **storage** *n* [Stock] / externe Speicherung *f* (Speicherung in einem Außenmagazin) ‖ *s.a. auxiliary stack(s); off-site storage*

~ **terminal** *n* [EDP] / entferntes Endgerät *n* · abgesetztes Endgerät *n*
~ **test** *n* [EDP] / Ferntest *m*
~ **testing** *n* [EDP] / Ferntesten *n*
~ **use** *n* [Ref] / Fernnutzung *f*
~ **user** *n* [RS] / auswärtiger Benutzer *m*
removable disk *n* [EDP] / Wechselplatte *f*
~ **pages** *pl* [Bk] / austauschbare Seiten *pl*
removal *n* [BdEq] / Umzug *m*
~ **box** *n* [BdEq] / Umzugskarton *m*
~ **slip** *n* [Cat] / Ersatzzettel *m*
remuneration *n* [Staff] / Bezahlung *f* · (of civil servants:) Besoldung *f* · (of employees:) Vergütung *f* ‖ *s.a. entitlement to remuneration*
renaissance hand *n* [Writ] / Renaissance-Schrift *f* · humanistische Schrift *f*
rename *v* [OrgM] / umbenennen *v*
rendering technique *n* [ElPubl] / Darstellungstechnik *f* ‖ *s.a. colour rendering*
renew *v* [RS] / (loan period:) verlängern *v*
renewal *n* (of the loan period) [RS] / Leihfristverlängerung *f* · Verlängerung der Leihfrist *f*
~ **of subscription** *n* [Acq] / Abonnementserneuerung *f*
~ **transaction** *n* [RS] / Verlängerungsvorgang *m*
renew answer *n* (OSI) [InfSy] / Fristverlängerungsbescheid *n*
renovation *n* (of a building) [BdEq] / Erneuerung *f* (eines Gebäudes) ‖ *s.a. rebuilding*
rent *v/n* / mieten *v* · Miete *f*
rental *n* (rent-roll) [Arch] / Zinsregister *n* · Urbar *n*
~ **collection** *n* [Stock] / gebührenpflichtiger Bestand *m*
~ **fee** *n* / Mietpreis *m* · Miete · Leihgebühr *f*
~ **library** *n* [Lib] / Leihbibliothek *f* (gewerblich betrieben)
~ **materials for musical performances** *pl* [Mus] / reversgebundene Aufführungsmaterialien *pl*
rent-roll *n* [Arch] *s. rental*
reorder 1 *n* [Acq] / Nachbestellung *f*
~ 2 *v* [Acq] / nachbestellen *v*
repair 1 *n* [Pres] / Instandsetzung *f* · Reparatur *f*
~ 2 *v* [BdEq; Pres] / reparieren · (mend:) ausbessern *v*
~ **kit** *n* [Pres] / Reparaturkasten *m*
repay *v* [BgAcc] / zurückzahlen *v*

repayment [BgAcc] / Rückzahlung *f*
repeat order *v/n* [Acq] / Nachbestellung *f* · nachbestellen *v*
~ **pattern** *n* [Bind] / rapportierendes Muster *n*
repetition binding *n* [Bind] / Einband mit Repetitionsmuster *m*
replace *v* (a book) [Sh] / zurückstellen *v* (ein Buch ~)
replacement / (Vorgang:) Ersatz *m*
~ **copy** *n* [Acq] / Ersatzexemplar *n*
~ **microfilming** *n* [Repr] / Ersatzverfilmung *f*
~ **of missing parts** [Pres] / Fehlstellenergänzung *f*
~ **page** *n* (in a manuscript) [Prt] / Austauschseite *f*
replay equipment *n* [NBM] / Abspielanlage *f*
replica *n* [Pres] / Replik *f*
replicate *v* [KnM] / (databases:) abgleichen *v* · synchronisieren *v* · replizieren *v*
replicate 2 *n/v* (of a videodisc etc.) [NBM] / 1 Kopie *f* (einer Bildplatte usw.) · 2 kopieren *v* (Bildplatte, CD-ROM)
replication / (process:) Kopie *f* · (databases:) Datenabgleich *m*
reply *n* [Comm] / Antwort *f*
~ **coupon** *n* [Comm] *s. international reply coupon*
~ **envelope** *n* [Comm] / Rückumschlag
report 1 *n* (message) [Comm] / Mitteilung · Bericht *m s. progress report;* ‖ *s.a. activity report; final report; interim report; research report; school report*
~ 2 *v* [Comm; Staff] / berichten *v* (to report to sb.: jmd. unterstellt sein)
~ **back** *v* [Ed] / zurückmelden (sich ~)
reporter *n* [Gen; Cat] / Berichterstatter *m*
reporting *n* [OrgM] / Berichterstattung *f*
report of accounts *n* [BgAcc] / Kassenbericht *m*
~ **of activities** *n* [OrgM] / Tätigkeitsbericht *m*
~ **year** *n* (of an annual) [Bk] / Berichtsjahr *n*
repository *n* [Stock] / (library:) Depotbibliothek · (place where things are stored:) Aufbewahrungsort *m* · (depot:) Depot *n* · (library warehouse:) Speichermagazin *n* ‖ *s.a. archival repository; storage centre*
~ **library** *n* [Stock] / Archivbibliothek *f* ‖ *s.a. storage library*

~ **of knowledge** *n* [KnM] / Wissensspeicher *m*
represent *v* [Gen] / repräsentieren *v* · darstellen *v*
representational data *pl* [EDP] ⟨ISBD(ER)⟩ / darstellende Daten *pl*
representation language *n* [KnM] / Darstellungssprache *f*
~ **of characters** *n* / Zeichendarstellung *f*
representative sample *n* [InfSc] / repräsentative Stichprobe *f*
reprint 1 *v* [Prt] / (print again:) nochmals drucken *v* · abdrucken · nachdrucken *v*
2 *n* (a book etc. reprinted) [Bk] ⟨ISBD(S); ISO 9707; AACR2⟩ / Reprint *m* · Nachdruck *m* ‖ *s.a. unauthorized reprint*
~ **house** *n* [Bk] / Reprintverlag *m*
reprinting *n* [Prt] / Nachdruck *m*
~ **privilege** [Bk] / Nachdruckrecht *n*
~ **right** *n* [Bk] / Nachdruckrecht *n*
~ **under consideration** *n* [Bk] / Nachdruck wird in Erwägung gezogen *n*
repro *n* [Prt] / Repro *n*
reproduce *v* [Gen] / (copy:) kopieren *v* · reproduzieren *v* · (duplicate:) vervielfältigen *v* ‖ *s.a. right of reproduction*
reproducer *n* [PuC] / Kartendoppler *m*
reproducibility *n* (of an experiment or test) [InfSc] / Wiederholbarkeit *f* · Reproduzierbarkeit *f* (eines Experiments oder Tests)
reproducing head *n* (of a record player) [NBM] / Tonabnehmer *m*
~ **stylus** *n* [NBM] / Abspielnadel *f* · Abtastnadel *f*
reproduction *n* [NBM] / Vervielfältigung *f* · Reproduktion *f* · (of a sound recording etc.:) Wiedergabe *f* ‖ *s.a. right of reproduction*
~ **camera** *n* [Prt] / Reprokamera *f*
~ **right** *n* [Law] / Vervielfältigungsrecht *n*
~ **technique** *f* [Prt] / Reproduktionstechnik *f*
reprography *n* [Repr] / Reprographie *f*
repulp *v* [Pp; Prt] / einstampfen *v* · makulieren *v*
request 1 *v* [RS] / bestellen *v*
~ 2 *n* [Acq; RS] / 1 Anfrage *f* (bei einem Buchhändler) · 2 Bestellung *f* (eines zur Ausleihe gewünschten Buches usw.) ‖ *s.a. failed request; satisfied request; search request 1; unsatisfied request; urgent action request*

~ **card** 1 *n* [RS] / Bestellschein *m* ·
Bestellzettel *m* ‖ *s.a. international loan
request form*
~ **card** 2 *n* [Acq] / Wunschzettel *m* ‖ *s.a.
reader's request*
requester *n* [RS] / Besteller *m*
request for payment *n* [BgAcc] /
Zahlungsaufforderung *f*
requesting library *n* (inter-library lending) /
bestellende Bibliothek *f*
request number *n* (associated with a single
interloan request) [RS] / Bestellnummer *f*
~ **slip** *n* [RS] / Bestellschein *m*
requirement *n* [OrgM] / Anforderung *f* ‖
*s.a. admission requirement; information
requirements; minimum requirements;
staffing requirements*
requirements *pl* / Anforderungen *pl*
(to comply with/meet require-
ments:Anforderungen erfüllen) ·
(needs of a person or group of
persons:) Bedürfnisse *pl* ‖ *s.a.
customer requirements; examination
requirements; financial requirements;
functional requirements; regulatory
requirements; statutory requirements;
system requirements; user requirements*
~ **analysis** *n* [EDP] / Anforderungsanalyse *f*
~ **specification** *n* [EDP] / Anforderungsspe-
zifikation *f* · Pflichtenheft *n*
requisition *n* (written request for the order
of a book) / Beschaffungswunsch *f*
~ **card** *n* [Acq] / Wunschzettel *m*
~ **slip** *n* [RS] / Bestellschein *m*
re-record *v* [NBM] / überspielen *v*
re-register [Ed] / zurückmelden *v* (sich
zurückmelden)
resale price maintenance *n* [Bk] /
Preisbindung der zweiten Hand *f*
research *v* [Retr] / recherchieren *v*
~ **and development** *n* [InfSc] / Forschung
und Entwicklung *f* ‖ *s.a. basic research;
purposeful research*
~ **fellow** *n* [InfSc] / Forschungsstipendiat
~ **grant** *n* [InfSc] / Forschungsstipendium *n*
~ **in reading** *n* [InfSc] / Leseforschung *f*
~ **leave** *n* [Ed] / Forschungsurlaub *m*
~ **library** *n* [Lib] ⟨ISO 5127/1⟩
/ 1 Forschungsbibliothek *f* · 2
wissenschaftliche Bibliothek *f*
~ **priority** / Forschungsschwerpunkt *m*
~ **promotion** *n* [BgAcc] /
Forschungsförderung *f*
~ **report** *n* [Bk] ⟨ISO 5127/2⟩ /
Forschungsbericht *m*

~ **topic** *n* [InfSc] / Forschungsgegenstand *m*
reseller *n* [Acq] / Wiederverkäufer *m*
reservation *n* [RS] / Vorausbestellung *f* ·
Vormerkung *f* ‖ *s.a. reserved item*
reservation card *n* [RS] / Vorbestellkarte *f* ·
Vormerkkarte *f*
reserve *v* (a book) [RS] / vormerken *v* ‖
s.a. reserved item
~ **book** *n* [Stock] / Buch in einer „reserve
collection" *n*
~ **book room** *n* / Raum mit der 'reserve
collection' *m*
~ **collection** *n* (in an academic library
with books having been placed on the
reading list for a particular class) [RS]
/ Handapparat *m* · (for the period of
a term:) Semesterapparat *m* ‖ *s.a. open
reserve*
reserve(d) book room *n* [RS] / Raum mit
der „reserve collection" *m*
reserved item *n* [RS] / vorgemerkter
Band *m*
reservoir library *n* [Lib] /
Speicherbibliothek *f*
reset 1 *v/n* [EDP] / neu starten *v* · (cold
start:) Kaltstart *m* · rücksetzen *v* ‖ *s.a. full
reset*
~ 2 [Prt] / neu setzen *v*
~ **confirmation** *n* [Comm] /
Rücksetzbestätigung *f*
resetting *n* [Prt] / Neusatz *m*
reshelve *v* (a book) [Sh] / zurückstellen *v*
(ein Buch ~)
residence library *n* [Lib] /
Wohnheimbibliothek *f*
~ **permit** *n* [Staff] / Aufenthaltserlaubnis *f*
resident font *n* [EDP] / residente Schrift *f*
~ **program** *n* [EDP] / residentes
Programm *n*
~ **software** *n* [EDP] / residente Software *f*
resin size *n* [Pp] / Harzleim ‖ *s.a. rosin size*
resistance to oxidation *n* [Pp] ⟨ISO 9706⟩ /
Oxidationsbeständigkeit *f*
resistant to light *adj* [Pres; Prt] /
lichtecht *adj* ‖ *s.a. colour-fast; fugitive;
light fastness*
resolution *n* [EDP/VDU; Repr] /
Auflösung *f* ‖ *s.a. high-resolution monitor;
image resolution; low-resolution screen;
medium resolution; scanner resolution;
VGA resolution*
~ **enhancement technology** *n* [EDP; Prt] /
RET-Technologie *f*
resolving factor *n* [EDP/VDU; Repr] /
Auflösungsvermögen *n*

~ **power** *n* / Auflösungsvermögen *n*
resource *n* [Gen] ⟨ISO 11620⟩ / Ressource *f*
‖ *s.a. commitment of resources; human resources; material resources*
~ **allocation** *n* / Mittelzuweisung *f*
~ **allocator** *n* / Finanzierungsträger *m* ‖ *s.a. funding agency*
~ **centre** *n* [NBM] ⟨ISO 5127/1⟩ / Mediothek *f* · Medienzentrum *n*
~ **database** *n* (starter file for the conversion of retrospective catalogue cards) [Cat] / Fremddatenbank *f*
~ **library** *n* [Lib] / Archivbibliothek *f*
~ **management** *n* [BgAcc] / (funds:) Mittelverwaltung *f*
resources *pl* [BdEq] / Mittel *pl* · (means available to achieve an end:) Ressourcen *pl* · (facilities of a plant, a computer system:) Betriebsmittel *pl* ‖ *s.a. allocation of resources; human resources; material resources; own resources*
resource sharing *n* [Lib] / (in Bezug auf Bestände, bibliographische Daten, Personal usw.:) gemeinschaftliche Nutzung von Ressourcen *f* ‖ *s.a. exploitation of resources*
~ **utilization** *n* [OrgM] / Ressourcennutzung *f*
respondent *n* [Ed] / Respondent *m*
response *n* / Antwort *f* · (comment:) Stellungnahme *f*
~ **frame** *n* [EDP/VDU] / Antwortseite *f*
~ **rate** *n* [InfSy] / (questionnaire survey:) Antwortquote *f* · Rücklaufquote *f* · (search results:) Antwortrate *f* ‖ *s.a. retrieval ratio*
~ **time** *n* [EDP] ⟨ISO 2382-10⟩ / Antwortzeit *f*
responsibility *n* / Zuständigkeit *f* · Verantwortung *f* · Haftung ‖ *s.a. distribution of responsibilities; mixed responsibility; schedule of responsibilities; terminal responsibility*
restoration *n* [Pres] / Restaurierung *f*
~ **laboratory** *n* [Pres] / Restaurierungswerkstatt *f*
restore *v* [Pres] / restaurieren *v*
restorer *n* [Staff] / Restaurator *m* ‖ *s.a. conservator*
restricted access *n* [Arch; RS] / beschränkter Zugang *m* · eingeschränkter Zugang *m*
~ **circulation** *n* / Kurzausleihe *f*
~ **matter** *n* [Arch] / Verschlusssache *f*
restriction of access *n* [Retr] / Zugangsbeschränkung *f*

rest room *n* [BdEq] / Ruheraum *m*
result [Retr] / Ergebnis *n* · (information retrieval:) Treffer *m* ‖ *s.a. partial result*
~ **set** *n* [Retr] / Trefferliste *f*
results list *n* [Retr] / Trefferliste *f*
~ **orientation** *n* [OrgM] / Ergebnisorientierung *f*
résumé *n* [Ind] / Resümee *n* · Zusammenfassung *f*
RET *abbr* [EDP; Prt] *s. resolution enhancement technology*
retail bookseller *n* [Bk] / Bucheinzelhändler *m*
~ **price** *n* [Acq] / Ladenpreis *m* · Einzelhandelspreis *m* ‖ *s.a. fixed retail price; list price; selling price*
~ **price maintenance** *n* [Bk] / Preisbindung *f* ‖ *s.a. fixed retail price; resale price maintenance*
retake *n* (of a document) [Repr] / Nachverfilmung *f*
retention / Aufbewahrung *f*
~ **period** *n* [Arch] / Aufbewahrungsfrist *f*
~ **schedule** *n* [Arch] / Aufbewahrungsplan *m* (Zeitplan)
~ **time** *n* [Arch] *s. retention period*
retire *v* [Staff] / in den Ruhestand treten *v* · pensionieren *v* (sich ~ lassen)
retirement *n* [Staff] / Ruhestand *m* (im Ruhestand sein: to be retired; early ~: vorzeitiger Ruhestand)
retouch *v* [Art] / retuschieren *v*
retouching *f* [Art] / Retusche *f* ‖ *s.a. image retouching*
retree *n* [Pp] / Papier zweiter Wahl *n*
retrieval *n* [Retr] / Retrieval *n* · (information ~:) Informationswiedergewinnung *f* · Informationsretrieval *n* ‖ *s.a. document retrieval; reference retrieval*
~ **capability** *n* [Retr] / Abfragemöglichkeit *f*
~ **language** *n* [Retr] / Abfragesprache *f* · Retrievalsprache *f* · Recherchesprache *f* · Suchsprache *f*
~ **mark** *n* (on a microfilm) [Repr] ⟨ISO 6196/2⟩ / Suchzeichen *n* · Suchmarkierung *f*
~ **notch** *n* [Repr; Retr] ⟨ISO 6196-4⟩ / Suchkerbe *f*
~ **program** *n* [Retr] ⟨IDBD(ER)⟩ / Retrieval-Programm *n*
~ **ratio** *n* [Retr] / Nachweisquote *f* ‖ *s.a. results list*
~ **run** *n* [Retr] / Suchlauf *m*

~ **system** *n* [InfSy; Retr] / Abfragesystem *n* · Speicher- und Zugriff-System *n* · Suchsystem *n* · Zugriffssystem *n* · Recherchesystem *n* · Retrievalsystem *n*
retrieve 1 *v* (books) [Sh] / ausheben *v* (Bücher usw. ~) · heraussuchen *v* (Bücher usw. ~)
~ 2 *v* (bibliographic data) [Bib] / ermitteln *v* (bibliographische Daten ~) ‖ *s.a. irretrievable*
retro-active notation *n* [Class] / retroaktive Notation *n* · rückläufige Notation *f*
retrofit *v* [BdEq] / anpassen *v* (an neue Gegebenheiten) · nachrüsten *v* ‖ *s.a. upgrade* 2
retrospective *adj* [Bib] / retrospektiv *adj*
~ **bibliography** *n* [Bib] / retrospektive Bibliographie *f*
~ **(catalogue) conversion** *n* [Cat] / retrospektive Katalogisierung *f*
return *v* (a book) [RS] / zurückgeben *v* ‖ *s.a. due for return*
returnable *adj* [Bk] / rückgebbar *adj* (returnable materials: Materialien, deren Rückgabe erwartet wird)
return-book slot *n* [BdEq] *s. book return*
~ **counter** *n* [RS] *s. discharge point*
~ **key** *n* [EDP; Off] *s. carriage return (key)*
~ **privilege** *n* [Acq] / Rückgaberecht *n*
returns *pl* / Remittenden *pl* · Rückläufe *pl* · Rücksendungen *pl*
reusable routine *n* [EDP] / mehrfach aufrufbare Routine *f*
revenues *pl* [BgAcc] / Einkünfte *pl* ‖ *s.a. budget(ary) revenue*
reversal film *n* [Repr] ⟨ISO 4246; ISO 61964⟩ / Umkehrfilm *m*
~ **paper** *n* [Repr] / Umkehrpapier *n*
~ **processing** *n* [Repr] ⟨ISO 6196/3⟩ / Umkehrverfahren *n*
reverse chronological *adj* [InfSy] / umgekehrt chronologisch *adj* (in umgekehrter chronologischer Folge)
reversed left to right *pp* [Repr; Prt] / seitenverkehrtes Bild *n* ‖ *s.a. right reading image*
reversed lettering *n* [Prt] / Negativschrift *f*
reverse index *n* [Lin] / rückläufiges Wörterbuch *n*
~ **reading image** *n* / seitenverkehrtes Bild *n*
~ **title-page** *n* [Bk] / Titelblattrückseite *f* ‖ *s.a. biblio*
reversibility *n* [Pres] / Reversibilität *f*

reversible *adj* [Pres] / umkehrbar *adj* · reversibel *adj* ‖ *s.a. irreversible*
review 1 *v* [Acq; OrgM] / (inspect:) überprüfen · (an inspection copy:) durchsehen *v* · begutachten *v* (ein Ansichtsbuch ~) · besprechen *v* · rezensieren *v* ‖ *s.a. peer review*
~ 2 *n* (periodical) [Bk] / Rundschau *f*
~ 3 *n* (the ~ of a document) [Acq; OrgM] / Durchsicht *f* (eines Dokuments)
~ 4 *n* (evaluation of a literary work) [Bk] ⟨ISO 5127/3a⟩ / (k:) Rezension *f* · Buchbesprechung *f* ‖ *s.a. book review; omnibus review*
~ 5 *n* (inspection) [OrgM] / Überprüfung *f*
~ **copy** *n* [Bk] ⟨ISO 5127/3a⟩ / Rezensionsexemplar *n* · Besprechungsexemplar *n*
reviewer *n* [Bk] / Rezensent *m*
reviewing medium *n* / Rezensionsorgan *n*
~ **organ** *n* [Bk] / Besprechungsdienst *m* · Rezensionsorgan *n*
review publication *n* [Bk] / Rezensionsorgan *n*
revise *v* [Bk] / überarbeiten *v* · revidieren *v* · durchsehen *v*
revised edition *n* [Bk] / (rewritten:) überarbeitete Ausgabe *f* · umgearbeitete Auflage *f* · (altered:) veränderte Ausgabe *f* · (slightly revised:) durchgesehene Auflage *f*
revision *n* (of a text) [Bk] / Revision *f* · Durchsicht *f* (eines Textes) ‖ *s.a. rule revision*
~ **proposal** *n* [OrgM] / Änderungsvorschlag *m*
revolutions per minute *pl* (rpm) [NBM] / Umdrehungen pro Minute *pl* · UpM *abbr*
revolving bookrack *n* [BdEq] / Drehsäule *f* · Drehständer *m* · Drehturm *m* · Karussell *n*
~ **chair** *n* [BdEq] / Drehstuhl *m*
~ **display unit** *n* [BdEq] / Drehständer *m*
~ **door** *n* [BdEq] / Drehtür *f*
rewind *v* [NBM] / (to wind again:) umspulen · (to reverse the winding:) zurückspulen *v*
rewrite *v* [Writ] / umschreiben *v*
rhyming dictionary *n* [Bk] / Reimlexikon *n*
ribbed paper *n* [Pp] / geripptes Papier *n*
rice paper *n* [Pp] / Reispapier *n*
rich text format *n* (RTF) [ElPubl] / RTF-Format *n*
rider *n* (additional clause) [Law] / Zusatzklausel *f* · Nachtrag *m*

rider slip

~ **slip** *n* [TS] *US* / Laufzettel *m*
ridge *n* [Bind] *s. flange*
right adjusted *pp* [Prt; EDP] /
  rechtsbündig *adj*
~-**aligned** *pp* [Prt; EDP] ⟨ISO/IEC 2382-23⟩
  / rechtsbündig *adj*
~ **ascension** *n* [Cart] / Rektaszension *f*
~ **justified** *pp* [Prt] / rechtsbündig *adj*
~ **of access** *n* (to one's own personal data)
  [Law] / Auskunftsrecht *n*
~ **of exploitation** *n* [Law] /
  Verwertungsrecht *n* ‖ *s.a. all rights
  reserved*
~ **of reproduction** *n* [Bk] /
  Nachdruckrecht *n* · Vervielfältigungsrecht *n*
~ **of/to legal deposit** *n* [Acq; Law] /
  Pflichtexemplarrecht *n*
~ **reading image** *n* [Repr] / seitenrichtiges
  Bild *n*
rights|holder *n* [Law] / Rechteinhaber *m*
~ **of sale** *pl* / Vertriebsrechte *pl*
~ **ownership** *n* [Law] / Rechtebesitz *m*
right to legal deposit *n* / Pflichtexemplar-
  recht *n*
~ **to reprint** *n* [Bk] / Nachdruckrecht *n*
~ **truncation** *n* [Retr] / Endmaskierung *f* ·
  Rechtsmaskierung *f*
ring binder *n* [Bk; Off] / Ringordner *m*
  · (for filing memos etc.:) Ringbuch *n*
  · Aktenordner *m* · Briefordner *m* ·
  Büroordner *m* · Ordner *m*
~ **network** *n* [Comm] / Ringnetz *n*
rinse *v* [Repr; Pres] / spülen *v* · wässern *v*
RIP *abbr* [ElPubl] *s. raster image processor*
rise *n* (in salary) [Staff] / Gehaltserhöhung *f*
rising space *n* [Prt] *s. rising type*
rising type *n* [Prt] / Spieße *pl*
risk assessment *n* [OrgM] /
  Risikoabwägung *f*
RJE *abbr* [EDP] *s. remote job entry*
RNR *abbr* [Comm] *s. receive not ready*
roach *n* [Pres] *US* / Kakerlak *m*
road atlas *n* [Cart] / Straßenatlas *m* ·
  Autoatlas *m*
~ **map** *n* [Cart] / Straßenkarte *n*
roan *n* [Bind] / sumachgegerbtes
  Schafleder *n*
robot-based catalogue *n* [Cat; Internet] /
  robot-basierter Katalog *m*
role *n* [Art] / Rolle *f*
~ **indicator** *n* [Ind] / Funktionsanzeiger *m* ·
  Rollenindikator *m*
~ **operator** *n* (PRECIS) / Operator *m* ·
  Rollenoperator *m*
~ **playing game** *n* [NBM] / Rollenspiel *n*

roll 1 *n* [Bind] / (fillet:) Filete *f* · Rolle *f* ·
  Rollstempel *m* · Rullette *f* · Rollendruck *m*
  ‖ *s.a. decorative roll*
~ 2 *n* (scroll) [Bk] / Schriftrolle *f* · Rolle *f*
  ‖ *s.a. parchment roll*
rollerball *n* [EDP] / Spurkugel *f* ·
  Rollkugel *f*
roll film *n* [Repr] / Rollfilm *m*
rolling case *n* [Sh] / Fahrregal *n* ‖ *s.a.
  compact shelving unit*
~ **stack** *n* [Sh] / Fahrregalanlage *f* ·
  Fahrregal *n*
roll microfilm *n* [Repr] / Mikrorollfilm *m* ·
  Rollfilm *m*
ROM *abbr* [EDP] *s. read-only memory*
roman à clef *n* [Bk] / Schlüsselroman *m*
Roman alphabet *n* [Writ; Prt] / lateinisches
  Alphabet *n*
~ **character** *n* [Prt] / Antiquatype *f*
romanization [Writ] / Umschrift eines in
  nichtlateinischen Buchstaben geschriebenen
  Textes in einen lateinisch geschriebenen *f*
~ **letters** *pl* [Prt; Writ] *s. Roman script*
~ **numeral** *n* [Bk] / römische Ziffer *f*
~ **numeration** *n* [InfSy] / römische
  Zählung *f*
~ **script** *n* [Writ; Prt] / lateinische Schrift *f*
  · Antiqua *f* ‖ *s.a. non-roman script;
  Roman character*
~ **type** *n* [Prt] *s. Roman script*
romer *n* (rectangular scale printed in the
  margin of map) [Cart] / Planzeiger *m*
room climate *n* [BdEq] / Raumklima *n*
~ **divider** *n* [BdEq] / Raumteiler *m*
root directory *n* [EDP] / Wurzelver-
  zeichnis *n* · Stammverzeichnis *n* ·
  Hauptverzeichnis *n*
~ **node** *n* (hypertext) / Anfangsknoten *m*
rosette *n* [Bind] / Rosette *f*
rosin size *n* [Pp] / Harzleim ‖ *s.a.
  alum/rosin size*
sizing *n* [Pp] / Harzleimung *f*
roster *n* [OrgM] *s. duty roster*
rota *n* [Staff] / Dienstplan *m* ‖ *s.a. staff rota*
rotary *n* [Prt] *s. rotary machine*
~ **board-cutting machine** *n* [Bind] /
  Kreispappschere *f*
~ **camera** *n* [Repr] / Durchlaufkamera *f*
~ **card file** *n* [BdEq] / Karteilift *m*
~ **filming** *n* [Repr] ⟨ISO 6196/2⟩
  / Durchlauf-Aufnahmetechnik *f* ·
  Durchlaufverfilmung *f*
~ **machine** *n* [Prt] / Rotati-
  ons(druck)maschine *f*

~ **magazine** *n* (of a slide projector) [BdEq] / Rundmagazin *n*
~ **offset machine** *n* [Prt] / Rollenoffsetmaschine *f* ‖ *s.a. four colour rotary offset press*
~ **printing** *n* [Prt] / Rotationsdruck *m*
rotated index *n* [Ind] / Rotationsregister *n* · rotiertes Register *n*
rotating drum [BdEq] / Trommel *f* (rotierend)
~ **rack** *n* / Drehständer *m*
~ **tower** *n* [BdEq] / Drehsäule *f* · Drehständer *m* · Drehturm *m* · Karussell *n*
rotation speed *n* (of a disk) [NBM] / Drehzahl *f*
rotogravure *n* [Prt] / Rotationstiefdruck *m*
~ **paper** *n* [Pp] / Tiefdruckpapier *n*
rotunda *n* [Writ] / Rotunda *f*
rough calculation *n* [Gen] / überschlägige Berechnung *f*
~ **draft** *n* [Gen] / Rohentwurf *m* · Skizze *f*
~ **edge(s)** *n(pl)* [Pp] / Büttenrand *m*
~ **gilt** *n* [Bind] *s. gilt on the rough*
round *v* [Bind] / runden *v*
~ **bracket** *n* [Writ; Prt] / runde Klammer *f*
rounded back *n* [Bind] / runder Rücken *m*
rounding block *n* [Bind] / Rundeholz *n*
~ **error** *n* [InfSy] / Rundungsfehler *m*
~ **the back** *ger* [Bind] / Rückenrunden *n* · Rundklopfen *n* (des Rückens)
round off *v* [InfSc] / abrunden *v*
~ **up** *v* [InfSc] / aufrunden *v*
route *n* / umlaufen lassen *v* (Zeitschriften usw.) · in Umlauf geben *v*
routine *n* [EDP] ⟨ISO 2382/1⟩ / Routine *f* ‖ *s.a. reusable routine*
~ **slip** *n* [TS] / Laufzettel *m*
routing *n* (of periodicals) [InfSy] / Zeitschriftenumlauf *m* ‖ *s.a. circular routing; radial routing*
~ **slip** *n* [OrgM] / Umlaufzettel *m*
royal library *n* [Lib] / königliche Bibliothek *f*
royalty 1 *n* (payed by a publisher to an author) [Bk] / Honorar *n* · Autorenhonorar *n* ‖ *s.a. advance royalty*
~ 2 *n* (licence fee) [InfSy] / Nutzungsgebühr *f* · Lizenzgebühr *f* ‖ *s.a. lending royalty*
~ **agreement** *n* (between a publisher and an author) [Bk] / Honorarvereinbarung *f*
~**-free licence** / gebührenfreie Lizenz *f*
~ **statement** *n* [Bk] / Honorarabrechnung *f*
R.P. *abbr* [Bk] *s. reprinting*
rpm *abbr* [NBM] *s. revolutions per minute*

RPUC *abbr* [Bk] *s. reprint under consideration*
RR *abbr* [Comm] *s. receive ready*
RT *abbr* [Ind] ⟨DIN 1463/2⟩ *s. related term*
RTC *abbr* [EDP] *s. real-time clock*
RTF *abbr* [EDP] *s. rich text format*
rub *n* [Bind] *s. rubbing*
rubbed *pp* [Bind] / berieben *pp* ‖ *s.a. chafed*
rubber *n* [Off] *Brit* / Radiergummi *m*
~ **blanket** *n* (offset printing) [Prt] / Gummidrucktuch *n*
~ **stamp** *n* [TS] / Gummistempel *m*
rubbing *n* [Bind] ⟨ISO 5127-3⟩ / Abreibung *f* · Durchreibung *f*
rub-off *n* [Bind] *s. rubbing*
~ **out** *v* [Pres] / ausradieren *v*
~ **resistance** *n* [Pres] / Abriebfestigkeit *f*
rubric *n* [Bk] / Rubrik *f*
rubricate *v* [Writ; Bk] / rubrizieren *v*
rubrication *n* [Writ; Bk] / Rubrizierung *f*
rubricator *n* [Bk; Art] / Rubrikator *m*
rubrisher *n* [Bk] / Rubrikator *m*
rule 1 *n* [Prt; OrgM] / (line:) Linie *f* · (principle to which an action conforms:) Regel *f* ‖ *s.a. rules*
~ 2 *v* (make parallel lines) [Writ; Prt] / linieren *v* ‖ *s.a. ruling*
~ 3 *n* [Cat] / Regel *f* ‖ *s.a. optional rule*
ruled card *n* [TS] / linierte (Kartei-)Karte *f*
~ **paper** *n* [Pp] / liniertes Papier *n*
rule interpretation *n* [Cat] / Regelauslegung *f*
~ **of precedence** *n* [EDP] / Rangfolge *f*
~ **of three** *n* [Cat] / Dreierregel *f* (nicht mehr als drei Eintragungen je Vorlage)
ruler *n* [Off] / Lineal *n*
rule revision *n* [Cat] / Regeländerung *f*
rules *pl* / (of an association etc.:) Satzung *f*
~ **for alphabetical arrangement** *pl* / Regeln für die alphabetische Ordnung *pl* · ABC-Regeln *pl*
~ **for borrowers** *pl* [RS] / Ausleihbestimmungen *pl* · Ausleihbedingungen *pl*
~ **for citing** *pl* [Bib] / Zitierregeln *pl*
~ **(of procedure)** *pl* [OrgM] *s. standing rules*
ruling *n* [Prt; Writ] / Linierung *f*
run *v* [EDP] / laufen *v* ‖ *s.a. computer run*
rune *n* [Writ] / Rune *f*
runic writing *n* [Writ] / Runenschrift *f*
runner *n* [Prt] / Randziffer *f* · Zeilenzähler *m* ‖ *s.a. marginal figure*

running cost(s) *n(pl)* / Betriebskosten *pl* · laufende Kosten *pl*
~ **foot** *n* [Prt] / Fußzeile *f*
~ **headline** *n* [Prt] *s. running title*
~ **metre** *n* [Sh] / laufender Meter *m*
~ **number** *n* [Sh] / numerus currens *m* · laufende Nummer *f*
~ **on** *n* [Prt] / Fortdruck *m*
~ **script** *n* [Writ] / Kurrentschrift *f*
~ **sheet** *n* [Prt] / Aushängebogen *m*
~ **speed** *n* (of a videocassette etc.) [NBM] / (playing speed:) Abspielgeschwindigkeit *f* · Laufgeschwindigkeit *f*
~ **text** *n* [Writ; Prt] / fortlaufender Text *m*
~ **time** *n* [NBM] / (of a device:) Laufzeit *f* · Betriebszeit *f* · (playing time:) Spieldauer *f*
~ **title** *n* [Bk] ⟨ISO 5127/3a; AACR2⟩ / lebender Kolumnentitel *m* · Lauftitel *m* ∥ *s.a. page heading*

run time *n* (of a program) [EDP] / Laufzeit *f* (eines Programms)
runtime error [EDP] / Laufzeitfehler *m*
~ **library** *n* [EDP] / Bibliotheksdatei *f* (zur Speicherung von Prozeduren, Funktionen)
rural librarianship *n* [Lib] / ländliches Bibliothekswesen *n*
~ **library** *n* [Lib] / Dorfbibliothek *f*
rush job *n* [Prt] / Schnellschuss *m*
rush order *n* [Acq] / Eil-Bestellung *f*
~ **processing procedures** *pl* [TS] / Eil-Bearbeitung *f* · Eil-Geschäftsgang *m*
Russia cowhide *n* [Bind] *s. American Russia*
~ **(leather)** *n* [Bind] / Juchten(leder) *m/n(n)*
rustic capital *n* [Writ] / capitalis rustica *f*
rust-stained *pp* [Bind] / rostfleckig *adj*
ruttier *n* [Cart] *s. portolan chart*

S

sabbatical leave [Staff] / Freisemester *n* (eines Professors für Forschungs und Studienzwecke)
sacramentary *n* [Bk] / Sakramentar *n*
Sacred Scripture *n* [Bk] / Heilige Schrift *f*
saddle sewing *n* [Bind] / Heftheftung *f* (eine Fadenheftung, angewandt bei Zeitschriftenheften, Broschüren u.dgl.)
~ **soap** *n* [Pres] / Sattelseife *f*
~ **stitching** *n* [Bind] / Rückenstichheftung *f* · Rückstichheftung *f* (mit Hilfe von Drahtklammern)
safe *n* (strong cabinet for treasures) [BdEq] / Tresor *m* ‖ *s.a. strongroom*
safety check *n* [BdEq] / Sicherheitsprüfung *f*
~ **factor** *n* [BdEq] / Sicherheitsfaktor *m*
~ **film** *n* [Repr] / Sicherheitsfilm *m*
saffian *n* [Bind] / Saffian *n*
salaried employee *n* [Staff] / Gehaltsempfänger *m*
salary *n* [Staff] / Gehalt *n* ‖ *s.a. emoluments; gross salary; net salary; starting salary*
~ **advance** *n* [Staff] / Gehaltsvorschuss *m*
~ **agreement** [Staff] / Gehaltsvereinbarung *f*
~ **class** *n* [Staff] / Vergütungsgruppe *f* · Gehaltsgruppe *f*
~ **increase** *n* [Staff] / Gehaltserhöhung *f*
~ **level** *n* / Gehaltsniveau *n*

~ **scale** *n* [Staff] / (civil servants:) Besoldungsordnung *f* · (employees:) Vergütungsordnung *f*
~ **schedule** *n* [Staff] *s. salary scale*
saleable *adj* [Bk] / verkäuflich *adj* ‖ *s.a. not for sale*
sales *pl* [Bk] / Absatz *m* ‖ *s.a. volume of sales*
~ **catalogue** *n* [Bk] / Verkaufskatalog *m* · (auction catalogue:) Auktionskatalog *m*
~ **contract** *n* [Acq] / Kaufvertrag *m* ‖ *s.a. conditions of sale*
~ **department** *n* [Bk] / Verkaufsabteilung *f* · Vertriebsabteilung *f*
~ **executive** *n* [Bk] / Vertriebsleiter *m*
~ **manager** *n* [Bk] / Vertriebsleiter *m*
~ **market** *n* [OrgM] / Absatzmarkt *n*
~ **office** *n* / Verkaufsstelle *f* · Vertriebsstelle *f*
~ **promotion** *n* [Bk] / Absatzförderung *f*
~ **rights** *pl* [Bk] / Vertriebsrechte *pl*
~ **room** *n* [Bk] / Verkaufsraum *m*
~ **tax** *n* [BgAcc] / Umsatzsteuer *f*
salvage 1 *n* [Pres] / Rettung *f* · gerettetes Material (das Gerettete)
~ 2 *v* [Pres] / retten *v*
SAM *abbr* [EDP] *s. sequential access method*
sample *n* [InfSc] / Muster *n* (Probe) · Stichprobe *f* ‖ *s.a. quota sample; random sample; representative sample; stratified sample*

sample bias *n* [InfSc] / Bias-Fehler *m* · systematischer Stichprobenfehler *m*
~ **binding case** *n* [Bind] / Mustereinbanddecke *f*
~ **book** *n* [Bk] / Musterbuch *n*
~ **census** / Stichprobenerhebung *f*
~ **copy** *n* [Bk] / Musterexemplar *n* · Probeexemplar *n*
~ **cover** *n* [Bind] / Probeeinband *m*
~ **design** *n* [InfSc] / Stichprobenanlage *f* · Stichprobenplan *m*
sampled population *n* [InfSc] / Grundgesamtheit *f*
sampled universe *n* [InfSc] *s. sampled population*
sample issue *n* (of a periodical) [Acq] / Probeheft *n* · Probenummer *f*
~ **number** *n* [Bk] *s. sample issue*
~ **page** *n* [Prt] / Musterseite *f* · Probeseite *f*
~ **plan** *n* [InfSc] *s. sample design*
~ **size** *n* [InfSc] / Stichprobenumfang *m* · Stichprobengröße *f*
~ **survey** *n* [InfSc] / Stichprobenerhebung *f* · Stichprobenuntersuchung *f*
sampling *n* [InfSc] / (selecting individual items from a population:) Stichprobenbildung *f* · (the method of ~:) Stichprobenverfahren *n*
~ **bias** *n* [InfSc] *s. sample bias*
~ **depth** *n* [EDP] / Abtasttiefe *f*
~ **distribution** *n* [InfSc] / Stichprobenverteilung *f* · Sample-Verteilung *f*
~ **error** *n* [InfSc] / Stichprobenfehler *m*
~ **fraction** *n* [InfSc] / Stichprobengruppe *f* · Auswahlgruppe *f*
~ **frame** *n* [InfSc] / Auswahlbasis *f* · Stichprobengrundlage *f* · Stichprobenbasis *f*
~ **rate** *n* [NBM] / Abtastrate *f*
~ **ratio** *n* [InfSc] *s. sampling fraction*
~ **scheme** *n* [InfSc] *s. sample design*
~ **survey** *n* [InfSc] *s. sample survey*
sanatorium patients(') library *n* [Lib] / Patientenbibliothek *f* (in einem Sanatorium)
sandwich *v* [Pres] / sandwichen *v* · einbetten *v*
sanserif *n* [Prt] / Linear-Antiqua *f* · Sans Serif *f* · serifenlose Linear-Antiqua *f*
satchel *n* [Bk] / Buchtasche *f*
satellite communication *n* [Comm] / Satellitenkommunikation *f*
~ **computer** *n* [EDP] / Satellitenrechner *m* · Vorrechner *m*
~ **photograph** *n* / Satellitenbild *n* · Satellitenaufnahme *f*
~ **reception** *n* [Comm] / Satellitenempfang *m*
~ **transmission** *n* [Comm] / Satellitenübertragung *f*
satisfaction rate *n* [InfSc; RS] / 1 Zufriedenheitsgrad *m* · 2 Prozentsatz der positiv erledigten Bestellungen *m* ‖ *s.a. level of satisfaction; overall satisfaction; user satisfaction*
satisfied request *n* [RS] / positiv erledigte Bestellung *f* ‖ *s.a. fill rate; holdings rate; satisfaction rate; unsatisfied request*
saturation value *n* (of colour shades) [ElPubl] / Sättigungsgrad *m* (von Farbtönen)
save [EDP] / sichern *v* · speichern *v*
saving *n* [BgAcc] / Einsparung *f*
~ **in labour** *n* [OrgM] / Arbeitskräfte-Einsparung *f*
~ **in manpower** *n* [OrgM] *s. saving in labour*
sawn-in back *n* [Bind] / eingesägter Rücken *m*
sawn-in cords *pl* [Bind] / eingesägte Bünde *pl*
scalable font *n* [ElPubl] / skalierbare Schrift *f*
scale 1 *n* (series of degrees) [InfSc] / Skala *f*
~ 2 *n* (ratio of size in a map etc.) [Cart] ⟨ISBD(CM)⟩ / Maßstab *m* ‖ *s.a. ordinal scale*
~ 3 *v* [EDP/VDU; Prt] / skalieren *v* ‖ *s.a. font scaling*
~ **of charges** *n* [BgAcc] / Gebührenordnung *f*
~ **of reproduction** *n* [Repr] / Abbildungsmaßstab *m*
scaling *n* [InfSc] / Skalierung *f* · Skalenbildung *f*
scan *v* [EDP] / scannen *v* · abtasten *v*
scanner *m* [EDP] / Scanner *m* (triple-pass scanner:Scanner mit 3 Durchläufen; single-pass scanner:Scanner mit 1 Durchlauf) ‖ *s.a. colour scanner; drum scanner; flatbed scanner; grey-scale scanner; hand-held scanner; high-performance scanner; optical scanner; overhead scanner; sheet feed scanner; slide scanner*
~ **resolution** *n* [EDP] / Scanner-Auflösung *f*
scanning depth *n* [EDP] / Abtasttiefe *f*
~ **head** *n* [NBM] / Abtastkopf *m*

~ **rate** n [EDP] / Scanrate f · Abtastrate f
~ **speed** n [EDP] / Scangeschwindigkeit f
scatter chart n [InfSc] / Punktgrafik f · Punktdiagramm n
~ **diagram** n / Streubild n · Streuungsdiagramm n
scattered light n [Repr] / Streulicht n
scatter proof n [Prt] / Miniatur-Seitenübersicht f
scenario n (outline of a film plot) [NBM] ⟨ISO 4246⟩ / Szenario n ‖ s.a. screenplay; shooting script
schedule 1 v/n [OrgM] / Plan m · (timetable:) Terminplan · Zeitplan m · (showing the arrival and departure of trains etc.:) Fahrplan m · (to schedule:) planen v · festlegen v (zeitlich) ‖ s.a. fee schedule; loan desk schedule; manpower scheduling; publication schedule; time-schedule; time-scheduling; work scheduling
~ 2 n [Class] s. classification schedule
~ **of responsibilities** n [OrgM] / Geschäftsverteilungsplan m
scheduling / (planning intended events:) Terminplanung f · Planung f ‖ s.a. operation scheduling
scholar n [Ed] / (learned person:) Gelehrter n · (holder of scholarship:) Stipendiat m ‖ s.a. visiting scholar
scholarship n [Ed] / (standards of a good scholar:) Gelehrsamkeit f · (payment for a student:) Stipendium n ‖ s.a. travel(l)ing scholarship
~ **application** n [Ed] / Stipendienantrag m
~ **holder** n [Ed] / Stipendiat m
school book n [Bk] / Schulbuch n
~ **broadcasts** pl [Ed; Comm] / Schulfunk m
~-**leaving certificate** n / Schulabschlusszeugnis n
~ **library** n [Lib] ⟨ISO 2789⟩ / Schulbibliothek f
~ **of mines** n [Ed] / Bergakademie f
~ **publication** n [Bk] / Schulschrift f
~ **publisher** n / Schulbuchverlag m
~ **report** n [Ed] / Schulzeugnis n ‖ s.a. school-leaving certificate
~ **textbook** n [Bk] ⟨ISO 9707⟩ s. school book
scientific adj [InfSc] / wissenschaftlich adj
scientist n [InfSc] / Wissenschaftler m
SC memory n (semiconductor memory) [EDP] / Halbleiterspeicher m
scope [Gen] / (range:) Bereich m · (extent:) Umfang m · Reichweite f

~ **note** n (added to a descriptor) [Ind] ⟨ISO 5127/6⟩ / Erläuterung f (Hinweis in Bezug auf den inhaltlichen Geltungsbereich eines Deskriptors oder Schlagworts) · lexikalische Anmerkung f DDR
~ **of functions** n / Aufgabenbereich m
score 1 n [Mus] ⟨ISBD(PM); AACR2⟩ / Partitur f ‖ s.a. chorus score; close score; compressed score; conductor's score; full score; miniature score; orchestral score; piano score; playing score; pocket score; rehearsal score; short score; study score; vocal score
~ 2 n (number of points made by a player) [Gen] / Punktzahl f ‖ s.a. numerical score
~ 3 v [Gen] / bewerten v (nach einer Punkteskala)
~ 4 (mark creases in paper etc.) [Bind] / ritzen · rillen v
Scotch tape n [Off] US / Tesafilm m (durchsichtiges Klebeband)
SCPN abbr [NBM] s. Sound Carrier Product Number
scrap book (n) [Arch] / Sammelalbum n
scraped pp [Bind] / beschabt pp ‖ s.a. chafed; rubbed
scratched out pp [Bk] / ausradiert pp
scratch file n [EDP] / Scratch-Datei f
scratchpad n [Off; EDP] / Notizblock m · Notizblockspeicher m
scratch paper n [Pp] / Konzeptpapier n · Schmierpapier n
screamer n (sensational headline) US / Schlagzeile f ‖ s.a. streamer
screen 1 n (used in half-tone reproduction) [Prt; Repr] / Raster m ‖ s.a. coarse screen; descreening
~ 2 n (a flat surface upon which an image is projected) [NBM] ⟨ISO 4246⟩ / Bildwand f · Leinwand f · Projektionswand f ‖ s.a. partition screen
~ 3 n (monitor) [EDP/VDU] / Bildschirm m ‖ s.a. colour screen; flat screen; split screen; title screen; touch sensitive screen
~ 4 v [Prt] / rastern v
~ 5 v (to hide; to protect) / abschirmen v ‖ s.a. sun screen; sight screen
~ 6 v (to look through) [OrgM] / durchsehen v · sichten v
~ **background** n [EDP/VDU] / Bildschirmhintergrund
~ **capture** n [EDP/VDU] / Bildschirmkopie f · Bildschirmfoto n

screen contents 466

~ **contents** *pl* [EDP/VDU] / Bildschirminhalt *n*
~ **display** *n* [EDP/VDU] / Bildschirmanzeige *f* ‖ *s.a. data display*
~ **dump** *n* [EDP/VDU] / Bildschirmkopie *f* · Bildschirmausdruck *m*
~ **picture** *n* [Prt] / Rasterbild *n*
~ **fonts** *pl* / Bildschirmschriften *pl*
~ **format** *n* [EDP/VDU] / Bildschirmformat *n*
screening *n* (rasterization) [Prt] / Rasterung *f*
~ **board** [Pp] / Schrenzpappe *f*
~ **committee** *n* [Staff] *s. search- and -screen committee*
screen mask *n* [EDP/VDU] / Bildschirmmaske *f*
~ **pitch** *n* [EDP/VDU] / Punktabstand *m*
~**play** *n* [NBM] ⟨ISO 4246⟩ / Drehbuch *n*
~ **print** *n* [Art; Prt] / Siebdruck *m*
~ **printing** *n* [Art; Prt] / Siebdruck *m* · Serigraphie *f*
~ **saver** *n* [EDP/VDU] / Bildschirmschoner *m*
~ **shot** *n* [EDP/VDU] / Bildschirmfoto *n*
scribe *n* [Writ] / Schreiber *m*
scrim *n* [Bind] *Brit* / Heftgaze *f* · Gaze *f*
script 1 *n* (something written; handwriting; written characters) [Writ] / Schrift *f* ‖ *s.a. compuscript*
~ 2 *n* (typescript of a play, motion picture, etc.) [NBM] / Drehbuch *n* · Buch *n* · Skript *n* ‖ *s.a. post production script; scriptwriter; shooting script*
~ 3 *n* (system of writing; e.g., the Russian script) [Writ] / Schrift *f* ‖ *s.a. alphabetical script*
scriptural school *n* [Writ] / Schreibschule *f*
scriptwriter *n* [NBM] / Drehbuchverfasser *m*
scroll 1 *n* [Writ; Bk] / 1 Schriftrolle *f* · Rolle *f* · 2 (lettered:) Spruchband *n* ‖ *s.a. papyrus scroll*
~ 2 *n* [Bind] / Kartusche *f* · Rollwerk *n* · Ranken *pl*
~ 3 *v* [EDP/VDU] / rollen *v* · scrollen *v*
~ **bar** *n* [EDP/VDU] / Bildlaufleiste *f*
~ **down** *v* [EDP/VDU] / abwärts rollen *v*
~ **upward** *v* [EDP/VDU] / aufwärts rollen *v*
sculpture *n* [Art] / Plastik *f*
scutcheon *n* [Bk] / 1 Wappenschild *n* · 2 Wappen
SDI *abbr* [InfSy] *s. selective dissemination of information*

~ **service** *n* [InfSy] / Profildienst *m*
seal *n* [NBM] / Siegel *n*
sea level *n* (mean ~ ~) [Cart] / Normal-Null *n* · NN *abbr* · Höhennormal *n DDR* · HN *abbr*
sealing lac [NBM] / Siegellack *m*
sealskin *n* [Bind] / Seehundleder *n*
search 1 *n* [Retr] / Abfrage *f* · Recherche *f* ‖ *s.a. literature search; multikey search; neighbour search; query; subject search*
~ 2 *v* [Retr] ⟨ISO 2382-6⟩ / recherchieren *v* ‖ *s.a. information searching*
searchable *adj* [Retr] / abfragbar *adj* · recherchierbar *adj*
~ **field** *n* [Retr] / Suchfeld *n* · Suchkategorie *f* ‖ *s.a. access point 1*
search aid *n* [Retr] / Suchhilfe *f*
~ **analyst** *n* [Staff] / Informationsvermittler *m*
~**- and -screen committee** *n* [Staff] / Auswahlkommission *f* · Findungskommission
~ **duration** *n* [Retr] / Recherchezeit *f*
~ **engine** *n* [Internet] / Suchmaschine *f*
searcher *n* [Retr; Staff] / Searcher *m* ‖ *s.a. intermediary(-searcher)*
search field *n* [Retr] / Suchfeld *n*
~ **history** *n* [Retr] / Rechercheablauf *m* ‖ *s.a. search log*
searching mark *n* [Repr; Retr] *s. retrieval mark*
~ **section** *n* (of the acquisitions department) [Acq; OrgM] / Vorakzession *f*
search intermediary *n* [Retr; Staff] / Informationsvermittler *m*
~ **key** *n* [Retr] ⟨ISO 2382-6⟩ / Suchschlüssel *m*
~ **language** *n* [Retr] / Recherchesprache *f*
~ **log** *n* [Retr] / Rechercheprotokoll *n* ‖ *s.a. search history*
~ **logic** *n* [Retr] / Suchlogik *f*
~ **mode** *n* [Retr] / Suchmodus *m*
~ **order** *n* [Retr] / Rechercheauftrag *m* · Suchauftrag *m*
~ **procedure** *n* [Retr] / (the plan of a search:) Suchverfahren *n* · (the whole process of search:) Suchvorgang *m*
~ **process** *n* [Retr] / Suchvorgang *m*
~ **profile** *n* [InfSy] / Suchprofil *n*
~ **query** *n* [Retr] / Suchanfrage *f*
~ **question** *n* [Retr] / Suchfrage *f*
~ **record** *n* [Retr] / Suchprotokoll *n*
~ **request** 1 *n* (for out-of-print material) [Acq] / Suchanfrage *f* (In Bezug auf vergriffene Titel)

~ **request** 2 *n* (for a database search) [Retr] / Rechercheauftrag *m* · Suchauftrag *m*
~ **result** *n* [Retr] / Recherche-Ergebnis *n* · Suchergebnis *n* ‖ *s.a. false drops*
~ **service** *n* [InfSy] *s. online service*
~ **strategy** *n* [Retr] / Suchstrategie *f* · Recherchestrategie *f*
~ **term** *n* [Retr] / Suchbegriff *m*
~ **time** *n* [Retr] / Recherchezeit *f*
~ **tree** *n* [InfSy] / Suchbaum *m*
~ **unit** *n* (of the acquisitions department) [Acq; OrgM] / Vorakzession *f*
~ **word** *n* [Retr] / Suchwort *n* · Suchbegriff *m*
seat *n* (of an association) [OrgM] / Sitz *m* (eines Vereins)
seating unit *n* [BdEq] / Sitzgruppe *f*
secondary author *n* [Bk] ⟨ISO 5127/3a⟩ / Mitverfasser *m*
~ **bibliography** *n* [Bib] / Sekundärbibliographie *f*
~ **control** *n* [Comm] / Folgesteuerung *f*
~ **document** *n* [Bk] ⟨ISO 5127/2⟩ / Sekundärdokument *n* · Sekundärpublikation *f*
~ **education** *n* / weiterführende Schulbildung *f* · höhere Schulbildung *f*
~ **entry** *n* [Cat] ⟨AACR2⟩ / Nebeneintragung *f*
~ **language** *n* [Ind] / Sekundärsprache *f* (im Verhältnis zur vorrangigen Sprache)
~ **publication** *n s. secondary document*
~ **school** *n* / (lower level:) Hauptschule *f* · (medium level:) Sekundarschule *f* CH · Realschule *f*
~ **school level** *n* [Ed] / Sekundarstufe *f*
~ **station** *n* [Comm] / Folgestation *f*
~ **storage** *n* [EDP] / Fremdspeicher *m* · peripherer Speicher *m* · Zubringerspeicher *m* · Sekundärspeicher *m*
~ **territorial authority** *n* [Adm] / sekundäre Gebietskörperschaft *f* (Gliedstaaten, Verwaltungsbezirke, Ortsteile usw.)
~ **title** *n* (title of a section of a serial) [Bk] ⟨ISO 4⟩ / Titel einer Unterreihe *m*
second chance education *n* [Ed] / zweiter Bildungsweg *m*
~-**hand book** *n* [Bk] / antiquarisches Buch *n* ‖ *s.a. buy second hand*
~-**hand book market** *n* [Bk] / Antiquariatsmarkt *m*
~-**hand bookseller** *n* [Bk] / Antiquar *m*
~-**hand bookshop** *n* [Bk] / Antiquariat *n*
~-**hand book trade** *n* [Bk] / Antiquariatsbuchhandel *m*
~-**hand catalogue** *n* [Bk] / Antiquariatskatalog *m*
secretarial office *n* [OrgM] / Geschäftszimmer *n* · Sekretariat *n*
secretariat *n* [Off] / Sekretariat *n*
secretary *n* (head of a government department) [Adm] US / Minister *m*
Secretary of the Treasury *n* US / Finanzminister *m*
secretary's office *n* [Off] / Sekretariat *n*
secret document *n* [Bk] / Geheimdokument *n*
secrete *v* [Stock] / sekretieren *v*
secreterial duties *pl* [Off] / Sekretariatsaufgaben *pl*
secret press *n* [Prt] / Geheimdruckerei *f*
section 1 *n* [Bind] / (folded printed sheet ready for gathering and sewing:) Lage *f* ‖ *s.a. front section*
~ 2 *n* (paragraph) [Bk] / Abschnitt *m*
~ 3 *n* (of a serial) [Bk] ⟨ISBD(S); AACR2⟩ / Abteilung *f* ‖ *s.a. sub-series*
~ 4 *n* (of a map) [Cart] ⟨ISBD(CM)⟩ / Teilblatt *n* · Teil *m* · Sektion *f*
~ 5 *n* [Sh] / Regaleinheit *f* ‖ *s.a. additional section; double-sided (stack) section; initial section*
sectional library *n* [Lib] / Sektionsbibliothek *f* DDR · Bereichsbibliothek *f* ‖ *s.a. departmental library 1*
section title *n* [Bk] ⟨ISBD(S; PM; ER)⟩ / Abteilungstitel *m* · 1 Titel einer Untergliederung einer Veröffentlichung *m* · Titel einer Unterreihe *m* · 2 (halftitle which introduces a section of a book:) Zwischentitel *m*
sector *n* [EDP] ⟨ISO 2382/XII⟩ / Sektor *m*
~ **identifier** *n* [EDP] / Sektorkennung *f*
security 1 *n* (guarantee) [RS] / Sicherheit *f* · Bürgschaft *f*
~ 2 *n* (deposit) [RS] / Kaution *f* · Pfand *n*
~ **audit** *n* [OrgM] / Sicherheitsinspektion *f* · Sicherheitsüberprüfung *f*
~ **back-up** *n* / Datensicherung *f* · Sicherung *f*
~ **classification** *n* [Arch] / Einstufung als Verschlusssache *f* ‖ *s.a. classify 1*
~ **copy** *n* [EDP] / Sicherungskopie *f*
~ **file** *n* [Stock; Repr] / Sicherungsarchiv *n*
~ **filming** *n* [Pres; Repr] / Sicherheitsverfilmung *f* · Sicherungsverfilmung *f*
~ **manager** *n* [OrgM] / Sicherheitsbeauftragter *m*

~ **officer** *n* [Staff] / Sicherheitsbeauftragter *m*
~ **strip** *n* (magnetized strip) [BdEq] / Sicherheitsstreifen *m*
~ **system** *n* [BdEq] *s. electronic security system*
see also reference *n* [Cat] / Siehe-auch-Verweisung *f* · Siehe-auch-Hinweis *m*
see reference *n* [Cat] ⟨AACR2⟩ / Siehe-Verweisung *f*
segmentation *n* [Comm] / Segmentierung *f*
segmented record *n* [EDP] ⟨ISO 1001⟩ / segmentierter Satz *m*
segment of a globe *n* [Cat] / Globussegment *n*
seize *v* (confiscate) [Law] / beschlagnahmen *v*
select *v* / wählen *v* · auswählen *v*
selecting *n* [Comm] ⟨ISO 2382/9⟩ / Empfangsaufruf *m*
selection *n* [Gen] / Auswahl *f*
~ **aids** *pl* [Acq] / Bestellunterlagen *pl*
~ **mode** *n* [EDP] / Anforderungsbetrieb *m*
~ **of documents** *n* [Acq] / Literaturauswahl *f* · Dokumentenauswahl *f*
~ **policy** *n* [Acq] / Erwerbungspolitik *f*
~ **signal sequence** *n* [Comm] ⟨ISO 2382/9⟩ / Wählzeichenfolge *f*
~ **sources** *pl* [Acq] / Bestellunterlagen *pl*
selective abstract *n* [Bib; Ind] ⟨ISO 5127/3a⟩ / auswählendes Referat *n*
select(ive) bibliography *n* [Bib] / Auswahlbibliographie *f* ‖ *s.a. partial bibliography*
selective cataloguing *n* [Cat] / Auswahlkatalogisierung *f*
~ **dissemination of information** *n* (SDI) [InfSy] / selektive Informationsverbreitung *f* · (SDI service:) Profildienst *m* ‖ *s.a. SDI service*
~ **list** *n* [Bib] / Auswahlverzeichnis *n*
selectivity *n* [Retr] / Selektionsgüte *f*
self-adhesive *adj* [Bind] / selbstklebend *pres p*
~-**adhesive film** *n* [Bind] / Klebefolie *f* ‖ *s.a. Scotch tape*
~-**adhesive tape** *n* [Bind; Off] / Klebestreifen *m* (selbstklebend) · Klebeband *n* (selbstklebend)
self administration *n* / Selbstverwaltung *f*
~-**citation** *n* [InfSc] / Selbstzitat *n*
~-**copying paper** *n* [Off] / Durchschreibpapier *n* · selbstdurchschreibendes Papier *n* · NCR-Papier *n*
~-**directed study** *n* [Ed] / Selbststudium *n*

~-**government** *n* / Selbstverwaltung *f*
~-**guided tour** *n* [RS] / Selbstführung *f*
~-**instruction** *n* [Ed] / Selbststudium *n*
~-**instructional materials** *pl* [Ed] / Materialien zum Selbststudium *pl*
~-**lining** *part pres* [Bind] / ohne Vorsatz
~-**paced tour** *n* [RS] / Selbstführung *f*
~-**published** *pp* / im Selbstverlag erschienen *pp*
seller *n* [Bk] / Verkäufer *m* ‖ *s.a. bookseller*
selling fair *n* [Bk] / Verkaufsmesse *f*
~ **price** *n* [Acq] / Verkaufspreis *m* ‖ *s.a. retail price*
Sellotape *n* [Off] *Brit* / Tesafilm *m*
semantic change *n* [Lin] / Bedeutungswandel *m*
~ **factoring** *n* [Ind] ⟨ISO 5127/3a⟩ / semantische Begriffszerlegung *f*
~ **relation** *n* [Ind] ⟨ISO 5127/6⟩ / semantische Beziehung *f*
semantics *pl but usually sing in constr* [Lin] / Semantik *f*
semé *n* [Bind] / Semé-Einband *m*
semester *n* [Ed] / Semester *n*
~ **break** *n* [Ed] / Semesterferien *pl* · vorlesungsfreie Zeit *f*
semi-annual *n* [Bk] / (twice a year:) halbjährlich *adj* · (semi-annual publication:) Halbjahresschrift *f*
~-**bold face** *n* [Prt] / halbfette Schrift *f*
~-**colon** *n* [Writ; Prt] / Semikolon *n*
~-**conductor memory** *n* [EDP] / Halbleiterspeicher *m*
~-**monthly** *adj/n* [Bk] / halbmonatlich *adj* · (semi-monthly publication:) Halbmonatsschrift *f*
seminar *n* / Seminar *n* · (offered during basic studies stage:) Proseminar *n*
seminar(y) library *n* [Lib] / Seminarbibliothek *f*
semis *n* [Bind] / Semé-Einband *m*
semi-uncial *n* [Writ] / Halbunziale *f*
~-**weekly** *n* [Bk] / halbwöchentlich *adj* · (semi-weekly publication:) Halbwochenschrift *f*
send *v* [Comm] / senden *v* ‖ *s.a. post 1*
~ **mode** *n* [Comm] / Sendebetrieb *m* ‖ *s.a. clear to send*
~ **off** *v* [Comm] / abschicken
senior editor *n* (in a publishing house) [Bk] / Cheflektor *n*
seniority [Staff] / Dienstalter *n*
~ **allowance** *n* [Staff] / Dienstalterszulage *f*
senior librarian *n* [Staff] / Bibliothekar in verantwortlicher Stellung *m*

sensational newspaper *n* / Sensationsblatt *n*
~ **novel** *n* ⟨Bk⟩ / Sensationsroman *m*
sensitive data *pl* / schutzwürdige Daten *pl*
~ **layer** *n* [Repr] ⟨ISO 6196-4⟩ / strahlungsempfindliche Schicht *f*
sensitivity 1 *n* (the capacity of a photographic layer to record radiation) [Repr] / Empfindlichkeit *f* (photographische) ‖ *s.a. exposure index; light-sensitive; photosensitive; radiation sensitive film*
~ 2 *n* (number of relevant items retrieved; recall) [Retr] / Trefferquote *f*
sensitizing *n* [Repr] / Sensibilisierung *f*
sentence title *n* [Cat] / Satztitel *m* (Preußische Instruktionen)
separate *n* (copy of an article reprinted as a separate item) [Bk] / Sonder(ab)druck *m* · Separatum *n*
separated from *pp* (of a serial) [Cat] / hervorgegangen aus: *pp*
separating character *n* [EDP] ⟨ISO 2382/IV; ISO 2709⟩ / Trennzeichen *n* ‖ *s.a. field separator; record separator*
separator *n* [Ind] ⟨ISO 5127/6⟩ / Separator *m* · Trennzeichen *n*
seq *abbr* / und folgende *part pres* · f *abbr*
seqq. *abbr* (sequentes, sequentia) [Acq; Bk] / ff *abbr* (und folgende)
sequel *n* (a literary or other imaginative work that is complete in itself but continues an earlier work) [Bk] ⟨AACR2⟩ / Fortsetzung *f*
sequence *n* [Gen] / Folge *f* ‖ *s.a. shelving sequence*
~ **number** *n* [Gen] / laufende Nummer *f*
sequential access *n* [EDP] ⟨ISO 2382/XII⟩ / sequentieller Zugriff *m* · serieller Zugriff *m*
~ **access memory** *n* [EDP] / Speicher mit seriellem Zugriff *n*
~ **access method** *n* [EDP] / sequentielle Zugriffsmethode *f*
~ **access storage** *n* [EDP] ⟨ISO 2382/XII⟩ / Speicher mit sequentiellem Zugriff *m*
~ **circuit** *n* [EDP] / Schaltwerk *n*
~ **location** *n* [Sh] / Numerus-currens-Aufstellung *f*
~ **locator** *n* [Ind] *s. locator*
~ **search** *n* [Retr] / lineare Suche *f*
sequester *v* [Stock] / sekretieren *v*
serendipity *n* [InfSc] / Serendipität *f*

serial *n* [Bk] / fortlaufendes Sammelwerk *n* D · Periodikum *n* · fortlaufende Publikation *f* CH ‖ *s.a. periodical; union list of serials*
~ **access** *n* [EDP] *s. sequential access*
~ **access memory** *n* [EDP] *s. sequential access storage*
~ **access storage** *n* *s. sequential access storage*
~ **catalogue** *n* [Cat] / Zeitschriftenkatalog *m* · ZSK *abbr*
~ **cataloguing** *n* [Cat] / Zeitschriftenkatalogisierung *f*
~ **checker** *n* [Staff] / ein mit der Akzessionierung von Zeitschriftenheften beauftragter Mitarbeiter *m*
~ **check-in** *n* [Acq] / Zeitschriftenakzessionierung *f* ‖ *s.a. check(ing)-in record*
~ **holdings** *pl* [Stock] / Zeitschriftenbestand *m*
~ **input** *n* [EDP] / serielle Eingabe *f*
~ **interface** *n* [EDP] / serielle Schnittstelle *f*
seriality *n* [Bk; Cat] / fortlaufende Erscheinungsweise *f*
serial mode *n* [EDP] / serieller Betrieb *m*
~ **number** *n* [Bk; BdEq] / (of a serial:) laufende Nummer *f* · (of a device:) Seriennummer *f*
~ **output** *n* [EDP] / serielle Ausgabe *f*
~ **-parallel converter** *n* [EDP] / Serien-Parallel-Umsetzer *m*
~ **port** *n* / serieller Anschluss *m*
~ **printer** *n* [EDP; Prt] ⟨ISO 2382/XII⟩ / Seriendrucker *m*
~ **processing** *n* [EDP] / serielle Verarbeitung *n*
~ **publication** *n* [Bk] *s. serial*
~ **record** *n* [Cat; Acq] / Zeitschriftennachweis *m* · (for serial checking:) Zeitschriftenzugangsnachweis *m*
serials accessioning *n* [Acq] / Zeitschriftenakzessionierung *f*
~ **control** *n* [Acq] / Zeitschriftenüberwachung *f*
~ **database** *n* [Cat] / Zeitschriftendatenbank *f* · ZDB *abbr*
serial(s) department *n* [OrgM] / 1 (part of the accession(s) department:) Zeitschriftenstelle *f* · Zeitschriftenakzession *f* · 2 (part of the cataloguing department:) Zeitschriftentitelaufnahme *f*
~ **division** *n* [OrgM] *s. serial(s) department*

serial section *n* [Cat; OrgM] / (in charge of cataloguing serials:) Zeitschriftentitelaufnahme *f*
serial(s) (receipt) unit *n* [Acq; OrgM] *s. serial(s) department*
serial(s) section *n* [OrgM] *s. serial(s) department*
~ **unit** *n* [OrgM] *s. serial(s) department*
serial transmission *n* [Comm] ⟨ISO 2382/9⟩ / serielle Übertragung *f* · Serienübertragung *f*
series 1 *n* [Bk] ⟨ISO 5127/2 ISBD(M; S; CM) AACR2⟩ / Serie *f* · Schriftenreihe *f* · Reihe *f*
~ 2 *n* (each of two or more volumes of lectures etc., similar in character and issued in sequence, e.g. Lowell's Among my books, 2nd series) [Bk] ⟨AACR2⟩ / Folge *f*
~ 3 *n* (a separately numbered sequence of volumes within a serial, e.g., Notes and queries 2nd series) [Bk] ⟨AACR2⟩ / Folge *f*
~ **area** *n* [Cat] / Zone für die Gesamttitelangabe *f CH*
~ **statement** *n* [Cat] ⟨ISO 5127/3a; ISBD(M; S; PM; ER)⟩ / Gesamttitelangabe *f* (beim Stück einer Schriftenreihe) · Serienangabe *f* · Reihenangabe *f*
~ **title** *n* [Cat] / Serientitel *m* · Reihentitel *m*
serif *n* [Prt] / Serife *f* ‖ *s.a. sanserif*
serigraph *n* [Art; Prt] / Siebdruck *m* · Serigraphie *f*
serigraphy *n* [Art; Prt] / Siebdruck *m* · Serigraphie *f*
server *n* [EDP] / Server *m* ‖ *s.a. dedicated server; departmental server*
service *n* [OrgM] ⟨DCMI⟩ / Dienst *m* · Dienstleistung *f* ‖ *s.a. exemption of service; range of service; suspension of service*
~ **charge** *n* [BgAcc] / (handling charge:) Bearbeitungsgebühr *f* · (charge for using sth.:) Benutzungsgebühr *f* · (a charge imposed by the library for a service:) Leistungsentgelt *n* · (user charge:) Benutzergebühr *f*
~ **contract** *n* [Staff] / (contract of employment:) Dienstvertrag *m* · (maintenance contract:) Wartungsvertrag *m*
~ **fee** *n* [RS] *s. service charge*
~ **hours** *pl* (of a database vendor etc.) [InfSy] / Betriebszeit(en) *f(pl)*

~ **institution** *n* [OrgM] / Dienstleistungseinrichtung *f*
~ **issue** *n* (for a loose-leaf publication) [Bk] / Ergänzungslieferung *f*
~ **point** *n* [OrgM] ⟨ISO 2789⟩ / Dienstleistungsstelle *f*
~ **program** *n* [EDP] / Dienstprogramm *n*
~ **provider** *n* [InfSy] / Leistungsanbieter *m* · Dienstanbieter *m* · Dienstbringer *m*
~ **status** *n* [Staff] / Dienstverhältnis *n*
~ **supplier** *n* [InfSy] / (database provider:) Datenbankanbieter *m*
~ **unit** *n* [OrgM] / Dienstleistungseinrichtung *f*
~ **vehicle** *n* [BdEq] / Dienstfahrzeug *n*
sessional papers *pl* (of a parliament) [Bk] / Sitzungsberichte *pl* (eines Parlaments)
session layer *n* (OSI) / Sitzungsschicht *f*
set 1 *v* [Prt] / (compose type:) setzen *v* · (finish compose a copy:) absetzen ‖ *s.a. reset 2; setting instructions; setting mistake*
~ 2 *n* (two or more documents in any physical form issued as an entity) [Bk] / (multi-volume publication:) mehrbändige Publikation *f* (all volumes of a multivolume publication:Gesamtwerk) · (multi-part item:) mehrteiliges Werk ‖ *s.a. set discount*
~ **books** *pl* [Ed] / Pflichtlektüre *f*
~ **discount** *n* [Bk] / Preisnachlass *m* (bei Abnahme des Gesamtwerks)
~ **of orchestral parts** *n* [Mus] / Orchestermaterial *n*
~ **out** *v* (filing words) [Cat] / auswerfen
~ **size** *n* (width of a type body) [Prt] / Dickte *f*
~ **solid** [Prt] / kompresser Satz *m*
~ **theory** *n* / Mengenlehre *f* ‖ *s.a. intersection; subset; total set*
setting 1 *n* (of a poem, etc.) [Mus] / Vertonung *f* (eines Gedichts usw.)
~ 2 (the music to which words of a poem etc. are set) [Mus] / Satz *m* (die Art,in der ein Musikwerk gesetzt ist)
~ 3 (typesetting) [Prt] / Satz *m* (Satzherstellung/das Setzen) ‖ *s.a. light setting; photosetting; tabular setting*
~ **costs** *pl* [Prt; BgAcc] / Satzkosten *pl*
~ **instructions** *pl* [Prt] / Satzanweisungen *pl*
~ **mistake** *n* [Prt] / Setzfehler *m* · Satzfehler *m* ‖ *s.a. misprint*
~ **rule** *n* [Prt] / Setzlinie *f*
~ **up** *n* [OrgM] / Einrichtung *f* · Aufbau *m*

settlement *n* [OrgM] / Abmachung *f* · (arrangement:) Übereinkunft *f* · (agreement:) Abkommen *n* ∥ *s.a. arrangement 3*
set to music *v* [Mus] / vertonen *v*
setup *n* [BdEq; EDP] / Einrichtung *f* · Installation *f* ∥ *s.a. connection setup*
set up *v* [EDP] / installieren
setup costs *pl* [BdEq; BgAcc] / Einrichtungskosten *pl* · Anlaufkosten *pl*
~ **program** *n* [EDP] / Installationsprogramm *n*
~ **site** (of a computer etc.) [BdEq] / Aufstellungsort *m*
set width *n* [Prt] *s. set size*
sew *v* [Bind] / heften *v* ∥ *s.a. hand-sewn; tape sewing; unsewn binding; wire sewing*
sewed *pp* [Bind] / broschiert *pp* ∥ *s.a. side-sewed*
sewing along *n* [Bind] *s. all along sewing*
~ **bench** *n* [Bind] *s. sewing frame*
~ **frame** *n* [Bind] / Heftlade *f*
~ **tape** *n* [Bind] / Heftband *n*
~ **thread** *n* [Bind] / Heftfaden *m* · Heftzwirn *m* · Zwirn *m* · Faden *m* ∥ *s.a. thread sewing*
~ **two sheets on** *ger* [Bind] / Wechselheftung *f*
sewn *pp* [Bind] / geheftet *pp* (Fadenheftung) · (paper covers:) broschiert *pp* ∥ *s.a. missewn*
sextern *n* [Bk; Bind] / Sextern(io) *m(m)*
sexto-decimo *n* [Bk] / Sedez(-Format) *n(n)*
sexual harassment *n* [Staff] / sexuelle Belästigung *f*
SGML *abbr s. Standard Generalized Markup Language*
shade *n* [Prt] / Schattierung *f*
shaded letters *pl* [Prt] / Schattenschrift *f*
shade of colour *n* [Repr] / Farbschattierung *f* · Schattierung *f* · Farbton *m*
shadow *v* [Art] / schattieren *v*
~ **watermark** *n* [Pp] / Schattenwasserzeichen *n*
shagreen *n* [Bind] / Chagrin *n*
shaken *pp* (referring to the copy of a book) [Bk] / Einband lose *m* · lose Blätter *pl*
shammy *n* [Bind] / Chamois *n*
shank *n* (of a type) [Prt] / Schriftkegel *n* · Kegel *m*
share *n* [Gen] / Anteil *m* ∥ *s.a. quota*
shareable knowledge *n* [KnM] / teilbares Wissen *n*

shared authorship *n* [Cat] *s. shared responsibility*
~ **cataloguing** *n* [Cat] ⟨ISO 5127/3a⟩ / kooperative Katalogisierung *f* · Verbundkatalogisierung *f*
~ **database** *n* [InfSy; Retr] / gemeinsam genutzte Datenbank *f*
~ **knowledge** *n* [KnM] / gemeinsam genutztes Wissen *n*
~ **responsibility** *n* [Cat] ⟨AACR2⟩ / gemeinsam getragene Verfasserschaft bzw. Urheberschaft, (die beteiligten Personen bzw. Körperschaften haben die gleichen Funktionen)
shaved edge *n* [Bind] / beraufter Schnitt *m* · Rauhschnitt *m* · ebarbierter Schnitt *m*
sheaf catalogue *n* [Cat] / Kapselkatalog *m*
sheep *n* [Bind] / Schafleder *n*
sheet 1 *n* (flat piece of material,esp.paper) [Pp] ⟨AACR2⟩ / Bogen *m* ∥ *s.a. in sheets*
~ 2 (map sheet) [Cart] / Kartenblatt *n* · Blatt *n* ∥ *s.a. barrier sheet; plastic sheet; printed sheet; single sheet*
~ **designation** *m* [Cart] *s. sheet title*
~-**fed offset machine** *n* [Prt] / Bogenoffsetmaschine *f*
~ **feeder** *n* [Repr; Prt] / Einzelblatteinzug *m*
~ **feed scanner** *n* [EDP] / Einzugscanner *m*
~ **film** *n* [Repr] / Blattfilm *m*
~ **folding machine** *n* [Bind] / Bogenfalzmaschine *f*
~ **lines** *pl* [Cart] / Blattschnitt *m*
~ **line system** *n* [Cart] / Blatteinteilung *f*
~ **margin** *n* [Cart] / Blattrand *m*
~ **music** *n* [Mus] / Notenblätter *pl* · Notenheft *n*
~ **name** *n* [Cart] *s. sheet title*
~ **numbering** *n* [Cart] / Blattzählung *f*
~ **of music** *n* [Mus] / Notenblatt *n*
~ **size** *n* [Pp] / Bogenformat *n*
~ **title** *n* [Cart] ⟨ISBD(CM)⟩ / Blattbenennung *f* · Blattbezeichnung *f*
shelf *n* [Sh] / Fachboden *m* · Brett *n* · Regalboden *m* · Einlegeboden *m* ∥ *s.a. adjustable shelf; base shelf; consultation shelf; display shelf; divider shelf; fixed shelf; not on shelf; shelves; shelving; sloping shelf; tier; tilted shelf*
~ **arrangement** *n* [Sh] / Regalordnung *f*
~-**back** *n* (of a book) [Bind] / Rücken *m* ∥ *s.a. back 1*
~ **capacity** *n* [Sh] *n s. shelving capacity*
~ **checking** *n* [Sh] / Bestandsdurchsicht *f* (in den Regalen) ∥ *s.a. stocktaking*

shelf classification

~ **classification** n [Class] / Aufstellungssystematik f
~ **clearance** n [Sh] / Fachbodenabstand m
~ **dummy** n [Sh] / Vertreter m · Stellvertreter m · Repräsentant m (im Regal)
~ **fitments** pl [Sh] / Regalzubehör n
~ **guide** n [Sh] / Hinweistafel am Regal bzw. an der Regalreihe f
~ **height** n [Sh] / Fachbodenabstand m
~ **insert** n [Sh] / Regaleinsatz m
~ **label(l)ing** n [Sh] / Regalbeschilderung f · Regalbeschriftung f ‖ *s.a. range indicator*
~ **ladder** n [Sh] / Bücherleiter f · Regalleiter f
~ **life** n [NBM] / Haltbarkeitsdauer f · Lebensdauer f
~**list** n [Sh] ⟨ISO 5127/3a⟩ / Standortkatalog m · StK *abbr*
~ **location** / Aufstellungsort m (in einem Regal)
~ **mark** n [Sh] ⟨ISO 5127/3a⟩ / 1 Signatur f · Standnummer f · Standortnummer f · 2 Regalnummer f
~ **needs** pl [Sh] / Stellraumbedarf m · Stellflächenbedarf m
~ **number** / Signatur f (mit Bezeichnung des Regalbodens)
~ **peg** n [Sh] *s. shelf rest*
~ **reading** n [Sh] *s. shelf checking*
~-**register** n [Sh] *s. shelflist*
~ **rest** n [Sh] / Stellstift m · Panizzistift m
~ **section** n [Sh] / Regaleinheit f
~ **support** n [Sh] / Seitenwange f
~ **tidying** n [Sh] *s. shelf checking*
~ **top** n [Sh] / Abdeckboden m (eines Regals)
~ **unit** n [Sh] / Regaleinheit f
shellac record n [NBM] / Schellack-Platte f
shelve [Sh] / einstellen v · aufstellen v · einordnen (Bücher ins Regal ~) ‖ *s.a. misshelve; reshelve*
shelves pl [Sh] / Regal n (to be on open shelves: in Freihandaufstellung sein / frei zugänglich sein) ‖ *s.a. filing shelves; oversize book shelves; standard shelves*
shelving 1 n (collectively, the shelves upon which books are stored) [Sh] / Regal n · Regalausstattung f ‖ *s.a. hinged shelving*
~ 2 n (the procedure of ~) [Sh] / Aufstellung f ‖ *s.a. compact shelving; integrated shelving*
~ **accessories** pl [Sh] / Regalzubehör n
~ **by size** n [Sh] / Aufstellung nach Format f

~ **capacity** n [Sh] / Stellraumkapazität f
~ **in accession order** n [Sh] / Numeruscurrens-Aufstellung f · mechanische Aufstellung f
~ **range** n [Sh] / Regalachse f · Regalreihe f
~ **section** n [Sh] / Regalblock m
~ **sequence** n [Sh] / Aufstellungsfolge f
~ **space** n [Sh] / Regalfläche f · Stellraum m
~ **system** n [Sh; Stock] / Aufstellungssystem n · Regalsystem n
~ **unit** n [Sh] / Regaleinheit f
shield v/n [EDP/VDU; BdEq] / (blind out:) ausblenden v · (protective plate:) Störlichtblende f · Blende f
shift v [Stock] / (~ sections of a collection:) verschieben v
~ **key** (keyboard) [BdEq] / Umschalttaste f (caps lock key:Feststelltaste für Großbuchstaben)
~ **work** n [OrgM] / Schichtarbeit f
shilling shocker [Bk] / Schauerroman m (im viktorianischen England)
ship library n [Lib] / Schiffsbibliothek f
shipment n [Acq] / (distribution:) Auslieferung f · Sendung f · Lieferung f · Zusendung f ‖ *s.a. advice of shipment; part shipment*
shipping n [Bk] / Versand m
~ **department** n [OrgM] / Versandabteilung f
~ **room** n [BdEq] / Versandstelle f
shoes pl [Bind] / Eckbeschläge pl
shooting script n [NBM] ⟨ISO 4246⟩ / Drehbuch n
shopping basket n [Internet] / Einkaufskorb m
~ **cart** n [Internet] / Einkaufswagen m
shop window n [BdEq] / Schaufenster n
~-**window display** n [Pr] / Schaufensterausstellung f
short and n (&) [Prt; Writ] *s. ampersand*
~ **catalogue record** n [Cat] / Kurztitelaufnahme f
~ **cataloguing** n [Cat] / Kurztitelaufnahme f · verkürzte Katalogisierung f
~ **contents list** n [Bk] / Inhaltsübersicht f
shortcut n [EDP] / Tastenkombination f
shorten v [Gen] / kürzen v
short-entry catalogue n [Cat] / Kurztitelkatalog m
~**(film)** n(n) [NBM] / Kurzfilm m
~-**handed** pp [Staff] / unterbesetzt pp ‖ *s.a. staff shortage*

~hand (writing) *n* [Writ] / Kurzschrift *f* ·
Stenographie *f*
~ loan *n* / Kurzausleihe *f*
~-loan collection *n* [Stock] /
Kurzausleihbestand *m*
~-message service *n* (SMS) [Comm] /
Kurznachrichtendienst *m*
~-run printing *n* [Prt] / Kleinauflagen-
druck *m*
~ score *n* [Mus] *s. close score*
~-staffed *pp* [Staff] / unterbesetzt *pp* ‖ *s.a.
short-handed*
~ story *n* [Bk] / Kurzgeschichte *f*
~-term *adj* [OrgM] / kurzfristig *adj*
~-term contract *n* [Staff] / befristeter
Vertrag *m* · Zeitvertrag *m*
~-term goal *n* [OrgM] / Nahziel *n*
~-term loan *n* [RS] / Kurzausleihe *f*
~-title catalogue *n* [Cat] /
Kurztitelkatalog *m*
~-title entry *n* [Cat] / Kurztitelaufnahme *f*
shot *n* [Repr] / Schuss *m* (mit der Kamera)
‖ *s.a. close-up (shot)*
shoulder 1 *n* (of a type) [Prt] /
Achselfläche *f*
~ 2 *n* (part of the back of a text block)
[Bind] *s. flange*
~-head *n* [Bk] / Randüberschrift *f*
(linksbündig vor einem Absatz)
~-note *n* [Bk] / Marginalie *f* (in der oberen
rechten Ecke einer Seite)
show|case *n* [BdEq] *s. exhibit(ion) case*
SHOW format *n* [EDP/VDU] /
Ausgabeformat *n*
~-room *n* [BdEq] / Ausstellungsraum *m* ·
Schauraum *m*
shredder *n* / Aktenvernichter *m* ·
Reißwolf *m*
shredding machine *n* / Aktenvernichtungs-
maschine *f* · Reißwolf *m* ‖ *s.a. shredder*
shrink *v* [Bind] / schrumpfen *v*
~-packed *pp* [Bind] / eingeschweißt *pp*
~ wrap *n* [Bind] / Schrumpffolie *f*
~-wrap agreement *n* [EDP; Law] /
Schutzhüllenvertrag *m*
~-wrapped *pp* [Bind] / eingeschweißt *pp*
~ wrapping *n* [Bk] / Schrumpffolienver-
packung *f* · Folieneinschweißung *f*
SI book *n* [Bk] *s. special interest book*
sick leave *n* [Staff] / Arbeitsbefreiung *f*
(wegen Krankheit)
sickness figures *pl* [Staff] / Krankenstand *m*
side by side *n* [Prt] / seitenweise *adj*
~ effect *n* [Gen] / Nebenwirkung *f*
~-head(ing) *n* [Bk] / Randüberschrift *f*

~ note *n* [Bk] / Marginalie *f*
siderography *n* / Stahlstich *m*
side-sewed *pp* [Bind] / seitlich
fadengeheftet *pp*
~ sewing *n* [Bind] / Fadenblockheftung *f*
~ sorts *pl* [Prt] / Sonderzeichen *pl*
~-stitched *pp* [Bind] / seitlich
drahtgeheftet *pp*
~ stitching *n* [Bind] / Blockheftung *f* (mit
Drahtklammern)
~ support *n* (of a bookcase) [Sh] /
Seitenstütze *f* · (broad ~ ~:) Seitenwand *f*
~ title *n* [Bk] / Außentitel *m*
~-wired *pp* [Bind] / seitlich
drahtgeheftet *pp*
sight screen *n* [BdEq] / Sichtblende *f*
sigillography *n* / Sphragistik *f* ·
Siegelkunde *f*
sign 1 *n* [InfSc] ⟨ISO 5127/1⟩ / Zeichen *n*
~ 2 *v* (to autograph) [Bk] / unterzeichnen *v*
· unterschreiben *v* · signieren *v* ‖ *s.a.
countersign; inscribed copy; signature
1; signed binding; signed copy; signing
session; unsigned*
signage *n* [BdEq] / Beschilderung *f*
signal *n* [InfSy] ⟨ISO 2382/1⟩ / Signal *n* ‖
s.a. busy signal
~ distance *n* [EDP] / Hammingabstand *m*
~ element *n* [Comm] / Schritt *m*
~ element timing *n* [Comm] /
Schritttakt *m*
signature 1 *n* (a person's name used in
signing a document) [Writ] / Unterschrift *f*
‖ *s.a. digital signature; electronic
signature; sign 2*
~ 2 *n* (signature mark) [Bk] ⟨ISBD(A)⟩ /
Bogensignatur *f* · Signatur *f*
~ 3 *n* (section) [Bind] / Lage *f*
~ folder *n* [Off] / Unterschriftenmappe *f*
~ (mark) *n* [Bk] ⟨ISBD(A)⟩ /
Bogensignatur *f* · Signatur *f* · (catchword:)
Kustode *f* ‖ *s.a. title signature*
~ title *n* [Bk] / Bogennorm *f*
signed binding *n* [Bind] / signierter
Einband *m* ‖ *s.a. binding with ticket; name
pallet*
~ copy *n* [Bk] / signiertes Exemplar *n* ‖
s.a. signing session
signet *n* (page-marker) [Bind; Bk] /
Merkband *n*
significance test *n* [InfSc] /
Signifikanztest *m*
signing session *n* [Bk] / Signierstunde *f* ‖
s.a. signed copy
signposting *n* [BdEq] / Beschilderung *f*

sign system *n* [BdEq] / Beschilderungssystem *n* · optisches Leitsystem *n*
silent film *n* [NBM] / Stummfilm *m*
~ **movie** *n* [NBM] / Stummfilm *m*
silk binding *n* [Bind] / Seideneinband *m*
silk gauze *n* [Pres] / Seidengaze *f*
silking *n* [Pres] / Einbettung *f* (mit Seidengaze)
silkscreen printing *n* [Art; Prt] / Siebdruck *m*
silver film *n* [Repr] ⟨ISO 6196-4⟩ / Silberfilm *m* · Silberhalogenfilm *m*
silverfish *n* [Pres] / Silberfisch *m*
~ **infestation** *n* [Pres] / Silberfisch-Befall *m* · (silverfish abatement: Eindämmung des Silberfisch-Befalls)
silver halide process *n* [Repr] / Silberhalogenverfahren *n*
~ **leaf** *n* [Bind] / Blattsilber *n*
~-**point drawing** *n* [Art] / Silberstiftzeichnung *f*
similarity relation *n* [KnM] / Ähnlichkeitsbeziehung *f*
~ **search** *n* [KnM; Retr] / Ähnlichkeitssuche *f*
simple code *n* [PuC] / Einfachschlüssel *m* · Einfeldschlüssel *m*
~ (**index**) **term** *n* [Ind] / einfacher Index-Terminus *m*
~ **query** *n* [Retr] / einfache Abfrage *f*
~ **relation** *n* (symbol : colon) [Class/UDC] / einfache Beziehung *f*
simplex circuit *n* [Comm] / Simplexverbindung *f*
~ **positioning** *n* (of microimages) [Repr] ⟨ISO 6196/2⟩ / Simplexverfahren *n*
~ **transmission** *n* [Comm] ⟨ISO 2382/9⟩ / Richtungsbetrieb *m*
simplified cataloguing *n* [Cat] / Kurztitelaufnahme *f* · verkürzte Katalogisierung *f*
simulation *n* [EDP] ⟨IS/IEC 2382-1⟩ / Simulation *f*
simulator *n* [EDP] / Simulator *m*
simultaneous access *n* [EDP] / Parallelzugriff *m* · Simultanzugriff *m*
~ **operation** *n* [EDP] / Simultanbetrieb *m*
single *n* (short record) [NBM] / Single *f*
~ **booth** *n* [BdEq] / Einzelkabine *f*
~-**colour offset press** / Einfarben-Offsetmaschine *f*
~-**colour printing** *n* [Prt] / Einfarbendruck *m*
~-**columned** *pp* [Bk] / einspaltig *adj*
~ **copy** *n* [Bk] / Einzelexemplar *n*

~ **density** *n* [EDP] / einfache Schreibdichte *f* ∥ *s.a. single-density disk*
~-**density disk** *n* [EDP] / Diskette mit einfacher Schreibdichte *f*
~-**disk cartridge** / Einzelplattenkassette *f* (für die Datenspeicherung)
Single European Market *n* / Europäischer Binnenmarkt *m*
single-faced *pp* [Sh] *s. single-sided case*
~ **issue** *n* (of a periodical) [Bk] / Einzelheft *n*
~-**line system** *n* [OrgM] / Einliniensystem *n*
Single Market (Single European Market) / Europäischer Binnenmarkt *m*
single personal authorship *n* [Cat] / Einverfasserschaft *f*
~-**section pamphlet sewing** *n* [Bind] / Fadenrückstichheftung *n*
~ **sheet** *n* [Pp] / Einzelblatt *n*
~-**sheet feed** *n* [Repr] / Einzelblatteinzug *m* ∥ *s.a. form feed*
~-**sheet treatment** *n* [Pres] / Einzelblattbehandlung *f*
~-**sided case** *n* [Sh] / Einzelregal *n*
~-**sided shelving** / Aufstellung in Einzelregalen *f*
~-**spaced** *pp* [Prt] / einzeilig *adj*
~ **step mode** *n* [EDP] / Einzelschrittmodus *m*
~-**storeyed** *pp* [BdEq] *s. one-storeyed*
~-**tier stack** *n* [Sh] / Magazin mit eingeschossiger (selbsttragender) Regalanlage *n* ∥ *s.a. multi-tier stack*
~ **user system** *n* [EDP] / Einzelplatzsystem *n*
~-**volume monograph** / einbändige Monographie *f*
sink *n* [BdEq] / Spüle *f* · Spülbecken *n* ∥ *s.a. data sink*
sinkage *n* (space left at the top of a printed page, at the beginning of a new chapter) [Prt] / Vorschlag *m*
site / (location/place:) Ort *m* · (area on which sth. is:) Lage *f* · (ground chosen for a building:) Grundstück *n* ∥ *s.a. building site; setup site*
SI video *n* [NBM] *s. special interest video*
six-disk pack [EDP] / Sechsplattenstapel *m*
sixteen-mo *n* [Bk] / Sedez(-Format) *n(n)*
size 1 *n* (of a volume) [Cat] / Format *n* (eines Bandes) ∥ *s.a. absolute size; arrangement by size; atlas size; bibliographic format; cabinet size; exact size; statement of size*

~ 2 *n* (gelatinous solution used in papermaking) [Pp] / Leim *m* ‖ *s.a. animal size; parchment size; surface sizing; unsized paper*
~ 3 *v* [Bind; Pp] / (papermaking:) leimen *v* · (gold tooling:) grundieren *v* ‖ *s.a. gilder's size; size 4*
~ 4 *n* [Bind] / Grundiermittel beim Vergolden und Marmorieren ‖ *s.a. gold size*
~ **copy** *n* [Bk] / Stärkeband *m* · Blindband *m*
sized *pp* [Pp] / geleimt *pp*
~ **paper** *n* [Pp] ⟨ISO 4046⟩ / geleimtes Papier *n* ‖ *s.a. surface sized paper*
size of demand *n* [RS] / Nachfragevolumen *n*
~ **of edition** *n* [Bk] ⟨ISO 5127/3a⟩ / Auflagenhöhe *f*
~ **of the budget** *m* [BgAcc] / Haushaltsvolumen *n*
sizing 1 *n* [Sh] / Formattrennung *f* ‖ *s.a. shelving by size*
~ 2 *n* (of paper) [Pp] ⟨ISO 4046⟩ / Leimung *f* ‖ *s.a. rate of sizing; rosin sizing*
~ 3 *n* (used to reinforce a document by applying a paste, glaze or filler by immersion, spray or brush) [Pres] / Nachleimen *n*
skeleton construction *n* [BdEq] / Skelettbauweise *f*
sketch 1 *n* [Gen] / Skizze *f*
~ 2 *v* / skizzieren *v*
~ **book** *n* [Art] / Skizzenbuch *n*
~ **(map)** *n* [Cart] / Kartenskizze *f* · Kroki *n* ‖ *s.a. field sketch*
skill *n* [Staff] / Fähigkeit *f* · Fertigkeit *n* ‖ *s.a. conceptual skills*
~ **game** *n* [NBM] / Geschicklichkeitsspiel *n*
skiver *n* [Bind] / Spaltleder *n*
skylight *n* [BdEq] / Dachfenster *n*
slanted abstract *n* [Ind] ⟨ISO 5127/3a⟩ / ein auf bestimmte Aspekte und Interessen ausgerichtetes Referat *n*
~ **display** *n* [Sh] / Schrägauslage *f*
~ **shelving** *n* (for current periodicals etc.) [Sh] / Schrägablage *f* (für die Zeitschriftenauslage) · Schrägauslage *f*
slash *n* (backslash \) [EDP/VDU] / Rückwärtsschrägstrich *m* · rückwärtiger Schrägstrich *m* ‖ *s.a. oblique (stroke); solidus*

slave printer *n* [EDP; Prt] / ein Drucker ohne Tastatur, ohne eigene Eingabemöglichkeit
~ **station** *n* [Comm] ⟨ISO 2382/9⟩ / Empfangsstation *f*
sleeve 1 *n* (of a microfilm jacket) [Repr] / Filmtasche *f* · Filmkanal *m*
~ 2 *n* (protective envelope for a sound disc) [NBM] ⟨AACR2⟩ / Plattenhülle *f* · Hülle *f* ‖ *s.a. plastic sleeve*
slide *n* [NBM] ⟨ISO 5127/11; ISBD(NBM); AACR2⟩ / Dia *n* ‖ *s.a. colour slide; microscope slide; superposition of slides; tape-slide*
~ **box** *n* [<Bk; NBM>] / Kassette *f* · (slip case:) Schuber *m*
~ **cabinet** *n* [NBM] / Dia-Schrank *m*
~ **collection** *n* [NBM] *s. slide library*
~ **holder** *n* / Diamappe *f*
~ **lecture** *n* [Ptr] / Diavortrag *m* ‖ *s.a. superposition of slides*
~ **library** *n* [NBM] / Dia-Sammlung *f* · Diathek *f*
~ **mount** *n* [NBM] / Dia-Rähmchen *n*
~ **projector** *n* [NBM] / Diaprojektor *m*
~ **scanner** *n* EDP / Dia-Scanner *n*
~ **-set** *n* [NBM] / Dia-Reihe *f* · Dia-Serie *f* · Dia-Streifen *m*
~ **synchronizer** *n* [NBM; BdEq] / Diasteuergerät *n*
~ **-tape** *n* [NBM] / Tonbildschau *f* · Tonbildreihe *f*
~ **viewer** *n* [NBM] / Dia-Betrachter *m*
sliding door *n* [BdEq] / Schiebetür *f*
~ **price** *n* / Staffelpreis *m*
~ **shelf** *n* [BdEq] *s. pull-out shelf*
slightly bruised *pp* / angeschlagen *pp*
~ **coloured** *pp* [Bk] / ankoloriert *pp*
~ **damaged** *pp* [Bk] / lädiert *pp*
~ **damaged by cutting** *pp* [Bk] / angeschnitten
~ **dusty** *adj* / angestaubt *pp*
~ **soiled** *pp* / angeschmutzt *pp*
~ **spotted** *pp* [Bk] / angefleckt *pp*
~ **spotty along margins** [Bk] / angerändert *pp*
~ **torn** *pp* [Bk] / angerissen *pp*
~ **yellowed** *pp* [Bk] / angegilbt *pp*
slimline *v* [OrgM] / verschlanken *v* · abmagern *v*
slip cancel *n* [Bk] / Klebekorrektur(streifen) *f(m)*
~ **case** *n* [Bk; NBM] / Schuber *m* · Kassette *f*

~ **(proof)** *n* [Prt] / Korrekturfahne *f* · Fahnenkorrektur *f*
slips *pl* [Bind] / Bundenden *pl*
slit(punch)-card *n* [PuC] / Schlitzlochkarte *f*
slitter *n* [Prt; Bind] / Schneidemaschine *f*
slope-top table *n* [BdEq] / Lesepult *n* ‖ *s.a.* book rest
sloping shelf *n* [Sh] / Schrägboden *m*
slot 1 *n* (of a microfilm jacket) [Repr] *Brit* ⟨ISO 6196-4⟩ / Einschuböffnung *f*
~ 2 *n* (at a PC) ⟨EDP⟩ / Steckplatz *m* (auf der Systemplatine)
~ **card** *n* [EDP] / Steckkarte *f*
slotted card *n* [PuC] / Schlitzlochkarte *f*
~ **upright column** *n* [Sh] / Schlitzpfosten *m*
slotting pliers *pl* [PuC] / Schlitzzange *f*
SLT *abbr* [EDP] *s. solid-logic technology*
small capitals *pl* [Prt] / Kapitälchen *pl*
~ **letter** *n* [Writ; Prt] / Kleinbuchstabe *m* ‖ *s.a.* lowercase
~ **offset** *n* [Prt] / Kleinoffset(druck) *n(m)* · Bürooffsetdruck *m*
~ **print** *n* [Prt] / Kleingedrucktes *n* · Kleindruck *m*
~ **tear** *n* [Bk] / Einriss *m*
smart terminal *n* [EDP/VDU] / intelligentes Terminal *n*
SMD *abbr* [Cat] *s. specific material designation*
smoke detector *n* [BdEq] / Rauchmelder *m*
smoothed edge(s) *n(pl)* [Bind] / glatter Schnitt *m*
smoothness *n* [Pp] / Glätte *f*
SMS *abbr* [Comm] *s. short-message service*
Smyth sewing *n* [Bind] / Fadenheftung *f* (mit Hilfe des von der Smyth Manufacturing Comp. entwickelten maschinellen Verfahrens)
SN *abbr* [Ind] ⟨DIN 1463/2⟩ *s. scope note*
snapshot (of the screen image) [EDP/VDU] / Bildschirmfoto *n*
SO *abbr* [Acq] *s. standing order*
sobriquet *n* [Cat] / Spitzname *m*
social game *n* [NBM] / Gesellschaftsspiel *n*
society publication *n* [Bk] / Gesellschaftsschrift *f*
socket *n* [BdEq] / Steckdose *f*
soda pulp *n* [Pp] / Natronzellstoff *m*
soft-back edition *n* [Bind] / Paperback-Ausgabe *f* · ungebundene Ausgabe *f*
~-**cover (book)** *n* [Bind] / Broschur *f* · broschiertes Buch *n*
~ **font** *n* (downloadable font) [ElPubl] / nachladbare Schrift *f*

~-**sector(ed) disk** *n* [EDP] / weichsektorierte Diskette *f*
~-**sectoring** *n* [EDP] / Weich-Sektorierung *f*
software *n* [EDP] ⟨ISO/IEC 2382/1; DCMI⟩ / Software *f* ‖ *s.a. program 1*
~ **bug** *n* [EDP] / Softwarefehler *m*
~ **company** *n* [EDP] / Softwarefirma *f*
~ **development** *n* [EDP] / Software-Entwicklung *f*
~ **documentation** *n* [EDP] / Programmdokumentation *f*
~ **engineering** *n* [EDP] / Software Engineering *n*
~ **fault** *n* [EDP] / Softwarefehler *m* · Programmfehler *m*
~ **house** *n* [EDP] / Softwarehaus *n* ‖ *s.a. software company*
~ **maintenance** *n* [EDP] / Programmpflege *f*
~ **package** *n* [EDP] / Programmpaket *n* · Softwarepaket *n*
~ **piracy** *n* [EDP] / Software-Piraterie *f*
~ **support** *n* [EDP] / Software-Unterstützung *f*
soiled *pp* [Bind] / beschmutzt *pp* ‖ *s.a. slightly soiled*
solander (case) *n* [NBM] *Brit* / Kapsel *f* · Klappkarton *m* · Solander(schuber) *m(m)*
soldiers' library *n* [Lib] / Truppenbücherei *f*
sole distributor *n* [Bk] / Alleinauslieferer *m*
solid filing *n* [Cat] / Ordnung Buchstabe für Buchstabe *f*
~-**logic technology** *n* [EDP] / Festkörperschaltkreistechnik *f*
~ **matter** *n* [Prt] / kompresser Satz *m*
solidus *n* (/) [Writ; Prt] / Schrägstrich *m* ‖ *s.a. slash*
solvent *n* [Pres] / Lösemittel *n*
~ **lamination** *n* [Pres] / Einbettung *f* · Handlaminierung *f* (mit Hilfe eines Lösungsmittels (Azeton))
song-book *n* [Mus] / Liederbuch *n*
sort 1 *v* (arrange) [EDP; Gen; Cat] / sortieren *v* · ordnen *v* ‖ *s.a. non-sorting characters*
~ 2 *n* (a single type-letter) [Prt] / Drucktype *f* ‖ *s.a. sorts; special sorts; turned sort*
sorter *n* [PuC] *s. sorting machine*
sort field *n* [EDP] / Sortierfeld *n*
sorting counter *n* [BdEq] / Sortiertisch *m*
~ **equipment** *n* [EDP] / Sortiereinrichtung *f*
~ **machine** *n* [PuC] / Sortiermaschine *f* · Sortierer *m* · Sortiergerät *n*

~ **needle** *n* [PuC] / Sortiernadel *f*
~ **operation procedure** *n* [EDP] / Sortiervorgang *m*
~ **procedure** *n* [EDP] / Sortiervorgang *m*
~ **program** *n* [EDP] / Sortierprogramm *n*
~ **speed** *n* [EDP] / Sortiergeschwindigkeit *f*
sort run *n* [EDP] / Sortierlauf *m*
sorts *pl* [Prt] / Drucktypen *pl* ‖ *s.a. special sorts*
sound absorbing *pres p* [BdEq] / schalldämmend *pres p* · schallschluckend *pres p*
~ **archives** *pl* [NBM] / Tonträgersammlung *f*
~ **card** *n* [EDP] / Audiokarte *f* · Soundkarte *f*
~ **carrier** *n* [NBM] / Tonträger *m*
Sound Carrier Product Number *n* (SCPM) [NBM] / Internationale Standardnummer für handelsübliche Tonträger *f*
sound cartridge *n* [NBM] ⟨ISBD(NBM)⟩ / Endlostonband-Kassette *f*
~ **cassette** *n* [NBM] ⟨ISBD(NBM)⟩ / Tonkassette *f* · Tonbandkassette *f*
~ **disc** *n* [NBM] ⟨ISBD(NBM)⟩ / Schallplatte *f* ‖ *s.a. phonodisc*
~ **engineer** *n* [Staff] / Tontechniker *m* · Toningenieur *m*
~ **engineering** *n* [NBM] / Tontechnik *f*
~ **file** *n* (multimedia) [NBM] / Klangdatei *f*
~ **film** *n* [NBM] / Tonfilm *m*
~ **insulation** *n* [BdEq] / Schalldämmung *f* ‖ *s.a. noise control*
~**proof** *adj* [BdEq] / schalldicht *adj*
~**proofing** 1 *n* [BdEq] / Schalldämmung *f* ‖ *s.a. noise control*
~**proofing** 2 *pres p* [BdEq] / schallschluckend *pres p*
~ **quality** *n* [NBM] / Tonqualität *f*
~ **radio** *n* [Comm] / Hörfunk *m* ‖ *s.a. educational radio*
~ **record** *n* [NBM] / Tonaufzeichnung *f*
~**-recorded book** *n* [Bk] / Hörbuch *n*
~ **recording** *n* (the act or process of ~ ~) [NBM] ⟨ISO 5127/1; ISO 5127-11; ISBD(NBM); AACR2⟩ / Schallspeicherung *f* · Tonaufzeichnung *f* · Schallaufzeichnung *f*
~ **recordings library** *n* [NBM] ⟨ISO 5127/1⟩ / Schallarchiv *n* · Tonträgersammlung *f*
~ **recording studio** *n* [BdEq] / Tonstudio *n*
~ **tape** *n* [NBM] ⟨ISO 5127/11⟩ / Tonband *n*

~ **(tape) reel** *n* [NBM] ⟨ISBD(NBM)⟩ / Tonbandspule *f*
~ **technology** *n* [NBM] / Tontechnik *f*
~ **track** *n* [NBM] / Tonspur *f*
~**-writing** *n* [Writ] / Lautschrift *f*
source|book *n* [Bk] / Quellenwerk *n*
~ **code** *n* [EDP] / Quellcode *m*
~ **descriptor** *n* [Ind] ⟨ISO 5127/6⟩ / Ausgangsdeskriptor *m* · Quelldeskriptor *m*
~ **file** *n* [EDP] / Quelldatei *f*
~ **language** 1 *n* (of a translation) [Lin] / Ausgangssprache *f*
~ **language** 2 *n* (multilingual thesaurus) [Ind; Lin] ⟨ISO 5964⟩ / Quellsprache *f*
~ **language** 3 *n* [EDP] / Ausgangssprache *f* · Quellsprache *f* · Ursprungssprache *f* · Primärsprache *f*
~ **program** *n* [EDP] / Quellprogramm *n* · Ursprungsprogramm *n* · Primärprogramm *n*
~ **thesaurus** *n* [Ind] ⟨ISO 5127/6⟩ / Ausgangsthesaurus *m*
SP *abbr s. service provider*
space allocation *n* [BdEq] / Raumverteilung *f* ‖ *s.a. shelving space*
~ **allowance** *n* [BdEq] / Flächenansatz *m* · Flächenbedarf *m* ‖ *s.a. enclosed space*
~ **bar** (of a keyboard) [BdEq] / Leertaste *f*
~ **book** *n* [BdEq] / Raumprogramm *n* (als Dokument)
~ **cartography** *n* [Cart] / Weltraumkartographie *f*
~ **(character)** *n* [EPD; Prt] / Spatium *n* · Abstand *m* · Leerzeichen *n* ‖ *s.a. blank; double-space printing; double spacing; interlinear space; line space*
~ **constraint** *n* [BdEq] / räumliche Enge *f* · Raumenge *f*
spaced out *pp* [Prt] / gesperrt gedruckt *pp*
~ **type** *n* [Prt] / gesperrte Schrift *f* · gesperrter Druck *m* ‖ *s.a. word spacing*
space key *n* (of a keyboard) [EDP; Writ] / Leertaste *f*
~ **needs** *pl* [BdEq] / Flächenbedarf *m*
~ **out** 1 *v* [Prt] / sperren *v* (spaced: gesperrt gedruckt)
~ **out** 2 *v* (to increase the spacing between lines) [Prt] / durchschießen *v* ‖ *s.a. double-spaced; interlinear space; single-spaced*
~ **planning** *n* [BdEq] / Raumplanung *f*
~**requirements** *pl* [BdEq] / Platzbedarf *m*
~ **requirement(s)** *n(pl)* [BdEq] / Raumbedarf *m* · Flächenbedarf *m*

space saving 478

~ **saving** n/pres p (saving in space) [BdEq] / Raumeinsparung f · (saving space:) platzsparend pres p
~ **utilization** n [BdEq] / Flächennutzung f · Raumnutzung f
spacing n (on a microfilm) [Repr] / Bildsteg m
~ **material** n [Prt] / Blindmaterial n
special auxiliary (number) n [Class/UDC] / besondere Ergänzungszahl f · besondere Anhängezahl f
~ **bookstore** n / Fachbuchhandlung f
~ **characters** pl [InfSy] ⟨ISO 2382/IV⟩ / Sonderzeichen pl
~ **classification** n [Class] s. specialized classification
~ **collection** n [Stock] / Sonderbestand m
~ **collections stack** n [Stock] / Sondermagazin n (für Spezialbestände)
~ **dictionary** n [Bk] / Fachwörterbuch n
~ **font** n [ElPubl] / Sonderschrift f
~ **interest book** / Sachbuch n (mit speziellem Inhalt)
~ **interest video** n [NBM] / Sachvideo n (mit speziellem Inhalt)
~ **issue** n (of a periodical) [Bk] ⟨ISO 5127/2⟩ / Sonderheft n · Sondernummer f
specialist n / Fachmann m
~ **journal** n [Bk] / Fachzeitschrift f
specialized classification n [Class] ⟨ISO 5127/6⟩ / Fachklassifikation f · Fachsystematik f · Spezialklassifikation f
~ **dictionary** n [Bk] / Fachwörterbuch n
~ **information** n [InfSc] / Fachinformation f
~ **information computing centre** n [InfSy] / Fachinformations-Rechenzentrum n
~ **librarian** n / Fachbibliothekar m
~ **periodical** n [Bk] / Fachzeitschrift f
~ **publisher** n [Bk] / Fachverlag m
~ **reading room** n / Fachlesesaal m
~ **thesaurus** n [Ind] ⟨ISO 5127/6⟩ / Fachthesaurus m
special librarian n / Spezialbibliothekar m
~ **library** n [Lib] ⟨ISO 2789; ISO 5127/1⟩ / Spezialbibliothek f · Fachbibliothek f
~ **number** n [Bk] s. special issue
~ **offer** n [Acq] / Sonderangebot n
~ **price** n [Bk] / Sonderpreis m · Vorzugspreis m
~ **publisher** n [Bk] s. specialized publisher
~ **purpose abstract** n / zweckorientiertes Referat n
~ **research area** n / Sonderforschungsbereich m

~ **sorts** pl [Prt] / Sonderzeichen pl ∥ s.a. accented letters
~ **term** n [Lin] s. technical term
species n [Ind; Class] ⟨ISO/R 1087; ISO 5127/6⟩ / Spezies f · Unterbegriff m
specification n [OrgM] s. technical specification; ∥ s.a. position specification(s)
~ **slip** n [Bind] / Bindezettel n
~ **test** n [BdEq] / Abnahmeprüfung f
specific classification n [Class] s. close classification
~ **entry** n (of a work in an alphabetical subject catalogue or index) [Cat; Ind] / Eintragung unter dem engsten Schlagwort f ∥ s.a. alphabetico-specific catalogue
~ **heading** n (in an alphabetical subject catalogue) [Cat] / enges Schlagwort n ∥ s.a. alphabetico-specific subject catalogue
~ **material designation** n [Cat] ⟨ISBD(M; S; A; PM; CM; NBM; ER); AACR2⟩ / spezifische Materialbezeichnung f · spezifische Materialbennung f
~ **term** n [Ind] ⟨ISO 2788; ISO 5127/6⟩ / Unterbegriff m
~ **title** n [Cat] / spezifischer (Sach-)Titel m
specimen case n [Bind] / Mustereinbanddecke f
~ **copy** 1 n (of a periodical) [Acq] / Probeheft n · Probenummer f
~ **copy** 2 n [Bk] / Musterexemplar n · Probeexemplar n
~ **cover** n [Bind] / Mustereinbanddecke f
~ **letter** n [Off] / Musterbrief m
~ **page** n [Prt] / Probeseite f · Musterseite f
~ **sheet** n [Cart] / Kartenmuster n
speckle n [ElPubl] / Speckle n (to despeckle: Das 'Speckle' eliminieren) · Rauschen n (in einem gescannten Dokument)
speckled sand edge(s) n(pl) [Bind] / Sandschnitt m
speech recognition n [EDP] / Spracherkennung f
speed n (sensitivity of a photographic layer) [Repr] / Empfindlichkeit f ∥ s.a. sensitivity 1
spell checker n s. spelling checker
spelling n [Writ; Prt] / Rechtschreibung f · Orthographie f · Schreibweise f · Schreibung f ∥ s.a. misspell; variant spelling
~ **check** n [EDP] / Rechtschreibprüfung f
~ **checker** n [EDP] ⟨ISO/IEC 2382-23⟩ / Rechtschreibprüfprogramm n

~ **dictionary** n [Bk] / Rechtschreibwörterbuch n
~ **mistake** n [Writ; Off] / Schreibfehler m
spell out v [Writ] / ausschreiben v
spending category n [BgAcc] / Ausgabentitel m
sphragistics n/pl [NBM] / Sphragistik f · Siegelkunde f
spine n (of a book etc.) [Bind] / Rücken m ‖ s.a. back 1; lettering on (the) spine
~ **back lining** n [Bind] / Rückenverstärkung f · Hinterklebegewebe n
~ **label** n [Bind] / Rückenschild(chen) n(n) · Rückenetikett n
~ **label(l)ing** n / Rückenbeschilderung f
~ **lettering** n [Bind] / Rückentiteldruck m · Rückenbeschriftung f · Rückentext m
~ **lining** n [Bind] / Rückeneinlage f
~ **title** n [Bk] ⟨AACR2⟩ / Rückentitel m
spinner n [InfSy] / Datenbankanbieter m
spin-off n [Gen] / Nebenwirkung f · Nebeneffekt m · Nebenprodukt n
spiral binding [Bind] / Spiralbindung · Spiralbroschur f
~ **binding machine** n [Bind] / Spiralbindemaschine f
~-**bound** pp [Bind] / spiralgeheftet pp
spirex binding n [Bind] s. spiral binding
splice 1 v (to ~ strips of film or paper) [Repr] ⟨ISO 4246⟩ / kleben v
~ 2 n (a joint made by splicing) [Repr] / Klebestelle f
splicer n [Repr] / Klebepresse f
split 1 v [Pp; Pres] / spalten v ‖ s.a. paper splitting
~ 2 n (of a serial usw.) [Cat] / Aufteilung f (einer Zeitschrift usw.)
~ **board** n [Bind] / kaschierte Pappe f · kaschierter Deckel m
~ **catalogue** n [Cat] s. divided catalogue
~ **into** pp (of a serial) [Cat] / aufgeteilt in pp
~ **leather** n [Bind] / Spaltleder n
~ **screen** n [EDP/VDU] / geteilter Bildschirm m
~ **skin** n [Bind] / Spaltleder n
spoilage n [Prt; BdEq] / (paper spoilt in printing:) Makulatur f · (rejects:) Ausschuss m
spoiled copy n [Bk] / beschädigtes Exemplar n
~ **sheet** n [Prt] / Fehldruck m
spoken-word audiocassette n [NBM] / Sprechkassette f · Literaturkassette f
sponsor n [Gen] ⟨ISBD(NBM)⟩ / Sponsor m

spool n/v [Repr] ⟨ISO 5127/11; ISO 6196-4⟩ 1 / Spule f · Tageslichtspule f (für lichtempfindliches Material zur Eingabe in Kameras oder Entwicklungsmaschinen) 2 · (to wind on a spool:) aufspulen v ‖ s.a. reel
spooling n [EDP] ⟨ISO 2382/X⟩ / Spulbetrieb m · SPOOL-Betrieb m
spot colour n [Prt] / Signalfarbe f
spotless adj [Bk] / fleckenlos adj · fleckenfrei adj
spotted pp [Bk] / fleckig adj · angefleckt pp
spray adhesive n [Bind] / Sprühkleber m
~ **gun** n [Pres] / Spritzpistole f
spreadsheet program n [EDP] / Tabellenkalkulationsprogramm n
~ **software** n [EDP] s. spreadsheet program
spring-back n [Bind] / Sprungrücken m
~ **binder** n [Off] / Klemmmappe f · Klemmdeckel m
sprinkled edge(s) n(pl) [Bind] / Sprengschnitt m · Spritzschnitt m
sprinkler system n [BdEq] / Sprinkleranlage f
spy novel n [Bk] / Spionageroman m
square n [Bind] / Deckelkante f · Kante f
~ **back** n [Bind] / flacher Rücken m · gerader Rücken m
~ **bracket** n [Writ] / eckige Klammer f
~ **capital hand** n [Writ] / Kapitalis f · Capitalis quadrata f · Quadrata f
squared paper n [Pp] / kariertes Papier n
stability n (of a film or copy) [Repr] / Haltbarkeit f (eines Films oder einer Kopie)
stabilization n [Repr] / Stabilisieren n
stable adj (colour fast) [Pres; Prt] / farbecht adj ‖ s.a. unstable colour
stab-stitching n [Bind] / Blockheftung f
stack 1 n [Sh] US / Regal n ‖ s.a. bookstack unit; open stack; open-stack shelving; rolling stack; stack(s) 2
~ 2 n [EDP] / Kellerspeicher m
~ 3 v [EDP] / kellern b · stapeln v
~ **access** n / Magazinzugang m · Magazinzutritt m
~ **accessories** pl [Sh] / Regalzubehör n
~ **aisle** n [BdEq] / Regalgang m
~ **assistant** n [Staff] / Magazinbediensteter m · Magaziner m
~ **capacity** n [Stock] / Magazinkapazität f
~ **centres** pl [Sh] / Achsabstand m
~ **collection** n [Stock] / Magazinbestand m
~ **end** n [Sh] / Stirnseite f (eines Regals)
~ **entrance** n [BdEq] / Magazinzugang m

stacking commands *pl* [Retr] /
gekettete Kommandos *pl* · gestaffelte
Kommandos *pl*
stack level *n* [BdEq] / Magazinebene *f*
~ **(memory)** *n* [EDP] / Kellerspeicher *m* ·
Stapelspeicher *m*
~ **portal** *n* [BdEq] / Magazinzugang *m*
~ **register** *n* [EDP] / Kellerspeicher *m*
~ **room** *n* / Magazin *n*
~**(s)** 1 *n(pl)* (series of bookcases or sections
of shelving, arranged in rows or ranges)
[Sh] / Regalanlage *f* ‖ *s.a. radiating stacks*
~**(s)** 2 *n(pl)* (stack room) [BdEq] /
Magazin *n* ‖ *s.a. basement stack;
bookstack capacity; closed stack(s);
manuscripts stack; open-stack library;
special collections stack; storage stack(s)*
stacks management *n* [Stock] /
Magazinverwaltung *f*
~ **superintendent** *n* [Staff] /
Magazinchef *m*
~ **tower** *n* [BdEq] / Magazinturm *m*
~-**width** *n* [Sh] *s. between-stack distance*
stack unit *n* [Sh] / Regaleinheit *f*
~ **upright** *n* [Sh] *s. upright column*
staff *n* [Staff] / 1 Personal *n* · 2 (body of
persons assisting the director:) Stab *m* ‖
*s.a. auxiliary staff; library staff; line and
staff organization; manpower; member of
staff; reading room staff; short-staffed*
~ **administration** *n* [OrgM] /
Personalverwaltung *f*
~ **appraisal** *n* [Staff] / Personalbeurtei-
lung *f*
~ **area** *n* [BdEq] / Personalbereich *m*
~ **association** *n* [OrgM] / Personalver-
band *m* ‖ *s.a. professional association*
~ **bulletin** *n* / Mitarbeiterzeitschrift *f* ·
Mitarbeiterzeitung *f*
~ **commons** *pl* [BdEq] / Personalraum *m* ·
Sozialraum *m*
~ **development** *n* [Staff] /
Personalentwicklung *f*
~ **enclosure** *n* [BdEq] / Dienst-
platz/Dienstplätze im Benutzungsbe-
reich *m/pl*
~ **handbook** *n* [OrgM] *s. staff manual*
staffing *n* [Staff] / Personalausstattung *f*
~ **costs** *n(pl)* / Personalkosten *pl*
~ **needs** *pl* / Personalbedarf *m*
~ **requirements** *pl* [OrgM] /
Personalbedarf *m*
~ **structure** *n* [Staff] / Personalstruktur *f*
staff intensive *adj* / personalintensiv *adj*

~ **involvement** *n* [Staff] *s. staff
participation*
~ **line** *n* [Mus] / Notenlinie *f*
~ **lines** *pl* / Notenlinien *pl*
~ **list** *n* [Staff] / Personalverzeichnis *n*
~ **manual** *n* [OrgM] / Arbeitsordnung *f*
(in Form eines Handbuches) ·
Arbeitsrichtlinien *pl*
~ **meeting** *n* [Staff] / Personalversamm-
lung *f*
~ **member** *n* [Staff] / Mitarbeiter *m*
~ **office** *n* [BdEq] / Dienstzimmer *n*
~ **participation** *n* [OrgM] /
Mitarbeiterbeteiligung *f*
~ **policy** *n* [Staff] / Personalpolitik *f*
~ **records** *pl* [OrgM] / Personalakten *pl*
~**room** *n* [BdEq] / Personalraum *m* ·
Sozialraum *m*
~ **rota** *n* / Dienstplan *m* (für den
Personaleinsatz)
~ **selection** *n* [Staff] / Personalauswahl *f*
~ **shortage** *n* [Staff] / Personalmangel *n* ‖
s.a. short-handed; understaffing
~ **structure** *n* [Staff] / Personalstruktur *f*
~ **terminal** *n* [EDP] / Personalterminal *n*
~ **training** *n* [Ed] / Mitarbeiterschulung *f*
~ **turnover** *n* [Staff] / Personalfluktuation *f*
stage 1 *n* (of a microform reader) [BdEq] /
Filmbühne *f*
~ 2 *n* (of construction) [BdEq] /
Bauabschnitt *m*
~ **II studies** *n* [Ed] / Hauptstudium *n*
~ **I studies** *pl* [Ed] / Grundstudium *n*
staggered window *n* [EDP/VDU] /
überlappendes Fenster *n* · gestaffeltes
Fenster *n*
stained paper *n* [Bind] / Buntpapier *n*
~ **through use** *pp* [Bk] / gebrauchs-
fleckig *adj* ‖ *s.a. beginnings of stains
along the edges*
stall 1 *n* (stand for selling books) [Bk] *s.
bookstall*
~ 2 (combination of book shelves and
reading desk) / Lesepult mit aufgesetztem
Regal *n*
~ **system** *n* [BdEq] / Bibliothekseinrich-
tung, bei der Nischen und Kojen durch
„stalls" gebildet werden
stamp 1 *n* (postage ~) [Comm] ·
Briefmarke *f*
~ 2 *n* (instrument for stamping a pattern or
mark) [TS] / Stempel *m* ‖ *s.a. date stamp;
metal stamp; owner's stamp; process
stamp; rubber stamp*

stamped initials *pl* [Bk] / Monogrammstempel *m*
stamping *n* [Bind] *US s. blocking*
~ **foil** *n* [Bind] / Prägefolie *f*
~ **machine** *n* [Comm] / Frankiermaschine *f*
~ **press** *n* [Bind] *s. blocking press*
stamp pad *n* [Off] / Stempelkissen *n*
stand *n* [BdEq] / Ständer *m* ‖ *s.a. book stand*
standalone computer system *n* [EDP] / unabhängiges Rechnersystem *n* (ohne Anschluß an einen Hauptrechner)
~ **workstation computer** *n* [EDP] / autonomer Arbeitsplatzrechner *m*
standard 1 *n* (standard specification) [Gen; Bk] ⟨ISO 5127/2⟩ / Norm *f* · Standard *m* ‖ *s.a. committee for standards; draft standard*
standard 2 *n* (a model to be followed) [Gen; Lib] / Standard *m*
~ **chronological subdivision** *n* [Class] / Zeitschlüssel *m s. standard subdivision of time*
~ **deviation** *n* [InfSc] / Standardabweichung *f*
~ **form subdivision** *n* [Class] / Formschlüssel *m*
Standard Generalized Markup Language *n* [ElPubl] / allgemeine standardisierte Auszeichnungssprache *f* · SGML *abbr*
standard geographic subdivision *n* [Class] / geographischer Schlüssel *m*
~ **interface** *n* [EDP] / Standardschnittstelle *f*
standardization *n* [Gen] / Normung *f* · Standardisierung *f*
standardized form of heading *n* [Cat] / normierte Ansetzungsform *f*
~ **interview** *n* [InfSc] / standardisiertes Interview *n*
standard letter *n* [Off] / (personalized, produced by mail merger:) Serienbrief *m* · Formbrief *m*
~ **of terminology** *n* [Gen; Bk] / Terminologienorm *f*
~ **of test methods** *n* [Gen; Bk] / Prüfnorm *f*
~ **period of study** *n* [Ed] / Regelstudienzeit *f*
~ **period subdivision** *n* [Class] *s. standard subdivision of time*
standards body *n* [OrgM] *s. standards institution*
standard shelves *pl* [Sh] / Regale mit geschlossenen Seitenteilen *pl*

~ **shelving** *n* [Sh] / Aufstellung in Regalen mit geschlossenen Seitenteilen *f*
standards institution *n* [OrgM] / Normungsinstitut *n*
standard subdivision *n* [Class] / Schlüssel *m*
~ **subdivision of areas** *n* [Class] / Länderschlüssel *m*
~ **subdivision of individual languages** *n* [Class] / Sprachenschlüssel *m*
~ **subdivision of publication types** *n* [Class] / Literaturschlüssel *m*
~ **subdivision of time** *n* [Class] / chronologischer Schlüssel *m*
~ **subgrouping of entries of persons** *n* [Class] / biographischer Schlüssel *m* · Personenschlüssel *m*
~ **title** *n* [Cat] *s. uniform title*
~ **value** *n* [InfSc] / Richtwert *m*
standby *adj* [EDP] / in Bereitschaft befindlich *adj* · in Reserve befindlich *adj*
~ **channel** *n* [EDP] / Ersatzkanal *m*
~ **computer** *n* [EDP] / Bereitschaftsrechner *m* · Reserverechner *m*
~ **condition** *n* [EDP] / Wartezustand *m*
~ **mode** *n* [EDP] / Reservebetrieb *m*
standing committee *n* [OrgM] / ständiger Ausschuss *m*
~ **foil** (of a microfilm jacket) [Repr] / Standfolie *f*
standing formes *pl* [Prt] / Stehsatz *m*
~ **matter** *n* [Prt] / Stehsatz *m*
~ **order** *n* [Acq] / laufende Bestellung *f* · Pauschalbestellung *f* · (order for a serial or for all volumes of a multiple-volume set; continuation order:) Fortsetzungsbestellung *f* · ff-Bestellung *f* · Dauerauftrag *m* ‖ *s.a. blanket order*
~ **orders** *pl* (of a meeting etc.) [OrgM] / Geschäftsordnung *f*
~ **press** *n* [Bind] / Schlagpresse *f*
~ **rules** *pl* (of procedure) [OrgM] / Geschäftsordnung *f* · Verfahrensregeln *pl*
~ **type** *n* [Prt] / Stehsatz *m*
staple *n* [Off] / Heftklammer *f*
stapler *n* [Off] / Heftmaschine *f* · Hefter *m*
star chart *n* [Cart] / Sternkarte *f*
starch-patterned edge(s) *n(pl)* [Bind] / Stärkeschnitt *m*
star-shaped network *n* [Comm] / Sternnetz *n*
starter *n* (first section in a range) [Sh] / Grundregal *n* ‖ *s.a. adder 1*

starter file *n* (for the conversion of retrospective catalogue cards) [Cat] / Ausgangsdatei *f*
starting date [Staff] / Einstellungsdatum *n*
~ **salary** / Anfangsgehalt *n*
start menu *n* [EDP/VDU] / Eröffnungsmenü *n* · Startmenü *n*
~**-stop transmission** *n* [Comm] ⟨ISO 2382/9⟩ / Start-Stop-Übertragung *f*
~ **time** *n* [EDP] / Startzeit *f*
~**-up capital** *n* [BgAcc] / Startkapital *n*
~**-up cost(s)** *n(pl)* [BgAcc] / Anlaufkosten *pl* · Aufbaukosten *pl* · Startkosten *pl*
star(-type) network *n* [EDP] / Sternnetz *n*
state *n* [Bk] ⟨ISBD(A)⟩ / Druckzustand *m* (eines antiquarischen Buches)
~**-/government-financed library** *n* [Lib] / staatliche Bibliothek *f* · (a library established in a government department:) Ministerialbibliothek *f*
~**-/government-owned library** / staatliche Bibliothek *f*
~ **library** *n* [Lib] / Staatsbibliothek *f*
statement 1 *n* (expression in words) [Gen] / Erklärung *f* · Aussage *f* · Feststellung *f* (to draw up a statement: eine Aussage machen; eine Feststellung treffen) · Darstellung *f* ‖ *s.a. acquisition(s) policy statement; subject statement*
~ 2 *n* (program statement/instruction) [EDP] ⟨ISO 2382/15⟩ / Anweisung *f* ‖ *s.a. basic statement; call statement; conditional statement; do statement; go to statement; perform statement; procedure statement*
~ **of account** *n* [BgAcc] / Abrechnung *f* · Kontoauszug *m* ‖ *s.a. royalty statement*
~ **of contents** *n* [Ind] / Inhaltsangabe *f*
~ **of copyright** *n* [Bk] ⟨ISO 5127/3a⟩ / Urheberrechtsvermerk *m* · Copyright-Vermerk *m*
~ **of edition** *n* [Cat] *s. edition statement*
~ **of employment** *n* [Staff] / Arbeitsbescheinigung *f*
~ **of function of publisher and/or distributor** *n* [Cat] ⟨ISBD(M)⟩ / Angabe über die Funktion des Verlags und/oder der Vertriebsstelle *f*
~ **of responsibility** *n* [Cat] ⟨ISO 5127/3a; ISBD(M; S; A; ER; PM; CM; NBM); AACR2⟩ / (authors:) Verfasserangabe *f* · (corporate bodies:) Urheberangabe *f*
~ **of size** *n* [Cat] / Formatangabe *f*
~ **of the place of publication** *n* [Cat] / Ortsangabe *f*

state of preservation *n* [Bk] / Erhaltungszustand *m*
~ **of the art** *n* [Gen] / Stand der Technik *m* ‖ *s.a. art search*
~ **of the art report** *n* [Bk] ⟨ISO 5127/2⟩ / Übersichtsbericht *m* · Literaturbericht *m* · Wissensstandsbericht *m* ‖ *s.a. art search*
~ **proof** *n* [Art; Prt] / Zustandsdruck *m*
staticizer *n* [EDP] / Serien-Parallel-Umsetzer *m*
static (read/write) memory *n* [EDP] / statischer (Schreib-/Lese-)Speicher *m*
stationery *n* [Off] / Schreib- und Papierwaren *pl* · Büroartikel *pl* ‖ *s.a. office supplies*
~ **binding** *n* [Bind] / der Einband von Büchern, in die man hineinschreibt (z.B. von Geschäftsbüchern)
~ **store** *n* [TS] / Materiallager *n* · Büroartikellager *n*
statistics *pl (the science of~ : sing in constr)* [InfSc] / Statistik *f*
status bar *n* [EDP/VDU] / Statuszeile *f*
~ **or error report** *n* (OSI) [InfSy] / Status- oder Fehlermeldung *f*
~ **query** *n* [InfSy] / Statusanfrage *f*
~ **report** *n* [Acq; RS; Comm] / Zwischenbescheid *m*
statute book *n* [Bk; Law] / Gesetzessammlung *f*
statutes *pl* [OrgM; Law] / Statuten *pl* · Satzung *f*
statutory body [Adm] / öffentlich-rechtliche Anstalt *f*
~ **copy** *n* [Acq] / Pflichtexemplar *n* · Pflichtstück *n*
~ **deposit unit** *n* [Acq; OrgM] / Pflichtexemplarstelle *f*
~ **order** *n* [Law] / Rechtsverordnung *f* · Verordnung *f*
~ **requirements** *pl* [OrgM] / gesetzliche Anforderungen *pl*
stave line *n* [Mus] / Notenlinie *f*
stealth virus *n* [EDP] / Tarnkappenvirus *m*
steel engraving *n* [Art] ⟨ISO 5127-3⟩ / Stahlstich *m*
~ **graver** *n* [Prt] / Stahlstichel *m*
~**-pen** *n* [Writ] / Stahlfeder *f*
steering committee *n* [OrgM] / Lenkungsausschuss *m* · Steuerungsgremium *n*
stem 1 *n* (of a type letter) [Prt] / Schriftkegel *m* · Kegel *m*
~ 2 *n* (main stroke of a letter) [Writ; Prt] / Grundstrich *m*

stencil *n* [Prt; Repr] / Schablone *f* ·
Matrize *f* ‖ *s.a.* wax stencil
~ **duplicating** *n* [Prt; Repr] ⟨ISO 5138/2⟩ /
Schablonendruck *m*
~ **duplicator** *n* [Repr; Prt] ⟨ISO 5138/2⟩ /
Schablonendrucker *m*
~ **print** *n* [Repr] ⟨ISO 5127-3⟩ / (one print:) Schablonendruck *m*
stenography *n* [Writ] / Stenographie *f*
step-and-repeat camera *n* [Repr] /
Mikrofiche-Kamera *f*
~-**and-repeat filming** *n* [Repr] ⟨ISO 6196/2⟩ / Mikroficheverfilmung *f*
~-**ladder** *n* [BdEq] / Trittleiter *f*
~-**stool** *n* [BdEq] / Tritthocker *m*
stereo 1 *n* [Prt] / Stereo *n* ·
Stereotypieplatte *f*
~ 2 *n* [NBM] / (record:) Stereoplatte *f* ·
(unit:) Stereoanlage *f*
stereo|graph *n* [NBM] ⟨ISBD(NBM); ISO 5127/11⟩ / Raumbild *n* · Stereobild *n*
~**phonic** *adj* [NBM] / stereophonisch *adj*
~**phonic record** *n* [NBM] / Stereoplatte *f* ·
Stereoschallplatte *f*
~**phony** *n* [NBM] / Stereophonie *f*
~**plate** *n* [Prt] *s. stereo*
~ **record** *n* [NBM] *s.* stereophonic record
~**scopic map** *n* [Cart] / Raumbildkarte *f*
~**scopic viewer** *n* [NBM] / Stereoskop *n*
~**type** *n* [Prt] *s. stereo* 1
~**typy** *n* [Prt] / Stereotypie *f*
~ **unit** *n* [BdEq; NBM] / Stereoanlage *f*
sterilize *v* [Pres] / sterilisieren *v* ·
entkeimen *v*
sticker *n* [PR] / Aufkleber *m* ‖ *s.a.* label 1
stiff cardboard cover *n* [Bind] / englische Broschur *f*
stiffened paper covers *pl* [Bind] /
Steifbroschur *f*
stigmonym *n* (dots instead the name of the author) [Bk] / Stigmonym *n*
still *n* (single photograph taken from a motion picture film) [NBM] / Standfoto *n*
~ **frame** *n* (single image on a videotype) [NBM] / Standbild *n* ‖ *s.a.* still projection
~ **image** *n* [NBM] / Standbild *n*
~ **(picture)** *n* [NBM] *s. still*
~ **projection** *n* [NBM] / Standbildprojektion *f*
~ **video** *n* [NBM] / Standbildvideo *n*
stipend *n* [Ed] / Stipendium *n*
stipple engraving *n* [Art] / Punktiermanier *f*
stipulation *n* [Cat] / Bestimmung *n*
· Festlegung *f* · Festsetzung *f* ‖ *s.a.*
copyright stipulations

stitch *v* [Bind] / heften *v* ‖ *s.a.* wire stitching
stitched *pp* [Bind] / broschiert *pp* ·
geheftet *pp* (Drahtheftung)
stitcher *n* [Bind] / Heftmaschine *f*
stitching *n* [Bind] / Heftung *f* ‖ *s.a.* saddle stitching; side stitching; side-stitching; wire stitching
~ **band** *n* [Bind] / Heftband *n*
~ **machine** *n* [Bind] / Heftmaschine *f*
~ **thread** *n* [Bind] / Heftzwirn *n*
~ **wire** *n* [Bind] / Heftdraht *n*
stock 1 *n* (of a a bookstore / a library) [Stock] ⟨ISO 5127/3a⟩ / 1 Lager *n* (to be in ~: vorrätig / vorhanden sein;) · 2 (all the books and other items in a library:) Bestand ‖ *s.a.* bookstock; entire stock; gap in the stock; growth of stock; increase of stock; in stock; not in stock; out of stock; overstock
~ 2 *n* (paper or other material for printing upon) [Prt; Pp] / Druckpapier *n* ·
Bedruckstoff *m* · Papier *n*
~ **acquisition** *n* [Acq] / Erwerbung *f*
~**building** *n* [Acq] / Bestandsaufbau *m*
~ **catalogue** *n* [Bk] / Lagerkatalog ‖ *s.a.* trade catalogue 1
~ **editing** *n* [Stock] / Bestandspflege *f*
~ **editor** *n* [Staff] / ein für die Überwachung des Bestandsaufbaus und die Bestandspflege verantwortlicher Bibliothekar *m*
~ **exploitation** *n* [Stock] /
Bestandsnutzung *f*
~ **gap** *n* / Bestandslücke *f* ‖ *s.a.* not in stock
~**holding book wholesaler** *n* [Bk] /
Barsortiment *n*
stockist *n* [Bk] *Brit* / Buchhandlung mit größerer Lagerhaltung *f*
stocklist *n* [Stock] / Bestandsverzeichnis *n* ·
(of a wholesale bookseller:) Lagerkatalog
stock management *n* [Stock] /
Bestandsverwaltung *f*
~-**record** *n* [Cat] / Bestandsverzeichnis *n* ·
Inventar(verzeichnis) *n(n)*
~ **revision** *n* [Stock] / Bestandsdurchsicht *f* (in Bezug auf Ergänzungen und Aussonderungen)
~ **room** *n* [BdEq] / Lagerraum *m*
~ **security** *n* [Stock] / Bestandssicherung *f*
~ **selection** *n* [Acq] / Literaturauswahl *f* ·
Buchauswahl *f*

stocktaking

~**taking** *n* [Stock] / Bestandsrevision *f* · Inventur *f* (to take stock:Inventur machen) ‖ *s.a. shelf checking*
~ **utilization factor** *n* / Umsatzquote *f*
stone engraving *n* [Art] / Steingravur *f*
~ **printing** *n* [Prt] / Steindruck *m*
stool *n* [BdEq] / Tritt *m*
stop ledge *n* [Sh] / Anschlagleiste *f*
~ **strip** *n* [Sh] *s. stop ledge*
~**word** *n* [EDP; Ind] / Stoppwort *n*
storage 1 *n* (the act of storing) [EDP; Stock] ⟨ISO 2382/XII⟩ / Speicherung *f* · Lagerung *f* ‖ *s.a. long-term storage; off-site storage*
~ 2 *n* [EDP; Stock] ⟨ISO 2382/XII⟩ / 1 (place in a computer where data are stored:) Speicher *m* · (act of storing data:) Speicherung *f* · 2 (act of storing goods:) Lagerung *f* ‖ *s.a. intermediate storage; temporary storage*
~ **capacity** *n* [Stock; EDP] / 1 Lagerraum *m* · 2 Speicherkapazität *f*
~ **centre** *n* [Stock] / zentrales Speichermagazin *n* ‖ *s.a. repository*
~ **element** *n* [EDP] ⟨ISO 2382/XII⟩ / Speicherelement *n*
~ **hierarchy** *n* [EDP] / Speicherhierarchie *f*
~ **library** *n* [Lib] / Speicherbibliothek *f* ‖ *s.a. remote storage*
~ **life** *n* [NBM] *s. shelf life*
~ **location** *n* [EDP] ⟨ISO 2382/XII⟩ / Speicherzelle *f*
~ **medium** *n* [InfSy] / Speichermedium *n*
~ **organization** *n* [EDP] / Speicherorganisation *f*
~ **plate** *n* [EDP] / Speicherplatte *f*
~ **position** *n* [EDP] / Speicherstelle *f*
~ **protection** *n* [EDP] ⟨ISO 2382/XII⟩ / Speicherschutz *m*
~ **quality** *n* (of sensitized materials) [Repr] / Lagerfähigkeit *f* ‖ *s.a. shelf life*
~ **room** *n* [BdEq] / Lagerraum *m*
~ **shelving** *n* [Sh] / Magazinierung *f*
~ **space** *n* [EDP] / Speicherplatz *m*
~ **stack(s)** *n(pl)* [Stock] / Speichermagazin *n* ‖ *s.a. auxiliary stack(s)*
~ **tower** *n* [BdEq] / Magazinturm *m*
~ **type** *n* [EDP] / Speichertyp *m* · Speicherbauart *f*
~ **zone** *n* [EDP] / Speicherzone *f*
store 1 *v* (put in a store) [Sh; EDP] / lagern *v* · speichern *v* · magazinieren *v* · einlagern *v* · ablegen *v* ‖ *s.a. information store*

~ 2 *v* [EDP] / (computing:) speichern *v* ‖ *s.a. machine stored data*
~ 3 *n* [EDP] Brit *s. storage 1*
stored paragraph *n* (word processing) [EDP] / Textbaustein *m* ‖ *s.a. text module*
store (room) *n* [BdEq] / Lagerraum *m* ‖ *s.a. furniture store; paper store*
stor(e)y *n* [BdEq] / Geschoss *n* · Stock *m* · Stockwerk *n* · Etage *f* ‖ *s.a. multi-stor(e)y; one-storey(ed)*
story hour *n* [RS] / Vorlesestunde *f*
~**teller** *n* [Bk] / Vorlesende(r) *f(m)*
stout card cylinder *n* [Sh] / Papprolle *f*
straight edge *n* [Bind] / Lineal *n*
~**-grain leather** *n* [Bind] / geradnarbiges Leder *n*
~**-line organization** *n* [OrgM] / Einliniensystem *n*
~ **matter** *n* [Prt] / glatter Satz *m*
strainer *n* [Pp] / Sieb *n*
strapwork *n* [Bind] / Flechtwerk *n*
strategy game *n* [NBM] / Strategiespiel *n*
stratification *n* [InfSc] / Schichtung *f*
stratified sample *n* [InfSc] / geschichtete Stichprobe *f*
stratify *v* [InfSc] / schichten *v*
strawboard *n* [Bind] / Strohpappe *f*
stray light *n* [Repr] / Streulicht *n*
streamer *n* [Bk; EDP] / (banner headline:) Balkenüberschrift *f* · (computing:) Bandlaufwerk *n* (zur Archivierung und Wiederherstellung von Datenbeständen) ‖ *s.a. screamer*
streamline *v* [OrgM] / verschlanken *v* · straffen *v*
street directory *n* [Bk] / Straßenverzeichnis *n*
strengthen *v* [Pres] / verstärken *v* · stärken *v*
strength properties *pl* [Pp] / Festigkeitseigenschaften *pl*
stretch *v* [Pres] / strecken *v* · dehnen *v* · spannen *v*
stretch at breaking *n* [Pp] ⟨DIN 6730⟩ / Bruchdehnung *f*
stretching frame *n* [Pres] / Spannrahmen *m*
strike out *v* [Writ] / durchstreichen *v* · ausstreichen *v* ‖ *s.a. cancel 1*
string 1 *n* [InfSy] ⟨ISO 2382-4⟩ / Kette *f* ‖ *s.a. character string; init string*
~ 2 *n* (PRECIS) [Ind] / Strang *m*
~ **of indexing terms** *n* [Ind] / Schlagwortkette *f*
~ **parts** *pl* [Mus] / Streicherstimmen *pl*
~ **search** *n* [Retr] / Stringsearch *n*

strip cartoon *n* [Bk] ⟨ISO 5127/2⟩ / Bildergeschichte *f* (als Comic strip)
~ **film** *n* [NBM] / Filmstreifen *m*
~ **of holland** *n* / Schirtingstreifen *m*
stroke [Writ; Prt] / Strich *m*
~ **weight** *n* [EDP; Prt] / Strichstärke *f*
strongroom *n* / Tresor(raum) *m/(m)*
structured abstract *n* [Ind] / Positionsreferat *n* · Strukturreferat *n*
~ **data** *pl* [EDP] / strukturierte Daten *pl*
~ **interview** *n* [InfSc] / strukturiertes Interview *n*
~ **notation** *n* [Class] ⟨ISO 5127/6⟩ / strukturierte Notation *f*
stub *n* [Bind] / Anklebefalz *m* ∥ *s.a. compensation guard*
stud *n* [Sh] / Stellstift *m*
student assistant *n* [Staff] / studentische Hilfskraft *f*
~ **body** [Ed] / Studentenschaft *f*
~ **identity card** *n* / Studentenausweis *m*
~ **librarian** *n* [Ed] / Bibliotheksstudent *m*
~ **pass** *n* / Studentenausweis *m*
~ **population** *n* [Ed] / Studentenschaft *f*
students' hostel *n* [Ed; BdEq] / Studentenwohnheim *n*
student welfare service *n* [Ed] / Studentenwerk *n*
study abroad *n* [Ed] / Auslandsstudium *n*
~ **applicant** *n* / Studienbewerber *m*
~ **book** *n* [Ed] / Studienbuch *n*
~ **carrel** *n* [BdEq] / Carrel *n* · (closed:) Arbeitskabine *f* · (open:) Lesekoje *f* · Einzelarbeitsplatz *m* (mit Sichtabschirmung) ∥ *s.a. dry carrel; micro carrel; wet carrel*
~ **counselling** *n* [Ed] / Studienberatung *f*
~ **desk** *n* [BdEq] / Lesetisch *m*
~ **fee** *n* [Ed] / Studiengebühr *f*
~ **leave** *n* [Staff] / Studienurlaub *m*
~ **of incunabula** *n* / Inkunabelkunde *f*
~ **print** *n* [Ed; NBM] ⟨ISBD(NBM)⟩ / Studiendruck *m CH*
~ **regulations** *pl* [Ed] / Studienordnung *f*
~ **(room)** *n* [BdEq] / Lesezimmer *n* · Studierraum *m* · Arbeitskabine *f* ∥ *s.a. faculty study; group study (room)*
~ **score** *n* [Mus] ⟨ISBD(PM)⟩ / Studienpartitur *f*
~ **table** *n* [BdEq] / Lesetisch *m*
~ **table shelf** *n* [Sh] / Anlesebrett *n* · Anleseboden ∥ *s.a. pull-out shelf*
~ **tour** *n* [Staff] / Studienfahrt *f* · Studienreise *f*

style of leadership *n* [OrgM] / Führungsstil *m*
~ **sheet** *n* [EDP] / Druckformatvorlage *f* · DFV *abbr* · Vorlage *f* · Seitendruckformatvorlage *f* · Formatvorlage *f* ∥ *s.a. cascading style sheets*
stylus 1 *n* (reproducing ~) [NBM] / Abspielnadel *f* · Abtastnadel *f*
~ 2 *n* (writing implement) [Writ] / Griffel *m*
~ **printer** *n* [EDP; Prt] / Nadeldrucker *m*
sub|class *n* [Class] / Unterklasse *f*
~**committee** *n* [OrgM] / Unterausschuss *m*
~**directory** *n* [EDP] / Unterverzeichnis *n*
subdivision 1 *n* (organizational unit) [OrgM] / Sachgebiet *n* · Unterabteilung *f* · Referat *n*
~ 2 *n* (in a classification) [Class] / Unterabteilung *f* · Unterklasse *f* ∥ *s.a. standard subdivision*
~ 2 *n* [Cat] / (as part of a subject entry:) Unterschlagwort *n* ∥ *s.a. chronological subdivision; form subdivision; geographic subdivision; period subdivision; subject subdivision; time subdivision; topical subdivision*
~ 3 *n* (part in a book) [Bk] / Abteilung *f* · Unterabteilung *f*
~ **by analogy** *n* [Class/UDC] / Parallelunterteilung *f*
~ **of time** *n* [Class; Cat] *s. chronological subdivision*
sub-edit *v* [Bk] / redigieren *v* (durch einen Assistenten)
~**-editor** *n* [Bk] / Redaktionsassistent *m*
subfacet *n* [Class] / Subfacette *f*
subfield *n* [EDP] ⟨ISO 2709⟩ / Teilfeld *n*
~ **code** *n* [EDP] ⟨ISO 2709⟩ / Teilfeldkennung *f*
~ **identifier** *n* [EDP] *s. subfield code*
subgrouping *n* (symbol [ ] square brackets) [Class/UDC] / Untergruppierung *f*
subheading 1 *n* (e.g., name of a subordinate body added to the heading for a corporate body) [Cat] ⟨ISO 5127/3a⟩ / weitere Ordnungsgruppe *f*
~ 2 *n* (secondary heading added to a subject heading) [Cat] ⟨ISO 5127/3a⟩ / Unterschlagwort *n* · Nebenschlagwort *n* ∥ *s.a. subdivision 2*
~ 3 *n* (as part of an index entry) [Bk; Bib; Ind] ⟨ISO 5127/3a⟩ / Unterschlagwort *n* · Nebeneingang *m*

subject *n* [Ind; Ed] / (topic:) Thema *n* · (field of study:) Studienfach *n* · (field of teaching:) Lehrfach *n* · (of a document:) Gegenstand *m* ‖ *s.a. compulsory option; compulsory subject; core subject; elective (subject); marginal subject; minor (subject); optional subject; subsidiary subject*
~ **analysis** *n* [Ind] / inhaltliche Erschließung *f* · Inhaltsanalyse *f*
~ **analytic** *n* [Cat] / „analytical entry" unter einem Schlagwort
~ **area** *n* [Stock] / Fachgebiet *n*
~ **authority file** *n* [Cat] / Schlagwort-Normdatei *f* ‖ *s.a. subject heading list*
~ **bibliographer** *n* [Staff; Acq] US / Fachreferent *m*
~ **bibliography** *n* [Bib] / Fachbibliographie *f*
~ **card** *n* [Cat] / Schlagwortkarte *f* · Schlagwortzettel *m*
~ **catalogue** *n* [Cat] / Sachkatalog *m* ‖ *s.a. alphabetical subject catalogue*
~ **cross reference** *n* [Cat] / Schlagwortverweisung *f*
~ **department** *n* (departmentalization according to subject specialization) [OrgM] / Fachabteilung *f*
~ **department(al) library** *n* [Lib] / Fach(bereichs)bibliothek *f*
~ **dictionary** *n* [Bk] / Fachwörterbuch *n*
~ **encyclop(a)edia** *n* [Bk] / Fachlexikon *n*
~ **entry** *n* [Cat] / Schlagworteintragung *f* ‖ *s.a. class entry; specific entry*
~ **field** *n* [Class] ⟨ISO 1087; 5127⟩ / Sachgebiet *n*
~ **guide** *n* [Sh] / Sachgruppenhinweis *m*
~ **heading** *n* [Cat] ⟨ISO 5127/3a⟩ / Schlagwort *n* · (for a book with different topics:) Gesamtschlagwort *n* ‖ *s.a. cataloguing by subject headings; compound subject heading; specific heading; subdivision 2; subheading 1; topical heading*
~ **heading list** *n* [Cat] / Standard-Schlagwortliste *f* ‖ *s.a. subject authority file*
~ **index** *n* (of a book) [Ind] / Sachregister *n* ‖ *s.a. alphabetical subject index*
~ **indexing** *n* [Ind] / inhaltliche Erschließung *f* · Sacherschließung *f* · Inhaltserschließung
~ **librarian** *n* [Staff] *s. subject specialist*
~ **order** *n* [Stock] / sachliche Ordnung *f*
~-**oriented discussion** *n* [Comm] / fachliche Diskussion *f*
~-**oriented thesaurus** *n* [Ind] / Fachthesaurus *m*
~ **reading area** *n* [BdEq] / Fachlesebereich *m*
~ **reference** *n* [Cat] / Schlagwortverweisung *f*
~ **related information** *n* [InfSc] / Fachinformation *f*
~ **search** *n* [Retr] / Sachrecherche *f*
~ **specialist** *n* [Staff] / (in an academic library:) Fachreferent *m* · (in a public library:) Lektor *m*
~ **statement** *n* ⟨Ind⟩ / inhaltliche Aussage *f*
~ **subdivision** *n* (as part of a subject entry) [Cat] / sachliches Unterschlagwort *n*
~ **to a charge** *adj* [BgAcc] / gebührenpflichtig *adj*
~-**word entry** *n* [Cat; Ind] / Stichworteintragung *f*
sublibrarian *n* [Staff] / Leiter eines größeren Organisationsbereichs einer Bibliothek *m* (dem Direktor unmittelbar unterstellt)
sublink *n* [KnM] / Teilverknüpfung *f*
submenu *n* [EDP/VDU] / Submenü *n* · Untermenü *n*
submit *v* (a thesis, one's cv, etc.) [Gen] / vorlegen *v*
subnet *n* [Comm] / Teilnetz *n*
~-**work** *n* [Comm] / Teilnetz *n*
subordinate *n* [Staff] / Untergebener *m* · unterstellter Mitarbeiter *m*
~ **body** *n* [Cat] ⟨FSCH; AACR2⟩ / untergeordnete Körperschaft *f*
~ **term** *n* [Ind] / untergeordneter Begriff *m*
subordination *n* [Class] / Unterordnung *f*
subpopulation *n* [InfSc] / Teilgesamtheit *f*
subprogram *n* [EDP] / Unterprogramm *n* · Subroutine *f*
subrecord *n* [EDP] / Untersatz *m*
subroutine *n* [EDP] / Subroutine *f*
subscribe 1 *v* (for a book) [Acq] / subskribieren *v*
~ 2 *v* (serials) [Acq] / abonnieren *v* (to ~ a periodical: eine Zeitschrift abonnieren)
subscriber 1 *n* (to a multi-volume book to be published in the next future) [Acq] / (of serials:) Abonnent *m* · (to a book:) Subskribent *m*
~ 2 *n* (to a network) [Comm] / Teilnehmer *m* (an einem Telekommunikationsnetz) ‖ *s.a. telephone subscriber*

subscribers' class [Comm] /
Teilnehmerklasse *f*
~ |**edition** 1 *n* [Bk] / Subskriptionsausgabe *f*
subscriber's number / Rufnummer *f*
(Nummer des Teilnehmers)
subscript *n* (inferior character) [Prt] /
Index *m*
subscription 1 *n* [Bk] / (of serials:)
Abonnement *n* · (of books:) Subskription *f*
‖ *s.a. annual subscription; complimentary subscription; multi-copy subscription; multiple-year subscription; print subscription; renewal of subscription; trial subscription*
~ 2 (membership fee) [BgAcc] /
Mitgliedsbeitrag *m*
~ **agent** *n* [Bk] / Zeitschriftenbuchhandlung *f* · Zeitschriftenagentur *f*
~ **edition** *n* [Bk] / Subskriptionsausgabe *f*
~ **library** *n* [Lib] / eine Bibliothek, die von den Subskriptionsbeiträgen ihrer Mitglieder getragen wird ‖ *s.a. circulating library*
~ **price** *n* [Bk] / (books:) Subskriptionspreis *m* · (serials:) Abonnementspreis *m* · Bezugspreis *m* (für eine Zeitschrift) ‖ *s.a. cost of annual subscription*
~ **rate** *n* [Bk] / Abonnementspreis *m*
~ **terms** *pl* [Acq] / Bezugsbedingungen *pl* (für eine Zeitschrift)
sub-series *n* [Cat] ⟨ISBD(S; PM; ER); AACR2⟩ / Unterreihe *f*
subset *n* (set theory) [Gen] / Teilmenge *f*
subsidiaries *pl* (end-matter) [Prt] /
Anhang *m* · Beigaben *pl*
subsidiary body *n* [Adm] / nachgeordnete Dienststelle *f*
~ **edition** *n* (of a periodical) [Bk] /
Nebenausgabe *f*
~ **rights** / Nebenrechte *pl*
~ **subject** *n* [Ed] / Ergänzungsfach *n*
subsidize *v* [BgAcc] / subventionieren *v*
subsidy *n* [BgAcc] / Beihilfe *f* ·
Subvention *f* ‖ *s.a. allowance; grant*
~ **publisher** *n* [Bk] / Zuschussverlag *m* (ein Verlag, der den Autor an den Herstellungskosten beteiligt)
substance *n* [Pp] / Flächengewicht *n*
substitute *n* / Ersatz *m*
~ **order** *n* [OrgM] / Ersatzauftrag *m*
substitution microfilming *n* [Repr] /
Ersatzverfilmung *f*
substrate *n* [Repr; NBM] / Trägermaterial *n*
sub|system *n* [InfSy] / Subsystem *n*

~**title** *n* [Bk] ⟨ISO 4; ISO 690; ISO 5127/3a; ISBD(S)⟩ / Untertitel *m*
~**window** *n* [EDP/VDU] / Unterfenster *n* ·
Teilfenster *n*
~**woofer** *n* [NBM] / Basslautsprecher *m*
successive entry *n* [Cat] / Folgeaufnahme *f*
~ **title** *n* [Bk] / Folgetitel *m*
success rate *n* [InfSc] / Erfolgsquote *f*
suggestion *n* [Acq] / Anregung *f* ·
Vorschlag *m* ‖ *s.a. book order suggestion*
~ **box** *n* [RS] / Vorschlagskasten *m*
~ **for improvement** *n* [OrgM] /
Verbesserungsvorschlag *m*
~ **slip** *n* [Acq] / Wunschzettel *m* ‖ *s.a. purchase suggestion*
suitability *n* [OrgM] / Eignung *f*
sulphite pulp *n* [Pp] / Sulfitzellstoff *m*
summarization *n* [Ind] / Inhaltszusammenfassung *f*
summary *n* [Bk; Ind] ⟨ISO 214; ISO 5127/3a⟩ / Zusammenfassung *f* ·
Resümee *n*
~ **of contents** *n* [Ind] / Inhaltszusammenfassung *f*
sum payable *n* [BgAcc] / Rechnungssumme *f* · Rechnungsbetrag *m* ‖ *s.a. invoice amount*
sun control *n* [BdEq] / Sonnenschutz *m*
sunday supplement *n* [Bk] /
Sonntagsbeilage *f*
sunk bands *pl* [Bind] / eingesägte Bünde *pl*
sunken cords *pl* [Bind] *s. sunk bands*
sunk joint *n* [Bind] / schräger Falz *m*
sun screen *n* [BdEq] / Sonnenblende *f*
super *n* [Bind] *US* / Heftgaze *f* · Gaze *f*
~**annuate** *v* [Staff] / pensionieren *v*
· in den Ruhestand versetzen *v* (aus Altersgründen)
~**annuation** *n* [Staff] / Pension *f* ·
Ruhegehalt *n* · Pensionierung *f*
~**calender** *v* [Pp] ⟨ISO 4046⟩ /
kalandrieren *v* · glätten *v*
~-**calender** *n* / Kalander *m* (getrennt von der Papiermaschine)
~-**calendered paper** *n* [Pp] ⟨ISO 4046⟩ /
Hochglanzpapier *n* · satiniertes Papier *n*
~ **ex-libris** *n* [Bk] / Supralibros *n*
~**imposition** *n* [Cat] / die Anwendung neuer Katalogisierungsregeln ohne Änderung vorhandener Ansetzungen ‖
s.a. desuperimposition
~**intendent of the reading room** *n* [Staff] /
Lesesaalaufsicht *f* · Lesesaalauskunft *f*
~**intending staff** *n* [OrgM] /
Aufsichtspersonal *n*

superior *n* [Staff] / Vorgesetzter *m*
~ **authority** *n* [Adm] / vorgesetzte Behörde *f*
~ **character** *n* [Prt] / Exponent *m* · (figure:) Hochzahl *f*
~ **numeral** *n* [Prt] *s. superior character*
super|ordinate term *n* [Ind] ⟨ISO 2788⟩ / übergeordneter Begriff *m*
~**position of slides** *n* [NBM] / Dia-Einblendung *f*
~**script** *n* [Prt] *s. superior character*
~**scription** *n* [Writ] / Aufschrift *f*
~**vised use** *n* [RS] / Benutzung unter Aufsicht *f*
~**vision** *n* [Adm] / Aufsicht *f*
~**visor** *n* [Staff] / Vorgesetzter *m*
~**visory position** *n* [OrgM] / Führungsposition *f*
~**visory sequence** *n* [Comm] / Übertragungssteuerzeichenfolge *f* · ÜSt-Zeichenfolge *f*
supplement *n* [Bk] / (issued separately:) Supplement *n* · Ergänzungsband *m* · Nachtragsband *m* · Beiheft *n* · (extra sheet:) Beilage *f* · (of a newspaper:) Beilage *f* ‖ *s.a. pictorial supplement*
supplementary budget *n* [BgAcc] / Nachtragshaushalt *m*
~ **course** *n* [Ed] / Ergänzungsstudium *n* · Aufbaustudium *n*
~ **volume** *n* [Bk] / Ergänzungsband *m*
supplied title *n* [Cat] ⟨AACR2⟩ / fingierter Sachtitel *m* · künstlicher Titel *m*
supplier *n* [Acq] / Lieferant *m* ‖ *s.a. library book jobber; library supplier*
suppliers' file *n* [Acq] / Lieferantendatei *f*
supplies *pl* (material items of an expendable nature) [Off] / Verbrauchsmaterialien *pl* · Geschäftsbedarf *m* ‖ *s.a. office supplies*
supply *v/n* [OrgM] / (provision:) Versorgung *f* (supply of water: Wasserversorgung) · (the act of supplying:) Lieferung *f* · liefern *v* ‖ *s.a. electricity supply*
~ **and demand** *n* [Gen] / Angebot und Nachfrage *n*
~ **chain** *n* [OrgM] / Lieferkette *f*
supplying library *n* [RS] / liefernde Bibliothek *f*
supply reel *n* [NBM] / Abwickelspule *f*
support 1 *v* [EDP] / unterstützen *v*
~ 2 *n* [EDP] / Unterstützung *n* ‖ *s.a. application-based support; book support; software support*

~ **sheet** *n* (of a microfilm jacket) [Repr] ⟨ISO 6196-4⟩ / Standfolie *f*
~ **staff** *n* [Staff] / Hilfspersonal *n* · nichtfachliches Personal *n*
supposed author *n* [Cat] / mutmaßlicher Verfasser *m*
suppress *v* [EDP] / unterdrücken *v* ‖ *s.a. zero suppression*
suppression *n* [EDP] / Unterdrückung *f*
supralibros *n* [Bind; Bk] / Supralibros *n* · Super-Exlibris *n*
supreme authority [Adm] / Oberbehörde *f*
surcharge *n* [BgAcc] / Aufpreis *m* · Preisaufschlag *m* · zusätzliche Gebühr *f* · Aufschlag *m*
surface *n* [NBM] / Oberfläche *f*
~ **chart** *n* [InfSc] / Banddiagramm *n* · Bandgrafik *f*
~ **mail** *n* [Comm] / gewöhnliche Post *f* (nicht Luftpost)
~ **paper** *n* *s. coated paper*
~ **printing** *n* [Prt] / Flachdruck *m*
~ **sized paper** *n* [Pp] ⟨ISO 4046⟩ / oberflächengeleimtes Papier *n*
~ **sizing** *n* [Pp] / Oberflächenleimung *f*
~ **strength** *n* [Pp] / Oberflächenfestigkeit *f*
surfing *n* [Internet] / Surfen *n* ‖ *s.a. network surfing*
surname *n* [Gen; Cat] / 1 Familienname *m* · 2 (additional name:) Beiname *m*
surplus *n* [BgAcc] / Überschuss *m*
surrogate *n* / Ersatz *m*
surrounding area *n* [EDP/VDU] / Randfeld *n*
survey *n* [InfSc] / Umfrage *f* · (through procedures of questioning:) Befragung *f* ‖ *s.a. collection survey; library survey; mail survey; questionnaire survey; sample survey; telephone survey; total survey*
~ **data** *pl* [InfSc] ⟨IDBD(ER)⟩ / Umfragedaten *pl* ‖ *s.a. census data*
~ **instrument** *n* [InfSc] / Erhebungsinstrument *n*
~ **research** *n* [InfSc] / Umfrageforschung *f*
suspend *v* (a reader) [RS] / ausschließen (einen Leser von der Benutzung ~)
suspended bracket *n* [Sh] *s. suspension brace*
~ **ceiling** *n* [BdEq] / abgehängte Decke *f*
suspend publication *v* [Bk; Cat] / einstellen *v* · unterbrechen *v* (das Erscheinen unterbrechen/einstellen)

suspension *n* (of publication) [Bk]
/ Einstellung (des Erscheinens
einer laufenden Veröffentlichung) ·
Unterbrechung *f*
suspension brace *n* [Sh] / Hängebügel *m*
~ **file** *n* [BdEq] / Hängeregistratur *f* ‖ *s.a.*
vertical file
~ **of service** *n* [OrgM] / Leistungsunterbrechung *f*
~ **points** *pl* [Writ; Prt; Cat] /
Auslassungspunkte *pl*
sustainable development *n* [Gen] /
nachhaltige Entwicklung *f*
swap file *n* [EDP] / Auslagerungsdatei *f*
swash initial *n* [Writ; Bk] /
Zierinitial(e) *n(f)*
~ **letter** *n* [Bk] / Zierbuchstabe *m*
swatch *n* (sample of cloth or fabric) /
Muster *n* ‖ *s.a. collection of swatches;
colour swatch*
sway brace *n* [Sh] / Eckversteifung *f*
switch 1 *n* (in a computer program) [EDP]
US s. switchpoint
~ 2 *n* [Comm] / Schalter *m*
~ 3 *v* [Comm] / schalten *v*
~ 4 *n* [BdEq] / Schalter *m* ‖ *s.a. foot
operated switch*
switched data circuit *n* [Comm] /
Datenwählverbindung *f*
~ **line** *n* [Comm] / Wählleitung *f*
~ **network** *n* [Comm] / Wählnetz *n*
switching technology *n* [Comm] /
Vermittlungstechnik *f* ‖ *s.a. circuit
switching; message switching; packet
switching; through switching*
~ **time** *n* [EDP] / Schaltzeit *f*
switch off *v* [BdEq] / ausschalten *v* ·
abschalten *v* ‖ *s.a. automatic switch off*
~ **on** *v* [BdEq] / anschalten *v*
~**point** *n* (in a computer program) [EDP]
Brit ⟨ISO 2382/VII⟩ / Schalter *m*
swivel chair *n* [BdEq] / Drehstuhl *m*
swung dash *n* (~) [Writ; Prt] / Tilde *f*
syllabication *n* (word processing) [EDP] /
Silbentrennung *f*
syllabic notation *n* [Class] / sprechbare
Notation *f*
~ **writing** *n* [Writ] / Silbenschrift *f*
syllabus *n* [Ed] / Studienplan *m* ·
Lehrplan *m*
symbol [Gen] / Symbol *n* ‖ *s.a. concept
symbol*
synchronous *adj* [Gen; EDP] ⟨ISO/IEC
2328-1⟩ / synchron *adj*

~ **transmission** *n* [Comm] / synchrone
Übertragung *f*
syncopism *n* [Bk] / ein Pseudonym,
bei dem bestimmte Buchstaben durch
Pünktchen ersetzt sind
syndetic catalogue *n* [Cat] / ein
Kreuzkatalog mit einer ausgeprägten
Verweisungsstruktur *m*
~ **index** *n* [Ind] / Register mit
der Darstellung von Beziehungen
zwischen den Registereingängen (durch
Nebeneingänge, Verweisungen usw.)
synonym *n* [Lin] ⟨ISO/R 1087; ISO 5127/6⟩
/ Synonym *n* ‖ *s.a. quasi-synonym*
synonymity *n* [Lin] ⟨ISO 5127/1⟩ /
Synonymie *f* ‖ *s.a. quasi-synonymity*
synopsis *n* [Ind] / Synopse *f*
synoptic journal *n* [Bk] / Synopse-
Zeitschrift *f*
syntactic indexing *n* [Ind] / syntaktische
Indexierung *f*
syntax *n* [Lin] / Syntax *f*
synthetic classification *n* [Class] ⟨ISO
5127/6⟩ / synthetische Klassifikation *f*
~ **resin** *n* [Pres] / Kunstharz *m*
SysOp *abbr* [EDP] *s. system operator*
system administrator *n* [EDP] /
Systemadministrator *m*
systematic catalogue *n* [Class] *s. classified
catalogue*
system attendant *n* [Staff] /
Systembetreuer *m*
~ **of higher education** *n* [Ed] /
Hochschulwesen *n*
~ **operator** *n* [Staff] / Systemadministrator *m*
~ **program** *n* [EDP] ⟨ISBD(ER)⟩ / System-
Programm *n*
~ **requirements** *pl* / Systemanforderungen *pl*
systems analysis *n* [OrgM] /
Systemanalyse *f*
~ **analyst** *n* [Staff] / Systemanalytiker *m*
~ **approach** *n* [InfSc] / Systemansatz *m*
system(s) design *n* [OrgM] /
Systementwurf *m*
systems librarian *n* [Staff] / Bibliothekar
(verantwortlich für das Funktionieren der
automatisierten Systeme)
~ **shelving** *n* [Sh] / Aufstellung in
Systemregalen *f*
system state *n* [EDP] / Systemstatus *m*

T

tab *n* (projection from a card) [TS] / Tab *m*
~ **key** *n* (on a keyboard) [EDP] / Tabulator *m*
table 1 *n* [Bk] ⟨ISO 215⟩ / Tabelle *f*
~ 2 *n* [Class/UDC] *s. auxiliary table; main table*
~ **editor** *n* (word processing) [EDP] / Tabelleneditor *m*
~ **lamp** *n* / Tischlampe *f*
~ **of contents** *n* [Bk] ⟨ISO 5127/2⟩ / Inhaltsverzeichnis *n*
tables *pl* (tabular work) [Bk] ⟨ISO 5127/2⟩ / (as a book:) Tabellenwerk *n*
tablet book *n* [Bk] / ein antikes Schreibbuch in Form von Täfelchen ‖ *s.a. diptych; polyptych; triptych*
tabloid *n* [Bk] / Boulevardblatt *n* · Boulevardzeitung (von kleinem Format) *f*
tabstop *n* (on a keyboard) [EDP] *s. tabulator*
tabular abstract *n* [Bk] / tabellarische Zusammenfassung *f*
~ **composition** *n* [Prt] / Tabellensatz *m* · tabellarischer Satz *m*
~ **printout** *n* [EDP; Prt] / Tabellenausdruck *m*
~ **setting** *n* [Prt] / Tabellensatz *m*
~ **work** *n* [Bk] / Tabellenwerk *n*
tabulating card *n* [PuC] / Tabellierkarte *f*
~ **machine** *n* [PuC] / Tabelliermaschine *f*
tabulator *n* (on a keyboard) [EDP; Off] / Tabulator *m*

tack *n* [Bind; BdEq] / (small sharp broadheaded nail:) Reißzwecke *f* · Reißnagel *m* · (of an adhesive:) Klebefähigkeit *f*
~**board** *n* [BdEq] / Anschlagbrett *n* · Anschlagtafel *f*
tacking iron *n* [Pres] / Heizstift *m*
tag 1 *v* [ElPubl] / taggen *v* · markieren *v*
~ 2 *n* (character attached to a field) [EDP] ⟨ISO 2709; ISO 8459-3⟩ / Feldkennung *f*
~ 3 *n* (mark for text elements in a publication) [ElPubl] / Tag *m* · Marker *m*
tail *n* [Bind] / Schwanz *m*
~**band** *n* [Bind] / unteres Kapital *n* · unteres Kapitalband *n*
~ **edge** *n* [Bind] / Schwanzschnitt *m* · Unterschnitt *m* · Fußschnitt *m*
~ **fold** *n* [Bind] / Faltkante *f* (am Fuß eines unaufgeschnittenen Buchblocks)
~ **(margin)** *n* [Prt] / Fußsteg *m*
~ **ornament** *n* / Schlussstück *n* · (copper engraving:) Schlusskupfer *n* · Schlussvignette *f*
~**-piece** [Bk] / Schlussstück *n* ‖ *s.a. tail ornament*
TAK *abbr* [EDP] *s. transaction number*
take *v* (a photo) [Repr] / aufnehmen *v* (ein Foto aufnehmen/machen)
~ **a book apart** *v* (pull a book) [Bind] / auseinandernehmen *v* (ein Buch ~)
~ **down** *v* [Bind] / auseinandernehmen *v*

~-**over** / (of the rights in a book:) Übernahme der Rechte an einem Buch *f* (of the rights in a book)
taker *n* [Acq] / Abnehmer *m* · Auftragnehmer *m*
take-up device *n* [NBM] / Aufspuleinrichtung *f*
~-**up reel** *n* [BdEq] / Aufwickelspule *f* · Aufnahmespule *f*
talking book *n* [NBM] / Hörbuch *n*
~ **book cassette** *n* [NBM] / Literaturkassette *f*
~ **book library** *n* [Lib] / Hörbücherei *f*
~ **book library for the blind** *n* [Lib] / Blinden-Hörbücherei *f*
tally 1 *n* [InfSc] / (ticket:) Kupon *m* · (mark made to register a number of objects etc.:) Zählstrich *m* ‖ *s.a. book tally*
~ 2 *v* (to record by tally) [InfSc] / auszählen *v*
tallying *n* [InfSc] / Strichlistenauszählung *f*
tally sheet *n* [InfSc] / Strichliste *f*
tampon *n* [Prt] *s. ink ball*
tan *v* [Bind] / gerben *v* ‖ *s.a. tanning*
tannin *n* [Bind] / Gerbstoff *m*
tanning *n* [Bind] / Gerbung *f* ‖ *s.a. alum tanning*
tape 1 *n* [NBM; EDP] / Band *n* (virgin tape:unbespieltes/leeres Band) ‖ *s.a. audiotape; magnetic tape; videotape*
~ 2 *n* [Bind] *s. sewing tape*
~ **cassette** *n* [NBM; EDP] ⟨ISBD(ER)⟩ / (containing a magnetic tape:) Magnetbandkassette · (containing an audiotape:) Tonbandkassette *f*
~ **drive** *n* [EDP] / Bandlaufwerk *n*
~ **file** *n* [EDP] / Banddatei *f* · Magnetbanddatei *f*
~ **file service** *n* [EDP] / Magnetbanddienst *m*
~ **mark** *n* [EDP] ⟨ISO 1001⟩ / Abschnittsmarke *f* · AM *abbr* · Bandabschnittsmarke *f* · Bandmarke *f*
~ **perforator** *n* [PuC] *s. tape punch*
~ **punch** *n* [PuC] / Lochstreifenstanzer *m* · Streifenlocher *m*
~ **recorder** *n* [NBM] / Tonbandgerät *n*
~ **reel** *n* [EDP] ⟨ISBD(ER)⟩ / Magnetbandspule *f*
~ **sewing** *n* [Bind] / Bandheftung *f*
~-**slide** *n* [NBM] / Tonbildschau *f* · Tonbildreihe *f*
~ **speed** *n* [EDP] / Bandgeschwindigkeit *f*
~ **storage** *n* [EDP] ⟨ISO 2382/XII⟩ / Bandspeicher *m*

~ **typewriter** *n* [PuC] / Lochstreifenschreibmaschine *f*
target *n* [Gen; Repr] / (of a microfilm:) vorlaufende bibliographische und technische Angaben · (result aimed at:) Ziel *n*
~ **audience** *n* [InfSc] / Zielpublikum *n*
~ **descriptor** *n* [Ind] ⟨ISO 5127/6⟩ / Zieldeskriptor *m*
~ **frame** *n* [Repr] / Kennzeichnungsaufnahme *f* ‖ *s.a. final target frames; preceding target frames*
~ **group** *n* [InfSc] / Zielgruppe
~ **language** *n* (in a multilingual thesaurus/ of a translation) [In; Lid] ⟨ISO 5964⟩ / Zielsprache *f*
~ **link** *n* (hypertext) [EDP] / Verknüpfungsziel *n*
~ **population** *n* [InfSc] ⟨ISO 11620⟩ / Zielgruppe (mehrere zusammengehörige Zielgruppen insgesamt)
~ **system** *n* [Comm] / Zielsytem *n*
~ **thesaurus** *n* [Ind] ⟨ISO 5127/6⟩ / Zielthesaurus *m*
task *n* / Aufgabe *f* ‖ *s.a. joint task*
~ **bar** *n* [EDP/VDU] / Task-Leiste *f*
~ **force** *n* [OrgM] / Arbeitsgruppe *f* · Projektgruppe *f* ‖ *s.a. allocation of tasks*
tawing *n* [Bind] / Alaungerbung *f*
tax deductible / abzugsfähig *adj* (von der Steuer)
~ **exemption** *n* [BgAcc] / Steuerfreiheit *f*
taxonomy *n* [Class] / Taxonomie *f*
TCP *abbr* [Comm] *s. transmission control protocol*
TDF *abbr* [Comm] *s. transborder data flow*
teacher *n* [Ed] / Lehrer *m* · Lehrkraft *f* ‖ *s.a. full-time teacher*
teacher's book *n* [Ed] / Buch *n* (für die Hand des Lehrers)
~ **manual** *n* [Bk; Ed] / Lehrerhandbuch *n*
teacher training college *n* / pädagogische Hochschule *f*
teaching *n* [Ed] / Unterricht *m* (das Unterrichten/Lehren)
~ **commitments** *pl* [Ed] / Lehrverpflichtungen *pl*
~ **film** *n* [NBM] / Lehrfilm *m* · Unterrichtsfilm *m*
~ **staff** *n* [Ed] / Lehrkörper *m*
~ **syllabus** *n* [Ed] / Lehrplan *m*
~ **unit** *n* [Ed] / Lehreinheit *f* · Unterrichtseinheit *f*
tear *n* [Pres] / Riss *m* ‖ *s.a. small tear; torn*
~-**off calendar** / Abreißkalender *m*

tear-open agreement

~-**open agreement** n [EDP; Law] / Schutzhüllenvertrag m
~ **resistance** n [Pp] / Reißfestigkeit f
~ **sheet** n [Bk] / Ausriss m ‖ s.a. clipping
technical assistant n [Staff] s. library technical assistant
~ **book** n [Bk] / Fachbuch n
~ **drawing** n [NBM] / technische Zeichnung f
~ **house journal** n [Bk] / technische Firmenzeitschrift f
~ **language** f [Lin] / Fachsprache f
~ **processes** pl [TS] / (technical services:) Buchbearbeitung f · (physical processing:) technische Buchbearbeitung f
~ **regulation** n [Bk] / technische Vorschrift f · technische Regel f
~ **report** n [Bk] ⟨ISO 9707⟩ / Forschungsbericht m
~ **services (department)** pl(n) [TS:OrgM] / Buchbearbeitung(sabteilung) f(f) · Betriebsabteilung f
~ **specification** n [Bk] ⟨ISO 5127/2⟩ / technische Spezifikation f · technische Beschreibung f
~ **term** n [Lin] ⟨ISO/R 1087⟩ / Fachausdruck m · Fachbegriff m
~ **university** n / technische Universität f · technische Hochschule f
teenage library n [Lib] / Jugendbibliothek f
t.e.g. abbr s. top edge gilt
TEI header n [ElPubl] / elektronisches Titelblatt n
telecast n / Fernsehsendung f
telecode n [Comm] / Fernschreibschlüssel m · Fernschreibcode m
telecommunication n [Comm] / Fernübertragung f · Telekommunikation f
~ **access** n [Comm] / Datenfernzugriff m
telecommunications network n [Comm] / Fernmeldenetz n
telecommuter n [Staff] / Telearbeiter m
telecommuting f [OrgM] / Telearbeit f
teleconference n [Comm] / Telekonferenz f
telefacsimile n [Comm] s. facsimile transmission
telefax n [Comm] / Faxübermittlung f · Fernkopie f · Telekopie f · Fax n
telegraphic abstract n [Ind] / Schlagwortreferat n · codiertes Referat n DDR
teleordering n [Acq] / Fernbestellung f
telephone answering device n [Comm] / Anrufbeantworter m · telefonischer Anrufbeantworter m

492

~ **booth** n [BdEq] / Telefonzelle f
~ **box** n / Telefonzelle f
~ **connection** n [Comm] / Telefonverbindung f · Fernsprechverbindung f
~ **directory** n [Bk] / Fernsprechbuch n · Telefonbuch n
~ **extension** Comm / Nebenstelle f
~ **kiosk** / Telefonzelle f
~ **line** n [Comm] / Fernsprechleitung f · Telefonleitung f
~ **number** n [Comm] / Telefonnummer f · Rufnummer f
~ **provider** n [Comm] / Telefongesellschaft f
~ **set** n [Comm] / Fernsprechapparat m · Telefonapparat m
~ **subscriber** n [Comm] / Fernsprechteilnehmer m
~ **survey** n [InfSc] / telefonische Umfrage f
teleplay n [Comm] / Fernsehspiel n
teleprint n [Comm] / Fernschreiben n · Telex n
teleprinter n [Comm] Brit / Fernschreiber m
~ **code** n [Comm] s. telecode
teleprocessing n [EDP] / Datenfernverarbeitung f ‖ s.a. remote batch processing
teletext n [Comm] / Videotext m
teletype|setter n [Prt] / Teletypesetter m
~ **terminal** n [Comm; EDP] / Druckerterminal n · Schreibterminal n
~**writer** n [Comm] US / Fernschreiber m
television n [Comm] / Fernsehen n ‖ s.a. cable television
~ **broadcast** n [Comm] / Fernsehsendung f
~ **play** n [Comm] / Fernsehspiel n
~ **set** n [Comm] / Fernsehgerät n
~ **transmission** n / Fernsehübertragung f
~ **transmitter** n [Comm] /
Fernsehsender m
~ **viewing** n / Fernsehen n (als Vorgang)
~ **watching** n s. television viewing
tele|working n [OrgM] / Telearbeit f
~**workplace** n [OrgM] / Telearbeitsplatz m
~**workstation** n [OrgM] / Telearbeitsplatz m
telex 1 n (teleprinter exchange) [Comm] / Fernschreibverkehr m · Telexdienst m
~ **2** n (teleprint) [Comm] / Fernschreiben n
~ **centre** n [OrgM] / Fernschreibstelle f
~ **line** n [Comm] / Fernschreibleitung f
~ **message** n [Comm] s. teleprint
~ **subscriber** n [Comm] / Fernschreibteilnehmer m
telonism n [Cat] / Telonisnym n

template *n* [EDP] / Schablone *f* ·
Mustervorlage *f* · Dokumentvorlage *f* ·
Vorlage *f* · Formatvorlage *f*
~ **command** *n* (word processing) [EDP] /
Schablonenbefehl *m*
~ **file** *n* (word processing) [EDP] /
Schablonendatei *f*
temple library *n* [Lib] / Tempelbibliothek *f*
temporarily out of print *n* (TOP) /
vorübergehend vergriffen *pp*
~ **out of stock** (TOS) / vorübergehend
nicht am Lager
temporary binding *n* [Bind] *s. temporary covering*
~ **card** *n* [TS] / Interimskarte *f* ·
Interimszettel *m*
~ **cataloguing** *n* [Cat] / Interimskatalogisierung *f* · provisorische Katalogisierung *f*
~ **contract** *n* [Staff] / befristeter Vertrag *m*
~ **covering** *n* [Bind] / Interimseinband *m*
~ **entry** *n* [Cat] / Interimsaufnahme *f*
~ **file** *n* [EDP] / Interimsdatei *f*
~ **post** *n* [Staff] / Zeitstelle *f*
~ **staff** *n* [Staff] / befristet eingestelltes
Personal *n* · Zeitpersonal *n* · Personal mit
Zeitverträgen *n*
~ **storage** *n* [EDP] / (procedure:)
Zwischenspeicherung · (intermediate
memory:) Zwischenspeicher *m* ‖ *s.a. buffer (storage)*
tender *n* [Acq] / (competitive tendering:)
Angebot *n* · (bid on an auction:)
Preisangebot *n* ‖ *s.a. call for tender(s)*
tenon saw *n* [Bind] / Fuchsschwanz *m*
tensile strength *n* [Pp] / Zugfestigkeit *f* ·
Bruchwiderstand *m*
tenure *n* [Staff] / feste Anstellung *f* (a full
professor has tenure: ein o.Prof. ist fest
angestellt)
tenured *pp* [Staff] / fest angestellt (a
tenured position: eine unkündbare
Anstellung a tenured librarian: ein fest
angetellter Bibl.)
tenure of office *n* (period of tenure) [Staff]
/ Amtszeit *f* (auf Dauer angelegt)
term 1 *n* (word used to express a definite
concept) [Lin] ⟨ISO/R 704; ISO/R 1087;
ISO 5127/1⟩ / (concept:) Begriff *m* ·
(word expressing a concept:) Benennung *f*
· Bezeichnung *f* · Ausdruck *m* ·
Terminus *m* ‖ *s.a. abbreviated term;
broader term; deprecated term; equivalent
term; extraction of terms; generic term 1;
genre term; most common term; permitted
term; related term; search term; specific
term; subordinate term; superordinate
term; technical term; terms; top term*
~ 2 *n* (time limit) [Gen] / (college,
university:period during which instruction
is given:) Semester *n* · (limited period:)
Zeit *n* · Frist *f* (for a term of five
years:für die Zeit von fünf Jahren) ‖
*s.a. copyright term; long-term; mediumterm; short-term; term of delivery; term of
practical training*
~ **card** *n* [PuC] *s. feature card*
terminal *n* [EDP] ⟨ISBD(ER)⟩ /
Datenendgerät *n*
~ **cost(s)** *n(pl)* [BgAcc] / Grenzkosten *pl*
~ **responsibility** *n* [Gen] / Gesamtverantwortung *f*
~ **set** / mehrbändige Publikation *f*
(begrenzt)
termination *n* (of a program) [EDP] /
Abbruch *m* (eines Programms)
terminator *n* (in a program flowchart)
[EDP] / Grenzstelle *f*
terminological control *n* [Ind] /
terminologische Kontrolle *f*
~ **dictionary** *n* [Ind] / Glossar *n* ·
terminologisches Wörterbuch *n*
terminology *n* [Lin] ⟨ISO 5127/1⟩ /
Terminologie *f* ‖ *s.a. standard of
terminology*
term list *n* [Ind] ⟨ISO 1087; 5127⟩ /
Begriffsliste *f*
~ **of address** *n* [Gen; Cat] / Anredeform *f*
~ **of delivery** *n* [Acq] / Lieferfrist *f*
~ **of honour** / Ehrentitel *m* (ehrende
Bezeichnung, z.B.: Herr)
~ **of office** *n* [OrgM] / Amtszeit *f*
~ **of practical training** *n* [Ed] /
Praxissemester *n*
~ **phrase** *n* [Ind] / Mehrwortbegriff *m*
terms *pl* [Gen] / Bedingungen *pl* ‖ *s.a.
terms of delivery; terms of employment;
terms of sale*
~ **of availability** *pl* [Acq] /
Bezugsbedingungen *pl*
~ **of contract** *pl* [Law] / Vertragsbedingungen *pl*
~ **of delivery** *pl* (for a periodical)
[Acq] / Lieferbedingungen *pl* ·
Bezugsbedingungen *pl*
~ **of employment** *pl* [Staff] /
Anstellungsbedingungen *pl* ·
Arbeitsbedingungen *pl* ‖ *s.a. working
environment*
~ **of payment** *pl* [BgAcc] /
Zahlungsbedingungen *pl*

terms of reference   494

~ **of reference** *pl* [OrgM] / (Bezugspunkte:) Rahmenbedingungen
~ **of sale** *pl* [Bk] / Verkaufsbedingungen *pl*
~ **of trade** *pl* [OrgM] / Geschäftsbedingungen *pl*
term-time address *n* [RS] / Semesteradresse *f*
ternio(n) *n(n)* [Bk] / Ternie *f* · Ternio *m*
terrestrial globe *n* [Cart] / Erdglobus *m*
territorial authority *n* [Gen; Cat] ⟨FSCH; GARR; AACR⟩ / Gebietskörperschaft *f* ‖ *s.a.* *non-organ of a territorial authority; secondary territorial authority; secondary territorial authority*
test 1 *n* [Gen] / Test *m* ‖ *s.a. pretest*
~ 2 *v* [Gen] / testen *v* · prüfen *v* ‖ *s.a. remote testing*
~ **character** *n* [Repr] / Testzeichen *n*
~ **chart** *n* [Repr] ⟨ISO 3334; ISO 6196/5⟩ / Testfeld *n*
~ **materials** *pl* [NBM] / Testmaterialien *pl*
~ **mode** *n* [EDP] / Testbetrieb *m* · Testmodus *m*
~ **of folding endurance** *n* [Pres; Pp] / Knickprobe *f*
~ **pattern** *n* [Repr] / Testzeichen *n* · Testvorlage *f*
~ **print** *n* [Prt] / Andruck *m*
~ **run** *n* [EDP] / Testlauf *m*
~ **target** *n* [Repr] / Testblatt *n*
text *n* [Writ; Bk] ⟨DCMI⟩ / Text *m*
~ **alignment** *n* [EDP] / Textausrichtung *f* (rechts- oder linksbündig)
~ **area** / Satzspiegel *m* (bei Textverarbeitung)
~ **assembly** [Prt] / Satzmontage *f* · Textmontage *f*
~ **block** *n* [Bind] / Buchblock *m*
~**(book)** *n* [Bk] ⟨ISO 5127/2⟩ / Lehrbuch *n* ‖ *s.a. consumable textbook; undergraduate text; school textbook*
~**book collection** *n* [Stock] / Lehrbuchsammlung *f*
Text Encoding Initiative header *n* [Cat] *s.* *TEI header*
text file *n* [EDP] / Textdatei *f*
textile binding *n* [Bind] / Textil(ein)band *m* ‖ *s.a. cloth binding*
text matter *n* [Prt] / glatter Satz *m*
~ **mode** *n* [EDP] / Textmodus *m*
~ **module** *n* (word processing) [EDP] / Textbaustein *m*
~ **preparation** *n* [ElPubl] / Textaufbereitung *f*

~ **processing** *n* [EDP] ⟨ISO/IEC 2382-1⟩ / Textverarbeitung *f*
~ **processing system** *n* / Textverarbeitungssystem *n*
~ **processor** *n* [EDP] ⟨ISO/IEC 2382-23⟩ / Textverarbeitungssystem *n*
~ **publisher** *n* [Bk; Ed] / Schulbuchverlag *m*
~ **system** *n* [Off] / Textsystem *n*
textual criticism *n* [Bk] / Textkritik *f*
text understanding *n* [KnM] / Textverständnis *n*
theatre programme *n* [Bk] / Theaterprogramm *n* ‖ *s.a. playbill*
theft detection system *n* [BdEq] / Diebstahlsicherungssystem *n*
~ **prevention** *n* [BdEq] / Diebstahlverhütung *f*
thematic catalogue *n* [Cat] / Themenkatalog *m* · Stoffkreiskatalog *m*
~ **index** *n* [Mus] ⟨AACR2⟩ / Themenverzeichnis *n*
~ **map** *n* [Cart] / thematische Karte *f*
~ **thesaurus** *n* [Ind] ⟨ISO 5127/6⟩ / Querschnittsthesaurus *m*
~ **video(tape /film)** *n* [NBM] / Sachvideo *n*
theme *n* [Bk] / Thema *n*
thermal development *n* [Repr] / Wärme-Entwicklung *f*
~ **insulation** *n* [BdEq] / Wärmeisolierung *f*
~ **printer** *n* [EDP; Prt] / Thermo(transfer)drucker *m*
~ **process** *n* [Repr] / Wärmekopierverfahren *n*
thermic copy *n* [Repr] / Wärmekopie *f*
thermography *n* [Prt] / Thermographie *f* · Thermokopierverfahren *n* · Wärmekopierverfahren *n*
thermoplastic binding *n* / Klebebindung *f*
~ **lamination** *n* [Pres] / Heißlaminierung *f*
thesaurus *n* [Ind] ⟨ISO 5127/6; ISO 2788; ISO 5964⟩ / Thesaurus *m* ‖ *s.a. macrothesaurus; microthesaurus; mission-oriented thesaurus; monolingual thesaurus; multilingual thesaurus; specialized thesaurus; thematic thesaurus*
~ **maintenance** *n* [Ind] / Thesauruspflege *f*
thesis *n* [Bk; Ed] ⟨ISO 5127/2; ISO 7144; ISO 9707⟩ / Hochschulschrift *f* (schriftliche Prüfungsarbeit zur Erlangung eines Hochschulgrades) ‖ *s.a. doctoral thesis; master's thesis*
~ **statement** *n* [Cat] / Hochschulschriftenvermerk *m*

thickness copy *n* [Bk] / Blindband *m* ·
  Musterband *m* · Stärkeband *m*
~ **of paper** *n* [Pp] / Papierstärke *f*
thin-film memory *n* [EDP] /
  Dünnschichtspeicher *m*
third-party access *n* [Comm] / Netzzugang
  Dritter *m*
~-**party funds** *pl* [BgAcc] / Drittmittel *pl*
thong *n* [Bind] / Lederschlaufe *f* ·
  Lederriemchen *n*
thongs *pl* (bands) [Bind] / Lederschlaufen *pl*
  (zum Schließen von Bänden)
thread 1 *v* (a film) [NBM] / einfädeln *v* ·
  einlegen *v* (einen Film ~)
~ 2 *n* [Bind] / Faden *m* · Zwirn *m* ·
  Heftfaden *m* · Heftzwirn *m*
~ **sealing** *n* [Bind] / Fadensiegeln *n*
~ **sewing** *n* [Bind] / Fadenheftung *f* ‖ *s.a.*
  flexible sewing; French sewing; hand-
  sewing; machine sewing; oversewing;
  Smyth sewing
~ **sewing machine** *n* [Bind] /
  Fadenheftmaschine *f*
~ **stitching** *n* [Bind] / Fadenheftung *f*
three-colour printing *n* [Prt] /
  Dreifarbendruck *m*
~-**dimensional effect** *n* [ElPubl] / Drei-D-
  Effekt *m*
~-**letter acronym** *n* [Internet] / Drei-
  Buchstaben-Akronym *n*
~-**quarter binding** *n* [Bind] /
  Dreiviertelband *m* · Halbband *m* (mit
  großen Lederecken)
threshold value *n* [InfSc] /
  Schwellenwert *m*
thriller *n* [Bk] / Reißer *m*
through|put *n* [EDP] / Durchsatz *m* ‖ *s.a.*
  data throughput
~ **switching** *n* [Comm] / Durchschalten *n*
throw-out *n* [Bk] ⟨ISO 5127/3a⟩ / gefalzte
  Beilage *f* (fest mit dem Band verbunden) ·
  ausklappbares Faltblatt *n*
thumb book *n* [Bk] / Liliputbuch *n*
~ **index** *n* [Bk] / Daumenregister *n* ·
  Griffregister *n*
thumbnail *n* [EDP/VDU] / verkleinerte
  Abbildung *f* · Miniaturdarstellung *f*
~ **size** *n* [EDP/VDU] / verkleinerter
  Bildausschnitt *m* · Miniaturformat *n*
~ **sketch** *n* (thumbnail printout) [ElPubl] /
  Layoutstrukturausdruck *m*
ticket-of-leave *n* [Staff] / Urlaubsschein *m n*
tide line *n* [Pres] / Wasserrand *m*
~ **mark** *n* [Pres] *s. tide line*
tied letter *n* [Writ; Prt] *s. ligature*

tier *n* [Sh] *Brit* / Regaleinheit *f* (mit einer
  Reihe von übereinander angeordneten
  Fachböden) ‖ *s.a. double-sided tier; multi-*
  tier stack; single-tier stack
~ **guide** *n* [Sh] / Hinweistafel am Regal
  bzw. an der Regalreihe *f*
tie up *v* [Bind] / einschnüren *v*
tight back *n* [Bind] / fester Rücken *m*
~ **joint** *n* [Bind] / tiefer Falz *m*
tilde *n* [Writ; Prt] / Tilde *f*
tiled windows *pl* [EDP/VDU] / gekachelte
  Fenster *pl* · nebeneinander gesetzte
  Fenster *pl*
till-forbid order *n* [Acq] /
  Fortsetzungsbestellung *f* · ff-Bestellung *f* ·
  laufende Bestellung *f*
tilted shelf *n* [Sh] / Schrägboden *m*
time consuming *pres p* [OrgM] /
  zeitaufwendig *adj*
~-**division multiplexing** *n* [EDP] /
  Zeitmultiplexbetrieb *m*
~ **frame** *n* [OrgM] / Zeitrahmen *m*
~ **limit** *n* [Gen] / Frist *f* · Zeitrahmen *m*
~ **off** [OrgM] / arbeitsfreie Zeit *f* ·
  Freizeit *f* ‖ *s.a. compensatory time off*
~ **of waiting** *n* / Wartezeit *f*
~**out** *n* [BdEq] / Auszeit *f*
~-**out function** *n* [Comm] /
  Zeitüberwachung *f*
timer *n* [EDP] / Zeitgeber *m*
time-schedule *n* [OrgM] / Dienstplan *m*
~-**scheduling** *n* [OrgM] / Terminplanung *f*
~- **sharing system** *n* [EDP] ⟨ISO 2382/10⟩ /
  Teilnehmerbetrieb *m* · Teilnehmersystem *n*
~-**sheet** *n* [OrgM] *s. time-schedule*
~-**slice multiplexing** *n* [EDP] /
  Zeitmultiplexbetrieb *m*
~ **slicing** *n* [EDP] ⟨ISO 2382/X⟩ /
  Zeitscheibenverfahren *n*
~-**slot pattern** *n* [EDP] / Zeitraster *m*
~ **study** *n* [OrgM] / Zeitstudie *f*
~ **subdivision** *n* [Class; Cat] *s.*
  chronological subdivision
~**table** 1 *n* [Staff] / Dienstplan *m*
~**table** 2 *n* [NBM] / (showing times of
  public transport services:) Fahrplan *m*
~**table** 3 *n* [Ed] / (showing the time of
  each class:) Stundenplan *m* ‖ *s.a. lecture*
  timetable
timing generator *n* [Comm] /
  Synchronisiereinheit *f*
tint *v/n* [Pres] / (to dye:) färben *v* · (variety
  of colour:) Farbton *m* ‖ *s.a. altitude tint*
tip in *v* [Bind] / einschalten *v* · einkleben *v*
tip-in *n* [Bind] / eingeschaltetes Blatt *n*

tipped in *pp* (a plate etc. is ~ in) [Bind] / eingeklebt *pp*
tissue *n* [Bind] / Gewebe *n*
~ **paper** *n* [Pp] / Seidenpapier *n*
title *n* [Bk; Cat] ⟨ISO 5127/3a; ISO 2789; ISO 4; ISO215; ISO9707; ISBD⟩ / Titel *m* · (excluding author/editor:) Sachtitel *m* ‖ *s.a.* alternative title; back title; caption title; collective title; cover title; drop-down title; former title; main title; parallel title; subtitle; supplied title; uniform title; variant title
~ **and statement of responsibility area** *n* [Cat] / Sachtitel- und Verfasserangabe *f* · Zone für die Angabe des Sachtitels und der verantwortlichen Personen und/oder Körperschaften *f CH*
~ **area** *n* (on a microfiche) [Repr] / Titelfeld *n*
~ **backing** *n* [Repr] / Farbstreifen *m* · Titelunterlage *f* (auf der Rückseite der Titelfläche eines Mikrofiches)
~ **bar** *n* [EDP/VDU] / Titelleiste *f*
~ **catalogue** *n* [Cat] / Titelkatalog *m*
~ **change** *n* [Bk] / Titeländerung *f*
~ **entry** *n* [Cat; Bib] / Titeleintragung *f*
~ **frame** *n* (of a microform) [Repr] ⟨AACR2⟩ / Titelbild *n* (einer Mikroform) · Mikroformtitel *m*
~-**leaf** *n* [Bk] ⟨ISO 1086⟩ / Titelblatt *n* ‖ *s.a.* title-page
~ **letter** *n* [Sh] / Symbol für den Titel in einer Signatur *n* (Buchstabe)
~ **mark** [Sh] *s. title letter*
~ **of nobility** *n* / Adelstitel *m*
~-**page** *n* [Bk] ⟨ISBD(M; S; A; PM); ISO 5127/3a; AACR2⟩ / Haupttitelseite *f* · Titelseite *f* ‖ *s.a.* cancel title-page; illustrated title-page; reverse title-page; title-leaf
~-**page border** *n* [Bk] / Titelbordüre *f* · Titeleinfassung *f* · Titelumrahmung *f* · Titelrahmen *m*
Title-Page Index *n* (TPI) [Bind] / Titelblatt Register *n* · TR *abbr*
title-page substitute *n* [Cat] ⟨ISBD(M; S; A; PM)⟩ / Ersatz der Haupttitelseite *m* · Titelseitenersatz *m*
~-**page verso** *n* [Bk] / Rückseite *f* (des Titelblatts)
~ **proper** *n* [Cat] ⟨ISO 5127/3a; ISBD(M; S; A; PM; NBM; CM); AACR2⟩ / Hauptsachtitel *m* ‖ *s.a.* common part of title proper; dependent part of title proper

~ **running across the spine** *n* [Bk] / Quertitel *m*
~ **running down** *n* / Längstitel *m* (von oben nach unten laufend)
~ **running up** *n* / Längstitel *m* (von unten nach oben laufend)
~ **screen** *n* [Cat] ⟨ISBD(ER)⟩ / Eröffnungsbildschirm *m* · Titelbildschirm *m*
~ **section** *n* [Prt] / Titelbogen *m*
~ **sheet** *n* [Prt] *s. title section*
~ **signature** *n* [Prt] / Bogennorm *f*
~ **space** *n* (on a microfiche) [Repr] / Titelfeld *n*
~ **space (strip)** *n* (on a microform) [Repr] / Vorspann *m*
~ **strip** *n* (of a microfiche) [Repr] / Sichtleiste *f* · Titelfeld *n* ‖ *s.a. title space (strip)*
~ **woodcut** *n* [Bk] / Titelholzschnitt *m*
titling font *n* [EDP; Prt] / Titelschrift *f*
~ **press** *n* [Bind] / Titelprägepresse *f*
titlonym *n* [Bk] / Titlonym *n*
TLA *abbr* [Internet] *s. three-letter acronym*
TM *abbr* [EDP] *s. tape mark*
to appear shortly *v* [Bk] / erscheint demnächst *v* · erscheint in Kürze
to be out of stock *v* / nicht vorrätig sein *adj* · nicht am Lager sein *v*
TOC *abbr* [Bk] *s. table of contents*
to come out soon [Bk] / erscheint demnächst *v* · erscheint in Kürze
to do list *n* [KnM] / Agenda *f* · Aktionsliste *f*
toggle-joint press *n* [Bind] / Kniehebelpresse *f*
toilet *n* [BdEq] / Toilette *f*
token *n* [BgAcc] / (voucher:) Gutschein *m*
~ **charging** *n* [RS] / Token-Verfahren *n*
~ **fee** *n* [BgAcc] / Schutzgebühr *f*
~ **passing** *n* [EDP] / Token-Passing-Verfahren *n*
~ **ring** *n* [Comm] / Token-Ring *m*
TOM *abbr* [Prt] *s. typesetting output microfilm*
tone arm *n* (of a record player) [NBM] / Tonarm *m*
toner *n* [Repr] / Toner *m*
~ **cartridge** [EDP; Prt] / Tonerpatrone *f* · Tonerkassette *f*
tones of grey *pl* [ElPubl] / Grautöne *pl*
Tonks fittings *pl* [Sh] / Schlitzleisten *pl*
tool *n* [Bind] / (finishing ~:) Stempel *m* · (instrument:) Werkzeug *n* ‖ *s.a. blind tool; painting tools; tooling*

~**box** *n* [BdEq] / Werkzeugkasten *n* ‖ *s.a.
repair kit*
tooling *n* [Bind] / Handstempeldruck *m* ·
Stempeldruck *m* · Handdruck *m* ‖ *s.a.
azure tooling; blind tooling; gold tooling*
~ **stove** *n* [Bind] / Erhitzer *m*
tooth burnisher *n* [Bind] / Glättzahn *m*
toothed lath *n* [Sh] / Zahnleiste *f*
TOP *abbr* [Bk] *s. temporarily out of print*
top *n* [Bk] / (upper part of a bound book:)
Kopf *m* ‖ *s.a. top edge; top margin*
~ **cover** *n* [Sh] / Abdeckboden *m*
~ **edge** *n* [Bind] / Kopfschnitt *m* ·
Oberschnitt *m*
~-**edge gilt** *n* [Bind] / Kopfgoldschnitt *m*
topic *n* [Bk] / Sachverhalt *m* · Thema *n* ‖
s.a. multitopical work; research topic
topical heading *n* [Cat] / sachliches
Schlagwort *n* · Sachschlagwort *n*
~ **subdivision** *n* (as part of a subject entry)
[Cat] / sachliches Unterschlagwort *n*
topic guide *n* [Sh] / Sachgruppenhinweis *m*
top margin *n* [Prt] / Kopfsteg *m*
topo *abbr* [Cat] *s. topographical map*
topographical index *n* [Bib; Ind] /
Ortsregister *n*
~ **map** *n* [Cart] / topographische Karte *f*
topping bid *n* [Acq] / Höchstgebot *n* ·
höchstes Angebot *n*
top term *n* (TT) [Ind] ⟨ISO 2788Z/DIN
1463/2⟩ / Kopfbegriff *m* · Spitzenbegriff *m*
· SB *abbr*
torn *pp* [Bk] / gerissen *pp* · eingerissen *pp*
· (slightly torn:) angerissen *pp* ·
aufgerissen *pp* ‖ *s.a. tear*
~ **off** *pp* [Bk] / abgerissen *pp*
TOS *abbr* [Bk] *s. temporarily out of stock*
total budget *n* / Haushaltsvolumen *n*
~ **floor area** *n* [BdEq] / Gesamt-
grundfläche *f*
~ **invoice value** *n* [BgAcc] /
Rechnungsgesamtbetrag *m*
totals column *n* [EDP/VDU] /
Summenspalte *f*
total set *n* (set theory) [Gen] /
Gesamtmenge *f*
~ **survey** *n* [InfSc] / Gesamterhebung *f* ·
Totalerhebung · Vollerhebung *f*
touch *n* (on a keyboard) [Off] / Anschlag *m*
(auf einer Tastatur)
~ **screen** *n* [EDP] / berührungsempfindli-
cher Bildschirm *m*

~ **sensitive screen** *n* [EDP] / Sensor-
Bildschirm *m* · Tast-Bildschirm *m* ·
berührungsempfindlicher Bildschirm *m* ·
berührungssensitiver Bildschirm *m* ‖ *s.a.
touch screen*
town archives *pl* [Arch] / Stadtarchiv *n*
~ **library** *n* [Lib] / Stadtbibliothek *f* ·
Stadtbücherei *f*
~ **map** *n* [Cart] *s. city map*
TPI *abbr* [Bind] *s. Title-Page Index*
trace *v* (copy a drawing etc.by marking its
lines on superimposed sheet) [NBM] /
durchpausen *v* · abpausen *v* ‖ *s.a. tracing
2*
~ **bibliographically** *v* [Bib] /
bibliographieren *v*
traces of aging *pl* [Bk] / Altersspuren *pl*
~ **of cracking** *pl* [Bind] / Bruchspuren *pl*
~ **of handling** *pp* [Bk] / Fingerspuren *pl*
~ **of moisture** *pl* [Bk] / Feuchtigkeitsspu-
ren *pl*
~ **of use** *pl* [Bk] / Gebrauchsspuren *pl* ·
Benutzungsspuren *pl* ‖ *s.a. worn*
tracing 1 *n* [Cat] ⟨ISO 5127/3a; AACR2⟩
/ 1 Nebeneintragungsvermerk *m* · 2
Verweisungsvermerk *m*
~ 2 *n* (copy of a drawing made by tracing)
[NBM] ⟨ISO 5127-3⟩ / Durchzeichnung *f* ·
Pause *f*
~ **paper** *n* [Pp] / Pauspapier *n*
track *n* (of a data medium) [EDP; NBM]
⟨ISO 2382/XII⟩ / Spur *f* ‖ *s.a. audio track;
data track; index track; magnetic track*
tracker ball *n* [EDP] / Spurkugel *f* ·
Trackball *m* · Rollkugel *f*
~ **number** *n* [EDP] / Spurnummer *f*
~ **shift** *n* [NBM] / Spurverschiebung *f*
~ **width** *n* [NBM] / Spurbreite *f*
tract *n* (short treatise in pamphlet form)
[Bk] / Traktat *n*
tractor feed paper drive *n* [EDP; Prt] /
Raupenvorschub *m*
trade *n* [Bk] *s. book trade*
~ **bibliography** *n* [Bk; Bib] /
Buchhandelsbibliographie *f*
~ **binding** *n* [Bind] / 1 (publisher's
binding:) Verlagseinband *m* · 2 ein
einfacher Kalb- oder Schafsledereinband
des 15.-18. Jahrhunderts
~ **book** *n* [Bk] US / ein in einer
Buchhandlung erhältliches Buch *n*
(bestimmt für eine breite Leserschaft)
~ **catalogue** 1 *n* (trade list of books)
[Bk] / Buchhandelskatalog *m* ‖ *s.a. sales
catalogue; stock catalogue*

trade catalogue 498

~ **catalogue** 2 *n* [Gen] / (a list of goods manufactured by a firm:) Firmenkatalog *m* · (a list of goods manufactured by a firm:) Produktkatalog *m* ‖ *s.a. trade directory*
~ **data element** *n* ⟨ISO 7372⟩ / Handelsdatenelement *n*
~ **directory** *n* [Bk] / Branchenadressbuch *n* · Firmenadressbuch *n* · Handelsadressbuch *n* ‖ *s.a. buyers' guide*
~ **edition** *n* [Bk] / Buchhandelsausgabe *f*
~ **fair catalogue** *n* [Bk] / Messekatalog *m* · (historically:) Meßkatalog *m* D
~ **journal** *n* / Branchenzeitschrift *f* · Zeitschrift (für einen Gewerbe- oder Industriezweig)
~ **list** *n* [Bk] *s. trade catalogue 1*
~ **literature** *n* [Bk] / Firmenschrifttum *n*
~ **mark** *n* [Law] / Warenzeichen *n*
~ **mark law** *n* [Law] / Warenzeichenrecht *n*
~ **mark name** *n* [NBM] ⟨ISBD(NBM)⟩ / Markenname *m*
~ **price** *n* [Bk] / Großhandelspreis *m*
~ **publisher** *n* / 1 ein Verlag, der Bücher zum Verkauf durch Buchhandlungen veröffentlicht · 2 ein Verlag, der für den allgemeinen Buchmarkt publiziert *m* (im Unterschied zu verlegerisch tätigen Gesellschaften, Universitätsverlagen usw.)
trades *pl* [Acq] / an ein Antiquariat gegen Barzahlung oder Gutschrift abzugebende Bücher (Dubletten usw.)
trade series *n* [Cat] / Verlegerserie *f*
~-**union library** *n* [Lib] / Gewerkschaftsbibliothek *f*
traffic area *n* [BdEq] / Verkehrsfläche *f*
~ **routes** *pl* [BdEq] / Verkehrswege *pl*
trailer 1 (of a packet) [Comm] / Nachspann *m* (eines Datenpakets)
~ 2 *n* (that portion of film beyond the last images recorded) [Repr] ⟨ISO 6196-4⟩ / Nachlauf *m*
~ 3 *n* (short motion-picture film shown in advance) [Art] / Vorspann *m* (zu einem Spielfilm) · Vorfilm *m*
trainee *n* [Ed; Staff] / Auszubildender *m* ‖ *s.a. apprentice*
training *n* [Ed] / Ausbildung *f* ‖ *s.a. course of training; induction training; in-service training; on-the-job training; period of training; professional training*
~ **centre** *n* [ED] / Schulungszentrum *n*
~ **course** *n* [Ed] / Ausbildungslehrgang *m*
~ **grant** *n* [Ed] / Ausbildungsbeihilfe *f*
~ **objective** *n* [Ed] / Ausbildungsziel *n*

~ **officer** *n* [Ed; Staff] / Ausbilder *m* · Ausbildungsleiter *m*
~ **schedule** *n* [Ed] / Ausbildungsplan *m*
train printer *n* [EDP] / Gliederdrucker *m*
transaction card *n* [RS] / Transaktionskarte *f*
~ **dates** *pl* [EDP] / Bewegungsdaten *pl*
~ **file** *n* [EDP] ⟨ISO 2382/IV⟩ / Änderungsdatei *f* · Bewegungsdatei *f*
~ **number** *n* (TAN) [InfSy] / Transaktionsnummer *f*
transactions *pl* (of a congress etc.) / Verhandlungen *pl* (eines Kongresses usw.) ‖ *s.a. conference proceedings*
transborder data flow *n* [EDP] / grenzüberschreitender Datenfluss *m*
transceiver *n* [Comm] / Sende-Empfangsgerät *n* ‖ *s.a. facsimile transceiver*
transcribe 1 *v* [Cat; Writ] / wiedergeben *v* · übertragen *v*
transcribe 2 *v* (make copy of:) abschreiben *v*
transcribe 3 *v* [Cat; Writ] / (e.g., transcribe ü as ue:) umschreiben *v*
~ 4 *v* (bibliographic data) [Cat] / übernehmen *v*
~ 5 *v* (transliterate) [Writ] / transkribieren *v*
transcript *n* [Writ] / Transkript *n* · Übertragung *f* · Abschrift *f* · Kopie *f* ‖ *s.a. copy 8*
transcription 1 *n* [Writ] ⟨ISO/R 9; ISO/R 1087; ISO 5127/3a⟩ / (of a text into another alphabet:) Transkription *f* · Umschrift *f*
~ 2 *n* (of the elements of a title) [Cat] / Übernahme *f* (der Elemente eines Titels)
~ 3 *n* (of music for a different instrument) [Mus] / Arrangement *n*
~ 4 *n* (of a tv transmission etc.) [Comm] / Aufzeichnung *f* · Mitschnitt *m* (einer Fernsehsendung usw.)
transfer *v/n* ⟨Comm⟩ / Übertragung *f* · übertragen *v*
transferable *adj* (of a right) [Law] / übertragbar *adj* (non-transferable:nicht übertragbar)
transfer box *n* [Stock] / Behältnis zum Aufbewahren von Materialien, die aus dem aktuellen Bestand ausgesondert wurden.
~ **file** *n* [Stock] / aus dem aktuellen Bestand ausgesonderte Materialien
~ **of copyright** / (Weitergabe des Urheberrechts:) Urheberrechtsübertragung *f*
~ **(picture)** *n* [NBM] / Abziehbild *n*

~ **protocol** *n* [Comm] / Übertragungsprotokoll *n*
~ **rate** *n* [Comm] / Übertragungsrate *f* · Transferrate *f*
~ **schedule** *n* [Arch] / Aussonderungsplan *m*
~ **time** *n* [EDP] ⟨ISO 2382/XII⟩ / Transferzeit *f*
transitional (type) face *n* [Prt] / Übergangs-Antiqua *f*
translate *v* [Bk] / übersetzen *v*
translation *n* [Lin] ⟨ISO 5127/2; ISO 9707⟩ / Übersetzung *f* ‖ *s.a. abridged translation; cover to cover translation; machine translation*
~ **dictionary** *n* [Lin] / Übersetzungswörterbuch *n*
~ **note** *n* [Cat] / Übersetzungsvermerk *m*
~ **rights** *pl* [Law] / Übersetzungsrechte *pl*
translator 1 *n* [Bk] ⟨AACR2⟩ / Übersetzer *m*
~ 2 *n* [EDP] / Übersetzer *m*
transliterate *v* [Writ] / transliterieren *v* ‖ *s.a. transcribe* 5
transliteration *n* [Writ; Bk] ⟨ISO/R 9; ISO/R 1087; ISO 5127/3a⟩ / Transliteration *f*
translucent print *n* [Repr] / Durchlichtkopie *f*
transmission 1 *n* (of a text) [Bk] / Textüberlieferung *f*
~ 2 *n* (of a message/ of ideas) [Comm] / (of a message:) Übermittlung *f* · (of ideas etc.:) Übertragung *f*
~ **control character** *n* [EDP] / Übertragungssteuerzeichen *n*
~ **control protocol** *n* [Comm] / Übertragungskontrollprotokoll *n*
~ **copying** *n* [Repr] / Durchlichtkopierverfahren *n*
~ **costs** *pl* [Comm] / Übertragungskosten *pl*
~ **error** *n* [Comm] / Übertragungsfehler *m*
~ **error**
~ **line** *n* [Comm] ⟨ISO 2382/9⟩ / Übertragungsleitung *f* · Leitung *f* ‖ *s.a. access line*
~ **network** *n* [Comm] / Übertragungsnetz *n*
~ **speed** *n* [Comm] / Transfergeschwindigkeit *f* · Übertragungsgeschwindigkeit *f*
transmit *v* [Comm] / übermitteln *v* · (a radio or television programme:) senden *v*
transmit(tal) mode *n* [Comm] / Sendebetrieb *m*
transmitter *n* [Comm] / Sendestation *f* · Sender *m*

transnational data flow *n* [EDP] *s. transborder data flow*
transparency *n* [NPM] / Overhead-Transparent *n* · Folie *f*
transparent original *n* (for scanning) [ElPubl] / Durchlichtvorlage *f* (für das Scannen)
~ **scan** *n* [ElPubl] / Durchlichtvorlage *f* (für das Scannen)
transport(ation) charges *pl* [BgAcc] / Transportkosten *pl*
transportation mode *n* (interlibrary loan) [RS] / Versandweg *m*
transport installation *n* [BdEq] / Transportanlage *f*
~ **layer** *n* [Comm] / Transportschicht *f*
trash can *n* [BdEq] / Abfallbehälter *m*
travel expenses *pl* [BgAcc] *s. travel(l)ing expenses*
~ **funds** *pl* [BgAcc] / Reisemittel *pl*
~ **grant** *n* [BgAcc] / Reisekostenzuschuss *m*
~ **guide** *n* [Bk] / Reiseführer *m*
travel(l)ing award *n* / Reisekostenzuschuss · Reisestipendium *n*
~ **exhibition** *n* [PR] / Wanderausstellung *f*
~ **expenses** *pl* [BgAcc] / Reisekosten *pl* · Reisespesen *pl* ‖ *s.a. refunding of travel expenses*
~ **scholarship** *n* [Staff] / Reisestipendium *n*
travel literature *n* [Bk] / Reiseliteratur *f*
travelog(ue) *n* [PR] *US* / Reisevortrag *m* (mit Dias oder einem Film)
travel report *n* [Bk] / Reisebericht *m*
~ **story** *n* / Reiseerzählung *f*
tray *n* [Cat] *s. catalogue tray*
treasure *n* / (a book valued for its rareness/workmanship:) Zimelie *f* · (a hoard of precious items:) Schatz *m* ‖ *s.a. captured art treasures; looted art treasures*
~ **house** *n* [Art] / Schatzkammer *f*
treasurer (of an association etc.) [OrgM] / Schatzmeister *m* (eines Vereins usw.) ‖ *s.a. city treasurer*
treatise *n* [Bk] ⟨ISO 5127/2⟩ / Abhandlung *f*
treatment (outline of the action of a screenplay) [NBM] / Treatment *n* · Exposé *n* (eines Drehbuchs)
treaty *n* [Law] / Vertrag *m* (zwischen Staaten) ‖ *s.a. contract*
tree(-marbled) calf *n* [Bind] / Einband in Baummarmor *m*
~ **structure** *n* [InfSy] / Baumstruktur *f*
~ **topology** *n* [ElPubl] / Baum-Topologie *f*
trefoil *n* [Bind] / Dreipass *m*
trial binding *n* [Bind] / Mustereinband *m*

trial period

~ **period** *n* [Staff] / Probezeit *f*
~ **subscription** *n* [Acq] / Probeabonnement *n*
triangular code *n* [PuC] / Dreieckschlüssel *m*
tributary station *n* [Comm] ⟨ISO 2382/9⟩ / Trabantenstation *f*
trick film *n* [NBM] / Trickfilm *m*
trim 1 *v* [Bind; Pp] / trimmen *v* · beschneiden *v* ‖ *s.a.* clip 1; edge trimmer; untrimmed edges
~ 2 *n* [Bind] / Beschnitt *m* ‖ *s.a.* binder's trim
trimmed *pp* [Bind] / beschnitten *pp* ‖ *s.a.* badly trimmed
~ **flush** *pp* [Bind] / bündig geschnitten *pp*
~ **paper size** *n* [Pp] ⟨ISO 4046⟩ / Papier-Endformat *n*
~ **size** *n* / Papierformat *n* (beschnitten) · Endformat *n*
trimming *n* / Beschnitt *m* (das Beschneiden)
trim size *n* (of the text block of a book) [Bind] / Buchblockformat *n*
triptych *n* [Bk] / Triptychon *n*
trivial novel *n* [Bk] / Trivialroman *m*
trolley *n* (book ~) [BdEq] *Brit* / Bücherwagen *m* ‖ *s.a.* book trolley
trouble shooting *n* [EDP] / Fehlerbeseitigung *f* ‖ *s.a.* debug
trough *n* [BdEq] / Trog *m*
truck *n* [BdEq] *US s.* book truck
truncate *v* [EDP] / abschneiden *v* · maskieren *v* · trunkieren *v*
truncation *n* [Retr] ⟨ISO 4⟩ / Wortmaskierung *f* · Maskierung *f* · Trunkierung *f* ‖ *s.a.* embedded character truncation; front truncation; internal truncation; left truncation; right truncation
TT *abbr s.* top term
TTY *abbr s.* teletypewriter
tucker *n* [Bind] / Falzstreifen *m*
tuition aid *n* [Ed] / Ausbildungsbeihilfe *f*
~ **fee** *n* [Ed] / Studiengebühr *f*
tummy band *n* (strip of paper wrapped round a book) [Bk] / Bauchbinde *f* · Buchbinde *f* · Buchschleife *f*
turkey *n* (non-seller) [Bk] *US* / Ladenhüter *n*
turn *n* (substitute for a mising letter) [Prt] *s.* turned sort
turnaround time *n* (of an ILL request) [RS] / Laufzeit *f* (einer Fernleihbestellung) · Durchlaufzeit *f*
turned sort *n* (substitute for a missing letter) [Prt] / Fliegenkopf *m*

turn-in *n* [Bind] / Einschlag *m* ‖ *s.a.* turning-in machine
turning-in machine *n* [Bind] / Kanteneinschlagmaschine *f*
turnkey system *n* [EDP] / schlüsselfertiges System *n*
turn on *v* [BdEq] / anschalten *v*
turnover *n* (amount of money taken in a business) [Bk] Umsatz *m* (umgesetzte Geldbeträge) ‖ *s.a.* staff turnover
~ **of books** *n* (collection turnover) [RS] / Bestandsumsatz *m* · Buchumsatz *m*
~ **rate** *n* [RS; Staff] / Umsatzquote *f* · (Staff:) Fluktuationsrate *f*
turn|stile *n* [BdEq] / Drehkreuz *n*
~**table** *n* (supporting a gramophone record) [NBM] / Plattenteller *m*
TV *abbr* [Comm] *s.* television
TV card *n* [EDP] / Fernsehkarte *f*
TV film *n* [NBM] / Fernsehfilm *m*
~ **play** *n* [Comm] / Fernsehspiel *n*
twelvemo *n* [Bk] / Duodez(-Format) *n(n)*
twin binding *n* [Bind] / Zwillingsband *m*
two-colour process *n* [Prt] / Zweifarbendruck *m*
~**-columned** *pp* [Bk] / zweispaltig *adj*
~**-component development** *n* [Repr] / Zweikomponenten-Entwicklung *f*
~**-level description** *n* [Cat] / Zwei-Stufen-Beschreibung *f* · Zwei-Stufen-Aufnahme *f* · Zweistufenaufnahme *f* ‖ *s.a.* multi-level description; one-level description
~ **sheets on** [Bind] *s.* sewing two sheets on
~**-way alternate communication** *n* [Comm] ⟨ISO 2382/9⟩ / wechselseitige Datenübermittlung *f*
~**-way simultaneous communication** *n* / beidseitige Datenübermittlung *f*
tying-up machine *n* [BdEq; Off] / Verschnürungsmaschine *f*
tympan *n* [Prt] / Pressdeckel *m* · Pappzwischenlage *f* (in einer Handdruckpresse)
type 1 *n* [Prt] / Schrifttype *f* · (printing type:) Drucktype *f* · Letter *f* · (type style:) Schriftart *f* ‖ *s.a.* display type; fancy type; founder's type; jobbing type; kind of type; printing type; type series; type style
~ 2 *n* (matter) [Prt] / Satz *m* ‖ *s.a.* hand-set (type); live type; machine-set type; spaced type; standing type
~ 3 *v* (write with typewriter; on a keyboard) [Writ; Off; EDP] / tippen *v* (retype: noch einmal tippen) · abtippen *v*

~ **area** *n* [Prt] / Satzspiegel *m* ‖ *s.a. type page*
~ **case** *n* [Prt] / Schriftkasten *m* · Setzkasten *m* ‖ *s.a. lower case (letters); upper case*
typecasting *n* [Prt] / Schriftgießen *n* · Schriftguss *m*
~ **machine** *n* [Prt] / Schriftgießmaschine *f*
type-composing machine *n* [Prt] / Setzmaschine *f*
~ **cutter** *n* [Prt] *s. punch cutter*
~**-face** [Prt] / Schriftbild *n* · (type style:) Schriftart *f* ‖ *s.a.* bold face; black face; book face; condensed face; fat face; full face; light face; semi-bold face
~ **family** *n* [Prt] / Schriftfamilie *f*
~ **flowers** *pl* [Prt] *s. flowers*
~ **forme** *n* [Prt] *Brit* / Druckform *f* ‖ *s.a. standing formes*
~**founder** *n* [Prt] / Schriftgießer *m*
~ **founding** *n* [Prt] / Schriftgießen *n* · Schriftguss *m*
~ **foundry** *n* [Prt] / Schriftgießerei *f*
~ **height** *n* [Prt] / Schrifthöhe *f*
~**holder** *n* [Bind] / Schriftkasten *n*
~ **metal** *n* [Prt] / Letternmetall *n* · Schriftmetall *n*
~**-mould** *n* [Prt] *s. mould 1*
~ **of acquisition** *n* [Acq] / Erwerbungsart *f*
~ **of binding** *n* / Einbandart *f*
~ **of catalogue** *n* / Katalogform *f* · Katalogart *f*
~ **of costs** *n* / Kostenart *f*
~ **of fibre composition** *n* [Pp] / Faserstoffklasse *f*
~ **of library** *n* [Lib] / Bibliothekstyp *m*
~ **of publication** *n* [Bk] / Publikationsart *f* · Publikationsform *f*
~ **ornament** *n* [Prt] / Zierrat *m* · Ziermaterial *n*
~ **page** *n* [Prt] / Satzspiegel *m*
~ **printer** *n* [EDP; Prt] / Typendrucker *m*
~**script** *n* [Writ] / maschinegeschriebener Text *m* · Typoskript *n*
~ **series** *n* [Prt] / Schriftgarnitur *f*
~**set** *v* [Prt] / setzen *v*
~**-setter** 1 *n* (Person) [Prt] / Schriftsetzer *m* · Setzer *m*
~**-setter** 2 *n* (machine) [Prt] / Setzmaschine *f* · (electronic device:) Satzbelichter *m*

typesetting *n* [Prt] / Satz *m* · Satzherstellung *f* ‖ *s.a. laser typesetting; manual typesetting; resetting*
~ **computer** *n* [EDP; Prt] / Satzrechner *m*
~ **costs** *pl* [Prt; BgAcc] / Satzkosten *pl*
~ **machine** *n* [Prt] / Setzmaschine *f*
~ **output microfilm** *n* [Prt] / Filmsatz *m*
~ **unit** *n* [Prt] / Satzanlage *f*
type size *n* [Prt] / Schriftgrad *m* · Schriftgröße *f*
~ **specimen** *n* [Prt] / Schriftprobe *f*
~ **style** *n* [Prt] / Schriftart *f* · Schrift *f*
~ **theory** *n* [Lin] / Typentheorie *f*
~ **wheel** *n* [EDP; Prt] ⟨ISO 2382/XII⟩ / Typenrad *n*
~**-wheel printer** *n* [EDP; Prt] / Typenraddrucker *m*
~**width** *n* [Prt] / Schriftbreite *f*
typewriter *n* [Off] ⟨ISO 5138/9⟩ / Schreibmaschine *f* ‖ *s.a. memory typewriter*
~ **composing machine** *n* [Prt] / Schreibsetzmaschine *f*
~ **composition** *n* [Prt] / Schreibsatz *m*
~ **desk** *n* [BdEq] / Schreibmaschinentisch *m*
~ **ribbon** *n* [Off] / Farbband *n*
~ **setting** *n* [Prt] *s. typewriter composition*
~ **with window** *n* [BdEq] / Display-Schreibmaschine *f*
typewriting paper *n* [Pp] ⟨ISO 4046⟩ / Schreibmaschinenpapier *n*
typewritten *pp* [Writ] / maschinenschriftlich *adj* · maschinegeschrieben *pp*
typing booth *n* [BdEq] / Schreibmaschinenzimmer *n*
~ **error** *n* [Off] / Tippfehler *m*
~ **paper** *n* [Pp] / Schreibmaschinenpapier *n*
~ **pool** *n* [OrgM; Off] / Schreibdienst *m* (zentral)
typist *n* [Staff] / Schreibkraft *f*
~ **desk** *n* [BdEq] / Schreibmaschinentisch *m*
typist's error *n* [Off] *s. typing error*
typographer *n* [Prt] / Typograph *m*
typographic arrangement *n* [Prt] / Satzgestaltung *f* · Satzbild *n*
~ **error** *n* [Prt] / Druckfehler *m*
~ **point** *n* [Prt] / typographischer Punkt *m*
typograpy *n* [Prt] / Druckbild *n* · Typographie *f*
typometer *n* [Prt] / Typometer *n*
typoscript *n* [Writ] *s. typescript*

U

UCC *abbr* [Law] *s. Universal Copyright Convention*
UCL *abbr* [Prt] *s. uppercase (letter)*
UDC *abbr* [Class/UDC] *s. Universal Decimal Classification*
~ **number** *n* [Class/UDC] / DK-Zahl *f*
UF *abbr* [Ind] *s. USED FOR-reference*
UFC *abbr* [Ind] *s. USED FOR COMBINATION-reference*
ultra|fiche *n* [Repr] ⟨ISO 51277/11⟩ / Ultrafiche *m*
~**sonic cleaning** [Repr] / Ultraschallreinigung *f*
~-**violet lamp** *n* [Pres] / Quarzlampe *f*
umbrella rack *n* [BdEq] / Schirmständer *m*
unabridged *pp* [Bk] / ungekürzt *pp*
unattended printing *n* [ElPubl] / bedienungsfreier Druckbetrieb *m*
unauthorized edition *n* [Bk] / nichtautorisierte Ausgabe *f* ‖ *s.a. pirated edition*
~ **file** *n* [InfSy] / gesperrte Datei *f*
~ **reprint** *n* [Bk] / unerlaubter Nachdruck *m*
unbacked *pp* (printed on only one side of a sheet) [Prt] / einseitig bedruckt *pp*
unbound edition *n* [Bk] / ungebundene Ausgabe *f* ‖ *s.a. sewed*
uncalendered paper *n* [Pp] / ungeglättetes Papier *n*
uncertainty *n* [KnM] / Unsicherheit *f* (~ assessment:Abschätzung der Unsicherheit)

uncial *n* [Writ] / Unziale *f* ‖ *s.a. semi-uncial*
uncoated *pp* [Pp] / ungestrichen *pp* ‖ *s.a. coated paper*
uncorrected *pp* [Writ; Prt] / unkorrigiert *pp*
uncut *pp* [Bind] / unbeschnitten *pp* ‖ *s.a. unopened*
~ **edges** *pl* [Bind] / unbeschnittener Buchblock *m*
under|banding *n* [Bind] / das Auflegen von (falschen) Bünden
~**exposure** *n* [Repr] / Unterbelichtung *f*
~**funded** *pp* [BgAcc] / unterfinanziert *pp*
undergraduate collection *n* [Stock] / Lehrbuchsammlung *f*
~ **library** *n* [Lib] / Studentenbibliothek *f*
~ **text** / Lehrbuch *n*
underground literature *n* [Bk] / Untergrundliteratur *f*
~ **press** *n* [Prt] / Untergrunddruckerei *f*
~ **publication** *n* [Bk] / Untergrundpublikation *f*
underline 1 *v* (draw a line under a word etc.) [Writ; PrtM; EDP] ⟨ISO/IEC 2382-23⟩ / unterstreichen *v*
~ 2 *n* (caption below an illustration) [Prt] / Bildunterschrift *f*
underscore *v/n* (underline) [Writ] *US* ⟨ISO /IEC 2382-23⟩ / unterstreichen *v* · Unterstreichung *f*
~ **character** *n* (_) [Prt; Writ] / Unterstrich *m*

understaffing *n* [Staff] / Unterbesetzung *f* ‖ *s.a.* staff shortage
understanding *n* [Gen; Law] / (ability to understand:) Verständnis *n* · (agreement:) Abmachung *f* · Vereinbarung *f*
unemployed *pp* [Staff] / arbeitslos *adj*
unemployment *n* [Staff] / Arbeitslosigkeit *f*
uneven pages *pl* [Bk] / Seiten mit ungerader Zählung *pl*
unexpended balance *n* (unexpended mony in a fund) [BgAcc] / Haushaltsrest *m*
unfinished paper *n* [Pp] / ungeglättetes Papier *n*
unfoliated *pp* [Bk] / ohne Blattzählung
unicum *n* (pl: unica) [Bk; NBM] / Unikat *n*
uniform heading *n* [Cat] / Normansetzung *f*
~ **resource locator** *n* [Internet] ⟨ISBD(ER)⟩ / URL-Adresse *f* · Web-Adresse *f*
~ **title** *n* [Cat] ⟨ISO 5127/3a; AACR2; GARR⟩ / Einheitssachtitel *m*
union catalogue *n* [Cat] ⟨ISO 5127/3a⟩ / Gesamtkatalog *m* · GK *abbr* · Zentralkatalog *m* · ZK *abbr* · (as the result of cooperative cataloguing:) Verbundkatalog *m* · VK *abbr*
~ **catalogue of periodicals** *n* [Cat] / Gesamtzeitschriftenverzeichnis *n*
~ **database** *n* [Cat] / Verbunddatenbank *f*
~ **list** *n* [Cat] / Gesamtverzeichnis *n*
~ **list of serials** *n* [Cat] / Gesamtzeitschriftenverzeichnis *n*
~ **participant** *n* [Cat] / Verbundteilnehmer *m*
unique call number *n* [Sh] / Individualsignatur *f*
~ **copy** *n* [Bk] / einziges Exemplar *n* · Unikat *n*
unit card *n* [Cat] / Einheitszettel *m*
~ **costs** *pl* [BgAcc] / Stückkosten *pl*
~ **entry** *n* [Cat] / Einheitsaufnahme *f*
uniterm *n* [Ind] ⟨ISO 5127/6⟩ / Uniterm *m*
unit fee *n* [Comm; BgAcc] / Gebühreneinheit *f*
unitization *n* (of a microfilm) [Repr] / Konfektionierung *f*
unit of measure *n* [InfSc] / Maßeinheit *f*
~ **price** *n* [BgScc] / Stückpreis *m*
~ **record** *n* [Cat] *s.* unit entry
universal bibliography *n* [Bib] / Allgemeinbibliographie *f*
~ **classification** *n* [Class] ⟨ISO 5127/6⟩ / Universalklassifikation *f*
Universal Copyright Convention *n* [Law] / Welturheberrechtsabkommen *n* · WUA *abbr*

Universal Decimal Classification *n* [Class/UDC] / Universale Dezimalklassifikation *f*
universe *n* (survey population) [InfSc] / Grundgesamtheit *f*
university chair *n* [Ed] / Lehrstuhl *m* ‖ *s.a.* chair holder
~ **degree** *n* / Hochschulgrad *m*
~ **dropout** *n* [Ed] / Studienabbrecher *m*
~ **entrance qualification** *n* [Ed] / Hochschulreife *f*
~ **lecturer** *n* [Ed] / Hochschuldozent *m* · Hochschullehrer *m*
~ **library** *n* [Lib] / Universitätsbibliothek *f*
~ **of applied sciences** *n* [Ed] *D* / Fachhochschule *f*
~ **press** *n* [Bk] / Universitätsverlag *m*
~ **publication** *n* [Bk] / Hochschulschrift *f*
~ **system** *n* [Ed] / Hochschulwesen *n*
unjustified setting *n* [Prt] / Flattersatz *m*
unnumbered pages *pl* [Bk] / ungezählte Seiten *pl*
~ **series** *n* [Bk; Cat] / ungezählte Reihe *f*
unobtrusive observation *n* [InfSc] / verdeckte Beobachtung *f*
unopened *pp* [Bind] / unaufgeschnitten *pp* ‖ *s.a.* uncut
unordered copy *n* [Acq] / nichtbestelltes Exemplar *n* · unverlangtes Exemplar *n*
unpack *v* [EDP] ⟨ISO 2382-6⟩ / entpacken *v*
unpaged *pp* [Bk] / ungezählt *pp* (ohne Seitenzählung)
unpaginated *pp* [Bk] *s.* unpaged
unploughed *pp* [Bind] / unbeschnitten *pp*
unpublished *pp* [Bk] / unveröffentlicht *pp*
unsatisfied request *n* [RS] / negativ erledigte Bestellung *f*
unsewn binding *n* [Bind] / Klebebindung *f* · Lumbeckbindung *f*
unsigned *pp* (name of the author is not included) [Bk] / unsigniert *pp*
unsized *Pp* / ungeleimt *pp*
~ **paper** *n* [Pp] ⟨ISO 4046⟩ / ungeleimtes Papier *n*
unsolicited copy *n* [Acq] / unverlangtes Exemplar *n*
unstable colour *n* [Pres] / nicht lichtechte Farbe *n*
unstructured interview *n* [InfSc] / unstrukturiertes Interview *n* · nichtstrukturiertes Interview *n*
unsuitable *adj* / ungeeignet *adj*
untrimmed edges *pl* [Bind] / unbeschnittener Buchblock *m*
UNV. *abbr* [Bib; Retr] *s. unverified*

unverified *pp* [Bib; Retr] / nicht
 ermittelt *pp* · n. erm. *abbr*
unwritten agreement *n* [Gen] / mündliche
 Vereinbarung *f*
updatable *adj* [InfSy] / aktualisierbar *adj*
update 1 *v* [Gen; InfSy] / updaten *v* ·
 aktualisieren *v* · fortschreiben *v* ‖ *s.a. file
 updating; up-to-dateness*
 ~ 2 *n* [EDP] / Update *n* · Aktualisierung *f*
 ~ **cycle** *n* [InfSy] / Aktualisierungszyklus *m*
updated edition *n* [Bk] / aktualisierte
 Ausgabe *f*
update frequency *n* (of a database) [InfSy]
 / Aktualisierungsfrequenz *f*
upgrade 1 *v* [Staff] / höherstufen *v* ·
 befördern *v* · höhergruppieren *v*
 ~ 2 *v* [BdEq] / aufrüsten *v* · erweitern *v* ·
 ausbauen *v* ‖ *s.a. retrofit*
upgradeable *adj* [BdEq] / ausbaufähig *adj*
upgrade kit *n* [EDP] / Aufrüstsatz *m*
upload *v* [EDP] / hinaufladen *v*
upper case *n* [Prt] / die oberen Reihen des
 Schriftkastens mit den Versalien ‖ *s.a.
 uppercase*
uppercase *v* [Prt] / großdrucken *v*
 ~ **(letter)** *n* [Prt] / Großbuchstabe *m*
 (printed in uppercase: großgedruckt) ‖
 s.a. case sensitive
 ~ **(letters)** *n(pl)* [Prt] / Versalien *pl*
 ~ **word** *n* [Prt] / großgedrucktes Wort *n*
upper cover *n* [Bind] / Vorderumschlag *m*
upright column *n* [Sh] / Pfosten *m* ·
 Säule *f* ‖ *s.a. central column; slotted
 upright column*
 ~ **format** *n* [Bk] / Hochformat *n*
 ~ **side** *n* [Sh] / Seitenwand *f*
up-to-dateness *n* [Retr; InfSy] / Aktualität *f*
upward compatibility *n* [EDP] /
 Aufwärtskompatibilität *f*
 ~ **compatible** *adj* [EDP] /
 aufwärtskompatibel *adj*
urban archives *pl* [Arch] / Stadtarchiv *n*
 ~ **library** *n* [Lib] / städtische Bibliothek *f*
 ‖ *s.a. city library; metropolitan library;
 town library*
urgent action request *n* [RS] / Eil-
 Bestellung *f*
 ~ **order** *n* *Bk* / Eil-Bestellung *f*
URL *abbr* [Internet] *s. uniform resource
 locator*
usability *n* [OrgM] / Benutzerfreundlich-
 keit *f* · Eignung *f*
usable area *n* [BdEq] / Nutzfläche *f* ‖ *s.a.
 non-assignable area*
 ~ **floor space** *n* [BdEq] / Nutzfläche *f*

usage *n* [RS] / Benutzung *f* ‖ *s.a. dates
 of usage; high-use material; library use;
 low-use material; regulations of usage*
 ~ **frequency** *n* [RS; InfSy] /
 Benutzungsfrequenz *f*
 ~ **statistics** *pl* [RS] / Benutzungsstatistik *f*
use *v/n* [Gen] / benutzen *v* · gebrauchen *v*
 · (the act of using:) Gebrauch *m* ·
 Benutzung *f* ‖ *s.a. collection use; journal
 use analysis; easy-to-use; library for use;
 little-used material; marks of use; rate of
 use; supervised use*
USE...AND...reference *n* [Ind] / Benutze
 Kombination-Verweisung *f*
USE COMBINATION-reference *n* [Ind] /
 Benutze Kombination-Verweisung *f*
USED FOR COMBINATION-reference *n*
 (UFC) [Ind] ⟨ISO 2788⟩ / Benutzt für (in)
 Kombination-Verweisung *f*
USED FOR-reference *n* (UF) [Ind] ⟨ISO
 2788⟩ / Benutzt für-Verweisung *f*
use in library only *n* [RS] / nur zur
 Benutzung in der Bibliothek (im Lesesaal)
 ~ **instruction** *n* [BdEq] / Gebrauchsan-
 leitung *f* · Benutzungsanleitung *f* ‖ *s.a.
 directions for use*
user *n* [RS] ⟨ISO 2789⟩ / Benutzer *m* ·
 Nutzer *m* · Benützer *n* *Südd.A* ‖ *s.a.
 customer; end user; local user; patron;
 reader 4; registered user; remote user*
 ~ **account** *n* [InfSy] / Benutzerkonto *n*
 ~ **area** *n* [BdEq] / Benutzungsbereich *m*
use rate *n* [RS] / Benutzungsquote *f*
user authentication *n* [EDP] *s.
 authentication*
 ~ **behaviour** *n* [InfSc] / Benutzerverhal-
 ten *n*
 ~-**centred** *pp* / benutzerorientiert *pp*
 ~ **charge** *n* [RS] / Benutzungsgebühr *f* ·
 Benutzergebühr *f* · Lesergebühr *f*
 ~ **class of service** *n* [Comm] ⟨ISO 2382/9⟩
 / Benutzerklasse *f*
 ~ **code** *n* [RS] / Benutzerkennung *f*
 ~ **demand** *n* [InfSc] / Benutzerbedarf *m* ‖
 s.a. user needs
 ~ **education** *n* [RS] / Benutzerschulung *f* ·
 Benutzerunterweisung *f*
USE-reference *n* [Ind] ⟨ISO 2788⟩ /
 Benutze-Verweisung *f*
user error/failure *n* [BdEq] /
 Bedienungsfehler *m*
 ~ **expectation** *n* [RS] / Benutzererwartung *f*
 ~ **facility** *n* [Comm] ⟨ISO 2382/9⟩ /
 Leistungsmerkmal *n*

~ **friendliness** *n* [InfSy] / Benutzerfreundlichkeit *f*
~ **friendly** *adj* [InfSy] / (of a device, a computing system etc.:) anwenderfreundlich *adj* · benutzerfreundlich *adj*
~ **habits** *pl* [RS] / Benutzergewohnheiten *pl*
~ **ID** / Benutzerkennung *f* · (registration card:) Benutzerkarte *f*
~**-id(entification)** *n* [Retr] / Nutzerkennung *f*
~ **instruction** *n* [Ed] *s. user education*
~ **interface** *n* [EDP] / Benutzeroberfläche *f* · Benutzerschnittstelle *f*
~ **manual** *n* [EDP] / Benutzerhandbuch *n*
~ **needs** *pl* [InfSc] / Benutzerbedürfnisse *pl* ‖ *s.a. user demand*
~ **number** *n* (user id) [Retr] / Nutzerkennung *f* ‖ *s.a. user ID*
~**-oriented** *pp* / benutzerorientiert *pp*
~ **perception** *n* [InfSc] / Benutzerwahrnehmung *f*
~ **population** *n* [RS] / Benutzerschaft *f*
~ **profile** *n* [InfSy] / Benutzerprofil *n*
~ **program** *n* [EDP] / Anwenderprogramm *n* · Anwendungsprogramm *n*
~ **requirements** *pl* [RS] / Benutzeranforderungen *pl* · Benutzerbedürfnisse *pl*

~ **satisfaction** *n* [OrgM] / Benutzerzufriedenheit *f*
~ **services** *pl* [OrgM] / Benutzungsdienst *m* · Benutzung *f* · (department:) Benutzungsabteilung *f*
~**'s guide** *n* [BdEq] / Benutzungsanleitung *f*
user statistics *pl* [RS] / Benutzerstatistik *f*
~ **studies** *pl* (as a research field) [InfSc] / Benutzerforschung *f*
~ **study** *n* [InfSc] / Benutzerstudie *f*
~ **support** *n* [RS] / Benutzerunterstützung *f*
~ **survey** *n* (through procedures of questioning) [InfSc] / Benutzerbefragung *f*
~ **terminal** *n* [EDP] / Benutzerstation *f* · Benutzerterminal *n*
use statistics *pl* [RS] / Benutzungsstatistik *f*
~ **study** *n* [InfSc] / Benutzungsstudie *f*
utility *n* / (public ~:) Versorgungsbetrieb *m* · (usefulness:) Nutzen *m* ‖ *s.a. bibliographic utility; public utility*
~ **indicator** *n* [OrgM] / Nutzenindikator *m*
~ **model** *n* [Law] / Gebrauchsmuster *n*
~ **program** *n* [EDP] ⟨ISBD(ER)⟩ / Dienstprogramm *n*
~ **routine** *n* [EDP] / Dienstprogramm *n*
utilization rate *n* [BdEq] / Auslastungsgrad *m*

V

vacancies *pl* (job vacancies) [OrgM] / offene Stellen *pl*
vacancy *n* [Staff] *s. job vacancy*
 ~ **announcement** *n* [Staff] / Stellenausschreibung *f*
vacation bonus *n* [Staff] / Urlaubsgeld *n*
vacuum drying *n* [Pres] / Vakuumtrocknung *f*
 ~ **holder** *n* (in a camera) [Repr] / Ansaugplatte *f*
 ~ **impregnation** *n* [Pres] / Vakuumtränkung *f*
vade-mecum *n* [Bk] / Vademekum *n*
validation *n* [InfSc] / Validierung *f*
validity *n* [InfSc] / Validität *f* · Gültigkeit *f* · Stichhaltigkeit *f*
 ~ **check** *n* [EDP] / Gültigkeitsprüfung *f* ‖ *s.a. plausibility check*
value-added network *n* [Comm] / Mehrwert-Netz *n*
 ~**-added tax** *n* (VAT) [BgAcc] / Mehrwertsteuer *f* · MWSt *abbr*
 ~ **chain** *n* [InfSc] / Wertschöpfungskette *f*
VAN *abbr s. value-added network*
vanity press *n* (subsidy publisher) [Bk] / ein Verlag, der sich die Kosten für die Herausgabe eines Buches vom Autor bezahlen läßt ‖ *s.a. subsidy publisher*
vapour phase deacidification *n* [P] ⟨res⟩ / Dampfphasenentsäuerung *f*
variable *n* [InfSc] / Variable *f*

 ~ **costs** *pl* [BgAcc] / variable Kosten *pl*
 ~ **field** *n* [EDP] *s. field of variable length*
 ~**-length record** *n* [EDP] ⟨ISO 1001⟩ / Satz variabler Länge *m*
variance *n* [InfSc] / Varianz *f* · Streuung *f*
 ~ **analysis** *n* [InfSc] / Varianzanalyse *f*
variant *n* [Bk] ⟨ISBD(A)⟩ / Variante *f*
 ~ **(form of) name** *n* [Cat] / abweichende Namensform *f*
 ~ **heading** *n* [Cat] ⟨GARR⟩ / abweichende Ansetzung *f*
 ~ **readings** *pl* [Bk] / Lesarten *pl*
 ~ **spelling** *n* [Cat] / abweichende Schreibweise *f*
 ~ **title** *n* [Cat; Bk] / abweichende Titelfassung *f* · Nebentitel *m*
variorum edition *n* [Bk] / historisch-kritische Ausgabe *f*
various dates *pl* [Cat] / verschiedene Erscheinungsdaten
 ~ **foliations** *pl* [Cat] ⟨AACR2⟩ / getrennte Zählung *f* (in Bezug auf die Blattzählung)
 ~ **pagings** *pl* [Cat] ⟨AACR2⟩ / getrennte Zählung *f* (in Bezug auf die Seitenzählung)
varnish *n* [Pres] / Firnis *m*
VAT *abbr* (value-added tax) [BgAcc] / MWSt *abbr* · Mehrwertsteuer *f*
vat 1 *n* [BgAcc] *s. value-added tax*
 ~ 2 [Pp] / Bütte *f*
 ~ **paper** *n* / echtes Büttenpapier *n* · Handpapier *n* · handgeschöpftes Papier *n*

vault *n* (strongroom) [BdEq] / Tresor(raum) *m/(m)* (im Untergeschoss)
VDT *abbr* [EDP/VDU] *s. video display terminal*
VDU *abbr* [EDP/VDU] *s. video display unit*
vector data *pl* [ElPubl] / vektorisierte Daten *pl*
~ **graphics** *pl but sing in constr* [ElPubl] / Vektorgrafik *f*
vectorize *v* [ElPubl] / vektorisieren *v*
vellum *n* [Bind] / Velin *n*
velvet binding *n* [Bind] / Samteinband *m*
vending machine *n* [BdEq] / Verkaufsautomat *m*
vendor 1 *n* [Bk] / Verkäufer *m* · Lieferant *m*
~ 2 *n* (of databases) [InfSy] *s. database vendor*
Venn diagram *n* [Retr] / Venn-Diagramm *n*
ventilation *n* [BdEq] / Lüftung *f* · Be- und Entlüftung *f* · Belüftung *f*
ventilator *n* [BdEq] / Ventilator *m* · Lüfter *m*
verbatim record *n* [OrgM] / Wortprotokoll *n*
verge-perforated card *n* [PuC] / Randlochkarte *f*
verification *n* (of bibliographic data) [Retr] / bibliographische Ermittlung *f* · Verifizierung *f* · Ermittlung *f* · Überprüfung *f* (bibliographischer Daten)
verify *v* (bibliographic data) [Retr] / verifizieren *v* · ermitteln *v* · überprüfen · (verifying:) Bibliographieren *n* ∥ *s.a. unverified*
version *n* (of a text) / Fassung *f* (eines Textes)
verso *n* [Bk] ⟨AACR2⟩ / Versoseite *f* · Rückseite *f* · Verso *n*
vertical case *n* [BdEq] *s. vertical filing cabinet*
~ **file** *n* [BdEq] / Vertikalablage *f* ∥ *s.a. lateral file; suspension file*
~ **filing cabinet** *n* [BdEq] / Schrank mit Vertikalablage *m*
~ **mode** *n* (of the arrangement of images on a microfilm) [Repr] ⟨ISO 6196/2⟩ / vertikale Bildlage *f*
~ **price-fixing** *n* [BgAcc] / Preisbindung der zweiten Hand *f*
~ **scale** *n* [Cart] / Höhenmaßstab *m* · Vertikalmaßstab *m*
vesicular film *n* [Repr] ⟨ISO 6194-4⟩ / Vesikularfilm *m*

vestibule *n* [BdEq] / Vestibül *n* · Vorhalle *f* ∥ *s.a. entrance hall; porch; reception hall*
VGA *abbr* [EDP] *s. video graphics adapter; video graphics array*
~ **card** *n* [EDP/VDU] / VGA-Karte *f*
~ **resolution** *n* [EDP/VDU] / VGA-Auflösung *f*
video *n* [NBM] / Video *n*
~ **camera** *n* [NBM] / Videokamera *f*
~ **card** *n* [EDP] / Grafikkarte *f*
~**cartridge** *n* [NBM] ⟨ISBD(NBM)⟩ / Endlos-Videokassette *f*
~**cassette** *n* [NBM] / Videokassette *f* (Kompaktkassette)
~ **communication** *n* [Comm] / Bildkommunikation *f*
~**conference** *n* [OrgM] / Videokonferenz *f*
~ **cutting** *n* [NBM] / Videoschnitt *m*
~ **digitizer** *n* [EDP] / Digitalisierungsgerät (für Videofilme)
~**disk** *n* [NBM] ⟨ISO 5127/11; ISBD(NBM)⟩ / Bildplatte *f* · Videoplatte *f*
~ **display monitor** *n* [EDP/VDU] / Bildschirm *m*
~ **display terminal** *n* [EDP/VDU] / Bildschirm *m* · Bildschirmterminal *n* · Datensichtgerät *n*
~ **display unit** / Datensichtgerät *n*
~ **document** *n* [NBM] ⟨ISO 5127/11⟩ / Bilddokument *n*
~ **game** *n* / Videospiel *n* ∥ *s.a. computer game*
~ **generator** *n* [EDP/VDU] / Bildgenerator *m*
~**gram** *n* [NBM] ⟨ISO 5127/11⟩ *s. video document*
~ **graphics adapter** *n* (VGA) [EDP] / Video-Grafikkarte *f*
~ **graphics array** *n* (VGA) [EDP] / Video-Grafikbereich *m*
~ **library** *n* [Stock] / Videothek *f* (Abteilung in einer Bibliothek)
~ **monitoring equipment** *n* [BdEq] / Video-Überwachungsanlage *f*
~ **output** *n* [NBM] / Videoausgang *f*
~**phone** *n* [Comm] / Bildtelefon *n*
~ **recorder** *n* [NBM] / Videorecorder *m*
~**recording** *n* [NBM] ⟨ISBD(NBM); AACR2⟩ / Videoaufzeichnung *f*
~**reel** *n* [NBM] ⟨ISBD(NBM)⟩ / Videospule *f*
~ **screen** *n* [EDP/VDU] / Bildschirm *m*
~**shop** *n* [NBM] / Videothek *f*

videotape *n* [NBM] ⟨ISO/5127/11⟩ / Videoband *n* · Videomagnetband *n* ‖ *s.a. thematic video(tape /film)*
~ **cartridge** *n* [NBM] *s. videocartridge*
~ **cassette** *n* [NBM] *s. videocassette*
~ **recorder** *n* [NBM] / Videorecorder *m*
~ **recording** *n* [NBM] / Videoaufzeichnung *f*
video terminal *n* [EDP/VDU] *s. video display terminal*
~**tex** *n* [InfSy] / Btx *abbr* · Bildschirmtext *m*
~**text** *n* [InfSy] / (teletext:) Videotext *m* · (viewdata:) Bildschirmtext *m* · Btx *abbr*
~ **work-station** *n* [EDP/VDU] / Bildschirmarbeitsplatz *m*
view *v* [EDP/VDU] / ansehen *v*
~**data** *n* [InfSy] / Bildschirmtext *m* · Btx *abbr*
viewer *n* [NBM] / 1 Zuschauer *m* · Bildbetrachter *m* · 2 (reading device:) Lesegerät *n* ‖ *s.a. hand viewer; slide viewer*
viewing angle *n* [EDP/VDU] / Beobachtungswinkel *m* · Sehwinkel *m*
~ **distance** *n* [EDP/VDU] / Sehabstand *m* · Augenabstand *m*
~ **equipment** / Lesegerät *n* (Lesegeräte insgesamt)
~ **mode** *n* [EDP/VDU] / Ansichtmodus *m* · Ansichtfunktion *f*
~ **room** *n* [BdEq] / Vorführraum *m*
viewport *n* [EDP/VDU] / Darstellungsfeld *n*
view window *n* [EDP/VDU] / Darstellungsfenster *n*
vignette *n* [Prt] / Vignette *f*
village library *n* [Lib] / Dorfbibliothek *f*
vinyl *n* (phonographic record made of vinyl) [NBM] / Vinylschallplatte *f*
violation *n* [Law] / Verletzung *f* ‖ *s.a. infringement*
virement *n* [BgAcc] / Haushaltsmittelverlagerung *f*
virgin parchment *n* [Bk] / Jungfernpergament *n*
virtual *adj* [EDP] / virtuell *adj*
~ **call** *n* [Comm] / virtuelle Wählverbindung *f*
~ **library** *n* [Lib] / virtuelle Bibliothek *f*
~ **memory** *n* [EDP] ⟨ISO 2382/X⟩ / virtueller Speicher *m*
virus checker *n* [EDP] / Virusprüfprogramm *n*
visa *n* [Adm] / Visum *n*

visible file *n* [Ind] / 1 Sichtregister *n* · 2 (with the cards lying flat in a shallow tray:) Flachsichtkartei *f* ‖ *s.a. Kalamazoo visible index*
~ **file** *n* [Acq] / (for serial checking:) Zeitschriftenzugangskartei *f* · Kardex *m* · Zeitschriftenkartei *f*
~ **index** *n* [Ind] *s. visible file*
visiting card *n* / Visitenkarte *f*
~ **lecturer** *n* [Ed] / Gastdozent *m*
~ **scholar** *n* [RS] / Gastwissenschaftler *m*
visitors' book *n* / Gästebuch *n*
~ **entrance** *n* [BdEq] / Besuchereingang *m*
~ **registration** *n* [OrgM] / Besucheranmeldung *f*
visual 1 *n* (picture) [NBM] ⟨ISBD(NBM)⟩ / Bild *n* · bildliche Darstellung *f*
~ 2 *adj* / bildlich *adj* · visuell *adj*
~ **barrier** *n* [BdEq] / Sichtblende *f*
~ **check** *n* [BdEq] / Sichtkontrolle *f*
~ **dictionary** *n* [Bk] / Bildwörterbuch *n*
~ **display terminal** *n* [EDP/VDU] *s. video display terminal*
~ **feature-punched card** *n* [PuC] / Sichtlochkarte *f*
~ **impairment** *n* [RS] / Sehbehinderung *f*
visualization technique *n* [KnM] / Visualisierungstechnik *f* · Darstellungsverfahren *n*
visually handicapped reader *n* [RS] / sehbehinderter Leser *m*
~ **impaired reader** *n* [RS] *s. visually handicapped reader*
visual projection *n* (an image designed for use with a projector) [NBM] ⟨ISBD(NBM)⟩ / Projektionsbild *n*
vocabulary *n* [Lin] ⟨ISO 1087; 5127⟩ / Vokabular *n* · Wortschatz *m* ‖ *s.a. controlled vocabulary*
~ **control** *n* [Ind] / Wortschatzkontrolle *f*
vocal parts *pl* [Mus] / Chormaterial *n*
~ **score** *n* [Mus] ⟨ISBD(PM); AACR2⟩ / Singpartitur *f* · Gesangspartitur *f* · Chorpartitur *f*
vocational school library *n* [Lib] / Berufsschulbibliothek *f*
~ **training** *n* / Berufsausbildung *f*
voice annotation *n* (multimedia) [NBM] / Sprachannotation *f* · akustischer Kommentar *m*
~ **card** *n* (multimedia) [NBM] / Sprachkarte *f*
~ **communication** *n* [Comm] / Sprachübertragung *f*
~ **data entry** *n* [EDP] / Spracheingabe *f*

~ **input** n [EDP] / Spracheingabe f
~ **interaction** n [EDP] / gesprochene Interaktion f
~ **radio** n [Comm] / Sprechfunk m
~ **recognition** n [EDP] / Spracherkennung f
~ **transmission** n [Comm] / Sprachübertragung f
volatile memory n [EDP] ⟨ISO 2382/XII⟩ / flüchtiger Speicher m · energieabhängiger Speicher m
volume 1 n (set of printed sheets bound together) [Bk] ⟨ISO 2789; ISO 5127/3a⟩ / Band m ‖ s.a. *collective volume; index volume*
volume 2 n (a dismountable reel of magnetic tape) [EDP] ⟨ISO 1001⟩ / Band n
~ 3 n (of a sound) [NBM] / Lautstärke f ‖ s.a. *volume control*
~ 4 n (data volume) [EDP] / Magnetschichtdatenträger m ‖ s.a. *end of volume*

~ **control** n [BdEq; NBM] / Lautstärkesteuerung f
~ **discount** n [Bk; Acq] / Mengenrabatt m
~ **label** n [EDP] / (beginning reel label:) Bandanfangskennsatz m · (drive letter:) Laufwerkkennung f
~ **number** n [Bk] / Bandzahl f
~ **numbering** n [Bk] / Bandzählung f
~ **of demand** n [Bk] / Nachfragevolumen n
~ **of sales** n [Bk] / Umsatz m · Absatz m (Absatzvolumen)
~ **rate** n [Internet; BgAcc] / Volumentarif m
~ **serial number** n [EDP] / Bandnummer f
volute n [Bind] / Volute f
vote n (formal expression of choice) [OrgM] / Stimme f · Votum n ‖ s.a. *majority vote*
voucher n [BgAcc] / Beleg m · Gutschein m ‖ s.a. *gift voucher; microfilming of vouchers*
~ **copy** n [Bk] / Belegexemplar n
vulgate n [Bk] / Vulgata f

W

wage *n* [Staff] / Lohn *m*
~ **earner** *n* [Staff] / Lohnempfänger *m*
~ **tax card** *n* [BgAcc] / Steuerkarte *f*
waiting file *n* [Acq] *s. want(s) file*
~ **list** *n* [Acq] *s. want(s) list*
~ **time** *n* [EDP] ⟨ISO 22382/XII⟩ / Wartezeit *f* · Latenzzeit *f*
wait state *n* [EDP] / Wartezustand *m*
wall chart *n* [NBM] ⟨ISBD(NBM)⟩ / Blatt mit graphischen oder tabellarischen Daten zum Aufhängen *n*
wallet *n* [BdEq] / Tasche *f*
wall(-fixed) shelves *pl* [Sh] / Wandregal(e) *n(pl)*
~**-mounted shelf** *n* [Sh] / Hängeregal *n*
~**-mounted shelves** *pl s. wall(-fixed) shelves*
~ **shelving** *n* [Sh] / Wandregal(e) *n(pl)*
~**-system library** *n* / Saalbibliothek *f*
~ **units** *pl* [Sh; BdEq] / Schrankwand *f* · Regalwand *f*
WAN *abbr* [Comm] *s. wide area network*
wand *n* [EDP] *s. light wand*
wanting *pres p* [Stock] / fehlt *v*
want(s) file *n* [Acq] / (machine readable file:) Desideratendatei *f* · Wunschdatei · (card index:) Wunschkartei *f*
~ **list** *n* [Acq] / Wunschliste *f* · (a list of wanted documents to be sent to a second-hand dealer also:) Suchliste · Desideratenliste *f*

wardrobe cabinet *n* [BdEq] / Garderobenschrank *m*
warehouse *n* [BdEq; Bk] / Lager *n* · Auslieferungslager *n*
~ **library** *n* [Lib] / Speicherbibliothek *f* ‖ *s.a. storage library*
warning equipment *n* / Alarmanlage *f*
war novel *n* [Bk] / Kriegsroman *n*
warrant *v/n* / Garantie *f* (Gewähr) · garantieren *v*
warranty claim *n* [Law] / Garantieanspruch *m*
wash *v* [Pres; Art] / wässern *v* · (art:) lavieren *v*
washable binding *n* [Bind] / abwaschbarer Einband *m*
wash drawing *n* [Art] ⟨ISO 5127/3⟩ / Lavierung *f*
~**-room** *n* [BdEq] / Waschraum *m*
waste-basket *n* [BdEq] / Abfallbehälter *m*
~ **paper** *n* [Pp] ⟨ISO 4046⟩ / 1 Abfallpapier *n* · Altpapier *n* (sell as waste paper: makulieren) · 2 (spoiled sheets:) Makulatur *f*
~**paper basket** *n* [BdEq] / Papierkorb *m*
water-colour (painting) *n(n)* [Art] ⟨ISO 5127/3⟩ / Aquarell *n*
~ **damage** *n* [Pres] / Wasserschaden *m* ‖ *s.a. crinkled by water*
~**mark** *n* [Pp] ⟨ISO 4046⟩ / Wasserzeichen *n*

~marked paper *n* [Pp] / Papier mit Wasserzeichen *n*
~proof *adj* [Pres] / wasserdicht *adj*
~-resistant [Pp] / wasserfest *adj*
~-solubable *adj* [Pres] / wasserlöslich *adj*
~-stained *pp* [Pres] / wasserfleckig *adj*
wavy *adj* [Bk] / wellig *adj*
~ **line** *n* [Writ] / Wellenlinie *f*
wax(ed) paper *n* [Pp] / Wachspapier *n*
wax stencil *n* [Repr] / Wachsmatrize *f* · Wachsschablone *f*
~ **tablet** *n* [Writ] / Wachstafel *f*
weak-point analysis *n* [OrgM] / Schwachstellenanalyse *f*
wear and tear *n* [Bk] / Abnutzung *f* · Verschleiß *m*
weaver's knot *n* [Bind] / Weberknoten *m*
web|blocker *n* [Internet] / Werbeblocker *m*
~-**fed letterpress machine** [Prt] / Hochdruck-Rotationsmaschine *f*
web n (roll of paper) [Pp; Prt] / (papermaking:) Papierbahn *f*
~ **offset** *n* [Prt] / Rollenoffsetdruck *m*
~ **portal** *n* [Internet] *s. portal*
~ **press** *n* [Prt] / Rollendruckmaschine *f* · Rotations(druck)maschine *f*
~**washer** *n* [Internet] / Werbeblocker *m*
weed *v* [Stock] / (the whole collection:) den Gesamtbestand auf auszusondernde Bände durchsehen *v* · (weed out:) aussondern *v*
weeding *n* [Stock] / Aussonderung *f*
weed (out) *v* (a book etc.) [Stock] / aussondern *v*
weekly *n/adj* [Bk] / 1 wöchentlich *adj* · 2 (weekly newspaper:) Wochenblatt *n*
weight 1 *n* (degree of blackness of a typeface) [Prt] / Strichstärke *f*
~ 2 *v* [InfSc] / gewichten *v* ‖ *s.a.* **weighted data**
weighted data *pl* [InfSc] / gewichtete Daten *pl*
weighting factor *n* [InfSc] / Gewichtungsfaktor *m*
weight of paper *n* / Papiergewicht *n*
welcome address (to the participants of a congress) / Begrüßung *f*
~ **page** *n* [Comm] / Begrüßungsseite *f*
wet carrel *n* [BdEq] / Carrel mit elektrischem Anschluss
~ **copy** *n* [Repr] / Nasskopie *f*
~-**on-wet printing** *n* [Prt] / Nass-in-Nass-Druck *m*
~ **processing** *n* [Repr] ⟨ISO 6194/3⟩ / Nassverarbeitung *f*
~ **strength** *n* [Pp] / Nassfestigkeit *f*
~ **treatment** *n* [Pres] / Nassbehandlung *f*
wheat starch paste *n* [Bind; Pres] / Weizenstärkekleister *m*
wheel printer *n* [EDP; Prt] / Typenraddrucker *m*
whip-stitching *n* [Bind] *US s.* **oversewing**
white line *n* [Prt] / Leerzeile *f*
~ **of egg** *n* [Bind] / Eiweiß *n*
whole-(and-)part relation *n* [Ind; Class] ⟨ISO/R 1087⟩ *s. partitive relation*
wholesale bookseller *n* [Bk] / Barsortiment *n* · Buchgroßhändler *m*
~ **booktrade** *n* [Bk] / Buchgroßhandel *m*
~ **price** *n* [Bk; Acq] / Großhandelspreis *m*
wholesaler *n* [Bk] *s.* **book wholesaler**
whole-stuff *n* [Pp] / Ganzstoff *m*
wicket(gate) *n* [BdEq] / Sperre *f* ‖ *s.a. turnstile*
wide-angle lens *n* [Repr] / Weitwinkelobjektiv *n*
~ **area network** *n* (WAN) [Comm] / überregionales Netz *n* · Weitverkehrsnetz *n* · Fernnetz *n*
~**band communication** *n* [Comm] / Breitbandkommunikation *f*
~ **lines** *pl* [Pp] / Kettlinien *pl* ‖ *s.a.* **chain-lines**
widow (line) *n* [Prt; EDP] ⟨ISO/IEC 2382-23⟩ / Hurenkind *n*
width *n* (of a type body) [Prt] / Dicke *f*
wild card character *n* [Retr] / Jokerzeichen *n*
window belt *n* [BdEq] / Fensterband *n*
~ **envelope** *n* [Off] / Fensterbriefumschlag *m*
~ **frontage** *n* [BdEq] / Fensterfront *f*
windowing (technique) *n* [EDP] / Fenstertechnik *f* ‖ *s.a. active window; tiled windows*
wire *n/v* [BdEq] / 1 Draht · 2 verdrahten *v* ‖ *s.a. hardwired*
~ **cloth** *n* (moulding unit of a papermaking machine) [Pp] / Sieb *n*
wired broadcasting *n* [Comm] / Kabelrundfunk *m*
wire marks *pl* [Pp] / Ripplinien *pl* ‖ *s.a. laid paper*
~ **(matrix) printer** *n* [EDP; Prt] / Nadeldrucker *m* ‖ *s.a. dot matrix printer*
~ **sewing** *n* [Bind] / Drahtheftung *f* · Klammerheftung *f* (als Rückstichheftung)
~ **stabbing** *n* [Bind] / Drahtheftung *f* · Klammerheftung *f* (als Blockheftung)
~ **staple** *n* [Off] / Heftklammer *f*
~ **stitcher** *n* [Bind] / Drahtheftmaschine *f*

wire stitching

~ **stitching** n [Bind] / Drahtheftung f · Klammerheftung f
withdraw v (a book etc.) [Stock] / aussondern v (ein Buch~) ‖ s.a. discard; weed (out)
withdrawal n [Stock] ⟨ISO 2789⟩ / (the process of withdrawing a volume:) Aussonderung f · (item withdrawn:) Abgang m · (volume withdrawn:) ausgesonderter Band m
~ **of borrowing privileges** n [RS] / Ausschluss m (von der Benutzung) · Sperre der Ausleihberechtigung f
~ **record** n [Stock] / Aussonderungsnachweis m · Abgangsnachweis m
without charge [Acq] / unentgeltlich adj · kostenlos adj
women's magazine n [Bk] / Frauenzeitschrift f
~ **representative** n [Staff] / Frauenbeauftragte f ‖ s.a. furtherance of women's issues
woodcut n [Art] ⟨ISO 5127-3⟩ / Holzschnitt m ‖ s.a. title woodcut
wooden base n [Sh] / Holzsockel m
~ **boards** pl [Bind] / Holzdeckel pl
wood engraving n [Art] ⟨ISO 5127-3⟩ / Holzstich m ‖ s.a. colour wood engraving
wooden press n [Prt] / Handpresse f (aus Holz)
~ **shelves** pl [Sh] / Holzregal(e) n(pl)
wood free adj [Pp] / holzfrei adj
~ **free paper** n [Pp] / holzfreies Papier n
~ **panel** n [Art] / Holztafel f
~ **pulp** n [Pp] / Holzstoff m (Halbstoff aus Holz) · Holzschliff m
~-**pulp paper** n / holzschliffhaltiges Papier n
Wood's lamp n [Pres] / Quarzlampe f
woodworm n [Pres] / Holzwurm m
woody paper n [Pp] / holzhaltiges Papier n
word n [Lin; EDP] ⟨ISO 5127/1⟩ / Wort n
~ **break** n [Writ; Prt] / Silbentrennung f · Worttrennung f ‖ s.a. hyphenation
~-**by-word filing** n [Bib; Cat] / Wort-für-Wort-Ordnung f · Ordnung Wort für Wort f
~ **combination** n [Lin] / Wortverbindung f
~ **formation** n [Lin] / Wortbildung f
~ **frequency** n [Ind] / Worthäufigkeit f
~-**frequency analysis** n [InfSc] / Worthäufigkeitsanalyse f
wording n [Cat; Lin] / Wortlaut m
word order n [Cat] / Wortfolge f ‖ s.a. natural word order

512

~-**organized storage** n [EDP] / wortorganisierter Speicher m
~ **processing** n [EDP] ⟨ISO/IEC 2382-1⟩ / Textverarbeitung f
~ **processing program** n [EDP] ⟨ISBD(ER)⟩ / Textverarbeitungsprogramm n
~ **processing system** n [EDP] / Textverarbeitungssystem n
~ **processor** n [EDP] ⟨ISO/IEC 2382-23⟩ / Textverarbeitungssystem n
~ **sequence** n [Ind] / Wortfolge f ‖ s.a. inversion of the word sequence
~ **spacing** n [Prt] / Wortzwischenraum m
~ **stem** n [Lin] / Wortstamm m
~ **wrap** n (word processing) [EDP] / Zeilenumbruch m
work n [Bk; Cat] / (application of mental or physical effort:) Arbeit f · (result of an achievement:) Werk n
workable / realisierbar adj (funktionsfähig)
work area n [EDP] / Arbeitsbereich m
~-**bench** n [BdEq] / Werkbank f
~-**book** n [Bk; Ed] / Arbeitsbuch n · Übungsbuch n
~ **chair** n [BdEq] / Arbeitsstuhl m
~ **contract** n [Staff] / Arbeitsvertrag m
~ **desk** n / Arbeitstisch m
~ **duplication** n [OrgM] / Doppelarbeit f
~ **ethic** n [Staff] / Arbeitsmoral f
~-**experience** n [Staff] / Arbeitserfahrung f
~ **file** n [EDP] / Arbeitsdatei f
workflow n [OrgM] / Arbeitsablauf m
~ **diagram** n / Arbeitsablaufdiagramm n
~ **management** n [OrgM] / Arbeitsablaufsteuerung f
workform n [TS] / 1 Arbeitsblatt n · Bearbeitungsformular n · 2 (progress slip:) Laufzettel m
working climate n [OrgM] / Arbeitsklima n
~ **conditions** pl [Staff] / Arbeitsbedingungen pl ‖ s.a. terms of employment
~ **copy** n [Repr] / Arbeitskopie f
~ **document** n [OrgM] / Arbeitspapier n
~ **environment** n [OrgM] / Arbeitsumgebung f
~ **film** n [Repr] / Arbeitsfilm m
~ **group** n [OrgM] / Arbeitsgruppe f ‖ s.a. joint working group
~ **hypothesis** n [InfSc] / Arbeitshypothese f
~ **language** n [Lin] / Arbeitssprache f
~ **paper** n [OrgM] / Arbeitspapier n
~ **papers** pl [OrgM] / Arbeitsunterlagen pl
~ **party** n [OrgM] / Arbeitsgruppe f
~ **plan** n [OrgM] / Arbeitsplan m

~ **practice** *n* [OrgM] / Arbeitspraxis *f*
~ **space** *n* [EDP] / Arbeitsbereich *m*
~ **storage** *n* [EDP] / Arbeitsspeicher *m* ‖ *s.a. internal storage*
~ **task force** *n* [OrgM] / Arbeitsgruppe *f*
~ **technique** / Arbeitstechnik *f*
~ **time** *n* / Arbeitszeit *f* ‖ *s.a. reduction of working hours*
~ **visit** *n* [OrgM] / Arbeitsbesuch *n*
work in public domain *n* [Law] / gemeinfreies Werk *n*
~ **load** *n* [Staff] / Arbeitsbelastung *f* ‖ *s.a. overload*
~ **manual** *n* [OrgM] *s. staff manual*
~ **mark** *n* [Sh] / Symbol für den Titel des Werks in einer Signatur
~ **method** [OrgM] / Arbeitsmethode *f*
~ **of art** *n* [NBM] / Kunstwerk *n* ‖ *s.a. art original; art print; art reproduction*
~ **permit** *n* [Staff] / Arbeitserlaubnis *f*
~**place experience** *n* [Staff] / Arbeitserfahrung *f*
~**plan** [OrgM] / Arbeitsplan *m*
~ **programme** *n* [OrgM] / Arbeitsprogramm *n*
~ **room** *n* [BdEq] / Arbeitszimmer *n* · Dienstzimmer *n* · Arbeitsraum *m*
~ **scheduling** *n* [OrgM] / Arbeitsplanung *f* (zeitlich)
~ **sheet** *n* [TS] *s. workform*
~ **simplification** *n* [OrgM] / Arbeitsvereinfachung *f*
works printed together *pl* / beigedruckte Schriften *pl*
workstation *n* [BdEq] / Arbeitsplatz *m* ‖ *s.a. display work-station*
~ **computer** *n* [EDP] / Arbeitsplatzrechner *m* · Arbeitsplatzcomputer *m*
work studies *pl* [OrgM] / Arbeitsstudien *pl*
~ **surface** *n* [BdEq] / Arbeitsfläche *f* ‖ *s.a. low-reflectance surface*
~ **table** *n* [BdEq] / Arbeitstisch *n*
work up *n* [Prt] / Spieß *m*
world map *n* [Cart] / Weltkarte *f*
worm bore *n* [Pres] / Wurmstich *m*
~**-eaten** *pp* [Pres] / wurmstichig *adj* · löcherig *adj*
wormed *pp* / wurmstichig *adj*
wormhole *n* [Pres] / Wurmstich *m*
worm-holed *pp* / löcherig *adj* ‖ *s.a. wormed*
worming *n* [Pres] / Wurmstichigkeit *f*
worn *pp* [Bk] / abgegriffen *pp* · abgenutzt *pp* ‖ *s.a. traces of use*
worth reading *adj* / lesenswert *adj*

worthy of documentation *adj* / dokumentationswürdig *adj*
wove paper *n* [Pp] / Velinpapier *n*
wrapper(s) *n(pl)* [Bk] / Schutzumschlag *m* · Umschlag *m* (bei einer Interimsbroschur, fest mit dem Buch verbunden) ‖ *s.a. dust wrapper; shrink-wrapped*
wrappers bound in [Bind] / Umschlag mitgebunden
wrapping paper *n* [Pp] / Packpapier *n*
wrap (up) *v* [Bk] / verpacken *v* ‖ *s.a. plastic wrapping*
writable *adj* [EDP] / beschreibbar *adj*
write *v* [Writ; EDP] / schreiben *v/n* · verfassen *v* · (CD's:) brennen *v*
write down *v* (reduce the nominal value) [BgAcc] / abschreiben
~ **head** *n* [EDP] ⟨ISO 2382/XII⟩ / Schreibkopf *m*
~ **lock** ‖ *s.a. write protection*
~**off** *n* [BgAcc] / Abschreibung *f* (Wertminderung)
~ **off** *v* [BgAcc] / abschreiben
~ **protection** *n* [EDP] / Schreibschutz *m*
~**-protect notch** *n* [EDP] / Schreibschutzkerbe *f*
writer [Bk] / Schriftsteller *m* · Schreiber *m* · Textverfasser *m* · (with respect to copyright:) Urheber *m*
~ **of preface** *n* [Bk] / Vorredner *m* · Vorwortverfasser *m*
writing *n* [Writ] / Schrift *f* ‖ *s.a. handwriting 1*
~ **field** *n* [PuC] / Schreibfeld *n* · Schreibfläche *f*
~ **ink** *n* [Writ] / Schreibtinte *f*
~ **instrument** *n* [Writ] / Schreibwerkzeug *n*
~ **manual** *n* [Bk] / (historically:) Schreibmeisterbuch *n*
~ **master** *n* [Writ] / Schreibmeister *m*
~ **material** *n* [Writ] / Schreibstoff *m* · Beschreibstoff *m*
~ **mode** (CD's) / Brennvorgang *m* (beim Brennen einer CD)
~ **paper** *n* [Off] / Schreibpapier *n* (mit Briefkopf: letterheaded paper)
~ **procedure** *n* (when writing a CD) [NBM; EDP] / Brennvorgang *m*
~**-table** *n* [BdEq] / Schreibtisch *n*
~ **tool** *n* [Writ] / Schreibwerkzeug *n*
written examination *n* [Ed] / schriftliche Prüfung *f*
wrong-reading image [Prt; Repr] / seitenverkehrtes Bild *n*

xerography *n* [Repr] / Xerographie *f*
xerox(machine) [Repr] / Xerokopiergerät *n*
XR *abbr* [Bk] *s. NR*
xylograph *n* [Bk] / 1 (wood engraving:) Holzschnitt *m* · 2 (block book:) Blockbuch *n*

xylography [Art] / Holzschnitt *m* (Verfahren) · Xylographie *f* · Holzschneidekunst *f* ‖ *s.a. chromo-xylography*

Y

y2k issue *n* [EDP] / Jahr-2000-Problem *n*
yankee machine *n* [Pp] / Yankeemaschine *f*
year *n* (in the numbering of a periodical) [Bk] / Jahrgang *m*
~book *n* [Bk] ⟨ISO 5127/2⟩ / Jahrbuch *n*
yearly *adj* / jährlich
year of publication *n* / Erscheinungsjahr *n*
yellow *v* (become yellow) [Pp] √ vergilben *v*
∥ *s.a. completely yellowed*
yellowed *pp* [Pp] / gegilbt *pp* · (slightly yellowed:) angegilbt *pp* · (with yellow spots:) gelbfleckig *adj* · (completely yellowed:) vergilbt *pp*
yellowing *n* [Pp] / Vergilbung *f*

yellow pages *pl* (of a telephone directory) [Bk] / gelbe Seiten *pl*
~ **press** *n* / Regenbogenpresse *f* · Boulevardpresse *f*
~ **spider** *n* [Pres] / Messingkäfer *m*
young adult *n* [Gen] / Heranwachsender *m*
~ **adult librarian** *n* [Staff] / Jugendbibliothekar *m*
~ **adult library** *n* / Jugendbibliothek *f* · Jugendbücherei *f*
~ **adult literature** *n* [Bk] / Jugendliteratur *f*
youth library *n* [Lib] / Kinder- und Jugendbibliothek · Kinderbibliothek *f*

Z

zero-access storage *n* [EDP] / Schnell(zugriffs)speicher *m*
~ **growth** *n* [InfSc] / Nullwachstum *n*
~-**rated** *pp* (exempt from VAT) [BgAcc] / mehrwertsteuerfrei *adj*
~ **suppression** / Null(en)unterdrückung *f*
zig-zag fold *n* [Bind] / Zick-Zack-Falz *m* · Leporellofalzung *f* · Zick-Zack-Falzung *f*
zinc etching *n* [Prt] / Zinkätzung *f*
zincography *n* [Art] / Zinkographie *f* ·
Zinkdruck *m*
zinc oxide coated paper *n* [Repr] / Zinkoxidpapier *n*
ZIP Code *n* [Comm] *US* / Postleitzahl *f*
zoned edition *n* (of a metropolitan paper) / Stadtteilausgabe *f*
zoom *v* [EDP/VDU] / zoomen *v*
~ **function** *n* [EDP/VDU] / Zoom-Funktion *f*
~ **lens** *n* [Repr] / Vario-Objektiv *n*

Anhang – Appendix

Definitionsnachweise
Sources of Definitions

Dieses Wörterbuch ist ein Übersetzungswörterbuch, kein Glossar. Definitionen sind daher in den Einträgen nicht enthalten. Um dem Benutzer dennoch Hinweise auf bestehende Definitionen zu geben, werden in den Einträgen ggf. Quellen für Definitionen in Terminologienormen und Regelwerken nachgewiesen.

Die darin benutzen Kurzformen sind unten aufgeführt. Soweit die Definitionen in selbständigen Werken enthalten sind, können deren vollständige bibliographische Angaben dem Literaturnachweis entnommen werden.

This Dictionary is a translation dictionary, not a glossary. For this reason definitions of the terms contained in it are not included. In order to give the user hints to existing standardized definitions sources of definitions in terminological standards, codes of cataloguing rules have been added.

Below a list of sources of definitions included in the entries is given. For the bibliographic details of the abbreviated sources see the *List of Sources Consulted*.

A: ÖNORM	Österreichisches Normungsinstitut
DIN	Normen des Deutschen Instituts für Normung
	(V = Vornorm; E = Norm-Entwurf)
DCMI	DCMI Type Vocabulary
GARR	Guidelines for authority records and references
ISBD	International Standard Bibliographic Description
ISBD(A)	... for Older Monographic Publications (Antiquarian)
ISBD(ER)	... for Electronic Resources (revised from ISBD(CF)
ISBD(M)	... for Monographic Publications
ISBD(S)	... for Serials
ISBD(CM)	... for Cartographic Materials
ISBD(NBM)	... for Non-Book Materials
ISBD(PM)	... for Printed Music
ISBD(G)	General International Standard Bibliographic Description
ISBD (dt. Ausg.)	Internationale standardisierte bibliographische Beschreibung
	s.Vereinigung Schweizerischer Bibliothekare:
	Katalogisierungsregeln.
ISBD(M)	... für Monographien
ISBD(S)	... für fortlaufende Publikationen
ISBD(CM)	... für Kartenmaterialien
ISBD(NBM)	... für Non-Book-Materialien
ISBD(PM)	... für Musikdrucke

ISO	Standards of the International Organization for Standardization
AACR	Anglo-American Cataloguing Rules
AACR2	Anglo-American Cataloguing Rules. - 2nd ed.
PI	Instruktionen für die alphabetischen Kataloge der preußischen Bibliotheken (Preußische Instruktionen)
RAK	Regeln für die alphabetische Katalogisierung
RAK-AD	Regeln für die Katalogisierung alter Drucke
RAK-AV	Sonderregeln für audiovisuelle Materialien...
RAK-Karten	Sonderregeln für kartographische Materialien
RAK-UW	Sonderregeln für unselbständig erschienene Werke
TGL	DDR-Standard

Sachgebietsschlüssel
Subject Field Codes

Acq	Acquisition	Erwerbung
Adm	Administration	Verwaltung
Arch	Archives	Archivwesen
Art	Art	Kunst
BdEq	Building and Equipment	Bau und Einrichtung
BgAcc	Budgeting and Accounting	Haushalts- und Rechnungswesen
Bib	Bibliography	Bibliographie
Bind	Binding	Buchbinden, Einband
Bk	Books (including Serials): History, Publishing, Trade	Buchkunde, Buchhandel, Publikationswesen
Cart	Cartography	Kartographie
Cat	Cataloguing	Katalogisierung
Class	Classification	Klassifikation
Class/UDC	Universal Decimal Classification	Dezimalklassifikation
Comm	Communication	Kommunikationswesen
Ed	Education	Bildung
EDP	Electronic Data Processing	Elektronische Datenverarbeitung/ EDV
EDP/VDU	Electronic Data Processing/ Visual Display Unit	EDV/Bildschirmgerät
ElPubl	Electronic Publishing	Elektronisches Publizieren
Gen	Generalities, miscellaneous Subjects	Allgemeines, Verschiedenes
Ind	Indexing	Indexierung
InfSc	Information Sciences	Informationswissenschaft
InfSy	Information Systems	Informationssysteme
KnM	Knowledege Management	Wissensmanagement
Law	Law	Recht
Lib	Librarianship in general	Bibliothekswesen im Allgemeinen
Lin	Linguistics	Linguistik
Mus	Music	Musik
NBM	Non-Book-Materials	Nicht-Buch-Materialien
Off	Office	Bürowesen

OrgM	Organisation and Management	Organisation und Management
Pp	Paper	Papier
PR	Public Relations	Öffentlichkeitsarbeit
Pres	Preservation of Library and Archival Materials	Erhaltung von Bibliotheks- und Archivgut
PuC	Punched Cards	Lochkarten
Ref	Reference Work	Auskunftsarbeit
Sh	Shelving	Bestandsaufstellung
Staff	Staff	Personal
Stock	Stock	(Buch-)Bestand
TS	Technical Services	Buchbearbeitung
Writ	Writing	Schriftwesen

Abkürzungen
Abbreviations

Hier nur Abkürzungen, die integraler und formaler Teil der Einträge sind. (Vgl. dazu *Benutzungshinweise: Abschn.* 3. Abkürzungen von Fachbegriffsbezeichnungen sind im *Wörterbuch enthalten.* Die Sachgebietsschlüssel sind in *Anh.* 2 aufgeführt. *(Vgl. auch die Definitionsnachweise* in *Anh. 1.)*
    Listed are only abbreviations that are formal additions to the entries (cf. User's Guide.3).
    For the *subject codes* see *App.2.* For abbreviations of *subject terms* see the Dictionary.
    For abbreviations in the *Sources of Definitions* see *App.1.*

1. Deutsch

A	Österreich	Austria
Abk	Abkürzung	abbreviation
adj	Adjektiv	adjective
betr.	betreffend	concerning
bzw.	beziehungsweise	respectively
CH	Schweiz	Switzerland
D	Deutschland	Germany
dass.	dasselbe	the same
DDR	Deutsche Demokratische Republik	German Democratic Republic
d.i.	das ist	i.e.
dt .	deutsch	German
etw.	*etwas*	*something*
f	Femininum	feminine
ggf.	gegebenenfalls	if applicable
i.e.S.	im engeren Sinne	in a narrow sense
insbes.	insbesondere	especially
in Verb. mit	in Verbindung mit	in connection with
jmd	jemand / jemandem	somebody / sb.
m	*Maskulinum*	*masculine*
n (dt.Substantive:)	Neutrum	*neuter*
(englische Stichwörter:)		noun
obs	obsolet, veraltet	obsolete
pl	Plural	plural
s.	siehe	see

s.a.	siehe auch	see also
Süddt.	Süddeutsch	usage in Southern Germany
Syn.	Synonym	synonym
u.dgl.	und dergleichen	and the like
usw.	und so weiter	etc.
Verf.	Verfasser	author
vgl.	vergleiche	confer / cf.

2. English

abbr	abbreviation	Abkürzung
adj	adjective	Adjektiv
cf.	confer	vergleiche / vgl.
etc.	et cetera	und so weiter: usw.
f	feminine	Femininum
ger	gerund	Gerundium
m	masculine	Maskulinum
n *(with Englih terms:)*	noun	Substantiv
(with German nouns):	neuter	Neutrum
pres p	present participle	Präsenspartizip
pp	*past participle*	Perfektpartizip
pl	*plural*	Plural
s.	see	s. siehe
s.a.	see also	s.a. siehe auch
sing. *In constr.*	singular in construction	Singular in der Satzkonstruktion
sb.	somebody	jemand / jemandem
sth.	something	etwas